소방시설 설계·시공·점검의
현장기술 및 소방기술사·관리사·기사의
수험 해설서

新 소방시설의 설치 및 관리

감수 구재현 | 저자 최기영

예문사

머리말

"新 소방시설의 설치 및 관리"는 「소방시설법」에서 출발하여 「소방시설 설치 및 관리에 관한 법률」과 「소방용품의 품질관리 등에 관한 규칙」으로 전문화된 소방시설의 안전관리 위임사항을 행정규칙 「국가화재안전기준(NFSC)」과 「소방시설 자체점검사항 등에 관한 고시」 등을 중심으로 엔지니어링(기획·설계·시공·감리)의 실무와 소방시설 관리업(시설의 유지·보수·관리)의 자체점검 실무가 연결된 통합 실무내용의 해설서로 기획되어 소방설비 관련 시험을 준비하는 수험생 및 현장 실무자에게 필요한 시스템 해석 내용을 수록하였습니다.

본서를 준비하면서 다음과 같은 부분에 중점을 두고자 하였습니다.

소방설비의 시공분야는 「국가화재안전기준(NFSC)」에서 설계·시공·감리 시 설치기준을 제시하고, 소방용품의 제조분야는 기술기준에서 소방제품의 시험·인증을 수행하며, 점검분야는 소방안전관리자의 교육 및 자격, 화재안전점검·진단을 수행하여 소방시설의 시공부터 감리 및 시설물의 재난·안전관리까지 예방·대비·대응 및 복구에 대한 선진국형 체계화를 이룩하는 데 설치·관리에 대한 통합적 기술기준을 쉽고 정확하게 전달하고자 노력하였습니다.

다음으로 우선 소방기술 행정에서 경험의 기반이었던 관계인 질의회신은 현장실무에서 문제를 해결하는 열쇠처럼 정확한 답변을 수록하였습니다. 또한 특정소방대상물의 설계도서 검토에서 건축허가 동의에 필요한 「화재예방, 소방시설 설치·유지 및 안전관리에 관한 법률 시행령」의 별표 5의 법적 적용범위와 화재안전기준에 대한 이해를 돕고자 하였습니다. 마지막으로 특정소방대상물("소방안전관리대상물")의 소방안전관리자를 위한 「소방시설 자체점검사항 등에 관한 고시」의 사항을 수록하여 소방시설의 설치·유지 및 안전관리를 위한 기본 해설서의 역할을 충실히 하고자 노력하였습니다.

출간을 준비하는 동안 목원대 교수님의 감수와 대학원의 많은 선후배 기술사, 관리사 및 박사 분들의 도움을 받으면서 한마음으로 최선의 노력을 다하였습니다. 그럼에도 미흡한 부분이 있을 것으로 사료되며, 이는 수정·보완해 나갈 것임을 약속드립니다.

끝으로 본서를 쓰는 데 도움을 주신 분들께 고마움을 표시하며, 출판을 맡아준 도서출판 예문사 사장님과 좋은 책이 될 수 있도록 편집에 애써 주신 모든 분들께 감사의 말씀을 드립니다.

최 기 영

〉〉〉 법령의 해설 개요

Ⅰ. 법률의 구분

1. 헌법(憲法)
국민의 기본권 및 국가의 통치조직과 기본원리를 보장하는 최고의 법으로서 법령에 최우선적 효력을 갖는다.

2. 법률(法律)
헌법이 정하는 바에 따라 입법기관인 국회의 의결을 거쳐 법률로서 제정·공포되어 효력을 갖는다.

3. 행정명령(行政命令)
제정된 법률에 의해 행정권으로 정립되는 규범을 말하며 대통령령인 시행령(施行令)과 부령인 시행규칙(施行規則)으로 구분할 수 있다.
1) 대통령령 : 시행령으로서 다음과 같은 사항을 포함한다.
   법률에서 위임한 사항과 법률의 집행을 위하여 필요한 사항, 국정의 통일과 체계적인 업무수행, 행정기관의 조직, 권한의 위임 및 위탁에 관한 사항 등이 포함된다.
2) 부령(副領) : 시행규칙으로서 다음과 같은 사항을 포함한다.
   법률과 대통령령에서 위임한 사항 및 시행에 관한 세부(절차적, 기술적)사항, 각 부처의 소관사무에 관하여 직권으로 발하는 사항과 복제, 서식 등에 관한 사항이 포함된다.

4. 행정규칙(行政規則)
1) 훈령(訓令) : 상급기관이 하급기관에 대하여 장기간에 걸쳐 그 권한의 행사를 일반적으로 지시하기 위하여 발하는 명령
2) 예규(例規) : 행정업무의 통일을 위해 행정사무의 처리기준을 정한 규칙(예 「전기설비기술기준 운영요령」)
3) 고시(告示) : 법령이 정하는 바에 따라 행정청이 결정한 사항이나 기타 일정사항에 대하여 일반에게 알리는 문서로 일단 고시된 사항은 개정 또는 폐지가 없는 한 그 효력은 지속된다.(예 「전기설비기술기준」)

5. 자치법규(自治法規)
지방자치단체 또는 그 기관이 헌법상의 자치권에 의거하여 제정하는 법을 자치법규라 하며 자치법규는 지방자치단체가 지방의회의 의결을 거쳐 법령에 위반하지 않는 범위 내에서 지방자치단체의 사무(공공사무, 위임사무, 행정사무)에 대하여 제정하는 조례와 지방자치단체장이 그 권한에 속하는 사항에 대하여 법령에 위반하지 않는 범위 내에서 제정하는 규칙으로 나뉜다.

1) 조례 : 지방자치단체가 지방자치의회의 의결을 거쳐 제정하는 자치규정
2) 지방자치단체의 규칙 : 지방자치단체의 장이 그 권한에 속하는 사무에 관한 명령

Ⅱ. 법률의 구성

1. 제명 및 법령번호

일반적으로 법률의 제목에 해당하며 '전기사업법' 등으로 표기한다. 법령번호에는 공포한 날짜와 법률번호를 표기한다.

2. 본칙규정

본칙규정은 법률의 본체가 되는 부분으로서 법률의 내용에 해당되며, "총칙규정, 실체규정, 보칙규정, 벌칙규정" 등으로 구분하고 있으며, 본칙은 장(章)·절(節)·관(冠)·조(條)·항(項)·호(號)·목(目)의 순으로 표시한다.

1) 장(章)·절(節)·관(冠)
   법령의 조문 수가 많거나 비슷한 성향의 조문을 구분할 경우 몇 개의 "장(章)"으로 구분할 수 있고, 장(章)은 다시 "절(節)", "관(冠)"의 순서로 세분하여 이름을 붙일 수 있다.

2) 조(條)·항(項)·호(號)·목(目)
   ㉠ 법률의 본칙은 "조(條)"로 구분하여 "제○○조(○○○○)"와 같이 제목을 붙이며 조문이 여러 사항을 포함할 경우 "등"을 붙여 쓴다.
   ㉡ "조(條)"의 내용을 다시 세부적으로 구분하고자 할 때에는 이를 "항(項)"으로 구분하며 "①, ②, ③, …." 등과 같이 표기한다.
   ㉢ "항(項)"의 내용을 다시 세부적으로 구분하고자 할 때에는 이를 "호(號)"로 구분하며 "1, 2, 3, …." 등과 같이 표기한다.(숫자 뒤에 마침표(.)를 표기한다.)
   ㉣ "호(號)"의 내용을 다시 세부적으로 구분하고자 할 때에는 이를 "목(目)"으로 구분하며 "가, 나, 다, …." 등과 같이 표기한다.(글자 뒤에 마침표(.)를 표기한다.)
   ㉤ "목(目)"의 내용을 다시 세부적으로 구분하고자 할 때에는 이를 "세목(細目)"으로 구분하며 "1), 2), 3), …" 등과 같이 표기한다.

3. 부칙규정

신설, 개정 혹은 삭제된 본칙에 대하여 법률의 시행일, 기존의 법률과 신규 법률을 연결 및 조정하여 개정과 폐지 등을 정하는 부수적인 규정으로 일반적으로 본칙의 제일 마지막에 표기한다. {실제 법의 적용시점[부칙 등에 특별히 규정되지 않으면 공포(관보 게재)한 날로부터 20일이 경과하면 효력 발생] 및 경과 등에 관한 내용이 들어 있으므로 실무적으로 상당히 중요한 부분이라 할 수 있다.}

Ⅲ. 법률의 적용

1. 법의 효력 발생

법의 시행은 소정의 절차를 거쳐 관보에 게재하여 그 시행을 알리게 되며, 원칙적으로 부칙에 표시한다. 그러므로 부칙의 확인이 중요하며, 부칙 등에 특별한 규정이 없을 경우에는 「헌법」 및 「법률 등 공포에 관한 법률」에 의해 공포(관보 게재)한 날로부터 20일이 경과하면 효력이 발생한다.

2. 법 적용의 원칙

현대사회의 수많은 법규 가운데 어떤 법을 우선적으로 적용하여야 하는지, 법의 내용들이 상호 충돌하는 때에는 어떤 법규를 먼저 해석해야 하는지 등 법을 적용하는 과정에 일정한 순서와 법칙이 존재한다.

첫째, 상위법 우선의 원칙
상위법 우선의 원칙은 법에도 일정한 단계가 존재한다는 인식 아래 하위법은 상위법에 위배될 수 없다는 것을 그 내용으로 하고 있다. 법체계는 근본법으로서 헌법이 존재하고, 의회가 제정하는 법률이 있다. 그 다음으로 법률을 집행하기 위해 행정부의 대통령이나 행정 각 부장이 제정하는 명령이 있다. 명령이 제정될 때에는 법률에 근거하여 위임이 있어야 하고, 특히나 국민의 자유와 기본권을 침해할 때에는 법에서 구체적으로 위임의 범위를 정하여야 하므로 명령은 법률에 종속된다.
다음으로 지방의회에서 지방민의 고유한 사무에 대하여 조례를 제정할 수 있고, 조례는 지역적 효력을 가지므로, 명령의 하위 규범이다. 규칙은 조례를 집행하기 위해서 지방자치단체장이 제정하는 것이므로 조례의 하위법이다.

둘째, 특별법 우선의 원칙
일반법은 그 법의 적용 영역에 있어서 모든 사항과 사람에게 적용되어 영향을 미치는 반면, 특별법은 일반법에 비하여 특수한 사항이나 특정한 사람에게 적용되는 영역이 한정되어 있는 법이다. 사회가 복잡 전문화됨에 따라 특수한 사정을 규율할 필요성이 날로 증가하고, 이에 따라 특별법도 증가하는 추세이다. 특별법은 수없이 많이 존재하는데 대표적으로 상법이나 주택임대차보호법 등은 민법에 대한 특별법이고, 군형법, 국가보안법, 특정범죄가중처벌에 관한 법률은 형법에 대한 특별법이다.

셋째, 신법 우선의 원칙
신법 우선의 원칙은 특정한 법률이 개정되거나 하여 그 내용이 바뀔 경우에 이전에 적용되던 구법이 적용되지 않고 새로 개정된 신법이 우선적으로 적용된다는 원칙이다. 다만 신법 우선의 원칙은 신법과 구법이 동일한 형태의 법률일 것을 요구한다. 신법과 구법은 법의 효력 발생 순서를 기준으로 판단되며, 법의 효력 발생의 우선순위는 공포 시를 기준으로 한다.

넷째, 법률불소급의 원칙

법률불소급의 원칙은 기본적으로 법률의 적용은 행위 당시의 법률에 따라야 한다는 원칙이다. 즉, 행위 시에 존재하지 않던 법률을 사후에 제정하거나 개정하여 법제정 이전의 행위에 적용해서는 안 된다는 것으로, 이는 국민들에 대하여 법적 안정성과 예측가능성을 부여하고 법치국가를 실현하기 위함이다. 행위 시에 존재하지 않던 법률을 제정하여 불이익한 효과를 국민에게 부여한다면 일반 국민의 법적 신뢰와 행동의 자유를 보장할 수 없기 때문이다. 법률불소급의 원칙은 특히 형법에서 강조되며, 이로써 국민의 자유와 권리를 보장하는 기능을 수행한다. 형법 제1조 1항도 '범죄의 성립과 처벌은 행위 시 법률에 의한다.'고 규정하여 법률불소급의 원칙을 채택하고 있다. 다만 행위 시와 재판 시에 법률이 국민에게 유리하게 변경된 경우에는 신법 우선의 원칙에 따라 재판 시 법률이 적용되고 불소급원칙은 배제된다.

Ⅳ. 법률의 해석

1. 법령의 해석이란 일반적·추상적으로 규정되어 있는 법령을 구체적 사건에 적용하거나 집행하기 위하여 그 의미를 체계적으로 이해하고 그 목적이나 이념에 따라 법규범의 의미·내용을 명확히 하는 이론적 기술적인 작업을 말한다. 법령해석은 통상 유권해석과 학리해석으로 나누어 볼 수 있다.
2. 유권해석은 국가 또는 행정기관에 의하여 법령의 의미와 내용을 해석·확정하는 것으로서 입법해석, 행정해석 및 사법해석으로 구분할 수 있다.
   입법해석은 입법기관이 법령 중에 해석규정을 두는 등 법령으로서 법령의 의미와 내용을 밝히는 것을 말하고, 행정해석은 통상 일반인의 법령에 대한 질의에 대하여 행정기관이 회신하거나 하급행정기관의 질의에 대하여 상급 행정기관이 회신 또는 훈령 등의 형식으로 행하는 해석을 말하며, 사법해석은 법원의 판결을 통하여 법령의 의미를 밝히는 것으로서 가장 강력한 구속력을 지닌 최종적인 유권해석이라고 할 수 있다.
3. 학리해석은 학문적 입장에서 과학적·객관적인 해석을 이끌어 냄으로써 유권해석의 논리를 뒷받침하거나 변경시키는 역할, 즉 법령규정의 의미를 명확히 하는 것으로서 다시 그 세부적인 해석방식으로 문리해석과 논리해석으로 대별되기도 한다.
4. 우리나라에서는 종래부터 법제처가 중앙행정기관으로부터 법령해석의 요청을 받아 이에 대한 회신을 하여 오다가 근래에는 일정한 요건하에 자치단체 및 민원인의 해석요청에 대하여도 법령해석을 하도록 하고 있는데 이를 통상 행정부에서 하는 최종 유권해석으로 불러왔고, 이하 "정부유권해석"이라 한다.

〉〉〉 출제 기준

직무분야	안전관리	중직무분야	안전관리	자격종목	소방기술사	적용기간	2019.1.1.~ 2022.12.31.
○ 직무내용 : 소방설비 종목에 관한 고도의 전문지식과 실무경험에 입각한 계획, 연구, 설계, 분석, 시험, 운영, 시공, 평가, 진단, 유지관리 또는 이에 관한 지도, 감리, 사업관리 등의 기술업무 수행							
검정방법	단답형/주관식논문형		시험시간	400분(1교시당 100분)			

시험과목	주요항목	세부항목
화재 및 소화이론(연소, 폭발, 연소생성물 및 소화약제 등), 소방수리학 및 화재역학, 소방시설의 설계 및 시공, 소방설비의 구조원리(소방시설 전반), 건축방재(피난계획, 연기제어, 방화·내화설계 및 건축재료 등), 화재, 폭발위험성 평가 및 안전성 평가(건축물 등 소방대상물), 소방관계 법령에 관한 사항	1. 연소 및 소화이론	1. 연소이론 　- 가연물별 연소 특성, 연소한계 및 연소범위 　- 연소생성물, 연기의 생성 및 특성, 연기농도, 감광계수 등 2. 화재 및 폭발 　- 화재의 종류 및 특성 　- 폭발의 종류 및 특성 3. 소화 및 소화약제 　- 소화원리, 화재 종류별 소화대책 　- 소화약제의 종류 및 특성 4. 위험물의 종류 및 성상 　- 화재현상 및 화재방어 등 　- 위험물제조소등 소방시설 5. 기타 연소 및 소화관련 기술동향
	2. 소방유체역학, 소방전기, 화재역학 및 제연	1. 소방유체역학 　- 유체의 기본적 성질 　- 유체정역학 　- 유체유동의 해석 　- 관내의 유동 　- 펌프 및 송풍기의 성능 특성 2. 소방전기 　- 소방전기 일반 　- 소방용 비상전원 3. 화재역학 　- 화재역학 관련 이론 　- 화재확산 및 화재현상 등 　- 열전달 등 4. 제연기술 　- 연기제어 이론 　- 연기의 유동 및 특성 등

시험과목	주요항목	세부항목

	3. 소방시설의 설계, 시공, 감리, 유지관리 및 사업관리	1. 소방시설의 설계
		  – 소방시설의 계획 및 설계(기본, 실시설계)
		  – 법적 근거, 건축물의 용도별 소방시설 설치기준 등
		  – 특정소방대상물 분류 등
		  – 성능위주설계
		  – 소방시설 등의 내진설계
		  – 종합방재계획에 관한 사항 등
		  – 사전 재난 영향성 평가
		2. 소방시설의 시공
		  – 수계소화설비 시공
		  – 가스계소화설비 시공
		  – 경보설비 시공
		  – 소방용 전원설비 시공
		  – 피난ㆍ소화용수설비 시공
		  – 소화활동설비 시공
		3. 소방시설의 감리
		  – 공사감리 결과보고
		  – 성능평가 시행
		4. 소방시설의 유지관리
		  – 유지관리계획
		  – 시설점검 등
		5. 소방시설의 사업관리
		  – 설계, 시공, 감리 및 공정관리 등

	4. 소방시설의 구조 원리	1. 소화설비
		  소화기구, 자동소화장치, 옥내소화전설비, 스프링클러설비 등, 물분무 등 소화설비, 옥외소화전설비
		2. 경보설비
		  단독경보형 감지기, 비상경보설비, 시각경보기, 자동화재탐지설비, 비상방송설비, 자동화재속보설비, 통합감시시설, 누전경보기, 가스누설경보기
		3. 피난설비
		  피난기구, 인명구조기구, 유도등, 비상조명등 및 휴대용비상조명등
		4. 소화용수설비
		  상수도소화용수설비, 소화수조ㆍ저수조, 그 밖의 소화용수설비
		5. 소화활동설비
		  제연설비, 연결송수관설비, 연결살수설비, 비상콘센트설비, 무선통신보조설비, 연소방지설비

시험과목	주요항목	세부항목

	5. 건축방재	1. 피난계획
		  - RSET, ASET, 피난성능평가 등
		  - 피난계단, 특별피난계단, 비상용승강기, 피난용승강기, 피난안전구역 등
		  - 방·배연 관련 사항 등
		2. 방·내화 관련 사항
		  - 방화구획, 방화문등 방화설비, 관통부, 내화구조 및 내화성능
		  - 건축물의 피난·방화구조 등의 기준에 관한 규칙
		3. 건축재료
		  - 불연재, 난연재, 단열재, 내장재, 외장재 종류 및 특성
		  - 방염제의 종류 및 특성, 방염처리방법 등

	6. 위험성평가	1. 화재폭발위험성평가
		  - 위험물의 위험등급, 유해 및 독성기준 등
		  - 화재위험도분석(정량·정성적 위험성평가)
		  - 피해저감 대책, 특수시설 위험성평가 및 화재 안전대책
		  - 사고결과 영향분석
		2. 화재 조사
		  - 화재 원인 조사
		  - 화재 피해 조사
		  - PL법, 화재영향평가 등

	7. 소방 관계 법령 및 기준 등에 관한 사항	1. 소방기본법, 시행령, 시행규칙 2. 소방시설공사업법, 시행령, 시행규칙 3. 화재예방, 소방시설 설치·유지 및 안전관리에 관한 법률, 시행령, 시행규칙 4. 국가화재 안전기준 5. 위험물안전관리법, 시행령, 시행규칙 6. 초고층 및 지하연계 복합건축물 재난관리에 관한 특별법, 시행령, 시행규칙 7. 다중이용업소의 안전관리에 관한 특별법, 시행령, 시행규칙 8. 기타 소방관련 기술 기준 사항(예 : NFPA, ISO 등)

목차

01 **NFSC 101** 소화기구 및 자동소화장치의 화재안전기준 1
02 **NFSC 102** 옥내소화전설비의 화재안전기준 25
03 **NFSC 103** 스프링클러설비의 화재안전기준 65
04 **NFSC 103A** 간이스프링클러설비의 화재안전기준 125
05 **NFSC 103B** 화재조기진압용 스프링클러설비의 화재안전기준 151
06 **NFSC 104** 물분무소화설비의 화재안전기준 181
07 **NFSC 104A** 미분무소화설비의 화재안전기준 205
08 **NFSC 105** 포소화설비의 화재안전기준 229
09 **NFSC 106** 이산화탄소소화설비의 화재안전기준 267
10 **NFSC 107** 할론소화설비의 화재안전기준 295
11 **NFSC 107A** 할로겐화합물 및 불활성기체소화설비의 화재안전기준 315
12 **NFSC 108** 분말소화설비의 화재안전기준 335
13 **NFSC 109** 옥외소화설비의 화재안전기준 353

14 **NFSC 201** 비상경보설비 및 단독경보형감지기의 화재안전기준 371
15 **NFSC 202** 비상방송설비의 화재안전기준 381
16 **NFSC 203** 자동화재탐지설비 및 시각경보장치의 화재안전기준 391
17 **NFSC 204** 자동화재속보설비의 화재안전기준 435
18 **NFSC 205** 누전경보기의 화재안전기준 443
19 **NFSC 206** 가스누설경보기의 화재안전기준 453

20 **NFSC 301** 피난기구의 화재안전기준 461
21 **NFSC 302** 인명구조기구의 화재안전기준 477
22 **NFSC 303** 유도등 및 유도표지의 화재안전기준 485
23 **NFSC 304** 비상조명등의 화재안전기준 499

24	NFSC 401 상수도소화용수설비의 화재안전기준	507
25	NFSC 402 소화수조 및 저수조의 화재안전기준	517
26	NFSC 501 제연설비의 화재안전기준	525
27	NFSC 501A 특별피난계단의 계단실 및 부속실 제연설비의 화재안전기준	547
28	NFSC 502 연결송수관설비의 화재안전기준	573
29	NFSC 503 연결살수설비의 화재안전기준	589
30	NFSC 504 비상콘센트설비의 화재안전기준	603
31	NFSC 505 무선통신보조설비의 화재안전기준	613
32	NFSC 602 소방시설용 비상전원수전설비의 화재안전기준	625
33	NFSC 603 도로터널의 화재안전기준	637
34	NFSC 604 고층건축물의 화재안전기준	651
35	NFSC 605 지하구의 화재안전기준	667
36	NFSC 606 임시소방시설의 화재안전기준	679
37	소방시설의 내진설계 기준	689

부록

1. 소방시설	712
2. 특정소방시설	715
3. 소방용품	725
4. 소방시설 도시기호	727

소화기구 및 자동소화장치의 화재안전기준

[시행 2021. 1. 15.]
[소방청고시 제2021-11호, 2021. 1. 15., 타법개정.]

01 개요

NFSC 101

1 질의회신 및 핵심사항 분석

질의회신		참고 소방청 질의회신집
적용기준 (별표 5)	Q	창고 소방시설 설치여부[소방제도팀 - 143 2007.3.2] : 레미콘회사의 골재 보관창고로서 사면이 상시 개방되어 전기설비가 없는 장소에 경보설비 및 소화기 설치여부
	A	「화재예방, 소방시설 설치·유지 및 안전관리에 관한 법률 시행령」 별표7 제1호에 따라 "화재위험도가 낮은 특정소방대상물" 중 "불연성물품을 저장하는 창고"에 해당하지만 소화기와 경보설비는 제외되지 아니하므로 설치하여야 함
부속용도별 (별표 5)	Q	NFSC 101 별표4. 부속용도별로 추가하여야할 소화기구에서 주방에 설치하는 소화기를 '해당용도의 바닥면적 $25m^2$마다 능력단위 1단위 이상의 소화기로 하도록 규정되어 있습니다. 바닥면적 $25m^2$마다 소화기가 1개씩 있어야 하고 그 소화기의 능력단위가 1단위 이상되어야 하는지, 바닥면적 $25m^2$마다 능력단위를 산정하여 능력단위를 만족하는 소화기가 있으면 되는지요? 예) 주방의 바닥면적이 100m일 때, 해석 1) $100m^2 \div 25m^2 = 4$, 소화기 4개를 설치하고 그 소화기가 모두 능력단위 1단위 이상이어야 한다. 따라서, 3.3kg 소화기를 기준으로 4개 필요하다. 해석 2) $100m^2 \div 25m^2 = 4$, 능력단위 4단위를 만족하도록 설치하기 때문에 3.3kg 분말소화기 2개면 충분하다.
	A	별표4. 〈부속용도별로 추가하여야 할 소화기구 및 자동소화장치〉의 표제목은 '용도별', '소화기구의 능력단위'로 구분되어 있습니다. 따라서, 해당용도의 바닥면적 $25m^2$ 마다 '능력단위 1단위 이상'이 기준이 되고, 소화기구(소화기, 간이소화용구, 자동확산소화기) 중 소화기를 설치하라는 의미로 판단됩니다. 만약, 주방의 바닥면적이 $100m^2$라면, $100m^2/25m^2 = 4$이므로 능력단위 4단위의 소화기가 비치되어야 합니다. 3단위의 소화기를 설치한다면 2개의 소화기를 비치하여야 합니다.
핵심사항		참고 기출문제
설치기준	• 주방용, 분말식, 고체에어로졸식 자동소화장치 설치기준 • 소화기구의 설치를 감소할 수 없는 특정소방대상물 • 일반화재 적용대상 소화약제의 종류 • 「위험물 안전관리법 시행규칙」 제5류 위험물에 적응성 있는 소화기	
소화기수 (능력단위)	• 의료시설 소화기 설치개수 • 복합건축물, 부속용도별 소화기의 설치개수 등 • 항공기격납고의 소화기구 능력단위 • 노유자시설(비내화구조)·분말소화기설치 시 능력단위 및 소화기 개수	

Key point	• 설치기준 및 용어의 정의 • 소화기의 능력단위, 즉 소화기의 개수 산정 • 자동소화장치의 설치기준 및 구성 • 부속용도별로 추가하여야 할 소화기구의 개수 산정

2 시스템의 해설

현대 건축물은 화재가 발생하는 요인이 증가되고, 소화의 어려움을 확대되어 화재를 조기에 발견하여 경보하고 화재 확대를 최소한으로 저지하는 것이 매우 중요한 일이다. 따라서 관계법령에서는 건축물의 구조·규모·수용인원·용도 등에 따라 소방시설의 설치를 의무화하고 있다. 소화기구는 초기화재 소화를 위하여 기능 및 기구를 단순하게 제조하여 누구나 쉽게 다룰 수 있도록 제작한 소방용품이다.

1) 소방용품(소방시설법 시행령 제6조)

소화설비를 구성하는 제품 또는 기기는 ① 별표 1 제1호가목의 소화기구(소화약제 외의 것을 이용한 간이소화용구는 제외한다), ② 별표 1 제1호나목의 자동소화장치, ③ 소화설비를 구성하는 소화전, 관창(菅槍), 소방호스, 스프링클러헤드, 기동용 수압개폐장치, 유수제어밸브 및 가스관선택밸브 등이 있으며, 소화설비의 제품검사(형식승인 및 성능인증) 대상 품목은 ① 법 제36조제1항 본문에서 "대통령령으로 정하는 소방용품" ② 규칙 제15조제1항 본문에서 "행정안전부령으로 정하는 소방용품" ③ 규칙 제15조 및 별표 7 제22호에 따른 "소방청장이 고시하는 소방용품" 등으로 구분되고 소방용품은 제품검사를 받아 합격한 제품을 사용하여야 한다.

2) 소방용품의 분류

소방용품은 소화설비, 경보설비, 피난구조설비, 소화용수설비, 소화활동설비로 대분류하며, 소화기구 및 자동소화장치의 소방용품은 다음 표와 같이 분류할 수 있다.

> **1. 소화기구**
> 가. 소화기 : 소화약제를 일정 압력에 따라 방사하는 기구
>   ▶ 소화약제 : 수계, 가스계, 분말계
>   ▶ 소화효과(화재 적응성) : 연소4요소, 소화원리
>   ▶ 소화기의 종류 : 물, 산·알칼리, 강화액, 포, CO_2, 할로겐화합물, 분말(BC급, ABC급)
> 나. 자동확산소화기 : 밀폐 등 장소에 고정하여 화재를 감지하고 소화약제를 자동으로 방출하는 국소적 소화기
>   ▶ 종류 : 방사방식(분사식, 파열식), 가압방식(가압식, 축압식), 설치용도(일반화재, 주방화재, 전기화재)
> 다. 간이소화용구 : 소화기 및 자동소화장치를 제외한 소화능력단위 1단위 이하의 소화용구
>   ▶ 종류 : 에어졸식, 투척용, 소공간용, 소화약제 외의 것을 이용한(마른모래, 팽창질석, 팽창진주암) 소화용구

▶ 설치기준

2. 자동소화장치

열, 연기 및 불꽃 등을 감지하여 소화약제를 자동으로 방사하는 고정된 소화장치
  가. 주거용 주방자동소화장치
  나. 상업용 주방자동소화장치
  다. 캐비닛형 자동소화장치
  라. 가스자동소화장치
  마. 분말자동소화장치
  바. 고체에어로졸자동소화장치

3) 용어 해설

소방시설이란 화재를 탐지(감지)하여 이를 통보함으로써 피해가 우려되는 사람들을 보호하거나 대피시키고, 화재 초기 단계에서 즉시 사람으로 하여금 소화활동을 할 수 있도록 하며, 자동설비 또는 수동조작에 의한 화재진압은 물론 피난을 가능하게 하여 화재로 인한 인명과 재산의 피해를 최소화하기 위한 기계 · 기구 및 시스템이라고 정의할 수 있다.

(1) 능력단위

소화기 및 소화약제에 따른 간이소화용구에 있어서는 형식승인(법 제36조제1항)된 수치를 말하며, 소화약제 외의 것을 이용한 간이소화용구에 있어서는 별표 2에 따른 수치를 말한다.

별표 2) 간이소화용구의 능력단위(제3조제6호 관련)

간이소화용구		능력단위
1. 마른모래	삽을 상비한 50L 이상의 것 1포	0.5 단위
2. 팽창질석 또는 팽창진주암	삽을 상비한 80L 이상의 것 1포	

(2) 소화효과 및 화재 적응성

연소 4요소는 점화 에너지(열) · 산소 · 가연물 · 연쇄반응으로 4요소 중 미흡한 부분이 있으면 연소는 진행하지 못한다. 소화 원리는 냉각소화, 질식소화, 제거소화, 억제소화 등이 있다.

구분		소화효과			적응성		
		냉각	질식	억제	A급	B급	C급
수계 소화기	물 또는 산·알칼리소화기	◎	-	-	○	-	-
	강화액소화기	◎	○	○	○	-	-
	포말소화기	○	◎	-	○	○	-
가스계 소화기	CO_2 소화기	○	◎	-	-	○	○
	Halogen 화합물 소화기 1211	-	-	◎	○	○	○
	1301	-	-	◎	-	○	○
분말계 소화기	ABC급	-	○	◎	○	○	○
	BC급	-	○	◎	-	○	○

(주) ◎표시는 소화효과에 주도적 작용, ○표시는 소화효과는 보조적이며, 화재종류는 적응성 있음

(3) 부속용도

제4조(설치기준)는 "① 기본설치, ② 제한설치, ③ 추가설치, ④ 감소설치, ⑤ 설치제외" 등으로 설치기준을 구분하고 있다.

| 소화기 개수 산정 예시 |

분류	부속용도	조건 적용		부속용도별 추가설치(별표 4)
특정소방 대상물	1. 위락시설 2. 공연장 등 3. 근린생활시설 등 4. 그 밖의 것	1. 내화+불연 2. 내화+준불연 3. 내화+난연	추가 ⇨	1. 보일러실 ① 바닥면적 25m²마다 1단위 이상의 소화기 설치 ② 자동확산소화기의 개수
능력단위	$\dfrac{바닥면적[m^2]}{기준면적[m^2]}$ = [ ]단위	$\dfrac{바닥면적}{기준면적 \times 2}$ = [ ]단위		바닥면적 / 자동확산 소화기 10m² 이하 / 1개 10m² 초과 / 2개 2. 소화기구의 개수 = ①+②
소화기 소요개수 = $\dfrac{소요능력단위}{설치 소화기의 능력단위}$ = [ ]개				※ 부속용도별 추가설치의 수량산정

02 화재안전기준 (2021. 1. 15 기준 원문)

NFSC 101

제1조(목적) 이 기준은 「화재예방, 소방시설 설치·유지 및 안전관리에 관한 법률」 제9조제1항에 따라 소방청장에게 위임한 사항 중 소화설비인 소화기구 및 자동소화장치의 설치·유지 및 안전관리에 필요한 사항을 규정함을 목적으로 한다.

> **POINT 시스템 및 안전관리**
>
> 소화기구 및 자동소화장치의 설치목적은 물 그 밖의 소화약제를 사용하여 소화하는 설비로서 특정소방대상물에서 화재가 발생한 경우 연소생성물(열, 연기, 불꽃 등)에 의한 화재의 초기소화, 연소제어 및 연소확대방지를 위하여 사용하며, 평상시에는 관계인에 의한 화재 예방을 위하여 정기적으로 점검하는 소방설비이다.
> 1. 소화기구 및 자동소화장치는 ① 소화기구는 화재 시 물 그 밖의 소화약제를 사용하여 소화하는 기계·기구 또는 설비로서 초기소화의 핵심 설비이다. 소화기구의 구성은 소화약제를 수동·자동으로 조작하여 방사하는 소화기(액체·가스·고체), 간이소화용구, 자동확산소화기 등으로 구성된다. ② 자동소화장치는 소화약제를 자동으로 방사하는 고정소화장치이다. 자동소화장치의 종류는 주거용·상업용·캐비닛형·가스·분말·고체에어로졸자동소화장치 등이 있다.
> 2. 시스템을 구성하고 있는 소화설비는 「소방시설공사업법」의 소방시설공사 등의 품질과 안전이 확보되도록 시공되어야 하고, 소방기술의 관리에 필요한 화재안전기준에 적합하게 설계도서·시방서가 작성되어 성실하게 수행되어야 한다. 또한 「화재예방, 소방시설 설치·유지 및 안전관리에 관한 법률(이하 "소방시설법")」에 의한 소방용품의 제조 및 수입하려는 제품에 대하여 제품검사를 수행하고, 특정소방대상물의 관계인을 통하여 소방대상물의 안전관리가 이행되어야 한다.

제2조(적용범위) 「화재예방, 소방시설 설치·유지 및 안전관리에 관한 법률 시행령」(이하 "영"이라 한다) 별표 5 제1호가목 및 나목에 따른 소화기구 및 자동소화장치는 이 기준에서 정하는 규정에 따라 설치하고 유지·관리하여야 한다.

POINT

1 특정소방대상물의 설치기준(별표 5 소화기구 및 자동소화장치)

소방시설		적용기준	설치대상
소화기구	소화기 간이소화용구 자동확산소화기	건축물의 연면적 지정문화재, 가스시설	33m² 이상 전부
		※ 다만, 노유자시설의 경우 투척용소화용구 등을 화재안전기준에 따라 산정된 소화기 수량의 2분의 1 이상 설치할 수 있다.	
		터널 지하구	전부
자동소화장치	주거용 주방자동소화장치	아파트등 및 30층 이상 오피스텔	모든 층
	캐비닛형 자동소화장치, 가스자동소화장치, 분말자동소화장치 또는 고체에어로졸자동소화장치	화재안전기준에서 정하는 장소	

2 소방시설의 설치 면제기준

1. (별표 6) 소방시설 설치 면제기준
   자동소화장치(주거용 주방자동소화장치는 제외한다)를 설치하여야 하는 특정소방대상물에 물분무등소화설비를 화재안전기준에 적합하게 설치한 경우에는 그 설비의 유효범위에서 설치가 면제된다.
2. (별표 7) 소방시설을 설치하지 않을 수 있는 특정소방대상물 및 소방시설 범위 : 없음
3. 화재안전기준에 따른 감소 및 제외 기준
   1) 제5조(소화기의 감소) 참조
   2) [별표 4]제1호 다음 각 목의 시설. 다만, 스프링클러설비·간이스프링클러설비·물분무등소화설비 또는 상업용 주방자동소화장치가 설치된 경우에는 자동확산소화기를 설치하지 아니할 수 있다.

제3조(정의) 이 기준에서 사용하는 용어의 정의는 다음과 같다.
1. "소화약제"란 소화기구 및 자동소화장치에 사용되는 소화성능이 있는 고체·액체 및 기체의 물질을 말한다.

> **≫ 소화약제** 참고 국가화재안전기준 해설서
>
> 가. 공통 성질
>   1) 소화약제는 현저한 독성이나 부식성이 없어야 하며 열과 접촉할 때 독성이나 부식성의 가스를 발생하지 아니하여야 한다.

2) 수용액의 소화약제 및 액체상태의 소화약제는 결정의 석출, 용액의 분리, 부유물 또는 침전물의 발생 등 그 밖의 이상이 생기지 아니하여야 하며, 과불화옥탄술폰산을 함유하지 않아야 한다.

3) 소화약제의 중량은 허용 중량(용량)의 범위 이내이어야 한다.

나. 소화약제의 분류

화재의 종류와 장소의 특성에 따라 선택할 수 있으며, 현재 형식승인을 받은 소화약제는 다음과 같다.

소화약제의 종류			주요 성분
수계	물소화기		H_2O + 침윤제(浸潤劑)첨가
	산·알칼리소화기		A제 : $NaHCO_3$, B제 : H_2SO_4
	강화액소화기		K_2CO_3
	포소화기	화학포	A제 : $NaHCO_3$, B제 : $Al_2(SO_4)_3$
		기계포	AFFF(수성막포), FFFP(막형성 불화단백포)
가스계	CO_2소화기		CO_2
	Halon소화기	1211	CF_2ClBr
		1301	CF_3Br
분말계	인산염류(ABC급)		$NH_4·H_2PO_4$(제일인산암모늄)
	중탄산염류(BC급)		$NaHCO_3$ 또는 $KHCO_3$
기타	고체에어로졸화합물, 마른모래, 팽창질석 및 팽창진주암 등		

※ 침윤제란 인산염, 황산염, 계면활성제가 주성분으로 물을 첨가하여 사용할 경우 물의 침투력, 분산 능력 및 유화 능력 등을 증대하기 위한 첨가물이다.

2. "소화기"란 소화약제를 압력에 따라 방사하는 기구로서 사람이 수동으로 조작하여 소화하는 다음 각 목의 것을 말한다.

   가. "소형소화기"란 능력단위가 1단위 이상이고 대형소화기의 능력단위 미만인 소화기를 말한다.

   나. "대형소화기"란 화재 시 사람이 운반할 수 있도록 운반대와 바퀴가 설치되어 있고 능력단위가 A급 10단위 이상, B급 20단위 이상인 소화기를 말한다.

》 소화기의 능력단위

구분	소화능력단위	설치거리
소형소화기	1단위 이상	보행거리 20m 이내
대형소화기	A급 10단위 이상, B급 20단위 이상	보행거리 30m 이내

>> 대형소화기의 소화약제 종류별 중량

소화기 종류(수계)	중량	소화기 종류(분말·가스)	중량
포	20L 이상	분말	20kg 이상
강화액	60L 이상	할로겐화합물	30kg 이상
물	80L 이상	이산화탄소	50kg 이상

3. "자동확산소화기"란 화재를 감지하여 자동으로 소화약제를 방출 확산시켜 국소적으로 소화하는 소화기를 말한다.

4. "자동소화장치"란 소화약제를 자동으로 방사하는 고정된 소화장치로서 법 제36조 또는 제39조에 따라 형식승인이나 성능인증을 받은 유효설치 범위(설계방호체적, 최대설치높이, 방호면적 등을 말한다) 이내에 설치하여 소화하는 다음 각 목의 것을 말한다.

   가. "주거용 주방자동소화장치"란 주거용 주방에 설치된 열발생 조리기구의 사용으로 인한 화재 발생 시 열원(전기 또는 가스)을 자동으로 차단하며 소화약제를 방출하는 소화장치를 말한다.

   나. "상업용 주방자동소화장치"란 상업용 주방에 설치된 열발생 조리기구의 사용으로 인한 화재 발생 시 열원(전기 또는 가스)을 자동으로 차단하며 소화약제를 방출하는 소화장치를 말한다.

   다. "캐비닛형 자동소화장치"란 열, 연기 또는 불꽃 등을 감지하여 소화약제를 방사하여 소화하는 캐비닛형태의 소화장치를 말한다.

   라. "가스자동소화장치"란 열, 연기 또는 불꽃 등을 감지하여 가스계 소화약제를 방사하여 소화하는 소화장치를 말한다.

   마. "분말자동소화장치"란 열, 연기 또는 불꽃 등을 감지하여 분말의 소화약제를 방사하여 소화하는 소화장치를 말한다.

   바. "고체에어로졸자동소화장치"란 열, 연기 또는 불꽃 등을 감지하여 에어로졸의 소화약제를 방사하여 소화하는 소화장치를 말한다.

>> 각종 자동소화장치   참고 국가화재안전기준 해설서

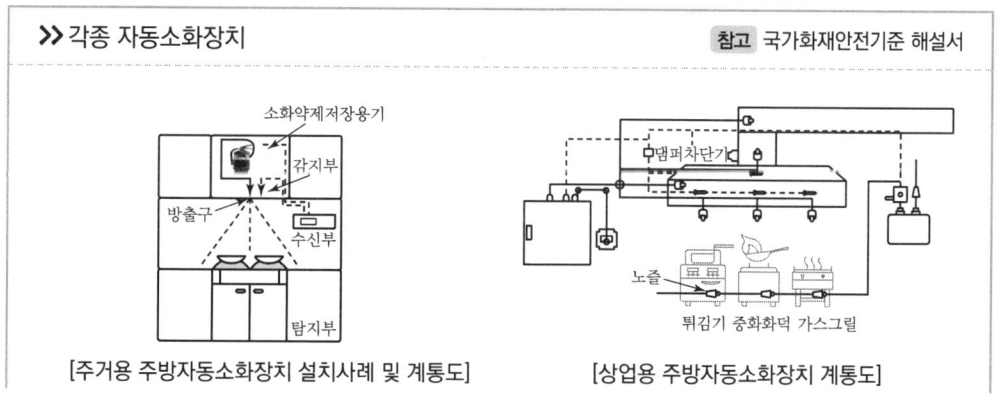

[주거용 주방자동소화장치 설치사례 및 계통도]   [상업용 주방자동소화장치 계통도]

 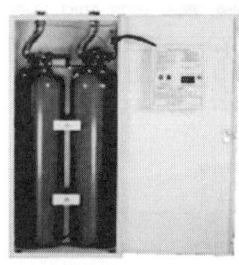 

[캐비닛형 자동소화장치]　　　　　　　[고체에어로졸 자동소화장치 설치사례]

5. "거실"이란 거주·집무·작업·집회·오락 그 밖에 이와 유사한 목적을 위하여 사용하는 방을 말한다.

6. "능력단위"란 소화기 및 소화약제에 따른 간이소화용구에 있어서는 법 제36조제1항에 따라 형식승인 된 수치를 말하며, 소화약제 외의 것을 이용한 간이소화용구에 있어서는 별표 2에 따른 수치를 말한다.

> **≫ 간이소화용구란**
>
> 1. 소화기 및 자동소화장치를 제외한 소화능력단위 1단위 이하의 소화용구로서 화재발생 초기 단계에서 사용하며 일반적으로 1회용의 보조 소화용구이다.
> 2. 간이소화용구의 종류 : 에어졸식 소화용구, 투척용 소화용구, 소공간용 소화용구, 소화약제 외의 것을 이용한 간이소화용구(마른모래, 팽창질석, 팽창진주암) ⇨ ※ (별표 2) 소화기구에서 제외
>
> ※ 보수관리
> - 투척용소화용구 및 파열식 자동확산소화기는 경질유리 등으로 되어 있으므로 제품에 충격을 가하지 말고 파열에 주의하여 설치한다.
> - 투척용소화용구 및 파열식자동확산소화기는 소화약제의 변질 및 침전물이 생기지 않도록 하고 변질된 제품은 교체한다.
> - 분사식 자동확산소화기의 축압식은 지시압력계의 눈금이 사용범위(녹색범위)에 있는지 정기적으로 확인한다.
> - 축압식의 경우 재충전 시 규격에 맞는 레귤레이터를 사용하여 과충전(과압되어 지시압력계가 녹색범위를 벗어나는 경우)되지 않도록 주의하여야 한다.
> - 자동확산소화기의 경우 지지장치 등이 견고하게 부착되어 있는지 확인한다.

7. "일반화재(A급 화재)"란 나무, 섬유, 종이, 고무, 플라스틱류와 같은 일반 가연물이 타고 나서 재가 남는 화재를 말한다. 일반화재에 대한 소화기의 적응 화재별 표시는 'A'로 표시한다.

8. "유류화재(B급 화재)"란 인화성 액체, 가연성 액체, 석유 그리스, 타르, 오일, 유성도료, 솔벤트, 래커, 알코올 및 인화성 가스와 같은 유류가 타고 나서 재가 남지 않는 화재를 말한다. 유류

화재에 대한 소화기의 적응 화재별 표시는 'B'로 표시한다.
9. "전기화재(C급 화재)"란 전류가 흐르고 있는 전기기기, 배선과 관련된 화재를 말한다. 전기화재에 대한 소화기의 적응 화재별 표시는 'C'로 표시한다.
10. "주방화재(K급 화재)"란 주방에서 동식물유를 취급하는 조리기구에서 일어나는 화재를 말한다. 주방화재에 대한 소화기의 적응 화재별 표시는 'K'로 표시한다.

> **》 주방 화재적응성** 참고 국가화재안전기준 해설서
>
> 1. 개요
>   식용유 화재를 의미하며, 과거에는 B급 화재에 포함시켜 분류하는 것이 일반적이었으나, 유류화재와는 연소형태와 소화작업에 차이가 있어 ISO에서는 F급 화재로, NFPA에서는 K급화재로 분류하고 있다.
>
> 2. 식용유의 연소특성
>   일반적으로 가연성액체의 비점은 자연발화점보다 낮다. 그러나 식용유의 경우에는 유면상의 화염을 제거하여도 유면온도가 발화점 이상이기 때문에 재발화 위험성이 상당히 크다. 따라서 식용유 화재는 가연물을 자동발화온도 미만으로 냉각을 하는 소화방법이 필요하다.
>
> 3. 화재의 종류
>
> | 화재등급
분류 | A급 | B급 | C급 | D급 | K급 |
> |---|---|---|---|---|---|
> | 화재종류 | 일반화재 | 유류·가스화재 | 전기화재 | 금속화재 | 주방화재 |
> | 표 시 색 | 백색 | 황색 | 청색 | 무색 | - |

제4조(설치기준) ① 소화기구는 다음 각 호의 기준에 따라 설치하여야 한다.
1. 특정소방대상물의 설치장소에 따라 별표 1에 적합한 종류의 것으로 할 것
2. 특정소방대상물에 따라 소화기구의 능력단위는 별표 3의 기준에 따를 것
3. 제2호에 따른 능력단위 외에 별표 4에 따라 부속용도별로 사용되는 부분에 대하여는 소화기구 및 자동소화장치를 추가하여 설치할 것
4. 소화기는 다음 각 목의 기준에 따라 설치할 것
   가. 각층마다 설치하되, 특정소방대상물의 각 부분으로부터 1개의 소화기까지의 보행거리가 소형소화기의 경우에는 20m 이내, 대형소화기의 경우에는 30m 이내가 되도록 배치할 것. 다만, 가연성물질이 없는 작업장의 경우에는 작업상의 실정에 맞게 보행거리를 완화하여 배치할 수 있다.
   나. 특정소방대상물의 각층이 2 이상의 거실로 구획된 경우에는 가목의 규정에 따라 각 층마다 설치하는 것 외에 바닥면적이 33m² 이상으로 구획된 각 거실(아파트의 경우에는 각 세대를 말한다)에도 배치할 것

다. 〈삭제〉

> **>> 33m² 이상의 구획된 실의 추가설치**
>
> 제4조 설치기준은 "① 기본 설치, ② 제한 설치, ③ 추가 설치, ④ 감소 설치, ⑤ 설치 제외"의 요소로 구분할 수 있다.
> 가. 당해 용도에 맞게 능력단위를 산출하고, 보행거리 기준을 적용하여 소화기를 설치하게 된다. 그러나 바닥면적이 33m² 이상인 거실이 별도로 구획된 경우에는 보행거리와 무관하게 추가로 소화기를 설치하여야 한다.
> 나. 아파트의 경우에는 각 세대 내의 방을 구획된 거실로 적용하지 않고 하나의 세대를 구획된 거실로 적용하여, 추가배치를 하지 않도록 완화한 기준이다.
> ※ • 계단형 아파트는 층별 설치기준에 따라 부속실 등에 소화기 하나, 각 세대마다 소화기 하나 이상 설치
> • 복도형 아파트는 복도 보행거리에 적합하도록 20~30m 이내 소화기 하나, 각 세대마다 소화기 하나 이상 설치

5. 능력단위가 2단위 이상이 되도록 소화기를 설치하여야 할 특정소방대상물 또는 그 부분에 있어서는 간이소화용구의 능력단위가 전체 능력단위의 2분의 1을 초과하지 아니하게 할 것 다만, 노유자시설의 경우에는 그렇지 않다.
6. 소화기구(자동확산소화기를 제외한다)는 거주자 등이 손쉽게 사용할 수 있는 장소에 바닥으로부터 높이 1.5m 이하의 곳에 비치하고, 소화기에 있어서는 "소화기", 투척용소화용구에 있어서는 "투척용소화용구", 마른모래에 있어서는 "소화용모래", 팽창질석 및 팽창진주암에 있어서는 "소화질석"이라고 표시한 표지를 보기 쉬운 곳에 부착할 것
7. 자동확산소화기는 다음 각 목의 기준에 따라 설치할 것
   가. 방호대상물에 소화약제가 유효하게 방사될 수 있도록 설치할 것
   나. 작동에 지장이 없도록 견고하게 고정할 것
8. 삭제
9. 삭제

② 자동소화장치는 다음 각 호의 기준에 따라 설치하여야 한다.
1. 주거용 주방자동소화장치는 다음 각 목의 기준에 따라 설치할 것
   가. 소화약제 방출구는 환기구(주방에서 발생하는 열기류 등을 밖으로 배출하는 장치를 말한다. 이하 같다)의 청소부분과 분리되어 있어야 하며, 형식승인 받은 유효설치 높이 및 방호면적에 따라 설치할 것
   나. 감지부는 형식승인 받은 유효한 높이 및 위치에 설치할 것
   다. 차단장치(전기 또는 가스)는 상시 확인 및 점검이 가능하도록 설치할 것
   라. 가스용 주방자동소화장치를 사용하는 경우 탐지부는 수신부와 분리하여 설치하되, 공기보다 가벼운 가스를 사용하는 경우에는 천장 면으로 부터 30cm 이하의 위치에 설치하고, 공

기보다 무거운 가스를 사용하는 장소에는 바닥 면으로부터 30cm 이하의 위치에 설치할 것
　　마. 수신부는 주위의 열기류 또는 습기 등과 주위온도에 영향을 받지 아니하고 사용자가 상시 볼 수 있는 장소에 설치할 것
2. 상업용 주방자동소화장치는 다음 각 목의 기준에 따라 설치할 것
　가. 소화장치는 조리기구의 종류별로 성능인증 받은 설계 매뉴얼에 적합하게 설치할 것
　나. 감지부는 성능인증 받는 유효높이 및 위치에 설치할 것
　다. 차단장치(전기 또는 가스)는 상시 확인 및 점검이 가능하도록 설치할 것
　라. 후드에 방출되는 분사헤드는 후드의 가장 긴 변의 길이까지 방출될 수 있도록 약제 방출 방향 및 거리를 고려하여 설치할 것
　마. 덕트에 방출되는 분사헤드는 성능인증 받는 길이 이내로 설치할 것
3. 캐비닛형자동소화장치는 다음 각 목의 기준에 따라 설치하여야 한다.
　가. 분사헤드의 설치 높이는 방호구역의 바닥으로부터 최소 0.2m 이상 최대 3.7m 이하로 하여야 한다. 다만, 별도의 높이로 형식승인 받은 경우에는 그 범위 내에서 설치할 수 있다.
　나. 화재감지기는 방호구역 내의 천장 또는 옥내에 면하는 부분에 설치하되「자동화재탐지설비 및 시각경보장치의 화재안전기준(NFSC 203)」제7조에 적합하도록 설치할 것

> **감지기(NFSC 203 제7조)**
> ① 자동화재탐지설비의 감지기는 부착높이에 따라 다음 표에 따른 감지기를 설치하여야 한다. (이하생략)
> ② 다음 각 호의 장소에는 연기감지기를 설치하여야 한다. (이하생략)
> ③ 감지기는 다음 각 호의 기준에 따라 설치하여야 한다. (이하생략)
> ④ 제3항에도 불구하고 다음 각 호의 장소에는 각각 광전식분리형감지기 또는 불꽃감지기를 설치하거나 광전식공기흡입형감지기를 설치할 수 있다. (이하생략)
> ⑤ 다음 각 호의 장소에는 감지기를 설치하지 아니한다. (이하생략)
> ⑥ 지하구에 설치하는 감지기는 제1항 각 호의 감지기로서 먼지·습기 등의 영향을 받지 아니하고 발화지점을 확인할 수 있는 감지기를 설치하여야 한다. (이하생략)
> ⑦ 제1항 단서에도 불구하고 일시적으로 발생한 열·연기 또는 먼지 등으로 인하여 화재신호를 발신할 우려가 있는 장소에는 별표 1 및 별표 2에 따라 그 장소에 적응성 있는 감지기를 설치할 수 있으며, 연기감지기를 설치할 수 없는 장소에는 별표 1을 적용하여 설치할 수 있다.

　다. 방호구역 내의 화재감지기의 감지에 따라 작동되도록 할 것
　라. 화재감지기의 회로는 교차회로방식으로 설치할 것. 다만, 화재감지기를「자동화재탐지설비 및 시각경보장치의 화재안전기준(NFSC 203)」제7조제1항 단서의 각 호의 감지기로 설치하는 경우에는 그러하지 아니하다.

> **교차회로방식으로 설치하지 않을 수 있는 감지기의 분류**
>
> 아날로그방식의 감지기, 광전식분리형감지기, 복합형감지기, 축적방식의 감지기, 정온식감지선형감지기, 불꽃감지기, 분포형감지기, 다신호방식의 감지기

마. 교차회로 내의 각 화재감지기회로별로 설치된 화재감지기 1개가 담당하는 바닥면적은 「자동화재탐지설비 및 시각경보장치의 화재안전기준(NFSC 203)」 제7조제3항제5호·제8호 및 제10호에 따른 바닥면적으로 할 것

화재감지기 1개가 담당하는 바닥면적(NFSC 203 제7조제3항제5호·8호 및 제10호)

5. 차동식스포트형·보상식스포트형 및 정온식스포트형 감지기는 그 부착 높이 및 특정소방대상물에 따라 다음 표에 따른 바닥면적마다 1개 이상을 설치할 것

부착높이 및 특정소방대상물의 구분		감지기의 종류						
		차동식 스포트형		보상식 스포트형		정온식 스포트형		
		1종	2종	1종	2종	특종	1종	2종
4m 미만	주요구조부를 내화구조로 한 특정소방대상물 또는 그 부분	90	70	90	70	70	60	20
	기타 구조의 특정소방대상물 또는 그 부분	50	40	50	40	40	30	15
4m 이상 8m 미만	주요구조부를 내화구조로 한 특정소방대상물 또는 그 부분	45	35	45	35	35	30	
	기타 구조의 특정소방대상물 또는 그 부분	30	25	30	25	25	15	

8. 열전대식 차동식분포형감지기는 다음의 기준에 따를 것
   가. 열전대부는 감지구역의 바닥면적 18m^2(주요구조부가 내화구조로 된 특정소방대상물에 있어서는 22m^2)마다 1개 이상으로 할 것. 다만, 바닥면적이 72m^2(주요구조부가 내화구조로 된 특정소방대상물에 있어서는 88m^2) 이하인 특정소방대상물에 있어서는 4개 이상으로 하여야 한다.
   나. 하나의 검출부에 접속하는 열전대부는 20개 이하로 할 것. 다만, 각각의 열전대부에 대한 작동여부를 검출부에서 표시할 수 있는 것(주소형)은 형식승인 받은 성능인정범위 내의 수량으로 설치할 수 있다.

10. 연기감지기는 다음의 기준에 따라 설치할 것
    가. 감지기의 부착높이에 따라 다음 표에 따른 바닥면적마다 1개 이상으로 할 것

부착높이	감지기의 종류	
	1종 및 2종	3종
4m 미만	150	50
4m 이상 20m 미만	75	-

　나. 감지기는 복도 및 통로에 있어서는 보행거리 30m(3종에 있어서는 20m)마다, 계단 및 경사로에 있어서는 수직거리 15m(3종에 있어서는 10m)마다 1개 이상으로 할 것
　다. 천장 또는 반자가 낮은 실내 또는 좁은 실내에 있어서는 출입구의 가까운 부분에 설치할 것
　라. 천장 또는 반자 부근에 배기구가 있는 경우에는 그 부근에 설치할 것
　마. 감지기는 벽 또는 보로부터 0.6m 이상 떨어진 곳에 설치할 것

바. 개구부 및 통기구(환기장치를 포함한다. 이하 같다)를 설치한 것에 있어서는 약제가 방사되기 전에 해당 개구부 및 통기구를 자동으로 폐쇄할 수 있도록 할 것. 다만, 가스압에 의하여 폐쇄되는 것은 소화약제방출과 동시에 폐쇄할 수 있다.
사. 작동에 지장이 없도록 견고하게 고정시킬 것
아. 구획된 장소의 방호체적 이상을 방호할 수 있는 소화성능이 있을 것

>> 캐비닛형 자동소화장치의 설치　　　　　　　　　　참고 국가화재안전기준 해설서

1. 설치장소
　가. 발전실·변전실·송전실·변압기실·배전반실·통신기기실·전산기기실·기타 이와 유사한 장소
　　1) 해당 용도의 바닥면적 50m²마다 적응성이 있는 소화기 1개
　　2) 유효설치방호체적 이내의 가스식·분말식·고체에어로졸식 자동소화장치
　　3) 캐비닛형자동소화장치(다만, 통신기기실·전자기기실을 제외한 장소에 있어서는 교류 600V 또는 직류 750V 이상의 것에 한한다)
　나. 위험물안전관리법시행령 별표 1에 따른 지정수량의 1/5 이상 지정수량 미만의 위험물을 저장 또는 취급하는 장소
　　1) 능력단위 2단위 이상 또는 유효설치방호체적 이내의 가스식·분말식·고체에어로졸식 자동소화장치, 캐비닛형자동소화장치

2. 구성요소
　가. 감지부 : 화재 시에 발생하는 열·연기 등을 이용, 화재발생을 자동적으로 감지하여 수신장치에 신호를 발신함
　나. 방출구 : 화재의 소화를 위하여 소화약제를 유효하게 방사하는 부분
　다. 방출유도관 : 소화약제 저장용기로부터 방출구에 이르는 캐비닛 내부의 유도관을 말한다.
　라. 소화약제 저장용기 등 : 소화약제를 저장하는 용기, 압력원 가스를 저장하는 용기 및 그것에 부속된 부품

마. 수신장치 : 감지부에서 발하는 화재신호를 받아 밸브 등을 개방하여 소화약제 저장용기 등으로부터 소화약제를 방출하기 위한 장치

바. 예비전원 감지장치 : 예비전원의 퓨즈단선, 예비전원이 없을 때, 예비전원의 용량이 부족할 때 등 예비전원의 상태가 정상적이 아니라는 것을 램프점등 등으로 나타내 주는 장치

4. 가스, 분말, 고체에어로졸 자동소화장치는 다음 각 목의 기준에 따라 설치하여야 한다.
   가. 소화약제 방출구는 형식승인 받은 유효설치범위 내에 설치할 것
   나. 자동소화장치는 방호구역 내에 형식승인 된 1개의 제품을 설치할 것. 이 경우 연동방식으로서 하나의 형식을 받은 경우에는 1개의 제품으로 본다.
   다. 감지부는 형식승인된 유효설치범위 내에 설치하여야 하며 설치장소의 평상시 최고주위온도에 따라 다음 표에 따른 표시온도의 것으로 설치할 것. 다만, 열감지선의 감지부는 형식승인 받은 최고주위온도범위 내에 설치하여야 한다.

설치장소의 최고주위온도	표시온도
39℃ 미만	79℃ 미만
39℃ 이상 64℃ 미만	79℃ 이상 121℃ 미만
64℃ 이상 106℃ 미만	121℃ 이상 162℃ 미만
106℃ 이상	162℃ 이상

   라. 다목에도 불구하고 화재감지기를 감지부를에 사용하는 경우에는 제3호 나목부터 마목까지의 설치방법에 따를 것

> **가스, 분말, 고체에어로졸 자동소화장치의 설치** 참고 국가화재안전기준 해설서
>
> 1. 설치장소
>   가. 지하구의 제어반 또는 분전반의 경우 제어반 또는 분전반마다 그 내부에 가스식·분말식·고체에어로졸식 자동소화장치를 설치하여야 한다.
>   나. 발전실·변전실·송전실·변압기실·배전반실·통신기기실·전산기기실·기타 이와 유사한 장소
>   다. 위험물안전관리법시행령 별표 1에 따른 지정수량의 1/5 이상 지정수량 미만의 위험물을 저장 또는 취급하는 장소
>   ※ 캐비닛형 자동소화장치의 설치

③ 이산화탄소 또는 할로겐화합물을 방사하는 소화기구(자동확산소화기를 제외한다)는 지하층이나 무창층 또는 밀폐된 거실로서 그 바닥면적이 20m² 미만의 장소에는 설치할 수 없다. 다만, 배기를 위한 유효한 개구부가 있는 장소인 경우에는 그러하지 아니하다.

>> **이산화탄소 또는 할로겐화합물을 방사하는 소화기구의 설치** 참고 국가화재안전기준 해설서

1. 이산화탄소

가. 소화약제
이산화탄소를 소화약제로 사용하려면 KS K 1106 액화탄산의 2종 또는 3종에 적합한 것으로 규정하고 있다. 이산화탄소는 공기 중에 0.03%(용량) 존재하나 공업적으로는 석유 등을 원료로 하는 수소의 제조공정 중에서 발생한 기체에서의 회수 또는 발효공업의 부산물 포집(捕集) 등에 의해 만들어진다.

나. 소화원리
이산화탄소를 소화약제로 하는 소화기로 고압가스용기에 충전되어 있어 레버를 작동하면 저장한 이산화탄소를 특정소방대상물에 방사하여 소화하는 것이다.

다. 소화기의 구조 및 특징
1) 용기는 250kg/cm²의 내압시험을 행한 용기를 사용하고 있다.
2) 충전비는 1.5 이상으로 하고, 안전밸브의 작동압은 일반적으로 용기내압시험 압력의 10분의 8 이하로 하고 있으나, 소화기용은 (200~250)kg/cm²의 범위에서 파열하는 봉판식 안전변을 밸브에 설치하고 있다.
3) 밸브의 방출구에는 내압호스 또는 연결관이 접속되어 있다. 호스 및 연결관은 방사할 때 심하게 냉각되므로 고무 등 열의 불량도체로 덮여 있다.

> ※ 이산화탄소의 특징
> 이산화탄소 농도는 외부 공기 중의 이산화탄소농도 300~350ppm(0.03~0.035%), 사람이 거주하는 내부의 이산화탄소농도 600~800ppm(0.06~0.08%)이다.
> 1. 실내 이산화탄소농도가 1% ⇨ 사람이 꽉 찬 강당에서 신선한 공기가 공급되지 않는 것과 같은 상황, 일부는 어지럼증을 느낄 수 있다.
> 2. 이산화탄소농도가 2% 이상 ⇨ 가슴이 답답함을 느끼고 자주 깊은 한숨을 쉰다.
> 3. 이산화탄소농도가 3% ⇨ 숨쉬는 속도가 2배가 되고, 5%가 되면 4배가 된다.
> 4. 이산화탄소의 농도 5% 이상 ⇨ 직접적으로 독성의 영향을 미친다.
>   예 두통, 심장박동수의 증가, 어지러움, 피로, 급한 호흡, 시력과 청력의 문제
> 5. 더 높은 농도의 이산화탄소에 노출되면 몇 분 안에 의식불명이나 사망할 수 있다.
>   ⇨ 고농도의 이산화탄소에 노출되는 것과 공기 중 산소의 부족은 구별되어야 한다.

2. 할론소화약제 소화기

가. 소화약제

할로겐화물 소화약제 비교				
분자식	CH_2BrCl	$C_2Br_2F_4$	$CBrClF_2$	$CBrF_3$
관습명	1브롬화 1염화메탄	2브롬화 4플로오르화에탄	1브롬화 1염화1플로오르화메탄	1브롬화 1플로오르화메탄
화학명	브로모클로드메탄	디브로모테트라플루오로에탄	디브로클로로디플루오로메탄	브로모트리플루오로메탄

할로겐화물 소화약제 비교				
할론번호	1011	2402	1211	1301
프레온번호	30B1	114B2	12B1	13B1
약호	CB	FB$_2$	BCF	BTM

※ 할론 1011 및 할론 2402 소화약제를 사용하는 소화기는 우리나라에서 거의 사용되지 않고 있다.

나. 소화원리

할로젠화합물 소화약제의 분자 안에 존재하는 브롬이 가열로 인해 원자상태로 유리되고 이것이 연쇄반응을 확대시키는 활성물질과 결합함으로써 연쇄반응을 차단하는 억제작용 또는 부촉매작용으로 소화하게 된다.

다. 소화기의 구조 및 특성

1) 할론 1301소화기 : 자체 증기압은 온도에 따라서 변화하나 상온에서는 약 $14kg/cm^2$의 자체 증기압을 가지고 있다. 용기 및 밸브는 고압가스안전관리법에 따라 검사에 합격한 제품을 사용하여야 한다. 방사원리는 소화기의 손잡이를 움켜쥐면 용기가 개방되고 약제방출관(사이펀관)을 통하여 노즐로 소화약제가 방사된다. 소화약제는 특성상 소화설비용 약제로 주로 사용된다.

2) 할론 1211소화기 : 방사원리 및 구조는 할론 1301소화기와 같으나 할론 1211소화기는 방사압력원인 가스를 별도로 축압(축압식)하거나, 가압(가압식)하여 사용하여야 한다. 축압식의 경우는 지시압력계가 부착되어 있는 것이 할론 1301소화기와 다르다.

제5조(소화기의 감소) ① 소형소화기를 설치하여야 할 특정소방대상물 또는 그 부분에 옥내소화전설비·스프링클러설비·물분무등소화설비·옥외소화전설비 또는 대형소화기를 설치한 경우에는 해당 설비의 유효범위의 부분에 대하여는 제4조제1항제2호 및 제3호에 따른 소화기의 3분의 2(대형소화기를 둔 경우에는 2분의 1)를 감소할 수 있다. 다만, 층수가 11층 이상인 부분, 근린생활시설, 위락시설, 문화 및 집회시설, 운동시설, 판매시설, 운수시설, 숙박시설, 노유자시설, 의료시설, 아파트, 업무시설(무인변전소를 제외한다), 방송통신시설, 교육연구시설, 항공기 및 자동차관련 시설, 관광 휴게시설은 그러하지 아니하다.

② 대형소화기를 설치하여야 할 특정소방대상물 또는 그 부분에 옥내소화전설비·스프링클러설비·물분무등소화설비 또는 옥외소화전설비를 설치한 경우에는 해당 설비의 유효범위 안의 부분에 대하여는 대형소화기를 설치하지 아니할 수 있다.

> **>> 소화기의 감소 설치**　　　　　　　　　　　　　　　참고　국가화재안전기준 해설서
>
> 1. 감소기준의 적용
>   가. 옥내소화전 등의 소화설비가 설치된 경우 : 소요단위수의 2/3 감소 가능
>   나. 대형소화기가 설치된 경우 : 소요단위수의 1/2 감소 가능

2. 감소기준 적용의 제외

건물의 고층부, 화재위험이 큰 장소, 화재 시 인명위험이 높은 장소 등 아래의 곳에 대해서는 감소기준을 적용하지 않는다.

가. 건물의 고층부 : 11층 이상인 부분

나. 화재위험이 큰 장소 : 근린생활시설, 위락시설, 문화 및 집회시설, 운동시설, 판매시설, 운수시설

다. 화재 시 인명위험이 높은 장소 : 숙박시설, 노유자시설, 의료시설, 아파트, 업무시설(무인변전소를 제외한다), 방송통신시설, 교육연구시설, 항공기 및 자동차관련시설, 관광 휴게시설

제6조(설치·유지기준의 특례) 소방본부장 또는 소방서장은 특정소방대상물의 위치·구조·설비의 상황에 따라 유사한 소방시설로도 이 기준에 따라 해당 특정소방대상물에 설치하여야 할 소화기구의 기능을 수행할 수 있다고 인정되는 경우에는 그 효력 범위 안에서 그 유사한 소방시설을 이 기준에 따른 소방시설로 보고 소화기구의 설치·유지기준의 일부를 적용하지 아니할 수 있다.

제7조(재검토 기한) 소방청장은 「훈령·예규 등의 발령 및 관리에 관한 규정」에 따라 이 고시에 대하여 2017년 7월 1일 기준으로 매3년이 되는 시점(매 3년째의 6월 30일까지를 말한다)마다 그 타당성을 검토하여 개선 등의 조치를 하여야 한다.

부칙

〈제2021-11호, 2021. 1. 15.〉

제1조(시행일) 이 고시는 발령한 날부터 시행한다.

[별표 1] 소화기구의 소화약제별 적응성(제4조제1항제1호 관련)

소화약제 구분 적응대상	가스			분말			액체			기타			그 밖의 것
	이산화탄소소화약제	할론소화약제	할로겐화합물 및 불활성기체소화약제	인산염류소화약제	중탄산염류소화약제	산알칼리소화약제	강화액소화약제	포소화약제	물·침윤소화약제	고체에어로졸화합물	마른모래	팽창질석·팽창진주암	
일반화재(A급 화재)	-	○	○	○	-	○	○	○	○	○	○	○	-
유류화재(B급 화재)	○	○	○	○	○	○	○	○	○	○	○	○	-
전기화재(C급 화재)	○	○	○	○	○	*	*	*	*	○	-	-	-
주방화재(K급 화재)	-	-	-	-	*	-	*	*	*	-	-	-	*

(주) "*"의 소화약제별 적응성은 「화재예방, 소방시설 설치유지 및 안전관리에 관한 법률」 제36조에 의한 형식승인 및 제품검사의 기술기준에 따라 화재 종류별 적응성에 적합한 것으로 인정되는 경우에 한한다.

[별표 2] 소화약제 외의 것을 이용한 간이소화용구의 능력단위(제3조제6호 관련)

간이소화용구		능력단위
1. 마른모래	삽을 상비한 50L 이상의 것 1포	0.5단위
2. 팽창질석 또는 팽창진주암	삽을 상비한 80L 이상의 것 1포	

[별표 3] 특정소방대상물별 소화기구의 능력단위기준(제4조제1항제2호 관련)

특정소방대상물	소화기구의 능력단위 (해당 용도의 바닥면적)	비고 (구조 + 재료)
1. 위락시설	30m² 마다 능력단위 1단위 이상	60m²/단위
2. 공연장·관람장·집회장·문화재·장례식장 및 의료시설	50m² 마다 능력단위 1단위 이상	100m²/단위
3. 근린생활시설·판매시설·운수시설·숙박시설·노유자시설·전시장·공동주택·업무시설·방송통신시설·공장·창고시설·항공기 및 자동차 관련 시설 및 관광휴게시설	100m² 마다 능력단위 1단위 이상	200m²/단위
4. 그 밖의 것	200m² 마다 능력단위 1단위 이상	400m²/단위

(주) 소화기구의 능력단위를 산출함에 있어서 건축물의 주요구조부가 내화구조이고, 벽 및 반자의 실내에 면하는 부분이 불연재료·준불연재료 또는 난연재료로 된 특정소방대상물에 있어서는 위 표의 기준면적의 2배를 해당 특정소방대상물의 기준면적으로 한다.

[별표 4] 부속용도별로 추가하여야 할 소화기구 및 자동소화장치(제4조제1항제3호 관련)

용도별		소화기구의 능력단위
1. 다음 각 목의 시설. 다만, 스프링클러설비·간이스프링클러설비·물분무등소화설비 또는 상업용 주방자동소화장치가 설치된 경우에는 자동확산소화기를 설치하지 아니할 수 있다. 가. 보일러실(아파트의 경우 방화구획된 것을 제외한다)·건조실·세탁소·대량화기취급소 나. 음식점(지하가의 음식점을 포함한다)·다중이용업소·호텔·기숙사·노유자 시설·의료시설·업무시설·공장·장례식장·교육연구시설·교정 및 군사시설의 주방. 다만, 의료시설·업무시설 및 공장의 주방은 공동취사를 위한 것에 한한다. 다. 관리자의 출입이 곤란한 변전실·송전실·변압기실 및 배전반실(불연재료로 된 상자 안에 장치된 것을 제외한다) 라. 삭제		1. 해당 용도의 바닥면적 $25m^2$마다 능력단위 1단위 이상의 소화기로 하고, 그 외에 자동확산소화기를 바닥면적 $10m^2$ 이하는 1개, $10m^2$ 초과는 2개를 설치할 것 2. 나목의 주방의 경우, 1호에 의하여 설치하는 소화기 중 1개 이상은 주방화재용 소화기(K급)를 설치하여야 한다.
2. 발전실·변전실·송전실·변압기실·배전반실·통신기기실·전산기기실·기타 이와 유사한 시설이 있는 장소. 다만, 제1호 다목의 장소를 제외한다.		해당 용도의 바닥면적 $50m^2$마다 적응성이 있는 소화기 1개 이상 또는 유효설치방호체적 이내의 가스·분말·고체에어로졸 자동소화장치, 캐비닛형자동소화장치(다만, 통신기기실·전자기기실을 제외한 장소에 있어서는 교류 600V 또는 직류 750V 이상의 것에 한한다)
3. 위험물안전관리법시행령 별표 1에 따른 지정수량의 1/5 이상 지정수량 미만의 위험물을 저장 또는 취급하는 장소		능력단위 2단위 이상 또는 유효설치방호체적 이내의 가스·분말·고체에어로졸 자동소화장치, 캐비닛형자동소화장치
4. 소방기본법시행령 별표 2에 따른 특수가연물을 저장 또는 취급하는 장소	소방기본법시행령 별표 2에서 정하는 수량 이상	소방기본법시행령 별표 2에서 정하는 수량의 50배 이상마다 능력단위 1단위 이상
	소방기본법시행령 별표 2에서 정하는 수량의 500배 이상	대형소화기 1개 이상
5. 고압가스안전관리법·액화석유가스의 안전관리 및 사업법 및 도시가스사업법에서 규정하는 가연성가스를 연료로 사용하는 장소	액화석유가스 기타 가연성가스를 연료로 사용하는 연소기기가 있는 장소	각 연소기로부터 보행거리 10m 이내에 능력단위 3단위 이상의 소화기 1개 이상. 다만, 상업용 주방자동소화장치가 설치된 장소는 제외한다.
	액화석유가스 기타 가연성가스를 연료로 사용하기 위하여 저장하는 저장실(저장량 300kg 미만은 제외한다)	능력단위 5단위 이상의 소화기 2개 이상 및 대형소화기 1개 이상

용도별			소화기구의 능력단위
6. 고압가스안전관리법·액화석유가스의 안전관리 및 사업법 또는 도시가스사업법에서 규정하는 가연성가스를 제조하거나 연료 외의 용도로 저장·사용하는 장소	저장하고 있는 양 또는 1개월 동안 제조·사용하는 양	200kg 미만	
		저장하는 장소	능력단위 3단위 이상의 소화기 2개 이상
		제조·사용하는 장소	능력단위 3단위 이상의 소화기 2개 이상
		200kg 이상 300kg 미만	
		저장하는 장소	능력단위 5단위 이상의 소화기 2개 이상
		제조·사용하는 장소	바닥면적 50m²마다 능력단위 5단위 이상의 소화기 1개 이상
		300kg 이상	
		저장하는 장소	대형소화기 2개 이상
		제조·사용하는 장소	바닥면적 50m²마다 능력단위 5단위 이상의 소화기 1개 이상

03 소방시설 자체점검

참고 소방시설 자체점검사항 등에 관한 고시, 한국소방안전원

✓ 소방시설 작동기능점검표 작성 예시

1 점검 전 준비사항
1) 점검장소의 협의나 협조 받을 건물 관계인 등 연락처를 사전 확보
2) 점검의 목적과 필요성에 대하여 건물 관계인에게 사전 안내 및 협의 및 협의
3) 음향장치 및 각 실별 방문점검 사항을 공지하여 협조 요청

2 현장확인
1) 현장 시설물의 도면 등을 이용하여 설비의 개요 및 설치위치 등을 파악한다.
2) 점검사항을 토대로 점검순서를 계획하고 점검장비 및 공구를 준비한다.
3) 기존의 점검자료 및 조치결과가 있다면 점검 전 참고하여 점검 시 반영한다.
4) 점검과 관련된 각종 법규 및 기준 등의 기술기준 등 규정사항을 준비하고 숙지한다.

3 점검표 작성을 위한 준비물

1) 소방시설등 작동기능점검 실시결과 보고서
화재예방, 소방시설 설치·유지 및 안전관리에 관한 법률 시행규칙 별지 서식

2) 소방시설등 작동기능 점검표
소방시설 자체점검사항 등에 관한 고시 서식

3) 건축물대장
건축물대장/소방도면 및 소방시설 현황/소방계획서 등

4) 점검에 필요한 장비

소방시설	장비	규격
공통시설	방수압력측정계, 절연저항계, 전류전압측정계, 드라이버, 펜치 등 개인 공구 및 소모성 자재	
소화기구	저울	

5) 자체점검 후 결과 조치(소방시설법 시행규칙 제19조)
(1) 작동기능점검 : 작동기능점검을 실시한 경우 7일 이내에 작동기능점검 실시결과 보고서를 소방본부장 또는 소방서장에게 제출하여야 한다.
(2) 종합정밀점검 : 종합정밀점검을 실시한 경우 7일 이내에 종합정밀점검 실시결과 보고서를 소방본부장 또는 소방서장에게 제출하여야 한다.
   ▶ 소방시설관리업자는 점검을 실시한 경우 점검이 끝난 날부터 10일 이내에 소방시설관리업자에 대한 평가 등에 관한 업무를 위탁받은 평가기관에 통보하여야 한다.

1. 소방기구 및 자동소화장치 점검표

번호	점검항목	점검결과
1-A. 소화기구(소화기, 자동확산소화기, 간이소화용구)		
1-A-001	○ 거주자 등이 손쉽게 사용할 수 있는 장소에 설치되어 있는지 여부	
1-A-002	○ 설치높이 적합 여부	
1-A-003	○ 배치거리(보행거리 소형 20m 이내, 대형 30m 이내) 적합 여부	
1-A-004	○ 구획된 거실(바닥면적 33m² 이상)마다 소화기 설치 여부	
1-A-005	○ 소화기 표지 설치상태 적정 여부	
1-A-006	○ 소화기의 변형·손상 또는 부식 등 외관의 이상 여부	
1-A-007	○ 지시압력계(녹색범위)의 적정 여부	
1-A-008	○ 수동식 분말소화기 내용연수(10년) 적정 여부	
1-A-009	● 설치수량 적정 여부	
1-A-010	● 적응성 있는 소화약제 사용 여부	
1-B. 자동소화장치		
	[주거용 주방 자동소화장치]	
1-B-001	○ 수신부의 설치상태 적정 및 정상(예비전원, 음향장치 등) 작동 여부	
1-B-002	○ 소화약제의 지시압력 적정 및 외관의 이상 여부	
1-B-003	○ 소화약제 방출구의 설치상태 적정 및 외관의 이상 여부	
1-B-004	○ 감지부 설치상태 적정 여부	
1-B-005	○ 탐지부 설치상태 적정 여부	
1-B-006	○ 차단장치 설치상태 적정 및 정상 작동 여부	
	[상업용 주방 자동소화장치]	
1-B-011	○ 소화약제의 지시압력 적정 및 외관의 이상 여부	
1-B-012	○ 후드 및 덕트에 감지부와 분사헤드의 설치상태 적정 여부	
1-B-013	○ 수동기동장치의 설치상태 적정 여부	
	[캐비닛형 자동소화장치]	
1-B-021	○ 분사헤드의 설치상태 적합 여부	
1-B-022	○ 화재감지기 설치상태 적합 여부 및 정상 작동 여부	
1-B-023	○ 개구부 및 통기구 설치 시 자동폐쇄장치 설치 여부	
	[가스·분말·고체에어로졸 자동소화장치]	
1-B-031	○ 수신부의 정상(예비전원, 음향장치 등) 작동 여부	
1-B-032	○ 소화약제의 지시압력 적정 및 외관의 이상 여부	
1-B-033	○ 감지부(또는 화재감지기) 설치상태 적정 및 정상 작동 여부	
비고		

※ 점검항목 중 "●"는 종합정밀점검의 경우에만 해당한다.
※ 점검결과란은 양호 "○", 불량 "×", 해당없는 항목은 "/"로 표시한다.
※ 점검항목 내용 중 "설치기준" 및 "설치상태"에 대한 점검은 정상적인 작동 가능 여부를 포함한다.
※ '비고'란에는 특정소방대상물의 위치·구조·용도 및 소방시설의 상황 등이 이 표의 항목대로 기재하기 곤란하거나 이 표에서 누락된 사항을 기재한다.(이하 같다)

옥내소화전설비의 화재안전기준

[시행 2021. 12. 16.]
[소방청고시 제2021-43호, 2021. 12. 16., 일부개정.]

01 개요

NFSC 102

1 질의회신 및 핵심사항 분석

	질의회신 참고 소방청 질의회신집
수조의 흡입배관 (제4조)	**Q** 공동주택 지하 저수조를 소화용수와 생활용수가 겸용으로 사용되는 경우 적정한 소방시설의 수원 확보를 위한 소화용수 흡입배관과 생활용수 흡입배관 의 위치는 **A** 소방시설의 흡수구와 다른 설비의 흡수구 사이의 기준은 명확하게 규정되어 있지는 않으나 소방시설의 흡수구 상단과 다른 설비의 흡수구 하단으로 해석하는 것이 일반적입니다. 이는 다른 설비의 경우 정압으로 하단까지 급수가 이루어지고 소방시설의 흡수구 상단이 하에서는 공기가 흡입되어 공동현상이 발생할 우려가 있기 때문입니다.
방수구 설치기준 (제7조)	**Q** 피트층의 점검구가 $1m^2$ 이하의 크기로서 두께 1.5mm 이상의 철판으로 4곳 볼트 조임하는 경우에 피트층의 각 부분은 하나의 옥내소화전방수구까지의 수평거리가 25m를 초과하여도 되는지요. 또한 피트층에 점검구($1m^2$ 이하의 크기로서 두께 1.5mm 이상의 철판으로 4곳 볼트조임한 것)나 출입문이 없는 경우에 피트층의 각 부분은 하나의 옥내소화전방수구까지의 수평거리가 25m를 초과하여도 되는지요. **A** 「옥내소화전설비의 화재안전기준(NFSC 102)」제7조제2항제1호에는 해당 특정소방대상물의 각 부분으로부터 하나의 옥내소화전방수구까지의 수평거리가 25m 이하가 되도록 할 것이라고 규정하고 있습니다. 여기서 "해당 특정소방대상물의 각 부분"은 "소방시설을 설치하여야 하는 특정소방대상물의 각 부분"을 의미합니다. (중략) **Q** 옥내소화전 펌프 기동 시 기동 확인램프가 점등되어야 하는데 예비펌프가 기동 시에도 기동램프가 점등되어야 하는지 궁금합니다. **A** 「옥내소화전설비의 화재안전기준(NFSC 102)」제7조제3항제2호에 따라 옥내소화전함에 가압송수장치가 기동을 표시하는 표시등을 설치하여야 합니다. 예비펌프는 옥상수조를 대체하여 설치되는 장치이므로 예비펌프가 가동됨에 따라 기동표시등이 점등되도록 구성할 수도 있으나 반드시 기동표시등을 점등하여야 한다고 보기 힘든 것으로 판단됩니다. (중략) 예비펌프의 기계적으로는 옥상수조를 대체하지만, 전기적으로는 주펌프가 고장 시 대체하는 펌프이므로 동작상태 확인은 필요한 것으로 사료 됨 **Q** 발전기실내에 결로 및 침수 대비용으로 기존에는 발전기실 트렌치를 전기실 트렌치와 연결하였으나 방화구획에 문제가 있어 발전기실 전용 집수정과 배수펌프 및 제어반을 설치하였습니다. 발전기실 내에 결로 및 침수 대비용으로 집수정을 설치하여 발전기의 원활한 전력공급이 가능하게 하므로 "~ 비상전원 공급에 필요한 기구~"로 볼수도 있다고 생각합니다. 질문) 1. 발전기실내에 발전기실 전용 집수정과 배수펌프 및 제어반 설치가 가능한가요? 2. 1번이 불가할 경우 전기실 트렌치에 연결해도 되나요?

감시제어반 기능 (제9조)		A 비상전원의 설치장소는 다른 장소와 방화구획을 하고 비상전원의 공급에 필요한 기구나 설비외의 것을 두어서는 아니 됩니다. 다만, 비상전원실외의 다른 부분과 방화구획되고 비상발전기의 침수나 결로 대비를 위한 비상전원실 전용의 집수정과 배수펌프라면 "비상전원 공급에 필요한 기구"로 볼 수 있을 것으로 판단됩니다.
		Q 제9조제1항에 단서조항에 해당되어 감시제어반과 동력제어반을 구분하여 설치하지 아니하는 대상에도 감시제어반에서 각 펌프를 중단시켜야 하는지
		A 「옥내소화전설비의 화재안전기준(NFSC 102)」 제9조제2항제2호에 따라 각 펌프를 자동 및 수동으로 작동시키거나 중단시킬 수 있어야 할 것이라고 감시제어반의 기능을 규정하고 있습니다. 이는 비상전원의 설치여부와 관계없이 옥내소화전설비의 감시제어반이라면 갖추어야하는 기능에 해당됩니다.
		Q 감시제어반을 전용실에 설치하는 경우 기계실, 전기실이 아니고 숙직실이나 관리사무실에서 전용실을 감시하기 위하여 감시창을 설치할 수가 있는지
		A 감시창은 감시제어반실에서 전기실 등의 감시를 위한 것입니다. 전용실에 설치되어있는 감시제어반이 화재로 소실되는 경우 소방시설 전체가 작동불량으로 화재로부터 보호하기 위하여 방화구획을 의무화하고 있습니다. 그러므로 숙직실 등과는 방화구획이 되어야 합니다. 감시창을 설치하는 경우 건축법령에 따른 인정이 가능한 구조적용~

핵심사항	참고 기출문제
수원	• 옥상수조 부속장치, 고층(복합)건축물 수원 산출 • 토출량(Q), 저수량(V : 수원의 양), 옥상수원
펌프배관 등 (양정)	• 수계펌프실 계통도 및 명칭·기능 설명, 기동용수압개폐장치, 물올림장치, 흡입측 배관의 설치기준, 각종 밸브 종류 및 점검, 소화배관, 배관의 구경 • 펌프의 무부하, 정격부하 및 최대부하시험 방법 및 성능시험곡선 작성, 병렬운전
방수구(유량)	• 가압송수장치, 방수압 측정방법, 옥내·외소화전 방수량, 방수압 초과 시 감압방법 • 옥내·호스릴 소화전의 차이점, 방수구 설치제외 5가지
감시제어반	• 감시제어반의 기능, 릴리프밸브 세팅 • 동력제어반 펌프기동 관련 고장진단, 피상전력 증명
기타	• 내화배선 시공부분 및 시공방법 • 벤투리관 유량공식 유도 및 유량계산/에어록 현상 판단 및 대책 5가지 • 유체 상태도, 임계점, 삼중점, 비점, 증발, 응축잠열 및 소화에 미치는 영향 • 기동용수압개폐장치·압력(주·예비, 충압)/성능시험 배관의 최대 및 최소 유량
수리계산	• 펌프동력계산/펌프 토출량(= 방사량)/저수량/동력(수동력·축동력·전동력) • 옥내소화전 방수량 공식/질량유량에 따른 유속 • 손실수두 공식유도 및 계산/하디크로스방식의 유체역학 원리
Key point	• 설치기준 및 용어의 정의 • 옥내소화전설비 배관의 구경(D) 및 토출측 주 배관의 구경 유속(V) • 수조의 저수량(V) 및 펌프의 토출량(Q), 노즐의 방사량(Q) • 기동용 수압개폐장치의 규정방수압(MPa) 및 전양정(H) • 소화전 펌프의 성능시험, 용량산정(P) 및 방수압의 감압

2 시스템의 해설

옥내소화전설비는 건축물 내의 화재 발화 초기에 신속하게 진압(소화)할 수 있도록 건물 내에 설치되는 소화설비를 말한다.

1) 계통도

> 참고 국가화재 안전기준 해설서

옥내소화전설비는 화재 발생 초기에 소방대상물의 관계인(소유자·점유자·관리자)에 의하여 신속하게 화재를 소화할 수 있도록 건축물 내에 고정 설치하는 소화설비를 말한다.(기계 및 전기의 흐름도)

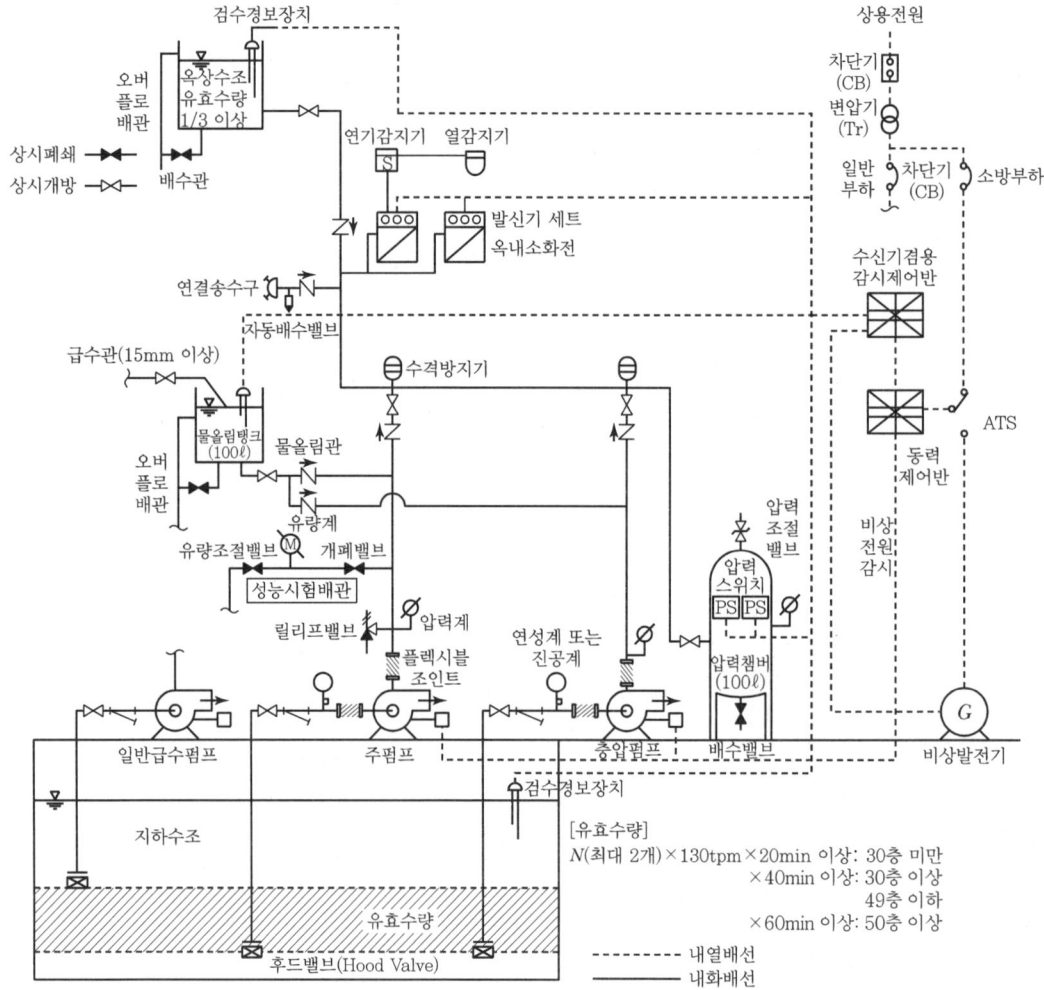

2) 소방용품(소방시설법 시행령 제6조)

소화설비를 구성하는 제품 또는 기기는 ① 별표 1 제1호가목의 소화기구(소화약제 외의 것을 이용한 간이소화용구는 제외한다), ② 별표 1 제1호나목의 자동소화장치, ③ 소화설비를 구성하는 소화전, 관창(菅槍), 소방호스, 스프링클러헤드, 기동용 수압개폐장치, 유수제어밸브 및 가스관 선택밸브 등이 있으며, 소화설비의 제품검사(형식승인 및 성능인증) 대상 품목은 ① 법 제36조제1항 본문에서 "대통령령으로 정하는 소방용품" ② 규칙 제15조제1항 본문에서 "행정안전부령으로 정하는 소방용품" ③ 규칙 제15조 및 별표 7 제22호에 따른 "소방청장이 고시하는 소방용품" 등으로 구분되고 소방용품은 제품검사를 받아 합격한 제품을 사용하여야 한다.

3) 용어 해설

> 참고 국가화재안전기준 해설서

(1) 절대압과 대기압 관계

① 절대압이 대기압보다 높은 경우 : 절대압 = 대기압 + 계기압
② 절대압이 대기압보다 낮은 경우 : 절대압 = 대기압 − 진공압

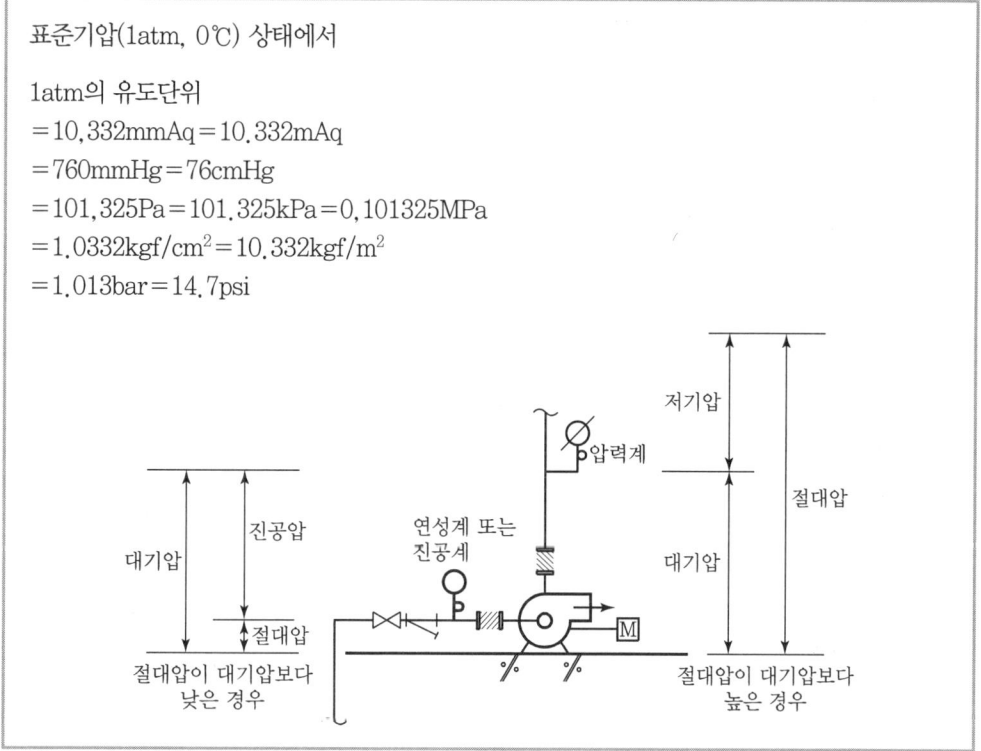

표준기압(1atm, 0℃) 상태에서

1atm의 유도단위
= 10,332mmAq = 10.332mAq
= 760mmHg = 76cmHg
= 101,325Pa = 101.325kPa = 0.101325MPa
= 1.0332kgf/cm² = 10.332kgf/m²
= 1.013bar = 14.7psi

(2) 옥내소화전의 토출량(Q), 저수량(V), 동력(P)과 양정(H)의 관계

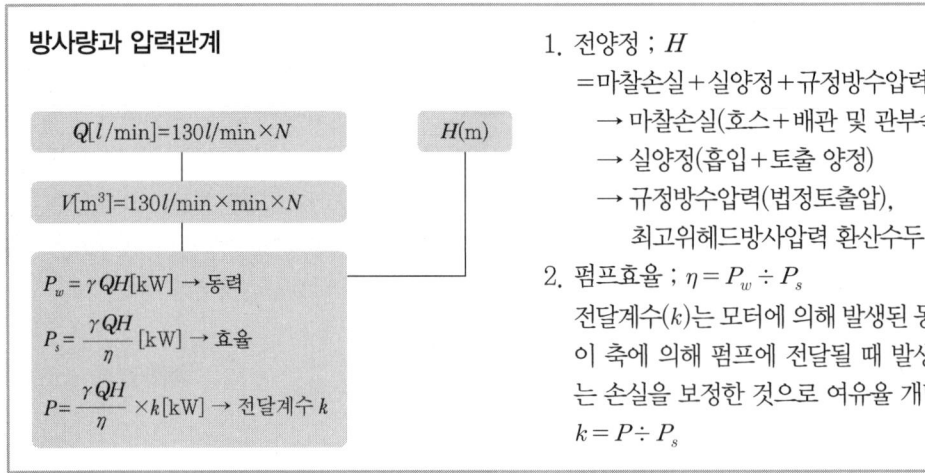

① 방사량과 방사압의 관계

단위환산 전	단위환산 후
$Q = AV = \dfrac{\pi}{4}D^2 \times \sqrt{2gH}$ {[m³/s] = [m²] × [m/s]}	$q = 0.65d^2\sqrt{10P}$ {[l/min] = [mm] × [MPa]}
$Q = AV = C \times \dfrac{\pi}{4}D^2 \times \sqrt{2gH}$ (유량계수 고려)	→ $q = C \times 0.65d^2\sqrt{10P}$, ($C = 0.99$) ※ 옥내소화전 $d = 13mm$, 옥외소화전 $d = 19mm$

※ 노즐의 방사압력은 속도수두, 유속을 압력으로 환산 : $H = \dfrac{V^2}{2g}$, 즉 $V = \sqrt{2gh}$ (토리첼리 정리)를 대입

② 양정(H[m] ⇔ P[MPa])
- 양정 : $P = \gamma H$
- 유량 : $Q = AV = \dfrac{\pi}{4}D^2 V$ (질량유량 $m = \rho AV$[kg/s], 중량유량 $G = \gamma AV$[N/s])
- 구경 : $D = \sqrt{\dfrac{4Q}{\pi V}}$

(3) 수계시스템의 기본원리(유체역학)

① 베르누이의 정리(Bernoulli's theorem)

이상유체(비점성, 비압축성, 정상흐름)일 경우 에너지보존법칙에 따라 "속도수두와 압력수두와 위치수두의 총합은 배관의 모든 부분에서 일정하다". 이 식을 '베르누이 정리'라고 한다.

$$H = \dfrac{P_1}{\gamma} + \dfrac{V_1^2}{2g} + Z_1 = \dfrac{P_2}{\gamma} + \dfrac{V_2^2}{2g} + Z_2$$

여기서, H : 전수두[m]

P_1, P_2 : 압력[Pa = N/m²]

V_1, V_2 : 속도[m/s]

Z_1, Z_2 : 위치수두[m]

γ : 비중량[물 : 9,800N/m³ = 9.8kN/m³ = 0.0098MN/m³]

g : 중력가속도[9.8m/s²]

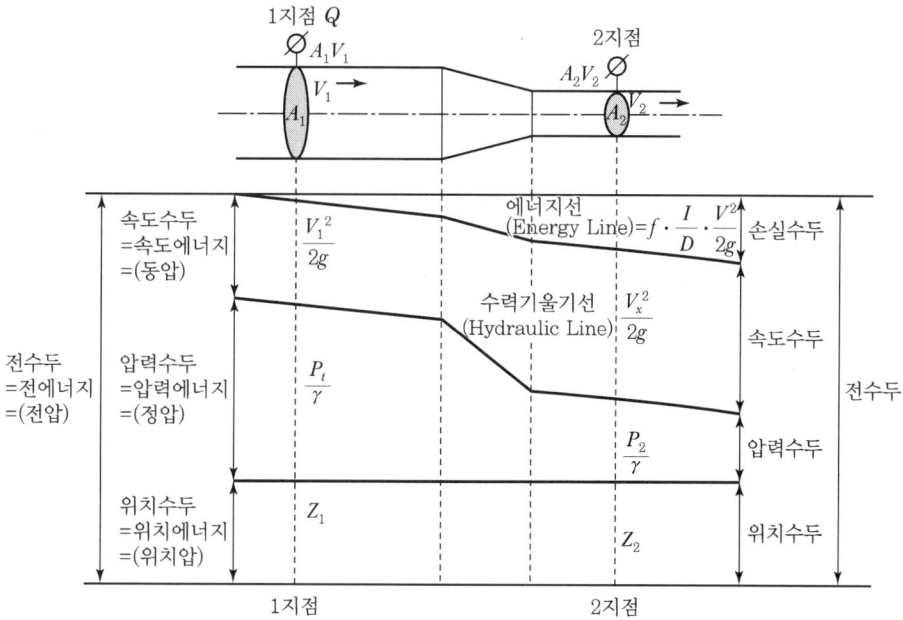

② 펌프의 각 지점에서의 수두계산

$$\frac{P_1}{\gamma} + \frac{V_1^2}{2g} + Z_1 + H_p = \frac{P_2}{\gamma} + \frac{V_2^2}{2g} + Z_2 + \Delta H$$

여기서, H : 전수두[m], P_1, P_2 : 1, 2지점에서의 압력[Pa = N/m²]

V_1, V_2 : 1, 2지점에서의 속도[m/s], Z_1, Z_2 : 1, 2지점에서의 위치수두[m]

γ : 비중량[물 : 9,800N/m³ = 9.8kN/m³ = 0.0098MN/m³]

g : 중력가속도[9.8m/s²]

〈조건〉 $P_1 = P_2$(대기압), H_p(펌프의 전수두) = 낙차수두 + 마찰손실수두 + 법정방수압환산수두

ΔH : (손실수두 : 마찰손실, 실제유체의 조건에 적용)

$$H_p = (Z_2 - Z_1) + \Delta H + \frac{V^2}{2g}$$

③ 마찰손실수두(달시-웨버 및 하젠-윌리엄의 식)

물은 비압축성 유체이며, 온도 및 점성을 고려할 필요가 없는 유체이므로 배관의 마찰손실 계산에 적용

※ 달시-웨버의 식과 하젠-윌리엄의 식의 관계 : $P = \gamma H$

- 달시-웨버식

$$H = f \cdot \frac{l}{D} \cdot \frac{V^2}{2g}$$

여기서, H : 마찰손실수두[m]
f : 마찰손실계수 $\left[f = \frac{64}{Re} \right]$
l : 배관의 길이[m]
D : 배관직경[m]
V : 유속[m/s]
g : 중력가속도[9.8m/s²]

- 하젠-윌리엄의 식

$$\Delta P = 6.053 \times 10^4 \times \frac{Q^{1.85}}{C^{1.85} \times D^{4.87}} \times L$$

여기서, C : 조도
D : 배관의 내경[mm]
Q : 유량[l/min]
L : 배관의 길이[m]

(4) 소방펌프 개요

① 펌프 동력이란 유체를 일정 높이(H)에 일정 유량(Q)을 시간당(t)으로 송수하기 위하여 소요되는 일, 즉 에너지(J = N · m = FH)의 능력을 동력이라 한다.

분류	공식	전수두
㉠ 수동력(P_w) 유체 이송을 위하여 필요한 순수 동력	$P_w = \frac{FH}{t} = \frac{mgH}{t}$ $= \rho QgH = \gamma QH$	
㉡ 축동력(P_s) 펌프에서 유체에 전달될 때 발생하는 손실을 효율 $\eta = \frac{P_w}{P_s} \left(\frac{수동력}{축동력} \right)$로 보정한 동력	$P_s = \frac{\gamma QH}{\eta}$	
㉢ 전동기 용량(P) 전동기(모터)에서 회전축을 거쳐 펌프로 동력이 전달될 때 발생하는 손실을 전달계수 $K = \frac{P}{P_s} \left(\frac{전동기 동력}{수동력} \right)$로 보정한 동력	$P = \frac{\gamma QH}{\eta} \times K$	
P : 전동기 동력[kW], γ : 비중량(물 : 9.8kN/m³ = 9,800N/m³), H : 전양정[m] Q : 유량[m³/s], η : 전효율($\eta = \eta_{수력} \times \eta_{체적} \times \eta_{기계}$) K : 전달계수[전동기 직결 1.1, 내연기관 : 1.15~1.2] → 1kW = 1.36PS, 1PS≒735[W], 1HP≒745[W]		전수두 = 낙차수두 + 마찰손실수두 + 법정토출압환산수두

② 펌프의 성능곡선
- 펌프에서 토출되는 물의 양과 압력 등에 관한 사항은 유량에 따른 압력변화를 연결한 곡선을 펌프성능시험곡선이라 하며, 펌프의 특성에 따라 여러 가지의 형태로 제작된다.

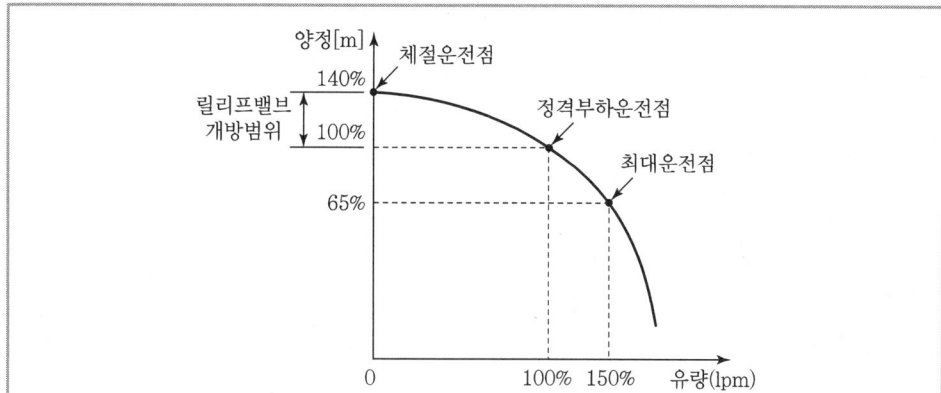

펌프의 성능기준 – 펌프의 성능곡선
① 체절운전(체절점=무부하운전)
   정격토출압력의 140%를 초과하지 아니할 것
   체절압력=정격토출압력×1.4
② 정격운전(정격점)
   정격토출량의 100%로 운전 시 정격토출압력의 100%로 운전하는 지점
③ 과부하운전(과부하점)
   정격토출량의 150%로 운전 시 정격토출압력의 65% 이상 일 것
   → 피크점에서 토출량=정격토출량×1.5
   → 피크점에서 압력=정격토출압력×0.65

- 최대운전점 의미는 펌프설계 시 정격유량의 화재가 발생할 것을 가정하였지만 실제 화재의 경우에는 1.5배 더 큰 물량이 필요한 화재에도 일정한 압력이 토출되어야 한다는 의미로 보아야 한다.

③ 펌프의 이상현상
  ㉠ 캐비테이션(Cavitation : 공동현상)
  흡입 측 배관의 손실이 커지게 되어 배관 내의 압력이 물의 포화증기압보다 낮아져서 기포가 발생하는 현상을 말한다.($NPSH_{av} < NPSH_{re}$ 일 경우 배관 내의 정압이 물의 포화증기압보다 낮을 경우에 발생)
  - 현상 : 소음과 진동, 임펠러(수차의 날개) 침식, 토출량 및 토출압력 감소, 펌프효율 저하
  - 원인 : 흡입 측 손실이 커지는 경우
    - 펌프가 수원보다 높으며 흡입수두가 클 때

- 펌프의 임펠러 회전속도가 클 때
- 흡입관경이 작을 때, 배관의 유속이 빠를 때
- 배관의 마찰손실이 클 때(흡입배관의 길이가 길 경우) 등에 발생한다.
- 대책 : 흡입 측 배관의 손실이 작아지게 한다.
  - 펌프의 설치위치를 가급적 낮게 하여 낙차를 줄인다.
  - 회전차를 수중에 완전히 잠기게 하여 공기흡입을 방지한다.
  - 흡입관경을 크게 함, 펌프의 회전수를 낮춘다.
  - 2대 이상의 펌프를 사용한다.
  - 편흡입보다 양흡입 펌프를 사용한다.

ⓒ 펌프 과열현상

소화펌프의 유량 특성상 펌프 기동 시 체절운전에 가깝게 운전되며, 임펠러의 마찰에 의해 수온이 상승하여 펌프가 과열된다.
- 원인 : 체절점 부근에서 펌프가 운전되어 펌프 대부분의 에너지가 마찰에 의해 열로 변환되어 발생한다.
- 대책 : 순환배관을 설치하거나 릴리프밸브를 설치하여 수온 상승을 방지한다.

ⓒ 수격현상

배관 내 속도차가 급격할 경우 순간적으로 수주(水柱 : 물기둥)가 분리되면서 발생, 펌프의 기동, 급정지, 밸브의 급개폐, 터빈의 출력변화 등 유체의 흐름에 의한 속도에너지 (동압)가 유체가 정지됨에 따라 급격히 정압으로 바뀌어 발생한다.
- 현상 : 속도(운동)에너지가 정지되면 압력에너지로 전환되어 배관에 충격을 준다.

$$\frac{P_1}{\gamma}+\frac{V_1^2}{2g}+Z_1 = \frac{P_2}{\gamma}+\frac{V_2^2}{2g}+Z_2 \ (Z_1 = Z_2) 이므로 \ \frac{P_1-P_2}{\gamma} = \frac{V_2^2-V_1^2}{2g}$$

속도차는 압력차가 되는데 속도차가 클수록 압력차는 커지므로 충격이 크다.
→ 유속의 차이에 따른 충격의 힘 : $F = \rho Q(V_2 - V_1)$

- 대책 : 속도차를 줄임
  - 관로의 광경을 크게하면 유속이 낮게 된다.
  - 수격방지기(Water Hammer Cushion) 또는 에어챔버(Air Chamber)를 사용하여 완충작용으로 수격을 방지한다.
  - 조압수조(Surge Tank)를 설치하여 급격한 압력변동을 방지한다.
  - 펌프의 송출구 가까이 밸브를 설치하여 유체의 관성에 의해 부딪치는 힘을 경감한다.
  - 압력릴리프밸브를 설치하여 이상압력 상승을 방출한다.
  - 스모렌스키 체크밸브를 설치하여 유체의 역류를 방지하여 충격을 완화시킨다.
  - 펌프에 플라이휠(Fly Wheel)을 설치하여 속도의 급격한 속도변화를 방지한다.

ⓔ 맥동(서징 : Surging)현상

맥박과 같이 주기적으로 진동과 소음이 발생하며 유량과 압력이 변하는 현상을 말한다.

- 원인
  - 펌프성능곡선에 의해 발생하는 경우 : 산형곡선(우상향)일 경우 운전점이 그 정상부를 넘지 못하고 운전하는 경우
  - 배관 중에 수조가 있을 경우(수조가 채워진 다음 토출되고, 수조상부에 기체(압축성 유체)부분이 있기 때문)
  - 배관 중에 기체상태의 부분이 있을 경우(기체부분을 채우고 난 뒤 토출되기 때문)
  - 유량조절밸브가 배관 중 수조의 위치 후단에 있을 경우(수조를 채운 후 토출될 때 유량조절밸브에 의해 정격유량이 토출되지 못할 경우 발생)

ⓓ 에어록(Air Lock)현상

배관 내부에 부분적으로 공기고임(Air Pocket)에 의해 유체가 흐를 수 없거나 방해하는 현상을 말한다.

- 원인 : 압력수조를 가압송수장치로 사용할 경우 배관에 공기의 압력이 옥상수조의 자연낙차압보다 높을 경우 옥상수조에서는 Air Pocket을 만들게 되어 물의 송수 정지 또는 지연시킨다.
- 대책 : 배관 내부의 공기유입을 방지하는 것이 기본 대책이다.
  - 공기압축기로부터 유입되는 공기관은 압력수조의 상부에 설치하고 소화수의 토출관은 하부에 설치한다.
  - 급수펌프의 압력을 압축공기압 보다 높게 하거나 압축공기의 압력을 감소한다.
  - 압력수조에 격막을 설치하여 공기부분과 소화수부분을 분리한다.
  - 옥상수조의 자연낙차압을 높인다.

(5) 수두(자연낙차)

① 유효흡입수두($NPSH_{av}$)

펌프가 소화수를 흡입할 경우 대기압에서 낙차, 마찰손실, 포화증기압 등 각종 손실을 차감하고 유효하게 펌프에 흡입되는 수두이다.

$$NPSH_{av} = H_a \pm H_h - H_f - H_v$$

여기서, $NPSH_{av}$: 유효흡입수두[m], H_a : 대기압환산수두[m]
H_h : 낙차환산수두[m], H_f : 마찰환산수두[m]
H_v : 포화증기압환산수두[m]

② 필요흡입수두($NPSH_{re}$)

펌프 제조 시 펌프 흡입배관 내부를 대기압보다 낮게 만드는 능력(진공상태), 펌프에 물을 흡입하기 위해서는 배관 내부의 압력이 대기압보다 낮게 유지되어야 한다.

- 유효흡입수두($NPSH_{av}$) < 필요흡입수두($NPSH_{re}$)의 상태에서는 배관 내부의 압력은 낮아진 압력으로 인하여 물이 끓는 캐비테이션이 발생한다.

- 유효흡입수두($NPSH_{av}$) > 필요흡입수두($NPSH_{re}$)의 상태에서는 흡입측 배관의 압력이 낮아지지 않으므로 캐비테이션이 발생하지 않게 된다.

  따라서 제조사는 "유효흡입수두($NPSH_{av}$) > 필요흡입수두($NPSH_{re}$)×1.3"으로 $NPSH_{re}$를 약 30%의 여유를 두고 펌프를 제작한다.

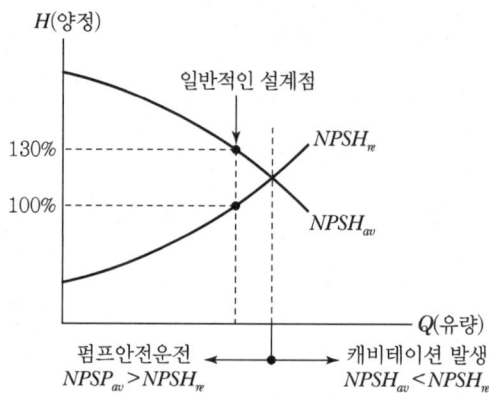

③ 가압송수장치의 낙차
- 전동기 또는 내연기관에 따른 펌프를 이용한 펌프방식 : $H[m] = h_1 + h_2 + h_3 + 17$
- 고가수조의 자연낙차를 이용한 고가수조방식 : $H[m] = h_2 + h_3 + 17$
- 압력수조를 이용한 압력수조방식 : $P[MPa] = P_1 + P_2 + P_3 + 0.17$
- 가압수조를 이용한 가압수조방식 : $P[MPa] = P_1 + P_2 + P_3 + 0.17$

  ※ h_1 : 실양정(흡입양정+토출양정)[m], h_2 : 배관의 마찰손실수두[m], h_3 : 호스의 마찰손실수두[m]
  P_1 : 낙차환산수두압[MPa], P_2 : 배관의 마찰손실수두압[MPa], P_3 : 호스의 마찰손실수두압[MPa]

④ 배관의 감압방법
- 감압밸브방식 : 호스접결구인 앵글밸브의 인입구 측에 감압용 밸브 또는 오리피스를 설치하는 방식
- 고가수조방식 : 저층부(0.7MPa 이하)에 가압펌프 없이 자연낙차를 이용하는 방식
- 전용배관방식 : Zone을 분리한 후 Zone별로 입상관 및 펌프 등 각각 구분·설치하는 방식
- 부스터 펌프방식(=중계펌프방식) : 고층부 지역의 경우 중간 부스터 펌프 및 중간 수조를 별도로 설치하는 방식

(6) 전원 및 배선 기준

① 전원의 분류
- 상용전원 : 저압수전, 고압(특별고압)수전
- 비상전원 : 자가발전설비, 축전지설비, 전기저장장치(ESS)

② 배선의 적용 개념도
- 옥내소화전

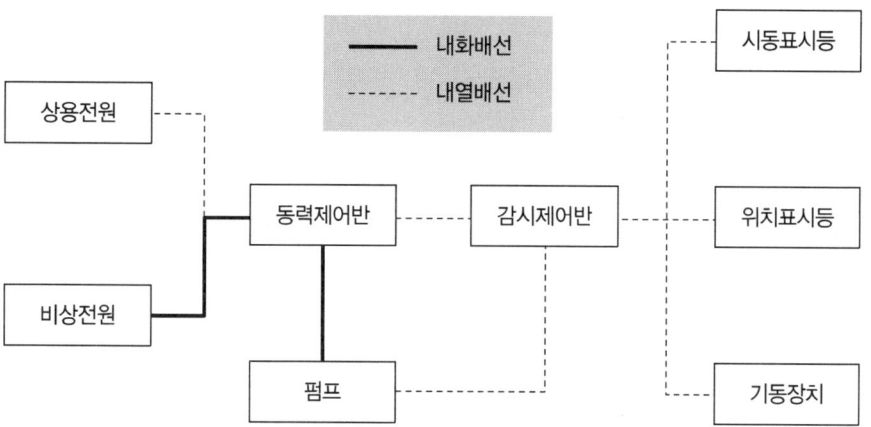

- 옥내소화전(자동화재탐지설비 포함)

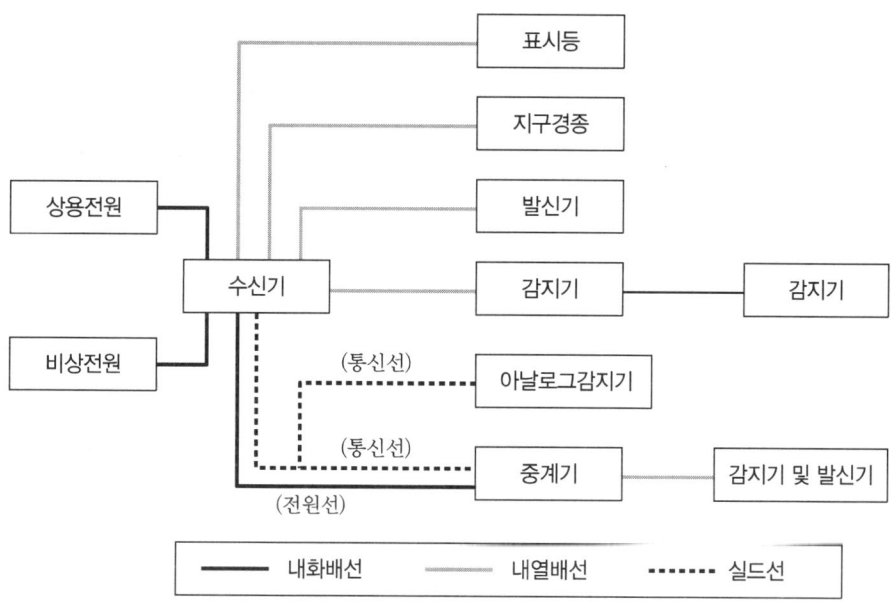

주) 1. 감지기와 감지기 간은 내열 이상이다.
2. 전원선은 수신기에서 공급하는 분산형 중계기용 전원선이다.

③ 제어반

제어반은 감시제어반과 동력제어반으로 구분하여 설치하여야 한다.
- 감시제어반이란 소화설비용 수신반으로서 제어기능이 있는 것을 말한다.
- 동력제어반이란 MCC Panel로서 이는 각종 동력장치의 제어기능이 포함된 주분전반을 말한다.

02 화재안전기준 (2021. 12. 16 기준 원문)

NFSC 102

제1조(목적) 이 기준은 「화재예방, 소방시설 설치·유지 및 안전관리에 관한 법률」제9조제1항에 따라 소방청장에게 위임한 사항 중 소화설비인 옥내소화전설비의 설치·유지 및 안전관리에 필요한 사항을 규정함을 목적으로 한다.

> 🚨 **POINT 시스템 및 안전관리**
>
> 소화설비의 설치목적은 물 그 밖의 소화약제를 사용하여 소화하는 설비로서 특정소방대상물에서 화재가 발생한 경우 연소생성물(열, 연기, 불꽃 등)에 의한 화재의 초기소화, 연소제어 및 연소확대방지를 위하여 사용하며, 평상시에는 관계인에 의한 화재 예방을 위하여 정기적으로 점검하는 소방설비
>
> 1. 옥내소화전설비는 건축물 내에 설치하는 소방시설로서 화재 발생 시 수원(수조의 물)을 가압송수장치를 이용하여 방수구에 연결된 호스와 노즐을 통해 방수하며, 냉각작용으로 화재를 소화하는 수계소화설비를 말한다. 소화설비의 구성은 수원(수조), 가압송수장치, 배관 및 옥내소화전함(개폐밸브·호스·관창·결합금속구·표시등·경종 등), 전원, 제어반 등으로 구성된 고정형 소화설비이다.
> 2. 시스템을 구성하고 있는 소화설비는「소방시설공사업법」의 소방시설공사 등의 품질과 안전이 확보되도록 시공되어야 하고, 소방기술의 관리에 필요한 화재안전기준에 적합하게 설계도서·시방서가 작성되어 성실하게 수행되어야 한다. 또한 「화재예방, 소방시설 설치·유지 및 안전관리에 관한 법률(이하 "소방시설법")」에 의한 소방용품의 제조 및 수입하려는 제품에 대하여 제품검사를 수행하고, 특정소방대상물의 관계인을 통하여 소방대상물의 안전관리가 이행되어야 한다.

제2조(적용범위) 「화재예방, 소방시설 설치·유지 및 안전관리에 관한 법률 시행령」(이하 "영"이라 한다) 별표 5 제1호다목에 따른 옥내소화전설비는 이 기준에서 정하는 규정에 따라 설비를 설치하고 유지·관리하여야 한다.

 **POINT**

1 특정소방대상물의 설치기준(별표 5 옥내소화전설비)

소방시설	적용기준	설치대상
옥내소화전설비(위험물 저장 및 처리 시설 중 가스시설, 지하구 및 방재실 등에서 스프링클러설비 또는 물분무등소화설비를 원격으로 조정할 수 있는 업무시설 중 무인변전소는 제외한다)	1. 건축물의 연면적(지하가 중 터널은 제외한다)	3천m² 이상 전층
	지하층·무창층(축사는 제외한다) 또는 층수가 4층 이상인 것중 바닥면적	600m² 이상 전층
	2. 지하가 중 터널의 경우 길이가	1,000m 이상
	3. 건축물의 연면적(근린생활시설, 판매시설, 운수시설, 의료시설, 노유자시설, 업무시설, 숙박시설, 위락시설, 공장, 창고시설, 항공기 및 자동차 관련 시설, 교정 및 군사시설 중 국방·군사시설, 방송통신시설, 발전시설, 장례시설 또는 복합건축물)	1천5백m² 이상
	위의 지하층·무창층 또는 층수가 4층 이상인 층 중 바닥면적	300m² 이상 전층
	4. 건축물의 옥상에 설치된 차고 또는 주차장으로서 차고 또는 주차의 용도로 사용되는 부분의 면적	200m² 이상
	5. 1 및 3 에 해당하지 않는 공장 또는 창고시설로서 특수가연물을 저장·취급하는 것	750배 이상

2 소방시설 설치 면제기준

1. (별표 6) 소방시설 설치 면제기준

   옥내소화전설비는 소방본부장 또는 소방서장이 옥내소화전설비의 설치가 곤란하다고 인정하는 경우로서 호스릴 방식의 미분무소화설비 또는 옥외소화전설비를 화재안전기준에 적합하게 설치한 경우에는 그 설비의 유효범위에서 설치가 면제된다.

2. (별표 7) 소방시설을 설치하지 않을 수 있는 특정소방대상물 및 소방시설 범위

구분	특정소방대상물	소방시설
1. 화재 위험도가 낮은 특정소방대상물	「소방기본법」 제2조제5호에 따른 소방대(消防隊)가 조직되어 24시간 근무하고 있는 청사 및 차고	옥내소화전설비, 스프링클러설비, 물분무등소화설비, 비상방송설비, 피난기구, 소화용수설비, 연결송수관설비, 연결살수설비
4. 「위험물 안전관리법」 제19조에 따른 자체소방대가 설치된 특정소방대상물	자체소방대가 설치된 위험물 제조소등에 부속된 사무실	옥내소화전설비, 소화용수설비, 연결살수설비 및 연결송수관설비

3 화재안전기준에 따른 면제기준 : 제11조(방수구의 설치제외)

① 냉장창고 중 온도가 영하인 냉장실 또는 냉동창고의 냉동실
② 고온의 노가 설치된 장소 또는 물과 격렬하게 반응하는 물품의 저장 또는 취급 장소
③ 발전소, 변전소 등으로서 전기시설이 설치된 장소
④ 야외음악당·야외극장 또는 그 밖의 이와 비슷한 장소
⑤ 식물원·수족관·목욕실·수영장(관람석 부분을 제외한다) 또는 그 밖의 이와 비슷한 장소

제3조(정의) 이 기준에서 사용하는 용어의 정의는 다음과 같다.
1. "고가수조"란 구조물 또는 지형지물 등에 설치하여 자연낙차의 압력으로 급수하는 수조를 말한다.
2. "압력수조"란 소화용수와 공기를 채우고 일정압력 이상으로 가압하여 그 압력으로 급수하는 수조를 말한다.
3. "충압펌프"란 배관내 압력손실에 따른 주펌프의 빈번한 기동을 방지하기 위하여 충압역할을 하는 펌프를 말한다.
4. "정격토출량"이란 정격토출압력에서의 펌프의 토출량을 말한다.
5. "정격토출압력"이란 정격토출량에서의 펌프의 토출측 압력을 말한다.
6. "진공계"란 대기압 이하의 압력을 측정하는 계측기를 말한다.
7. "연성계"란 대기압 이상의 압력과 대기압 이하의 압력을 측정할 수 있는 계측기를 말한다.

> **≫ 압력측정 계기의 종류**   참고 국가화재안전기준 해설서

구분	압력계	진공계	연성계
측정범위	대기압 이상의 압력 게이지압 측정	대기압 이하 음의 게이지압 측정	양 및 음의 게이지압 측정
형태(사진)			
설치위치	펌프의 토출측	펌프의 흡입측	펌프의 흡입 또는 토출측

8. "체절운전"이란 펌프의 성능시험을 목적으로 펌프토출측의 개폐밸브를 닫은 상태에서 펌프를 운전하는 것을 말한다.
9. "기동용수압개폐장치"란 소화설비의 배관내 압력변동을 검지하여 자동적으로 펌프를 기동 및 정지시키는 것으로서 압력챔버 또는 기동용압력스위치 등을 말한다.

> **≫ 기동용수압개폐장치의 종류**   참고 각종 사진

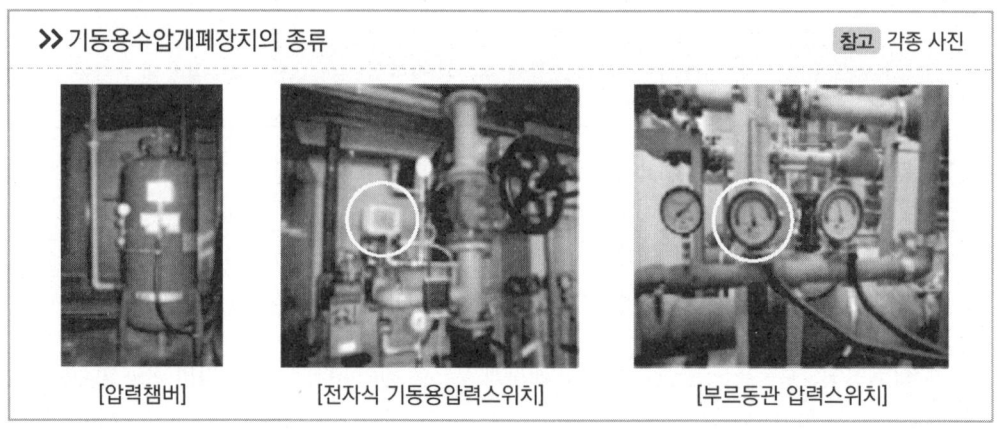

[압력챔버]   [전자식 기동용압력스위치]   [부르동관 압력스위치]

10. "급수배관"이란 수원 및 옥외송수구로부터 옥내소화전방수구에 급수하는 배관을 말한다.

10의2. "분기배관"이란 배관 측면에 구멍을 뚫어 둘 이상의 관로가 생기도록 가공한 배관으로서 확관형 분기배관과 비확관형 분기배관을 말한다.

10의3. "확관형 분기배관"이란 배관의 측면에 조그만 구멍을 뚫고 소성가공으로 확관시켜 배관 용접이음자리를 만들거나 배관 용접이음자리에 배관이음쇠를 용접 이음한 배관을 말한다.

10의4. "비확관형 분기배관"이란 배관의 측면에 분기호칭내경 이상의 구멍을 뚫고 배관이음쇠를 용접 이음한 배관을 말한다.

11. "개폐표시형밸브"란 밸브의 개폐여부를 외부에서 식별이 가능한 밸브를 말한다.

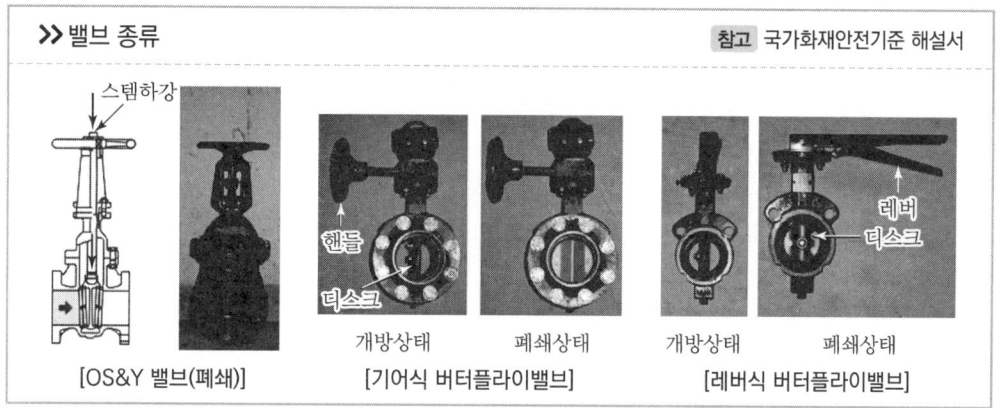

12. "가압수조"란 가압원인 압축공기 또는 불연성 고압기체에 따라 소방용수를 가압시키는 수조를 말한다.

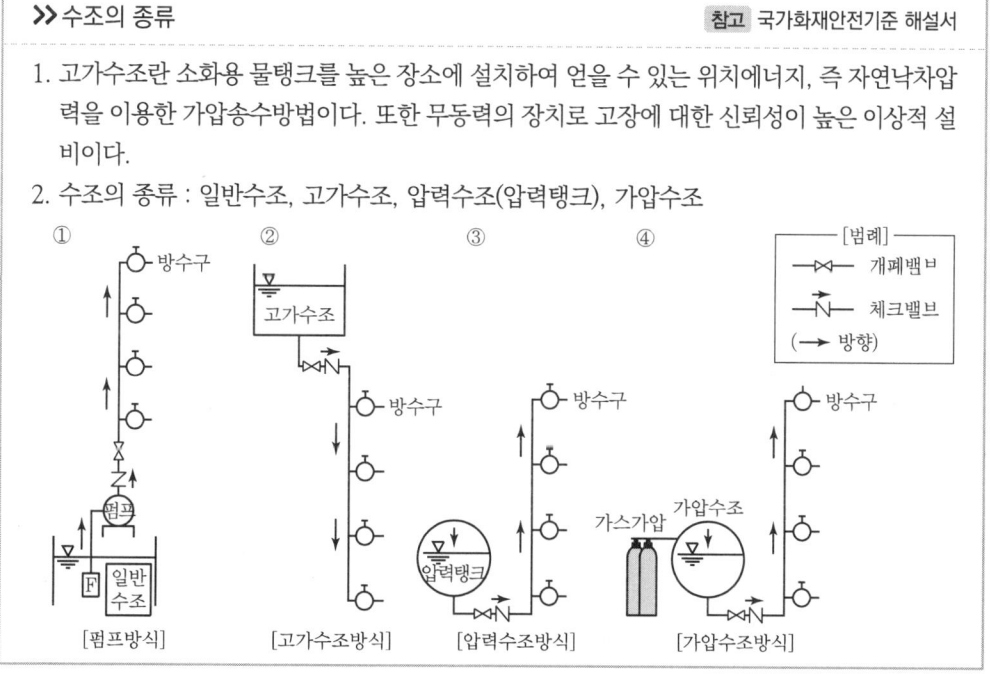

제4조(수원) ① 옥내소화전설비의 수원은 그 저수량이 옥내소화전의 설치개수가 가장 많은 층의 설치개수(2개 이상 설치된 경우에는 2개)에 2.6m³(호스릴옥내소화전설비를 포함한다)를 곱한 양 이상이 되도록 하여야 한다.

> **» 옥내소화전 저수량**
>
> 수식 : $Q=$ 총 방출계수 $\times N$(단, $N \leq 2$)
>
> | 층별기준 및 방사시간 | | 최소 수원량(수조의 저수량) | 최대 저수량(N = 2) |
> |---|---|---|---|
> | 29층 이하 | 20min | $130l/\min \times 20\min \times \dfrac{1m^3}{1,000l} \times N$ $= 2.6m^3 \times N$ | $2.6m^3 \times 2 = 5.2m^3$ |
> | 30층 이상~49층 이하 또는 120~200m 미만 | 40min | $130l/\min \times 40\min \times \dfrac{1m^3}{1,000l} \times N$ $= 5.2m^3 \times N$ | $5.2m^3 \times 2 = 10.4m^3$ |
> | 50층 이상 또는 200m 이상 | 60min | $130l/\min \times 60\min \times \dfrac{1m^3}{1,000l} \times N$ $= 7.8m^3 \times N$ | $7.8m^3 \times 2 = 15.6m^3$ |

② 옥내소화전설비의 수원은 제1항에 따라 산출된 유효수량 외에 유효수량의 3분의 1 이상을 옥상(옥내소화전설비가 설치된 건축물의 주된 옥상을 말한다. 이하 같다)에 설치하여야 한다. 다만, 다음 각 호의 어느 하나에 해당하는 경우에는 그러하지 아니하다.
 1. 삭제
 2. 지하층만 있는 건축물
 3. 제5조제2항에 따른 고가수조를 가압송수장치로 설치한 옥내소화전설비
 4. 수원이 건축물의 최상층에 설치된 방수구보다 높은 위치에 설치된 경우
 5. 건축물의 높이가 지표면으로부터 10m 이하인 경우
 6. 주펌프와 동등 이상의 성능이 있는 별도의 펌프로서 내연기관의 기동과 연동하여 작동되거나 비상전원을 연결하여 설치한 경우
 7. 제5조제1항제9호 단서에 해당하는 경우
 8. 제5조제4항에 따라 가압수조를 가압송수장치로 설치한 옥내소화전설비
③ 삭제
④ 옥상수조(제1항에 따라 산출된 유효수량의 3분의 1 이상을 옥상에 설치한 설비를 말한다. 이하 같다)는 이와 연결된 배관을 통하여 상시 소화수를 공급할 수 있는 구조인 특정소방대상물인 경우에는 둘 이상의 특정소방대상물이 있더라도 하나의 특정소방대상물에만 이를 설치할 수 있다.

> **▶▶ 옥상수조와 고가수조**
>
> 옥상수조는 옥내소화전, 스프링클러설비 등 수계소화설비가 설치되는 건물의 옥상에 보조적으로 설치되는 수조로서, 가압펌프 등이 정전 등으로 사용할 수 없을 경우 비상용으로 사용할 수 있다. 고가수조는 주수원으로, 설비고장에 대비한 보조수원은 옥상수조를 사용한다.

⑤ 옥내소화전설비의 수원을 수조로 설치하는 경우에는 소방설비의 전용수조로 하여야 한다. 다만, 다음 각 호의 어느 하나에 해당하는 경우에는 그러하지 아니하다.
   1. 옥내소화전펌프의 후드밸브 또는 흡수배관의 흡수구(수직회전축펌프의 흡수구를 포함한다. 이하 같다)를 다른 설비(소방용설비 외의 것을 말한다. 이하 같다)의 후드밸브 또는 흡수구보다 낮은 위치에 설치한 때
   2. 제5조제2항에 따른 고가수조로부터 옥내소화전설비의 수직배관에 물을 공급하는 급수구를 다른 설비의 급수구보다 낮은 위치에 설치한 때

⑥ 제1항 및 제2항에 따른 저수량을 산정함에 있어서 다른 설비와 겸용하여 옥내소화전설비용 수조를 설치하는 경우에는 옥내소화전설비의 후드밸브·흡수구 또는 수직배관의 급수구와 다른 설비의 후드밸브·흡수구 또는 수직배관의 급수구와의 사이의 수량을 그 유효수량으로 한다.

⑦ 옥내소화전설비용 수조는 다음 각 호의 기준에 따라 설치하여야 한다.
   1. 점검에 편리한 곳에 설치할 것
   2. 동결방지조치를 하거나 동결의 우려가 없는 장소에 설치할 것
   3. 수조의 외측에 수위계를 설치할 것. 다만, 구조상 불가피한 경우에는 수조의 맨홀 등을 통하여 수조 안의 물의 양을 쉽게 확인할 수 있도록 하여야 한다.
   4. 수조의 상단이 바닥보다 높은 때에는 수조의 외측에 고정식 사다리를 설치할 것
   5. 수조가 실내에 설치된 때에는 그 실내에 조명설비를 설치할 것
   6. 수조의 밑 부분에는 청소용 배수밸브 또는 배수관을 설치할 것
   7. 수조의 외측의 보기 쉬운 곳에 "옥내소화전설비용 수조"라고 표시한 표지를 할 것. 이 경우 그 수조를 다른 설비와 겸용하는 때에는 그 겸용되는 설비의 이름을 표시한 표지를 함께 하여야 한다.
   8. 옥내소화전펌프의 흡수배관 또는 옥내소화전설비의 수직배관과 수조의 접속부분에는 "옥내소화전설비용 배관"이라고 표시한 표지를 할 것. 다만, 수조와 가까운 장소에 옥내소화전펌프가 설치되고 옥내소화전펌프에 제5조제1항제14호에 따른 표지를 설치한 때에는 그러하지 아니하다.

>> 옥내소화전설비용 수조 예시 참고 국가화재안전기준 해설서

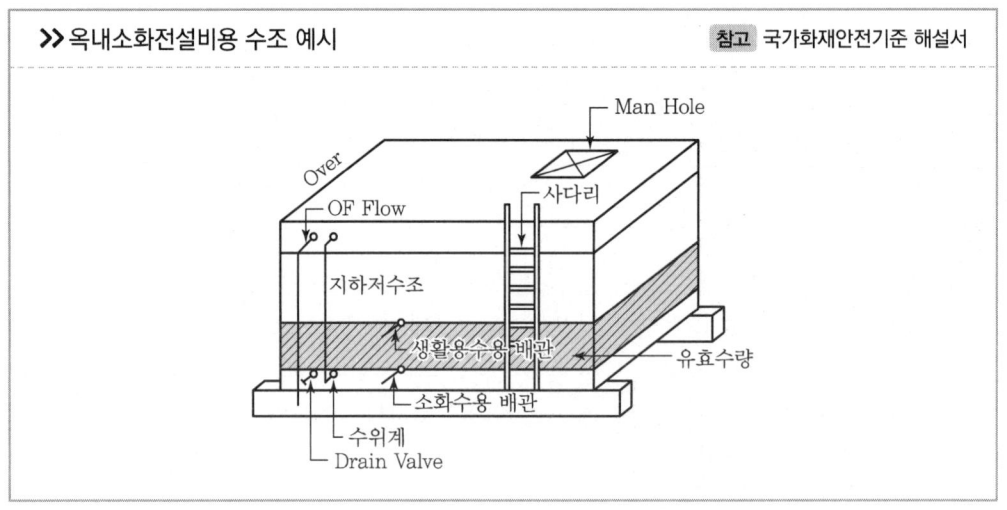

제5조(가압송수장치) ① 전동기 또는 내연기관에 따른 펌프를 이용하는 가압송수장치는 다음 각 호의 기준에 따라 설치하여야 한다. 다만, 가압송수장치의 주펌프는 전동기에 따른 펌프로 설치하여야 한다.

1. 쉽게 접근할 수 있고 점검하기에 충분한 공간이 있는 장소로서 화재 및 침수 등의 재해로 인한 피해를 받을 우려가 없는 곳에 설치할 것
2. 동결방지조치를 하거나 동결의 우려가 없는 장소에 설치할 것
3. 특정소방대상물의 어느 층에 있어서도 해당 층의 옥내소화전(2개 이상 설치된 경우에는 2개의 옥내소화전)을 동시에 사용할 경우 각 소화전의 노즐선단에서의 방수압력이 0.17MPa(호스릴옥내소화전설비를 포함한다) 이상이고, 방수량이 130l/min(호스릴옥내소화전설비를 포함한다) 이상이 되는 성능의 것으로 할 것. 다만, 하나의 옥내소화전을 사용하는 노즐선단에서의 방수압력이 0.7MPa을 초과할 경우에는 호스접결구의 인입 측에 감압장치를 설치하여야 한다.

>> 가압송수장치의 감압방식 참고 국가화재안전기준 해설서

규정방수압력을 초과할 경우 감압방법
1. 감압밸브방식 : 앵글밸브용 감압밸브 또는 배관용 감압밸브를 사용하여 방식
2. 고가수조방식 : 고가수조의 자연낙차를 이용하여 초고층건물의 저층부에 적용하는 방식
3. 전용배관방식 : 배관설비를 저층부와 고층부별로 입상배관, 펌프 등을 구분하여 설치하는 방식
4. 중계펌프방식 : 고층건물의 중간층에 중계펌프(Booster Pump) 및 중간수조를 별도로 설치하는 방식

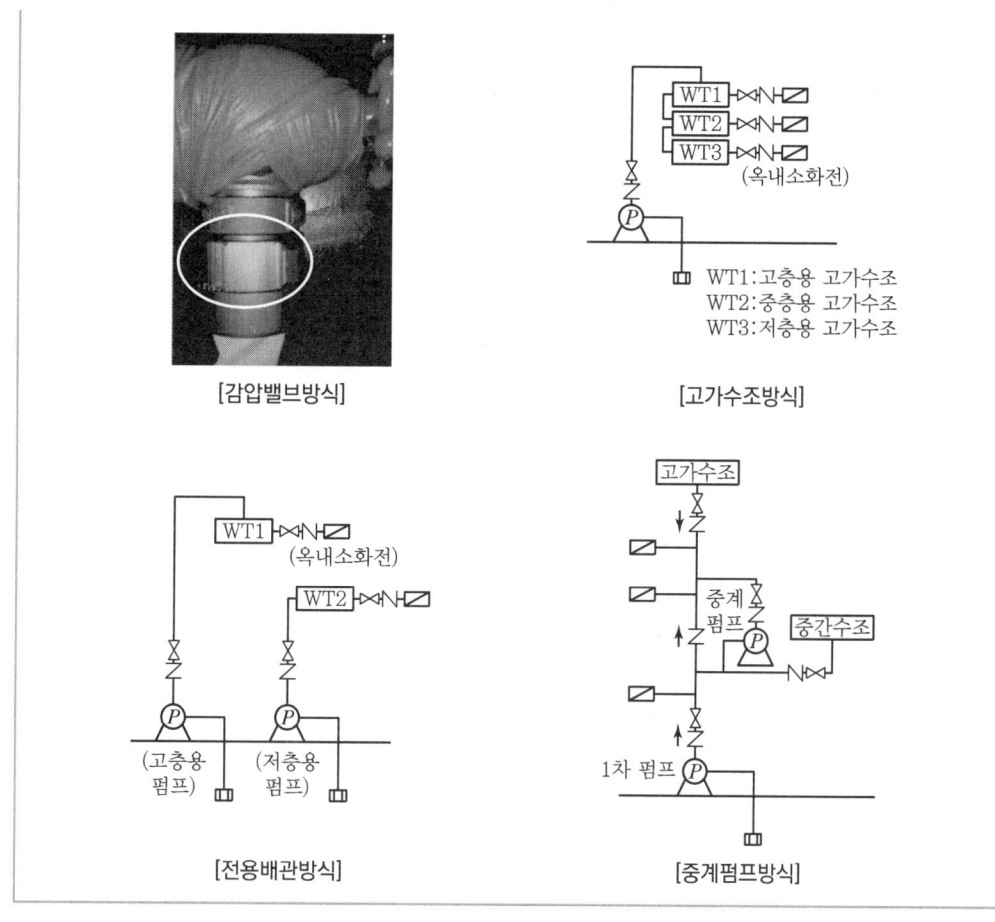

4. 펌프의 토출량은 옥내소화전이 가장 많이 설치된 층의 설치개수(옥내소화전이 2개 이상 설치된 경우에는 2개)에 130 l/min를 곱한 양 이상이 되도록 할 것
5. 펌프는 전용으로 할 것. 다만, 다른 소화설비와 겸용하는 경우 각각의 소화설비의 성능에 지장이 없을 때에는 그러하지 아니하다.

5의2. 삭제

6. 펌프의 도출 측에는 입력계를 체크밸브 이진에 핌프도출 측 플랜지에서 가까운 곳에 실지하고, 흡입 측에는 연성계 또는 진공계를 설치할 것. 다만, 수원의 수위가 펌프의 위치보다 높거나 수직회전축 펌프의 경우에는 연성계 또는 진공계를 설치하지 아니할 수 있다.
7. 가압송수장치에는 정격부하운전 시 펌프의 성능을 시험하기 위한 배관을 설치할 것. 다만, 충압펌프의 경우에는 그러하지 아니하다.
8. 가압송수장치에는 체절운전 시 수온의 상승을 방지하기 위한 순환배관을 설치할 것. 다만, 충압펌프의 경우에는 그러하지 아니하다.
9. 기동장치로는 기동용수압개폐장치 또는 이와 동등 이상의 성능이 있는 것을 설치할 것. 다만, 학교·공장·창고시설(제4조제2항에 따라 옥상수조를 설치한 대상은 제외한다)로서 동결의

우려가 있는 장소에 있어서는 기동스위치에 보호판을 부착하여 옥내소화전함 내에 설치할 수 있다.

9의2. 제9호 단서의 경우에는 주펌프와 동등 이상의 성능이 있는 별도의 펌프로서 내연기관의 기동과 연동하여 작동되거나 비상전원을 연결한 펌프를 추가 설치할 것. 다만, 다음 각 목의 경우는 제외한다.

　가. 지하층만 있는 건축물
　나. 고가수조를 가압송수장치로 설치한 경우
　다. 수원이 건축물의 최상층에 설치된 방수구보다 높은 위치에 설치된 경우
　라. 건축물의 높이가 지표면으로부터 10m 이하인 경우
　마. 가압수조를 가압송수장치로 설치한 경우

10. 기동용수압개폐장치(압력챔버)를 사용할 경우 그 용적은 100ℓ 이상의 것으로 할 것
11. 수원의 수위가 펌프보다 낮은 위치에 있는 가압송수장치에는 다음 각 목의 기준에 따른 물올림장치를 설치할 것
　가. 물올림장치에는 전용의 탱크를 설치할 것
　나. 탱크의 유효수량은 100ℓ 이상으로 하되, 구경 15mm 이상의 급수배관에 따라 해당 탱크에 물이 계속 보급되도록 할 것

》 펌프를 이용하는 가압송수장치의 부속설비

1. 물올림장치는 수원의 위치가 펌프보다 낮을 경우에만 설치하며, 후드밸브의 고장으로 펌프 흡입측 배관 및 펌프에 물이 없을 경우 펌프가 공회전하는 것을 방지하기 위해서 보충수를 공급하는 역할을 한다.
2. 순환배관은 펌프의 체절운전 시 수온이 상승하여 펌프에 영향을 주므로 배관상 릴리프밸브를 통하여 과압을 방출하여 수온상승을 방지하기 위해 설치한다.
3. 릴리프밸브는 배관 내 압력이 릴리프밸브의 설정압력 이상이 되면 개방, 과압을 방출하여 펌프 내의 공회전에 의한 수온상승을 방지하는 역할을 한다.

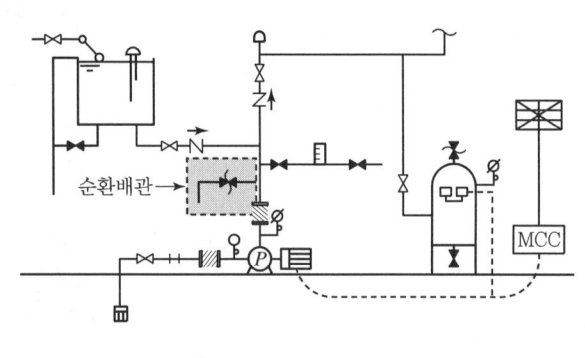
[물올림장치]

[압력챔버]

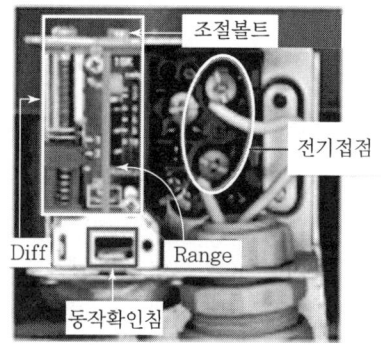

[순환배관(릴리프밸브)]　　　　[압력스위치]

12. 기동용수압개폐장치를 기동장치로 사용할 경우에는 다음 각 목의 기준에 따른 충압펌프를 설치할 것. 다만, 옥내소화전이 각층에 1개씩 설치된 경우로서 소화용 급수펌프로도 상시 충압이 가능하고 다음 가목의 성능을 갖춘 경우에는 충압펌프를 별도로 설치하지 아니할 수 있다.
   가. 펌프의 토출압력은 그 설비의 최고위 호스접결구의 자연압보다 적어도 0.2MPa이 더 크도록 하거나 가압송수장치의 정격토출압력과 같게 할 것
   나. 펌프의 정격토출량은 정상적인 누설량보다 적어서는 아니 되며, 옥내소화전설비가 자동적으로 작동할 수 있도록 충분한 토출량을 유지할 것

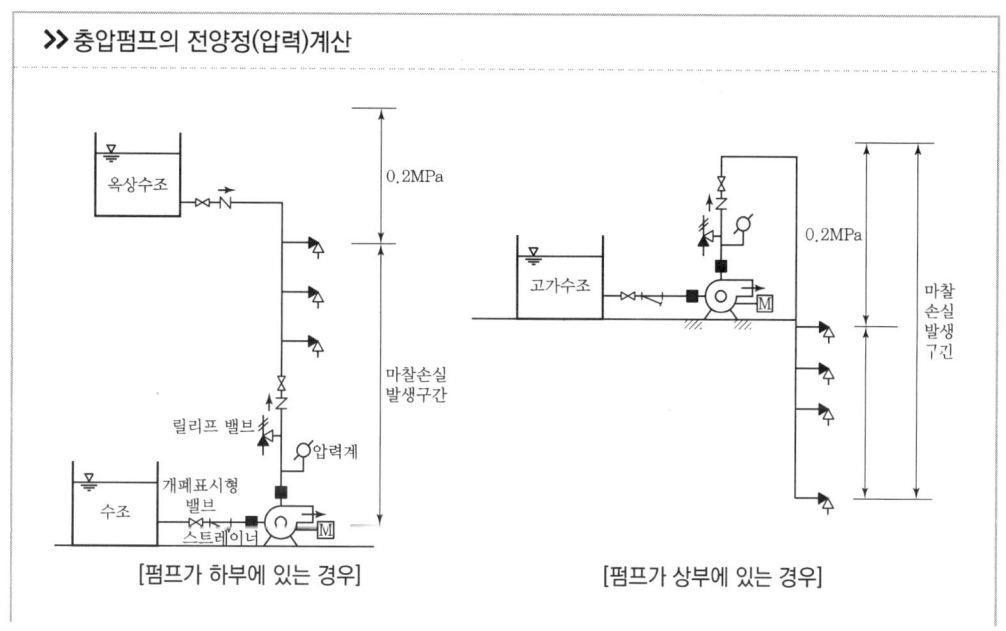

▶▶ 충압펌프의 전양정(압력)계산

[펌프가 하부에 있는 경우]　　　　[펌프가 상부에 있는 경우]

> 1. 충압펌프의 양정을 계산할 경우 최초의 설계에서 주펌프의 전양정과 체절압력을 자연낙차압력보다 0.2MPa를 초과하지 않아야 충압이 가능하다는 의미가 된다.
>   → 자연낙차의 옥상수조에 충압
> 2. 고층 건축물의 경우 옥상에 펌프를 주는 경우 충압펌프의 전양정이 0.2MPa 이상에서 결정한다.
>   → 고가수조에서 하부로 충압

13. 내연기관을 사용하는 경우에는 다음 각 목의 기준에 적합한 것으로 할 것
    가. 내연기관의 기동은 제9호의 기동장치를 설치하거나 또는 소화전함의 위치에서 원격조작이 가능하고 기동을 명시하는 적색등을 설치할 것
    나. 제어반에 따라 내연기관의 자동기동 및 수동기동이 가능하고, 상시 충전되어 있는 축전지설비를 갖출 것
    다. 내연기관의 연료량은 펌프를 20분(층수가 30층 이상 49층 이하는 40분, 50층 이상은 60분) 이상 운전할 수 있는 용량일 것
14. 가압송수장치에는 "옥내소화전펌프"라고 표시한 표지를 할 것. 이 경우 그 가압송수장치를 다른 설비와 겸용하는 때에는 그 겸용되는 설비의 이름을 표시한 표지를 함께 하여야 한다.
15. 가압송수장치가 기동이 된 경우에는 자동으로 정지되지 아니하도록 하여야 한다. 다만, 충압펌프의 경우에는 그러하지 아니하다.
16. 가압송수장치는 부식 등으로 인한 펌프의 고착을 방지할 수 있도록 다음 각 목의 기준에 적합한 것으로 할 것. 다만, 충압펌프는 제외한다.
    가. 임펠러는 청동 또는 스테인리스 등 부식에 강한 재질을 사용할 것
    나. 펌프축은 스테인리스 등 부식에 강한 재질을 사용할 것

》 옥내소화전설비와 호스릴옥내소화전설비의 비교

구분	옥내소화전설비	호스릴옥내소화전설비
노즐선단 방수압력	0.17MPa 이상	0.17MPa 이상
방수량	130LPM 이상	130LPM 이상
호스 구경	40mm 이상	25mm 이상
주배관 구경	50mm 이상	32mm 이상
가지배관 구경	40mm 이상	25mm 이상
방수구 배치(수평거리)	25m 이하	25m 이하
수원의 방수량(29층 이하는 방사시간 20분 이하)	N(가장 많이 설치된 층의 소화전 개수 : 최대 2개)×2.6m²	N(가장 많이 설치된 층의 소화전 개수 : 최대 2개)×2.6m²

② 고가수조의 자연낙차를 이용한 가압송수장치는 다음 각 호의 기준에 따라 설치하여야 한다.
  1. 고가수조의 자연낙차수두(수조의 하단으로부터 최고층에 설치된 소화전 호스 접결구까지의 수직거리를 말한다)는 다음의 식에 따라 산출한 수치 이상이 되도록 할 것

     $H = h_1 + h_2 + 17$(호스릴옥내소화전설비를 포함한다)

     H : 필요한 낙차[m]

     h_1 : 소방용호스 마찰손실수두[m]

     h_2 : 배관의 마찰손실수두[m]

  2. 고가수조에는 수위계 · 배수관 · 급수관 · 오버플로우관 및 맨홀을 설치할 것

③ 압력수조를 이용한 가압송수장치는 다음 각 호의 기준에 따라 설치하여야 한다.
  1. 압력수조의 압력은 다음의 식에 따라 산출한 수치 이상으로 할 것

     $P = P_1 + P_2 + P_3 + 0.17$(호스릴옥내소화전설비를 포함한다)

     P : 필요한 압력[MPa]

     P_1 : 소방용호스의 마찰손실수두압[MPa]

     P_2 : 배관의 마찰손실수두압[MPa]

     P_3 : 낙차의 환산수두압[MPa]

  2. 압력수조에는 수위계 · 급수관 · 배수관 · 급기관 · 맨홀 · 압력계 · 안전장치 및 압력저하 방지를 위한 자동식 공기압축기를 설치할 것

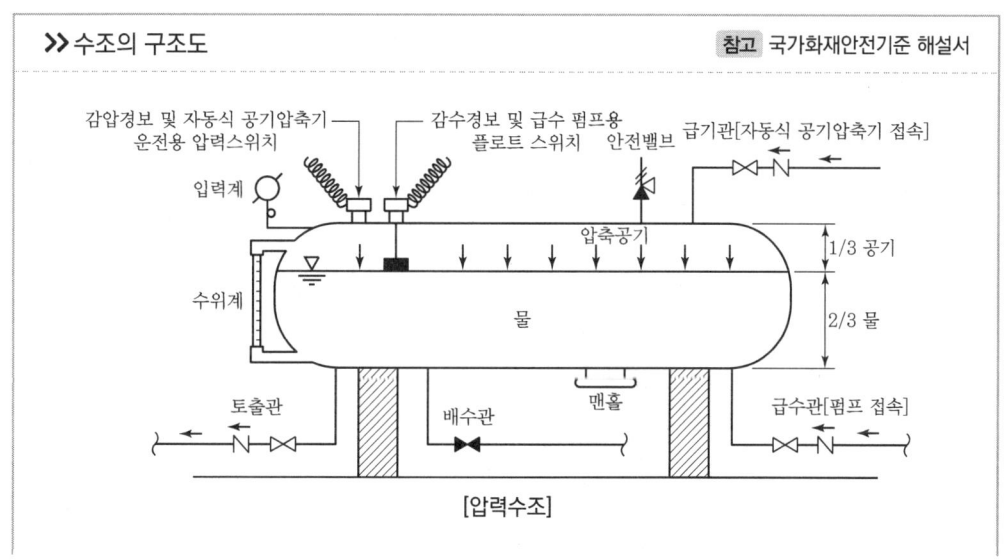

>> 수조의 구조도　　　　　　　　　　　　　　참고 국가화재안전기준 해설서

[압력수조]

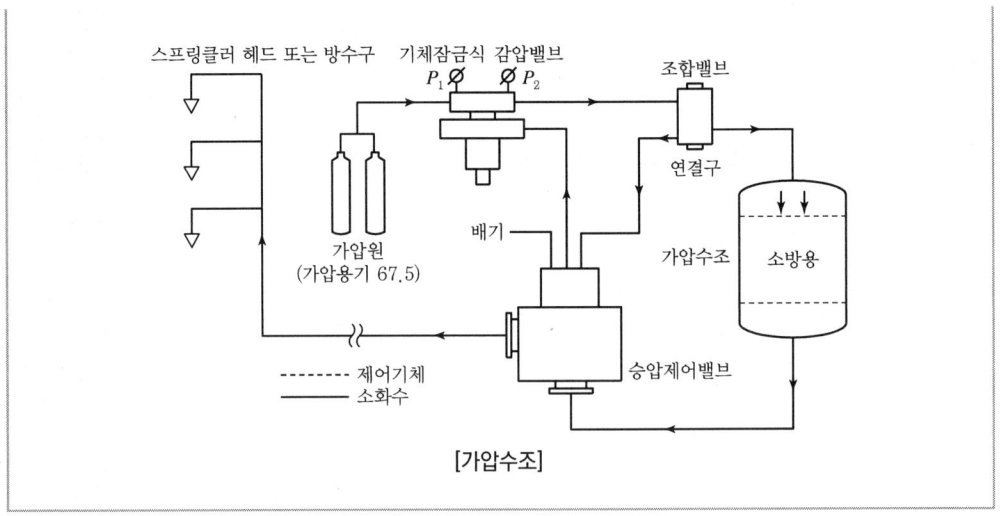

[가압수조]

④ 가압수조를 이용한 가압송수장치는 다음 각 호의 기준에 따라 설치하여야 한다.
  1. 가압수조의 압력은 제1항제3호에 따른 방수량 및 방수압이 20분 이상 유지되도록 할 것
  2. 삭제
  3. 가압수조 및 가압원은 「건축법 시행령」 제46조에 따른 방화구획된 장소에 설치할 것
  4. 삭제
  5. 가압수조를 이용한 가압송수장치는 소방청장이 정하여 고시한 「가압수조식가압송수장치의 성능인증 및 제품검사의 기술기준」에 적합한 것으로 설치할 것

> **》 가압송수장치의 분류**
>
> 1. 가압송수장치란 전동기(모터) 또는 내연기관(엔진)에 연결된 펌프를 이용하여 가압·송수하는 방식으로 주펌프는 전동기에 의한 펌프를 사용한다. 보조펌프(충압펌프)는 배관의 정상적인 누수가 발생했을 때 기동하여 배관 내의 압력을 채우는 역할을 한다.
> 2. 가압송수장치의 종류
>   1) 펌프방식 : 기동용수압개폐장치는 소화설비 배관 내 압력변동을 검지하여 자동적으로 펌프를 기동 또는 정지시키는 장치
>   2) 고가수조방식 : 자연낙차압을 이용하는 방식
>   3) 압력수조방식 : 압력탱크에 압축된 공기를 충전하여 사용하는 방식
>   4) 가압수조방식 : 별도의 압력탱크에 압축공기 또는 불연성 고압기체로 가압하여 사용하는 방식
>   ⇨ 제3조(정의) 제12항 수조의 종류 참고

제6조(배관 등) ① 배관과 배관이음쇠는 다음 각 호의 어느 하나에 해당하는 것 또는 동등 이상의 강도·내식성 및 내열성을 국내·외 공인기관으로부터 인정받은 것을 사용하여야 하고, 배관용 스테인리스강관(KS D 3576)의 이음을 용접으로 할 경우에는 알곤용접방식에 따른다. 다만, 본 조에서 정하지 않은 사항은 건설기술 진흥법 제44조제1항의 규정에 따른 건축기계설비공사 표준설명서에 따른다.

1. 배관 내 사용압력이 1.2MPa 미만일 경우에는 다음 각 목의 어느 하나에 해당하는 것
   가. 배관용 탄소강관(KS D 3507)
   나. 이음매 없는 구리 및 구리합금관(KS D 5301). 다만, 습식의 배관에 한한다.
   다. 배관용 스테인리스강관(KS D 3576) 또는 일반배관용 스테인리스강관(KS D 3595)
   라. 덕타일 주철관(KS D 4311)
2. 배관 내 사용압력이 1.2MPa 이상일 경우에는 다음 각 목의 어느 하나에 해당하는 것
   가. 압력배관용탄소강관(KS D 3562)
   나. 배관용 아크용접 탄소강강관(KS D 3583)

② 제1항에도 불구하고 다음 각 호의 어느 하나에 해당하는 장소에는 소방청장이 정하여 고시한 「소방용합성수지배관의 성능인증 및 제품검사의 기술기준」에 적합한 소방용 합성수지배관으로 설치할 수 있다.

1. 배관을 지하에 매설하는 경우
2. 다른 부분과 내화구조로 구획된 덕트 또는 피트의 내부에 설치하는 경우
3. 천장(상층이 있는 경우에는 상층바닥의 하단을 포함한다. 이하 같다)과 반자를 불연재료 또는 준불연 재료로 설치하고 그 내부에 습식으로 배관을 설치하는 경우

③ 급수배관은 전용으로 하여야 한다. 다만, 옥내소화전의 기동장치의 조작과 동시에 다른 설비의 용도에 사용하는 배관의 송수를 차단할 수 있거나, 옥내소화전설비의 성능에 지장이 없는 경우에는 다른 설비와 겸용할 수 있다.

④ 삭제

⑤ 펌프의 흡입 측 배관은 다음 각 호의 기준에 따라 설치하여야 한다.
1. 공기고임이 생기지 아니하는 구조로 하고 여과장치를 설치할 것
2. 수조가 펌프보다 낮게 설치된 경우에는 각 펌프(충압펌프를 포함한다)마다 수조로부터 별도로 설치할 것

⑥ 펌프의 토출 측 주배관의 구경은 유속이 4m/s 이하가 될 수 있는 크기 이상으로 하여야 하고, 옥내소화전방수구와 연결되는 가지배관의 구경은 40mm(호스릴옥내소화전설비의 경우에는 25mm) 이상으로 하여야 하며, 주배관 중 수직배관의 구경은 50mm(호스릴옥내소화전설비의 경우에는 32mm) 이상으로 하여야 한다. 〈종전의 제5항에서 이동 2012.2.15.〉

⑦ 연결송수관설비의 배관과 겸용할 경우의 주배관은 구경 100mm 이상, 방수구로 연결되는 배관의 구경은 65mm 이상의 것으로 하여야 한다. 〈종전의 제6항에서 이동 2012.2.15.〉

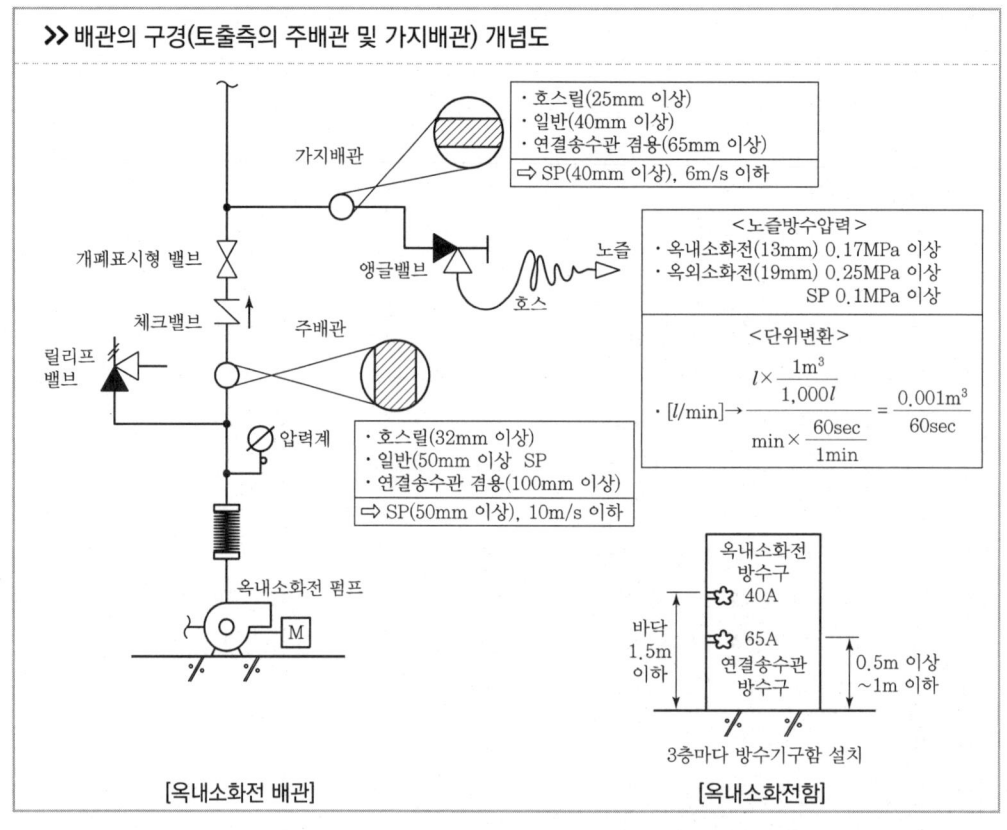

[옥내소화전 배관] [옥내소화전함]

⑧ 펌프의 성능은 체절운전 시 정격토출압력의 140%를 초과하지 아니하고, 정격토출량의 150%로 운전 시 정격토출압력의 65% 이상이 되어야 하며, 펌프의 성능시험배관은 다음 각 호의 기준에 적합하여야 한다.

1. 성능시험배관은 펌프의 토출측에 설치된 개폐밸브 이전에서 분기하여 설치하고, 유량측정장치를 기준으로 전단 직관부에 개폐밸브를 후단 직관부에는 유량조절밸브를 설치할 것
2. 유량측정장치는 성능시험배관의 직관부에 설치하되, 펌프의 정격토출량의 175% 이상 측정할 수 있는 성능이 있을 것

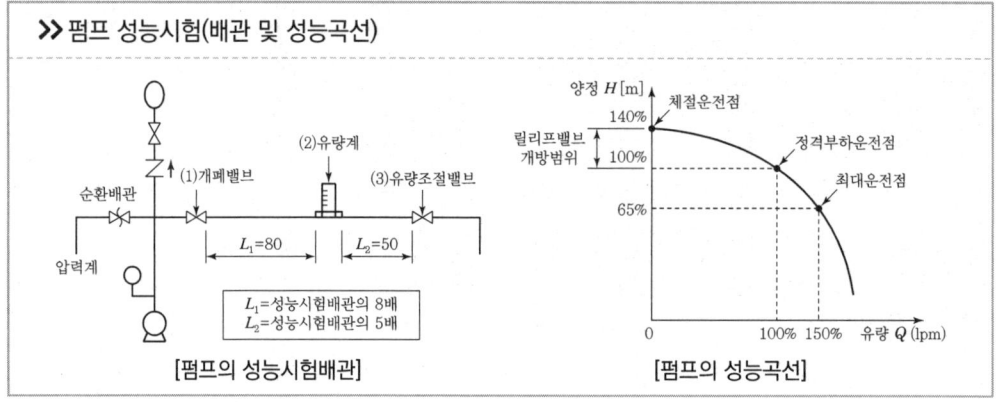

[펌프의 성능시험배관] [펌프의 성능곡선]

⑨ 가압송수장치의 체절운전 시 수온의 상승을 방지하기 위하여 체크밸브와 펌프 사이에서 분기한 구경 20mm 이상의 배관에 체절압력 미만에서 개방되는 릴리프밸브를 설치하여야 한다.

⑩ 동결방지조치를 하거나 동결의 우려가 없는 장소에 설치하여야 한다. 다만, 보온재를 사용할 경우에는 난연재료 성능 이상의 것으로 하여야 한다.

⑪ 급수배관에 설치되어 급수를 차단할 수 있는 개폐밸브(옥내소화전방수구를 제외한다)는 개폐표시형으로 하여야 한다. 이 경우 펌프의 흡입측 배관에는 버터플라이밸브 외의 개폐표시형밸브를 설치하여야 한다.

⑫ 배관은 다른 설비의 배관과 쉽게 구분이 될 수 있는 위치에 설치하거나, 그 배관표면 또는 배관 보온재표면의 색상은 「한국산업표준(배관계의 식별 표시, KS A 0503)」 또는 적색으로 식별이 가능하도록 소방용설비의 배관임을 표시하여야 한다.

⑬ 옥내소화전설비에는 소방차로부터 그 설비에 송수할 수 있는 송수구를 다음 각 호의 기준에 의하여 설치하여야 한다.

[단구형 및 쌍구형 송수구]

1. 송수구는 소방차가 쉽게 접근할 수 있는 잘 보이는 장소에 설치하되 화재층으로부터 지면으로 떨어지는 유리창 등이 송수 및 그 밖의 소화작업에 지장을 주지 아니하는 장소에 설치할 것
2. 송수구로부터 주 배관에 이르는 연결배관에는 개폐밸브를 설치하지 아니할 것. 다만, 스프링클러설비·물분무소화설비·포소화설비 또는 연결송수관 설비의 배관과 겸용하는 경우에는 그러하지 아니하다.
3. 지면으로부터 높이가 0.5m 이상 1m 이하의 위치에 설치할 것
4. 구경 65mm의 쌍구형 또는 단구형으로 할 것
5. 송수구의 가까운 부분에 자동배수밸브(또는 직경 5mm의 배수공) 및 체크밸브를 설치할 것. 이 경우 자동배수밸브는 배관 안의 물이 잘 빠질 수 있는 위치에 설치하되, 배수로 인하여 다른 물건 또는 장소에 피해를 주지 아니하여야 한다.
6. 송수구에는 이물질을 막기 위한 마개를 씌울 것

⑭ 확관형 분기배관을 사용할 경우에는 소방청장이 정하여 고시한 「분기배관의 성능인증 및 제품검사의 기술기준」에 적합한 것으로 설치하여야 한다.

제7조(함 및 방수구 등) ① 옥내소화전설비의 함은 다음 각 호의 기준에 따라 설치하여야 한다.

1. 함은 소방청장이 정하여 고시한 「소화전함 성능인증 및 제품검사의 기술기준」에 적합한 것으로 설치하되 밸브의 조작, 호스의 수납 및 문의 개방 등 옥내소화전 사용에 장애가 없도록 설치할 것. 연결송수관의 방수구를 같이 설치하는 경우에도 또한 같다.
2. 삭제
3. 제1호와 제2호에도 불구하고 제2항제1호의 기준을 초과하는 경우로서 기둥 또는 벽이 설치되

지 아니한 대형공간의 경우는 다음 각 목의 기준에 따라 설치할 수 있다.
　　　가. 호스 및 관창은 방수구의 가장 가까운 장소의 벽 또는 기둥 등에 함을 설치하여 비치할 것
　　　나. 방수구의 위치표지는 표시등 또는 축광도료 등으로 상시 확인이 가능토록 할 것
② 옥내소화전방수구는 다음 각 호의 기준에 따라 설치하여야 한다.
　1. 특정소방대상물의 층마다 설치하되, 해당 특정소방대상물의 각 부분으로부터 하나의 옥내소화전방수구까지의 수평거리가 25m(호스릴옥내소화전설비를 포함한다) 이하가 되도록 할 것. 다만, 복층형 구조의 공동주택의 경우에는 세대의 출입구가 설치된 층에만 설치할 수 있다.
　2. 바닥으로부터의 높이가 1.5m 이하가 되도록 할 것
　3. 호스는 구경 40mm(호스릴옥내소화전설비의 경우에는 25mm) 이상의 것으로서 특정소방대상물의 각 부분에 물이 유효하게 뿌려질 수 있는 길이로 설치할 것
　4. 호스릴옥내소화전설비의 경우 그 노즐에는 노즐을 쉽게 개폐할 수 있는 장치를 부착할 것
③ 표시등은 다음 각 호의 기준에 따라 설치하여야 한다.
　1. 옥내소화전설비의 위치를 표시하는 표시등은 함의 상부에 설치하되, 소방청장이 고시하는 「표시등의 성능인증 및 제품검사의 기술기준」에 적합한 것으로 할 것
　2. 가압송수장치의 기동을 표시하는 표시등은 옥내소화전함의 상부 또는 그 직근에 설치하되 적색등으로 할 것. 다만, 자체소방대를 구성하여 운영하는 경우(「위험물 안전관리법 시행령」별표 8에서 정한 소방자동차와 자체소방대원의 규모를 말한다) 가압송수장치의 기동표시등을 설치하지 않을 수 있다.
　3. 삭제
④ 옥내소화전설비의 함에는 그 표면에 "소화전"이라는 표시와 그 사용요령을 기재한 표지판(외국어 병기)을 붙여야 한다.

제8조(전원) ① 옥내소화전설비에는 그 특정소방대상물의 수전방식에 따라 다음 각 호의 기준에 따른 상용전원회로의 배선을 설치하여야 한다. 다만, 가압수조방식으로서 모든 기능이 20분 이상 유효하게 지속될 수 있는 경우에는 그러하지 아니하다.
　1. 저압수전인 경우에는 인입개폐기의 직후에서 분기하여 전용배선으로 하여야 하며, 전용의 전선관에 보호 되도록 할 것
　2. 특별고압수전 또는 고압수전일 경우에는 전력용 변압기 2차측의 주차단기 1차측에서 분기하여 전용배선으로 하되, 상용전원의 상시공급에 지장이 없을 경우에는 주차단기 2차측에서 분기하여 전용배선으로 할 것. 다만, 가압송수장치의 정격입력전압이 수전전압과 같은 경우에는 제1호의 기준에 따른다.
② 다음 각 호의 어느 하나에 해당하는 특정소방대상물의 옥내소화전설비에는 비상전원을 설치하여야 한다. 다만, 2 이상의 변전소(「전기사업법」 제67조에 따른 변전소를 말한다. 이하 같다)에서 전력을 동시에 공급받을 수 있거나 하나의 변전소로부터 전력의 공급이 중단되는 때에는 자동으로 다른 변전소로부터 전원을 공급받을 수 있도록 상용전원을 설치한 경우와 가압수조방식에는

그러하지 아니하다.

1. 층수가 7층 이상으로서 연면적이 2,000m² 이상인 것
2. 제1호에 해당하지 아니하는 특정소방대상물로서 지하층의 바닥면적의 합계가 3,000m² 이상인 것

③ 제2항에 따른 비상전원은 자가발전설비, 축전지설비(내연기관에 따른 펌프를 사용하는 경우에는 내연기관의 기동 및 제어용 축전지를 말한다) 또는 전기저장장치(외부 전기에너지를 저장해 두었다가 필요한 때 전기를 공급하는 장치)로서 다음 각 호의 기준에 따라 설치하여야 한다.

1. 점검에 편리하고 화재 및 침수 등의 재해로 인한 피해를 받을 우려가 없는 곳에 설치할 것
2. 옥내소화전설비를 유효하게 20분 이상 작동할 수 있어야 할 것
3. 상용전원으로부터 전력의 공급이 중단된 때에는 자동으로 비상전원으로부터 전력을 공급받을 수 있도록 할 것
4. 비상전원(내연기관의 기동 및 제어용 축전기를 제외한다)의 설치장소는 다른 장소와 방화구획할 것. 이 경우 그 장소에는 비상전원의 공급에 필요한 기구나 설비 외의 것(열병합발전설비에 필요한 기구나 설비는 제외한다)을 두어서는 아니 된다.
5. 비상전원을 실내에 설치하는 때에는 그 실내에 비상조명등을 설치할 것

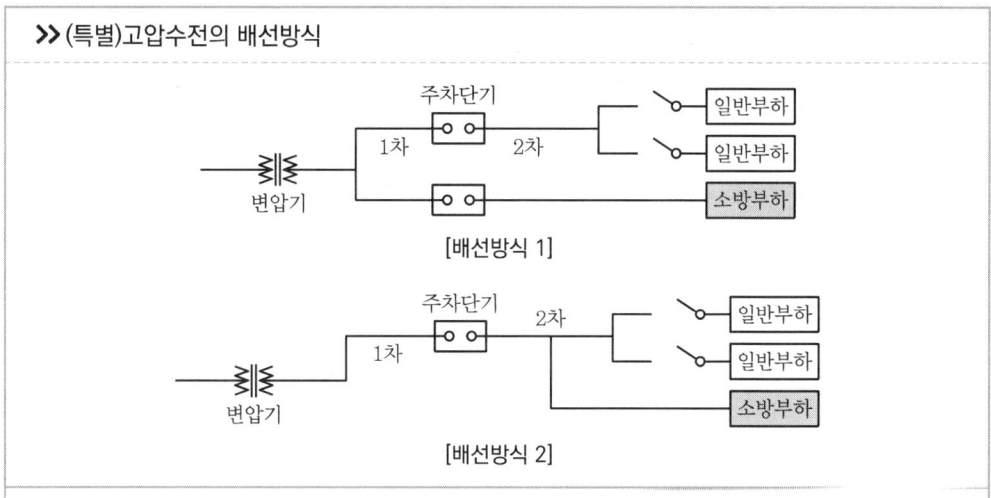

제9조(제어반) ① 옥내소화전설비에는 제어반을 설치하되, 감시제어반과 동력제어반으로 구분하여 설치하여야 한다. 다만, 다음 각 호의 어느 하나에 해당하는 옥내소화전설비의 경우에는 감시제어반과 동력제어반으로 구분하여 설치하지 아니할 수 있다.
1. 제8조제2항에 해당하지 아니하는 특정소방대상물에 설치되는 옥내소화전설비
2. 내연기관에 따른 가압송수장치를 사용하는 옥내소화전설비
3. 고가수조에 따른 가압송수장치를 사용하는 옥내소화전설비
4. 가압수조에 따른 가압송수장치를 사용하는 옥내소화전설비

② 감시제어반의 기능은 다음 각 호의 기준에 적합하여야 한다.
1. 각 펌프의 작동여부를 확인할 수 있는 표시등 및 음향경보기능이 있어야 할 것
2. 각 펌프를 자동 및 수동으로 작동시키거나 중단시킬 수 있어야 할 것
3. 비상전원을 설치한 경우에는 상용전원 및 비상전원의 공급여부를 확인할 수 있어야 할 것
4. 수조 또는 물올림탱크가 저수위로 될 때 표시등 및 음향으로 경보할 것
5. 각 확인회로(기동용수압개폐장치의 압력스위치회로·수조 또는 물올림탱크의 감시회로를 말한다)마다 도통시험 및 작동시험을 할 수 있어야 할 것
6. 예비전원이 확보되고 예비전원의 적합여부를 시험할 수 있어야 할 것

③ 감시제어반은 다음 각 호의 기준에 따라 설치하여야 한다.
1. 화재 및 침수 등의 재해로 인한 피해를 받을 우려가 없는 곳에 설치할 것
2. 감시제어반은 옥내소화전설비의 전용으로 할 것. 다만, 옥내소화전설비의 제어에 지장이 없는 경우에는 다른 설비와 겸용할 수 있다.
3. 감시제어반은 다음 각 목의 기준에 따른 전용실 안에 설치할 것. 다만 제1항 각 호의 어느 하나에 해당하는 경우와 공장, 발전소 등에서 설비를 집중 제어·운전할 목적으로 설치하는 중앙제어실 내에 감시제어반을 설치하는 경우에는 그러하지 아니하다.
   가. 다른 부분과 방화구획을 할 것. 이 경우 전용실의 벽에는 기계실 또는 전기실 등의 감시를 위하여 두께 7mm 이상의 망입유리(두께 16.3mm 이상의 접합유리 또는 두께 28mm 이상의 복층유리를 포함한다)로 된 $4m^2$ 미만의 붙박이창을 설치할 수 있다.
   나. 피난층 또는 지하 1층에 설치할 것. 다만, 다음 각 세목의 어느 하나에 해당하는 경우에는 지상 2층에 설치하거나 지하 1층 외의 지하층에 설치할 수 있다.
      (1) 「건축법시행령」 제35조에 따라 특별피난계단이 설치되고 그 계단(부속실을 포함한다) 출입구로부터 보행거리 5m 이내에 전용실의 출입구가 있는 경우
      (2) 아파트의 관리동(관리동이 없는 경우에는 경비실)에 설치하는 경우
   다. 비상조명등 및 급·배기설비를 설치할 것
   라. 「무선통신보조설비의 화재안전기준(NFSC 505)」제5조제3항에 따라 유효하게 통신이 가능할 것(영 별표 5의 제5호마목에 따른 무선통신보조설비가 설치된 특정소방대상물에 한한다.)

> **NFSC 505 제5조제3항(무선통신보조설비가 설치된 특정소방대상물)**
> 1. 누설동축케이블 또는 동축케이블과 이에 접속하는 안테나가 설치된 층은 모든 부분(계단실, 승강기, 별도 구획된 실 포함)에서 유효하게 통신이 가능할 것
> 2. 옥외 안테나와 연결된 무전기와 건축물 내부에 존재하는 무전기 간의 상호통신, 건축물 내부에 존재하는 무전기 간의 상호통신, 옥외 안테나와 연결된 무전기와 방재실 또는 건축물 내부에 존재하는 무전기와 방재실 간의 상호통신이 가능할 것

　　마. 바닥면적은 감시제어반의 설치에 필요한 면적 외에 화재 시 소방대원이 그 감시제어반의 조작에 필요한 최소면적 이상으로 할 것
　4. 제3호에 따른 전용실에는 특정소방대상물의 기계·기구 또는 시설 등의 제어 및 감시설비 외의 것을 두지 아니할 것
④ 동력제어반은 다음 각 호의 기준에 따라 설치하여야 한다.
　1. 앞면은 적색으로 하고 "옥내소화전설비용 동력제어반"이라고 표시한 표지를 설치할 것
　2. 외함은 두께 1.5mm 이상의 강판 또는 이와 동등 이상의 강도 및 내열성능이 있는 것으로 할 것
　3. 그 밖의 동력제어반의 설치에 관하여는 제3항제1호 및 제2호의 기준을 준용할 것

≫ 감시제어반 전용실 구조도 　　　참고 한끝 국가화재안전기준

구분	내용
전용실 구획기준	방화구획(단, 망입유리 등 4m² 미만의 붙박이창 설치가능)
전용실 층 위치	피난층, 지하 1층, 지상 2층, 지하층 설치 가능한 경우 • 특별피난계단출입구에서 5m 이내 출입구 • 아파트의 관리동(경비실)
부대설비	비상조명등, 급·배기설비
통신수단 보완	무선통신보조설비 접속단자
바닥면적 기준	감시제어반 설치면적 + 조작면적

· 감시제어반 전용실은 피난층 또는 지하 1층에 설치(중앙, 제어실 제외)
· 지상 2층 또는 지하 1층 외의 지하층 설치 가능한 경우
　① 특별피난계단 출입구로부터 보행거리 5m 이내
　② 아파트의 관리동 또는 경비실에 설치하는 경우

제10조(배선 등) ① 옥내소화전설비의 배선은 「전기사업법」 제67조에 따른 기술기준에서 정한 것 외에 다음 각 호의 기준에 따라 설치하여야 한다.
1. 비상전원으로부터 동력제어반 및 가압송수장치에 이르는 전원회로의 배선은 내화배선으로 할 것. 다만, 자가발전설비와 동력제어반이 동일한 실에 설치된 경우에는 자가발전기로부터 그 제어반에 이르는 전원회로의 배선은 그러하지 아니하다.
2. 상용전원으로부터 동력제어반에 이르는 배선, 그 밖의 옥내소화전설비의 감시·조작 또는 표시등회로의 배선은 내화배선 또는 내열배선으로 할 것. 다만, 감시제어반 또는 동력제어반 안의 감시·조작 또는 표시등회로의 배선은 그러하지 아니하다.

② 제1항에 따른 내화배선 및 내열배선에 사용되는 전선 및 설치방법은 별표 1의 기준에 따른다.
③ 옥내소화전설비의 과전류차단기 및 개폐기에는 "옥내소화전설비용"이라고 표시한 표지를 하여야 한다.
④ 옥내소화전설비용 전기배선의 양단 및 접속단자에는 다음 각 호의 기준에 따라 표지하여야 한다.
1. 단자에는 "옥내소화전단자"라고 표시한 표지를 부착할 것
2. 옥내소화전설비용 전기배선의 양단에는 다른 배선과 식별이 용이하도록 표시할 것

제11조(방수구의 설치제외) 불연재료로 된 특정소방대상물 또는 그 부분으로서 다음 각 호의 어느 하나에 해당하는 곳에는 옥내소화전 방수구를 설치하지 아니할 수 있다.
1. 냉장창고 중 온도가 영하인 냉장실 또는 냉동창고의 냉동실
2. 고온의 노가 설치된 장소 또는 물과 격렬하게 반응하는 물품의 저장 또는 취급 장소
3. 발전소·변전소 등으로서 전기시설이 설치된 장소
4. 식물원·수족관·목욕실·수영장(관람석 부분을 제외한다) 또는 그 밖의 이와 비슷한 장소
5. 야외음악당·야외극장 또는 그 밖의 이와 비슷한 장소

제12조(수원 및 가압송수장치의 펌프 등의 겸용) ① 옥내소화전설비의 수원을 스프링클러설비·간이스프링클러설비·화재조기진압용 스프링클러설비·물분무소화설비·포소화설비 및 옥외소화전설비의 수원과 겸용하여 설치하는 경우의 저수량은 각 소화설비에 필요한 저수량을 합한 양 이상이 되도록 하여야 한다. 다만, 이들 소화설비 중 고정식 소화설비(펌프·배관과 소화수 또는 소화약제를 최종 방출하는 방출구가 고정된 설비를 말한다. 이하 같다)가 2 이상 설치되어 있고, 그 소화설비가 설치된 부분이 방화벽과 방화문으로 구획되어 있는 경우에는 각 고정식 소화설비에 필요한 저수량 중 최대의 것 이상으로 할 수 있다.
② 옥내소화전설비의 가압송수장치로 사용하는 펌프를 스프링클러설비·간이스프링클러설비·화재조기진압용 스프링클러설비·물분무소화설비·포소화설비 및 옥외소화전설비의 가압송수장치와 겸용하여 설치하는 경우의 펌프의 토출량은 각 소화설비에 해당하는 토출량을 합한 양 이상이 되도록 하여야 한다. 다만, 이들 소화설비 중 고정식 소화설비가 2 이상 설치되어 있고, 그 소화설비가 설치된 부분이 방화벽과 방화문으로 구획되어 있으며 각 소화설비에 지장이 없는 경우

에는 펌프의 토출량 중 최대의 것 이상으로 할 수 있다.

③ 옥내소화전설비·스프링클러설비·간이스프링클러설비·화재조기진압용 스프링클러설비·물분무소화설비·포소화설비 및 옥외소화전설비의 가압송수장치에 있어서 각 토출측배관과 일반급수용의 가압송수장치의 토출측배관을 상호 연결하여 화재 시 사용할 수 있다. 이 경우 연결배관에는 개폐표시형밸브를 설치하여야 하며, 각 소화설비의 성능에 지장이 없도록 하여야 한다.

④ 옥내소화전설비의 송수구를 스프링클러설비·간이스프링클러설비·화재조기진압용 스프링클러설비·물분무소화설비·포소화설비 또는 연결송수관설비의 송수구와 겸용으로 설치하는 경우에는 스프링클러설비의 송수구의 설치기준에 따르고, 연결살수설비의 송수구와 겸용으로 설치하는 경우에는 옥내소화전설비의 송수구의 설치기준에 따르되 각각의 소화설비의 기능에 지장이 없도록 하여야 한다.

제13조(설치·유지기준의 특례) 소방본부장 또는 소방서장은 기존건축물이 증축·개축·대수선되거나 용도변경되는 경우에 있어서 이 기준이 정하는 기준에 따라 해당 건축물에 설치하여야 할 옥내소화전설비의 배관·배선 등의 공사가 현저하게 곤란하다고 인정되는 경우에는 해당 설비의 기능 및 사용에 지장이 없는 범위 안에서 옥내소화전설비설치·유지기준의 일부를 적용하지 아니할 수 있다.

제14조(재검토 기한) 소방청장은 「훈령·예규 등의 발령 및 관리에 관한 규정」에 따라 이 고시에 대하여 2021년 7월 1일을 기준으로 매 3년이 되는 시점(매 3년째의 6월 30일까지를 말한다)마다 그 타당성을 검토하여 개선 등의 조치를 하여야 한다.

부칙

〈제2021-18호, 2021. 4. 1.〉

이 고시는 발령한 날부터 시행한다.

[별표 1] 배선에 사용되는 전선의 종류 및 공사방법(제10조제2항 관련)

1. 내화배선

사용전선의 종류	공사방법
1. 450/750V 저독성 난연 가교 폴리올레핀 절연 전선 2. 0.6/1kV 가교 폴리에틸렌 절연 저독성 난연 폴리올레핀 시스 전력 케이블 3. 6/10kV 가교 폴리에틸렌 절연 저독성 난연 폴리올레핀 시스 전력용 케이블 4. 가교 폴리에틸렌 절연 비닐시스 트레이용 난연 전력 케이블 5. 0.6/1kV EP 고무절연 클로로프렌 시스 케이블 6. 300/500V 내열성 실리콘 고무 절연전선(180℃) 7. 내열성 에틸렌-비닐 아세테이트 고무 절연 케이블 8. 버스덕트(Bus Duct) 9. 기타 전기용품안전관리법 및 전기설비기술기준에 따라 동등 이상의 내화성능이 있다고 주무부장관이 인정하는 것	금속관·2종 금속제 가요전선관 또는 합성 수지관에 수납하여 내화구조로 된 벽 또는 바닥 등에 벽 또는 바닥의 표면으로부터 25mm 이상의 깊이로 매설하여야 한다. 다만 다음 각목의 기준에 적합하게 설치하는 경우에는 그러하지 아니하다. 가. 배선을 내화성능을 갖는 배선전용실 또는 배선용 샤프트·피트·덕트 등에 설치하는 경우 나. 배선전용실 또는 배선용 샤프트·피트·덕트 등에 다른 설비의 배선이 있는 경우에는 이로 부터 15cm 이상 떨어지게 하거나 소화설비의 배선과 이웃하는 다른 설비의 배선사이에 배선지름(배선의 지름이 다른 경우에는 가장 큰 것을 기준으로 한다)의 1.5배 이상의 높이의 불연성 격벽을 설치하는 경우
내화전선	케이블공사의 방법에 따라 설치하여야 한다.

비고 : 내화전선의 내화성능은 버너의 노즐에서 75mm의 거리에서 온도가 750±5℃인 불꽃으로 3시간동안 가열한 다음 12시간 경과 후 전선 간에 허용전류용량 3A의 퓨우즈를 연결하여 내화시험 전압을 가한 경우 퓨우즈가 단선되지 아니하는 것. 또는 소방청장이 정하여 고시한 「소방용전선의 성능인증 및 제품검사의 기술기준」에 적합할 것

2. 내열배선

사용전선의 종류	공사방법
1. 450/750V 저독성 난연 가교 폴리올레핀 절연 전선 2. 0.6/1kV 가교 폴리에틸렌 절연 저독성 난연 폴리올레핀 시스 전력 케이블 3. 6/10kV 가교 폴리에틸렌 절연 저독성 난연 폴리올레핀 시스 전력용 케이블 4. 가교 폴리에틸렌 절연 비닐시스 트레이용 난연 전력 케이블 5. 0.6/1kV EP 고무절연 클로로프렌 시스 케이블 6. 300/500V 내열성 실리콘 고무 절연전선(180℃) 7. 내열성 에틸렌-비닐 아세테이트 고무 절연케이블 8. 버스덕트(Bus Duct) 9. 기타 전기용품안전관리법 및 전기설비기술기준에 따라 동등 이상의 내열성능이 있다고 주무부장관이 인정하는 것	금속관·금속제 가요전선관·금속덕트 또는 케이블(불연성덕트에 설치하는 경우에 한한다.) 공사방법에 따라야 한다. 다만, 다음 각목의 기준에 적합하게 설치하는 경우에는 그러하지 아니하다. 가. 배선을 내화성능을 갖는 배선전용실 또는 배선용 샤프트·피트·덕트 등에 설치하는 경우 나. 배선전용실 또는 배선용 샤프트·피트·덕트 등에 다른 설비의 배선이 있는 경우에는 이로부터 15cm 이상 떨어지게 하거나 소화설비의 배선과 이웃하는 다른 설비의 배선사이에 배선지름(배선의 지름이 다른 경우에는 지름이 가장 큰 것을 기준으로 한다)의 1.5배 이상의 높이의 불연성 격벽을 설치하는 경우
내화전선·내열전선	케이블공사의 방법에 따라 설치하여야 한다.

비고 : 내열전선의 내열성능은 온도가 816±10℃인 불꽃을 20분간 가한 후 불꽃을 제거하였을 때 10초 이내에 자연소화가 되고, 전선의 연소된 길이가 180mm 이하이거나 가열온도의 값을 한국산업표준(KS F 2257-1)에서 정한 건축구조부분의 내화시험방법으로 15분 동안 380℃까지 가열한 후 전선의 연소된 길이가 가열로의 벽으로부터 150mm 이하일 것. 또는 소방청장이 정하여 고시한 「소방용전선의 성능인증 및 제품검사의 기술기준」에 적합할 것

03 소방시설 자체점검

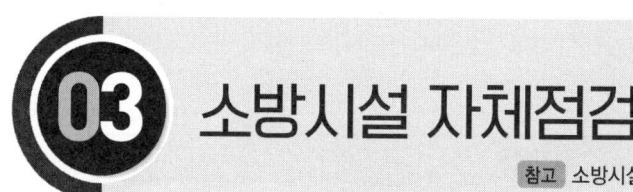

참고 소방시설 자체점검사항 등에 관한 고시, 한국소방안전원

✓ 소방시설 작동기능점검표 작성 예시

1 점검 전 준비사항
1) 점검장소의 협의나 협조 받을 건물 관계인 등 연락처를 사전 확보
2) 점검의 목적과 필요성에 대하여 건물 관계인에게 사전 안내 및 협의
3) 음향장치 및 각 실별 방문점검 사항을 공지하여 협조 요청

2 현장확인
1) 현장 시설물의 도면 등을 이용하여 설비의 개요 및 설치위치 등을 파악한다.
2) 점검사항을 토대로 점검순서를 계획하고 점검장비 및 공구를 준비한다.
3) 기존의 점검자료 및 조치결과가 있다면 점검 전 참고
4) 점검과 관련된 각종 법규 및 기준 등의 기술기준 등 규정사항을 준비하고 숙지한다.

3 점검표 작성을 위한 준비물

1) 소방시설등 작동기능점검 실시결과 보고서
화재예방, 소방시설 설치·유지 및 안전관리에 관한 법률 시행규칙 별지 서식

2) 소방시설등 작동기능 점검표
소방시설 자체점검사항 등에 관한 고시 서식

3) 건축물대장
건축물대장/소방도면 및 소방시설 현황/소방계획서 등

4) 점검에 필요한 장비

소방시설	장비	규격
공통시설	방수압력측정계, 절연저항계, 전류전압측정계	
옥내소화전설비 옥외소화전설비	소화전밸브압력계	

5) 자체점검 후 결과 조치(소방시설법 시행규칙 제19조)
(1) 작동기능점검 : 작동기능점검을 실시한 경우 7일 이내에 작동기능점검 실시결과 보고서를 소방본부장 또는 소방서장에게 제출하여야 한다.
(2) 종합정밀점검 : 종합정밀점검을 실시한 경우 7일 이내에 종합정밀점검 실시결과 보고서를 소방본부장 또는 소방서장에게 제출하여야 한다.
▶ 소방시설관리업자는 점검을 실시한 경우 점검이 끝난 날부터 10일 이내에 소방시설관리업자에 대한 평가 등에 관한 업무를 위탁받은 평가기관에 통보하여야 한다.

2. 옥내소화전설비 점검표

(1면)

번호	점검항목	점검결과
2-A. 수원		
2-A-001	○ 주된수원의 유효수량 적정 여부(겸용설비 포함)	
2-A-002	○ 보조수원(옥상)의 유효수량 적정 여부	
2-B. 수조		
2-B-001	● 동결방지조치 상태 적정 여부	
2-B-002	○ 수위계 설치상태 적정 또는 수위 확인 가능 여부	
2-B-003	● 수조 외측 고정사다리 설치상태 적정 여부(바닥보다 낮은 경우 제외)	
2-B-004	● 실내설치 시 조명설비 설치상태 적정 여부	
2-B-005	○ "옥내소화전설비용 수조" 표지 설치상태 적정 여부	
2-B-006	● 다른 소화설비와 겸용 시 겸용설비의 이름 표시한 표지 설치상태 적정 여부	
2-B-007	● 수조-수직배관 접속부분 "옥내소화전설비용 배관" 표지 설치상태 적정 여부	
2-C. 가압송수장치		
	[펌프방식]	
2-C-001	● 동결방지조치 상태 적정 여부	
2-C-002	○ 옥내소화전 방수량 및 방수압력 적정 여부	
2-C-003	● 감압장치 설치 여부(방수압력 0.7MPa 초과 조건)	
2-C-004	○ 성능시험배관을 통한 펌프 성능시험 적정 여부	
2-C-005	● 다른 소화설비와 겸용인 경우 펌프 성능 확보 가능 여부	
2-C-006	○ 펌프 흡입측 연성계·진공계 및 토출측 압력계 등 부속장치의 변형·손상 유무	
2-C-007	● 기동장치 적정 설치 및 기동압력 설정 적정 여부	
2-C-008	○ 기동스위치 설치 적정 여부(ON/OFF 방식)	
2-C-009	● 주펌프와 동등이상 펌프 추가설치 여부	
2-C-010	○ 물올림장치 설치 적정(전용 여부, 유효수량, 배관구경, 자동급수) 여부	
2-C-011	● 충압펌프 설치 적정(토출압력, 정격토출량) 여부	
2-C-012	○ 내연기관 방식의 펌프 설치 적정(정상기동(기동장치 및 제어반) 여부, 축전지상태, 연료량) 여부	
2-C-013	○ 가압송수장치의 "옥내소화전펌프" 표지설치 여부 또는 다른 소화설비와 겸용 시 겸용설비 이름 표시 부착 여부	
	[고가수조방식]	
2-C-021	○ 수위계·배수관·급수관·오버플로우관·맨홀 등 부속장치의 변형·손상 유무	
	[압력수조방식]	
2-C-031	● 압력수조의 압력 적정 여부	
2-C-032	○ 수위계·급수관·급기관·압력계·안전장치·공기압축기 등 부속장치의 변형·손상 유무	
	[가압수조방식]	
2-C-041	● 가압수조 및 가압원 설치장소의 방화구획 여부	
2-C-042	○ 수위계·급수관·배수관·급기관·압력계 등 부속장치의 변형·손상 유무	

(2면)

번호	점검항목	점검결과
2-D. 송수구		
2-D-001	○ 설치장소 적정 여부	
2-D-002	● 연결배관에 개폐밸브를 설치한 경우 개폐상태 확인 및 조작가능 여부	
2-D-003	● 송수구 설치 높이 및 구경 적정 여부	
2-D-004	● 자동배수밸브(또는 배수공)·체크밸브 설치 여부 및 설치 상태 적정 여부	
2-D-005	○ 송수구 마개 설치 여부	
2-E. 배관 등		
2-E-001	● 펌프의 흡입측 배관 여과장치의 상태 확인	
2-E-002	● 성능시험배관 설치(개폐밸브, 유량조절밸브, 유량측정장치) 적정 여부	
2-E-003	● 순환배관 설치(설치위치·배관구경, 릴리프밸브 개방압력) 적정 여부	
2-E-004	● 동결방지조치 상태 적정 여부	
2-E-005	○ 급수배관 개폐밸브 설치(개폐표시형, 흡입측 버터플라이 제외) 적정 여부	
2-E-006	● 다른 설비의 배관과의 구분 상태 적정 여부	
2-F. 함 및 방수구 등		
2-F-001	○ 함 개방 용이성 및 장애물 설치 여부 등 사용 편의성 적정 여부	
2-F-002	○ 위치·기동 표시등 적정 설치 및 정상 점등 여부	
2-F-003	○ "소화전" 표시 및 사용요령(외국어 병기) 기재 표지판 설치상태 적정 여부	
2-F-004	● 대형공간(기둥 또는 벽이 없는 구조) 소화전 함 설치 적정 여부	
2-F-005	● 방수구 설치 적정 여부	
2-F-006	○ 함 내 소방호스 및 관창 비치 적정 여부	
2-F-007	○ 호스의 접결상태, 구경, 방수 압력 적정 여부	
2-F-008	● 호스릴방식 노즐 개폐장치 사용 용이 여부	
2-G. 전원		
2-G-001	● 대상물 수전방식에 따른 상용전원 적정 여부	
2-G-002	● 비상전원 설치장소 적정 및 관리 여부	
2-G-003	○ 자가발전설비인 경우 연료 적정량 보유 여부	
2-G-004	○ 자가발전설비인 경우 「전기사업법」에 따른 정기점검 결과 확인	
2-H. 제어반		
2-H-001	● 겸용 감시·동력 제어반 성능 적정 여부(겸용으로 설치된 경우)	
	[감시제어반]	
2-H-011	○ 펌프 작동 여부 확인 표시등 및 음향경보장치 정상작동 여부	
2-H-012	○ 펌프 별 자동·수동 전환스위치 정상작동 여부	
2-H-013	● 펌프 별 수동기동 및 수동중단 기능 정상작동 여부	
2-H-014	● 상용전원 및 비상전원 공급 확인 가능 여부(비상전원 있는 경우)	
2-H-015	● 수조·물올림탱크 저수위 표시등 및 음향경보장치 정상작동 여부	
2-H-016	○ 각 확인회로 별 도통시험 및 작동시험 정상작동 여부	
2-H-017	○ 예비전원 확보 유무 및 시험 적합 여부	

(3면)

번호	점검항목	점검결과
2-H-018	● 감시제어반 전용실 적정 설치 및 관리 여부	
2-H-019	● 기계·기구 또는 시설 등 제어 및 감시설비 외 설치 여부	
2-H-021	[동력제어반] ○ 앞면은 적색으로 하고, "옥내소화전설비용 동력제어반" 표지 설치 여부	
2-H-031	[발전기제어반] ● 소방전원보존형발전기는 이를 식별할 수 있는 표지 설치 여부	

※ 펌프성능시험(펌프 명판 및 설계치 참조)

구분		체절운전	정격운전 (100%)	정격유량의 150% 운전	적정 여부
토출량 (*l*/min)	주				1. 체절운전 시 토출압은 정격토출압의 140% 이하일 것( )
	예비				2. 정격운전 시 토출량과 토출압이 규정치 이상일 것( )
토출압 (MPa)	주				3. 정격토출량의 150%에서 토출압이 정격토출압의 65% 이상일 것( )
	예비				

○ 설정압력 :
○ 주펌프
  기동 :   MPa
  정지 :   MPa
○ 예비펌프
  기동 :   MPa
  정지 :   MPa
○ 충압펌프
  기동 :   MPa
  정지 :   MPa

※ 릴리프밸브 작동압력 :   MPa

비고	

※ 점검항목 중 "●"는 종합정밀점검의 경우에만 해당한다.
※ 점검결과란은 양호 "○", 불량 "×", 해당없는 항목은 "/"로 표시한다.
※ 점검항목 내용 중 "설치기준" 및 "설치상태"에 대한 점검은 정상적인 작동 가능 여부를 포함한다.
※ '비고'란에는 특정소방대상물의 위치·구조·용도 및 소방시설의 상황 등이 이 표의 항목대로 기재하기 곤란하거나 이 표에서 누락된 사항을 기재한다.(이하 같다)

스프링클러설비의 화재안전기준

[시행 2021. 12. 16.]
[소방청고시 제2021-44호, 2021. 12. 16., 타법개정.]

개요

NFSC 103

1 질의회신 및 핵심사항 분석

질의회신		참고 소방청 질의회신집

구분	질의회신
소방시설 적용기준 (별표 5)	**Q** 무대부 적용여부[소방제도팀 - 91 - 2007.2.13] : "무대부"는 계속적인 공연을 위하여 고정된 무대조명설비 및 음향설비를 갖춘 곳을 말하는지 아니면 건축도면상 무대부를 말하는지? **A** 소방 관계 법령상 용어의 정의는 없으나 무대부라 함은 통상적으로 연극·음악연주 등을 계속적으로 행하기 위해 일정한 장소에 계속적으로 설치된 시설물을 말하며 건축도면상 무대부라고 표시된 경우를 "무대부"로 적용하는 것은 아닙니다.
교차회로 감지기의 감지면적 (제9조)	**Q** 화재감지기 교차회로 감지기 수량에 대한 질의입니다. 연기감지기 A, 열감지기 B로 설치를 할려고 합니다. 가로 26M, 세로 15M, 높이 4M 미만입니다. 총면적은 390m², 연기감지기 A 150m²×3개 = 450m², 열감지기 B 70m²×6개 = 420m² 연기감지기 3개, 열감지기 6개를 설치를 할려고 하는데 교차 배열이 안맞습니다. **A** 「스프링클러의 화재안전기준(NFSC103)」 제9조제3항제4호에 의거 화재감지기의 설치는 「자동화재탐지설비의 화재안전기준(NFSC203)」 제7조 및 제11조를 준용토록 되어 있고, 화재감지기의 설치는 각 화재감지기 회로별로 설치하되, 각 화재 감지기회로별 화재감지기 1개가 담당하는 바닥면적은 「자동화재탐지설비의 화재안전기준(NFSC 203)」 제7조제3항제5호·제8호부터 제10호까지에 따른 바닥면적으로 적용합니다. 따라서, 반드시 두 회로의 감지기수의 합이 짝수로 끝나야 하는 것은 아닙니다.
설치장소별 기준개수 (제4조제1항)	**Q** 공동주택에 근린생활시설이 부대시설로 설치되는 경우 스프링클러 설치시 기준개수를 공동주택 10개로 적용해도 되는지요. **A** 「주택법」 제21조제1항제2호 및 제3호에 따라 주택 안에 설치되는 부대시설 또는 복리시설은 공동주택에 해당됩니다. 그러므로 공동주택의 근린생활시설이 부대시설이라면 공동주택에 해당합니다. 그러나 스프링클러설비의 화재안전기준(NFSC 103) 제4조제1항제1호에 따른 스프링클러헤드의 기준개수는 특정소방대상물의 구분 용도별로 적용하는 것이 아니라 헤드를 설치하는 장소의 당해 용도에 따라 적용되므로 근린생활시설의 기준개수를 적용하여야 합니다. **Q** 지상4층 연면적 900m² 건축물에 노유자시설이 3개층 600m², 나머지 1개층이 근린생활시설인 경우 스프링클러헤드 기준개수는

	A 질의 건축물이 「소방시설법 시행령」 별표5 제1호라목의 4)에 따라 노유자시설로 바닥면적의 합계가 600m² 이상으로 스프링클러설비의 설치대상이 되었다 하더라도 이는 단지 스프링클러설비대상에 포함되었다는 의미이지 반드시 기준개수를 노유자시설로 적용하여야 한다는 의미는 아닙니다. 스프링클러설비의 화재안전기준(NFSC 103) 제4조제1항 제1호 표에 따라 헤드 기준개수 적용 시 헤드를 설치하는 당해용도에 따라 기준개수를 적용하여야 할 것으로 판단됩니다. 노유자시설 10개, 근린생활시설에는 기준개수 20개로 하나의 건축인 경우 기준개수가 큰 20개를 적용하여야 할 것으로 판단됩니다.
유수검지장치 (제6조)	Q 기존 건축물의 용도변경으로 스프링클러 설치대상으로 기존 1층에 유수검지장치의 설치가 곤란하여 2층 보일러실에 2개(1층용, 2층용)의 유수검지장치를 설치 예정 화재안전기준 위반여부
	A 「스프링클러설비의 화재안전기준(NFSC103)」 제6조제2호에는 "하나의 방호구역에는 1개 이상의 유수검지장치를 설치하되, 화재발생시 접근이 쉽고 점검하기 편리한 장소에 설치할 것"이라고 정하고 있습니다. 층을 달리하는 2개의 방호구역의 유수검지장치를 2층의 보일러실에 일괄적으로 설치하여 관리하는 것에 대하여 화재안전기준에서 명시적으로 금지하지 않고, 반드시 유수검지장치를 반드시 방호구역 내에 설치하여야 하는 것은 아니므로 가능할 것으로 판단됩니다. 다만, 긴급시 즉각적으로 대응하기에 문제가 있을 수 있으므로 중층의 경우 등 불가피한 상황을 제외하고는 층을 달리하여 설치하는 것은 바람직하지 않다고 판단됩니다. (중략)
	Q 하나의 알람밸브에 설치된 헤드의 총 개수가 30개 이내라면 층당 헤드수가 10개를 초과하더라도 가능한지 여부(1층 12개, 2층 12개, 3층 5개)
	A 스프링클러설비의 화재안전기준(NFSC103)」 제6조제3호에 따라 1개 층에 설치되는 스프링클러헤드의 수가 10개를 초과하는 경우 복층형구조의 공동주택이 아니라면 유수검지장치의 방호구역을 3개층으로 적용은 불가능하다고 판단됩니다.
합성수지배관 사용 (제8조)	Q 콘크리트 천장에 불연재가 아닌 가연성 단열재를 설치하는 경우 소방용 합성수지배관을 설치할 수 있는지 여부
	A 「스프링클러설비의 화재안전기준(NFSC 103)」 제8조제2항제3호에는 "천장(상층이 있는 경우 상층바닥의 하단을 포함한다. 이하 같다)"라고 규정하고 있습니다. 이때 단열재는 상층바닥의 하단에 포함되지 않는 것으로 천장의 재질이 콘크리트구조의 스라브라면 불연재료로 간주합니다. 그러므로 반자가 불연재 또는 준불연재이고 소화배관 내부에 항상 소화수가 채워진 상태로 설치하는 경우 소방용 합성수지배관의 사용이 가능할 것이라고 판단됩니다.
	Q 불연재 반자를 설치 시 반자 고정을 위한 목재 지지대를 포함하여 반자의 재질을 보아 소방용 합성수지배관을 사용할 수 없는지 여부
	A 반자를 불연재 또는 준불연재를 시공하기 위한 목재 지지대 등은 가연재로 보지 않는 것으로 안내하고 있습니다.(소방용 합성수지배관 설치에 따른 반자의 재질의 경우에 한함)
	Q 스프링클러헤드의 설치가 제외된 욕실(화장실)의 천장 마감재가 합성수지(PVC)로 소방용 합성수재배관의 청소구 앵글밸브 설치목적으로 배관을 설치 시에 CPVC 사용이 가능한지 여부
	A 화장실의 천장 마감재(반자로 추측)가 합성수지(PVC)라면 불연재 또는 준불연재로 보기 어려워 소방용 합성수지배관의 적용은 불가능할 것으로 판단됩니다.

	Q	소방용 합성수지배관(CPVC)을 유수검지장치실 또는 피트 내부에 사용이 가능한 지 여부
	A	스프링클러설비의 화재안전기준(NFSC 103) 제8조제2항제2호에 따라 다른 부분과 내화구조로 구획된 덕트 또는 피트의 내부에 설치하는 경우 소방용 합성수지배관을 사용할 수 있습니다. 유수검지장치실이 내화구조에 적합하다면 적용이 가능할 것으로 판단됩니다.
급수관의 구경 (제8조)	Q	스프링클러설비의 급수배관 구경을 산정할 때 수원에서 알람밸브까지의 급수관 구경을 건축물 전체의 헤드 수를 합산하여 스프링클러설비의 화재안전기준 제8조제3항제3호 및 별표 1을 따르는지 아니면 건축물에서 헤드가 가장 많이 설치 된 층(방호구역)의 헤드개수를 기준으로 급수관 구경을 산정하는지 궁금합니다.
	A	"single risk" 원칙에 따라 수원에서 알람밸브에 이르는 주배관의 경우 건축물에서 헤드가 가장 많이 설치된 층의 헤드 개수를 기준으로 급수관의 구경을 산정하시면 될 것으로 판단됩니다.
	Q	스프링클러 가지배관의 헤드 개수는 8개 이하로 해야되는 걸로 알고 있습니다. 대신반자가 있는 경우는 상하향식으로 16개까지 설치가 가능할 것으로 알고 있습니다. 덕트의 살수장애로 2개의 헤드를 추가로 설치한다면 문제가 없는지 문의 드립니다.(반자 없이 노출로 설치됨)
	A	「스프링클러설비의 화재안전기준(NFSC 103)」 제8조제9항제2호에는 "교차배관에서 분기되는 지점을 기점으로 한쪽 가지배관에 설치되는 헤드의 개수(반자 아래와 반자속의 헤드를 하나의 가지배관 상에 병설하는 경우에는 반자 아래에 설치하는 헤드의 개수)는 8개 이하로 할 것"이라고 규정하고 있습니다. 또한, 단서조항에서는 기존의 방호구역안에서 칸막이 등으로 구획하여 1개의 헤드를 증설하는 경우에는 예외적으로 허용하고 있습니다. 그러므로 2개의 증설은 불가능할 것으로 판단됩니다.
스프링클러헤드의 설치기준 (제10조)	Q	창고용 보 부분이 있는데 보 너비가 800mm입니다. 그런데 보온으로 보와 천장부분을 단열을 실시하는데 단열부분이 250mm 정도 들어가게 되어서 기존 보너비가 양쪽합해서 1,300mm 정도 되어 1,200mm 기준 초과됩니다. 그러면 보 아래에 헤드를 추가를 하는지 궁금합니다. 아니면 단순 보의 너비로만 판단해서 헤드를 추가 안해도 되는지요?
	A	일반적으로 보의 넓이를 측정 시 단열재 부분을 포함하지는 않습니다. 그러나 헤드의 살수장애 부분에 대하여는 실제 장애가 발생하는 현실을 반영하여 추가로 헤드를 설치하는 것이 타당하다고 판단됩니다. 이는 철거가 가능하더라도 장애물을 설치하는 경우 추가로 헤드를 설치하거나 헤드를 이전하는 것과 동일하다고 판단됩니다.
	Q	오피스텔의 거실 및 안방에 붙박이장(바닥부터 천정까지 제작됨)이 설치되어 있을 경우 헤드살수 반경에 포함되어야 하는지요?
	A	일반적으로 가구는 방호대상물로 보아 가구가 설치되어 있는 벽체(조적 및 골조면)로부터 스프링클러설비의 화재안전기준(NFSC 103) 제10조제3항에 따른 수평거리를 충족하면 될 것으로 판단됩니다.
	Q	오피스텔의 복도에도 조기반응형 헤드를 설치하여야 하는지 궁금합니다.
	A	스프링클러설비의 화재안전기준(NFSC 103) 제10조제5항제2호에 따라 오피스텔의 침실은 조기반응형헤드를 설치하여야 합니다. 그 외의 장소인 오피스텔의 복도는 조기반응형헤드를 설치할 의무는 없습니다.

	Q 헤드로부터 반경 60cm에는 살수장애물이 없고, 헤드와 그 부착면과의 거리는 30cm이하인 경우 헤드 하단부에 설치된 케이블 트레이의 폭은 1.1m이므로 케이블 트레이 하단에는 헤드를 설치하지 않아도 되는지요.
	A 스프링클러설비의 화재안전기준(NFSC 103)」 제10조제1항과 제7항제1호에 따라, 스프링클러헤드와 덕트와의 이격거리가 60cm 이상이고 덕트의 폭이 1.2m 이하인 경우 살수장애에 포함되지 아니하므로 헤드를 추가로 설치하지 아니해도 될 것으로 판단됩니다.
	Q 대형 신축상가를 보면 하향식을 대비해(반자에 고정하도록) 자바라 타입(신축배관)의 스프링클러를 설치한 경우가 많은데요, 반자 없이 노출 천장으로 할 경우, 상향식으로 교체하는 것이 일반적입니다. 하지만, 헤드를 호스밴드 등의 단단한 고정물로 하향식으로 고정시켜도 문제가 없을지 질의합니다.(살수 반경 준수)
	A 스프링클러헤드를 보온된 배관에 밴드 등으로 고정할 경우 고정 여부가 불분명합니다. 헤드가 고정되지 아니하는 경우 적정한 살수가 불가능할 뿐만 아니라 살수반경도 변경될 것입니다. 브라켓 등 확실히 고정될 수 있는 부재의 사용을 권고드립니다. 붙임의 경우 고정여부는 현장상황을 보다 자세하게 확인할 수 있는 관할소방서의 확인을 받아야 가능할 것으로 판단됩니다.
	Q 발코니 면적(1.5m×0.9m), 전열교환기끝과 헤드와의 거리 25cm, 높이 차 15cm, 공동주택(아파트)의 건설현장입니다. 현재 실외기실이 실내 발코니에 설치되고 상부에는 전열교환기가 설치되는데 SP헤드의 측벽형으로 설치할경우 전열교환기로 인한 살수 장애가 발생할듯 합니다. 상기와 같은 경우 전열교환기를 살수장애로 봐야하는지 알고 싶습니다.
	A 살수장애는 스프링클러헤드에서 방사되는 물이 살수패턴 형성이 되지 않게 가까운 위치에 장애물이 있거나 헤드 주위에 장애물이 있어 장애물 너머로 살수가 되지 아니하는 것 등을 의미합니다. 질의 대상 아파트 발코니실 등 소규모 실의 경우 해당 공간의 여건상 60cm 반경(제10조제7항제1호)을 확보하지 못하거나 장애물의 폭의 3배(제10조제7항제3호)를 확보하지 못하는 경우라도 공간규모 등을 감안하여 살수장애의 영향이 가급적 적은 위치에 설치가 가능할 것으로 판단됩니다.(중략)
	Q 업무처리 지침에서 단서 조항에도 불구하고 '천장 면에서 보의 하단까지의 길이에 관계없이 보의 중심으로부터 스프링클러헤드까지의 거리가 스프링클러헤드 상호간 거리의 2분의 1 이하'가 되는 경우에는 '스프링클러헤드와 그 부착 면과의 거리를 30cm 이하'로 할 수 있다.라고 되어 있는데 '스프링클러헤드 상호간 거리'의 의미는?
	A 「스프링클러설비의 화재안전기준 적용 지침 수정알림(2019.10.22.)」에서 "스프링클러헤드 상호간의 거리"는 제10조제3항에 따른 수평거리를 만족하도록 장방형 또는 정방형, 기타 헤드 배치 설계 형태에 따른 헤드간의 거리를 의미합니다.
비상전원 부하상정 (제12조)	**Q** 소방시설 중 소화설비에는 옥내소화전설비, 스프링클러설비 등이 있으며 설계도면에서는 옥상수조 대체용으로 예비펌프를 설치하는 경우가 많이 있습니다. 이 경우 예비펌프도 소화설비의 하나이고 소방시설에 포함하여 "소방부하"로 적용하여야 하는지요. 자가발전설비 설치 시 옥상수조 대체용 예비펌프를 소방부하에 포함하니 정격출력용량을 산정하여야 하는지 질의합니다.
	A 소방시설의 비상전원 설치 시 주펌프와 예비펌프의 부하를 더하여 산정하지는 않습니다. 이는 주펌프와 예비펌프가 동시에 동작하지 않기 때문입니다. 다만, 예비펌프의 부하가 크다면 예비펌프의 부하로 산정하는 것이 타당합니다.

스프링클러헤드의 설치제외 (제15조)	Q 주차장내 단차가 있어 1.5m 경사로가 생기는데 이 경사로 부분에 시공상 헤드설치가어려우며, 해설서에도 "스프링클러헤드를 설치하여도 효율성이 적은 장소"로 경사로가 포함되어 있고, 화재안전기준 상에도 헤드의 설치제외 장소에 경사로가 포함되어 있습니다. 헤드 설치제외가 가능한지 질의 드립니다. A 스프링클러설비의 화재안전기준(NFSC 103) 제15조1항제1호에 따른 경사로인 경우 주차장 경사로도 이에 해당하여 헤드제외가 가능합니다. 다만, 주차장 내부의 같은 층에서 단차에 의한 경사로의 경우 통로개념으로 스프링클러헤드 설치를 고려하여야 할 것으로 판단되나 여러 여건을 고려하여 현장상황을 보다 자세하게 확인할 수 있는 관할소방서와 협의하여 결정하시기 바랍니다. Q 가로 1.5미터 세로 2미터의 세척실에 걸레를 세척할 수 있도록 물을 받는 가로 0.5미터 세로 0.5미터 높이 0.5미터의 물통과 수도시설이 설치되어있습니다. 이 경우 스프링클러헤드의 설치 제외가 가능한지 질의합니다. A 스프링클러설비의 화재안전기준(NFSC 103) 제15조제1항에 따라 헤드 설치제외 대상에 세척실이 명시적으로 규정되어 있지는 않지만 화재발생요인이 없고 소화약제인 물을 취급하는 장소로 화장실, 이와 유사한 장소로 보아 관할소방서와 헤드 설치제외에 대하여 협의할 수 있다고 판단됩니다. Q 체육시설(1층 수영장, 2층 다목적체육관) 계획 시 스프링클러 설비 적용 대상일 경우, 위 제15조1항1호에 따라 수영장은 스프링클러 헤드 제외 대상이라고 판단하였으나, 수영장에 천정마감이 있을 경우 헤드 적용 여부 A 스프링클러헤드 설치 제외장소인 수영장 상부의 천장과 반자사이의 공간에 헤드는 설치 제외가 가능하다고 판단됩니다. 다만, 이러한 경우 수영장 부분과 다른 부분을 구획하도록 안내(권장)하고 있습니다. Q 실외기실에 무전원자동루버를 설치하여, 저온에서 닫혀 있다가 실외기가 작동(약 30도 정도)되면 자동으로 개방되며, 별도의 전원이나 기계장치 없이 형상기억합금 장치로 작동되고, 수동핸들이 있어서 수동으로도 개방이 가능하나, 강제로 폐쇄가 되지 않는 구조로 설계, 제작 되었다면 국가화재안전기준(NFSC 103) 제15조제1항제1호에 따라 직접 외기에 개방 되어있는 복도, 기타 이와 유사한 장소로 볼 수 있어 스프링클러 헤드를 설치제외 할 수 있는지 답변 바랍니다. A 일반적으로 개폐가 가능한 자동루버의 경우 스프링클러설비의 화재안전기준(NFSC 103) 제15조제1항제1호에 따라 직접 외기에 개방되어 있는 복도·기타 이와 유사한 장소로 보기 어렵습니다. 하지만, 자동루버가 저온에서는 닫혀 있다가 실외기가 작동(약 30℃ 정도)하면 자동개방되며, 별도의 전원이나 기계장치 없이 형상기억합금 장치로 작동된다면 제15조제1항제1호의 직접 외기에 개방되었다고 간주할 수 있다고 판단됩니다. (중략) Q MRI실 및 CT실에 대한 질의입니다. 병원 소급적용 대상의 MRI실 등에 스프링클러설비 또는 가스계 소화설비를 반드시 설치하여야 하는지 여부? A 스프링클러설비의 화재안전기준(NFSC 103) 제15조제1항제2호에 따른 전자기기실·기타 이와 유사한 장소에는 헤드를 설치하지 아니할 수 있습니다. 다만, 실의 명칭이 전자기기실이나 전자기기가 일부 있다고 하여 전자기기실로 볼 수는 없습니다. (중략) CT실의 경우 헤드의 설치가 제외되었다면 자동소화장치 또는 가스계소화설비의 설치를 권장합니다.

Q 천장슬라브에 단열재가 붙어 있고, 석고보드 or 텍스마감으로 잡혀있어서 1m 초과 시 상하향식헤드를 설치할려고 합니다. 건물천장이 경사지게 설치되어 있고, 반자의 마감 높이도 달라서 어떤 부분은 1m를 초과하고, 어떤부분은 1m 미만이 나오는데, 이런 경우는 초과부분에만 상하향식헤드를 설치하면 되는지 여부

A 헤드의 설치 높이와 제외 높이가 혼재된 경우「스프링클러설비의 화재안전기준(NFSC 103)」제15조제1항제5호부터 제7호까지에 해당하는 부분에 헤드를 제외할 수 있어 해당 부분은 문구 상 제외가 가능할 것으로 해석될 수 있으나, 하나의 스프링클러설비 방호공간은 전체적으로 헤드가 설치될 때 적정한 방호가 가능하므로 전부 설치하는 것이 바람직할 것으로 판단됩니다. 다만, 설치 높이와 제외 높이 사이에 구획이 되었다면 설치 높이 부분에만 적용하는 것도 가능할 것으로 판단됩니다.

Q 천장슬라브에 단열재(250mm)가 붙어 있고, 반자는 석고보드(9.5t×2), 천장과 반자의 거리는 1.2m인 경우
가. 상기 현장의 경우 천장의 재질은 단열재 상단인 콘크리트인지 단열재인지?
나. 천장과 반자의 거리는 콘크리트면과의 거리인지 단열재와의 거리인지?
다. 석고보드(9.5t×2)를 불연재로 볼 수 있는지 여부?

A 스프링클러설비의 화재안전기준(NFSC 103) 제15조제1항제5호에는 천장과 반자 양쪽이 불연재료로 되어 있는 경우로서 천장과 반자사이의 거리가 2m 미만인 부분에는 스프링클러헤드의 설치를 제외할 수 있습니다.
가. 천장이란 상층이 있는 경우 상층바닥의 하단을 포함합니다. 단열재는 그 하단에 포함되지 아니하므로 천장의 재질이 콘크리트라면 단열재가 부착되었다 하더라도 불연재로 취급됩니다.
나. 천장면 즉, 콘크리트면으로부터 반자까지의 거리를 적용하여야 합니다.
다. 소방법령에는 불연재의 기준에 대하여 규정하고 있지 않습니다. 담당기관인 국토교통부 또는 시·군·구 건축부서에 문의하시기 바랍니다.

Q 건축물의 피난 방화구조등의 기준에 관한 규칙 제23조(방화지구안의 지붕 방화문 및 외벽 등)제2항에 따라 방화지구 인접대지경계선에 접하는 외벽에 설치하는 창문 등에 설치하는 드렌처설비의 경우 소방시설의 수원, 가압송수장치, 배관 등을 겸용할 수 있는지 여부

A「스프링클러설비의 화재안전기준(NFSC 103)」제5조제1항제3호에 따르면 스프링클러설비의 펌프는 전용으로 하여야 하나, 다른 소화설비와 겸용하는 경우 각각의 소화설비의 성능에 지장이 없을 때에는 그러하지 아니하다라고 규정하고 있습니다. 방화지구에 설치하는 드렌처설비는 소방시설이 아니나 전문가 회의를 통해 검토한 결과 수원, 배관 및 펌프를 소화설비와 겸용하는 것은 기술적으로 가능한 것으로 검토되어 적용이 가능할 것으로 판단됩니다.

Q 찜질방의 스프링클러헤드 설치 : 찜질방(수정불가마)내 스프링클러설비헤드를 설치하고자하는데 국내 시공되고 있는 헤드는 헤드 주위온도가 최고 183℃용으로 제조 시공되고 있는바, 당사에서 시설 중인 전기가마는 수정불가마의 온도상승을 위해 전기가마의 온도를 400℃에서 3시간 이상 가열하여야 하는 경우, 현재 국내 제조 시판되고 있는 스프링클러헤드가 400℃에서 작동될 것으로 보이는 데 이 경우 스프링클러헤드를 설치 여부?

A「스프링클러설비의 화재안전기준」제10조에 따라 설치장소의 평상시 최고 주위온도에 따라 적합한 헤드를 설치하여야 하며, 전기가마의 경우는 고온의 노가 설치된 장소로 보아 스프링클러헤드를 설치하지 않아도 됨

	핵심사항	참고 기출문제
펌프 및 기타	• 가압송수장치 성능, 예비펌프 설치, 수조의 수원용량, 변경 전후 유량계산 • 드렌처설비, 랙식 창고, 특수가연물, 문화 및 집회시설, 고층(복합)건물 등 시설 • 특수가연물 저장 설치헤드 수/배관구경/옥상수조 포함 수원 • 수리계산 • 발전기용량(kVA) 계산 • 문화 및 집회 시설의 전층에 스프링클러설비를 설치해야 하는 특정소방대상물 • 준비작동식밸브 2차측으로 넘어간 수원의 양 및 무게 • 펌프의 토출량, 수조의 저수량, 복합 수원, 양정(전양정과 실양정) 산출 • 집회시설, 종교시설, 운동시설에 SP 설치대상	
배관등	• 시험밸브의 시험작동 시 확인사항 • 배치 및 유의사항/습식 특징 • 토출 측 배관의 구경/기준개수/마찰손실수두 • 개폐밸브 작동스위치/충압펌프 설치기준	
유수검지 장치등	• 습식유수검지장치 설치기준, 알람밸브 동작 • 건식유수검지장치 설치기준, 건식밸브 동작/헤드 표시온도 및 드라이펜던트헤드/급속개방장치 • 준비작동식스프링클러설비의 동작순서 Block Diagram • 일제개방밸브의 동밸브 2차 측 배관 부대설비 설치기준 • 유수검지장치 종류별 설치수량/설치기준	
헤드	• 헤드의 선정, 설치 시 유의사항 및 배관 시공 시 유의사항 • 하향식헤드 사용할 수 있는 경우 • 반응시간지수(RTI 지수)/스프링클러헤드에 기재할 기본사항 • 스프링클러 유리벌브형, 퓨즈블링크형 헤드 표시온도에 따른 색상 • 「위험물 안전관리에 관한 세부기준」 스프링클러헤드의 부착	
감시제어반	• 감시제어반에서 확인되어야 하는 비정상상태 감지신호(P형 기준) • 도통시험 및 작동시험 확인회로 • 감시제어반과 동력제어반을 구분하여 설치하지 아니할 수 있는 경우	
Key point	• 스프링클러설비의 헤드 구분, 설치기준 및 배치기준, 시험장치 • 스프링클러설비의 종류, 스프링클러설비의 배관 • 스프링클러설비의 토출량, 저수량, 양정, 헤드 간 수평거리, 수리계산 • 자가발전설비 제어반의 제어장치, 상호 연동하여 확인 기능	

2 시스템의 해설

스프링클러설비는 스프링크클러헤드 감열체 또는 화재감지기 등으로 화재를 자동으로 감지하여 소화작업을 실시하는 자동식 소화설비이다.

1) 계통도

참고 소방시설의 설계 및 시공

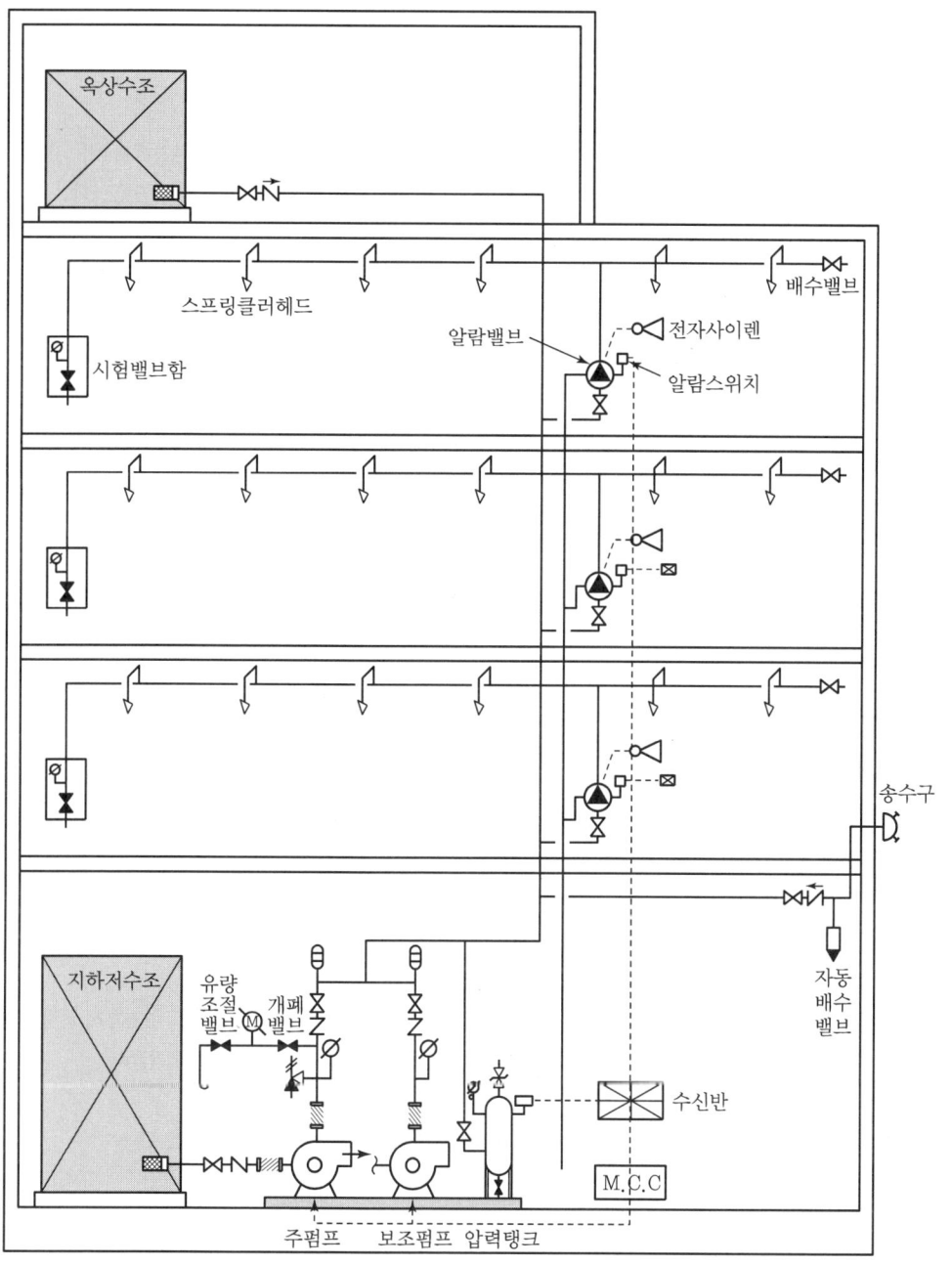

2) 소방용품(소방시설법 시행령 제6조)

소화설비를 구성하는 제품 또는 기기는 ① 별표 1 제1호가목의 소화기구(소화약제 외의 것을 이용한 간이소화용구는 제외한다), ② 별표 1 제1호나목의 자동소화장치, ③ 소화설비를 구성하는 소화전, 관창(管槍), 소방호스, 스프링클러헤드, 기동용 수압개폐장치, 유수제어밸브 및 가스관 선택밸브 등이 있으며, 소화설비의 제품검사(형식승인 및 성능인증) 대상 품목은 ① 법 제36조제1항 본문에서 "대통령령으로 정하는 소방용품" ② 규칙 제15조제1항 본문에서 "행정안전부령으로 정하는 소방용품" ③ 규칙 제15조 및 별표 7 제22호에 따른 "소방청장이 고시하는 소방용품" 등으로 구분되고 소방용품은 제품검사를 받아 합격한 제품을 사용하여야 한다.

3) 용어 해설

(1) 스프링클러설비의 개요

① 스프링클러설비의 분류
- 습식 스프링클러설비
- 건식 스프링클러설비
- 준비작동식 스프링클러설비
- 부압식 스프링클러설비(참조 p.87)
- 일제살수식

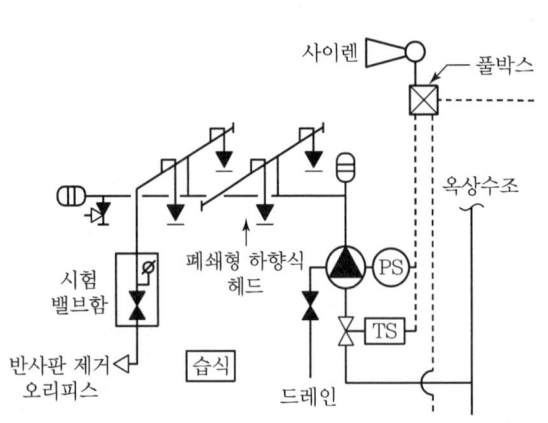

[습식 스프링클러설비]

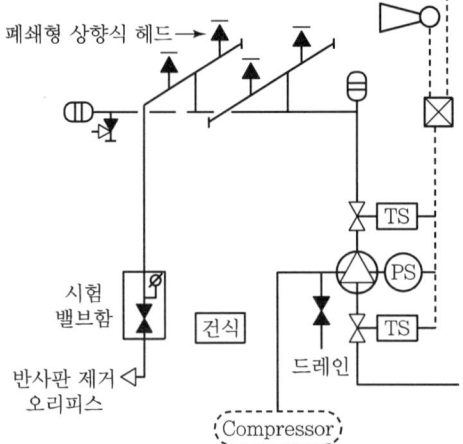

[건식 스프링클러설비]

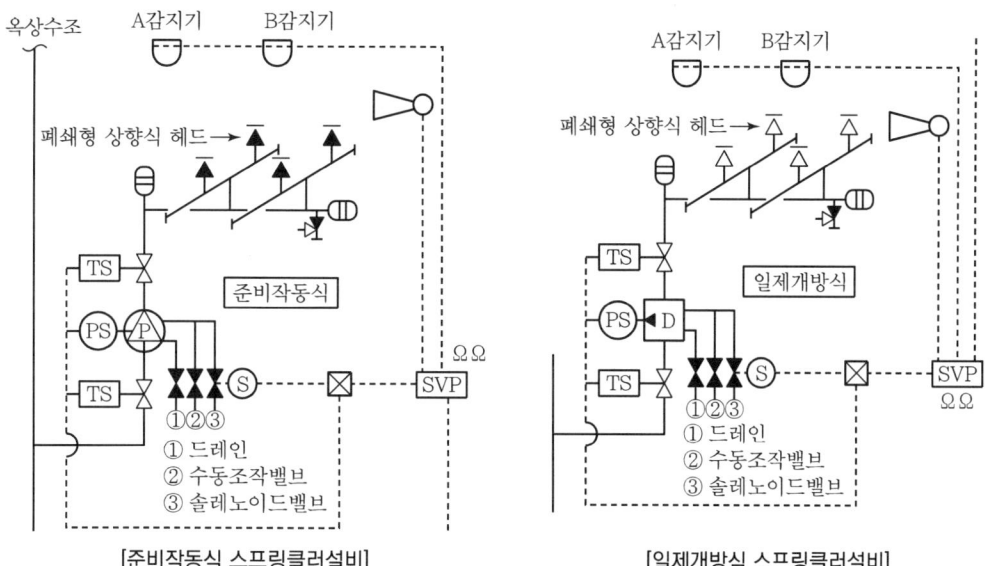

[준비작동식 스프링클러설비]   [일제개방식 스프링클러설비]

② 스프링클러헤드의 분류
- 감열부별 분류 : 폐쇄형(퓨저블 링크형, 글라스 벌브형), 개방형

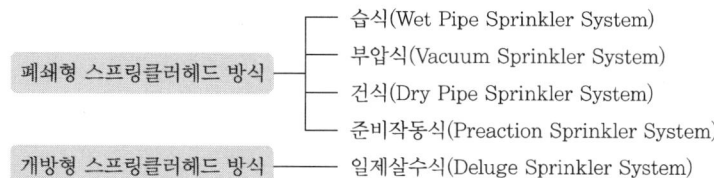

- 감도별 분류
  - 표준반응(Standard Response) : 가장 일반적으로 RTI가 80 초과 350 이하인 헤드
  - 특수반응(Special Response) : 특수용도의 방호용으로 RTI가 51 초과 80 이하인 헤드
  - 조기반응(Fast Response) : 속동형에 사용하는 RTI가 50 이하인 헤드
- 최고주위온도별 분류 : 폐쇄형 헤드의 온도표시(NFSC 103 제10조제6항 참조)
- 설치형태별 분류 : 상향형, 하향형(회향식, 드라이 펜던트 헤드), 반매입형(플러시형), 매입형, 은폐형
- 사용목적별 분류 : 표준형(Standard Spray) 헤드, 화재조기진압용(ESFR) 헤드, 주거형(Residential) 헤드, 조기반응형(Quick Response) 헤드, 랙(Rack)형 헤드

(2) 방호구역과 방수구역

① 방호구역이란 폐쇄형 헤드를 사용하는 설비에서 밸브 1개당 담당하는 구역을 방호구역이라 하며, 폐쇄형 헤드를 사용하는 스프링클러설비의 방호구역의 기준(NFSC 103 제6조)

② 방수구역이란 개방형 헤드를 사용하는 설비에서 일제개방밸브 1개가 담당하는 구역을 의미한다. 개방형 헤드를 사용하는 스프링클러설비의 방호구역의 기준(NFSC 103 제7조)

※ 방화구획은 주요구조부가 내화구조(화재에 견딜 수 있는 성능을 가진 구조) 또는 불연재료(불에 타지 아니하는 성질을 가진 재료)로 된 건축물로 화염의 확산을 막을 수 있는 성능을 가진 구조로 구획된 구역을 말한다. "건축법 시행령" 제46조(방화구획 등의 설치)에 의하여 내화구조로 된 바닥 및 벽, 방화문 또는 자동방화셔터, 건축물의 대피공간 등으로 구획한다. "건축물 피난 및 방화구조 등의 기준에 관한 규칙" 제14조(방화구획의 설치기준)에 의하여 면적별, 층별, 용도별, 소방법상으로 분류하고 있다.

(3) 반응시간지수(RTI ; Response Time Index)

스프링클러설비의 작동메커니즘 최우선은 화염의 열기류가 천장에 부딪혀 이동하는 천장제트 흐름(Ceiling Jet Flow)에 의한 열전달에 따라 스프링클러헤드의 감열부에서 이를 감지하여 반응하는 것이다. 반응시간지수는 감열부의 감열 빠르기 정도, 즉 감도를 나타내는 것이다.

$$RTI = \tau \sqrt{u}$$

여기서, RTI : 반응시간지수[$\sqrt{m \cdot s}$]

τ : 시간상수 $\left[\tau = \dfrac{m \cdot c}{h \cdot A} = \dfrac{kg \times J/kg \cdot ℃}{J/s \cdot m^2 \cdot ℃ \times m^2} = s \right]$

m : 질량[kg]

c : 비열[J/kg · ℃]

h : 대류열 전달계수[W/m² · ℃ = J/s · m² · ℃]

A : 감열부 표면적[m²]

u : 기류속도[m/s]

C : 열전도계수[$\sqrt{m/s}$] : 그래프에서의 전도열전달계수(Conductivity)로 배관의 물 등에 의해 손실되는 열량을 나타내므로 작을수록 조기에 작동한다.

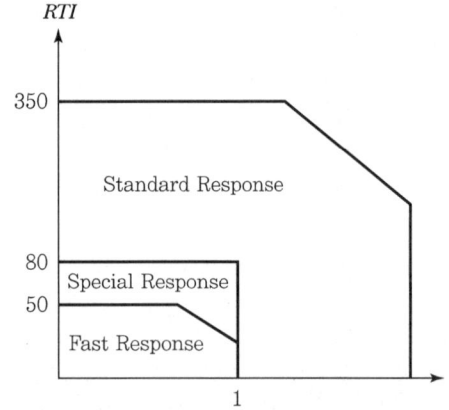

헤드의 구분	$RTI[\sqrt{m \cdot s}]$	$C[\sqrt{m/s}]$
조기반응형 (Fast Response Type)	50 이하	1 미만
특수형 (Special Response Type)	51 초과 80 이하	1 미만
표준형 (Standard Response Type)	80 초과 350 이하	2 미만

→ 조기반응형 헤드종류 : 조기반응형, 간이, ESFR 헤드 등

[스프링클러헤드의 감도시험(형식승인 및 제품검사 기준)]

(4) 조기반응형헤드 또는 스프링클러헤드의 동작 이해

① 조기반응형헤드의 경우 화재진압에 필요한 물의 양(RDD : Q_1)은 작아지며, 가연물의 상단에 도달하는 물의 양(ADD : Q_4)은 상대적으로 커지게 되면서 화재를 진압 또는 제어할 확률이 상대적으로 높다.

※ 필요방사밀도(RDD : Required Delivered Density)는 헤드의 감열에 따라 소화수가 방출되었을 경우 화재진압에 필요한 물의 양으로 화재하중 및 화재가혹도에 관련된다. 실제방사밀도(ADD : Actual Delivered Density)는 헤드로부터 방사된 물이 가연물의 상단에 실제 도달한 물의 양으로 살수패턴의 최적성 여부를 판단하는 척도가 된다.

② 표준형헤드의 경우 상대적으로 반응속도가 늦어 화재가 성장한 만큼 화재진압에 필요한 물의 양(RDD : Q_2)은 늘어나게 되고 가연물 상단에 도달하는 물의 양(ADD : Q_3)은 상대적으로 작아진다.

③ 습식스프링클러시스템의 경우 헤드 개방에 따라 바로 방수되지만 건식, 준비작동식의 경우 습식에 비해 소화수 방수에 시간지연이 발생하여 화재가 커지고, 건식스프링클러설비의 경우 방수시간 지연을 줄이기 위하여 급속개방장치(엑셀레이터 또는 이그저스터)를 사용한다. 즉, 방수시간의 지연은 그만큼 화재가 커진다는 것을 의미하므로 건식스프링클러설비에서는 급속개방장치가 필요하다.

④ 미국 NFPA Code에서는 조기반응형시스템의 경우 설계면적(화재발생 가능 설계면적)에 대하여 40%를 감소하고, 건식 및 준비작동식 시스템의 경우 설계면적의 30% 할증을 준다.

⑤ 화재발생 가능 설계면적은 국내의 「스프링클러설비의 화재안전기준」으로 해석하면 스프링클러헤드의 기준개수에 해당한다.

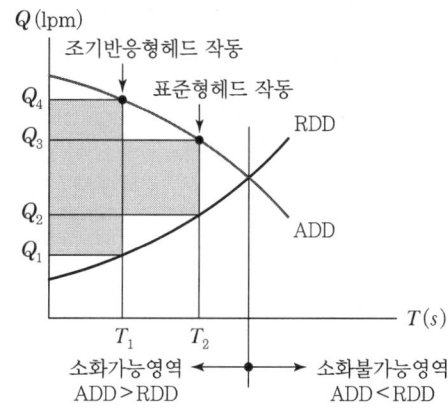

  예 스프링클러 헤드 기준개수가 30개 의미는 최대 30개의 스프링클러헤드가 개방될 수 있는 화재가 발생할 수 있으며, 화재발생 가능 설계면적은 스프링클러헤드의 살수반경(무대부, 특수가연물 1.7m 등)에 따라 산출하고 그 면적에 방수할 수 있는 수원을 확보해야 한다.

※ NFPA Code 기준으로 해석하면 스프링클러헤드 30개를 조기반응형헤드로 설계할 경우에는 기준개수의 60%, 표준형헤드를 사용할 경우에는 100%, 건식 및 준비작동식 시스템을 사용할 경우에는 130%로 스프링클러를 설계 및 시공해야 한다는 의미가 된다.

(4) 스프링클러헤드의 배치방법

① 정방형(정사각형) 배치

$S = L = 2r\cos 45°$

여기서, $S = L$: 헤드 또는 배관 상호 간의 거리[m]
r : 수평거리[m]
θ : 각도[°]

② 장방형(직사각형) 배치

$S = \sqrt{4r^2 - L^2}$, $L = 2r\cos\theta$

여기서, S : 헤드 상호 간의 거리[m]
L : 배관 상호 간의 거리[m]
r : 수평거리[m]
θ : 각도[°](보편적으로 30~60° 사용)

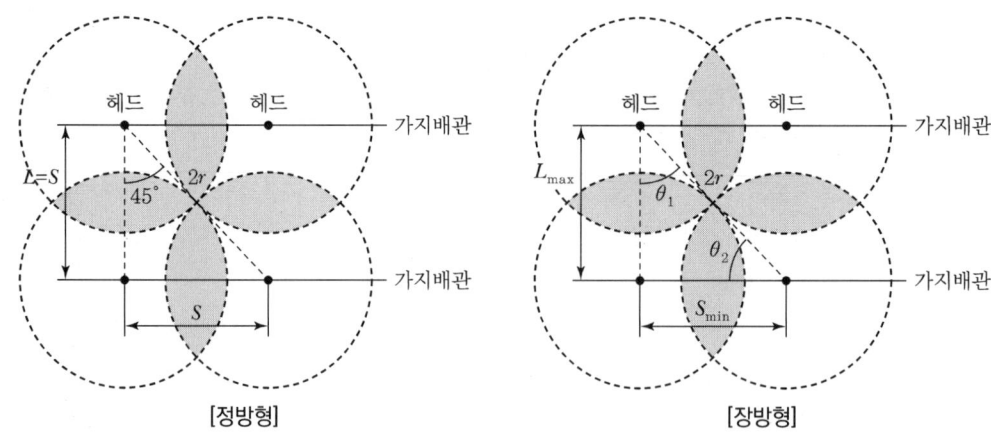

[정방형]　　　　　　　　　　　　[장방형]

③ 지그재그형(마름모형)

3개, 4개의 헤드로 마름모형으로 배치하는 것으로서 살수장애 등의 이유로 실무에 거의 사용하지 않는다.

(5) 스프링클러의 수평거리기준

구분		수평거리(r)	각 헤드 사이의 거리 (정방형으로 배치할 경우 : $S = 2r \cdot \cos 45°$)
무대부 · 특수가연물 저장 취급장소 특수가연물을 저장 취급하는 랙식창고		1.7m	$S = 2 \times 1.7m \times \cos 45° = 2,404$　∴ 2.4m
랙식창고		2.5m	$S = 2 \times 2.5m \times \cos 45° = 3,535$　∴ 3.5m
일반구조		2.1m	$S = 2 \times 2.1m \times \cos 45° = 2,969$　∴ 2.9m
내화구조		2.3m	$S = 2 \times 2.3m \times \cos 45° = 3,252$　∴ 3.2m
간이스프링클러		2.3m	$S = 2 \times 2.3m \times \cos 45° = 3,252$　∴ 3.2m
공동주택(아파트) 세대 내의 거실	최대가능거리	3.2m	$S = 2 \times 3.2m \times \cos 45° = 4,525$　∴ 4.5m
	유효반경일 경우	2.6m	

(6) 시스템 연동을 위한 신호의 기동(입력), 확인, 출력

① 회로에 전원이 인가되어 스위치를 On시키면 DC 24V가 인가되어 램프 점등으로 확인할 수 있다.

② 소방시스템에서는 기동을 선택하여 자동 또는 수동으로 할 수 있다. 압력스위치, 감지기 등 자동작동 신호가 스위치 역할을 하여 표시등 또는 음향경보의 출력으로 감시제어반과 수신기에서 확인할 수 있다.

입력 신호(중계기)	지구 확인(출력)	감시제어반 확인
자동화재탐지설비 발신기 또는 감지기	지구음향 경보	표시등 및 음향경보 출력 (시각+청각)
자동화재탐지설비 감지기 중 계단 및 E/V 감지기	-	
교차회로 방식 화재감지기 A 회로동작 또는 수동기동	지구음향 경보	
교차회로 방식 화재감지기 B 회로동작(A·B감지기 모두 동작)	지구음향 경보 솔레노이드밸브 기동	
유수검지장치 또는 일제개방밸브 압력스위치회로	지구음향 경보	
기동용수압개폐장치 압력스위치회로	펌프기동 신호	
개폐밸브(CO_2 수동잠금밸브 포함) 폐쇄상태 확인회로(T/S)	-	
수조 또는 물올림탱크 저수위감시회로	-	
제연설비 수동기동	급·배기 댐퍼 및 기동, 자동폐쇄장치 기동	

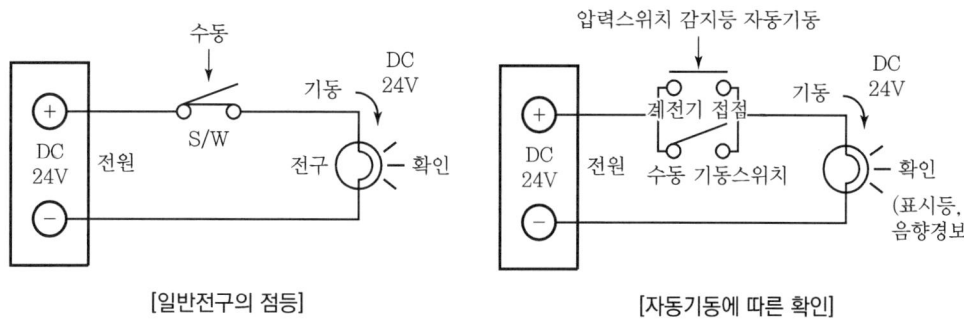

[일반전구의 점등]　　　　　　　[자동기동에 따른 확인]

(7) 작동시험과 도통시험

① 압력스위치, 감지기 등은 설비시스템에서 자동기동 역할을 하므로 도통시험을 통하여 단선 유무를 확인, 작동시험을 통하여 감시제어반(또는 수신기)의 이상 유무를 확인한다.

② 작동시험

　㉠ 시스템 정상 : 종단저항에 의하여 폐회로가 구성되어 있으므로 계전기(Relay)를 작동시키지는 못할 정도의 소전류만이 흐르는 상태이다.

　㉡ 시스템 화재 : 압력스위치의 작동에 따라 전류는 일종의 단락과 같은 형태이므로 전류가 계전기의 코일에 흐르게 되어 접점을 통하여 펌프기동 신호를 감시제어반으로 보내게 된다. (작동시험 시에도 동일한 결과가 출력된다.)

③ 도통시험

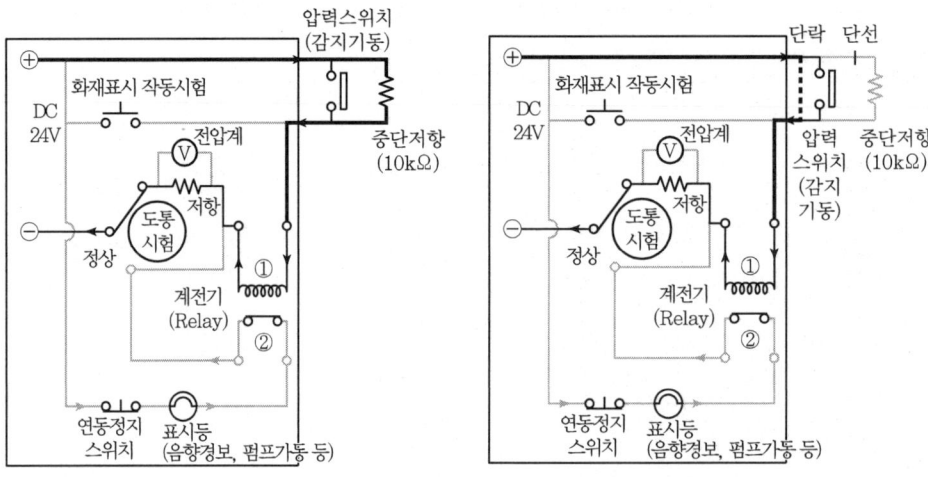

[도통시험 정상일 경우]   [도통시험 이상신호일 경우]

㉠ 정상 : 종단저항을 거쳐 미소전류가 도통시험회를 흘러 전압계의 지시치가 녹색범위 (2~6[V])일 경우 정상 또는 정상표시 LED가 점등
㉡ 단락 : 전압계의 지시치가 적색범위일 경우 단락, 정상상태보다 많은 전류가 흘러 이를 검지할 수 있다.
㉢ 단선 : 전압계의 지시치가 0일 경우 단선, 폐회로가 구성되지 않으므로 전류가 흐르지 않는다.

(8) 배선기준

스프링클러설비에 사용하는 배선의 적용(참조 : 물분무소화설비, 포소화설비)

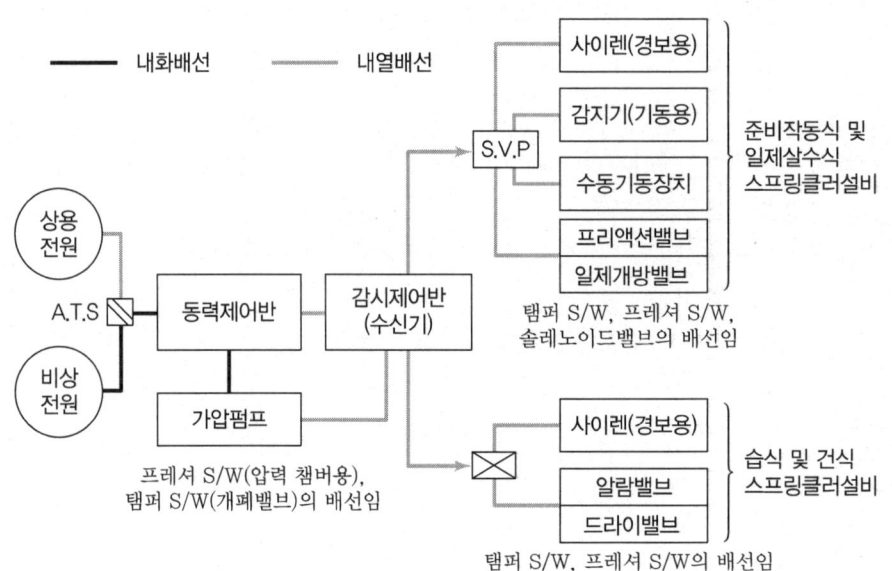

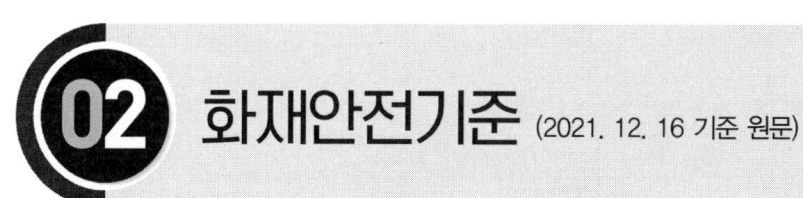

제1조(목적) 이 기준은 「화재예방, 소방시설 설치·유지 및 안전관리에 관한 법률」 제9조제1항에 따라 소방청장에게 위임한 사항 중 소화설비인 스프링클러설비의 설치·유지 및 안전관리에 필요한 사항을 규정함을 목적으로 한다.

> **POINT 시스템 및 안전관리**
>
> 소화설비의 설치목적은 물 그 밖의 소화약제를 사용하여 소화하는 설비로서 특정소방대상물에서 화재가 발생한 경우 연소생성물(열, 연기, 불꽃 등)에 의한 화재의 초기소화, 연소제어 및 연소확대방지를 위하여 사용하며, 평상시에는 관계인에 의한 화재 예방을 위하여 정기적으로 점검하는 소방설비
> 1. 스프링클러설비는 물을 소화약제로 하는 자동식 소화설비로서 화재가 발생한 경우 소방대상물에 설치된 헤드에서 자동으로 물이 방사되어 화재를 진압할 수 있는 소화설비이다. 스프링클러설비의 구성은 수원, 가압송수장치, 배관(밸브 등), 음향장치 및 기동장치, 헤드, 송수구, 전원, 제어반(수신·SVP·모터제어 등) 등으로 구성된다.
> 2. 시스템을 구성하고 있는 소화설비는 「소방시설공사업법」의 소방시설공사 등의 품질과 안전이 확보되도록 시공되어야 하고, 소방기술의 관리에 필요한 화재안전기준에 적합하게 설계도서·시방서가 작성되어 성실하게 수행되어야 한다. 또한 「화재예방, 소방시설 설치·유지 및 안전관리에 관한 법률(이하 "소방시설법")」에 의한 소방용품의 제조 및 수입하려는 제품에 대하여 제품검사를 수행하고, 특정소방대상물의 관계인을 통하여 소방대상물의 안전관리가 이행되어야 한다.

제2조(적용범위) 「화재예방, 소방시설 설치·유지 및 안전관리에 관한 법률 시행령」(이하 "영"이라 한다) 별표 5 제1호라목에 따른 스프링클러설비는 이 기준에서 정하는 규정에 따라 설비를 설치하고 유지·관리하여야 한다.

POINT

1 특정소방대상물의 설치기준(별표 5 스프링클러설비)

소방시설	적용기준			설치대상
스프링클러 설비 (위험물 저장 및 처리 시설 중 가스시설, 지하구의 경우 제외)	1. 문화 및 집회시설(동·식물원 제외), 종교시설(주요구조부가 목조인 것은 제외), 운동시설(물놀이형 시설 제외)	수용인원		100인 이상 전층
		영화상영관 용도로 쓰이는 바닥면적	지하층 또는 무창층	500m² 이상 전층
			그 밖의 층인 경우	1,000m² 이상 전층
		무대부 면적	지하층·무창층 또는 4층 이상 층에 있는 경우	300m² 이상 전층
			위의 층 이외에 있는 경우	500m² 이상 전층
	2. 판매시설, 운수시설 및 창고시설(물류터미널에 한정한다.)	바닥면적의 합계		5,000m² 이상 전층
		수용인원		500인 이상 전층
	3. 층수가 6층 이상인 특정소방대상물	주택관련법령에 따라, 기존 아파트를 리모델링하는 경우로서 건축물의 연면적 및 층높이가 변경되지 않는 경우, 해당 아파트 등의 사용검사 당시의 소방시설 적용기준을 적용		전층
		스프링클러설비가 없는 기존의 특정소방대상물을 용도 변경하는 경우. 다만, 1·2·4·5 및 8부터 12목까지의 규정에 해당하는 특정소방대상물로 용도 변경하는 경우에는 해당 규정에 따라 스프링클러설비를 설치한다.		
	4. 의료시설 중 정신의료기관, 종합병원, 병원, 치과병원, 한방병원 및 요양병원(정신병원 제외), 노유자시설 또는 숙박이 가능한 수련시설의 바닥면적의 합계			600m² 이상 전
	5. 창고시설(물류터미널 제외)로서 바닥면적의 합계			5,000m² 이상 전층
	6. 천장 또는 반자의 높이가 10m 넘는 랙식 창고로서 바닥면적의 합계			1,500m² 이상
	7. 1부터 6목까지의 특정소방대상물에 해당하지 않는 특정소방대상물의 지하층·무창층(축사 제외) 또는 층수가 4층 이상인 층으로 바닥면적			1,000m² 이상인 층
	8. 6목에 해당하지 않는 공장 또는 창고시설	특수가연물 저장, 취급		지정수량의 1,000배 이상
		중·저준위 방사성폐기물의 저장시설 중 소화수를 수집·처리하는 설비가 있는 저장시설		전부

9. 지붕 또는 외벽이 불연재료가 아니거나 내부 구조가 아닌 공장 또는 창고시설	창고시설(물류터미널에 한정) 중 2목에 해당하지 않는 것	바닥면적의 합계	2,500m² 이상
		수용인원	250명 이상
	창고시설(물류터미널 제외) 중 5목에 해당하지 않는 것으로 바닥면적 합계		2,500m² 이상
	랙식 창고시설 중 6목에 해당하지 않는 것으로서 바닥면적 합계		750m² 이상
	공장 또는 창고시설 중 7목에 해당하지 않는 것으로서 지하층·무창층 또는 층수가 4층 이상인 것 중 바닥면적		500m² 이상
	공장 또는 창고시설 중 8목에 해당하지 않는 것으로서 특수가연물을 처리하는 시설		지정수량 500배 이상
10. 지하가(터널 제외)의 연면적			1,000m² 이상
11. 교육연구시설, 수련시설 내에 있는 학생 수용을 위한 기숙사 또는 복합건축물로서 연면적			5,000m² 이상 전층
12. 교정 및 군사시설 중 　1) 보호감호소, 교도소, 구치소 및 그 지소, 보호관찰소, 갱생보호시설, 치료감호시설, 소년원 및 소년분류심사원의 수용거실 　2) 보호시설(외국인보호소의 경우에는 피보호자의 생활공간으로 한정한다)로 사용하는 부분. 다만, 보호시설이 임차건물에 있는 경우는 제외 　3) 유치장			전부
13. 1.부터 12.까지의 특정소방대상물에 부속된 보일러실 또는 연결통로 등			

2 소방시설 설치 면제기준

1. (별표 6) 소방시설 설치 면제기준

　　스프링클러설비를 설치하여야 하는 특정소방대상물에 물분무등소화설비를 화재안전기준에 적합하게 설치한 경우에는 그 설비의 유효범위(해당 소방시설이 화재를 감지·소화 또는 경보할 수 있는 부분을 말한다. 이하 같다)에서 설치가 면제된다.

2. (별표 7) 소방시설을 설치하지 않을 수 있는 특정소방대상물 및 소방시설 범위

구분	특정소방대상물	소방시설
1. 화재 위험도가 낮은 특정소방대상물	「소방기본법」 제2조제5호에 따른 소방대(消防隊)가 조직되어 24시간 근무하고 있는 청사 및 차고	옥내소화전설비, 스프링클러설비, 물분무등소화설비, 비상방송설비, 피난기구, 소화용수설비, 연결송수관설비, 연결살수설비

구분	특정소방대상물	소방시설
2. 화재안전기준을 적용하기 어려운 특정소방대상물	펄프공장의 작업장, 음료수 공장의 세정 또는 충전을 하는 작업장, 그 밖에 이와 비슷한 용도로 사용하는 것	스프링클러설비, 상수도소화용수설비 및 연결살수설비

3. 화재안전기준에 따른 면제기준 : 제15조(헤드의 설치제외) 규정에 따라 스프링클러헤드 설치제외 가능

제3조(정의) 이 기준에서 사용하는 용어의 정의는 다음과 같다.
1. "고가수조"란 구조물 또는 지형지물 등에 설치하여 자연낙차 압력으로 급수하는 수조를 말한다.
2. "압력수조"란 소화용수와 공기를 채우고 일정압력 이상으로 가압하여 그 압력으로 급수하는 수조를 말한다.
3. "충압펌프"란 배관 내 압력손실에 따른 주펌프의 빈번한 기동을 방지하기 위하여 충압역할을 하는 펌프를 말한다.
4. "정격토출량"이란 정격토출압력에서의 펌프의 토출량을 말한다.
5. "정격토출압력"이란 정격토출량에서의 펌프의 토출측 압력을 말한다.
6. "진공계"란 대기압 이하의 압력을 측정하는 계측기를 말한다.
7. "연성계"란 대기압 이상의 압력과 대기압 이하의 압력을 측정할 수 있는 계측기를 말한다.
8. "체절운전"이란 펌프의 성능시험을 목적으로 펌프토출측의 개폐밸브를 닫은 상태에서 펌프를 운전하는 것을 말한다.
9. "기동용수압개폐장치"란 소화설비의 배관내 압력변동을 검지하여 자동적으로 펌프를 기동 및 정지시키는 것으로서 압력챔버 또는 기동용압력스위치 등을 말한다.

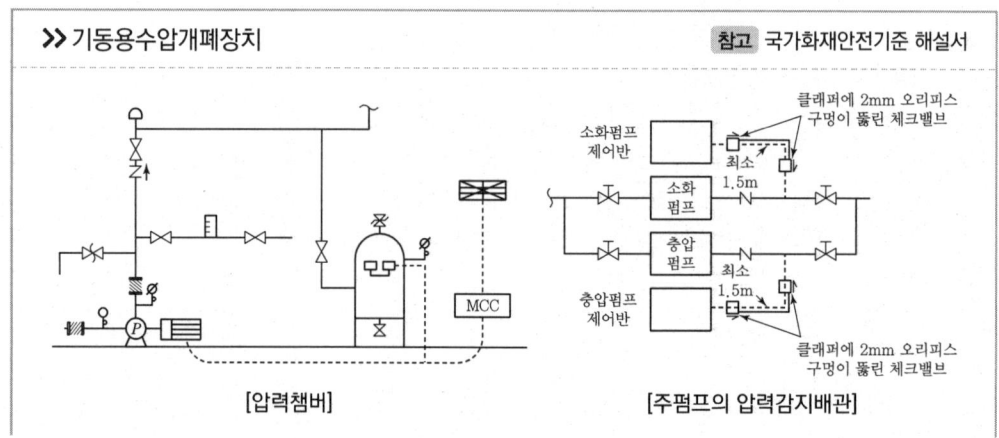

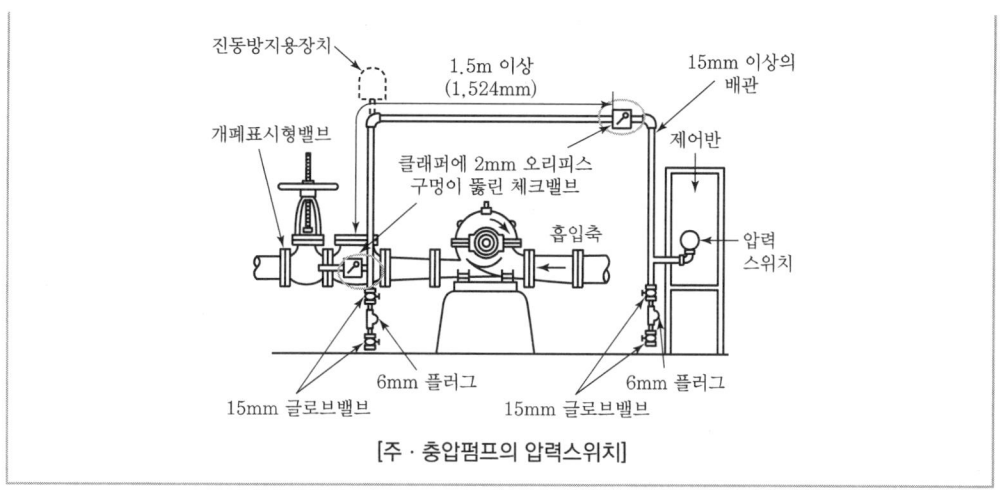

[주 · 충압펌프의 압력스위치]

10. "개방형스프링클러헤드"란 감열체 없이 방수구가 항상 열려져 있는 스프링클러헤드를 말한다.
11. "폐쇄형스프링클러헤드"란 정상상태에서 방수구를 막고 있는 감열체가 일정온도에서 자동적으로 파괴 · 용해 또는 이탈됨으로써 방수구가 개방되는 스프링클러헤드를 말한다.
12. "조기반응형헤드"란 표준형스프링클러헤드 보다 기류온도 및 기류속도에 조기에 반응하는 것을 말한다.
13. "측벽형스프링클러헤드"란 가압된 물이 분사될 때 헤드의 축심을 중심으로 한 반원상에 균일하게 분산시키는 헤드를 말한다.
14. "건식스프링클러헤드"란 물과 오리피스가 분리되어 동파를 방지할 수 있는 스프링클러헤드를 말한다.

》 스프링클러헤드의 종류

15. "유수검지장치"란 습식유수검지장치(패들형을 포함한다), 건식유수검지장치, 준비작동식유수검지장치를 말하며 본체내의 유수현상을 자동적으로 검지하여 신호 또는 경보를 발하는 장치를 말한다.
16. "일제개방밸브"란 개방형스프링클러헤드를 사용하는 일제살수식 스프링클러설비에 설치하는 밸브로서 화재발생시 자동 또는 수동식 기동장치에 따라 밸브가 열려지는 것을 말한다.

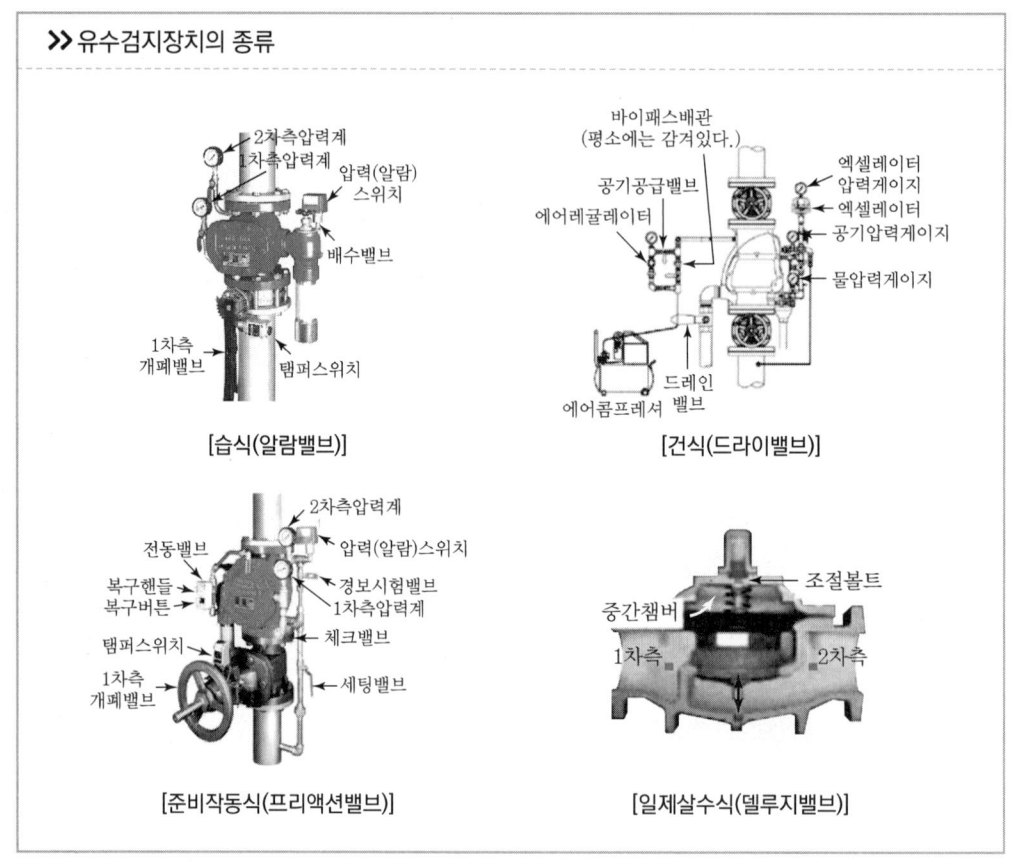

17. "가지배관"이란 스프링클러헤드가 설치되어 있는 배관을 말한다.
18. "교차배관"이란 직접 또는 수직배관을 통하여 가지배관에 급수하는 배관을 말한다.
19. "주배관"이란 각 층을 수직으로 관통하는 수직배관을 말한다.
20. "신축배관"이란 가지배관과 스프링클러헤드를 연결하는 구부림이 용이하고 유연성을 가진 배관을 말한다.

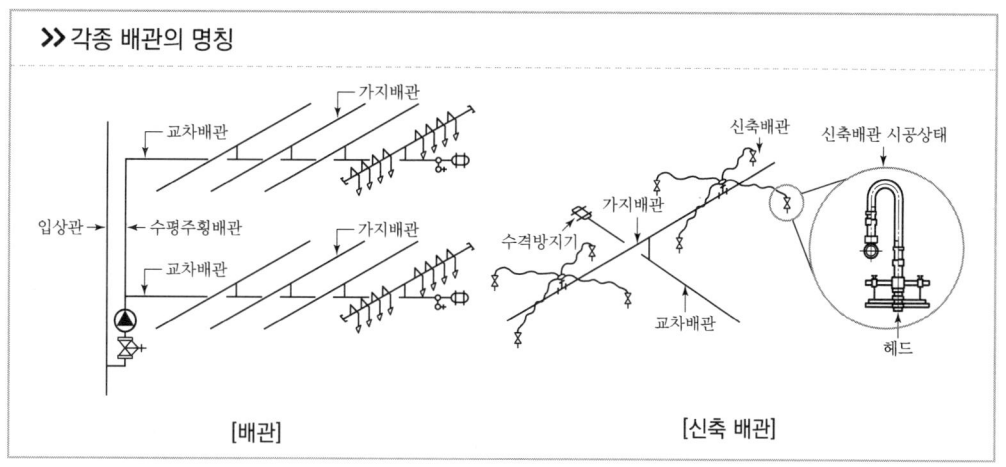

21. "급수배관"이란 수원 및 옥외송수구로부터 스프링클러헤드에 급수하는 배관을 말한다.
21의2. "분기배관"이란 배관 측면에 구멍을 뚫어 둘 이상의 관로가 생기도록 가공한 배관으로서 확관형 분기배관과 비확관형 분기배관을 말한다.
21의3. "확관형 분기배관"이란 배관의 측면에 조그만 구멍을 뚫고 소성가공으로 확관시켜 배관 용접이음자리를 만들거나 배관 용접이음자리에 배관이음쇠를 용접 이음한 배관을 말한다.
21의4. "비확관형 분기배관"이란 배관의 측면에 분기호칭내경 이상의 구멍을 뚫고 배관이음쇠를 용접 이음한 배관을 말한다.
22. "습식스프링클러설비"란 가압송수장치에서 폐쇄형스프링클러헤드까지 배관 내에 항상 물이 가압되어 있다가 화재로 인한 열로 폐쇄형스프링클러헤드가 개방되면 배관 내에 유수가 발생하여 습식유수검지장치가 작동하게 되는 스프링클러설비를 말한다.

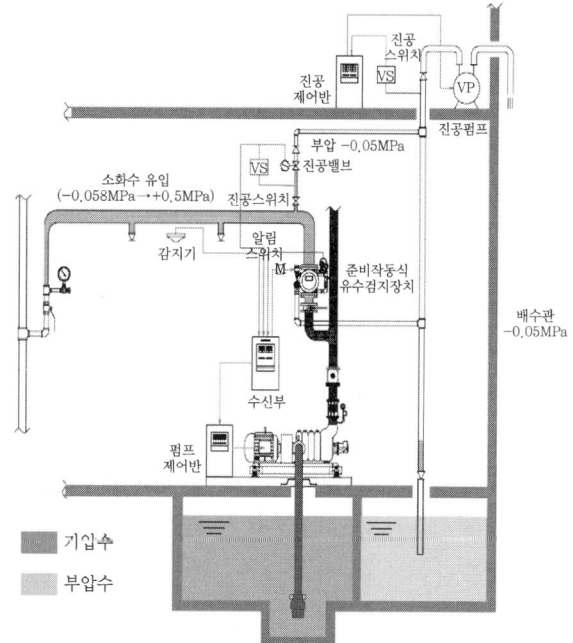

22의2. "부압식스프링클러설비"란 가압송수장치에서 준비작동식유수검지장치의 1차측까지는 항상 정압의 물이 가압되고, 2차측 폐쇄형 스프링클러헤드까지는 소화수가 부압으로 되어 있다가 화재 시 감지기의 작동에 의해 정압으로 변하여 유수가 발생하면 작동하는 스프링클러설비를 말한다.

23. "준비작동식스프링클러설비"란 가압송수장치에서 준비작동식유수검지장치 1차 측까지 배관 내에 항상 물이 가압되어 있고 2차 측에서 폐쇄형스프링클러헤드까지 대기압 또는 저압으로 있다가 화재발생시 감지기의 작동으로 준비작동식유수검지장치가 작동하여 폐쇄형스프링클러헤드까지 소화용수가 송수되어 폐쇄형스프링클러헤드가 열에 따라 개방되는 방식의 스프링클러설비를 말한다.
24. "건식스프링클러설비"란 건식유수검지장치 2차 측에 압축공기 또는 질소 등의 기체로 충전된 배관에 폐쇄형스프링클러헤드가 부착된 스프링클러설비로서, 폐쇄형스프링클러헤드가 개방되어 배관내의 압축공기 등이 방출되면 건식유수검지장치 1차 측의 수압에 의하여 건식유수검지장치가 작동하게 되는 스프링클러설비를 말한다.
25. "일제살수식스프링클러설비"란 가압송수장치에서 일제개방밸브 1차측까지 배관 내에 항상 물이 가압되어 있고 2차측에서 개방형스프링클러헤드까지 대기압으로 있다가 화재발생시 자동감지장치 또는 수동식 기동장치의 작동으로 일제개방밸브가 개방되면 스프링클러헤드까지 소화용수가 송수되는 방식의 스프링클러설비를 말한다.
26. "반사판(디프렉타)"이란 스프링클러헤드의 방수구에서 유출되는 물을 세분시키는 작용을 하는 것을 말한다.
27. "개폐표시형밸브"란 밸브의 개폐여부를 외부에서 식별이 가능한 밸브를 말한다.
28. "연소할 우려가 있는 개구부"란 각 방화구획을 관통하는 컨베이어·에스컬레이터 또는 이와 유사한 시설의 주위로서 방화구획을 할 수 없는 부분을 말한다.

> **≫ 연소할 우려가 있는 개구부란?**
>
> ▶「화재예방, 소방시설 설치·유지 및 안전관리에 관한 법률 시행규칙」제7조(연소할 우려가 있는 건축물의 구조) "행정안전부령으로 정하는 연소(延燒) 우려가 있는 구조"란
> 1. 건축물대장의 건축물 현황도에 표시된 대지경계선 안에 둘 이상의 건축물이 있는 경우
> 2. 각각의 건축물이 다른 건축물의 외벽으로부터 수평거리가 1층의 경우에는 6미터 이하, 2층 이상의 층의 경우에는 10미터 이하인 경우
> 3. 개구부(영 제2조제1호에 따른 개구부를 말한다)가 다른 건축물을 향하여 설치되어 있는 경우
>
> ▶「건축물의 피난·방화구조등의 기준에 관한 규칙」제22조(대규모 목조건축물의 외벽등)
> ① 영 제57조제3항의 규정에 의하여 연면적이 1천제곱미터 이상인 목조의 건축물은 그 외벽 및 처마밑의 연소할 우려가 있는 부분을 방화구조로 하되, 그 지붕은 불연재료로 하여야 한다.
> ② 제1항에서 "연소할 우려가 있는 부분"이라 함은 인접대지경계선·도로중심선 또는 동일한 대지안에 있는 2동 이상의 건축물(연면적의 합계가 500제곱미터 이하인 건축물은 이를 하나의 건축물로 본다) 상호의 외벽간의 중심선으로부터 1층에 있어서는 3미터 이내, 2층 이상에 있어서는 5미터 이내의 거리에 있는 건축물의 각 부분을 말한다. 다만, 공원·광장·하천의 공지나 수면 또는 내화구조의 벽 기타 이와 유사한 것에 접하는 부분을 제외한다.

29. "가압수조"란 가압원인 압축공기 또는 불연성 고압기체에 따라 소방용수를 가압시키는 수조를 말한다.
30. "소방부하"란 법 제2조제1항제1호에 따른 소방시설 및 방화·피난·소화활동을 위한 시설의 전력부하를 말한다.
31. "소방전원 보존형 발전기"란 소방부하 및 소방부하 이외의 부하(이하 비상부하라 한다)겸용의 비상발전기로서, 상용전원 중단 시에는 소방부하 및 비상부하에 비상전원이 동시에 공급되고, 화재 시 과부하에 접근될 경우 비상부하의 일부 또는 전부를 자동적으로 차단하는 제어장치를 구비하여, 소방부하에 비상전원을 연속 공급하는 자가발전설비를 말한다.

> **▶▶ 소방부하 및 소방전원 보존형 발전기**
>
> 일반적으로 전원에 연결 사용하는 부하는 소방부하와 소방부하 이외 부하로 크게 구분하고 있다.
> 1. 소방부하는 소방시설 및 방화, 피난, 소화활동을 위한 소방펌프, 제연팬, 비상용승강기 등에 사용되는 부하
> 2. 소방부하 이외의 부하
>   - 비상부하는 상용전원 정전 시 사용하는 급수펌프, 공조용 팬, 일반용 승강기 등에 사용되는 부하
>   - 예비부하는 상용전원 정전 및 고장 시 사용하는 주요부하의 기동과 정지에 영향을 주는 부하로서 의료장소의 전기설비 및 의료용 기기 등에 사용되는 부하
>   ※ 비상발전기는 소방부하 및 소방부하 이외 부하에 전원공급하는 발전기
> 3. 소방전원 보존형 발전기 : 사용전원 중단 시 소방부하 및 비상부하에 비상전원이 동시에 공급, 화재 시 비상부하의 일부 또는 전부를 자동적으로 차단하여 소방부하에 전원을 공급하는 자가발전설비

제4조(수원) ① 스프링클러설비의 수원은 그 저수량이 다음 각 호의 기준에 적합하도록 하여야 한다.
1. 폐쇄형스프링클러헤드를 사용하는 경우에는 다음 표의 스프링클러설비 설치장소별 스프링클러헤드의 기준개수[스프링클러헤드의 설치개수가 가장 많은 층(아파트의 경우에는 설치개수가 가장 많은 세대)에 설치된 스프링클러헤드의 개수가 기준개수보다 작은 경우에는 그 설치개수를 말한다. 이하 같다]에 1.6m³를 곱한 양 이상이 되도록 할 것

스프링클러설비 설치장소			기준개수
지하층을 제외한 층수가 10층 이하인 소방대상물	공장 또는 창고(랙크식 창고를 포함한다)	특수가연물을 저장·취급하는 것	30
		그 밖의 것	20
	근린생활시설·판매시설·운수시설 또는 복합건축물	판매시설 또는 복합건축물(판매시설이 설치되는 복합 건축물을 말한다)	30
		그 밖의 것	20

스프링클러설비 설치장소			기준개수
지하층을 제외한 층수가 10층 이하인 소방대상물	그 밖의 것	헤드의 부착높이가 8m 이상인 것	20
		헤드의 부착높이가 8m 미만인 것	10
아파트			10
지하층을 제외한 층수가 11층 이상인 소방대상물(아파트를 제외한다)·지하가 또는 지하역사			30

비고 : 하나의 소방대상물이 2 이상 "스프링클러헤드의 기준개수"란에 해당하는 때에는 기준개수가 많은 난을 기준으로 한다. 다만, 각 기준개수에 해당하는 수원을 별도로 설치하는 경우에는 그러하지 아니하다.

2. 개방형스프링클러헤드를 사용하는 스프링클러설비의 수원은 최대 방수구역에 설치된 스프링클러헤드의 개수가 30개 이하일 경우에는 설치헤드수에 1.6m³를 곱한 양 이상으로 하고, 30개를 초과하는 경우에는 제5조제1항제9호 및 제10호에 따라 산출된 가압송수장치의 1분당 송수량에 20을 곱한 양 이상이 되도록 할 것

> **» 수원의 저수량 계산방법**
>
> 1. 폐쇄형스프링클러헤드를 사용하는 경우
> $Q = N \times 1.6m^3 (80L/min \times 20min)$ 이상
> $Q(m^3)$: 수원의 저수량
> $N(개)$: 폐쇄형스프링클러헤드 기준개수(기준개수보다 적은 경우 그 설치개수)
>
> 2. 개방형스프링클러헤드를 사용하는 경우
>   스프링클러헤드 선단에서 압력범위는 0.1~1.2MPa, 방수량 0.1MPa에서 80LPM 이상이 되는 가압송수장치의 분당 송수량에 20분 유효방수시간을 곱한 양 이상의 수원을 보유하여야 한다.
>   1) 30개 이하의 스프링클러헤드를 설치한 경우
> $Q = N \times 1.6m^3 (80L/min \times 20min)$ 이상
> $Q(m^3)$: 수원의 저수량
> $N(개)$: 개방형스프링클러헤드 기준개수(기준개수보다 적은 경우 그 설치개수)
>   2) 30개 초과의 스프링클러헤드를 설치한 경우(수리계산) ※ 100개 이상의 폐쇄형헤드
> $Q =$ 가압송수장치 송수량$(N \times 80L/min) \times 20min$ 이상$(N > 30)$
> $Q(L)$: 수원의 저수량
> $N(개)$: 개방형스프링클러헤드 설치개수

3. 삭제

② 스프링클러설비의 수원은 제1항에 따라 산출된 유효수량 외에 유효수량의 3분의 1 이상을 옥상(스프링클러설비가 설치된 건축물의 주된 옥상을 말한다. 이하 같다)에 설치하여야 한다. 다만, 다음 각 호의 어느 하나에 해당하는 경우에는 그러하지 아니하다.

1. 삭제
2. 지하층만 있는 건축물
3. 제5조제2항에 따라 고가수조를 가압송수장치로 설치한 스프링클러설비
4. 수원이 건축물의 최상층에 설치된 헤드보다 높은 위치에 설치된 경우
5. 건축물의 높이가 지표면으로부터 10m 이하인 경우
6. 주펌프와 동등 이상의 성능이 있는 별도의 펌프로서 내연기관의 기동과 연동하여 작동되거나 비상전원을 연결하여 설치한 경우
7. 제5조제4항에 따라 가압수조를 가압송수장치로 설치한 스프링클러설비

③ 삭제

④ 옥상수조(제1항에 따라 산출된 유효수량의 3분의 1 이상을 옥상에 설치한 설비를 말한다)는 이와 연결된 배관을 통하여 상시 소화수를 공급할 수 있는 구조인 특정소방대상물인 경우에는 둘 이상의 특정소방대상물이 있더라도 하나의 특정소방대상물에만 이를 설치할 수 있다.

⑤ 스프링클러설비의 수원을 수조로 설치하는 경우에는 소방설비의 전용수조로 하여야 한다. 다만, 다음 각 호의 어느 하나에 해당하는 경우에는 그러하지 아니하다.

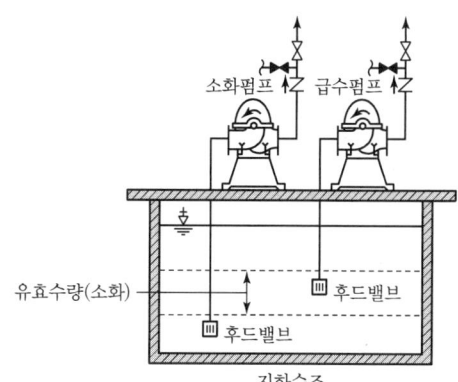

1. 스프링클러펌프의 후드밸브 또는 흡수배관의 흡수구(수직회전축펌프의 흡수구를 포함한다. 이하 같다)를 다른 설비(소방용 설비 외의 것을 말한다. 이하 같다)의 후드밸브 또는 흡수구보다 낮은 위치에 설치한 때
2. 제5조제2항에 따른 고가수조로부터 스프링클러설비의 수직배관에 물을 공급하는 급수구를 다른 설비의 급수구보다 낮은 위치에 설치한 때

⑥ 제1항 및 제2항에 따른 저수량을 산정함에 있어서 다른 설비와 겸용하여 스프링클러설비용 수조를 설치하는 경우에는 스프링클러설비의 후드밸브·흡수구 또는 수직배관의 급수구와 다른 설비의 후드밸브·흡수구 또는 수직배관의 급수구와의 사이의 수량을 그 유효수량으로 한다.

⑦ 스프링클러설비용 수조는 다음 각 호의 기준에 따라 설치하여야 한다.
1. 점검에 편리한 곳에 설치할 것
2. 동결방지조치를 하거나 동결의 우려가 없는 장소에 설치할 것
3. 수조의 외측에 수위계를 설치할 것. 다만, 구조상 불가피한 경우에는 수조의 맨홀 등을 통하여 수조 안의 물의 양을 쉽게 확인할 수 있도록 하여야 한다.
4. 수조의 상단이 바닥보다 높은 때에는 수조의 외측에 고정식 사다리를 설치할 것
5. 수조가 실내에 설치된 때에는 그 실내에 조명설비를 설치할 것
6. 수조의 밑부분에는 청소용 배수밸브 또는 배수관을 설치할 것
7. 수조의 외측의 보기 쉬운 곳에 "스프링클러설비용 수조"라고 표시한 표지를 할 것. 이 경우 그

수조를 다른 설비와 겸용하는 때에는 그 겸용되는 설비의 이름을 표시한 표지를 함께 하여야 한다.
8. 스프링클러펌프의 흡수배관 또는 스프링클러설비의 수직배관과 수조의 접속부분에는 "스프링클러설비용 배관"이라고 표시한 표지를 할 것. 다만, 수조와 가까운 장소에 스프링클러펌프가 설치되고 스프링클러펌프에 제5조제1항제15호에 따른 표지를 설치한 때에는 그러하지 아니하다.

제5조(가압송수장치) ① 전동기 또는 내연기관에 따른 펌프를 이용하는 가압송수장치는 다음 각 호의 기준에 따라 설치하여야 한다. 다만, 가압송수장치의 주펌프는 전동기에 따른 펌프로 설치하여야 한다.
1. 쉽게 접근할 수 있고 점검하기에 충분한 공간이 있는 장소로서 화재 및 침수 등의 재해로 인한 피해를 받을 우려가 없는 곳에 설치할 것
2. 동결방지조치를 하거나 동결의 우려가 없는 장소에 설치할 것
3. 펌프는 전용으로 할 것. 다만, 다른 소화설비와 겸용하는 경우 각각의 소화설비의 성능에 지장이 없을 때에는 그러하지 아니하다.
3의2. 삭제
4. 펌프의 토출측에는 압력계를 체크밸브 이전에 펌프토출측 플랜지에서 가까운 곳에 설치하고, 흡입측에는 연성계 또는 진공계를 설치할 것. 다만, 수원의 수위가 펌프의 위치보다 높거나 수직회전축 펌프의 경우에는 연성계 또는 진공계를 설치하지 아니할 수 있다.
5. 가압송수장치에는 정격부하 운전 시 펌프의 성능을 시험하기 위한 배관을 설치할 것. 다만, 충압펌프의 경우에는 그러하지 아니하다.
6. 가압송수장치에는 체절운전 시 수온의 상승을 방지하기 위한 순환배관을 설치할 것. 다만, 충압펌프의 경우에는 그러하지 아니하다.
7. 기동장치로는 기동용수압개폐장치 또는 이와 동등 이상의 성능이 있는 것으로 설치할 것. 다만, 기동용수압개폐장치 중 압력챔버를 사용할 경우 그 용적은 100L 이상의 것으로 할 것
8. 수원의 수위가 펌프보다 낮은 위치에 있는 가압송수장치에는 다음 각 목의 기준에 따른 물올림장치를 설치할 것
   가. 물올림장치에는 전용의 수조를 설치할 것
   나. 수조의 유효수량은 100L 이상으로 하되, 구경 15mm 이상의 급수배관에 따라 해당 수조에 물이 계속 보급되도록 할 것
9. 가압송수장치의 정격토출압력은 하나의 헤드선단에 0.1MPa 이상 1.2MPa 이하의 방수압력이 될 수 있게 하는 크기일 것
10. 가압송수장치의 송수량은 0.1MPa의 방수압력 기준으로 80L/min 이상의 방수성능을 가진 기준개수의 모든 헤드로부터의 방수량을 충족시킬 수 있는 양 이상의 것으로 할 것. 이 경우 속도수두는 계산에 포함하지 아니할 수 있다.
11. 제10호의 기준에 불구하고 가압송수장치의 1분당 송수량은 폐쇄형스프링클러헤드를 사용하

는 설비의 경우 제4조제1항제1호에 따른 기준개수에 80L를 곱한 양 이상으로도 할 수 있다.
12. 제10호의 기준에 불구하고 가압송수장치의 1분당 송수량은 제4조제1항제2호의 개방형스프링클러 헤드수가 30개 이하의 경우에는 그 개수에 80L를 곱한 양 이상으로 할 수 있으나 30개를 초과하는 경우에는 제9호 및 제10호에 따른 기준에 적합하게 할 것
13. 기동용수압개폐장치를 기동장치로 사용하는 경우에는 다음의 각 목의 기준에 따른 충압펌프를 설치할 것
    가. 펌프의 토출압력은 그 설비의 최고위 살수장치(일제 개방밸브의 경우는 그 밸브)의 자연압보다 적어도 0.2MPa이 더 크도록 하거나 가압송수장치의 정격토출압력과 같게 할 것
    나. 펌프의 정격토출량은 정상적인 누설량보다 적어서는 아니되며 스프링클러설비가 자동적으로 작동할 수 있도록 충분한 토출량을 유지할 것
14. 내연기관을 사용하는 경우에는 다음 각 목의 기준에 적합하게 설치할 것
    가. 제어반에 따라 내연기관의 자동기동 및 수동기동이 가능하고, 상시 충전되어 있는 축전지설비를 갖출 것
    나. 내연기관의 연료량은 펌프를 20분(층수가 30층 이상 49층 이하는 40분, 50층 이상은 60분) 이상 운전할 수 있는 용량일 것
15. 가압송수장치에는 "스프링클러펌프"라고 표시한 표지를 할 것. 이 경우 그 가압송수장치를 다른 설비와 겸용하는 때에는 그 겸용되는 설비의 이름을 표시한 표지를 함께 하여야 한다.
16. 가압송수장치가 기동되는 경우에는 자동으로 정지되지 아니하도록 하여야 한다. 다만, 충압펌프의 경우에는 그러하지 아니하다.
17. 가압송수장치는 부식 등으로 인한 펌프의 고착을 방지할 수 있도록 다음 각 목의 기준에 적합한 것으로 할 것. 다만, 충압펌프는 제외한다.
    가. 임펠러는 청동 또는 스테인리스 등 부식에 강한 재질을 사용할 것
    나. 펌프축은 스테인리스 등 부식에 강한 재질을 사용할 것

② 고가수조의 자연낙차를 이용한 가압송수장치는 다음 각 호의 기준에 따라 설치하여야 한다.
1. 고가수조의 자연낙차수두(수조의 하단으로부터 최고층에 설치된 헤드까지의 수직거리를 말한다)는 다음의 식에 따라 산출한 수치 이상이 되도록 할 것

$$H = h_1 + 10$$

　　H : 필요한 낙차(m),　　h_1 : 배관의 마찰손실수두(m)

2. 고가수조에는 수위계 · 배수관 · 급수관 · 오버플로우관 및 맨홀을 설치할 것

③ 압력수조를 이용한 가압송수장치는 다음 각 호의 기준에 따라 설치하여야 한다.
1. 압력수조의 압력은 다음의 식에 따라 산출한 수치 이상으로 할 것

$$P = P_1 + P_2 + 0.1$$

　　P : 필요한 압력[MPa]
　　P_1 : 낙차의 환산수두압[MPa]

P_2 : 배관의 마찰손실수두압[MPa]

2. 압력수조에는 수위계 · 급수관 · 배수관 · 급기관 · 맨홀 · 압력계 · 안전장치 및 압력저하방지를 위한 자동식 공기압축기를 설치할 것

④ 가압수조를 이용한 가압송수장치는 다음 각 호의 기준에 따라 설치하여야 한다.
1. 가압수조의 압력은 제1항제10호에 따른 방수량 및 방수압이 20분 이상 유지되도록 할 것
2. 삭제
3. 가압수조 및 가압원은 「건축법 시행령」 제46조에 따른 방화구획 된 장소에 설치 할 것
4. 삭제
5. 가압수조를 이용한 가압송수장치는 소방청장이 정하여 고시한 「가압수조식가압송수장치의 성능인증 및 제품검사의 기술기준」에 적합한 것으로 설치할 것

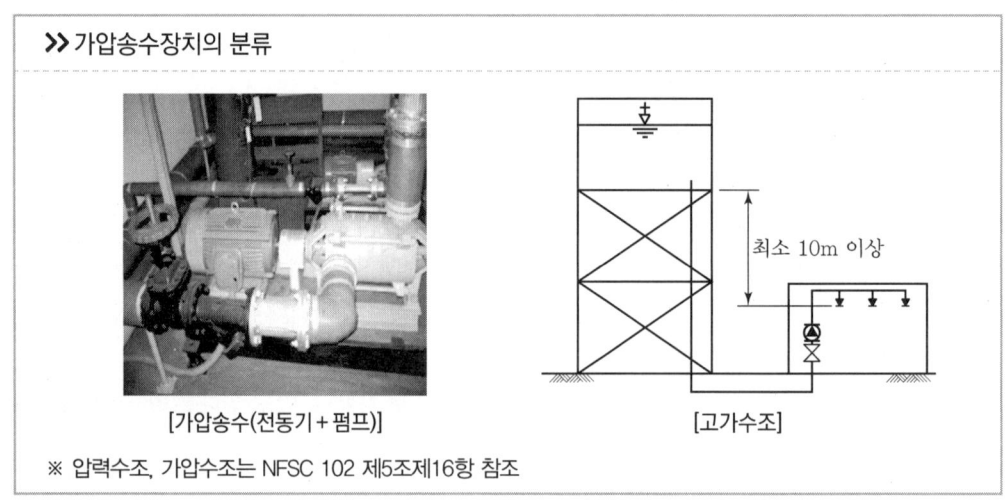

》 가압송수장치의 분류

[가압송수(전동기 + 펌프)]   [고가수조]

※ 압력수조, 가압수조는 NFSC 102 제5조제16항 참조

제6조(폐쇄형스프링클러설비의 방호구역 · 유수검지장치) 폐쇄형스프링클러헤드를 사용하는 설비의 방호구역(스프링클러설비의 소화범위에 포함된 영역을 말한다. 이하 같다) · 유수검지장치는 다음 각 호의 기준에 적합하여야 한다.
1. 하나의 방호구역의 바닥면적은 3,000m²를 초과하지 아니할 것. 다만, 폐쇄형스프링클러설비에 격자형배관방식(2 이상의 수평주행배관 사이를 가지배관으로 연결하는 방식을 말한다)을 채택하는 때에는 3,700m² 범위 내에서 펌프용량, 배관의 구경 등을 수리학적으로 계산한 결과 헤드의 방수압 및 방수량이 방호구역 범위 내에서 소화목적을 달성하는 데 충분할 것
2. 하나의 방호구역에는 1개 이상의 유수검지장치를 설치하되, 화재발생시 접근이 쉽고 점검하기 편리한 장소에 설치할 것
3. 하나의 방호구역은 2개 층에 미치지 아니하도록 할 것. 다만, 1개 층에 설치되는 스프링클러헤드의 수가 10개 이하인 경우와 복층형구조의 공동주택에는 3개 층 이내로 할 수 있다.
4. 유수검지장치를 실내에 설치하거나 보호용 철망 등으로 구획하여 바닥으로부터 0.8m 이상 1.5m 이하의 위치에 설치하되, 그 실 등에는 개구부가 가로 0.5m 이상 세로 1m 이상의 출입문을 설치

하고 그 출입문 상단에 "유수검지장치실"이라고 표시한 표지를 설치할 것. 다만, 유수검지장치를 기계실(공조용기계실을 포함한다) 안에 설치하는 경우에는 별도의 실 또는 보호용 철망을 설치하지 아니하고 기계실 출입문 상단에 "유수검지장치실"이라고 표시한 표지를 설치할 수 있다.

5. 스프링클러헤드에 공급되는 물은 유수검지장치를 지나도록 할 것. 다만, 송수구를 통하여 공급되는 물은 그러하지 아니하다.
6. 자연낙차에 따른 압력수가 흐르는 배관상에 설치된 유수검지장치는 화재 시 물의 흐름을 검지할 수 있는 최소한의 압력이 얻어질 수 있도록 수조의 하단으로부터 낙차를 두어 설치할 것

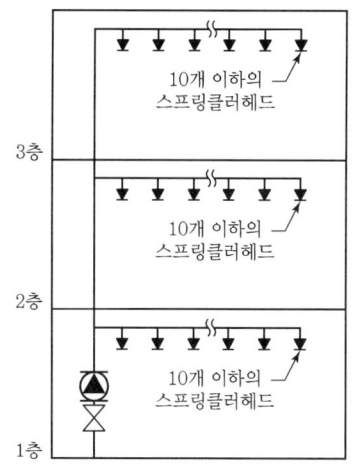

7. 조기반응형 스프링클러헤드를 설치하는 경우에는 습식유수검지장치 또는 부압식스프링클러설비를 설치할 것

제7조(개방형스프링클러설비의 방수구역 및 일제개방밸브) 개방형스프링클러설비의 방수구역 및 일제개방밸브는 다음 각 호의 기준에 적합하여야 한다.

1. 하나의 방수구역은 2개 층에 미치지 아니할 것
2. 방수구역마다 일제개방밸브를 설치할 것
3. 하나의 방수구역을 담당하는 헤드의 개수는 50개 이하로 할 것. 다만, 2개 이상의 방수구역으로 나눌 경우에는 하나의 방수구역을 담당하는 헤드의 개수는 25개 이상으로 할 것
4. 일제개방밸브의 설치위치는 제6조제4호의 기준에 따르고, 표지는 "일제개방밸브실"이라고 표시할 것

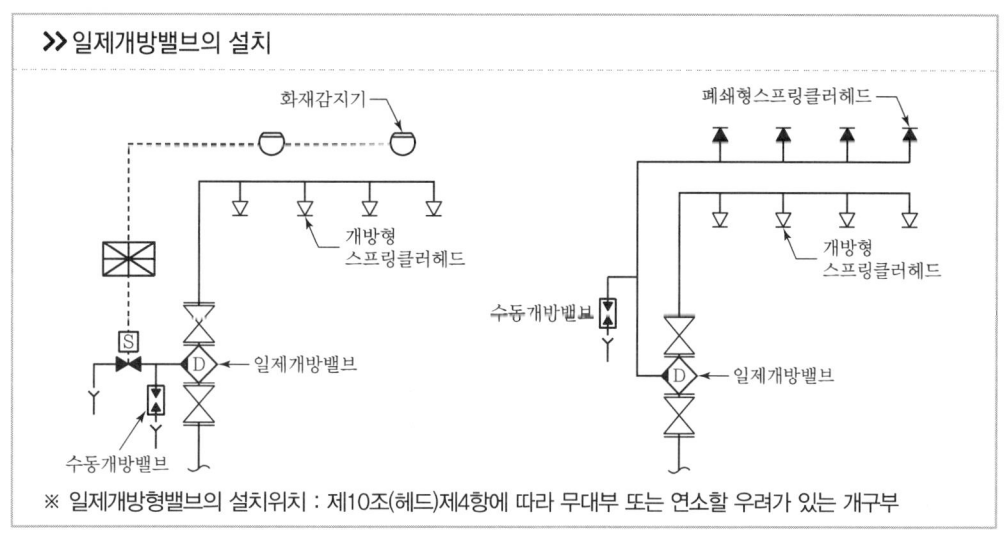

제8조(배관) ① 배관과 배관이음쇠는 다음 각 호의 어느 하나에 해당하는 것 또는 동등 이상의 강도·내식성 및 내열성을 국내·외 공인기관으로부터 인정받은 것을 사용하여야 하고, 배관용 스테인리스강관(KS D 3576)의 이음을 용접으로 할 경우에는 알곤용접방식에 따른다. 다만, 본 조에서 정하지 않은 사항은 건설기술 진흥법 제44조제1항의 규정에 따른 건축기계설비공사 표준설명서에 따른다.

1. 배관 내 사용압력이 1.2MPa 미만일 경우에는 다음 각 목의 어느 하나에 해당하는 것
   가. 배관용 탄소강관(KS D 3507)
   나. 이음매 없는 구리 및 구리합금관(KS D 5301). 다만, 습식의 배관에 한한다.
   다. 배관용 스테인리스강관(KS D 3576) 또는 일반배관용 스테인리스강관(KS D 3595)
   라. 덕타일 주철관(KS D 4311)
2. 배관 내 사용압력이 1.2MPa 이상일 경우에는 다음 각 목의 어느 하나에 해당하는 것
   가. 압력배관용탄소강관
   나. 배관용 아크용접 탄소강강관(KS D 3583)

② 제1항에도 불구하고 다음 각 호의 어느 하나에 해당하는 장소에는 소방청장이 정하여 고시한 「소방용합성수지배관의 성능인증 및 제품검사의 기술기준」에 적합한 소방용 합성수지배관으로 설치할 수 있다.

1. 배관을 지하에 매설하는 경우
2. 다른 부분과 내화구조로 구획된 덕트 또는 피트의 내부에 설치하는 경우
3. 천장(상층이 있는 경우에는 상층바닥의 하단을 포함한다. 이하 같다)과 반자를 불연재료 또는 준불연재료로 설치하고 소화배관 내부에 항상 소화수가 채워진 상태로 설치하는 경우

③ 급수배관은 다음 각 호의 기준에 따라 설치하여야 한다.

1. 전용으로 할 것. 다만, 스프링클러설비의 기동장치의 조작과 동시에 다른 설비의 용도에 사용하는 배관의 송수를 차단할 수 있거나, 스프링클러설비의 성능에 지장이 없는 경우에는 다른 설비와 겸용할 수 있다.

1의2. 삭제

2. 급수를 차단할 수 있는 개폐밸브는 개폐표시형으로 할 것. 이 경우 펌프의 흡입측배관에는 버터플라이밸브외의 개폐표시형밸브를 설치하여야 한다.
3. 배관의 구경은 제5조제1항제10호에 적합하도록 수리계산에 의하거나 별표 1의 기준에 따라 설치할 것. 다만, 수리계산에 따르는 경우 가지배관의 유속은 6m/s, 그 밖의 배관의 유속은 10m/s를 초과할 수 없다.

> **▶▶ 배관구경의 결정방식**
>
> 스프링클러설비에 사용되는 배관은 스프링클러설비용 가압송수장치의 송수량을 스프링클러헤드로부터 정격 방수량으로 방수할 수 있도록 배관의 구경이 결정되어야 한다. 배관의 구경을 결정하는 설계하는 방식은 다음과 같다.

가. 규약배관방식(Pipe Scheduling Method)

배관의 구경에 따라 최대한 설치할 수 있는 스프링클러헤드의 개수를 제한하여 설치토록 하는 설계방식으로, 배관 내의 유량에 따른 마찰손실을 계산하여 스프링클러헤드로부터 0.1MPa의 방수압력 기준으로 80L/min 이상의 방수량이 방사되도록 가압송수장치를 설계하여 설치하는 방법이다. (별표 1해설 참조)

나. 수리계산방식(Hydraulic Calculation Method)

규약배관방식과 달리 스프링클러설비의 궁극적인 설치목적인 "화재의 제어"에 필요한 여러 가지 요소들을 반영하여 실효성이 뛰어난 설비를 설계하여 설치하는 방식이다.

수리계산방식은 스프링클러설비의 방사압력, 방수량, 유속과 배관의 관경 등을 공학적으로 분석하여 수리계산에 의하여 스프링클러설비의 배관구경을 산정하는 방법이다. 이때 수리계산에 의해 배관 구경을 선정하는 경우 가지배관의 유속은 6m/s, 그 밖의 배관유속은 10m/s를 초과할 수 없도록 하고 있다.

유량은 $Q = Av = \dfrac{\pi d^2}{4} \times v$ (Q : 유량, A : 단면적, d : 관경, v : 유속)

관경은 $d = \sqrt{\dfrac{4Q}{\pi v}}$ ⇨ 유량과 유속이 정해지면 관경을 구할 수 있다.

④ 펌프의 흡입측 배관은 다음 각 호의 기준에 따라 설치하여야 한다.
  1. 공기고임이 생기지 아니하는 구조로 하고 여과장치를 설치할 것
  2. 수조가 펌프보다 낮게 설치된 경우에는 각 펌프(충압펌프를 포함한다)마다 수조로부터 별도로 설치할 것
⑤ 연결송수관설비의 배관과 겸용할 경우의 주배관은 구경 100mm 이상, 방수구로 연결되는 배관의 구경은 65mm 이상의 것으로 하여야 한다.
⑥ 펌프의 성능은 체절운전 시 정격토출압력의 140%를 초과하지 아니하고, 정격토출량의 150%로 운전 시 정격토출압력의 65% 이상이 되어야 하며, 펌프의 성능시험배관은 다음 각 호의 기준에 적합하여야 한다.
  1. 성능시험배관은 펌프의 토출측에 설치된 개폐밸브 이전에서 분기하여 설치하고, 유량측정장치를 기준으로 전단 직관부에 개폐밸브를 후단 직관부에는 유량조절밸브를 설치할 것
  2. 유량측정장치는 성능시험배관의 직관부에 설치하되, 펌프의 정격토출량의 175% 이상 측정할 수 있는 성능이 있을 것
⑦ 가압송수장치의 체절운전 시 수온의 상승을 방지하기 위하여 체크밸브와 펌프사이에서 분기한 구경 20mm 이상의 배관에 체절압력 미만에서 개방되는 릴리프밸브를 설치하여야 한다.
⑧ 동결방지조치를 하거나 동결의 우려가 없는 장소에 설치하여야 한다. 다만, 보온재를 사용할 경우에는 난연재료 성능 이상의 것으로 하여야 한다.
⑨ 가지배관의 배열은 다음 각 호의 기준에 따른다.
  1. 토너먼트(tournament)방식이 아닐 것

2. 교차배관에서 분기되는 지점을 기점으로 한쪽 가지배관에 설치되는 헤드의 개수(반자 아래와 반자속의 헤드를 하나의 가지배관 상에 병설하는 경우에는 반자 아래에 설치하는 헤드의 개수)는 8개 이하로 할 것. 다만, 다음 각 목의 어느 하나에 해당하는 경우에는 그러하지 아니하다.
   가. 기존의 방호구역안에서 칸막이 등으로 구획하여 1개의 헤드를 증설하는 경우
   나. 습식스프링클러설비 또는 부압식스프링클러설비에 격자형 배관방식(2 이상의 수평주행배관 사이를 가지배관으로 연결하는 방식을 말한다)을 채택하는 때에는 펌프의 용량, 배관의 구경 등을 수리학적으로 계산한 결과 헤드의 방수압 및 방수량이 소화목적을 달성하는 데 충분하다고 인정되는 경우
3. 가지배관과 스프링클러헤드 사이의 배관을 신축배관으로 하는 경우에는 소방청장이 정하여 고시한「스프링클러설비신축배관 성능인증 및 제품검사의 기술기준」에 적합한 것으로 설치할 것. 이 경우 신축배관의 설치길이는 제10조제3항의 거리를 초과하지 아니할 것

⑩ 교차배관의 위치·청소구 및 가지배관의 헤드설치는 다음 각 호의 기준에 따른다.
  1. 교차배관은 가지배관과 수평으로 설치하거나 또는 가지배관 밑에 설치하고, 그 구경은 제3항제3호에 따르되 최소구경이 40mm 이상이 되도록 할 것. 다만, 패들형유수검지장치를 사용하는 경우에는 교차배관의 구경과 동일하게 설치할 수 있다.
  2. 청소구는 교차배관 끝에 개폐밸브를 설치하고, 호스접결이 가능한 나사식 또는 고정배수 배관식으로 할 것. 이 경우 나사식의 개폐밸브는 옥내소화전 호스접결용의 것으로 하고, 나사보호용의 캡으로 마감하여야 한다.
  3. 하향식헤드를 설치하는 경우에 가지배관으로부터 헤드에 이르는 헤드접속배관은 가지관상부에서 분기할 것. 다만, 소화설비용 수원의 수질이「먹는물관리법」제5조에 따라 먹는물의 수질기준에 적합하고 덮개가 있는 저수조로부터 물을 공급받는 경우에는 가지배관의 측면 또는 하부에서 분기할 수 있다.

⑪ 준비작동식유수검지장치 또는 일제개방밸브를 사용하는 스프링클러설비에 있어서 동밸브 2차측 배관의 부대설비는 다음 각 호의 기준에 따른다.
  1. 개폐표시형밸브를 설치할 것
  2. 제1호에 따른 밸브와 준비작동식유수검지장치 또는 일제개방밸브 사이의 배관은 다음 각 목과 같은 구조로 할 것
    가. 수직배수배관과 연결하고 동 연결배관상에는 개폐밸브를 설치할 것
    나. 자동배수장치 및 압력스위치를 설치할 것
    다. 나목에 따른 압력스위치는 수신부에서 준비작동식유수검지장치 또는 일제개방밸브의 개방여부를 확인할 수 있게 설치할 것

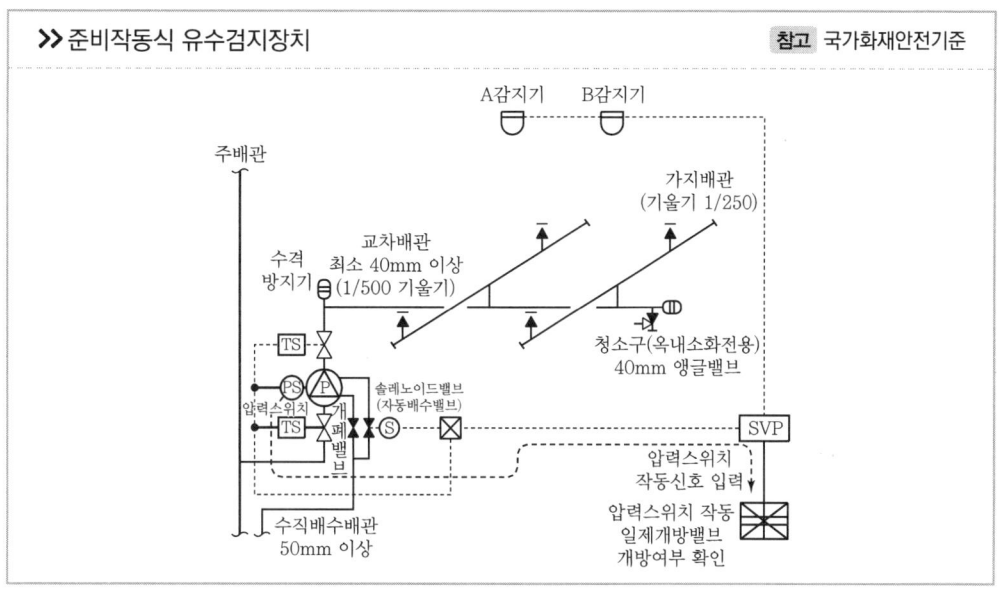

>> 준비작동식 유수검지장치   참고 국가화재안전기준

⑫ 습식유수검지장치 또는 건식유수검지장치를 사용하는 스프링클러설비와 부압식스프링클러설비에는 동장치를 시험할 수 있는 시험 장치를 다음 각 호의 기준에 따라 설치하여야 한다.

1. 습식스프링클러설비 및 부압식스프링클러설비에 있어서는 유수검지장치 2차측 배관에 연결하여 설치하고 건식스프링클러설비인 경우 유수검지장치에서 가장 먼 거리에 위치한 가지배관의 끝으로부터 연결하여 설치할 것. 유수검지장치 2차측 설비의 내용적이 2,840L를 초과하는 건식스프링클러설비의 경우 시험장치 개폐밸브를 완전 개방 후 1분 이내에 물이 방사되어야 한다.

2. 시험장치 배관의 구경은 25mm 이상으로 하고, 그 끝에 개폐밸브 및 개방형헤드 또는 스프링클러헤드와 동등한 방수성능을 가진 오리피스를 설치할 것. 이 경우 개방형헤드는 반사판 및 프레임을 제거한 오리피스만으로 설치할 수 있다.

3. 시험배관의 끝에는 물받이 통 및 배수관을 설치하여 시험 중 방사된 물이 바닥에 흘러내리지 아니하도록 할 것. 다만, 목욕실·화장실 또는 그 밖의 곳으로서 배수처리가 쉬운 장소에 시험배관을 설치한 경우에는 그러하지 아니하다.

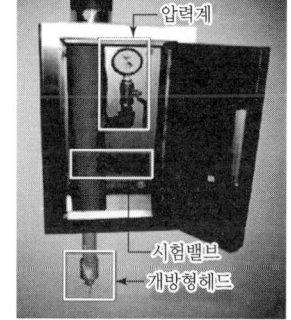

⑬ 배관에 설치되는 행가는 다음 각 호의 기준에 따라 설치하여야 한다.

1. 가지배관에는 헤드의 설치지점 사이마다 1개 이상의 행가를 설치하되, 헤드간의 거리가 3.5m를 초과하는 경우에는 3.5m 이내마다 1개 이상 설치할 것. 이 경우 상향식헤드와 행가 사이에는 8cm 이상의 간격을 두어야 한다.

2. 교차배관에는 가지배관과 가지배관 사이마다 1개 이상의 행가를 설치하되, 가지배관 사이의 거리가 4.5m를 초과하는 경우에는 4.5m 이내마다 1개 이상 설치할 것

3. 제1호 및 제2호의 수평주행배관에는 4.5m 이내마다 1개 이상 설치할 것

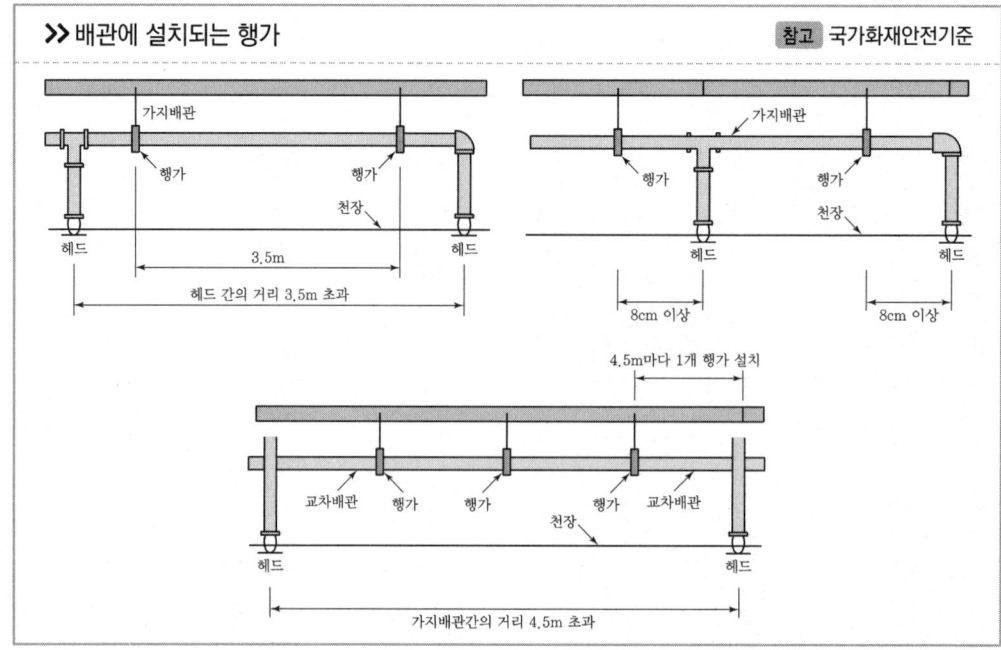

⑭ 수직배수배관의 구경은 50mm 이상으로 하여야 한다. 다만, 수직배관의 구경이 50mm 미만인 경우에는 수직배관과 동일한 구경으로 할 수 있다.

⑮ 주차장의 스프링클러설비는 습식외의 방식으로 하여야 한다. 다만, 다음 각 호의 어느 하나에 해당하는 경우에는 그러하지 아니하다.

1. 동절기에 상시 난방이 되는 곳이거나 그 밖에 동결의 염려가 없는 곳
2. 스프링클러설비의 동결을 방지할 수 있는 구조 또는 장치가 된 것

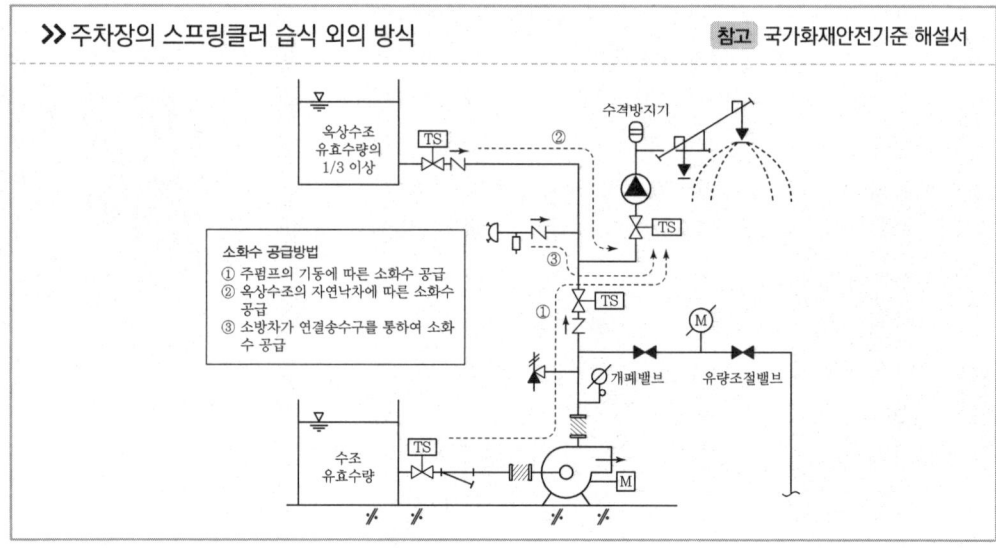

⑯ 급수배관에 설치되어 급수를 차단할 수 있는 개폐밸브에는 그 밸브의 개폐상태를 감시제어반에서 확인할 수 있도록 급수개폐밸브 작동표시 스위치를 다음 각 호의 기준에 따라 설치하여야 한다.
   1. 급수개폐밸브가 잠길 경우 탬퍼 스위치의 동작으로 인하여 감시제어반 또는 수신기에 표시되어야 하며 경보음을 발할 것
   2. 탬퍼 스위치는 감시제어반 또는 수신기에서 동작의 유무확인과 동작시험, 도통시험을 할 수 있을 것
   3. 급수개폐밸브의 작동표시 스위치에 사용되는 전기배선은 내화전선 또는 내열전선으로 설치할 것

> **≫ 급수개폐밸브의 작동표시(개폐표시형 밸브)**
>
> 1. 스프링클러설비는 자동소화시스템으로 유수검지장치에서 소화수를 공급하는 배관에 설치하는 개폐밸브에는 탬퍼스위치를 설치하여 상시 밸브의 개폐신호를 감시제어반에 송출하여야 한다.
> 2. 소화펌프의 성능시험배관은 소화수를 공급하는 배관이 아니므로 탬퍼스위치를 설치하지 않는다.

⑰ 스프링클러설비 배관의 배수를 위한 기울기는 다음 각 호의 기준에 따른다.
   1. 습식스프링클러설비 또는 부압식 스프링클러설비의 배관을 수평으로 할 것. 다만, 배관의 구조상 소화수가 남아 있는 곳에는 배수밸브를 설치하여야 한다.
   2. 습식스프링클러설비 또는 부압식 스프링클러설비 외의 설비에는 헤드를 향하여 상향으로 수평주행배관의 기울기를 500분의 1 이상, 가지배관의 기울기를 250분의 1 이상으로 할 것. 다만, 배관의 구조상 기울기를 줄 수 없는 경우에는 배수를 원활하게 할 수 있도록 배수밸브를 설치하여야 한다.
⑱ 배관은 다른 설비의 배관과 쉽게 구분이 될 수 있는 위치에 설치하거나, 그 배관표면 또는 배관보온재표면의 색상은 「한국산업표준(배관계의 식별 표시, KS A 0503)」 또는 적색으로 식별이 가능하도록 소방용설비의 배관임을 표시하여야 한다.
⑲ 확관형 분기배관을 사용할 경우에는 소방청장이 정하여 고시한 「분기배관의 성능인증 및 제품검사의 기술기준」에 적합한 것으로 설치하여야 한다.

제9조(음향장치 및 기동장치) ① 스프링클러설비의 음향장치 및 기동장치는 다음 각 호의 기준에 따라 설치하여야 한다.
   1. 습식유수검지장치 또는 건식유수검지장치를 사용하는 설비에 있어서는 헤드가 개방되면 유수검지장치가 화재신호를 발신하고 그에 따라 음향장치가 경보되도록 할 것
   2. 준비작동식유수검지장치 또는 일제개방밸브를 사용하는 설비에는 화재감지기의 감지에 따라 음향장치가 경보되도록 할 것. 이 경우 화재감지기회로를 교차회로방식(하나의 준비작동식유

수검지장치 또는 일제개방밸브의 담당구역 내에 2 이상의 화재감지기회로를 설치하고 인접한 2 이상의 화재감지기가 동시에 감지되는 때에 준비작동식유수검지장치 또는 일제개방밸브가 개방·작동되는 방식을 말한다)으로 하는 때에는 하나의 화재감지기회로가 화재를 감지하는 때에도 음향장치가 경보되도록 하여야 한다.

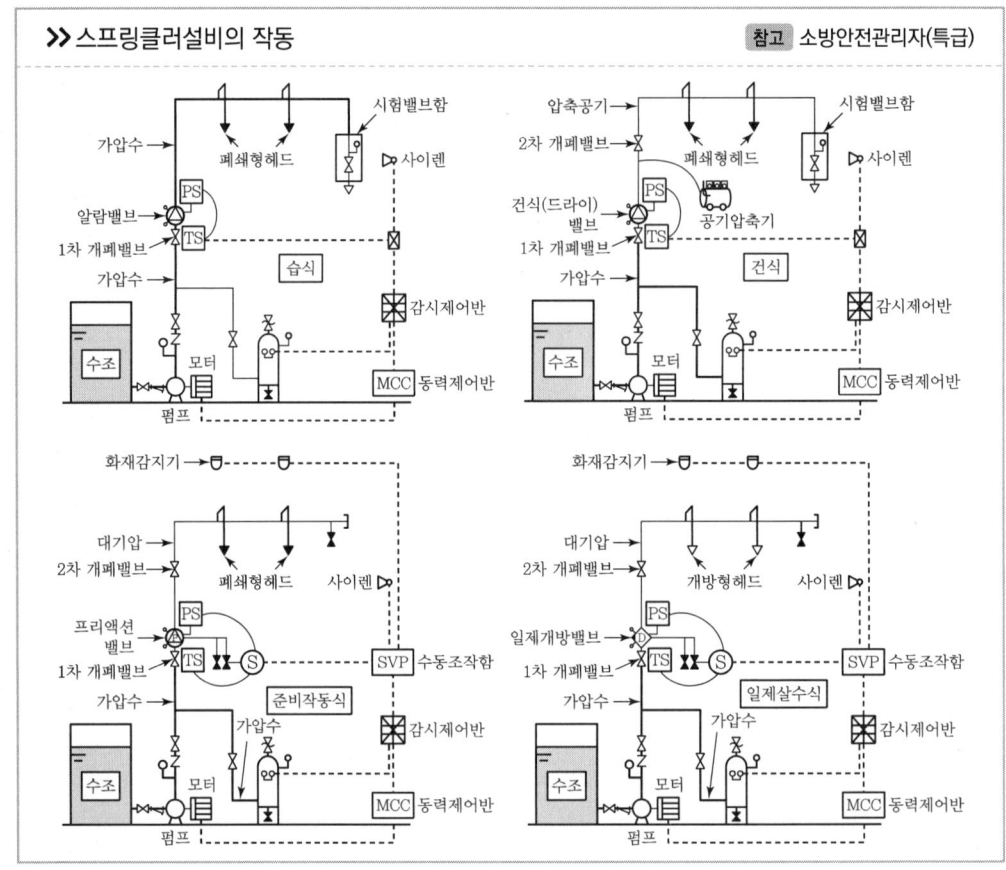

3. 음향장치는 유수검지장치 및 일제개방밸브 등의 담당구역마다 설치하되 그 구역의 각 부분으로부터 하나의 음향장치까지의 수평거리는 25m 이하가 되도록 할 것
4. 음향장치는 경종 또는 사이렌(전자식 사이렌을 포함한다)으로 하되, 주위의 소음 및 다른 용도의 경보와 구별이 가능한 음색으로 할 것. 이 경우 경종 또는 사이렌은 자동화재탐지설비·비상벨설비 또는 자동식사이렌설비의 음향장치와 겸용할 수 있다.
5. 주 음향장치는 수신기의 내부 또는 그 직근에 설치할 것
6. 층수가 5층 이상으로서 연면적이 3,000m²를 초과하는 특정소방대상물은 다음 각목에 따라 경보를 발할 수 있도록 하여야 한다.
    가. 2층 이상의 층에서 발화한 때에는 발화층 및 그 직상층에 경보를 발할 것
    나. 1층에서 발화한 때에는 발화층·그 직상층 및 지하층에 경보를 발할 것
    다. 지하층에서 발화한 때에는 발화층·그 직상층 및 기타의 지하층에 경보를 발할 것

>> 음향장치(건축법상의 층수)의 수평거리 및 동시경보

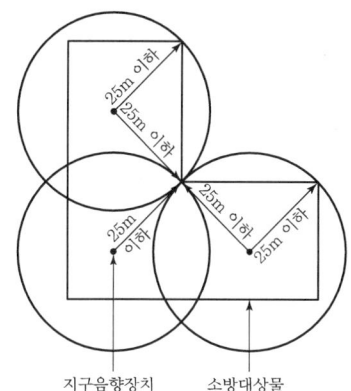

Case1 5F 이상 29F 이하인 건축물
(연면적 3,000m² 초과)

Case2 고층건축물
(층수 30층 이상 또는 높이 120m 이상)

※ 층수(「건축법」상의 정의에 따른 층수는 지상층을 말함)가 고층건축물인 특정소방대상물에 대하여 최소 5개 층에 대한 경보가 출력된다. 그러나 1층에서 화재가 발생하였을 경우에는 "5개 층+지하층"이 동시에 피난 하여야 하므로 가장 위험하다.

6의2. 삭제
7. 음향장치는 다음 각 목의 기준에 따른 구조 및 성능의 것으로 할 것
   가. 정격전압의 80% 전압에서 음향을 발할 수 있는 것으로 할 것
   나. 음량은 부착된 음향장치의 중심으로부터 1m 떨어진 위치에서 90dB 이상이 되는 것으로 할 것
② 스프링클러설비의 가압송수장치로서 펌프가 설치되는 경우에는 그 펌프의 작동은 다음 각 호의 어느 하나의 기준에 적합하여야 한다.
1. 습식유수검지장치 또는 건식유수검지장치를 사용하는 설비에 있어서는 유수검지장치의 발신이나 기동용수압개폐장치에 의하여 작동되거나 또는 이 두 가지의 혼용에 따라 작동 될 수 있도록 할 것
2. 준비작동식유수검지장치 또는 일제개방밸브를 사용하는 설비에 있어서는 화재감지기의 화재 감지나 기동용수압개폐장치에 따라 작동되거나 또는 이 두 가지의 혼용에 따라 작동할 수 있도록 할 것
③ 준비작동식유수검지장치 또는 일제개방밸브의 작동은 다음 각 호의 기준에 적합하여야 한다.
1. 담당구역내의 화재감지기의 동작에 따라 개방 및 작동될 것
2. 화재감지회로는 교차회로방식으로 할 것. 다만, 다음 각 목의 어느 하나에 해당하는 경우에는 그러하지 아니하다.
   가. 스프링클러설비의 배관 또는 헤드에 누설경보용 물 또는 압축공기가 채워지거나부압식스프링클러설비의 경우
   나. 화재감지기를 「자동화재탐지설비의 화재안전기준(NFSC 203)」 제7조제1항 단서의 각 호의 감지기로 설치한 때

> **자동화재탐지설비의 화재안전기준(NFSC 203)**
>
> 제7제1항 단서의 감지기(교차회로방식 미적용)
> 아날로그방식의 감지기, 광전식분리형감지기, 복합형감지기, 축적방식의 감지기, 정온식감지선형감지기, 불꽃감지기, 분포형감지기, 다신호방식의 감지기

3. 준비작동식유수검지장치 또는 일제개방밸브의 인근에서 수동기동(전기식 및 배수식)에 따라서도 개방 및 작동될 수 있게 할 것
4. 제1호 및 제2호에 따른 화재감지기의 설치기준에 관하여는「자동화재탐지설비의 화재안전기준(NFSC 203)」제7조 및 제11조를 준용할 것. 이 경우 교차회로방식에 있어서의 화재감지기의 설치는 각 화재감지기 회로별로 설치하되, 각 화재감지기회로별 화재감지기 1개가 담당하는 바닥면적은「자동화재탐지설비의 화재안전기준(NFSC 203)」제7조제3항제5호 · 제8호부터 제10호까지에 따른 바닥면적으로 한다.
5. 화재감지기 회로에는 다음 각 목의 기준에 따른 발신기를 설치할 것. 다만, 자동화재탐지설비의 발신기가 설치된 경우에는 그러하지 아니하다.
   가. 조작이 쉬운 장소에 설치하고, 스위치는 바닥으로부터 0.8m 이상 1.5m 이하의 높이에 설치할 것
   나. 특정소방대상물의 층마다 설치하되, 해당 특정소방대상물의 각 부분으로부터 하나의 발신기까지의 수평거리가 25m 이하가 되도록 할 것. 다만, 복도 또는 별도로 구획된 실로서 보행거리가 40m 이상일 경우에는 추가로 설치하여야 한다.
   다. 발신기의 위치를 표시하는 표시등은 함의 상부에 설치하되, 그 불빛은 부착 면으로부터 15° 이상의 범위 안에서 부착지점으로부터 10m 이내의 어느 곳에서도 쉽게 식별할 수 있는 적색등으로 할 것

제10조(헤드) ① 스프링클러헤드는 특정소방대상물의 천장 · 반자 · 천장과 반자사이 · 덕트 · 선반 기타 이와 유사한 부분(폭이 1.2m를 초과하는 것에 한한다)에 설치하여야 한다. 다만, 폭이 9m 이하인 실내에 있어서는 측벽에 설치할 수 있다.
② 랙크식창고의 경우로서「소방기본법시행령」별표 2의 특수가연물을 저장 또는 취급하는 것에 있어서는 랙크높이 4m 이하마다, 그 밖의 것을 취급하는 것에 있어서는 랙크높이 6m 이하마다 스프링클러헤드를 설치하여야 한다. 다만, 랙크식창고의 천장높이가 13.7m 이하로서「화재조기진압용 스프링클러설비의 화재안전기준(NFSC 103B)」에 따라 설치하는 경우에는 천장에만 스프링클러헤드를 설치할 수 있다.
③ 스프링클러헤드를 설치하는 천장 · 반자 · 천장과 반자 사이 · 덕트 · 선반 등의 각 부분으로부터 하나의 스프링클러헤드까지의 수평거리는 다음 각 호와 같이 하여야 한다. 다만, 성능이 별도로 인정된 스프링클러헤드를 수리계산에 따라 설치하는 경우에는 그러하지 아니하다.
   1. 무대부 ·「소방기본법시행령」별표 2의 특수가연물을 저장 또는 취급하는 장소에 있어서는

1.7m 이하
2. 랙크식 창고에 있어서는 2.5m 이하 다만, 특수가연물을 저장 또는 취급하는 랙크식 창고의 경우에는 1.7 m 이하
3. 공동주택(아파트) 세대 내의 거실에 있어서는 3.2m 이하(「스프링클러헤드의 형식승인 및 제품검사의 기술기준」 유효반경의 것으로 한다)
4. 제1호부터 제3호까지 규정 외의 특정소방대상물에 있어서는 2.1m 이하(내화구조로 된 경우에는 2.3m 이하)

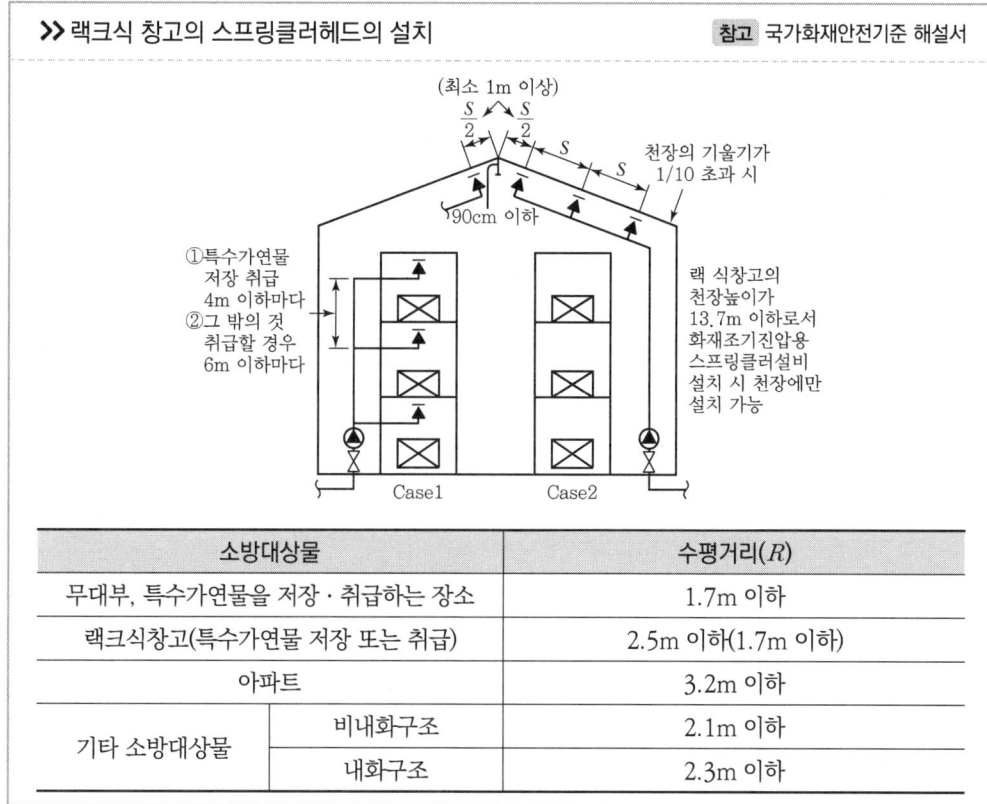

④ 영 별표 5 소화설비의 소방시설 적용기준란 제1호라목1)에 따른 무대부 또는 연소할 우려가 있는 개구부에 있어서는 개방형스프링클러헤드를 설치하여야 한다.
⑤ 다음 각 호의 어느 하나에 해당하는 장소에는 조기반응형 스프링클러헤드를 설치하여야 한다.
  1. 공동주택·노유자시설의 거실
  2. 오피스텔·숙박시설의 침실, 병원의 입원실
⑥ 폐쇄형스프링클러헤드는 그 설치장소의 평상시 최고 주위온도에 따라 다음 표에 따른 표시온도의 것으로 설치하여야 한다. 다만, 높이가 4m 이상인 공장 및 창고(랙크식창고를 포함한다)에 설치하는 스프링클러헤드는 그 설치장소의 평상시 최고 주위온도에 관계없이 표시온도 121℃ 이상의 것으로 할 수 있다.

설치장소의 최고 주위온도	표시온도
39℃ 미만	79℃ 미만
39℃ 이상 64℃ 미만	79℃ 이상 121℃ 미만
64℃ 이상 106℃ 미만	121℃ 이상 162℃ 미만
106℃ 이상	162℃ 이상

⑦ 스프링클러헤드는 다음 각 호의 방법에 따라 설치하여야 한다.
  1. 살수가 방해되지 아니하도록 스프링클러헤드로부터 반경 60cm 이상의 공간을 보유할 것. 다만, 벽과 스프링클러헤드 간의 공간은 10cm 이상으로 한다.
  2. 스프링클러헤드와 그 부착면(상향식헤드의 경우에는 그 헤드의 직상부의 천장·반자 또는 이와 비슷한 것을 말한다. 이하 같다)과의 거리는 30cm 이하로 할 것

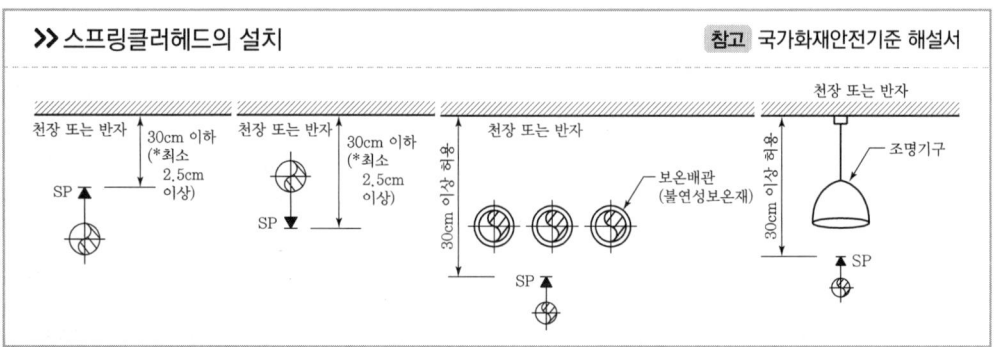

  3. 배관·행가 및 조명기구 등 살수를 방해하는 것이 있는 경우에는 제1호 및 제2호에도 불구하고 그로부터 아래에 설치하여 살수에 장애가 없도록 할 것. 다만, 스프링클러헤드와 장애물과의 이격거리를 장애물 폭의 3배 이상 확보한 경우에는 그러하지 아니하다.

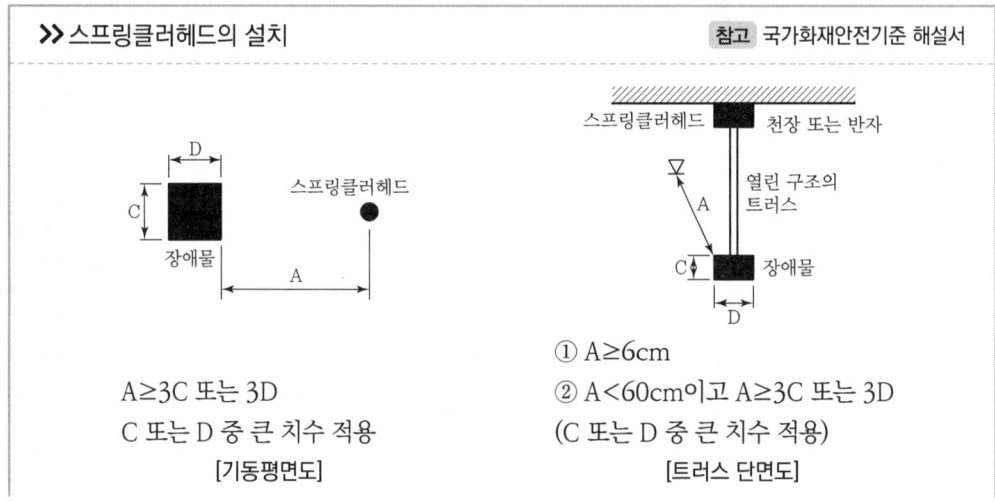

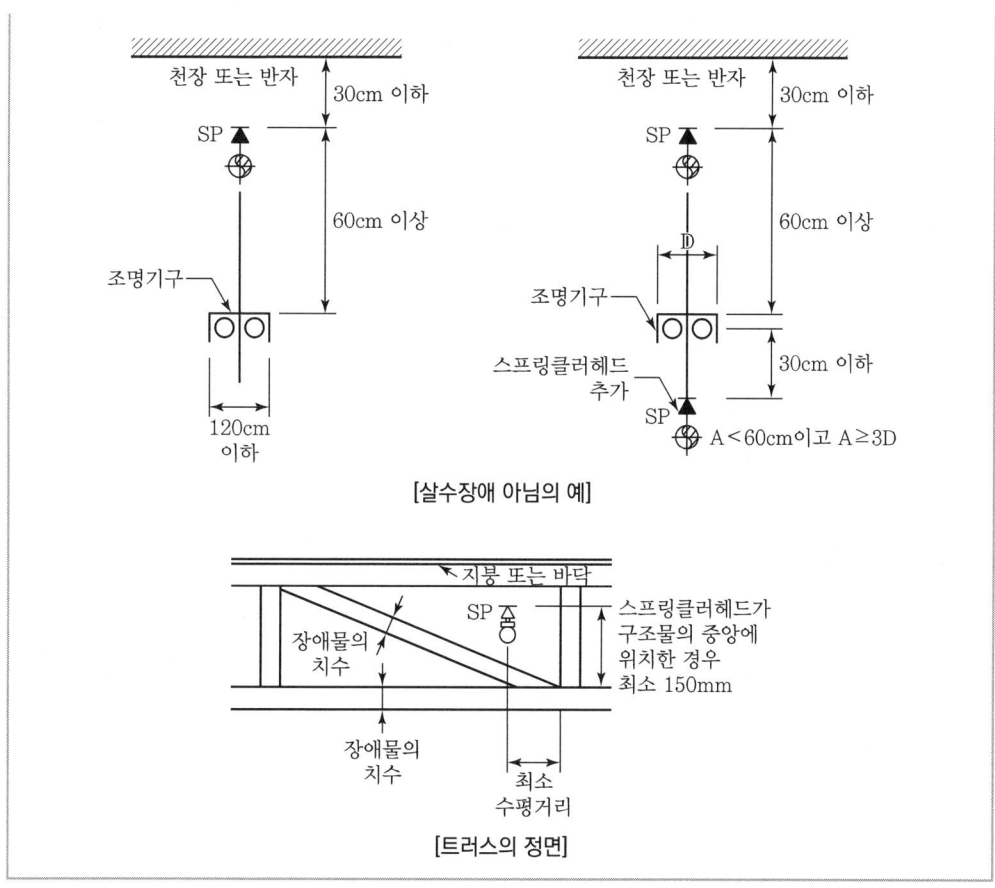

[살수장애 아님의 예]

[트러스의 정면]

4. 스프링클러헤드의 반사판은 그 부착 면과 평행하게 설치할 것. 다만, 측벽형헤드 또는 제6호에 따른 연소할 우려가 있는 개구부에 설치하는 스프링클러헤드의 경우에는 그러하지 아니하다.

5. 천장의 기울기가 10분의 1을 초과하는 경우에는 가지관을 천장의 마루와 평행하게 설치하고, 스프링클러헤드는 다음 각 목의 어느 하나의 기준에 적합하게 설치할 것

 가. 천장의 최상부에 스프링클러헤드를 설치하는 경우에는 최상부에 설치하는 스프링클러헤드의 반사판을 수평으로 설치할 것

 나. 천장의 최상부를 중심으로 가지관을 서로 마주보게 설치하는 경우에는 최상부의 가지관 상호 간의 거리가 가지관상의 스프링클러헤드 상호간의 거리의 2분의 1 이하(최소 1m 이상이 되어야 한다)가 되게 스프링클러헤드를 설치하고, 가지관의 최상부에 설치하는 스프링클러헤드는 천장의 최상부로부터의 수직거리가 90cm 이하가 되도록 할 것. 톱날지붕, 둥근지붕 기타 이와 유사한 지붕의 경우에도 이에 준한다.

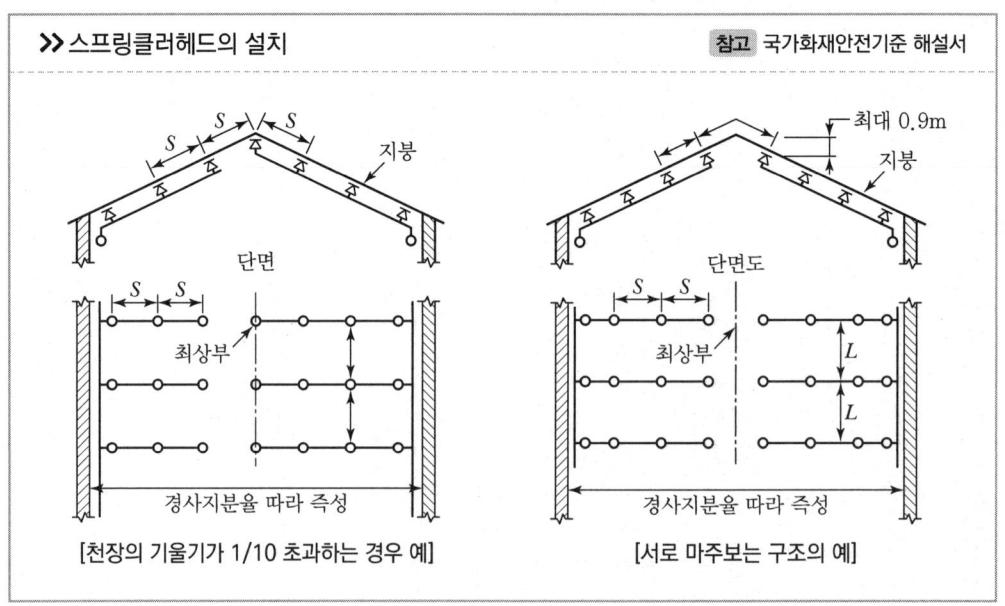

6. 연소할 우려가 있는 개구부에는 그 상하좌우에 2.5m 간격으로(개구부의 폭이 2.5m 이하인 경우에는 그 중앙에) 스프링클러헤드를 설치하되, 스프링클러헤드와 개구부의 내측면으로부터 직선거리는 15cm 이하가 되도록 할 것. 이 경우 사람이 상시 출입하는 개구부로서 통행에 지장이 있는 때에는 개구부의 상부 또는 측면(개구부의 폭이 9m 이하인 경우에 한한다)에 설치하되, 헤드 상호 간의 간격은 1.2m 이하로 설치하여야 한다.

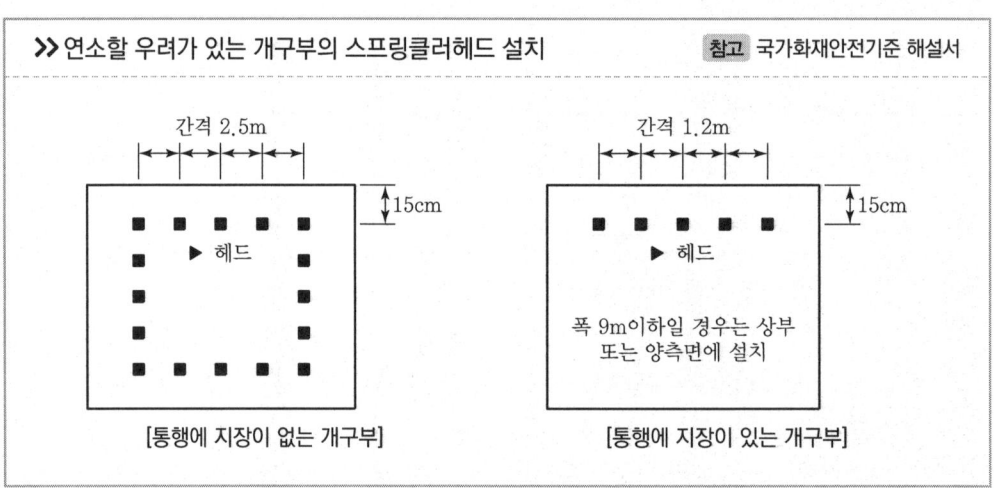

7. 습식스프링클러설비 및 부압식스프링클러설비 외의 설비에는 상향식스프링클러헤드를 설치할 것. 다만, 다음 각 목의 어느 하나에 해당하는 경우에는 그러하지 아니하다.
   가. 드라이펜던트스프링클러헤드를 사용하는 경우
   나. 스프링클러헤드의 설치장소가 동파의 우려가 없는 곳인 경우

다. 개방형스프링클러헤드를 사용하는 경우
8. 측벽형스프링클러헤드를 설치하는 경우 긴 변의 한쪽 벽에 일렬로 설치(폭이 4.5m 이상 9m 이하인 실에 있어서는 긴 변의 양쪽에 각각 일렬로 설치하되 마주보는 스프링클러헤드가 나란히꼴이 되도록 설치)하고 3.6m 이내마다 설치할 것

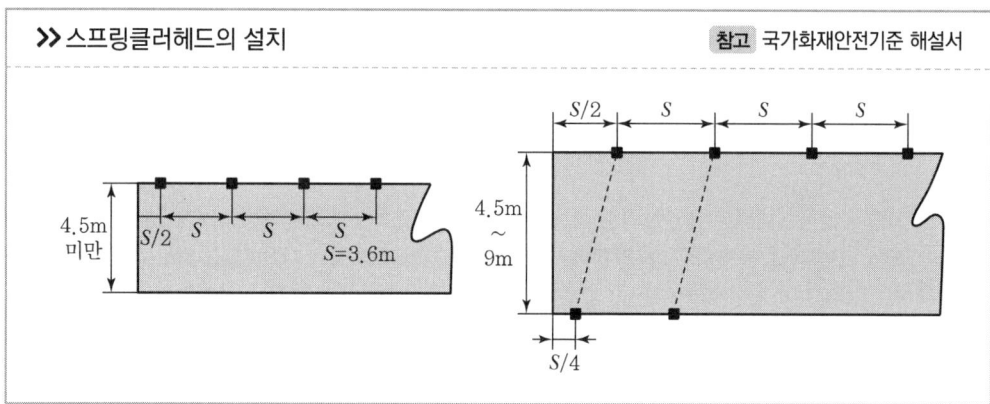

9. 상부에 설치된 헤드의 방출수에 따라 감열부에 영향을 받을 우려가 있는 헤드에는 방출수를 차단할 수 있는 유효한 차폐판을 설치할 것

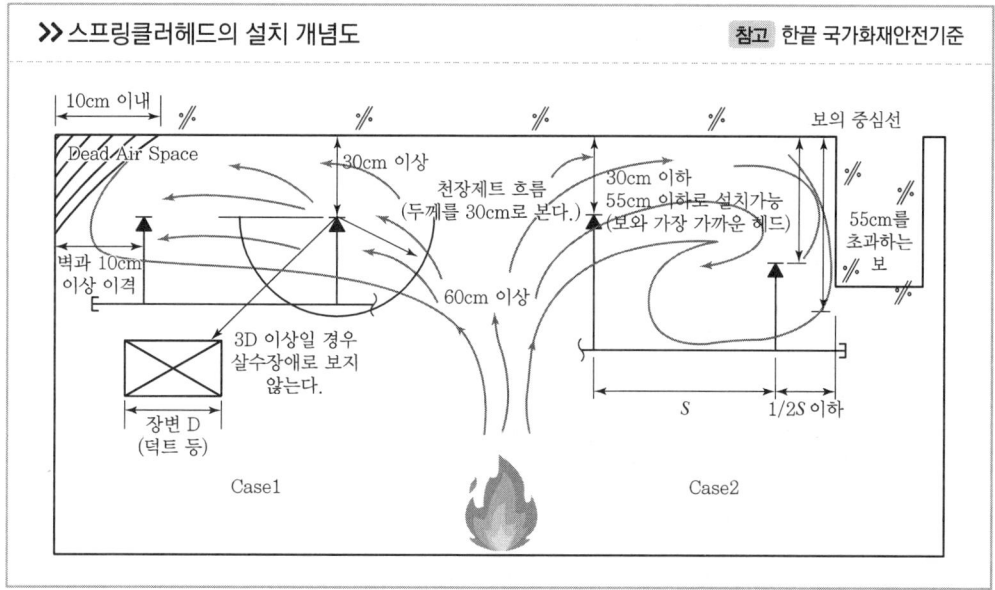

⑧ 제7항제2호에도 불구하고 특정소방대상물의 보와 가장 가까운 스프링클러헤드는 다음 표의 기준에 따라 설치하여야 한다. 다만, 천장면에서 보의 하단까지의 길이가 55cm를 초과하고 보의 하단 측면 끝부분으로부터 스프링클러헤드까지의 거리가 스프링클러헤드 상호 간 거리의 2분의 1 이하가 되는 경우에는 스프링클러헤드와 그 부착면과의 거리를 55cm 이하로 할 수 있다.

스프링클러헤드의 반사판 중심과 보의 수평거리	스프링클러헤드의 반사판 높이와 보의 하단 높이의 수직거리
0.75m 미만	보의 하단보다 낮을 것
0.75m 이상 1m 미만	0.1m 미만일 것
1m 이상 1.5m 미만	0.15m 미만일 것
1.5m 이상	0.3m 미만일 것

>> 보와 가까운 스프링클러헤드의 설치

스프링클러설비의 화재안전기준 적용 지침 수정 알림[소방청 화재예방과 - 7621호 2019.10.22.]
단서 조항에도 불구하고 '천장면에서 보의 하단까지의 길이에 관계없이 보의 중심으로부터 스프링클러헤드까지의 거리가 스프링클러헤드 상호 간 거리의 2분의 1 이하'가 되는 경우에는 '스프링클러헤드와 그 부착면과의 거리를 30cm 이하'로 할 수 있다.

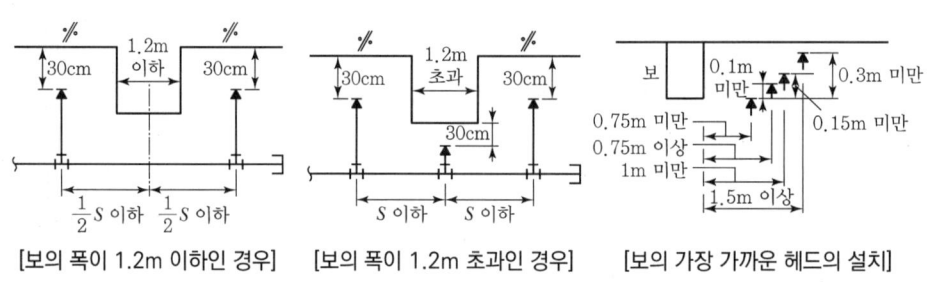

[보의 폭이 1.2m 이하인 경우]   [보의 폭이 1.2m 초과인 경우]   [보의 가장 가까운 헤드의 설치]

제11조(송수구) 스프링클러설비에는 소방차로부터 그 설비에 송수할 수 있는 송수구를 다음 각 호의 기준에 따라 설치하여야 한다.
1. 송수구는 소방차가 쉽게 접근할 수 있는 잘 보이는 장소에 설치하되 화재 층으로부터 지면으로 떨어지는 유리창 등이 송수 및 그 밖의 소화작업에 지장을 주지 아니하는 장소에 설치할 것
2. 송수구로부터 스프링클러설비의 주배관에 이르는 연결배관에 개폐밸브를 설치한 때에는 그 개폐상태를 쉽게 확인 및 조작할 수 있는 옥외 또는 기계실 등의 장소에 설치할 것
3. 구경 65mm의 쌍구형으로 할 것
4. 송수구에는 그 가까운 곳의 보기 쉬운 곳에 송수압력범위를 표시한 표지를 할 것
5. 폐쇄형스프링클러헤드를 사용하는 스프링클러설비의 송수구는 하나의 층의 바닥면적이 3,000m²를 넘을 때마다 1개 이상(5개를 넘을 경우에는 5개로 한다)을 설치할 것
6. 지면으로부터 높이가 0.5m 이상 1m 이하의 위치에 설치할 것
7. 송수구의 가까운 부분에 자동배수밸브(또는 직경 5mm의 배수공) 및 체크밸브를 설치할 것. 이 경우 자동배수밸브는 배관 안의 물이 잘 빠질 수 있는 위치에 설치하되, 배수로 인하여 다른 물건 또는 장소에 피해를 주지 아니하여야 한다.
8. 송수구에는 이물질을 막기 위한 마개를 씌워야 한다.

제12조(전원) ① 스프링클러설비에는 다음 각 호의 기준에 따른 상용전원회로의 배선을 설치하여야 한다. 다만, 가압수조방식으로서 모든 기능이 20분 이상 유효하게 지속될 수 있는 경우에는 그러하지 아니하다.
1. 저압수전인 경우에는 인입개폐기의 직후에서 분기하여 전용배선으로 하여야 하며, 전용의 전선관에 보호되도록 할 것
2. 특별고압수전 또는 고압수전일 경우에는 전력용 변압기 2차 측의 주차단기 1차 측에서 분기하여 전용배선으로 하되, 상용전원의 상시공급에 지장이 없을 경우에는 주차단기 2차 측에서 분기하여 전용배선으로 할 것. 다만, 가압송수장치의 정격입력전압이 수전전압과 같은 경우에는 제1호의 기준에 따른다.

② 스프링클러설비에는 자가발전설비, 축전지설비 또는 전기저장장치에 따른 비상전원을 설치하여야 한다. 다만, 차고·주차장으로서 스프링클러설비가 설치된 부분의 바닥면적(「포소화설비의 화재안전기준(NFSC 105)」 제13조제2항제2호에 따른 차고·주차장의 바닥면적을 포함한다)의 합계가 1,000㎡ 미만인 경우에는 비상전원수전설비로 설치할 수 있으며, 2 이상의 변전소(「전기사업법」 제67조에 따른 변전소를 말한다. 이하 같다)에서 전력을 동시에 공급받을 수 있거나 하나의 변전소로부터 전력의 공급이 중단되는 때에는 자동으로 다른 변전소로부터 전력을 공급받을 수 있도록 상용전원을 설치한 경우와 가압수조방식에는 비상전원을 설치하지 아니할 수 있다.

③ 제2항에 따른 비상전원 중 자가발전설비, 축전기설비(내연기관에 따른 펌프를 설치한 경우에는 내연기관의 기동 및 제어용축전지를 말한다) 또는 전기저장장치(외부 전기에너지를 저장해 두었다가 필요한 때 전기를 공급하는 장치)는 다음 각 호의 기준을, 비상전원수전설비는 「소방시설용 비상전원수전설비의 화재안전기준(NFSC 602)」에 따라 설치하여야 한다.
1. 점검에 편리하고 화재 및 침수 등의 재해로 인한 피해를 받을 우려가 없는 곳에 설치할 것
2. 스프링클러설비를 유효하게 20분 이상 작동할 수 있어야 할 것
3. 상용전원으로부터 전력의 공급이 중단된 때에는 자동으로 비상전원으로부터 전력을 공급받을 수 있도록 할 것
4. 비상전원(내연기관의 기동 및 제어용 축전기를 제외한다)의 설치장소는 다른 장소와 방화구획할 것. 이 경우 그 장소에는 비상전원의 공급에 필요한 기구나 설비 외의 것(열병합발전설비에 필요한 기구나 설비는 제외한다)을 두어서는 아니 된다.
5. 비상전원을 실내에 설치하는 때에는 그 실내에 비상조명등을 설치할 것
6. 옥내에 설치하는 비상전원실에는 옥외로 직접 통하는 충분한 용량의 급배기설비를 설치할 것
7. 비상전원의 출력용량은 다음 각 목의 기준을 충족할 것
   가. 비상전원설비에 설치되어 동시에 운전될 수 있는 모든 부하의 합계 입력용량을 기준으로 정격출력을 선정할 것. 다만, 소방전원 보존형발전기를 사용할 경우에는 그러하지 아니하다.
   나. 기동전류가 가장 큰 부하가 기동될 때에도 부하의 허용 최저입력전압 이상의 출력전압을 유지할 것
   다. 단시간 과전류에 견디는 내력은 입력용량이 가장 큰 부하가 최종 기동할 경우에도 견딜 수

있을 것
8. 자가발전설비는 부하의 용도와 조건에 따라 다음 각 목 중의 하나를 설치하고 그 부하용도별 표지를 부착하여야 한다. 다만, 자가발전설비의 정격출력용량은 하나의 건축물에 있어서 소방부하의 설비용량을 기준으로 하고, 나목의 경우 비상부하는 국토해양부장관이 정한 건축전기설비설계기준의 수용률 범위 중 최대값 이상을 적용한다.
   가. 소방전용 발전기 : 소방부하용량을 기준으로 정격출력용량을 산정하여 사용하는 발전기
   나. 소방부하 겸용 발전기 : 소방 및 비상부하 겸용으로서 소방부하와 비상부하의 전원용량을 합산하여 정격출력용량을 산정하여 사용하는 발전기
   다. 소방전원 보존형 발전기 : 소방 및 비상부하 겸용으로서 소방부하의 전원용량을 기준으로 정격출력용량을 산정하여 사용하는 발전기

> ≫ 비상발전기 및 제연설비 운영지침(방호과 – 4278 2011.10.1.)
>
> 소방전원 우선보존형 발전기
> 정전용 및 소방용 중 더 큰 한쪽의 부하를 만족하는 발전기를 설치할 경우 소방전원 우선 보존형 제어기를 구비한 발전기로서 정격부하를 초과하면 단수 또는 복수의 정전용 차단기를 제어하는 성능을 한국전기전자시험 연구원(또는 동등 이상)에서 인증 받은 제품으로 설치하여, 상용전원이 정전되면 정전용과 소방용부하에 전원공급상태를 항상 유지하고 정격부하를 초과할 때만 비상부하에 도달하기 전에 정전부하를 차단하는 기능을 가진다.

9. 비상전원실의 출입구 외부에는 실의 위치와 비상전원의 종류를 식별할 수 있도록 표지판을 부착할 것

제13조(제어반) ① 스프링클러설비에는 제어반을 설치하되, 감시제어반과 동력제어반으로 구분하여 설치하여야 한다. 다만, 다음 각 호의 어느 하나에 해당하는 경우에는 감시제어반과 동력제어반으로 구분하여 설치하지 아니할 수 있다.
   1. 다음 각 목의 어느 하나에 해당하지 아니하는 특정소방대상물에 설치되는 스프링클러설비
      가. 지하층을 제외한 층수가 7층 이상으로서 연면적이 2,000m² 이상인 것
      나. 가목에 해당하지 아니하는 특정소방대상물로서 지하층의 바닥면적의 합계가 3,000m² 이상인 것
   2. 내연기관에 따른 가압송수장치를 사용하는 스프링클러설비
   3. 고가수조에 따른 가압송수장치를 사용하는 스프링클러설비
   4. 가압수조에 따른 가압송수장치를 사용하는 스프링클러설비
② 감시제어반의 기능은 다음 각 호의 기준에 적합하여야 한다.
   1. 각 펌프의 작동여부를 확인할 수 있는 표시등 및 음향경보기능이 있어야 할 것
   2. 각 펌프를 자동 및 수동으로 작동시키거나 중단시킬 수 있어야 한다.
   3. 비상전원을 설치한 경우에는 상용전원 및 비상전원의 공급여부를 확인할 수 있어야 할 것

4. 수조 또는 물올림탱크가 저수위로 될 때 표시등 및 음향으로 경보할 것
　　5. 예비전원이 확보되고 예비전원의 적합여부를 시험할 수 있어야 할 것
③ 감시제어반은 다음 각 호의 기준에 따라 설치하여야 한다.
　　1. 화재 및 침수 등의 재해로 인한 피해를 받을 우려가 없는 곳에 설치할 것
　　2. 감시제어반은 스프링클러설비의 전용으로 할 것. 다만, 스프링클러설비의 제어에 지장이 없는 경우에는 다른 설비와 겸용할 수 있다.
　　3. 감시제어반은 다음 각 목의 기준에 따른 전용실 안에 설치할 것. 다만, 제1항 각 호의 어느 하나에 해당하는 경우와 공장, 발전소 등에서 설비를 집중 제어·운전할 목적으로 설치하는 중앙제어실 내에 감시제어반을 설치하는 경우에는 그러하지 아니하다.
　　　가. 다른 부분과 방화구획을 할 것. 이 경우 전용실의 벽에는 기계실 또는 전기실 등의 감시를 위하여 두께 7mm 이상의 망입유리(두께 16.3mm 이상의 접합유리 또는 두께 28mm 이상의 복층유리를 포함한다)로 된 4m^2 미만의 붙박이창을 설치할 수 있다.
　　　나. 피난층 또는 지하 1층에 설치할 것. 다만, 다음 각 세목의 어느 하나에 해당하는 경우에는 지상 2층에 설치하거나 지하 1층 외의 지하층에 설치할 수 있다.
　　　　(1) 「건축법시행령」 제35조에 따라 특별피난계단이 설치되고 그 계단(부속실을 포함한다) 출입구로부터 보행거리 5m 이내에 전용실의 출입구가 있는 경우
　　　　(2) 아파트의 관리동(관리동이 없는 경우에는 경비실)에 설치하는 경우
　　　다. 비상조명등 및 급·배기설비를 설치할 것
　　　라. 「무선통신보조설비의 화재안전기준(NFSC 505)」 제5조제3항에 따라 유효하게 통신이 가능할 것(영 별표 5의 제5호마목에 따른 무선통신보조설비가 설치된 특정소방대상물에 한한다.)
　　　마. 바닥면적은 감시제어반의 설치에 필요한 면적 외에 화재 시 소방대원이 그 감시제어반의 조작에 필요한 최소면적 이상으로 할 것
　　4. 제3호에 따른 전용실에는 특정소방대상물의 기계·기구 또는 시설 등의 제어 및 감시설비 외의 것을 두지 아니할 것
　　5. 각 유수검지장치 또는 일제개방밸브의 작동여부를 확인할 수 있는 표시 및 경보기능이 있도록 할 것
　　6. 일제개방밸브를 개방시킬 수 있는 수동조작스위치를 설치할 것
　　7. 일제개방밸브를 사용하는 설비의 화재감지는 각 경계회로별로 화재표시가 되도록 할 것
　　8. 다음의 각 확인회로마다 도통시험 및 작동시험을 할 수 있도록 할 것
　　　가. 기동용수압개폐장치의 압력스위치회로
　　　나. 수조 또는 물올림탱크의 저수위감시회로
　　　다. 유수검지장치 또는 일제개방밸브의 압력스위치회로
　　　라. 일제개방밸브를 사용하는 설비의 화재감지기회로
　　　마. 제8조제16항에 따른 개폐밸브의 폐쇄상태 확인회로

바. 그 밖의 이와 비슷한 회로
9. 감시제어반과 자동화재탐지설비의 수신기를 별도의 장소에 설치하는 경우에는 이들 상호 간 연동하여 화재발생 및 제2항제1호·제3호와 제4호의 기능을 확인할 수 있도록 할 것

④ 동력제어반은 다음 각 호의 기준에 따라 설치하여야 한다.
1. 앞면은 적색으로 하고 "스프링클러설비용 동력제어반"이라고 표시한 표지를 설치할 것
2. 외함은 두께 1.5mm 이상의 강판 또는 이와 동등 이상의 강도 및 내열성능이 있는 것으로 할 것
3. 그 밖의 동력제어반의 설치에 관하여는 제3항제1호 및 제2호의 기준을 준용할 것

⑤ 자가발전설비 제어반의 제어장치는 비영리 공인기관의 시험을 필한 것으로 설치하여야 한다. 다만, 소방전원 보존형 발전기의 제어장치는 다음 각 호의 기준이 포함되어야 한다.
1. 소방전원 보존형임을 식별할 수 있도록 표기할 것
2. 발전기 운전 시 소방부하 및 비상부하에 전원이 동시 공급되고, 그 상태를 확인할 수 있는 표시가 되도록 할 것
3. 발전기가 정격용량을 초과할 경우 비상부하는 자동적으로 차단되고, 소방부하만 공급되는 상태를 확인할 수 있는 표시가 되도록 할 것

> **감시제어반의 개념도** 참고 한끝 국가화재안전기준
>
> ※ 옥내소화설비 NFSC 102 제9조제4항 그림 참고

제14조(배선 등) ① 스프링클러설비의 배선은 「전기사업법」제67조에 따른 기술기준에서 정한 것 외에 다음 각 호의 기준에 따라 설치하여야 한다.
1. 비상전원으로부터 동력제어반 및 가압송수장치에 이르는 전원회로배선은 내화배선으로 할 것. 다만, 자가발전설비와 동력제어반이 동일한 실에 설치된 경우에는 자가발전기로부터 그 제어반에 이르는 전원회로배선은 그러하지 아니하다.
2. 상용전원으로부터 동력제어반에 이르는 배선, 그 밖의 스프링클러설비의 감시·조작 또는 표시등회로의 배선은 내화배선 또는 내열배선으로 할 것. 다만, 감시제어반 또는 동력제어반 안의 감시·조작 또는 표시등회로의 배선은 그러하지 아니하다.

② 제1항에 따른 내화배선 및 내열배선에 사용되는 전선 및 설치방법은 「옥내소화전설비의 화재안전기준(NFSC 102)」의 별표 1의 기준에 따른다.

③ 스프링클러설비의 과전류차단기 및 개폐기에는 "스프링클러설비용"이라고 표시한 표지를 하여야 한다.

④ 스프링클러설비용 전기배선의 양단 및 접속단자에는 다음 각 호의 기준에 따라 표지하여야 한다.
1. 단자에는 "스프링클러설비단자"라고 표시한 표지를 부착할 것
2. 스프링클러설비용 전기배선의 양단에는 다른 배선과 식별이 용이하도록 표시할 것

제15조(헤드의 설치 제외) ① 스프링클러설비를 설치하여야 할 특정소방대상물에 있어서 다음 각 호의 어느 하나에 해당하는 장소에는 스프링클러헤드를 설치하지 아니할 수 있다.

1. 계단실(특별피난계단의 부속실을 포함한다)·경사로·승강기의 승강로·비상용승강기의 승강장·파이프덕트 및 덕트피트(파이프·덕트를 통과시키기 위한 구획된 구멍에 한한다)·목욕실·수영장(관람석부분을 제외한다)·화장실·직접 외기에 개방되어 있는 복도·기타 이와 유사한 장소
2. 통신기기실·전자기기실·기타 이와 유사한 장소
3. 발전실·변전실·변압기·기타 이와 유사한 전기설비가 설치되어 있는 장소
4. 병원의 수술실·응급처치실·기타 이와 유사한 장소
5. 천장과 반자 양쪽이 불연재료로 되어 있는 경우로서 그 사이의 거리 및 구조가 다음 각 목의 어느 하나에 해당하는 부분
    가. 천장과 반자 사이의 거리가 2m 미만인 부분
    나. 천장과 반자 사이의 벽이 불연재료이고 천장과 반자 사이의 거리가 2m 이상으로서 그 사이에 가연물이 존재하지 아니하는 부분
6. 천장·반자 중 한쪽이 불연재료로 되어 있고 천장과 반자 사이의 거리가 1m 미만인 부분
7. 천장 및 반자가 불연재료 외의 것으로 되어 있고 천장과 반자 사이의 거리가 0.5m 미만인 부분
8. 펌프실·물탱크실 엘리베이터 권상기실 그 밖의 이와 비슷한 장소
9. 삭제
10. 현관 또는 로비 등으로서 바닥으로부터 높이가 20m 이상인 장소
11. 영하의 냉장창고의 냉장실 또는 냉동창고의 냉동실
12. 고온의 노가 설치된 장소 또는 물과 격렬하게 반응하는 물품의 저장 또는 취급장소
13. 불연재료로 된 특정소방대상물 또는 그 부분으로서 다음 각 목의 어느 하나에 해당하는 장소
    가. 정수장·오물처리장 그 밖의 이와 비슷한 장소
    나. 펄프공장의 작업장·음료수공장의 세정 또는 충전하는 작업장 그 밖의 이와 비슷한 장소
    다. 불연성의 금속·석재 등의 가공공장으로서 가연성물질을 저장 또는 취급하지 아니하는 장소
    라. 가연성 물질이 존재하지 않는 「건축물의 에너지절약설계기준」에 따른 방풍실
14. 실내에 설치된 테니스장·게이트볼장·정구장 또는 이와 비슷한 장소로서 실내 바닥·벽·천장이 불연재료 또는 준불연재료로 구성되어 있고 가연물이 존재하지 않는 장소로서 관람석이 없는 운동시설(지하층은 제외한다)
15. 「건축법 시행령」 제46조제4항에 따른 공동주택 중 아파트의 대피공간

▶▶ 피트공간 등 소방시설 설치기준 적용 변경지침(소방청 소방제도과 – 96호 2012.1.6.)

1. 피트공간 등 소방시설설치 관련 변경지침
   ① 2011.4.20 이전 완공된 특정소방대상물
      - 피트공간이 타 용도로 사용되지 않고 출입구에 시건장치를 설치하여 관리자 외의 출입이 엄격히 통제될 경우 소방시설 설치제외
      - 피트 층의 출입구가 타 용도로 사용되지 않도록 1m^2 이하의 갑종방화문 이상의 성능을 가진 재질로 시건장치를 하여 관리자외의 출입이 엄격히 통제될 경우 소방시설 설치제외
      - 피트 층 등을 타 용도로 사용할 경우 소방시설 설치 등의 조치

[4곳 이상의 볼트조임 구조]

   ② 2011.4.21 이후 완공되는 특정소방대상물
      - 점검구(1개소에 한함)는 1m^2 이하 크기로 두께 1.5mm 이상의 철판 또는 갑종방화문 이상의 성능이 있는 재질로 4곳 이상 볼트조임하는 경우 소방시설 설치 제외
      - 배관 등 시설물을 제외한 공간의 크기가 가로 · 세로 · 높이 각각 1.2m 미만인 경우 소방시설 설치제외

2. 용어의 정의[방호과 – 1713호(2011.4.21) "스프링클러헤드 기준 적용 철저"]
   ① 피트 층 : 건축법령상 연면적에 포함되지 않고, 거실 용도로 사용할 수 없는 수평적 공간
   ② 피트 공간 : 건축설비 등을 설치 또는 통과하기 위하여 설치된 구획된 공간(수직관통부를 층간 방화구획한 공간)
   ③ 유로(수직관통부) : 급 · 배수관, 배전 · 통신용 케이블 등을 설치하기 위해 건축물 내의 바닥을 관통하여 수직방향으로 연속된 공간
   → 스프링클러설비가 설치되지 않은 층, 피트공간이 완전구획된 경우 : 스프링클러헤드 설치하지 않음

▶▶ 천장마감재의 재질에 따른 스프링클러헤드의 설치 제외(간이스프링클러설비 내용 동일함)

천장, 반자의 재질	스프링클러헤드를 설치 제외하는 천장과 반자 사이 거리
양쪽 모두 불연재	2m 미만
양쪽 모두 불연재 및 벽이 불연재 (그 사이 가연물 없음)	2m 이상
한쪽만 불연재	1m 미만
양쪽 모두 불연재 이외의 것	0.5m 미만

① 스프링클러가 설치되는 건축물에 천장마감재를 일반 석고보드로 설계 내지 시공할 경우 9.5T로 설치하게 될 경우 스프링클러헤드를 천장과 반자 사이에 설치하여야 할 수 있으므로 주의하여야 한다.(KCC제품 기준)

② 방화방수 석고보드를 사용하여 반자 혹은 경량 칸막이로 벽체를 설치할 경우 화재 시 스프링클러헤드가 동작하더라도 방수형태이므로 재사용이 가능하나 일반 석고보드는 교체하는 경우가 발생할 수 있다.

제품 및 규격	구분	석고보드 두께 및 규격
마이톤, 마이텍스, 아미텍스	불연재	일반 GB - R 9.5mm 준불연성
석고보드	9.5T	준불연재	방화 GB - F 12.5mm 불연성
	12.5T 이상	불연재	방화 GB - F 12.5mm 내화성
방화방수 석고보드	12.5T 이상	불연재	

② 제10조제7항제6호의 연소할 우려가 있는 개구부에 다음 각 호의 기준에 따른 드렌처설비를 설치한 경우에는 해당 개구부에 한하여 스프링클러헤드를 설치하지 아니할 수 있다.
1. 드렌처헤드는 개구부 위 측에 2.5m 이내마다 1개를 설치할 것
2. 제어밸브(일제개방밸브·개폐표시형밸브 및 수동조작부를 합한 것을 말한다. 이하 같다)는 특정소방대상물 층마다에 바닥면으로부터 0.8m 이상 1.5m 이하의 위치에 설치할 것
3. 수원의 수량은 드렌처헤드가 가장 많이 설치된 제어밸브의 드렌처헤드의 설치개수에 $1.6m^3$를 곱하여 얻은 수치 이상이 되도록 할 것
4. 드렌처설비는 드렌처헤드가 가장 많이 설치된 제어밸브에 설치된 드렌처헤드를 동시에 사용하는 경우에 각각의 헤드선단에 방수압력이 0.1MPa 이상, 방수량이 80L/min 이상이 되도록 할 것
5. 수원에 연결하는 가압송수장치는 점검이 쉽고 화재 등의 재해로 인한 피해우려가 없는 장소에 설치할 것

제16조(수원 및 가압송수장치의 펌프 등의 겸용) ① 스프링클러설비의 수원을 옥내소화전설비·간이스프링클러설비·화재조기진압용 스프링클러설비·물분무소화설비·포소화전설비 및 옥외소화전설비의 수원과 겸용하여 설치하는 경우의 저수량은 각 소화설비에 필요한 저수량을 합한 양 이상이 되도록 하여야 한다. 다만, 이들 소화설비 중 고정식 소화설비(펌프·배관과 소화수 또는 소화약제를 최종 방출하는 방출구가 고정된 설비를 말한다. 이하 같다)가 2 이상 설치되어 있고, 그 소화설비가 설치된 부분이 방화벽과 방화문으로 구획되어 있는 경우에는 각 고정식 소화설비에 필요한 저수량 중 최대의 것 이상으로 할 수 있다.
② 스프링클러설비의 가압송수장치로 사용하는 펌프를 옥내소화전설비·간이스프링클러설비·화재조기진압용 스프링클러설비·물분무소화설비·포소화설비 및 옥외소화전설비의 가압송수장치와 겸용하여 설치하는 경우의 펌프의 토출량은 각 소화설비에 해당하는 토출량을 합한 양 이상이 되도록 하여야 한다. 다만, 이들 소화설비 중 고정식 소화설비가 2 이상 설치되어 있고, 그 소화설비가 설치된 부분이 방화벽과 방화문으로 구획되어 있으며 각 소화설비에 지장이 없는 경우

에는 펌프의 토출량 중 최대의 것 이상으로 할 수 있다.
③ 옥내소화전설비·스프링클러설비·간이스프링클러설비·화재조기진압용 스프링클러설비·물분무소화설비·포소화설비 및 옥외소화전설비의 가압송수장치에 있어서 각 토출 측 배관과 일반급수용의 가압송수장치의 토출 측 배관을 상호 연결하여 화재 시 사용할 수 있다. 이 경우 연결배관에는 개폐표시형밸브를 설치하여야 하며, 각 소화설비의 성능에 지장이 없도록 하여야 한다.
④ 스프링클러설비의 송수구를 옥내소화전설비·간이스프링클러설비·화재조기진압용스프링클러설비·물분무소화설비·포소화설비·연결송수관설비 또는 연결살수설비의 송수구와 겸용으로 설치하는 경우에는 스프링클러설비의 송수구의 설치기준에 따르되 각각의 소화설비의 기능에 지장이 없도록 하여야 한다.

제17조(설치·유지기준의 특례) 소방본부장 또는 소방서장은 기존건축물이 증축·개축·대수선되거나 용도변경되는 경우에 있어서 이 기준이 정하는 기준에 따라 해당 건축물에 설치하여야 할 스프링클러설비의 배관·배선 등의 공사가 현저하게 곤란하다고 인정되는 경우에는 해당 설비의 기능 및 사용에 지장이 없는 범위 안에서 스프링클러설비의 설치·유지기준의 일부를 적용하지 아니할 수 있다.

제18조(재검토 기한) 소방청장은「훈령·예규 등의 발령 및 관리에 관한 규정」에 따라 이 고시 에 대하여 2021년 1월 1일 기준으로 매3년이 되는 시점(매 3년째의 12월 31일까지를 말한다)마다 그 타당성을 검토하여 개선 등의 조치를 하여야 한다.

부칙
(제2021-16호, 2021. 3. 25.)

제1조(시행일) 이 고시는 발령한 날부터 시행한다.
제2조(다른 고시의 개정) ① 생략

[별표 1] 스프링클러헤드 수별 급수관의 구경(제8조제3항제3호관련)

(단위 : mm)

급수관의 구경 구분	25	32	40	50	65	80	90	100	125	150
가	2	3	5	10	30	60	80	100	160	161 이상
나	2	4	7	15	30	60	65	100	160	161 이상
다	1	2	5	8	15	27	40	55	90	91 이상

(주) 1. 폐쇄형스프링클러헤드를 사용하는 설비의 경우로서 1개층에 하나의 급수배관(또는 밸브 등)이 담당하는 구역의 최대면적은 3,000m²를 초과하지 아니할 것
2. 폐쇄형스프링클러헤드를 설치하는 경우에는 "가"란의 헤드 수에 따를 것. 다만, 100개 이상의 헤드를 담당하는 급수배관(또는 밸브)의 구경을 100mm로 할 경우에는 수리계산을 통하여 제8조제3항제3호에서 규정한 배관의 유속에 적합하도록 할 것
3. 폐쇄형스프링클러헤드를 설치하고 반자 아래의 헤드와 반자 속의 헤드를 동일 급수관의 가지관상에 병설하는 경우에는 "나"란의 헤드 수에 따를 것
4. 제10조제3항제1호의 경우로서 폐쇄형스프링클러헤드를 설치하는 설비의 배관구경은 "다"란에 따를 것
5. 개방형스프링클러헤드를 설치하는 경우 하나의 방수구역이 담당하는 헤드의 개수가 30개 이하일 때는 "다"란의 헤드 수에 의하고, 30개를 초과할 때는 수리계산방법에 따를 것

03 소방시설 자체점검

> 참고 소방시설 자체점검사항 등에 관한 고시, 한국소방안전원

✅ 소방시설 작동기능점검표 작성 예시

1 점검 전 준비사항

1) 점검장소의 협의나 협조 받을 건물 관계인 등 연락처를 사전 확보
2) 점검의 목적과 필요성에 대하여 건물 관계인에게 사전 안내 및 협의
3) 음향장치 및 각 실별 방문점검 사항을 공지하여 협조 요청

2 현장확인

1) 현장 시설물의 도면 등을 이용하여 설비의 개요 및 설치위치 등을 파악한다.
2) 점검사항을 토대로 점검순서를 계획하고 점검장비 및 공구를 준비한다.
3) 기존의 점검자료 및 조치결과가 있다면 점검 전 참고
4) 점검과 관련된 각종 법규 및 기준 등의 기술기준 등 규정사항을 준비하고 숙지한다.

3 점검표 작성을 위한 준비물

1) **소방시설등 작동기능점검 실시결과 보고서**
   화재예방, 소방시설 설치·유지 및 안전관리에 관한 법률 시행규칙 별지 서식

2) **소방시설등 작동기능 점검표**
   소방시설 자체점검사항 등에 관한 고시 서식

3) **건축물대장**
   건축물대장/소방도면 및 소방시설 현황/소방계획서 등

4) **점검에 필요한 장비**

소방시설	장비	규격
공통시설	방수압력측정계, 절연저항계, 전류전압측정계	
스프링클러설비, 포소화설비	헤드결합렌치	1,400mm

5) **자체점검 후 결과 조치(소방시설법 시행규칙 제19조)**
   (1) 작동기능점검 : 작동기능점검을 실시한 경우 7일 이내에 작동기능점검 실시결과 보고서를 소방본부장 또는 소방서장에게 제출하여야 한다.
   (2) 종합정밀점검 : 종합정밀점검을 실시한 경우 7일 이내에 종합정밀점검 실시결과 보고서를 소방본부장 또는 소방서장에게 제출하여야 한다.
   ▶ 소방시설관리업자는 점검을 실시한 경우 점검이 끝난 날부터 10일 이내에 소방시설관리업자에 대한 평가 등에 관한 업무를 위탁받은 평가기관에 통보하여야 한다.

3. 스프링클러설비 점검표

(1면)

번호	점검항목	점검결과
3-A. 수원		
3-A-001	○ 주된수원의 유효수량 적정 여부(겸용설비 포함)	
3-A-002	○ 보조수원(옥상)의 유효수량 적정 여부	
3-B. 수조		
3-B-001	● 동결방지조치 상태 적정 여부	
3-B-002	○ 수위계 설치 또는 수위 확인 가능 여부	
3-B-003	● 수조 외측 고정사다리 설치 여부(바닥보다 낮은 경우 제외)	
3-B-004	● 실내설치 시 조명설비 설치 여부	
3-B-005	○ "스프링클러설비용 수조"표지설치 여부 및 설치 상태	
3-B-006	● 다른 소화설비와 겸용 시 겸용설비의 이름 표시한 표지설치 여부	
3-B-007	● 수조-수직배관 접속부분"스프링클러설비용 배관"표지설치 여부	
3-C. 가압송수장치		
	[펌프방식]	
3-C-001	● 동결방지조치 상태 적정 여부	
3-C-002	○ 성능시험배관을 통한 펌프 성능시험 적정 여부	
3-C-003	● 다른 소화설비와 겸용인 경우 펌프 성능 확보 가능 여부	
3-C-004	○ 펌프 흡입측 연성계·진공계 및 토출측 압력계 등 부속장치의 변형·손상 유무	
3-C-005	● 기동장치 적정 설치 및 기동압력 설정 적정 여부	
3-C-006	○ 물올림장치 설치 적정(전용 여부, 유효수량, 배관구경, 자동급수) 여부	
3-C-007	● 충압펌프 설치 적정(토출압력, 정격토출량) 여부	
3-C-008	○ 내연기관 방식의 펌프 설치 적정(정상기동(기동장치 및 제어반) 여부, 축전지 상태, 연료량) 여부	
3-C-009	○ 가압송수장치의 "스프링클러펌프" 표지설치 여부 또는 다른 소화설비와 겸용 시 겸용설비 이름 표시 부착 여부	
	[고가수조방식]	
3-C-021	○ 수위계·배수관·급수관·오버플로우관·맨홀 등 부속장치의 변형·손상 유무	
	[압력수조방식]	
3-C-031	● 압력수조의 압력 적정 여부	
3-C-032	○ 수위계·급수관·급기관·압력계·안전장치·공기압축기 등 부속장치의 변형·손상 유무	
	[가압수조방식]	
3-C-041	● 가압수조 및 가압원 설치장소의 방화구획 여부	
3-C-042	○ 수위계·급수관·배수관·급기관·압력계 등 부속장치의 변형·손상 유무	

(2면)

번호	점검항목	점검결과
3-D. 폐쇄형스프링클러설비 방호구역 및 유수검지장치		
3-D-001	● 방호구역 적정 여부	
3-D-002	● 유수검지장치 설치 적정(수량, 접근·점검 편의성, 높이) 여부	
3-D-003	○ 유수검지장치실 설치 적정(실내 또는 구획, 출입문 크기, 표지) 여부	
3-D-004	● 자연낙차에 의한 유수압력과 유수검지장치의 유수검지압력 적정여부	
3-D-005	● 조기반응형헤드 적합 유수검지장치 설치 여부	
3-E. 개방형스프링클러설비 방수구역 및 일제개방밸브		
3-E-001	● 방수구역 적정 여부	
3-E-002	● 방수구역 별 일제개방밸브 설치 여부	
3-E-003	● 하나의 방수구역을 담당하는 헤드 개수 적정 여부	
3-E-004	○ 일제개방밸브실 설치 적정(실내(구획), 높이, 출입문, 표지) 여부	
3-F. 배관		
3-F-001	● 펌프의 흡입측 배관 여과장치의 상태 확인	
3-F-002	● 성능시험배관 설치(개폐밸브, 유량조절밸브, 유량측정장치) 적정 여부	
3-F-003	● 순환배관 설치(설치위치·배관구경, 릴리프밸브 개방압력) 적정 여부	
3-F-004	● 동결방지조치 상태 적정 여부	
3-F-005	○ 급수배관 개폐밸브 설치(개폐표시형, 흡입측 버터플라이 제외) 및 작동표시스위치 적정(제어반 표시 및 경보, 스위치 동작 및 도통시험) 여부	
3-F-006	○ 준비작동식 유수검지장치 및 일제개방밸브 2차측 배관 부대설비 설치 적정(개폐표시형 밸브, 수직배수배관, 개폐밸브, 자동배수장치, 압력스위치 설치 및 감시제어반 개방 확인) 여부	
3-F-007	○ 유수검지장치 시험장치 설치 적정(설치위치, 배관구경, 개폐밸브 및 개방형 헤드, 물받이 통 및 배수관) 여부	
3-F-008	● 주차장에 설치된 스프링클러 방식 적정(습식 외의 방식) 여부	
3-F-009	● 다른 설비의 배관과의 구분 상태 적정 여부	
3-G. 음향장치 및 기동장치		
3-G-001	○ 유수검지에 따른 음향장치 작동 가능 여부(습식·건식의 경우)	
3-G-002	○ 감지기 작동에 따라 음향장치 작동 여부(준비작동식 및 일제개방밸브의 경우)	
3-G-003	● 음향장치 설치 담당구역 및 수평거리 적정 여부	
3-G-004	● 주 음향장치 수신기 내부 또는 직근 설치 여부	
3-G-005	● 우선경보방식에 따른 경보 적정 여부	
3-G-006	○ 음향장치(경종 등) 변형·손상 확인 및 정상 작동(음량 포함) 여부	
	[펌프 작동]	
3-G-011	○ 유수검지장치의 발신이나 기동용 수압개폐장치의 작동에 따른 펌프 기동 확인 (습식·건식의 경우)	
3-G-012	○ 화재감지기의 감지나 기동용 수압개폐장치의 작동에 따른 펌프 기동 확인 (준비작동식 및 일제개방밸브의 경우)	

번호	점검항목	점검결과
3-G-021 3-G-022	[준비작동식유수검지장치 또는 일제개방밸브 작동] ○ 담당구역 내 화재감지기 동작(수동 기동 포함)에 따라 개방 및 작동 여부 ○ 수동조작함 (설치높이, 표시등) 설치 적정 여부	

3-H. 헤드

번호	점검항목	점검결과
3-H-001	○ 헤드의 변형·손상 유무	
3-H-002	○ 헤드 설치 위치·장소·상태(고정) 적정 여부	
3-H-003	○ 헤드 살수장애 여부	
3-H-004	● 무대부 또는 연소우려 있는 개구부 개방형 헤드 설치 여부	
3-H-005	● 조기반응형 헤드 설치 여부(의무 설치 장소의 경우)	
3-H-006	● 경사진 천장의 경우 스프링클러헤드의 배치상태	
3-H-007	● 연소할 우려가 있는 개구부 헤드 설치 적정 여부	
3-H-008	● 습식·부압식스프링클러 외의 설비 상향식 헤드 설치 여부	
3-H-009	● 측벽형 헤드 설치 적정 여부	
3-H-010	● 감열부에 영향을 받을 우려가 있는 헤드의 차폐판 설치 여부	

3-I. 송수구

번호	점검항목	점검결과
3-I-001	○ 설치장소 적정 여부	
3-I-002	● 연결배관에 개폐밸브를 설치한 경우 개폐상태 확인 및 조작가능 여부	
3-I-003	● 송수구 설치 높이 및 구경 적정 여부	
3-I-004	○ 송수압력범위 표시 표지 설치 여부	
3-I-005	● 송수구 설치 개수 적정 여부(폐쇄형 스프링클러설비의 경우)	
3-I-006	● 자동배수밸브(또는 배수공)·체크밸브 설치 여부 및 설치 상태 적정 여부	
3-I-007	○ 송수구 마개 설치 여부	

3-J. 전원

번호	점검항목	점검결과
3-J-001	● 대상물 수전방식에 따른 상용전원 적정 여부	
3-J-002	● 비상전원 설치장소 적정 및 관리 여부	
3-J-003	○ 자가발전설비인 경우 연료 적정량 보유 여부	
3-J-004	○ 자가발전설비인 경우 「전기사업법」에 따른 정기점검 결과 확인	

3-K. 제어반

번호	점검항목	점검결과
3-K-001	● 겸용 감시·동력 제어반 성능 적정 여부(겸용으로 설치된 경우)	
3-K-011	[감시제어반] ○ 펌프 작동 여부 확인 표시등 및 음향경보장치 정상작동 여부	
3-K-012	○ 펌프 별 자동·수동 전환스위치 정상작동 여부	
3-K-013	● 펌프 별 수동기동 및 수동중단 기능 정상작동 여부	
3-K-014	● 상용전원 및 비상전원 공급 확인 가능 여부(비상전원 있는 경우)	
3-K-015	● 수조·물올림탱크 저수위 표시등 및 음향경보장치 정상작동 여부	
3-K-016	○ 각 확인회로 별 도통시험 및 작동시험 정상작동 여부	
3-K-017	○ 예비전원 확보 유무 및 시험 적합 여부	
3-K-018	● 감시제어반 전용실 적정 설치 및 관리 여부	
3-K-019	● 기계·기구 또는 시설 등 제어 및 감시설비 외 설치 여부	

(4면)

번호	점검항목	점검결과
3-K-020	○ 유수검지장치 · 일제개방밸브 작동 시 표시 및 경보 정상작동 여부	
3-K-021	○ 일제개방밸브 수동조작스위치 설치 여부	
3-K-022	● 일제개방밸브 사용 설비 화재감지기 회로별 화재표시 적정 여부	
3-K-023	● 감시제어반과 수신기 간 상호 연동 여부(별도로 설치된 경우)	
3-K-031	[동력제어반] ○ 앞면은 적색으로 하고, "스프링클러설비용 동력제어반" 표지 설치 여부	
3-K-041	[발전기제어반] ● 소방전원보존형발전기는 이를 식별할 수 있는 표지 설치 여부	

3-L. 헤드 설치제외

3-L-001	● 헤드 설치 제외 적정 여부(설치 제외된 경우)	
3-L-002	● 드렌처설비 설치 적정 여부	

※ 펌프성능시험(펌프 명판 및 설계치 참조)

구분		체절운전	정격운전 (100%)	정격유량의 150% 운전	적정 여부
토출량 (l/min)	주				1. 체절운전 시 토출압은 정격토출압의 140% 이하일 것( ) 2. 정격운전 시 토출량과 토출압이 규정치 이상일 것( ) 3. 정격토출량의 150%에서 토출압이 정격토출압의 65% 이상일 것( )
	예비				
토출압 (MPa)	주				
	예비				

○ 설정압력 :
○ 주펌프
  기동 :　　　MPa
  정지 :　　　MPa
○ 예비펌프
  기동 :　　　MPa
  정지 :　　　MPa
○ 충압펌프
  기동 :　　　MPa
  정지 :　　　MPa

※ 릴리프밸브 작동압력 :　　　MPa

비고	

NFSC 103A

간이 스프링클러설비의 화재안전기준

[시행 2021. 12. 16.]
[소방청고시 제2021-45호, 2021. 12. 16., 일부개정.]

01 개요

NFSC 103A

1 질의회신 및 핵심사항 분석

참고 소방청 질의회신집

질의회신	
설치기준	**Q** 간이스프링클러설비 설치대상에 화재진압이 용이한 조기반응형헤드(방수량 80L)를 설치 가능여부?
	A 「스프링클러헤드의 형식승인 및 제품검사의 기술기준」에 규정한 간이헤드의 형식승인 기준 [RTI 50 이하, K값 50 이내 등]에 맞는 헤드를 사용하여야 함
배관 및 밸브 (제8조)	**Q** 간이스프링클러 캐피넷형을 설치할 경우 하나의 가지배관 25mm로 3개의 헤드설치 가능한지요? 또한, 고시원 4층 건물인데 층별 팩케이지 있고 송수구 설치해야하나요?
	A 간이스프링클러설비의 화재안전기준(NFSC 103A) [별표 1] (주) 4에 따라 가지배관은 25mm 이상으로 하여야 하며, 하나의 가지배관에는 간이헤드를 3개 이내로 설치하여야 합니다. 여기에서 "가지배관 25mm 이상"은 표의 간이헤드 수별 급수관의 구경과 관계없이 "캐비닛형" 및 "상수도 직결형" 가지배관의 최소 규정입니다. 그러므로 "가지배관에는 간이헤드를 3개 이내로 설치"는 결국 가지배관 최소 구경 25mm에서 간이헤드 3개를 허용할 수 있다고 해석될 수 있습니다. (중략) 또한, 상기 기준 제11조 본문 단서조항에 따라 「다중이용업소의 안전관리에 관한 특별법」 제9조제1항 및 같은 법 시행령 제9조에 해당하는 영업장(건축물 전체가 하나의 영업장일 경우는 제외)에 설치되는 상수도직결형 또는 캐비닛형의 경우에는 송수구를 설치하지 아니할 수 있게 규정하고 있습니다. 귀하께서 질의하신 고시원이 다중이용업소이고 건축물의 전체가 영업장이라면 송수구를 설치하여야 하나, 일부 층이 영업장이라면 송수구의 설치를 제외할 수 있다고 판단됩니다.
	Q 간이스프링클러(펌프방식)의 알람밸브에 사이트글라스를 부착한 형태의 유수검지장치를 형식승인 받은 제품이 있다면 사용이 가능한지 여부와 시험밸브로 사이트글라스는 유수검지장치와 결합된 것만 사용이 가능한 것인지 궁금합니다.
	A 「간이스프링클러설비의 화재안전기준(NFSC 103A)」 제8조제16항에 따라 간이스프링클러설비에는 시험밸브를 설치하여야 하며 그 끝에 개방형간이헤드를 설치해야 합니다. 이때 간이스프링클러의 알람밸브에 사이트글라스가 설치된 형식승인 제품으로 그 사이트글라스가 간이스프링클러 시험장치의 기능과 동일한 성능을 가지는 경우 사용이 가능할 것으로 판단됩니다. 또한, 사이트글라스는 형식승인이나 성능인증 제품이 아니며, 유수검지장치와 일체형으로만 사용이 가능한 것이 아니므로 시험장치의 끝에 개방형간이헤드를 대체하여 개방형간이헤드와 동일한 오리피스 구경을 가진 사이트글라스의 사용이 가능하다고 판단됩니다.

가압송수장치	Q 가압송수장치를 설치할 경우 엔진 주펌프 1대(내연기관에 의한 펌프) 및 충압펌프(전동기 1대)로 설치할 수 있는지 여부?
	A 질의 내용 대로 설치 가능함
	핵심사항　　　　　　　　　　　　　　　　　　　　　　　　참고 기출문제
설치기준	• 간이헤드 공칭작동온도 • 간이헤드 수별 급수배관 구경 : 캐비닛형 및 상수도직결형 • 간이스프링클러설비 설치 대상 특정소방대상물 • 상수도직결형 및 캐비닛형 가압송수장치를 설치할 수 없는 경우
Key point	• 수원, 가압송수장치 및 비상전원 공급 용량 선정방법 • 상수도직결형 및 캐비닛형의 배관, 수원의 양, 방사량 • 준비작동식유수검지장치를 사용하는 경우 펌프의 기동방법 • 송수구를 설치하지 않을 수 있는 경우

2 시스템의 해설

간이스프링클러설비의 메커니즘은 간이헤드에 의한 스프링클러시스템으로서 화재 발생 거실의 플래시오버를 방지하고, 거주자의 피난시간 증가를 목적으로 사용하는 스프링클러설비이다.

1) 계통도

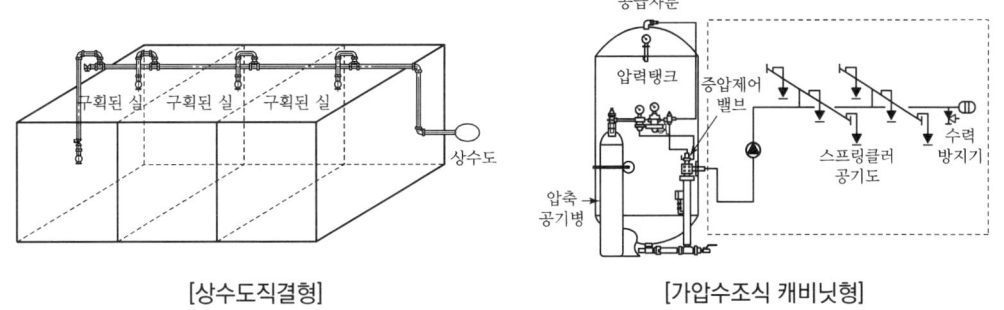

[상수도직결형]　　　　　　　　　　　[가압수조식 캐비닛형]

2) 소방용품(소방시설법 시행령 제6조)

소화설비를 구성하는 제품 또는 기기는 ① 별표 1 제1호가목의 소화기구(소화약제 외의 것을 이용한 간이소화용구는 제외한다), ② 별표 1 제1호나목의 자동소화장치, ③ 소화설비를 구성하는 소화전, 관창(管槍), 소방호스, 스프링클러헤드, 기동용 수압개폐장치, 유수제어밸브 및 가스관선택밸브 등이 있으며, 소화설비의 제품검사(형식승인 및 성능인증) 대상 품목은 ① 법 제36조제1항 본문에서 "대통령령으로 정하는 소방용품" ② 규칙 제15조제1항 본문에서 "행정안전부령으로 정하는 소방용품" ③ 규칙 제15조 및 별표 7 제22호에 따른 "소방청장이 고시하는 소방용품" 등으로 구분되고 소방용품은 제품검사를 받아 합격한 제품을 사용하여야 한다.

3) 용어 해설

(1) 간이스프링클러설비의 특징

1. 간이스프링클러설비는 스프링클러설비 설치대상에 미치지 못하는 특정소방대상물 중 화재 발생 시 인명피해가 많이 발생할 것으로 예상되는 특정소방대상물에 설치하는 수계소화설비이다.
2. 화재 발생 시 간이헤드 2개(일부 특정소방대상물의 경우 5개 헤드)를 동시에 방수하여 화재를 진압 또는 제어하도록 하고 있는 설비이다.
3. 화재위험도의 구분이 없는 특정소방대상물에서 화재위험도가 높은 근린생활시설(사용하는 부분의 바닥면적 합계가 1천m² 이상인 것은 모든 층), 생활형숙박시설(해당 용도로 사용되는 바닥면적의 합계가 600m² 이상인 것), 복합건축물(연면적 1천m² 이상인 것은 모든 층)의 경우 20분 이상, 기타의 경우 10분 이상 방수할 수 있어 화재를 진압 또는 제어하도록 하고 있다.

구분	수치기준	
헤드 종류	간이헤드(조기반응형)	
방수압(P)	0.1MPa 이상	
방사량(Q)	일반적인 경우(간이헤드)	50l/min
	㉮의 경우	80l/min
방사시간(t)	일반적인 경우(간이헤드)	10분 이상
	㉯의 경우	30분 이상
작동온도	57~77℃	
헤드의 수평거리(r)	2.3m 이하	
헤드 간 거리(S)	$S = 2r \cos 45°$(정방형 배치) $= 2 \times 2.3\text{m} \times \cos 45° = 3.252$ ∴ 3.2m	
방호면적(A)	1,000m² 이하	

※ ㉮의 경우 : 주차장에 "표준반응형 스프링클러헤드"를 사용하는 경우
　㉯의 경우 : • 생활형숙박시설로서 해당 용도로 사용되는 바닥면적의 합계가 600m² 이상인 것
　　　　　　• 복합건축물로서 연면적 1천m² 이상인 것은 모든 층
　　　　　　• 근린생활시설로 사용하는 바닥면적의 합계가 1천m² 이상인 것은 모든 층

수조를 사용하는 경우(캐비닛형 포함)		
사용헤드의 종류	㉮ 일반시설	㉯ 생활형·복합형·근린생활시설
간이헤드	$Q_1 = 2 \times 50l/\text{min} \times 10\text{min} = 1\text{m}^3$	$Q_1 = 5 \times 50l/\text{min} \times 10\text{min} = 5\text{m}^3$
표준반응형 스프링클러헤드	$Q_1 = 2 \times 80l/\text{min} \times 10\text{min} = 1.6\text{m}^3$	$Q_1 = 5 \times 80l/\text{min} \times 10\text{min} = 8\text{m}^3$

02 화재안전기준 (2021. 12. 16 기준 원문)

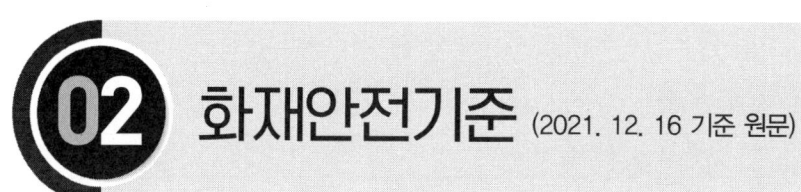

NFSC 103A

제1조(목적) 이 기준은 「화재예방, 소방시설 설치·유지 및 안전관리에 관한 법률」 제9조제1항에 따라 소방청장에게 위임한 사항 중 소화설비인 간이스프링클러설비의 설치·유지 및 안전관리에 필요한 사항을 규정함을 목적으로 한다.

> **POINT 시스템 및 안전관리**
>
> 소화설비의 설치목적은 물 그 밖의 소화약제를 사용하여 소화하는 설비로서 특정소방대상물에서 화재가 발생한 경우 연소생성물(열, 연기, 불꽃 등)에 의한 화재의 초기소화, 연소제어 및 연소확대방지를 위하여 사용하며, 평상시에는 관계인에 의한 화재 예방을 위하여 정기적으로 점검하는 소방설비
> 1. 간이스프링클러설비는 간이헤드를 사용하여 다중이용업소, 노유자시설, 근린생활시설등 다수인이 이용하는 시설에 설치, 종류에는 캐비닛형 간이스프링클러와 상수도직결형 간이스프링클러로 분류한다. 간이스프링설비의 구성은 수원, 가압송수장치(상수도직결형은 상수도), 유수검지장치, 배관 및 밸브, 헤드, 음향장치 및 기동장치, 송수구, 비상전원 등으로 구성된다.
> 2. 시스템을 구성하고 있는 소화설비는 「소방시설공사업법」의 소방시설공사 등의 품질과 안전이 확보되도록 시공되어야 하고, 소방기술의 관리에 필요한 화재안전기준에 적합하게 설계도서·시방서가 작성되어 성실하게 수행되어야 한다. 또한 「화재예방, 소방시설 설치·유지 및 안전관리에 관한 법률(이하 "소방시설법")」에 의한 소방용품의 제조 및 수입하려는 제품에 대하여 제품검사를 수행하고, 특정소방대상물의 관계인을 통하여 소방대상물의 안전관리가 이행되어야 한다.

제2조(적용범위) 「화재예방, 소방시설 설치·유지 및 안전관리에 관한 법률 시행령」(이하 "영"이라 한다) 별표 5 제1호마목에 따른 간이스프링클러설비 및 「다중이용업소의 안전관리에 관한 특별법」(이하 "특별법"이라 한다) 제9조제1항 및 같은 법 시행령(이하 "특별법령"이라 한다) 제9조제1항제1호가목에 따른 간이스프링클러설비는 이 기준에서 정하는 규정에 따라 설비를 설치하고 유지 관리하여야 한다.

POINT

1 특정소방대상물의 설치기준(별표 5 간이스프링클러)

소방시설	적용기준		설치대상
간이 스프링클러설비	1. 근린생활시설로	사용하는 부분의 바닥면적 합계	1천m² 이상 전층
		의원, 치과의원 및 한의원으로서 입원실	전부
	2. 교육연구시설 내에 합숙소 연면적		100m² 이상
	3. 의료시설 　1) 종합병원, 병원, 치과병원, 한방병원 및 요양병원(정신병원과 의료재활시설은 제외한다)으로 사용되는 바닥면적		600m² 미만
	2) 정신의료기관 또는 의료재활시설로 사용되는 바닥면적		300m² 이상 600m² 미만
	3) 정신의료기관 또는 의료재활시설로 사용되는 바닥면적 　• 창살(철재·플라스틱 또는 목재 등으로 사람의 탈출 등을 막기 위하여 설치한 것을 말하며, 화재 시 자동으로 열리는 구조로 되어 있는 창살은 제외한다)이 설치된 시설		300m² 미만
	4. 노유자시설 　1) 노유자 생활시설(주택에 설치되는 시설은 제외)		전부
	2) 1)에 해당하지 않는 노유자시설로 해당 시설로 사용하는 바닥면적		300m² 이상 600m² 미만
	3) 1)에 해당하지 않는 노유자시설로 해당 시설로 사용하는 바닥면적 　• 창살(철재·플라스틱 또는 목재 등으로 사람의 탈출 등을 막기 위하여 설치한 것을 말하며, 화재 시 자동으로 열리는 구조로 되어 있는 창살은 제외한다)이 설치된 시설		300m² 미만
	5. 건물을 임차하여 「출입국관리법」 제52조제2항에 따른 보호시설로 사용하는 부분		전부
	6. 숙박시설 중 생활형숙박시설로서 해당 용도로 사용되는 바닥면적		600m² 이상
	7. 복합건축물 중 근린생활시설, 판매시설, 업무시설, 숙박시설 또는 위락시설의 용도와 주택의 용도로 함께 사용되는 연면적		1천m² 이상 모든 층

2 소방시설의 설치 면제기준

1. (별표 6) 소방시설 설치 면제기준
   간이스프링클러설비를 설치하여야 하는 특정소방대상물에 스프링클러설비, 물분무소화설비 또는 미분무소화설비를 화재안전기준에 적합하게 설치한 경우에는 그 설비의 유효범위에서 설치가 면제된다.
2. (별표 7) 소방시설을 설치하지 않을 수 있는 특정소방대상물 및 소방시설 범위 : 없음
3. 화재안전기준에 따른 면제기준 : 제9조(간이헤드)제8호에 따라 간이스프링클러헤드 설치 제외가능(스프링클러설비의 화재안전기준 제15조(헤드의 설치제외)제1항 준용함)

제3조(정의) 이 기준에서 사용하는 용어의 정의는 다음과 같다.

1. "간이헤드"란 폐쇄형헤드의 일종으로 간이스프링클러설비를 설치하여야 하는 특정소방대상물의 화재에 적합한 감도·방수량 및 살수분포를 갖는 헤드를 말한다.
2. 삭제
3. "충압펌프"란 배관 내 압력 손실에 따른 주펌프의 빈번한 기동을 방지하기 위하여 압력을 보충하는 역할을 하는 펌프를 말한다.
4. "고가수조"란 구조물 또는 지형지물 등에 설치하여 자연낙차 압력으로 급수하는 수조를 말한다.
5. "압력수조"란 소화용수와 공기를 채우고 일정압력 이상으로 가압하여 그 압력으로 급수하는 수조를 말한다.
6. "가압수조"란 가압원인 압축공기 또는 불연성 고압기체에 따라 소방용수를 가압시키는 수조를 말한다.
7. "진공계"란 대기압 이하의 압력을 측정하는 계측기를 말한다.
8. "연성계"란 대기압 이상의 압력과 대기압 이하의 압력을 측정할 수 있는 계측기를 말한다.
9. "기동용수압개폐장치"란 소화설비의 배관 내 압력변동을 검지하여 자동적으로 펌프를 기동 및 정지시키는 것으로서 압력챔버 또는 기동용압력스위치 등을 말한다.
10. "가지배관"이란 간이헤드가 설치되어 있는 배관을 말한다.
11. "교차배관"이란 직접 또는 수직배관을 통하여 가지배관에 급수하는 배관을 말한다.
12. "주배관"이란 각 층을 수직으로 관통하는 수직배관을 말한다.
13. "신축배관"이란 가지배관과 간이헤드를 연결하는 구부림이 용이하고 유연성을 가진 배관을 말한다.
14. "급수배관"이란 수원 및 옥외송수구로부터 간이헤드에 급수하는 배관을 말한다.

14의2. "분기배관"이란 배관 측면에 구멍을 뚫어 둘 이상의 관로가 생기도록 가공한 배관으로서 확관형 분기배관과 비확관형 분기배관을 말한다. 〈신설 2021.12.16.〉

14의3. "확관형 분기배관"이란 배관의 측면에 조그만 구멍을 뚫고 소성가공으로 확관시켜 배관용접이음자리를 만들거나 배관 용접이음자리에 배관이음쇠를 용접 이음한 배관을 말한다. 〈신설 2021.12.16.〉

14의4. "비확관형 분기배관"이란 배관의 측면에 분기호칭내경 이상의 구멍을 뚫고 배관이음쇠를 용접 이음한 배관을 말한다. 〈신설 2021.12.16.〉

15. "습식유수검지장치"란 1차측 및 2차측에 가압수를 가득 채운상태에서 폐쇄형 스프링클러헤드가 열린 경우 2차측의 압력저하로 시트가 열리어 가압수 등이 2차측으로 유출되도록 하는 장치(패들형을 포함한다)를 말한다.
16. "준비작동식유수검지장치"란 1차측에 가압수 등을 채우고 2차측에서 폐쇄형스프링클러 헤드까지 대기압 또는 저압으로 있다가 화재감지설비의 감지기 또는 화재감지용 헤드의 작동에 의하여 시트가 열리어 가압수 등이 2차측으로 유출되도록 하는 장치를 말한다.

17. "반사판(디프렉타)"이란 간이헤드의 방수구에서 유출되는 물을 세분시키는 작용을 하는 것을 말한다.
18. "개폐표시형밸브"란 밸브의 개폐여부를 외부에서 식별이 가능한 밸브를 말한다.
19. "캐비닛형 간이스프링클러설비"란 가압송수장치, 수조(「캐비닛형 간이스프링클러설비 성능인증 및 제품검사의 기술기준」에서 정하는 바에 따라 분리형으로 할 수 있다) 및 유수검지장치 등을 집적화하여 캐비닛 형태로 구성시킨 간이 형태의 스프링클러설비를 말한다.
20. "상수도직결형 간이스프링클러설비"란 수조를 사용하지 아니하고 상수도에 직접 연결하여 항상 기준 압력 및 방수량 이상을 확보할 수 있는 설비를 말한다.
21. "정격토출량"이란 정격토출압력에서의 펌프의 토출량을 말한다.
22. "정격토출압력"이란 정격토출량에서의 펌프의 토출측 압력을 말한다.

제4조(수원) ① 간이스프링클러설비의 수원은 다음 각 호와 같다.
 1. 상수도직결형의 경우에는 수돗물
 2. 수조("캐비닛형"을 포함한다)를 사용하고자 하는 경우에는 적어도 1개 이상의 자동급수장치를 갖추어야 하며, 2개의 간이헤드에서 최소 10분[영 별표 5 제1호마목1)가 또는 6)과 7)에 해당하는 경우에는 5개의 간이헤드에서 최소 20분] 이상 방수할 수 있는 양 이상을 수조에 확보할 것

② 간이스프링클러설비의 수원을 수조로 설치하는 경우에는 소방설비의 전용수조로 하여야 한다. 다만, 다음 각 호의 어느 하나에 해당하는 경우에는 그러하지 아니하다.
 1. 간이스프링클러펌프의 후드밸브 또는 흡수배관의 흡수구(수직회전축펌프의 흡수구를 포함한다. 이하 같다)를 다른 설비(소방용 설비 외의 것을 말한다. 이하 같다)의 후드밸브 또는 흡수구보다 낮은 위치에 설치한 때
 2. 제5조제3항에 따른 고가수조로부터 간이스프링클러설비의 수직배관에 물을 공급하는 급수구를 다른 설비의 급수구보다 낮은 위치에 설치한 때

③ 제1항제2호에 따른 저수량을 산정함에 있어서 다른 설비와 겸용하여 간이스프링클러설비용 수조를 설치하는 경우에는 간이스프링클러설비의 후드밸브·흡수구 또는 수직배관의 급수구와 다른 설비의 후드밸브·흡수구 또는 수직배관의 급수구와의 사이의 수량을 그 유효수량으로 한다.

④ 간이스프링클러설비용 수조는 다음 각 호의 기준에 따라 설치하여야 한다.
 1. 점검에 편리한 곳에 설치할 것
 2. 동결방지조치를 하거나 동결의 우려가 없는 장소에 설치할 것
 3. 수조의 외측에 수위계를 설치할 것. 다만, 구조상 불가피한 경우에는 수조의 맨홀 등을 통하여 수조 안의 물의 양을 쉽게 확인할 수 있도록 하여야 한다.
 4. 수조의 상단이 바닥보다 높은 때에는 수조의 외측에 고정식 사다리를 설치할 것
 5. 수조가 실내에 설치된 때에는 그 실내에 조명설비를 설치할 것
 6. 수조의 밑부분에는 청소용 배수밸브 또는 배수관을 설치할 것

7. 수조의 외측의 보기 쉬운 곳에 "간이스프링클러설비용 수조"라고 표시한 표지를 할 것. 이 경우 그 수조를 다른 설비와 겸용하는 때에는 그 겸용되는 설비의 이름을 표시한 표지를 함께 하여야 한다.
8. 간이스프링클러펌프의 흡수배관 또는 간이스프링클러설비의 수직배관과 수조의 접속 부분에는 "간이스프링클러설비용 배관"이라고 표시한 표지를 할 것. 다만, 수조와 가까운 장소에 간이스프링클러펌프가 설치되고 "간이스프링클러설비펌프"라고 표지를 설치한 때에는 그러하지 아니하다.

> **영 별표 5 제1호마목**
>
> 상수도직결형과 캐비닛형을 사용할 수 없는 대상물과 동일
> 마. 간이스프링클러설비를 설치하여야 하는 특정소방대상물은 다음의 어느 하나와 같다.
>   1) 근린생활시설 중 다음의 어느 하나에 해당하는 것
>   가) 근린생활시설로 사용하는 부분의 바닥면적 합계가 1천m^2 이상인 것은 모든 층
>   6) 숙박시설 중 생활형숙박시설로서 해당 용도로 사용되는 바닥면적의 합계가 600m^2 이상인 것
>   7) 복합건축물(별표 2 제30호나목의 복합건축물만 해당한다)로서 연면적 1천m^2 이상인 것은 모든 층

제5조(가압송수장치) ① 방수압력(상수도직결형의 상수도압력)은 가장 먼 가지배관에서 2개[영 별표 5 제1호마목1)가 또는 6)과 7)에 해당하는 경우에는 5개]의 간이헤드를 동시에 개방할 경우 각각의 간이헤드 선단 방수압력은 0.1MPa 이상, 방수량은 50L/min 이상이어야 한다. 다만, 제6조 제7호에 따른 주차장에 표준반응형스프링클러헤드를 사용할 경우 헤드 1개의 방수량은 80L/min 이상이어야 한다.

② 전동기 또는 내연기관에 따른 펌프를 이용하는 가압송수장치는 다음 각 호의 기준에 따라 설치하여야 한다.
1. 쉽게 접근할 수 있고 점검하기에 충분한 공간이 있는 장소로서 화재 및 침수등의 재해로 인한 피해를 받을 우려가 없는 곳에 설치할 것
2. 동결방지조치를 하거나 동결의 우려가 없는 장소에 설치할 것
3. 펌프는 전용으로 할 것. 다만, 다른 소화설비와 겸용하는 경우 각각의 소화설비의 성능에 지장이 없을 때에는 그러하지 아니하다.
4. 펌프의 토출측에는 압력계를 체크밸브 이전에 펌프토출측 플랜지에서 가까운 곳에 설치하고, 흡입측에는 연성계 또는 진공계를 설치할 것. 다만, 수원의 수위가 펌프의 위치보다 높거나 수직회전축 펌프의 경우에는 연성계 또는 진공계를 설치하지 아니할 수 있다.
5. 가압송수장치에는 정격부하운전 시 펌프의 성능을 시험하기 위한 배관을 설치할 것
6. 가압송수장치에는 체절운전시 수온의 상승을 방지하기 위한 순환배관을 설치할 것
7. 기동장치로는 기동용수압개폐장치 또는 이와 동등 이상의 성능이 있는 것을 설치하고 다음 각

목의 기준에 따른 충압펌프를 설치할 것. 다만, 캐비닛형의 경우에는 그러하지 아니하다.
　가. 펌프의 토출압력은 그 설비의 최고위 살수장치의 자연압보다 적어도 0.2MPa이 더 크도록 하거나 가압송수장치의 정격토출압력과 같게할 것
　나. 펌프의 정격토출량은 정상적인 누설량보다 적어서는 아니되며 간이스프링클러설비가 자동적으로 작동할 수 있도록 충분한 토출량을 유지할 것
8. 수원의 수위가 펌프보다 낮은 위치에 있는 가압송수장치에는 다음 각 목의 기준에 따른 물올림장치를 설치할 것 다만, 캐비닛형일 경우에는 그러하지 아니하다.
　가. 물올림장치에는 전용의 탱크를 설치할 것
　나. 탱크의 유효수량은 100L 이상으로 하되, 구경 15mm 이상의 급수배관에 따라 당해탱크에 물이 계속 보급되도록 할 것
9. 내연기관을 사용하는 경우에는 제어반에 따라 내연기관의 자동기동 및 수동기동이 가능하고, 상시 충전되어 있는 축전지설비를 갖출 것
10. 삭제
11. 가압송수장치에는 "간이스프링클러펌프"라고 표시한 표지를 할 것. 이 경우 그 가압송수장치를 다른 설비와 겸용하는 때에는 그 겸용되는 설비의 이름을 함께 표시한 표지를 하여야 한다.

③ 고가수조의 자연낙차를 이용한 가압송수장치는 다음 각 호의 기준에 따라 설치하여야 한다.
　1. 고가수조의 자연낙차수두(수조의 하단으로부터 최고층에 설치된 헤드까지의 수직거리를 말한다)는 다음의 식에 따라 산출한 수치 이상이 되도록 할 것

$$H = h_1 + 10$$

　　　H : 필요한 낙차[m]
　　　h_1 : 배관의 마찰손실수두[m]

　2. 고가수조에는 수위계·배수관·급수관·오버플로우관 및 맨홀을 설치할 것

④ 압력수조를 이용한 가압송수장치는 다음 각 호의 기준에 따라 설치하여야 한다.
　1. 압력수조의 압력은 다음의 식에 따라 산출한 수치 이상으로 할 것

$$P = P_1 + P_2 + 0.1$$

　　　P : 필요한 압력[MPa]
　　　P_1 : 낙차의 환산수두압[MPa]
　　　P_2 : 배관의 마찰손실수두압[MPa]

　2. 압력수조에는 수위계·급수관·배수관·급기관·맨홀·압력계· 안전장치 및 압력저하 방지를 위한 자동식 공기압축기를 설치 할 것

⑤ 가압수조를 이용한 가압송수장치는 다음 각 호의 기준에 따라 설치하여야 한다.
　1. 가압수조의 압력은 간이헤드 2개를 동시에 개방할 때 적정방수량 및 방수압이 10분[영 별표 5 제1호마목1)가) 또는 6)과 7)에 해당하는 경우에는 5개의 간이헤드에서 최소 20분] 이상 유지되도록 할 것
　2. 삭제

3. 삭제
4. 소방청장이 정하여 고시한 「가압수조식가압송수장치의 성능인증 및 제품검사의 기술기준」에 적합한 것으로 설치할 것
⑥ 캐비닛형 간이스프링클러설비를 사용할 경우 소방청장이 정하여 고시한 「캐비닛형간이스프링클러설비 성능인증 및 제품검사의 기술기준」에 적합한 것으로 설치하여야 한다.
⑦ 영 별표 5 제1호마목1)가 또는 6)과 7)에 해당하는 특정소방대상물의 경우에는 상수도직결형 및 캐비닛형 간이스프링클러설비를 제외한 가압송수장치를 설치하여야 한다.

제6조(간이스프링클러설비의 방호구역·유수검지장치) 간이스프링클러설비의 방호구역(간이스프링클러설비의 소화범위에 포함된 영역을 말한다. 이하 같다)·유수검지장치는 다음 각 호의 기준에 적합하여야 한다. 다만, 캐비닛형의 경우에는 제3호의 기준에 적합하여야 한다.

1. 하나의 방호구역의 바닥면적은 1,000m^2를 초과하지 아니할 것
2. 하나의 방호구역에는 1개 이상의 유수검지장치를 설치하되, 화재발생시 접근이 쉽고 점검하기 편리한 장소에 설치할 것
3. 하나의 방호구역은 2개층에 미치지 아니하도록 할 것. 다만, 1개층에 설치되는 간이헤드의 수가 10개 이하인 경우에는 3개층 이내로 할 수 있다.
4. 유수검지장치는 실내에 설치하거나 보호용 철망 등으로 구획하여 바닥으로부터 0.8m 이상 1.5m 이하의 위치에 설치하되, 그 실 등에는 가로 0.5m 이상 세로 1m 이상의 출입문을 설치하고 그 출입문 상단에 "유수검지장치실"이라고 표시한 표지를 설치할 것. 다만, 유수검지장치를 기계실(공조용기계실을 포함한다)안에 설치하는 경우에는 별도의 실 또는 보호용 철망을 설치하지 아니하고 기계실 출입문 상단에 "유수검지장치실"이라고 표시한 표지를 설치할 수 있다.
5. 간이헤드에 공급되는 물은 유수검지장치를 지나도록 할 것. 다만, 송수구를 통하여 공급되는 물은 그러하지 아니하다.
6. 자연낙차에 따른 압력수가 흐르는 배관 상에 설치된 유수검지장치는 화재 시 물의 흐름을 검지할 수 있는 최소한의 압력이 얻어질 수 있도록 수조의 하단으로부터 낙차를 두어 설치할 것
7. 간이스프링클러설비가 설치되는 특정소방대상물에 부설된 주차장부분(영 별표 5 제1호바목에 해당하지 아니하는 부분에 한한다)에는 습식 외의 방식으로 하여야 한다. 다만, 동결의 우려가 없거나 동결을 방지할 수 있는 구조 또는 장치가 된 곳은 그러하지 아니하다.

제7조(제어반) 간이스프링클러설비에는 다음 각 호의 어느 하나의 기준에 따른 제어반을 설치하여야 한다. 다만, 캐비닛형 간이스프링클러설비의 경우에는 그러하지 아니하다.

1. 상수도 직결형의 경우에는 급수배관에 설치되어 급수를 차단할 수 있는 개폐밸브(제8조제16항제1호나목의 급수차단장치를 포함한다.) 및 유수검지장치의 작동상태를 확인할 수 있어야 하며, 예비전원이 확보되고 예비전원의 적합여부를 시험할 수 있어야 한다.

2. 상수도 직결형을 제외한 방식의 것에 있어서는 「스프링클러설비의 화재안전기준(NFSC 103)」 제13조를 준용한다.

> **NFSC 103 스프링클러설비의 화재안전기준 제13조(제어반)**
> ① 스프링클러설비에는 제어반을 설치하되, 감시제어반과 동력제어반으로 구분하여 설치하여야 한다.(이하생략)
> ② 감시제어반의 기능은 다음 각 호의 기준에 적합하여야 한다.(이하생략)
> ③ 감시제어반은 다음 각 호의 기준에 따라 설치하여야 한다.(이하생략)

제8조(배관 및 밸브) ① 배관과 배관이음쇠는 다음 각 호의 어느 하나에 해당하는 것 또는 동등 이상의 강도·내식성 및 내열성을 국내·외 공인기관으로부터 인정받은 것을 사용하여야 하고, 배관용 스테인리스강관(KS D 3576)의 이음을 용접으로 할 경우에는 알곤용접방식에 따른다. 다만, 상수도직결형에 사용하는 배관 및 밸브는 「수도법」 제14조(수도용 자재와 제품의 인증 등)에 적합한 제품을 사용하여야 한다. 또한, 본 조에서 정하지 않은 사항은 건설기술 진흥법 제44조제1항의 규정에 따른 건축기계설비공사 표준설명서에 따른다.

1. 배관 내 사용압력이 1.2MPa 미만일 경우에는 다음 각 목의 어느 하나에 해당하는 것
   가. 배관용 탄소강관(KS D 3507)
   나. 이음매 없는 구리 및 구리합금관(KS D 5301). 다만, 습식의 배관에 한한다.
   다. 배관용 스테인리스강관(KS D 3576) 또는 일반배관용 스테인리스강관(KS D 3595)
   라. 덕타일 주철관(KS D 4311)
2. 배관 내 사용압력이 1.2MPa 이상일 경우에는 다음 각 목의 어느 하나에 해당하는 것
   가. 압력배관용탄소강관(KS D 3562)
   나. 배관용 아크용접 탄소강 강관(KS D 3583)배관

② 제1항에도 불구하고 다음 각 호의 어느 하나에 해당하는 장소에는 소방청장이 정하여 고시한 「소방용합성수지배관의 성능인증 및 제품검사의 기술기준」에 적합한 소방용 합성수지배관으로 설치할 수 있다.

1. 배관을 지하에 매설하는 경우
2. 다른 부분과 내화구조로 구획된 덕트 또는 피트의 내부에 설치하는 경우
3. 천장(상층이 있는 경우에는 상층바닥의 하단을 포함한다. 이하 같다)과 반자를 불연재료 또는 준불연재료로 설치하고 그 내부에 습식으로 배관을 설치하는 경우

③ 급수배관은 다음 각 호의 기준에 따라 설치하여야 한다.

1. 전용으로 할 것. 다만, 상수도직결형의 경우에는 수도배관 호칭지름 32mm 이상의 배관이어야 하고, 간이헤드가 개방될 경우에는 유수신호 작동과 동시에 다른 용도로 사용하는 배관의 송수를 자동 차단할 수 있도록 하여야 하며, 배관과 연결되는 이음쇠 등의 부속품은 물이 고이는 현상을 방지하는 조치를 하여야 한다.

2. 급수를 차단할 수 있는 개폐밸브는 개폐표시형으로 할 것. 이 경우 펌프의 흡입측배관에는 버터플라이밸브외의 개폐표시형밸브를 설치하여야 한다.
3. 배관의 구경은 제5조제1항에 적합하도록 수리계산에 의하거나 별표 1의 기준에 따라 설치할 것. 다만, 수리계산에 의하는 경우 가지배관의 유속은 6m/s, 그 밖의 배관의 유속은 10m/s를 초과할 수 없다.

④ 펌프의 흡입측배관은 다음 각 호의 기준에 따라 설치하여야 한다.
1. 공기고임이 생기지 아니하는 구조로 하고 여과장치를 설치할 것
2. 수조가 펌프보다 낮게 설치된 경우에는 각 펌프(충압펌프를 포함한다)마다 수조로부터 별도로 설치할 것

⑤ 연결송수관설비의 배관과 겸용할 경우의 주배관은 구경 100mm 이상, 방수구로 연결되는 배관의 구경은 65mm 이상의 것으로 하여야 한다.

⑥ 펌프의 성능은 체절운전 시 정격토출압력의 140%를 초과하지 아니하고, 정격토출량의 150%로 운전 시 정격토출압력의 65% 이상이 되어야 하며, 펌프의 성능시험배관은 다음 각호의 기준에 적합하여야 한다.
1. 성능시험배관은 펌프의 토출측에 설치된 개폐밸브 이전에서 분기하여 설치하고, 유량측정장치를 기준으로 전단 직관부에 개폐밸브를 후단 직관부에는 유량조절밸브를 설치할 것
2. 유량측정장치는 성능시험배관의 직관부에 설치하되, 펌프의 정격토출량의 175% 이상 측정할 수 있는 성능이 있을 것

⑦ 가압송수장치의 체절운전 시 수온의 상승을 방지하기 위하여 체크밸브와 펌프사이에서 분기한 구경 20mm 이상의 배관에 체절압력 미만에서 개방되는 릴리프밸브를 설치하여야 한다.

⑧ 동결방지조치를 하거나 동결의 우려가 없는 장소에 설치하여야 한다. 다만, 보온재를 사용할 경우에는 난연재료 성능 이상의 것으로 하여야 한다.

⑨ 가지배관의 배열은 다음 각 호의 기준에 따른다.
1. 토너먼트(Tournament)방식이 아닐 것
2. 교차배관에서 분기되는 지점을 기점으로 한쪽 가지배관에 설치되는 간이헤드의 개수(반자 아래와 반자속의 헤드를 하나의 가지배관 상에 병설하는 경우에는 반자 아래에 설치하는 헤드의 개수)는 8개 이하로 할 것. 다만, 다음 각 목의 어느 하나에 해당하는 경우에는 그러하지 아니하다.
   가. 기존의 방호구역 안에서 칸막이 등으로 구획하여 1개의 간이헤드를 증설하는 경우
   나. 격자형 배관방식(2 이상의 수평주행배관 사이를 가지배관으로 연결하는 방식을 말한다)을 채택하는 때에는 펌프의 용량, 배관의 구경 등을 수리학적으로 계산한 결과 간이헤드의 방수압 및 방수량이 소화목적을 달성하는 데 충분하다고 인정되는 경우
3. 가지배관과 간이헤드 사이의 배관을 신축배관으로 하는 경우에는 소방청장이 정하여 고시한 「스프링클러설비신축배관 성능인증 및 제품검사의 기술기준」에 적합한 것으로 설치할 것. 이 경우 신축배관의 설치길이는 소방청장이 정하여 고시한「스프링클러설비의 화재안전기준」제10조제3항의 거리를 초과하지 아니할 것

스프링클러설비의 수평거리(NFSC 103)

③ 스프링클러헤드를 설치하는 천장·반자·천장과 반자사이·덕트·선반등의 각 부분으로부터 하나의 스프링클러헤드까지의 수평거리

구분	수평거리(r)
무대부, 특수가연물을 저장·취급하는 장소(랙식창고 포함)	수평거리 1.7m 이하
일반구조	수평거리 2.1m 이하
내화구조	수평거리 2.3m 이하
랙식창고	수평거리 2.5m 이하
공동주택(아파트) 세대 내의 거실	수평거리 3.2m 이하

⑩ 가지배관에 하향식간이헤드를 설치하는 경우에 가지배관으로부터 간이헤드에 이르는 헤드접속배관은 가지관상부에서 분기할 것. 다만, 소화설비용 수원의 수질이 「먹는물관리법」 제5조에 따라 먹는물의 수질기준에 적합하고 덮개가 있는 저수조로부터 물을 공급받는 경우에는 가지배관의 측면 또는 하부에서 분기할 수 있다.

⑪ 준비작동식유수검지장치를 사용하는 간이스프링클러설비에 있어서 유수검지장치 2차측 배관의 부대설비는 다음 각 호의 기준에 따른다.
  1. 개폐표시형밸브를 설치할 것
  2. 제1호에 따른 밸브와 준비작동식유수검지장치 사이의 배관은 다음 각 목과 같은 구조로 할 것
     가. 수직배수배관과 연결하고 동 연결배관상에는 개폐밸브를 설치할 것
     나. 자동배수장치 및 압력스위치를 설치할 것
     다. 나목에 따른 압력스위치는 수신부에서 준비작동식유수검지장치의 개방여부를 확인할 수 있게 설치할 것

⑫ 간이스프링클러설비에는 유수검지장치를 시험할 수 있는 시험장치를 다음 각 호의 기준에 따라 설치하여야 한다. 다만, 준비작동식유수검지장치를 설치하는 부분은 그러하지 아니하다.

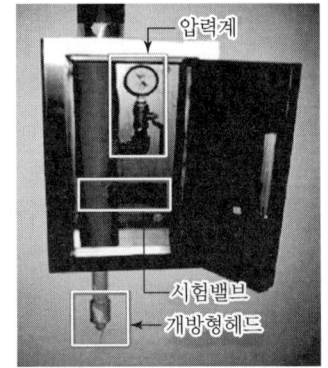

  1. 유수검지장치에서 가장 먼 가지배관의 끝으로부터 연결·설치할 것
  2. 시험장치배관의 구경은 유수검지장치에서 가장 먼 가지배관의 구경과 동일한 구경으로 하고, 그 끝에 개방형간이헤드를 설치할 것. 이 경우 개방형간이헤드는 반사판 및 프레임을 제거한 오리피스만으로 설치할 수 있다.
  3. 시험배관의 끝에는 물받이 통 및 배수관을 설치하여 시험 중 방사된 물이 바닥에 흘러내리지 아니하도록 하여야 한다. 다만, 목욕실·화장실 또는 그 밖의 곳으로서 배수처리가 쉬운 장소에 시험배관을 설치한 경우에는 그러하지 아니하다.

⑬ 배관에 설치되는 행가는 다음 각 호의 기준에 따라 설치하여야 한다.

1. 가지배관에는 간이헤드의 설치지점 사이마다 1개 이상의 행가를 설치하되, 간이헤드 간의 거리가 3.5m를 초과하는 경우에는 3.5m 이내마다 1개 이상 설치할 것. 이 경우 상향식간이헤드와 행가 사이에는 8cm 이상의 간격을 두어야 한다.
2. 교차배관에는 가지배관과 가지배관 사이마다 1개 이상의 행가를 설치하되, 가지배관 사이의 거리가 4.5m를 초과하는 경우에는 4.5m 이내마다 1개 이상 설치할 것
3. 제1호 및 제2호의 수평주행배관에는 4.5m 이내마다 1개 이상 설치할 것

⑭ 급수배관에 설치되어 급수를 차단할 수 있는 개폐밸브에는 그 밸브의 개폐상태를 감시제어반에서 확인할 수 있도록 급수개폐밸브 작동표시 스위치를 다음 각 호의 기준에 따라 설치하여야 한다.
1. 급수개폐밸브가 잠길 경우 탬퍼스위치의 동작으로 인하여 감시제어반 또는 수신기에 표시되어야 하며 경보음을 발할 것
2. 탬퍼스위치는 감시제어반 또는 수신기에서 동작의 유무확인과 동작시험, 도통시험을 할 수 있을 것
3. 급수개폐밸브의 작동표시 스위치에 사용되는 전기배선은 내화전선 또는 내열전선으로 설치할 것

⑮ 간이스프링클러설비 배관의 배수를 위한 기울기는 다음 각 호의 기준에 따른다.
1. 간이스프링클러설비의 배관을 수평으로 할 것. 다만, 배관의 구조상 소화수가 남아 있는 곳에는 배수밸브를 설치하여야 한다.
2. 삭제

⑯ 간이스프링클러설비의 배관 및 밸브 등의 순서는 다음 각 호의 기준에 따라 설치하여야 한다.
1. 상수도직결형은 다음 각 목의 기준에 따라 설치할 것
    가. 수도용계량기, 급수차단장치, 개폐표시형밸브, 체크밸브, 압력계, 유수검지장치(압력스위치 등 유수검지장치와 동등 이상의 기능과 성능이 있는 것을 포함한다. 이하 같다), 2개의 시험밸브의 순으로 설치할 것
    나. 간이스프링클러설비 이외의 배관에는 화재시 배관을 차단할 수 있는 급수차단장치를 설치할 것
2. 펌프 등의 가압송수장치를 이용하여 배관 및 밸브 등을 설치하는 경우에는 수원, 연성계 또는 진공계(수원이 펌프보다 높은 경우를 제외한다. 이하 같다), 펌프 또는 압력수조, 압력계, 체크밸브, 성능시험배관, 개폐표시형밸브, 유수검지장치, 시험밸브의 순으로 설치할 것
    가. 삭제
    나. 삭제
3. 가압수조를 가압송수장지로 이용하여 배관 및 밸브 등을 설치하는 경우에는 수원, 가압수조, 압력계, 체크밸브, 성능시험배관, 개폐표시형밸브, 유수검지장치, 2개의 시험밸브의 순으로 설치할 것
    가. 삭제
    나. 삭제

4. 캐비닛형의 가압송수장치에 배관 및 밸브 등을 설치하는 경우에는 수원, 연성계 또는 진공계(수원이 펌프보다 높은 경우를 제외한다. 이하 같다), 펌프 또는 압력수조, 압력계, 체크밸브, 개폐표시형밸브, 2개의 시험밸브의 순으로 설치할 것. 다만, 소화용수의 공급은 상수도와 직결된 바이패스관 또는 펌프에서 공급받아야 한다.
⑰ 배관은 다른 설비의 배관과 쉽게 구분이 될 수 있는 위치에 설치하거나 그 배관표면 또는 배관 보온재표면은 「한국산업표준(배관계의 식별 표시, KS A 0503)」 또는 적색으로 식별이 가능하도록 소방용설비의 배관임을 표시하여야 한다.
⑱ 확관형 분기배관을 사용할 경우에는 소방청장이 정하여 고시한 「분기배관의 성능인증 및 제품검사의 기술기준」에 적합한 것으로 설치하여야 한다.

제9조(간이헤드) 간이헤드는 다음 각 호의 기준에 적합한 것을 사용하여야 한다.
1. 폐쇄형간이헤드를 사용할 것
2. 간이헤드의 작동온도는 실내의 최대 주위천장온도가 0℃ 이상 38℃ 이하인 경우 공칭작동온도가 57℃에서 77℃의 것을 사용하고, 39℃ 이상 66℃ 이하인 경우에는 공칭작동온도가 79℃에서 109℃의 것을 사용할 것
3. 간이헤드를 설치하는 천장·반자·천장과 반자 사이·덕트·선반 등의 각 부분으로부터 간이헤드까지의 수평거리는 2.3m(「스프링클러헤드의 형식승인 및 제품검사의 기술기준」 유효반경의 것으로 한다.) 이하가 되도록 하여야 한다. 다만, 성능이 별도로 인정된 간이헤드를 수리계산에 따라 설치하는 경우에는 그러하지 아니하다.
4. 상향식간이헤드 또는 하향식간이헤드의 경우에는 간이헤드의 디플렉터에서 천장 또는 반자까지의 거리는 25mm에서 102mm 이내가 되도록 설치하여야 하며, 측벽형간이헤드의 경우에는 102mm에서 152mm 사이에 설치할 것. 다만, 플러쉬 스프링클러헤드의 경우에는 천장 또는 반자까지의 거리를 102mm 이하가 되도록 설치할 수 있다.
5. 간이헤드는 천장 또는 반자의 경사·보·조명장치 등에 따라 살수장애의 영향을 받지 아니하도록 설치할 것
6. 제4호의 규정에도 불구하고 소방대상물의 보와 가장 가까운 간이헤드는 다음 표의 기준에 따라 설치할 것. 다만, 천장면에서 보의 하단까지의 길이가 55cm를 초과하고 보의 하단 측면 끝부분으로부터 간이헤드까지의 거리가 간이헤드 상호 간 거리의 2분의 1 이하가 되는 경우에는 간이헤드와 그 부착면과의 거리를 55cm 이하로 할 수 있다.

간이헤드의 반사판 중심과 보의 수평거리	간이헤드의 반사판 높이와 보의 하단 높이의 수직거리
0.75m 미만	보의 하단보다 낮을 것
0.75m 이상 1m 미만	0.1m 미만일 것
1m 이상 1.5m 미만	0.15m 미만일 것
1.5m 이상	0.3m 미만일 것

7. 상향식간이헤드 아래에 설치되는 하향식간이헤드에는 상향식헤드의 방출수를 차단할 수 있는 유효한 차폐판을 설치할 것
8. 간이스프링클러설비를 설치하여야 할 소방대상물에 있어서는 간이헤드 설치 제외에 관한 사항은 「스프링클러설비의 화재안전기준」 제15조제1항을 준용한다.
9. 제6조제7호에 따른 주차장에는 표준반응형스프링클러헤드를 설치하여야 하며 설치기준은 「스프링클러설비의 화재안전기준(NFSC 103)」 제10조를 준용한다.

제10조(음향장치 및 기동장치) ① 간이스프링클러설비의 음향장치 및 기동장치는 다음 각 호의 기준에 따라 설치하여야 한다.
1. 습식유수검지장치를 사용하는 설비에 있어서는 간이헤드가 개방되면 유수검지장치가 화재신호를 발신하고 그에 따라 음향장치가 경보되도록 할 것
2. 음향장치는 습식유수검지장치의 담당구역마다 설치하되 그 구역의 각 부분으로부터 하나의 음향장치까지의 수평거리는 25m 이하가 되도록 할 것
3. 음향장치는 경종 또는 사이렌(전자식 사이렌을 포함한다)으로 하되, 주위의 소음 및 다른 용도의 경보와 구별이 가능한 음색으로 할 것. 이 경우 경종 또는 사이렌은 자동화재탐지설비·비상벨설비 또는 자동식사이렌설비의 음향장치와 겸용할 수 있다.
4. 주음향장치는 수신기의 내부 또는 그 직근에 설치할 것
5. 5층(지하층을 제외한다) 이상으로서 연면적이 3,000m²를 초과하는 소방대상물 또는 그 부분에 있어서는 2층 이상의 층에서 발화한 때에는 발화층 및 그 직상층에 한하여, 1층에서 발화한 때에는 발화층·그 직상층 및 지하층에 한하여, 지하층에서 발화한 때에는 발화층·그 직상층 및 기타의 지하층에 한하여 경보를 발할 수 있도록 할 것
6. 음향장치는 다음 각 목의 기준에 따른 구조 및 성능의 것으로 할 것
   가. 정격전압의 80% 전압에서 음향을 발할 수 있는 것으로 할 것
   나. 음량은 부착된 음향장치의 중심으로부터 1m 떨어진 위치에서 90dB 이상이 되는 것으로 할 것

② 간이스프링클러설비의 가압송수장치로서 펌프가 설치되는 경우에는 그 펌프의 작동은 다음 각 호의 어느 하나의 기준에 적합하여야 한다.
1. 습식유수검지장치를 사용하는 설비에 있어서는 유수검지장치의 발신이나 기동용수압개폐장치에 따라 작동되거나 또는 이 두 가지의 혼용에 따라 작동될 수 있도록 할 것
2. 준비작동식유수검지장치를 사용하는 설비에 있어서는 화재감지기의 화재감지나 기동용수압개폐장치에 따라 작동되거나 또는 이 두 가지의 혼용에 따라 작동될 수 있도록 할 것

③ 준비작동식유수검지장치의 작동 기준은 「스프링클러설비의 화재안전기준(NFSC 103)」 제9조제3항을 준용한다.

스프링클러설비의 화재안전기준(NFSC 103)(제9조제3항)

③ 준비작동식유수검지장치 또는 일제개방밸브의 작동은 다음 각 호의 기준에 적합하여야 한다. 〈개정 2008.12.15.〉
1. 담당구역 내의 화재감지기의 동작에 따라 개방 및 작동될 것
2. 화재감지회로는 교차회로방식으로 할 것. 다만, 다음 각 목의 어느 하나에 해당하는 경우에는 그러하지 아니하다.
   가. 스프링클러설비의 배관 또는 헤드에 누설경보용 물 또는 압축공기가 채워지거나 부압식스프링클러설비의 경우 〈개정 2011.11.24.〉
   나. 화재감지기를 「자동화재탐지설비의 화재안전기준(NFSC 203)」 제7조제1항 단서의 각 호의 감지기로 설치한 때 〈개정 2013.6.10.〉
3. 준비작동식유수검지장치 또는 일제개방밸브의 인근에서 수동기동(전기식 및 배수식)에 따라서도 개방 및 작동될 수 있게 할 것 〈개정 2008.12.15.〉
4. 제1호 및 제2호에 따른 화재감지기의 설치기준에 관하여는 「자동화재탐지설비의 화재안전기준(NFSC 203)」 제7조 및 제11조를 준용할 것. 이 경우 교차회로방식에 있어서의 화재감지기의 설치는 각 화재감지기회로별로 설치하되, 각 화재감지기회로별 화재감지기 1개가 담당하는 바닥면적은 「자동화재탐지설비의 화재안전기준(NFSC 203)」 제7조제3항제5호·제8호부터 제10호까지에 따른 바닥면적으로 한다. 〈개정 2013.6.10.〉
5. 화재감지기회로에는 다음 각 목의 기준에 따른 발신기를 설치할 것. 다만, 자동화재탐지설비의 발신기가 설치된 경우에는 그러하지 아니하다. 〈개정 2008.12.15.〉
   가. 조작이 쉬운 장소에 설치하고, 스위치는 바닥으로부터 0.8m 이상 1.5m 이하의 높이에 설치할 것
   나. 특정소방대상물의 층마다 설치하되, 해당 특정소방대상물의 각 부분으로부터 하나의 발신기까지의 수평거리가 25m 이하가 되도록 할 것. 다만, 복도 또는 별도로 구획된 실로서 보행거리가 40m 이상일 경우에는 추가로 설치하여야 한다.
   다. 발신기의 위치를 표시하는 표시등은 함의 상부에 설치하되, 그 불빛은 부착면으로부터 15° 이상의 범위 안에서 부착지점으로부터 10m 이내의 어느 곳에서도 쉽게 식별할 수 있는 적색등으로 할 것

1.~5. 삭제
④ 제1항부터 제3항의 배선(감지기 상호 간의 배선은 제외한다)은 「옥내소화전설비의 화재안전기준(NFSC 102)」 별표 1에 따라 내화 또는 내열성능이 있는 배선을 사용하되, 다른 배선과 공유하는 회로방식이 되지 아니하도록 하여야 한다. 다만, 음향장치의 작동에 지장을 주지 아니하는 회로방식의 경우에는 그러하지 아니하다.

제11조(송수구) 간이스프링클러설비에는 소방차로부터 그 설비에 송수할 수 있는 송수구를 다음 각 호의 기준에 따라 설치하여야 한다. 다만, 「다중이용업소의 안전관리에 관한 특별법」 제9조제1항 및 같은 법 시행령 제9조에 해당하는 영업장(건축물 전체가 하나의 영업장일 경우는 제외)에 설

치되는 상수도직결형 또는 캐비닛형의 경우에는 송수구를 설치하지 아니할 수 있다.
1. 송수구는 소방차가 쉽게 접근할 수 있는 잘 보이는 장소에 설치하되 화재층으로부터 지면으로 떨어지는 유리창 등이 송수 및 그 밖의 소화작업에 지장을 주지 아니하는 장소에 설치할 것
2. 송수구로부터 간이스프링클러설비의 주배관에 이르는 연결배관에 개폐밸브를 설치한 때에는 그 개폐상태를 쉽게 확인 및 조작할 수 있는 옥외 또는 기계실 등의 장소에 설치할 것
3. 구경 65mm의 단구형 또는 쌍구형으로 하여야 하며, 송수배관의 안지름은 40mm 이상으로 할 것
4. 지면으로부터 높이가 0.5m 이상 1m 이하의 위치에 설치할 것
5. 송수구의 가까운 부분에 자동배수밸브(또는 직경 5mm의 배수공) 및 체크밸브를 설치할 것. 이 경우 자동배수밸브는 배관안의 물이 잘 빠질 수 있는 위치에 설치하되, 배수로 인하여 다른 물건 또는 장소에 피해를 주지 아니하여야 한다.
6. 송수구에는 이물질을 막기 위한 마개를 씌울 것

제12조(비상전원) 간이스프링클러설비에는 다음 각 호의 기준에 적합한 비상전원 또는 「소방시설용 비상전원수전설비의 화재안전기준(NFSC 602)」의 규정에 따른 비상전원수전설비를 설치하여야 한다. 다만, 무전원으로 작동되는 간이스프링클러설비의 경우에는 모든 기능이 10분[영 별표 5 제1호마목1)가 또는 6)과 7)에 해당하는 경우에는 20분] 이상 유효하게 지속될 수 있는 구조를 갖추어야 한다.
1. 간이스프링클러설비를 유효하게 10분[영 별표 5 제1호마목1)가 또는 6)과 7)에 해당하는 경우에는 20분] 이상 작동할 수 있도록 할 것
2. 상용전원으로부터 전력의 공급이 중단된 때에는 자동으로 비상전원으로부터 전원을 공급받을 수 있는 구조로 할 것

제13조(수원 및 가압송수장치의 펌프 등의 겸용) ① 간이스프링클러설비의 수원을 옥내소화전설비·스프링클러설비·화재조기진압용 스프링클러설비·물분무소화설비·포소화전설비 및 옥외소화전설비의 수원과 겸용하여 설치하는 경우의 저수량은 각 소화설비에 필요한 저수량을 합한 양 이상이 되도록 하여야 한다. 다만, 이들 소화설비중 고정식 소화설비(펌프·배관과 소화수 또는 소화약제를 최종 방출하는 방출구가 고정된 설비를 말한다. 이하 같다)가 2 이상 설치되어 있고, 그 소화설비가 설치된 부분이 방화벽과 방화문으로 구획되어 있는 경우에는 각 고정식 소화설비에 필요한 저수량 중 최대의 것 이상으로 할 수 있다.
② 간이스프링클러설비의 가압송수장치로 사용하는 펌프를 옥내소화전설비·스프링클러설비·화재조기진압용 스프링클러설비·물분무소화설비·포소화설비 및 옥외소화전설비의 가압송수장치와 겸용하여 설치하는 경우의 펌프의 토출량은 각 소화설비에 해당하는 토출량을 합한 양 이상이 되도록 하여야 한다. 다만, 이들 소화설비 중 고정식 소화설비가 2 이상 설치되어 있고, 그 소화설비가 설치된 부분이 방화벽과 방화문으로 구획되어 있으며 각 소화설비에 지장이 없는 경우

에는 펌프의 토출량 중 최대의 것 이상으로 할 수 있다.
③ 옥내소화전설비·스프링클러설비·간이스프링클러설비·화재조기진압용 스프링클러설비·물분무소화설비·포소화설비 및 옥외소화전설비의 가압송수장치에 있어서 각 토출측배관과 일반급수용의 가압송수장치의 토출측배관을 상호 연결하여 화재시 사용할 수 있다. 이 경우 연결배관에는 개·폐표시형밸브를 설치하여야 하며, 각 소화설비의 성능에 지장이 없도록 하여야 한다.
④ 간이스프링클러설비의 송수구를 옥내소화전설비·스프링클러설비·화재조기진압용 스프링클러설비·물분무소화설비·포소화설비·연결송수관설비 또는 연결살수설비의 송수구와 겸용으로 설치하는 경우에는 스프링클러설비의 송수구의 설치기준에 따르되 각각의 소화설비의 기능에 지장이 없도록 하여야 한다.

제14조(설치·유지기준의 특례) 소방본부장 또는 소방서장은 기존건축물이 증축·개축·대수선되거나 용도 변경되는 경우에 있어서 이 기준이 정하는 기준에 따라 해당 건축물에 설치하여야 할 간이스프링클러설비의 배관·배선 등의 공사가 현저하게 곤란하다고 인정되는 경우에는 해당 설비의 기능 및 사용에 지장이 없는 범위 안에서 간이스프링클러설비의 설치·유지기준의 일부를 적용하지 아니할 수 있다.

제15조(재검토 기한) 소방청장은 「훈령·예규 등의 발령 및 관리에 관한 규정」에 따라 이 고시에 대하여 2017년 1월 1일 기준으로 매3년이 되는 시점(매 3년째의 12월 31일까지를 말한다)마다 그 타당성을 검토하여 개선 등의 조치를 하여야 한다.

부칙

〈제2021-6호, 2021. 1. 12.〉

이 고시는 발령한 날부터 시행한다.

[별표 1] 간이헤드 수별 급수관의 구경(제8조제3항제3호관련)

(단위 : mm)

급수관의 구경 구분	25	32	40	50	65	80	100	125	150
가	2	3	5	10	30	60	100	160	161 이상
나	2	4	7	15	30	60	100	160	161 이상
다	〈삭제 2011.11.24〉								

(주) 1. 폐쇄형간이헤드를 사용하는 설비의 경우로서 1개층에 하나의 급수배관(또는 밸브 등)이 담당하는 구역의 최대면적은 1,000㎡를 초과하지 아니할 것
2. 폐쇄형간이헤드를 설치하는 경우에는 "가"란의 헤드 수에 따를 것
3. 폐쇄형간이헤드를 설치하고 반자 아래의 헤드와 반자속의 헤드를 동일 급수관의 가지관상에 병설하는 경우에는 "나"란의 헤드 수에 따를 것
4. "캐비닛형" 및 "상수도직결형"을 사용하는 경우 주배관은 32, 수평주행배관은 32, 가지배관은 25 이상으로 할 것. 이 경우 최장배관은 제5조제6항에 따라 인정받은 길이로 하며 하나의 가지배관에는 간이헤드를 3개 이내로 설치하여야 한다.

03 소방시설 자체점검

참고 소방시설 자체점검사항 등에 관한 고시, 한국소방안전원

✓ 소방시설 작동기능점검표 작성 예시

1 점검 전 준비사항
1) 점검장소의 협의나 협조 받을 건물 관계인 등 연락처를 사전 확보
2) 점검의 목적과 필요성에 대하여 건물 관계인에게 사전 안내 및 협의
3) 음향장치 및 각 실별 방문점검 사항을 공지하여 협조 요청

2 현장확인
1) 현장 시설물의 도면 등을 이용하여 설비의 개요 및 설치위치 등을 파악한다.
2) 점검사항을 토대로 점검순서를 계획하고 점검장비 및 공구를 준비한다.
3) 기존의 점검자료 및 조치결과가 있다면 점검 전 참고
4) 점검과 관련된 각종 법규 및 기준 등의 기술기준 등 규정사항을 준비하고 숙지한다.

3 점검표 작성을 위한 준비물

1) 소방시설등 작동기능점검 실시결과 보고서
화재예방, 소방시설 설치·유지 및 안전관리에 관한 법률 시행규칙 별지 서식

2) 소방시설등 작동기능 점검표
소방시설 자체점검사항 등에 관한 고시 서식

3) 건축물대장
건축물대장/소방도면 및 소방시설 현황/소방계획서 등

4) 점검에 필요한 장비

소방시설	장비	규격
공통시설	방수압력측정계, 절연저항계, 전류전압측정계	
스프링클러설비, 포소화설비	헤드결합렌치	1,400mm

5) 자체점검 후 결과 조치(소방시설법 시행규칙 제19조)
(1) 작동기능점검 : 작동기능점검을 실시한 경우 7일 이내에 작동기능점검 실시결과 보고서를 소방본부장 또는 소방서장에게 제출하여야 한다.
(2) 종합정밀점검 : 종합정밀점검을 실시한 경우 7일 이내에 종합정밀점검 실시결과 보고서를 소방본부장 또는 소방서장에게 제출하여야 한다.
▶ 소방시설관리업자는 점검을 실시한 경우 점검이 끝난 날부터 10일 이내에 소방시설관리업자에 대한 평가 등에 관한 업무를 위탁받은 평가기관에 통보하여야 한다.

4. 간이스프링클러설비 점검표

(1면)

번호	점검항목	점검결과
4-A. 수원		
4-A-001	○ 수원의 유효수량 적정 여부(겸용설비 포함)	
4-B. 수조		
4-B-001	○ 자동급수장치 설치 여부	
4-B-002	● 동결방지조치 상태 적정 여부	
4-B-003	○ 수위계 설치 또는 수위 확인 가능 여부	
4-B-004	● 수조 외측 고정사다리 설치 여부(바닥보다 낮은 경우 제외)	
4-B-005	● 실내설치 시 조명설비 설치 여부	
4-B-006	○ "간이스프링클러설비용 수조" 표지 설치상태 적정 여부	
4-B-007	● 다른 소화설비와 겸용 시 겸용설비의 이름 표시한 표지설치 여부	
4-B-008	● 수조-수직배관 접속부분 "간이스프링클러설비용 배관" 표지설치 여부	
4-C. 가압송수장치		
4-C-001	[상수도직결형] ○ 방수량 및 방수압력 적정 여부	
4-C-011	[펌프방식] ● 동결방지조치 상태 적정 여부	
4-C-012	○ 성능시험배관을 통한 펌프 성능시험 적정 여부	
4-C-013	● 다른 소화설비와 겸용인 경우 펌프 성능 확보 가능 여부	
4-C-014	○ 펌프 흡입측 연성계·진공계 및 토출측 압력계 등 부속장치의 변형·손상 유무	
4-C-015	● 기동장치 적정 설치 및 기동압력 설정 적정 여부	
4-C-016	● 물올림장치 설치 적정(전용 여부, 유효수량, 배관구경, 자동급수) 여부	
4-C-017	● 충압펌프 설치 적정(토출압력, 정격토출량) 여부	
4-C-018	○ 내연기관 방식의 펌프 설치 적정(정상기동(기동장치 및 제어반) 여부, 축전지 상태, 연료량) 여부	
4-C-019	○ 가압송수장치의 "간이스프링클러펌프" 표지설치 여부 또는 다른 소화설비와 겸용 시 겸용설비 이름 표시 부착 여부	
4-C-031	[고가수조방식] ○ 수위계·배수관·급수관·오버플로우관·맨홀 등 부속장치의 변형·손상 유무	
4-C-041	[압력수조방식] ● 압력수조의 압력 적정 여부	
4-C-042	○ 수위계·급수관·급기관·압력계·안전장치·공기압축기 등 부속장치의 변형·손상 유무	
4-C-051	[가압수조방식] ● 가압수조 및 가압원 설치장소의 방화구획 여부	
4-C-052	○ 수위계·급수관·배수관·급기관·압력계 등 부속장치의 변형·손상 유무	
비고		

(2면)

번호	점검항목	점검결과

4-D. 방호구역 및 유수검지장치

4-D-001	● 방호구역 적정 여부	
4-D-002	● 유수검지장치 설치 적정(수량, 접근·점검 편의성, 높이) 여부	
4-D-003	○ 유수검지장치실 설치 적정(실내 또는 구획, 출입문 크기, 표지) 여부	
4-D-004	● 자연낙차에 의한 유수압력과 유수검지장치의 유수검지압력 적정여부	
4-D-005	● 주차장에 설치된 간이스프링클러 방식 적정(습식 외의 방식) 여부	

4-E. 배관 및 밸브

4-E-001	○ 상수도직결형 수도배관 구경 및 유수검지에 따른 다른 배관 자동 송수 차단 여부	
4-E-002	○ 급수배관 개폐밸브 설치(개폐표시형, 흡입측 버터플라이 제외) 및 작동표시스위치 적정(제어반 표시 및 경보, 스위치 동작 및 도통시험) 여부	
4-E-003	● 펌프의 흡입측 배관 여과장치의 상태 확인	
4-E-004	● 성능시험배관 설치(개폐밸브, 유량조절밸브, 유량측정장치) 적정 여부	
4-E-005	● 순환배관 설치(설치위치·배관구경, 릴리프밸브 개방압력) 적정 여부	
4-E-006	● 동결방지조치 상태 적정 여부	
4-E-007	○ 준비작동식 유수검지장치 2차측 배관 부대설비 설치 적정(개폐표시형 밸브, 수직 배수배관·개폐밸브, 자동배수장치, 압력스위치 설치 및 감시제어반 개방 확인) 여부	
4-E-008	○ 유수검지장치 시험장치 설치 적정(설치위치, 배관구경, 개폐밸브 및 개방형 헤드, 물받이 통 및 배수관) 여부	
4-E-009	● 간이스프링클러설비 배관 및 밸브 등의 순서의 적정 시공 여부	
4-E-010	● 다른 설비의 배관과의 구분 상태 적정 여부	

4-F. 음향장치 및 기동장치

4-F-001	○ 유수검지에 따른 음향장치 작동 가능 여부(습식의 경우)	
4-F-002	● 음향장치 설치 담당구역 및 수평거리 적정 여부	
4-F-003	● 주 음향장치 수신기 내부 또는 직근 설치 여부	
4-F-004	● 우선경보방식에 따른 경보 적정 여부	
4-F-005	○ 음향장치(경종 등) 변형·손상 확인 및 정상 작동(음량 포함) 여부	
	[펌프 작동]	
4-F-011	○ 유수검지장치의 발신이나 기동용 수압개폐장치의 작동에 따른 펌프 기동 확인 (습식의 경우)	
4-F-012	○ 화재감지기의 감지나 기동용 수압개폐장치의 작동에 따른 펌프 기동 확인 (준비작동식의 경우)	
	[준비작동식유수검지장치 작동]	
4-F-021	○ 담당구역 내 화재감지기 동작(수동 기동 포함)에 따라 개방 및 작동 여부	
4-F-022	○ 수동조작함(설치높이, 표시등) 설치 적정 여부	
비고		

(3면)

번호	점검항목	점검결과
4-G. 간이헤드		
4-G-001	○ 헤드의 변형·손상 유무	
4-G-002	○ 헤드 설치 위치·장소·상태(고정) 적정 여부	
4-G-003	○ 헤드 살수장애 여부	
4-G-004	● 감열부에 영향을 받을 우려가 있는 헤드의 차폐판 설치 여부	
4-G-005	● 헤드 설치 제외 적정 여부(설치 제외된 경우)	
4-H. 송수구		
4-H-001	○ 설치장소 적정 여부	
4-H-002	● 연결배관에 개폐밸브를 설치한 경우 개폐상태 확인 및 조작가능 여부	
4-H-003	● 송수구 설치 높이 및 구경 적정 여부	
4-H-004	● 자동배수밸브(또는 배수공)·체크밸브 설치 여부 및 설치 상태 적정 여부	
4-H-005	○ 송수구 마개 설치 여부	
4-I. 제어반		
4-I-001	● 겸용 감시·동력 제어반 성능 적정 여부(겸용으로 설치된 경우)	
	[감시제어반]	
4-I-011	○ 펌프 작동 여부 확인 표시등 및 음향경보장치 정상작동 여부	
4-I-012	○ 펌프 별 자동·수동 전환스위치 정상작동 여부	
4-I-013	● 펌프 별 수동기동 및 수동중단 기능 정상작동 여부	
4-I-014	● 상용전원 및 비상전원 공급 확인 가능 여부(비상전원 있는 경우)	
4-I-015	● 수조·물올림탱크 저수위 표시등 및 음향경보장치 정상작동 여부	
4-I-016	○ 각 확인회로 별 도통시험 및 작동시험 정상작동 여부	
4-I-017	○ 예비전원 확보 유무 및 시험 적합 여부	
4-I-018	● 감시제어반 전용실 적정 설치 및 관리 여부	
4-I-019	● 기계·기구 또는 시설 등 제어 및 감시설비 외 설치 여부	
4-I-020	○ 유수검지장치 작동 시 표시 및 경보 정상작동 여부	
4-I-021	● 감시제어반과 수신기 간 상호 연동 여부(별도로 설치된 경우)	
	[동력제어반]	
4-I-031	○ 앞면은 적색으로 하고, "간이스프링클러설비용 동력제어반" 표지 설치 여부	
	[발전기제어반]	
4-I-041	● 소방전원보존형발전기는 이를 식별할 수 있는 표지 설치 여부	
4-J. 전원		
4-J-001	● 대상물 수전방식에 따른 상용전원 적정 여부	
4-J-002	● 비상전원 설치장소 적정 및 관리 여부	
4-J-003	○ 자가발전설비인 경우 연료 적정량 보유 여부	
4-J-004	○ 자가발전설비인 경우 「전기사업법」에 따른 정기점검 결과 확인	
비고		

(4면)

번호	점검항목	점검결과

※ 펌프성능시험(펌프 명판 및 설계치 참조)

<table>
<tr><td colspan="2">구분</td><td>체절운전</td><td>정격운전
(100%)</td><td>정격유량의
150% 운전</td><td>적정 여부</td><td colspan="2">○ 설정압력 :
○ 주펌프</td></tr>
<tr><td rowspan="2">토출량
(l/min)</td><td>주</td><td></td><td></td><td></td><td rowspan="4">1. 체절운전 시 토출압은 정격토출압의 140% 이하일 것(　)
2. 정격운전 시 토출량과 토출압이 규정치 이상일 것(　)
3. 정격토출량의 150%에서 토출압이 정격토출압의 65% 이상일 것(　)</td><td>기동 :</td><td>MPa</td></tr>
<tr><td>예비</td><td></td><td></td><td></td><td>정지 :</td><td>MPa</td></tr>
<tr><td rowspan="2">토출압
(MPa)</td><td>주</td><td></td><td></td><td></td><td colspan="2">○ 예비펌프
기동 :　　MPa
정지 :　　MPa</td></tr>
<tr><td>예비</td><td></td><td></td><td></td><td colspan="2">○ 충압펌프
기동 :　　MPa
정지 :　　MPa</td></tr>
</table>

※ 릴리프밸브 작동압력 :　　MPa

비고	

화재조기진압용 스프링클러설비의 화재안전기준

[시행 2021. 12. 16.]
[소방청고시 제2021-46호, 2021. 12. 16., 일부개정.]

01 개요

NFSC 103B

1 질의회신 및 핵심사항 분석

	핵심사항	참고 기출문제
기타	• 송수구 송수압력범위 표시 • 화재조기진압용 스프링클러설비 설치금지장소	
Key point	• 설치장소의 구조, 수리 계산(전양정 · 토출량 · 저수량 등) • 가지배관의 배열 및 조기진압용 헤드 • 헤드 간 설치기준(수평거리) • 저장물의 간격, 환기구 및 설치제외 • 살수장애 관련(별표 1, 2 및 별도 1, 2, 3)	

2 시스템의 해설

현대 건축물은 화재가 발생하는 요인이 증가되고, 소화의 어려움이 확대되어 화재를 조기에 발견하여 경보하고 화재 확대를 최소한으로 저지하는 것이 매우 중요한 일이다. 따라서 관계법령에서는 건축물의 구조 · 규모 · 수용인원 · 용도 등에 따라 소방시설의 설치를 의무화하고 있다. 화재조기진압용 스프링클러설비의 ESFR헤드는 조기에 반응하여 많은 양의 물로 소화하는 의미를 가지며, 단시간 내 열방출률이 급격히 증가하며 빠르게 화재가 성장하는 장소에 사용하는 조기진압용 소화설비이다.

1) 소방용품(소방시설법 시행령 제6조)

소화설비를 구성하는 제품 또는 기기는 ① 별표 1 제1호가목의 소화기구(소화약제 외의 것을 이용한 간이소화용구는 제외한다), ② 별표 1 제1호나목의 자동소화장치, ③ 소화설비를 구성하는 소화전, 관창(菅槍), 소방호스, 스프링클러헤드, 기동용 수압개폐장치, 유수제어밸브 및 가스관선택밸브 등이 있으며, 소화설비의 제품검사(형식승인 및 성능인증) 대상 품목은 ① 법 제36조제1항 본문에서 "대통령령으로 정하는 소방용품" ② 규칙 제15조제1항 본문에서 "행정안전부령으로 정하는 소방용품" ③ 규칙 제15조 및 별표 7 제22호에 따른 "소방청장이 고시하는 소방용품" 등으로 구분되고 소방용품은 제품검사를 받아 합격한 제품을 사용하여야 한다.

2) 구조도

(1) 화재안전기준의 설치대상이 되는 구조물 개요

① 랙식창고는 천장 또는 반자(반자가 없을 경우 지붕의 옥내에 면하는 부분)의 높이가 10m를 넘는 랙식창고로 정의하고 있어, 규정에 따라 높이 10m 이상 창고의 연면적이 1,500m²의 랙식창고 경우 설치대상이 된다. 따라서 높이 10m 이상의 랙식창고 경우 해당 층의 높이가 13.7m 이하일 경우 조기진압용 스프링클러설비의 설치대상이 되며, 복층 이상 랙식창고의 경우에는 해당 층의 높이 3.7m를 기준으로 설치대상이 된다.

② 특수가연물을 저장·취급하는 구조물에서 해당 층 높이가 13.7m를 초과하는 경우 이 높이 4m마다, 그 밖의 것을 저장·취급하는 경우에는 높이 6m마다 설치하여야 한다.

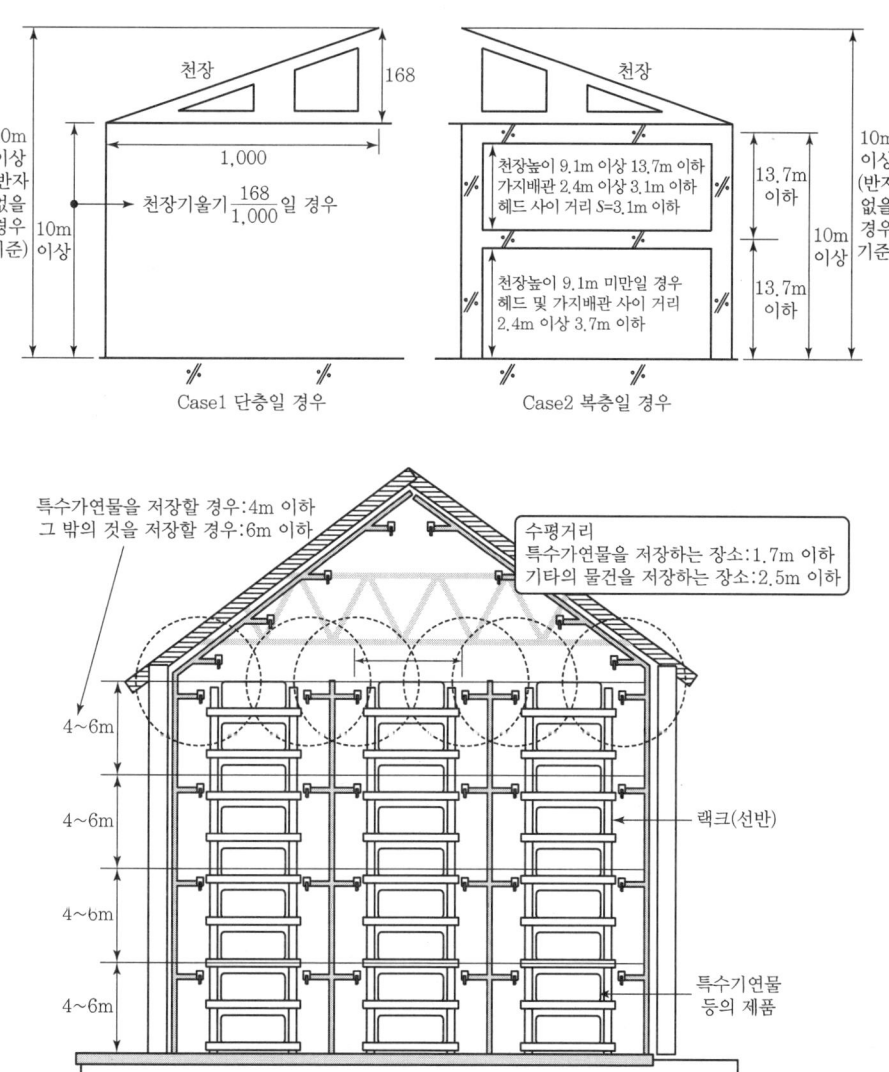

3) 용어 해설

조기진압용(ESFR : Early Suppression Fast Response) 스프링클러헤드는 조기에 반응하여 진압하는 스프링클러헤드이다. ESFR스프링클러시스템이 설치되는 장소는 단시간 내 열방출률이 급격히 증가하며 빠르게 화재가 성장하는 경우에 사용하여 화재를 조기에 진압하는 것이 목적이다. 그러므로 헤드의 조기작동을 위한 구조적인 부분과 기준개수 이상의 헤드개방을 막기 위한 천장 경사도 제한과 천장면적을 제한(28m²)하여 열기를 부분적으로 가두고 감열된 헤드에 대하여 집중적으로 방사한다.

(1) 설치대상의 높이에 대한 규정

구분		천장높이	
		9.1m(30ft) 미만	9.1m(30ft) 이상 13.7m(45ft) 이하
헤드 사이 거리(S)		2.4m 이상 3.7m 이하	3.1m 이하
가지배관 사이 거리(L)		2.4m 이상 3.7m 이하	2.4m 이상 3.1m 이하 (8ft 이상 10ft 이하)
헤드 하나의 방호면적 ($S \times L$)		6.0m² 이상 9.3m² 이하[최소면적, 헤드 및 가지배관 거리 규정은 스키핑(Skipping) 방지를 위해서임] → 주의사항 : 헤드면적당 방호면적을 볼 경우 정방형으로 배치한다면 헤드 간 거리는 S = 2.4~3.1m로 배치하여야 하며, 천장높이 9.1m 미만에서 헤드 간 거리 S = 3.7m 이하로 될 경우에는 사실상 배치할 수 없다.	
수원		Q = 12개(기준개수) × 60분(방사시간) × $k\sqrt{10P}$	
헤드	하향식	반사판의 위치는 천장이나 반자 아래 125mm 이상 355mm 이하	
	상향식	감지부의 중앙은 천장 또는 반자와 101mm 이상 152mm 이하이며, 반사판의 위치는 스프링클러 배관 윗부분에서 최소 178mm 상부에 설치	
헤드~저장물 최상부와 거리		914mm 이상 확보	
헤드와 벽과의 거리		102mm 이상~S/2 초과하지 않을 것	
헤드의 작동온도		74℃ 이하(헤드 주위온도 38℃ 이상일 경우 공인기관의 시험을 거친 것 사용)	
헤드 살수장애		별표 1, 2 및 별도 1, 2, 3 참고	
단위환산		25.4mm = 1inch, 12inch = 1ft = 30.48cm(조기진압용 스프링클러설비의 대부분의 수치가 inch나 ft로 환산할 경우 참고할 것)	

02 화재안전기준 (2021. 12. 16 기준 원문)

NFSC 103B

제1조(목적) 이 기준은 「화재예방, 소방시설 설치·유지 및 안전관리에 관한 법률」 제9조제1항에 따라 소방청장에게 위임한 사항 중 소화설비인 화재조기진압용 스프링클러설비의 설치·유지 및 안전관리에 필요한 사항을 규정함을 목적으로 한다.

> **POINT 시스템 및 안전관리**
>
> 소화설비의 설치목적은 물 그 밖의 소화약제를 사용하여 소화하는 설비로서 특정소방대상물에서 화재가 발생한 경우 연소생성물(열, 연기, 불꽃 등)에 의한 화재의 초기소화, 연소제어 및 연소확대방지를 위하여 사용하며, 평상시에는 관계인에 의한 화재 예방을 위하여 정기적으로 점검하는 소방설비
>
> 1. 화재조기진압용 스프링클러설비는 조기진압용(ESFR : Early Suppression Fast Response) 헤드를 사용 단시간 내 열방출률이 급격히 증가하며 빠르게 화재가 성장하는 장소의 화재위험에 대하여 화재를 조기에 진화할 수 있는 설비, 조기반응 및 순간 많은 양의 물로 냉각소화하는 스프링클러설비이다. 화재조기진압용 스프링클러설비의 구성은 '수원'보다 '설치장소의 구조'가 우선하여 조기감열을 위한 ESFR헤드를 사용하여 스프링클러설비의 구성과 같은 수계소화설비로 구성된다.
> 2. 시스템을 구성하고 있는 소화설비는 「소방시설공사업법」의 소방시설공사 등의 품질과 안전이 확보되도록 시공되어야 하고, 소방기술의 관리에 필요한 화재안전기준에 적합하게 설계도서·시방서가 작성되어 성실하게 수행되어야 한다. 또한 「화재예방, 소방시설 설치·유지 및 안전관리에 관한 법률(이하 "소방시설법")」에 의한 소방용품의 제조 및 수입하려는 제품에 대하여 제품검사를 수행하고, 특정소방대상물의 관계인을 통하여 소방대상물의 안전관리가 이행되어야 한다.

제2조(적용범위) 「화재예방, 소방시설 설치·유지 및 안전관리에 관한 법률 시행령」(이하 "영"이라 한다) 별표 5 제1호라목에 따른 스프링클러설비 중 「스프링클러설비의 화재안전기준(NFSC 103)」제10조제2항의 랙크식 창고에 설치하는 화재조기진압용 스프링클러설비는 이 기준에서 정하는 규정에 따라 설비를 설치하고 유지·관리하여야 한다.

POINT

1 특정소방대상물의 설치기준(별표 5 스프링클러설비)

소방시설	적용기준	설치대상
스프링클러설비 (위험물 저장 및 처리 시설 중 가스시설, 지하구의 경우 제외)	6. 천장 또는 반자(반자가 없는 경우에는 지붕의 옥내에 면하는 부분)의 높이가 10m를 넘는 랙식 창고(Rack Warehouse) 바닥면적의 합계(물건을 수납할 수 있는 선반이나 이와 비슷한 것을 갖춘 것을 말한다)	1,500m² 이상
	9. 지붕 또는 외벽이 불연재료가 아니거나 내부구조가 아닌 공장 또는 창고시설	랙식 창고시설 중 6목에 해당하지 않는 것으로서 바닥면적 합계 750m² 이상

2 소방시설의 설치 면제기준
1. (별표 6) 소방시설 설치 면제기준 : 없음
2. (별표 7) 소방시설을 설치하지 않을 수 있는 특정소방대상물 및 소방시설 범위 : 없음
3. 화재안전기준에 따른 면제기준 : 제17조(설치제외) 물품에 대한 화재시험등 공인기관의 시험을 받은 것은 제외한다.
   - 제4류 위험물
   - 타이어, 두루마리 종이 및 섬유류, 섬유제품 등 연소 시 화염의 속도가 빠르고 방사된 물이 하부까지에 도달하지 못하는 것

제3조(정의) 이 기준에서 사용하는 용어의 정의는 다음과 같다

1. "화재조기진압용 스프링클러헤드"란 특정 높은 장소의 화재위험에 대하여 조기에 진화할 수 있도록 설계된 스프링클러헤드를 말한다.
2. "충압펌프"란 배관 내 압력손실에 따른 주펌프의 빈번한 기동을 방지하기 위하여 충압역할을 하는 펌프를 말한다.
3. "고가수조"란 구조물 또는 지형지물 등에 설치하여 자연낙차압력으로 급수하는 수조를 말한다.
4. "압력수조"란 소화용수와 공기를 채우고 일정압력 이상으로 가압하여 그 압력으로 급수하는 수조를 말한다.
5. "정격토출량"이란 정격토출압력에서의 펌프의 토출량을 말한다.
6. "정격토출압력"이란 정격토출량에서의 펌프의 토출측 압력을 말한다.
7. "진공계"란 대기압 이하의 압력을 측정하는 계측기를 말한다.
8. "연성계"란 대기압 이상의 압력과 대기압 이하의 압력을 측정할 수 있는 계측기를 말한다.
9. "체절운전"이란 펌프의 성능시험을 목적으로 펌프토출측의 개폐밸브를 닫은 상태에서 펌프를 운전하는 것을 말한다.
10. "기동용수압개폐장치"란 소화설비의 배관 내 압력변동을 검지하여 자동적으로 펌프를 기동 및 정지시키는 것으로서 압력챔버 또는 기동용압력스위치 등을 말한다.

11. "유수검지장치"란 습식유수검지장치를 말하며 본체 내의 유수현상을 자동적으로 검지하여 신호 또는 경보를 발하는 장치를 말한다.
12. "가지배관"이란 화재조기진압용 스프링클러헤드가 설치되어 있는 배관을 말한다.
13. "교차배관"이란 직접 또는 수직배관을 통하여 가지배관에 급수하는 배관을 말한다.
14. "주배관"이란 각 층을 수직으로 관통하는 수직배관을 말한다.
15. "신축배관"이란 가지배관과 스프링클러헤드를 연결하는 구부림이 용이하도록 유연성을 가진 배관을 말한다.
16. "급수배관"이란 수원 및 옥외송수구로부터 화재조기진압용 스프링클러헤드에 급수하는 배관을 말한다.
16의2. "분기배관"이란 배관 측면에 구멍을 뚫어 둘 이상의 관로가 생기도록 가공한 배관으로서 확관형 분기배관과 비확관형 분기배관을 말한다. 〈신설 2021. 12. 16.〉
16의3. "확관형 분기배관"이란 배관의 측면에 조그만 구멍을 뚫고 소성가공으로 확관시켜 배관 용접이음자리를 만들거나 배관 용접이음자리에 배관이음쇠를 용접 이음한 배관을 말한다. 〈신설 2021. 12. 16.〉
16의4. "비확관형 분기배관"이란 배관의 측면에 분기호칭내경 이상의 구멍을 뚫고 배관이음쇠를 용접 이음한 배관을 말한다. 〈신설 2021. 12. 16.〉
17. "개폐표시형밸브"란 밸브의 개폐여부를 외부에서 식별이 가능한 밸브를 말한다.
18. "가압수조"란 가압원인 압축공기 또는 불연성 고압기체에 따라 소방용수를 가압시키는 수조를 말한다.

제4조(설치장소의 구조) 화재조기진압용 스프링클러설비를 설치할 장소의 구조는 다음 각 호에 적합하여야 한다.
1. 해당층의 높이가 13.7m 이하일 것. 다만, 2층 이상일 경우에는 해당층의 바닥을 내화구조로 하고 다른 부분과 방화구획 할 것
2. 천장의 기울기가 1,000분의 168을 초과하지 않아야 하고, 이를 초과하는 경우에는 반자를 지면과 수평으로 설치할 것
3. 천장은 평평하여야 하며 철재나 목재트러스 구조인 경우, 철재나 목재의 돌출부분이 102mm를 초과하지 아니할 것
4. 보로 사용되는 목재·콘크리트 및 철재 사이의 간격이 0.9m 이상 2.3m 이하일 것. 다만, 보의 간격이 2.3m 이상인 경우에는 화재조기진압용 스프링클러헤드의 동작을 원활히 하기 위하여 보로 구획된 부분의 천장 및 반자의 넓이가 28m^{2}를 초과하지 아니할 것
5. 창고 내의 선반의 형태는 하부로 물이 침투되는 구조로 할 것

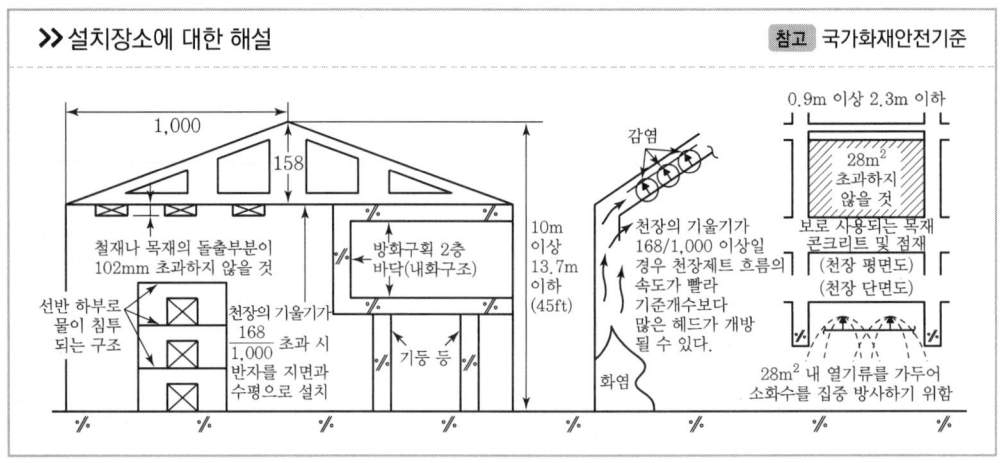

>> 설치장소에 대한 해설 참고 국가화재안전기준

제5조(수원) ① 화재조기진압용 스프링클러설비의 수원은 수리학적으로 가장 먼 가지배관 3개에 각각 4개의 스프링클러헤드가 동시에 개방되었을 때 헤드선단의 압력이 별표 3에 따른 값 이상으로 60분간 방사할 수 있는 양으로 계산식은 다음과 같다.

$$Q = 12 \times 60 \times K\sqrt{10p}$$

Q : 수원의 양[L]

K : 상수[L/min/$\sqrt{\text{MPa}}$]

P : 헤드선단의 압력[MPa]

② 화재조기진압용 스프링클러설비의 수원은 제1항에 따라 산출된 유효수량 외 유효수량의 3분의 1 이상을 옥상(화재조기진압용 스프링클러설비가 설치된 건축물의 주된 옥상을 말한다)에 설치하여야 한다. 다만, 다음 각 호의 어느 하나에 해당하는 경우에는 그러하지 아니하다.

1. 옥상이 없는 건축물 또는 공작물
2. 지하층만 있는 건축물
3. 제6조제2항에 따라 고가수조를 가압송수장치로 설치한 화재조기진압용 스프링클러설비
4. 수원이 건축물의 지붕보다 높은 위치에 설치된 경우
5. 건축물의 높이가 지표면으로부터 10m 이하인 경우
6. 주펌프와 동등 이상의 성능이 있는 별도의 펌프로서 내연기관의 기동과 연동하여 작동되거나 비상전원을 연결하여 설치한 경우
7. 제6조제4항에 따라 가압수조를 가압송수장치로 설치한 화재조기진압용 스프링클러설비

③ 옥상수조(제1항에 따라 산출된 유효수량의 3분의 1 이상을 옥상에 설치한 설비를 말한다. 이하 같다)는 이와 연결된 배관을 통하여 상시 소화수를 공급할 수 있는 구조인 특정소방대상물인 경우에는 둘 이상의 특정소방대상물이 있더라도 하나의 특정소방대상물에만 이를 설치할 수 있다.

④ 화재조기진압용 스프링클러설비의 수원을 수조로 설치하는 경우에는 소방설비의 전용수조로 하여야 한다. 다만, 다음 각 호의 어느 하나에 해당하는 경우에는 그러하지 아니하다.

1. 화재조기진압용스프링클러펌프의 후드밸브 또는 흡수배관의 흡수구(수직회전축펌프의 흡수

구를 포함한다. 이하 같다)를 다른 설비(소방용 설비 외의 것을 말한다. 이하 같다)의 후드밸브 또는 흡수구보다 낮은 위치에 설치한 때

2. 제6조제2항에 따른 고가수조로부터 화재조기진압용 스프링클러설비의 수직배관에 물을 공급하는 급수구를 다른 설비의 급수구보다 낮은 위치에 설치한 때

⑤ 제1항과 제2항에 따른 저수량을 산정함에 있어서 다른 설비와 겸용하여 화재조기진압용 스프링클러설비용 수조를 설치하는 경우에는 화재조기진압용 스프링클러설비의 후드밸브·흡수구 또는 수직배관의 급수구와 다른 설비의 후드밸브·흡수구 또는 수직배관의 급수구와의 사이의 수량을 그 유효수량으로 한다.

⑥ 화재조기진압용 스프링클러설비용 수조는 다음 각 호의 기준에 따라 설치하여야 한다.
  1. 점검에 편리한 곳에 설치할 것
  2. 동결방지조치를 하거나 동결의 우려가 없는 장소에 설치할 것
  3. 수조의 외측에 수위계를 설치할 것. 다만, 구조상 불가피한 경우에는 수조의 맨홀 등을 통하여 수조 안의 물의 양을 쉽게 확인할 수 있도록 하여야 한다.
  4. 수조의 상단이 바닥보다 높은 때에는 수조의 외측에 고정식 사다리를 설치할 것
  5. 수조가 실내에 설치된 때에는 그 실내에 조명설비를 설치할 것
  6. 수조의 밑 부분에는 청소용 배수밸브 또는 배수관을 설치할 것
  7. 수조의 외측의 보기 쉬운 곳에 "화재조기진압용 스프링클러설비용 수조"라고 표시한 표지를 할 것. 이 경우 그 수조를 다른 설비와 겸용하는 때에는 그 겸용되는 설비의 이름을 표시한 표지를 함께 하여야 한다.
  8. 화재조기진압용 스프링클러펌프의 흡수배관 또는 화재조기진압용 스프링클러설비의 수직배관과 수조의 접속 부분에는 "화재조기진압용 스프링클러설비용 배관"이라고 표시한 표지를 할 것. 다만, 수조와 가까운 장소에 화재조기진압용 스프링클러펌프가 설치되고 화재조기진압용 스프링클러펌프에 제6조제1항제12호에 따른 표지를 설치한 때에는 그러하지 아니하다.

제6조(가압송수장치) ① 전동기 또는 내연기관에 따라 펌프를 이용하는 가압송수장치는 다음 각 호의 기준에 따라 설치하여야 한다.
  1. 쉽게 접근할 수 있고 점검하기에 충분한 공간이 있는 장소로서 화재 및 침수 등의 재해로 인한 피해를 받을 우려가 없는 곳에 설치할 것
  2. 동결방지조치를 하거나 동결의 우려가 없는 장소에 설치할 것
  3. 펌프는 전용으로 할 것. 다만, 다른 소화설비와 겸용하는 경우 각각의 소화설비의 성능에 지장이 없을 때에는 그러하지 아니하다.
  4. 펌프의 토출측에는 압력계를 체크밸브 이전에 펌프토출측 플랜지에서 가까운 곳에 설치하고, 흡입측에는 연성계 또는 진공계를 설치할 것. 다만, 수원의 수위가 펌프의 위치보다 높거나 수직회전축 펌프의 경우에는 연성계 또는 진공계를 설치하지 아니할 수 있다.
  5. 가압송수장치에는 정격부하 운전 시 펌프의 성능을 시험하기 위한 배관을 설치할 것. 다만, 충

압펌프의 경우에는 그러하지 아니하다.
6. 가압송수장치에는 체절운전 시 수온의 상승을 방지하기 위한 순환배관을 설치할 것. 다만, 충압펌프의 경우에는 그러하지 아니하다.
7. 기동용수압개폐장치(압력챔버)를 사용할 경우 그 용적은 100L 이상의 것으로 할 것
8. 수원의 수위가 펌프보다 낮은 위치에 있는 가압송수장치에는 다음 각 목의 기준에 따른 물올림장치를 설치할 것
    가. 물올림장치에는 전용의 수조를 설치할 것
    나. 수조의 유효수량은 100L 이상으로 하되, 구경 15mm 이상의 급수배관에 따라 당해 수조에 물이 계속 보급되도록 할 것
9. 제5조의 방사량 및 헤드선단의 압력을 충족할 것
10. 기동용수압개폐장치를 기동장치로 사용하는 경우에는 다음 각 목의 기준에 따른 충압펌프를 설치할 것
    가. 펌프의 토출압력은 그 설비의 최고위 살수장치의 자연압보다 적어도 0.2MPa이 더 크도록 하거나 가압송수장치의 정격토출압력과 같게 할 것
    나. 펌프의 정격토출량은 정상적인 누설량 보다 적어서는 아니 되며 화재조기진압용 스프링클러설비가 자동적으로 작동할 수 있도록 충분한 토출량을 유지할 것
11. 내연기관을 사용하는 경우에는 제어반에 따라 내연기관의 자동기동 및 수동기동이 가능하고, 상시 충전되어 있는 축전지설비를 갖출 것
12. 가압송수장치에는 "화재조기진압용 스프링클러펌프"라고 표시한 표지를 할 것. 이 경우 그 가압송수장치를 다른 설비와 겸용하는 때에는 그 겸용되는 설비의 이름을 표시한 표지를 함께 하여야 한다.
13. 가압송수장치가 기동이 된 경우에는 자동으로 정지되지 아니하도록 하여야 한다. 다만, 충압펌프의 경우에는 그러하지 아니하다.
14. 가압송수장치는 부식 등으로 인한 펌프의 고착을 방지할 수 있도록 다음 각 목의 기준에 적합한 것으로 할 것. 다만, 충압펌프는 제외한다.
    가. 임펠러는 청동 또는 스테인리스 등 부식에 강한 재질을 사용할 것
    나. 펌프축은 스테인리스 등 부식에 강한 재질을 사용할 것
② 고가수조의 자연낙차를 이용한 가압송수장치는 다음 각 호의 기준에 따라 설치하여야 한다.
1. 고가수조의 자연낙차수두(수조의 하단으로부터 최고층에 설치된 헤드까지의 수직거리를 말한다)는 다음의 식에 따라 산출한 수치 이상이 되도록 할 것

    $H = h_1 + h_2$

    H : 필요한 낙차(m)
    h_1 : 배관의 마찰손실수두(m)
    h_2 : 별표3에 의한 최소방사압력의 환산수두(m)

2. 고가수조에는 수위계·배수관·급수관·오버플로우관 및 맨홀을 설치할 것

③ 압력수조를 이용한 가압송수장치는 다음 각 호의 기준에 따라 설치하여야 한다.
  1. 압력수조의 압력은 다음의 식에 따라 산출한 수치 이상으로 할 것

  $P = p_1 + p_2 + p_3$

   P : 필요한 압력(MPa)
   p_1 : 낙차의 환산수두압(MPa)
   p_2 : 배관의 마찰손실수두압(MPa)
   p_3 : 별표 3에 의한 최소방사압력(MPa)

  2. 압력수조에는 수위계·급수관·배수관·급기관·맨홀·압력계·안전장치 및 압력저하 방지를 위한 자동식 공기압축기를 설치할 것

④ 가압수조를 이용한 가압송수장치는 다음 각 호의 기준에 따라 설치하여야 한다.
  1. 가압수조의 압력은 제1항제9호에 따른 방수량 및 방수압이 20분 이상 유지되도록 할 것
  2. 삭제
  3. 가압수조 및 가압원은 「건축법 시행령」 제46조에 따른 방화구획 된 장소에 설치 할 것
  4. 삭제
  5. 소방청장이 정하여 고시한 「가압수조식 가압송수장치의 성능인증 및 제품검사의 기술기준」에 적합한 것으로 설치할 것

제7조(방호구역·유수검지장치) 화재조기진압용 스프링클러설비의 방호구역(화재조기진압용 스프링클러설비의 소화범위에 포함된 영역을 말한다. 이하 같다)·유수검지장치는 다음 각 호의 기준에 적합하여야 한다.
1. 하나의 방호구역의 바닥면적은 3,000m²를 초과하지 아니할 것
2. 하나의 방호구역에는 1개 이상의 유수검지장치를 설치하되, 화재발생시 접근이 쉽고 점검하기 편리한 장소에 설치할 것
3. 하나의 방호구역은 2개층에 미치지 아니하도록 할 것. 다만, 1개층에 설치되는 화재조기진압용 스프링클러헤드의 수가 10개 이하인 경우에는 3개층 이내로 할 수 있다.
4. 유수검지장치를 실내에 설치하거나 보호용 철망 등으로 구획하여 바닥으로부터 0.8m 이상 1.5m 이하의 위치에 설치하되, 그 실 등에는 개구부가 가로 0.5m 이상 세로 1m 이상의 출입문을 설치하고 그 출입문 상단에 "유수검지장치실"이라고 표시한 표지를 설치할 것. 다만, 유수검지장치를 기계실(공조용기계실을 포함한다) 안에 설치하는 경우에는 별도의 실 또는 보호용 철망을 설치하지 아니하고 기계실 출입문 상단에 "유수검지장치실"이라고 표시한 표지를 설치할 수 있다.
5. 화재조기진압용 스프링클러헤드에 공급되는 물은 유수검지장치를 지나도록 할 것. 다만, 송수구를 통하여 공급되는 물은 그러하지 아니하다.
6. 자연낙차에 따른 압력수가 흐르는 배관상에 설치된 유수검지장치는 화재 시 물의 흐름을 검지할 수 있는 최소한의 압력이 얻어질 수 있도록 수조의 하단으로부터 낙차를 두어 설치할 것

제8조(배관) ① 화재조기진압용 스프링클러설비의 배관은 습식으로 하여야 한다.

② 배관은 배관용탄소강관(KS D 3507) 또는 배관 내 사용압력이 1.2MPa 이상일 경우에는 압력배관용탄소강관(KS D 3562) 또는 이음매 없는 동 및 동합금(KS D 5301)의 배관용 동관이나 이와 동등 이상의 강도·내식성 및 내열성을 가진 것으로 하여야 한다.

③ 제2항에도 불구하고 다음 각 호의 어느 하나에 해당하는 장소에는 법 제39조에 따라 제품검사에 합격한 소방용 합성수지배관으로 설치할 수 있다.
   1. 배관을 지하에 매설하는 경우
   2. 다른 부분과 내화구조로 구획된 덕트 또는 피트의 내부에 설치하는 경우
   3. 천장(상층이 있는 경우에는 상층바닥의 하단을 포함한다. 이하 같다)과 반자를 불연재료 또는 준불연재료로 설치하고 그 내부에 습식으로 배관을 설치하는 경우

④ 급수배관은 다음 각 호의 기준에 따라 설치하여야 한다.
   1. 전용으로 할 것. 다만, 화재조기진압용 스프링클러설비의 기동장치의 조작과 동시에 다른 설비의 용도에 사용하는 배관의 송수를 차단할 수 있거나, 화재조기진압용 스프링클러의 성능에 지장이 없는 경우에는 다른 설비와 겸용할 수 있다.
   2. 급수를 차단할 수 있는 개폐밸브는 개폐표시형으로 할 것. 이 경우 펌프의 흡입측 배관에는 버터플라이밸브 외의 개폐표시형밸브를 설치하여야 한다.
   3. 배관의 구경은 제5조제1항에 적합하도록 수리계산에 따라 설치할 것. 다만, 이 경우 가지배관의 유속은 6m/s, 그 밖의 배관의 유속은 10m/s를 초과할 수 없다.

⑤ 펌프의 흡입측배관은 다음 각 호의 기준에 따라 설치하여야 한다.
   1. 공기고임이 생기지 아니하는 구조로 하고 여과장치를 설치할 것
   2. 수조가 펌프보다 낮게 설치된 경우에는 각 펌프(충압펌프를 포함한다)마다 수조로부터 별도로 설치할 것

⑥ 연결송수관설비의 배관과 겸용할 경우의 주배관은 구경 100mm 이상, 방수구로 연결되는 배관의 구경은 65mm 이상의 것으로 하여야 한다.

⑦ 펌프의 성능은 체절운전 시 정격토출압력의 140%를 초과하지 아니하고, 정격토출량의 150%로 운전 시 정격토출압력의 65% 이상이 되어야 하며, 펌프의 성능시험배관은 다음 각 호의 기준에 적합하여야 한다.
   1. 성능시험배관은 펌프의 토출측에 설치된 개폐밸브 이전에서 분기하여 설치하고, 유량측정장치를 기준으로 전단 직관부에 개폐밸브를 후단 직관부에는 유량조절밸브를 설치할 것
   2. 유량측정장치는 성능시험배관의 직관부에 설치하되, 펌프의 정격토출량의 175% 이상 측정할 수 있는 성능이 있을 것

⑧ 가압송수장치의 체절운전 시 수온의 상승을 방지하기 위하여 체크밸브와 펌프 사이에서 분기한 구경 20mm 이상의 배관에 체절압력 미만에서 개방되는 릴리프밸브를 설치하여야 한다.

⑨ 동결방지조치를 하거나 동결의 우려가 없는 장소에 설치하여야 한다. 다만, 보온재를 사용할 경

우에는 난연재료 성능 이상의 것으로 하여야 한다.
⑩ 가지배관의 배열은 다음 각 호의 기준에 따른다.
1. 토너먼트(Tournament)방식이 아닐 것
2. 가지배관 사이의 거리는 2.4m 이상 3.7m 이하로 할 것. 다만, 천장의 높이가 9.1m 이상 13.7m 이하인 경우에는 2.4m 이상 3.1m 이하로 한다.
3. 교차배관에서 분기되는 지점을 기점으로 한쪽 가지배관에 설치되는 헤드의 개수(반자 아래와 반자 속의 헤드를 하나의 가지배관상에 병설하는 경우에는 반자 아래에 설치하는 헤드의 개수)는 8개 이하로 할 것. 다만, 다음 각 목의 어느 하나에 해당하는 경우에는 그러하지 아니하다.
   가. 기존의 방호구역 안에서 칸막이 등으로 구획하여 1개의 헤드를 증설하는 경우
   나. 격자형 배관방식(2 이상의 수평주행배관 사이를 가지배관으로 연결하는 방식을 말한다)을 채택하는 때에는 펌프의 용량, 배관의 구경 등을 수리학적으로 계산한 결과 헤드의 방수압 및 방수량이 소화목적을 달성하는 데 충분하다고 인정되는 경우. 다만, 중앙소방기술심의위원회 또는 지방소방기술심의위원회의 심의를 거친 경우에 한정한다.
4. 가지배관과 화재조기진압용 스프링클러헤드 사이의 배관을 신축배관으로 하는 경우에는 소방청장이 정하여 고시한 「스프링클러설비신축배관 성능인증 및 제품검사의 기술기준」에 적합한 것으로 설치할 것. 이 경우 신축배관의 설치길이는 소방청장이 정하여 고시한 「스프링클러설비의 화재안전기준」 제10조제3항의 거리를 초과하지 아니할 것

⑪ 교차배관의 위치·청소구 및 가지배관의 헤드설치는 다음 각 호의 기준에 따른다.
1. 교차배관은 가지배관과 수평으로 설치하거나 또는 가지배관 밑에 설치하고, 그 구경은 제4항 제3호에 따르되, 최소구경이 40mm 이상이 되도록 할 것
2. 청소구는 교차배관 끝에 40mm 이상 크기의 개폐밸브를 설치하고, 호스접결이 가능한 나사식 또는 고정배수 배관식으로 할 것. 이 경우 나사식의 개폐밸브는 옥내소화전 호스접결용의 것으로 하고, 나사보호용의 캡으로 마감하여야 한다.
3. 하향식헤드를 설치하는 경우에 가지배관으로부터 헤드에 이르는 헤드접속배관은 가지관상부에서 분기할 것. 다만, 소화설비용 수원의 수질이 「먹는물관리법」 제5조에 따라 먹는물의 수질기준에 적합하고 덮개가 있는 저수조로부터 물을 공급받는 경우에는 가지배관의 측면 또는 하부에서 분기할 수 있다.

⑫ 유수검지장치를 시험할 수 있는 시험장치를 다음 각 호의 기준에 따라 설치하여야 한다.
1. 유수검지장치 2차측 배관에 연결하여 설치할 것
2. 시험장치 배관의 구경은 32mm 이상으로 하고, 그 끝에 개방형헤드 또는 화재조기진압용스프링클러헤드와 동등한 방수성능을 가진 오리피스를 설치할 것. 이 경우 개방형헤드는 반사판 및 프레임을 제거한 오리피스만으로 설치할 수 있다.
3. 시험배관의 끝에는 물받이통 및 배수관을 설치하여 시험 중 방사된 물이 바닥에 흘러내리지 아니하도록 할 것. 다만, 목욕실·화장실 또는 그 밖의 곳으로서 배수처리가 쉬운 장소에 시험배관을 설치한 경우에는 그러하지 아니하다.

⑬ 배관에 설치되는 행가는 다음 각 호의 기준에 따라 설치하여야 한다.
   1. 가지배관에는 헤드의 설치지점 사이마다 1개 이상의 행가를 설치하되, 헤드 간의 거리가 3.5m를 초과하는 경우에는 3.5m 이내마다 1개 이상 설치할 것. 이 경우 상향식헤드와 행가 사이에는 8cm 이상의 간격을 두어야 한다.
   2. 교차배관에는 가지배관과 가지배관 사이마다 1개 이상의 행가를 설치하되, 가지배관 사이의 거리가 4.5m를 초과하는 경우에는 4.5m 이내마다 1개 이상 설치할 것
   3. 제1호와 제2호의 수평주행배관에는 4.5m 이내마다 1개 이상 설치할 것
⑭ 수직배수배관의 구경은 50mm 이상으로 하여야 한다.
⑮ 급수배관에 설치되어 급수를 차단할 수 있는 개폐밸브에는 그 밸브의 개폐상태를 감시제어반에서 확인할 수 있도록 급수개폐밸브 작동표시 스위치를 다음 각 호의 기준에 따라 설치하여야 한다.
   1. 급수개폐밸브가 잠길 경우 탬퍼스위치의 동작으로 인하여 감시제어반 또는 수신기에 표시되어야 하며 경보음을 발할 것
   2. 탬퍼스위치는 감시제어반 또는 수신기에서 동작의 유무확인과 동작시험, 도통시험을 할 수 있을 것
   3. 급수개폐밸브의 작동표시 스위치에 사용되는 전기배선은 내화전선 또는 내열전선으로 설치할 것
⑯ 화재조기진압용 스프링클러설비 배관을 수평으로 하여야 한다. 다만, 배관의 구조상 소화수가 남아 있는 곳에는 배수밸브를 설치할 수 있다.
⑰ 배관은 다른 설비의 배관과 쉽게 구분이 될 수 있는 위치에 설치하거나 그 배관표면 또는 배관 보온재표면의 색상을 달리하는 방법 등으로 소방용설비의 배관임을 표시하여야 한다.
⑱ 확관형 분기배관을 사용할 경우에는 소방청장이 정하여 고시한 「분기배관 성능인증 및 제품검사의 기술기준」에 적합한 것으로 설치하여야 한다.

제9조(음향장치 및 기동장치) ① 화재조기진압용 스프링클러설비의 음향장치 및 기동장치는 다음 각 호의 기준에 따라 설치하여야 한다.
   1. 유수검지장치를 사용하는 설비는 헤드가 개방되면 유수검지장치가 화재신호를 발신하고 그에 따라 음향장치가 경보되도록 할 것
   2. 음향장치는 유수검지장치의 담당구역마다 설치하되 그 구역의 각 부분으로부터 하나의 음향장치까지의 수평거리는 25m 이하가 되도록 할 것
   3. 음향장치는 경종 또는 사이렌(전자식 사이렌을 포함한다)으로 하되, 주위의 소음 및 다른 용도의 경보와 구별이 가능한 음색으로 할 것. 이 경우 경종 또는 사이렌은 자동화재탐지설비·비상벨설비 또는 자동식사이렌설비의 음향장치와 겸용할 수 있다.
   4. 주음향장치는 수신기의 내부 또는 그 직근에 설치할 것
   5. 층수가 5층 이상으로서 연면적이 3,000m²를 초과하는 특정소방대상물은 다음 각 목에 따라 경보를 발할 수 있도록 하여야 한다.

가. 2층 이상의 층에서 발화한 때에는 발화층 및 그 직상층에 경보를 발할 수 있도록 할 것
　　나. 1층에서 발화한 때에는 발화층ㆍ그 직상층 및 지하층에 경보를 발할 수 있도록 할 것
　　다. 지하층에서 발화한 때에는 발화층ㆍ그 직상층 및 기타의 지하층에 경보를 발할 수 있도록 할 것
　6. 음향장치는 다음 각 목의 기준에 따른 구조 및 성능의 것으로 할 것
　　가. 정격전압의 80% 전압에서 음향을 발할 수 있는 것으로 할 것
　　나. 음량은 부착된 음향장치의 중심으로부터 1m 떨어진 위치에서 90폰 이상이 되는 것으로 할 것

② 화재조기진압용 스프링클러설비의 가압송수장치로서 펌프가 설치되는 경우에는 그 펌프의 작동은 유수검지장치의 발신이나 기동용수압개폐장치에 따라 작동되거나 또는 이 두 가지의 혼용에 따라 작동될 수 있도록 하여야 한다.

제10조(헤드) 화재조기진압용 스프링클러설비의 헤드는 다음 각 호에 적합하여야 한다.
　1. 헤드 하나의 방호면적은 $6.0m^2$ 이상 $9.3m^2$ 이하로 할 것

> **》 헤드 하나의 방호면적 $6.0m^2$ 이상 $9.3m^2$ 이하 의미**
>
> 헤드 하나의 방호면적이 작아질 경우 살수밀도가 커지는 효과가 발생할 수 있으나 스키핑(Skipping : 인근 헤드 냉각으로 인한 헤드 작동 지연)이 발생할 수 있으며, 방호면적이 커질 경우 살수밀도는 저하되는 문제가 발생한다.

　2. 가지배관의 헤드 사이의 거리는 천장의 높이가 9.1m 미만인 경우에는 2.4m 이상 3.7m 이하로, 9.1m 이상 13.7m 이하인 경우에는 3.1m 이하로 할 것
　3. 헤드의 반사판은 천장 또는 반자와 평행하게 설치하고 저장물의 최상부와 914mm 이상 확보되도록 할 것
　4. 하향식 헤드의 반사판의 위치는 천장이나 반자 아래 125mm 이상 355mm 이하일 것
　5. 상향식 헤드의 감지부 중앙은 천장 또는 반자와 101mm 이상 152mm 이하이어야 하며, 반사판의 위치는 스프링클러배관의 윗부분에서 최소 178mm 상부에 설치되도록 할 것
　6. 헤드와 벽과의 거리는 헤드 상호 간 거리의 2분의 1을 초과하지 않아야 하며 최소 102mm 이상일 것
　7. 헤드의 작동온도는 74℃ 이하일 것. 다만, 헤드 주위의 온도가 38℃ 이상의 경우에는 그 온도에서의 화재시험 등에서 헤드작동에 관하여 공인기관의 시험을 거친 것을 사용할 것
　8. 헤드의 살수분포에 장애를 주는 장애물이 있는 경우에는 다음 각 목의 어느 하나에 적합할 것
　　가. 천장 또는 천장근처에 있는 장애물과 반사판의 위치는 별도 1 또는 별도 2와 같이 하며, 천장 또는 천장근처에 보ㆍ덕트ㆍ기둥ㆍ난방기구ㆍ조명기구ㆍ전선관 및 배관 등의 기타 장애물이 있는 경우에는 장애물과 헤드 사이의 수평거리에 따른 장애물의 하단과 그 보다 윗

부분에 설치되는 헤드 반사판 사이의 수직거리는 별표 1 또는 별도 3에 따를 것
나. 헤드 아래에 덕트·전선관·난방용배관 등이 설치되어 헤드의 살수를 방해하는 경우에는 별표 1 또는 별도 3에 따를 것. 다만, 2개 이상의 헤드의 살수를 방해하는 경우에는 별표 2를 참고로 한다.
9. 상부에 설치된 헤드의 방출수에 따라 감열부에 영향을 받을 우려가 있는 헤드에는 방출수를 차단할 수 있는 유효한 차폐판을 설치할 것

≫ 헤드 상호 간의 거리 및 설치 개념도

구분	수평거리(r)	각 헤드 사이의 거리 (정방형으로 배치할 경우 : $S = 2r \cdot \cos 45°$)		
헤드당 방호면적별 구분 ($S^2 = 6.0\text{m}^2$ 이상 9.3m^2 미만)	1.7m ~ 2.1m	$S = \sqrt{6\text{m}^2} = 2.449$	∴ 2.4m	
		$r = \dfrac{\sqrt{6\text{m}^2}}{2 \times \cos 45°} = 1.732$	∴ 1.7m	
		$S = \sqrt{9.3\text{m}^2} = 3.049$	∴ 3.04m	
		$r = \dfrac{\sqrt{9.3\text{m}^2}}{2 \times \cos 45°} = 2.156$	∴ 2.1m	
※ 주의사항 : 헤드면적당 방호면적을 볼 경우 정방형으로 배치한다면 헤드 간 거리는 $S = 2.4 \sim 3.1\text{m}$로 배치하여야 하며 천장높이 9.1m 미만일 때 헤드 간 거리 $S = 3.7\text{m}$ 이하로 될 경우에는 사실상 배치할 수 없다.				
가지배관 및 헤드거리	천장높이 9.1m 미만	1.7m ~ 2.6m	2.4m 이상 3.7m 이하	
			$r = \dfrac{2.4\text{m}}{2 \times \cos 45°} = 1.697$	∴ 1.7m
			$r = \dfrac{3.7\text{m}}{2 \times \cos 45°} = 2.616$	∴ 2.6m

≫ 헤드의 반사판 위치, 헤드와 벽과의 거리

참고 한끝 국가화재안전기준

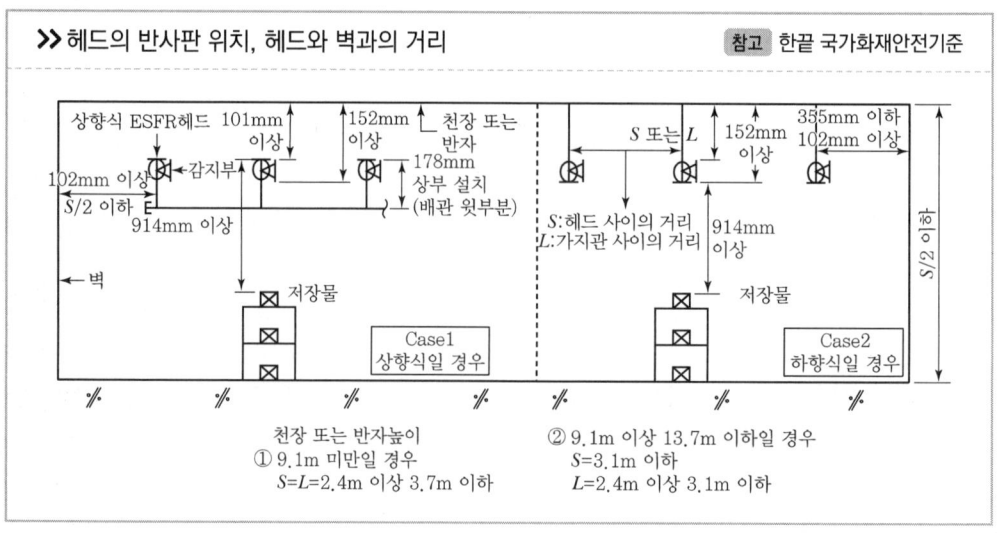

제11조(저장물의 간격) 저장물품 사이의 간격은 모든 방향에서 152mm 이상의 간격을 유지하여야 한다.

제12조(환기구) 화재조기진압용 스프링클러설비의 환기구는 다음 각 호에 적합하여야 한다.
1. 공기의 유동으로 인하여 헤드의 작동온도에 영향을 주지 않는 구조일 것
2. 화재감지기와 연동하여 동작하는 자동식 환기장치를 설치하지 아니할 것. 다만, 자동식 환기장치를 설치할 경우에는 최소작동온도가 180℃ 이상일 것

제13조(송수구) 화재조기진압용 스프링클러설비에는 소방차로부터 그 설비에 송수할 수 있는 송수구를 다음 각 호의 기준에 따라 설치하여야 한다.
1. 송수구는 화재층으로부터 지면으로 떨어지는 유리창 등이 송수 및 그 밖의 소화작업에 지장을 주지 아니하는 장소에 설치할 것
2. 송수구로부터 주배관에 이르는 연결배관에 개폐밸브를 설치한 때에는 그 개폐상태를 쉽게 확인 및 조작할 수 있는 옥외 또는 기계실 등의 장소에 설치할 것
3. 구경 65mm의 쌍구형으로 할 것
4. 송수구에는 그 가까운 곳의 보기 쉬운 곳에 송수압력범위를 표시한 표지를 할 것
5. 송수구는 하나의 층의 바닥면적이 3,000m²를 넘을 때마다 1개(5개를 넘을 경우에는 5개로 한다) 이상을 설치할 것
6. 지면으로부터 높이가 0.5m 이상 1m 이하의 위치에 설치할 것
7. 송수구의 가까운 부분에 자동배수밸브(또는 직경 5mm의 배수공) 및 체크밸브를 설치할 것. 이 경우 자동배수밸브는 배관안의 물이 잘 빠질 수 있는 위치에 설치하되, 배수로 인하여 다른 물건 또는 장소에 피해를 주지 아니하여야 한다.
8. 송수구에는 이물질을 막기 위한 마개를 씌어야 한다.

제14조(전원) ① 화재조기진압용 스프링클러설비에는 다음 각 호의 기준에 따른 상용전원회로의 배선을 설치하여야 한다. 다만, 가압수조방식으로서 모든 기능이 20분 이상 유효하게 지속될 수 있는 경우에는 그러하지 아니하다.
1. 저압수전인 경우에는 인입개폐기의 직후에서 분기하여 전용배선으로 하여야 하며, 전용의 전선관에 보호되도록 할 것
2. 특별고압수전 또는 고압수전일 경우에는 전력용 변압기 2차측의 주차단기 1차측에서 분기하니 전용배선으로 하되, 상용전원의 상시공급에 지장이 없을 경우에는 수차단기 2차측에서 분기하여 전용배선으로 할 것. 다만, 가압송수장치의 정격입력전압이 수전전압과 같은 경우에는 제1호의 기준에 따른다.

② 화재조기진압용 스프링클러설비에는 자가발전설비, 축전지설비 또는 전기저장장치에 따른 비상전원을 설치하여야 한다. 다만, 2 이상의 변전소(「전기사업법」제67조에 따른 변전소를 말한다.

이하 같다)에서 전력을 동시에 공급받을 수 있거나 하나의 변전소로부터 전력의 공급이 중단되는 때에는 자동으로 다른 변전소로부터 전력을 공급받을 수 있도록 상용전원을 설치한 경우와 가압수조방식에는 비상전원을 설치하지 아니할 수 있다.

③ 제2항에 따라 비상전원 중 자가발전설비, 축전지설비(내연기관에 따른 펌프를 설치한 경우에는 내연기관의 기동 및 제어용축전지를 말한다) 또는 전기저장장치(외부 전기에너지를 저장해 두었다가 필요한 때 전기를 공급하는 장치)는 다음 각 호의 기준에 따라 설치하여야 한다.
1. 점검에 편리하고 화재 및 침수 등의 재해로 인한 피해를 받을 우려가 없는 곳에 설치할 것
2. 화재조기진압용 스프링클러설비를 유효하게 20분 이상 작동할 수 있어야 할 것
3. 상용전원으로부터 전력의 공급이 중단된 때에는 자동으로 비상전원으로부터 전력을 공급받을 수 있도록 할 것
4. 비상전원(내연기관의 기동 및 제어용 축전기를 제외한다)의 설치장소는 다른 장소와 방화구획할 것. 이 경우 그 장소에는 비상전원의 공급에 필요한 기구나 설비외의 것(열병합발전설비에 필요한 기구나 설비는 제외한다)을 두어서는 아니 된다.
5. 비상전원을 실내에 설치하는 때에는 그 실내에 비상조명등을 설치할 것

제15조(제어반) ① 화재조기진압용 스프링클러설비에는 제어반을 설치하되, 감시제어반과 동력제어반으로 구분하여 설치하여야 한다. 다만, 다음 각 호의 어느 하나에 해당하는 경우에는 감시제어반과 동력제어반으로 구분하여 설치하지 아니할 수 있다.
1. 다음 각 목의 어느 하나에 해당하지 아니하는 특정소방대상물에 설치되는 화재조기진압용 스프링클러설비
   가. 지하층을 제외한 층수가 7층 이상으로서 연면적이 2,000m² 이상인 것
   나. 제1호에 해당하지 아니하는 특정소방대상물로서 지하층의 바닥면적의 합계가 3,000m² 이상인 것. 다만, 차고·주차장 또는 보일러실·기계실·전기실 등 이와 유사한 장소의 면적은 제외한다.
2. 내연기관에 따른 가압송수장치를 사용하는 화재조기진압용 스프링클러설비
3. 고가수조에 따른 가압송수장치를 사용하는 화재조기진압용 스프링클러설비
4. 가압수조에 따른 가압송수장치를 사용하는 화재조기진압용 스프링클러설비

② 감시제어반의 기능은 다음 각 호의 기준에 적합하여야 한다. 다만, 제1항 각 호의 어느 하나에 해당하는 경우에는 제3호 및 제5호의 규정을 적용하지 아니한다.
1. 각 펌프의 작동여부를 확인할 수 있는 표시등 및 음향경보기능이 있어야 할 것
2. 각 펌프를 자동 및 수동으로 작동시키거나 중단시킬 수 있어야 한다.
3. 비상전원을 설치한 경우에는 상용전원 및 비상전원의 공급여부를 확인할 수 있어야 할 것
4. 수조 또는 물올림탱크가 저수위로 될 때 표시등 및 음향으로 경보할 것
5. 예비전원이 확보되고 예비전원의 적합여부를 시험할 수 있어야 할 것

③ 감시제어반은 다음 각 호의 기준에 따라 설치하여야 한다.

1. 화재 및 침수 등의 재해로 인한 피해를 받을 우려가 없는 곳에 설치할 것
2. 감시제어반은 스프링클러설비의 전용으로 할 것. 다만, 스프링클러설비의 제어에 지장이 없는 경우에는 다른 설비와 겸용할 수 있다.
3. 감시제어반은 다음 각 목의 기준에 따른 전용실 안에 설치할 것. 다만 제1항 각 호의 어느 하나에 해당하는 경우와 공장, 발전소 등에서 설비를 집중 제어·운전할 목적으로 설치하는 중앙제어실 내에 감시제어반을 설치하는 경우에는 그러하지 아니하다.
    가. 다른 부분과 방화구획을 할 것. 이 경우 전용실의 벽에는 기계실 또는 전기실 등의 감시를 위하여 두께 7mm 이상의 망입유리(두께 16.3mm 이상의 접합유리 또는 두께 28mm 이상의 복층유리를 포함한다)로 된 4m² 미만의 붙박이창을 설치할 수 있다.
    나. 피난층 또는 지하 1층에 설치할 것. 다만, 「건축법 시행령」 제35조에 따라 특별피난계단이 설치되고 그 계단(부속실을 포함한다) 출입구로부터 보행거리 5m이내에 전용실의 출입구가 있는 경우에는 지상 2층에 설치하거나 지하 1층 외의 지하층에 설치할 수 있다.
    다. 비상조명등 및 급·배기설비를 설치할 것
    라. 「무선통신보조설비의 화재안전기준(NFSC 505)」 제5조제3항에 따라 유효하게 통신이 가능할 것(영 별표 5의 제5호마목에 따른 무선통신보조설비가 설치된 특정소방대상물에 한한다.)
    마. 바닥면적은 감시제어반의 설치에 필요한 면적 외에 화재 시 소방대원이 그 감시제어반의 조작에 필요한 최소면적 이상으로 할 것
4. 제3호에 따른 전용실에는 특정소방대상물의 기계·기구 또는 시설 등의 제어 및 감시설비 외의 것을 두지 아니할 것
5. 각 유수검지장치의 작동여부를 확인할 수 있는 표시 및 경보기능이 있도록 할 것
6. 다음 각 목의 확인회로마다 도통시험 및 작동시험을 할 수 있도록 할 것
    가. 기동용수압개폐장치의 압력스위치회로
    나. 수조 또는 물올림탱크의 저수위감시회로
    다. 유수검지장치 또는 압력스위치회로
    라. 제8조제15항에 따른 개폐밸브의 폐쇄상태 확인회로
    마. 그 밖의 이와 비슷한 회로
7. 감시제어반과 자동화재탐지설비의 수신기를 별도의 장소에 설치하는 경우에는 이들 상호 간에 동시 통화가 가능하도록 할 것

④ 동력제어반은 다음 각 호의 기준에 따라 설치하여야 한다.
1. 앞면은 직색으로 하고 "화재조기진압용 스프링클러설비용 동력제어반"이라고 표시한 표지를 설치할 것
2. 외함은 두께 1.5mm 이상의 강판 또는 이와 동등 이상의 강도 및 내열성능이 있는 것으로 할 것
3. 그 밖의 동력제어반의 설치에 관하여는 제3항제1호 및 제2호의 기준을 준용할 것

제16조(배선 등) ① 화재조기진압용 스프링클러설비 배선은 「전기사업법」제67조에 따른 기술기준에서 정한 것 외에 다음 각 호의 기준에 따라 설치하여야 한다.
  1. 비상전원으로부터 동력제어반 및 가압송수장치에 이르는 전원회로배선은 내화배선으로 할 것. 다만, 자가발전설비와 동력제어반이 동일한 실에 설치된 경우에는 자가발전기로부터 그 제어반에 이르는 전원회로 배선은 그러하지 아니하다.
  2. 상용전원으로부터 동력제어반에 이르는 배선, 그 밖의 스프링클러설비의 감시·조작 또는 표시등회로의 배선은 내화배선 또는 내열배선으로 할 것. 다만, 감시제어반 또는 동력제어반 안의 감시·조작 또는 표시등회로의 배선은 그러하지 아니하다.
② 제1항에 따른 내화배선 및 내열배선에 사용되는 전선 및 설치방법은 「옥내소화전설비의 화재안전기준(NFSC 102)」 별표 1의 기준에 따른다.
③ 화재조기진압용 스프링클러설비의 과전류차단기 및 개폐기에는 "화재조기진압용 스프링클러설비용"이라고 표시한 표지를 하여야 한다.
④ 화재조기진압용 스프링클러설비용 전기배선의 양단 및 접속단자에는 다음 각 호의 기준에 따라 표지하여야 한다.
  1. 단자에는 "화재조기진압용 스프링클러설비단자"라고 표시한 표지를 부착할 것
  2. 화재조기진압용 스프링클러설비용 전기배선의 양단에는 다른 배선과 식별이 용이하도록 표시할 것

제17조(설치제외) 다음 각 호에 해당하는 물품의 경우에는 화재조기진압용 스프링클러를 설치하여서는 아니 된다. 다만, 물품에 대한 화재시험 등 공인기관의 시험을 받은 것은 제외한다.
  1. 제4류 위험물
  2. 타이어, 두루마리 종이 및 섬유류, 섬유제품 등 연소 시 화염의 속도가 빠르고 방사된 물이 하부까지에 도달하지 못하는 것

제18조(수원 및 가압송수장치의 펌프 등의 겸용) ① 화재조기진압용 스프링클러설비의 수원을 옥내소화전설비·스프링클러설비·간이스프링클러설비·물분무소화설비·포소화설비 및 옥외소화전설비의 수원과 겸용하여 설치하는 경우의 저수량은 각 소화설비에 필요한 저수량을 합한 양 이상이 되도록 하여야 한다. 다만, 이들 소화설비 중 고정식 소화설비(펌프·배관과 소화수 또는 소화약제를 최종 방출하는 방출구가 고정된 설비를 말한다. 이하 같다)가 2 이상 설치되어 있고, 그 소화설비가 설치된 부분이 방화벽과 방화문으로 구획되어 있는 경우에는 각 고정식 소화설비에 필요한 저수량 중 최대의 것 이상으로 할 수 있다.
② 화재조기진압용 스프링클러설비의 가압송수장치로 사용하는 펌프를 옥내소화전설비·스프링클러설비·간이스프링클러설비·물분무소화설비·포소화설비 및 옥외소화전설비의 가압송수장치와 겸용하여 설치하는 경우의 펌프의 토출량은 각 소화설비에 해당하는 토출량을 합한 양 이상이 되도록 하여야 한다. 다만, 이들 소화설비 중 고정식 소화설비가 2 이상 설치되어 있고, 그

소화설비가 설치된 부분이 방화벽과 방화문으로 구획되어 있으며 각 소화설비에 지장이 없는 경우에는 펌프의 토출량 중 최대의 것 이상으로 할 수 있다.

③ 옥내소화전설비·스프링클러설비·간이스프링클러설비·화재조기진압용 스프링클러설비·물분무소화설비·포소화설비 및 옥외소화전설비의 가압송수장치에 있어서 각 토출측배관과 일반급수용의 가압송수장치의 토출측 배관을 상호 연결하여 화재 시 사용할 수 있다. 이 경우 연결배관에는 개폐표시형 밸브를 설치하여야 하며, 각 소화설비의 성능에 지장이 없도록 하여야 한다.

④ 화재조기진압용 스프링클러설비의 송수구를 옥내소화전설비·스프링클러설비·간이스프링클러설비·물분무소화설비·포소화설비·연결송수관설비 또는 연결살수설비의 송수구와 겸용으로 설치하는 경우에는 스프링클러설비의 송수구의 설치기준에 따르되 각각의 소화설비의 기능에 지장이 없도록 하여야 한다.

제19조(설치·유지기준의 특례) 소방본부장 또는 소방서장은 기존 건축물이 증축·개축·수선되거나 용도변경되는 경우에 있어서 이 기준이 정하는 기준에 따라 해당 건축물에 설치하여야 할 화재조기진압용 스프링클러설비의 배관·배선 등의 공사가 현저하게 곤란하다고 인정되는 경우에는 당해 설비의 기능 및 사용에 지장이 없는 범위 안에서 화재조기진압용 스프링클러설비의 설치·유지기준의 일부를 적용하지 아니할 수 있다.

제20조(재검토기한) 소방청장은 「훈령·예규 등의 발령 및 관리에 관한 규정」에 따라 이 고시에 대하여 2021년 7월 1일 기준으로 매 3년이 되는 시점(매 3년째의 6월 30일까지를 말한다)마다 그 타당성을 검토하여 개선 등의 조치를 하여야 한다.

부칙

〈제2021-25호, 2021. 7. 22.〉

제1조(시행일) 이 고시는 발령한 날부터 시행한다.
제2조(일반적 적용례) 이 고시는 이 고시 시행 후 특정소방대상물의 신축·증축·개축·재축·이전·용도변경 또는 대수선의 허가·협의를 신청하거나 신고하는 경우부터 적용한다.

[별표 1] 보 또는 기타 장애물 아래에 헤드가 설치된 경우의 반사판 위치(제10조제8호 관련)

장애물과 헤드 사이의 수평거리	장애물의 하단과 헤드의 반사판 사이의 수직거리	장애물과 헤드 사이의 수평거리	장애물의 하단과 헤드의 반사판 사이의 수직거리
0.3m 미만	0mm	1.1m 이상~1.2m 미만	300mm
0.3m 이상~0.5m 미만	40mm	1.2m 이상~1.4m 미만	380mm
0.5m 이상~0.7m 미만	75mm	1.4m 이상~1.5m 미만	460mm
0.7m 이상~0.8m 미만	140mm	1.5m 이상~1.7m 미만	560mm
0.8m 이상~0.9m 미만	200mm	1.7m 이상~1.8m 미만	660mm
1.0m 이상~1.1m 미만	250mm	1.8m 이상	790mm

>> [별표 1] 헤드 설치는 별표 1과 별표 2를 함께 사용할 수 있으며, 설치형태는 살수장애와 천정제트흐름(열기류)에 노출되도록 헤드의 배치가 고려되어 아래 그림과 같이 설치한다.

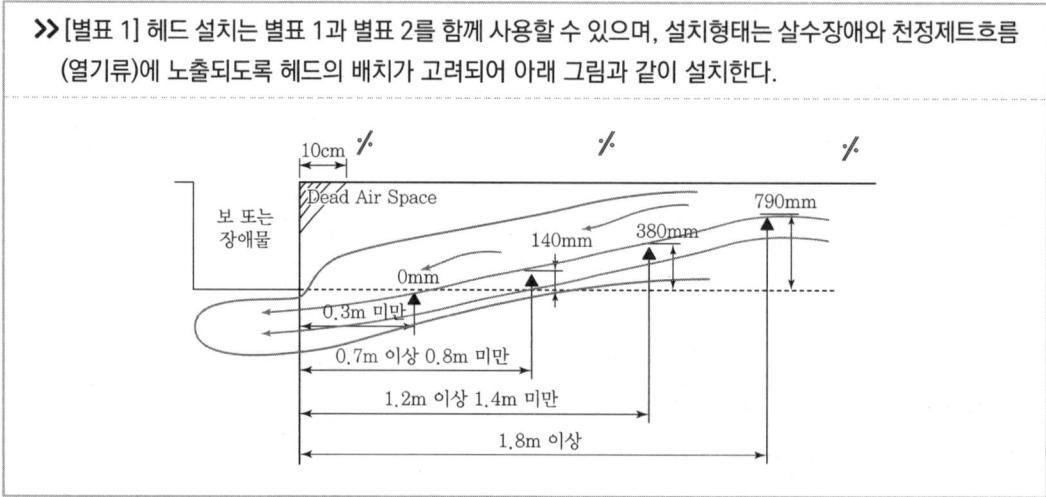

[별표 2] 저장물 위에 장애물이 있는 경우의 헤드설치 기준(제10조제8호 관련)

장애물의 폭		조건
돌출장애물	0.6m 이하	1. 별표 1 또는 별도 2에 적합하거나 2. 장애물의 끝부근에서 헤드 반사판까지의 수평거리가 0.3m 이하로 설치할 것
	0.6m 초과	별표 1 또는 별도 3에 적합할 것
연속장애물	5cm 이하	1. 별표 1 또는 별도 3에 적합하거나 2. 장애물이 헤드 반사판 아래 0.6m 이하로 설치된 경우는 허용한다.
	5cm 초과~0.3m 이하	1. 별표 1 또는 별도 3에 적합하거나 2. 장애물의 끝부근에서 헤드 반사판까지의 수평거리가 0.3m 이하로 설치 할 것
	0.3m 초과~0.6m 이하	1. 별표 1 또는 별도 3에 적합하거나 2. 장애물이 끝부근에서 헤드 반사판까지의 수평거리가 0.6m 이하로 설치할 것
	0.6m 초과	1. 별표 1 또는 별도 3에 적합하거나 2. 장애물이 평편하고 견고하며 수평적인 경우에는 저장물의 최상단과 헤드반사판의 간격이 0.9m 이하로 설치할 것 3. 장애물이 평편하지 않거나 비연속적인 경우에는 저장물 아래에 평편한 판을 설치한 후 헤드를 설치할 것

[별표 3] 화재조기진압용 스프링클러헤드의 최소방사압력(MPa)(제5조제1항 관련)

최대층고	최대저장높이	화재조기진압용 스프링클러헤드				
		K=360 하향식	K=320 하향식	K=240 하향식	K=240 상향식	K=200 하향식
13.7m	12.2m	0.28	0.28	-	-	-
13.7m	10.7m	0.28	0.28	-	-	-
12.2m	10.7m	0.17	0.28	0.36	0.36	0.52
10.7m	9.1m	0.14	0.24	0.36	0.36	0.52
9.1m	7.6m	0.10	0.17	0.24	0.24	0.34

[별도 1] 보 또는 기타 장애물 위에 헤드가 설치된 경우의 반사판 위치(별도 3 또는 별표 1을 함께 사용할 것)

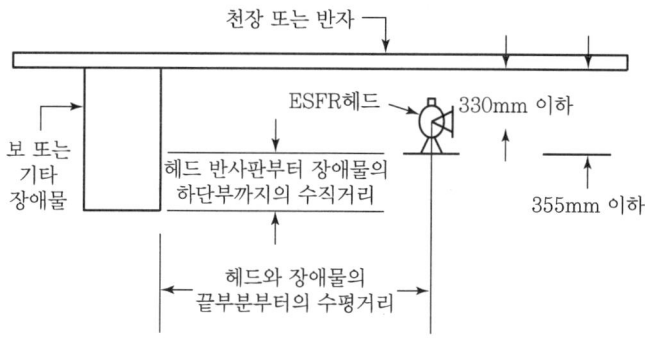

[별도 2] 장애물이 헤드 아래에 연속적으로 설치된 경우의 반사판 위치(별도 3 또는 별표 1을 함께 사용할 것)

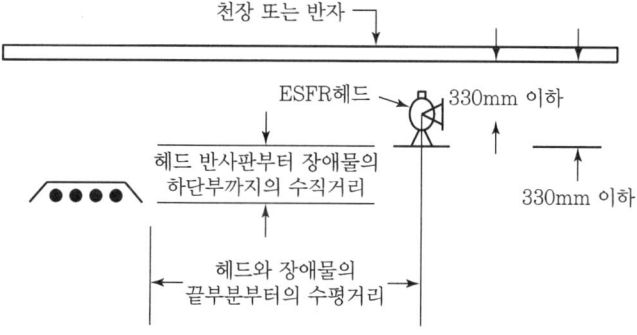

[별도 3] 장애물 아래에 설치되는 헤드 반사판의 위치

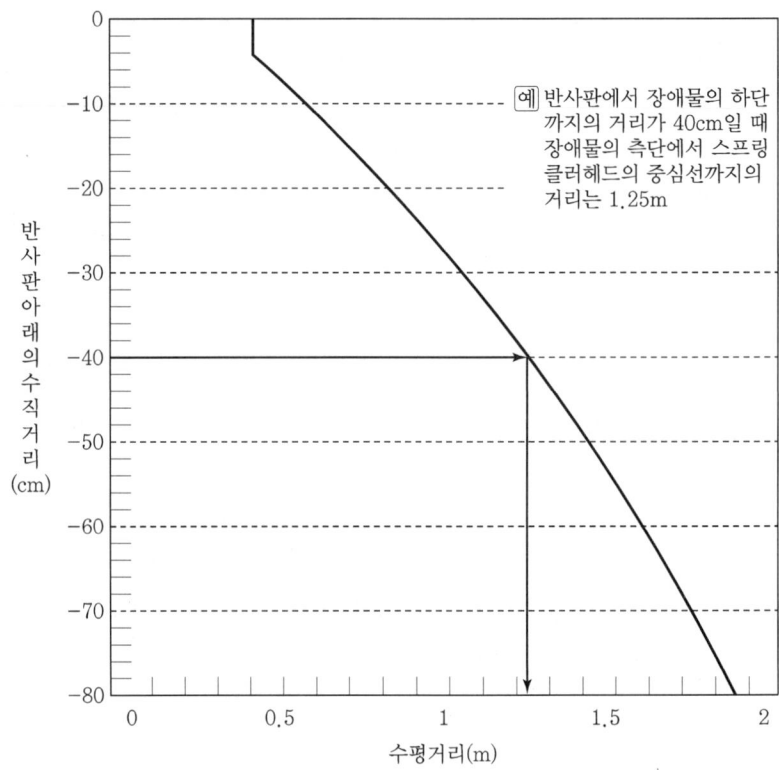

03 소방시설 자체점검

참고 소방시설 자체점검사항 등에 관한 고시, 한국소방안전원

✓ 소방시설 작동기능점검표 작성 예시

1 점검 전 준비사항
1) 점검장소의 협의나 협조 받을 건물 관계인 등 연락처를 사전 확보
2) 점검의 목적과 필요성에 대하여 건물 관계인에게 사전 안내 및 협의
3) 음향장치 및 각 실별 방문점검 사항을 공지하여 협조 요청

2 현장확인
1) 현장 시설물의 도면 등을 이용하여 설비의 개요 및 설치위치 등을 파악한다.
2) 점검사항을 토대로 점검순서를 계획하고 점검장비 및 공구를 준비한다.
3) 기존의 점검자료 및 조치결과가 있다면 점검 전 참고
4) 점검과 관련된 각종 법규 및 기준 등의 기술기준 등 규정사항을 준비하고 숙지한다.

3 점검표 작성을 위한 준비물

1) **소방시설등 작동기능점검 실시결과 보고서**
   화재예방, 소방시설 설치·유지 및 안전관리에 관한 법률 시행규칙 별지 서식

2) **소방시설등 작동기능 점검표**
   소방시설 자체점검사항 등에 관한 고시 서식

3) **건축물대장**
   건축물대장/소방도면 및 소방시설 현황/소방계획서 등

4) **점검에 필요한 장비**

소방시설	장비	규격
공통시설	방수압력측정계, 절연저항계, 전류전압측정계	
스프링클러설비, 포소화설비	헤드결합렌치	1,400mm

5) **자체점검 후 결과 조치(소방시설법 시행규칙 제19조)**
   (1) 작동기능점검 : 작동기능점검을 실시한 경우 7일 이내에 작동기능점검 실시결과 보고서를 소방본부장 또는 소방서장에게 제출하여야 한다.
   (2) 종합정밀점검 : 종합정밀점검을 실시한 경우 7일 이내에 종합정밀점검 실시결과 보고서를 소방본부장 또는 소방서장에게 제출하여야 한다.
   ▶ 소방시설관리업자는 점검을 실시한 경우 점검이 끝난 날부터 10일 이내에 소방시설관리업자에 대한 평가 등에 관한 업무를 위탁받은 평가기관에 통보하여야 한다.

5. 화재조기진압용 스프링클러설비 점검표

(1면)

번호	점검항목	점검결과
5-A. 설치장소의 구조		
5-A-001	● 설비 설치장소의 구조(층고, 내화구조, 방화구획, 천장 기울기, 천장 자재 돌출부 길이, 보 간격, 선반 물 침투구조) 적합 여부	
5-B. 수원		
5-B-001	○ 주된수원의 유효수량 적정 여부(겸용설비 포함)	
5-B-002	○ 보조수원(옥상)의 유효수량 적정 여부	
5-C. 수조		
5-C-001	● 동결방지조치 상태 적정 여부	
5-C-002	○ 수위계 설치 또는 수위 확인 가능 여부	
5-C-003	● 수조 외측 고정사다리 설치 여부(바닥보다 낮은 경우 제외)	
5-C-004	● 실내설치 시 조명설비 설치 여부	
5-C-005	○ "화재조기진압용 스프링클러설비용 수조" 표지설치 여부 및 설치 상태	
5-C-006	● 다른 소화설비와 겸용 시 겸용설비의 이름 표시한 표지설치 여부	
5-C-007	● 수조-수직배관 접속부분 "화재조기진압용 스프링클러설비용 배관" 표지설치 여부	
5-D. 가압송수장치		
5-D-001	[펌프방식] ● 동결방지조치 상태 적정 여부	
5-D-002	○ 성능시험배관을 통한 펌프 성능시험 적정 여부	
5-D-003	● 다른 소화설비와 겸용인 경우 펌프 성능 확보 가능 여부	
5-D-004	○ 펌프 흡입측 연성계·진공계 및 토출측 압력계 등 부속장치의 변형·손상 유무	
5-D-005	● 기동장치 적정 설치 및 기동압력 설정 적정 여부	
5-D-006	○ 물올림장치 설치 적정(전용 여부, 유효수량, 배관구경, 자동급수) 여부	
5-D-007	● 충압펌프 설치 적정(토출압력, 정격토출량) 여부	
5-D-008	○ 내연기관 방식의 펌프 설치 적정(정상기동(기동장치 및 제어반) 여부, 축전지 상태, 연료량) 여부	
5-D-009	○ 가압송수장치의 "화재조기진압용 스프링클러펌프" 표지설치 여부 또는 다른 소화설비와 겸용 시 겸용설비 이름 표시 부착 여부	
5-D-021	[고가수조방식] ○ 수위계·배수관·급수관·오버플로관·맨홀 등 부속장치의 변형·손상 유무	
5-D-031 5-D-032	[압력수조방식] ● 압력수조의 압력 적정 여부 ○ 수위계·급수관·급기관·압력계·안전장치·공기압축기 등 부속장치의 변형·손상 유무	
비고		

(2면)

번호	점검항목	점검결과
5-D-041	[가압수조방식] ● 가압수조 및 가압원 설치장소의 방화구획 여부	
5-D-042	○ 수위계·급수관·배수관·급기관·압력계 등 부속장치의 변형·손상 유무	
5-E. 방호구역 및 유수검지장치		
5-E-001	● 방호구역 적정 여부	
5-E-002	● 유수검지장치 설치 적정(수량, 접근·점검 편의성, 높이) 여부	
5-E-003	○ 유수검지장치실 설치 적정(실내 또는 구획, 출입문 크기, 표지) 여부	
5-E-004	● 자연낙차에 의한 유수압력과 유수검지장치의 유수검지압력 적정여부	
5-F. 배관		
5-F-001	● 펌프의 흡입측 배관 여과장치의 상태 확인	
5-F-002	● 성능시험배관 설치(개폐밸브, 유량조절밸브, 유량측정장치) 적정 여부	
5-F-003	● 순환배관 설치(설치위치·배관구경, 릴리프밸브 개방압력) 적정 여부	
5-F-004	● 동결방지조치 상태 적정 여부	
5-F-005	○ 급수배관 개폐밸브 설치(개폐표시형, 흡입측 버터플라이 제외) 및 작동표시스위치 적정(제어반 표시 및 경보, 스위치 동작 및 도통시험) 여부	
5-F-006	○ 유수검지장치 시험장치 설치 적정(설치위치, 배관구경, 개폐밸브 및 개방형 헤드, 물받이 통 및 배수관) 여부	
5-F-007	● 다른 설비의 배관과의 구분 상태 적정 여부	
5-G. 음향장치 및 기동장치		
5-G-001	○ 유수검지에 따른 음향장치 작동 가능 여부	
5-G-002	● 음향장치 설치 담당구역 및 수평거리 적정 여부	
5-G-003	● 주 음향장치 수신기 내부 또는 직근 설치 여부	
5-G-004	● 우선경보방식에 따른 경보 적정 여부	
5-G-005	○ 음향장치(경종 등) 변형·손상 확인 및 정상 작동(음량 포함) 여부	
5-G-011	[펌프 작동] ○ 유수검지장치의 발신이나 기동용 수압개폐장치의 작동에 따른 펌프 기동 확인	
5-H. 헤드		
5-H-001	○ 헤드의 변형·손상 유무	
5-H-002	○ 헤드 설치 위치·장소·상태(고정) 적정 여부	
5-H-003	○ 헤드 살수장애 여부	
5-H-004	● 감열부에 영향을 받을 우려가 있는 헤드의 차폐판 설치 여부	
5-I. 저장물의 간격 및 환기구		
5-I-001	● 저장물품 배치 간격 적정 여부	
5-I-002	● 환기구 설치 상태 적정 여부	
비고		

(3면)

번호	점검항목	점검결과
5-J. 송수구		
5-J-001	○ 설치장소 적정 여부	
5-J-002	● 연결배관에 개폐밸브를 설치한 경우 개폐상태 확인 및 조작가능 여부	
5-J-003	● 송수구 설치 높이 및 구경 적정 여부	
5-J-004	○ 송수압력범위 표시 표지 설치 여부	
5-J-005	● 송수구 설치 개수 적정 여부	
5-J-006	● 자동배수밸브(또는 배수공)·체크밸브 설치 여부 및 설치 상태 적정 여부	
5-J-007	○ 송수구 마개 설치 여부	
5-K. 전원		
5-K-001	● 대상물 수전방식에 따른 상용전원 적정 여부	
5-K-002	● 비상전원 설치장소 적정 및 관리 여부	
5-K-003	○ 자가발전설비인 경우 연료 적정량 보유 여부	
5-K-004	○ 자가발전설비인 경우 「전기사업법」에 따른 정기점검 결과 확인	
5-L. 제어반		
5-L-001	● 겸용 감시·동력 제어반 성능 적정 여부(겸용으로 설치된 경우)	
5-L-001	[감시제어반] ○ 펌프 작동 여부 확인 표시등 및 음향경보장치 정상작동 여부	
5-L-002	○ 펌프별 자동·수동 전환스위치 정상작동 여부	
5-L-003	● 펌프별 수동기동 및 수동중단 기능 정상작동 여부	
5-L-004	● 상용전원 및 비상전원 공급 확인 가능 여부(비상전원 있는 경우)	
5-L-005	● 수조·물올림탱크 저수위 표시등 및 음향경보장치 정상작동 여부	
5-L-006	○ 각 확인회로별 도통시험 및 작동시험 정상작동 여부	
5-L-007	○ 예비전원 확보 유무 및 시험 적합 여부	
5-L-008	● 감시제어반 전용실 적정 설치 및 관리 여부	
5-L-009	● 기계·기구 또는 시설 등 제어 및 감시설비 외 설치 여부	
5-L-010	○ 유수검지장치 작동 시 표시 및 경보 정상작동 여부	
5-L-011	○ 감시제어반과 수신기 간 상호 연동 여부(별도로 설치된 경우)	
5-L-021	[동력제어반] ○ 앞면은 적색으로 하고, "화재조기진압용 스프링클러설비용 동력제어반" 표지 설치 여부	
5-L-031	[발전기제어반] ● 소방전원보존형발전기는 이를 식별할 수 있는 표지 설치 여부	
5-M. 설치금지 장소		
5-M-001	● 설치가 금지된 장소(제4류 위험물 등이 보관된 장소) 설치 여부	
비고		

(4면)

번호	점검항목	점검결과

※ 펌프성능시험(펌프 명판 및 설계치 참조)

구분		체절운전	정격운전 (100%)	정격유량의 150% 운전	적정 여부
토출량 (*l*/min)	주				1. 체절운전 시 토출압은 정격토출압의 140% 이하일 것 ( )
	예비				2. 정격운전 시 토출량과 토출압이 규정치 이상일 것 ( )
토출압 (MPa)	주				3. 정격토출량의 150%에서 토출압이 정격토출압의 65% 이상일 것 ( )
	예비				

○ 설정압력 :
○ 주펌프
  기동 :　　MPa
  정지 :　　MPa
○ 예비펌프
  기동 :　　MPa
  정지 :　　MPa
○ 충압펌프
  기동 :　　MPa
  정지 :　　MPa

※ 릴리프밸브 작동압력 :　　MPa

비고	

물분무소화설비의 화재안전기준

[시행 2021. 12. 16.]
[소방청고시 제2021-47호, 2021. 12. 16., 타법개정.]

01 개요

NFSC 104

1 질의회신 및 핵심사항 분석

	질의회신	참고 소방청 질의회신집
적용범위 (제2조)	**Q** 물분무등소화설비 설치관련[소방제도팀 - 265 2007.04.09] : 연면적 1,382.61m²로서 주용도가 자동차 관련시설로서 근린생활시설과 같이 설치될 경우 물분무등소화설비의 적용여부?	
	A 「화재예방, 소방시설 설치·유지 및 안전관리에 관한 법률 시행령」 별표 2 제30호 "복합건축물"로 보아 복합건축물에 설치하는 소방시설을 적용하여 설치하여야 함	
	Q 발전기실 물분무등소화설비 설치 여부[소방제도팀 - 374 2007.5.8.] : 난연케이블(TFR-CV)만을 사용한 발전실(지상 1층, 485.61m²)에 발전기 병렬운전반(판넬 내부에 설치된 일반제어전선 보호)을 설치하였을 경우 물분무등소화설비 설치여부?	
	A 가연성 피복을 사용하지 아니한 전선 및 케이블을 설치한 발전실은 물분무등 소화설비 설치를 제외하도록 규정되어 있으므로 설치대상에 해당하지 아니함	
물분무헤드 (제10조)	**Q** 물분무헤드가 성능인증 대상 소방용품에 해당되나 물분무 소화설비 화재안전기준(NFSC 104)에는 물분무헤드의 성능인증에 대한 강제 기준이 없습니다. 물분무 헤드현장 시공시 성능인증 제품을 강제 사용하여야 하는지 성능인증 제품이 아닌 물분무헤드를 사용하여도 되는지 확인 부탁드립니다.	
	A 「물분무소화설비의 화재안전기준(NFSC 104)」 제10조제1항에 따라 물분무헤드는 표준방사량으로 해당 방호대상물의 화재를 유효하게 소화하는데 필요한 수를 적정한 위치에 설치하여야 한다고 규정하고 있습니다. 물분무헤드의 사용은 강제규정이 아닌 임의규정으로 의무로 성능인증제품을 사용하여야 하는 것은 아닙니다. 제조사별로 헤드의 유효사정거리, 분사각도, 살수유효반경 등이 다를 수 있으므로 성능에 적합하게 배치하면 됩니다. 다만, 물분무소화설비의 소화성능 확보를 위하여 공인된 성능인증제품의 사용을 권장합니다.	
	핵심사항	참고 기출문제
설치기준 등	• 절연유 봉입변압기에 물분무소화설비를 설치한 경우 소화펌프의 최소 토출량/최소 수원의 양/물분무헤드와 전기기기의 이격거리/배수설비의 설치기준 • 금속마그네슘 화재에 대하여 다음 소화설비가 적응성이 없는 이유 및 반응식 ① 이산화탄소소화설비 ② 물분무소화설비	
Key point	• 적응장소별 수원의 양 • 물분무소화설비의 적용(차고, 주차장, 전기실, 터널 등) • 배수설비 설치기준	

2 시스템의 해설

물분무소화설비는 소화(화재의 진압)·연소제어(화재를 제한)·연소확대 방지(연소확대경로의 차단)·화재예방(화재로 노출된 부분의 방호) 목적의 소화설비이다.

1) 계통도

참고 화재안전점검 매뉴얼

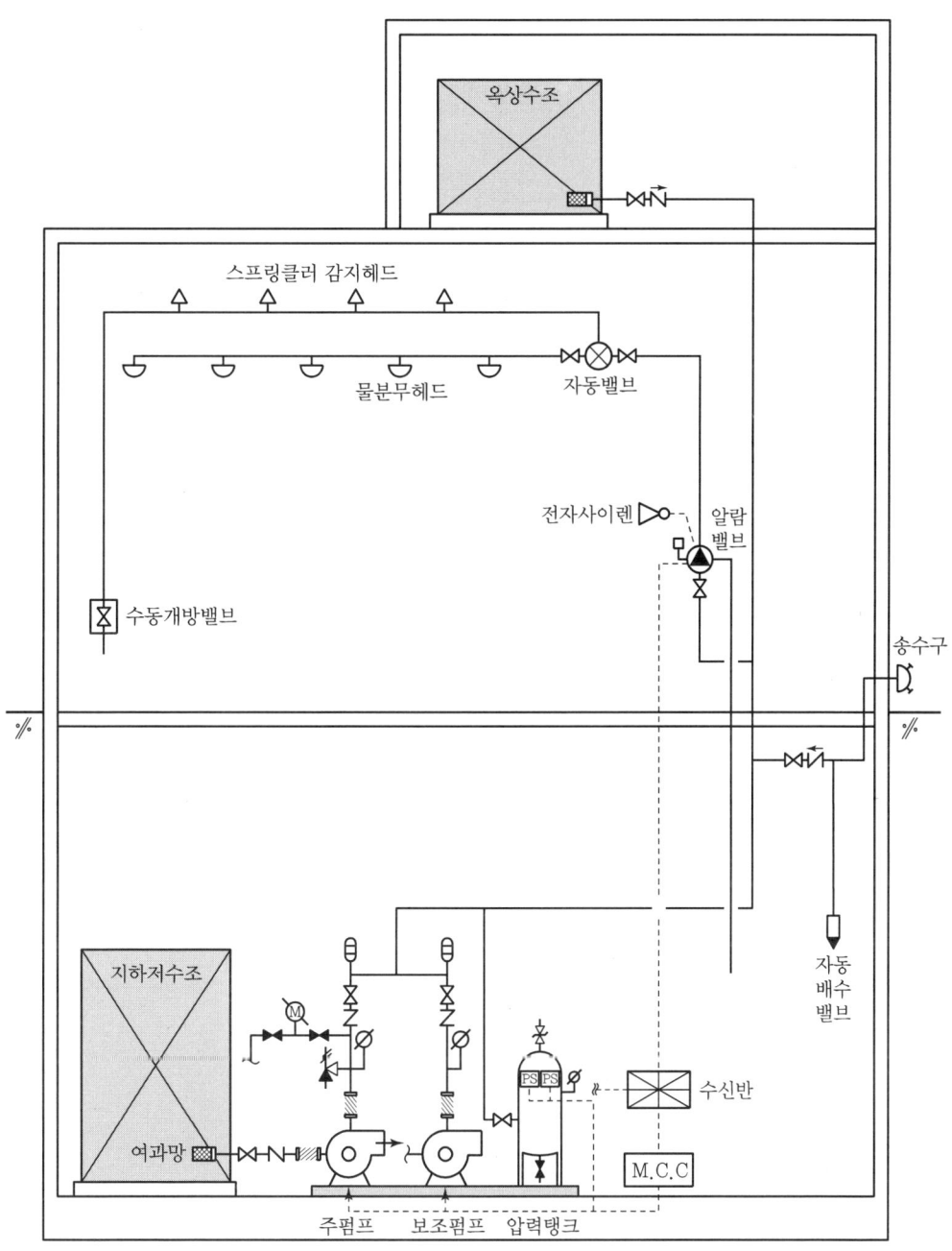

2) 소방용품(소방시설법 시행령 제6조)

소화설비를 구성하는 제품 또는 기기는 ① 별표 1 제1호가목의 소화기구(소화약제 외의 것을 이용한 간이소화용구는 제외한다), ② 별표 1 제1호나목의 자동소화장치, ③ 소화설비를 구성하는 소화전, 관창(菅槍), 소방호스, 스프링클러헤드, 기동용 수압개폐장치, 유수제어밸브 및 가스관선택밸브 등이 있으며, 소화설비의 제품검사(형식승인 및 성능인증) 대상 품목은 ① 법 제36조제1항 본문에서 "대통령령으로 정하는 소방용품" ② 규칙 제15조제1항 본문에서 "행정안전부령으로 정하는 소방용품" ③ 규칙 제15조 및 별표 7 제22호에 따른 "소방청장이 고시하는 소방용품" 등으로 구분되고 소방용품은 제품검사를 받아 합격한 제품을 사용하여야 한다.

3) 용어해설

(1) 밸브의 기준

① 개방밸브

- 자동식개방밸브란 일제개방밸브를 의미하며, 일반적으로 화재감지기의 기동과 폐쇄형 스프링클러헤드의 기동에 따라 자동개방되는 밸브, 수동 개방구조의 밸브는 수동식개방밸브라 한다.
- 자동개방밸브의 기동조작부란 자동개방밸브에 개폐밸브를 접속하여 바닥에 수동으로 용이하게 개폐조작할 수 있도록 한 직접조작방식의 "수동기동장치"를 말한다. 개방밸브의 설치위치는 바닥으로부터 0.8m 이상 1.5m 이하의 위치에 설치한다.

② 제어밸브

제어밸브란 유수검지장치 1차측에 설치하여 급수를 차단하는 개폐표시형 밸브를 말한다. 제어밸브의 목적은 물분무헤드로부터 방수가 될 경우 방수의 중단, 설비의 종료, 수리 및 보수를 위한 급수 차단을 한다. 제어밸브의 설치위치는 바닥으로부터 0.8m 이상 1.5m 이하의 위치에 설치한다.

③ 일제개방밸브(참조 NFSC 104 제6조제5항)

삭제

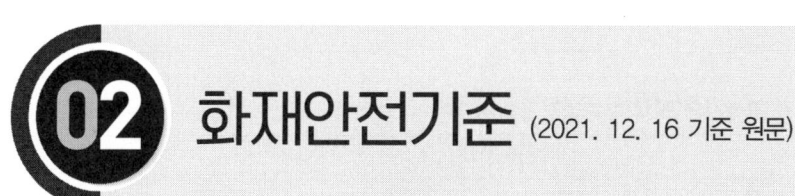

02 화재안전기준 (2021. 12. 16 기준 원문)

NFSC 104

제1조(목적) 이 기준은 「화재예방, 소방시설 설치·유지 및 안전관리에 관한 법률」 제9조제1항에 따라 소방청장에게 위임한 사항 중 물분무등소화설비인 물분무소화설비의 설치·유지 및 안전관리에 필요한 사항을 규정함을 목적으로 한다.

POINT 시스템 및 안전관리

물분무등소화설비의 설치목적은 물 그 밖의 소화약제를 사용하여 소화하는 설비로서 특정소방대상물에서 화재가 발생한 경우 연소생성물(열, 연기, 불꽃 등)에 의한 화재의 초기소화, 연소제어 및 연소확산방지를 위하여 사용하며, 평상시에는 관계인에 의한 화재 예방을 위하여 정기적으로 점검하는 소방설비이다.

※ 물분무등소화설비에는 물분무·미분무·포·이산화탄소·할론·할로겐화합물 및 불활성기체·분말·강화액·고체에어로졸 등이 있다.(시행령 별표 1)

1. 물분무소화설비는 물분무헤드로부터 안개상의 미립자로 방사하여 연소면을 소화작용, 연소제어, 연소확산방지 및 화재예방 등으로 소화하는 설비이다. 물분무소화설비의 구성은 수원, 가압송수장치, 배관, 송수구, 헤드, 배수설비, 전원 및 제어반 등으로 구성된다.

   ※ 소화작용(냉각소화, 질식소화, 제거소화, 억제소화 등 소화), 연소제어(연쇄반응 억제, 비누화 현상 등 화재를 제어하여 소화), 연소확산방지(연소확대 경로를 차단하여 소화) 및 화재예방(위험물질 및 화재로부터 노출된 부분의 방호)

2. 시스템을 구성하고 있는 소화설비는 「소방시설공사업법」의 소방시설공사 등의 품질과 안전이 확보되도록 시공되어야 하고, 소방기술의 관리에 필요한 화재안전기준에 적합하게 설계도서·시방서가 작성되어 성실하게 수행되어야 한다. 또한 「화재예방, 소방시설 설치·유지 및 안전관리에 관한 법률(이하 "소방시설법")」에 의한 소방용품의 제조 및 수입하려는 제품에 대하여 제품검사를 수행하고, 특정소방대상물의 관계인을 통하여 소방대상물의 안전관리가 이행되어야 한다.

제2조(적용범위) 「화재예방, 소방시설 설치·유지 및 안전관리에 관한 법률 시행령」(이하 "영"이라 한다) 별표 5 제1호바목에 따른 물분무소화설비는 이 기준에서 정하는 규정에 따라 설비를 설치하고 유지·관리하여야 한다.

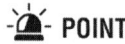 **POINT**

1 특정소방대상물의 설치기준(별표 5 물분무등소화설비)

소방시설	적용기준	설치대상
물분무등소화설비(위험물 저장 및 처리시설 중 가스시설 또는 지하구는 제외한다)	1. 항공기 및 자동차 관련 시설 중 항공기격납고	전부
	2. 차고, 주차용 건축물 또는 철골 조립식 주차시설 연면적	800m² 이상
	3. 건축물 내부에 설치된 차고 또는 주차장으로서 차고 또는 주차의 용도로 사용되는 부분의 바닥면적	200m² 이상인 층
	4. 기계장치에 의한 주차시설	
	5. 전기실·발전실·변전실(가연성 절연유를 사용하지 않는 변압기·전류차단기 등의 전기기기와 가연성 피복을 사용하지 않은 전선 및 케이블만을 설치한 전기실·발전실 및 변전실은 제외한다)·축전지실·통신기기실 또는 전산실, 그 밖에 이와 비슷한 것으로서 바닥면적[하나의 방화구획 내에 둘 이상의 실(室)이 설치되어 있는 경우에는 이를 하나의 실로 보아 바닥면적을 산정한다]. 다만, 내화구조로 된 공정제어실 내에 설치된 주조정실로서 양압시설이 설치되고 전기기기에 220볼트 이하인 저전압이 사용되며 종업원이 24시간 상주하는 곳은 제외한다.	300m² 이상
	6. 소화수를 수집·처리하는 설비가 설치되어 있지 않은 중·저준위방사성폐기물의 저장시설. 다만, 이 경우에는 이산화탄소소화설비, 할론소화설비 또는 할로겐화합물 및 불활성기체 소화설비 설치	전부
	7. 지하가 중 예상 교통량, 경사도 등 터널의 특성을 고려하여 행정안전부령으로 정하는 터널. 다만, 이 경우에는 물분무소화설비를 설치	전부
	8.「문화재보호법」제2조제3항제1호 및 제2호에 따른 지정문화재 중 소방청장이 문화재청장과 협의하여 정하는 것	전부

※ 물분무등소화설비는 물분무·미분무·포·이산화탄소·할론·할로겐화합물 및 불활성기체·분말·강화액·고체에어로졸 등 소화설비로 분류한다.

2 소방시설의 설치 면제기준

1. (별표 6) 소방시설 설치 면제기준
  옥내소화전설비는 소방본부장 또는 소방서장이 물분무등소화설비를 설치하여야 하는 차고·주차장에 스프링클러설비를 화재안전기준에 적합하게 설치한 경우에는 그 설비의 유효범위에서 설치가 면제된다.

2. (별표 7) 소방시설을 설치하지 않을 수 있는 특정소방대상물 및 소방시설 범위

구분	특정소방대상물	소방시설
1. 화재 위험도가 낮은 특정소방대상물	「소방기본법」 제2조제5호에 따른 소방대(消防隊)가 조직되어 24시간 근무하고 있는 청사 및 차고	옥내소화전설비, 스프링클러설비, 물분무등소화설비, 비상방송설비, 피난기구, 소화용수설비, 연결송수관설비, 연결살수설비

3. 화재안전기준에 따른 면제기준 : 제15조(물분무헤드의 설치 제외)
   1) 물에 심하게 반응하는 물질 또는 물과 반응하여 위험한 물질을 생성하는 물질을 저장 또는 취급하는 장소
   2) 고온의 물질 및 증류범위가 넓어 끓어 넘치는 위험이 있는 물질을 저장 또는 취급하는 장소
   3) 운전 시에 표면의 온도가 260℃ 이상으로 되는 등 직접 분무를 하는 경우 그 부분에 손상을 입힐 우려가 있는 기계장치 등이 있는 장소

제3조(정의) 이 기준에서 사용하는 용어의 정의는 다음과 같다.
1. "물분무헤드"란 화재 시 직선류 또는 나선류의 물을 충돌·확산시켜 미립상태로 분무함으로서 소화하는 헤드를 말한다.
2. "고가수조"란 구조물 또는 지형지물 등에 설치하여 자연낙차 압력으로 급수하는 수조를 말한다.
3. "압력수조"란 소화용수와 공기를 채우고 일정압력 이상으로 가압하여 그 압력으로 급수하는 수조를 말한다.
4. "급수배관"이란 수원 및 옥외송수구로부터 물분무헤드에 급수하는 배관을 말한다.
4의2. "분기배관"이란 배관 측면에 구멍을 뚫어 둘 이상의 관로가 생기도록 가공한 배관으로서 확관형 분기배관과 비확관형 분기배관을 말한다. 〈신설 2021. 12. 16.〉
4의3. "확관형 분기배관"이란 배관의 측면에 조그만 구멍을 뚫고 소성가공으로 확관시켜 배관 용접이음자리를 만들거나 배관 용접이음자리에 배관이음쇠를 용접 이음한 배관을 말한다. 〈신설 2021. 12. 16.〉
4의4. "비확관형 분기배관"이란 배관의 측면에 분기호칭내경 이상의 구멍을 뚫고 배관이음쇠를 용접 이음한 배관을 말한다. 〈신설 2021. 12. 16.〉
5. "진공계"란 대기압 이하의 압력을 측정하는 계측기를 말한다.
6. "연성계"란 대기압 이상의 압력과 대기압 이하의 압력을 측정할 수 있는 계측기를 말한다.
7. "기동용수압개폐장치"란 소화설비의 배관 내 압력변동을 검지하여 자동적으로 펌프를 기동 및 정지시키는 것으로서 압력챔버 또는 기동용압력스위치 등을 말한다.
8. "일제개방밸브"란 화재발생시 자동 또는 수동식 기동장치에 따라 밸브가 열려지는 것을 말한다.
9. "가압수조"란 가압원인 압축공기 또는 불연성 고압기체에 따라 소방용수를 가압시키는 수조를 말한다.

제4조(수원) ① 물분무소화설비의 수원은 그 저수량이 다음 각 호의 기준에 적합하도록 하여야 한다.
1. 「소방기본법 시행령」 별표 2의 특수가연물을 저장 또는 취급하는 특정소방대상물 또는 그 부분에 있어서 그 바닥면적(최대 방수구역의 바닥면적을 기준으로 하며, 50m² 이하인 경우에는 50m²) 1m²에 대하여 10L/min로 20분간 방수할 수 있는 양 이상으로 할 것
2. 차고 또는 주차장은 그 바닥면적(최대 방수구역의 바닥면적을 기준으로 하며, 50m² 이하인 경우에는 50m²) 1m²에 대하여 20L/min로 20분간 방수할 수 있는 양 이상으로 할 것
3. 절연유 봉입 변압기는 바닥부분을 제외한 표면적을 합한 면적 1m²에 대하여 10L/min로 20분간 방수할 수 있는 양 이상으로 할 것
4. 케이블트레이, 케이블덕트 등은 투영된 바닥면적 1m²에 대하여 12L/min로 20분간 방수할 수 있는 양 이상으로 할 것
5. 컨베이어 벨트 등은 벨트부분의 바닥면적 1m²에 대하여 10L/min로 20분간 방수할 수 있는 양 이상으로 할 것

>> 물분무소화설비의 장소별 수원

적응장소	가압송수장치 분당토출량	수원	기준면적(A)
특수가연물 저장 또는 취급	$10L/min \cdot m^2 \times Am^2$	$10L/min \cdot m^2 \times Am^2 \times 20분$	최소바닥면적 50m²
컨베이어 벨트	$10L/min \cdot m^2 \times Am^2$	$10L/min \cdot m^2 \times Am^2 \times 20분$	바닥면적
절연유 봉입변압기	$10L/min \cdot m^2 \times Am^2$	$10L/min \cdot m^2 \times Am^2 \times 20분$	바닥면적 제외 표면적
케이블트레이, 케이블덕트	$12L/min \cdot m^2 \times Am^2$	$12L/min \cdot m^2 \times Am^2 \times 20분$	투영된 바닥면적
차고 또는 주차장	$20L/min \cdot m^2 \times Am^2$	$20L/min \cdot m^2 \times Am^2 \times 20분$	최소바닥면적 50m²

② 물분무소화설비의 수원을 수조로 설치하는 경우에는 소방설비의 전용수조로 하여야 한다. 다만, 다음 각 호의 어느 하나에 해당하는 경우에는 그러하지 아니하다.
1. 물분무소화설비 펌프의 후드밸브 또는 흡수배관의 흡수구(수직회전축펌프의 흡수구를 포함한다. 이하 같다)를 다른 설비(소방용 설비 외의 것을 말한다. 이하 같다)의 후드밸브 또는 흡수구보다 낮은 위치에 설치한 때
2. 제5조제2항에 따른 고가수조로부터 물분무소화설비의 수직배관에 물을 공급하는 급수구를 다른 설비의 급수구보다 낮은 위치에 설치한 때

③ 제1항에 따른 저수량을 산정함에 있어서 다른 설비와 겸용하여 물분무소화설비용 수조를 설치하는 경우에는 물분무소화설비의 후드밸브·흡수구 또는 수직배관의 급수구와 다른 설비의 후드밸브·흡수구 또는 수직배관의 급수구와의 사이의 수량을 그 유효수량으로 한다.

④ 물분무소화설비용 수조는 다음 각 호의 기준에 따라 설치하여야 한다.
1. 점검에 편리한 곳에 설치할 것
2. 동결방지조치를 하거나 동결의 우려가 없는 장소에 설치할 것
3. 수조의 외측에 수위계를 설치할 것. 다만, 구조상 불가피한 경우에는 수조의 맨홀 등을 통하여 수조 안의 물의 양을 쉽게 확인할 수 있도록 하여야 한다.
4. 수조의 상단이 바닥보다 높은 때에는 수조의 외측에 고정식 사다리를 설치할 것
5. 수조가 실내에 설치된 때에는 그 실내에 조명설비를 설치할 것
6. 수조의 밑부분에는 청소용 배수밸브 또는 배수관을 설치할 것
7. 수조의 외측의 보기 쉬운 곳에 "물분무소화설비용 수조"라고 표시한 표지를 할 것. 이 경우 그 수조를 다른 설비와 겸용하는 때에는 그 겸용되는 설비의 이름을 표시한 표지를 함께 하여야 한다.
8. 물분무소화설비의 흡수배관 또는 물분무소화설비의 수직배관과 수조의 접속 부분에는 "물분무소화설비용 배관"이라고 표시한 표지를 할 것. 다만, 수조와 가까운 장소에 물분무소화설비 펌프가 설치되고 물분무소화설비에 제5조제1항제13호에 따른 표지를 설치한 때에는 그러하지 아니하다.

제5조(가압송수장치) ① 전동기 또는 내연기관에 따른 펌프를 이용하는 가압송수장치는 다음 각 호의 기준에 따라 설치하여야 한다.
1. 점검에 편리하고 화재 등의 재해로 인한 피해를 받을 우려가 없는 곳에 설치할 것
2. 펌프의 1분당 토출량은 다음 각 목의 기준에 따라 설치할 것
   가. 「소방기본법 시행령」별표 2의 특수가연물을 저장·취급하는 특정소방대상물 또는 그 부분은 그 바닥면적(최대 방수구역의 바닥면적을 기준으로 하며, 50m² 이하인 경우에는 50m²) 1m²에 대하여 10L를 곱한 양 이상이 되도록 할 것
   나. 차고 또는 주차장은 그 바닥면적(최대 방수구역의 바닥면적을 기준으로 하며, 50m² 이하인 경우에는 50m²) 1m²에 대하여 20L를 곱한 양 이상이 되도록 할 것
   다. 절연유 봉입변압기는 바닥면적을 제외한 표면적을 합한 면적 1m²당 10L를 곱한 양 이상이 되도록 할 것
   라. 케이블트레이, 케이블덕트 등은 투영된 바닥면적 1m²당 12L를 곱한 양 이상이 되도록 할 것
   마. 컨베이어 벨트 등은 벨트부분의 바닥면적 1m²당 10L를 곱한 양 이상이 되도록 할 것
3. 펌프의 양정은 다음의 식에 따라 산출한 수치 이상이 되도록 할 것

   $H = h_1 + h_2$

   H : 펌프의 양정[m]
   h_1 : 물분무헤드의 설계압력 환산수두[m]
   h_2 : 배관의 마찰손실수두[m]
4. 동결방지조치를 하거나 동결의 우려가 없는 장소에 설치할 것

5. 펌프는 전용으로 할 것. 다만, 다른 소화설비와 겸용하는 경우 각각의 소화설비의 성능에 지장이 없을 때에는 그러하지 아니하다.
6. 펌프의 토출측에는 압력계를 체크밸브이전에 펌프토출측 플랜지에서 가까운 곳에 설치하고, 흡입측에는 연성계 또는 진공계를 설치할 것. 다만, 수원의 수위가 펌프의 위치보다 높거나 수직회전축 펌프의 경우에는 연성계 또는 진공계를 설치하지 아니할 수 있다.
7. 가압송수장치에는 정격부하운전 시 펌프의 성능을 시험하기 위한 배관을 설치할 것. 다만, 충압펌프의 경우에는 그러하지 아니하다.
8. 가압송수장치에는 체절운전 시 수온의 상승을 방지하기 위한 순환배관을 설치할 것. 다만, 충압펌프의 경우에는 그러하지 아니하다.
9. 기동용수압개폐장치(압력챔버)를 사용할 경우 그 용적은 100L 이상의 것으로 할 것
10. 수원의 수위가 펌프보다 낮은 위치에 있는 가압송수장치에는 다음 각 목의 기준에 따른 물올림장치를 설치할 것
    가. 물올림장치에는 전용의 수조를 설치할 것
    나. 수조의 유효수량은 100L 이상으로 하되, 구경 15mm 이상의 급수배관에 따라 해당수조에 물이 계속 보급되도록 할 것
11. 기동용수압개폐장치를 기동장치로 사용할 경우에는 다음 각 목의 기준에 따른 충압펌프를 설치할 것
    가. 펌프의 토출압력은 그 설비의 최고위 물분무헤드의 자연압 보다 적어도 0.2MPa이 더 크도록 하거나 가압송수장치의 정격토출압력과 같게 할 것
    나. 펌프의 정격토출량은 정상적인 누설량 보다 적어서는 아니 되며, 물분무소화설비가 자동적으로 작동할 수 있도록 충분한 토출량을 유지할 것
12. 내연기관을 사용하는 경우에는 제어반에 따라 내연기관의 자동기동 및 수동기동이 가능하고, 상시 충전되어 있는 축전지설비를 갖출 것
13. 가압송수장치에는 "물분무소화설비펌프"라고 표시한 표지를 할 것. 이 경우 그 가압송수장치를 다른 설비와 겸용하는 때에는 그 겸용되는 설비의 이름을 표시한 표지를 함께 하여야 한다.
14. 가압송수장치가 기동이 된 경우에는 자동으로 정지되지 아니하도록 하여야 한다. 다만, 충압펌프의 경우에는 그러하지 아니하다.

② 고가수조의 자연낙차를 이용한 가압송수장치는 다음 각 호의 기준에 따라 설치하여야 한다.
1. 고가수조의 자연낙차수두(수조의 하단으로부터 최고층에 설치된 물분무헤드까지의 수직거리를 말한다)는 다음의 식에 따라 산출한 수치 이상이 되도록 할 것

    $H = h_1 + h_2$

    H : 필요한 낙차[m]
    h_1 : 물분무헤드의 설계압력 환산수두[m]
    h_2 : 배관의 마찰손실수두[m]

2. 고가수조에는 수위계 · 배수관 · 급수관 · 오버플로관 및 맨홀을 설치할 것

③ 압력수조를 이용한 가압송수장치는 다음 각 호의 기준에 따라 설치하여야 한다.
1. 압력수조의 압력은 다음의 식에 따라 산출한 수치 이상이 되도록 할 것

$P = P_1 + P_2 + P_3$

P : 필요한 압력[MPa]
P_1 : 물분무헤드의 설계압력[MPa]
P_2 : 배관의 마찰손실수두압[MPa]
P_3 : 낙차의 환산수두압[MPa]

2. 압력수조에는 수위계・급수관・배수관・급기관・맨홀・압력계・안전장치 및 압력저하방지를 위한 동식 공기압축기를 설치할 것

④ 가압수조를 이용한 가압송수장치는 다음 각 호의 기준에 따라 설치하여야 한다.
1. 가압수조의 압력은 제1항제10호에 따른 방수량 및 방수압이 20분 이상 유지되도록 할 것
2. 삭제
3. 가압수조 및 가압원은 「건축법 시행령」 제46조에 따른 방화구획 된 장소에 설치 할 것
4. 삭제
5. 소방청장이 정하여 고시한 「가압수조식 가압송수장치의 성능인증 및 제품검사의 기술기준」에 적합한 것으로 설치할 것

제6조(배관 등) ① 배관은 배관용탄소강관(KS D 3507) 또는 배관 내 사용압력이 1.2MPa 이상일 경우에는 압력배관용탄소강관(KS D 3562) 또는 이음매 없는 동 및 동합금(KS D5301)의 배관용 동관이나 이와 동등 이상의 강도・내식성 및 내열성을 가진 것으로 하여야 한다. 다만, 다음 각 호의 어느 하나에 해당하는 장소에는 법 제39조에 따라 제품검사에 합격한 소방용 합성수지배관으로 설치할 수 있다.
1. 배관을 지하에 매설하는 경우
2. 다른 부분과 내화구조로 구획된 덕트 또는 피트의 내부에 설치하는 경우
3. 천장(상층이 있는 경우에는 상층바닥의 하단을 포함한다. 이하 같다)과 반자를 불연재료 또는 준불연재료로 설치하고 그 내부에 습식으로 배관을 설치하는 경우

② 급수배관은 전용으로 하여야 한다. 다만, 물분무소화설비의 기동장치의 조작과 동시에 다른 설비의 용도에 사용하는 배관의 송수를 차단할 수 있거나, 물분무소화설비의 성능에 지장이 없는 경우에는 다른 설비와 겸용할 수 있다.

③ 펌프의 흡입측배관은 다음 각 호의 기준에 따라 설치하여야 한다.
1. 공기고임이 생기지 아니하는 구조로 하고 여과장치를 설치할 것
2. 수조가 펌프보다 낮게 설치된 경우에는 각 펌프(충압펌프를 포함한다)마다 수조로부터 별도로 설치할 것

④ 연결송수관설비의 배관과 겸용할 경우의 주배관은 구경 100mm 이상, 방수구로 연결되는 배관의 구경은 65mm 이상의 것으로 하여야 한다.

⑤ 삭제
⑥ 펌프의 성능은 체절운전 시 정격토출압력의 140%를 초과하지 아니하고, 정격토출량의 150%로 운전 시 정격토출압력의 65% 이상이 되어야 하며, 펌프의 성능시험배관은 다음 각 호의 기준에 적합하여야 한다.
　1. 성능시험배관은 펌프의 토출측에 설치된 개폐밸브 이전에서 분기하여 설치하고, 유량측정장치를 기준으로 전단 직관부에 개폐밸브를 후단 직관부에는 유량조절밸브를 설치할 것
　2. 유량측정장치는 성능시험배관의 직관부에 설치하되, 펌프의 정격토출량의 175% 이상 측정할 수 있는 성능이 있을 것
⑦ 가압송수장치의 체절운전 시 수온의 상승을 방지하기 위하여 체크밸브와 펌프 사이에서 분기한 구경 20mm 이상의 배관에 체절압력 미만에서 개방되는 릴리프밸브를 설치하여야 한다.
⑧ 동결방지조치를 하거나 동결의 우려가 없는 장소에 설치하여야 한다. 다만, 보온재를 사용할 경우에는 난연재료 성능 이상의 것으로 하여야 한다.
⑨ 급수배관에 설치되어 급수를 차단할 수 있는 개폐밸브는 개폐표시형으로 하여야 한다. 이 경우 펌프의 흡입측배관에는 버터플라이밸브외의 개폐표시형밸브를 설치하여야 한다.
⑩ 급수배관에 설치되어 급수를 차단할 수 있는 개폐밸브에는 그 밸브의 개폐상태를 감시제어반에서 확인할 수 있도록 급수개폐밸브 작동표시 스위치를 다음 각 호의 기준에 따라 설치하여야 한다.
　1. 급수개폐밸브가 잠길 경우 탬퍼스위치의 동작으로 인하여 감시제어반 또는 수신기에 표시 되어야 하며 경보음을 발할 것
　2. 탬퍼스위치는 감시제어반에서 동작의 유무확인과 동작시험, 도통시험을 할 수 있을 것
　3. 급수개폐밸브의 작동표시 스위치에 사용되는 전기배선은 내화전선 또는 내열전선으로 설치할 것
⑪ 배관은 다른 설비의 배관과 쉽게 구분이 될 수 있는 위치에 설치하거나 그 배관표면 또는 배관 보온재표면의 색상을 달리하는 방법 등으로 소방용설비의 배관임을 표시하여야 한다.
⑫ 확관형 분기배관을 사용할 경우에는 소방청장이 정하여 고시한 「분기배관의 성능인증 및 제품검사의 기술기준」에 적합한 것으로 설치하여야 한다.

제7조(송수구) 물분무소화설비에는 소방펌프자동차로부터 그 설비에 송수할 수 있는 송수구를 다음 각 호의 기준에 따라 설치하여야 한다.
　1. 송수구는 화재층으로부터 지면으로 떨어지는 유리창 등이 송수 및 그 밖의 소화작업에 지장을 주지 아니하는 장소에 설치할 것. 이 경우 가연성가스의 저장·취급시설에 설치하는 송수구는 그 방호대상물로부터 20m 이상의 거리를 두거나 방호대상물에 면하는 부분이 높이 1.5m 이상 폭 2.5m 이상의 철근콘크리트 벽으로 가려진 장소에 설치하여야 한다.
　2. 송수구로부터 물분무소화설비의 주배관에 이르는 연결배관에 개폐밸브를 설치한 때에는 그 개폐상태를 쉽게 확인 및 조작할 수 있는 옥외 또는 기계실 등의 장소에 설치할 것
　3. 구경 65mm의 쌍구형으로 할 것

4. 송수구에는 그 가까운 곳의 보기 쉬운 곳에 송수압력범위를 표시한 표지를 할 것
5. 송수구는 하나의 층의 바닥면적이 3,000m²를 넘을 때마다 1개(5개를 넘을 경우에는 5개로 한다) 이상을 설치할 것
6. 지면으로부터 높이가 0.5m 이상 1m 이하의 위치에 설치할 것
7. 송수구의 가까운 부분에 자동배수밸브(또는 직경 5mm의 배수공) 및 체크밸브를 설치할 것. 이 경우 자동배수밸브는 배관 안의 물이 잘 빠질 수 있는 위치에 설치하되, 배수로 인하여 다른 물건 또는 장소에 피해를 주지 아니하여야 한다.
8. 송수구에는 이물질을 막기 위한 마개를 씌울 것

제8조(기동장치) ① 물분무소화설비의 수동식기동장치는 다음 각 호의 기준에 따라 설치하여야 한다.
1. 직접 조작 또는 원격조작에 따라 각각의 가압송수장치 및 수동식개방밸브 또는 가압송수장치 및 자동개방밸브를 개방할 수 있도록 설치할 것
2. 기동장치의 가까운 곳의 보기 쉬운 곳에 "기동장치"라고 표시한 표지를 할 것

② 자동식기동장치는 자동화재탐지설비의 감지기의 작동 또는 폐쇄형스프링클러헤드의 개방과 연동하여 경보를 발하고, 가압송수장치 및 자동개방밸브를 기동할 수 있는 것으로 하여야 한다. 다만, 자동화재탐지설비의 수신기가 설치되어 있는 장소에 상시 사람이 근무하고 있고, 화재 시 물분무소화설비를 즉시 작동시킬 수 있는 경우에는 그러하지 아니하다.

제9조(제어밸브 등) ① 물분무소화설비의 제어밸브 기타 밸브는 다음 각 호의 기준에 따라 설치하여야 한다.
1. 제어밸브는 바닥으로부터 0.8m 이상 1.5m 이하의 위치에 설치할 것
2. 제어밸브의 가까운 곳의 보기 쉬운 곳에 "제어밸브"라고 표시한 표지를 할 것

② 자동개방밸브 및 수동식개방밸브는 다음 각 호의 기준에 따라 설치하여야 한다.
1. 자동개방밸브의 기동조작부 및 수동식개방밸브는 화재 시 용이하게 접근할 수 있는 곳의 바닥으로부터 0.8m 이상 1.5m 이하의 위치에 설치할 것
2. 자동개방밸브 및 수동식개방밸브의 2차측 배관부분에는 해당 방수구역 외에 밸브의 작동을 시험할 수 있는 장치를 설치할 것. 다만, 방수구역에서 직접 방사시험을 할 수 있는 경우에는 그러하지 아니하다.

제10조(물분무헤드) ① 물분무헤드는 표준방사량으로 해당 방호대상물의 화재를 유효하게 소화하는 데 필요한 수를 적정한 위치에 설치하여야 한다.
② 고압의 전기기기가 있는 장소는 전기의 절연을 위하여 전기기기와 물분무헤드 사이에 다음 표에 따른 거리를 두어야 한다.

전압(kV)	거리(cm)	전압(kV)	거리(cm)
66 이하	70 이상	154 초과 181 이하	180 이상
66 초과 77 이하	80 이상	181 초과 220 이하	210 이상
77 초과 110 이하	110 이상	220 초과 275 이하	260 이상
110 초과 154 이하	150 이상		

> **>> 물분무헤드의 종류** 참고 이미지 자료
>
> 물분무헤드는 국내의 규정에서는 형식승인 및 성능인증 제품에 해당되지 않음
> ① 디플렉터형 : 줄어드는 오리피스(유료)를 통해 빨라진 유속으로 디플렉터(반사판)를 충동하여 물분무를 만든다.
> ② 선회류형 : 선회류와 직선류의 충돌을 발생하도록 유도하여 물분무를 만든다.
> ③ 슬릿형 : 틈새(Slit)를 통하여 물분무를 만든다.
> ④ 충돌형 : 헤드 내에서 유수와 충돌을 유도하여 물분무를 만든다.
> ⑤ 분사형 : 소구경의 오리피스로부터 고압으로 분사하여 물분무를 만든다.

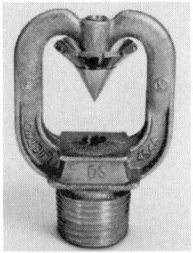
[물분무헤드]

[도로터널형 물분무헤드]

[나선형 물분무헤드]

제11조(배수설비) 물분무소화설비를 설치하는 차고 또는 주차장에는 다음 각 호의 기준에 따라 배수설비를 하여야 한다.
1. 차량이 주차하는 장소의 적당한 곳에 높이 10cm 이상의 경계턱으로 배수구를 설치할 것
2. 배수구에는 새어 나온 기름을 모아 소화할 수 있도록 길이 40m 이하마다 집수관·소화핏트 등 기름분리장치를 설치할 것
3. 차량이 주차하는 바닥은 배수구를 향하여 100분의 2 이상의 기울기를 유지할 것
4. 배수설비는 가압송수장치의 최대송수능력의 수량을 유효하게 배수할 수 있는 크기 및 기울기로 할 것

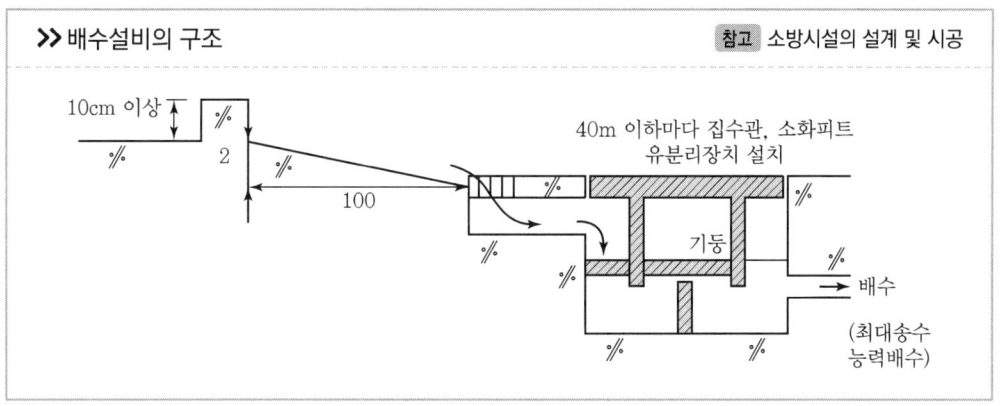

제12조(전원) ① 물분무소화설비에는 그 특정소방대상물의 수전방식에 따라 다음 각 호의 기준에 따른 상용전원회로의 배선을 설치하여야 한다. 다만, 가압수조방식으로서 모든 기능이 20분 이상 유효하게 지속될 수 있는 경우에는 그러하지 아니하다.

1. 저압수전인 경우에는 인입개폐기의 직후에서 분기하여 전용배선으로 하여야 하며, 전용의 전선관에 보호되도록 할 것
2. 특별고압수전 또는 고압수전일 경우에는 전력용 변압기 2차측의 주차단기 1차측에서 분기하여 전용배선으로 하되, 상용전원의 상시공급에 지장이 없을 경우에는 주차단기 2차측에서 분기하여 전용배선으로 할 것. 다만, 가압송수장치의 정격입력전압이 수전전압과 같은 경우에는 제1호의 기준에 따른다.

② 물분무소화설비의 비상전원은 자가발전설비, 축전지설비(내연기관에 따른 펌프를 사용하는 경우에는 내연기관의 기동 및 제어용 축전지를 말한다) 또는 전기저장장치(외부 전기에너지를 저장해 두었다가 필요한 때 전기를 공급하는 장치)로서 다음 각 호의 기준에 따라 설치하여야 한다. 다만, 2 이상의 변전소(「전기사업법」 제67조에 따른 변전소를 말한다. 이하 같다)에서 전력을 동시에 공급받을 수 있거나 하나의 변전소로부터 전력의 공급이 중단되는 때에는 자동으로 다른 변전소로부터 전원을 공급받을 수 있도록 상용전원을 설치한 경우와 가압수조방식에는 비상전원을 설치하지 아니할 수 있다.

1. 점검에 편리하고 화재 및 침수 등의 재해로 인한 피해를 받을 우려가 없는 곳에 설치할 것
2. 물분무소화설비를 유효하게 20분 이상 작동할 수 있도록 할 것
3. 상용전원으로부터 전력의 공급이 중단된 때에는 자동으로 비상전원으로부터 전력을 공급받을 수 있도록 할 것
4. 비상전원(내연기관의 기동 및 제어용 축전지를 제외한다)의 설치장소는 다른 장소와 방화구획 할 것. 이 경우 그 장소에는 비상전원의 공급에 필요한 기구나 설비외의 것(열병합발전설비에 필요한 기구나 설비는 제외한다)을 두어서는 아니된다.
5. 비상전원을 실내에 설치하는 때에는 그 실내에 비상조명등을 설치할 것

제13조(제어반) ① 물분무소화설비에는 제어반을 설치하되, 감시제어반과 동력제어반으로 구분하여 설치하여야 한다. 다만, 다음 각 호의 어느 하나에 해당하는 경우에는 감시제어반과 동력제어반으로 구분하여 설치하지 아니할 수 있다.
  1. 다음 각 목의 어느 하나에 해당하지 아니하는 특정소방대상물에 설치되는 물분무소화설비
     가. 지하층을 제외한 층수가 7층 이상으로서 연면적이 2,000m² 이상인 것
     나. 제1호에 해당하지 아니하는 특정소방대상물로서 지하층의 바닥면적의 합계가 3,000m² 이상인 것. 다만, 차고·주차장 또는 보일러실·기계실·전기실 등 이와 유사한 장소의 면적은 제외한다.
  2. 내연기관에 따른 가압송수장치를 사용하는 물분무소화설비
  3. 고가수조에 따른 가압송수장치를 사용하는 물분무소화설비
  4. 가압수조에 따른 가압송수장치를 사용하는 물분무소화설비

② 감시제어반의 기능은 다음 각 호의 기준에 적합하여야 한다. 다만, 제1항 각 호의 어느 하나에 해당하는 경우에는 제3호 및 제6호의 규정을 적용하지 아니한다.
  1. 각 펌프의 작동여부를 확인할 수 있는 표시등 및 음향경보기능이 있어야 할 것
  2. 각 펌프를 자동 및 수동으로 작동시키거나 중단시킬 수 있어야 한다.
  3. 비상전원을 설치한 경우에는 상용전원 및 비상전원의 공급여부를 확인할 수 있어야 할 것
  4. 수조 또는 물올림탱크가 저수위로 될 때 표시등 및 음향으로 경보할 것
  5. 각 확인회로(기동용수압개폐장치의 압력스위치회로·수조 또는 물올림탱크의 감시회로를 말한다)마다 도통시험 및 작동시험을 할 수 있어야 할 것
  6. 예비전원이 확보되고 예비전원의 적합여부를 시험할 수 있어야 할 것

③ 감시제어반은 다음 각 호의 기준에 따라 설치하여야 한다.
  1. 화재 및 침수 등의 재해로 인한 피해를 받을 우려가 없는 곳에 설치할 것
  2. 감시제어반은 물분무소화설비의 전용으로 할 것. 다만, 물분무소화설비의 제어에 지장이 없는 경우에는 다른 설비와 겸용할 수 있다.
  3. 감시제어반은 다음 각 목의 기준에 따른 전용실 안에 설치할 것. 다만 제1항 각 호의 어느 하나에 해당하는 경우와 공장, 발전소 등에서 설비를 집중 제어·운전할 목적으로 설치하는 중앙제어실 내에 감시제어반을 설치하는 경우에는 그러하지 아니하다.
     가. 다른 부분과 방화구획을 할 것. 이 경우 전용실의 벽에는 기계실 또는 전기실 등의 감시를 위하여 두께 7mm 이상의 망입유리(두께 16.3mm 이상의 접합유리 또는 두께 28mm 이상의 복층유리를 포함한다)로 된 4m² 미만의 붙박이창을 설치할 수 있다.
     나. 피난층 또는 지하 1층에 설치할 것. 다만, 다음의 어느 하나에 해당하는 경우에는 지상 2층에 설치하거나 지하 1층 외의 지하층에 설치할 수 있다.
        (1) 「건축법 시행령」 제35조에 따라 특별피난계단이 설치되고 그 계단(부속실을 포함한다)출입구로부터 보행거리 5m 이내에 전용실의 출입구가 있는 경우
        (2) 아파트의 관리동(관리동이 없는 경우에는 경비실)에 설치하는 경우

다. 비상조명등 및 급·배기설비를 설치할 것
　　　라. 「무선통신보조설비의 화재안전기준(NFSC 505)」제5조제3항에 따라 유효하게 통신이 가능할 것(영 별표 5의 제5호마목에 따른 무선통신보조설비가 설치된 특정소방대상물에 한한다.)
　　　마. 바닥면적은 감시제어반의 설치에 필요한 면적 외에 화재 시 소방대원이 그 감시제어반의 조작에 필요한 최소면적 이상으로 할 것
　4. 제3호에 따른 전용실에는 특정소방대상물의 기계·기구 또는 시설 등의 제어 및 감시설비 외의 것을 두지 아니할 것

④ 동력제어반은 다음 각 호의 기준에 따라 설치하여야 한다.
　1. 앞면은 적색으로 하고 "물분무소화설비용 동력제어반"이라고 표시한 표지를 설치할 것
　2. 외함은 두께 1.5mm 이상의 강판 또는 이와 동등 이상의 강도 및 내열성능이 있는 것으로 할 것
　3. 그 밖의 동력제어반의 설치에 관하여는 제3항제1호 및 제2호의 기준을 준용할 것

제14조 (배선 등) ① 물분무소화설비의 배선은 「전기사업법」제67조에 따른 기술기준에서 정한 것 외에 다음 각 호의 기준에 따라 설치하여야 한다.
　1. 비상전원으로부터 동력제어반 및 가압송수장치에 이르는 전원회로배선은 내화배선으로 할 것. 다만, 자가발전설비와 동력제어반이 동일한 실에 설치된 경우에는 자가발전기로부터 그 제어반에 이르는 전원회로배선은 그러하지 아니하다.
　2. 상용전원으로부터 동력제어반에 이르는 배선, 그 밖의 물분무소화설비의 감시·조작 또는 표시등회로의 배선은 내화배선 또는 내열배선으로 할 것. 다만, 감시제어반 또는 동력제어반 안의 감시·조작 또는 표시등회로의 배선은 그러하지 아니하다.
② 제1항에 따른 내화배선 및 내열배선에 사용되는 전선 및 설치방법은 「옥내소화전설비의 화재안전기준(NFSC 102)」별표 1의 기준에 따른다.
③ 물분무소화설비의 과전류차단기 및 개폐기에는 "물분무소화설비용"이라고 표시한 표지를 하여야 한다.
④ 물분무소화설비용 전기배선의 양단 및 접속단자에는 다음 각 호의 기준에 따라 표지하여야 한다.
　1. 단자에는 "물분무소화설비단자"라고 표시한 표시를 부착할 것
　2. 물분무소화설비용 전기배선의 양단에는 다른 배선과 식별이 용이하도록 표시할 것

제15조(물분무헤드의 설치제외) 다음 각 호의 장소에는 물분무헤드를 설치하지 아니할 수 있다.
　1. 물에 심하게 반응하는 물질 또는 물과 반응하여 위험한 물질을 생성하는 물질을 저장 또는 취급하는 장소
　2. 고온의 물질 및 증류범위가 넓어 끓어 넘치는 위험이 있는 물질을 저장 또는 취급하는 장소
　3. 운전 시에 표면의 온도가 260℃ 이상으로 되는 등 직접 분무를 하는 경우 그 부분에 손상을 입힐 우려가 있는 기계장치 등이 있는 장소

제16조(수원 및 가압송수장치의 펌프 등의 겸용) ① 물분무소화설비의 수원을 옥내소화전설비·스프링클러설비·간이스프링클러설비·화재조기진압용 스프링클러설비·포소화전설비 및 옥외소화전설비의 수원과 겸용하여 설치하는 경우의 저수량은 각 소화설비에 필요한 저수량을 합한 양 이상이 되도록 하여야 한다. 다만, 이들 소화설비 중 고정식 소화설비(펌프·배관과 소화수 또는 소화약제를 최종 방출하는 방출구가 고정된 설비를 말한다. 이하 같다)가 2 이상 설치되어 있고, 그 소화설비가 설치된 부분이 방화벽과 방화문으로 구획되어 있는 경우에는 각 고정식 소화설비에 필요한 저수량 중 최대의 것 이상으로 할 수 있다.

② 물분무소화설비의 가압송수장치로 사용하는 펌프를 옥내소화전설비·스프링클러설비·간이스프링클러설비·화재조기진압용 스프링클러설비·포소화설비 및 옥외소화전설비의 가압송수장치와 겸용하여 설치하는 경우의 펌프의 토출량은 각 소화설비에 해당하는 토출량을 합한 양 이상이 되도록 하여야 한다. 다만, 이들 소화설비 중 고정식 소화설비가 2 이상 설치되어 있고, 그 소화설비가 설치된 부분이 방화벽과 방화문으로 구획되어 있으며 각 소화설비에 지장이 없는 경우에는 펌프의 토출량 중 최대의 것 이상으로 할 수 있다.

③ 옥내소화전설비·스프링클러설비·간이스프링클러설비·화재조기진압용 스프링클러설비·물분무소화설비·포소화설비 및 옥외소화전설비의 가압송수장치에 있어서 각 토출측 배관과 일반급수용의 가압송수장치의 토출측 배관을 상호 연결하여 화재 시 사용할 수 있다. 이 경우 연결배관에는 개·폐표시형밸브를 설치하여야 하며, 각 소화설비의 성능에 지장이 없도록 하여야 한다.

④ 물분무소화설비의 송수구를 옥내소화전설비·스프링클러설비·간이스프링클러설비·화재조기진압용 스프링클러설비·포소화설비·연결송수관설비 또는 연결살수설비의 송수구와 겸용으로 설치하는 경우에는 스프링클러설비의 송수구의 설치기준에 따르되 각각의 소화설비의 기능에 지장이 없도록 하여야 한다.

제17조(설치·유지기준의 특례) 소방본부장 또는 소방서장은 기존건축물이 증축·개축·대수선되거나 용도변경되는 경우에 있어서 이 기준이 정하는 기준에 따라 해당 건축물에 설치하여야 할 물분무소화설비의 배관·배선 등의 공사가 현저하게 곤란하다고 인정되는 경우에는 해당 설비의 기능 및 사용에 지장이 없는 범위 안에서 물분무소화설비의 설치·유지기준의 일부를 적용하지 아니할 수 있다.

제18조(재검토 기한) 소방청장은 「훈령·예규 등의 발령 및 관리에 관한 규정」에 따라 이 고시에 대하여 2017년 1월 1일 기준으로 매3년이 되는 시점(매 3년째의 12월 31일까지를 말한다)마다 그 타당성을 검토하여 개선 등의 조치를 하여야 한다. 〈전문개정 2016. 7. 13., 2017. 7. 26.〉

부칙

⟨제2021-16호, 2021. 3. 25.⟩

제1조(시행일)이 고시는 발령한 날부터 시행한다.
제2조(다른 고시의 개정) ①부터 ③까지 생략, ⑤부터 ⑦까지 생략
④ 「물분무소화설비의 화재안전기준(NFSC 104)」 일부를 다음과 같이 개정한다.
제13조제3항제3호라목을 "「무선통신보조설비의 화재안전기준(NFSC 505)」 제5조제3항에 따라 유효하게 통신이 가능할 것(영 별표 5의 제5호마목에 따른 무선통신보조설비가 설치된 특정소방대상물에 한한다.)"로 한다.

03 소방시설 자체점검

참고 소방시설 자체점검사항 등에 관한 고시, 한국소방안전원

✓ 소방시설 작동기능점검표 작성 예시

1 점검 전 준비사항
1) 점검장소의 협의나 협조 받을 건물 관계인 등 연락처를 사전 확보
2) 점검의 목적과 필요성에 대하여 건물 관계인에게 사전 안내 및 협의
3) 음향장치 및 각 실별 방문점검 사항을 공지하여 협조 요청

2 현장확인
1) 현장 시설물의 도면 등을 이용하여 설비의 개요 및 설치위치 등을 파악한다.
2) 점검사항을 토대로 점검순서를 계획하고 점검장비 및 공구를 준비한다.
3) 기존의 점검자료 및 조치결과가 있다면 점검 전 참고
4) 점검과 관련된 각종 법규 및 기준 등의 기술기준 등 규정사항을 준비하고 숙지한다.

3 점검표 작성을 위한 준비물
1) 소방시설등 작동기능점검 실시결과 보고서
화재예방, 소방시설 설치·유지 및 안전관리에 관한 법률 시행규칙 별지 서식

2) 소방시설등 작동기능 점검표
소방시설 자체점검사항 등에 관한 고시 서식

3) 건축물대장
건축물대장/소방도면 및 소방시설 현황/소방계획서 등

4) 점검에 필요한 장비

소방시설	장비	규격
공통시설	방수압력측정계, 절연저항계, 전류전압측정계	
스프링클러설비, 포소화설비	헤드결합렌치	1,400mm

5) 자체점검 후 결과 조치(소방시설법 시행규칙 제19조)
  (1) 작동기능점검 : 작동기능점검을 실시한 경우 7일 이내에 작동기능점검 실시결과 보고서를 소방본부장 또는 소방서장에게 제출하여야 한다.
  (2) 종합정밀점검 : 종합정밀점검을 실시한 경우 7일 이내에 종합정밀점검 실시결과 보고서를 소방본부장 또는 소방서장에게 제출하여야 한다.
    ▶ 소방시설관리업자는 점검을 실시한 경우 점검이 끝난 날부터 10일 이내에 소방시설관리업자에 대한 평가 등에 관한 업무를 위탁받은 평가기관에 통보하여야 한다.

6. 물분무소화설비 점검표

(1면)

번호	점검항목	점검결과
6-A. 수원		
6-A-001	○ 수원의 유효수량 적정 여부(겸용설비 포함)	
6-B. 수조		
6-B-001	● 동결방지조치 상태 적정 여부	
6-B-002	○ 수위계 설치 또는 수위 확인 가능 여부	
6-B-003	● 수조 외측 고정사다리 설치 여부(바닥보다 낮은 경우 제외)	
6-B-004	● 실내설치 시 조명설비 설치 여부	
6-B-005	○ "물분무소화설비용 수조" 표지 설치상태 적정 여부	
6-B-006	● 다른 소화설비와 겸용 시 겸용설비의 이름 표시한 표지설치 여부	
6-B-007	● 수조-수직배관 접속부분 "물분무소화설비용 배관" 표지설치 여부	
6-C. 가압송수장치		
	[펌프방식]	
6-C-001	● 동결방지조치 상태 적정 여부	
6-C-002	○ 성능시험배관을 통한 펌프 성능시험 적정 여부	
6-C-003	● 다른 소화설비와 겸용인 경우 펌프 성능 확보 가능 여부	
6-C-004	○ 펌프 흡입측 연성계·진공계 및 토출측 압력계 등 부속장치의 변형·손상 유무	
6-C-005	● 기동장치 적정 설치 및 기동압력 설정 적정 여부	
6-C-006	○ 물올림장치 설치 적정(전용 여부, 유효수량, 배관구경, 자동급수) 여부	
6-C-007	● 충압펌프 설치 적정(토출압력, 정격토출량) 여부	
6-C-008	○ 내연기관 방식의 펌프 설치 적정(정상기동(기동장치 및 제어반) 여부, 축전지 상태, 연료량) 여부	
6-C-009	○ 가압송수장치의 "물분무소화설비펌프" 표지설치 여부 또는 다른 소화설비와 겸용 시 겸용설비 이름 표시 부착 여부	
	[고가수조방식]	
6-C-021	○ 수위계·배수관·급수관·오버플로우관·맨홀 등 부속장치의 변형·손상 유무	
	[압력수조방식]	
6-C-031	● 압력수조의 압력 적정 여부	
6-C-032	○ 수위계·급수관·급기관·압력계·안전장치·공기압축기 등 부속장치의 변형·손상 유무	
	[가압수조방식]	
6-C-041	● 가압수조 및 가압원 설치장소의 방화구획 여부	
6-C-042	○ 수위계·급수관·배수관·급기관·압력계 등 부속장치의 변형·손상 유무	
비고		

(2면)

번호	점검항목	점검결과
6-D. 기동장치		
6-D-001	○ 수동식 기동장치 조작에 따른 가압송수장치 및 개방밸브 정상 작동 여부	
6-D-002	○ 수동식 기동장치 인근 "기동장치" 표지설치 여부	
6-D-003	○ 자동식 기동장치는 화재감지기의 작동 및 헤드 개방과 연동하여 경보를 발하고, 가압송수장치 및 개방밸브 정상 작동 여부	
6-E. 제어밸브 등		
6-E-001	○ 제어밸브 설치 위치(높이) 적정 및 "제어밸브" 표지 설치 여부	
6-E-002	● 자동개방밸브 및 수동식 개방밸브 설치위치(높이) 적정 여부	
6-E-003	● 자동개방밸브 및 수동식 개방밸브 시험장치 설치 여부	
6-F. 물분무헤드		
6-F-001	○ 헤드의 변형·손상 유무	
6-F-002	○ 헤드 설치 위치·장소·상태(고정) 적정 여부	
6-F-003	● 전기절연 확보 위한 전기기기와 헤드 간 거리 적정 여부	
6-G. 배관 등		
6-G-001	● 펌프의 흡입측 배관 여과장치의 상태 확인	
6-G-002	● 성능시험배관 설치(개폐밸브, 유량조절밸브, 유량측정장치) 적정 여부	
6-G-003	● 순환배관 설치(설치위치·배관구경, 릴리프밸브 개방압력) 적정 여부	
6-G-004	● 동결방지조치 상태 적정 여부	
6-G-005	○ 급수배관 개폐밸브 설치(개폐표시형, 흡입측 버터플라이 제외) 및 작동표시스위치 적정(제어반 표시 및 경보, 스위치 동작 및 도통시험) 여부	
6-G-006	● 다른 설비의 배관과의 구분 상태 적정 여부	
6-H. 송수구		
6-H-001	○ 설치장소 적정 여부	
6-H-002	● 연결배관에 개폐밸브를 설치한 경우 개폐상태 확인 및 조작가능 여부	
6-H-003	● 송수구 설치 높이 및 구경 적정 여부	
6-H-004	○ 송수압력범위 표시 표지 설치 여부	
6-H-005	● 송수구 설치 개수 적정 여부	
6-H-006	● 자동배수밸브(또는 배수공)·체크밸브 설치 여부 및 설치 상태 적정 여부	
6-H-007	○ 송수구 마개 설치 여부	
6-I. 배수설비(차고·주차장의 경우)		
6-I-001	● 배수설비(배수구, 기름분리장치 등) 설치 적정 여부	
6-J. 제어반		
6-J-001	● 겸용 감시·동력 제어반 성능 적정 여부(겸용으로 설치된 경우)	

(3면)

번호	점검항목	점검결과
	[감시제어반]	
6-J-011	○ 펌프 작동 여부 확인 표시등 및 음향경보장치 정상작동 여부	
6-J-012	○ 펌프별 자동·수동 전환스위치 정상작동 여부	
6-J-013	● 펌프별 수동기동 및 수동중단 기능 정상작동 여부	
6-J-014	● 상용전원 및 비상전원 공급 확인 가능 여부(비상전원 있는 경우)	
6-J-015	● 수조·물올림탱크 저수위 표시등 및 음향경보장치 정상작동 여부	
6-J-016	○ 각 확인회로별 도통시험 및 작동시험 정상작동 여부	
6-J-017	○ 예비전원 확보 유무 및 시험 적합 여부	
6-J-018	● 감시제어반 전용실 적정 설치 및 관리 여부	
6-J-019	● 기계·기구 또는 시설 등 제어 및 감시설비 외 설치 여부	
	[동력제어반]	
6-J-031	○ 앞면은 적색으로 하고, "물분무소화설비용 동력제어반" 표지 설치 여부	
	[발전기제어반]	
6-J-041	● 소방전원보존형발전기는 이를 식별할 수 있는 표지 설치 여부	

6-K. 전원

번호	점검항목	점검결과
6-K-001	● 대상물 수전방식에 따른 상용전원 적정 여부	
6-K-002	● 비상전원 설치장소 적정 및 관리 여부	
6-K-003	○ 자가발전설비인 경우 연료 적정량 보유 여부	
6-K-004	○ 자가발전설비인 경우 「전기사업법」에 따른 정기점검 결과 확인	

6-L. 물분무헤드의 제외

번호	점검항목	점검결과
6-L-001	● 헤드 설치 제외 적정 여부(설치 제외된 경우)	

※ 펌프성능시험(펌프 명판 및 설계치 참조)

구분		체절운전	정격운전 (100%)	정격유량의 150% 운전	적정 여부
토출량 (l/min)	주				1. 체절운전 시 토출압은 정격토출압의 140% 이하일 것( )
	예비				2. 정격운전 시 토출량과 토출압이 규정치 이상일 것( )
토출압 (MPa)	주				3. 정격토출량의 150%에서 토출압이 정격토출압의 65% 이상일 것( )
	예비				

○ 설정압력 :
○ 주펌프
　기동 :　　　MPa
　정지 :　　　MPa
○ 예비펌프
　기동 :　　　MPa
　정지 :　　　MPa
○ 충압펌프
　기동 :　　　MPa
　정지 :　　　MPa

※ 릴리프밸브 작동압력 :　　　MPa

비고	

미분무소화설비의 화재안전기준

[시행 2021. 3. 25.]
[소방청고시 제2021-16호, 2021. 3. 25., 타법개정.]

01 개요

NFSC 104A

1 질의회신 및 핵심사항 분석

	질의회신	참고 소방청 질의회신집
적용범위 (제2조)	Q 물분무등소화설비 설치관련[소방제도팀 - 265 2007.04.09] : 연면적 1,382.61m²로서 주용도가 자동차 관련시설로서 근린생활시설과 같이 설치될 경우 물분무등소화설비의 적용여부?	
	A 「화재예방, 소방시설 설치·유지 및 안전관리에 관한 법률 시행령」 별표 2 제30호 "복합건축물"로 보아 복합건축물에 설치하는 소방시설을 적용하여 설치하여야 함	
	Q 발전기실 물분무등소화설비 설치 여부[소방제도팀 - 374 2007.5.8.] : 난연케이블(TFR-CV)만을 사용한 발전실(지상 1층, 485.61m²)에 발전기 병렬운전반(판넬 내부에 설치된 일반제어전선 보호)을 설치하였을 경우 물분무등소화설비 설치여부?	
	A 가연성 피복을 사용하지 아니한 전선 및 케이블을 설치한 발전실은 물분무등 소화설비 설치를 제외하도록 규정되어 있으므로 설치대상에 해당하지 아니함	
	Q 발전기실 물분무등소화설비 설치여부[소방제도과 - 407 - 2010.1.29] : 전기실을 경유하지 않고 발전기실을 출입할 수 있는 구조이며 전기실과 발전기실이 각각 방화구획 되어 있는 경우 2개의 실을 하나의 실로 보아 물분무등소화설비를 설치하여야 하는지 여부?	
	A 전기실 경유여부 관계없이 전기실과 발전기실이 각각 방화구획되어 있고 각각의 바닥면적이 300m² 미만의 경우에는 물분무등소화설비 설치의무는 없음	

	핵심사항	참고 기출문제
설치기준 등	• 폐쇄형 미분무헤드의 표시온도에 따른 최고 주위온도/수원의 양 • "미분무"의 정의, 저압, 중압, 고압의 압력범위	
기타	• 미분무소화설비의 가압송수장치 점검항목	
Key point	• 사용압력에 따른 미분무소화설비의 구분 • 수조, 폐쇄형/개방형 미분무소화설비 방호구역의 헤드 • 설계도서의 작성 및 검증(별표 1 설계도서 작성기준) • 배관의 재질 및 용접방법, 청소·시험·유지 및 관리	

2 시스템의 해설

현대 건축물은 화재가 발생하는 요인이 증가되고, 소화의 어려움이 확대되어 화재를 조기에 발견하여 경보하고 화재 확대를 최소한으로 저지하는 것이 매우 중요한 일이다. 따라서 관계법령에서는 건축물의 구조·규모·수용인원·용도 등에 따라 소방시설의 설치를 의무화하고 있다. 미분무소화설비는 화재제어(Fire Control)·화재진압(Fire Suppression)·화재소화(Fire Extinguishment)·온도제어(Temperature)·화재예방(화재 노출부분의 방호) 목적의 화재 방호설비이다.

1) 소방용품(소방시설법 시행령 제6조)

소화설비를 구성하는 제품 또는 기기는 ① 별표 1 제1호가목의 소화기구(소화약제 외의 것을 이용한 간이소화용구는 제외한다), ② 별표 1 제1호나목의 자동소화장치, ③ 소화설비를 구성하는 소화전, 관창(菅槍), 소방호스, 스프링클러헤드, 기동용 수압개폐장치, 유수제어밸브 및 가스관 선택밸브 등이 있으며, 소화설비의 제품검사(형식승인 및 성능인증) 대상 품목은 ① 법 제36조제1항 본문에서 "대통령령으로 정하는 소방용품" ② 규칙 제15조제1항 본문에서 "행정안전부령으로 정하는 소방용품" ③ 규칙 제15조 및 별표 7 제22호에 따른 "소방청장이 고시하는 소방용품" 등으로 구분되고 소방용품은 제품검사를 받아 합격한 제품을 사용하여야 한다.

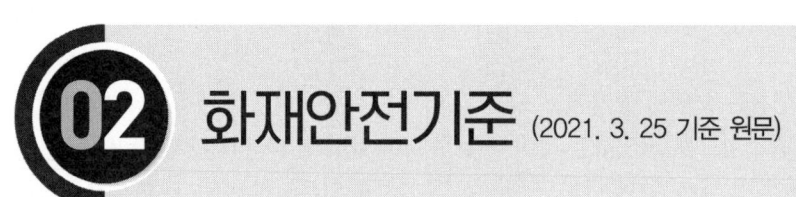

02 화재안전기준 (2021. 3. 25 기준 원문)

NFSC 104A

제1조(목적) 이 기준은 「화재예방, 소방시설 설치·유지 및 안전관리에 관한 법률」제9조제1항에 따라 소방청장에게 위임한 사항 중 미분무소화설비의 설치·유지 및 안전관리에 관한 사항을 규정함을 목적으로 한다.

> ### POINT 시스템 및 안전관리
>
> 물분무등소화설비의 설치목적은 물 그 밖의 소화약제를 사용하여 소화하는 설비로서 특정소방대상물에서 화재가 발생한 경우 연소생성물(열, 연기, 불꽃 등)에 의한 화재의 초기소화, 연소제어 및 연소확산방지를 위하여 사용하며, 평상시에는 관계인에 의한 화재예방을 위하여 정기적으로 점검하는 소방설비이다.
> ※ 물분무등소화설비에는 물분무·미분무·포·이산화탄소·할론·할로겐화합물 및 불활성기체·분말·강화액·고체에어로졸 등이 있다.(시행령 별표 1)
>
> 1. 미분무소화설비는 가압된 물이 헤드 통과 후 미세한 입자(물입자 중 99%의 누적체적분포가 400μm 이하)로 분무됨으로써 A·B·C급에 적응성 있는 소화성능의 소화설비이다. 미분무소화설비의 구성은 수원(수조), 가압송수장치, 배관, 음향장치 및 기동장치, 헤드, 전원 및 제어반 등으로 구성된다.
>   ※ 소화작용(냉각소화, 질식소화, 제거소화, 억제소화 등 소화), 연소제어(연쇄반응 억제, 비누화 현상 등 화재를 제어하여 소화), 연소확산방지(연소확대 경로를 차단하여 소화) 및 화재예방(위험물질 및 화재로부터 노출된 부분의 방호)
> 2. 시스템을 구성하고 있는 소화설비는 「소방시설공사업법」의 소방시설공사 등의 품질과 안전이 확보되도록 시공되어야 하고, 소방기술의 관리에 필요한 화재안전기준에 적합하게 설계도서·시방서가 작성되어 성실하게 수행되어야 한다. 또한 「화재예방, 소방시설 설치·유지 및 안전관리에 관한 법률(이하 "소방시설법")」에 의한 소방용품의 제조 및 수입하려는 제품에 대하여 제품검사를 수행하고, 특정소방대상물의 관계인을 통하여 소방대상물의 안전관리가 이행되어야 한다.

제2조(적용범위) 「화재예방, 소방시설 설치·유지 및 안전관리에 관한 법률 시행령」(이하 "영"이라 한다) 별표 5 제1호바목에 따른 물분무등소화설비 중 미분무소화설비는 이 기준에서 정하는 규정에 따라 설비를 설치하고 유지·관리하여야 한다.

POINT

1 특정소방대상물의 설치기준(별표 5 물분무등소화설비)

소방시설	적용기준	설치대상
물분무등소화설비(위험물 저장 및 처리시설 중 가스시설 또는 지하구는 제외한다)	1. 항공기 및 자동차 관련 시설 중 항공기격납고	전부
	2. 차고, 주차용 건축물 또는 철골 조립식 주차시설 연면적	800m² 이상
	3. 건축물 내부에 설치된 차고 또는 주차장으로서 차고 또는 주차의 용도로 사용되는 부분의 바닥면적	200m² 이상인 층
	4. 기계장치에 의한 주차시설	
	5. 전기실·발전실·변전실(가연성 절연유를 사용하지 않는 변압기·전류차단기 등의 전기기기와 가연성 피복을 사용하지 않은 전선 및 케이블만을 설치한 전기실·발전실 및 변전실은 제외한다)·축전지실·통신기기실 또는 전산실, 그 밖에 이와 비슷한 것으로서 바닥면적[하나의 방화구획 내에 둘 이상의 실(室)이 설치되어 있는 경우에는 이를 하나의 실로 보아 바닥면적을 산정한다]. 다만, 내화구조로 된 공정제어실 내에 설치된 주조정실로서 양압시설이 설치되고 전기기기에 220볼트 이하인 저전압이 사용되며 종업원이 24시간 상주하는 곳은 제외한다.	300m² 이상
	6. 소화수를 수집·처리하는 설비가 설치되어 있지 않은 중·저준위방사성폐기물의 저장시설. 다만, 이 경우에는 이산화탄소소화설비, 할론소화설비 또는 할로겐화합물 및 불활성기체 소화설비 설치	전부
	7. 지하가 중 예상 교통량, 경사도 등 터널의 특성을 고려하여 행정안전부령으로 정하는 터널. 다만, 이 경우에는 물분무소화설비를 설치	전부
	8. 「문화재보호법」 제2조제3항제1호 및 제2호에 따른 지정문화재 중 소방청장이 문화재청장과 협의하여 정하는 것	전부

※ 물분무등소화설비는 물분무·미분무·포·이산화탄소·할론·할로겐화합물 및 불활성기체·분말·강화액·고체에어로졸 등 소화설비로 분류한다.

2 소방시설의 설치 면제기준

1. (별표 6) 소방시설 설치 면제기준
물분무등소화설비를 설치하여야 하는 차고·주차장에 스프링클러설비를 화재안전기준에 적합하게 설치한 경우에는 그 설비의 유효범위에서 설치가 면제된다.

2. (별표 7) 소방시설을 설치하지 않을 수 있는 특정소방대상물 및 소방시설 범위

구분	특정소방대상물	소방시설
1. 화재 위험도가 낮은 특정소방대상물	「소방기본법」 제2조제5호에 따른 소방대(消防隊)가 조직되어 24시간 근무하고 있는 청사 및 차고	옥내소화전설비, 스프링클러설비, 물분무등소화설비, 비상방송설비, 피난기구, 소용수설비, 연결송수관설비, 연결살수설비

제3조(정의) 이 기준에서 사용하는 용어의 정의는 다음과 같다.
1. "미분무소화설비"란 가압된 물이 헤드 통과 후 미세한 입자로 분무됨으로써 소화성능을 가지는 설비를 말하며, 소화력을 증가시키기 위해 강화액 등을 첨가할 수 있다.
2. "미분무"란 물만을 사용하여 소화하는 방식으로 최소설계압력에서 헤드로부터 방출되는 물입자 중 99%의 누적체적분포가 $400\mu m$ 이하로 분무되고 A, B, C급 화재에 적응성을 갖는 것을 말한다.
3. "미분무헤드"란 하나 이상의 오리피스를 가지고 미분무소화설비에 사용되는 헤드를 말한다.
4. "개방형 미분무헤드"란 감열체 없이 방수구가 항상 열려져 있는 헤드를 말한다.
5. "폐쇄형 미분무헤드"란 정상상태에서 방수구를 막고 있는 감열체가 일정온도에서 자동적으로 파괴·용융 또는 이탈됨으로써 방수구가 개방되는 헤드를 말한다.
6. "저압미분무소화설비"란 최고사용압력이 1.2MPa 이하인 미분무소화설비를 말한다.
7. "중압미분무소화설비"란 사용압력이 1.2MPa을 초과하고 3.5MPa 이하인 미분무소화설비를 말한다.
8. "고압미분무소화설비"란 최저사용압력이 3.5MPa을 초과하는 미분무소화설비를 말한다.

> **고압가스의 종류 및 범위(고압가스 안전관리법 시행령 제2조)**
>
> 「고압가스 안전관리법」 (이하 "법"이라 한다) 제2조에 따라 법의 적용을 받는 고압가스의 종류 및 범위는 다음 각 호와 같다. 다만, 별표 1에 정하는 고압가스는 제외한다.
> 1. 상용(常用)의 온도에서 압력(게이지압력을 말한다. 이하 같다)이 1메가파스칼 이상이 되는 압축가스로서 실제로 그 압력이 1메가파스칼 이상이 되는 것 또는 섭씨 35도의 온도에서 압력이 1메가파스칼 이상이 되는 압축가스(아세틸렌가스는 제외한다)
> 2. 섭씨 15도의 온도에서 압력이 0파스칼을 초과하는 아세틸렌가스
> 3. 상용의 온도에서 압력이 0.2메가파스칼 이상이 되는 액화가스로서 실제로 그 압력이 0.2메가파스칼 이상이 되는 것 또는 압력이 0.2메가파스칼이 되는 경우의 온도가 섭씨 35도 이하인 액화가스
> 4. 섭씨 35도의 온도에서 압력이 0파스칼을 초과하는 액화가스 중 액화시안화수소·액화브롬화메탄 및 액화산화에틸렌가스
>
> ※ 별표 1에 정하는 고압가스 6. "전기사업법"에 따른 전기설비 중 발전·변전 또는 송전을 위하여 설치하는 전기설비 또는 전기를 사용하기 위하여 설치하는 변압기·리액터·개폐기·자동차단기로서 가스를 압축 또는 액화 그 밖의 방법으로 처리하는 그 전기설비 안의 고압가스, 14. "화재예방, 소방시설 설치

유지 및 안전관리에 관한 법률"의 적용을 받는 내용적 1리터 이하의 소화기용 용기 또는 소화기에 내장되는 용기 안에 있는 고압가스

▶ 관련법 : 액화석유가스의 안전관리 및 사업법, 도시가스사업법

9. "폐쇄형 미분무소화설비"란 배관 내에 항상 물 또는 공기 등이 가압되어 있다가 화재로 인한 열로 폐쇄형 미분무헤드가 개방되면서 소화수를 방출하는 방식의 미분무소화설비를 말한다.
10. "개방형 미분무소화설비"란 화재감지기의 신호를 받아 가압송수장치를 동작시켜 미분무수를 방출하는 방식의 미분무소화설비를 말한다.
11. "유수검지장치(패들형을 포함한다.)"란 본체 내의 유수현상을 자동적으로 검지하여 신호 또는 경보를 발하는 장치를 말한다.
12. "전역방출방식"이란 고정식 미분무소화설비에 배관 및 헤드를 고정 설치하여 구획된 방호구역 전체에 소화수를 방출하는 설비를 말한다.
13. "국소방출방식"이란 고정식 미분무소화설비에 배관 및 헤드를 설치하여 직접 화점에 소화수를 방출하는 설비로서 화재발생 부분에 집중적으로 소화수를 방출하도록 설치하는 방식을 말한다.
14. "호스릴방식"이란 미분무건을 소화수 저장용기 등에 연결하여 사람이 직접 화점에 소화수를 방출하는 소화설비를 말한다.
15. "교차회로방식"이란 하나의 방호구역 내에 2 이상의 화재감지기회로를 설치하고 인접한 2 이상의 화재감지기가 동시에 감지되는 때에는 미분무소화설비가 작동하여 소화수가 방출되는 방식을 말한다.
16. "가압수조"란 가압원인 압축공기 또는 불연성 고압기체에 의해 소방용수를 가압시키는 수조를 말한다.
17. "개폐표시형밸브"란 밸브의 개폐여부를 외부에서 식별이 가능한 밸브를 말한다.
18. "연소할 우려가 있는 개구부"란 각 방화구획을 관통하는 컨베이어·에스컬레이터 또는 이와 유사한 시설의 주위로서 방화구획을 할 수 없는 부분을 말한다.
19. "설계도서"란 특정소방대상물의 점화원, 연료의 특성과 형태 등에 따라서 발생할 수 있는 화재의 유형이 고려되어 작성된 것을 말한다.

제4조(설계도서 작성) ① 미분무소화설비의 성능을 확인하기 위하여 하나의 발화원을 가정한 설계도서는 다음 각 호 및 별표 1을 고려하여 작성되어야 하며, 설계도서는 일반설계도서와 특별설계도서로 구분한다
1. 점화원의 형태
2. 초기 점화되는 연료유형
3. 화재위치
4. 문과 창문의 초기상태(열림, 닫힘) 및 시간에 따른 변화상태
5. 공기조화설비, 자연형(문, 창문) 및 기계형 여부

6. 시공유형과 내장재유형
② 일반설계도서는 유사한 특정소방대상물의 화재사례 등을 이용하여 작성하고, 특별설계도서는 일반설계도서에서 발화장소 등을 변경하여 위험도를 높게 만들어 작성하여야 한다.
③ 제1항 및 제2항에도 불구하고 검증된 기준에서 정하고 있는 것을 사용할 경우에는 적합한 도서로 인정할 수 있다.

>> 설계도서 작성에 포함할 사항(연소 3요소)

설계도서에 포함되어야 할 사항		비고
• 점화원의 형태	• 화재위치	점화원
• 시공유형과 내장재유형	• 초기 점화되는 연료유형	가연물
• 문과 창문의 초기상태(열림, 닫힘) 및 시간에 따른 변화상태 • 공기조화설비, 자연형(문, 창문) 및 기계형 여부		산소

※ 소화작용에 따른 분류(물리적 작용, 화학적 작용) 연소 4요소 → 연쇄반응

제5조(설계도서의 검증) ① 소방관서에 허가동의를 받기 전에 법 제42조제1항에 따라 성능시험기관으로 지정받은 기관에서 그 성능을 검증받아야 한다.
② 설계도서의 변경이 필요한 경우 제1항에 의해 재검증을 받아야 한다.

 성능시험기관(법 제42조제1항)

형식승인 및 성능인증에 관한 규정으로 소방관서에 허가동의를 받기 전에 한국소방산업기술원에서 설계도서의 검증을 받아야 한다.

제6조(수원) ① 미분무수소화설비에 사용되는 용수는 「먹는물관리법」 제5조에 적합하고, 저수조 등에 충수할 경우 필터 또는 스트레이너를 통하여야 하며, 사용되는 물에는 입자·용해고체 또는 염분이 없어야 한다.
② 배관의 연결부(용접부 제외) 또는 주배관의 유입측에는 필터 또는 스트레이너를 설치하여야 하고, 사용되는 스트레이너에는 청소구가 있어야 하며, 검사·유지관리 및 보수 시에 배치위치를 변경하지 아니하여야 한다. 다만, 노즐이 막힐 우려가 없는 경우에는 설치하지 아니할 수 있다.
③ 사용되는 필터 또는 스트레이너의 메시는 헤드 오리피스 지름의 80% 이하가 되어야 한다.
④ 수원의 양은 다음의 식을 이용하여 계산한 양 이상으로 하여야 한다.

$Q = N \times D \times T \times S \cdot V$

Q : 수원의 양[m³]　　N : 방호구역(방수구역) 내 헤드의 개수
D : 설계유량[m³/min]　　T : 설계방수시간[min]
S : 안전율[1.2 이상]　　V : 배관의 총체적[m³]

⑤ 첨가제의 양은 설계방수시간 내에 충분히 사용될 수 있는 양 이상으로 산정한다. 이 경우 첨가제가 소화약제인 경우 소방청장이 정하여 고시한 「소화약제 형식승인 및 제품검사의 기술기준」에 적합한 것으로 사용하여야 한다.

> **>> 첨가제**
>
> 1. 첨가제의 종류 : 포소화약제, 강화액 등을 첨가제로 사용할 수 있다.
> 2. 강화약소화약제의 특성(주로 주방용자동소화장치에 사용)
>   1) 소화기에 충전하는 강화약소화약제는 알칼리 금속염류 등의 수용액 및 응고점이 $-20℃$ 이하인 양질의 무기산 또는 이와 같은 염류이어야 하며 방사액의 수소이온농도는 KS M 0011(수용액의 pH 측정방법)에 따라 측정하여 5.5 이하(설계값의 ±0.4)의 산성을 나타내지 않아야 한다.
>   2) 알칼리 금속염류의 수용액인 경우 알칼리성 반응을 나타내야 하며, 방염성이 있고 응고점은 규정값을 유지하여야 한다.
>   3) 강화액소화약제의 침전량은 20±2℃ 온도에서 원심분리용 시험관에 넣고 상대원심력을 분당회전수 600~700으로 원심분리를 하여 생기는 침전물이 0.1Vol% 이하이어야 한다.

제7조(수조) ① 수조의 재료는 냉간 압연 스테인리스 강판 및 강대(KS D 3698)의 STS 304 또는 이와 동등 이상의 강도 · 내식성 · 내열성이 있는 것으로 하여야 한다.

> **>> 냉간 압연 스테인리스 강판 및 강대(KS D 3698)의 STS 304의 특성**
>
> - 내력 : $205N/mm^2$ 이상
> - 인장강도 : $520N/mm^2$ 이상
> - 연신율(늘어난 길이/원리길이의 비율) : 40% 이상

② 수조를 용접할 경우 용접찌꺼기 등이 남아 있지 아니하여야 하며, 부식의 우려가 없는 용접방식으로 하여야 한다.

③ 미분무소화설비용 수조는 다음 각 호의 기준에 따라 설치하여야 한다.
  1. 전용으로 하며 점검에 편리한 곳에 설치할 것
  2. 동결방지조치를 하거나 동결의 우려가 없는 장소에 설치할 것
  3. 수조의 외측에 수위계를 설치할 것. 다만, 구조상 불가피한 경우에는 수조의 맨홀 등을 통하여 수조 내 물의 양을 쉽게 확인할 수 있도록 하여야 한다.
  4. 수조의 상단이 바닥보다 높은 때에는 수조의 외측에 고정식 사다리를 설치할 것
  5. 수조가 실내에 설치된 때에는 그 실내에 조명 설비를 설치할 것
  6. 수조의 밑 부분에는 청소용 배수밸브 또는 배수관을 설치할 것
  7. 수조 외측의 보기 쉬운 곳에 "미분무설비용 수조"라고 표시한 표지를 할 것

8. 미분무펌프의 흡수배관 또는 수직배관과 수조의 접속부분에는 "미분무설비용 배관"이라고 표시한 표지를 할 것. 다만, 수조와 가까운 장소에 미분무펌프가 설치되고 미분무펌프에 제7호에 따른 표지를 설치한 때에는 그러하지 아니하다.

제8조(가압송수장치) ① 전동기 또는 내연기관에 따른 펌프를 이용하는 가압송수장치는 다음 각 호의 기준에 따라 설치하여야 한다.
1. 쉽게 접근할 수 있고 점검하기에 충분한 공간이 있는 장소로서 화재 및 침수 등의 재해로 인한 피해를 받을 우려가 없는 곳에 설치할 것
2. 동결방지조치를 하거나 동결의 우려가 없는 장소에 설치할 것
3. 펌프는 전용으로 할 것
4. 펌프의 토출 측에는 압력계를 체크밸브 이전에 펌프토출 측 가까운 곳에 설치할 것
5. 가압송수장치에는 정격부하 운전 시 펌프의 성능을 시험하기 위한 배관을 설치할 것
6. 가압송수장치의 송수량은 최저설계압력에서 설계유량(L/min) 이상의 방수성능을 가진 기준개수의 모든 헤드로부터의 방수량을 충족시킬 수 있는 양 이상의 것으로 할 것
7. 내연기관을 사용하는 경우에는 제어반에 따라 내연기관의 자동기동 및 수동기동이 가능하고, 상시 충전되어 있는 축전지설비를 갖출 것
8. 가압송수장치에는 "미분무펌프"라고 표시한 표지를 할 것. 다만, 호스릴방식의 경우 "호스릴방식 미분무펌프"라고 표시한 표지를 할 것
9. 가압송수장치가 기동되는 경우에는 자동으로 정지되지 아니하도록 할 것

② 압력수조를 이용하는 가압송수장치는 다음 각 호의 기준에 따라 설치하여야 한다.
1. 압력수조는 배관용 스테인리스 강관(KS D 3676) 또는 이와 동등 이상의 강도·내식성, 내열성을 갖는 재료를 사용할 것
2. 용접한 압력수조를 사용할 경우 용접찌꺼기 등이 남아 있지 아니하여야 하며, 부식의 우려가 없는 용접방식으로 하여야 한다.
3. 쉽게 접근할 수 있고 점검하기에 충분한 공간이 있는 장소로서 화재 및 침수 등의 재해로 인한 피해를 받을 우려가 없는 곳에 설치할 것
4. 동결방지조치를 하거나 동결의 우려가 없는 장소에 설치할 것
5. 압력수조는 전용으로 할 것
6. 압력수조에는 수위계·급수관·배수관·급기관·맨홀·압력계·안전장치 및 압력저하방지를 위한 자동식 공기압축기를 설치할 것
7. 압력수조의 토출 측에는 사용압력의 1.5배 범위를 초과하는 압력계를 설치하여야 한다.
8. 작동장치의 구조 및 기능은 다음 각 목의 기준에 적합하여야 한다.
   가. 화재감지기의 신호에 의하여 자동적으로 밸브를 개방하고 소화수를 배관으로 송출할 것
   나. 수동으로 작동할 수 있게 하는 장치를 설치할 경우에는 부주의로 인한 작동을 방지하기 위한 보호장치를 강구할 것

③ 가압수조를 이용하는 가압송수장치는 다음 각 호의 기준에 따라 설치하여야 한다.
   1. 가압수조의 압력은 설계 방수량 및 방수압이 설계방수시간 이상 유지되도록 할 것
   2. 삭제
   3. 가압수조 및 가압원은 「건축법 시행령」 제46조에 따른 방화구획된 장소에 설치할 것
   4. 삭제
   5. 가압수조를 이용한 가압송수장치는 소방청장이 정하여 고시한 「가압수조식 가압송수장치의 성능인증 및 제품검사의 기술기준」에 적합한 것으로 설치할 것
   6. 가압수조는 전용으로 설치할 것

제9조(폐쇄형미분무소화설비의 방호구역) 폐쇄형미분무헤드를 사용하는 설비의 방호구역(미분무소화설비의 소화범위에 포함된 영역을 말한다. 이하 같다)은 다음 각 호의 기준에 적합하여야 한다.
   1. 하나의 방호구역의 바닥면적은 펌프용량, 배관의 구경 등을 수리학적으로 계산한 결과 헤드의 방수압 및 방수량이 방호구역 범위 내에서 소화목적을 달성할 수 있도록 산정하여야 한다.
   2. 하나의 방호구역은 2개 층에 미치지 아니하도록 할 것

제10조(개방형미분무소화설비의 방수구역) 개방형미분무소화설비의 방수구역은 다음 각 호의 기준에 적합하여야 한다.
   1. 하나의 방수구역은 2개 층에 미치지 아니할 것
   2. 하나의 방수구역을 담당하는 헤드의 개수는 최대 설계개수 이하로 할 것. 다만, 2개 이상의 방수구역으로 나눌 경우에는 하나의 방수구역을 담당하는 헤드의 개수는 최대설계개수의 1/2 이상으로 할 것
   3. 터널, 지하가 등에 설치할 경우 동시에 방수되어야 하는 방수구역은 화재가 발생된 방수구역 및 접한 방수구역으로 할 것

제11조(배관 등) ① 설비에 사용되는 구성요소는 STS 304 이상의 재료를 사용하여야 한다.
② 배관은 배관용 스테인리스강관(KS D 3576)이나 이와 동등 이상의 강도·내식성 및 내열성을 가진 것으로 하여야 하고, 용접할 경우 용접찌꺼기 등이 남아 있지 아니하여야 하며, 부식의 우려가 없는 용접방식으로 하여야 한다.
③ 급수배관은 다음 각 호의 기준에 따라 설치하여야 한다.
   1. 전용으로 할 것
   2. 급수를 차단할 수 있는 개폐밸브는 개폐표시형으로 할 것
④ 펌프를 이용하는 가압송수장치에는 펌프의 성능이 체절운전 시 정격토출압력의 140%를 초과하지 아니하고, 정격토출량의 150%로 운전 시 정격토출압력의 65% 이상이 되어야 하며 다음 각 호의 기준에 적합하도록 설치하여야 한다. 다만, 공인된 방법에 의한 별도의 성능을 제시할 경우에는 그러하지 아니하며 그 성능을 별도의 기준에 따라 확인하여야 한다.

1. 성능시험배관은 펌프의 토출 측에 설치된 개폐밸브 이전에서 분기하여 직선으로 설치하고, 유량측정장치를 기준으로 전단 직관부에는 개폐밸브를 후단 직관부에는 유량조절밸브를 설치할 것
2. 유입구에는 개폐밸브를 둘 것
3. 개폐밸브와 유량측정장치 사이의 직관부 거리 및 유량측정장치와 유량조절밸브 사이의 직관부 거리는 해당 유량측정장치 제조사의 설치사양에 따른다.
4. 유량측정장치는 펌프의 정격토출량의 175% 이상까지 측정할 수 있는 성능이 있을 것
5. 삭제
6. 성능시험배관의 호칭은 유량계 호칭에 따를 것

⑤ 동결방지조치를 하거나 동결의 우려가 없는 장소에 설치하여야 한다. 다만, 보온재를 사용할 경우에는 난연재료 성능 이상의 것으로 하여야 한다.
⑥ 교차배관의 위치·청소구 및 가지배관의 헤드설치는 다음 각 호의 기준에 따른다.
1. 교차배관은 가지배관과 수평으로 설치하거나 또는 가지배관 밑에 설치할 것
2. 청소구는 교차배관 끝에 개폐밸브를 설치하고, 호스접결이 가능한 나사식 또는 고정배수 배관식으로 할 것. 이 경우 나사식의 개폐밸브는 나사보호용의 캡으로 마감할 것
⑦ 미분무설비에는 그 성능을 확인하기 위한 시험장치를 다음 각 호의 기준에 따라 설치하여야 한다. 다만, 개방형헤드를 설치한 경우에는 그러하지 아니하다.
1. 가압장치에서 가장 먼 가지배관의 끝으로부터 연결하여 설치할 것
2. 시험장치 배관의 구경은 가압장치에서 가장 먼 가지배관의 구경과 동일한 구경으로 하고, 그 끝에 개방형헤드를 설치할 것. 이 경우 개방형헤드는 동일 형태의 오리피스만으로 설치할 수 있다.
3. 시험배관의 끝에는 물받이 통 및 배수관을 설치하여 시험 중 방사된 물이 바닥에 흘러내리지 아니하도록 할 것. 다만, 목욕실·화장실 또는 그 밖의 곳으로서 배수처리가 쉬운 장소에 시험배관을 설치한 경우에는 그러하지 아니하다.
⑧ 배관에 설치되는 행가는 다음 각 호의 기준에 따라 설치하여야 한다.
1. 가지배관에는 헤드의 설치지점 사이마다, 교차배관에는 가지배관과 가지배관 사이마다 1개 이상의 행가를 설치할 것
2. 제1호의 수평주행배관에는 4.5m 이내마다 1개 이상 설치할 것
⑨ 수직배수배관의 구경은 50mm 이상으로 하여야 한다. 다만, 수직배관의 구경이 50mm 미만인 경우에는 수직배관과 동일한 구경으로 할 수 있다.
⑩ 주차장의 미분무소화설비는 습식 외의 방식으로 하여야 한다. 다만, 주차장이 벽 등으로 차단되어 있고 출입구가 자동으로 열리고 닫히는 구조인 것으로서 다음 각 호의 어느 하나에 해당하는 경우에는 그러하지 아니하다.
1. 동절기에 상시 난방이 되는 곳이거나 그 밖에 동결의 염려가 없는 곳
2. 미분무소화설비의 동결을 방지할 수 있는 구조 또는 장치가 된 것

⑪ 급수배관에 설치되어 급수를 차단할 수 있는 개폐밸브에는 그 밸브의 개폐상태를 감시제어반에서 확인할 수 있도록 급수개폐밸브 작동표시 스위치를 다음 각 호의 기준에 따라 설치하여야 한다.
   1. 급수개폐밸브가 잠길 경우 탬퍼스위치의 동작으로 인하여 감시제어반 또는 수신기에 표시되어야 하며 경보음을 발할 것
   2. 탬퍼스위치는 감시제어반 또는 수신기에서 동작의 유무확인과 동작시험, 도통시험을 할 수 있을 것
   3. 급수개폐밸브의 작동표시스위치에 사용되는 전기배선은 내화전선 및 내열전선으로 설치할 것
⑫ 미분무설비 배관의 배수를 위한 기울기는 다음 각 호의 기준에 따른다.
   1. 폐쇄형미분무소화설비의 배관을 수평으로 할 것. 다만, 배관의 구조상 소화수가 남아 있는 곳에는 배수밸브를 설치하여야 한다.
   2. 개방형미분무소화설비에는 헤드를 향하여 상향으로 수평주행배관의 기울기를 500분의 1 이상, 가지배관의 기울기를 250분의 1 이상으로 할 것. 다만, 배관의 구조상 기울기를 줄 수 없는 경우에는 배수를 원활하게 할 수 있도록 배수밸브를 설치하여야 한다.

> **▶▶ 미분무급수배관 및 배수배관의 설치**
>
> 1. 급수배관
>   1) 급수를 차단할 수 있는 개폐밸브는 개폐표시형으로 할 것
>   2) 전용으로 할 것
> 2. 배수배관의 기울기
>   1) 개방형미분무소화설비에는 헤드를 향하여 상향으로 수평주행배관의 기울기를 500분의 1 이상, 가지배관의 기울기를 250분의 1이상으로 할 것. 다만, 배관의 구조상 기울기를 줄 수 없는 경우에는 배수를 원활하게 할 수 있도록 배수밸브를 설치하여야 한다.
>   2) 폐쇄형미분무소화설비의 배관을 수평으로 할 것. 다만, 배관의 구조상 소화수가 남아 있는 곳에는 배수밸브를 설치하여야 한다.
> 3. 수직배수배관 : 구경은 50mm 이상으로 하여야 한다.

⑬ 배관은 다른 설비의 배관과 쉽게 구분이 될 수 있는 위치에 설치하거나, 그 배관표면 또는 배관 보온재표면의 색상은 「한국산업표준(배관계의 식별 표시, KS A 0503)」 또는 적색으로 식별이 가능하도록 소방용설비의 배관임을 표시하여야 한다.
⑭ 호스릴방식의 설치는 다음 각 호에 따라 설치하여야 한다.
   1. 방호대상물의 각 부분으로부터 하나의 호스 접결구까지의 수평거리가 25m 이하가 되도록 할 것
   2. 소화약제 저장용기의 개방밸브는 호스의 설치 장소에서 수동으로 개폐할 수 있는 것으로 할 것
   3. 소화약제 저장용기의 가장 가까운 곳의 보기 쉬운 곳에 표시등을 설치하고 호스릴미분무소화설비가 있다는 뜻을 표시한 표지를 할 것
   4. 그 밖의 사항은 「옥내소화전설비의 화재안전기준」 제7조(함 및 방수구 등)에 적합할 것

제12조(음향장치 및 기동장치) ① 미분무소화설비의 음향장치 및 기동장치는 다음 각 호의 기준에 따라 설치하여야 한다.
1. 폐쇄형미분무헤드가 개방되면 화재신호를 발신하고 그에 따라 음향장치가 경보되도록 할 것
2. 개방형미분무설비는 화재감지기의 감지에 따라 음향장치가 경보되도록 할 것. 이 경우 화재감지기 회로를 교차회로방식으로 하는 때에는 하나의 화재감지기 회로가 화재를 감지하는 때에도 음향장치가 경보되도록 하여야 한다.
3. 음향장치는 방호구역 또는 방수구역마다 설치하되 그 구역의 각 부분으로부터 하나의 음향장치까지의 수평거리는 25m 이하가 되도록 할 것
4. 음향장치는 경종 또는 사이렌(전자식 사이렌을 포함한다)으로 하되, 주위의 소음 및 다른 용도의 경보와 구별이 가능한 음색으로 할 것. 이 경우 경종 또는 사이렌은 자동화재탐지설비·비상벨설비 또는 자동식사이렌설비의 음향장치와 겸용할 수 있다.
5. 주음향장치는 수신기의 내부 또는 그 직근에 설치할 것
6. 5층(지하층을 제외한다) 이상의 소방대상물 또는 그 부분에 있어서는 2층 이상의 층에서 발화한 때에는 발화층 및 그 직상층에 한하여, 1층에서 발화한 때에는 발화층과 그 직상층 및 지하층에 한하여, 지하층에서 발화한 때에는 발화층·그 직상층 및 기타의 지하층에 한하여 경보를 발할 수 있도록 할 것
7. 음향장치는 다음 각 목의 기준에 따른 구조 및 성능의 것으로 할 것
    가. 정격전압의 80% 전압에서 음향을 발할 수 있는 것으로 할 것
    나. 음량은 부착된 음향장치의 중심으로부터 1m 떨어진 위치에서 90dB 이상이 되는 것으로 할 것
8. 화재감지기 회로에는 다음 각 목의 기준에 따른 발신기를 설치할 것. 다만, 자동화재탐지설비의 발신기가 설치된 경우에는 그러하지 아니하다.
    가. 조작이 쉬운 장소에 설치하고, 스위치는 바닥으로부터 0.8m 이상 1.5m 이하의 높이에 설치할 것
    나. 소방대상물의 층마다 설치하되, 당해 소방대상물의 각 부분으로부터 하나의 발신기까지의 수평거리가 25m 이하가 되도록 할 것. 다만, 복도 또는 별도로 구획된 실로서 보행거리가 40m 이상일 경우에는 추가로 설치하여야 한다.
    다. 발신기의 위치를 표시하는 표시등은 함의 상부에 설치하되, 그 불빛은 부착면으로부터 15° 이상의 범위 안에서 부착지점으로부터 10m 이내의 어느 곳에서도 쉽게 식별할 수 있는 적색등으로 할 것

제13조(헤드) ① 미분무헤드는 소방대상물의 천장·반자·천장과 반자 사이·덕트·선반 기타 이와 유사한 부분에 설계자의 의도에 적합하도록 설치하여야 한다.
② 하나의 헤드까지의 수평거리 산정은 설계자가 제시하여야 한다.
③ 미분무설비에 사용되는 헤드는 조기반응형헤드를 설치하여야 한다.

④ 폐쇄형미분무헤드는 그 설치장소의 평상시 최고주위온도에 따라 다음 식에 따른 표시온도의 것으로 설치하여야 한다.

$$T_a = 0.9\,T_m - 27.3\,℃$$

  T_a : 최고주위온도

  T_m : 헤드의 표시온도

⑤ 미분무헤드는 배관, 행거 등으로부터 살수가 방해되지 아니하도록 설치하여야 한다.
⑥ 미분무헤드는 설계도면과 동일하게 설치하여야 한다.
⑦ 미분무헤드는 '한국소방산업기술원' 또는 법 제42조제1항의 규정에 따라 성능시험기관으로 지정받은 기관에서 검증받아야 한다.

제14조(전원) 미분무소화설비의 전원은 「스프링클러설비의 화재안전기준」 제12조를 준용한다.

제15조(제어반) ① 미분무소화설비에는 제어반을 설치하되, 감시제어반과 동력제어반으로 구분하여 설치하여야 한다. 다만, 가압수조에 따른 가압송수장치를 사용하는 미분무 소화설비의 경우와 별도의 시방서를 제시할 경우에는 그러하지 아니할 수 있다.
② 감시제어반의 기능은 다음 각 호의 기준에 적합하여야 한다.
 1. 각 펌프의 작동여부를 확인할 수 있는 표시등 및 음향경보기능이 있어야 할 것
 2. 각 펌프를 자동 및 수동으로 작동시키거나 작동을 중단시킬 수 있어야 할 것
 3. 비상전원을 설치한 경우에는 상용전원 및 비상전원의 공급여부를 확인할 수 있어야 할 것
 4. 수조가 저수위로 될 때 표시등 및 음향으로 경보할 것
 5. 예비전원이 확보되고 예비전원의 적합여부를 시험할 수 있어야 할 것
③ 감시제어반은 다음 각 호의 기준에 따라 설치하여야 한다.
 1. 화재 및 침수 등의 재해로 인한 피해를 받을 우려가 없는 곳에 설치할 것
 2. 감시제어반은 미분무소화설비의 전용으로 할 것
 3. 감시제어반은 다음 각 목의 기준에 따른 전용실 안에 설치할 것
   가. 다른 부분과 방화구획을 할 것. 이 경우 전용실의 벽에는 기계실 또는 전기실 등의 감시를 위하여 두께 7mm 이상의 망입유리(두께 16.3mm 이상의 접합유리 또는 두께 28mm 이상의 복층유리를 포함한다)로 된 $4m^2$ 미만의 붙박이창을 설치할 수 있다.
   나. 피난층 또는 지하 1층에 설치할 것
   다. 「무선통신보조설비의 화재안전기준(NFSC 505)」 제5조제3항에 따라 유효하게 통신이 가능할 것(영 별표 5의 제5호마목에 따른 무선통신보조설비가 설치된 특정소방대상물에 한한다.)
   라. 바닥면적은 감시제어반의 설치에 필요한 면적 외에 화재 시 소방대원이 그 감시제어반의 조작에 필요한 최소면적 이상으로 할 것
 4. 제3호에 따른 전용실에는 소방대상물의 기계·기구 또는 시설 등의 제어 및 감시설비 외의 것

을 두지 아니할 것
    5. 다음의 각 확인회로마다 도통시험 및 작동시험을 할 수 있도록 할 것
        가. 수조의 저수위감시회로
        나. 개방식 미분무소화설비의 화재감지기회로
        다. 개폐밸브의 폐쇄상태 확인회로
        라. 그 밖의 이와 비슷한 회로
    6. 감시제어반과 자동화재탐지설비의 수신기를 별도의 장소에 설치하는 경우에는 이들 상호 간에 동시 통화가 가능하도록 할 것
④ 동력제어반은 다음 각 호의 기준에 따라 설치하여야 한다.
    1. 앞면은 적색으로 하고 "미분무소화설비용 동력제어반"이라고 표시한 표지를 설치할 것
    2. 외함은 두께 1.5mm 이상의 강판 또는 이와 동등 이상의 강도 및 내열성능이 있는 것으로 할 것
    3. 그 밖의 동력제어반의 설치에 관하여는 제3항제1호 및 제2호의 기준을 준용할 것
⑤ 발전기제어반은 「스프링클러설비의 화재안전기준」 제13조를 준용한다.

제16조(배선 등) ① 미분무소화설비의 배선은 「전기사업법」 제67조에 따른 기술기준에서 정한 것 외에 다음 각 호의 기준에 따라 설치하여야 한다.
    1. 비상전원으로부터 동력제어반 및 가압송수장치에 이르는 전원회로배선은 내화배선으로 할 것. 다만, 자가발전설비와 동력제어반이 동일한 실에 설치된 경우에는 자가발전기로부터 그 제어반에 이르는 전원회로배선은 그러하지 아니하다.
    2. 상용전원으로부터 동력제어반에 이르는 배선, 그 밖의 미분무소화설비의 감시·조작 또는 표시등회로의 배선은 내화배선 또는 내열배선으로 할 것. 다만, 감시제어반 또는 동력제어반 안의 감시·조작 또는 표시등회로의 배선은 그러하지 아니하다.
② 제1항에 따른 내화배선 및 내열배선에 사용되는 전선 및 설치방법은 「옥내소화전설비의 화재안전기준」의 별표 1의 기준에 따른다.
③ 미분무소화설비의 과전류차단기 및 개폐기에는 "미분무 소화설비용"이라고 표시한 표지를 하여야 한다.
④ 미분무소화설비용 전기배선의 양단 및 접속단자에는 다음 각 호의 기준에 따라 표지하여야 한다.
    1. 단자에는 "미분무소화설비단자"라고 표시한 표지를 부착할 것
    2. 미분무소화설비용 전기배선의 양단에는 다른 배선과 식별이 용이하도록 표시할 것

제17조(청소·시험·유지 및 관리 등) ① 미분무소화설비의 청소·유지 및 관리 등은 건축물의 모든 부분(건축설비를 포함한다.)을 완성한 시점부터 최소 연 1회 이상 실시하여 그 성능 등을 확인하여야 한다.
② 미분무소화설비의 배관 등의 청소는 배관의 수리계산 시 설계된 최대방출량으로 방출하여 배관 내 이물질이 제거될 수 있는 충분한 시간동안 실시하여야 한다.

③ 미분무 소화설비의 성능시험은 제8조에서 정한 기준에 따라 실시한다.

제18조(재검토기한) 소방청장은 이 고시에 대하여 「훈령·예규 등의 발령 및 관리에 관한 규정」에 따라 2019년 1월 1일 기준으로 매 3년이 되는 시점(매 3년째의 12월 31일까지를 말한다)마다 그 타당성을 검토하여 개선 등의 조치를 하여야 한다.

부칙

〈제2021-16호, 2021. 3. 25.〉

제1조(시행일)이 고시는 발령한 날부터 시행한다.
제2조(다른 고시의 개정)①부터 ④까지 생략, ⑥ 및 ⑦ 생략
⑤「미분무소화설비의 화재안전기준(NFSC 104A)」일부를 다음과 같이 개정한다.
제15조제3항제3호다목을 "「무선통신보조설비의 화재안전기준(NFSC 505)」 제5조제3항에 따라 유효하게 통신이 가능할 것(영 별표 5의 제5호마목에 따른 무선통신보조설비가 설치된 특정소방대상물에 한한다.)"로 한다.

[별표 1] 설계도서 작성 기준(제4조 관련)

설계도서 작성 기준(제4조 관련)

1. 공통사항

   설계도서는 건축물에서 발생 가능한 상황을 선정하되, 건축물의 특성에 따라 제2호의 설계도서 유형 중 가목의 일반설계도서와 나목부터 사목까지의 특별설계도서 중 1개 이상을 작성한다.

2. 설계도서 유형

   가. 일반설계도서

      1) 건물용도, 사용자 중심의 일반적인 화재를 가상한다.

      2) 설계도서에는 다음 사항이 필수적으로 명확히 설명되어야 한다.

         가) 건물사용자 특성

         나) 사용자의 수와 장소

         다) 실 크기

         라) 가구와 실내 내용물

         마) 연소 가능한 물질들과 그 특성 및 발화원

         바) 환기조건

         사) 최초 발화물과 발화물의 위치

      3) 설계자가 필요한 경우 기타 설계도서에 필요한 사항을 추가할 수 있다.

   나. 특별설계도서 1

      1) 내부 문들이 개방되어 있는 상황에서 피난로에 화재가 발생하여 급격한 화재연소가 이루어지는 상황을 가상한다.

      2) 화재 시 가능한 피난방법의 수에 중심을 두고 작성한다.

   다. 특별설계도서 2

      1) 사람이 상주하지 않는 실에서 화재가 발생하지만, 잠재적으로 많은 재실자에게 위험이 되는 상황을 가상한다.

      2) 건축물 내의 재실자가 없는 곳에서 화재가 발생하여 많은 재실자가 있는 공간으로 연소 확대되는 상황에 중심을 두고 작성한다.

   라. 특별설계도서 3

      1) 많은 사람들이 있는 실에 인접한 벽이나 덕트 공간 등에서 화재가 발생한 상황을 가상한다.

      2) 화재감지기가 없는 곳이나 자동으로 작동하는 소화설비가 없는 장소에서 화재가 발생하여 많은 재실자가 있는 곳으로의 연소 확대가 가능한 상황에 중심을 두고 작성한다.

마. 특별설계도서 4

　1) 많은 거주자가 있는 아주 인접한 장소 중 소방시설의 작동범위에 들어가지 않는 장소에서 아주 천천히 성장하는 화재를 가상한다.

　2) 작은 화재에서 시작하지만 큰 대형화재를 일으킬 수 있는 화재에 중심을 두고 작성한다.

바. 특별설계도서 5

　1) 건축물의 일반적인 사용 특성과 관련, 화재하중이 가장 큰 장소에서 발생한 아주 심각한 화재를 가상한다.

　2) 재실자가 있는 공간에서 급격하게 연소 확대되는 화재를 중심으로 작성한다.

사. 특별설계도서 6

　1) 외부에서 발생하여 본 건물로 화재가 확대되는 경우를 가상한다.

　2) 본 건물에서 떨어진 장소에서 화재가 발생하여 본 건물로 화재가 확대되거나 피난로를 막거나 거주가 불가능한 조건을 만드는 화재에 중심을 두고 작성한다.

03 소방시설 자체점검

참고 소방시설 자체점검사항 등에 관한 고시, 한국소방안전원

✓ 소방시설 작동기능점검표 작성 예시

1 점검 전 준비사항
1) 점검장소의 협의나 협조 받을 건물 관계인 등 연락처를 사전 확보
2) 점검의 목적과 필요성에 대하여 건물 관계인에게 사전 안내 및 협의
3) 음향장치 및 각 실별 방문점검 사항을 공지하여 협조 요청

2 현장확인
1) 현장 시설물의 도면 등을 이용하여 설비의 개요 및 설치위치 등을 파악한다.
2) 점검사항을 토대로 점검순서를 계획하고 점검장비 및 공구를 준비한다.
3) 기존의 점검자료 및 조치결과가 있다면 점검 전 참고
4) 점검과 관련된 각종 법규 및 기준 등의 기술기준 등 규정사항을 준비하고 숙지한다.

3 점검표 작성을 위한 준비물
1) **소방시설등 작동기능점검 실시결과 보고서**
   화재예방, 소방시설 설치·유지 및 안전관리에 관한 법률 시행규칙 별지 서식
2) **소방시설등 작동기능 점검표**
   소방시설 자체점검사항 등에 관한 고시 서식
3) **건축물대장**
   건축물대장/소방도면 및 소방시설 현황/소방계획서 등
4) **점검에 필요한 장비**

소방시설	장비	규격
공통시설	방수압력측정계, 절연저항계, 전류전압측정계	
스프링클러설비, 포소화설비	헤드결합렌치	1,400mm

5) **자체점검 후 결과 조치(소방시설법 시행규칙 제19조)**
   (1) 작동기능점검 : 작동기능점검을 실시한 경우 7일 이내에 작동기능점검 실시결과 보고서를 소방본부장 또는 소방서장에게 제출하여야 한다.
   (2) 종합정밀점검 : 종합정밀점검을 실시한 경우 7일 이내에 종합정밀점검 실시결과 보고서를 소방본부장 또는 소방서장에게 제출하여야 한다.
   ▶ 소방시설관리업자는 점검을 실시한 경우 점검이 끝난 날부터 10일 이내에 소방시설관리업자에 대한 평가 등에 관한 업무를 위탁받은 평가기관에 통보하여야 한다.

7. 미분무소화설비 점검표

(1면)

번호	점검항목	점검결과
7-A. 수원		
7-A-001	○ 수원의 수질 및 필터(또는 스트레이너) 설치 여부	
7-A-002	● 주배관 유입측 필터(또는 스트레이너) 설치 여부	
7-A-003	○ 수원의 유효수량 적정 여부	
7-A-004	● 첨가제의 양 산정 적정 여부(첨가제를 사용한 경우)	
7-B. 수조		
7-B-001	○ 전용 수조 사용 여부	
7-B-002	● 동결방지조치 상태 적정 여부	
7-B-003	○ 수위계 설치 또는 수위 확인 가능 여부	
7-B-004	● 수조 외측 고정사다리 설치 여부(바닥보다 낮은 경우 제외)	
7-B-005	● 실내설치 시 조명설비 설치 여부	
7-B-006	○ "미분무설비용 수조" 표지 설치상태 적정 여부	
7-B-007	● 수조-수직배관 접속부분 "미분무설비용 배관" 표지설치 여부	
7-C. 가압송수장치		
7-C-001	[펌프방식] ● 동결방지조치 상태 적정 여부	
7-C-002	● 전용 펌프 사용 여부	
7-C-003	○ 펌프 토출측 압력계 등 부속장치의 변형·손상 유무	
7-C-004	○ 성능시험배관을 통한 펌프 성능시험 적정 여부	
7-C-005	○ 내연기관 방식의 펌프 설치 적정(정상기동(기동장치 및 제어반) 여부, 축전지 상태, 연료량) 여부	
7-C-006	○ 가압송수장치의 "미분무펌프" 등 표지설치 여부	
7-C-011	[압력수조방식] ○ 동결방지조치 상태 적정 여부	
7-C-012	● 전용 압력수조 사용 여부	
7-C-013	○ 압력수조의 압력 적정 여부	
7-C-014	○ 수위계·급수관·급기관·압력계·안전장치·공기압축기 등 부속장치의 변형·손상 유무	
7-C-015	○ 압력수조 토출측 압력계 설치 및 적정 범위 여부	
7-C-016	○ 작동장치 구조 및 기능 적정 여부	
7-C-021	[가압수조방식] ● 전용 가압수조 사용 여부	
7-C-022	● 가압수조 및 가압원 설치장소의 방화구획 여부	
7-C-023	○ 수위계·급수관·배수관·급기관·압력계 등 구성품의 변형·손상 유무	
7-D. 폐쇄형미분무소화설비의 방호구역 및 개방형미분무소화설비의 방수구역		
7-D-001	○ 방호(방수)구역의 설정기준(바닥면적, 층 등) 적정 여부	

(2면)

번호	점검항목	점검결과
7-E. 배관 등		
7-E-001	○ 급수배관 개폐밸브 설치(개폐표시형, 흡입측 버터플라이 제외) 및 작동표시스위치 적정(제어반 표시 및 경보, 스위치 동작 및 도통시험) 여부	
7-E-002	● 성능시험배관 설치(개폐밸브, 유량조절밸브, 유량측정장치) 적정 여부	
7-E-003	● 동결방지조치 상태 적정 여부	
7-E-004	○ 유수검지장치 시험장치 설치 적정(설치위치, 배관구경, 개폐밸브 및 개방형 헤드, 물받이 통 및 배수관) 여부	
7-E-005	● 주차장에 설치된 미분무소화설비 방식 적정(습식 외의 방식) 여부	
7-E-006	● 다른 설비의 배관과의 구분 상태 적정 여부	
	[호스릴 방식]	
7-E-011	● 방호대상물 각 부분으로부터 호스접결구까지 수평거리 적정 여부	
7-E-012	○ 소화약제저장용기의 위치표시등 정상 점등 및 표지 설치 여부	
7-F. 음향장치		
7-F-001	○ 유수검지에 따른 음향장치 작동 가능 여부	
7-F-002	○ 개방형 미분무설비는 감지기 작동에 따라 음향장치 작동 여부	
7-F-003	● 음향장치 설치 담당구역 및 수평거리 적정 여부	
7-F-004	● 주 음향장치 수신기 내부 또는 직근 설치 여부	
7-F-005	● 우선경보방식에 따른 경보 적정 여부	
7-F-006	○ 음향장치(경종 등) 변형·손상 확인 및 정상 작동(음량 포함) 여부	
7-F-007	○ 발신기(설치높이, 설치거리, 표시등) 설치 적정 여부	
7-G. 헤드		
7-G-001	○ 헤드 설치 위치·장소·상태(고정) 적정 여부	
7-G-002	○ 헤드의 변형·손상 유무	
7-G-003	○ 헤드 살수장애 여부	
7-H. 전원		
7-H-001	● 대상물 수전방식에 따른 상용전원 적정 여부	
7-H-002	● 비상전원 설치장소 적정 및 관리 여부	
7-H-003	○ 자가발전설비인 경우 연료 적정량 보유 여부	
7-H-004	○ 자가발전설비인 경우「전기사업법」에 따른 정기점검 결과 확인	
7-I. 제어반		
	[감시제어반]	
7-I-001	○ 펌프 작동 여부 확인 표시등 및 음향경보장치 정상작동 여부	
7-I-002	○ 펌프 별 자동·수동 전환스위치 정상작동 여부	
7-I-003	● 펌프 별 수동기동 및 수동중단 기능 정상작동 여부	
7-I-004	● 상용전원 및 비상전원 공급 확인 가능 여부(비상전원 있는 경우)	
7-I-005	● 수조·물올림탱크 저수위 표시등 및 음향경보장치 정상작동 여부	
7-I-006	○ 각 확인회로 별 도통시험 및 작동시험 정상작동 여부	

(3면)

번호	점검항목	점검결과
7-I-007	○ 예비전원 확보 유무 및 시험 적합 여부	
7-I-008	● 감시제어반 전용실 적정 설치 및 관리 여부	
7-I-009	● 기계·기구 또는 시설 등 제어 및 감시설비 외 설치 여부	
7-I-010	○ 감시제어반과 수신기 간 상호 연동 여부(별도로 설치된 경우)	
7-I-021	[동력제어반] ○ 앞면은 적색으로 하고, "미분무소화설비용 동력제어반" 표지 설치 여부	
7-I-031	[발전기제어반] ● 소방전원보존형발전기는 이를 식별할 수 있는 표지 설치 여부	

※ 펌프성능시험(펌프 명판 및 설계치 참조)

구분		체절운전	정격운전 (100%)	정격유량의 150% 운전	적정 여부
토출량 (l/min)	주				1. 체절운전 시 토출압은 정격토출압의 140% 이하일 것( )
	예비				2. 정격운전 시 토출량과 토출압이 규정치 이상일 것( )
토출압 (MPa)	주				3. 정격토출량의 150%에서 토출압이 정격토출압의 65% 이상일 것( )
	예비				

○ 설정압력 :
○ 주펌프
　기동 :　　　MPa
　정지 :　　　MPa
○ 예비펌프
　기동 :　　　MPa
　정지 :　　　MPa
○ 충압펌프
　기동 :　　　MPa
　정지 :　　　MPa

※ 릴리프밸브 작동압력 :　　　MPa

비고	

포소화설비의 화재안전기준

[시행 2021. 12. 16.]
[소방청고시 제2021-48호, 2021. 12. 16., 타법개정.]

개요

NFSC 105

1 질의회신 및 핵심사항 분석

질의회신		참고 소방청 질의회신집
적용범위 (제2조)	Q 물분무등소화설비 설치관련[소방제도팀-265 2007.04.09] : 연면적 1,382.61m²로서 주용도가 자동차 관련시설로서 근린생활시설과 같이 설치될 경우 물분무등소화설비의 적용여부?	
	A 「화재예방, 소방시설 설치·유지 및 안전관리에 관한 법률 시행령」 별표 2 제30호 "복합건축물"로 보아 복합건축물에 설치하는 소방시설을 적용하여 설치하여야 함	
	Q 발전기실 물분무등소화설비 설치 여부[소방제도팀-374 2007.5.8.] : 난연케이블(TFR-CV)만을 사용한 발전실(지상 1층, 485.61m²)에 발전기 병렬운전반(판넬 내부에 설치된 일반제어전선 보호)을 설치하였을 경우 물분무등소화설비 설치여부?	
	A 가연성 피복을 사용하지 아니한 전선 및 케이블을 설치한 발전실은 물분무등 소화설비 설치를 제외하도록 규정되어 있으므로 설치대상에 해당하지 아니함	
	Q 발전기실 물분무등소화설비 설치여부[소방제도과-407-2010.1.29] : 전기실을 경유하지 않고 발전기실을 출입할 수 있는 구조이며 전기실과 발전기실이 각각 방화구획 되어 있는 경우 2개의 실을 하나의 실로 보아 물분무등소화설비를 설치하여야 하는지 여부?	
	A 전기실 경유여부 관계없이 전기실과 발전기실이 각각 방화구획되어 있고 각각의 바닥면적이 300m² 미만의 경우에는 물분무등소화설비 설치의무는 없음	
핵심사항		참고 기출문제
설치기준 등	• 포소화설비 혼합장치의 종류 • 위험물안전관리에 관한 세부기준에서 고정포방출구 중 Ⅱ형 고정포방출구와 Ⅳ형 고정포방출구	
약제량	• 고정포방출구 방식의 포소화약제 저장량(고정포방출구+보조포소화전+송액관) • 방유제 내 위험물(휘발유 및 증유) 저장탱크 약제량/방유제 높이 • 차고에 설치하는 호스릴포 약제량/설치기준	
Key point	• 포소화설비의 포수용액, 포소화약제의 농도 및 팽창비 • 포소화설비의 가압송수장치(펌프), 포헤드의 개수, 포헤드의 방사량(방출량) • 포소화약제의 저장량, 탱크의 구조, 혼합장치의 종류 • 포소화설비의 설치기준, 위험물의 보유공지	

2 시스템의 해설

포소화설비는 유류 등 B급 화재에서 적응성을 가진 소화약제로 소화 · 연소제어 · 연소확대 방지 · 화재예방 목적의 소화설비이다.

1) 계통도

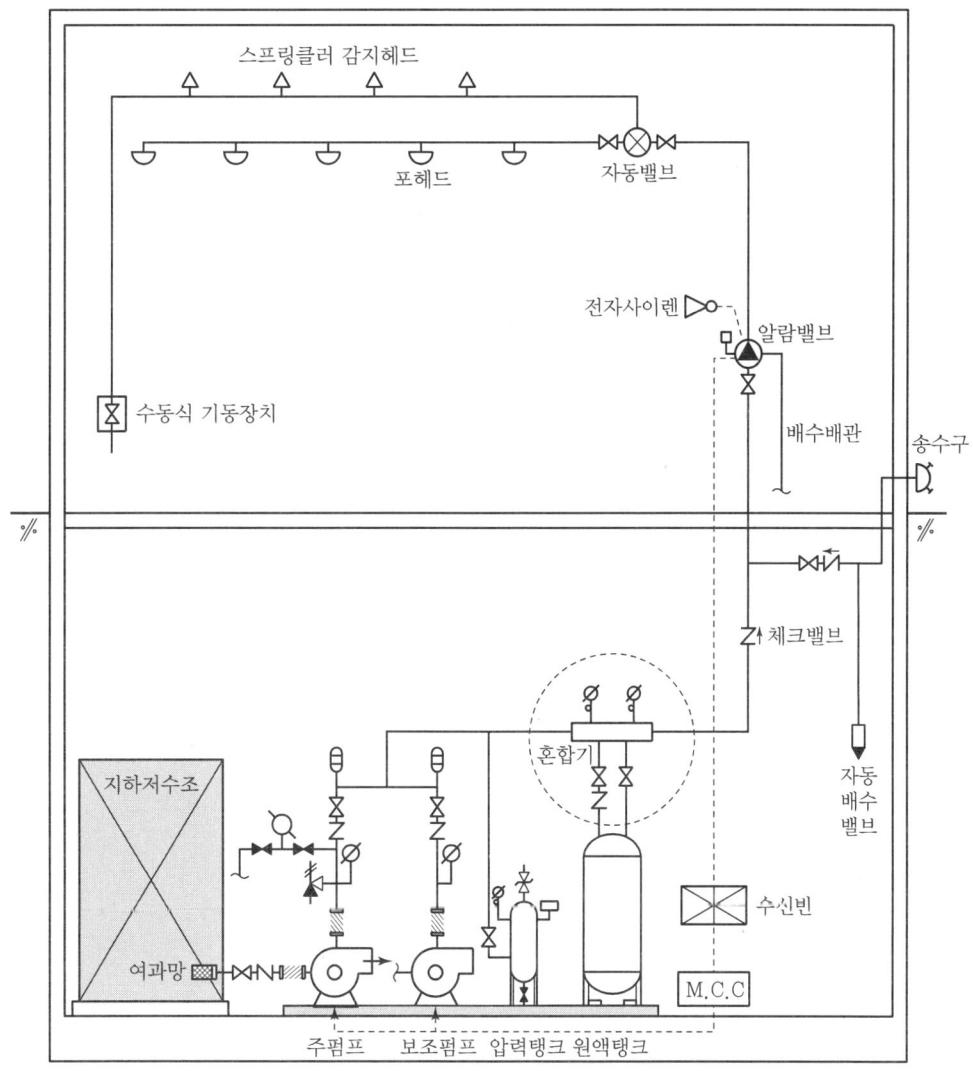

[포소화설비 계통도(스프링클러헤드 기동방식)]

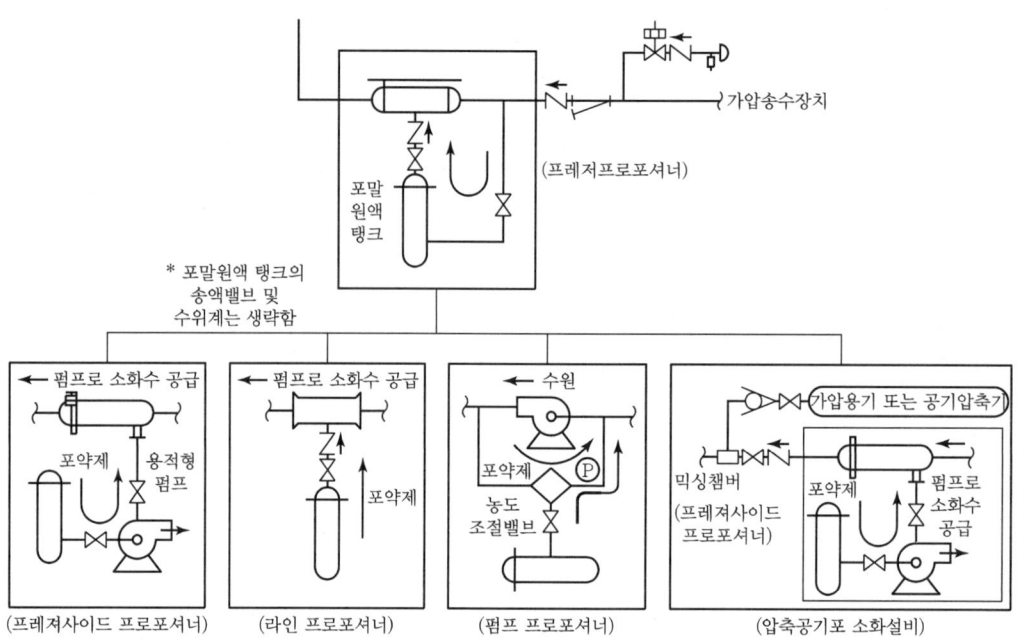

[혼합기(점선 원)설비의 계통도]

2) 소방용품(소방시설법 시행령 제6조)

소화설비를 구성하는 제품 또는 기기는 ① 별표 1 제1호가목의 소화기구(소화약제 외의 것을 이용한 간이소화용구는 제외한다), ② 별표 1 제1호나목의 자동소화장치, ③ 소화설비를 구성하는 소화전, 관창(菅槍), 소방호스, 스프링클러헤드, 기동용 수압개폐장치, 유수제어밸브 및 가스관 선택밸브 등이 있으며, 소화설비의 제품검사(형식승인 및 성능인증) 대상 품목은 ① 법 제36조제1항 본문에서 "대통령령으로 정하는 소방용품" ② 규칙 제15조제1항 본문에서 "행정안전부령으로 정하는 소방용품" ③ 규칙 제15조 및 별표 7 제22호에 따른 "소방청장이 고시하는 소방용품" 등으로 구분되고 소방용품은 제품검사를 받아 합격한 제품을 사용하여야 한다.

3) 용어 해설

(1) 포소화설비의 개요

① 포소화약제의 종류
- 화학포 : 황산알루미늄[$Al_2(SO_4)_3$]과 중탄산나트륨[$NaHCO_3$]의 화학작용에 의해 생성된 CO_2에 의해 포를 발생시키며 유지관리에 어려움이 있어 거의 사용하지 않는다.
- 기계포 : 공기포라고도 하며 종류는 다음과 같다.

분류		팽창비	특성 및 특징
단백포 계열	단백포	저발포	주성분은 단백질을 가수분해(물을 가하여 무기염류가 산과 알칼리로 분해되는 것)한 것, 포의 특성은 안정성, 내열성, 재연소 방지 효과가 좋으나 유동성, 내유성, 부패·변질의 우려가 있다.
	불화 단백포	저발포	주성분은 불소계 계면활성제+단백포을 합성한 것, 포의 특성은 유동성, 내유성, 내열성이 좋으며, 장기보존(8~10년)이 가능하지만 가격이 비싸다.
계면 활성제 계열	합성계면 활성제포	저발포 고발포	주성분은 합성계면활성제(수성막포용 합성계면활성제 제외)로 저발포와 고발포에도 사용이 가능하다. 포의 특성은 저발포 경우 내열성과 내유성이 약하여 고발포로 주로 사용을 하며, 고발포일 경우 유동성이 좋고, 화학약품이므로 장기보존이 가능하다. ※ "계면활성"이란 기름과 물의 경계면을 활성화시켜 기름보다 무거운 물이 유면 아래로 떨어지는 것을 방지하여 소포되는 것을 방지한다.
	수성막포 (AFFF)	저발포	주성분은 합성계면활성제를 사용한다. 포의 특성은 유동성이 좋아 수성막 형성이 빠른 장점과 소화속도가 매우 빠르고 장기보존이 가능하지만, 내열성이 약해 위험물 저장탱크 화재 시 탱크 벽면의 열로 인하여 유면 봉쇄를 할 수 없어 윤화가 발생할 수 있다. ※ "윤화(Ring Fire)"란 일반적으로 부상식 지붕구조(FRT)의 화재 시 포를 방출하는 경우 가열된 벽면부분에서 포가 열화되어 안정성이 저하되면 이때 증발된 유류 가스가 거품층을 뚫고 상승하면서 불이 붙는 현상
	알코올포	저발포	주성분은 지방산 금속염이나 타 계통의 합성계면활성제 또는 고분자 겔생성물 등을 첨가한 포소화약제를 사용한다. (기타, 가수분해 단백질에 합성계면활성제, 지방산 금속염, 불소계 계면활성제 등을 섞어 만들며, 금속비누형, 고분자겔형, 불화단백형 등으로 분류), 포의 특성은 수용성 액체가연물에 대하여 소포현상을 방지하기 위하여 개발되었다.

② 포소화설비의 종류 및 적응성
- 설치방식별 분류 : 고정식, 반고정식, 이동식, 간이식, 압축공기포식(CAFS)
- 방출구별 분류 : 포헤드 방식, 고정포방출구 방식, 포소화전 방식, 호스릴포 방식, 포모니터 방식
- 혼합방식별 분류 : 혼합장치란 포소화설비에서 물과 포약제를 혼합하여 일정한 비율로 포수용액을 만들어 주는 장치로서 국제적으로 3%와 6%형이 있다.[참조 : NFSC 105 제9조(혼합장치)]

구분	적용설비	수원
특수가연물 저장·취급	• 포워터스프링클러 • 포헤드 • 고정포방출 • 압축공기포	① 각 설비별 가장 많이 설치된 층의 방출구 또는 포헤드(포헤드는 바닥면적 200m² 이내) 기준으로 10분 이상 방사량 이상 ② 설비가 복수로 설치된 경우 각 설비별 수량 중 최대의 것을 저수량으로 함
차고·주차장	• 포워터스프링클러 • 포헤드 • 고정포방출 • 호스릴, 포소화전(차고, 주차장) • 압축공기포	① 포헤드, 포워터스프링클러설비, 고정포방출구의 경우 위의 "①"을 따른다. ② 차고, 주차장에 설치된 호스릴포 및 포소화전(최대 5개) 설치개수에 6m³ ③ 설비가 복수로 설치된 경우 각 설비별 수량 중 최대의 것을 저수량으로 함
항공기 격납고	• 포워터스프링클러 • 포헤드 • 고정포방출 • 호스릴포(바닥면적 1,000m² 이상 항공기격납고 한정) • 압축공기포	① 각 설비별 가장 많이 설치된 층의 포헤드로 10분 이상 방사량 ② 호스릴포(최대 5개) 설치개수에 6m³ ③ 설비가 복수로 설치된 경우 각 설비별 수량을 합한 양 이상을 저수량으로 함
발전기실 등	• 고정식 압축공기포(발전기실, 엔진펌프실, 변압기, 전기케이블실, 유압설비 : 바닥면적 300m² 미만)	① 방수량은 설계사양에 따라 방호구역에 최소 10분간 방사 ② 설계방출밀도 • 일반가연물, 탄화수소류 : 1.63[$l/min \cdot m^2$] • 특수가연물, 알코올류와 케톤류 : 2.3[$l/min \cdot m^2$]

③ 포방출구의 구조·기준

㉠ 저발포용

- 포헤드의 경우 : 포헤드, 포워터스프링클러헤드
    ※ 포헤드 : 보가 있을 경우 포헤드의 배치(참고 : NFSC 105 제12조제2항)
- 고정방출구의 경우 : CRT(고정지붕탱크), FRT(부상지붕탱크)
- 포소화전 또는 호스릴포의 경우
- 포모니터의 경우

㉡ 고발포용

- 고발포용 방출구의 경우
    - 전역방출방식(관포체적, 방출량) 바닥면적 500m²마다 1개 이상
    - 국소방출방식(방호체적, 방출량)
    ※ 고발포용 방출구 : 팽창비 80 이상, 1,000 미만인 포로서 약제는 주로 합성계면활성제포를 사용

(2) 포소화설비의 수원, 헤드, 약제량 및 펌프 토출량

① 포헤드의 개수

구분		헤드 개수(올림 정수)	비고
포워터스프링클러헤드		$N = \dfrac{\text{바닥면적 A}[\text{m}^2]}{8\text{m}^2/\text{개}}$	항공기 격납고 등에 사용하는 디플렉터의 구조
포헤드	일반	$N = \dfrac{\text{바닥면적 A}[\text{m}^2]}{9\text{m}^2/\text{개}}$	가장 일반적인 포소화설비용 헤드로 저발포용
포헤드	포헤드 상호 간 거리 (정방향 배치)	$S = 2r\cos 45°\,(r = 2.1\text{m})$	
압축공기포 소화설비의 분사헤드	유류탱크 주위	$N = \dfrac{\text{바닥면적 A}[\text{m}^2]}{13.9\text{m}^2/\text{개}}$	
압축공기포 소화설비의 분사헤드	특수가연물 저장소	$N = \dfrac{\text{바닥면적 A}[\text{m}^2]}{9.3\text{m}^2/\text{개}}$	

② 포헤드의 특정소방대상물별 및 포소화약제에 따른 방사량(방출량)(참고 : 제12조)

소방대상물	포소화약제의 종류	기준 방사량(Q_A)	방사시간(T)
• 차고, 주차장 • 항공기격납고	수성막포	3.7L/min · m² 이상	10min 이상
• 차고, 주차장 • 항공기격납고	단백포	6.5L/min · m² 이상	10min 이상
• 차고, 주차장 • 항공기격납고	합성계면활성제포	8.0L/min · m² 이상	10min 이상
• 특수가연물을 저장 · 취급하는 소방대상물	수성막포	6.5L/min · m² 이상	10min 이상
• 특수가연물을 저장 · 취급하는 소방대상물	단백포	6.5L/min · m² 이상	10min 이상
• 특수가연물을 저장 · 취급하는 소방대상물	합성계면활성제포	6.5L/min · m² 이상	10min 이상

③ 포소화설비의 헤드수, 포수용액의 양, 포원액의 양, 펌프 토출량

구분	설명	비고
헤드수	헤드개수(올림정수) $N = \dfrac{\text{바닥면적 A}[\text{m}^2]}{(\quad)\text{m}^2/\text{개}}$	Q_A : 1m³에 대한 분당 포수용액의 방출량[L/m³ · min]
포수용액의 양[L]	포수용액의 양[L] $= Q_A \times A \times T$	A : 관포체적[m³]
포원액의 양[L]	포원액의 양[L] $= Q_A \times A \times T \times S$	T : 방사시간[min] S : 약제농도[%]
펌프 토출량[L/min]	펌프 분당토출량[L/min] $= Q_A \times N$	N : 헤드수[개]

참조 : 「위험물안전관리에 관한 세부기준」 제133조에 따른 포소화설비 기준

(3) 포소화설비의 종류

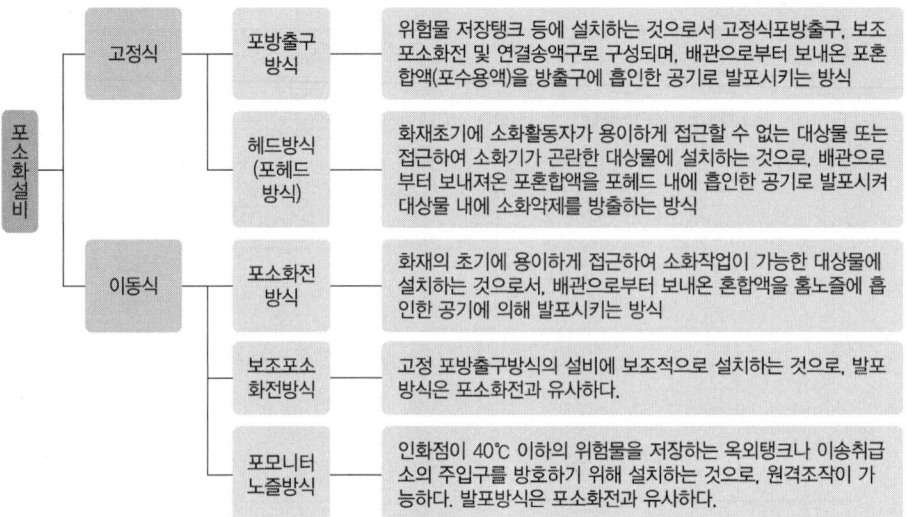

(4) 포소화설비의 계통도

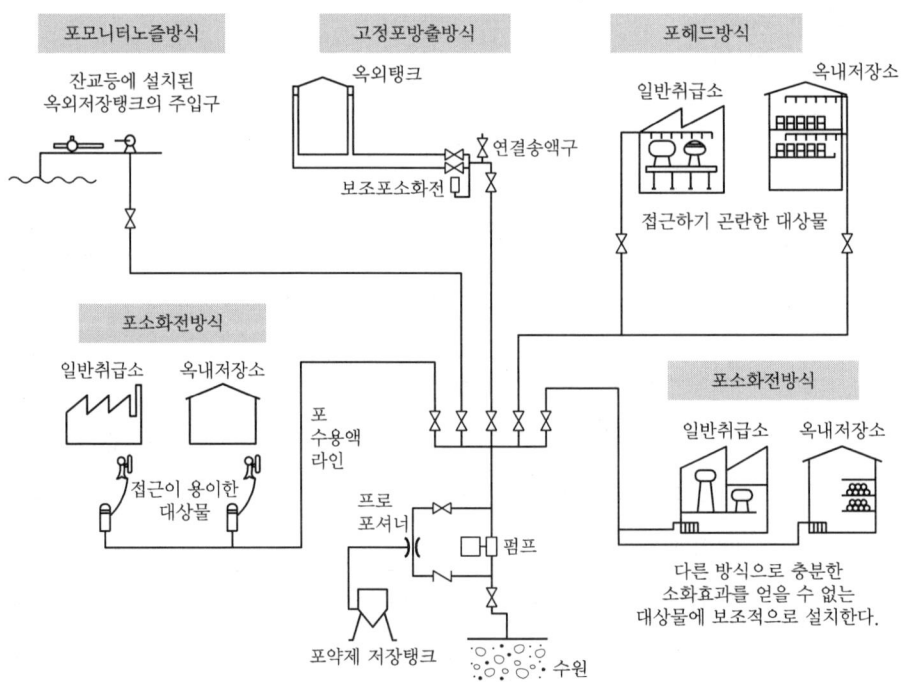

[포소화설비의 종류]

① 고정포방출구의 종류

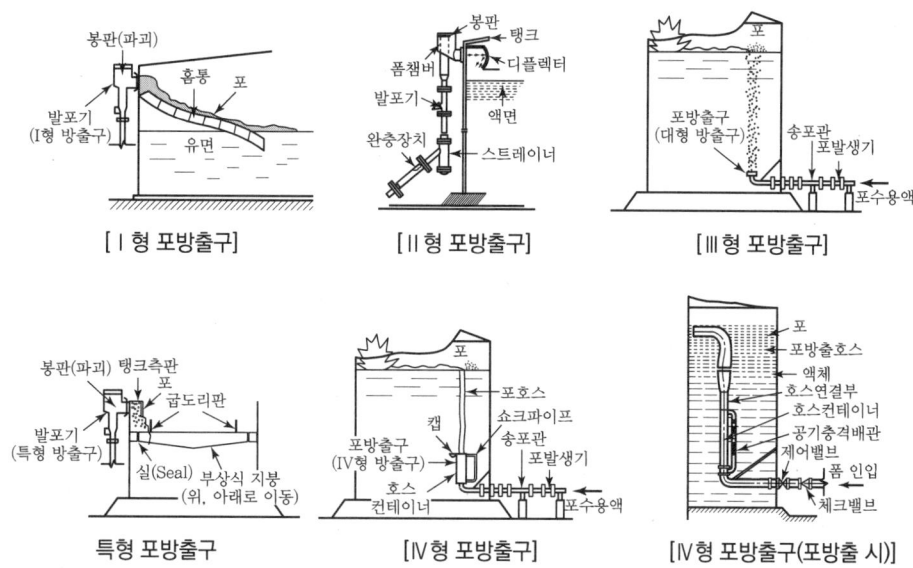

② 고정포방출방식의 배관계통도

참고 위험물실무 해설서

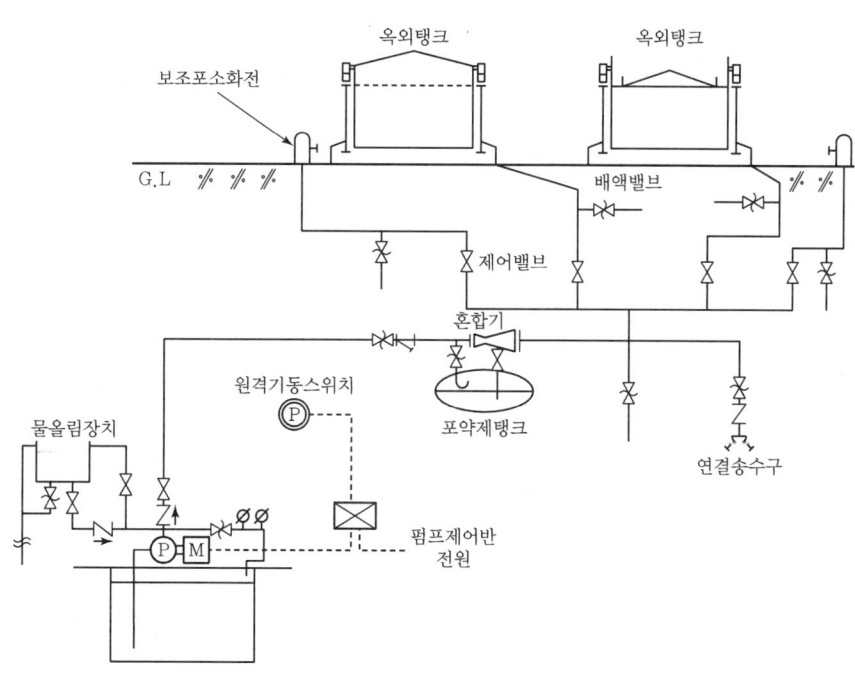

[고정포방출구의 배관(프레셔 프로포셔너 방식)]

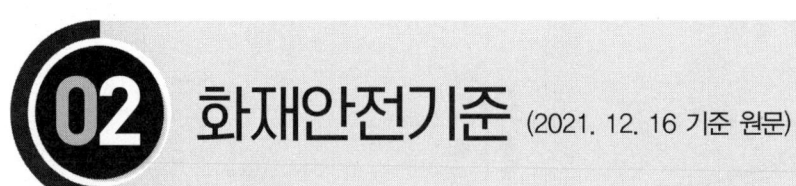

02 화재안전기준 (2021. 12. 16 기준 원문)

NFSC 105

제1조(목적) 이 기준은 「화재예방, 소방시설 설치·유지 및 안전관리에 관한 법률」 제9조제1항에 따라 소방청장에게 위임한 사항 중 물분무등소화설비인 포소화설비의 설치·유지 및 안전관리에 필요한 사항을 규정함을 목적으로 한다.

> ### POINT 시스템 및 안전관리
>
> 물분무등소화설비의 설치목적은 물 그 밖의 소화약제를 사용하여 소화하는 설비로서 특정소방대상물에서 화재가 발생한 경우 연소생성물(열, 연기, 불꽃 등)에 의한 화재의 초기소화, 연소제어 및 연소확대방지를 위하여 사용하며, 평상시에는 관계인에 의한 화재 예방을 위하여 정기적으로 점검하는 소방설비이다.
>
> ※ 물분무등소화설비에는 물분무·미분무·포·이산화탄소·할론·할로겐화합물 및 불활성기체·분말·강화액·고체에어로졸 등이 있다.(시행령 별표 1)
>
> 1. 포분무소화설비는 물과 포원액을 일정비율로 혼합된 수용액을 발포하여 가연성 액체 등 연소물에 질식소화와 냉각소화의 효과를 이용한 소화설비이다. 포소화설비의 구성은 수원, 가압송수장치, 배관, 저장탱크, 혼합장치, 기동장치, 포헤드 및 고정포 방출구, 전원, 제어반 등으로 구성된다.
>   ※ 소화작용(냉각소화, 질식소화, 제거소화, 억제소화 등 소화), 연소제어(연쇄반응 억제, 비누화 현상 등 화재를 제어하여 소화), 연소확산방지(연소확대 경로를 차단하여 소화) 및 화재예방(위험물질 및 화재로부터 노출된 부분의 방호)
> 2. 시스템을 구성하고 있는 소화설비는 「소방시설공사업법」의 소방시설공사 등의 품질과 안전이 확보되도록 시공되어야 하고, 소방기술의 관리에 필요한 화재안전기준에 적합하게 설계도서·시방서가 작성되어 성실하게 수행되어야 한다. 또한 「화재예방, 소방시설 설치·유지 및 안전관리에 관한 법률(이하 "소방시설법")」에 의한 소방용품의 제조 및 수입하려는 제품에 대하여 제품검사를 수행하고, 특정소방대상물의 관계인을 통하여 소방대상물의 안전관리가 이행되어야 한다.

제2조(적용범위) 「화재예방, 소방시설 설치·유지 및 안전관리에 관한 법률 시행령」(이하 "영"이라 한다) 별표 5 제1호바목에 따른 포소화설비는 이 기준에서 정하는 규정에 따라 설비를 설치하고 유지·관리하여야 한다.

POINT

1 특정소방대상물의 설치기준(별표 5 물분무등소화설비)

소방시설	적용기준	설치대상
물분무등소화설비(위험물 저장 및 처리시설 중 가스시설 또는 지하구는 제외한다)	1. 항공기 및 자동차 관련 시설 중 항공기격납고	전부
	2. 차고, 주차용 건축물 또는 철골 조립식 주차시설 연면적	800m² 이상
	3. 건축물 내부에 설치된 차고 또는 주차장으로서 차고 또는 주차의 용도로 사용되는 부분의 바닥면적	200m² 이상인 층
	4. 기계장치에 의한 주차시설	
	5. 전기실·발전실·변전실(가연성 절연유를 사용하지 않는 변압기·전류차단기 등의 전기기기와 가연성 피복을 사용하지 않은 전선 및 케이블만을 설치한 전기실·발전실 및 변전실은 제외한다)·축전지실·통신기기실 또는 전산실, 그밖에 이와 비슷한 것으로서 바닥면적[하나의 방화구획 내에 둘 이상의 실(室)이 설치되어 있는 경우에는 이를 하나의 실로 보아 바닥면적을 산정한다]. 다만, 내화구조로 된 공정제어실 내에 설치된 주조정실로서 양압시설이 설치되고 전기기기에 220볼트 이하인 저전압이 사용되며 종업원이 24시간 상주하는 곳은 제외한다.	300m² 이상
	6. 소화수를 수집·처리하는 설비가 설치되어 있지 않은 중·저준위방사성폐기물의 저장시설. 다만, 이 경우에는 이산화탄소소화설비, 할론소화설비 또는 할로겐화합물 및 불활성기체 소화설비 설치	전부
	7. 지하가 중 예상 교통량, 경사도 등 터널의 특성을 고려하여 행정안전부령으로 정하는 터널. 다만, 이 경우에는 물분무소화설비를 설치	전부
	8. 「문화재보호법」 제2조제3항제1호 및 제2호에 따른 지정문화재 중 소방청장이 문화재청장과 협의하여 정하는 것	전부

※ 물분무등소화설비는 물분무·미분무·포·이산화탄소·할론·할로겐화합물 및 불활성기체·분말·강화액·고체에어로졸 등 소화설비로 분류한다.

2 소방시설의 설치 면제기준

1. (별표 6) 소방시설 설치 면제기준

물분무등소화설비를 설치하여야 하는 차고·주차장에 스프링클러설비를 화재안전기준에 적합하게 설치한 경우에는 그 설비의 유효범위에서 설치가 면제된다.

2. (별표 7) 소방시설을 설치하지 않을 수 있는 특정소방대상물 및 소방시설 범위

구분	특정소방대상물	소방시설
1. 화재 위험도가 낮은 특정소방대상물	「소방기본법」제2조제5호에 따른 소방대(消防隊)가 조직되어 24시간 근무하고 있는 청사 및 차고	옥내소화전설비, 스프링클러설비, 물분무등소화설비, 비상방송설비, 피난기구, 소화용수설비, 연결송수관설비, 연결살수설비

제3조(정의) 이 기준에서 사용하는 용어의 정의는 다음과 같다.
1. "고가수조"란 구조물 또는 지형지물 등에 설치하여 자연낙차 압력으로 급수하는 수조를 말한다.
2. "압력수조"란 소화용수와 공기를 채우고 일정압력 이상으로 가압하여 그 압력으로 급수하는 수조를 말한다.
3. "충압펌프"란 배관 내 압력손실에 따른 주펌프의 빈번한 기동을 방지하기 위하여 충압역할을 하는 펌프를 말한다.
4. "연성계"란 대기압 이상의 압력과 대기압 이하의 압력을 측정할 수 있는 계측기를 말한다.
5. "진공계"란 대기압 이하의 압력을 측정하는 계측기를 말한다.
6. "정격토출량"이란 정격토출압력에서의 펌프의 토출량을 말한다.
7. "정격토출압력"이란 정격토출량에서의 펌프의 토출측 압력을 말한다.
8. "전역방출방식"이란 고정식 포 발생장치로 구성되어 포 수용액이 방호대상물 주위가 막혀진 공간이나 밀폐 공간 속으로 방출되도록 된 설비방식을 말한다.
9. "국소방출방식"이란 고정된 포 발생장치로 구성되어 화점이나 연소 유출물 위에 직접 포를 방출하도록 설치된 설비방식을 말한다.
10. "팽창비"란 최종 발생한 포 체적을 원래 포 수용액 체적으로 나눈 값을 말한다.

> **》팽창비** [참고] 국가화재안전기준 해설서
>
> 포가 팽창 가능한 최대의 체적으로 발포전 포수용액의 체적에 대한 팽창된 포의 체적과의 비율 $\left[팽창비 = \dfrac{발포된\ 포의\ 체적(m^3)}{포수용액의\ 체적(m^3)} \right]$ 이다. 즉, 팽창비에 따라 저발포와 고발포로 구분한다.
>
> ※ 포수용액이란 소화수에 포원액을 첨가하여 소화력을 증가시킨 것이다.(포수용액 = 포원액 + 물)
>
> $$포수용액[l] = \dfrac{포원액[l]}{농도[\%]} = \dfrac{수원(물)[l]}{(1-농도[\%])}$$
>
> 1. 팽창비의 측정
>   1) 채집된 포컨테이너를 저울(g 단위급)로 달아서 포의 팽창비를 확인한다.
>   2) 확인방법은 포컨테이너의 채집 전 중량을 달아서 확인해 놓고 채집된 포는 컨테이너 전체를 달아서 중량을 확인하고 다음 식에 의해서 팽창비를 계산한다.

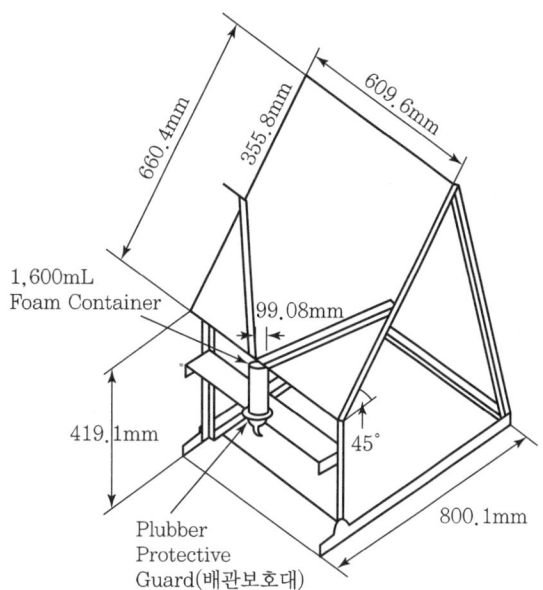

2. 팽창비에 의한 포의 종류
   1) 저발포약제
      - 정의 : 팽창비가 20 이하인 가장 일반적인 형태의 포를 뜻한다.
      - 적용 : 저발포의 경우는 Foam Head, Foam Water Sprinkler Head, 고정포 방출구, 포소화전, 호스릴포, 포모니터 등 모든 포 방출구를 사용할 수 있으며 특히 차고, 주차장에 사용하는 포소화전 또는 호스릴포소화설비는 반드시 저발포약제이어야 한다.(제12조제3항제2호)

   2) 고발포약제
      - 정의 : 팽창비 80 이상 1,000 미만인 포로서 합성계면활성제포를 사용하며 자연발포가 아닌 발포장치를 사용하여 강제로 발포를 시켜 주어야 한다.
      - 적용 : 고발포는 고발포용 고정포 방출구를 사용하며 창고, 물류시설, 격납고 등과 같은 넓은 장소의 급속한 소화, 지하층 등 소방대의 진입이 곤란한 장소에 매우 효과적이다. 또한 A, B급 화재와(과) LNG화재에 적합하며, B급 화재의 경우는 저발포보다 다소 적응성이 떨어진다.

   3) 중발포 및 고발포의 시스템 구성
      - 감지설비에 의한 자동기동 및 수동기동 방식에 의해 구성되며 자동발포를 위한 구성을 위해 NFPA 11 - 2016 A.6.7.4에서 구성을 제안하고 있다.

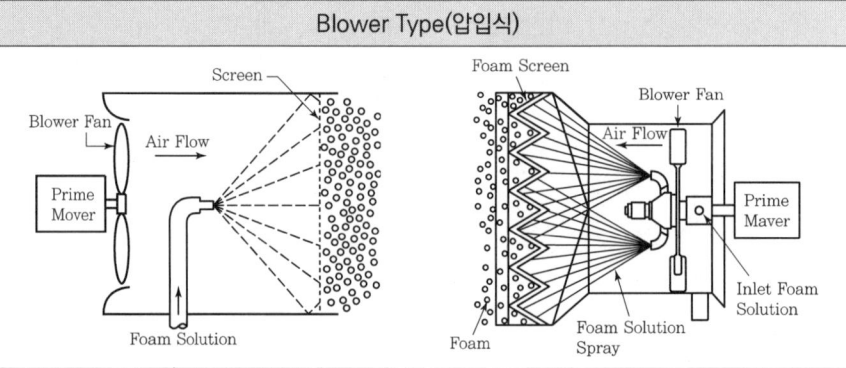

11. "개폐표시형밸브"란 밸브의 개폐여부를 외부에서 식별이 가능한 밸브를 말한다.
12. "기동용수압개폐장치"란 소화설비의 배관 내 압력변동을 검지하여 자동적으로 펌프를 기동 및 정지시키는 것으로서 압력챔버 또는 기동용압력스위치 등을 말한다.
13. "포워터스프링클러설비"란 포워터스프링클러헤드를 사용하는 포소화설비를 말한다.
14. "포헤드설비"란 포헤드를 사용하는 포소화설비를 말한다.
15. "고정포방출설비"란 고정포방출구를 사용하는 설비를 말한다.
16. "호스릴포소화설비"란 호스릴포방수구·호스릴 및 이동식 포노즐을 사용하는 설비를 말한다.
17. "포소화전설비"란 포소화전방수구·호스 및 이동식포노즐을 사용하는 설비를 말한다.
18. "송액관"이란 수원으로부터 포헤드·고정포방출구 또는 이동식포노즐에 급수하는 배관을 말한다.
19. "급수배관"이란 수원 및 옥외송수구로부터 포소화설비의 헤드 또는 방출구에 급수하는 배관을 말한다.
19의2. "분기배관"이란 배관 측면에 구멍을 뚫어 둘 이상의 관로가 생기도록 가공한 배관으로서

확관형 분기배관과 비확관형 분기배관을 말한다. 〈신설 2021. 12. 16.〉

19의3. "확관형 분기배관"이란 배관의 측면에 조그만 구멍을 뚫고 소성가공으로 확관시켜 배관 용접이음자리를 만들거나 배관 용접이음자리에 배관이음쇠를 용접 이음한 배관을 말한다. 〈신설 2021. 12. 16.〉

19의4. "비확관형 분기배관"이란 배관의 측면에 분기호칭내경 이상의 구멍을 뚫고 배관이음쇠를 용접 이음한 배관을 말한다. 〈신설 2021. 12. 16.〉

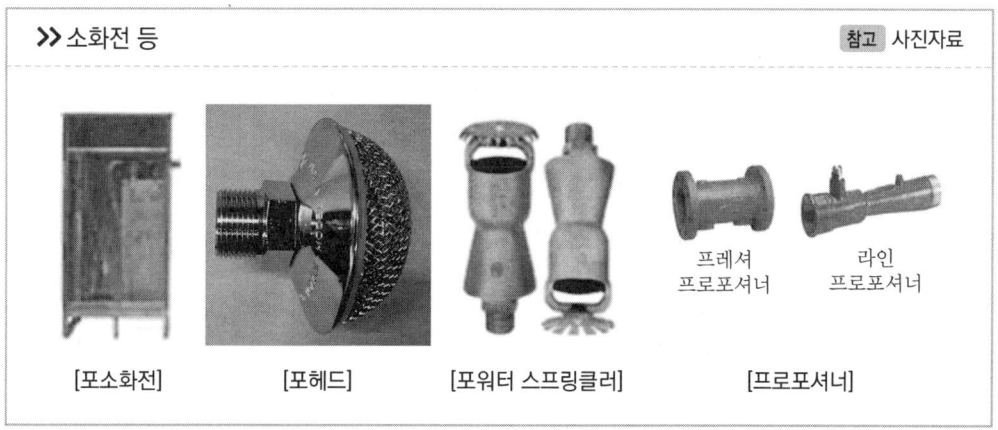

20. "펌프 푸로포셔너방식"이란 펌프의 토출관과 흡입관 사이의 배관 도중에 설치한 흡입기에 펌프에서 토출된 물의 일부를 보내고, 농도 조정밸브에서 조정된 포 소화약제의 필요량을 포 소화약제 탱크에서 펌프 흡입측으로 보내어 이를 혼합하는 방식을 말한다.

21. "프레져 푸로포셔너방식"이란 펌프와 발포기의 중간에 설치된 벤추리관의 벤추리작용과 펌프 가압수의 포 소화약제 저장탱크에 대한 압력에 따라 포 소화약제를 흡입·혼합하는 방식을 말한다.

22. "라인 푸로포셔너방식"이란 펌프와 발포기의 중간에 설치된 벤추리관의 벤추리작용에 따라 포 소화약제를 흡입·혼합하는 방식을 말한다.

23. "프레져사이드 푸로포셔너방식"이란 펌프의 토출관에 압입기를 설치하여 포 소화약제 압입용펌프로 포 소화약제를 압입시켜 혼합하는 방식을 말한다.

24. "가압수조"란 가압원인 압축공기 또는 불연성 고압기체에 따라 소방용수를 가압시키는 수조를 말한다.

25. "압축공기포소화설비"란 압축공기 또는 압축질소를 일정비율로 포수용액에 강제 주입 혼합하는 방식을 말한다.

제4조(종류 및 적응성) 특정소방대상물에 따라 적응하는 포소화설비는 다음 각 호와 같다.

1. 「소방기본법 시행령」별표 2의 특수가연물을 저장·취급하는 공장 또는 창고 : 포워터스프링클러설비·포헤드설비 또는 고정포방출설비, 압축공기포소화설비

2. 차고 또는 주차장 : 포워터스프링클러설비·포헤드설비 또는 고정포방출설비, 압축공기포소화설비. 다만, 다음 각 목의 어느 하나에 해당하는 차고·주차장의 부분에는 호스릴포소화설비 또는 포소화전설비를 설치할 수 있다.
    가. 완전 개방된 옥상주차장 또는 고가 밑의 주차장으로서 주된 벽이 없고 기둥뿐이거나 주위가 위해방지용 철주 등으로 둘러쌓인 부분
    나. 삭제
    다. 지상 1층으로서 지붕이 없는 부분
    라. 삭제
3. 항공기격납고 : 포워터스프링클러설비·포헤드설비 또는 고정포방출설비, 압축공기포소화설비. 다만, 바닥면적의 합계가 1,000㎡ 이상이고 항공기의 격납위치가 한정되어 있는 경우에는 그 한정된 장소외의 부분에 대하여는 호스릴포소화설비를 설치할 수 있다.
4. 발전기실, 엔진펌프실, 변압기, 전기케이블실, 유압설비 : 바닥면적의 합계가 300㎡ 미만의 장소에는 고정식 압축공기포소화설비를 설치 할 수 있다.

≫ 포소화설비의 적응성

특정소방대상물	적응설비
• 차고, 주차장 • 특수가연물을 저장·취급하는 공장, 창고 • 항공기격납고	• 포워터스프링클러설비 • 포헤드설비 • 고정포방출설비 • 압축공기포소화설비
• 완전 개방된 옥상주차장 • 고가 밑의 주차장(주된 벽이 없고 기둥뿐인 것 등) • 지상 1층으로서 지붕이 없는 부분	• 호스릴포소화설비 • 포소화전설비
• 발전기실, 엔진펌프실, 전기케이블, 변압기, 유압설비	바닥면적의 합계가 300㎡ 미만의 장소에는 고정식압축공기포소화설비를 설치할 수 있다.

제5조(수원) ① 포소화설비의 수원은 그 저수량이 특정소방대상물에 따라 다음 각 호의 기준에 적합하도록 하여야 한다.
1. 「소방기본법 시행령」 별표 2의 특수가연물을 저장·취급하는 공장 또는 창고 : 포워터스프링클러설비 또는 포헤드설비의 경우에는 포워터스프링클러헤드 또는 포헤드(이하 "포헤드"라 한다)가 가장 많이 설치된 층의 포헤드(바닥면적이 200㎡를 초과한 층은 바닥면적 200㎡ 이내에 설치된 포헤드를 말한다)에서 동시에 표준방사량으로 10분간 방사할 수 있는 양 이상으로, 고정포방출설비의 경우에는 고정포방출구가 가장 많이 설치된 방호구역안의 고정포방출구에서 표준방사량으로 10분간 방사할 수 있는 양 이상으로 한다. 이 경우 하나의 공장 또는 창고에 포워터스프링클러설비·포헤드설비 또는 고정포방출설비가 함께 설치된 때에는 각 설비별로

산출된 저수량중 최대의 것을 그 특정소방대상물에 설치하여야 할 수원의 양으로 한다.

2. 차고 또는 주차장 : 호스릴포소화설비 또는 포소화전설비의 경우에는 방수구가 가장 많은 층의 설치개수(호스릴포방수구 또는 포소화전방수구가 5개 이상 설치된 경우에는 5개)에 6m³를 곱한 양 이상으로 포워터스프링클러설비·포헤드설비 또는 고정포방출설비의 경우에는 제1호의 기준을 준용한다. 이 경우 하나의 차고 또는 주차장에 호스릴포소화설비·포소화전설비·포워터스프링클러설비·포헤드설비 또는 고정포방출설비가 함께 설치된 때에는 각 설비별로 산출된 저수량중 최대의 것을 그 차고 또는 주차장에 설치하여야 할 수원의 양으로 한다.

3. 항공기격납고 : 포워터스프링클러설비·포헤드설비 또는 고정포방출설비의 경우에는 포헤드 또는 고정포방출구가 가장 많이 설치된 항공기격납고의 포헤드 또는 고정포방출구에서 동시에 표준방사량으로 10분간 방사할 수 있는 양 이상으로 하되, 호스릴포소화설비를 함께 설치한 경우에는 호스릴포방수구가 가장 많이 설치된 격납고의 호스릴방수구수(호스릴포방수구가 5개 이상 설치된 경우에는 5개)에 6m³를 곱한 양을 합한 양 이상으로 하여야 한다.

4. 압축공기포소화설비를 설치하는 경우 방수량은 설계 사양에 따라 방호구역에 최소 10분간 방사할수 있어야 한다.

5. 압축공기포소화설비의 설계방출밀도(L/min·m²)는 설계사양에 따라 정하여야 하며 일반가연물, 탄화수소류는 1.63L/min·m² 이상, 특수가연물, 알코올류와 케톤류는 2.3L/min·m² 이상으로 하여야 한다.

② 포소화설비의 수원을 수조로 설치하는 경우에는 소방설비의 전용수조로 하여야 한다. 다만, 다음 각 호의 어느 하나에 해당하는 경우에는 그러하지 아니하다.

1. 포소화설비 펌프의 후드밸브 또는 흡수배관의 흡수구(수직회전축펌프의 흡수구를 포함한다. 이하 같다)를 다른 설비(소방용설비 외의 것을 말한다. 이하 같다)의 후드밸브 또는 흡수구보다 낮은 위치에 설치한 때

2. 제6조제2항에 따라 고가수조로부터 포소화설비의 수직배관에 물을 공급하는 급수구를 다른 설비의 급수구보다 낮은 위치에 설치한 때

③ 제1항에 따른 저수량을 산정함에 있어서 다른 설비와 겸용하여 포소화설비용 수조를 설치하는 경우에는 포소화설비의 후드밸브·흡수구 또는 수직배관의 급수구와의 다른 설비의 후드밸브·흡수구 또는 수직배관의 급수구와의 사이의 수량을 그 유효수량으로 한다.

④ 포소화설비용 수조는 다음 각 호의 기준에 따라 설치하여야 한다.

1. 점검에 편리한 곳에 설치할 것
2. 동결방지조치를 하거나 동결의 우려가 없는 장소에 설치할 것
3. 수조의 외측에 수위계를 설치할 것. 다만, 구조상 불가피한 경우에는 수조의 맨홀 등을 통하여 수조 안의 물의 양을 쉽게 확인할 수 있도록 하여야 한다.
4. 수조의 상단이 바닥보다 높은 때에는 수조의 외측에 고정식 사다리를 설치할 것
5. 수조가 실내에 설치된 때에는 그 실내에 조명설비를 설치할 것
6. 수조의 밑 부분에는 청소용 배수밸브 또는 배수관을 설치할 것

7. 수조의 외측의 보기 쉬운 곳에 "포소화설비용 수조"라고 표시한 표지를 할 것. 이 경우 그 수조를 다른 설비와 겸용하는 때에는 그 겸용되는 설비의 이름을 표시한 표지를 함께 하여야 한다.
8. 포소화설비 펌프의 흡수배관 또는 포소화설비의 수직배관과 수조의 접속부분에는 "포소화설비용 배관"이라고 표시한 표지를 할 것. 다만, 수조와 가까운 장소에 포소화설비 펌프가 설치되고 포소화설비 펌프에 제6조제1항제14호에 따른 표지를 설치한 때에는 그러하지 아니하다.

제6조(가압송수장치) ① 전동기 또는 내연기관에 따른 펌프를 이용하는 가압송수장치는 다음 각 호의 기준에 따라 설치하여야 한다. 다만, 가압송수장치의 주펌프는 전동기에 따른 펌프를 설치하여야 한다.
1. 쉽게 접근할 수 있고 점검하기에 충분한 공간이 있는 장소로서 화재 및 침수 등의 재해로 인한 피해를 받을 우려가 없는 곳에 설치할 것
2. 동결방지조치를 하거나 동결의 우려가 없는 장소에 설치 하여야 한다. 다만, 보온재를 사용할 경우에는 난연재료 성능이상의 것으로 하여야 한다.
3. 소화약제가 변질될 우려가 없는 곳에 설치할 것
4. 펌프의 토출량은 포헤드·고정포방출구 또는 이동식 포노즐의 설계압력 또는 노즐의 방사압력의 허용범위 안에서 포수용액을 방출 또는 방사할 수 있는 양 이상이 되도록 할 것
5. 펌프는 전용으로 할 것. 다만, 다른 소화설비와 겸용하는 경우 각각의 소화설비의 성능에 지장이 없을 때에는 그러하지 아니하다.
6. 펌프의 양정은 다음의 식에 따라 산출한 수치 이상이 되도록 할 것

$H = h_1 + h_2 + h_3 + h_4$

H : 펌프의 양정[m]
h_1 : 방출구의 설계압력환산수두 또는 노즐 선단의 방사압력 환산수두[m]
h_2 : 배관의 마찰손실수두[m]
h_3 : 낙차[m]
h_4 : 소방용 호스의 마찰손실수두[m]

7. 펌프의 토출측에는 압력계를 체크밸브 이전에 펌프토출측 플랜지에서 가까운 곳에 설치하고, 흡입측에는 연성계 또는 진공계를 설치할 것. 다만, 수원의 수위가 펌프의 위치보다 높거나 수직 회전축 펌프의 경우에는 연성계 또는 진공계를 설치하지 아니할 수 있다.
8. 가압송수장치에는 정격부하운전 시 펌프의 성능을 시험하기 위한 배관을 설치할 것. 다만, 충압펌프의 경우에는 그러하지 아니하다
9. 가압송수장치에는 체절운전 시 수온의 상승을 방지하기 위한 순환배관을 설치할 것. 다만, 충압펌프의 경우에는 그러하지 아니하다.
10. 기동용수압개폐장치(압력챔버)를 사용할 경우 그 용적은 100L 이상의 것으로 할 것
11. 수원의 수위가 펌프보다 낮은 위치에 있는 가압송수장치에는 다음 각 목의 기준에 따른 물올림장치를 설치할 것
    가. 물올림장치에는 전용의 수조를 설치할 것

나. 수조의 유효수량은 100L 이상으로 하되, 구경 15mm 이상의 급수배관에 따라 해당 수조에 물이 계속 보급되도록 할 것
12. 기동용수압개폐장치를 기동장치로 사용하는 경우에는 다음 각 목의 기준에 따른 충압펌프를 설치할 것. 다만, 호스릴포소화설비 또는 포소화전설비를 설치한 경우 소화용 급수펌프로 상시충압이 가능하고 1개의 호스릴포방수구 또는 포소화전방수구를 개방할 때에 급수펌프가 정지되는 시간 없이 지속적으로 작동될 수 있고 다음 가목의 성능을 갖춘 경우에는 충압펌프를 별도로 설치하지 아니할 수 있다.
    가. 펌프의 토출압력은 그 설비의 최고위 일제개방밸브·포소화전 또는 호스릴포방수구의 자연압보다 적어도 0.2MPa이 더 크도록 하거나 가압송수장치의 정격토출압력과 같게 할 것
    나. 펌프의 정격토출량은 정상적인 누설량 보다 적어서는 아니 되며, 포소화설비가 자동적으로 작동할 수 있도록 충분한 토출량을 유지할 것
13. 내연기관을 사용하는 경우에는 제어반에 따라 내연기관의 자동기동 및 수동기동이 가능하고, 상시 충전되어 있는 축전지설비를 갖출 것
14. 가압송수장치에는 "포소화설비펌프"라고 표시한 표지를 할 것. 이 경우 그 가압송수장치를 다른 설비와 겸용하는 때에는 그 겸용되는 설비의 이름을 표시한 표지를 함께 하여야 한다.
15. 가압송수장치가 기동이 된 경우에는 자동으로 정지되지 아니하도록 하여야 한다. 다만, 충압펌프의 경우에는 그러하지 아니하다.
16. 압축공기포소화설비에 설치되는 펌프의 양정은 0.4MPa 이상이 되어야 한다. 다만, 자동으로 급수장치를 설치한 때에는 전용펌프를 설치하지 아니할 수 있다.

② 고가수조의 자연낙차를 이용한 가압송수장치는 다음 각 호의 기준에 따라 설치하여야 한다.
1. 고가수조의 자연낙차수두(수조의 하단으로부터 최고층에 설치된 포헤드까지의 수직거리를 말한다)는 다음의 식에 따라 산출한 수치 이상이 되도록 할 것

    $H = h_1 + h_2 + h_3$

    H : 필요한 낙차[m]
    h_1 : 방출구의 설계압력환산수두 또는 노즐 선단의 방사압력 환산수두[m]
    h_2 : 배관의 마찰손실수두[m]
    h_3 : 소방용 호스의 마찰손실수두[m]

2. 고가수조에는 수위계·배수관·급수관·오버플로우관 및 맨홀을 설치할 것

③ 압력수조를 이용한 가압송수장치는 다음 각 호의 기준에 따라 설치하여야 한다.
1. 압력수조의 압력은 다음의 식에 따라 산출한 수치 이상이 되도록 할 것

    $P = P_1 + P_2 + P_3 + P_4$

    P : 필요한 압력[MPa]
    P_1 : 방출구의 설계압력 또는 노즐선단의 방사압력[MPa]
    P_2 : 배관의 마찰손실수두압[MPa]

P_3 : 낙차의 환산수두압[MPa]

P_4 : 소방용호스의 마찰손실수두압[MPa]

2. 압력수조에는 수위계·급수관·배수관·급기관·맨홀·압력계·안전장치 및 압력저하방지를 위한 자동식 공기압축기를 설치할 것

④ 가압송수장치에는 포헤드·고정방출구 또는 이동식 포노즐의 방사압력이 설계압력 또는 방사압력의 허용범위를 넘지 아니하도록 감압장치를 설치하여야 한다.

⑤ 가압송수장치는 다음 표에 따른 표준방사량을 방사할 수 있도록 하여야 한다.

구분	표준방사량
포워터스프링클러헤드	75L/min 이상
포헤드·고정포방출구 또는 이동식포노즐·압축공기포헤드	각 포헤드 고정포방출구 또는 이동식포노즐의 설계압력에 따라 방출되는 소화약제의 양

⑥ 가압수조를 이용한 가압송수장치는 다음 각 호의 기준에 따라 설치하여야 한다.

1. 가압수조의 압력은 제5항에 따른 방수량 및 방수압이 20분 이상 유지되도록 할 것
2. 삭제
3. 가압수조 및 가압원은 「건축법 시행령」제46조에 따른 방화구획 된 장소에 설치 할 것
4. 삭제
5. 소방청장이 정하여 고시한 「가압수조식 가압송수장치의 성능인증 및 제품검사의 기술기준」에 적합한 것으로 설치할 것

제7조(배관 등) ① 배관은 배관용탄소강관(KS D 3507) 또는 배관 내 사용압력이 1.2MPa 이상일 경우에는 압력배관용탄소강관(KS D 3562) 또는 이음매 없는 동 및 동합금(KS D5301)의 배관용 동관이거나 이와 동등 이상의 강도·내식성 및 내열성을 가진 것으로 하여야 한다. 다만, 다음 각 호의 어느 하나에 해당하는 장소에는 법 제39조에 따라 제품검사에 합격한 소방용 합성수지배관으로 설치할 수 있다.

1. 배관을 지하에 매설하는 경우
2. 다른 부분과 내화구조로 구획된 덕트 또는 피트의 내부에 설치하는 경우
3. 천장(상층이 있는 경우에는 상층바닥의 하단을 포함한다. 이하 같다)과 반자를 불연재료 또는 준불연재료로 설치하고 그 내부에 습식으로 배관을 설치하는 경우

② 송액관은 포의 방출 종료후 배관안의 액을 배출하기 위하여 적당한 기울기를 유지하도록 하고 그 낮은 부분에 배액밸브를 설치하여야 한다.

③ 포워터스프링클러설비 또는 포헤드설비의 가지배관의 배열은 토너먼트방식이 아니어야 하며, 교차배관에서 분기하는 지점을 기점으로 한쪽 가지배관에 설치하는 헤드의 수는 8개 이하로 한다.

④ 송액관은 전용으로 하여야 한다. 다만, 포소화전의 기동장치의 조작과 동시에 다른 설비의 용도에 사용하는 배관의 송수를 차단할 수 있거나, 포소화설비의 성능에 지장이 없는 경우에는 다른 설비와 겸용할 수 있다.

⑤ 펌프의 흡입측배관은 다음 각 호의 기준에 따라 설치하여야 한다.
  1. 공기고임이 생기지 아니하는 구조로 하고 여과장치를 설치할 것
  2. 수조가 펌프보다 낮게 설치된 경우에는 각 펌프(충압펌프를 포함한다)마다 수조로부터 별도로 설치할 것
⑥ 연결송수관설비의 배관과 겸용할 경우의 주배관은 구경 100mm 이상, 방수구로 연결되는 배관의 구경은 65mm 이상의 것으로 하여야 한다.
⑦ 펌프의 성능은 체절운전 시 정격토출압력의 140%를 초과하지 아니하고, 정격토출량의 150%로 운전시 정격토출압력의 65% 이상이 되어야 하며, 펌프의 성능시험배관은 다음 각 호의 기준에 적합하여야 한다.
  1. 성능시험배관은 펌프의 토출측에 설치된 개폐밸브 이전에서 분기하여 설치하고, 유량측정장치를 기준으로 전단 직관부에 개폐밸브를 후단 직관부에는 유량조절밸브를 설치할 것
  2. 유량측정장치는 성능시험배관의 직관부에 설치하되, 펌프의 정격토출량의 175% 이상 측정할 수 있는 성능이 있을 것
⑧ 가압송수장치의 체절운전 시 수온의 상승을 방지하기 위하여 체크밸브와 펌프사이에서 분기한 구경 20mm 이상의 배관에 체절압력 미만에서 개방되는 릴리프밸브를 설치하여야 한다.
⑨ 동결방지조치를 하거나 동결의 우려가 없는 장소에 설치하여야 한다. 다만, 보온재를 사용할 경우에는 난연재료 성능 이상의 것으로 하여야 한다.
⑩ 급수배관에 설치되어 급수를 차단할 수 있는 개폐밸브(포헤드·고정포방출구 또는 이동식 포노즐은 제외한다)는 개폐표시형으로 하여야 한다. 이 경우 펌프의 흡입측배관에는 버터플라이밸브 외의 개폐표시형밸브를 설치하여야 한다.
⑪ 제10항의 개폐밸브에는 그 밸브의 개폐상태를 감시제어반에서 확인할 수 있는 급수개폐밸브 작동표시 스위치를 다음 각 호의 기준에 따라 설치하여야 한다.
  1. 급수개폐밸브가 잠길 경우 탬퍼스위치의 동작으로 인하여 감시제어반 또는 수신기에 표시 되어야 하며 경보음을 발할 것
  2. 탬퍼스위치는 감시제어반에서 동작의 유무확인과 동작시험, 도통시험을 할 수 있을 것
  3. 급수개폐밸브의 작동표시 스위치에 사용되는 전기배선은 내화전선 또는 내열전선으로 설치할 것
⑫ 배관은 다른 설비의 배관과 쉽게 구분이 될 수 있는 위치에 설치하거나 그 배관표면 또는 배관 보온재표면의 색상은 적색 등으로 소방용 설비의 배관임을 표시하여야 한다.
⑬ 포소화설비에는 소방차로부터 그 설비에 송수할 수 있는 송수구를 다음 각 호의 기준에 따라 설치하여야 한다.
  1. 송수구는 화재층으로부터 지면으로 떨어지는 유리창 등이 송수 및 그 밖의 소화작업에 지장을 주지 아니하는 장소에 설치할 것
  2. 송수구로부터 포소화설비의 주배관에 이르는 연결배관에 개폐밸브를 설치한 때에는 그 개폐상태를 쉽게 확인 및 조작할 수 있는 옥외 또는 기계실 등의 장소에 설치할 것

3. 구경 65mm의 쌍구형으로 할 것
4. 송수구에는 그 가까운 곳의 보기 쉬운 곳에 송수압력범위를 표시한 표지를 할 것
5. 포소화설비의 송수구는 하나의 층의 바닥면적이 3,000m²를 넘을 때마다 1개 이상을 설치할 것(5개를 넘을 경우에는 5개로 한다)
6. 지면으로부터 높이가 0.5m 이상 1m 이하의 위치에 설치할 것
7. 송수구의 가까운 부분에 자동배수밸브(또는 직경 5mm의 배수공) 및 체크밸브를 설치할 것. 이 경우 자동배수밸브는 배관안의 물이 잘 빠질 수 있는 위치에 설치하되, 배수로 인하여 다른 물건 또는 장소에 피해를 주지 아니하여야 한다.
8. 송수구에는 이물질을 막기 위한 마개를 씌울 것
9. 압축공기포소화설비를 스프링클러 보조설비로 설치하거나 압축공기포 소화설비에 자동으로 급수되는 장치를 설치한때에는 송수구 설치를 아니할 수 있다.

⑭ 압축공기포소화설비의 배관은 토너먼트방식으로 하여야 하고 소화약제가 균일하게 방출되는 등거리 배관구조로 설치하여야 한다.

⑮ 확관형 분기배관을 사용할 경우에는 소방청장이 정하여 고시한「분기배관 성능인증 및 제품검사의 기술기준」에 적합한 것으로 설치하여야 한다.

제8조(저장탱크 등) ① 포 소화약제의 저장탱크(용기를 포함한다. 이하 같다)는 다음 각 호의 기준에 따라 설치하고 제9조에 따른 혼합장치와 배관 등으로 연결하여 두어야 한다.

1. 화재 등의 재해로 인한 피해를 받을 우려가 없는 장소에 설치할 것
2. 기온의 변동으로 포의 발생에 장애를 주지 아니하는 장소에 설치할 것. 다만, 기온의 변동에 영향을 받지 아니하는 포 소화약제의 경우에는 그러하지 아니하다.
3. 포 소화약제가 변질될 우려가 없고 점검에 편리한 장소에 설치할 것
4. 가압송수장치 또는 포 소화약제 혼합장치의 기동에 따라 압력이 가해지는 것 또는 상시 가압된 상태로 사용되는 것은 압력계를 설치할 것
5. 포 소화약제 저장량의 확인이 쉽도록 액면계 또는 계량봉 등을 설치할 것
6. 가압식이 아닌 저장탱크는 그라스게이지를 설치하여 액량을 측정할 수 있는 구조로 할 것

② 포 소화약제의 저장량은 다음 각 호의 기준에 따른다.

1. 고정포방출구 방식은 다음 각 목의 양을 합한 양 이상으로 할 것

　가. 고정포방출구에서 방출하기 위하여 필요한 양

$$Q = A \times Q_1 \times T \times S$$

　　　Q : 포 소화약제의 양(l)
　　　A : 탱크의 액표면적(m^2)
　　　Q_1 : 단위 포소화수용액의 양($l/m^2 \cdot min$)
　　　T : 방출시간(min)
　　　S : 포 소화약제의 사용농도(%)

나. 보조 소화전에서 방출하기 위하여 필요한 양

$Q = N \times S \times 8,000 l$

　Q : 포 소화약제의 양(l)
　N : 호스 접결구수(3개 이상인 경우는 3)
　S : 포 소화약제의 사용농도(%)

다. 가장 먼 탱크까지의 송액관(내경 75mm 이하의 송액관을 제외한다)에 충전하기 위하여 필요한 양

2. 옥내포소화전방식 또는 호스릴방식에 있어서는 다음의 식에 따라 산출한 양 이상으로 할 것. 다만, 바닥면적이 200m² 미만인 건축물에 있어서는 그 75%로 할 수 있다.

$Q = N \times S \times 6,000 l$

　Q : 포 소화약제의 양(l)
　N : 호스 접결구수(5개 이상인 경우는 5)
　S : 포 소화약제의 사용농도(%)

3. 포헤드방식 및 압축공기포소화설비에 있어서는 하나의 방사구역 안에 설치된 포헤드를 동시에 개방하여 표준방사량으로 10분간 방사할 수 있는 양 이상으로 할 것

제9조(혼합장치) 포 소화약제의 혼합장치는 포 소화약제의 사용농도에 적합한 수용액으로 혼합할 수 있도록 다음 각 호의 어느 하나에 해당하는 방식에 따르되, 법 제39조에 따라 제품검사에 합격한 것으로 설치하여야 한다.
1. 펌프 푸로포셔너방식
2. 프레져 푸로포셔너방식
3. 라인 푸로포셔너방식
4. 프레져 사이드 푸로포셔너방식
5. 압축공기포 믹싱챔버방식

제10조(개방밸브) 포소화설비의 개방밸브는 다음 각 호의 기준에 따라 설치하여야 한다.
1. 자동 개방밸브는 화재감지장치의 작동에 따라 자동으로 개방되는 것으로 할 것
2. 수동식 개방밸브는 화재 시 쉽게 접근할 수 있는 곳에 설치할 것

제11조(기동장치) ① 포소화설비의 수동식 기동장치는 다음 각 호의 기준에 따라 설치하여야 한다.
1. 직접조작 또는 원격조작에 따라 가압송수장치·수동식개방밸브 및 소화약제 혼합장치를 기동할 수 있는 것으로 할 것
2. 2 이상의 방사구역을 가진 포소화설비에는 방사구역을 선택할 수 있는 구조로 할 것
3. 기동장치의 조작부는 화재 시 쉽게 접근할 수 있는 곳에 설치하되, 바닥으로부터 0.8m 이상 1.5m 이하의 위치에 설치하고, 유효한 보호장치를 설치할 것

4. 기동장치의 조작부 및 호스 접결구에는 가까운 곳의 보기 쉬운 곳에 각각 "기동장치의 조작부" 및 "접결구"라고 표시한 표지를 설치할 것
5. 차고 또는 주차장에 설치하는 포소화설비의 수동식 기동장치는 방사구역마다 1개 이상 설치할 것
6. 항공기격납고에 설치하는 포소화설비의 수동식 기동장치는 각 방사구역마다 2개 이상을 설치하되, 그 중 1개는 각 방사구역으로부터 가장 가까운 곳 또는 조작에 편리한 장소에 설치하고, 1개는 화재감지수신기를 설치한 감시실 등에 설치할 것

② 포소화설비의 자동식 기동장치는 자동화재탐지설비의 감지기의 작동 또는 폐쇄형스프링클러헤드의 개방과 연동하여 가압송수장치·일제개방밸브 및 포 소화약제 혼합장치를 기동시킬 수 있도록 다음 각 호의 기준에 따라 설치하여야 한다. 다만, 자동화재탐지설비의 수신기가 설치된 장소에 상시 사람이 근무하고 있고, 화재시 즉시 해당 조작부를 작동시킬 수 있는 경우에는 그러하지 아니하다.

1. 폐쇄형스프링클러헤드를 사용하는 경우에는 다음 각 목의 기준에 따를 것
   가. 표시온도가 79℃ 미만인 것을 사용하고, 1개의 스프링클러헤드의 경계면적은 20m² 이하로 할 것
   나. 부착면의 높이는 바닥으로부터 5m 이하로 하고, 화재를 유효하게 감지할 수 있도록 할 것
   다. 하나의 감지장치 경계구역은 하나의 층이 되도록 할 것
2. 화재감지기를 사용하는 경우에는 다음 각 목의 기준에 따를 것
   가. 화재감지기는 「자동화재탐지설비의 화재안전기준(NFSC 203)」 제7조의 기준에 따라 설치할 것
   나. 화재감지기 회로에는 다음 각 세목의 기준에 따른 발신기를 설치할 것
      (1) 조작이 쉬운 장소에 설치하고, 스위치는 바닥으로부터 0.8m 이상 1.5m 이하의 높이에 설치할 것
      (2) 특정소방대상물의 층마다 설치하되, 해당 특정소방대상물의 각 부분으로부터 수평거리가 25m 이하가 되도록 할 것. 다만, 복도 또는 별도로 구획된 실로서 보행거리가 40m 이상일 경우에는 추가로 설치하여야 한다.
      (3) 발신기의 위치를 표시하는 표시등은 함의 상부에 설치하되, 그 불빛은 부착 면으로부터 15° 이상의 범위 안에서 부착지점으로부터 10m 이내의 어느 곳에서도 쉽게 식별할 수 있는 적색등으로 할 것
3. 동결우려가 있는 장소의 포소화설비의 자동식 기동장치는 자동화재탐지설비와 연동으로 할 것

③ 포소화설비의 기동장치에 설치하는 자동경보장치는 다음 각 호의 기준에 따라 설치하여야 한다. 다만, 자동화재탐지설비에 따라 경보를 발할 수 있는 경우에는 음향경보장치를 설치하지 아니할 수 있다.

1. 방사구역마다 일제개방밸브와 그 일제개방밸브의 작동여부를 발신하는 발신부를 설치할 것. 이 경우 각 일제개방밸브에 설치되는 발신부 대신 1개층에 1개의 유수검지장치를 설치할 수

있다.
2. 상시 사람이 근무하고 있는 장소에 수신기를 설치하되, 수신기에는 폐쇄형스프링클러헤드의 개방 또는 감지기의 작동여부를 알 수 있는 표시장치를 설치할 것
3. 하나의 소방대상물에 2 이상의 수신기를 설치하는 경우에는 수신기가 설치된 장소 상호간에 동시 통화가 가능한 설비를 할 것

제12조(포헤드 및 고정포방출구) ① 포헤드 및 고정포방출구는 포의 팽창비율에 따라 다음 표에 따른 것으로 하여야 한다.

팽창비율에 따른 포의 종류	포방출구의 종류
팽창비가 20 이하인 것(저발포)	포헤드, 압축공기포헤드
팽창비가 80 이상 1,000 미만인 것(고발포)	고발포용 고정포방출구

② 포헤드는 다음 각 호의 기준에 따라 설치하여야 한다.
1. 포워터스프링클러헤드는 특정소방대상물의 천장 또는 반자에 설치하되, 바닥면적 $8m^2$마다 1개 이상으로 하여 해당 방호대상물의 화재를 유효하게 소화할 수 있도록 할 것
2. 포헤드는 특정소방대상물의 천장 또는 반자에 설치하되, 바닥면적 $9m^2$마다 1개 이상으로 하여 해당 방호대상물의 화재를 유효하게 소화할 수 있도록 할 것

>> 포소화설비의 헤드별 수평거리 환산

구분	수평거리(r)	각 헤드사이의 거리($S=2r\times\cos 45°$)
포워터스프링클러헤드 ($S^2=8m^2$)	2m	$r=\dfrac{\sqrt{S^2}}{2\times\cos 45°}$ ∴ $r=2m$
포헤드 ($S^2=9m^2$)	2.1m	$r=\dfrac{\sqrt{S^2}}{2\times\cos 45°}$ ∴ $r≒2.121m$

3. 포헤드는 특정소방대상물별로 그에 사용되는 포 소화약제에 따라 1분당 방사량이 다음 표에 따른 양 이상이 되는 것으로 할 것

소방대상물	포 소화약제의 종류	바닥면적 $1m^2$당 방사량
차고·주차장 및 항공기격납고	단백포 소화약제	6.5L 이상
	합성계면 활성제포 소화약제	8.0L 이상
	수성막포 소화약제	3.7L 이상
소방기본법시행령 별표 2의 특수가연물을 저장·취급하는 소방대상물	단백포 소화약제	6.5L 이상
	합성계면 활성제포 소화약제	6.5L 이상
	수성막포 소화약제	6.5L 이상

4. 특정소방대상물의 보가 있는 부분의 포헤드는 다음 표의 기준에 따라 설치할 것

포헤드와 보의 하단의 수직거리	포헤드와 보의 수평거리
0	0.75m 미만
0.1m 미만	0.75m 이상 1m 미만
0.1m 이상 0.15m 미만	1m 이상 1.5m 미만
0.15m 이상 0.30m 미만	1.5m 이상

5. 포헤드 상호간에는 다음 각 목의 기준에 따른 거리를 두도록 할 것
   가. 정방형으로 배치한 경우에는 다음의 식에 따라 산정한 수치 이하가 되도록 할 것
   $$S = 2r \times \cos 45°$$
   S : 포헤드 상호 간의 거리(m)
   r : 유효반경(2.1m)
   나. 장방형으로 배치한 경우에는 그 대각선의 길이가 다음의 식에 따라 산정한 수치 이하가 되도록 할 것
   $$pt = 2r$$
   pt : 대각선의 길이(m)
   r : 유효반경(2.1m)
6. 포헤드와 벽 방호구역의 경계선과는 제5호에 따른 거리의 2분의 1 이하의 거리를 둘 것
7. 압축공기포소화설비의 분사헤드는 천장 또는 반자에 설치하되 방호대상물에 따라 측벽에 설치할 수 있으며 유류탱크주위에는 바닥면적 13.9m²마다 1개 이상, 특수가연물저장소에는 바닥면적 9.3m²마다 1개 이상으로 당해 방호대상물의 화재를 유효하게 소화할 수 있도록 할 것

방호대상물	방호면적 1m²에 대한 1분당 방출량
특수가연물	2.3L
기타의 것	1.63L

③ 차고·주차장에 설치하는 호스릴포소화설비 또는 포소화전설비는 다음 각 호의 기준에 따라야 한다.
1. 특정소방대상물의 어느 층에 있어서도 그 층에 설치된 호스릴포방수구 또는 포소화전방수구(호스릴포방수구 또는 포소화전방수구가 5개 이상 설치된 경우에는 5개)를 동시에 사용할 경우 각 이동식 포노즐 선단의 포수용액 방사압력이 0.35MPa 이상이고 300L/min 이상(1개층의 바닥면적이 200m² 이하인 경우에는 230L/min 이상)의 포수용액을 수평거리 15m 이상으로 방사할 수 있도록 할 것
2. 저발포의 포소화약제를 사용할 수 있는 것으로 할 것
3. 호스릴 또는 호스를 호스릴포방수구 또는 포소화전방수구로 분리하여 비치하는 때에는 그로부터 3m 이내의 거리에 호스릴함 또는 호스함을 설치할 것

4. 호스릴함 또는 호스함은 바닥으로부터 높이 1.5m 이하의 위치에 설치하고 그 표면에는 "포호스릴함(또는 포소화전함)"이라고 표시한 표지와 적색의 위치표시등을 설치할 것
5. 방호대상물의 각 부분으로부터 하나의 호스릴포방수구까지의 수평거리는 15m 이하(포소화전방수구의 경우에는 25m 이하)가 되도록 하고 호스릴 또는 호스의 길이는 방호대상물의 각 부분에 포가 유효하게 뿌려질 수 있도록 할 것

④ 고발포용포방출구는 다음 각 호의 기준에 따라 설치하여야 한다.
1. 전역방출방식의 고발포용고정포방출구는 다음 각 목의 기준에 따를 것
    가. 개구부에 자동폐쇄장치(갑종방화문·을종방화문 또는 불연재료로된 문으로 포수용액이 방출되기 직전에 개구부가 자동적으로 폐쇄될 수 있는 장치를 말한다)를 설치할 것. 다만, 해당 방호구역에서 외부로 새는 양 이상의 포수용액을 유효하게 추가하여 방출하는 설비가 있는 경우에는 그러하지 아니하다.
    나. 고정포방출구(포발생기가 분리되어 있는 것은 해당 포발생기를 포함한다)는 특정소방대상물 및 포의 팽창비에 따른 종별에 따라 해당 방호구역의 관포체적(해당 바닥 면으로부터 방호대상물의 높이보다 0.5m 높은 위치까지의 체적을 말한다) $1m^3$에 대하여 1분당 방출량이 다음 표에 따른 양 이상이 되도록 할 것

소방대상물	포의 팽창비	$1m^2$에 대한 분당 포수용액 방출량
항공기격납고	팽창비 80 이상 250 미만의 것	2.00L
	팽창비 250 이상 500 미만의 것	0.50L
	팽창비 500 이상 1,000 미만의 것	0.29L
차고 또는 주차장	팽창비 80 이상 250 미만의 것	1.11L
	팽창비 250 이상 500 미만의 것	0.28L
	팽창비 500 이상 1,000 미만의 것	0.16L
특수가연물을 저장 또는 취급하는 소방 대상물	팽창비 80 이상 250 미만의 것	1.25L
	팽창비 250 이상 500 미만의 것	0.31L
	팽창비 500 이상 1,000 미만의 것	0.18L

    다. 고정포방출구는 바닥면적 $500m^2$마다 1개 이상으로 하여 방호대상물의 화재를 유효하게 소화할 수 있도록 할 것
    라. 고정포방출구는 방호대상물의 최고부분보다 높은 위치에 설치할 것. 다만, 밀어올리는 능력을 가진 것은 방호대상물과 같은 높이로 할 수 있다.
2. 국소방출방식의 고발포용고정포방출구는 다음 각 목의 기준에 따를 것
    가. 방호대상물이 서로 인접하여 불이 쉽게 붙을 우려가 있는 경우에는 불이 옮겨 붙을 우려가 있는 범위내의 방호대상물을 하나의 방호대상물로 하여 설치할 것
    나. 고정포방출구(포발생기가 분리되어 있는 것에 있어서는 해당 포발생기를 포함한다)는 방호대상물의 구분에 따라 당해 방호대상물의 높이의 3배(1m 미만의 경우에는 1m)의 거리

를 수평으로 연장한 선으로 둘러쌓인 부분의 면적 1m²에 대하여 1분당 방출량이 다음 표에 따른 양 이상이 되도록 할 것

방호대상물	방호면적 1m²에 대한 1분당 방출량
특수가연물	3L
기타의 것	2L

제13조(전원) ① 포소화설비에는 다음 각 호의 기준에 따라 상용전원회로의 배선을 설치하여야 한다. 다만, 가압수조방식으로서 모든 기능이 20분 이상 유효하게 지속될 수 있는 경우에는 그러하지 아니하다.
1. 저압수전인 경우에는 인입개폐기의 직후에서 분기하여 전용배선으로 하여야 하며, 전용의 전선관에 보호 되도록 할 것
2. 특별고압수전 또는 고압수전일 경우에는 전력용 변압기 2차측의 주차단기 1차측에서 분기하여 전용배선으로 하되, 상용전원의 상시공급에 지장이 없을 경우에는 주차단기 2차측에서 분기하여 전용배선으로 할 것. 다만, 가압송수장치의 정격입력전압이 수전전압과 같은 경우에는 제1호의 기준에 따른다.

② 포소화설비에는 자가발전설비, 축전지설비 또는 전기저장장치에 따른 비상전원을 설치하되, 다음 각 호의 어느 하나에 해당하는 경우에는 비상전원수전설비로 설치할 수 있다. 다만, 2 이상의 변전소(「전기사업법」제67조에 따른 변전소를 말한다. 이하 같다)로부터 동시에 전력을 공급받을 수 있거나 하나의 변전소로부터 전력의 공급이 중단되는 때에는 자동으로 다른 변전소로부터 전력을 공급받을 수 있도록 상용전원을 설치한 경우와 가압수조방식에는 비상전원을 설치하지 아니할 수 있다.
1. 제4조제2호단서에 따라 호스릴포소화설비 또는 포소화전만을 설치한 차고·주차장
2. 포헤드설비 또는 고정포방출설비가 설치된 부분의 바닥면적(스프링클러설비가 설치된 차고·주차장의 바닥면적을 포함한다)의 합계가 1,000m² 미만인 것

③ 제2항에 따른 비상전원 중 자가발전설비, 축전지설비(내연기관에 따른 펌프를 사용하는 경우에는 내연기관의 기동 및 제어용 축전지를 말한다)또는 전기저장장치(외부 전기에너지를 저장해 두었다가 필요한 때 전기를 공급하는 장치)는 다음 각 호의 기준에 따르고, 비상전원수전설비는 「소방시설용비상전원수전설비의 화재안전기준(NFSC 602)」에 따라 설치하여야 한다.
1. 점검에 편리하고 화재 및 침수 등의 재해로 인한 피해를 받을 우려가 없는 곳에 설치할 것
2. 포소화설비를 유효하게 20분 이상 작동할 수 있도록 할 것
3. 상용전원으로부터 전력의 공급이 중단된 때에는 자동으로 비상전원으로부터 전력을 공급받을 수 있도록 할 것
4. 비상전원(내연기관의 기동 및 제어용 축전기를 제외한다)의 설치장소는 다른 장소와 방화구획 할 것. 이 경우 그 장소에는 비상전원의 공급에 필요한 기구나 설비외의 것(열병합발전설비에 필요한 기구나 설비는 제외한다)을 두어서는 아니된다.

5. 비상전원을 실내에 설치하는 때에는 그 실내에 비상조명등을 설치할 것

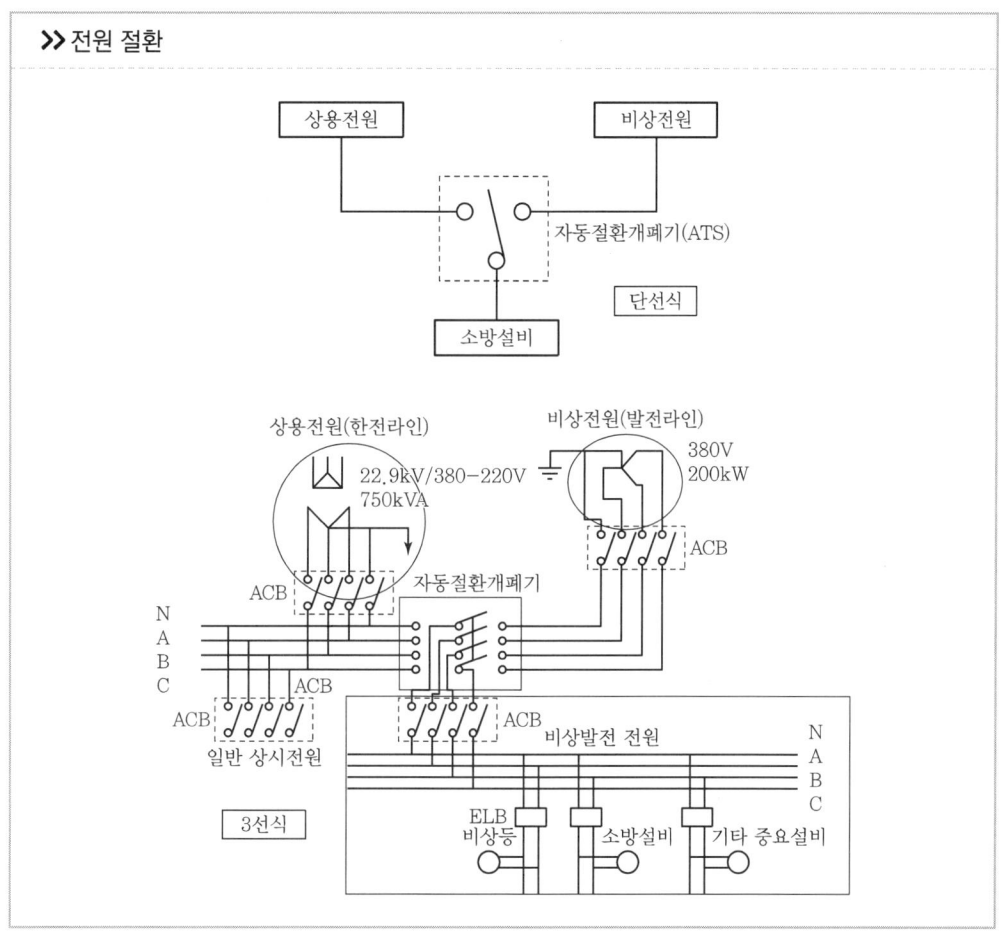

제14조(제어반) ① 포소화설비에는 제어반을 설치하되, 감시제어반과 동력제어반으로 구분하여 설치하여야 한다. 다만, 다음 각 호의 어느 하나에 해당하는 경우에는 감시제어반과 동력제어반으로 구분하여 설치하지 아니할 수 있다.

1. 다음 각 목의 어느 하나에 해당하지 아니하는 특정소방대상물에 설치되는 포소화설비
    가. 지하층을 제외한 층수가 7층 이상으로서 연면적이 2,000㎡ 이상인 것
    나. 가목에 해당하지 아니하는 특정소방대상물로서 지하층의 바닥면적의 합계가 3,000㎡ 이상인 것. 다만, 차고·주차장 또는 보일러실·기계실·전기실 등 이와 유사한 장소의 면적은 제외한다.
2. 내연기관에 따른 가압송수장치를 사용하는 포소화설비
3. 고가수조에 따른 가압송수장치를 사용하는 포소화설비
4. 가압수조에 따른 가압송수장치를 사용하는 포소화설비

② 감시제어반의 기능은 다음 각 호의 기준에 적합하여야 한다. 다만, 제1항 각 호의 어느 하나에 해

당하는 경우에는 제3호 및 제6호의 규정을 적용하지 아니한다.
1. 각 펌프의 작동여부를 확인할 수 있는 표시등 및 음향경보기능이 있어야 할 것
2. 각 펌프를 자동 및 수동으로 작동시키거나 중단시킬 수 있어야 할 것
3. 비상전원을 설치한 경우에는 상용전원 및 비상전원의 공급여부를 확인할 수 있어야 할 것
4. 수조 또는 물올림탱크가 저수위로 될 때 표시등 및 음향으로 경보할 것
5. 각 확인회로(기동용수압개폐장치의 압력스위치회로·수조 또는 물올림탱크의 감시회로를 말한다)마다 도통시험 및 작동시험을 할 수 있어야 할 것
6. 예비전원이 확보되고 예비전원의 적합여부를 시험할 수 있어야 할 것

③ 감시제어반은 다음 각 호의 기준에 따라 설치하여야 한다.
1. 화재 및 침수 등의 재해로 인한 피해를 받을 우려가 없는 곳에 설치할 것
2. 감시제어반은 포소화설비의 전용으로 할 것. 다만, 포소화설비의 제어에 지장이 없는 경우에는 다른 설비와 겸용할 수 있다.
3. 감시제어반은 다음 각 목의 기준에 따른 전용실안에 설치할 것. 다만 제1항 각 호의 어느 하나에 해당하는 경우와 공장, 발전소 등에서 설비를 집중 제어·운전할 목적으로 설치하는 중앙제어실내에 감시제어반을 설치하는 경우에는 그러하지 아니하다.
  가. 다른 부분과 방화구획을 할 것. 이 경우 전용실의 벽에는 기계실 또는 전기실 등의 감시를 위하여 두께 7mm 이상의 망입유리(두께 16.3mm 이상의 접합유리 또는 두께 28mm 이상의 복층유리를 포함한다)로 된 $4m^2$ 미만의 붙박이창을 설치할 수 있다.
  나. 피난층 또는 지하 1층에 설치할 것. 다만, 다음 각 세목의 어느 하나에 해당하는 경우에는 지상 2층에 설치하거나 지하 1층 외의 지하층에 설치할 수 있다.
    (1) 「건축법 시행령」제35조에 따라 특별피난계단이 설치되고 그 계단(부속실을 포함한다) 출입구로부터 보행거리 5m이내에 전용실의 출입구가 있는 경우
    (2) 아파트의 관리동(관리동이 없는 경우에는 경비실)에 설치하는 경우
  다. 비상조명등 및 급·배기설비를 설치할 것
  라. 「무선통신보조설비의 화재안전기준(NFSC 505)」제5조제3항에 따라 유효하게 통신이 가능할 것(영 별표 5의 제5호마목에 따른 무선통신보조설비가 설치된 특정소방대상물에 한한다.)
  마. 바닥면적은 감시제어반의 설치에 필요한 면적 외에 화재 시 소방대원이 그 감시제어반의 조작에 필요한 최소면적 이상으로 할 것
4. 제3호에 따른 전용실에는 특정소방대상물의 기계·기구 또는 시설등의 제어 및 감시설비외의 것을 두지 아니할 것

④ 동력제어반은 다음 각 호의 기준에 따라 설치하여야 한다.
1. 앞면은 적색으로 하고 "포소화설비용 동력제어반"이라고 표시한 표지를 설치할 것
2. 외함은 두께 1.5mm 이상의 강판 또는 이와 동등 이상의 강도 및 내열성능이 있는 것으로 할 것
3. 그 밖의 동력제어반의 설치에 관하여는 제3항제1호 및 제2호의 기준을 준용할 것

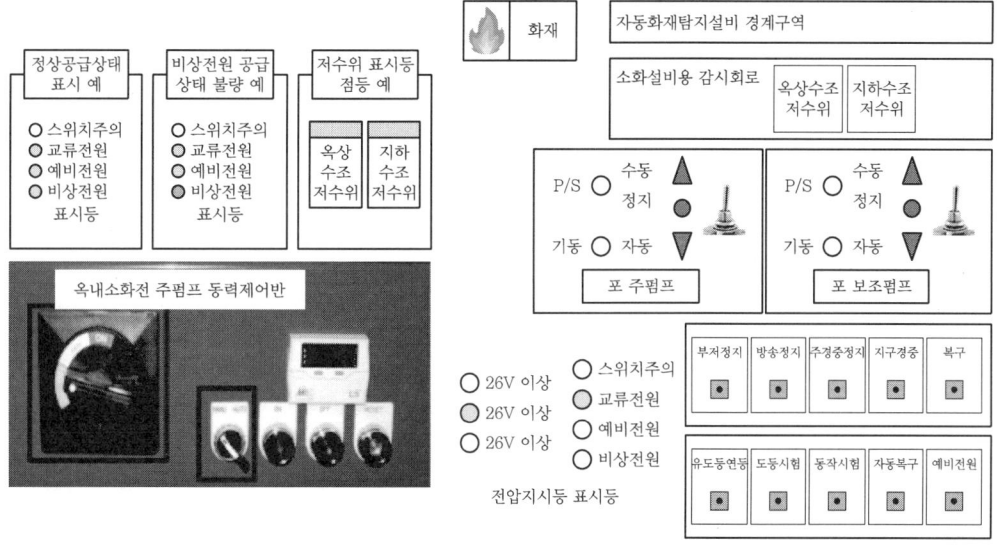

[제어반의 개념도]   [감시제어반 기능(예)]

제15조(배선 등) ① 포소화설비의 배선은 「전기사업법」 제67조에 따른 기술기준에서 정한 것 외에 다음 각 호의 기준에 따라 설치하여야 한다.

1. 비상전원으로부터 동력제어반 및 가압송수장치에 이르는 전원회로배선은 내화배선으로 할 것. 다만, 자가발전설비와 동력제어반이 동일한 실에 설치된 경우에는 자가발전기로부터 그 제어반에 이르는 전원회로배선은 그러하지 아니하다.
2. 상용전원으로부터 동력제어반에 이르는 배선, 그 밖의 포소화설비의 감시·조작 또는 표시등 회로의 배선은 내화배선 또는 내열배선으로 할 것. 다만, 감시제어반 또는 동력제어반 안의 감시·조작 또는 표시등회로의 배선은 그러하지 아니하다.

② 제1항에 따른 내화배선 및 내열배선에 사용되는 전선 및 설치방법은 「옥내소화전설비의 화재안전기준(NFSC 102)」별표 1의 기준에 따른다.
③ 포소화설비의 과전류차단기 및 개폐기에는 "포소화설비용"이라고 표시한 표지를 하여야 한다.
④ 포소화설비용 전기배선의 양단 및 접속단자에는 다음 각 호의 기준에 따라 표지하여야 한다.

1. 단자에는 "포소화설비단자"라고 표시한 표지를 부착할 것
2. 포소화설비용 전기배선의 양단에는 다른 배선과 식별이 용이하도록 표시할 것

제16조(수원 및 가압송수장치의 펌프 등의 겸용) ① 포소화전설비의 수원을 옥내소화전설비·스프링클러설비·간이스프링클러설비·화재조기진압용 스프링클러설비·물분무소화설비 및 옥외소화전설비의 수원과 겸용하여 설치하는 경우의 저수량은 각 소화설비에 필요한 저수량을 합한 양 이상이 되도록 하여야 한다. 다만, 이들 소화설비 중 고정식 소화설비(펌프·배관과 소화수 또는 소화약제를 최종 방출하는 방출구가 고정된 설비를 말한다. 이하 같다)가 2 이상 설치되어 있고, 그 소화설비가 설치된 부분이 방화벽과 방화문으로 구획되어 있는 경우에는 각 고정식 소화설비

에 필요한 저수량 중 최대의 것 이상으로 할 수 있다.
② 포소화설비의 가압송수장치로 사용하는 펌프를 옥내소화전설비·스프링클러설비·간이스프링클러설비·화재조기진압용 스프링클러설비·물분무소화설비 및 옥외소화전설비의 가압송수장치와 겸용하여 설치하는 경우의 펌프의 토출량은 각 소화설비에 해당하는 토출량을 합한 양 이상이 되도록 하여야 한다. 다만, 이들 소화설비 중 고정식 소화설비가 2 이상 설치되어 있고, 그 소화설비가 설치된 부분이 방화벽과 방화문으로 구획되어 있으며 각 소화설비에 지장이 없는 경우에는 펌프의 토출량 중 최대의 것 이상으로 할 수 있다.
③ 옥내소화전설비·스프링클러설비·간이스프링클러설비·화재조기진압용 스프링클러설비·물분무소화설비·포소화설비 및 옥외소화전설비의 가압송수장치에 있어서 각 토출측배관과 일반급수용의 가압송수장치의 토출측 배관을 상호 연결하여 화재시 사용할 수 있다. 이 경우 연결배관에는 개·폐표시형밸브를 설치하여야 하며, 각 소화설비의 성능에 지장이 없도록 하여야 한다.
④ 포소화설비의 송수구를 옥내소화전설비·스프링클러설비·간이스프링클러설비·화재조기진압용 스프링클러설비·물분무소화설비·연결송수관설비 또는 연결살수설비의 송수구와 겸용으로 설치하는 경우에는 스프링클러설비의 송수구의 설치기준에 따르되 각각의 소화설비의 기능에 지장이 없도록 하여야 한다.

제17조(설치·유지기준의 특례) 소방본부장 또는 소방서장은 기존건축물이 증축·개축·대수선되거나 용도변경되는 경우에 있어서 이 기준이 정하는 기준에 따라 해당 건축물에 설치하여야 할 포소화설비의 배관·배선 등의 공사가 현저하게 곤란하다고 인정되는 경우에는 해당 설비의 기능 및 사용에 지장이 없는 범위 안에서 포소화설비의 설치·유지기준의 일부를 적용하지 아니할 수 있다.

제18조(재검토기한) 소방청장은 「훈령·예규 등의 발령 및 관리에 관한 규정」에 따라 이 고시에 대하여 2016년 1월 1일을 기준으로 매3년이 되는 시점(매 3년째의 12월 31일까지를 말한다)마다 그 타당성을 검토하여 개선 등의 조치를 하여야 한다.〈전문개정 2015. 10. 28., 2017. 7. 26.〉

부칙

제1조(시행일)이 고시는 발령한 날부터 시행한다.
제2조(다른 고시의 개정)①부터 ⑤까지 생략
⑥ 「포소화설비의 화재안전기준(NFSC 105)」 일부를 다음과 같이 개정한다.
제14조제3항제3호라목을 "「무선통신보조설비의 화재안전기준(NFSC 505)」 제5조제3항에 따라 유효하게 통신이 가능할 것(영 별표 5의 제5호마목에 따른 무선통신보조설비가 설치된 특정소방대상물에 한한다.)"로 한다.
⑦ 생략

소방시설 작동기능점검표 작성 예시

1 점검 전 준비사항
1) 점검장소의 협의나 협조 받을 건물 관계인 등 연락처를 사전 확보
2) 점검의 목적과 필요성에 대하여 건물 관계인에게 사전 안내 및 협의
3) 음향장치 및 각 실별 방문점검 사항을 공지하여 협조 요청

2 현장확인
1) 현장 시설물의 도면 등을 이용하여 설비의 개요 및 설치위치 등을 파악한다.
2) 점검사항을 토대로 점검순서를 계획하고 점검장비 및 공구를 준비한다.
3) 기존의 점검자료 및 조치결과가 있다면 점검 전 참고
4) 점검과 관련된 각종 법규 및 기준 등의 기술기준 등 규정사항을 준비하고 숙지한다.

3 점검표 작성을 위한 준비물
1) 소방시설등 작동기능점검 실시결과 보고서
   화재예방, 소방시설 설치·유지 및 안전관리에 관한 법률 시행규칙 별지 서식
2) 소방시설등 작동기능 점검표
   소방시설 자체점검사항 등에 관한 고시 서식
3) 건축물대장
   건축물대장/소방도면 및 소방시설 현황/소방계획서 등
4) 점검에 필요한 장비

소방시설	장비	규격
공통시설	방수압력측정계, 절연저항계, 전류전압측정계	
스프링클러설비, 포소화설비	헤드결합렌치	1,400mm

5) 자체점검 후 결과 조치(소방시설법 시행규칙 제19조)
   (1) 작동기능점검 : 작동기능점검을 실시한 경우 7일 이내에 작동기능점검 실시결과 보고서를 소방본부장 또는 소방서장에게 제출하여야 한다.
   (2) 종합정밀점검 : 종합정밀점검을 실시한 경우 7일 이내에 종합정밀점검 실시결과 보고서를 소방본부장 또는 소방서장에게 제출하여야 한다.
   ▶ 소방시설관리업자는 점검을 실시한 경우 점검이 끝난 날부터 10일 이내에 소방시설관리업자에 대한 평가 등에 관한 업무를 위탁받은 평가기관에 통보하여야 한다.

8. 포소화설비 점검표

(1면)

번호	점검항목	점검결과
8-A. 종류 및 적응성		
8-A-001	● 특정소방대상물 별 포소화설비 종류 및 적응성 적정 여부	
8-B. 수원		
8-B-001	○ 수원의 유효수량 적정 여부(겸용설비 포함)	
8-C. 수조		
8-C-001	● 동결방지조치 상태 적정 여부	
8-C-002	○ 수위계 설치 또는 수위 확인 가능 여부	
8-C-003	● 수조 외측 고정사다리 설치 여부(바닥보다 낮은 경우 제외)	
8-C-004	● 실내설치 시 조명설비 설치 여부	
8-C-005	○ "포소화설비용 수조" 표지설치 여부 및 설치 상태	
8-C-006	● 다른 소화설비와 겸용 시 겸용설비의 이름 표시한 표지설치 여부	
8-C-007	● 수조-수직배관 접속부분 "포소화설비용 배관" 표지설치 여부	
8-D. 가압송수장치		
8-D-001	[펌프방식] ● 동결방지조치 상태 적정 여부	
8-D-002	○ 성능시험배관을 통한 펌프 성능시험 적정 여부	
8-D-003	● 다른 소화설비와 겸용인 경우 펌프 성능 확보 가능 여부	
8-D-004	○ 펌프 흡입측 연성계 · 진공계 및 토출측 압력계 등 부속장치의 변형 · 손상 유무	
8-D-005	● 기동장치 적정 설치 및 기동압력 설정 적정 여부	
8-D-006	○ 물올림장치 설치 적정(전용 여부, 유효수량, 배관구경, 자동급수) 여부	
8-D-007	● 충압펌프 설치 적정(토출압력, 정격토출량) 여부	
8-D-008	○ 내연기관 방식의 펌프 설치 적정(정상기동(기동장치 및 제어반) 여부, 축전지 상태, 연료량) 여부	
8-D-009	○ 가압송수장치의 "포소화설비펌프" 표지설치 여부 또는 다른 소화설비와 겸용 시 겸용설비 이름 표시 부착 여부	
8-D-021	[고가수조방식] ○ 수위계 · 배수관 · 급수관 · 오버플로우관 · 맨홀 등 부속장치의 변형 · 손상 유무	
8-D-031	[압력수조방식] ● 압력수조의 압력 적정 여부	
8-D-032	○ 수위계 · 급수관 · 급기관 · 압력계 · 안전장치 · 공기압축기 등 부속장치의 변형 · 손상 유무	
8-D-041	[가압수조방식] ● 가압수조 및 가압원 설치장소의 방화구획 여부	
8-D-042	○ 수위계 · 급수관 · 배수관 · 급기관 · 압력계 등 부속장치의 변형 · 손상 유무	
비고		

(2면)

번호	점검항목	점검결과
8-E. 배관 등		
8-E-001	● 송액관 기울기 및 배액밸브 설치 적정 여부	
8-E-002	● 펌프의 흡입측 배관 여과장치의 상태 확인	
8-E-003	● 성능시험배관 설치(개폐밸브, 유량조절밸브, 유량측정장치) 적정 여부	
8-E-004	● 순환배관 설치(설치위치·배관구경, 릴리프밸브 개방압력) 적정 여부	
8-E-005	● 동결방지조치 상태 적정 여부	
8-E-006	○ 급수배관 개폐밸브 설치(개폐표시형, 흡입측 버터플라이 제외) 적정 여부	
8-E-007	○ 급수배관 개폐밸브 작동표시스위치 설치 적정(제어반 표시 및 경보, 스위치 동작 및 도통시험, 전기배선 종류) 여부	
8-E-008	● 다른 설비의 배관과의 구분 상태 적정 여부	
8-F. 송수구		
8-F-001	○ 설치장소 적정 여부	
8-F-002	● 연결배관에 개폐밸브를 설치한 경우 개폐상태 확인 및 조작가능 여부	
8-F-003	● 송수구 설치 높이 및 구경 적정 여부	
8-F-004	○ 송수압력범위 표시 표지 설치 여부	
8-F-005	● 송수구 설치 개수 적정 여부	
8-F-006	● 자동배수밸브(또는 배수공)·체크밸브 설치 여부 및 설치 상태 적정 여부	
8-F-007	○ 송수구 마개 설치 여부	
8-G. 저장탱크		
8-G-001	● 포약제 변질 여부	
8-G-002	● 액면계 또는 계량봉 설치상태 및 저장량 적정 여부	
8-G-003	● 그라스게이지 설치 여부(가압식이 아닌 경우)	
8-G-004	○ 포소화약제 저장량의 적정 여부	
8-H. 개방밸브		
8-H-001	○ 자동 개방밸브 설치 및 화재감지장치의 작동에 따라 자동으로 개방되는지 여부	
8-H-002	○ 수동식 개방밸브 적정 설치 및 작동 여부	
8-I. 기동장치		
8-I-001 8-I-002 8-I-003 8-I-004	[수동식 기동장치] ○ 직접·원격조작 가압송수장치·수동식개방밸브·소화약제혼합장치 기동 여부 ● 기동장치 조작부의 접근성 확보, 설치 높이, 보호장치 설치 적정 여부 ○ 기동장치 조작부 및 호스접결구 인근 "기동장치의 조작부" 및 "접결구" 표지설치 여부 ● 수동식 기동장치 설치개수 적정 여부	
8-I-011 8-I-012 8-I-013	[자동식 기동장치] ○ 화재감지기 또는 폐쇄형 스프링클러헤드의 개방과 연동하여 가압송수장치·일제개방밸브 및 포소화약제 혼합장치 기동 여부 ● 폐쇄형 스프링클러헤드 설치 적정 여부 ● 화재감지기 및 발신기 설치 적정 여부	

(3면)

번호	점검항목	점검결과
8-I-014	● 동결우려 장소 자동식기동장치 자동화재탐지설비 연동 여부	
	[자동경보장치]	
8-I-021	○ 방사구역 마다 발신부(또는 층별 유수검지장치) 설치 여부	
8-I-022	○ 수신기는 설치 장소 및 헤드개방·감지기 작동 표시장치 설치 여부	
8-I-023	● 2 이상 수신기 설치 시 수신기간 상호 동시 통화 가능 여부	

8-J. 포헤드 및 고정포방출구

번호	점검항목	점검결과
	[포헤드]	
8-J-001	○ 헤드의 변형·손상 유무	
8-J-002	○ 헤드 수량 및 위치 적정 여부	
8-J-003	○ 헤드 살수장애 여부	
	[호스릴포소화설비 및 포소화전설비]	
8-J-011	○ 방수구와 호스릴함 또는 호스함 사이의 거리 적정 여부	
8-J-012	○ 호스릴함 또는 호스함 설치 높이, 표지 및 위치표시등 설치 여부	
8-J-013	● 방수구 설치 및 호스릴·호스 길이 적정 여부	
	[전역방출방식의 고발포용 고정포 방출구]	
8-J-021	○ 개구부 자동폐쇄장치 설치 여부	
8-J-022	● 방호구역의 관포체적에 대한 포수용액 방출량 적정 여부	
8-J-023	● 고정포방출구 설치 개수 적정 여부	
8-J-024	○ 고정포방출구 설치 위치(높이) 적정 여부	
	[국소방출방식의 고발포용 고정포 방출구]	
8-J-031	● 방호대상물 범위 설정 적정 여부	
8-J-032	● 방호대상물별 방호면적에 대한 포수용액 방출량 적정 여부	

8-K. 전원

번호	점검항목	점검결과
8-K-001	● 대상물 수전방식에 따른 상용전원 적정 여부	
8-K-002	● 비상전원 설치장소 적정 및 관리 여부	
8-K-003	○ 자가발전설비인 경우 연료 적정량 보유 여부	
8-K-004	○ 자가발전설비인 경우「전기사업법」에 따른 정기점검 결과 확인	

8-L. 제어반

번호	점검항목	점검결과
8-L-001	● 겸용 감시·동력 제어반 성능 적정 여부(겸용으로 설치된 경우)	
	[감시제어반]	
8-L-011	○ 펌프 작동 여부 확인 표시등 및 음향경보장치 정상작동 여부	
8-L-012	○ 펌프 별 자동·수동 전환스위치 정상작동 여부	
8-L-013	● 펌프 별 수동기동 및 수동중단 기능 정상작동 여부	
8-L-014	● 상용전원 및 비상전원 공급 확인 가능 여부(비상전원 있는 경우)	
8-L-015	● 수조·물올림탱크 저수위 표시등 및 음향경보장치 정상작동 여부	
8-L-016	○ 각 확인회로 별 도통시험 및 작동시험 정상작동 여부	
8-L-017	○ 예비전원 확보 유무 및 시험 적합 여부	

(4면)

번호	점검항목	점검결과
8-L-018	● 감시제어반 전용실 적정 설치 및 관리 여부	
8-L-019	● 기계·기구 또는 시설 등 제어 및 감시설비 외 설치 여부	
8-L-031	[동력제어반] ○ 앞면은 적색으로 하고, "포소화설비용 동력제어반" 표지 설치 여부	
8-L-041	[발전기제어반] ● 소방전원보존형발전기는 이를 식별할 수 있는 표지 설치 여부	

※ 펌프성능시험(펌프 명판 및 설계치 참조)

구분		체절운전	정격운전 (100%)	정격유량의 150% 운전	적정 여부
토출량 (l/min)	주				1. 체절운전 시 토출압은 정격토출압의 140% 이하일 것( ) 2. 정격운전 시 토출량과 토출압이 규정치 이상일 것( ) 3. 정격토출량의 150%에서 토출압이 정격토출압의 65% 이상일 것( )
	예비				
토출압 (MPa)	주				
	예비				

○ 설정압력 :
○ 주펌프
  기동 :   MPa
  정지 :   MPa
○ 예비펌프
  기동 :   MPa
  정지 :   MPa
○ 충압펌프
  기동 :   MPa
  정지 :   MPa

※ 릴리프밸브 작동압력 :   MPa

비고	

이산화탄소 소화설비의 화재안전기준

[시행 2019. 8. 13.]
[소방청고시 제2019-46호, 2019. 8. 13., 일부개정.]

01 개요

NFSC 106

1 질의회신 및 핵심사항 분석

참고 소방청 질의회신집

질의회신	
설치기준 (제2조)	Q 발전기실 물분무등소화설비 설치여부[소방제도팀 - 374 2007.5.8] : 난연케이블(TFR-CV)만을 사용한 발전실(지상1층, 485.6m²)에 발전기 병렬운전반(판넬 내부에 설치된 일반 제어전선 보호.)을 설치하였을 경우 물분무소화설비 설치여부?
	A 가연성 피복을 사용하지 아니한 전선 및 케이블을 설치한 발전실은 물분무등소화설비 설치를 제외하도록 규정되어 있으므로 설치대상에 해당하지 아니함
	Q 발전기실 물분무등소화설비 설치여부[소방제도과 - 407 - 2010.1.29] : 전기실을 경유하지 않고 발전기실을 출입할 수 있는 구조이며 전기실과 발전기실이 각각 방화구획 되어 있는 경우 2개의 실을 하나의 실로 보아 물분무등소화설비를 설치하여야 하는지 여부?
	A 전기실 경유여부 관계없이 전기실과 발전기실이 각각 방화구획되어 있고 각각의 바닥면적이 300m² 미만의 경우에는 물분무등소화설비 설치의무는 없음
저장용기 설치기준 (제4조)	Q 가스소화설비 저장용기 설치장소의 기준에 보면 방화문을 설치하라고 규정되어 있는데 모듈러 시스템을 설치하는 경우에도 방화문 설치 해당 여부?
	A 가스계소화설비의 저장용기는 별도의 방화구역의 장소에 설치하여야 하나, 저장용기가 포함되어 있는 모듈러시스템의 경우 별도의 방화구획을 요하지 않음 → 모듈러 시스템이란 "캐비닛형 자동소화장치"를 말하는데 저장용기, 헤드, 제어시스템을 캐비닛 일체형으로 구성되어 전원과 자동기동용 감지기(교차회로)와 배관과 헤드를 설치한 형태로서 자동기동할 수 있는 소규모 가스소화장치를 말한다.
제어반등 (제7조)	Q 피트공간(EPS, TPS실)에 가스계소화설비를 설치하고자 할 경우 자동화재탐지설비의 감지기와 가스계소화설비의 기동용 감지기를 별도로 설치하는 경우 소화설비의 제어반 및 화재표시반을 방재실에 있는 자동화재탐지설비의 수신기와 상호 연동하도록 하지 않을 수 있는 여부?
	A 피트공간에 가스계소화설비 설치 시에는 소화설비의 제어반 및 화재표시반을 방재실에 있는 자동화재탐지설비의 수신기와 연동하도록 설치하는 것이 바람직 하지만, 상호 연동을 강제하는 것은 어렵다고 판단함
분사헤드 (제10조)	Q 사면이 개방된 자주식 주차장으로 연면적이 1,169m²이고, 층수가 지상 3층인 경우 이산화탄소소화설비를 호스릴방식으로 설치할 수 있는지 여부?
	A 호스릴이산화탄소소화설비는 지상 1층 또는 피난층 이외의 층에는 설치할 수 없음

자동폐쇄장치 (제14조)	
	Q 가스계소화설비의 방호구역의 개구부 면적이 전체 표면적의 3% 이하로 설계되어 있는 경우 소화약제량만 가산하면 개구부에 자동폐쇄장치를 설치하지 않아도 되는지 여부?
	A 「이산화탄소소화설비의 화재안전기준」 제14조 "자동폐쇄장치" 규정은 원칙적으로 폐쇄되어야 하지만 건축물의 특성상 폐쇄하기가 곤란한 개구부(공조용 Diffuser, Cavle Tray, 벽체용 환기그릴, 유리창 등)가 있을 경우 유출에 의한 소화효과 감소를 막기 위해 동 규정 제5조제1호다목에 따라 가산량을 보충하라는 의미로 보아야 함
	Q 개구부로 보지 않는 창의 종류: 고정된 창으로서 일반유리, 이중유리(복층유리), 망입유리, 방화유리, 강화유리 중 개구부로 정의되는 것은?
	A 개구부란 「화재예방, 소방시설 설치·유지 및 안전관리에 관한 법률 시행령」 별표 2 비고란에 의거 "건축물에 채광·환기·통풍·출입목적으로 만든 창이나 출입구를 말한다."로 규정되어 있으며, 유리창 중 일반유리는 방사압력이나 화염(연소열)에 의해 파손될 우려가 있으므로 개구부로 간주하며, 붙박이로 된 이중유리(복층유리), 망입유리, 방화유리, 강화유리는 개구부로 간주하지 아니함
	Q 변전소 지하 1층~지상 4층, 연면적 3,210㎡인 경우 방화구획 여부?
	A 건축물의 연면적이 1,000㎡ 이상일 경우 지하층과 지상 3층 이상의 층을 방화구획(층간구획)하여야 하며, 1개 층이 1,000㎡(10층 이하) 이상일 경우에는 1,000㎡ 미만으로 방화구획하여야 함
	Q 위 변전소에 Holding Door(접이식 도어 : 수동개폐)로 되어 있을 경우 방화셔터로 변경하여야 하는지 여부?
	A Holding Door를 설치 할 경우 완전밀폐가 불가능하므로 설계농도에 이르지 못할 수 있으므로 불가하며 방화셔터의 경우 1차 작동에 의해 일부만 폐쇄되므로 방화문을 설치하여야 함

핵심사항	참고 기출문제
설치기준 등	• CO_2 소화설비 기동장치의 설치기준 및 구성기기의 작동순서 • 가스압력 시 기동장치 전자개방밸브 작동방법/교차회로 감지기를 동시에 작동시킨 후 이산화탄소소화설비의 정상작동 여부를 판단사항 • 저장용기 설치기준/분사헤드 설치제외 장소 • 위험물안전관리에 관한 세부기준에서 이산화탄소소화설비 배관에 대한 설치기준 • 금속마그네슘 화재에 대하여 다음 소화설비가 적응성이 없는 이유를 기술 　① 이산화탄소소화설비　② 물분무소화설비 • 이산화탄소 호스릴소화설비의 설치기준 • 이산화탄소소화설비 종합정밀점검표에서 제어반 및 화재표시등의 점검항목
약제량	• 용기 1병당 저장량/각 실별 저장용기수, 저장용기실의 최소 저장용기수/산소농도가 10%일 때 이산화탄소 농도 및 체적(무유출 기준) • 국소방출방식(방호공간 체적/방호공간 벽면적 합계/방호대상물 주위에 설치된 벽면적/최소 약제량/용기수) • 체적 55㎥ 미만인 전기설비(비체적/자유유출 심부화재 약제량 및 농도) • 개구부 최대면적, 소화약제산출(보정계수), 저장용기수, 저장량, 석탄가스 및 에틸렌 설계농도

Key point	• 가스계소화설비의 종류(충전비, 농도) • 저장용기 · 기동장치 · 수동잠금밸브 등 설치기준 • 전역방출방식(표면 · 심부) 및 국소방출방식의 소화약제 저장량 산출 • 화재표시반 및 제어반

2 시스템의 해설

이산화탄소소화설비는 화재 진압을 위하여 밀폐된 방호구역에서 소화약제의 농도를 유지하지만, 산소농도는 저하되어 질식과 중독의 우려가 있으므로 필수적으로 확인하여야 사항은 인명안전을 위한 소화설비 설치이다.

1) 계통도

참고 한끝 국가화재안전기준

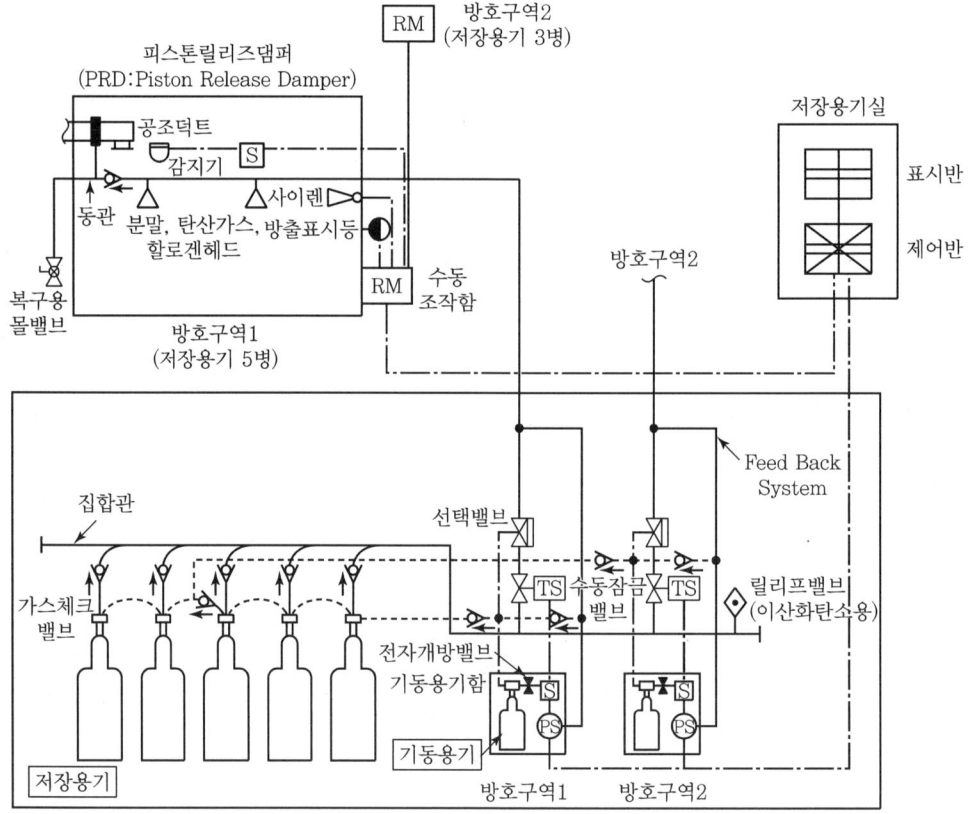

2) 소방용품(소방시설법 시행령 제6조)

소화설비를 구성하는 제품 또는 기기는 ① 별표 1 제1호가목의 소화기구(소화약제 외의 것을 이용한 간이소화용구는 제외한다), ② 별표 1 제1호나목의 자동소화장치, ③ 소화설비를 구성하는 소화전, 관창(管槍), 소방호스, 스프링클러헤드, 기동용 수압개폐장치, 유수제어밸브 및 가스관선택밸브 등이 있으며, 소화설비의 제품검사(형식승인 및 성능인증) 대상 품목은 ① 법 제36조제1항 본문에서 "대통령령으로 정하는 소방용품" ② 규칙 제15조제1항 본문에서 "행정안전부령으로 정하는 소방용품" ③ 규칙 제15조 및 별표 7 제22호에 따른 "소방청장이 고시하는 소방용품" 등으로 구분되고 소방용품은 제품검사를 받아 합격한 제품을 사용하여야 한다.

3) 용어 해설

(1) 소화약제의 환경영향

구분	설명
지구온난화지수 (GWP : Global Warming Potential)	지구온난화에 영향을 미치는 정도로서 CO_2 1kg에 대한 해당 물질 1kg의 온난화정도를 말한다. $GWP = \dfrac{해당\ 물질\ 1kg에\ 대한\ 지구온난화\ 정도}{CO_2\ 1kg에\ 대한\ 지구온난화\ 정도}$
오존파괴지수 (ODP : Ozone Depletion Potential)	오존층 파괴에 영향을 미치는 정도로서 CFC-11(프레온) 1kg에 대한 해당 물질 1kg의 오존파괴정도를 말한다. $ODP = \dfrac{해당\ 물질\ 1kg에\ 대한\ 오존파괴지수}{CFC-11\ 1kg에\ 대한\ 오존파괴지수}$ ※ 할론소화약제의 오존파괴지수 할론 1301(10) > 할론 2402(6) > 할론 1211(3)
대기권잔존지수 (ALT : Atmospheric Life Time)	해당 물질이 대기권 내에서 분해되지 않고 체류하는 잔류시간을 말하며 오래 체류하는 물질일수록 분해가 어렵다는 것을 뜻함

(2) 설계농도

① 수계소화설비인 스프링클러설비에서의 소화는 가연물 상단에 도달하는 소화에 필요한 물의 양, 즉 실제방사밀도(ADD)와 필요방사밀도(RDD)에 필요한 물의 양에 의해 결정된다면, 가스계소화설비에서는 소화약제의 농도 및 농도 유지가 중요한 결정적 요인이다. 가스계에서 불을 끄기 위해 필요한 물의 양과 같은 농도를 "최소소화농도(최소이론농도)"라 하며 최소소화농도 안전율(할로겐화합물 및 불활성기체소화설비의 화재안전기준 : A·C급 1, 2, B급 1.3)을 곱한 양을 "최소설계농도"라 한다.

② 설계농도 유지시간은 소화약제를 방사 후 일정시간(20~30분) 동안 설계농도가 유지되면 화염은 없어지는데 이때 자연 냉각을 유도하여 가연물 표면을 발화점 이하로 되게 하는데 이를 "설계농도 유지시간"이라 한다.

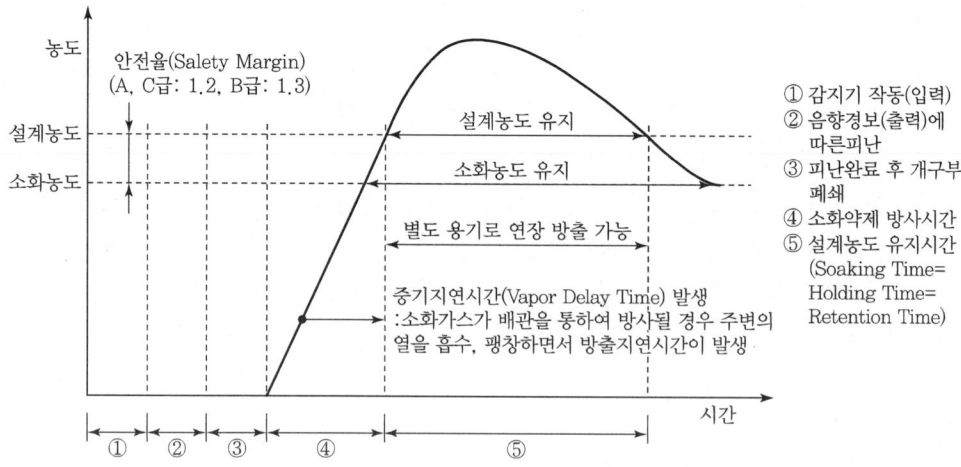

※ 가스가 액체에 비해 냉각성능이 떨어지는 이유는 물(액체)와 수증기(기체)의 상태차이에 따른 밀도(kg/m³), 즉 질량에 따른 열에너지(열 용량)차이가 다르기 때문이다.

(3) 소화약제의 질식 및 독성

가스계소화설비는 주변 개구부를 밀폐하는 경우 소화약제의 농도는 유지되지만 상대적으로 산소의 농도는 저하되므로 질식의 우려가 있으며, 소화약제가 독성이 있을 경우 중독의 우려가 있으므로 인명안전에 관한 부분은 필수적인 확인 사항이다.

① CO_2 소화설비

소화약제의 설계농도에 사람이 노출될 경우 질식과 시력감퇴 등이 유발될 수 있으므로 사람이 거주하는 지역에 설치할 경우 소화가스 방출 전 인명 대피가 보장되지 않을 경우 설치하여서는 안 된다.

구분	가스 누설 위험에 따른 각종 표지(NAPA Code)
방호구역 내부	[이산화탄소가스] 경보장치가 작동하면 즉시 대피하시오.
방호구역 출입구 외부	[이산화탄소가스] 경보장치가 작동하면 환기될 때까지는 들어가지 마시오.
방호구역 인근	인근지역에서 방출된 이산화탄소가스가 이곳에 체류할 수 있으므로 경보장치가 작동하면 즉시 피하시오.
가스저장실 출입구 외부	[이산화탄소가스] • 출입 전에 해당 지역을 환기시키시오. • 이 지역 내의 이산화탄소가스 농도가 높을 수 있으며 질식을 일으킬 수 있음

② 할로겐화합물 및 불활성기체소화약제 중 할로겐화합물소화약제 및 할론소화약제

구분	설명
NOAEL(No Observed Adverse Effect Level)	농도를 상승시켰을 때 부작용이 발생하지 않는 최대허용농도(화재안전기준상 최대허용설계농도로 소화약제를 방출하였을 경우 농도가 상승하므로 적용한다.)
LOAEL(Lowest Observed Adverse Effect Level)	농도를 낮출 경우 악영향을 감지할 수 있는 최저농도

③ 할로겐화합물 및 불활성기체소화약제 중 불활성기체소화약제

구분	설명
NEL(No Effect Level)	저산소 분위기에서 인체에 생리학적 영향을 주지 않는 최대농도
LEL(Low Effect Level)	저산소 분위기에서 인체에 생리학적 영향을 주는 최소농도

(4) CO_2 소화설비의 약제량 계산

① NFSC 기준 비교

전역방출방식
- 표면화재
  - A급 일반화재 : $Q = K_1 V$(기본량) $+ K_2 A$(가산량)
  - 가연성 가스·액체 : $Q = (K_1 V) \times C + (K_2 A)$
- 심부화재 — A급 심부화재 : $Q = K_1 V$(기본량) $+ K_2 A$(가산량)

여기서, Q : 소화약제의 저장량[kg]
K_1 : 방호구역 1m³당 소요약제량[kg/m³]
K_2 : 개구부가산량[kg/m²]
V : 방호구역의 체적[m³]
C : 보정계수
A : 개구부의 면적[m²]

국소방출방식
- 평면화재 — 윗면이 개방된 용기($K = 13$) : $Q = S \cdot K$(기본량) $\times h$(할증계수)
- 입면화재 — 화재의 연소면이 입면(전체) : $Q = S \cdot \left(8 \ 6 \dfrac{a}{A}\right) \times h$

S : 방호공간의 체적[m³]
h : 할증계수(고압식 1.4, 저압식 1.1)
$K\left(= 8 - 6\dfrac{a}{A}\right)$
방호공간 체적당 약제량(kg/m³)
a : 방호대상물 주위에 설치된 벽면적의 합계
A : 방호공간의 체적

② 전역방출방식 소화약제량

하나의 방호구역을 타부분과 구획하고 방호대상물에 분사헤드를 이용하여 소화약제를 방사하는 방식

㉠ 표면화재
- 방호구역의 체적에 따른 이산화탄소소화설비의 소화약제량

방호구역의 체적	방호구역 1m³당 소화약제량(K_1)	소화약제 저장량의 최저한도량	개구부 가산량 (K_2)
45m³ 미만	1kg/m³	45kg	5kg/m²
45m³ 이상 150m³ 미만	0.9kg/m³		
150m³ 이상 1,450m³ 미만	0.8kg/m³	135kg	
1,450m³ 이상	0.75kg/m³	1,125kg	

- 소화약제 방사시간 = 1분 이내

㉡ 심부화재
- 소방대상물에 따른 이산화탄소소화설비의 소화약제량

소방대상물	방호구역 1m³당 소화약제량(K_1)	개구부 가산량(K_2)
• 유압기기를 제외한 전기설비, 케이블실, 통신실	1.3kg/m³	10kg/m²
• 전기설비(체적 55m³ 미만)	1.6kg/m³	
• 목재가공품창고, 박물관, 서고, 전자제품창고	2.0kg/m³	
• 고무류, 모피창고, 집진설비, 석탄 창고, 면화류창고	2.7kg/m³	

- 소화약제 방사시간 = 7분 이내(설계농도가 2분 이내 30% 도달)

③ 국소방출방식 소화약제량

방호대상물을 일정한 공간으로 구획할 수 없는 상태에서 분사헤드를 이용하여 소화약제를 방사하는 방식

㉠ 소화약제량 산출 공식

이산화탄소 소화설비	윗면이 개방된 용기에 저장하는 경우, 연소면이 한정되고 가연물이 비산할 우려가 없는 경우	기타 경우
소화약제량 [kg]	방호대상물 표면적[m²] × 13kg/m² × K	방호공간 체적[m³] × $\left(8 - 6 \times \dfrac{a}{A}\right)$ × K
	a : 방호대상물 주위에 설치된 벽면적의 합계[m²] A : 방호공간의 벽면적의 합계[m²](벽이 없는 경우 벽이 있는 것으로 가정한 부분의 면적 합계)	
할증 K	1.1(저압식), 1.4(고압식)	

ⓒ a vs A
- 방호공간 : 방호대상물의 각 부분으로부터 0.6m의 거리에 둘러싸인 공간
- 방호공간 예시

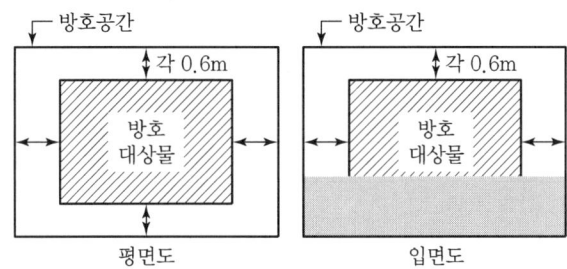

[방호대상물과 방호공간]

(5) CO_2 약제의 농도 이론 　　　　　　　　　　　　　　　　　참고 소방시설의 설계 및 시공

설계농도 유지를 위하여 NFPA 등에서는 '자유유출', '무유출', '완전치환'의 개념으로 소화약제의 양을 산정하고 있다. 따라서 전역방출방식에서 실제로 방사된 방호구역 내의 CO_2 농도 및 약제량을 계산할 경우 전통적인 무유출을 적용하면 오차가 발생하므로 자유유출을 적용하여 산출하여야 한다.

① 자유유출

불활성기체(CO_2, IG 계열가스)와 같이 고압으로 많은 양의 가스를 방호구역에 방출하여 물리적인 농도를 낮추어 소화하는 경우 방호구역 내에는 순간적인 고압으로 인해 문 틈새, 각종 배관 및 덕트 등에 의해 소화약제가 누출되게 되는데 이때를 '자유유출'이라 한다.

② 무유출

할로겐화합물 또는 할론소화약제의 경우로서 불활성기체와 달리 연쇄반응 차단에 의해 소화되고 상대적으로 소화약제의 양이 적으며 유실이 적다. 이를 '무유출'이라고 하는데 국가화재안전기준으로 CO_2(자유유출)의 경우 최대약제량은 $2.7 kgf/m^3$로 규정하고 있으며, 할론 1301(무유출)의 경우 최소약제량은 $0.32 kgf/m^3$로 약 8배 이상의 차이가 난다.

(6) CO_2 소화설비의 기준

구분		고압식	저압식
충전비	저장용기	1.5~1.9 이하	1.1~1.4 이하
	기동용기	1.5 이상	
저장용기	안전밸브의 작동압력	-	내압시험압력의 0.64~0.8배 : 2.24~2.8MPa
	봉판의 작동압력	-	내압시험압력의 0.8~1(내압시험압력) 이하 : 2.8~3.5MPa
	저장압력	• 15℃ : 5.3MPa • 20℃(상온) : 6MPa	-18℃ 이하 : 2.1MPa(자동냉동장치)

구분		고압식	저압식
저장 용기	내압시험 압력	25MPa 이상	3.5MPa 이상
	저장용기와 선택밸브 또는 용기밸브 (개방밸브)의 안전장치	내압시험압력의 0.8배 : 20MPa	내압시험압력의 0.8배 : 2.8MPa
기동 용기	내압시험압력	25MPa 이상	
	안전장치의 작동압력	내압시험압력의 0.8~1(내압시험압력) 이하 : 20~25MPa 이하	
배관	강관류 / 압력배관용 탄소강관 (KS D 3562)	스케줄 80 이상(호칭구경 20mm 이하 : 스케줄 40 이상)	스케줄 40 이상
	동관류 / 이음이 없는 동 및 동합금관 (KS D 5301)	16.5MPa	3.75MPa
	개폐밸브 또는 선택밸브의 배관부속	• 1차측 : 4MPa 이상 • 2차측 : 2MPa 이상	2MPa 이상
분사 헤드	방사압력	2.1MPa 이상	1.05MPa 이상

02 화재안전기준 (2019. 8. 13 기준 원문)

NFSC 106

제1조(목적) 이 기준은 「화재예방, 소방시설 설치·유지 및 안전관리에 관한 법률」 제9조제1항에 따라 소방청장에게 위임한 사항 중 물분무등소화설비인 이산화탄소소화설비의 설치·유지 및 안전관리에 필요한 사항을 규정함을 목적으로 한다.

> ### 🚨 POINT 시스템 및 안전관리
>
> 물분무등소화설비의 설치목적은 물 그 밖의 소화약제를 사용하여 소화하는 설비로서 특정소방대상물에서 화재가 발생한 경우 연소생성물(열, 연기, 불꽃 등)에 의한 화재의 초기소화, 연소제어 및 연소확대방지를 위하여 사용하며, 평상시에는 관계인에 의한 화재 예방을 위하여 정기적으로 점검하는 소방설비이다.
> ※ 물분무등소화설비에는 물분무·미분무·포·이산화탄소·할론·할로겐화합물 및 불활성기체·분말·강화액·고체에어로졸 등이 있다.(시행령 별표 1)
>
> 1. 이산화탄소소화설비(CO_2)는 이산화탄소를 고압가스용기에 저장하여 화재 발생 시 수동 및 자동조작으로 화재지점에 이산화탄소를 방출하여 질식 및 냉각작용에 의하여 화재를 소화하는 설비이다. 이산화탄소소화설비의 구성은 소화약제의 저장용기, 기동장치, 분사헤드, 선택밸브, 자동폐쇄장치, 제어반, 비상전원, 배출시설 등으로 구성한다.
>   ※ 소화작용(냉각소화, 질식소화, 제거소화, 억제소화 등 소화), 연소제어(연쇄반응 억제, 비누화 현상 등 화재를 제어하여 소화), 연소확산방지(연소확대 경로를 차단하여 소화) 및 화재예방(위험물질 및 화재로부터 노출된 부분의 방호)
>
> 2. 시스템을 구성하고 있는 소화설비는 「소방시설공사업법」의 소방시설공사 등의 품질과 안전이 확보되도록 시공되어야 하고, 소방기술의 관리에 필요한 화재안전기준에 적합하게 설계도서·시방서가 작성되어 성실하게 수행되어야 한다. 또한 「화재예방, 소방시설 설치·유지 및 안전관리에 관한 법률(이하 "소방시설법")」에 의한 소방용품의 제조 및 수입하려는 제품에 대하여 제품검사를 수행하고, 특정소방대상물의 관계인을 통하여 소방대상물의 안전관리가 이행되어야 한다.

제2조(적용범위) 「화재예방, 소방시설 설치·유지 및 안전관리에 관한 법률 시행령」(이하 "영"이라 한다) 별표 5 제1호바목에 따른 이산화탄소소화설비는 이 기준에서 정하는 규정에 따라 설비를 설치하고 유지·관리하여야 한다.

POINT

1 특정소방대상물의 설치기준(별표 5 물분무등소화설비)

소방시설	적용기준	설치대상
물분무등소화설비(위험물 저장 및 처리시설 중 가스시설 또는 지하구는 제외한다)	1. 항공기 및 자동차 관련 시설 중 항공기격납고	전부
	2. 차고, 주차용 건축물 또는 철골 조립식 주차시설 연면적	800m² 이상
	3. 건축물 내부에 설치된 차고 또는 주차장으로서 차고 또는 주차의 용도로 사용되는 부분의 바닥면적	200m² 이상인 층
	4. 기계장치에 의한 주차시설	
	5. 특정소방대상물에 설치된 전기실·발전실·변전실(가연성 절연유를 사용하지 않는 변압기·전류차단기 등의 전기기기와 가연성 피복을 사용하지 않은 전선 및 케이블만을 설치한 전기실·발전실 및 변전실은 제외한다)·축전지실·통신기기실 또는 전산실, 그 밖에 이와 비슷한 것으로서 바닥면적[하나의 방화구획 내에 둘 이상의 실(室)이 설치되어 있는 경우에는 이를 하나의 실로 보아 바닥면적을 산정한다]. 다만, 내화구조로 된 공정제어실 내에 설치된 주조정실로서 양압시설이 설치되고 전기기기에 220볼트 이하인 저전압이 사용되며 종업원이 24시간 상주하는 곳은 제외한다.	300m² 이상
	6. 소화수를 수집·처리하는 설비가 설치되어 있지 않은 중·저준위방사성폐기물의 저장시설. 다만, 이 경우에는 이산화탄소소화설비, 할론소화설비 또는 할로겐화합물 및 불활성기체 소화설비 설치	전부
	7. 지하가 중 예상 교통량, 경사도 등 터널의 특성을 고려하여 행정안전부령으로 정하는 터널. 다만, 이 경우에는 물분무소화설비를 설치	전부
	8. 「문화재보호법」 제2조제3항제1호 및 제2호에 따른 지정문화재 중 소방청장이 문화재청장과 협의하여 정하는 것	전부

※ 물분무등소화설비는 물분무·미분무·포·이산화탄소·할론·할로겐화합물 및 불활성기체·분말·강화액·고체에어로졸 등 소화설비로 분류한다.

2 소방시설의 설치 면제기준

1. (별표 6) 소방시설 설치 면제기준
   물분무등소화설비를 설치하여야 하는 차고·주차장에 스프링클러설비를 화재안전기준에 적합하게 설치한 경우에는 그 설비의 유효범위에서 설치가 면제된다.

2. (별표 7) 소방시설을 설치하지 않을 수 있는 특정소방대상물 및 소방시설 범위

구분	특정소방대상물	소방시설
1. 화재 위험도가 낮은 특정소방대상물	「소방기본법」 제2조제5호에 따른 소방대(消防隊)가 조직되어 24시간 근무하고 있는 청사 및 차고	옥내소화전설비, 스프링클러설비, 물분무등소화설비, 비상방송설비, 피난기구, 소화용수설비, 연결송수관설비, 연결살수설비

제3조(정의) 이 기준에서 사용하는 용어의 정의는 다음과 같다.

1. "전역방출방식"이란 고정식 이산화탄소 공급장치에 배관 및 분사헤드를 고정 설치하여 밀폐 방호구역 내에 이산화탄소를 방출하는 설비를 말한다.
2. "국소방출방식"이란 고정식 이산화탄소 공급장치에 배관 및 분사헤드를 설치하여 직접 화점에 이산화탄소를 방출하는 설비로 화재발생부분에만 집중적으로 소화약제를 방출하도록 설치하는 방식을 말한다.
3. "호스릴방식"이란 분사헤드가 배관에 고정되어 있지 않고 소화약제 저장용기에 호스를 연결하여 사람이 직접 화점에 소화약제를 방출하는 이동식 소화설비를 말한다.
4. "충전비"란 용기의 용적과 소화약제의 중량과의 비율을 말한다.
5. "심부화재"란 목재 또는 섬유류와 같은 고체가연물에서 발생하는 화재형태로서 가연물 내부에서 연소하는 화재를 말한다.
6. "표면화재"란 가연성물질의 표면에서 연소하는 화재를 말한다.
7. "교차회로방식"이란 하나의 방호구역 내에 2 이상의 화재감지기회로를 설치하고 인접한 2 이상의 화재감지기가 동시에 감지되는 때에는 이산화탄소소화설비가 작동하여 소화약제가 방출되는 방식을 말한다.
8. "방화문"이란 「건축법 시행령」 제64조에 따른 갑종방화문 또는 을종방화문으로써 언제나 닫힌 상태를 유지하거나 화재로 인한 연기의 발생 또는 온도의 상승에 따라 자동적으로 닫히는 구조를 말한다.

제4조(소화약제의 저장용기등) ① 이산화탄소 소화약제의 저장용기는 다음 각 호의 기준에 적합한 장소에 설치하여야 한다.

1. 방호구역외의 장소에 설치할 것. 다만, 방호구역 내에 설치할 경우에는 피난 및 조작이 용이하도록 피난구부근에 설치하여야 한다.
2. 온도가 40℃ 이하이고, 온도변화가 적은 곳에 설치할 것
3. 직사광선 및 빗물이 침투할 우려가 없는 곳에 설치할 것
4. 방화문으로 구획된 실에 설치할 것
5. 용기의 설치장소에는 해당 용기가 설치된 곳임을 표시하는 표지를 할 것
6. 용기간의 간격은 점검에 지장이 없도록 3cm 이상의 간격을 유지할 것

7. 저장용기와 집합관을 연결하는 연결배관에는 체크밸브를 설치할 것. 다만, 저장용기가 하나의 방호구역만을 담당하는 경우에는 그러하지 아니하다.

② 이산화탄소 소화약제의 저장용기는 다음 각 호의 기준에 따라 설치하여야 한다.
1. 저장용기의 충전비는 고압식은 1.5 이상 1.9 이하, 저압식은 1.1 이상 1.4 이하로 할 것
2. 저압식 저장용기에는 내압시험압력의 0.64배부터 0.8배의 압력에서 작동하는 안전밸브와 내압시험압력의 0.8배부터 내압시험압력에서 작동하는 봉판을 설치할 것
3. 저압식 저장용기에는 액면계 및 압력계와 2.3MPa 이상 1.9MPa 이하의 압력에서 작동하는 압력경보장치를 설치할 것
4. 저압식 저장용기에는 용기 내부의 온도가 섭씨 영하 18℃ 이하에서 2.1MPa의 압력을 유지할 수 있는 자동냉동장치를 설치할 것
5. 저장용기는 고압식은 25MPa 이상, 저압식은 3.5MPa 이상의 내압시험압력에 합격한 것으로 할 것

③ 이산화탄소 소화약제 저장용기의 개방밸브는 전기식·가스압력식 또는 기계식에 따라 자동으로 개방되고 수동으로도 개방되는 것으로서 안전장치가 부착된 것으로 하여야 한다.

④ 이산화탄소 소화약제 저장용기와 선택밸브 또는 개폐밸브 사이에는 내압시험압력 0.8배에서 작동하는 안전장치를 설치하여야 한다.

제5조(소화약제) 이산화탄소 소화약제 저장량은 다음 각 호의 기준에 따른 양으로 한다. 이 경우 동일한 특정소방대상물 또는 그 부분에 2 이상의 방호구역이나 방호대상물이 있는 경우에는 각 방호구역 또는 방호대상물에 대하여 다음 각 호의 기준에 따라 산출한 저장량 중 최대의 것으로 할 수 있다.

1. 전역방출방식에 있어서 가연성액체 또는 가연성가스 등 표면화재 방호대상물의 경우에는 다음 각 목의 기준에 따른다.
   가. 방호구역의 체적(불연재료나 내열성의 재료로 밀폐된 구조물이 있는 경우에는 그 체적을 감한 체적) $1m^3$에 대하여 다음 표에 따른 양. 다만, 다음 표에 따라 산출한 양이 동표에 따른 저장량의 최저한도의 양 미만이 될 경우에는 그 최저한도의 양으로 한다.

방호구역 체적	방호구역의 체적 $1m^3$에 대한 소화약제의 양	소화약제 저장량의 최저한도의 양
$45m^3$ 미만	1.00kg	45kg
$45m^3$ 이상 $150m^3$ 미만	0.90kg	
$150m^3$ 이상 $1,450m^3$ 미만	0.80kg	135kg
$1,450m^3$ 이상	0.75kg	1,125kg

   나. 별표1에 따른 설계농도가 34% 이상인 방호대상물의 소화약제량은 가목의 기준에 따라 산출한 기본소화약제량에 다음 표에 따른 보정계수를 곱하여 산출한다.

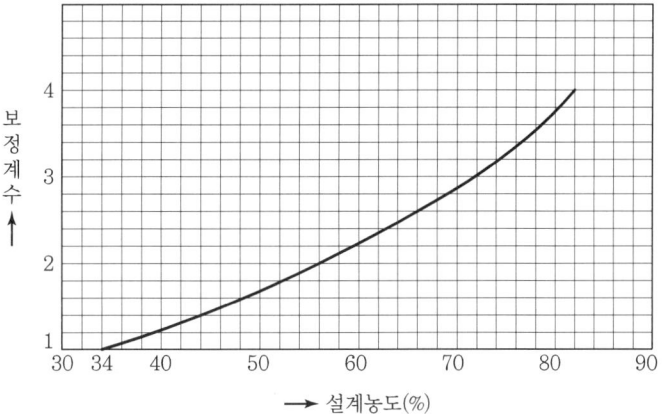

다. 방호구역의 개구부에 자동폐쇄장치를 설치하지 아니한 경우에는 가목 및 나목의 기준에 따라 산출한 양에 개구부면적 1m²당 5kg을 가산하여야 한다. 이 경우 개구부의 면적은 방호구역 전체 표면적의 3% 이하로 하여야 한다.

2. 전역방출방식에 있어서 종이 · 목재 · 석탄 · 섬유류 · 합성수지류 등 심부화재 방호대상물의 경우에는 다음 각 목의 기준에 따른다.

가. 방호구역의 체적(불연재료나 내열성의 재료로 밀폐된 구조물이 있는 경우에는 그 체적을 감한 체적) 1m³에 대하여 다음 표에 따른 양 이상으로 하여야 한다.

방호대상물	방호구역의 체적 1m³에 대한 소화약제의 양	설계농도(%)
유압기기를 제외한 전기설비, 케이블실	1.3kg	50
체적 55m³ 미만의 전기설비	1.6kg	50
서고, 전자제품창고, 목재가공품창고, 박물관	2.0kg	65
고무류 · 면화류창고, 모피창고, 석탄창고, 집진설비	2.7kg	75

나. 방호구역의 개구부에 자동폐쇄장치를 설치하지 아니한 경우에는 가목의 기준에 따라 산출한 양에 개구부 면적 1m²당 10kg을 가산하여야 한다. 이 경우 개구부의 면적은 방호구역 전체 표면적의 3% 이하로 하여야 한다.

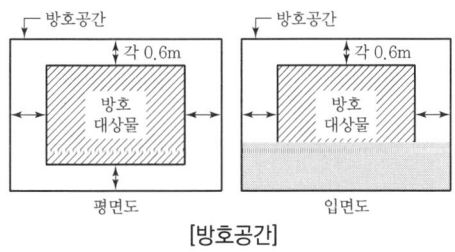

[방호공간]

3. 국소방출방식은 다음 각 목의 기준에 따라 산출한 양에 고압식은 1.4, 저압식은 1.1을 각각 곱하여 얻은 양 이상으로 할 것

가. 윗면이 개방된 용기에 저장하는 경우와 화재시 연소면이 한정되고 가연물이 비산할 우려가 없는 경우에는 방호대상물의 표면적 $1m^2$에 대하여 13kg

나. 가목외의 경우에는 방호공간(방호대상물의 각 부분으로부터 0.6m의 거리에 따라 둘러싸인 공간을 말한다. 이하 같다)의 체적 $1m^3$에 대하여 다음의 식에 따라 산출한 양

$$Q = X - Y\frac{a}{A}$$

Q : 방호공간 $1m^3$에 대한 이산화탄소 소화약제의 양(kg/m^3)

a : 방호대상물의 주위에 설치된 벽의 면적의 합계(m^2)

A : 방호공간의 벽면적(벽이 없는 경우에는 벽이 있는 것으로 가정한 당해 부분의 면적)의 합계(m^2)

4. 호스릴이산화탄소소화설비는 하나의 노즐에 대하여 90kg 이상으로 할 것

제6조(기동장치) ① 이산화탄소소화설비의 수동식 기동장치는 다음 각 호의 기준에 따라 설치하여야 한다. 이 경우 수동식 기동장치의 부근에는 소화약제의 방출을 지연시킬 수 있는 비상스위치(자동복귀형 스위치로서 수동식 기동장치의 타이머를 순간정지시키는 기능의 스위치를 말한다)를 설치하여야 한다.

1. 전역방출방식은 방호구역마다, 국소방출방식은 방호대상물마다 설치할 것
2. 해당방호구역의 출입구부분 등 조작을 하는 자가 쉽게 피난할 수 있는 장소에 설치할 것
3. 기동장치의 조작부는 바닥으로부터 높이 0.8m 이상 1.5m 이하의 위치에 설치하고, 보호판 등에 따른 보호장치를 설치할 것
4. 기동장치에는 그 가까운 곳의 보기 쉬운 곳에 "이산화탄소소화설비 기동장치"라고 표시한 표지를 할 것
5. 전기를 사용하는 기동장치에는 전원표시등을 설치할 것
6. 기동장치의 방출용 스위치는 음향경보장치와 연동하여 조작될 수 있는 것으로 할 것

② 이산화탄소소화설비의 자동식 기동장치는 자동화재탐지설비의 감지기의 작동과 연동하는 것으로서 다음 각 호의 기준에 따라 설치하여야 한다.

1. 자동식 기동장치에는 수동으로도 기동할 수 있는 구조로 할 것
2. 전기식 기동장치로서 7병 이상의 저장용기를 동시에 개방하는 설비는 2병 이상의 저장용기에 전자 개방밸브를 부착할 것
3. 가스압력식 기동장치는 다음 각 목의 기준에 따를 것
   가. 기동용가스용기 및 해당 용기에 사용하는 밸브는 25MPa 이상의 압력에 견딜 수 있는 것으로 할 것
   나. 기동용가스용기에는 내압시험압력의 0.8배부터 내압시험압력 이하에서 작동하는 안전장치를 설치할 것
   다. 기동용가스용기의 용적은 5L 이상으로 하고, 해당 용기에 저장하는 질소 등의 비활성기체

　　　　　는 6.0MPa 이상(21℃ 기준)의 압력으로 충전 할 것
　　　라. 기동용가스용기에는 충전여부를 확인할 수 있는 압력게이지를 설치할 것
　　4. 기계식 기동장치는 저장용기를 쉽게 개방할 수 있는 구조로 할 것
③ 이산화탄소소화설비가 설치된 부분의 출입구 등의 보기 쉬운 곳에 소화약제의 방사를 표시하는 표시등을 설치하여야 한다.

제7조(제어반등) 이산화탄소소화설비의 제어반 및 화재표시반은 다음 각 호의 기준에 따라 설치하여야 한다. 다만, 자동화재탐지설비의 수신기의 제어반이 화재표시반의 기능을 가지고 있는 것은 화재표시반을 설치하지 아니할 수 있다.
　1. 제어반은 수동기동장치 또는 감지기에서의 신호를 수신하여 음향경보장치의 작동, 소화약제의 방출 또는 지연 기타의 제어기능을 가진 것으로 하고, 제어반에는 전원표시등을 설치할 것
　2. 화재표시반은 제어반에서의 신호를 수신하여 작동하는 기능을 가진 것으로 하되, 다음 각 목의 기준에 따라 설치할 것
　　가. 각 방호구역마다 음향경보장치의 조작 및 감지기의 작동을 명시하는 표시등과 이와 연동하여 작동하는 벨·부자 등의 경보기를 설치할 것. 이 경우 음향경보장치의 조작 및 감지기의 작동을 명시하는 표시등을 겸용할 수 있다.
　　나. 수동식 기동장치는 그 방출용스위치의 작동을 명시하는 표시등을 설치할 것
　　다. 소화약제의 방출을 명시하는 표시등을 설치할 것
　　라. 자동식 기동장치는 자동·수동의 절환을 명시하는 표시등을 설치할 것
　3. 제어반 및 화재표시반의 설치장소는 화재에 따른 영향, 진동 및 충격에 따른 영향 및 부식의 우려가 없고 점검에 편리한 장소에 설치할 것
　4. 제어반 및 화재표시반에는 해당 회로도 및 취급설명서를 비치할 것
　5. 수동잠금밸브의 개폐여부를 확인할 수 있는 표시등을 설치할 것

제8조(배관 등) ① 이산화탄소소화설비의 배관은 다음 각 호의 기준에 따라 설치하여야 한다.
　1. 배관은 전용으로 할 것
　2. 강관을 사용하는 경우의 배관은 압력배관용탄소강관(KS D 3562) 중 스케줄 80(저압식은 스케줄 40) 이상의 것 또는 이와 동등 이상의 강도를 가진 것으로 아연도금 등으로 방식처리된 것을 사용할 것. 다만, 배관의 호칭구경이 20mm 이하인 경우에는 스케줄 40 이상인 것을 사용할 수 있다.
　3. 동관을 사용하는 경우의 배관은 이음이 없는 동 및 동합금관(KS D 5301)으로서 고압식은 16.5MPa 이상, 저압식은 3.75MPa 이상의 압력에 견딜 수 있는 것을 사용할 것
　4. 고압식의 경우 개폐밸브 또는 선택밸브의 2차측 배관부속은 호칭압력 2.0MPa 이상의 것을 사용하여야 하며, 1차측 배관부속은 호칭압력 4.0MPa 이상의 것을 사용하여야 하고, 저압식의 경우에는 2.0MPa의 압력에 견딜 수 있는 배관부속을 사용할 것

② 배관의 구경은 이산화탄소의 소요량이 다음 각 호의 기준에 따른 시간 내에 방사될 수 있는 것으로 하여야 한다.
  1. 전역방출방식에 있어서 가연성액체 또는 가연성가스등 표면화재 방호대상물의 경우에는 1분
  2. 전역방출방식에 있어서 종이, 목재, 석탄, 섬유류, 합성수지류 등 심부화재 방호대상물의 경우에는 7분. 이 경우 설계농도가 2분 이내에 30%에 도달하여야 한다.
  3. 국소방출방식의 경우에는 30초
③ 소화약제의 저장용기와 선택밸브 사이의 집합배관에는 수동잠금밸브를 설치하되 선택밸브 직전에 설치할 것. 다만, 선택밸브가 없는 설비의 경우에는 저장용기실 내에 설치하되 조작 및 점검이 쉬운 위치에 설치하여야 한다.

제9조(선택밸브) 하나의 특정소방대상물 또는 그 부분에 2 이상의 방호구역 또는 방호대상물이 있어 이산화탄소 저장용기를 공용하는 경우에는 다음 각 호의 기준에 따라 선택밸브를 설치하여야 한다.
  1. 방호구역 또는 방호대상물마다 설치할 것
  2. 각 선택밸브에는 그 담당방호구역 또는 방호대상물을 표시할 것

제10조(분사헤드) ① 전역방출방식의 이산화탄소소화설비의 분사헤드는 다음 각 호의 기준에 따라 설치하여야 한다.
  1. 방사된 소화약제가 방호구역의 전역에 균일하게 신속히 확산할 수 있도록 할 것
  2. 분사헤드의 방사압력이 2.1MPa(저압식은 1.05MPa) 이상의 것으로 할 것
  3. 특정소방대상물 또는 그 부분에 설치된 이산화탄소소화설비의 소화약제의 저장량은 제8조제2항제1호 및 제2호의 기준에서 정한 시간이내에 방사할 수 있는 것으로 할 것
② 국소방출방식의 이산화탄소소화설비의 분사헤드는 다음 각 호의 기준에 따라 설치하여야 한다.
  1. 소화약제의 방사에 따라 가연물이 비산하지 아니하는 장소에 설치할 것
  2. 이산화탄소 소화약제의 저장량은 30초 이내에 방사할 수 있는 것으로 할 것
  3. 성능 및 방사압력이 제1항제1호 및 제2호의 기준에 적합한 것으로 할 것
③ 화재 시 현저하게 연기가 찰 우려가 없는 장소로서 다음 각 호의 어느 하나에 해당하는 장소(차고 또는 주차의 용도로 사용되는 부분 제외)에는 호스릴이산화탄소소화설비를 설치할 수 있다.
  1. 지상 1층 및 피난층에 있는 부분으로서 지상에서 수동 또는 원격조작에 따라 개방할 수 있는 개구부의 유효면적의 합계가 바닥면적의 15% 이상이 되는 부분
  2. 전기설비가 설치되어 있는 부분 또는 다량의 화기를 사용하는 부분(해당 설비의 주위 5m 이내의 부분을 포함한다)의 바닥면적이 해당 설비가 설치되어 있는 구획의 바닥면적의 5분의 1 미만이 되는 부분
④ 호스릴이산화탄소소화설비는 다음 각 호의 기준에 따라 설치하여야 한다.
  1. 방호대상물의 각 부분으로부터 하나의 호스접결구까지의 수평거리가 15m 이하가 되도록 할 것
  2. 노즐은 20℃에서 하나의 노즐마다 60kg/min 이상의 소화약제를 방사할 수 있는 것으로 할 것

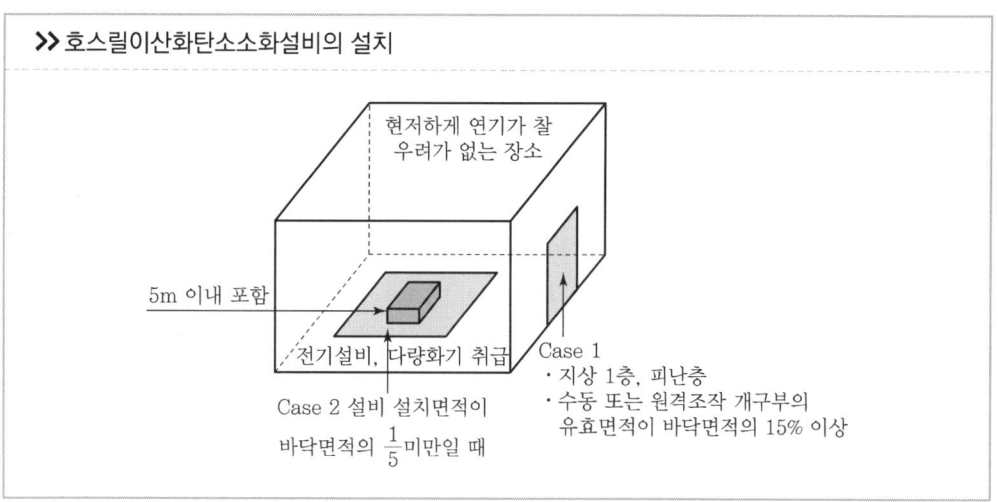

3. 소화약제 저장용기는 호스릴을 설치하는 장소마다 설치할 것
4. 소화약제 저장용기의 개방밸브는 호스의 설치장소에서 수동으로 개폐할 수 있는 것으로 할 것
5. 소화약제 저장용기의 가장 가까운 곳의 보기 쉬운 곳에 표시등을 설치하고, 호스릴이산화탄소소화설비가 있다는 뜻을 표시한 표지를 할 것

⑤ 이산화탄소소화설비의 분사헤드의 오리피스구경 등은 다음 각 호의 기준에 적합하여야 한다.
1. 분사헤드에는 부식방지조치를 하여야 하며 오리피스의 크기, 제조일자, 제조업체가 표시 되도록 할 것
2. 분사헤드의 갯수는 방호구역에 방사시간이 충족되도록 설치할 것
3. 분사헤드의 방출율 및 방출압력은 제조업체에서 정한 값으로 할 것
4. 분사헤드의 오리피스의 면적은 분사헤드가 연결되는 배관구경면적의 70%를 초과하지 아니할 것

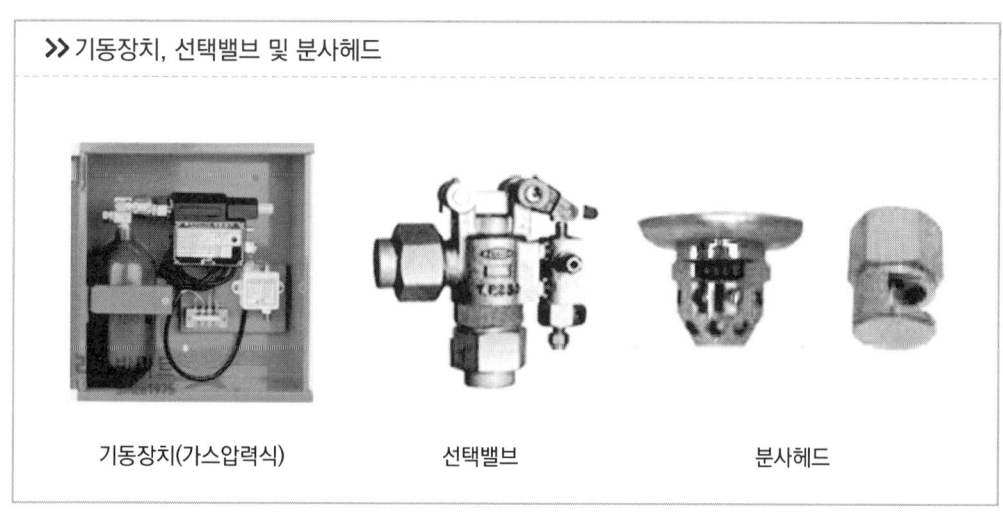

제11조(분사헤드 설치제외) 이산화탄소소화설비의 분사헤드는 다음 각 호의 장소에 설치하여서는 아니 된다.
1. 방재실·제어실 등 사람이 상시 근무하는 장소
2. 니트로셀룰로스·셀룰로이드제품 등 자기연소성물질을 저장·취급하는 장소
3. 나트륨·칼륨·칼슘 등 활성금속물질을 저장·취급하는 장소
4. 전시장 등의 관람을 위하여 다수인이 출입·통행하는 통로 및 전시실 등

제12조(자동식 기동장치의 화재감지기) 이산화탄소소화설비의 자동식 기동장치는 다음 각 호의 기준에 따른 화재감지기를 설치하여야 한다.
1. 각 방호구역 내의 화재감지기의 감지에 따라 작동되도록 할 것
2. 화재감지기의 회로는 교차회로방식으로 설치할 것. 다만, 화재감지기를 「자동화재탐지설비의 화재안전기준(NFSC 203)」 제7조제1항 단서의 각 호의 감지기로 설치하는 경우에는 그러하지 아니하다.
3. 교차회로 내의 각 화재감지기회로별로 설치된 화재감지기 1개가 담당하는 바닥면적은 「자동화재탐지설비의 화재안전기준(NFSC 203)」 제7조제3항제5호·제8호부터 제10호까지의 규정에 따른 바닥면적으로 할 것

제13조(음향경보장치) ① 이산화탄소소화설비의 음향경보장치는 다음 각 호의 기준에 따라 설치하여야 한다.
1. 수동식 기동장치를 설치한 것은 그 기동장치의 조작과정에서, 자동식 기동장치를 설치한 것은 화재감지기와 연동하여 자동으로 경보를 발하는 것으로 할 것
2. 소화약제의 방사개시 후 1분 이상 경보를 계속할 수 있는 것으로 할 것
3. 방호구역 또는 방호대상물이 있는 구획 안에 있는 자에게 유효하게 경보할 수 있는 것으로 할 것

② 방송에 따른 경보장치를 설치할 경우에는 다음 각 호의 기준에 따라야 한다.
1. 증폭기 재생장치는 화재 시 연소의 우려가 없고, 유지관리가 쉬운 장소에 설치할 것
2. 방호구역 또는 방호대상물이 있는 구획의 각 부분으로부터 하나의 확성기까지의 수평거리는 25m 이하가 되도록 할 것
3. 제어반의 복구스위치를 조작하여도 경보를 계속 발할 수 있는 것으로 할 것

제14조(자동폐쇄장치) 전역방출방식의 이산화탄소소화설비를 설치한 특정소방대상물 또는 그 부분에 대하여는 다음 각 호의 기준에 따라 자동폐쇄장치를 설치하여야 한다.
1. 환기장치를 설치한 것은 이산화탄소가 방사되기 전에 해당 환기장치가 정지할 수 있도록 할 것
2. 개구부가 있거나 천장으로부터 1m 이상의 아래부분 또는 바닥으로부터 해당층의 높이의 3분의 2 이내의 부분에 통기구가 있어 이산화탄소의 유출에 따라 소화효과를 감소시킬 우려가 있는 것은 이산화탄소가 방사되기 전에 해당 개구부 및 통기구를 폐쇄할 수 있도록 할 것

3. 자동폐쇄장치는 방호구역 또는 방호대상물이 있는 구획의 밖에서 복구할 수 있는 구조로 하고, 그 위치를 표시하는 표지를 할 것

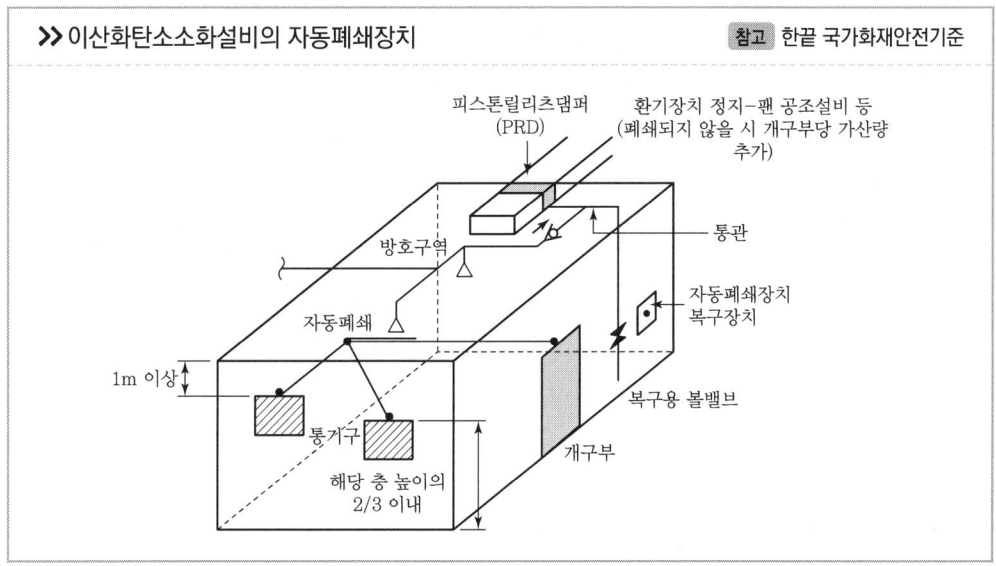

제15조(비상전원) 이산화탄소소화설비(호스릴이산화탄소소화설비를 제외한다)의 비상전원은 자가발전설비, 축전지설비(제어반에 내장하는 경우를 포함한다) 또는 전기저장장치(외부 전기에너지를 저장해 두었다가 필요한 때 전기를 공급하는 장치)로서 다음 각 호의 기준에 따라 설치하여야 한다. 다만, 2 이상의 변전소(「전기사업법」 제67조에 따른 변전소를 말한다. 이하 같다)에서 전력을 동시에 공급받을 수 있거나 하나의 변전소로부터 전력의 공급이 중단되는 때에는 자동으로 다른 변전소로부터 전력을 공급받을 수 있도록 상용전원을 설치한 경우에는 비상전원을 설치하지 아니할 수 있다.

1. 점검에 편리하고 화재 및 침수 등의 재해로 인한 피해를 받을 우려가 없는 곳에 설치할 것
2. 이산화탄소소화설비를 유효하게 20분 이상 작동할 수 있어야 할 것
3. 상용전원으로부터 전력의 공급이 중단된 때에는 자동으로 비상전원으로부터 전력을 공급받을 수 있도록 할 것
4. 비상전원의 설치장소는 다른 장소와 방화구획 할 것. 이 경우 그 장소에는 비상전원의 공급에 필요한 기구나 설비외의 것(열병합발전설비에 필요한 기구나 설비는 제외한다)을 두어서는 아니 된다.
5. 비상전원을 실내에 설치하는 때에는 그 실내에 비상조명등을 설치할 것

제16조(배출설비) 지하층, 무창층 및 밀폐된 거실 등에 이산화탄소소화설비를 설치한 경우에는 소화약제의 농도를 희석시키기 위한 배출설비를 갖추어야 한다.

제17조(과압배출구) 이산화탄소소화설비의 방호구역에 소화약제가 방출시 과압으로 인하여 구조물 등에 손상이 생길 우려가 있는 장소에는 과압배출구를 설치하여야 한다.

제18조(설계프로그램) 이산화탄소소화설비를 컴퓨터프로그램을 이용하여 설계할 경우에는 「가스계 소화설비의 설계프로그램 성능인증 및 제품검사의 기술기준」에 적합한 설계프로그램을 사용하여야 한다.

제19조(안전시설 등) 이산화탄소소화설비가 설치된 장소에는 다음 각 호의 기준에 따른 안전시설을 설치하여야 한다.
　1. 소화약제 방출시 방호구역 내와 부근에 가스방출시 영향을 미칠 수 있는 장소에 시각경보장치를 설치하여 소화약제가 방출되었음을 알도록 할 것
　2. 방호구역의 출입구 부근 잘 보이는 장소에 약제방출에 따른 위험경고표지를 부착할 것
[본조신설 2015. 1. 23.]

제20조(설치·유지기준의 특례) 소방본부장 또는 소방서장은 기존건축물이 증축·개축·대수선되거나 용도변경 되는 경우에 있어서 이 기준이 정하는 기준에 따라 해당 건축물에 설치하여야 할 이산화탄소소화설비의 배관·배선 등의 공사가 현저하게 곤란하다고 인정되는 경우에는 해당 설비의 기능 및 사용에 지장이 없는 범위 안에서 이산화탄소소화설비의 설치·유지기준의 일부를 적용하지 아니할 수 있다.

제21조(재검토 기한) 소방청장은 「훈령·예규 등의 발령 및 관리에 관한 규정」에 따라 이 고시에 대하여 2016년 1월 1일을 기준으로 매3년이 되는 시점(매 3년째의 12월 31일까지를 말한다)마다 그 타당성을 검토하여 개선 등의 조치를 하여야 한다.

부칙

〈제2019-46호, 2019.8.13.〉

이 고시는 발령한 날부터 시행한다.

[별표 1] 가연성 액체 또는 가연성 가스의 소화에 필요한 설계농도(제5조제1호 나목관련)

방호대상물	설계농도(%)
수소(Hydrogen)	75
아세틸렌(Acetylene)	66
일산화탄소(Carbon Monoxide)	64
산화에틸렌(Ethylene Oxide)	53
에틸렌(Ethylene)	49
에탄(Ethane)	40
석탄가스, 천연가스(Coal, Natural gas)	37
사이크로 프로판(Cyclo Propane)	37
이소부탄(Iso Butane)	36
프로판(Propane)	36
부탄(Butane)	34
메탄(Methane)	34

03 소방시설 자체점검

> 참고 소방시설 자체점검사항 등에 관한 고시, 한국소방안전원

✓ 소방시설 작동기능점검표 작성 예시

1 점검 전 준비사항
1) 점검장소의 협의나 협조 받을 건물 관계인 등 연락처를 사전 확보
2) 점검의 목적과 필요성에 대하여 건물 관계인에게 사전 안내 및 협의
3) 음향장치 및 각 실별 방문점검 사항을 공지하여 협조 요청

2 현장확인
1) 현장 시설물의 도면 등을 이용하여 설비의 개요 및 설치위치 등을 파악한다.
2) 점검사항을 토대로 점검순서를 계획하고 점검장비 및 공구를 준비한다.
3) 기존의 점검자료 및 조치결과가 있다면 점검 전 참고
4) 점검과 관련된 각종 법규 및 기준 등의 기술기준 등 규정사항을 준비하고 숙지한다.

3 점검표 작성을 위한 준비물
1) **소방시설등 작동기능점검 실시결과 보고서**
   화재예방, 소방시설 설치·유지 및 안전관리에 관한 법률 시행규칙 별지 서식
2) **소방시설등 작동기능 점검표**
   소방시설 자체점검사항 등에 관한 고시 서식
3) **건축물대장**
   건축물대장/소방도면 및 소방시설 현황/소방계획서 등
4) **점검에 필요한 장비**

소방시설	장비	규격
공통시설	방수압력측정계, 절연저항계, 전류전압측정계	
이산화탄소소화설비, 분말·할론소화설비, 할로겐화합물 및 불활성기체소화설비	검량계, 기동관누설시험기	

5) **자체점검 후 결과 조치(소방시설법 시행규칙 제19조)**
   (1) **작동기능점검** : 작동기능점검을 실시한 경우 7일 이내에 작동기능점검 실시결과 보고서를 소방본부장 또는 소방서장에게 제출하여야 한다.
   (2) **종합정밀점검** : 종합정밀점검을 실시한 경우 7일 이내에 종합정밀점검 실시결과 보고서를 소방본부장 또는 소방서장에게 제출하여야 한다.
   ▶ 소방시설관리업자는 점검을 실시한 경우 점검이 끝난 날부터 10일 이내에 소방시설관리업자에 대한 평가 등에 관한 업무를 위탁받은 평가기관에 통보하여야 한다.

9. 이산화탄소소화설비 점검표

(1면)

번호	점검항목	점검결과
9-A. 저장용기		
9-A-001	● 설치장소 적정 및 관리 여부	
9-A-002	○ 저장용기 설치장소 표지 설치 여부	
9-A-003	● 저장용기 설치 간격 적정 여부	
9-A-004	○ 저장용기 개방밸브 자동·수동 개방 및 안전장치 부착 여부	
9-A-005	● 저장용기와 집합관 연결배관 상 체크밸브 설치 여부	
9-A-006	● 저장용기와 선택밸브(또는 개폐밸브) 사이 안전장치 설치 여부	
9-A-011	[저압식] ● 안전밸브 및 봉판 설치 적정(작동 압력) 여부	
9-A-012	● 액면계·압력계 설치 여부 및 압력강하경보장치 작동 압력 적정 여부	
9-A-013	○ 자동냉동장치의 기능	
9-B. 소화약제		
9-B-001	○ 소화약제 저장량 적정 여부	
9-C. 기동장치		
9-C-001	○ 방호구역별 출입구 부근 소화약제 방출표시등 설치 및 정상 작동 여부	
9-C-011	[수동식 기동장치] ○ 기동장치 부근에 비상스위치 설치 여부	
9-C-012	● 방호구역별 또는 방호대상별 기동장치 설치 여부	
9-C-013	○ 기동장치 설치 적정(출입구 부근 등, 높이, 보호장치, 표지, 전원표시등) 여부	
9-C-014	○ 방출용 스위치 음향경보장치 연동 여부	
9-C-021	[자동식 기동장치] ○ 감지기 작동과의 연동 및 수동기동 가능 여부	
9-C-022	● 저장용기 수량에 따른 전자 개방밸브 수량 적정 여부(전기식 기동장치의 경우)	
9-C-023	○ 기동용 가스용기의 용적, 충전압력 적정 여부(가스압력식 기동장치의 경우)	
9-C-024	● 기동용 가스용기의 안전장치, 압력게이지 설치 여부(가스압력식 기동장치의 경우)	
9-C-025	● 저장용기 개방구조 적정 여부(기계식 기동장치의 경우)	
9-D. 제어반 및 화재표시반		
9-D-001	○ 설치장소 적정 및 관리 여부	
9-D-002	○ 회로도 및 취급설명서 비치 여부	
9-D-003	● 수동잠금밸브 개폐여부 확인 표시등 설치 여부	
9-D-011	[제어반] ○ 수동기동장치 또는 감지기 신호 수신 시 음향경보장치 작동 기능 정상 여부	
9-D-012	○ 소화약제 방출·지연 및 기타 제어 기능 적정 여부	
9-D-013	○ 전원표시등 설치 및 정상 점등 여부	
비고		

(2면)

번호	점검항목	점검결과
	[화재표시반]	
9-D-021	○ 방호구역별 표시등(음향경보장치 조작, 감지기 작동), 경보기 설치 및 작동 여부	
9-D-022	○ 수동식 기동장치 작동표시 표시등 설치 및 정상 작동 여부	
9-D-023	○ 소화약제 방출표시등 설치 및 정상 작동 여부	
9-D-024	● 자동식기동장치 자동·수동 절환 및 절환표시등 설치 및 정상 작동 여부	
9-E. 배관 등		
9-E-001	○ 배관의 변형·손상 유무	
9-E-002	● 수동잠금밸브 설치 위치 적정 여부	
9-F. 선택밸브		
9-F-001	● 선택밸브 설치 기준 적합 여부	
9-G. 분사헤드		
	[전역방출방식]	
9-G-001	○ 분사헤드의 변형·손상 유무	
9-G-002	● 분사헤드의 설치위치 적정 여부	
	[국소방출방식]	
9-G-011	○ 분사헤드의 변형·손상 유무	
9-G-012	● 분사헤드의 설치장소 적정 여부	
	[호스릴방식]	
9-G-021	● 방호대상물 각 부분으로부터 호스접결구까지 수평거리 적정 여부	
9-G-022	○ 소화약제저장용기의 위치표시등 정상 점등 및 표지 설치 여부	
9-G-023	● 호스릴소화설비 설치장소 적정 여부	
9-H. 화재감지기		
9-H-001	○ 방호구역별 화재감지기 감지에 의한 기동장치 작동 여부	
9-H-002	● 교차회로(또는 NFSC 203 제7조제1항 단서 감지기) 설치 여부	
9-H-003	● 화재감지기별 유효 바닥면적 적정 여부	
9-I. 음향경보장치		
9-I-001	○ 기동장치 조작 시(수동식 - 방출용스위치, 자동식 - 화재감지기) 경보 여부	
9-I-002	○ 약제 방사 개시(또는 방출 압력스위치 작동) 후 경보 적정 여부	
9-I-003	● 방호구역 또는 방호대상물 구획 안에서 유효한 경보 가능 여부	
	[방송에 따른 경보장치]	
9-I-011	● 증폭기 재생장치의 설치장소 적정 여부	
9-I-012	● 방호구역·방호대상물에서 확성기 간 수평거리 적정 여부	
9-I-013	● 제어반 복구스위치 조작 시 경보 지속 여부	
9-J. 자동폐쇄장치		
9-J-001	○ 환기장치 자동정지 기능 적정 여부	
9-J-002	○ 개구부 및 통기구 자동폐쇄장치 설치 장소 및 기능 적합 여부	

(3면)

번호	점검항목	점검결과
9-J-003	● 자동폐쇄장치 복구장치 설치기준 적합 및 위치표지 적합 여부	
9-K. 비상전원		
9-K-001 9-K-002 9-K-003	● 설치장소 적정 및 관리 여부 ○ 자가발전설비인 경우 연료 적정량 보유 여부 ○ 자가발전설비인 경우「전기사업법」에 따른 정기점검 결과 확인	
9-L. 배출설비		
9-L-001	● 배출설비 설치상태 및 관리 여부	
9-M. 과압배출구		
9-M-001	● 과압배출구 설치상태 및 관리 여부	
9-N. 안전시설 등		
9-N-001 9-N-002 9-N-003	○ 소화약제 방출알림 시각경보장치 설치기준 적합 및 정상 작동 여부 ○ 방호구역 출입구 부근 잘 보이는 장소에 소화약제 방출 위험경고표지 부착 여부 ○ 방호구역 출입구 외부 인근에 공기호흡기 설치 여부	
비고		

(4면)

※ 약제저장량 점검리스트

설치위치	용기 No.	실내 온도(℃)	약제높이 (cm)	충전량 (kg)	손실량 (kg)	점검 결과	비고
							※ 약제량 손실 5% 초과 시 불량으로 판정합니다.

할론소화설비의 화재안전기준

[시행 2018. 11. 19.]
[소방청고시 제2018-16호, 2018. 11. 19., 일부개정.]

01 개요

NFSC 107

1 질의회신 및 핵심사항 분석

	질의회신 참고 소방청 질의회신집
설치기준 (제2조)	**Q** 물분무등소화설비 설치관련[소방제도팀 - 265 2007.04.09] : 연면적 1,382.61m²로서 주용도가 자동차 관련시설로서 근린생활시설과 같이 설치될 경우 물분무등소화설비의 적용여부? **A** 「화재예방, 소방시설 설치·유지 및 안전관리에 관한 법률 시행령」별표2 제30호 "복합건축물"로 보아 복합건축물에 설치하는 소방시설을 적용하여 설치하여야 함 **Q** 발전기실 물분무등소화설비 설치여부[소방제도팀 - 374 2007.5.8] : 난연케이블(TFR-CV)만을 사용한 발전실(지상1층, 485.6m²)에 발전기 병렬운전반(판넬 내부에 설치된 일반 제어전선 보호)을 설치하였을 경우 물분무소화설비 설치여부? **A** 가연성 피복을 사용하지 아니한 전선 및 케이블을 설치한 발전실은 물분무등소화설비 설치를 제외하도록 규정되어 있으므로 설치대상에 해당하지 아니함 **Q** 발전기실 물분무등소화설비 설치여부[소방제도과 - 407 - 2010.1.29] : 전기실을 경유하지 않고 발전기실을 출입할 수 있는 구조이며 전기실과 발전기실이 각각 방화구획 되어 있는 경우 2개의 실을 하나의 실로 보아 물분무등소화설비를 설치하여야 하는지 여부? **A** 전기실 경유여부 관계없이 전기실과 발전기실이 각각 방화구획되어 있고 각각의 바닥면적이 300m² 미만의 경우에는 물분무등소화설비 설치의무는 없음
배관 (제8조)	**Q** 할로겐화합물소화설비의 배관은 형행 기준상 압력배관용 탄소강관(KS D 3562) 중 스케줄 40 이상의 것을 사용하도록 하였으며, 배관부속 및 밸브류도 강관과 동등 이상의 강도 및 내식성이 있는 것을 사용하도록 하였는데 동등 이상의 강도에서 압력기준은 무엇인지? **A** 할로겐화합물소화설비에 사용되는 배관부속 및 밸브류에 대한 압력기준은 선택밸브를 기준으로 1차측(저장용기 → 선택밸브)과 2차측(선택밸브 → 방출헤드)으로 통상 구분하고 있음 동 설비의 시스템 구조원리상 1차측과 2차측에 배관내 마찰손실 등에 의한 압력차이가 다소 있지만, 일반적으로 저장용기의 방출 내압에 견딜 수 있도록 하는 것이 바람직합니다. 아울러 최고사용압력에 따른 플랜지는 KS 규격 참고 바람
설치·유지기준 특례(제16조)	**Q** 기존발전소에 할론소화설비가 설치된 경우 증축부분에도 할론소화설비 증설 가능여부? **A** 가능함

설치·유지기준 특례(제16조)	Q 증설 가능하면 증축부분이 기존부분과 방화구획이 되어 있지 않은데 기존 1층 존과 1층 증축 존을 하나로 구성하지 않고 증축부분만 별도로 존을 구성하여 화재 시 기존 1층 존과 1층 증축 존 동시 방사 가능여부?
	A 하나의 층일 경우 증축부분을 포함하여 하나의 방호구역으로 선정하여 설치할 수 있음
	Q 기존 할론소화설비의 방사시간과 증축부분의 할론방사시간이 서로 달라도 가능한지 여부?(기존은 30초인데 증축부분을 10초로)
	A 방출시간은 동일하여야 함
핵심사항	참고 기출문제
약제량	• 할론 1301의 최소약제량, 저장용기수, Soaking Time • 배관의 설치기준, 헤드의 분구면적
Key point	• 소화약제 저장용기(독립배관방식) • 소화약제의 약제량 및 방사시간

2 시스템의 해설

할론소화설비는 오존층을 파괴하는 환경적인 영향으로 현재 설계하지 않고 있으며, 가스의 생산에도 제약을 받고 있다.

1) 설치개념도

참고 위험물실무 해설서

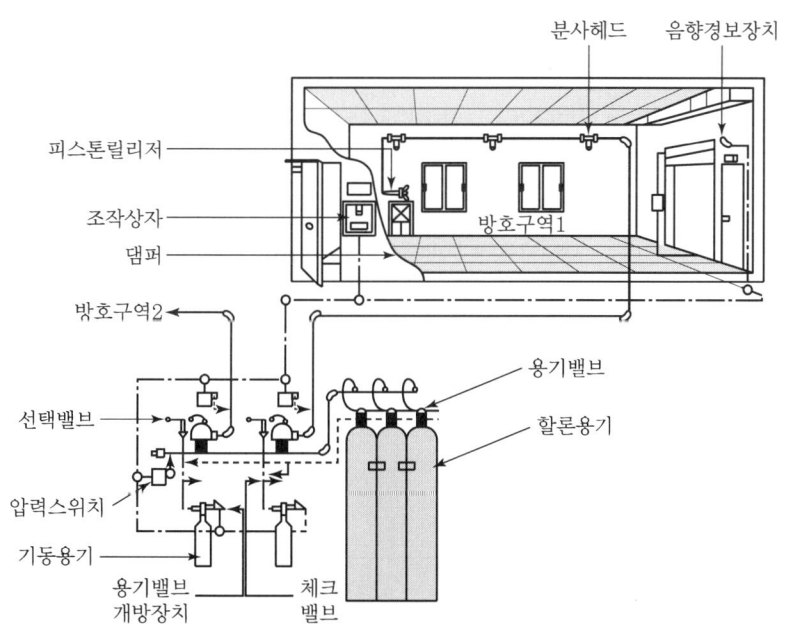

[할론 1301 소화설비의 설치]

2) 소방용품(소방시설법 시행령 제6조)

소화설비를 구성하는 제품 또는 기기는 ① 별표 1 제1호가목의 소화기구(소화약제 외의 것을 이용한 간이소화용구는 제외한다), ② 별표 1 제1호나목의 자동소화장치, ③ 소화설비를 구성하는 소화전, 관창(菅槍), 소방호스, 스프링클러헤드, 기동용 수압개폐장치, 유수제어밸브 및 가스관선택밸브 등이 있으며, 소화설비의 제품검사(형식승인 및 성능인증) 대상 품목은 ① 법 제36조제1항 본문에서 "대통령령으로 정하는 소방용품" ② 규칙 제15조제1항 본문에서 "행정안전부령으로 정하는 소방용품" ③ 규칙 제15조 및 별표 7 제22호에 따른 "소방청장이 고시하는 소방용품" 등으로 구분되고 소방용품은 제품검사를 받아 합격한 제품을 사용하여야 한다.

3) 용어 해설

(1) 할론소화설비의 경우 오존층을 파괴하는 환경적인 영향으로 오존층 파괴물질의 규제에 관한 국제협약 몬트리올 의정서(1987년)에서 규정한 모든 오존층파괴물질에 대하여 오존층파괴지수가 정해져 있다. 따라서 할론소화설비의 경우 신규 설치 허가는 제한되고 있음

(2) 소화약제의 환경지수

CFC로 통칭되는 염화불화탄소류의 화합물들은 대체로 긴 대기체류 시간을 유지한다. 다수 CFC 화합물의 대기화학적 특성으로 인하여 성층권까지 용이하게 침투할 수 있다. 따라서, 오존의 순환에 직접적인 간섭이 용이하여, 성층권 오존층 파괴의 원인물질로 작용한다.

① 오존파괴지수 ODP(Ozone Depletion Potential)

"$CFCl_3$의 오존층 파괴영향을 1로 보았을 때 동일한 양의 다른 물질에 대한 오존층 파괴영향을 나타낸 값"으로 표시한다. CFC - 11의 오존층 파괴지수는 1.0인 물질이다.

② 지구온난화지수 GWP(Global Warming Potential)

"CO_2 1kg이 지구온난화에 미치는 영향을 1로 보았을 때 동일한 양의 다른 기체가 대기 중에 방출된 후 측정기간동안 그 기체 1kg의 가열효과"를 말한다. 예를 들어, 기간을 100년을 기준으로 할 경우 "100년 GWP"라 한다.

③ 대기권 잔존수명 ALT(Atmospheric Life Time)

"어떤 물질이 방사된 후 대기권 내에서 분해되지 않고 체류하는 잔류시간(시간단위는 year)"으로 대기권에서 분해되는 분해의 난이도를 표시한 값이다.

(3) 할론소화설비의 비교

구분		할론 1301	할론 1211	할론 2402
호스릴 소화설비	노즐 1분당 방사량(20℃)	35kgf	40kgf	45kgf
	기타기준	① 수평거리 20m ② 저장용기 개방밸브는 수동으로 개폐 ③ 저장용기는 호스릴 설치장소마다 설치 ④ 적색의 표시등 설치 및 할로겐화합물소화설비가 있음을 알리는 표지설치		
배관	강관	압력배관용 탄소강관(KS D 3562) 스케줄 40 이상 또는 이와 동등 이상의 강도 및 내식성으로 아연도금 등에 따라 방식처리된 것(배관부속 및 밸브 동등 이상)		
	동관	이음이 없는 동 및 동합금관(KS D 5301) 고압식은 16.5MPa 이상, 저압식은 3.75MPa 이상의 압력에 견딜 수 있는 것 사용할 것(배관부속 및 밸브 동등 이상)		
충전비		0.9~1.6 이하	0.7~1.4 이하	• 가압식 0.51~0.67 미만 • 축압식 0.67~2.75 이하
축압식 저장용기의 저장압력(20℃)		2.5MPa 또는 4.2MPa (축압가스 : 질소)	1.1MPa 또는 2.5MPa (축압가스 : 질소)	-
가압용 가스용기(21℃)		2.5MPa 또는 4.2MPa(가압가스 : 질소) → 압력조정장치 설치(2.0MPa 이하)		
방사시간(전역/국소)		10초		
방사압력(전역/국소)		0.9MPa 이상	0.2MPa 이상	0.1MPa 이상
국소 약제량	면적식	6.8kgf	7.6kgf	8.8kgf
	체적식 X수치	4.0	4.4	5.2
	체적식 Y수치	4.0×0.75=3.0	4.4×0.75=3.3	5.2×0.75=3.9
	할증	1.25	1.1	1.1

※ 국내의 경우 할론 1301이 주로 설치되어 있다.

02 화재안전기준 (2018. 11. 19 기준 원문)

NFSC 107

제1조(목적) 이 기준은 「화재예방, 소방시설 설치·유지 및 안전관리에 관한 법률」 제9조제1항에 따라 소방청장에게 위임한 사항 중 물분무등소화설비인 할론소화설비의 설치·유지 및 안전관리에 필요한 사항을 규정함을 목적으로 한다.

> ### 🚨 POINT 시스템 및 안전관리
>
> 물분무등소화설비의 설치목적은 물 그 밖의 소화약제를 사용하여 소화하는 설비로서 특정소방대상물에서 화재가 발생한 경우 연소생성물(열, 연기, 불꽃 등)에 의한 화재의 초기소화, 연소제어 및 연소확대방지를 위하여 사용하며, 평상시에는 관계인에 의한 화재 예방을 위하여 정기적으로 점검하는 소방설비이다.
>
> ※ 물분무등소화설비에는 물분무·미분무·포·이산화탄소·할론·할로겐화합물 및 불활성기체·분말·강화액·고체에어로졸 등이 있다.(시행령 별표 1)
>
> 1. 할론소화설비는 할론소화약제를 고압가스용기에 저장하여 화재 발생 시 수동 및 자동조작으로 화재지점에 약제를 방출하여 약간의 질식·냉각 작용과 주된 소화효과는 화학소화(억제소화)에 의한 가스계소화설비이다. 할론소화설비의 구성은 이산화탄소소화설비와 유사하며 환경적인 영향으로 현재는 설계·가스 생산 및 재생산도 제재를 받고 있다.
>   ※ 할론소화설비의 경우 할론(Halon)가스는 프레온가스와 함께 오존층 파괴 물질로 밝혀져 1987년 몬트리올 의정서 채택 당시 규제 대상 물질로 분류되었으며, 국내에서는 2010년부터 생산·판매가 금지되어 거의 설계되지 않으며, 가스의 생산도 금지하고 있다.
> 2. 시스템을 구성하고 있는 소화설비는 「소방시설공사업법」의 소방시설공사 등의 품질과 안전이 확보되도록 시공되어야 하고, 소방기술의 관리에 필요한 화재안전기준에 적합하게 설계도서·시방서가 작성되어 성실하게 수행되어야 한다. 또한 「화재예방, 소방시설 설치·유지 및 안전관리에 관한 법률(이하 "소방시설법")」에 의한 소방용품의 제조 및 수입하려는 제품에 대하여 제품검사를 수행하고, 특정소방대상물의 관계인을 통하여 소방대상물의 안전관리가 이행되어야 한다.

제2조(적용범위) 「화재예방, 소방시설 설치·유지 및 안전관리에 관한 법률 시행령」(이하 "영"이라 한다) 별표 5 제1호바목에 따른 물분무등소화설비 중 할론소화설비는 이 기준에서 정하는 규정에 따라 설비를 설치하고 유지·관리하여야 한다.

POINT

1 특정소방대상물의 설치기준(별표 5 물분무등소화설비)

소방시설	적용기준	설치대상
물분무등소화설비(위험물 저장 및 처리시설 중 가스시설 또는 지하구는 제외한다)	1. 항공기 및 자동차 관련 시설 중 항공기격납고	전부
	2. 차고, 주차용 건축물 또는 철골 조립식 주차시설 연면적	800m² 이상
	3. 건축물 내부에 설치된 차고 또는 주차장으로서 차고 또는 주차의 용도로 사용되는 부분의 바닥면적	200m² 이상인 층
	4. 기계장치에 의한 주차시설	
	5. 특정소방대상물에 설치된 전기실·발전실·변전실(가연성 절연유를 사용하지 않는 변압기·전류차단기 등의 전기기기와 가연성 피복을 사용하지 않은 전선 및 케이블만을 설치한 전기실·발전실 및 변전실은 제외한다)·축전지실·통신기기실 또는 전산실, 그 밖에 이와 비슷한 것으로서 바닥면적[하나의 방화구획 내에 둘 이상의 실(室)이 설치되어 있는 경우에는 이를 하나의 실로 보아 바닥면적을 산정한다]. 다만, 내화구조로 된 공정제어실 내에 설치된 주조정실로서 양압시설이 설치되고 전기기기에 220볼트 이하인 저전압이 사용되며 종업원이 24시간 상주하는 곳은 제외한다.	300m² 이상
	6. 소화수를 수집·처리하는 설비가 설치되어 있지 않은 중·저준위방사성폐기물의 저장시설. 다만, 이 경우에는 이산화탄소소화설비, 할론소화설비 또는 할로겐화합물 및 불활성기체 소화설비 설치	전부
	7. 지하가 중 예상 교통량, 경사도 등 터널의 특성을 고려하여 행정안전부령으로 정하는 터널. 다만, 이 경우에는 물분무소화설비를 설치	전부
	8. 「문화재보호법」 제2조제3항제1호 및 제2호에 따른 지정문화재 중 소방청장이 문화재청장과 협의하여 정하는 것	전부

※ 물분무등소화설비는 물분무·미분무·포·이산화탄소·할론·할로겐화합물 및 불활성기체·분말·강화액·고체에어로졸 등 소화설비로 분류한다.

2 소방시설의 설치 면제기준

1. (별표 6) 소방시설 설치 면제기준

옥내소화전설비는 소방본부장 또는 소방서장이 물분무등소화설비를 설치하여야 하는 차고·주차장에 스프링클러설비를 화재안전기준에 적합하게 설치한 경우에는 그 설비의 유효범위에서 설치가 면제된다.

2. (별표 7) 소방시설을 설치하지 않을 수 있는 특정소방대상물 및 소방시설 범위

구분	특정소방대상물	소방시설
1. 화재 위험도가 낮은 특정소방대상물	「소방기본법」 제2조제5호에 따른 소방대(消防隊)가 조직되어 24시간 근무하고 있는 청사 및 차고	옥내소화전설비, 스프링클러설비, 물분무등소화설비, 비상방송설비, 피난기구, 소화용수설비, 연결송수관설비, 연결살수설비

제3조(정의) 이 기준에서 사용하는 용어의 정의는 다음과 같다.
1. "전역방출방식"이란 고정식 할론 공급장치에 배관 및 분사헤드를 고정 설치하여 밀폐 방호구역 내에 할론을 방출하는 설비를 말한다.
2. "국소방출방식"이란 고정식 할론 공급장치에 배관 및 분사헤드를 설치하여 직접 화점에 할론을 방출하는 설비로 화재발생부분에만 집중적으로 소화약제를 방출하도록 설치하는 방식을 말한다.
3. "호스릴방식"이란 분사헤드가 배관에 고정되어 있지 않고 소화약제 저장용기에 호스를 연결하여 사람이 직접 화점에 소화약제를 방출하는 이동식소화설비를 말한다.
4. "충전비"란 용기의 체적과 소화약제의 중량과의 비를 말한다.
5. "교차회로방식"이란 하나의 방호구역 내에 2 이상의 화재감지기회로를 설치하고 인접한 2 이상의 화재감지기가 동시에 감지되는 때에는 할론소화설비가 작동하여 소화약제가 방출되는 방식을 말한다.
6. "방화문"이란 「건축법 시행령」 제64조의 규정에 따른 갑종방화문 또는 을종방화문으로써 언제나 닫힌 상태를 유지하거나 화재로 인한 연기의 발생 또는 온도의 상승에 따라 자동적으로 닫히는 구조를 말한다.

> **법령정보「건축법 시행령」제64조**
>
> 제64조(방화문의 구분)
> ① 방화문은 다음 각 호와 같이 구분한다.
>   1. 60분+ 방화문 : 연기 및 불꽃을 차단할 수 있는 시간이 60분 이상이고, 열을 차단할 수 있는 시간이 30분 이상인 방화문
>   2. 60분 방화문 : 연기 및 불꽃을 차단할 수 있는 시간이 60분 이상인 방화문
>   3. 30분 방화문 : 연기 및 불꽃을 차단할 수 있는 시간이 30분 이상 60분 미만인 방화문
> ② 제1항 각 호의 구분에 따른 방화문 인정 기준은 국토교통부령으로 정한다.[전문개정 2020. 10. 8.][시행일 : 2021. 8. 7.] 제64조

제4조(소화약제의 저장용기등) ① 할론소화약제의 저장용기는 다음 각 호의 기준에 적합한 장소에 설치하여야 한다.
1. 방호구역외의 장소에 설치할 것. 다만, 방호구역 내에 설치할 경우에는 피난 및 조작이 용이하도록 피난구 부근에 설치하여야 한다.
2. 온도가 40℃ 이하이고, 온도변화가 적은 곳에 설치할 것
3. 직사광선 및 빗물이 침투할 우려가 없는 곳에 설치할 것
4. 방화문으로 구획된 실에 설치할 것
5. 용기의 설치장소에는 해당 용기가 설치된 곳임을 표시하는 표지를 할 것
6. 용기간의 간격은 점검에 지장이 없도록 3cm 이상의 간격을 유지할 것
7. 저장용기와 집합관을 연결하는 연결배관에는 체크밸브를 설치할 것. 다만, 저장용기가 하나의 방호구역만을 담당하는 경우에는 그러하지 아니하다.

② 할론소화약제의 저장용기는 다음 각 호의 기준에 따라 설치하여야 한다.
1. 축압식 저장용기의 압력은 온도 20℃에서 할론 1211을 저장하는 것은 1.1MPa 또는 2.5MPa, 할론 1301을 저장하는 것은 2.5MPa 또는 4.2MPa이 되도록 질소가스로 축압할 것
2. 저장용기의 충전비는 할론 2402를 저장하는 것중 가압식 저장용기는 0.51 이상 0.67 미만, 축압식 저장용기는 0.67 이상 2.75 이하, 할론 1211은 0.7 이상 1.4 이하, 할론 1301은 0.9 이상 1.6 이하로 할 것
3. 동일 집합관에 접속되는 용기의 소화약제 충전량은 동일충전비의 것이어야 할 것

③ 가압용 가스용기는 질소가스가 충전된 것으로 하고, 그 압력은 21℃에서 2.5MPa 또는 4.2MPa이 되도록 하여야 한다.

④ 할론소화약제 저장용기의 개방밸브는 전기식·가스압력식 또는 기계식에 따라 자동으로 개방되고 수동으로도 개방되는 것으로서 안전장치가 부착된 것으로 하여야 한다.

⑤ 가압식 저장용기에는 2.0MPa 이하의 압력으로 조정할 수 있는 압력조정장치를 설치하여야 한다.

⑥ 하나의 구역을 담당하는 소화약제 저장용기의 소화약제량의 체적합계보다 그 소화약제 방출시 방출경로가 되는 배관(집합관 포함)의 내용적이 1.5배 이상일 경우에는 해당 방호구역에 대한 설비는 별도 독립방식으로 하여야 한다.

제5조(소화약제) 할론소화약제의 저장량은 다음 각 호의 기준에 따라야 한다. 이 경우 동일한 특정소방대상물 또는 그 부분에 2 이상의 방호구역 또는 방호대상물이 있는 경우에는 각 방호구역 또는 방호대상물에 대하여 다음 각 호의 기준에 따라 산출한 저장량 중 최대의 것으로 할 수 있다.

1. 전역방출방식은 다음 각 목의 기준에 따라 산출한 양 이상으로 할 것
   가. 방호구역의 체적(불연재료나 내열성의 재료로 밀폐된 구조물이 있는 경우에는 그 체적을 제외한다) 1m³에 대하여 다음 표에 따른 양

소방대상물 또는 그 부분		소화약제의 종별	방호구역의 체적 1m²당 소화약제의 양
차고·주차장·전기실·통신기기실·전산실 기타 이와 유사한 전기설비가 설치되어 있는 부분		할론 1301	0.32kg 이상 0.64kg 이하
소방기본법시행령 별표 2의 특수가연물을 저장·취급하는 소방대상물 또는 그 부분	가연성고체류·가연성액체류	할론 2402 할론 1211 할론 1301	0.40kg 이상 1.1kg 이하 0.36kg 이상 0.71kg 이하 0.32kg 이상 0.64kg 이하
	면화류·나무껍질 및 대팻밥·넝마 및 종이부스러기·사류·볏짚류·목재가공품 및 나무부스러기를 저장·취급하는 것	할론 1211 할론 1301	0.60kg 이상 0.71kg 이하 0.52kg 이상 0.64kg 이하
	합성수지류를 저장·취급하는 것	할론 1211 할론 1301	0.36kg 이상 0.71kg 이하 0.32kg 이상 0.64kg 이하

나. 방호구역의 개구부에 자동폐쇄장치를 설치하지 아니한 경우에는 "가"목에 따라 산출한 양에 다음 표에 따라 산출한 양을 가산한 양

소방대상물 또는 그 부분		소화약제의 종별	방호구역의 체적 1m²당 소화약제의 양
차고·주차장·전기실·통신기기실·전산실 기타 이와 유사한 전기설비가 설치되어 있는 부분		할론 1301	2.4kg
소방기본법시행령 별표 2의 특수가연물을 저장·취급하는 소방대상물 또는 그 부분	가연성고체류·가연성액체류	할론 2402 할론 1211 할론 1301	3.0kg 2.7kg 2.4kg
	면화류·나무껍질 및 대팻밥·넝마 및 종이부스러기·사류·볏짚류·목재가공품 및 나무부스러기를 저장·취급하는 것	할론 1211 할론 1301	4.5kg 3.9kg
	합성수지류를 저장·취급하는 것	할론 1211 할론 1301	2.7kg 2.4kg

2. 국소방출방식은 다음 각 목의 기준에 따라 산출한 양에 할론 2402 또는 할론 1211은 1.1을, 할론 1301은 1.25를 각각 곱하여 얻은 양 이상으로 할 것

  가. 윗면이 개방된 용기에 저장하는 경우와 화재 시 연소면이 1면에 한정되고 가연물이 비산할 우려가 없는 경우에는 다음 표에 따른 양

소화약제의 종별	방호대상물의 표면적 1m²에 대한 소화약제의 양
할론 2402	8.8kg
할론 1211	7.6kg
할론 1301	6.8kg

나. 가목외의 경우에는 방호공간(방호대상물의 각 부분으로부터 0.6m의 거리에 따라 둘러싸인 공간을 말한다. 이하 같다)의 체적 1m³에 대하여 다음의 식에 따라 산출한 양

$$Q = X - Y\frac{a}{A}$$

Q : 방호공간 1m³에 대한 할론소화약제의 양(kg/m³)

a : 방호대상물의 주위에 설치된 벽의 면적의 합계(m²)

A : 방호공간의 벽면적(벽이 없는 경우에는 벽이 있는 것으로 가정한 당해 부분의 면적)의 합계(m²)

X 및 Y : 다음 표의 수치

소화약제의 종별	X의 수치	Y의 수치
할론 2402	5.2	3.9
할론 1211	4.4	3.3
할론 1301	4.0	3.0

3. 호스릴할론소화설비는 하나의 노즐에 대하여 다음 표에 따른 양 이상으로 할 것

소화약제의 종별	소화약제의 양
할론 2402 또는 1211	50kg
할론 1301	45kg

제6조(기동장치) ① 할론소화설비의 수동식기동장치는 다음 각 호의 기준에 따라 설치하여야 한다. 이 경우 수동식 기동장치의 부근에는 소화약제의 방출을 지연시킬 수 있는 비상스위치(자동복귀형 스위치로서 수동식 기동장치의 타이머를 순간정지 시키는 기능의 스위치를 말한다)를 설치하여야 한다.

1. 전역방출방식은 방호구역마다, 국소방출방식은 방호대상물마다 설치할 것
2. 해당 방호구역의 출입구부분 등 조작을 하는 자가 쉽게 피난할 수 있는 장소에 설치할 것
3. 기동장치의 조작부는 바닥으로부터 높이 0.8m 이상 1.5m 이하의 위치에 설치하고, 보호판 등에 따른 보호장치를 설치할 것
4. 기동장치에는 그 가까운 곳의 보기 쉬운 곳에 "할론소화설비 기동장치"라고 표시한 표지를 할 것
5. 전기를 사용하는 기동장치에는 전원표시등을 설치할 것
6. 기동장치의 방출용스위치는 음향경보장치와 연동하여 조작될 수 있는 것으로 할 것

② 할론소화설비의 자동식 기동장치는 자동화재탐지설비의 감지기의 작동과 연동 하는 것으로서 다

음 각 호의 기준에 따라 설치하여야 한다.
1. 자동식 기동장치에는 수동으로도 기동할 수 있는 구조로 할 것
2. 전기식 기동장치로서 7병 이상의 저장용기를 동시에 개방하는 설비는 2병 이상의 저장용기에 전자개방밸브를 부착할 것
3. 가스압력식 기동장치는 다음 각 목의 기준에 따를 것
   가. 기동용가스용기 및 해당 용기에 사용하는 밸브는 25MPa 이상의 압력에 견딜 수 있는 것으로 할 것
   나. 기동용가스용기에는 내압시험압력 0.8배부터 내압시험압력 이하에서 작동하는 안전장치를 설치할 것
   다. 기동용가스용기의 용적은 1L 이상으로 하고, 해당 용기에 저장하는 이산화탄소의 양은 0.6kg 이상으로 하며, 충전비는 1.5 이상으로 할 것
4. 기계식 기동장치는 저장용기를 쉽게 개방할 수 있는 구조로 할 것

③ 할론소화설비가 설치된 부분의 출입구 등의 보기 쉬운 곳에 소화약제의 방사를 표시하는 표시등을 설치하여야 한다.

제7조(제어반 등) 할론소화설비의 제어반 및 화재표시반은 다음 각 호의 기준에 따라 설치하여야 한다. 다만, 자동화재탐지설비의 수신기의 제어반이 화재표시반의 기능을 가지고 있는 것은 화재표시반을 설치하지 아니할 수 있다.
1. 제어반은 수동기동장치 또는 감지기에서의 신호를 수신하여 음향경보장치의 작동, 소화약제의 방출 또는 지연 기타의 제어기능을 가진 것으로 하고, 제어반에는 전원표시등을 설치할 것
2. 화재표시반은 제어반에서의 신호를 수신하여 작동하는 기능을 가진 것으로 하되, 다음 각 목의 기준에 따라 설치할 것
   가. 각 방호구역마다 음향경보장치의 조작 및 감지기의 작동을 명시하는 표시등과 이와 연동하여 작동하는 벨·부저 등의 경보기를 설치할 것. 이 경우 음향경보장치의 조작 및 감지기의 작동을 명시하는 표시등을 겸용할 수 있다.
   나. 수동식 기동장치는 그 방출용스위치의 작동을 명시하는 표시등을 설치할 것
   다. 소화약제의 방출을 명시하는 표시등을 설치할 것
   라. 자동식 기동장치는 자동·수동의 절환을 명시하는 표시등을 설치할 것
3. 제어반 및 화재표시반의 설치장소는 화재에 따른 영향, 진동 및 충격에 따른 영향 및 부식의 우려가 없고 점검에 편리한 장소에 설치할 것
4. 제어반 및 화재표시반에는 해당회로도 및 취급설명서를 비치할 것

제8조(배관) 할론소화설비의 배관은 다음 각 호의 기준에 따라 설치하여야 한다.
1. 배관은 전용으로 할 것
2. 강관을 사용하는 경우의 배관은 압력배관용탄소강관(KS D 3562)중 스케줄 40 이상의 것 또

는 이와 동등 이상의 강도를 가진 것으로서 아연도금 등에 따라 방식처리된 것을 사용할 것

3. 동관을 사용하는 경우에는 이음이 없는 동 및 동합금관(KS D 5301)의 것으로서 고압식은 16.5MPa 이상, 저압식은 3.75MPa 이상의 압력에 견딜 수 있는 것을 사용할 것
4. 배관부속 및 밸브류는 강관 또는 동관과 동등 이상의 강도 및 내식성이 있는 것으로 할 것

제9조(선택밸브) 하나의 특정소방대상물 또는 그 부분에 2 이상의 방호구역 또는 방호대상물이 있어 할론 저장용기를 공용하는 경우에는 다음 각 호의 기준에 따라 선택밸브를 설치하여야 한다.

1. 방호구역 또는 방호대상물마다 설치할 것
2. 각 선택밸브에는 그 담당방호구역 또는 방호대상물을 표시할 것

제10조(분사헤드) ① 전역방출방식의 할론소화설비의 분사헤드는 다음 각 호의 기준에 따라 설치하여야 한다.

1. 방사된 소화약제가 방호구역의 전역에 균일하게 신속히 확산할 수 있도록 할 것
2. 할론 2402를 방출하는 분사헤드는 해당 소화약제가 무상으로 분무되는 것으로 할 것
3. 분사헤드의 방사압력은 할론 2402를 방사하는 것은 0.1MPa 이상, 할론 1211을 방사하는 것은 0.2MPa 이상, 할론 1301을 방사하는 것은 0.9MPa 이상으로 할 것
4. 제5조에 따른 기준저장량의 소화약제를 10초 이내에 방사할 수 있는 것으로 할 것

② 국소방출방식의 할론소화설비의 분사헤드는 다음 각 호의 기준에 따라 설치하여야 한다.

1. 소화약제의 방사에 따라 가연물이 비산하지 아니하는 장소에 설치할 것
2. 할론 2402를 방사하는 분사헤드는 해당 소화약제가 무상으로 분무되는 것으로 할 것
3. 분사헤드의 방사압력은 할론 2402를 방사하는 것은 0.1MPa 이상, 할론 1211을 방사하는 것은 0.2MPa 이상, 할론1301을 방사하는 것은 0.9MPa 이상으로 할 것
4. 제5조에 따른 기준저장량의 소화약제를 10초 이내에 방사할 수 있는 것으로 할 것

③ 화재 시 현저하게 연기가 찰 우려가 없는 장소로서 다음 각 호의 어느 하나에 해당하는 장소는 호스릴할론소화설비를 설치할 수 있다.

1. 지상 1층 및 피난층에 있는 부분으로서 지상에서 수동 또는 원격조작에 따라 개방할 수 있는 개구부의 유효면적의 합계가 바닥면적의 15% 이상이 되는 부분
2. 전기설비가 설치되어 있는 부분 또는 다량의 화기를 사용하는 부분(해당 설비의 주위 5m 이내의 부분을 포함한다)의 바닥면적이 해당 설비가 설치되어 있는 구획의 바닥면적의 5분의 1 미만이 되는 부분

④ 호스릴할론소화설비는 다음 각 호의 기준에 따라 설치하여야 한다.

1. 방호대상물의 각 부분으로부터 하나의 호스접결구까지의 수평거리가 20m 이하가 되도록 할 것
2. 소화약제의 저장용기의 개방밸브는 호스릴의 설치장소에서 수동으로 개폐할 수 있는 것으로 할 것
3. 소화약제의 저장용기는 호스릴을 설치하는 장소마다 설치할 것

4. 노즐은 20℃에서 하나의 노즐마다 1분당 다음 표에 따른 소화약제를 방사할 수 있는 것으로 할 것

소화약제의 종별	1분당 방사하는 소화약제의 양
할론 2402	45kg
할론 1211	40kg
할론 1301	35kg

5. 소화약제 저장용기의 가까운 곳의 보기 쉬운 곳에 적색의 표시등을 설치하고, 호스릴할론소화설비가 있다는 뜻을 표시한 표지를 할 것

⑤ 할론소화설비의 분사헤드의 오리피스구경·방출율·크기 등에 관하여는 다음 각 호의 기준에 따라야 한다.
  1. 분사헤드에는 부식방지조치를 하여야 하며 오리피스의 크기, 제조일자, 제조업체가 표시되도록 할 것
  2. 분사헤드의 개수는 방호구역에 방사시간이 충족되도록 설치할 것
  3. 분사헤드의 방출율 및 방출압력은 제조업체에서 정한 값으로 할 것
  4. 분사헤드의 오리피스의 면적은 분사헤드가 연결되는 배관구경 면적의 70%를 초과하지 아니할 것

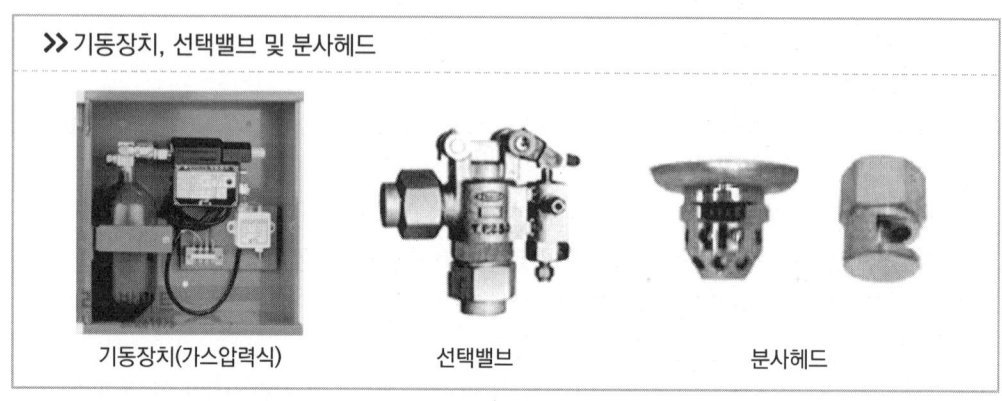

》 기동장치, 선택밸브 및 분사헤드

기동장치(가스압력식) 선택밸브 분사헤드

제11조(자동식 기동장치의 화재감지기) 할론소화설비의 자동식 기동장치는 다음 각 호의 기준에 따른 화재감지기를 설치하여야 한다.
  1. 각 방호구역 내의 화재감지기의 감지에 따라 작동되도록 할 것
  2. 화재감지기의 회로는 교차회로방식으로 설치할 것. 다만, 화재감지기를 「자동화재탐지설비의 화재안전기준(NFSC 203)」 제7조제1항 단서의 각 호의 감지기로 설치하는 경우에는 그러하지 아니하다.
  3. 교차회로 내의 각 화재감지기회로별로 설치된 화재감지기 1개가 담당하는 바닥면적은 「자동화재탐지설비의 화재안전기준(NFSC 203)」 제7조제3항제5호·제8호부터 제10호까지의 기준에 따른 바닥면적으로 할 것

제12조(음향경보장치) ① 할론소화설비의 음향경보장치는 다음 각 호의 기준에 따라 설치하여야 한다.
1. 수동식 기동장치를 설치한 것은 그 기동장치의 조작과정에서, 자동식 기동장치를 설치한 것은 화재감지기와 연동하여 자동으로 경보를 발하는 것으로 할 것
2. 소화약제의 방사개시 후 1분 이상 경보를 계속할 수 있는 것으로 할 것
3. 방호구역 또는 방호대상물이 있는 구획 안에 있는 자에게 유효하게 경보할 수 있는 것으로 할 것

② 방송에 따른 경보장치를 설치할 경우에는 다음 각 호의 기준에 따라야 한다.
1. 증폭기 재생장치는 화재시 연소의 우려가 없고, 유지관리가 쉬운 장소에 설치할 것
2. 방호구역 또는 방호대상물이 있는 구획의 각 부분으로부터 하나의 확성기까지의 수평거리는 25m 이하가 되도록 할 것
3. 제어반의 복구스위치를 조작하여도 경보를 계속 발할 수 있는 것으로 할 것

제13조(자동폐쇄장치) 전역방출방식의 할론소화설비를 설치한 특정소방대상물 또는 그 부분에 대하여는 다음 각 호의 기준에 따라 자동폐쇄장치를 설치하여야 한다.
1. 환기장치를 설치한 것은 할론이 방사되기 전에 해당 환기장치가 정지할 수 있도록 할 것
2. 개구부가 있거나 천장으로부터 1m 이상의 아래부분 또는 바닥으로부터 해당층의 높이의 3분의 2 이내의 부분에 통기구가 있어 할론의 유출에 따라 소화효과를 감소시킬 우려가 있는 것은 할론이 방사되기 전에 당해 개구부 및 통기구를 폐쇄할 수 있도록 할 것
3. 자동폐쇄장치는 방호구역 또는 방호대상물이 있는 구획의 밖에서 복구할 수 있는 구조로 하고, 그 위치를 표시하는 표지를 할 것

[참고] 할론소화설비의 자동폐쇄장치(CO_2 소화설비의 자동폐쇄장치 p.289 참조)

제14조(비상전원) 할론소화설비(호스릴할론소화설비를 제외한다)의 비상전원은 자가발전설비, 축전지설비(제어반에 내장하는 경우를 포함한다)또는 전기저장장치(외부 전기에너지를 저장해 두었다가 필요한 때 전기를 공급하는 장치)로서 다음 각 호의 기준에 따라 설치하여야 한다. 다만, 2 이상의 변전소(「전기사업법」제67조에 따른 변전소를 말한다. 이하 같다)에서 전력을 동시에 공급받을 수 있거나 하나의 변전소로부터 전력의 공급이 중단되는 때에는 자동으로 다른 변전소로부터 전력을 공급받을 수 있도록 상용전원을 설치한 경우에는 비상전원을 설치하지 아니할 수 있다.
1. 점검에 편리하고 화재 및 침수 등의 재해로 인한 피해를 받을 우려가 없는 곳에 설치할 것
2. 할론소화설비를 유효하게 20분 이상 작동할 수 있어야 할 것
3. 상용전원으로부터 전력의 공급이 중단된 때에는 자동으로 비상전원으로부터 전력을 공급받을 수 있도록 할 것
4. 비상전원의 설치장소는 다른 장소와 방화구획 할 것. 이 경우 그 장소에는 비상전원의 공급에 필요한 기구나 설비외의 것(열병합발전설비에 필요한 기구나 설비는 제외한다)을 두어서는 아니 된다.
5. 비상전원을 실내에 설치하는 때에는 그 실내에 비상조명등을 설치할 것

제15조(설계프로그램) 할론소화설비를 컴퓨터프로그램을 이용하여 설계할 경우에는 「가스계소화설비의 설계프로그램 성능인증 및 제품검사의 기술기준」에 적합한 설계프로그램을 사용하여야 한다.

제16조(설치·유지기준의 특례) 소방본부장 또는 소방서장은 기존건축물이 증축·개축·대수선되거나 용도변경 되는 경우에 있어서 이 기준이 정하는 기준에 따라 해당 건축물에 설치하여야 할 할론소화설비의 배관·배선 등의 공사가 현저하게 곤란하다고 인정되는 경우에는 해당 설비의 기능 및 사용에 지장이 없는 범위 안에서 할론소화설비의 설치·유지기준의 일부를 적용하지 아니할 수 있다.

제17조(재검토기한) 소방청장은 「훈령·예규 등의 발령 및 관리에 관한 규정」에 따라 이 고시에 대하여 2016년 1월 1일을 기준으로 매3년이 되는 시점(매 3년째의 12월 31일까지를 말한다)마다 그 타당성을 검토하여 개선 등의 조치를 하여야 한다.

부칙

〈제2018-16호, 2018. 11. 19.〉

제1조(시행일) 이 고시는 발령한 날부터 시행한다.

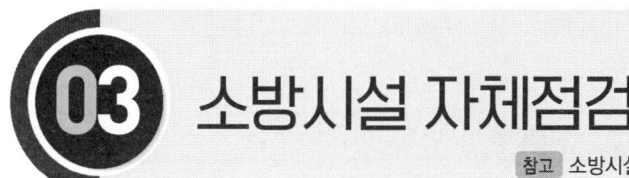

03 소방시설 자체점검

참고 소방시설 자체점검사항 등에 관한 고시, 한국소방안전원

✅ 소방시설 작동기능점검표 작성 예시

1 점검 전 준비사항
1) 점검장소의 협의나 협조 받을 건물 관계인 등 연락처를 사전 확보
2) 점검의 목적과 필요성에 대하여 건물 관계인에게 사전 안내 및 협의
3) 음향장치 및 각 실별 방문점검 사항을 공지하여 협조 요청

2 현장확인
1) 현장 시설물의 도면 등을 이용하여 설비의 개요 및 설치위치 등을 파악한다.
2) 점검사항을 토대로 점검순서를 계획하고 점검장비 및 공구를 준비한다.
3) 기존의 점검자료 및 조치결과가 있다면 점검 전 참고
4) 점검과 관련된 각종 법규 및 기준 등의 기술기준 등 규정사항을 준비하고 숙지한다.

3 점검표 작성을 위한 준비물

1) **소방시설등 작동기능점검 실시결과 보고서**
   화재예방, 소방시설 설치·유지 및 안전관리에 관한 법률 시행규칙 별지 서식

2) **소방시설등 작동기능 점검표**
   소방시설 자체점검사항 등에 관한 고시 서식

3) **건축물대장**
   건축물대장/소방도면 및 소방시설 현황/소방계획서 등

4) **점검에 필요한 장비**

소방시설	장비	규격
공통시설	방수압력측정계, 절연저항계, 전류전압측정계	
이산화탄소소화설비, 분말·할론소화설비, 할로겐화합물 및 불활성기체소화설비	검량계, 기동관누설시험기	

5) **자체점검 후 결과 조치(소방시설법 시행규칙 제19조)**
   (1) 작동기능점검 : 작동기능점검을 실시한 경우 7일 이내에 작동기능점검 실시결과 보고서를 소방본부장 또는 소방서장에게 제출하여야 한다.
   (2) 종합정밀점검 : 종합정밀점검을 실시한 경우 7일 이내에 종합정밀점검 실시결과 보고서를 소방본부장 또는 소방서장에게 제출하여야 한다.
   ▶ 소방시설관리업자는 점검을 실시한 경우 점검이 끝난 날부터 10일 이내에 소방시설관리업자에 대한 평가 등에 관한 업무를 위탁받은 평가기관에 통보하여야 한다.

10. 할론소화설비 점검표

(1면)

번호	점검항목	점검결과
10-A. 저장용기		
10-A-001	● 설치장소 적정 및 관리 여부	
10-A-002	○ 저장용기 설치장소 표지 설치상태 적정 여부	
10-A-003	● 저장용기 설치 간격 적정 여부	
10-A-004	○ 저장용기 개방밸브 자동·수동 개방 및 안전장치 부착 여부	
10-A-005	● 저장용기와 집합관 연결배관 상 체크밸브 설치 여부	
10-A-006	● 저장용기와 선택밸브(또는 개폐밸브) 사이 안전장치 설치 여부	
10-A-007	○ 축압식 저장용기의 압력 적정 여부	
10-A-008	● 가압용 가스용기 내 질소가스 사용 및 압력 적정 여부	
10-A-009	● 가압식 저장용기 압력조정장치 설치 여부	
10-B. 소화약제		
10-B-001	○ 소화약제 저장량 적정 여부	
10-C. 기동장치		
10-C-001	○ 방호구역별 출입구 부근 소화약제 방출표시등 설치 및 정상 작동 여부	
	[수동식 기동장치]	
10-C-011	○ 기동장치 부근에 비상스위치 설치 여부	
10-C-012	● 방호구역별 또는 방호대상별 기동장치 설치 여부	
10-C-013	○ 기동장치 설치상태 적정(출입구 부근 등, 높이, 보호장치, 표지, 전원표시등) 여부	
10-C-014	○ 방출용 스위치 음향경보장치 연동 여부	
	[자동식 기동장치]	
10-C-021	○ 감지기 작동과의 연동 및 수동기동 가능 여부	
10-C-022	● 저장용기 수량에 따른 전자 개방밸브 수량 적정 여부(전기식 기동장치의 경우)	
10-C-023	○ 기동용 가스용기의 용적, 충전압력 적정 여부(가스압력식 기동장치의 경우)	
10-C-024	● 기동용 가스용기의 안전장치, 압력게이지 설치 여부(가스압력식 기동장치의 경우)	
10-C-025	● 저장용기 개방구조 적정 여부(기계식 기동장치의 경우)	
10-D. 제어반 및 화재표시반		
10-D-001	○ 설치장소 적정 및 관리 여부	
10-D-002	○ 회로도 및 취급설명서 비치 여부	
	[제어반]	
10-D-011	○ 수동기동장치 또는 감지기 신호 수신 시 음향경보장치 작동 기능 정상 여부	
10-D-012	○ 소화약제 방출·지연 및 기타 제어 기능 적정 여부	
10-D-013	○ 전원표시등 설치 및 정상 점등 여부	
	[화재표시반]	
10-D-021	○ 방호구역별 표시등(음향경보장치 조작, 감지기 작동), 경보기 설치 및 작동 여부	
10-D-022	○ 수동식 기동장치 작동표시 표시등 설치 및 정상 작동 여부	
10-D-023	○ 소화약제 방출표시등 설치 및 정상 작동 여부	

(2면)

번호	점검항목	점검결과
10-D-024	● 자동식기동장치 자동·수동 절환 및 절환표시등 설치 및 정상 작동 여부	
10-E. 배관 등		
10-E-001	○ 배관의 변형·손상 유무	
10-F. 선택밸브		
10-F-001	● 선택밸브 설치 기준 적합 여부	
10-G. 분사헤드		
10-G-001 10-G-002	[전역방출방식] ○ 분사헤드의 변형·손상 유무 ● 분사헤드의 설치위치 적정 여부	
10-G-011 10-G-012	[국소방출방식] ○ 분사헤드의 변형·손상 유무 ● 분사헤드의 설치장소 적정 여부	
10-G-021 10-G-022 10-G-023	[호스릴방식] ● 방호대상물 각 부분으로부터 호스접결구까지 수평거리 적정 여부 ○ 소화약제저장용기의 위치표시등 정상 점등 및 표지 설치상태 적정 여부 ● 호스릴소화설비 설치장소 적정 여부	
10-H. 화재감지기		
10-H-001 10-H-002 10-H-003	○ 방호구역별 화재감지기 감지에 의한 기동장치 작동 여부 ● 교차회로(또는 NFSC 203 제7조제1항 단서 감지기) 설치 여부 ● 화재감지기별 유효 바닥면적 적정 여부	
10-I. 음향경보장치		
10-I-001 10-I-002 10-I-003	○ 기동장치 조작 시(수동식-방출용스위치, 자동식-화재감지기) 경보 여부 ○ 약제 방사 개시(또는 방출 압력스위치 작동) 후 경보 적정 여부 ● 방호구역 또는 방호대상물 구획 안에서 유효한 경보 가능 여부	
10-I-011 10-I-012 10-I-013	[방송에 따른 경보장치] ● 증폭기 재생장치의 설치장소 적정 여부 ● 방호구역·방호대상물에서 확성기 간 수평거리 적정 여부 ● 제어반 복구스위치 조작 시 경보 지속 여부	
10-J. 자동폐쇄장치		
10-J-001 10-J-002 10-J-003	○ 환기장치 자동정지 기능 적정 여부 ○ 개구부 및 통기구 자동폐쇄장치 설치 장소 및 기능 적합 여부 ● 자동폐쇄장치 복구장치 및 위치표지 설치상태 적정 여부	
10-K. 비상전원		
10-K-001 10-K-002 10-K-003	● 설치장소 적정 및 관리 여부 ○ 자가발전설비인 경우 연료 적정량 보유 여부 ○ 자가발전설비인 경우「전기사업법」에 따른 정기점검 결과 확인	

(3면)

※ 약제저장량 점검리스트

설치위치	용기 No.	실내 온도(℃)	약제높이 (cm)	충전량 (kg)	손실량 (kg)	점검 결과	비고
							※ 약제량 손실 5% 초과 시 불량으로 판정합니다.

할로겐화합물 및 불활성기체 소화설비의 화재안전기준

[시행 2018. 11. 19.]
[소방청고시 제2018-17호, 2018. 11. 19., 일부개정.]

01 개요

NFSC 107A

1 질의회신 및 핵심사항 분석

	질의회신	참고 소방청 질의회신집
설치기준 (제2조)	Q 물분무등소화설비 설치관련[소방제도팀 - 265 2007.04.09] : 연면적 1,382.61m²로서 주용도가 자동차 관련시설로서 근린생활시설과 같이 설치될 경우 물분무등소화설비의 적용여부?	
	A 「화재예방, 소방시설 설치·유지 및 안전관리에 관한 법률 시행령」 별표2 제30호 "복합건축물"로 보아 복합건축물에 설치하는 소방시설을 적용하여 설치하여야 함	
	Q 발전기실 물분무등소화설비 설치여부[소방제도팀 - 374 2007.5.8] : 난연케이블(TFR-CV)만을 사용한 발전실(지상1층, 485.6m²)에 발전기 병렬운전반(판넬 내부에 설치된 일반 제어전선 보호)을 설치하였을 경우 물분무소화설비 설치여부?	
	A 가연성 피복을 사용하지 아니한 전선 및 케이블을 설치한 발전실은 물분무등소화설비 설치를 제외하도록 규정되어 있으므로 설치대상에 해당하지 아니함	
	Q 발전기실 물분무등소화설비 설치여부[소방제도과 - 407 - 2010.1.29] : 전기실을 경유하지 않고 발전기실을 출입할 수 있는 구조이며 전기실과 발전기실이 각각 방화구획 되어 있는 경우 2개의 실을 하나의 실로 보아 물분무소화설비를 설치하여야 하는지 여부?	
	A 전기실 경유여부 관계없이 전기실과 발전기실이 각각 방화구획되어 있고 각각의 바닥면적이 300m² 미만의 경우에는 물분무등소화설비 설치의무는 없음	
기동장치 (제8조)	Q 「할론소화설비의 화재안전기준」 제6조제2항에 기동용 가스용기의 용적은 1L 이상으로 하고 당해 용기에 저장하는 이산화탄소의 양은 0.6kg 이상으로 하며, 충전비는 1.5 이상으로 한다고 나와 있지만, 「할로겐화합물 및 불활성기체소화설비의 화재안전기준」에는 기동용가스용기에 대한 별다른 내용이 없음	
	A 할로겐화합물 및 불활성기체소화설비의 기동용기는 할론소화설비의 기동용기에 준하여 설치하면 됨	
배관 (제10조)	Q 할로겐화합물소화설비의 배관은 형행 기준상 압력배관용 탄소강관(KS D 3562) 중 스케줄 40 이상의 것을 사용하도록 하였으며, 배관부속 및 밸브류도 강관과 동등 이상의 강도 및 내식성이 있는 것을 사용하도록 하였는데 동등 이상의 강도에서 압력기준은 무엇인지?	
	A 할로겐화합물소화설비에 사용되는 배관부속 및 밸브류에 대한 압력기준은 선택밸브를 기준으로 1차측(저장용기 → 선택밸브)과 2차측(선택밸브 → 방출헤드)으로 통상 구분하고 있음 동 설비의 시스템 구조원리상 1차측과 2차측에 배관내 마찰손실 등에 의한 압력차이가 다소 있지만, 일반적으로 저장용기의 방출 내압에 견딜 수 있도록 하는 것이 바람직합니다. 아울러 최고사용압력에 따른 플랜지는 KS 규격 참고 바람	

	핵심사항	참고 기출문제
저장용기 등	• 이산화탄소저장용기, 기동용가스용기 가스량 산정(점검)방법 • 할로겐화합물 및 불활성기체소화설비의 "저장용기"의 점검항목	
약제 및 기타	• 할로겐화합물소화설비 소화약제 방사시간의 약제량 계산 • 할로겐화합물소화약제 HCFC Blend A 화학식과 조성비 • 불활성기체 소화약제의 소화약제별 선형상수, 약제량, 산출식 • 개구부 자동폐쇄장치의 종합정밀점검항목 • 배관의 최대허용응력 및 두께 산출 • HFC-23 소화약제 및 IG-100 소화약제 저장량, 저장용기수 • 제조소 IG-100, IG-55, IG-541 약제량, 안전조치사항 및 화학식	
Key point	• ODP와 GWP, 할로겐화합물 및 불활성기체의 상품명, 주된 소화원리 • 용어 정의(할로겐화합물소화약제, 불활성기체소화약제) • 할로겐화합물 및 불활성기체소화설비의 수동식 기동장치 • 배관의 설치기준[배관의 두께, 최대허용능력(SE), 배관접속]	

2 시스템의 해설

할로겐화합물 및 불활성기체소화설비는 전역방출방식에서 적응성은 할론소화설비와 유사하며, 사용제한 대상은 제3류 위험물(자연발화성 및 금수성물질)과 제5류 위험물(자기반응성물질)로 규제하고 있는 가스계소화설비이다.

1) 소방용품(소방시설법 시행령 제6조)

소화설비를 구성하는 제품 또는 기기는 ① 별표 1 제1호가목의 소화기구(소화약제 외의 것을 이용한 간이소화용구는 제외한다), ② 별표 1 제1호나목의 자동소화장치, ③ 소화설비를 구성하는 소화전, 관창(菅槍), 소방호스, 스프링클러헤드, 기동용 수압개폐장치, 유수제어밸브 및 가스관선택밸브 등이 있으며, 소화설비의 제품검사(형식승인 및 성능인증) 대상 품목은 ① 법 제36조제1항 본문에서 "대통령령으로 정하는 소방용품" ② 규칙 제15조제1항 본문에서 "행정안전부령으로 정하는 소방용품" ③ 규칙 제15조 및 별표 7 제22호에 따른 "소방청장이 고시하는 소방용품" 등으로 구분되고 소방용품은 제품검사를 받아 합격한 제품을 사용하여야 한다.

2) 용어 해설

(1) 화재안전기준에 따른 할로겐화합물 및 불활성기체소화설비의 사용제한

화재안전기준에 따른 할로겐화합물 및 불활성기체소화설비의 사용제한은 제3류 위험물(자연발화성 및 금수성물질) 중 니트로셀룰로오스·셀룰로이드 제품 등 자기연소성물질을 저장·취급하는 장소와 제5류 위험물(자기반응성물질)중 나트륨·칼륨·칼슘 등 활성금속물질을 저장·취급하는 장소로 대상하여 규제하고 있다. 「이산화탄소소화설비의 화재안전기준」제

11조(분사헤드의 설치제외)에 따라 헤드의 설치를 제외하는 경우도 유사하다.

(2) 별도 독립방식(제6조제3항)

할론소화설비의 화재안전기준에 따라 하나의 구역을 담당하는 소화약제저장용기의 소화약제량의 체적합계보다 그 소화약제 방출시 방출경로가 되는 배관(집합관 포함)의 내용적이 1.5배 이상일 경우에는 해당방호구역에 대한 설비는 별도독립방식으로 하여야 한다.

〈별도독립방식으로 하는 경우〉

$$\frac{저장용기1병당\ 저장량[kg/병] \times 병수[병]}{소화약제의\ 밀도\rho[kg/m^3]} \times 1.5 \leq 배관의\ 내용적[m^3](집합관\ 포함)$$

(3) 약제별 소화원리

청정소화약제는 할로겐화합물약제와 불활성 기체약제로 분류할 수 있다. 할로겐화합물약제는 불활성 기체약제와 비교하여 상대적 저농도로 방사하는 약제이며, 불활성 기체는 할로겐화합물약제와 비교하여 상대적 고농도로 장기간 방사하는 약제이다.

① 할로겐화합물소화약제

할로겐화합물 계열의 오존층 파괴 원인물질인 브롬(Br) 대신 불소(F)를 주로 사용하며 부촉매역할이 매우 낮다. 그러나, 소화약제 방사 시 액상으로 저장된 약제가 기화하면서 분해 시 열흡수를 이용하여 열을 탈취하게 되어 냉각소화에 의한 물리적 소화를 한다.

② 불활성 기체소화약제

불활성 기체 계열(IG-541, IG-100, IG-55, IG-01)은 질소(N_2)나 아르곤(Ar)을 주성분으로 하며, 실내의 산소농도가 연소한계농도 이하가 되는 질식소화로 화재를 소화시키게 되는 물리적 소화를 한다.

(4) 소화약제의 환경지수(할론소화설비 용어해설 참고)

02 화재안전기준 (2018. 11. 19 기준 원문)

NFSC 107A

제1조(목적) 이 기준은 「화재예방, 소방시설 설치·유지 및 안전관리에 관한 법률」 제9조제1항에 따라 소방청장에게 위임한 사항 중 물분무등소화설비인 할로겐화합물 및 불활성기체소화설비의 설치유지 및 안전관리에 관하여필요한 사항을 규정함을 목적으로 한다.

> ### 🚨 POINT 시스템 및 안전관리
>
> 소화설비의 설치목적은 물 그 밖의 소화약제를 사용하여 소화하는 설비로서 특정소방대상물에서 화재가 발생한 경우 연소생성물(열, 연기, 불꽃 등)에 의한 화재의 초기소화, 연소제어 및 연소확대방지를 위하여 사용하며, 평상시에는 관계인에 의한 화재 예방을 위하여 정기적으로 점검하는 소방설비이다.
>
> ※ 물분무등소화설비에는 물분무·미분무·포·이산화탄소·할론·할로겐화합물 및 불활성기체·분말·강화액·고체에어로졸 등이 있다.(시행령 별표1)
>
> 1. 할로겐화합물 및 불활성기체소화설비는 할로겐화합물 계열(F, Cl, Br, I) 원소를 포함하고 있는 유기화합물을 기본성분으로 하는 소화약제로 냉각소화에 의한 물리적 소화, 불활성기체 계열(He, Ne, Ar, N_2) 원소를 기본성분으로 하는 소화약제로 질식소화에 의한 물리적 소화설비이다. 소화설비의 구성은 이산화탄소소화설비와 유사한 설비이며, 전기적 비전도성, 휘발성, 증발 후 잔여물이 남지 않는 설비이다.
>
>   ※ 화재안전기준에 따른 할로겐화합물 및 불활성기체소화설비의 사용장소 제한은 할론소화설비의 사용장소 제한(방제실·제어실 등 사람이 상시 근무하는 장소 또는 전시장 등의 관람을 위하여 다수인이 출입통행하는 통로 및 전시실 등)과 유사하다.
>
> 2. 시스템을 구성하고 있는 소화설비는 「소방시설공사업법」의 소방시설공사 등의 품질과 안전이 확보되도록 시공되어야 하고, 소방기술의 관리에 필요한 화재안전기준에 적합하게 설계도서·시방서가 작성되어 성실하게 수행되어야 한다. 또한 「화재예방, 소방시설 설치·유지 및 안전관리에 관한 법률(이하 "소방시설법")」에 의한 소방용품의 제조 및 수입하려는 제품에 대하여 제품검사를 수행하고, 특정소방대상물의 관계인을 통하여 소방대상물의 안전관리가 이행되어야 한다.

제2조(적용범위) 「화재예방, 소방시설 설치·유지 및 안전관리에 관한 법률 시행령」(이하 "영"이라 한다) 별표 5 제1호바목에 따른 물분무등소화설비 중 할로겐화합물 및 불활성기체소화설비는 이 기준에서 정하는 규정에 따라 설비를 설치하고 유지·관리하여야 한다.

POINT

1 특정소방대상물의 설치기준(별표 5 물분무등소화설비)

소방시설	적용기준	설치대상
물분무등소화설비(위험물 저장 및 처리시설 중 가스시설 또는 지하구는 제외한다)	1. 항공기 및 자동차 관련 시설 중 항공기격납고	전부
	2. 차고, 주차용 건축물 또는 철골 조립식 주차시설 연면적	800m² 이상
	3. 건축물 내부에 설치된 차고 또는 주차장으로서 차고 또는 주차의 용도로 사용되는 부분의 바닥면적	200m² 이상인 층
	4. 기계장치에 의한 주차시설	
	5. 특정소방대상물에 설치된 전기실·발전실·변전실(가연성 절연유를 사용하지 않는 변압기·전류차단기 등의 전기기기와 가연성 피복을 사용하지 않은 전선 및 케이블만을 설치한 전기실·발전실 및 변전실은 제외한다)·축전지실·통신기기실 또는 전산실, 그 밖에 이와 비슷한 것으로서 바닥면적[하나의 방화구획 내에 둘 이상의 실(室)이 설치되어 있는 경우에는 이를 하나의 실로 보아 바닥면적을 산정한다]. 다만, 내화구조로 된 공정제어실 내에 설치된 주조정실로서 양압시설이 설치되고 전기기기에 220볼트 이하인 저전압이 사용되며 종업원이 24시간 상주하는 곳은 제외한다.	300m² 이상
	6. 소화수를 수집·처리하는 설비가 설치되어 있지 않은 중·저준위방사성폐기물의 저장시설. 다만, 이 경우에는 이산화탄소소화설비, 할론소화설비 또는 할로겐화합물 및 불활성기체 소화설비 설치	전부
	7. 지하가 중 예상 교통량, 경사도 등 터널의 특성을 고려하여 행정안전부령으로 정하는 터널. 다만, 이 경우에는 물분무소화설비를 설치	전부
	8. 「문화재보호법」제2조제3항제1호 및 제2호에 따른 지정문화재 중 소방청장이 문화재청장과 협의하여 정하는 것	전부

※ 물분무등소화설비는 물분무·미분무·포·이산화탄소·할론·할로겐화합물 및 불활성기체·분말·강화액·고체에어로졸 등 소화설비로 분류한다.

2 소방시설의 설치 면제기준

1. (별표 6) 소방시설 설치 면제기준
옥내소화전설비는 소방본부장 또는 소방서장이 물분무등소화설비를 설치하여야 하는 차고·주차장에 스프링클러설비를 화재안전기준에 적합하게 설치한 경우에는 그 설비의 유효범위에서 설치가 면제된다.

2. (별표 7) 소방시설을 설치하지 않을 수 있는 특정소방대상물 및 소방시설 범위

구분	특정소방대상물	소방시설
1. 화재 위험도가 낮은 특정소방대상물	「소방기본법」 제2조제5호에 따른 소방대(消防隊)가 조직되어 24시간 근무하고 있는 청사 및 차고	옥내소화전설비, 스프링클러설비, 물분무등소화설비, 비상방송설비, 피난기구, 소화용수설비, 연결송수관설비, 연결살수설비

제3조(정의) 이 기준에서 사용하는 용어의 정의는 다음과 같다.

1. "할로겐화합물 및 불활성기체소화약제"란 할로겐화합물(할론 1301, 할론 2402, 할론 1211 제외) 및 불활성기체로서 전기적으로 비전도성이며 휘발성이 있거나 증발 후 잔여물을 남기지 않는 소화약제를 말한다.
2. "할로겐화합물소화약제"란 불소, 염소, 브롬 또는 요오드 중 하나 이상의 원소를 포함하고 있는 유기화합물을 기본성분으로 하는 소화약제를 말한다.
3. "불활성기체소화약제"란 헬륨, 네온, 아르곤 또는 질소가스 중 하나 이상의 원소를 기본성분으로 하는 소화약제를 말한다.
4. "충전밀도"란 용기의 단위용적당 소화약제의 중량의 비율을 말한다.
5. "방화문"이란 「건축법 시행령」 제64조에 따른 갑종방화문 또는 을종방화문으로써 언제나 닫힌 상태를 유지하거나 화재로 인한 연기의 발생 또는 온도의 상승에 따라 자동적으로 닫히는 구조를 말한다.

> **법령정보(건축법 시행령 제64조)**
>
> 제64조(방화문의 구분) ① 방화문은 다음 각 호와 같이 구분한다.
>   1. 60분+ 방화문 : 연기 및 불꽃을 차단할 수 있는 시간이 60분 이상이고, 열을 차단할 수 있는 시간이 30분 이상인 방화문
>   2. 60분 방화문 : 연기 및 불꽃을 차단할 수 있는 시간이 60분 이상인 방화문
>   3. 30분 방화문 : 연기 및 불꽃을 차단할 수 있는 시간이 30분 이상 60분 미만인 방화문
> ② 제1항 각 호의 구분에 따른 방화문 인정 기준은 국토교통부령으로 정한다.[전문개정 2020. 10. 8.][시행일 : 2021. 8. 7.] 제64조

제4조(종류) 소화설비에 적용되는 할로겐화합물 및 불활성기체소화약제는 다음 표에서 정하는 것에 한한다.

소화약제	화학식
퍼플루오로부탄(이하 "FC - 3 - 1 - 10"이라 한다.)	C4F10
하이드로클로로플루오로카본혼화제(이하 "HCFC BLEND A"라 한다.) 관설14	HCFC - 123($CHCl_2CF_3$) : 4.75% HCFC - 22($CHClF_2$) : 82% HCFC - 124($CHClFCF_3$) : 9.5% $C_{10}H_{16}$: 3.75%
클로로테트라플루오르에탄(이하 "HCFC - 124"라 한다.)	$CHClFCF_3$
펜타플루오로에탄(이하 "HFC - 125"라 한다.)	CHF_2CF_3
헵타플루오로프로판(이하 "HFC - 227ea"라 한다.)	CF_3CHFCF_3
트리플루오로메탄(이하 "HFC - 23"라 한다.)	CHF_3
헥사플루오로프로판(이하 "HFC - 236fa"라 한다.)	$CF_3CH_3CF_3$
트리플루오로이오다이드(이하 "FIC - 21311"라 한다.)	CF_3I
불연성 · 불활성기체혼합가스(이하 "IG - 01"이라 한다.)	Ar
불연성 · 불활성기체혼합가스(이하 "IG - 100"이라 한다.)	N_2
불연성 · 불활성기체혼합가스(이하 "IG - 541"이라 한다.)	N_2 : 52%, Ar : 40%, CO_2 : 8%
불연성 · 불활성기체혼합가스(이하 "IG - 55"이라 한다.)	N_2 : 50%, Ar : 50%
도데카플루오로 - 2 - 메틸펜탄 - 3 - 원(이하"FK - 5 - 1 - 12"이라 한다.) 술100(10)	$CF_3CF_2C(O)CF(CF_3)_2$

제5조(설치제외) 할로겐화합물 및 불활성기체소화설비는 다음 각 호에서 정한 장소에는 설치할 수 없다.

1. 사람이 상주하는 곳으로써 제7조제2항의 최대허용설계농도를 초과하는 장소
2. 「위험물안전관리법 시행령」 별표 1의 제3류위험물 및 제5류위험물을 사용하는 장소. 다만, 소화성능이 인정되는 위험물은 제외한다.

제6조(저장용기) ① 할로겐화합물 및 불활성기체소화약제의 저장용기는 다음 각 호의 기준에 적합한 장소에 설치하여야 한다.

1. 방호구역외의 장소에 설치할 것. 다만, 방호구역 내에 설치할 경우에는 피난 및 조작이 용이하도록 피난구 부근에 설치하여야 한다.
2. 온도가 55℃ 이하이고 온도의 변화가 작은 곳에 설치할 것
3. 직사광선 및 빗물이 침투할 우려가 없는 곳에 설치할 것
4. 저장용기를 방호구역 외에 설치한 경우에는 방화문으로 구획된 실에 설치할 것
5. 용기의 설치장소에는 해당 용기가 설치된 곳임을 표시하는 표지를 할 것
6. 용기간의 간격은 점검에 지장이 없도록 3cm 이상의 간격을 유지할 것

7. 저장용기와 집합관을 연결하는 연결배관에는 체크밸브를 설치할 것. 다만, 저장용기가 하나의 방호구역만을 담당하는 경우에는 그러하지 아니하다.

② 할로겐화합물 및 불활성기체소화약제의 저장용기는 다음 각 호의 기준에 적합하여야 한다.
  1. 저장용기의 충전밀도 및 충전압력은 별표 1에 따를 것
  2. 저장용기는 약제명ㆍ저장용기의 자체중량과 총중량ㆍ충전일시ㆍ충전압력 및 약제의 체적을 표시할 것
  3. 집합관에 접속되는 저장용기는 동일한 내용적을 가진 것으로 충전량 및 충전압력이 같도록 할 것
  4. 저장용기에 충전량 및 충전압력을 확인할 수 있는 장치를 하는 경우에는 해당 소화약제에 적합한 구조로 할 것
  5. 저장용기의 약제량 손실이 5%를 초과하거나 압력손실이 10%를 초과할 경우에는 재충전하거나 저장용기를 교체할 것. 다만, 불활성기체 소화약제 저장용기의 경우에는 압력손실이 5%를 초과할 경우 재충전하거나 저장용기를 교체하여야 한다.

③ 하나의 방호구역을 담당하는 저장용기의 소화약제의 체적합계보다 소화약제의 방출시 방출경로가 되는 배관(집합관을 포함한다)의 내용적의 비율이 할로겐화합물 및 불활성기체소화약제 제조업체(이하 "제조업체"라 한다)의 설계기준에서 정한 값 이상일 경우에는 해당 방호구역에 대한 설비는 별도 독립방식으로 하여야 한다.

제7조(소화약제량의 산정) ① 소화약제의 저장량은 다음 각 호의 기준에 따른다.
  1. 할로겐화합물소화약제는 다음 공식에 따라 산출한 양 이상으로 할 것

  $$W = \frac{V}{S} \times \left(\frac{C}{100-C}\right)$$

  W : 소화약제의 무게[kg]
  V : 방호구역의 체적[m³]
  S : 소화약제별 선형상수 $(K_1 + K_2 \times t)$ [m³/kg]

소화약제	K_1	K_2
〈삭제〉	〈삭제〉	〈삭제〉
FC-3-1-10	0.094104	0.00034455
HCFC BLEND A	0.2413	0.00088
HCFC-124	0.1575	0.0006
HFC-125	0.1825	0.0007
HFC-227ea	0.1269	0.0005
HFC-23	0.3164	0.0012
HFC-236fa	0.1413	0.0006
FIC-1311	0.1138	0.0005
FK-5-1-12	0.0664	0.0002741

  C : 체적에 따른 소화약제의 설계농도[%] → 설계농도 = 소화농도 × 안전계수

2. 불활성기체소화약제는 다음 공식에 따라 산출한 양 이상으로 할 것

$$X = 2.303 \times \left(\frac{V_S}{S}\right) \times \log\left(\frac{100}{100-C}\right)$$

X : 공간체적당 더해진 소화약제의 부피[m³/m³]

S : 소화약제별 선형상수$(K_1 + K_2 \times t)$[m³/kg]

소화약제	K_1	K_2
IG-01	0.5685	0.00208
IG-100	0.7997	0.00293
IG-541	0.65799	0.00239
IG-55	0.6598	0.00242

C : 체적에 따른 소화약제의 설계농도[%] → 설계농도 = 소화농도 × 안전계수

V_S : 20℃에서 소화약제의 비체적[m³/kg]

t : 방호구역의 최소예상온도[℃]

3. 체적에 따른 소화약제의 설계농도(%)는 상온에서 제조업체의 설계기준에서 정한 실험수치를 적용한다. 이 경우 설계농도는 소화농도(%)에 안전계수(A·C급화재 1.2, B급화재 1.3)를 곱한 값으로 할 것

② 제1항의 기준에 의해 산출한 소화약제량은 사람이 상주하는 곳에서는 별표 2에 따른 최대허용설계농도를 초과할 수 없다.

③ 방호구역이 둘 이상인 장소의 소화설비가 제6조제3항의 기준에 해당하지 않는 경우에 한하여 가장 큰 방호구역에 대하여 제1항의 기준에 의해 산출한 양 이상이 되도록 하여야 한다.

제8조(기동장치) 할로겐화합물 및 불활성기체소화설비는 다음 각 호의 기준에 따라 설치하여야 한다.

1. 수동식 기동장치는 다음 각 목의 기준에 따라 설치할 것 이 경우 수동식 기동장치의 부근에는 소화약제의 방출을 지연시킬 수 있는 비상스위치(자동복귀형 스위치로서 수동식 기동장치의 타이머를 순간 정치시키는 기능의 스위치를 말한다)를 설치하여야 한다.

　가. 방호구역마다 설치

　나. 해당 방호구역의 출입구부근 등 조작을 하는 자가 쉽게 피난할 수 있는 장소에 설치할 것

　다. 기동장치의 조작부는 바닥으로부터 0.8m 이상 1.5m 이하의 위치에 설치하고, 보호판 등에 따른 보호장치를 설치할 것

　라. 기동장치에는 가깝고 보기 쉬운 곳에 "할로겐화합물 및 불활성기체소화설비 기동장치"라는 표지를 할 것

　마. 전기를 사용하는 기동장치에는 전원표시등을 설치할 것

　바. 기동장치의 방출용스위치는 음향경보장치와 연동하여 조작될 수 있는 것으로 할 것

　사. 5kg 이하의 힘을 가하여 기동할 수 있는 구조로 설치

2. 자동식 기동장치는 자동화재탐지설비의 감지기의 작동과 연동하는 것으로서 다음 각 목의 기준에 따라 설치할 것
   가. 자동식 기동장치에는 제1호의 기준에 따른 수동식 기동장치를 함께 설치할 것
   나. 기계식, 전기식 또는 가스압력식에 따른 방법으로 기동하는 구조로 설치할 것
3. 할로겐화합물 및 불활성기체소화설비가 설치된 구역의 출입구에는 소화약제가 방출되고 있음을 나타내는 표시등을 설치할 것

제9조(제어반등) 할로겐화합물 및 불활성기체소화설비의 제어반 및 화재표시반은 다음 각 호의 기준에 따라 설치하여야 한다. 다만, 자동화재탐지설비의 수신기의 제어반이 화재표시반의 기능을 가지고 있는 것은 화재표시반을 설치하지 아니할 수 있다.
1. 제어반은 수동기동장치 또는 감지기에서의 신호를 수신하여 음향경보장치의 작동, 소화약제의 방출 또는 지연 기타의 제어기능을 가진 것으로 하고, 제어반에는 전원표시등을 설치할 것
2. 화재표시반은 제어반에서의 신호를 수신하여 작동하는 기능을 가진 것으로 하되, 다음 각 목의 기준에 따라 설치할 것
   가. 각 방호구역마다 음향경보장치의 조작 및 감지기의 작동을 명시하는 표시등과 이와 연동하여 작동하는 벨·부저 등의 경보기를 설치할 것. 이 경우 음향경보장치의 조작 및 감지기의 작동을 명시하는 표시등을 겸용 할 수 있다.
   나. 수동식 기동장치는 그 방출용스위치의 작동을 명시하는 표시등을 설치할 것
   다. 소화약제의 방출을 명시하는 표시등을 설치할 것
   라. 자동식 기동장치는 자동·수동의 절환을 명시하는 표시등을 설치할 것
3. 제어반 및 화재표시반의 설치장소는 화재에 따른 영향, 진동 및 충격에 따른 영향 및 부식의 우려가 없고 점검에 편리한 장소에 설치할 것
4. 제어반 및 화재표시반에는 해당 회로도 및 취급설명서를 비치할 것

제10조(배관) ① 할로겐화합물 및 불활성기체소화설비의 배관은 다음 각 호의 기준에 따라 설치하여야 한다.
1. 배관은 전용으로 할 것
2. 배관·배관부속 및 밸브류는 저장용기의 방출내압을 견딜 수 있어야 하며 다음 각 목의 기준에 적합할 것. 이 경우 설계내압은 별표 1에서 정한 최소사용설계압력 이상으로 하여야 한다.
   가. 강관을 사용하는 경우의 배관은 압력배관용탄소강관(KS D 3562) 또는 이와 동등 이상의 강도를 가진 것으로서 아연도금 등에 따라 방식처리된 것을 사용할 것
   나. 동관을 사용하는 경우의 배관은 이음이 없는 동 및 동합금관(KS D 5301)의 것을 사용할 것
   다. 배관의 두께는 다음의 계산식에서 구한 값(t) 이상일 것 다만, 방출헤드 설치부는 제외한다.

   관의 두께(t) : $t = \dfrac{PD}{2SE} + A$

   P : 최대허용압력(kPa)

D : 배관의 바깥지름[mm]
SE : 최대허용압력(kPa)(배관재질 인장강도의 1/4값과 항복점의 2/3값 중에서 적은 값)×배관이음효율×1.2
A : 허용값[mm](헤드설치부분은 제외한다)
　(나사이음 : 나사높이, 절단홈이음 : 홈의 깊이, 용접이음 : 0)
　※ 배관이음효율(이음매 없는 배관 : 1.0, 전기저항 용접재관 : 0.85, 가열맞대기 용접배관 : 0.60)

3. 배관부속 및 밸브류는 강관 또는 동관과 동등 이상의 강도 및 내식성이 있는 것으로 할 것

② 배관과 배관, 배관과 배관부속 및 밸브류의 접속은 나사접합, 용접접합, 압축접합 또는 플랜지접합 등의 방법을 사용하여야 한다.

③ 배관의 구경은 해당 방호구역에 할로겐화합물소화약제는 10초 이내에, 불활성기체소화약제는 A·C급 화재 2분, B급 화재 1분 이내에 방호구역 각 부분에 최소설계농도의 95% 이상 해당하는 약제량이 방출되도록 하여야 한다.

제11조(분사헤드) ① 분사헤드는 다음 각 호의 기준에 따라야 한다.

1. 분사헤드의 설치높이는 방호구역의 바닥으로부터 최소 0.2m 이상 최대 3.7m 이하로 하여야 하며 천장높이가 3.7m를 초과할 경우에는 추가로 다른 열의 분사헤드를 설치할 것. 다만, 분사헤드의 성능인정 범위 내에서 설치하는 경우에는 그러하지 아니하다.
2. 분사헤드의 개수는 방호구역에 제10조제3항을 충족되도록 설치할 것
3. 분사헤드에는 부식방지조치를 하여야 하며 오리피스의 크기, 제조일자, 제조업체가 표시 되도록 할 것

② 분사헤드의 방출율 및 방출압력은 제조업체에서 정한 값으로 한다.

③ 분사헤드의 오리피스의 면적은 분사헤드가 연결되는 배관구경면적의 70%를 초과하여서는 아니 된다.

제12조(선택밸브) 하나의 특정소방대상물 또는 그 부분에 2 이상의 방호구역이 있어 소화약제의 저장용기를 공용하는 경우에 있어서 방호구역마다 선택밸브를 설치하고 선택밸브에는 각각의 방호구역을 표시하여야 한다.

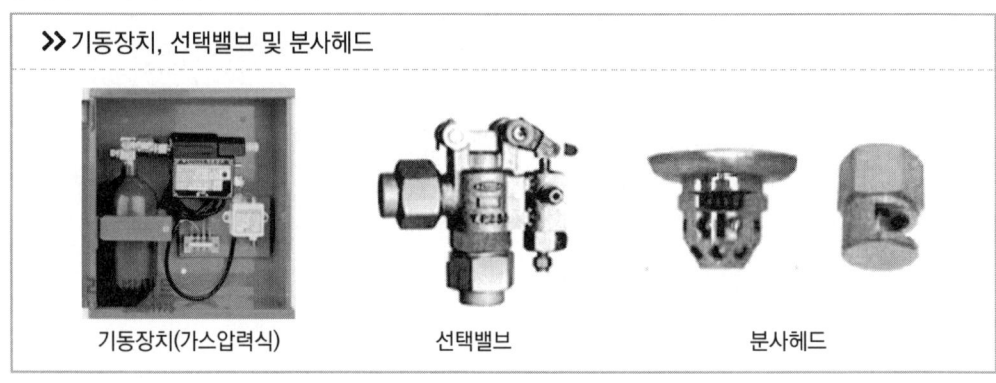

>> 기동장치, 선택밸브 및 분사헤드

기동장치(가스압력식)　　선택밸브　　분사헤드

제13조(자동식기동장치의 화재감지기) 할로겐화합물 및 불활성기체소화설비의 자동식 기동장치는 다음 각 호의 기준에 따른 화재감지기를 설치하여야 한다.
1. 각 방호구역내의 화재감지기의 감지에 따라 작동되도록 할 것
2. 화재감지기의 회로는 교차회로방식으로 설치할 것. 다만, 화재감지기를 「자동화재탐지설비의 화재안전기준(NFSC 203)」 제7조제1항 단서의 각 호의 감지기로 설치하는 경우에는 그러하지 아니하다.
3. 교차회로내의 각 화재감지기회로별로 설치된 화재감지기 1개가 담당하는 바닥면적은 「자동화재탐지설비의 화재안전기준(NFSC 203)」 제7조제3항제5호·제8호부터 제10호까지의 규정에 따른 바닥면적으로 할 것

제14조(음향경보장치) ① 할로겐화합물 및 불활성기체소화설비의 음향경보장치는 다음 각 호의 기준에 따라 설치하여야 한다.
1. 수동식 기동장치를 설치한 것은 그 기동장치의 조작과정에서, 자동식 기동장치를 설치한 것은 화재감지기와 연동하여 자동으로 경보를 발하는 것으로 할 것
2. 소화약제의 방사개시 후 1분 이상 경보를 계속할 수 있는 것으로 할 것
3. 방호구역 또는 방호대상물이 있는 구획 안에 있는 자에게 유효하게 경보할 수 있는 것으로 할 것

② 방송에 따른 경보장치를 설치할 경우에는 다음 각 호의 기준에 따라야 한다.
1. 증폭기 재생장치는 화재 시 연소의 우려가 없고, 유지관리가 쉬운 장소에 설치할 것
2. 방호구역 또는 방호대상물이 있는 구획의 각 부분으로부터 하나의 확성기까지의 수평거리는 25m 이하가 되도록 할 것
3. 제어반의 복구스위치를 조작하여도 경보를 계속 발할 수 있는 것으로 할 것

제15조(자동폐쇄장치) 할로겐화합물 및 불활성기체소화설비를 설치한 특정소방대상물 또는 그 부분에 대하여는 다음 각 호의 기준에 따라 자동폐쇄장치를 설치하여야 한다.
1. 환기장치를 설치한 것은 할로겐화합물 및 불활성기체소화약제가 방사되기 전에 해당 환기장치가 정지할 수 있도록 할 것
2. 개구부가 있거나 천장으로부터 1m 이상의 이격 부분 또는 바닥으로부터 해당층의 높이의 3분의 2 이내의 부분에 통기구가 있어 할로겐화합물 및 불활성기체소화약제의 유출에 따라 소화효과를 감소시킬 우려가 있는 것은 할로겐화합물 및 불활성기체소화약제가 방사되기 전에 당해 개구부 및 통기구를 폐쇄할 수 있도록 할 것
3. 자동폐쇄장치는 방호구역 또는 방호대상물이 있는 구획의 밖에서 복구 할 수 있는 구조로 하고, 그 위치를 표시하는 표지를 할 것

[참고] 할로겐화합물 및 불활성기체소화설비(CO_2 소화설비의 자동폐쇄장치 p.289 참조)

제16조(비상전원) 할로겐화합물 및 불활성기체소화설비의 비상전원은 자가발전설비, 축전지설비(제어반에 내장하는 경우를 포함한다) 또는 전기저장장치(외부 전기에너지를 저장해 두었다가 필요한 때 전기를 공급하는 장치)로서 다음 각 호의 기준에 따라 설치하여야 한다. 다만, 2 이상의 변전소(「전기사업법」제67조에 따른 변전소를 말한다. 이하 같다)에서 전력을 동시에 공급받을 수 있거나 하나의 변전소로부터 전력의 공급이 중단되는 때에는 자동으로 다른 변전소로부터 전력을 공급받을 수 있도록 상용전원을 설치한 경우에는 비상전원을 설치하지 아니할 수 있다.
1. 점검에 편리하고 화재 및 침수 등의 재해로 인한 피해를 받을 우려가 없는 곳에 설치할 것
2. 할로겐화합물 및 불활성기체소화설비를 유효하게 20분 이상 작동할 수 있어야 할 것
3. 상용전원으로부터 전력의 공급이 중단된 때에는 자동으로 비상전원으로부터 전력을 공급받을 수 있도록 할 것
4. 비상전원의 설치장소는 다른 장소와 방화구획 할 것. 이 경우 그 장소에는 비상전원의 공급에 필요한 기구나 설비외의 것(열병합발전설비에 필요한 기구나 설비는 제외한다)을 두어서는 아니 된다.
5. 비상전원을 실내에 설치하는 때에는 그 실내에 비상조명등을 설치할 것

제17조(과압배출구) 할로겐화합물 및 불활성기체소화설비의 방호구역에 소화약제가 방출시 과압으로 인하여 구조물 등에 손상이 생길 우려가 있는 장소에는 과압배출구를 설치하여야한다.

제18조(설계프로그램) 할로겐화합물 및 불활성기체소화설비를 컴퓨터프로그램을 이용하여 설계할 경우에는 「가스계소화설비의 설계프로그램 성능인증 및 제품검사의 기술기준」에 적합한 설계프로그램을 사용하여야 한다.

제19조(설치·유지기준의 특례) 소방본부장 또는 소방서장은 기존건축물이 증축·개축·대수선되거나 용도변경 되는 경우에 있어서 이 기준이 정하는 기준에 따라 해당 건축물에 설치하여야 할 할로겐화합물 및 불활성기체소화설비의 배관·배선 등의 공사가 현저하게 곤란하다고 인정되는 경우에는 해당 설비의 기능 및 사용에 지장이 없는 범위 안에서 할로겐화합물 및 불활성기체소화설비의 설치·유지기준의 일부를 적용하지 아니할 수 있다.

제20조(재검토기한) 소방청장은 「훈령·예규 등의 발령 및 관리에 관한 규정」에 따라 이 고시에 대하여 2017년 7월 1일을 기준으로 매3년이 되는 시점(매 3년째의 6월 30일까지를 말한다)마다 그 타당성을 검토하여 개선 등의 조치를 하여야 한다.

부칙

〈제2018-17호, 2018. 11. 19.〉

제1조(시행일) 이 고시는 발령한 날부터 시행한다.

[별표 1] 할로겐화합물 및 불활성기체소화약제 저장용기의 충전밀도·충전압력 및 배관의 최소사용설계압력(제6조제2항제1호 및 제10조제1항제2호 관련)

1. 할로겐화합물소화약제

(가)소화약제 (나)항목	(다)HFC-227ea			(라)FC-3-1-10	(마)HCFC BLEND A	
최대충전밀도(kg/m³)	1,201.4	1,153.3	1,153.3	1,281.4	900.2	900.2
21℃ 충전압력(kPa)	1,034*	2,482*	4,137*	2,482*	4,137*	2,482*
최소사용 설계압력(kPa)	1,379	2,868	5,654	2,482	4,689	2,979

(가)소화약제 (나)항목	(아)HFC-23				
최대충전밀도(kg/m³)	768.9	720.8	640.7	560.6	480.6
21℃ 충전압력(kPa)	4,198**	4,198**	4,198**	4,198**	4,198**
최소사용 설계압력(kPa)	9,453	8,605	7,626	6,943	6,392

(자)소화약제 (차)항목	(카)HCFC-124		(타)HFC-125		(파)HFC-236fa		
최대충전밀도(kg/m³)	1,185.4	1,185.4	865	897	1,185.4	1,201.4	1,185.4
21℃ 충전압력(kPa)	1,655*	2,482*	2,482*	4,137*	1,655*	2,482*	4,137*
최소사용 설계압력(kPa)	1,951	3,199	3,392	5,764	1,931	3,310	6,068

[비고]
1. "*" 표시는 질소로 축압한 경우를 표시한다.
2. "**" 표시는 질소로 축압하지 아니한 경우를 표시한다.

2. 불활성 기체소화약제

(거)소화약제 (너)항목		(더)IG-01		(러)IG-541			(머)IG-55			(버)IG-100		
21℃ 충전압력(kPa)		16,341	20,436	14,997	19,996	31,125	15,320	20,423	30,634	16,575	22,312	28,000
최소사용 설계압력 (kPa)	1차측	16,341	20,436	14,997	19,996	31,125	15,320	20,423	30,634	16,575	22,312	227.4
	2차측	비고 2 참조										

[비고] 1. 1차측과 2차측은 감압장치를 기준으로 한다.
2. 2차측 최소사용설계압력은 제조사의 설계프로그램에 의한 압력값에 따른다.

[별표 2] 할로겐화합물 및 불활성 기체소화약제 최대허용설계농도(제7조제2항 관련)

소 화 약 제	최대허용 설계농도(%)
〈삭제〉	〈삭제〉
FC-3-1-10	40
HCFC BLEND A	10
HCFC-124	1.0
HFC-125	11.5
HFC-227ea	10.5
HFC-23	30
HFC-236fa	12.5
FIC-13I1	0.3
FK-5-1-12	10
IG-01	43
IG-100	43
IG-541	43
IG-55	43

03 소방시설 자체점검

참고 소방시설 자체점검사항 등에 관한 고시, 한국소방안전원

✓ 소방시설 작동기능점검표 작성 예시

1 점검 전 준비사항

1) 점검장소의 협의나 협조 받을 건물 관계인 등 연락처를 사전 확보
2) 점검의 목적과 필요성에 대하여 건물 관계인에게 사전 안내 및 협의
3) 음향장치 및 각 실별 방문점검 사항을 공지하여 협조 요청

2 현장확인

1) 현장 시설물의 도면 등을 이용하여 설비의 개요 및 설치위치 등을 파악한다.
2) 점검사항을 토대로 점검순서를 계획하고 점검장비 및 공구를 준비한다.
3) 기존의 점검자료 및 조치결과가 있다면 점검 전 참고
4) 점검과 관련된 각종 법규 및 기준 등의 기술기준 등 규정사항을 준비하고 숙지한다.

3 점검표 작성을 위한 준비물

1) **소방시설등 작동기능점검 실시결과 보고서**

    화재예방, 소방시설 설치·유지 및 안전관리에 관한 법률 시행규칙 별지 서식

2) **소방시설등 작동기능 점검표**

    소방시설 자체점검사항 등에 관한 고시 서식

3) **건축물대장**

    건축물대장/소방도면 및 소방시설 현황/소방계획서 등

4) **점검에 필요한 장비**

소방시설	장비	규격
공통시설	방수압력측정계, 절연저항계, 전류전압측정계	
이산화탄소소화설비, 분말·할론소화설비, 할로겐화합물 및 불활성기체소화설비	검량계, 기동관누설시험기	

5) **자체점검 후 결과 조치(소방시설법 시행규칙 제19조)**

    (1) 작동기능점검 : 작동기능점검을 실시한 경우 7일 이내에 작동기능점검 실시결과 보고서를 소방본부장 또는 소방서장에게 제출하여야 한다.
    (2) 종합정밀점검 : 종합정밀점검을 실시한 경우 7일 이내에 종합정밀점검 실시결과 보고서를 소방본부장 또는 소방서장에게 제출하여야 한다.
    ▶ 소방시설관리업자는 점검을 실시한 경우 점검이 끝난 날부터 10일 이내에 소방시설관리업자에 대한 평가 등에 관한 업무를 위탁받은 평가기관에 통보하여야 한다.

11. 할로겐화합물 및 불활성기체소화설비 점검표

(1면)

번호	점검항목	점검결과
11-A. 저장용기		
11-A-001	● 설치장소 적정 및 관리 여부	
11-A-002	○ 저장용기 설치장소 표지 설치 여부	
11-A-003	● 저장용기 설치 간격 적정 여부	
11-A-004	○ 저장용기 개방밸브 자동·수동 개방 및 안전장치 부착 여부	
11-A-005	● 저장용기와 집합관 연결배관 상 체크밸브 설치 여부	
11-B. 소화약제		
11-B-001	○ 소화약제 저장량 적정 여부	
11-C. 기동장치		
11-C-001	○ 방호구역별 출입구 부근 소화약제 방출표시등 설치 및 정상 작동 여부	
	[수동식 기동장치]	
11-C-011	○ 기동장치 부근에 비상스위치 설치 여부	
11-C-012	● 방호구역별 또는 방호대상별 기동장치 설치 여부	
11-C-013	○ 기동장치 설치 적정(출입구 부근 등, 높이, 보호장치, 표지, 전원표시등) 여부	
11-C-014	○ 방출용 스위치 음향경보장치 연동 여부	
	[자동식 기동장치]	
11-C-021	○ 감지기 작동과의 연동 및 수동기동 가능 여부	
11-C-022	● 저장용기 수량에 따른 전자 개방밸브 수량 적정 여부(전기식 기동장치의 경우)	
11-C-023	○ 기동용 가스용기의 용적, 충전압력 적정 여부(가스압력식 기동장치의 경우)	
11-C-024	● 기동용 가스용기의 안전장치, 압력게이지 설치 여부(가스압력식 기동장치의 경우)	
11-C-025	● 저장용기 개방구조 적정 여부(기계식 기동장치의 경우)	
11-D. 제어반 및 화재표시반		
11-D-001	○ 설치장소 적정 및 관리 여부	
11-D-002	○ 회로도 및 취급설명서 비치 여부	
	[제어반]	
11-D-011	○ 수동기동장치 또는 감지기 신호 수신 시 음향경보장치 작동 기능 정상 여부	
11-D-012	○ 소화약제 방출·지연 및 기타 제어 기능 적정 여부	
11-D-013	○ 전원표시등 설치 및 정상 점등 여부	
	[화재표시반]	
11-D-021	○ 방호구역별 표시등(음향경보장치 조작, 감지기 작동), 경보기 설치 및 작동 여부	
11-D-022	○ 수동식 기동장치 작동표시 표시등 설치 및 정상 작동 여부	
11-D-023	○ 소화약제 방출표시등 설치 및 정상 작동 여부	
11-D-024	● 자동식기동장치 자동·수동 절환 및 절환표시등 설치 및 정상 작동 여부	
11-E. 배관 등		
11-E-001	○ 배관의 변형·손상 유무	

(2면)

번호	점검항목	점검결과
11 - F. 선택밸브		
11 - F - 001	○ 선택밸브 설치 기준 적합 여부	
11 - G. 분사헤드		
11 - G - 001	○ 분사헤드의 변형·손상 유무	
11 - G - 002	● 분사헤드의 설치높이 적정 여부	
11 - H. 화재감지기		
11 - H - 001	○ 방호구역별 화재감지기 감지에 의한 기동장치 작동 여부	
11 - H - 002	● 교차회로(또는 NFSC 203 제7조제1항 단서 감지기) 설치 여부	
11 - H - 003	● 화재감지기별 유효 바닥면적 적정 여부	
11 - I. 음향경보장치		
11 - I - 001	○ 기동장치 조작 시(수동식 - 방출용스위치, 자동식 - 화재감지기) 경보 여부	
11 - I - 002	○ 약제 방사 개시(또는 방출 압력스위치 작동) 후 경보 적정 여부	
11 - I - 003	● 방호구역 또는 방호대상물 구획 안에서 유효한 경보 가능 여부	
11 - I - 011	[방송에 따른 경보장치] ● 증폭기 재생장치의 설치장소 적정 여부	
11 - I - 012	● 방호구역·방호대상물에서 확성기 간 수평거리 적정 여부	
11 - I - 013	● 제어반 복구스위치 조작 시 경보 지속 여부	
11 - J. 자동폐쇄장치		
11 - J - 001	[화재표시반] ○ 환기장치 자동정지 기능 적정 여부	
11 - J - 002	○ 개구부 및 통기구 자동폐쇄장치 설치 장소 및 기능 적합 여부	
11 - J - 003	● 자동폐쇄장치 복구장치 설치기준 적합 및 위치표지 적합 여부	
11 - K. 비상전원		
11 - K - 001	● 설치장소 적정 및 관리 여부	
11 - K - 002	○ 자가발전설비인 경우 연료 적정량 보유 여부	
11 - K - 003	○ 자가발전설비인 경우 「전기사업법」에 따른 정기점검 결과 확인	
11 - L. 과압배출구		
11 - L - 001	● 과압배출구 설치상태 및 관리 여부	
비고		

(3면)

※ 약제저장량 점검리스트

설치위치	용기 No.	실내 온도(℃)	약제높이 (cm)	충전량(압) (kg)(kg/cm^2)	손실량 (kg)	점검 결과	비고 (손실 5% 초과)
							※ 약제량 손실 (불활성기체는 압력손실) 5% 초과 시 불량으로 판정합니다.
							※ 불활성기체는 손실량에 압력 게이지 값을 기록합니다.

분말소화설비의 화재안전기준

[시행 2021. 12. 16.]
[소방청고시 제2021-49호, 2021. 12. 16., 일부개정.]

01 개요

NFSC 108

1 질의회신 및 핵심사항 분석

	질의회신	참고 소방청 질의회신집
설치관련	Q 물분무등소화설비 설치관련[소방제도팀 - 265 2007.04.09] : 연면적 1,382.61m²로서 주용도가 자동차 관련시설로서 근린생활시설과 같이 설치될 경우 물분무등소화설비의 적용여부? A 「화재예방, 소방시설 설치·유지 및 안전관리에 관한 법률 시행령」 별표2 제30호 "복합건축물"로 보아 복합건축물에 설치하는 소방시설을 적용하여 설치하여야 함 ※ 필로티란 프랑스의 건축가 르코르뷔지에가 제창한 근대 건축의 기법, 건축물의 1층은 기둥만 서는 공간으로 하고 2층 이상에 거실을 짓는 것을 말한다. Q 발전기실 물분무등소화설비 설치여부[소방제도팀 - 374 2007.5.8] : 난연케이블(TFR-CV)만을 사용한 발전실(지상1층, 485.6m²)에 발전기 병렬운전반(판넬 내부에 설치된 일반 제어전선 보호)을 설치하였을 경우 물분무소화설비 설치여부? A 가연성 피복을 사용하지 아니한 전선 및 케이블을 설치한 발전실은 물분무등소화설비 설치를 제외하도록 규정되어 있으므로 설치대상에 해당하지 아니함 Q 발전기실 물분무등소화설비 설치여부[소방제도과 - 407 - 2010.1.29] : 전기실을 경유하지 않고 발전기실을 출입할 수 있는 구조이며 전기실과 발전기실이 각각 방화구획 되어 있는 경우 2개의 실을 하나의 실로 보아 물분무등소화설비를 설치하여야 하는지 여부? A 전기실 경유여부 관계없이 전기실과 발전기실이 각각 방화구획되어 있고 각각의 바닥면적이 300m² 미만의 경우에는 물분무등소화설비 설치의무는 없음	
	핵심사항	참고 기출문제
배관등	• 폐쇄형 스프링클러헤드의 설치 및 취급 시 주의사항 • 분말소화설비의 배관 시공 시 주의사항 • 가스압력식 기동장치 설치기준	
Key point	• 분말소화약제의 저장용기 및 가압용 가스용기 설치기준 • 분말소화약제의 종류, 정압작동장치	

2 시스템의 해설

분말소화설비는 국내에서 보기 드문 설비이며, 방호구역에 소화약제를 방사하여 가연물을 덮어 질식소화 및 부촉매 효과를 이용한 소화하는 설비이다.

1) 계통도

> 참고 한끝 국가화재안전기준

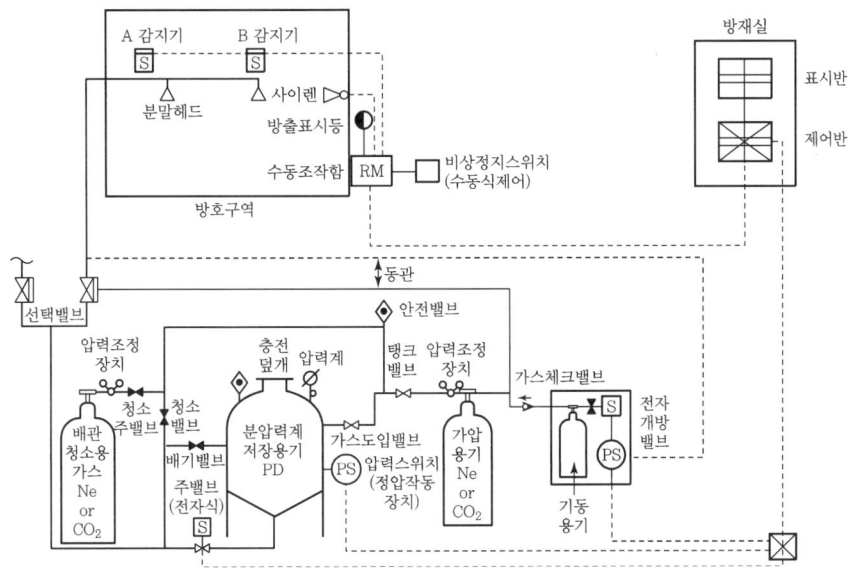

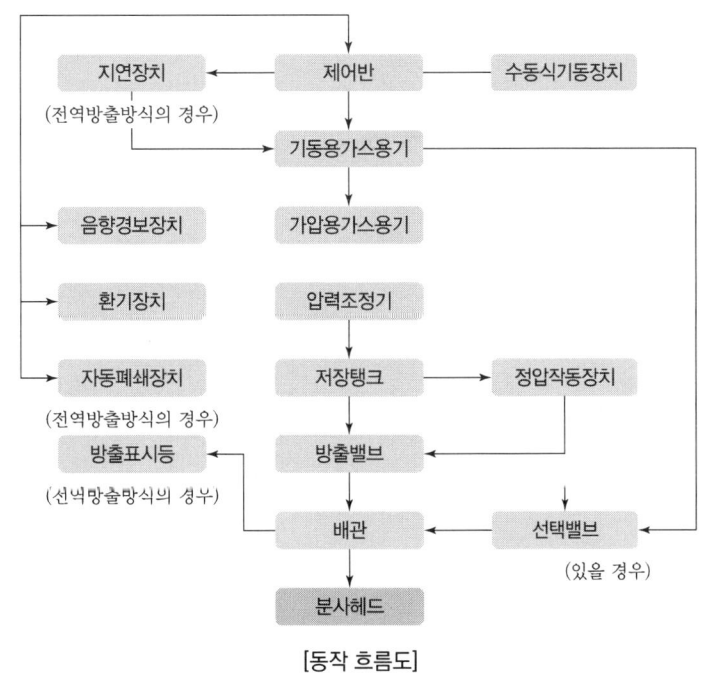

[동작 흐름도]

2) 소방용품(소방시설법 시행령 제6조)

소화설비를 구성하는 제품 또는 기기는 ① 별표 1 제1호가목의 소화기구(소화약제 외의 것을 이용한 간이소화용구는 제외한다), ② 별표 1 제1호나목의 자동소화장치, ③ 소화설비를 구성하는 소화전, 관창(菅槍), 소방호스, 스프링클러헤드, 기동용 수압개폐장치, 유수제어밸브 및 가스관선택밸브 등이 있으며, 소화설비의 제품검사(형식승인 및 성능인증) 대상 품목은 ① 법 제36조제1항 본문에서 "대통령령으로 정하는 소방용품" ② 규칙 제15조제1항 본문에서 "행정안전부령으로 정하는 소방용품" ③ 규칙 제15조 및 별표 7 제22호에 따른 "소방청장이 고시하는 소방용품" 등으로 구분되고 소방용품은 제품검사를 받아 합격한 제품을 사용하여야 한다.

3) 용어 해설

(1) 분말소화약제의 종류별 특성

① 소화약제 화학반응 및 특성

소화약제의 종별	소화약제 1kg당 저장용기 내용적	적응 화재	색상	열분해 반응식	열분해 생성물	비고
제1종 분말 탄산수소나트륨 ($NaHCO_3$)	0.8L	BC급 식용유 화재	백색	• 270℃ : $2NaHCO_3 \rightarrow Na_2CO_3 + CO_2 + H_2O - 90.3kcal$ • 850℃ : $2NaHCO_3 \rightarrow Na_2 + 2CO_2 + H_2O - 104.44kcal$	Na_2CO_3 (탄산나트륨) CO_2, H_2O	금속 비누를 형성
제2종 분말 탄산수소칼륨 ($KHCO_3$)	1L	BC급	담자색	• 190℃ : $2KHCO_3 \rightarrow K_2CO_3 + CO_2 + H_2O - 29.82kcal$ • 590℃ : $2KHCO_3 \rightarrow K_2O + 2CO_2 + H_2O - 127.1kcal$	Na_2CO_3 (탄산칼륨) CO_2, H_2O	표면화염에는 일시적 효과
제3종 분말 인산염 ($NH_4H_2PO_4$)	1L	ABC급 차고 주차장	담홍색	• 166℃ : $NH_4H_2PO_4 \rightarrow H_3PO_4$(올소인산) $+ NH_3 - Q(kcal)$ • 216℃ : $2H_3PO_4 \rightarrow H_4P_2O_7$(피로인산) $+ H_2O$ • 300℃ : $2HPO_3 \rightarrow P_2O_5$(오산화인) $+ H_2O$ • 360℃ : $H_4P_2O_7 \rightarrow 2HPO_3$(메타인산) $+ H_2O$	H_3PO_4 $H_4P_2O_7$ HPO_3 NH_3, H_2O	비누화 효과가 없어 식용유화재에 사용하지 않음
제4종 분말 탄산수소칼륨+요소 $KHCO_3 + NH_2)_2CO$	1.25L	BC급	회색	$2KHCO_3 + (NH_2)_2CO \rightarrow K_2CO_3 + 2NH_3 + 2CO_2 - Qkcal$	K_2CO_3 (탄산칼륨) NH_3, CO_2	

화재안전기준 (2021. 12. 16 기준 원문)

NFSC 108

제1조(목적) 이 기준은 「화재예방, 소방시설 설치·유지 및 안전관리에 관한 법률」 제9조제1항에 따라 소방청장에게 위임한 사항 중 분말소화설비의 설치·유지 및 안전관리에 필요한 사항을 규정함을 목적으로 한다.

> ### POINT 시스템 및 안전관리
>
> 물분무등소화설비의 설치목적은 물 그 밖의 소화약제를 사용하여 소화하는 설비로서 특정소방대상물에서 화재가 발생한 경우 연소생성물(열, 연기, 불꽃 등)에 의한 화재의 초기소화, 연소제어 및 연소확대방지를 위하여 사용하며, 평상시에는 관계인에 의한 화재 예방을 위하여 정기적으로 점검하는 소방설비이다.
> ※ 물분무등소화설비에는 물분무·미분무·포·이산화탄소·할론·할로겐화합물 및 불활성기체·분말·강화액·고체에어로졸 등이 있다.(시행령 별표1)
>
> 1. 분말소화설비는 물에 의한 소화가 어려운 위험물이나, 전기의 절연성이 요구되는 소방대상물에 설치하는 질식소화 및 부촉매 소화효과를 가지는 소화설비이다. 분말소화설비의 구성은 저장용기, 가압용기, 기동장치, 제어반, 배관, 선택밸브, 분사헤드, 화재감지기, 음향경보장치, 자동폐쇄장치, 비상전원 등으로 구성된다.
> 2. 시스템을 구성하고 있는 소화설비는 「소방시설공사업법」의 소방시설공사 등의 품질과 안전이 확보되도록 시공되어야 하고, 소방기술의 관리에 필요한 화재안전기준에 적합하게 설계도서·시방서가 작성되어 성실하게 수행되어야 한다. 또한 「화재예방, 소방시설 설치·유지 및 안전관리에 관한 법률(이하 "소방시설법")」에 의한 소방용품의 제조 및 수입하려는 제품에 대하여 제품검사를 수행하고, 특정소방대상물의 관계인을 통하여 소방대상물의 안전관리가 이행되어야 한다.

제2조(적용범위) 「화재예방, 소방시설 설치·유지 및 안전관리에 관한 법률 시행령」(이하 "영"이라 한다) 별표 5 제1호바목에 따른 물분무등소화설비 중 분말소화설비는 이 기준에서 정하는 규정에 따른 설비를 설치하고 유지관리 하여야 한다.

POINT

1 특정소방대상물의 설치기준(별표 5 소화기구 및 자동소화장치)

소방시설	적용기준	설치대상
물분무등소화설비(위험물 저장 및 처리시설 중 가스시설 또는 지하구는 제외한다)	1. 항공기 및 자동차 관련 시설 중 항공기격납고	전부
	2. 차고, 주차용 건축물 또는 철골 조립식 주차시설 연면적	800m² 이상
	3. 건축물 내부에 설치된 차고 또는 주차장으로서 차고 또는 주차의 용도로 사용되는 부분의 바닥면적	200m² 이상인 층
	4. 기계장치에 의한 주차시설	20대 이상
	5. 특정소방대상물에 설치된 전기실·발전실·변전실(가연성 절연유를 사용하지 않는 변압기·전류차단기 등의 전기기기와 가연성 피복을 사용하지 않은 전선 및 케이블만을 설치한 전기실·발전실 및 변전실은 제외한다)·축전지실·통신기기실 또는 전산실, 그 밖에 이와 비슷한 것으로서 바닥면적[하나의 방화구획 내에 둘 이상의 실(室)이 설치되어 있는 경우에는 이를 하나의 실로 보아 바닥면적을 산정한다]. 다만, 내화구조로 된 공정제어실 내에 설치된 주조정실로서 양압시설이 설치되고 전기기기에 220볼트 이하인 저전압이 사용되며 종업원이 24시간 상주하는 곳은 제외한다.	300m² 이상
	6. 소화수를 수집·처리하는 설비가 설치되어 있지 않은 중·저준위방사성폐기물의 저장시설. 다만, 이 경우에는 이산화탄소소화설비, 할론소화설비 또는 할로겐화합물 및 불활성기체 소화설비 설치	전부
	7. 지하가 중 예상 교통량, 경사도 등 터널의 특성을 고려하여 행정안전부령으로 정하는 터널. 다만, 이 경우에는 물분무소화설비를 설치	전부
	8. 「문화재보호법」 제2조제3항제1호 및 제2호에 따른 지정문화재 중 소방청장이 문화재청장과 협의하여 정하는 것	전부

※ 물분무등소화설비는 물분무·미분무·포·이산화탄소·할론·할로겐화합물 및 불활성기체·분말·강화액·고체에어로졸 등 소화설비로 분류한다.

2 소방시설의 설치 면제기준

1. (별표 6) 소방시설 설치 면제기준
옥내소화전설비는 소방본부장 또는 소방서장이 물분무등소화설비를 설치하여야 하는 차고·주차장에 스프링클러설비를 화재안전기준에 적합하게 설치한 경우에는 그 설비의 유효범위에서 설치가 면제된다.

2. (별표 7) 소방시설을 설치하지 않을 수 있는 특정소방대상물 및 소방시설 범위

구분	특정소방대상물	소방시설
1. 화재 위험도가 낮은 특정소방대상물	「소방기본법」 제2조제5호에 따른 소방대(消防隊)가 조직되어 24시간 근무하고 있는 청사 및 차고	옥내소화전설비, 스프링클러설비, 물분무등소화설비, 비상방송설비, 피난기구, 소화용수설비, 연결송수관설비, 연결살수설비

제3조(정의) 이 기준에서 사용하는 용어의 정의는 다음과 같다.

1. "전역방출방식"이란 고정식 분말소화약제 공급장치에 배관 및 분사헤드를 고정 설치하여 밀폐 방호구역 내에 분말소화약제를 방출하는 설비를 말한다.
2. "국소방출방식"이란 고정식 분말소화약제 공급장치에 배관 및 분사헤드를 설치하여 직접 화점에 분말소화약제를 방출하는 설비로 화재발생 부분에만 집중적으로 소화약제를 방출하도록 설치하는 방식을 말한다.
3. "호스릴방식"이란 분사헤드가 배관에 고정되어 있지 않고 소화약제 저장용기에 호스를 연결하여 사람이 직접 화점에 소화약제를 방출하는 이동식 소화설비를 말한다.
4. "충전비"란 용기의 용적과 소화약제의 중량과의 비율을 말한다.
5. "집합관"이란 분말소화설비의 가압용가스(질소 또는 이산화탄소)와 분말소화약제가 혼합되는 관을 말한다.
6. "교차회로방식"이란 하나의 방호구역 내에 2 이상의 화재감지기회로를 설치하고 인접한 2 이상의 화재감지기가 동시에 감지되는 때에는 분말소화설비가 작동하여 소화약제가 방출되는 방식을 말한다.
7. "방화문"이란 「건축법 시행령」 제64조에 따른 갑종방화문 또는 을종방화문으로써 언제나 닫힌 상태를 유지하거나 화재로 인한 연기의 발생 또는 온도의 상승에 따라 자동적으로 닫히는 구조를 말한다.

> 🔊 **법령정보(건축법 시행령 제64조)**
>
> 제64조(방화문의 구분) ① 방화문은 다음 각 호와 같이 구분한다.
>   1. 60분+ 방화문 : 연기 및 불꽃을 차단할 수 있는 시간이 60분 이상이고, 열을 차단할 수 있는 시간이 30분 이상인 방화문
>   2. 60분 방화문 : 연기 및 불꽃을 차단할 수 있는 시간이 60분 이상인 방화문
>   3. 30분 방화문 : 연기 및 불꽃을 차단할 수 있는 시간이 30분 이상 60분 미만인 방화문
> ② 제1항 각 호의 구분에 따른 방화문 인정 기준은 국토교통부령으로 정한다.
> [전문개정 2020. 10. 8.][시행일 : 2021. 8. 7.] 제64조

제4조(저장용기) ① 분말소화약제의 저장용기는 다음 각 호의 기준에 적합한 장소에 설치하여야 한다.
   1. 방호구역외의 장소에 설치할 것. 다만, 방호구역 내에 설치할 경우에는 피난 및 조작이 용이하도록 피난구 부근에 설치하여야 한다.
   2. 온도가 40℃ 이하이고, 온도변화가 적은 곳에 설치할 것
   3. 직사광선 및 빗물이 침투할 우려가 없는 곳에 설치할 것
   4. 방화문으로 구획된 실에 설치할 것
   5. 용기의 설치장소에는 해당용기가 설치된 곳임을 표시하는 표지를 할 것
   6. 용기간의 간격은 점검에 지장이 없도록 3cm 이상의 간격을 유지할 것
   7. 저장용기와 집합관을 연결하는 연결배관에는 체크밸브를 설치할 것. 다만, 저장용기가 하나의 방호구역만을 담당하는 경우에는 그러하지 아니하다.
② 분말소화약제의 저장용기는 다음 각 호의 기준에 따라 설치하여야 한다.
   1. 저장용기의 내용적은 다음 표에 따를 것

소화약제의 종별	소화약제 1kg당 저장용기의 내용적
제1종 분말(탄산수소나트륨을 주성분으로 한 분말)	0.8L
제2종 분말(탄산수소칼륨을 주성분으로 한 분말)	1L
제3종 분말(인산염을 주성분으로 한 분말)	1L
제4종 분말(탄산수소칼륨과 요소가 화합된 분말)	1.25L

   2. 저장용기에는 가압식은 최고사용압력의 1.8배 이하, 축압식은 용기의 내압시험압력의 0.8배 이하의 압력에서 작동하는 안전밸브를 설치할 것
   3. 저장용기에는 저장용기의 내부압력이 설정압력으로 되었을 때 주밸브를 개방하는 정압작동장치를 설치할 것
   4. 저장용기의 충전비는 0.8 이상으로 할 것
   5. 저장용기 및 배관에는 잔류 소화약제를 처리할 수 있는 청소장치를 설치할 것
   6. 축압식의 분말소화설비는 사용압력의 범위를 표시한 지시압력계를 설치할 것

제5조(가압용가스용기) ① 분말소화약제의 가스용기는 분말소화약제의 저장용기에 접속하여 설치하여야 한다.
② 분말소화약제의 가압용가스 용기를 3병 이상 설치한 경우에는 2개 이상의 용기에 전자개방밸브를 부착하여야 한다.
③ 분말소화약제의 가압용가스 용기에는 2.5MPa 이하의 압력에서 조정이 가능한 압력조정기를 설치하여야 한다.
④ 가압용가스 또는 축압용가스는 다음 각 호의 기준에 따라 설치하여야 한다.
   1. 가압용가스 또는 축압용가스는 질소가스 또는 이산화탄소로 할 것
   2. 가압용가스에 질소가스를 사용하는 것의 질소가스는 소화약제 1kg마다 40L(35℃에서 1기압의 압력상태로 환산한 것) 이상, 이산화탄소를 사용하는 것의 이산화탄소는 소화약제 1kg에

대하여 20g에 배관의 청소에 필요한 양을 가산한 양 이상으로 할 것
3. 축압용가스에 질소가스를 사용하는 것의 질소가스는 소화약제 1kg에 대하여 10L(35℃에서 1기압의 압력상태로 환산한 것) 이상, 이산화탄소를 사용하는 것의 이산화탄소는 소화약제 1kg에 대하여 20g에 배관의 청소에 필요한 양을 가산한 양 이상으로 할 것
4. 배관의 청소에 필요한 양의 가스는 별도의 용기에 저장할 것

≫ 분말소화설비의 가압용 또는 축압용 가스

용기 종류	사용가스 종류	가스량
가압용기	이산화탄소	분말소화약제 1kg에 20g + 배관청소에 필요량 가산 이상
	질소	분말소화약제 1kg마다 40L(35℃, 1atm일 경우) 이상
축압용기	이산화탄소	분말소화약제 1kg에 20g + 배관청소에 필요량 가산 이상
	질소	분말소화약제 1kg마다 10L(35℃, 1atm일 경우) 이상

제6조(소화약제) ① 분말소화설비에 사용하는 소화약제는 제1종분말·제2종분말·제3종분말 또는 제4종분말로 하여야 한다. 다만, 차고 또는 주차장에 설치하는 분말소화설비의 소화약제는 제3종분말로 하여야 한다.

② 분말소화약제의 저장량은 다음 각 호의 기준에 따라야 한다. 이 경우 동일한 특정소방대상물 또는 그 부분에 2 이상의 방호구역 또는 방호대상물이 있는 경우에는 각 방호구역 또는 방호대상물에 대하여 다음 각 호의 기준에 따라 산출한 저장량 중 최대의 것으로 할 수 있다.

1. 전역방출방식은 다음 각 목의 기준에 따라 산출한 양 이상으로 할 것
   가. 방호구역의 체적 1m³에 대하여 다음 표에 따른 양

소화약제의 종별	방호구역의 체적 1m³에 대한 소화약제의 양
제1종 분말	0.60kg
제2종 분말 또는 제3종 분말	0.36kg
제4종 분말	0.24kg

   나. 방호구역의 개구부에 자동폐쇄장치를 설치하지 아니한 경우에는 가목에 따라 산출한 양에 다음 표에 따라 산출한 양을 가산한 양

소화약제의 종별	가산량(개구부의 면적 1m²에 대한 소화약제의 양)
제1종 분말	4.5kg
제2종 분말 또는 제3종 분말	2.7kg
제4종 분말	1.8kg

2. 국소방출방식은 다음의 기준에 따라 산출한 양에 1.1을 곱하여 얻은 양 이상으로 할 것

$$Q = X - Y\frac{a}{A}$$

Q : 방호공간(방호대상물의 각 부분으로부터 0.6m의 거리에 따라 둘러싸인 공간을 말한다. 이하 같다.) 1m²에 대한 분말소화약제의 양[kg/m²]
a : 방호대상물의 주변에 설치된 벽면적의 합계(m²)
A : 방호공간의 벽면적(벽이 없는 경우에는 벽이 있는 것으로 가정한 당해 부분의 면적)의 합계[m²]
X 및 Y : 다음표의 수치

소화약제의 종별	X의 수치	Y의 수치
제1종 분말	5.2	3.9
제2종 분말 또는 제3종 분말	3.2	2.4
제4종 분말	2.0	1.5

3. 호스릴분말소화설비는 하나의 노즐에 대하여 다음 표에 따른 양 이상으로 할 것

소화약제의 종별	소화약제의 양
제1종 분말	50kg
제2종 분말 또는 제3종 분말	30kg
제4종 분말	20kg

제7조(기동장치) ① 분말소화설비의 수동식 기동장치는 다음 각 호의 기준에 따라 설치하여야 한다. 이 경우 수동식 기동장치의 부근에는 소화약제의 방출을 지연시킬 수 있는 비상스위치(자동복귀형 스위치로서 수동식 기동장치의 타이머를 순간정지 시키는 기능의 스위치를 말한다)를 설치하여야 한다.
1. 전역방출방식은 방호구역마다, 국소방출방식은 방호대상물마다 설치할 것
2. 해당 방호구역의 출입구부분 등 조작을 하는 자가 쉽게 피난할 수 있는 장소에 설치할 것
3. 기동장치의 조작부는 바닥으로부터 높이 0.8m 이상 1.5m 이하의 위치에 설치하고, 보호판 등에 따른 보호장치를 설치할 것
4. 기동장치에는 그 가까운 곳의 보기 쉬운 곳에 "분말소화설비 기동장치"라고 표시한 표지를 할 것
5. 전기를 사용하는 기동장치에는 전원표시등을 설치할 것
6. 기동장치의 방출용스위치는 음향경보장치와 연동하여 조작될 수 있는 것으로 할 것
② 분말소화설비의 자동식 기동장치는 자동화재탐지설비의 감지기의 작동과 연동하는 것으로서 다음 각 호의 기준에 따라 설치하여야 한다.
1. 자동식 기동장치에는 수동으로도 기동할 수 있는 구조로 할 것
2. 전기식 기동장치로서 7병 이상의 저장용기를 동시에 개방하는 설비는 2병 이상의 저장용기에 전자개방밸브를 부착할 것
3. 가스압력식 기동장치는 다음 각 목의 기준에 따를 것
   가. 기동용 가스용기 및 해당 용기에 사용하는 밸브는 25MPa 이상의 압력에 견딜 수 있는 것으로 할 것

나. 기동용가스용기에는 내압시험압력의 0.8배 내지 내압시험압력 이하에서 작동하는 안전장치를 설치할 것

다. 기동용 가스용기의 용적은 1L 이상으로 하고, 해당 용기에 저장하는 이산화탄소의 양은 0.6kg 이상으로 하며, 충전비는 1.5 이상으로 할 것

4. 기계식 기동장치는 저장용기를 쉽게 개방할 수 있는 구조로 할 것

③ 분말소화설비가 설치된 부분의 출입구 등의 보기 쉬운 곳에 소화약제의 방사를 표시하는 표시등을 설치하여야 한다.

제8조(제어반등) 분말소화설비의 제어반 및 화재표시반은 다음 각 호의 기준에 따라 설치하여야 한다. 다만, 자동화재탐지설비의 수신기의 제어반이 화재표시반의 기능을 가지고 있는 것은 화재표시반을 설치하지 아니할 수 있다.

1. 제어반은 수동기동장치 또는 감지기에서의 신호를 수신하여 음향경보장치의 작동, 소화약제의 방출 또는 지연 기타의 제어기능을 가진 것으로 하고, 제어반에는 전원표시등을 설치할 것
2. 화재표시반은 제어반에서의 신호를 수신하여 작동하는 기능을 가진 것으로 하되, 다음 각 목의 기준에 따라 설치할 것

    가. 각 방호구역마다 음향경보장치의 조작 및 감지기의 작동을 명시하는 표시등과 이와 연동하여 작동하는 벨·부저 등의 경보기를 설치할 것. 이 경우 음향경보장치의 조작 및 감지기의 작동을 명시하는 표시등을 겸용할 수 있다.

    나. 수동식 기동장치는 그 방출용스위치의 작동을 명시하는 표시등을 설치할 것

    다. 소화약제의 방출을 명시하는 표시등을 설치할 것

    라. 자동식 기동장치는 자동·수동의 절환을 명시하는 표시등을 설치할 것

3. 제어반 및 화재표시반의 설치장소는 화재에 따른 영향, 진동 및 충격에 따른 영향 및 부식의 우려가 없고 점검에 편리한 장소에 설치할 것
4. 제어반 및 화재표시반에는 해당 회로도 및 취급설명서를 비치할 것

제9조(배관) 분말소화설비의 배관은 다음 각 호의 기준에 따라 설치하여야 한다.

1. 배관은 전용으로 할 것
2. 강관을 사용하는 경우의 배관은 아연도금에 따른 배관용탄소강관(KS D 3507)이나 이와 동등 이상의 강도·내식성 및 내열성을 가진 것으로 할 것. 다만, 축압식분말소화설비에 사용하는 것 중 20℃에서 압력이 2.5MPa 이상 4.2MPa 이하인 것은 압력배관용탄소강관(KS D 3562) 중 이음이 없는 스케줄 40 이상의 것 또는 이와 동등 이상의 강도를 가진 것으로서 아연도금으로 방식처리된 것을 사용하여야 한다.
3. 동관을 사용하는 경우의 배관은 고정압력 또는 최고사용압력의 1.5배 이상의 압력에 견딜 수 있는 것을 사용할 것
4. 밸브류는 개폐위치 또는 개폐방향을 표시한 것으로 할 것

5. 배관의 관부속 및 밸브류는 배관과 동등 이상의 강도 및 내식성이 있는 것으로 할 것
6. 분기배관을 사용할 경우에는 법 제39조에 따라 제품검사에 합격한 것으로 설치하여야 한다.

제10조(선택밸브) 하나의 특정소방대상물 또는 그 부분에 2 이상의 방호구역 또는 방호대상물이 있어 분말소화설비 저장용기를 공용하는 경우에는 다음 각 호의 기준에 따라 선택밸브를 설치하여야 한다.
1. 방호구역 또는 방호대상물마다 설치할 것
2. 각 선택밸브에는 그 담당방호구역 또는 방호대상물을 표시할 것

제11조(분사헤드) ① 전역방출방식의 분말소화설비의 분사헤드는 다음 각 호의 기준에 따라 설치하여야 한다.
1. 방사된 소화약제가 방호구역의 전역에 균일하고 신속하게 확산할 수 있도록 할 것
2. 제6조에 따른 소화약제 저장량을 30초 이내에 방사할 수 있는 것으로 할 것

② 국소방출방식의 분말소화설비의 분사헤드는 다음 각 호의 기준에 따라 설치하여야 한다.
1. 소화약제의 방사에 따라 가연물이 비산하지 아니하는 장소에 설치할 것
2. 제6조제2항에 따른 기준저장량의 소화약제를 30초 이내에 방사할 수 있는 것으로 할 것

③ 화재 시 현저하게 연기가 찰 우려가 없는 장소로서 다음 각 호의 어느 하나에 해당하는 장소에는 호스릴분말소화설비를 설치할 수 있다.
1. 지상 1층 및 피난층에 있는 부분으로서 지상에서 수동 또는 원격조작에 따라 개방할 수 있는 개구부의 유효면적의 합계가 바닥면적의 15% 이상이 되는 부분
2. 전기설비가 설치되어 있는 부분 또는 다량의 화기를 사용하는 부분(해당 설비의 주위 5m 이내의 부분을 포함한다)의 바닥면적이 해당 설비가 설치되어 있는 구획의 바닥면적의 5분의 1 미만이 되는 부분

④ 호스릴분말소화설비는 다음 각 호의 기준에 따라 설치하여야 한다.
1. 방호대상물의 각 부분으로부터 하나의 호스접결구까지의 수평거리가 15m 이하가 되도록 할 것
2. 소화약제의 저장용기의 개방밸브는 호스릴의 설치장소에서 수동으로 개폐할 수 있는 것으로 할 것
3. 소화약제의 저장용기는 호스릴을 설치하는 장소마다 설치할 것
4. 노즐은 하나의 노즐마다 1분당 다음 표에 따른 소화약제를 방사할 수 있는 것으로 할 것

소화약제의 종별	1분당 방사하는 소화약제의 양
제1종 분말	45kg
제2종 분말 또는 제3종 분말	27kg
제4종 분말	18kg

5. 저장용기에는 그 가까운 곳의 보기 쉬운 곳에 적색의 표시등을 설치하고, 이동식분말소화설비가 있다는 뜻을 표시한 표지를 할 것

제12조(자동식기동장치의 화재감지기) 분말소화설비의 자동식 기동장치는 다음 각 호의 기준에 따른 화재감지기를 설치하여야 한다.
 1. 각 방호구역 내의 화재감지기의 감지에 따라 작동되도록 할 것
 2. 화재감지기의 회로는 교차회로방식으로 설치할 것. 다만, 화재감지기를 「자동화재탐지설비의 화재안전기준(NFSC 203)」 제7조제1항 단서의 각 호의 감지기로 설치하는 경우에는 그러하지 아니하다.
 3. 교차회로 내의 각 화재감지기회로별로 설치된 화재감지기 1개가 담당하는 바닥면적은 「자동화재탐지설비의 화재안전기준(NFSC 203)」 제7조제3항제5호·제8호부터 제10호까지의 규정에 따른 바닥면적으로 할 것

제13조(음향경보장치) ① 분말소화설비의 음향경보장치는 다음 각 호의 기준에 따라 설치하여야 한다.
 1. 수동식 기동장치를 설치한 것은 그 기동장치의 조작과정에서, 자동식 기동장치를 설치한 것은 화재감지기와 연동하여 자동으로 경보를 발하는 것으로 할 것
 2. 소화약제의 방사개시 후 1분 이상 계속 경보를 계속할 수 있는 것으로 할 것
 3. 방호구역 또는 방호대상물이 있는 구획 안에 있는 자에게 유효하게 경보할 수 있는 것으로 할 것
② 방송에 따른 경보장치를 설치할 경우에는 다음 각 호의 기준에 따라야 한다.
 1. 증폭기 재생장치는 화재 시 연소의 우려가 없고, 유지관리가 쉬운 장소에 설치할 것
 2. 방호구역 또는 방호대상물이 있는 구획의 각 부분으로부터 하나의 확성기까지의 수평거리는 25m 이하가 되도록 할 것
 3. 제어반의 복구스위치를 조작하여도 경보를 계속 발할 수 있는 것으로 할 것

제14조(자동폐쇄장치) 전역방출방식의 분말소화설비를 설치한 특정소방대상물 또는 그 부분에 대하여는 다음 각 호의 기준에 따라 자동폐쇄장치를 설치하여야 한다.
 1. 환기장치를 설치한 것은 분말이 방사되기 전에 해당 환기장치가 정지할 수 있도록 할 것
 2. 개구부가 있거나 천장으로부터 1m 이상의 아래 부분 또는 바닥으로부터 해당층의 높이의 3분의 2이내의 부분에 통기구가 있어 분말의 유출에 따라 소화효과를 감소시킬 우려가 있는 것은 분말이 방사되기 전에 해당 개구부 및 통기구를 폐쇄할 수 있도록 할 것
 3. 자동폐쇄장치는 방호구역 또는 방호대상물이 있는 구획의 밖에서 복구할 수 있는 구조로 하고, 그 위치를 표시하는 표지를 할 것
[참고] 분말소화설비의 자동폐쇄장치(CO_2 소화설비의 자동폐쇄장치 p.289 참조)

제15조(비상전원) 분말소화설비의 비상전원은 자가발전설비, 축전지설비(제어반에 내장하는 경우를 포함한다) 또는 전기저장장치(외부 전기에너지를 저장해 두었다가 필요한 때 전기를 공급하는 장치)로서 다음 각 호의 기준에 따라 설치하여야 한다. 다만, 2 이상의 변전소(「전기사업법」 제67조에 따른 변전소를 말한다. 이하 같다)에서 전력을 동시에 공급받을 수 있거나 하나의 변전소로

부터 전력의 공급이 중단되는 때에는 자동으로 다른 변전소로부터 전력을 공급받을 수 있도록 상용전원을 설치한 경우에는 비상전원을 설치하지 아니할 수 있다.
1. 점검에 편리하고 화재 및 침수 등의 재해로 인한 피해를 받을 우려가 없는 곳에 설치할 것
2. 분말소화설비를 유효하게 20분 이상 작동할 수 있어야 할 것
3. 상용전원으로부터 전력의 공급이 중단된 때에는 자동으로 비상전원으로부터 전력을 공급받을 수 있도록 할 것
4. 비상전원의 설치장소는 다른 장소와 방화구획 할 것. 이 경우 그 장소에는 비상전원의 공급에 필요한 기구나 설비외의 것(열병합발전설비에 필요한 기구나 설비는 제외한다)을 두어서는 아니 된다.
5. 비상전원을 실내에 설치하는 때에는 그 실내에 비상조명등을 설치할 것

제16조(설치·유지기준의 특례) 소방본부장 또는 소방서장은 기존건축물이 증축·개축·대수선되거나 용도변경 되는 경우에 있어서 이 기준이 정하는 기준에 따라 해당 건축물에 설치하여야 할 분말소화설비의 배관·배선 등의 공사가 현저하게 곤란하다고 인정되는 경우에는 해당 설비의 기능 및 사용에 지장이 없는 범위 안서 분말소화설비의 설치·유지기준의 일부를 적용하지 아니할 수 있다.

제17조(재검토 기한) 소방청장은 「훈령·예규 등의 발령 및 관리에 관한 규정」에 따라 이 고시에 대하여 2017년 1월 1일 기준으로 매3년이 되는 시점(매 3년째의 12월 31일까지를 말한다)마다 그 타당성을 검토하여 개선 등의 조치를 하여야 한다.

제18조(규제의 재검토) 「행정규제기본법」 제8조에 따라 2015년 1월 1일을 기준으로 매 3년이 되는 시점(매 3년째 12월 31일까지를 말한다)마다 그 타당성을 검토하여 개선 등의 조치를 하여야 한다.

부칙

〈제2017-1호, 2017. 7. 26.〉

제1조(시행일) 이 고시는 발령한 날부터 시행한다.
제2조 생략

소방시설 작동기능점검표 작성 예시

1 점검 전 준비사항
1) 점검장소의 협의나 협조 받을 건물 관계인 등 연락처를 사전 확보
2) 점검의 목적과 필요성에 대하여 건물 관계인에게 사전 안내 및 협의
3) 음향장치 및 각 실별 방문점검 사항을 공지하여 협조 요청

2 현장확인
1) 현장 시설물의 도면 등을 이용하여 설비의 개요 및 설치위치 등을 파악한다.
2) 점검사항을 토대로 점검순서를 계획하고 점검장비 및 공구를 준비한다.
3) 기존의 점검자료 및 조치결과가 있다면 점검 전 참고
4) 점검과 관련된 각종 법규 및 기준 등의 기술기준 등 규정사항을 준비하고 숙지한다.

3 점검표 작성을 위한 준비물

1) **소방시설등 작동기능점검 실시결과 보고서**
   화재예방, 소방시설 설치·유지 및 안전관리에 관한 법률 시행규칙 별지 서식

2) **소방시설등 작동기능 점검표**
   소방시설 자체점검사항 등에 관한 고시 서식

3) **건축물대장**
   건축물대장/소방도면 및 소방시설 현황/소방계획서 등

4) **점검에 필요한 장비**

소방시설	장비	규격
공통시설	방수압력측정계, 절연저항계, 전류전압측정계	
이산화탄소소화설비, 분말·할론소화설비, 할로겐화합물 및 불활성기체소화설비	검량계, 기동관누설시험기	

5) **자체점검 후 결과 조치(소방시설법 시행규칙 제19조)**
   (1) 작동기능점검 : 작동기능점검을 실시한 경우 7일 이내에 작동기능점검 실시결과 보고서를 소방본부장 또는 소방서장에게 제출하여야 한다.
   (2) 종합정밀점검 : 종합정밀점검을 실시한 경우 7일 이내에 종합정밀점검 실시결과 보고서를 소방본부장 또는 소방서장에게 제출하여야 한다.
   ▶ 소방시설관리업자는 점검을 실시한 경우 점검이 끝난 날부터 10일 이내에 소방시설관리업자에 대한 평가 등에 관한 업무를 위탁받은 평가기관에 통보하여야 한다.

12. 분말소화설비 점검표

(1면)

번호	점검항목	점검결과
12 - A. 저장용기		
12 - A - 001	● 설치장소 적정 및 관리 여부	
12 - A - 002	○ 저장용기 설치장소 표지 설치 여부	
12 - A - 003	● 저장용기 설치 간격 적정 여부	
12 - A - 004	○ 저장용기 개방밸브 자동·수동 개방 및 안전장치 부착 여부	
12 - A - 005	● 저장용기와 집합관 연결배관 상 체크밸브 설치 여부	
12 - A - 006	● 저장용기 안전밸브 설치 적정 여부	
12 - A - 007	● 저장용기 정압작동장치 설치 적정 여부	
12 - A - 008	● 저장용기 청소장치 설치 적정 여부	
12 - A - 009	○ 저장용기 지시압력계 설치 및 충전압력 적정 여부(축압식의 경우)	
12 - B. 가압용 가스용기		
12 - B - 001	○ 가압용 가스용기 저장용기 접속 여부	
12 - B - 002	○ 가압용 가스용기 전자개방밸브 부착 적정 여부	
12 - B - 003	○ 가압용 가스용기 압력조정기 설치 적정 여부	
12 - B - 004	○ 가압용 또는 축압용 가스 종류 및 가스량 적정 여부	
12 - B - 005	● 배관 청소용 가스 별도 용기 저장 여부	
12 - C. 소화약제		
12 - C - 001	○ 소화약제 저장량 적정 여부	
12 - D. 기동장치		
12 - D - 001	○ 방호구역별 출입구 부근 소화약제 방출표시등 설치 및 정상 작동 여부	
	[수동식 기동장치]	
12 - D - 011	○ 기동장치 부근에 비상스위치 설치 여부	
12 - D - 012	● 방호구역별 또는 방호대상별 기동장치 설치 여부	
12 - D - 013	○ 기동장치 설치 적정(출입구 부근 등, 높이, 보호장치, 표지, 전원표시등) 여부	
12 - D - 014	○ 방출용 스위치 음향경보장치 연동 여부	
	[자동식 기동장치]	
12 - D - 021	○ 감지기 작동과의 연동 및 수동기동 가능 여부	
12 - D - 022	● 저장용기 수량에 따른 전자 개방밸브 수량 적정 여부(전기식 기동장치의 경우)	
12 - D - 023	○ 기동용 가스용기의 용적, 충전압력 적정 여부(가스압력식 기동장치의 경우)	
12 - D - 024	● 기동용 가스용기의 안전장치, 압력게이지 설치 여부(가스압력식 기동장치의 경우)	
12 - D - 025	● 저장용기 개방구조 적정 여부(기계식 기동장치의 경우)	
12 - E. 제어반 및 화재표시반		
12 - E - 001	○ 설치장소 적정 및 관리 여부	
12 - E - 002	○ 회로도 및 취급설명서 비치 여부	
비고		

(2면)

번호	점검항목	점검결과
	[제어반]	
12-E-011	○ 수동기동장치 또는 감지기 신호 수신 시 음향경보장치 작동 기능 정상 여부	
12-E-012	○ 소화약제 방출·지연 및 기타 제어 기능 적정 여부	
12-E-013	○ 전원표시등 설치 및 정상 점등 여부	
	[화재표시반]	
12-E-021	○ 방호구역별 표시등(음향경보장치 조작, 감지기 작동), 경보기 설치 및 작동 여부	
12-E-022	○ 수동식 기동장치 작동표시 표시등 설치 및 정상 작동 여부	
12-E-023	○ 소화약제 방출표시등 설치 및 정상 작동 여부	
12-E-024	● 자동식기동장치 자동·수동 절환 및 절환표시등 설치 및 정상 작동 여부	

12-F. 배관 등

번호	점검항목	점검결과
12-F-001	○ 배관의 변형·손상 유무	

12-G. 선택밸브

번호	점검항목	점검결과
12-G-001	○ 선택밸브 설치 기준 적합 여부	

12-H. 분사헤드

번호	점검항목	점검결과
	[전역방출방식]	
12-H-001	○ 분사헤드의 변형·손상 유무	
12-H-002	● 분사헤드의 설치위치 적정 여부	
	[국소방출방식]	
12-H-011	○ 분사헤드의 변형·손상 유무	
12-H-012	● 분사헤드의 설치장소 적정 여부	
	[호스릴방식]	
12-H-021	● 방호대상물 각 부분으로부터 호스접결구까지 수평거리 적정 여부	
12-H-022	○ 소화약제저장용기의 위치표시등 정상 점등 및 표지 설치 여부	
12-H-023	● 호스릴소화설비 설치장소 적정 여부	

12-I. 화재감지기

번호	점검항목	점검결과
12-I-001	○ 방호구역별 화재감지기 감지에 의한 기동장치 작동 여부	
12-I-002	● 교차회로(또는 NFSC 203 제7조제1항 단서 감지기) 설치 여부	
12-I-003	● 화재감지기별 유효 바닥면적 적정 여부	

12-J. 음향경보장치

번호	점검항목	점검결과
12-J-001	○ 기동장치 조작 시(수동식 - 방출용스위치, 자동식 - 화재감지기) 경보 여부	
12-J-002	○ 약제 방사 개시(또는 방출 압력스위치 작동) 후 1분 이상 경보 여부	
12-J-003	● 방호구역 또는 방호대상물 구획 안에서 유효한 경보 가능 여부	
	[방송에 따른 경보장치]	
12-J-011	● 증폭기 재생장치의 설치장소 적정 여부	
12-J-012	● 방호구역·방호대상물에서 확성기 간 수평거리 적정 여부	
12-J-013	● 제어반 복구스위치 조작 시 경보 지속 여부	

(3면)

번호	점검항목	점검결과
12-K. 비상전원		
12-K-001	● 설치장소 적정 및 관리 여부	
12-K-002	○ 자가발전설비인 경우 연료 적정량 보유 여부	
12-K-003	○ 자가발전설비인 경우 「전기사업법」에 따른 정기점검 결과 확인	
비고		

옥외소화설비의 화재안전기준

[시행 2021. 12. 16.]
[소방청고시 제2021-50호, 2021. 12. 16., 타법개정.]

개요

NFSC 109

1 질의회신 및 핵심사항 분석

	핵심사항	참고 기출문제
계통도 등	• 정압흡입방식 펌프의 흡입측과 토출측의 주위 배관 • 표지의 명칭과 설치위치	
Key point	• 소화전함의 설치기준 • 방사압력, 방사량, 소화전함	

2 시스템의 해설

옥외소화전은 특정소방대상물의 옥외설비 및 기타의 장치 등에서 발생하는 옥외의 화재 방호를 위한 소화설비이다.

1) 계통도

참고 소방시설의 설계 및 시공

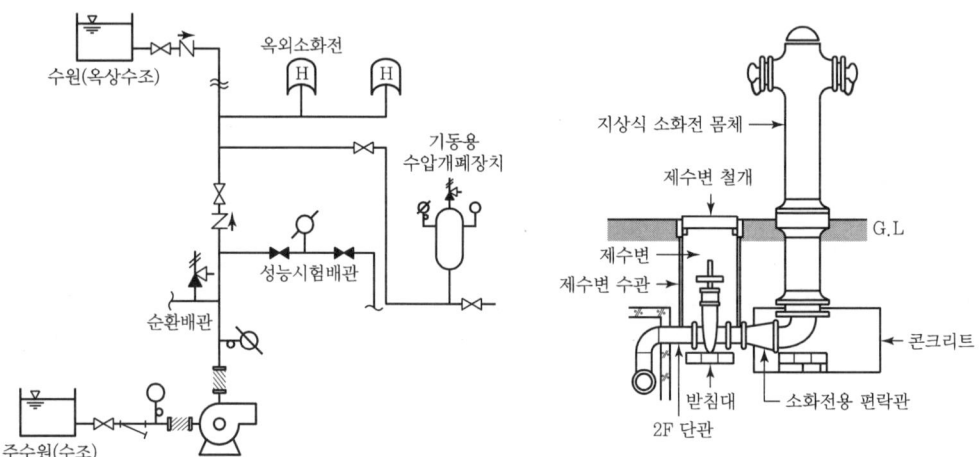

2) 소방용품(소방시설법 시행령 제6조)

소화설비를 구성하는 제품 또는 기기는 ① 별표 1 제1호가목의 소화기구(소화약제 외의 것을 이용한 간이소화용구는 제외한다), ② 별표 1 제1호나목의 자동소화장치, ③ 소화설비를 구성하는 소화전, 관창(菅槍), 소방호스, 스프링클러헤드, 기동용 수압개폐장치, 유수제어밸브 및 가스관 선택밸브 등이 있으며, 소화설비의 제품검사(형식승인 및 성능인증) 대상 품목은 ① 법 제36조제1항 본문에서 "대통령령으로 정하는 소방용품" ② 규칙 제15조제1항 본문에서 "행정안전부령으로 정하는 소방용품" ③ 규칙 제15조 및 별표 7 제22호에 따른 "소방청장이 고시하는 소방용품" 등으로 구분되고 소방용품은 제품검사를 받아 합격한 제품을 사용하여야 한다.

3) 용어 해설

(1) 옥외소화전설비의 개요

옥외소화전 또는 상수도 소화용수설비를 대규모 공장, 창고 등에 지상식 소화전으로 설계하는 경우 배관을 옥외 콘크리트 또는 흙 속에 매설하는 설계 경우가 거의 대부분이다. 이러한 설계시공은 부식과 지반침하, 누수 등 하자가 발생할 가능성이 매우 높고 또한 보수하기가 상당히 어렵다.

구분		설치기준
노즐당 방수량		350L/min 이상
수원		최대 2개×350L/min×20min = 14,000L = 14m^3
노즐의 방수압력		0.25~0.7MPa(0.7MPa 초과 시 감압장치 설치)
호스 및 노즐 구경		65mm
호스접결구		• 지면으로부터 높이 0.5m 이상 1m 이하 • 각 부분으로부터 수평거리 40m 이내
옥외소화전	10개 이하 설치된 경우	5m 이내의 장소에 소화전함 1개 이상 설치
	11개 이상 30개 이하	11개 이상의 소화전함은 각각 분산 설치
	31개 이상 설치된 경우	옥외소화전 3개마다 1개 이상의 소화전함 설치

02 화재안전기준 (2021. 12. 16 기준 원문)

NFSC 109

제1조(목적) 이 기준은 「화재예방, 소방시설 설치·유지 및 안전관리에 관한 법률」 제9조제1항에 따라 소방청장에게 위임한 사항 중 소화설비인 옥외소화전설비의 설치·유지 및 안전관리에 필요한 사항을 규정함을 목적으로 한다.

> **POINT 시스템 및 안전관리**
>
> 소화설비의 설치목적은 물 그 밖의 소화약제를 사용하여 소화하는 설비로서 특정소방대상물에서 화재가 발생한 경우 연소생성물(열, 연기, 불꽃 등)에 의한 화재의 초기소화, 연소제어 및 연소확대방지를 위하여 사용하며, 평상시에는 관계인에 의한 화재 예방을 위하여 정기적으로 점검하는 소방설비이다.
> ※ 물분무등소화설비에는 물분무·미분무·포·이산화탄소·할론·할로겐화합물 및 불활성기체·분말·강화액·고체에어로졸 등이 있다.(시행령 별표1)
> 1. 옥외소화전설비는 특정소방대상물의 옥외설비 및 기타의 장치 등에서 발생하는 옥외 화재를 방호하기 위한 소화설비, 화재발생 초기에 화재진압에 실패하였을 경우 인접 건물로의 화염 확산방지에 사용하는 설비이다. 옥외소화전설비의 구성은 수원, 가압송수장치, 배관, 소화전함, 전원, 제어반 등으로 구성된다. 옥내소화전설비와 비교하여 방수압과 방수량이 큰 특징이 있다.
> 2. 시스템을 구성하고 있는 소화설비는 「소방시설공사업법」의 소방시설공사 등의 품질과 안전이 확보되도록 시공되어야 하고, 소방기술의 관리에 필요한 화재안전기준에 적합하게 설계도서·시방서가 작성되어 성실하게 수행되어야 한다. 또한 「화재예방, 소방시설 설치·유지 및 안전관리에 관한 법률(이하 "소방시설법")」에 의한 소방용품의 제조 및 수입하려는 제품에 대하여 제품검사를 수행하고, 특정소방대상물의 관계인을 통하여 소방대상물의 안전관리가 이행되어야 한다.

제2조(적용범위) 「화재예방, 소방시설 설치·유지 및 안전관리에 관한 법률 시행령」(이하 "영"이라 한다) 별표 5 제1호사목에 따른 옥외소화전설비는 이 기준에서 정하는 규정에 따라 설비를 설치하고 유지·관리하여야 한다.

POINT

1 특정소방대상물의 설치기준(별표 5 옥외소화전설비)

소방시설	적용기준	설치대상
옥외소화전설비 (아파트, 위험물 저장 및 처리시설 중 가스시설 또는 지하구, 지하가 중 터널제외)	1. 지상 1층 및 2층의 바닥면적의 합계(같은 구(區) 내의 둘 이상의 특정소방대상물이 행정안전부령으로 정하는 연소(延燒) 우려가 있는 구조인 경우에는 이를 하나의 특정소방대상물로 본다.)	9천m² 이상
	2. 「문화재보호법」 제23조에 따라 보물 또는 국보로 지정된 목조건축물	전부
	3. 1에 해당하지 않는 공장 또는 창고시설로서 「소방기본법 시행령」 별표 2에서 정하는 특수가연물을 저장·취급하는 것	지정수량의 750배 이상

2 소방시설의 설치 면제기준

1. (별표 6) 소방시설 설치 면제기준

   옥내소화전설비를 설치하여야 하는 보물 또는 국보로 지정된 목조문화재에 상수도소화용수설비를 옥외소화전설비의 화재안전기준에서 정하는 방수압력·방수량옥외소화전함 및 호스의 기준에 적합하게 설치한 경우에는 설치가 면제된다.

2. (별표 7) 소방시설을 설치하지 않을 수 있는 특정소방대상물 및 소방시설 범위

구분	특정소방대상물	소방시설
1. 화재 위험도가 낮은 특정소방대상물	석재, 불연성금속, 불연성 건축재료 등의 가공공장·기계조립공장·주물공장 또는 불연성 물품을 저장하는 창고	옥외소화전 및 연결살수설비

제3조(정의) 이 기준에서 사용하는 용어의 정의는 다음과 같다.

1. "고가수조"란 구조물 또는 지형지물 등에 설치하여 자연낙차 압력으로 급수하는 수조를 말한다.
2. "압력수조"란 소화용수와 공기를 채우고 일정압력 이상으로 가압하여 그 압력으로 급수하는 수조를 말한다.
3. "충압펌프"란 배관 내 압력손실에 따른 주펌프의 빈번한 기동을 방지하기 위하여 충압역할을 하는 펌프를 말한다.
4. "연성계"란 대기압 이상의 압력과 대기압 이하의 압력을 측정할 수 있는 계측기를 말한다.
5. "진공계"란 대기압 이하의 압력을 측정하는 계측기를 말한다
6. "정격토출량"이란 정격토출압력에서의 펌프의 토출량을 말한다.
7. "정격토출압력"이란 정격토출량에서의 펌프의 토출측 압력을 말한다.
8. "개폐표시형밸브"란 밸브의 개폐여부를 외부에서 식별이 가능한 밸브를 말한다.
9. "기동용수압개폐장치"란 소화설비의 배관 내 압력변동을 검지하여 자동적으로 펌프를 기동 및 정지시키는 것으로서 압력챔버 또는 기동용압력스위치 등을 말한다.

10. "급수배관"이란 수원으로부터 옥외소화전방수구에 급수하는 배관을 말한다.
10의2. "분기배관"이란 배관 측면에 구멍을 뚫어 둘 이상의 관로가 생기도록 가공한 배관으로서 확관형 분기배관과 비확관형 분기배관을 말한다. 〈신설 2021. 12. 16.〉
10의3. "확관형 분기배관"이란 배관의 측면에 조그만 구멍을 뚫고 소성가공으로 확관시켜 배관 용접이음자리를 만들거나 배관 용접이음자리에 배관이음쇠를 용접 이음한 배관을 말한다. 〈신설 2021. 12. 16.〉
10의4. "비확관형 분기배관"이란 배관의 측면에 분기호칭내경 이상의 구멍을 뚫고 배관이음쇠를 용접 이음한 배관을 말한다. 〈신설 2021. 12. 16.〉
11. "가압수조"란 가압원인 압축공기 또는 불연성 고압기체에 따라 소방용수를 가압시키는 수조를 말한다.

제4조(수원) ① 옥외소화전설비의 수원은 그 저수량이 옥외소화전의 설치개수(옥외소화전이 2개 이상 설치된 경우에는 2개)에 7m³를 곱한 양 이상이 되도록 하여야 한다.
② 삭제
③ 삭제
④ 옥외소화전설비의 수원을 수조로 설치하는 경우에는 소방설비의 전용수조로 하여야 한다. 다만, 다음 각 호의 어느 하나에 해당하는 경우에는 그러하지 아니하다.
  1. 옥외소화전펌프의 후드밸브 또는 흡수배관의 흡수구(수직회전축펌프의 흡수구를 포함한다. 이하 같다)를 다른 설비(소방용설비 외의 것을 말한다. 이하 같다)의 후드밸브 또는 흡수구보다 낮은 위치에 설치한 때
  2. 제5조제2항에 따른 고가수조로부터 옥외소화전설비의 수직배관에 물을 공급하는 급수구를 다른 설비의 급수구보다 낮은 위치에 설치한 때
⑤ 제1항과 제2항에 따른 저수량을 산정함에 있어서 다른 설비와 겸용하여 옥외소화전설비용 수조를 설치하는 경우에는 옥외소화전설비의 후드밸브·흡수구 또는 수직배관의 급수구와 다른 설비의 후드밸브·흡수구 또는 수직배관의 급수구와의 사이의 수량을 그 유효수량으로 한다.
⑥ 옥외소화전설비용 수조는 다음 각 호의 기준에 따라 설치하여야 한다.
  1. 점검에 편리한 곳에 설치할 것
  2. 동결방지조치를 하거나 동결의 우려가 없는 장소에 설치할 것
  3. 수조의 외측에 수위계를 설치할 것. 다만, 구조상 불가피한 경우에는 수조의 맨홀 등을 통하여 수조 안의 물의 양을 쉽게 확인할 수 있도록 하여야 한다.
  4. 수조의 상단이 바닥보다 높은 때에는 수조의 외측에 고정식 사다리를 설치할 것
  5. 수조가 실내에 설치된 때에는 그 실내에 조명설비를 설치할 것
  6. 수조의 밑부분에는 청소용 배수밸브 또는 배수관을 설치할 것
  7. 수조의 외측의 보기 쉬운 곳에 "옥외소화전설비용 수조"라고 표시한 표지를 할 것. 이 경우 그 수조를 다른 설비와 겸용하는 때에는 그 겸용되는 설비의 이름을 표시한 표지를 함께 하여야

한다.
8. 옥외소화전펌프의 흡수배관 또는 옥외소화전설비의 수직배관과 수조의 접속부분에는 "옥외소화전설비용 배관"이라고 표시한 표지를 할 것. 다만, 수조와 가까운 장소에 옥외소화전펌프가 설치되고 옥외소화전펌프에 제5조제1항제13호에 따른 표지를 설치한 때에는 그러하지 아니하다.

제5조(가압송수장치) ① 전동기 또는 내연기관에 따른 펌프를 이용하는 가압송수장치는 다음 각 호의 기준에 따라 설치하여야 한다.
1. 쉽게 접근할 수 있고 점검하기에 충분한 공간이 있는 장소로서 화재 및 침수 등의 재해로 인한 피해를 받을 우려가 없는 곳에 설치할 것
2. 동결방지조치를 하거나 동결의 우려가 없는 장소에 설치할 것
3. 해당 특정소방대상물에 설치된 옥외소화전(2개 이상 설치된 경우에는 2개의 옥외소화전)을 동시에 사용할 경우 각 옥외소화전의 노즐선단에서의 방수압력이 0.25MPa 이상이고, 방수량이 350L/min 이상이 되는 성능의 것으로 할 것. 이 경우 하나의 옥외소화전을 사용하는 노즐선단에서의 방수압력이 0.7MPa을 초과할 경우에는 호스접결구의 인입측에 감압장치를 설치하여야 한다.
4. 펌프는 전용으로 할 것. 다만, 다른 소화설비와 겸용하는 경우 각각의 소화설비의 성능에 지장이 없을 때에는 그러하지 아니하다.
5. 펌프의 토출측에는 압력계를 체크밸브 이전에 펌프토출측 플랜지에서 가까운 곳에 설치하고, 흡입측에는 연성계 또는 진공계를 설치할 것. 다만, 수원의 수위가 펌프의 위치보다 높거나 수직회전축 펌프의 경우에는 연성계 또는 진공계를 설치하지 아니할 수 있다.
6. 가압송수장치에는 정격부하운전 시 펌프의 성능을 시험하기 위한 배관을 설치할 것. 다만, 충압펌프의 경우에는 그러하지 아니하다.
7. 가압송수장치에는 체절운전 시 수온의 상승을 방지하기 위한 순환배관을 설치할 것. 다만, 충압펌프의 경우에는 그러하지 아니하다.
8. 기동장치로는 기동용수압개폐장치 또는 이와 동등 이상의 성능이 있는 것을 설치할 것. 다만, 아파트·업무시설·학교·전시시설·공장·창고시설 또는 종교시설 등으로서 동결의 우려가 있는 장소에 있어서는 기동스위치에 보호판을 부착하여 옥외소화전함 내에 설치할 수 있다.
9. 기동용수압개폐장치(압력챔버)를 사용할 경우 그 용적은 100L 이상의 것으로 할 것
10. 수원의 수위가 펌프보다 낮은 위치에 있는 가압송수장치에는 다음 각 목의 기준에 따른 물올림장치를 설치할 것
    가. 물올림장치에는 전용의 수조를 설치할 것
    나. 수조의 유효수량은 100L 이상으로 하되, 구경 15mm 이상의 급수배관에 따라 당해수조에 물이 계속 보급되도록 할 것
11. 기동용수압개폐장치를 기동장치로 사용할 경우에는 다음 각 목의 기준에 따른 충압펌프를

설치할 것. 다만, 옥외소화전이 1개 설치된 경우로서 소화용 급수펌프로도 상시 충압이 가능하고 다음 가목의 성능을 갖춘 경우에는 충압펌프를 별도로 설치하지 아니할 수 있다.

　가. 펌프의 토출압력은 그 설비의 최고위 호스접결구의 자연압보다 적어도 0.2MPa이상 더 크도록 하거나 가압송수장치의 정격토출압력과 같게 할 것

　나. 펌프의 정격토출량은 정상적인 누설량보다 적어서는 아니 되며, 옥외소화전설비가 자동적으로 작동할 수 있도록 충분한 토출량을 유지하여야 한다.

12. 내연기관을 사용하는 경우에는 다음 각 목의 기준에 적합한 것으로 할 것.

　가. 내연기관의 기동은 제8호의 기동장치를 설치하거나 또는 소화전함의 위치에서 원격조작으로 가능하고 기동을 명시하는 적색등을 설치할 것

　나. 제어반에 따라 내연기관의 자동기동 및 수동기동이 가능하고, 상시 충전되어 있는 축전지설비를 갖출 것

13. 가압송수장치에는 "옥외소화전펌프"라고 표시한 표지를 할 것. 이 경우 그 가압송수장치를 다른 설비와 겸용하는 때에는 그 겸용되는 설비의 이름을 표시한 표지를 함께 하여야 한다.

14. 가압송수장치가 기동이 된 경우에는 자동으로 정지되지 아니하도록 하여야 한다. 다만, 충압펌프인 경우에는 그러하지 아니하다.

② 고가수조의 자연낙차를 이용한 가압송수장치는 다음 각 호의 기준에 따라 설치하여야 한다.

1. 고가수조의 자연낙차수두(수조의 하단으로부터 최고층에 설치된 소화전 호스 접결구까지의 수직거리를 말한다)는 다음의 식에 따라 산출한 수치 이상이 되도록 할 것

$$H = h_1 + h_2 + 25$$

　　　H : 필요한 낙차[m]

　　　h_1 : 소방용호스 마찰손실수두[m]

　　　h_1 : 배관의 마찰손실수두[m]

2. 고가수조에는 수위계 · 배수관 · 급수관 · 오버플로우관 및 맨홀을 설치할 것

③ 압력수조를 이용한 가압송수장치는 다음 각 호의 기준에 따라 설치하여야 한다.

1. 압력수조의 압력은 다음의 식에 따라 산출한 수치 이상으로 할 것

$$P = P_1 + P_2 + P_3 + 0.25$$

　　　P : 필요한 압력[MPa]

　　　P_1 : 소방용호스의 마찰손실수두압[MPa]

　　　P_2 : 배관의 마찰손실수두압[MPa]

　　　P_3 : 낙차의 환산수두압[MPa]

2. 압력수조에는 수위계 · 급수관 · 배수관 · 급기관 · 맨홀 · 압력계 · 안전장치 및 압력저하 방지를 위한 자동식 공기압축기를 설치할 것.

④ 가압수조를 이용한 가압송수장치는 다음 각 호의 기준에 따라 설치하여야 한다.

1. 가압수조의 압력은 제1항 제3호에 따른 방수량 및 방수압이 20분 이상 유지되도록 할 것

2. 삭제
3. 가압수조 및 가압원은 「건축법 시행령」 제46조에 따른 방화구획 된 장소에 설치 할 것
4. 삭제
5. 소방청장이 정하여 고시한 「가압수조식 가압송수장치의 성능인증 및 제품검사의 기술기준」에 적합한 것으로 설치할 것

제6조(배관 등) ① 호스접결구는 지면으로부터 높이가 0.5m 이상 1m 이하의 위치에 설치하고 특정소방대상물의 각 부분으로부터 하나의 호스접결구까지의 수평거리가 40m 이하가 되도록 설치하여야 한다.
② 호스는 구경 65mm의 것으로 하여야 한다
③ 배관은 배관용탄소강관(KS D 3507) 또는 배관 내 사용압력이 1.2MPa 이상일 경우에는 압력배관용탄소강관(KS D 3562) 또는 이음매 없는 동 및 동합금(KS D5301)의 배관용동관이나 이와 동등 이상의 강도·내식성 및 내열성을 가진 것으로 하여야 한다. 다만, 다음 각 호의 어느 하나에 해당하는 장소에는 법 제39조에 따라 제품검사에 합격한 소방용 합성수지배관으로 설치할 수 있다.
  1. 배관을 지하에 매설하는 경우
  2. 다른 부분과 내화구조로 구획된 덕트 또는 피트의 내부에 설치하는 경우
  3. 천장(상층이 있는 경우에는 상층바닥의 하단을 포함한다. 이하 같다)과 반자를 불연재료 또는 준불연재료로 설치하고 그 내부에 습식으로 배관을 설치하는 경우
④ 급수배관은 전용으로 하여야 한다. 다만, 옥외소화전의 기동장치의 조작과 동시에 다른 설비의 용도에 사용하는 배관의 송수를 차단할 수 있거나, 옥외소화전설비의 성능에 지장이 없는 경우에는 다른 설비와 겸용할 수 있다.
⑤ 펌프의 흡입측배관은 다음 각 호의 기준에 따라 설치하여야 한다.
  1. 공기고임이 생기지 아니하는 구조로 하고 여과장치를 설치할 것
  2. 수조가 펌프보다 낮게 설치된 경우에는 각 펌프(충압펌프를 포함한다)마다 수조로부터 별도로 설치할 것
⑥ 펌프의 성능은 체절운전 시 정격토출압력의 140%를 초과하지 아니하고, 정격토출량의 150%로 운전 시 정격토출압력의 65% 이상이 되어야 하며, 펌프의 성능시험배관은 다음 각 호의 기준에 적합하여야 한다.
  1. 성능시험배관은 펌프의 토출측에 설치된 개폐밸브 이전에서 분기하여 설치하고, 유량측정장치를 기준으로 전단 직관부에 개폐밸브를 후단 직관부에는 유량조절밸브를 설치할 것
  2. 유량측정장치는 성능시험배관의 직관부에 설치하되, 펌프의 정격토출량의 175% 이상 측정할 수 있는 성능이 있을 것
⑦ 가압송수장치의 체절운전 시 수온의 상승을 방지하기 위하여 체크밸브와 펌프 사이에서 분기한 구경 20mm 이상의 배관에 체절압력미만에서 개방되는 릴리프밸브를 설치하여야 한다.
⑧ 동결방지조치를 하거나 동결의 우려가 없는 장소에 설치하여야 한다. 다만, 보온재를 사용할 경

우에는 난연재료 성능 이상의 것으로 하여야 한다.
⑨ 급수배관에 설치되어 급수를 차단할 수 있는 개폐밸브(옥외소화전방수구를 제외한다)는 개폐표시형으로 하여야 한다. 이 경우 펌프의 흡입측배관에는 버터플라이밸브외의 개폐표시형밸브를 설치하여야 한다.
⑩ 배관은 다른 설비의 배관과 쉽게 구분이 될 수 있는 위치에 설치하거나 그 배관표면 또는 배관 보온재표면의 색상은 식별이 가능하도록「한국산업표준(배관계의 식별 표시, KS A 0503)」또는 적색으로 소방용설비의 배관임을 표시하여야 한다.
⑪ 확관형 분기배관을 사용할 경우에는 소방청장이 정하여 고시한「분기배관 성능인증 및 제품검사의 기술기준」에 적합한 것으로 설치하여야 한다.

제7조(소화전함 등) ① 옥외소화전설비에는 옥외소화전마다 그로부터 5m 이내의 장소에 소화전함을 다음 각 호의 기준에 따라 설치하여야 한다.
1. 옥외소화전이 10개 이하 설치된 때에는 옥외소화전마다 5m 이내의 장소에 1개 이상의 소화전함을 설치하여야 한다.
2. 옥외소화전이 11개 이상 30개 이하 설치된 때에는 11개 이상의 소화전함을 각각 분산하여 설치하여야 한다.
3. 옥외소화전이 31개 이상 설치된 때에는 옥외소화전 3개마다 1개 이상의 소화전함을 설치하여야 한다.

② 옥외소화전설비의 함은 소방청장이 정하여 고시한「소화전함 성능인증 및 제품검사의 기술기준」에 적합한 것으로 설치하되 밸브의 조작, 호스의 수납 등에 충분한 여유를 가질 수 있도록 할 것. 연결송수관의 방수구를 같이 설치하는 경우에도 또한 같다.
③ 옥외소화전설비의 소화전함 표면에는 "옥외소화전"이라고 표시한 표지를 하고, 가압송수장치의 조작부 또는 그 부근에는 가압송수장치의 기동을 명시하는 적색등을 설치하여야 한다.
④ 표시등은 다음 각 호의 기준에 따라 설치하여야 한다.
1. 옥외소화전설비의 위치를 표시하는 표시등은 함의 상부에 설치하되, 설치하되, 소방청장이 정하여 고시한「표시등의 성능인증 및 제품검사의 기술기준」에 적합한 것으로 할 것
2. 가압송수장치의 기동을 표시하는 표시등은 옥외소화전함의 상부 또는 그 직근에 설치하되 적색등으로 할 것. 다만, 자체소방대를 구성하여 운영하는 경우(「위험물안전관리법 시행령」별표 8에서 정한 소방자동차와 자체소방대원의 규모를 말한다) 가압송수장치의 기동표시등을 설치하지 않을 수 있다.
3. 삭제

제8조(전원) 옥외소화전설비에는 그 특정소방대상물의 수전방식에 따라 다음 각 호의 기준에 따른 상용전원회로의 배선을 설치하여야 한다. 다만, 가압수조방식으로서 모든 기능이 20분 이상 유효하게 지속될 수 있는 경우에는 그러하지 아니하다.

1. 저압수전인 경우에는 인입개폐기의 직후에서 분기하여 전용배선으로 하여야 하며, 전용의 전선관에 보호 되도록 할 것
2. 특별고압수전 또는 고압수전일 경우에는 전력용 변압기 2차측의 주차단기 1차측에서 분기하여 전용배선으로 하되, 상용전원의 상시공급에 지장이 없을 경우에는 주차단기 2차측에서 분기하여 전용배선으로 할 것. 다만, 가압송수장치의 정격입력전압이 수전전압과 같은 경우에는 제1호의 기준에 따른다.

제9조(제어반) ① 옥외소화전설비에는 제어반을 설치하되, 감시제어반과 동력제어반으로 구분하여 설치하여야 한다. 다만, 다음 각 호의 어느 하나에 해당하는 경우에는 감시제어반과 동력제어반으로 구분하여 설치하지 아니할 수 있다.
1. 다음 각 목의 어느 하나에 해당하지 아니하는 특정소방대상물에 설치되는 옥외소화전설비
   가. 지하층을 제외한 층수가 7층 이상으로서 연면적이 2,000m^2 이상인 것
   나. 제1호에 해당하지 않는 특정소방대상물로서 지하층의 바닥면적의 합계가 3,000m^2 이상인 것. 다만, 차고 · 주차장 또는 보일러실 · 기계실 · 전기실 등 이와 유사한 장소의 면적은 제외한다.
2. 내연기관에 따른 가압송수장치를 사용하는 옥외소화전설비
3. 고가수조에 따른 가압송수장치를 사용하는 옥외소화전설비
4. 가압수조에 따른 가압송수장치를 사용하는 옥외소화전설비

② 감시제어반의 기능은 다음 각 호의 기준에 적합하여야 한다. 다만, 제1항 각 호의 어느 하나에 해당하는 경우에는 제3호와 제6호를 적용하지 아니한다.
1. 각 펌프의 작동여부를 확인할 수 있는 표시등 및 음향경보기능이 있어야 할 것
2. 각 펌프를 자동 및 수동으로 작동시키거나 중단시킬 수 있어야 한다.
3. 비상전원을 설치한 경우에는 상용전원 및 비상전원의 공급여부를 확인할 수 있어야 할 것
4. 수조 또는 물올림탱크가 저수위로 될 때 표시등 및 음향으로 경보할 것
5. 각 확인회로(기동용수압개폐장치의 압력스위치회로 · 수조 또는 물올림탱크의 감시회로를 말한다)마다 도통시험 및 작동시험을 할 수 있어야 할 것
6. 예비전원이 확보되고 예비전원의 적합여부를 시험할 수 있어야 할 것

③ 감시제어반은 다음 각 호의 기준에 따라 설치하여야 한다.
1. 화재 및 침수 등의 재해로 인한 피해를 받을 우려가 없는 곳에 설치할 것
2. 감시제어반은 옥외소화전설비의 전용으로 할 것. 다만, 옥외소화전설비의 제어에 지장이 없는 경우에는 다른 설비와 겸용할 수 있다.
3. 감시제어반은 다음 각 목의 기준에 따른 전용실 안에 설치할 것. 다만, 제1항 각 호의 어느 하나에 해당하는 경우와 공장, 발전소 등에서 설비를 집중 제어 · 운전할 목적으로 설치하는 중앙제어실내에 감시제어반을 설치하는 경우에는 그러하지 아니하다.
   가. 다른 부분과 방화구획을 할 것. 이 경우 전용실의 벽에는 기계실 또는 전기실 등의 감시를

위하여 두께 7mm 이상의 망입유리(두께 16.3mm 이상의 접합유리 또는 두께 28mm 이상의 복층유리를 포함한다)로 된 4m² 미만의 붙박이창을 설치할 수 있다.
   나. 피난층 또는 지하 1층에 설치할 것. 다만, 다음 각 세목의 어느 하나에 해당하는 경우에는 지상 2층에 설치하거나 지하 1층 외의 지하층에 설치할 수 있다.
      (1) 「건축법 시행령」제35조에 따라 특별피난계단이 설치되고 그 계단(부속실을 포함한다) 출입구로부터 보행거리 5m이내에 전용실의 출입구가 있는 경우
      (2) 아파트의 관리동(관리동이 없는 경우에는 경비실)에 설치하는 경우
   다. 비상조명등 및 급·배기설비를 설치할 것
   라. 「무선통신보조설비의 화재안전기준(NFSC 505)」제5조제3항에 따라 유효하게 통신이 가능할 것(영 별표 5의 제5호마목에 따른 무선통신보조설비가 설치된 특정소방대상물에 한한다.)
   마. 바닥면적은 감시제어반의 설치에 필요한 면적 외에 화재 시 소방대원이 그 감시제어반의 조작에 필요한 최소면적 이상으로 할 것
4. 제3호에 따른 전용실에는 소방대상물의 기계·기구 또는 시설 등의 제어 및 감시설비 외의 것을 두지 아니할 것

④ 동력제어반은 다음 각 호의 기준에 따라 설치하여야 한다.
   1. 앞면은 적색으로 하고 "옥외소화전설비용 동력제어반"이라고 표시한 표지를 설치할 것
   2. 외함은 두께 1.5mm 이상의 강판 또는 이와 동등 이상의 강도 및 내열성능이 있는 것으로 할 것
   3. 그 밖의 동력제어반의 설치에 관하여는 제3항 제1호와 제2호의 기준을 준용 할 것

제10조(배선 등) ① 옥외소화전설비의 배선은 「전기사업법」제67조에 따른 기술기준에서 정한 것 외에 다음 각 호의 기준에 따라 설치하여야 한다.
   1. 비상전원으로부터 동력제어반 및 가압송수장치에 이르는 전원회로배선은 내화배선으로 할 것. 다만, 자가발전설비와 동력제어반이 동일한 실에 설치된 경우에는 자가발전기로부터 그 제어반에 이르는 전원회로배선은 그러하지 아니하다.
   2. 상용전원으로부터 동력제어반에 이르는 배선, 그 밖의 옥외소화전설비의 감시·조작 또는 표시등회로의 배선은 내화배선 또는 내열배선으로 할 것. 다만, 감시제어반 또는 동력제어반의 감시·조작 또는 표시등회로의 배선은 그러하지 아니하다.
② 제1항에 따른 내화배선 및 내열배선에 사용되는 전선 및 설치방법은 「옥내소화전의 화재안전기준(NFSC 102)」별표 1의 기준에 따른다.
③ 옥외소화전설비의 과전류차단기 및 개폐기에는 "옥외소화전설비용"이라고 표시한 표지를 하여야 한다.
④ 옥외소화전설비용 전기배선의 양단 및 접속단자에는 다음 각 호의 기준에 따라 표지하여야 한다.
   1. 단자에는 "옥외소화전단자"라고 표시한 표지를 부착한다.
   2. 옥외소화전설비용 전기배선의 양단에는 다른 배선과 식별이 용이하도록 표시하여야 한다.

제11조(수원 및 가압송수장치의 펌프 등의 겸용) ① 옥외소화전설비의 수원을 옥내소화전설비 · 스프링클러설비 · 간이스프링클러설비 · 화재조기진압용 스프링클러설비 · 물분무소화설비 및 포소화전설비의 수원과 겸용하여 설치하는 경우의 저수량은 각 소화설비에 필요한 저수량을 합한 양 이상이 되도록 하여야 한다. 다만, 이들 소화설비 중 고정식 소화설비(펌프 · 배관과 소화수 또는 소화약제를 최종 방출하는 방출구가 고정된 설비를 말한다. 이하 같다)가 2 이상 설치되어 있고, 그 소화설비가 설치된 부분이 방화벽과 방화문으로 구획되어 있는 경우에는 각 고정식 소화설비에 필요한 저수량 중 최대의 것 이상으로 할 수 있다.

② 옥외소화전설비의 가압송수장치로 사용하는 펌프를 옥내소화전설비 · 스프링클러설비 · 간이스프링클러설비 · 화재조기진압용 스프링클러설비 · 물분무소화설비 및 포소화설비의 가압송수장치와 겸용하여 설치하는 경우의 펌프의 토출량은 각 소화설비에 해당하는 토출량을 합한 양 이상이 되도록 하여야 한다. 다만, 이들 소화설비 중 고정식 소화설비가 2 이상 설치되어 있고, 그 소화설비가 설치된 부분이 방화벽과 방화문으로 구획되어 있으며 각 소화설비에 지장이 없는 경우에는 펌프의 토출량 중 최대의 것 이상으로 할 수 있다.

③ 옥내소화전설비 · 스프링클러설비 · 간이스프링클러설비 · 화재조기진압용 스프링클러설비 · 물분무소화설비 · 포소화설비 및 옥외소화전설비의 가압송수장치에 있어서 각 토출측배관과 일반급수용의 가압송수장치의 토출측배관을 상호 연결하여 화재시 사용할 수 있다. 이 경우 연결배관에는 개 · 폐표시형밸브를 설치하여야 하며, 각 소화설비의 성능에 지장이 없도록 하여야 한다.

제12조(설치 · 유지기준의 특례) 소방본부장 또는 소방서장은 기존건축물이 증축 · 개축 · 대수선되거나 용도변경 되는 경우에 있어서 이 기준이 정하는 기준에 따라 해당 건축물에 설치하여야 할 옥외소화전설비의 배관 · 배선 등의 공사가 현저하게 곤란하다고 인정되는 경우에는 해당 설비의 기능 및 사용에 지장이 없는 범위 안에서 옥외소화전설비의 설치 · 유지기준의 일부를 적용하지 아니할 수 있다.

제13조(재검토기한) 소방청장은 이 고시에 대하여 「훈령 · 예규 등의 발령 및 관리에 관한 규정」에 따라 2019년 1월 1일 기준으로 매3년이 되는 시점(매 3년째의 12월 31일까지를 말한다)마다 그 타당성을 검토하여 개선 등의 조치를 하여야 한다.

부칙

〈제2021-16호, 2021. 3. 26.〉

제1조(시행일) 이 고시는 발령한 날부터 시행한다.
제2조(다른 고시의 개정) ①부터 ⑥까지 생략
⑦ 「옥외소화전설비의 화재안전기준(NFSC 109)」 일부를 다음과 같이 개정한다.

03 소방시설 자체점검

참고 소방시설 자체점검사항 등에 관한 고시, 한국소방안전원

✓ **소방시설 작동기능점검표 작성 예시**

1 점검 전 준비사항
1) 점검장소의 협의나 협조 받을 건물 관계인 등 연락처를 사전 확보
2) 점검의 목적과 필요성에 대하여 건물 관계인에게 사전 안내 및 협의
3) 음향장치 및 각 실별 방문점검 사항을 공지하여 협조 요청

2 현장확인
1) 현장 시설물의 도면 등을 이용하여 설비의 개요 및 설치위치 등을 파악한다.
2) 점검사항을 토대로 점검순서를 계획하고 점검장비 및 공구를 준비한다.
3) 기존의 점검자료 및 조치결과가 있다면 점검 전 참고
4) 점검과 관련된 각종 법규 및 기준 등의 기술기준 등 규정사항을 준비하고 숙지한다.

3 점검표 작성을 위한 준비물
1) **소방시설등 작동기능점검 실시결과 보고서**
   화재예방, 소방시설 설치 · 유지 및 안전관리에 관한 법률 시행규칙 별지 서식
2) **소방시설등 작동기능 점검표**
   소방시설 자체점검사항 등에 관한 고시 서식
3) **건축물대장**
   건축물대장/소방도면 및 소방시설 현황/소방계획서 등
4) **점검에 필요한 장비**

소방시설	장비	규격
공통시설	방수압력측정계, 절연저항계, 전류전압측정계	
옥내소화설비, 옥외소화설비	소화전밸브압력계	

5) **자체점검 후 결과 조치(소방시설법 시행규칙 제19조)**
   (1) 작동기능점검 : 작동기능점검을 실시한 경우 7일 이내에 작동기능점검 실시결과 보고서를 소방본부장 또는 소방서장에게 제출하여야 한다.
   (2) 종합정밀점검 : 종합정밀점검을 실시한 경우 7일 이내에 종합정밀점검 실시결과 보고서를 소방본부장 또는 소방서장에게 제출하여야 한다.
   ▶ 소방시설관리업자는 점검을 실시한 경우 점검이 끝난 날부터 10일 이내에 소방시설관리업자에 대한 평가 등에 관한 업무를 위탁받은 평가기관에 통보하여야 한다.

13. 옥외소화전설비 점검표

(1면)

번호	점검항목	점검결과
13-A. 수원		
13-A-001	○ 수원의 유효수량 적정 여부(겸용설비 포함)	
13-B. 수조		
13-B-001	● 동결방지조치 상태 적정 여부	
13-B-002	○ 수위계 설치 또는 수위 확인 가능 여부	
13-B-003	● 수조 외측 고정사다리 설치 여부(바닥보다 낮은 경우 제외)	
13-B-004	● 실내설치 시 조명설비 설치 여부	
13-B-005	○ "옥외소화전설비용 수조" 표지설치 여부 및 설치 상태	
13-B-006	● 다른 소화설비와 겸용 시 겸용설비의 이름 표시한 표지설치 여부	
13-B-007	● 수조 - 수직배관 접속부분 "옥외소화전설비용 배관" 표지설치 여부	
13-C. 가압송수장치		
13-C-001 13-C-002 13-C-003 13-C-004 13-C-005 13-C-006 13-C-007 13-C-008 13-C-009 13-C-010 13-C-011 13-C-012	[펌프방식] ● 동결방지조치 상태 적정 여부 ○ 옥외소화전 방수량 및 방수압력 적정 여부 ● 감압장치 설치 여부(방수압력 0.7MPa 초과 조건) ○ 성능시험배관을 통한 펌프 성능시험 적정 여부 ● 다른 소화설비와 겸용인 경우 펌프 성능 확보 가능 여부 ○ 펌프 흡입측 연성계 · 진공계 및 토출측 압력계 등 부속장치의 변형 · 손상 유무 ● 기동장치 적정 설치 및 기동압력 설정 적정 여부 ○ 기동스위치 설치 적정 여부(ON/OFF 방식) ● 물올림장치 설치 적정(전용 여부, 유효수량, 배관구경, 자동급수) 여부 ● 충압펌프 설치 적정(토출압력, 정격토출량) 여부 ○ 내연기관 방식의 펌프 설치 적정(정상기동(기동장치 및 제어반) 여부, 축전지 상태, 연료량) 여부 ○ 가압송수장치의 "옥외소화전펌프" 표지설치 여부 또는 다른 소화설비와 겸용 시 겸용설비 이름 표시 부착 여부	
13-C-021	[고가수조방식] ○ 수위계 · 배수관 · 급수관 · 오버플로우관 · 맨홀 등 부속장치의 변형 · 손상 유무	
13-C-031 13-C-032	[압력수조방식] ● 압력수조의 압력 적정 여부 ○ 수위계 · 급수관 · 급기관 · 압력계 · 안전장치 · 공기압축기 등 부속장치의 변형 · 손상 유무	
13-C-041 13-C-042	[가압수조방식] ● 가압수조 및 가압원 설치장소의 방화구획 여부 ○ 수위계 · 급수관 · 배수관 · 급기관 · 압력계 등 부속장치의 변형 · 손상 유무	

(2면)

번호	점검항목	점검결과
13-D. 배관 등		
13-D-001	● 호스접결구 높이 및 각 부분으로부터 호스접결구까지의 수평거리 적정 여부	
13-D-002	○ 호스 구경 적정 여부	
13-D-003	● 펌프의 흡입측 배관 여과장치의 상태 확인	
13-D-004	● 성능시험배관 설치(개폐밸브, 유량조절밸브, 유량측정장치) 적정 여부	
13-D-005	● 순환배관 설치(설치위치·배관구경, 릴리프밸브 개방압력) 적정 여부	
13-D-006	● 동결방지조치 상태 적정 여부	
13-D-007	○ 급수배관 개폐밸브 설치(개폐표시형, 흡입측 버터플라이 제외) 적정 여부	
13-D-008	● 다른 설비의 배관과의 구분 상태 적정 여부	
13-E. 소화전함 등		
13-E-001	○ 함 개방 용이성 및 장애물 설치 여부 등 사용 편의성 적정 여부	
13-E-002	○ 위치·기동 표시등 적정 설치 및 정상 점등 여부	
13-E-003	○ "옥외소화전" 표시 설치 여부	
13-E-004	● 소화전함 설치 수량 적정 여부	
13-E-005	○ 옥외소화전함 내 소방호스, 관창, 옥외소화전개방 장치 비치 여부	
13-E-006	○ 호스의 접결상태, 구경, 방수 거리 적정 여부	
13-F. 전원		
13-F-001	● 대상물 수전방식에 따른 상용전원 적정 여부	
13-F-002	● 비상전원 설치장소 적정 및 관리 여부	
13-F-003	○ 자가발전설비인 경우 연료 적정량 보유 여부	
13-F-004	○ 자가발전설비인 경우 「전기사업법」에 따른 정기점검 결과 확인	
13-G. 제어반		
13-G-001	● 겸용 감시·동력 제어반 성능 적정 여부(겸용으로 설치된 경우)	
	[감시제어반]	
13-G-011	○ 펌프 작동 여부 확인 표시등 및 음향경보장치 정상작동 여부	
13-G-012	○ 펌프 별 자동·수동 전환스위치 정상작동 여부	
13-G-013	● 펌프 별 수동기동 및 수동중단 기능 정상작동 여부	
13-G-014	● 상용전원 및 비상전원 공급 확인 가능 여부(비상전원 있는 경우)	
13-G-015	● 수조·물올림탱크 저수위 표시등 및 음향경보장치 정상작동 여부	
13-G-016	○ 각 확인회로 별 도통시험 및 작동시험 정상작동 여부	
13-G-017	○ 예비전원 확보 유무 및 시험 적합 여부	
13-G-018	● 감시제어반 전용실 적정 설치 및 관리 여부	
13-G-019	● 기계·기구 또는 시설 등 제어 및 감시설비 외 설치 여부	
	[동력제어반]	
13-G-031	○ 앞면은 적색으로 하고, "옥외소화전설비용 동력제어반" 표지 설치 여부	
	[발전기제어반]	
13-G-041	● 소방전원보존형발전기는 이를 식별할 수 있는 표지 설치 여부	

(3면)

번호	점검항목	점검결과

※ 펌프성능시험(펌프 명판 및 설계치 참조)

<table>
<tr><th colspan="2">구분</th><th>체절운전</th><th>정격운전
(100%)</th><th>정격유량의
150% 운전</th><th>적정 여부</th><th></th></tr>
<tr><td rowspan="2">토출량
(l/min)</td><td>주</td><td></td><td></td><td></td><td rowspan="4">1. 체절운전 시 토출압은 정격토출압의 140% 이하일 것( )
2. 정격운전 시 토출량과 토출압이 규정치 이상일 것( )
3. 정격토출량의 150%에서 토출압이 정격토출압의 65% 이상일 것( )</td><td rowspan="4">○ 설정압력 :
○ 주펌프
  기동 :　　 MPa
  정지 :　　 MPa
○ 예비펌프
  기동 :　　 MPa
  정지 :　　 MPa
○ 충압펌프
  기동 :　　 MPa
  정지 :　　 MPa</td></tr>
<tr><td>예비</td><td></td><td></td><td></td></tr>
<tr><td rowspan="2">토출압
(MPa)</td><td>주</td><td></td><td></td><td></td></tr>
<tr><td>예비</td><td></td><td></td><td></td></tr>
</table>

※ 릴리프밸브 작동압력 :　　　 MPa

비고	

비상경보설비 및 단독경보형감지기의 화재안전기준

[시행 2021. 1. 15.]
[소방청고시 제2021-11호, 2021. 1. 15., 타법개정.]

개요

NFSC 201

1 질의회신 및 핵심사항 분석

질의회신		참고 소방청 질의회신집
적용기준	Q	창고 소방시설 설치여부[소방제도팀 - 143 2007.3.2] : 레미콘회사의 골재 보관창고로서 사면이 상시 개방되어 전기설비가 없는 장소에 경보설비 및 소화기 설치여부
	A	「화재예방, 소방시설 설치·유지 및 안전관리에 관한 법률 시행령」 별표7 제1호에 따라 "화재위험도가 낮은 특정소방대상물" 중 "불연성물품을 저장하는 창고"에 해당하지만 소화기와 경보설비는 제외되지 아니하므로 설치하여야 함

핵심사항		참고 기출자료
기타	• 단독경보형 감지기의 설치대상 • P형 1급 수신기에 지구경종이 작동되지 않는 원인	
Key point	비상벨 또는 자동식 사이렌설비의 배선	

2 시스템의 해설

현대 건축물은 화재가 발생하는 요인이 증가되고, 소화의 어려움을 확대되어 화재를 조기에 발견하여 경보하고 화재 확대를 최소한으로 저지하는 것이 매우 중요한 일이다. 따라서 관계법령에서는 건축물의 구조·규모·수용인원·용도 등에 따라 소방시설의 설치를 의무화하고 있다. 비상경보설비 및 단독경보형감지기설비는 감지된 신호를 경보에 의하여 건축물의 거주자들에게 원활한 피난을 유도하는 설비이다.

1) 소방용품(소방시설법 시행령 제6조)

경보설비를 구성하는 제품 또는 기기는 ① 누전경보기 및 가스누설경보기, ② 경보설비를 구성하는 발신기, 수신기, 중계기, 감지기 및 경종 등이 있으며, 경보설비의 제품검사(형식승인 및 성능인증) 대상 품목은 ① 법 제36조제1항 본문에서 "대통령령으로 정하는 소방용품" ② 규칙 제15조제1항 본문에서 "행정안전부령으로 정하는 소방용품" ③ 규칙 제15조 및 별표 7 제22호에 따른 "소방청장이 고시하는 소방용품" 등으로 구분되고 소방용품은 제품검사를 받아 합격한 제품을 사용하여야 한다.

02 화재안전기준 (2021. 1. 15 기준 원문)

NFSC 201

제1조(목적) 이 기준은 「화재예방, 소방시설 설치·유지 및 안전관리에 관한 법률」 제9조제1항에 따라 소방청장에게 위임한 사항 중 경보설비인 비상경보설비 및 단독경보형감지기의 설치·유지 및 안전관리에 필요한 사항을 규정함을 목적으로 한다.

> **POINT 시스템 및 안전관리**
>
> 경보설비의 설치목적은 화재발생 사실을 통보하는 기계·기구 또는 설비로서 특정소방대상물에서 화재가 발생한 경우 연소생성물(열, 연기, 불꽃 등)에 의한 위험지역을 관계인 등에게 조기에 전파하여 피난구조를 유도하며, 평상시에는 관계인에 의한 화재 예방을 위하여 정기적으로 점검하는 소방설비이다.
> 1. 비상경보설비 및 단독경보형감지기에서 비상경보설비는 비상벨설비와 자동식사이렌설비로 분류되며, 화재발생 상황을 경종과 사이렌으로 비상경보하고, 단독경보형감지기는 화재발생 상황을 단독으로 감지하여 자체에 내장된 음향장치로 경보하는 감지기이다. 경보설비의 구성은 감지기, 발신기, 중계기, 수신기, 경보장치, 전원, 배선 등으로 구성된다.
> 2. 시스템을 구성하고 있는 경보설비는 「소방시설공사업법」의 소방시설공사 등의 품질과 안전이 확보되도록 시공되어야 하고, 소방기술의 관리에 필요한 화재안전기준에 적합하게 설계도서·시방서가 작성되어 성실하게 수행되어야 한다. 또한 「화재예방, 소방시설 설치·유지 및 안전관리에 관한 법률(이하 "소방시설법")」에 의한 소방용품의 제조 및 수입하려는 제품에 대하여 제품검사를 수행하고, 특정소방대상물의 관계인을 통하여 소방대상물의 안전관리가 이행되어야 한다.

제2조(적용범위) 「화재예방, 소방시설 설치·유지 및 안전관리에 관한 법률 시행령」(이하 "영"이라 한다) 별표 5 제2호가목과 바목에 따른 비상경보설비와 단독경보형감지기는 이 기준에서 정하는 규정에 따라 설비를 설치하고 유지·관리 하여야 한다.

POINT

1 특정소방대상물의 설치기준(별표 5 비상경보설비 및 단독경보형감지기)

소방시설	적용기준	설치대상
비상경보설비 (위험물 저장 및 처리시설 중 가스시설 또는 지하구는 제외한다)	1. 건축물의 연면적(지하가 중 터널 또는 사람이 거주하지 않거나 벽이 없는 축사 등 동·식물 관련 시설은 제외한다)	400m² 이상
	2. 지하층 또는 무창층의 바닥면적	150m² 이상 (공연장 100m² 이상)
	3. 지하가 중 터널	500m 이상
	4. 50명 이상의 근로자가 작업하는 옥내 작업장	전부
단독경보형감지기	1. 아파트등	연면적 1천m² 미만
	2. 기숙사	연면적 1천m² 미만
	3. 교육연구시설 또는 수련시설 내에 있는 합숙소 또는 기숙사로 연면적	2천m² 미만
	4. 숙박시설	600m² 미만
	5. 노유자생활시설에 해당하지 않는 수련시설(숙박시설이 있는 것만 해당한다)	전부
	6. 유치원	연면적 400m² 미만

2 소방시설의 설치 면제기준
1. (별표 6) 소방시설 설치 면제기준
   비상경보설비 또는 단독경보형 감지기를 설치하여야 하는 특정소방대상물에 자동화재탐지설비를 화재안전기준에 적합하게 설치한 경우에는 그 설비의 유효범위에서 설치가 면제된다.
2. (별표 7) 소방시설을 설치하지 않을 수 있는 특정소방대상물 및 소방시설 범위 : 없음

제3조(정의) 이 기준에서 사용하는 용어의 정의는 다음과 같다.
1. "비상벨설비"란 화재발생 상황을 경종으로 경보하는 설비를 말한다.
2. "자동식사이렌설비"란 화재발생 상황을 사이렌으로 경보하는 설비를 말한다.
3. "단독경보형감지기"란 화재발생 상황을 단독으로 감지하여 자체에 내장된 음향장치로 경보하는 감지기를 말한다.
4. "발신기"란 화재발생 신호를 수신기에 수동으로 발신하는 장치를 말한다.
5. "수신기"란 발신기에서 발하는 화재신호를 직접 수신하여 화재의 발생을 표시 및 경보하여 주는 장치를 말한다.

제3조의2(신호처리방식) 화재신호 및 상태신호 등(이하 "화재신호 등"이라 한다)을 송수신하는 방식은 다음 각 호와 같다.

1. "유선식"은 화재신호 등을 배선으로 송·수신하는 방식의 것
2. "무선식"은 화재신호 등을 전파에 의해 송·수신하는 방식의 것
3. "유·무선식"은 유선식과 무선식을 겸용으로 사용하는 방식의 것

제4조(비상벨설비 또는 자동식사이렌설비) ① 비상벨설비 또는 자동식사이렌설비는 부식성가스 또는 습기 등으로 인하여 부식의 우려가 없는 장소에 설치하여야 한다.

② 지구음향장치는 특정소방대상물의 층마다 설치하되, 해당 특정소방대상물의 각 부분으로부터 하나의 음향장치까지의 수평거리가 25m 이하가 되도록 하고, 해당층의 각 부분에 유효하게 경보를 발할 수 있도록 설치하여야 한다. 다만, 「비상방송설비의 화재안전기준(NFSC 202)」에 적합한 방송설비를 비상벨설비 또는 자동식사이렌설비와 연동하여 작동하도록 설치한 경우에는 지구음향장치를 설치하지 아니할 수 있다.

③ 음향장치는 정격전압의 80% 전압에서 음향을 발할 수 있도록 하여야 한다. 다만, 건전지를 주전원으로 사용하는 음향장치는 그러하지 아니하다.

④ 음향장치의 음량은 부착된 음향장치의 중심으로부터 1m 떨어진 위치에서 90dB 이상이 되는 것으로 하여야 한다.

⑤ 발신기는 다음 각 호의 기준에 따라 설치하여야 한다.
  1. 조작이 쉬운 장소에 설치하고, 조작스위치는 바닥으로부터 0.8m 이상 1.5m 이하의 높이에 설치할 것
  2. 특정소방대상물의 층마다 설치하되, 해당 특정소방대상물의 각 부분으로부터 하나의 발신기까지의 수평거리가 25m 이하가 되도록 할 것. 다만, 복도 또는 별도로 구획된 실로서 보행거리가 40m 이상일 경우에는 추가로 설치하여야 한다.
  3. 발신기의 위치표시등은 함의 상부에 설치하되, 그 불빛은 부착 면으로부터 15° 이상의 범위 안에서 부착지점으로부터 10m 이내의 어느 곳에서도 쉽게 식별할 수 있는 적색등으로 할 것

⑥ 비상벨설비 또는 자동식사이렌설비의 상용전원은 다음 각 호의 기준에 따라 설치하여야 한다.
  1. 전원은 전기가 정상적으로 공급되는 축전지, 전기저장장치(외부 전기에너지를 저장해 두었다가 필요한 때 전기를 공급하는 장치) 또는 교류전압의 옥내 간선으로 하고, 전원까지의 배선은 전용으로 할 것
  2. 개폐기에는 "비상벨설비 또는 자동식사이렌설비용"이라고 표시한 표지를 할 것

⑦ 비상벨설비 또는 자동식사이렌설비에는 그 설비에 대한 감시상태를 60분간 지속한 후 유효하게 10분 이상 경보할 수 있는 축전지설비(수신기에 내장하는 경우를 포함한다) 또는 전기저장장치(외부 전기에너지를 저장해 두었나가 필요한 때 전기를 공급하는 장치)를 설치하여야 한다. 다만, 상용전원이 축전지설비인 경우 또는 건전지를 주전원으로 사용하는 무선식 설비인 경우에는 그러하지 아니하다.

⑧ 비상벨설비 또는 자동식사이렌설비의 배선은 「전기사업법」 제67조에 따른 기술기준에서 정한 것 외에 다음 각 호의 기준에 따라 설치하여야 한다.

1. 전원회로의 배선은 「옥내소화전설비의 화재안전기준(NFSC 102)」 별표 1에 따른 내화배선에 의하고 그 밖의 배선은 「옥내소화전설비의 화재안전기준(NFSC 102)」 별표 1에 따른 내화배선 또는 내열배선에 따를 것
2. 전원회로의 전로와 대지 사이 및 배선 상호 간의 절연저항은 「전기사업법」 제67조에 따른 기술기준이 정하는 바에 의하고, 부속회로의 전로와 대지 사이 및 배선 상호간의 절연저항은 1경계구역마다 직류 250V의 절연저항측정기를 사용하여 측정한 절연저항이 0.1MΩ 이상이 되도록 할 것
3. 배선은 다른 전선과 별도의 관·덕트(절연효력이 있는 것으로 구획한 때에는 그 구획된 부분은 별개의 덕트로 본다)·몰드 또는 풀박스 등에 설치할 것. 다만, 60V 미만의 약전류회로에 사용하는 전선으로서 각각의 전압이 같을 때에는 그러하지 아니하다.

제5조(단독경보형감지기) 단독경보형감지기는 다음 각 호의 기준에 따라 설치하여야 한다.

1. 각 실(이웃하는 실내의 바닥면적이 각각 30m² 미만이고 벽체의 상부의 전부 또는 일부가 개방되어 이웃하는 실내와 공기가 상호유통되는 경우에는 이를 1개의 실로 본다)마다 설치하되, 바닥면적이 150m²를 초과하는 경우에는 150m²마다 1개 이상 설치할 것
2. 최상층의 계단실의 천장(외기가 상통하는 계단실의 경우를 제외한다)에 설치할 것
3. 건전지를 주전원으로 사용하는 단독경보형감지기는 정상적인 작동상태를 유지할 수 있도록 건전지를 교환할 것
4. 상용전원을 주전원으로 사용하는 단독경보형감지기의 2차전지는 법 제39조에 따라 제품검사에 합격한 것을 사용할 것

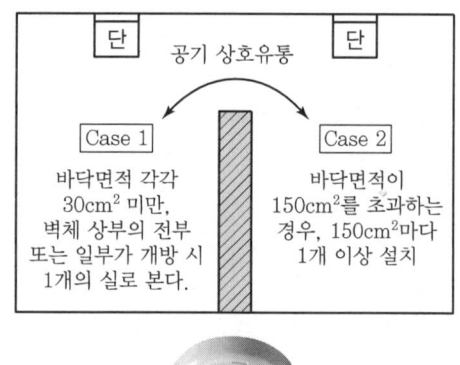

[단독경보형감지기]

제6조(설치·유지기준의 특례) 소방본부장 또는 소방서장은 기존건축물이 증축·개축·대수선되거나 용도변경 되는 경우에 있어서 이 기준이 정하는 기준에 따라 해당 건축물에 설치하여야 할 비상경보설비의 배관·배선 등의 공사가 현저하게 곤란하다고 인정되는 경우에는 해당 설비의 기능 및 사용에 지장이 없는 범위 안에서 비상경보설비의 설치·유지기준의 일부를 적용하지 아니할 수 있다.

제7조(재검토 기한) 소방청장은 「훈령·예규 등의 발령 및 관리에 관한 규정」에 따라 이 고시에 대하여 2017년 1월 1일 기준으로 매3년이 되는 시점(매 3년째의 12월 31일까지를 말한다)마다 그 타당성을 검토하여 개선 등의 조치를 하여야 한다.

제8조(규제의 재검토) 「행정규제기본법」 제8조에 따라 2015년 1월 1일을 기준으로 매 3년이 되는 시점(매 3번째의 12월 31일까지를 말한다)마다 그 타당성을 검토하여 개선 등의 조치를 하여야 한다.

부칙

〈제2021-11호, 2021. 1. 15.〉

제1조(시행일)이 고시는 발령한 날부터 시행한다.

제2조 생략

제3조(다른 고시의 개정)① 및 ② 생략

③ 「비상경보설비 및 단독경보형감지기의 화재안전기준(NFSC 201)」 일부를 다음과 같이 개정한다. 제4조제5항 중 단서 조항 "다만, 지하구의 경우에는 발신기를 설치하지 아니할 수 있다."를 삭제한다.

④ 생략

03 소방시설 자체점검

> 참고 소방시설 자체점검사항 등에 관한 고시, 한국소방안전원

✅ **소방시설 작동기능점검표 작성 예시**

1 점검 전 준비사항
1) 점검장소의 협의나 협조 받을 건물 관계인 등 연락처를 사전 확보
2) 점검의 목적과 필요성에 대하여 건물 관계인에게 사전 안내 및 협의
3) 음향장치 및 각 실별 방문점검 사항을 공지하여 협조 요청

2 현장확인
1) 현장 시설물의 도면 등을 이용하여 설비의 개요 및 설치위치 등을 파악한다.
2) 점검사항을 토대로 점검순서를 계획하고 점검장비 및 공구를 준비한다.
3) 기존의 점검자료 및 조치결과가 있다면 점검 전 참고
4) 점검과 관련된 각종 법규 및 기준 등의 기술기준 등 규정사항을 준비하고 숙지한다.

3 점검표 작성을 위한 준비물

1) 소방시설등 작동기능점검 실시결과 보고서
　화재예방, 소방시설 설치·유지 및 안전관리에 관한 법률 시행규칙 별지 서식

2) 소방시설등 작동기능 점검표
　소방시설 자체점검사항 등에 관한 고시 서식

3) 건축물대장
　건축물대장/소방도면 및 소방시설 현황/소방계획서 등

4) 점검에 필요한 장비

소방시설	장비	규격
공통시설	방수압력측정계, 절연저항계, 전류전압측정계	
소화기구	열·연기감지기 시험기, 공기주입시험기, 감지기시험기연결풀대, 음량계	

5) 자체점검 후 결과 조치(소방시설법 시행규칙 제19조)
　(1) 작동기능점검 : 작동기능점검을 실시한 경우 7일 이내에 작동기능점검 실시결과 보고서를 소방본부장 또는 소방서장에게 제출하여야 한다.
　(2) 종합정밀점검 : 종합정밀점검을 실시한 경우 7일 이내에 종합정밀점검 실시결과 보고서를 소방본부장 또는 소방서장에게 제출하여야 한다.
　　▶ 소방시설관리업자는 점검을 실시한 경우 점검이 끝난 날부터 10일 이내에 소방시설관리업자에 대한 평가 등에 관한 업무를 위탁받은 평가기관에 통보하여야 한다.

14. 비상경보설비 및 단독경보형감지기 점검표

번호	점검항목	점검결과
14-A. 비상경보설비		
14-A-001	○ 수신기 설치장소 적정(관리용이) 및 스위치 정상 위치 여부	
14-A-002	○ 수신기 상용전원 공급 및 전원표시등 정상점등 여부	
14-A-003	○ 예비전원(축전지) 상태 적정 여부(상시 충전, 상용전원 차단 시 자동절환)	
14-A-004	○ 지구음향장치 설치기준 적합 여부	
14-A-005	○ 음향장치(경종 등) 변형·손상 확인 및 정상 작동(음량 포함) 여부	
14-A-006	○ 발신기 설치 장소, 위치(수평거리) 및 높이 적정 여부	
14-A-007	○ 발신기 변형·손상 확인 및 정상 작동 여부	
14-A-008	○ 위치표시등 변형·손상 확인 및 정상 점등 여부	
14-B. 단독경보형감지기		
14-B-001	○ 설치 위치(각 실, 바닥면적 기준 추가설치, 최상층 계단실) 적정 여부	
14-B-002	○ 감지기의 변형 또는 손상이 있는지 여부	
14-B-003	○ 정상적인 감시상태를 유지하고 있는지 여부(시험작동 포함)	
비고		

※ 점검항목 중 "●"는 종합정밀점검의 경우에만 해당한다.
※ 점검결과란은 양호 "○", 불량 "×", 해당없는 항목은 "/"로 표시한다.
※ 점검항목 내용 중 "설치기준" 및 "설치상태"에 대한 점검은 정상적인 작동 가능 여부를 포함한다.
※ '비고'란에는 특정소방대상물의 위치·구조·용도 및 소방시설의 상황 등이 이 표의 항목대로 기재하기 곤란하거나 이 표에서 누락된 사항을 기재한다.(이하 같다)

비상방송설비의 화재안전기준

[시행 2017. 7. 26.]
[소방청고시 제2017-1호, 2017. 7. 26., 타법개정.]

01 개요

NFSC 202

1 질의회신 및 핵심사항 분석

질의회신   참고 소방청 질의회신집

	질의회신
음향장치 (제4조)	**Q** 주차장 방송 장비(컬럼형 10W 스피커) 위치 설계 시 "그 층의 각 부분으로부터의 하나의 확성기까지의 수평거리가 25m 이하"를 스피커로부터 경보를 듣는 청자의 위치까지의 거리를 25m로 해야 하는지, 아니면 스피커와 스피커의 설치 간격이 25m 이하로 해야 하나요?
	A 수평거리란 건축물 내부의 지형의 영향을 받지 않는 수평면 상의 두점 사이의 거리를 말합니다. 이는 하나의 확성기를 중심으로 25m 원을 만들었을 때, 그 층의 각 부분이 25m 원 안에 포함되도록 하라는 의미입니다. 「자동화재탐지설비 및 시각경보장치의 화재안전기준」 해설서 중 수평거리에 대한 그림을 참고하시기 바랍니다.
우선경보방식 적용층 (제4조)	**Q** 비상방송설비 화재안전기준 제4조제7호의다목에 지하층에서 발화한 때에는 발화층, 그 직상층 및 기타 지하층에 경보를 발할 것이라고 되어있습니다. 지하2층이 발화층일 경우에는 직상층이 지하1층까지 되는 것인가요 아니면 지상1층까지를 직상층으로 봐야 하는 것인가요?
	A 「비상방송설비의 화재안전기준(NFSC 202)」 제4조제7호의다목에 따라 비상방송설비의 우선경보방식은 5층 이상, 연면적 3,000m² 를 초과하는 특정소방대상물에 적용되며 지하층에서 발화한 때에는 발화층, 그 직상층 및 기타의 지하층에 경보를 발하도록 규정하고 있습니다. 해당 규정에 따라 지하2층 발화 시에는 발화층인 지하2층과 직상층인 지하1층 및 기타 지하층에 경보를 발하여야 합니다. 문의하신 경우와 같이 지하2층 발화 시 지상1층에 경보를 발하는 것은 현행 기준에 적합하지 않은 것으로 판단됩니다.
	Q 대규모 고층 건축물 같이 수용인원이 많은 경우 전층 경보를 일제히 내보내면 계단에 동시에 피난자가 몰려 피난이 용이하지 않고 패닉현상도 유발되어 피해를 더욱 증가시킬 우려가 있어, 지금까지는 계단, EV실(엘리베이터 권상기실), 린넨슈트 등의 감지기가 작동을 하였을 때는 수신기의 주경종만 작동하도록 하였습니다(또한 계단실의 경우 담배연기, 먼지 등에 의한 비화재보가 발생하는 경우가 다수 발생합니다). 하지만, 이 경우 「자동화재탐지설비 및 시각경보장치의 화재안전기준(NFSC 203)」 해설서 중 내용과 괴리가 있어 이럴 경우 경보를 어떻게 해야 하는지 질의 드립니다.

	A 비상방송설비를 설치하여야 하는 특정소방대상물은 「화재예방, 소방시설 설치·유지 및 안전관리에 관한 법률 시행령」 [별표5]에 '연면적 3천5백m² 이상인 것, 지하층을 제외한 층수가 11층 이상인 것, 지하층의 층수가 3층 이상인 것'으로 정하고 있습니다. 「자동화재탐지설비 및 시각경보장치의 화재안전기준(NFSC 203)」 제8조제1항제2호에 따라 비상방송설비의 우선경보방식은 5층 이상, 연면적 3,000m²를 초과하는 특정소방대상물에 적용되며 2층 이상의 층에서 발화한 때에는 발화층 및 그 직상층, 1층에서 발화한 때에는 발화층·그 직상층 및 지하층, 지하층에서 발화한 때에는 발화층·그 직상층 및 기타의 지하층에 경보를 발하도록' 경보방식을 설치하도록 정하고 있습니다. 귀하께서 문의하신 화재안전기준 해설서 중 "계단 또는 경사로의 경우는 45m가 하나의 경계구역이고, 린넨슈트, 파이프피트 등은 수직로가 하나의 경계구역이다. 이에 따라 수직공간에서 화재 발생 시 지구음향장치(시각경보장치 포함)는 전체 명동하여야 한다"라고 수록한 부분은 화재안전기준에서 규정하고 있지는 않으나 계단실 또는 E/V 승강로 상에 설치된 감지기가 작동한 경우 화재발생지점이 특정되지 않은 상황에서 화재가 건물 전체로 확대될 가능성이 크므로 건물 전체에 경보하는 것이 타당한 것으로 판단되어 기술한 내용임을 안내해 드립니다. 참고로, 현행 화재안전기준 상 규정이 명확하지 않아 현재 계단실 등에서 발화한 때에는 전 층에 경보하도록 관련 기준을 개정 중에 있습니다.
핵심사항	**참고** 기출자료
음향경보	• 지하 3층, 지상 5층 연면적 5,000m²인 경우 경보되는 층 • 직상발화 음향경보
Key point	• 비상방송 음향장치의 설치기준 • 비상방송설비의 배선

2 시스템의 해설

현대 건축물은 화재가 발생하는 요인이 증가되고, 소화의 어려움을 확대되어 화재를 조기에 발견하여 경보하고 화재 확대를 최소한으로 저지하는 것이 매우 중요한 일이다. 따라서 관계법령에서는 건축물의 구조·규모·수용인원·용도 등에 따라 소방시설의 설치를 의무화하고 있다. 비상방송설비는 화재신호를 수신기에서 비상방송용 엠프로 전달하여 비상방송으로 건축물의 거주자들에게 원활한 피난을 유도하는 설비이다.

1) 소방용품(소방시설법 시행령 제6조)

경보설비를 구성하는 제품 또는 기기는 ① 누전경보기 및 가스누설경보기, ② 경보설비를 구성하는 발신기, 수신기, 중계기, 감지기 및 경종 등이 있으며, 경보설비의 제품검사(형식승인 및 성능인증) 대상 품목은 ① 법 제36조제1항 본문에서 "대통령령으로 정하는 소방용품" ② 규칙 제15조제1항 본문에서 "행정안전부령으로 정하는 소방용품" ③ 규칙 제15조 및 별표 7 제22호에 따른 "소방청장이 고시하는 소방용품" 등으로 구분되고 소방용품은 제품검사를 받아 합격한 제품을 사용하여야 한다.

화재안전기준 (2017. 7. 26 기준 원문)

NFSC 202

제1조(목적) 이 기준은 「화재예방, 소방시설 설치·유지 및 안전관리에 관한 법률」 제9조제1항에 따라 소방청장에게 위임한 사항 중 경보설비인 비상방송설비의 설치·유지 및 안전관리에 필요한 사항을 규정함을 목적으로 한다.

> **POINT 시스템 및 안전관리**
>
> 경보설비의 설치목적은 화재발생 사실을 통보하는 기계·기구 또는 설비로서 특정소방대상물에서 화재가 발생한 경우 연소생성물(열, 연기, 불꽃 등)에 의한 위험지역을 관계인 등에게 조기에 전파하여 피난구조를 유도하며, 평상시에는 관계인에 의한 화재 예방을 위하여 정기적으로 점검하는 소방설비이다.
> 1. 비상방송설비는 건물 내의 전 구역에 화재 발생을 알리는 설비로 비상경보설비(비상벨·자동식 사이렌) 및 방송설비(앰프, 스피커, 증폭기 등)의 시스템으로 자동화재탐지설비와 연동으로 동작하는 설비이다. 비상방송설비의 구성은 확성기, 음량조정기, 기동장치, 증폭기, 조작부(푸시버튼·비상전화 등), 기동장치 등으로 구성된다.
> 2. 시스템을 구성하고 있는 경보설비는 「소방시설공사업법」의 소방시설공사 등의 품질과 안전이 확보되도록 시공되어야 하고, 소방기술의 관리에 필요한 화재안전기준에 적합하게 설계도서·시방서가 작성되어 성실하게 수행되어야 한다. 또한 「화재예방, 소방시설 설치·유지 및 안전관리에 관한 법률(이하 "소방시설법")」에 의한 소방용품의 제조 및 수입하려는 제품에 대하여 제품검사를 수행하고, 특정소방대상물의 관계인을 통하여 소방대상물의 안전관리가 이행되어야 한다.

제2조(적용범위) 「화재예방, 소방시설 설치·유지 및 안전관리에 관한 법률 시행령」(이하 "영"이라 한다) 별표 5 제2호 나목에 따른 비상방송설비는 이 기준에서 정하는 규정에 따라 설비를 설치하고 유지·관리하여야 한다.

> **POINT**
>
> **1 특정소방대상물의 설치기준(별표 5 옥내소화전설비)**
>
> | 소방시설 | 적용기준 | 설치대상 |
> |---|---|---|
> | 비상방송설비 | 1. 건축물의 연면적 | 3,500m² 이상 |
> | | 2. 지하층을 제외한 층수가 11층 이상 | 전부 |
> | | 3. 지하층의 층수가 3층 이상 | 전부 |
> | | ※ 위험물 저장 및 처리 시설 중 가스시설, 사람이 거주하지 않는 동물 및 식물 관련 시설, 지하가 중 터널, 축사 및 지하구는 제외한다. | |

❷ 소방시설 설치 면제기준
1. (별표 6) 소방시설 설치 면제기준
    비상방송설비를 설치하여야 하는 특정소방대상물에 자동화재탐지설비 또는 비상경보설비와 같은 수준 이상의 음향을 발하는 장치를 부설한 방송설비를 화재안전기준에 적합하게 설치한 경우에는 그 설비의 유효범위에서 설치가 면제된다.
2. (별표 7) 소방시설을 설치하지 않을 수 있는 특정소방대상물 및 소방시설 범위

구분	특정소방대상물	소방시설
1. 화재 위험도가 낮은 특정소방대상물	「소방기본법」 제2조제5호에 따른 소방대(消防隊)가 조직되어 24시간 근무하고 있는 청사 및 차고	옥내소화전설비, 스프링클러설비, 물분무등소화설비, 비상방송설비, 피난기구, 소화용수설비, 연결송수관설비, 연결살수설비

제3조(정의) 이 기준에서 사용하는 용어의 정의는 다음과 같다.
1. "확성기"란 소리를 크게 하여 멀리까지 전달될 수 있도록 하는 장치로써 일명 스피커를 말한다.
2. "음량조절기"란 가변저항을 이용하여 전류를 변화시켜 음량을 크게 하거나 작게 조절할 수 있는 장치를 말한다.
3. "증폭기"란 전압전류의 진폭을 늘려 감도를 좋게 하고 미약한 음성전류를 커다란 음성전류로 변화시켜 소리를 크게 하는 장치를 말한다.

제4조(음향장치) 비상방송설비는 다음 각 호의 기준에 따라 설치하여야 한다. 이 경우 엘리베이터 내부에는 별도의 음향장치를 설치할 수 있다.
1. 확성기의 음성입력은 3W(실내에 설치하는 것에 있어서는 1W) 이상일 것
2. 확성기는 각층마다 설치하되, 그 층의 각 부분으로부터 하나의 확성기까지의 수평거리가 25m 이하가 되도록 하고, 해당층의 각 부분에 유효하게 경보를 발할 수 있도록 설치할 것
3. 음량조정기를 설치하는 경우 음량조정기의 배선은 3선식으로 할 것
4. 조작부의 조작스위치는 바닥으로부터 0.8m 이상 1.5m 이하의 높이에 설치할 것
5. 조작부는 기동장치의 작동과 연동하여 해당 기동장치가 작동한 층 또는 구역을 표시할 수 있는 것으로 할 것
6. 증폭기 및 조작부는 수위실 등 상시 사람이 근무하는 장소로서 점검이 편리하고 방화상 유효한 곳에 설치할 것
7. 층수가 5층 이상으로서 연면적이 3,000m²를 초과하는 특정소방대상물은 다음 각 목에 따라 경보를 발할 수 있도록 하여야 한다.
    가. 2층 이상의 층에서 발화한 때에는 발화층 및 그 직상층에 경보를 발할 것
    나. 1층에서 발화한 때에는 발화층·그 직상층 및 지하층에 경보를 발할 것
    다. 지하층에서 발화한 때에는 발화층·그 직상층 및 기타의 지하층에 경보를 발할 것

7의2. 삭제

8. 다른 방송설비와 공용하는 것에 있어서는 화재 시 비상경보외의 방송을 차단할 수 있는 구조로 할 것

9. 다른 전기회로에 따라 유도장애가 생기지 아니하도록 할 것

10. 하나의 특정소방대상물에 2 이상의 조작부가 설치되어 있는 때에는 각각의 조작부가 있는 장소 상호간에 동시통화가 가능한 설비를 설치하고, 어느 조작부에서도 해당 특정소방대상물의 전 구역에 방송을 할 수 있도록 할 것

11. 기동장치에 따른 화재신고를 수신한 후 필요한 음량으로 화재발생 상황 및 피난에 유효한 방송이 자동으로 개시될 때까지의 소요시간은 10초 이하로 할 것

12. 음향장치는 다음 각 목의 기준에 따른 구조 및 성능의 것으로 하여야 한다.
    가. 정격전압의 80% 전압에서 음향을 발할 수 있는 것을 할 것
    나. 자동화재탐지설비의 작동과 연동하여 작동할 수 있는 것으로 할 것

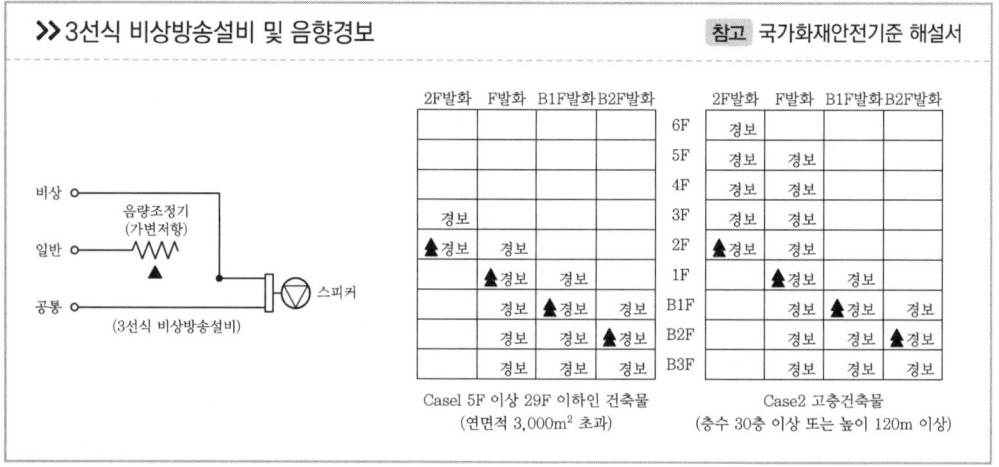

제5조(배선) 비상방송설비의 배선은 「전기사업법」 제67조에 따른 기술기준에서 정한 것 외에 다음 각 호의 기준에 따라 설치하여야 한다.

1. 화재로 인하여 하나의 층의 확성기 또는 배선이 단락 또는 단선되어도 다른 층의 화재통보에 지장이 없도록 할 것

2. 전원회로의 배선은 옥내소화전설비의화재안전기준(NFSC 102) 별표 1에 따른 내화배선에 따르고, 그 밖의 배선은 옥내소화전설비의화재안전기준(NFSC 102) 별표 1에 따른 내화배선 또는 내열배선에 따라 설치할 것

3. 전원회로의 전로와 대지 사이 및 배선 상호 간의 절연저항은 「전기사업법」 제67조에 따른 기술기준이 정하는 바에 따르고, 부속회로의 전로와 대지 사이 및 배선 상호 간의 절연저항은 1 경계구역마다 직류 250V의 절연저항측정기를 사용하여 측정한 절연저항이 0.1MΩ 이상이 되도록 할 것

4. 비상방송설비의 배선은 다른 전선과 별도의 관·덕트(절연효력이 있는 것으로 구획한 때에는

그 구획된 부분은 별개의 덕트로 본다) 몰드 또는 풀박스 등에 설치할 것. 다만, 60V 미만의 약전류회로에 사용하는 전선으로서 각각의 전압이 같을 때에는 그러하지 아니하다.

제6조(전원) ① 비상방송설비의 상용전원은 다음 각 호의 기준에 따라 설치하여야 한다.
   1. 전원은 전기가 정상적으로 공급되는 축전지, 전기저장장치(외부 전기에너지를 저장해 두었다가 필요한 때 전기를 공급하는 장치) 또는 교류전압의 옥내 간선으로 하고, 전원까지의 배선은 전용으로 할 것
   2. 개폐기에는 "비상방송설비용"이라고 표시한 표지를 할 것
② 비상방송설비에는 그 설비에 대한 감시상태를 60분간 지속한 후 유효하게 10분 이상 경보할 수 있는 축전지설비(수신기에 내장하는 경우를 포함한다) 또는 전기저장장치(외부 전기에너지를 저장해 두었다가 필요한 때 전기를 공급하는 장치)를 설치하여야 한다.

제7조(설치 · 유지기준의 특례) 소방본부장 또는 소방서장은 기존건축물이 증축 · 개축 · 대수선되거나 용도 변경되는 경우에 있어서 이 기준이 정하는 기준에 따라 해당 건축물에 설치하여야 할 비상방송설비의 배관 · 배선 등의 공사가 현저하게 곤란하다고 인정되는 경우에는 해당 설비의 기능 및 사용에 지장이 없는 범위 안에서 비상방송설비의 설치 · 유지기준의 일부를 적용하지 아니할 수 있다.

제8조(재검토 기한) 소방청장은 「훈령 · 예규 등의 발령 및 관리에 관한 규정」에 따라 이 고시에 대하여 2017년 1월 1일 기준으로 매 3년이 되는 시점(매 3년째의 12월 31일까지를 말한다)마다 그 타당성을 검토하여 개선 등의 조치를 하여야 한다.

부칙

〈제2017-1호, 2017. 7. 26.〉

제1조(시행일)이 고시는 발령한 날부터 시행한다.
제2조 생략

03 소방시설 자체점검

참고 소방시설 자체점검사항 등에 관한 고시, 한국소방안전원

✓ 소방시설 작동기능점검표 작성 예시

1 점검 전 준비사항
1) 점검장소의 협의나 협조 받을 건물 관계인 등 연락처를 사전 확보
2) 점검의 목적과 필요성에 대하여 건물 관계인에게 사전 안내 및 협의
3) 음향장치 및 각 실별 방문점검 사항을 공지하여 협조 요청

2 현장확인
1) 현장 시설물의 도면 등을 이용하여 설비의 개요 및 설치위치 등을 파악한다.
2) 점검사항을 토대로 점검순서를 계획하고 점검장비 및 공구를 준비한다.
3) 기존의 점검자료 및 조치결과가 있다면 점검 전 참고
4) 점검과 관련된 각종 법규 및 기준 등의 기술기준 등 규정사항을 준비하고 숙지한다.

3 점검표 작성을 위한 준비물
1) **소방시설등 작동기능점검 실시결과 보고서**
   화재예방, 소방시설 설치·유지 및 안전관리에 관한 법률 시행규칙 별지 서식
2) **소방시설등 작동기능 점검표**
   소방시설 자체점검사항 등에 관한 고시 서식
3) **건축물대장**
   건축물대장/소방도면 및 소방시설 현황/소방계획서 등
4) **점검에 필요한 장비**

소방시설	장비	규격
공통시설	방수압력측정계, 절연저항계, 전류전압측정계	
자동화재탐지설비 시각경보기	열·연기감지기 시험기, 공기주입시험기, 감지기시험기연결폴대, 음량계	
누전경보기	누전계	부하전류 측정용

5) **자체점검 후 결과 조치(소방시설법 시행규칙 제19조)**
   (1) 작동기능점검 : 작동기능점검을 실시한 경우 7일 이내에 작동기능점검 실시결과 보고서를 소방본부장 또는 소방서장에게 제출하여야 한다.
   (2) 종합정밀점검 : 종합정밀점검을 실시한 경우 7일 이내에 종합정밀점검 실시결과 보고서를 소방본부장 또는 소방서장에게 제출하여야 한다.
   ▶ 소방시설관리업자는 점검을 실시한 경우 점검이 끝난 날부터 10일 이내에 소방시설관리업자에 대한 평가 등에 관한 업무를 위탁받은 평가기관에 통보하여야 한다.

16. 비상방송설비

번호	점검항목	점검결과
16-A. 음향장치		
16-A-001	● 확성기 음성입력 적정 여부	
16-A-002	● 확성기 설치 적정(층마다 설치, 수평거리, 유효하게 경보) 여부	
16-A-003	● 조작부 조작스위치 높이 적정 여부	
16-A-004	● 조작부 상 설비 작동층 또는 작동구역 표시 여부	
16-A-005	● 증폭기 및 조작부 설치 장소 적정 여부	
16-A-006	● 우선경보방식 적용 적정 여부	
16-A-007	● 겸용설비 성능 적정(화재 시 다른 설비 차단) 여부	
16-A-008	● 다른 전기회로에 의한 유도장애 발생 여부	
16-A-009	● 2 이상 조작부 설치 시 상호 동시통화 및 전 구역 방송 가능 여부	
16-A-010	● 화재신호 수신 후 방송개시 소요시간 적정 여부	
16-A-011	○ 자동화재탐지설비 작동과 연동하여 정상 작동 가능 여부	
16-B. 배선 등		
16-B-001	● 음량조절기를 설치한 경우 3선식 배선 여부	
16-B-002	● 하나의 층에 단락, 단선 시 다른 층의 화재통보 적부	
16-C. 전원		
16-C-001	○ 상용전원 적정 여부	
16-C-002	● 예비전원 성능 적정 및 상용전원 차단 시 예비전원 자동전환 여부	
비고		

자동화재탐지설비 및 시각경보장치의 화재안전기준

[시행 2021. 1. 15.]
[소방청고시 제2021-11호, 2021. 1. 15., 타법개정.]

01 개요

NFSC 203

1 질의회신 및 핵심사항 분석

질의회신		참고 소방청 질의회신집
설치기준 (제5조)	Q 주상복합건축물의 종합방재반 : 주상복합건축물 지하 1층에 종합방재반이 설치되어 있으나 근무자가 평일 주간에만 근무하여 시설관리도 아파트와 업무시설로 구분 관리하고 있으므로 소방시설과 관련된 수신기를 아파트 경비실(지상1층)과 중앙 감시반(지하5층)에 각각 설치하여 지하 1층 종합방재반과 연동하여 관리하려고 하는데 가능 여부?	
	A 종합방재반 및 아파트 경비실과 중앙감시반에 설치된 수신기가 「자동화재탐지설비의 화재안전기준」 제5조제3항에 적합한 경우에는 설치가 가능함	
	Q 저회로용 중계기 거치대(인쇄회로용 기판)를 소화전 내부에 설치가 가능한지?	
	A 저회로용 거치대에 관하여 소방관계법령에서 규정하고 있지 아니하나 각종 배설 결선 등을 손쉽게 하기 위한 거치대로서 소방시설의 성능에 지장이 없을 경우 사용할 수 있을 것으로 사료됨	
감지기 설치 시 적응성 (제7조제1항, 제5항)	Q 근린생활시설 혹인 주민공동시설 같은 상가에 화장실 감지기는 연기식감지기와 차동식 감지기 중 어떤 것으로 설치하여야 하는지 문의 드립니다.	
	A 연기감지기를 설치해야 하는 대상은 「자동화재탐지설비 및 시각경보장치의 화재안전기준(NFSC 203)」 제7조제2항에 규정하고 있습니다. 또한 목욕실, 욕조나 샤워시설이 있는 화장실에는 오동작의 우려를 고려하여 화재감지기 설치를 제외하고 있습니다. 상기 화재안전기준 및 설치 제외대상이 아니라면 [자동화재탐지설비 및 시각경보장치의 화재안전기준(NFSC 203)] 제7조 제1항에 따라 차동식감지기를 포함하여 부착높이별 적응성 있는 감지기를 설치하실 수 있음을 안내해 드립니다.	
	Q 저희 사업장내에 설치된 발전기실에 교차회로 방식으로 연기감지기가 설계/설치되어 있습니다. 화재안전기준에 의하면 "배기가스가 다량으로 체류하는 장소"에 "자가발전실" 항목이 있는데 여기선 연기감지기가 사용 안 된다고 되어 있더군요. 위의 기준대로라면 연기감지기 대신 열감지기를 설치해야 하나요?	
	A 귀하께서 문의하신 사업장내 설치된 연기감지기가 적응성에 맞게 부착높이를 충족하여 설계 및 설치된 감지기가 발전기실 특성상 배기가스가 다량으로 체류하는 장소적 특성으로 오동작이 자주 발생한다면 적응성에 맞는 감지기로 교체 가능할 것으로 판단되며 「자동화재탐지설비 및 시각경보장치의 화재안전기준(NFSC 203)」 제7조제7항에 따라 연기감지기를 설치할 수 없는 장소에는 [별표1]을 적용하여 설치할 수 있도록 규정하고 있으니 참고하시기 바랍니다.	

감지기 설치 시 적응성 (제7조제1항, 제5항)	**Q** 발전기 기동 시 급/배기 팬에 의해 배기가스가 체류하지 않고 바로 빠져나가는데 이럴 경우 그냥 연기감지기를 사용해도 괜찮은가요? **A** 급·배기 시설 설치여부와 관계없이 연기감지기 설치로 인한 비화재보 발생이 빈번하며 「(NFSC 203)」 제7조제7항 관련 [별표1]에 따라 배기가스가 다량으로 체류하는 장소로 연기감지기를 설치하는 것은 적합하지 않은 것으로 판단됩니다. **Q** 20년도 7~8월 기간에(장마기간) 연기감지기가 12개 중 5개가 오작동 했는데 감지기 제작 업체 연구소에 원인 분석 결과 "단순 먼지유입에 의한 작동"으로 판명 났습니다. 급/배기 팬 기동에 따른 강한 바람에 의해 먼지가 날리면서 감지기 내부에 들어갔다가 장마철 습기로 인해 오작동이 앞으로도 예상 되는데 이럴 경우 연기감지기 이외에 열감지기 설치가 가능한지 궁금합니다. **A** 적응성에 맞는 감지기(열감지기 포함) 교체 가능할 것으로 판단합니다.
감지기 설치 시 적응성 (제7조제3항)	**Q** 아파트 세대의 감지기를 설치하려고 합니다. 조명기구와 감지기(연기감지기)의 이격거리 기준에 대해 문의합니다. **A** 현행 화재안전기준 상 감지기와 조명기구의 이격거리에 관련된 규정은 없습니다. 조명기구에서 발생하는 열로 인해 감지기 감열부가 작동하여 감지기가 오작동할 확률은 다소 미약하다고 판단되나, 최근 인테리어 등의 목적으로 발열이 강한 조명기구 설치가 증가하고 있어 감지기 인근에 설치한 조명기구로 인해 비화재경보 가능성이 있을 경우 감지기를 조명기구와 이격하여 설치할 것을 권장합니다. **Q** 공동주택의 침실이 구획되어 옷장(드레스룸)에 문을 달게 되었습니다. 이 경우 옷장의 면적이 가로1.18m×세로 1.08m로 되어있습니다. 연기감지기를 달려고 보니 벽과의 이격거리 0.6m를 만족하지 못하는데, 이럴 경우 차동식감지기를 설치하여도 되는지 궁금합니다. 드레스룸에 연기감지기를 설치하고 싶은 경우, 소공간 벽과의 이격거리 0.6m 무시하고 설치 가능한지 궁금합니다. **A** 「자동화재탐지설비 및 시각경보장치의 화재안전기준(NFSC203)」 제7조제3항제10호 마목에 의해 연기감지기 벽면에서의 이격거리로부터 0.6m 이상 떨어진 곳에 설치하여야 하나 귀하께서 질의하신 내용처럼 이격거리를 충족하기 어려운 좁은 실내에 감지기를 설치할 경우 감지기 성능에 지장을 줄 우려가 없는 위치에 설치가 가능하다고 판단됩니다. 다만, 드레스룸이 붙박이장이나 신발장과 같이 가구류라면 감지기를 설치하지 아니할 수 있습니다. **Q** 자동화재탐지설비와 스프링클러설비가 설치된 공동주택 등 생활시설의 거실에 가로 1m, 세로 0.8m 수납공간이 있습니다. 이 수납공간 안에는 전등, 전열 콘센트 시설이 없으며, 이불 또는 옷 기타 생활용품을 수납할 수 있는 공간입니다. 이 수납공간 안에 소방설비인 감지기와 스프링클러 헤드를 설치해야 하는지 문의 드립니다. **A** 문의하신 작은 수납공간이 붙박이장과 유사하게 별도 구획된 실이 아니라면 고정식 가구류로 볼 수 있어 감지기와 스프링클러설비 헤드 설치를 제외할 제10호나 연기감지기는 설치 시 천장 또는 반자가 낮은 실내 또는 좁은 실내에 있어서는 출입구의 가까운 부분에 설치할 것 제10호의마 연기감지기는 벽 또는 보로부터 0.6m 이상 떨어진 곳에 설치할 수 있을 것으로 판단됩니다.

감지기 설치 시 적응성 (제7조제3항)	**Q** 천장형 시스템냉난방기 설치 시 천장에 붙어있는 열감지 및 연기감지기와 안전거리가 궁금합니다. 거리가 부족할 경우 시스템냉난방기의 바람나오는 4개 부분에서 감지기 쪽 부분을 차단하면 되는지 궁금합니다.
	A 이전에는 시스템에어컨 등을 "실내로의 공기유입구"로 볼 수 있어 1.5m 이상 떨어진 곳에 설치하도록 안내하였으나 최근 「공동주택의 화재안전기준」 제정 관련 실물실험 결과 시스템에어컨 등이 연기감지기 작동에 영향이 적은 것으로 확인되어 시스템에어컨 등을 실내로의 공기유입구로 보지 않는 것으로 답변을 변경하였으니 참고하시기 바랍니다. 또한 연기감지기의 경우 「자동화재탐지설비 및 시각경보장치의 화재안전기준(NFSC203)」 제7조제3항제10호마목에 의해 연기감지기는 "벽 또는 보로부터 0.6m 이상 떨어진 곳"에 설치하여야 하나, 에어컨의 기류방향에 영향을 받을 확률이 낮아 감지기 성능에 지장을 줄 우려가 없는 위치 또는 형태로 설치가 가능할 것으로 판단됩니다.
	Q 아파트 침실 내 시스템에어컨(냉방 전용, 난방 안 됨) 설치 시 연기감지기가 도면과 같이 에어컨의 모서리 방향으로 설치되었을 경우 감지기 위치가 시스템에어컨에서 1.5m 이내 일 때 이설해야하는지 문의 드립니다.
	A 위의 답변참조 - 중략 - 「자동화재탐지설비 및 시각경보장치의 화재안전기준(NFSC203)」 제7조제3항제10호 의마에 따라 연기감지기는 벽 또는 보로부터 0.6m 이상 떨어진 곳에 설치하여 함을 안내해 드립니다.
	Q 제가 시공한 다른 아파트에선 대피공간 및 실외기실에 감지기를 설치한 경우에 난방도 되지 않는 대피소, 실외기실, 베란다 감지기가 동절기 실내외 온도차로 결로가 생겨 수시로 오작동 하여 민원이 끊이질 않아 입주자 및 관리자가 불편을 호소하거나 어느 세대는 임의로 감지기를 떼버리는 경우도 있을 정도로 관리가 되질 않습니다. 따라서 만약 꼭 감지기를 설치해야 한다면 대피공간 등에는 단독형 감지기를 설치해서 동 전체에 오류 신호가 발생하는 것을 방지하고 해당 세대에만 감지가가 작동하는 방법도 가능한지 궁금합니다. 또한 가능하다면 기존 자탐설비에 연동하지 않아도 되는지 아니면 연동해야 되는지 알려 주시기 바랍니다.
	A 「자동화재탐지설비 및 시각경보장치의 화재안전기준(NFSC203)」 제7조제5항제2호에 따라 "외부와 기류가 통하는 장소로서 감지기에 따라 화재발생을 유효하게 감지할 수 없는 장소"에는 감지기를 설치하지 아니할 수 있습니다. 그러나, 창이 설치되어 외기와 기류가 통하는 장소가 아닌 경우에는 감지기를 설치토록 안내하고 있습니다. 다만, 「공동주택 세대 내 감지기 설치 업무처리지침('19.6.26.)」에 따라 침실과 거실(통상적 개념의 장소)에만 연기감지기를 설치하고, 실외기실, 발코니 등이 온도변화와 외부먼지 유입 등으로 인해 비화재보가 자주 발생하는 장소라면 「NFSC203」 제7조제7항에 따라 설치장소별 감지기 적응성을 고려하여 정온식을 포함한 열감지기 등을 설치가능하며 대피공간은 감지기 설치제외, 실외기실은 외기와 상시 개방된 경우 제외되니 업무에 참고하시기 바랍니다.

감지기 설치 시 적응성 (제7조제5항)	**Q** 자동화재탐지설비 및 시각경보장치의 화재 안전기준에 보면 헛간 등 외부와 기류가 통하는 장소로서 감지기에 따라 화재발생을 유효하게 감지 할 수 없는 장소나 고온도 및 저온도로서 감지기의 기능이 정지되기 쉽거나 감지기의 유지관리가 어려운 장소라고 합니다. 저희가 소유한 공장은 건축물 외벽 4면 및 지붕 일부가 개방공간으로 외기와 직접적으로 노출되어 있어 환경적으로 소방시설 유지관리에 많은 어려움이 있습니다. 화성소방서에서도 저희 공장은 유지관리에 어려움이 있다고 하는데 화재감지기가 외부에 있어 설치 유지관리가 되지 않음에도 설치를 꼭 해야 하는 건가요?
	A 「자동화재탐지설비 및 시각경보장치의 화재안전기준(NFSC203)」 제7조제5항제2호에 "외부와 기류가 통하는 장소로서 감지기에 따라 화재발생을 유효하게 감지할 수 없는 장소"에는 감지기의 설치제외가 가능하도록 규정하고 있습니다. 귀하께서 첨부하신 사진과 질의내용을 검토해본 결과 문의하신 공장용도의 건축물은 외벽 4면과 지붕이 개방된 구조로 외기가 직접 노출되어 감지기가 유효하게 화재를 감지하기 어려운 구조로 판단됩니다. 따라서 「(NFSC203)」 제7조제5항제2호에 따라 감지기 설치제외가 가능할 것으로 판단됩니다.
	Q 2016년도 개교 이후로 누수·습기·먼지 등의 사유로 화재 감지기 오작동이 끊임없이 발생하여 주차장은 2020년 7월 연기감지기에서 열감지기로 교체하였으나 교직원 주차장으로 사용하고 있는 필로티 앞에 천장에 설치한 감지기에서 오작동이 여러 차례 발생하여 실제로 소방서 및 무인경비시스템의 출동이 여러 차례 있어 행정력 등의 낭비를 초래함. 감지기 오작동률을 줄여서 학생 및 교직원들이 혼란 없이 실제 화재 대피 상황에 대처하기 위해 소방 관련 법령 및 규정상 교직원 주차장에 설치한 감지기(4개) 철거가 가능한지 여부
	A 귀 기관에서 언급한 사항을 토대로 유추해 보면 감지기 종류의 문제가 아니라 감지기 설치 장소의 결로로 인해 감지기가 오작동한 것으로 판단됩니다. 오작동 방지를 위해 감지기 교체 등 다양한 조치를 하였으나 지속적으로 동일한 문제가 발생한다면, 「자동화재탐지설비 및 시각경보장치의 화재안전기준(NFSC 203)」 제7조 제5항 제4호 '헛간 등 외부와 기류가 통하는 장소로서 감지기에 따라 화재발생을 유효하게 감지할 수 없는 장소'에 감지기 설치를 제외하는 규정을 적용하여 감지기 철거가 가능할 것으로 판단됩니다.
	Q 돼지를 직접 가두어 키우는 축사(돈사)에 감지기 설치 시 화재안전기준에서 정한 감지기 설치제외 장소로 "부식성가스가 체류하고 있는 장소"로 볼 수 있는지 문의합니다.
	A 귀하께서 돈사 가축 분뇨에서 발생하는 부식성가스로 인해 감지기 오작동을 우려하여 감지기 설치제외 여부를 문의하셨습니다. 축사환경과 관리시스템에 따라 부식성 가스가 발생하는 장소에 적용성이 있는 감지기를 「자동화재탐지설비 및 시각경보장치의 화재안전기준(NFSC 203)」 [별표 1]를 참고하여 설치하거나, 「자동화재탐지설비 및 시각경보장치의 화재안전기준(NFSC 203)」 제7조 1항 단서에서 따라 특히 비화재보 우려가 높은 장소에 '정온식 감지선형 감지기'를 설치할 수 있을 것으로 판단됩니다. 다만, 감지기 유지·관리가 현저히 곤란한 경우에는 「자동화재탐지설비 및 시각경보장치의 화재안전기준(NFSC 203)」 제7조 제5항 3호에 따라 상시시 설치제외가 가능할 것으로 판단됩니다.

감지기 설치 시 적응성 (제7조제5항)	**Q** 가축분뇨(돼지)와 음식물쓰레기를 혼합/발효하여 Bio Gas를 만들어 도시가스에 판매하고, 전기를 만들어 매전하며 물은 정화하여 연계처리 및 공정수로 전환 퇴비를 생산하는 회사입니다. 퇴비동 상부에 설치된 연기감지기 및 판넬이 퇴비에서 나오는 SOx, Nox, 암모니아 등 부식성 가스와 수증기에 의해서 부식에 의해 작동이 되지 않습니다. 화재감지기 설치를 해도 수명이 짧아 매년 3천만 원정도의 교체비용이 발생하고 유지 관리가 매우 어려운 2개소에 대해 설치 제외 혹은 다른 방법으로 변경할 수 있는지 문의 드립니다. **A** 자동화재탐지설비 및 시각경보장치의 화재안전기준(NFSC203) 제7조제5항제3호에 따라 "부식성가스가 체류하고 있는 장소"에는 감지기의 설치제외가 가능하도록 규정하고 있습니다. 문의하신 퇴비동은 "부식성가스(암모니아 등)가 체류하고 있는 장소"로 보여집니다. 따라서 (자동화재탐지설비 및 시각경보장치의 화재안전기준(NFSC203) 제7조제5항제3호로 판단되며 이러한 경우 "감지기 설치 제외 장소"로 볼 수 있습니다. 현장 확인이 가능한 관할소방서 건축담당자에게 문의 후 협의하여 정하여 주시기 바랍니다. **Q** 「자동화재탐지설비 및 시각경보장치의 화재안전기준(NFSC203)」 제8조제2항제1호의 "기타 이와 유사한 장소"의 기준은 무엇인지? **A** 기타 이와 유사한 장소란 공용으로 사용하는 "거실의 범주"에 해당하는 장소를 의미하며 화재안전기준에서 사용하는 "거실"의 정의는 「건축법」 제2조에 따라 "건축물 안에서 거주, 집무, 작업, 집회, 오락, 그 밖에 이와 유사한 목적을 위하여 사용되는 방"을 말하므로 참고하여 주시기 바랍니다. **Q** 청각장애인이 공용으로 사용하는 거실에 지하 주차장과 같은 주차시설 등이 포함이 되는지? 청각장애인도 건축물의 모든 시설, 모든 장소를 사용하는데, 청각장애인이 사용하는 공용거실의 범위를 어디까지 설정하는지? **A** 귀하께서 상기 화재안전기준(NFSC 203) 제8조제2항제1호의 "공용으로 사용하는 거실"을 "청각장애인이 공용으로 사용하는 거실"로 한정하여 오인한 것으로 판단되며 본 규정은 청각장애인이 공용으로 사용하는 거실만을 한정하지 않습니다. 해당 조문을 다시 확인하여 주시기 바랍니다. **Q** 주차장은 시각경보기 설치 대상인가요? **A** 시각경보장치 설치대상은 「화재예방, 소방시설 설치·유지 및 안전관리에 관한 법률 시행령」 (별표5)에서 규정하고 있고 아래와 같습니다. 사. 시각경보기를 설치하여야 하는 특정소방대상물은 라목에 따라 자동화재탐지설비를 설치하여야 하는 특정소방대상물 중 다음의 어느 하나에 해당하는 것과 같다. 1) 근린생활시설, 문화 및 집회시설, 종교시설, 판매시설, 운수시설, 운동시설, 위락시설, 창고시설 중 물류터미널 2) 의료시설, 노유자시설, 업무시설, 숙박시설, 발전시설 및 장례시설 3) 교육연구시설 중 도서관, 방송통신시설 중 방송국 4) 지하가 중 지하상가 귀하께서 문의하신 지하주차장이 상기 설치대상의 부속시설에 해당한다면 시각경보장치 설치대상에 해당함을 안내해 드립니다.

우선경보방식의 경보 (제8조)	Q 대규모 고층 건축물 같이 수용인원이 많은 경우 전층 경보를 일제히 내보내면 계단에 동시에 피난자가 몰려 피난이 용이하지 않고 패닉현상도 유발되어 피해를 더욱 증가시킬 우려가 있어, 지금까지는 계단, EV실(엘리베이터 권상기실), 린넨슈트 등의 감지기가 작동을 하였을 때는 수신기의 주경종만 작동하도록 하였습니다(또한 계단실의 경우 담배연기, 먼지 등에 의한 비화재보가 발생하는 경우가 다수 발생합니다). 하지만, 이 경우 「자동화재탐지설비 및 시각경보장치의 화재안전기준(NFSC 203)」 해설서 139P 내용과 괴리가 있어 이럴 경우 경보를 어떻게 해야 하는지 질의 드립니다. A 「자동화재탐지설비 및 시각경보장치의 화재안전기준(NFSC 203)」 제8조제1항제2호에 따라 비상방송설비의 우선경보방식은 5층 이상, 연면적 3,000m²를 초과하는 특정소방대상물에 적용되며 2층 이상의 층에서 발화한 때에는 발화층 및 그 직상층, 1층에서 발화한 때에는 발화층·그 직상층 및 지하층, 지하층에서 발화한 때에는 발화층·그 직상층 및 기타의 지하층에 경보를 발하도록 경보방식을 설치하도록 정하고 있습니다. 귀하께서 문의하신 화재안전기준 해설서 p.139 중 "계단 또는 경사로의 경우는 45m가 하나의 경계구역이고, 린넨슈트, 파이프피트 등은 수직로가 하나의 경계구역이다. 이에 따라 수직공간에서 화재 발생 시 지구음향장치(시각경보장치 포함)는 전체 명동하여야 한다"라고 수록한 부분은 화재안전기준에서 규정하고 있지는 않으나 계단실 또는 E/V 승강로 상에 설치된 감지기가 작동한 경우 화재발생지점이 특정되지 않은 상황에서 화재가 건물 전체로 확대될 가능성이 크므로 건물 전체에 경보하는 것이 타당한 것으로 판단되어 기술한 내용임을 안내해 드립니다. 참고로, 현행 화재안전기준 상 규정이 명확하지 않아 현재 계단실 등에서 발화한 때에는 전 층에 경보하도록 관련 기준을 개정 중에 있습니다.
발신기 (제9조)	Q A, B 발신기가 2개소 있으며, 건축물 내 각 부분에서 각각의 발신기까지 보행거리는 40m 이내가 나옵니다. 그렇다면, A발신기와 B발신기 2개의 발신기 사이 보행거리가 40m 이상일 경우에도 발신기를 추가로 설치해야 하는 것인지 문의 드립니다. A 「자동화재탐지설비 및 시각경보장치의 화재안전기준(NFSC 203)」제9조제1항제2호의 "복도 또는 별도로 구획된 실로서 보행거리가 40m 이상일 경우에는 추가로 설치하여야 한다."라는 규정은, 발신기와 발신기간 보행거리 기준이 아닌 복도의 길이 내지 별도로 구획된 실로부터 보행거리 기준으로 40m를 의미합니다. Q 냉동창고 내 온도가 영하 20도시 정도로 유지되어 운영됩니다. 이로 인하여 냉동창고 내 소방 화재안전기준에 맞게 발신기를 설치하였으나 발신기의 결로현상으로 오동작이 지속 되는바, 감지기의 경우는 특수 장소의 경우 설치 제외 장소가 명문화 되어 있으나, 발신기는 설치 제외 장소에 대한 규정이 없어 오동작이 지속되어도 해결방법이 없습니다. 감지기 설치 제외 장소와 같이 준하여 발신기도 기준이 마련되어야 할 것 같습니다. A 현행 화재안전기준상 냉동창고로 사용되는 부분의 경우 감지기는 면제규정이 있어 면제가 가능하나, 발신기는 면제 규정이 없어 설치하여야 할 것으로 판단됩니다. 다만, 현재 영하 –20℃에서 형식승인을 받은 발신기가 없고, 기존 발신기 설치 시 결로·습기 등으로 오동작이 지속되어 유지관리에 많은 어려움이 발생하고 있는 등 이와 같은 사유로 부득이 냉동창고 내부에 발신기를 설치할 수 없는 경우에 외부에 발신기를 설치하여 수평거리 25m기준(「NFSC 203」 제9조제1항제2호)을 맞추는 등의 다양한 방법(냉동창고 내부 음향도 고려)을 고려하여 검토할 수 있을 것으로 판단됩니다.

발신기 (제9조)	Q 예전 사용승인 받은 건축물이라 기존 감지기 배선은 HIV 및 금속제 가요전선관을 사용하였는데 기존 건축물에서 단순 레이아웃 변경이나 인테리어 변경 등으로 구획된 실이 생겼을 때 새로 구획된 실에 감지기를 증설하고자 합니다. (소방시설공사 착공신고 및 감리지정 미대상인, 단순 감지기 증설공사) HIV배선과 금속제 가요전선관을 사용하여 감지기와 감지기 사이의 배선을 공사할 수 있는지 궁금합니다.
	A 「자동화재탐지설비 및 시각경보기의 화재안전기준(NFSC 203)」 [국민안전처 고시 제2015 - 33호, 2015. 1. 23., 일부개정, 시행 2015.3.24.]이 개정되면서 제11조(배선) 제2호의 단서조항 '다만, 감지기 상호 간의 배선은 600V비닐절연전선으로 설치할 수 있다.'가 삭제되었으며, 해당 고시 부칙 〈제2015 - 33호, 2015.1.23.〉 제2조(경과조치)에 의하면 건축허가 등의 동의 또는 착공신고가 완료된 특정소방대상물에 대하여는 종전의 기준에 따른다고 되어있습니다. 따라서, 이 고시 시행 전 건축허가 등의 동의 또는 착공신고가 완료된 특정소방대상물에 건축행위(증축, 용도변경 등)가 없는 단순한 칸막이 구획으로 인해 생기는 감지기 배선작업의 경우 기존 화재안전기준 적용이 가능합니다.
배선 (제11조)	Q 소방전기분야에 통신선로는 F - CVV - SB 케이블은 KS인증 제품이라 사용이 가능하지만 TSP AWG는 널리 사용하고 있습니다만 KS인증 규정이 없는 것으로 확인하고 있고 UL인증이 있어 일반적으로 사용승인이 나는 부분인데 이에 대한 명확한 확인이 필요하여 문의 드립니다.
	A 귀하께서 질의하신 내용이 구체적이지 않아 정확한 답변이 곤란하다는 점을 미리 말씀드립니다. 질의자께서 TSP AWG를 R형수신기용으로 사용하기 위해 문의하신 경우라면 (NFSC 203) 제11조제2호의가목에 따라 "전자파 방해를 받지 아니하는 실드선 등을 사용하여야 하며 광케이블의 경우에는 전자파 방해를 받지 아니하고 내열성능이 있는 경우 사용할 수 있으며, 전자파 방해를 받지 않는 방식의 광케이블의 경우 내열성능을 요구하지 아니한다."로 배선 규정을 하고 있습니다. 추가로 제공하신 자료(UL1424)를 검토해 본 결과 전자파 방해 방지 기능(Electromagnetic shielding)이 언급되어 있으나 문의하신 내용 및 제품이 명확하지 않은 관계로 반드시 제조사에 문의하시어 전자파 방해 방지 기능 포함 여부를 확인하여 주시고, 포함되어 있는 경우 R형 수신기 배선으로 사용하는 것이 가능 할 것으로 판단됩니다.
	Q B동의 수신기, 유도등, 시각경보장치의 보조전원반에 연결된 전기분전반은 A동의 수전설비반에 연결되는 전선은 일반 F - CV로 해도 되는지 소방전선 F - FR8로 해야 되는지요?(수신기를 B동에 따로 놓았습니다.)
	A 「자동화재탐지설비의 화재안전기준(NFSC 203)」제11조 각 호에 따라 전원회로의 배선은 내화배선을, 그 외의 배선(아날로그식 등 제외)은 내화 또는 내열배선으로 설치하여야 합니다. 귀하께서 문의하신 "수전설비반에서 전기분전반까지 배선처리"는 "전원회로의 배선"처리방식에 해당하며 "내화배선"으로 시공하여야 합니다. 내화배선을 설치하는 경우에는 「옥내소화전설비의 화재안전기준(NFSC 102)」 [별표 1] 제1호에 따라 HFIX 전선 등을 2종 금속제 가요전선관 등에 수납하여 내화구조로 된 벽 또는 바닥 등에 일정 깊이 이상으로 매설하여야 합니다. 이러한 시공이 불가능한 경우에는 '옥내소화전설비의 화재안전기준(NFSC 102)' [별표 1] 제1호 비고에 규정된 성능을 충족하는 내화전선을 케이블 공사방법에 따라 노출시공할 수 있음을 안내해 드립니다.

배선 (제11조)	**Q** NFSC 102 [별표1], NFSC 203 화재안전기준해설서(p173) 4항 관련입니다. - 배선용도 : 화재감시(수신반에서 아파트동 중계반) - 배관 : 약전덕트(지하주차장노출) - 배선규격 : CCV1.5mm²×3C(제어용 가교폴리에틸렌절연 비닐시스케이블) CCV - AMS 1.5mm²×1Pr(제어용 가교폴리에틸렌절연 비닐시스 알루미늄 마일러 테이프 차폐케이블) 배선규격(제어케이블)이 내열배선 규정에 적합여부와 부적합 시 제어케이블로 FR - CVV - SB(난연성 비닐절연 비닐시이즈케이블)로 사용가능한지 질의 드립니다.
	A 「자동화재탐지설비 및 시각경보장치의 화재안전기준(NFSC 203)」 제11조에 따라 자동화재탐지설비의 배선은 「전기사업법」에 따른 기술기준에서 정한 것 외 전원회로의 배선은 「옥내소화전설비의 화재안전기준(NFSC 102) [별표1]에 따른 내화배선에 따르고, 그 밖의 배선(감지기 상호 간 또는 감지기로부터 수신기에 이르는 감지기회로의 배선을 제외한다)은 「옥내소화전설비의 화재안전기준(NFSC 102) [별표1]에 따른 내화배선 또는 내열배선에 따라 설치하도록 정하고 있습니다. 귀하께서 문의하신 '수신반에서 중계기까지 배선처리'는 '그 밖의 배선' 처리방식에 해당하며 '내열배선'으로 시공하여야 합니다. 내열배선을 설치하는 경우에는 「옥내소화전설비의 화재안전기준(NFSC 102)」의 [별표1] 제2호에 따라 HFIX 전선 등을 금속관·금속제 가요전선관·금속덕트에 수납하여 시공 또는 케이블 공사방법에 따라야 합니다. 이러한 시공이 불가능한 경우에는 '옥내소화전설비의 화재안전기준(NFSC 102)' [별표 1] 제2호 비고에 규정된 성능을 충족하는 내열전선·내화전선을 케이블공사방법에 따라 노출시공할 수 있음을 안내해 드립니다.
	Q "첨부1"에 해당하는 내용 해석은 "내화 및 내열전선을 사용", "내화 및 내열 구조가 된 곳에 일반전선 사용"으로 해석 가능 여부
	A 내화배선을 설치하는 경우에는 「옥내소화전설비의 화재안전기준(NFSC 102)」, [별표 1] 제1호에 따라 HFIX 전선 등을 2종 금속제 가요전선관 등에 수납하여 내화구조로 된 벽 또는 바닥 등에 일정 깊이 이상으로 매설하거나 「옥내소화전설비의 화재안전기준(NFSC 102)」, [별표 1] 제1호 비고에 규정된 성능을 충족하는 내화전선을 케이블 공사방법에 따라 노출시공할 수 있음을 의미합니다. 따라서 귀하께서 문의하신 "내화 및 내열전선을 사용"의 해석을 "내화 및 내열 구조가 된 곳에 일반전선 사용"으로 해석하지 않으며 "내화구조로 된 벽 또는 바닥 등에 일정 깊이 이상 매설하여야 화재안전기준에서 규정한 내화배선 시공방법에 해당함을 안내해 드리니 업무에 참고하여 주시기 바랍니다.
	Q "첨부2"에 해당하는 "케이블 공사방법(노출시공을 말함)에 따를 것" 해석을 어떻게 하여야 하는지 여부
	A 「옥내소화전설비의 화재안전기준(NFSC 102)」, [별표 1] 제1호 비고에 규정된 성능을 충족하는 내화전선을 케이블공사방법에 따라 노출시공할 수 있음을 의미합니다.
	Q "첨부3"에 해당하는 내용 해석을 "내화전선 인증을 받은 제품을 난연합성수지관을 사용하여 천정 속 같은 은폐장소에 사용가능한지" 여부
	A 화재안전기준에서 규정하고 있는 내화배선 시공방법에 해당되지 않습니다. 내화전선 인증을 받은 제품을 케이블공사의 방법에 따라 설치하는 경우에는 노출시공이 가능함을 안내해 드립니다.

배선 (제11조)	**Q** "첨부4"에 해당하는 내용 해석을 "내열전선 인증을 받은 제품을 1종 금속제 가요전선관 사용하여 천정 속 같은 은폐장소에 사용가능한지" 여부 **A** 화재안전기준에서 규정하고 있는 내열배선 시공방법에 해당되지 않습니다. 내열전선 인증을 받은 제품을 케이블공사의 방법에 따라 설치하는 경우에는 노출시공이 가능함을 안내해 드립니다. **Q** "첨부5"과 같이 감지기 배선을 시공하여도 문제가 없는지 여부 **A** 「자동화재탐지설비 및 시각경보기의 화재안전기준(NFSC 203)」 제11조제2호나목에 따라 감지기 상호 간 또는 감지기로부터 수신기에 이르는 감지기회로의 배선은 「옥내소화전설비의 화재안전기준(NFSC 102)」 [별표 1]에 따른 내화배선 또는 내열배선을 사용하도록 정하고 있습니다. 귀하께서 "첨부파일5"로 문의하신 감지기 배선 시공방법은 HFIX 전선을 금속제 가요전선관에 수납하여 시공한 부분은 내열 또는 내화배선 시공법에 적합하나, 단열재에서 천장면 난연CD전전관에 수납한 시공방법는 화재안전기준에서 규정하고 있는 내열·내화배선에 해당하지 않습니다. 따라서 답변1을 참고하여 내화배선에 따른 시공을 하거나 내열배선에 따른 시공으로 배선처리를 하여야 할 것으로 판단됩니다.

핵심사항	참고 기출자료
경계구역	• 경계구역의 수 및 감지기의 개수를 산출 및 감지기 결선 가닥수 • 화재발생 시 경보되어야 할 층
수신기	• P형과 R형 수신기 비교 • 화재작동, 회로도통, 공통선, 동시작동, 저전압시험 작동시험 및 가부 판정 • 작동기능점검표에서 수신기의 점검항목 및 점검내용 • R형 복합형 수신기, 중계기 통신불량 원인 및 진단, 중계기 입력신호고장진단
감지기	• 광전식감지기의 구조원리, 연기감지기 설치대상, 공기관식 감지기 작동원리 및 동작시험 • 비화재보 발신 우려장소 설치 가능한 화재감지기 및 일반감지기 설치조건 • 불꽃감지기 설치기준 • 정온식감지선형 감지기 설치기준 • 별표 2의 감지기 설치 환경상태 구분 장소 • 물방울 및 부식성가스가 발생하는 장소에 설치할 수 없는 감지기의 종류별 설치조건 • 아날로그감지기 동작특성, 시공방법, 회로수 산정 • 교차회로방식 감지기 개수 산출
배선 및 기타	• 다중전송방식(Multiplexing)의 특징 • 직상층 우선경보방식에서 최소 전선수 및 중계기의 설치기준 • 감지기회로를 송배선식으로 하고, 종단저항을 설치하는 이유 • 감지기의 종단저항 계산 및 감지기 작동 시 전류 • 자동화재탐지설비의 시각경보장치 점검항목 • 트위스트 실드선을 사용하는 이유·원리·종류 • 중계기 설치기준
Key point	• 수신기의 설치기준 • 설치높이에 따른 감지기, 연기감지기의 설치기준, 감지기의 설치제외 • 화학공장·격납고·제련소 및 전산실·반도체 공장 또는 지하구 등에 설치가능 감지기 • 배선의 설치기준

2 시스템의 해설

자동화재탐지설비 및 시각경보장치설비는 신속하게 화재 감지하고, 경계구역에 화재신호를 경보하여, 화재예방 소방시설을 연동시켜 소화 및 피난의 중요한 목적을 실현하는 설비이다.

1) 계통도

참고 소방시설의 설계 및 시공

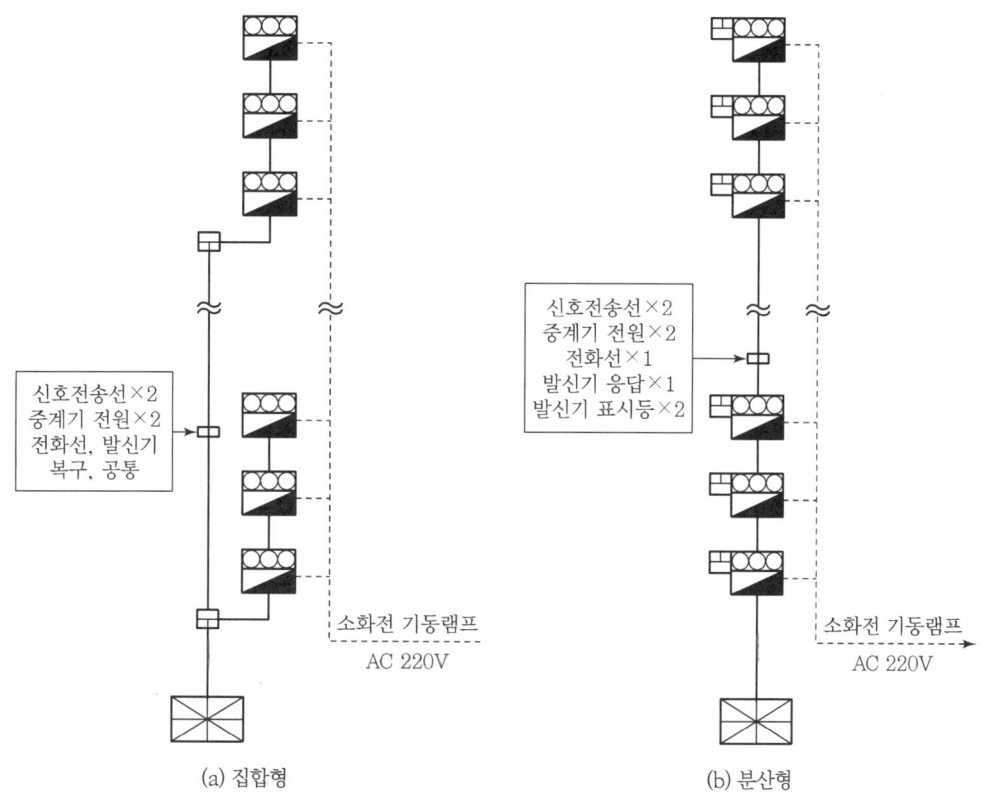

[자동화재탐지설비의 계통도]

※ 소방전기 가선에서 주의사항
① 회로공통은 7회로 초과할 경우 1가닥씩 추가하나 비상방송, 우선경보방식에서 경종·표시등 공통선 및 기타 관련한 사항은 문제의 조건에 따라 공통선을 추가한다.
② 비상방송의 경우 일반, 비상, 공통 중 비상부분만 추가한다.
③ 회로(-표시=신호=지구=감지기)는 모두 회로선으로 간주한다.
④ 발신(=응답=확인)은 모두 발신기선으로 간주한다.

2) 소방용품(소방시설법 시행령 제6조)

경보설비를 구성하는 제품 또는 기기는 ① 누전경보기 및 가스누설경보기, ② 경보설비를 구성하는 발신기, 수신기, 중계기, 감지기 및 경종 등이 있으며, 경보설비의 제품검사(형식승인 및 성능인증) 대상 품목은 ① 법 제36조제1항 본문에서 "대통령령으로 정하는 소방용품" ② 규칙 제15조제1항 본문에서 "행정안전부령으로 정하는 소방용품" ③ 규칙 제15조 및 별표 7 제22호에 따른 "소방청장이 고시하는 소방용품" 등으로 구분되고 소방용품은 제품검사를 받아 합격한 제품을 사용하여야 한다.

3) 용어 해설

참고 국가화재안전기준 해설서

(1) 건축면적 등의 산정방법(건축법 시행령 제119조)

① 대지면적 : 대지의 수평투영면적으로 한다.

② 건축면적 : 건축물의 외벽(외벽이 없는 경우에는 외곽 부분의 기둥을 말한다.)의 중심선으로 둘러싸인 부분의 수평투영면적으로 한다.

③ 바닥면적 : 건축물의 각 층 또는 그 일부로서 벽, 기둥, 그 밖에 이와 비슷한 구획의 중심선으로 둘러싸인 부분의 수평투영면적으로 한다.

④ 연면적 : 하나의 건축물 각 층의 바닥면적의 합계로 하되, 용적률을 산정할 때에는 다음 각 목에 해당하는 면적은 제외한다.
- 지하층의 면적
- 지상층의 주차용(해당 건축물의 부속용도인 경우만 해당한다)으로 쓰는 면적
- 제34조제3항 및 제4항에 따라 초고층 건축물과 준초고층 건축물에 설치하는 피난안전구역의 면적
- 제40조제4항제2호에 따라 건축물의 경사지붕 아래에 설치하는 대피공간의 면적

※ 각각의 건축물의 연면적을 합산한 것은 "총연면적"이라 한다.

⑤ 건축물의 높이 : 지표면으로부터 그 건축물의 상단까지의 높이 [건축물의 1층 전체에 필로티(건축물을 사용하기 위한 경비실, 계단실, 승강기실, 그 밖에 이와 비슷한 것을 포함한다)가 설치되어 있는 경우에는 법 제60조 및 법 제61조제2항을 적용할 때 필로티의 층고를 제외한 높이]로 한다.

⑥ 층고 : 방의 바닥구조체 윗면으로부터 위층 바닥구조체의 윗면까지의 높이로 한다.

⑦ 층수 : 승강기탑(옥상 출입용 승강장을 포함한다), 계단탑, 망루, 장식탑, 옥탑, 그 밖에 이와 비슷한 건축물의 옥상 부분으로서 그 수평투영면적의 합계가 해당 건축물 건축면적의 8분의 1(「주택법」 제15조제1항에 따른 사업계획승인 대상인 공동주택 중 세대별 전용면적이 85제곱미터 이하인 경우에는 6분의 1) 이하인 것과 지하층은 건축물의 층수에 산입하지 아니하고, 층의 구분이 명확하지 아니한 건축물은 그 건축물의 높이 4미터마다 하나의 층으로 보고 그 층수를 산정하며, 건축물이 부분에 따라 그 층수가 다른 경우에는 그 중 가장 많은 층수를 그 건축물의 층수로 본다.

(2) 노유자생활시설

노유자시설중 24시간 생활 거주하는 시설(근거기준 : 화재예방, 소방시설 설치·유지 및 안전관리에 관한 법률 시행령 제12조 제1항 제6호)

① 노인 관련 시설(노인여가복지시설 및 노인보호전문기관은 제외한다.)
② 아동복지시설(아동상담소, 아동전용시설 및 지역아동센터는 제외한다.)
③ 장애인 거주시설
④ 정신질환자 관련 시설(「정신보건법」 제16조제1항제2호에 따른 공동생활가정을 제외한 정신질환자지역사회재활시설, 같은 항제3호에 따른 정신질환자직업재활시설과 같은 법 시행령 제4조의2제 3호에 따른 정신질환자종합시설 중 24시간 주거를 제공하지 아니하는 시설은 제외한다.)
⑤ 노숙인 관련 시설 중 노숙인자활시설, 노숙인재활시설 및 노숙인 요양시설
⑥ 결핵환자나 한센인이 24시간 생활하는 노유자시설

(3) 감지기(Detector) 개요

자동화재탐지설비는 화재가 발생하였을 경우 발생하는 연소생성물(연기, 열, 불꽃 등)을 감지기(센서)에 의해 탐지하여 화재발생지구(경계구역)를 신속히 관계자에게 알려주고 기타 소방설비를 경보신호를 연동표시 한다.

자동화재탐지설비의 구성요소는 감지기, 발신기, 표시등, 음향경보장치(경종), 시각경보장치, 중계기, 수신기, 배선, 종단저항, 전원 등이다.

① 감지기의 종류

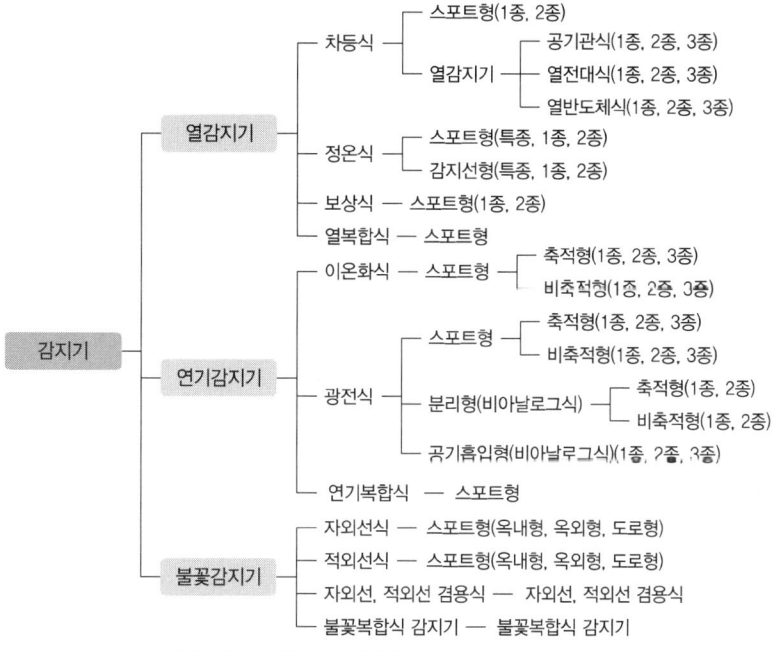

* 열·연기 복합식 감지기 제외

② 감지기의 제외 장소
③ 비화재보의 경우
비화재보란 실제 화재 시 발생하는 열·연기·불꽃 등 연소생성물이 아닌 다른 요인에 의해 설비가 작동되어 경보되는 현상을 말한다.
㉠ 비화재보의 분류
- 고의적인 경보(Malicious Alarm) : 고의성이 있는 행동에 따른 비화재보
  예 장난, 고의적 행동
- 환경적인 경보(Nuisance Alarm) : 환경적, 설비적 요인에 따른 비화재보
  예 기계적 결함·고장, 유지관리
- 우발적인 경보(Unintentional Alarm) : 고의성이 없는 행동에 따른 비화재보
  예 오조작, 실수
- 미확인 경보(Unknown Alarm) : 원인이 확인되지 않은 원인불명의 비화재보호
㉡ 비화재보 시 적응성 감지기
화재감지기의 회로는 교차회로방식으로 설치할 것. 다만, 화재안전기준(NFSC 203 제7조제1항) 단서의 각 호의 감지기

④ 감지기의 배선 및 경보방식
㉠ 배선방식
- 송배전식 배선 : 감지기의 일반적인 배선방식으로 수신기에서 회로도통시험을 용이하게 하기 위하여 배선의 도중에서 분기하지 않는 방식
  예 자동화재탐지설비, 제연설비 등
- 교차회로방식 배선 : 감지기의 오동작 방지를 위한 배선방식으로 2개 이상의 동작회로를 교차되도록 설치하여 인접한 2개 이상의 회로가 동시에 동작해야 설비가 작동되도록 하는 방식
  예 스프링클러설비(준비작동식·일제살수식), 이산화탄소소화설비, 할론소화설비, 할로겐화합물 및 불활성기체소화설비, 분말소화설비 등

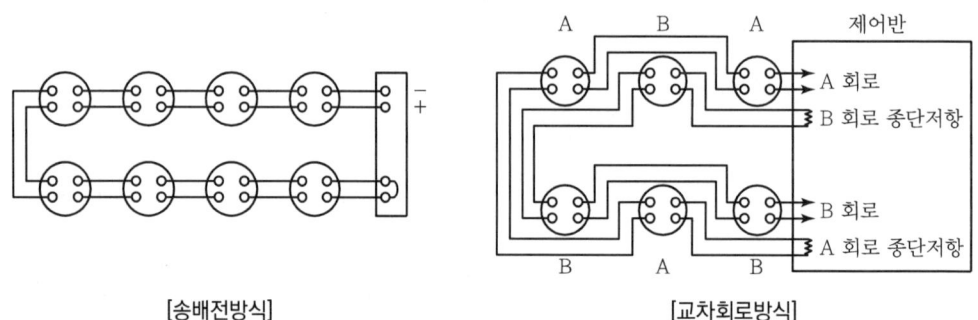

[송배전방식]　　　　　　　　　　　[교차회로방식]

㉡ 경보방식
- 일제경보방식(일제명동) : 화재로 인한 경보 발령 시 전 층 동시에 경보하는 방식

- 우선경보방식(직상발화) : 고층 건축물의 경우 화재층 및 직상 4개 층에만 동시에 경보하는 방식으로 층수가 5층 이상이고, 연면적 3,000m²를 초과하는 특정소방대상물 적용하는 방식(지하층은 일제히 경종이 출력된다.)

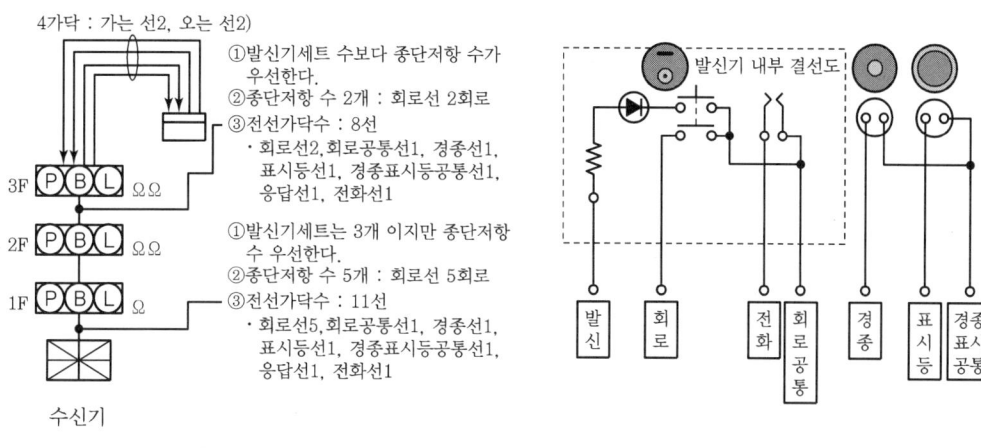

[연동 개통도]　　　　　　　　　　　　　　　　[발신기세트 단자대]

(4) 수신기(Fire Alarm Control Unit)의 개요

① 수신기의 종류

수신기의 종류별 특징

수신기 분류	신호전달방식	신호의 종류	수신 소요시간	비고
P(Proprietary)	개별 신호선방식	전회로 공통신호	5초	축적형은 60초 이내
R(Record)	다중 통신선방식	회선별 고유신호	5초	
M(Municipal)	공통 신호선방식	발신기별 고유신호	20초	2회 기록 소요시간

※ NFPA 72(2019.3.3.111) Fire Alarm System에서는 자동화재탐지설비의 구분을 국내와 같이 수신기로 구분하지 않고 신호의 감시 방식·통보 및 관리 방식에 따라 아래와 같이 구분하며 Fire Protection Handbook(9th edition 2003)의 Section 9 Chapter 1(Fire Alarm Systems)에서 상세히 해설하고 있다.

② P형 수신기와 R형 수신기의 비교
- P형 수신기와 R형 수신기의 구조도

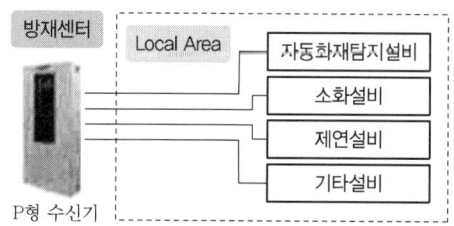

[P형 수신기]

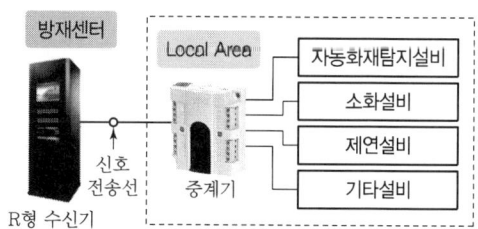

[R형 수신기]

• P형 수신기와 R형 수신기의 비교표

구분	P형 수신기	R형 수신기
시스템 구성	수신기, 감지기, 발신기	감지기, 발신기 등 이외 각종 Local장치와 수신기, 중계기
전송방식	개별전송방식(1:1접점방식)	다중전송방식
신호종류	공통신호	고유신호
화재표시	표시등(Lamp)	액정표시장치(LCD)
표시방식	창구식, 지도식	창구식, 지도식, CRT식, 디지털식
선로수	많이 필요	적게 필요
기기비용	적게 소요	많이 소요
유지관리	선로수가 많고 수신기에 자가진단기능이 없으므로 어렵다.	선로수가 적고 자가진단기능에 의해 고장발생을 자동으로 경보·표시하므로 쉽다.
도통시험	수신기에서 수동으로 시험	자동으로 검출되어 표시됨
설치장소	• 소규모 빌딩 • 단지규모가 적은 아파트 • 부지가 넓지 않은 공장 등	• 초고층빌딩 • 대단지 아파트 • 부지가 넓은 공장 등
시스템작동	감지기, 발신기 등 Local장치의 신호를 수신하여 화재표시 및 경보를 발한다.	Local장치가 동작 시 이를 중계기에서 고유신호로 변환하여 수신기에 통보하며, 발신기는 화재표시 및 경보를 발하고, 수신기에서는 이에 대응하는 출력신호를 중계기를 통하여 송신한다.
전압강하	선로의 길이에 따라 전압강하가 발생하므로 굵은 전선을 사용한다.	굵은 전선을 사용치 않더라도 전압강하의 우려가 작다.
신축·변경·증설	어렵다.	용이하다.

(5) 중계기(Transponder) 및 발신기(Manual Fire Alarm Box)의 개요

① 중계기의 신호체계

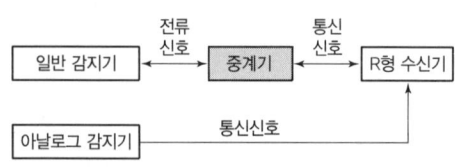

[중계기와 R형 수신기]

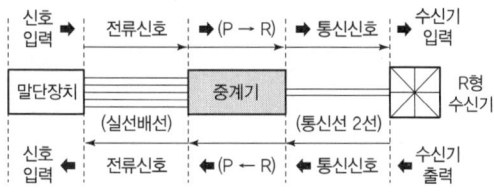

[중계기의 신호체계]

② 발신기의 구조

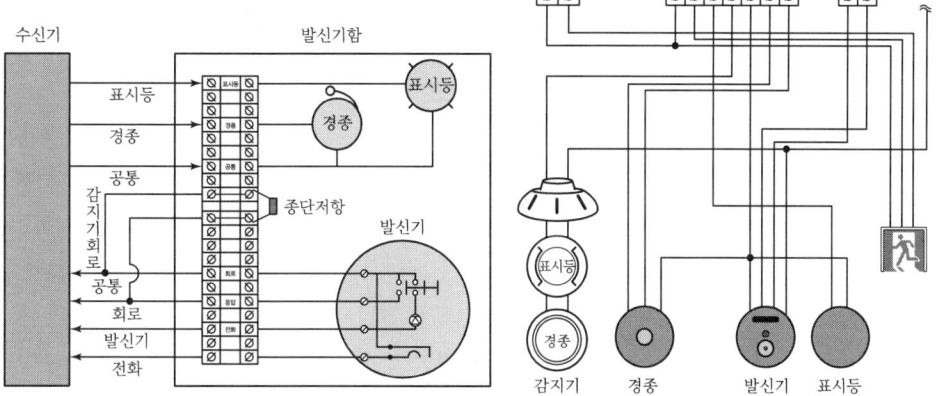

(6) Ceiling Jet Flow(천장제트흐름)
참고 국가화재안전기준 해설서

① 화재 시 Fire Plume(열기류)은 부력과 팽창 등에 의해서 수직방향으로 상승하다가 천장면에 이르면 더 이상 상승할 수 없게 되어 천장면을 따라 굴절되어 수평방향으로 열기류가 빠른 속도로 확산되는 것을 말한다.
② 화재초기에만 존재하고 두께는 천장에서 화원까지의 높이의 5~12% 범위이며 최고온도와 속도는 천장에서 화원까지 거리의 1% 범위 내 발생한다.
③ Ceiling Jet Flow 범위 내에 열·연기감지기 및 스프링클러헤드가 설치되어야 화재 초기에 화재감지 및 소화가 가능하다. 이에 따라 스프링클러헤드는 반응시간을 고려해 천장에서 30cm 이내 설치하도록 규정하고 있고, 헤드나 감지기가 실 높이의 12% 범위 밖에 놓이면 헤드나 감지기의 응답시간이 길어지게 된다.

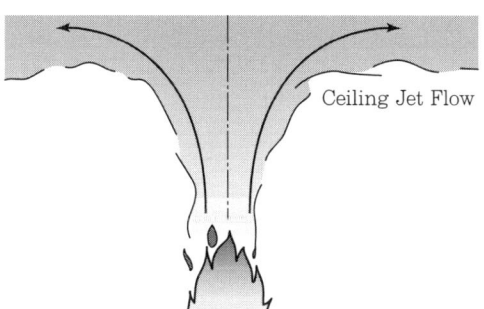

(7) 경계구역
참고 국가화재안전기준 해설서

경계구역(Zone)이라 함은 특정소방대상물 중 화재신호를 발신하고 그 신호를 수신 및 유효하게 제어할 수 있는 구역을 말한다.(NFSC 203 제4조제1항)
① 경계구역 설정 시 고려사항
  ㉠ 경계구역의 면적은 감지기의 설치를 필요로 하지 않는 부분 또는 설치가 면제되는 장소(예 화장실·목욕탕·세면장 등)도 포함하여 산출한다.

ⓒ 베란다·개방된 복도 등 바닥면적에 산입되지 않은 경우에는 경계구역에서 제외한다.
  • 공동주택에서 확장시킨 거실의 발코니는 경계구역에 삽입하여야 한다.
ⓒ 연관이 있는 장소들은 동일 경계구역으로 설정한다.
ⓔ 경계구역은 건축방화구획별로 별도의 구역으로 설정한다.
ⓜ 복도는 별도의 경계구역으로 설정하며 계단 및 수직구도 별도의 경계구역으로 설정한다.
ⓗ 수신기에서 가장 가까운(또는 하층에서 상층으로) 곳에서 먼 곳의 순으로 경계구역 번호를 명기한다.
ⓢ 대형건물의 경우는 각 층별, 각 동별로 번호를 부여하여 설계변경이나 증축 등으로 인하여 번호가 증감되어도 전체번호가 변경되지 않도록 한다.
ⓞ 경계구역의 설정은 운영자가 화재위치를 신속하게 파악하도록 적정한 넓이와 길이로 제한하여 설정하는 것으로 가능한 운영자의 입장에서 화재위치를 파악하는 데 혼선이 없도록 설정하는 것이 원칙이다.

② 경계구역의 분류

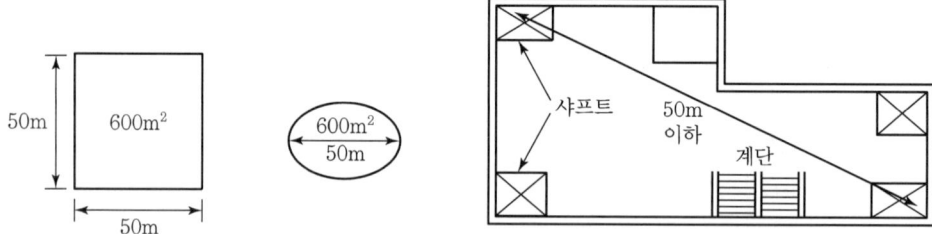

[하나의 경계구역 면적 및 길이]

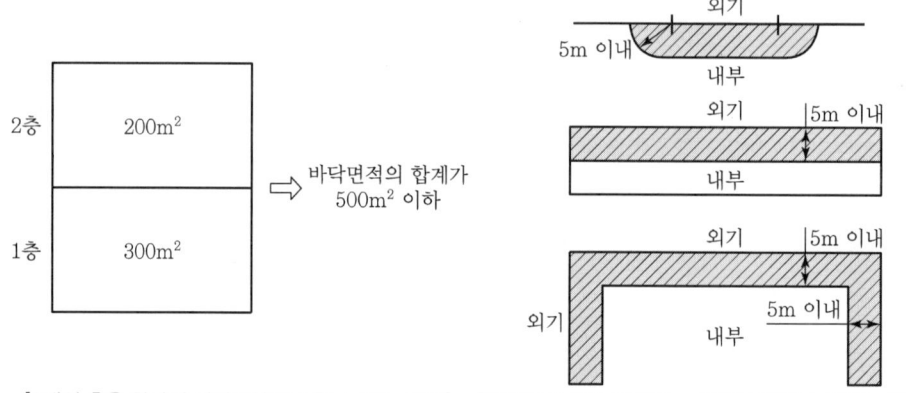

[2개의 층을 하나의 경계구역으로 할 수 있는 경우]   [경계구역 면적 제외(5m 이내의 외기와 접하는 부분)]

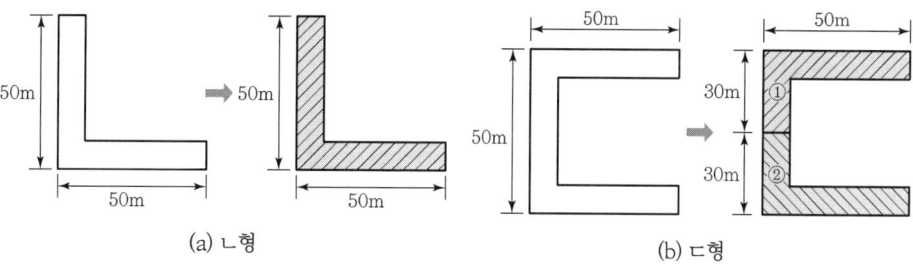

[면적이 없는 길이에 따른 경계구역(50m 이내) 예]

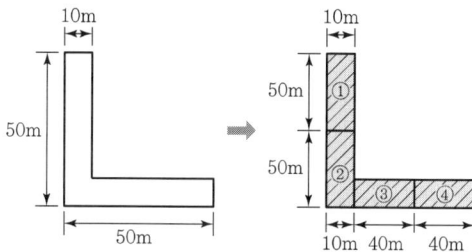

[면적과 길이에 따른 경계구역(600m² 이내, 50m 이내) 예]

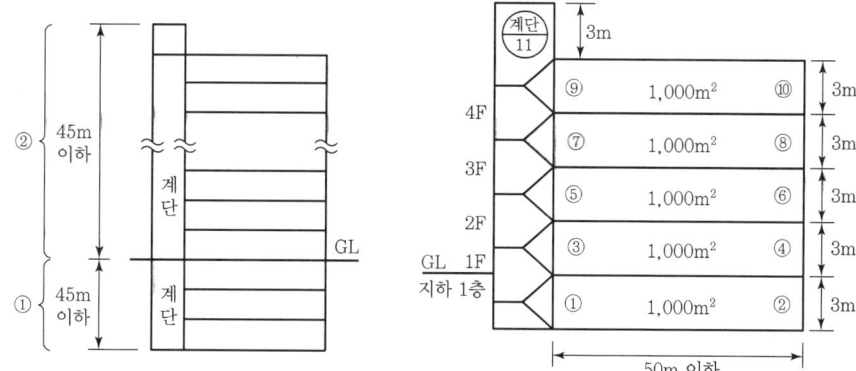

[높이에 따른 경계구역(45m 이내) 지하 2층 이상인 경우]

(8) 자동화재탐지설비의 전원 및 배선기준

① 전원회로 및 그 밖의 배선

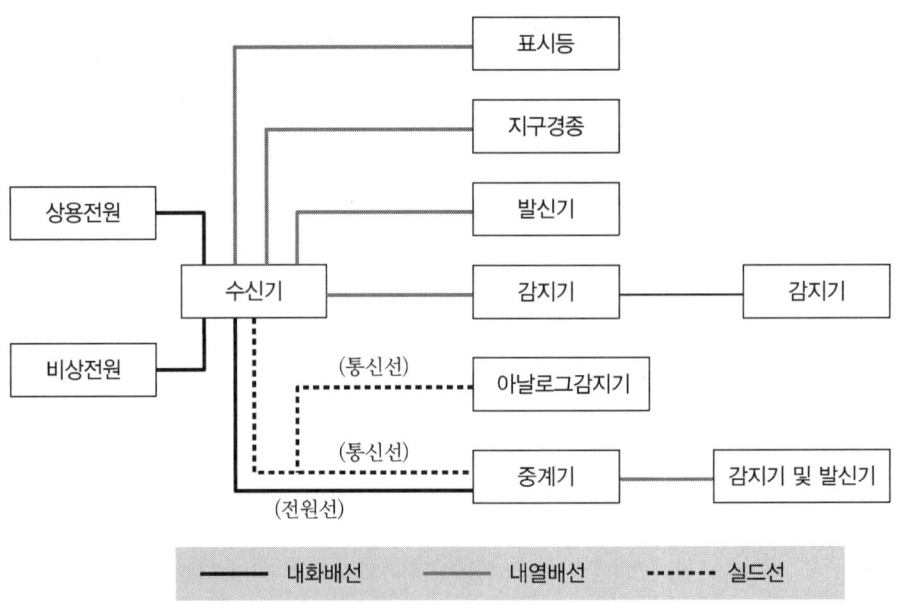

주) 1. 감지기와 감지기 간은 내열 이상이다.
    2. 전원선은 수신기에서 공급하는 분산형 중계기용 전원선이다.

[자동화재탐지설비의 내화 및 내열배선]

② 내화 및 내열전선의 기준

    ※ NFSC 102(옥내소화전) 별표 1 참고

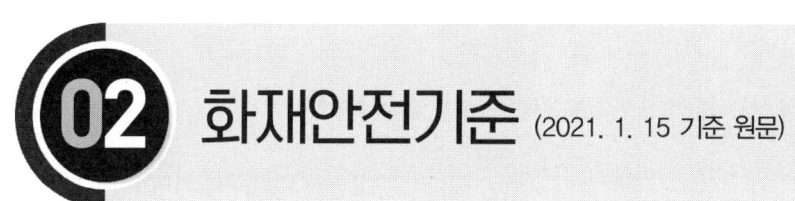

02 화재안전기준 (2021. 1. 15 기준 원문)

NFSC 203

제1조(목적) 이 기준은 「화재예방, 소방시설 설치·유지 및 안전관리에 관한 법률」 제9조제1항에 따라 소방청장에게 위임한 사항 중 경보설비인 자동화재탐지설비 및 시각경보장치의 설치·유지 및 안전관리에 필요한 사항을 규정함을 목적으로 한다.

> **POINT 시스템 및 안전관리**
>
> 경보설비의 설치목적은 화재발생 사실을 통보하는 기계·기구 또는 설비로서 특정소방대상물에서 화재가 발생한 경우 연소생성물(열, 연기, 불꽃 등)에 의한 위험지역을 관계인 등에게 조기에 전파하여 피난구조를 유도하며, 평상시에는 관계인에 의한 화재 예방을 위하여 정기적으로 점검하는 소방설비이다.
>
> 1. 자동화재탐지설비 및 시각경보장치설비는 건물의 화재 발생 시 신속한 경보로 초기에 피난할 수 있도록 하며, 화재 위치를 파악하여 인명과 재산 피해를 경감하는 설비이다. 자동화재탐지설비의 구성은 감지기, 발신기, 중계기, 수신기, 음향장치 및 시각경보기, 전원 및 배선 등으로 구성한다.
> 2. 시스템을 구성하고 있는 경보설비는 「소방시설공사업법」의 소방시설공사 등의 품질과 안전이 확보되도록 시공되어야 하고, 소방기술의 관리에 필요한 화재안전기준에 적합하게 설계도서·시방서가 작성되어 성실하게 수행되어야 한다. 또한 「화재예방, 소방시설 설치·유지 및 안전관리에 관한 법률(이하 "소방시설법")」에 의한 소방용품의 제조 및 수입하려는 제품에 대하여 제품검사를 수행하고, 특정소방대상물의 관계인을 통하여 소방대상물의 안전관리가 이행되어야 한다.

제2조(적용범위) 「화재예방, 소방시설 설치·유지 및 안전관리에 관한 법률 시행령」(이하 "영"이라 한다) 별표 5 제2호 라목 및 사목에 따른 자동화재탐지설비 및 시각경보장치는 이 기준에서 정하는 규정에 따라 설비를 설치하고 유지·관리하여야 한다.

POINT

❶ 특정소방대상물의 설치기준(별표 5 자동화재탐지설비 및 시각경보기)

소방시설	적용기준	설치대상
자동화재 탐지설비	1. 근린생활시설(목욕장은 제외한다), 의료시설(정신의료기관 또는 요양병원은 제외한다), 숙박시설, 위락시설, 장례시설 및 복합건축물	연면적 600m² 이상
	2. 공동주택, 근린생활시설 중 목욕장, 문화 및 집회시설, 종교시설, 판매시설, 운수시설, 운동시설, 업무시설, 공장, 창고시설, 위험물 저장 및 처리 시설, 항공기 및 자동차 관련 시설, 교정 및 군사시설 중 국방·군사시설, 방송통신시설, 발전시설, 관광 휴게시설, 지하가(터널은 제외한다)	연면적 1천m² 이상
	3. 교육연구시설(교육시설 내에 있는 기숙사 및 합숙소를 포함한다), 수련시설(수련시설 내에 있는 기숙사 및 합숙소를 포함하며, 숙박시설이 있는 수련시설은 제외한다), 동물 및 식물 관련 시설(기둥과 지붕만으로 구성되어 외부와 기류가 통하는 장소는 제외한다), 분뇨 및 쓰레기 처리시설, 교정 및 군사시설(국방·군사시설은 제외한다) 또는 묘지 관련 시설	연면적 2천m² 이상
	4. 지하구	전부
	5. 지하가 중 터널로서 길이	1천m 이상
	6. 노유자 생활시설	전부
	7. 6에 해당하지 않는 노유자시설	연면적 400m² 이상
	노유자시설 및 숙박시설이 있는 수련시설	수용인원 100인 이상
	8. 2에 해당하지 않는 공장 및 창고시설로서 「소방기본법 시행령」 별표 2에서 정하는 수량의 특수가연물을 저장·취급	지정수량 500배
	9. 의료시설 중 정신의료기관 또는 요양병원으로서 다음의 어느 하나에 해당하는 시설 　1) 요양병원(정신병원과 의료재활시설은 제외한다)	전부
	2) 정신의료기관 또는 의료재활시설로 사용되는 바닥면적	300m² 이상
	3) 정신의료기관 또는 의료재활시설로 사용되는 바닥면적 　　• 창살(철재·플라스틱 또는 목재 등으로 사람의 탈출 등을 막기 위하여 설치한 것을 말하며, 화재 시 자동으로 열리는 구조로 되어 있는 창살은 제외한다)이 설치된 시설	300m² 미만
	10. 판매시설 중 전통시장	전부
시각경보기	1. 근린생활시설, 문화 및 집회시설, 종교시설, 판매시설, 운수시설, 운동시설, 위락시설, 창고시설 중 물류터미널	전부
	2. 의료시설, 노유자시설, 업무시설, 숙박시설, 발전시설 및 장례시설	전부
	3. 교육연구시설 중 도서관, 방송통신시설 중 방송국	전부
	4. 지하가 중 지하상가	전부

※ 자동화재탐지설비를 설치하여야 하는 특정소방대상물 중 다음의 어느 하나에 해당하는 것

2 소방시설 설치 면제기준

1. (별표 6) 소방시설 설치 면제기준
   자동화재탐지설비의 기능(감지·수신·경보기능을 말한다)과 성능을 가진 스프링클러설비 또는 물분무등소화설비를 화재안전기준에 적합하게 설치한 경우에는 그 설비의 유효범위에서 설치가 면제된다.

2. (별표 7) 소방시설을 설치하지 않을 수 있는 특정소방대상물 및 소방시설 범위

구분	특정소방대상물	소방시설
2. 화재안전기준을 적용하기 어려운 특정소방대상물	정수장, 수영장, 목욕장, 농예·축산·어류양식용 시설, 그 밖에 이와 비슷한 용도로 사용되는 것	자동화재탐지설비, 상수도소화용수설비 및 연결살수설비

3. 화재안전기준에 따른 면제기준 : 제7조(감지기)제5항에 따라 감지기의 설치를 제외함
   1) 천장 또는 반자의 높이가 20m 이상인 장소. 다만, 제1항 단서 각 호의 감지기로서 부착높이에 따라 적응성이 있는 장소는 제외한다.
   2) 헛간 등 외부와 기류가 통하는 장소로서 감지기에 따라 화재발생을 유효하게 감지할 수 없는 장소
   3) 부식성가스가 체류하고 있는 장소
   4) 고온도 및 저온도로서 감지기의 기능이 정지되기 쉽거나 감지기의 유지관리가 어려운 장소
   5) 목욕실·욕조나 샤워시설이 있는 화장실·기타 이와 유사한 장소
   6) 파이프덕트 등 그 밖의 이와 비슷한 것으로서 2개층마다 방화구획된 것이나 수평단면적이 $5m^2$ 이하인 것
   7) 먼지·가루 또는 수증기가 다량으로 체류하는 장소 또는 주방 등 평시에 연기가 발생하는 장소(연기감지기에 한한다)
   8. 프레스공장·주조공장 등 화재발생의 위험이 적은 장소로서 감지기의 유지관리가 어려운 장소

제3조(정의) 이 기준에서 사용하는 용어의 정의는 다음과 같다.
   1. "경계구역"이란 특정소방대상물 중 화재신호를 발신하고 그 신호를 수신 및 유효하게 제어할 수 있는 구역을 말한다.
   2. "수신기"란 감지기나 발신기에서 발하는 화재신호를 직접 수신하거나 중계기를 통하여 수신하여 화재의 발생을 표시 및 경보하여 주는 장치를 말한다.
   3. "중계기"란 감지기·발신기 또는 전기적접점 등의 작동에 따른 신호를 받아 이를 수신기의 제어반에 송신하는 장치를 말한다.
   4. "감지기"란 화재 시 발생하는 열, 연기, 불꽃 또는 연소생성물을 자동적으로 감지하여 수신기에 발신하는 장치를 말한다.
   5. "발신기"란 화재발생 신호를 수신기에 수동으로 발신하는 장치를 말한다.

6. "시각경보장치"란 자동화재탐지설비에서 발하는 화재신호를 시각경보기에 전달하여 청각장애인에게 점멸형태의 시각경보를 하는 것을 말한다.
7. "거실"이란 거주·집무·작업·집회·오락 그 밖에 이와 유사한 목적을 위하여 사용하는 방을 말한다.

제3조의2(신호처리방식) 화재신호 및 상태신호 등(이하 "화재신호 등"이라 한다)을 송수신하는 방식은 다음 각 호와 같다.
1. "유선식"은 화재신호 등을 배선으로 송·수신하는 방식
2. "무선식"은 화재신호 등을 전파에 의해 송·수신하는 방식
3. "유·무선식"은 유선식과 무선식을 겸용으로 사용하는 방식

제4조(경계구역) ① 자동화재탐지설비의 경계구역은 다음 각 호의 기준에 따라 설정하여야 한다. 다만, 감지기의 형식승인 시 감지거리, 감지면적 등에 대한 성능을 별도로 인정받은 경우에는 그 성능인정범위를 경계구역으로 할 수 있다.
1. 하나의 경계구역이 2개 이상의 건축물에 미치지 아니하도록 할 것
2. 하나의 경계구역이 2개 이상의 층에 미치지 아니하도록 할 것. 다만, 500m² 이하의 범위 안에서는 2개의 층을 하나의 경계구역으로 할 수 있다.
3. 하나의 경계구역의 면적은 600m² 이하로 하고 한변의 길이는 50m 이하로 할 것. 다만, 해당 특정소방대상물의 주된 출입구에서 그 내부 전체가 보이는 것에 있어서는 한 변의 길이가 50m의 범위 내에서 1,000m² 이하로 할 수 있다.
4. 삭제

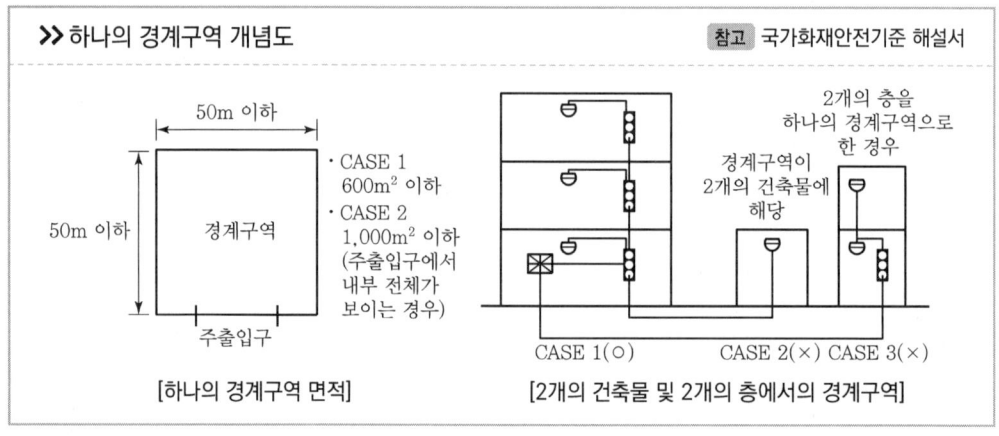

② 계단(직통계단외의 것에 있어서는 떨어져 있는 상하계단의 상호간의 수평거리가 5m 이하로서 서로 간에 구획되지 아니한 것에 한한다. 이하 같다)·경사로(에스컬레이터경사로 포함)·엘리베이터 승강로(권상기실이 있는 경우에는 권상기실)·린넨슈트·파이프 피트 및 덕트 기타 이와

유사한 부분에 대하여는 별도로 경계구역을 설정하되, 하나의 경계구역은 높이 45m 이하(계단 및 경사로에 한한다)로 하고, 지하층의 계단 및 경사로(지하층의 층수가 1일 경우는 제외한다)는 별도로 하나의 경계구역으로 하여야 한다.

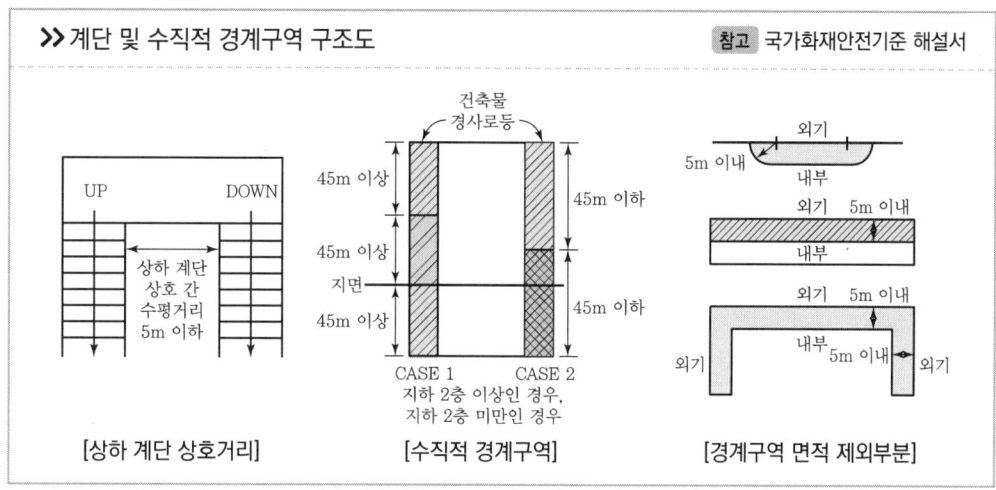

③ 외기에 면하여 상시 개방된 부분이 있는 차고·주차장·창고 등에 있어서는 외기에 면하는 각 부분으로부터 5m 미만의 범위 안에 있는 부분은 경계구역의 면적에 산입하지 아니한다.
④ 스프링클러설비·물분무등소화설비 또는 제연설비의 화재감지장치로서 화재감지기를 설치한 경우의 경계구역은 해당 소화설비의 방사구역 또는 제연구역과 동일하게 설정할 수 있다.

> **설비종류별 경계구역 면적**

설비의 종류		경계구역 면적 등
스프링클러	준비작동식	3,000m² (격자형 배관방식은 3,700m²)
	일제살수식(정방형 배치)	$S^2 \times 50개 = (2 \times 1.7m \times \cos 45°)2 \times 50개 = 289m^2$
물분무	특수가연물 저장취급 차고·주차장	최소 바닥면적 50m²
	도로터널	길이 25m 이상 (3구역 동시 방수)
	기타	없음
미분무, 가스계소화설비		없음
제연설비	거실	60m 원내 1,000m²
	통로	보행중심선 길이 60m 이내
	층	층의 구분이 불분명할 경우 별도로 구획
도로터널 자동화재탐지설비		100m

제5조(수신기) ① 자동화재탐지설비의 수신기는 다음 각 호의 기준에 적합한 것으로 설치하여야 한다.
1. 해당 특정소방대상물의 경계구역을 각각 표시할 수 있는 회선수 이상의 수신기를 설치할 것
2. 4층 이상의 특정소방대상물에는 발신기와 전화통화가 가능한 수신기를 설치할 것
3. 해당 특정소방대상물에 가스누설탐지설비가 설치된 경우에는 가스누설탐지설비로부터 가스누설신호를 수신하여 가스누설경보를 할 수 있는 수신기를 설치할 것(가스누설탐지설비의 수신부를 별도로 설치한 경우에는 제외한다)

② 자동화재탐지설비의 수신기는 특정소방대상물 또는 그 부분이 지하층·무창층 등으로서 환기가 잘되지 아니하거나 실내면적이 $40m^2$ 미만인 장소, 감지기의 부착면과 실내바닥과의 거리가 2.3m 이하인 장소로서 일시적으로 발생한 열·연기 또는 먼지 등으로 인하여 감지기가 화재신호를 발신할 우려가 있는 때에는 축적기능 등이 있는 것(축적형감지기가 설치된 장소에는 감지기회로의 감시전류를 단속적으로 차단시켜 화재를 판단하는 방식외의 것을 말한다)으로 설치하여야 한다. 다만, 제7조제1항 단서에 따라 감지기를 설치한 경우에는 그러하지 아니하다.

③ 수신기는 다음 각 호의 기준에 따라 설치하여야 한다.
1. 수위실 등 상시 사람이 근무하는 장소에 설치할 것. 다만, 사람이 상시 근무하는 장소가 없는 경우에는 관계인이 쉽게 접근할 수 있고 관리가 용이한 장소에 설치할 수 있다.
2. 수신기가 설치된 장소에는 경계구역 일람도를 비치할 것. 다만, 모든 수신기와 연결되어 각 수신기의 상황을 감시하고 제어할 수 있는 수신기(이하 "주수신기"라 한다)를 설치하는 경우에는 주수신기를 제외한 기타 수신기는 그러하지 아니하다.
3. 수신기의 음향기구는 그 음량 및 음색이 다른 기기의 소음 등과 명확히 구별될 수 있는 것으로 할 것
4. 수신기는 감지기·중계기 또는 발신기가 작동하는 경계구역을 표시할 수 있는 것으로 할 것
5. 화재·가스 전기등에 대한 종합방재반을 설치한 경우에는 해당 조작반에 수신기의 작동과 연동하여 감지기·중계기 또는 발신기가 작동하는 경계구역을 표시할 수 있는 것으로 할 것
6. 하나의 경계구역은 하나의 표시등 또는 하나의 문자로 표시되도록 할 것
7. 수신기의 조작 스위치는 바닥으로부터의 높이가 0.8m 이상 1.5m 이하인 장소에 설치할 것
8. 하나의 특정소방대상물에 2 이상의 수신기를 설치하는 경우에는 수신기를 상호간 연동하여 화재발생 상황을 각 수신기마다 확인할 수 있도록 할 것

제6조(중계기) 자동화재탐지설비의 중계기는 다음 각 호의 기준에 따라 설치하여야 한다.
1. 수신기에서 직접 감지기회로의 도통시험을 행하지 아니하는 것에 있어서는 수신기와 감지기 사이에 설치할 것
2. 조작 및 점검에 편리하고 화재 및 침수 등의 재해로 인한 피해를 받을 우려가 없는 장소에 설치할 것
3. 수신기에 따라 감시되지 아니하는 배선을 통하여 전력을 공급받는 것에 있어서는 전원입력측의 배선에 과전류 차단기를 설치하고 해당 전원의 정전이 즉시 수신기에 표시되는 것으로 하

며, 상용전원 및 예비전원의 시험을 할 수 있도록 할 것

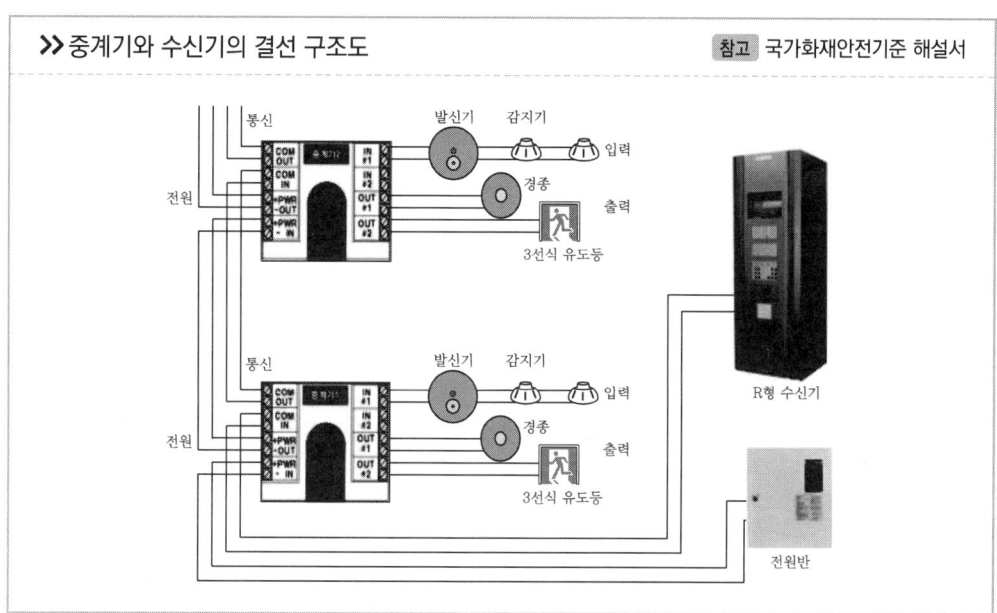

제7조(감지기) ① 자동화재탐지설비의 감지기는 부착높이에 따라 다음 표에 따른 감지기를 설치하여야 한다. 다만, 지하층·무창층 등으로서 환기가 잘되지 아니하거나 실내면적이 $40m^2$ 미만인 장소, 감지기의 부착면과 실내바닥과의 거리가 2.3m 이하인 곳으로서 일시적으로 발생한 열·연기 또는 먼지 등으로 인하여 화재신호를 발신할 우려가 있는 장소(제5조제2항 본문에 따른 수신기를 설치한 장소를 제외한다)에는 다음 각 호에서 정한 감지기중 적응성 있는 감지기를 설치하여야 한다.

1. 불꽃감지기
2. 정온식감지선형감지기
3. 분포형감지기
4. 복합형감지기
5. 광전식분리형감지기
6. 아날로그방식의 감지기
7. 다신호방식의 감지기
8. 축적방식의 감지기

이산화탄소소화설비 화재감지기(NFSC 106)

제12조(자동식 기동장치의 화재감지기) 이산화탄소소화설비의 자동식 기동장치는 다음 각 호의 기준에 따른 화재감지기를 설치하여야 한다.
  1. 각 방호구역내의 화재감지기의 감지에 따라 작동되도록 할 것
  2. 화재감지기의 회로는 교차회로방식으로 설치할 것. 다만, 화재감지기를 「자동화재탐지설비의 화재안전기준(NFSC 203)」 제7조제1항 단서의 각 호의 감지기로 설치하는 경우에는 그러하지 아니하다.

부착높이	감지기의 종류
4m 미만	차동식(스포트형, 분포형), 보상식 스포트형, 정온식(스포트형, 감지선 형), 이온화식 또는 광전식(스포트형, 분리형, 공기흡입형), 열복합형, 연기복합형, 열연기복합형, 불꽃감지기
4m 이상 8m 미만	차동식(스포트형, 분포형), 보상식스포트형, 정온식(스포트형, 감지선형) 특종 또는 1종, 이온화식 1종 또는 2종, 광전식(스포트형, 분리형, 공기흡입형) 1종 또는 2종, 열복합형, 연기복합형, 열연기복합형, 불꽃감지기
8m 이상 15m 미만	차동식 분포형, 이온화식 1종 또는 2종, 광전식(스포트형, 분리형, 공기흡입형) 1종 또는 2종, 연기복합형, 불꽃감지기
15m 이상 20m 미만	이온화식 1종, 광전식(스포트형, 분리형, 공기흡입형) 1종, 연기복합형, 불꽃감지기
20m 이상	불꽃감지기, 광전식(분리형, 공기흡입형)중 아날로그방식

[비고]
1) 감지기별 부착높이 등에 대하여 별도로 형식승인 받은 경우에는 그 성능 인정범위 내에서 사용할 수 있다.
2) 부착높이 20m 이상에 설치되는 광전식 중 아날로그방식의 감지기는 공칭감지농도 하한값이 감광율 5%/m 미만인 것으로 한다.

② 다음 각 호의 장소에는 연기감지기를 설치하여야 한다. 다만, 교차회로방식에 따른 감지기가 설치된 장소 또는 제1항 단서에 따른 감지기가 설치된 장소에는 그러하지 아니하다.
  1. 계단·경사로 및 에스컬레이터 경사로
  2. 복도(30m 미만의 것을 제외한다)
  3. 엘리베이터 승강로(권상기실이 있는 경우에는 권상기실)·린넨슈트·파이프 피트 및 덕트 기타 이와 유사한 장소
  4. 천장 또는 반자의 높이가 15m 이상 20m 미만의 장소
  5. 다음 각 목의 어느 하나에 해당하는 특정소방대상물의 취침·숙박·입원 등 이와 유사한 용도로 사용되는 거실
     가. 공동주택·오피스텔·숙박시설·노유자시설·수련시설
     나. 교육연구시설 중 합숙소
     다. 의료시설, 근린생활시설 중 입원실이 있는 의원·조산원
     라. 교정 및 군사시설
     마. 근린생활시설 중 고시원
③ 감지기는 다음 각 호의 기준에 따라 설치하여야 한다. 다만, 교차회로방식에 사용되는 감지기, 급속한 연소 확대가 우려되는 장소에 사용되는 감지기 및 축적기능이 있는 수신기에 연결하여 사용하는 감지기는 축적기능이 없는 것으로 설치하여야 한다.
  1. 감지기(차동식분포형의 것을 제외한다)는 실내로의 공기유입구로부터 1.5m 이상 떨어진 위치에 설치할 것
  2. 감지기는 천장 또는 반자의 옥내에 면하는 부분에 설치할 것

3. 보상식스포트형감지기는 정온점이 감지기 주위의 평상시 최고온도보다 20℃ 이상 높은 것으로 설치할 것
4. 정온식감지기는 주방·보일러실 등으로서 다량의 화기를 취급하는 장소에 설치하되, 공칭작동온도가 최고주위온도보다 20℃ 이상 높은 것으로 설치할 것
5. 차동식스포트형·보상식스포트형 및 정온식스포트형 감지기는 그 부착 높이 및 특정소방대상물에 따라 다음 표에 따른 바닥면적마다 1개 이상을 설치할 것

(단위 : m²)

부착높이 및 특정소방대상물의 구분		감지기의 종류						
		차동식 스포트형		보상식 스포트형		정온식 스포트형		
		1종	2종	1종	2종	특종	1종	2종
4m 미만	주요구조부를 내화구조로 한 특정소방대상물 또는 그 부분	90	70	90	70	70	60	20
	기타 구조의 특정소방대상물 또는 그 부분	50	40	50	40	40	30	15
4m 이상 8m 미만	주요구조부를 내화구조로 한 특정소방대상물 또는 그 부분	45	35	45	35	35	30	
	기타 구조의 특정소방대상물 또는 그 부분	30	25	30	25	25	15	

6. 스포트형감지기는 45° 이상 경사되지 아니하도록 부착할 것
7. 공기관식 차동식분포형감지기는 다음의 기준에 따를 것
　가. 공기관의 노출부분은 감지구역마다 20m 이상이 되도록 할 것
　나. 공기관과 감지구역의 각 변과의 수평거리는 1.5m 이하가 되도록 하고, 공기관 상호 간의 거리는 6m(주요 구조부를 내화구조로 한 특정소방대상물 또는 그 부분에 있어서는 9m) 이하가 되도록 할 것
　다. 공기관은 도중에서 분기하지 아니하도록 할 것
　라. 하나의 검출부분에 접속하는 공기관의 길이는 100m 이하로 할 것
　마. 검출부는 5° 이상 경사되지 아니하도록 부착할 것
　바. 검출부는 바닥으로부터 0.8m 이상 1.5m 이하의 위치에 설치할 것

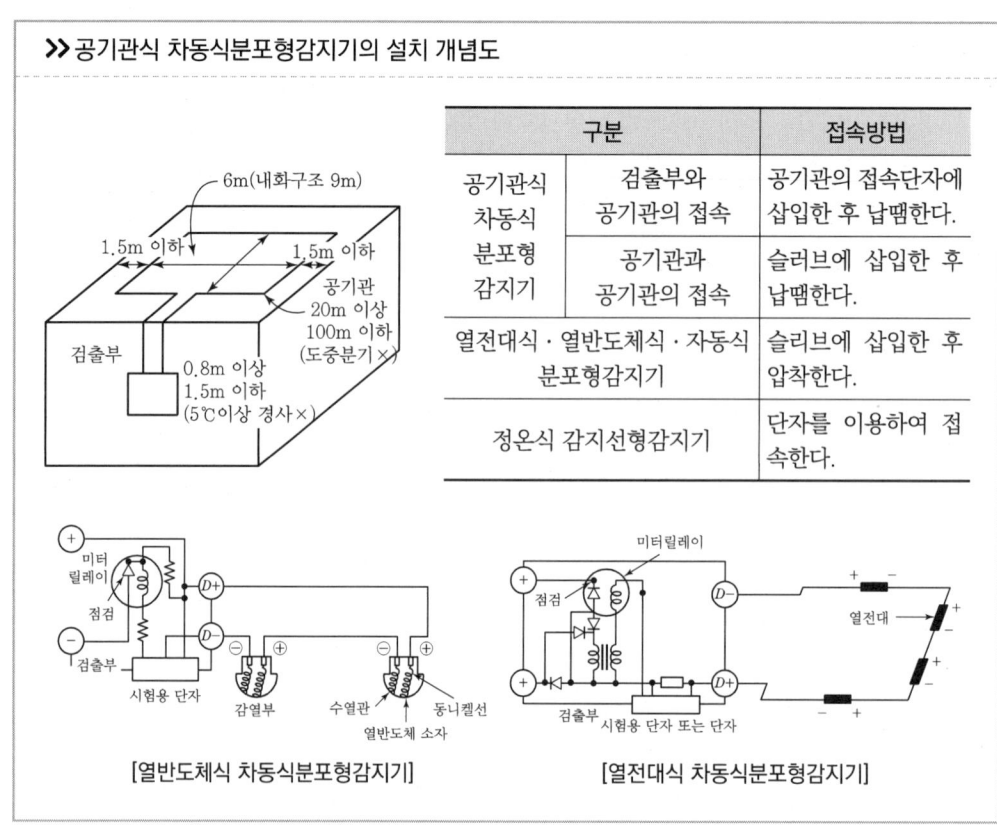

8. 열전대식 차동식분포형감지기는 다음의 기준에 따를 것
    가. 열전대부는 감지구역의 바닥면적 $18m^2$(주요구조부가 내화구조로 된 특정소방대상물에 있어서는 $22m^2$)마다 1개 이상으로 할 것. 다만, 바닥면적이 $72m^2$(주요구조부가 내화구조로 된 특정소방대상물에 있어서는 $88m^2$) 이하인 특정소방대상물에 있어서는 4개 이상으로 하여야 한다.
    나. 하나의 검출부에 접속하는 열전대부는 20개 이하로 할 것. 다만, 각각의 열전대부에 대한 작동여부를 검출부에서 표시할 수 있는 것(주소형)은 형식승인 받은 성능인정범위내의 수량으로 설치할 수 있다.

9. 열반도체식 차동식분포형감지기는 다음의 기준에 따를 것
    가. 감지부는 그 부착높이 및 특정소방대상물에 따라 다음 표에 따른 바닥면적마다 1개 이상으로 할 것. 다만, 바닥면적이 다음 표에 따른 면적의 2배 이하인 경우에는 2개(부착높이가 8m 미만이고, 바닥면적이 다음 표에 따른 면적 이하인 경우에는 1개) 이상으로 하여야 한다.

(단위 : m²)

부착높이 및 소방대상물의 구분		감지기의 종류	
		1종	2종
8m 미만	주요구조부가 내화구조로 된 소방대상물 또는 그 구분	65	36
	기타 구조의 소방대상물 또는 그 부분	40	23
8m 이상 15m 미만	주요구조부가 내화구조로 된 소방대상물 또는 그 구분	50	36
	기타 구조의 소방대상물 또는 그 부분	30	23

나. 하나의 검출기에 접속하는 감지부는 2개 이상 15개 이하가 되도록 할 것. 다만, 각각의 감지부에 대한 작동여부를 검출기에서 표시할 수 있는 것(주소형)은 형식승인 받은 성능인정 범위내의 수량으로 설치할 수 있다.

10. 연기감지기는 다음의 기준에 따라 설치할 것

    가. 감지기의 부착높이에 따라 다음 표에 따른 바닥면적마다 1개 이상으로 할 것

(단위 : m²)

부착높이	감지기의 종류	
	1종 및 2종	3종
4m 미만	150	50
4m 이상 20m 미만	75	-

나. 감지기는 복도 및 통로에 있어서는 보행거리 30m(3종에 있어서는 20m)마다, 계단 및 경사로에 있어서는 수직거리 15m(3종에 있어서는 10m)마다 1개 이상으로 할 것

다. 천장 또는 반자가 낮은 실내 또는 좁은 실내에 있어서는 출입구의 가까운 부분에 설치할 것

라. 천장 또는 반자부근에 배기구가 있는 경우에는 그 부근에 설치할 것

마. 감지기는 벽 또는 보로부터 0.6m 이상 떨어진 곳에 설치할 것

11. 열복합형감지기의 설치에 관하여는 제3호 및 제9호를, 연기복합형감지기의 설치에 관하여는 세10호를, 얼연기복합형감지기의 설치에 관하여는 제5호 및 제10호 나목 또는 마목을 준용하여 설치할 것

12. 정온식감지선형감지기는 다음의 기준에 따라 설치할 것

    가. 보조선이나 고정금구를 사용하여 감지선이 늘어지지 않도록 설치할 것

    나. 단자부와 마감 고정금구와의 설치간격은 10cm 이내로 설치할 것

    다. 감지선형 감지기의 굴곡반경은 5cm 이상으로 할 것

    라. 감지기와 감지구역의 각 부분과의 수평거리가 내화구조의 경우 1종 4.5m 이하, 2종 3m 이하로 할 것. 기타 구조의 경우 1종 3m 이하, 2종 1m 이하로 할 것

마. 케이블트레이에 감지기를 설치하는 경우에는 케이블트레이 받침대에 마감금구를 사용하여 설치할 것
　바. 창고의 천장 등에 지지물이 적당하지 않는 장소에서는 보조선을 설치하고 그 보조선에 설치할 것
　사. 분전반 내부에 설치하는 경우 접착제를 이용하여 돌기를 바닥에 고정시키고 그 곳에 감지기를 설치할 것
　아. 그 밖의 설치방법은 형식승인 내용에 따르며 형식승인 사항이 아닌 것은 제조사의 시방(示方)에 따라 설치할 것
13. 불꽃감지기는 다음의 기준에 따라 설치할 것
　가. 공칭감시거리 및 공칭시야각은 형식승인 내용에 따를 것
　나. 감지기는 공칭감시거리와 공칭시야각을 기준으로 감시구역이 모두 포용될 수 있도록 설치할 것
　다. 감지기는 화재감지를 유효하게 감지할 수 있는 모서리 또는 벽 등에 설치할 것
　라. 감지기를 천장에 설치하는 경우에는 감지기는 바닥을 향하여 설치할 것
　마. 수분이 많이 발생할 우려가 있는 장소에는 방수형으로 설치할 것
　바. 그 밖의 설치기준은 형식승인 내용에 따르며 형식승인 사항이 아닌 것은 제조사의 시방에 따라 설치할 것
14. 아날로그방식의 감지기는 공칭감지온도범위 및 공칭감지농도범위에 적합한 장소에, 다신호방식의 감지기는 화재신호를 발신하는 감도에 적합한 장소에 설치할 것. 다만, 이 기준에서 정하지 않는 설치방법에 대하여는 형식승인 사항이나 제조사의 시방에 따라 설치할 수 있다.
15. 광전식분리형감지기는 다음의 기준에 따라 설치할 것
　가. 감지기의 수광면은 햇빛을 직접 받지 않도록 설치할 것
　나. 광축(송광면과 수광면의 중심을 연결한 선)은 나란한 벽으로부터 0.6m 이상 이격하여 설치할 것
　다. 감지기의 송광부와 수광부는 설치된 뒷벽으로부터 1m 이내 위치에 설치할 것
　라. 광축의 높이는 천장 등(천장의 실내에 면한 부분 또는 상층의 바닥 하부면을 말한다) 높이의 80% 이상일 것
　마. 감지기의 광축의 길이는 공칭감시거리 범위이내 일 것
　바. 그 밖의 설치기준은 형식승인 내용에 따르며 형식승인 사항이 아닌 것은 제조사의 시방에 따라 설치할 것

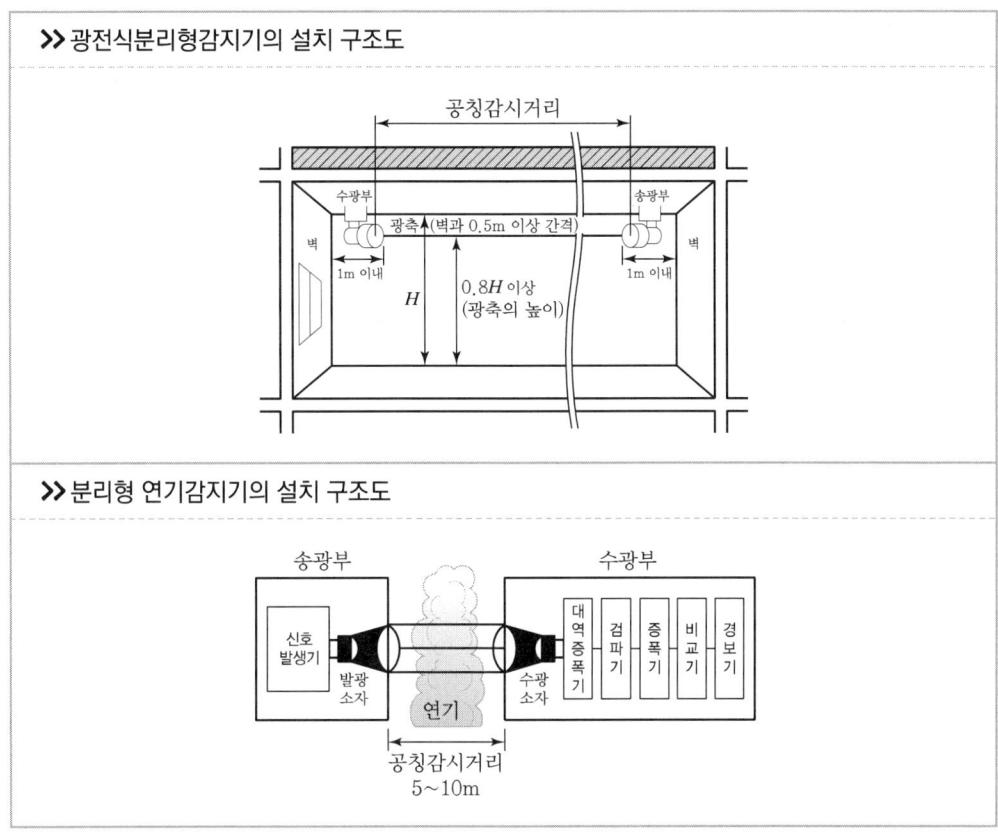

④ 제3항에도 불구하고 다음 각 호의 장소에는 각각 광전식분리형감지기 또는 불꽃감지기를 설치하거나 광전식공기흡입형감지기를 설치할 수 있다.
  1. 화학공장·격납고·제련소등 : 광전식분리형감지기 또는 불꽃감지기. 이 경우 각 감지기의 공칭감시거리 및 공칭시야각등 감지기의 성능을 고려하여야 한다.
  2. 전산실 또는 반도체 공장등 : 광전식공기흡입형감지기. 이 경우 설치장소·감지면적 및 공기흡입관의 이격거리등은 형식승인 내용에 따르며 형식승인 사항이 아닌 것은 제조사의 시방에 따라 설치하여야 한다.
⑤ 다음 각 호의 장소에는 감지기를 설치하지 아니한다.
  1. 천장 또는 반자의 높이가 20m 이상인 장소. 다만, 제1항 단서 각호의 감지기로서 부착높이에 따라 적응성이 있는 장소는 제외한다.
  2. 헛간 등 외부와 기류가 통하는 장소로서 감지기에 따라 화재발생을 유효하게 감지할 수 없는 장소
  3. 부식성가스가 체류하고 있는 장소
  4. 고온도 및 저온도로서 감지기의 기능이 정지되기 쉽거나 감지기의 유지관리가 어려운 장소
  5. 목욕실·욕조나 샤워시설이 있는 화장실·기타 이와 유사한 장소
  6. 파이프덕트 등 그 밖의 이와 비슷한 것으로서 2개층 마다 방화구획된 것이나 수평단면적이

5m² 이하인 것
7. 먼지·가루 또는 수증기가 다량으로 체류하는 장소 또는 주방 등 평시에 연기가 발생하는 장소(연기감지기에 한한다)
8. 삭제
9. 프레스공장·주조공장 등 화재발생의 위험이 적은 장소로서 감지기의 유지관리가 어려운 장소

⑥ 삭제
⑦ 제1항 단서에도 불구하고 일시적으로 발생한 열·연기 또는 먼지 등으로 인하여 화재신호를 발신할 우려가 있는 장소에는 별표 1 및 별표 2에 따라 그 장소에 적응성 있는 감지기를 설치할 수 있으며, 연기감지기를 설치할 수 없는 장소에는 별표 1을 적용하여 설치할 수 있다.
⑧ 삭제

제8조(음향장치 및 시각경보장치) ① 자동화재탐지설비의 음향장치는 다음 각 호의 기준에 따라 설치하여야 한다.
1. 주음향장치는 수신기의 내부 또는 그 직근에 설치할 것
2. 층수가 5층 이상으로서 연면적이 3,000m²를 초과하는 특정소방대상물은 다음 각목에 따라 경보를 발할 수 있도록 하여야 한다.
   가. 2층 이상의 층에서 발화한 때에는 발화층 및 그 직상층에 경보를 발할 것
   나. 1층에서 발화한 때에는 발화층·그 직상층 및 지하층에 경보를 발할 것
   다. 지하층에서 발화한 때에는 발화층·그 직상층 및 기타의 지하층에 경보를 발할 것
2의2. 삭제
3. 지구음향장치는 특정소방대상물의 층마다 설치하되, 해당 특정소방대상물의 각 부분으로부터 하나의 음향장치까지의 수평거리가 25m 이하가 되도록 하고, 해당층의 각 부분에 유효하게 경보를 발할 수 있도록 설치할 것. 다만, 비상방송설비의 화재안전기준(NFSC 202)에 적합한 방송설비를 자동화재탐지설비의 감지기와 연동하여 작동하도록 설치한 경우에는 지구음향장치를 설치하지 아니할 수 있다.
4. 음향장치는 다음 각 목의 기준에 따른 구조 및 성능의 것으로 하여야 한다.
   가. 정격전압의 80% 전압에서 음향을 발할 수 있는 것으로 할 것. 다만, 건전지를 주전원으로 사용하는 음향장치는 그러하지 아니하다.
   나. 음량은 부착된 음향장치의 중심으로부터 1m 떨어진 위치에서 90dB 이상이 되는 것으로 할 것
   다. 감지기 및 발신기의 작동과 연동하여 작동할 수 있는 것으로 할 것
5. 제3호에도 불구하고 제3호의 기준을 초과하는 경우로서 기둥 또는 벽이 설치되지 아니한 대형 공간의 경우 지구음향장치는 설치 대상 장소의 가장 가까운 장소의 벽 또는 기둥 등에 설치할 것
② 청각장애인용 시각경보장치는 소방청장이 정하여 고시한「시각경보장치의 성능인증 및 제품검사의 기술기준」에 적합한 것으로서 다음 각 목의 기준에 따라 설치하여야 한다.

1. 복도·통로·청각장애인용 객실 및 공용으로 사용하는 거실(로비, 회의실, 강의실, 식당, 휴게실, 오락실, 대기실, 체력단련실, 접객실, 안내실, 전시실, 기타 이와 유사한 장소를 말한다)에 설치하며, 각 부분으로부터 유효하게 경보를 발할 수 있는 위치에 설치할 것
2. 공연장·집회장·관람장 또는 이와 유사한 장소에 설치하는 경우에는 시선이 집중되는 무대부 부분 등에 설치할 것
3. 설치높이는 바닥으로부터 2m 이상 2.5m 이하의 장소에 설치할 것 다만, 천장의 높이가 2m 이하인 경우에는 천장으로부터 0.15m 이내의 장소에 설치하여야 한다.
4. 시각경보장치의 광원은 전용의 축전지설비 또는 전기저장장치(외부 전기에너지를 저장해 두었다가 필요한 때 전기를 공급하는 장치)에 의하여 점등되도록 할 것. 다만, 시각경보기에 작동전원을 공급할 수 있도록 형식승인을 얻은 수신기를 설치 한 경우에는 그러하지 아니하다.

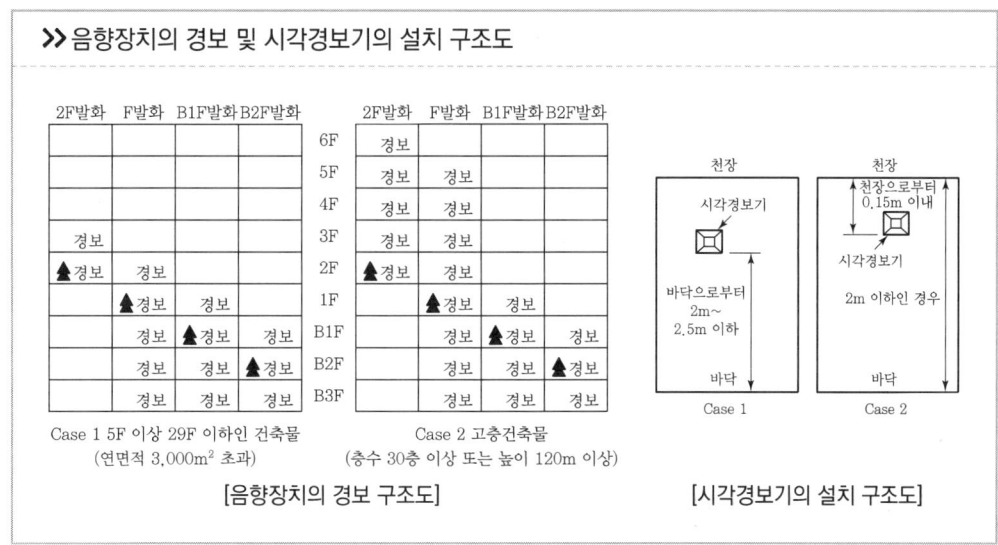

③ 하나의 특정소방대상물에 2 이상의 수신기가 설치된 경우 어느 수신기에서도 지구음향장치 및 시각경보장치를 작동할 수 있도록 할 것

제9조(발신기) ① 자동화재탐지설비의 발신기는 다음 각 호의 기준에 따라 설치하여야 한다.
1. 조작이 쉬운 장소에 설치하고, 스위치는 바닥으로부터 0.8m 이상 1.5m 이하의 높이에 설치할 것.
2. 특정소방대상물의 층마다 설치하되, 해당 특정소방대상물의 각 부분으로부터 하나의 발신기까지의 수평거리가 25m 이하가 되도록 할 것. 다만, 복도 또는 별도로 구획된 실로서 보행거리가 40m 이상일 경우에는 추가로 설치하여야 한다.
3. 제2호에도 불구하고 제2호의 기준을 초과하는 경우로서 기둥 또는 벽이 설치되지 아니한 대형 공간의 경우 발신기는 설치 대상 장소의 가장 가까운 장소의 벽 또는 기둥 등에 설치 할 것

② 발신기의 위치를 표시하는 표시등은 함의 상부에 설치하되, 그 불빛은 부착면으로부터 15° 이상의 범위 안에서 부착지점으로부터 10m 이내의 어느 곳에서도 쉽게 식별할 수 있는 적색등으로 하여야 한다.

제10조(전원) ① 자동화재탐지설비의 상용전원은 다음 각 호의 기준에 따라 설치하여야 한다.
1. 전원은 전기가 정상적으로 공급되는 축전지, 전기저장장치(외부 전기에너지를 저장해 두었다가 필요한 때 전기를 공급하는 장치) 또는 교류전압의 옥내 간선으로 하고, 전원까지의 배선은 전용으로 할 것
2. 개폐기에는 "자동화재탐지설비용"이라고 표시한 표지를 할 것

② 자동화재탐지설비에는 그 설비에 대한 감시상태를 60분간 지속한 후 유효하게 10분 이상 경보할 수 있는 축전지설비(수신기에 내장하는 경우를 포함한다) 또는 전기저장장치(외부 전기에너지를 저장해 두었다가 필요한 때 전기를 공급하는 장치)를 설치하여야 한다. 다만, 상용전원이 축전지설비인 경우 또는 건전지를 주전원으로 사용하는 무선식 설비인 경우에는 그러하지 아니하다.

제11조(배선) 배선은 「전기사업법」 제67조에 따른 기술기준에서 정한 것 외에 다음 각 호의 기준에 따라 설치하여야 한다.
1. 전원회로의 배선은 「옥내소화전설비의 화재안전기준(NFSC 102)」 별표 1에 따른 내화배선에 따르고, 그 밖의 배선(감지기 상호간 또는 감지기로부터 수신기에 이르는 감지기회로의 배선을 제외한다)은 「옥내소화전설비의 화재안전기준(NFSC 102)」 별표 1에 따른 내화배선 또는 내열배선에 따라 설치할 것
2. 감지기 상호간 또는 감지기로부터 수신기에 이르는 감지기회로의 배선은 다음 각목의 기준에 따라 설치할 것
   가. 아날로그식, 다신호식 감지기나 R형수신기용으로 사용되는 것은 전자파 방해를 받지 아니하는 실드선 등을 사용하여야 하며, 광케이블의 경우에는 전자파 방해를 받지 아니하고 내열성능이 있는 경우 사용할 수 있다. 다만, 전자파 방해를 받지 아니하는 방식의 경우에는 그러하지 아니하다.
   나. 가목외의 일반배선을 사용할 때는 「옥내소화전설비의 화재안전기준(NFSC 102)」 별표 1에 따른 내화배선 또는 내열배선으로 사용 할 것
3. 감지기회로의 도통시험을 위한 종단저항은 다음의 기준에 따를 것
   가. 점검 및 관리가 쉬운 장소에 설치할 것
   나. 전용함을 설치하는 경우 그 설치 높이는 바닥으로부터 1.5m 이내로 할 것
   다. 감지기 회로의 끝부분에 설치하며, 종단감지기에 설치할 경우에는 구별이 쉽도록 해당감지기의 기판 및 감지기 외부 등에 별도의 표시를 할 것
4. 감지기 사이의 회로의 배선은 송배전식으로 할 것
5. 전원회로의 전로와 대지 사이 및 배선 상호간의 절연저항은 「전기사업법」 제67조에 따른 기술

기준이 정하는 바에 의하고, 감지기회로 및 부속회로의 전로와 대지 사이 및 배선 상호간의 절연저항은 1경계구역마다 직류 250V의 절연저항측정기를 사용하여 측정한 절연저항이 0.1MΩ 이상이 되도록 할 것

6. 자동화재탐지설비의 배선은 다른 전선과 별도의 관·덕트(절연효력이 있는 것으로 구획한 때에는 그 구획된 부분은 별개의 덕트로 본다)·몰드 또는 풀박스 등에 설치할 것. 다만, 60V 미만의 약 전류회로에 사용하는 전선으로서 각각의 전압이 같을 때에는 그러하지 아니하다.
7. 피(P)형 수신기 및 지피(G.P.)형 수신기의 감지기 회로의 배선에 있어서 하나의 공통선에 접속할 수 있는 경계구역은 7개 이하로 할 것
8. 자동화재탐지설비의 감지기회로의 전로저항은 50Ω 이하가 되도록 하여야 하며, 수신기의 각 회로별 종단에 설치되는 감지기에 접속되는 배선의 전압은 감지기 정격전압의 80% 이상이어야 할 것

제12조(설치·유지기준의 특례) 소방본부장 또는 소방서장은 기존건축물이 증축·개축·대수선되거나 용도 변경되는 경우에 있어서 이 기준이 정하는 기준에 따라 해당 건축물에 설치하여야 할 자동화재탐지설비의 배관·배선 등의 공사가 현저하게 곤란하다고 인정되는 경우에는 해당 설비의 기능 및 사용에 지장이 없는 범위 안에서 자동화재탐지설비의 설치·유지기준의 일부를 적용하지 아니할 수 있다.

제13조(재검토 기한) 소방청장은 「훈령·예규 등의 발령 및 관리에 관한 규정」에 따라 이 고시에 대하여 2017년 1월 1일 기준으로 매 3년이 되는 시점(매 3년째의 12월 31일까지를 말한다)마다 그 타당성을 검토하여 개선 등의 조치를 하여야 한다.

부칙

〈제2021-11호, 2021. 1. 15.〉

제1조(시행일) 이 고시는 발령한 날부터 시행한다.

[별표 1] 설치장소별 감지기 적응성(연기감지기를 설치할 수 없는 경우 적용)(제7조제7항 관련)

설치장소		적응열감지기									비고
환경상태	적응장소	차동식 스포트형		차동식 분포형		보상식 스포트형		정온식		열아날로그식	불꽃감지기	
		1종	2종	1종	2종	1종	2종	특종	1종			
먼지 또는 미분 등이 다량으로 체류하는 장소	쓰레기장, 하역장, 도장실, 섬유·목재·석재 등 가공 공장	○	○	○	○	○	○	○	○	○	○	1. 불꽃감지기에 따라 감시가 곤란한 장소는 적응성이 있는 열감지기를 설치할 것 2. 차동식분포형감지기를 설치하는 경우에는 검출부에 먼지, 미분 등이 침입하지 않도록 조치할 것 3. 차동식스포트형감지기 또는 보상식스포트형감지기를 설치하는 경우에는 검출부에 먼지, 미분 등이 침입하지 않도록 조치할 것 4. 정온식감지기를 설치하는 경우에는 특종으로 설치할 것 5. 섬유, 목재가공 공장 등 화재확대가 급속하게 진행될 우려가 있는 장소에 설치하는 경우 정온식감지기는 특종으로 설치할 것. 공칭작동 온도 75℃ 이하, 열아날로그식스포트형감지기는 화재표시 설정은 80℃ 이하가 되도록 할 것
수증기가 다량으로 머무는 장소	증기세정실, 탕비실, 소독실 등	×	×	×	○	×	○	○	○	○	○	1. 차동식분포형감지기 또는 보상식스포트형감지기는 급격한 온도변화가 없는 장소에 한하여 사용할 것 2. 차동식분포형감지기를 설치하는 경우에는 검출부에 수증기가 침입하지 않도록 조치할 것 3. 보상식스포트형감지기, 정온식감지기 또는 열아날로그식감지기를 설치하는 경우에는 방수형으로 설치할 것 4. 불꽃감지기를 설치할 경우 방수형으로 할 것

설치장소		적응열감지기								열아날로그식	불꽃감지기	비고
환경상태	적응장소	차동식 스포트형		차동식 분포형		보상식 스포트형		정온식				
		1종	2종	1종	2종	1종	2종	특종	1종			
부식성 가스가 발생할 우려가 있는 장소	도금공장, 축전지실, 오수처리장 등	×	×	○	○	○	○	○	○	○	○	1. 차동식분포형감지기를 설치하는 경우에는 감지부가 피복되어 있고 검출부가 부식성가스에 영향을 받지 않는것 또는 검출부에 부식성가스가 침입하지 않도록 조치할 것 2. 보상식스포트형감지기, 정온식감지기 또는 열아날로그식스포트형감지기를 설치하는 경우에는 부식성가스의 성상에 반응하지 않는 내산형 또는 내알칼리형으로 설치할 것 3. 정온식감지기를 설치하는 경우에는 특종으로 설치할 것
주방, 기타 평상시에 연기가 체류하는 장소	주방, 조리실, 용접작업장 등	×	×	×	×	×	×	○	○	○	○	1. 주방, 조리실 등 습도가 많은 장소에는 방수형 감지기를 설치할 것. 2. 불꽃감지기는 UV/IR형을 설치할 것
현저하게 고온으로 되는 장소	건조실, 살균실, 보일러실, 주조실, 영사실, 스튜디오	×	×	×	×	×	×	○	○	○	×	
배기 가스가 다량으로 체류하는 장소	주차장, 차고, 화물취급소 차로, 자가발전실, 트럭터미널, 엔진시험실	○	○	○	○	○	○	×	×	○	○	1. 불꽃감지기에 따라 감시가 곤란한 장소는 적응성이 있는 열감지기를 설치할 것. 2. 열아날로그식스포트형감지기는 화재표시 설정이 60℃ 이하가 바람직하다.

설치장소		적응열감지기								불꽃감지기	비고
환경 상태	적응 장소	차동식 스포트형		차동식 분포형		보상식 스포트형		정온식		열아날로그식	
		1종	2종	1종	2종	1종	2종	특종	1종		
연기가 다량으로 유입할 우려가 있는 장소	음식물배급실, 주방전실, 주방 내 식품저장실, 음식물운반용 엘리베이터, 주방주변의 복도 및 통로, 식당 등	○	○	○	○	○	○	○	○	○	×	1. 고체연료 등 가연물이 수납되어 있는 음식물배급실, 주방전실에 설치하는 정온식감지기는 특종으로 설치할 것 2. 주방주변의 복도 및 통로, 식당 등에는 정온식감지기를 설치하지 말 것 3. 제1호 및 제2호의 장소에 열아날로그식스포트형감지기를 설치하는 경우에는 화재표시 설정을 60℃ 이하로 할 것
물방울이 발생하는 장소	스레트 또는 철판으로 설치한 지붕 창고·공장, 패키지형 냉각기전용 수납실, 밀폐된 지하창고, 냉동실 주변 등	×	×	○	○	○	○	○	○	○	○	1. 보상식스포트형감지기, 정온식감지기 또는 열아날로그식 스포트형감지기를 설치하는 경우에는 방수형으로 설치할 것 2. 보상식스포트형감지기는 급격한 온도변화가 없는 장소에 한하여 설치할 것 3. 불꽃감지기를 설치하는 경우에는 방수형으로 설치할 것
불을 사용하는 설비로서 불꽃이 노출되는 장소	유리공장, 용선로가 있는 장소, 용접실, 주방, 작업장, 주방, 주조실 등	×	×	×	×	×	×	○	○	○	×	

주) 1. "○"는 당해 설치장소에 적응하는 것을 표시, "×"는 당해 설치장소에 적응하지 않는 것을 표시
    2. 차동식스포트형, 차동식분포형 및 보상식스포트형 1종은 감도가 예민하기 때문에 비화재보 발생은 2종에 비해 불리한 조건이라는 것을 유의할 것
    3. 차동식분포형 3종 및 정온식 2종은 소화설비와 연동하는 경우에 한해서 사용 할 것
    4. 다신호식감지기는 그 감지기가 가지고 있는 종별, 공칭작동온도별로 따르지 말고 상기 표에 따른 적응성이 있는 감지기로 할 것

[별표 2] 설치장소별 감지기 적응성(제7조제7항 관련)

설치장소		적응열감지기					적응연기감지기					불꽃감지기	비고
환경상태	적응장소	차동식스포트형	차동식분포형	보상식스포트형	정온식	열아날로그식	이온화식스포트형	광전식스포트형	이온아날로그식스포트형	광전아날로그식스포트형	광전식분리형		
1. 흡연에 의해 연기가 체류하며 환기가 되지 않는 장소	회의실, 응접실, 휴게실, 노래연습실, 오락실, 다방, 음식점, 대합실, 카바레 등의 객실, 집회장, 연회장 등	○	○	○				◎		◎	○	○	
2. 취침시설로 사용하는 장소	호텔 객실, 여관, 수면실 등						◎	◎	◎	◎	○	○	
3. 연기이외의 미분이 떠다니는 장소	복도, 통로 등						◎	◎	◎	◎	○	○	
4. 바람에 영향을 받기 쉬운 장소	로비, 교회, 관람장, 옥탑에 있는 기계실		○					◎		◎	○	○	
5. 연기가 멀리 이동해서 감지기에 도달하는 장소	계단, 경사로							○		○	○		광전식스포트형감지기 또는 광전아날로그식스포트형감지기를 설치하는 경우에는 당해 감지기회로에 축적기능을 갖지 않는 것으로 할 것
6. 훈소화재의 우려가 있는 장소	전화기기실, 통신기기실, 전산실, 기계제어실							○		○	○		
7. 넓은 공간으로 천장이 높아 열 및 연기가 확산하는 장소	체육관, 항공기 격납고, 높은 천장의 창고·공장, 관람석 상부 등 감지기 부착 높이가 8m 이상의 장소		○								○	○	

주) 1. "○"는 당해 설치장소에 적응하는 것을 표시
2. "◎" 당해 설치장소에 연감지기를 설치하는 경우에는 당해 감지회로에 축적기능을 갖는 것을 표시
3. 차동식스포트형, 차동식분포형, 보상식스포트형 및 연기식(당해 감지기회로에 축적 기능을 갖지 않는 것)1종은 감도가 예민하기 때문에 비화재보 발생은 2종에 비해 불리한 조건이라는 것을 유의하여 다룰 것
4. 차동식분포형 3종 및 정온식 2종은 소화설비와 연동하는 경우에 한해서 사용 할 것
5. 광전식분리형감지기는 평상시 연기가 발생하는 장소 또는 공간이 협소한 경우에는 적응성이 없음
6. 넓은 공간으로 천장이 높아 열 및 연기가 확산하는 장소로서 차동식분포형 또는 광전식분리형 2종을 설치하는 경우에는 제조사의 사양에 따를 것
7. 다신호식감지기는 그 감지기가 가지고 있는 종별, 공칭작동온도별로 따르고 표에 따른 적응성이 있는 감지기로 할 것
8. 축적형감지기 또는 축적형중계기 혹은 축적형수신기를 설치하는 경우에는 제7조에 따를 것

03 소방시설 자체점검

참고 소방시설 자체점검사항 등에 관한 고시, 한국소방안전원

✓ 소방시설 작동기능점검표 작성 예시

1 점검 전 준비사항
1) 점검장소의 협의나 협조 받을 건물 관계인 등 연락처를 사전 확보
2) 점검의 목적과 필요성에 대하여 건물 관계인에게 사전 안내 및 협의
3) 음향장치 및 각 실별 방문점검 사항을 공지하여 협조 요청

2 현장확인
1) 현장 시설물의 도면 등을 이용하여 설비의 개요 및 설치위치 등을 파악한다.
2) 점검사항을 토대로 점검순서를 계획하고 점검장비 및 공구를 준비한다.
3) 기존의 점검자료 및 조치결과가 있다면 점검 전 참고
4) 점검과 관련된 각종 법규 및 기준 등의 기술기준 등 규정사항을 준비하고 숙지한다.

3 점검표 작성을 위한 준비물
1) **소방시설등 작동기능점검 실시결과 보고서**
   화재예방, 소방시설 설치·유지 및 안전관리에 관한 법률 시행규칙 별지 서식
2) **소방시설등 작동기능 점검표**
   소방시설 자체점검사항 등에 관한 고시 서식
3) **건축물대장**
   건축물대장/소방도면 및 소방시설 현황/소방계획서 등
4) **점검에 필요한 장비**

소방시설	장비	규격
공통시설	방수압력측정계, 절연저항계, 전류전압측정계	
자동화재탐지설비 시각경보기	열·연기감지기 시험기, 공기주입시험기, 감지기시험기연결폴대, 음량계	
누전경보기	누전계	부하전류 측정용

5) **자체점검 후 결과 조치(소방시설법 시행규칙 제19조)**
   (1) 작동기능점검 : 작동기능점검을 실시한 경우 7일 이내에 작동기능점검 실시결과 보고서를 소방본부장 또는 소방서장에게 제출하여야 한다.
   (2) 종합정밀점검 : 종합정밀점검을 실시한 경우 7일 이내에 종합정밀점검 실시결과 보고서를 소방본부장 또는 소방서장에게 제출하여야 한다.
   ▶ 소방시설관리업자는 점검을 실시한 경우 점검이 끝난 날부터 10일 이내에 소방시설관리업자에 대한 평가 등에 관한 업무를 위탁받은 평가기관에 통보하여야 한다.

15. 자동화재탐지설비 및 시각경보장치 점검표

(1면)

번호	점검항목	점검결과
15-A. 경계구역		
15-A-001	● 경계구역 구분 적정 여부	
15-A-002	● 감지기를 공유하는 경우 스프링클러·물분무소화제연설비 경계구역 일치 여부	
15-B. 수신기		
15-B-001	○ 수신기 설치장소 적정(관리용이) 여부	
15-B-002	○ 조작스위치의 높이는 적정하며 정상 위치에 있는지 여부	
15-B-003	● 개별 경계구역 표시 가능 회선수 확보 여부	
15-B-004	● 축적기능 보유 여부(환기·면적·높이 조건 해당할 경우)	
15-B-005	○ 경계구역 일람도 비치 여부	
15-B-006	○ 수신기 음향기구의 음량·음색 구별 가능 여부	
15-B-007	● 감지기·중계기·발신기 작동 경계구역 표시 여부(종합방재반 연동 포함)	
15-B-008	● 1개 경계구역 1개 표시등 또는 문자 표시 여부	
15-B-009	● 하나의 대상물에 수신기가 2 이상 설치된 경우 상호 연동되는지 여부	
15-C. 중계기		
15-C-001	● 중계기 설치위치 적정 여부(수신기에서 감지기회로 도통시험하지 않는 경우)	
15-C-002	● 설치 장소(조작·점검 편의성, 화재·침수 피해 우려) 적정 여부	
15-C-003	● 전원입력 측 배선 상 과전류차단기 설치 여부	
15-C-004	● 중계기 전원 정전 시 수신기 표시 여부	
15-C-005	● 상용전원 및 예비전원 시험 적정 여부	
15-D. 감지기		
15-D-001	● 부착 높이 및 장소별 감지기 종류 적정 여부	
15-D-002	● 특정 장소(환기불량, 면적협소, 저층고)에 적응성이 있는 감지기 설치 여부	
15-D-003	○ 연기감지기 설치장소 적정 설치 여부	
15-D-004	● 감지기와 실내로의 공기유입구 간 이격거리 적정 여부	
15-D-005	● 감지기 부착면 적정 여부	
15-D-006	○ 감지기 설치(감지면적 및 배치거리) 적정 여부	
15-D-007	● 감지기별 세부 설치기준 적합 여부	
15-D-008	● 감지기 설치제외 장소 적합 여부	
15-D-009	○ 감지기 변형·손상 확인 및 작동시험 적합 여부	
15-E. 음향장치		
15-E-001	○ 주음향장치 및 지구음향장치 설치 적정 여부	
15-E-002	○ 음향장치(경종 등) 변형·손상 확인 및 정상 작동(음량 포함) 여부	
15-E-003	● 우선경보 기능 정상작동 여부	

(2면)

번호	점검항목	점검결과
15-F. 시각경보장치		
15-F-001	○ 시각경보장치 설치 장소 및 높이 적정 여부	
15-F-002	○ 시각경보장치 변형·손상 확인 및 정상 작동 여부	
15-G. 발신기		
15-G-001	○ 발신기 설치 장소, 위치(수평거리) 및 높이 적정 여부	
15-G-002	○ 발신기 변형·손상 확인 및 정상 작동 여부	
15-G-003	○ 위치표시등 변형·손상 확인 및 정상 점등 여부	
15-H. 전원		
15-H-001	○ 상용전원 적정 여부	
15-H-002	○ 예비전원 성능 적정 및 상용전원 차단 시 예비전원 자동전환 여부	
15-I. 배선		
15-I-001	● 종단저항 설치 장소, 위치 및 높이 적정 여부	
15-I-002	● 종단저항 표지 부착 여부(종단감지기에 설치할 경우)	
15-I-003	○ 수신기 도통시험 회로 정상 여부	
15-I-004	● 감지기회로 송배전식 적용 여부	
15-I-005	● 1개 공통선 접속 경계구역 수량 적정 여부(P형 또는 GP형의 경우)	
비고		

자동화재 속보설비의 화재안전기준

[시행 2019. 5. 24.]
[소방청고시 제2019-42호, 2019. 5. 24., 일부개정.]

개요

NFSC 204

1 질의회신 및 핵심사항 분석

	핵심사항	참고 기출문제
수신기	• 자탐 · 시각경보기 · 자동화재속보설비의 수신기의 점검항목 및 점검내용	
Key point	• 자동화재속보설비 설치대상, 설치제외 • 속보기 및 통신망의 정의, 설치기준	

2 시스템의 해설

자동화재속보설비는 주로 사람이 거주하지 않는 특정소방대상물에 설치하여 화재를 미연에 방지하고 화재신호를 사람을 대신하여 통신망을 통하여 자동으로 신고하는 설비이다.

1) 계통도

참고 국가화재안전기준 해설서

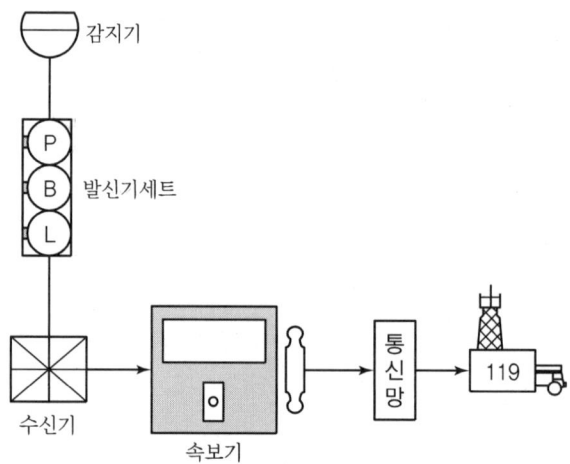

[자동화재속보기의 동작방식]

① 자동화재신고(음성속보방식) : 수신기에서 화재신호 입력 시 경보음이 발생하고, 녹음된 음성에 따라 소방관서에는 자동으로 통보(3회 이상)한다.

② 자동화재신고(DATA 속보방식) : 수신기에서 화재신호 입력 시 경보음이 발생하고, 소방관서

에는 CDMA(무선) 또한 PSTN(유선)에 의하여 자동으로 통보한다.
③ 수동화재신고(녹음된 음성에 의한 신고) : 수동화재신고 버튼을 눌러 녹음된 음성을 자동 신고한다.
④ 수동화재신고(육성에 의한 신고) : 긴급전화통화 스위치를 On, 음성통화로 연결하여 육성으로 신고한다.

2) 소방용품(소방시설법 시행령 제6조)

경보설비를 구성하는 제품 또는 기기는 ① 누전경보기 및 가스누설경보기, ② 경보설비를 구성하는 발신기, 수신기, 중계기, 감지기 및 경종 등이 있으며, 경보설비의 제품검사(형식승인 및 성능인증) 대상 품목은 ① 법 제36조제1항 본문에서 "대통령령으로 정하는 소방용품" ② 규칙 제15조제1항 본문에서 "행정안전부령으로 정하는 소방용품" ③ 규칙 제15조 및 별표 7 제22호에 따른 "소방청장이 고시하는 소방용품" 등으로 구분되고 소방용품은 제품검사를 받아 합격한 제품을 사용하여야 한다.

02 화재안전기준 (2019. 5. 24 기준 원문)

NFSC 204

제1조(목적) 이 기준은 「화재예방, 소방시설 설치·유지 및 안전관리에 관한 법률」 제9조제1항에 따라 소방청장에게 위임한 사항 중 경보설비인 자동화재속보설비의 설치·유지 및 안전관리에 필요한 사항을 규정함을 목적으로 한다.

POINT 시스템 및 안전관리

경보설비의 설치목적은 특정소방대상물에서 화재가 발생한 경우 연소생성물(열, 연기, 불꽃 등)에 의한 위험지역을 관계인 등에게 조기에 전파하여 피난 및 구조를 유도하는 설비이다. 평상시에는 관계인에 의한 화재예방을 위하여 정기적으로 점검하는 소방설비이다.
1. 자동화재속보설비는 사람이 거주하지 않거나, 화재신고가 어려울 수 있는 장소에 설치하여 화재신호를 통신망을 통하여 음성 등의 방법으로 소방서에 통보하는 설비이다. 자동화재속보설비의 구성은 경보설비를 구성하는 발신기, 수신기, 속보기, 감지기 등으로 구성된다.
2. 시스템을 구성하고 있는 경보설비는 「소방시설공사업법」의 소방시설공사 등의 품질과 안전이 확보되도록 시공되어야 하고, 소방기술의 관리에 필요한 화재안전기준에 적합하게 설계도서·시방서가 작성되어 성실하게 수행되어야 한다. 또한 「화재예방, 소방시설 설치·유지 및 안전관리에 관한 법률(이하 "소방시설법")」에 의한 소방용품의 제조 및 수입하려는 제품에 대하여 제품검사를 수행하고, 특정소방대상물의 관계인을 통하여 소방대상물의 안전관리가 이행되어야 한다.

제2조(적용범위) 「화재예방, 소방시설 설치·유지 및 안전관리에 관한 법률 시행령」(이하 "영"이라 한다) 별표 5 제2호 마목에 따른 자동화재속보설비는 이 기준에서 정하는 규정에 따라 설비를 설치하고 유지·관리하여야 한다.

POINT

1 특정소방대상물의 설치기준(별표 5 자동화재속보설비)

소방시설	적용기준	설치대상
자동화재속보설비	1. 업무시설, 공장, 창고시설, 교정 및 군사시설 중 국방·군사시설, 발전시설(사람이 근무하지 않는 시간에는 무인경비시스템으로 관리하는 시설만 해당한다)의 바닥면적 다만, 사람이 24시간 상시 근무하고 있는 경우에는 설치하지 않을 수 있다.	1천5백m² 이상
	2. 노유자 생활시설	전부

자동화재 속보설비	3. 2에 해당하지 않는 노유자시설로서 바닥면적 다만, 사람이 24시간 상시 근무하고 있는 경우에는 설치하지 않을 수 있다.	500m² 이상
	4. 수련시설(숙박시설이 있는 건축물만 해당한다)의 바닥면적. 다만, 사람이 24시간 상시 근무하고 있는 경우에는 설치하지 않을 수 있다.	500m² 이상
	5. 「문화재보호법」 제23조에 따라 보물 또는 국보로 지정된 목조건축물. 다만, 사람이 24시간 상시 근무하고 있는 경우에는 설치하지 않을 수 있다.	전부
	6. 근린생활시설 중 다음의 어느 하나에 해당하는 것 　1) 의원, 치과의원 및 한의원으로서 입원실이 있는 시설 　2) 조산원 및 산후조리원	전부
	7. 의료시설 중 다음의 어느 하나에 해당하는 것 　1) 종합병원, 병원, 치과병원, 한방병원 및 요양병원(정신병원과 의료재활시설은 제외한다)	전부
	2) 정신병원 및 의료재활시설로 사용되는 바닥면적의 합계가	500m² 이상인 층이 있는 것
	8. 판매시설 중 전통시장	전부
	9. 1에 해당하지 않는 발전시설 중 전기저장시설	전부
	10. 1부터 9까지에 해당하지 않는 특정소방대상물 중 층수가 30층 이상인 것	전부

❷ 소방시설의 설치 면제기준
　1. (별표 6) 소방시설 설치 면제기준 : 없음
　2. (별표 7) 소방시설을 설치하지 않을 수 있는 특정소방대상물 및 소방시설 범위 : 없음
　3. 화재안전기준에 따른 면제기준 : 없음

제3조(정의) 이 기준에서 사용하는 용어의 정의는 다음과 같다.
　1. '속보기'란 화재신호를 통신망을 통하여 음성 등의 방법으로 소방관서에 통보하는 장치를 말한다.
　2 '통신망'이란 유선이나 무선 또는 유무선 겸용 방식을 구성하여 음성 또는 데이터 등을 전송할 수 있는 집합체를 말한다.

제4조(설치기준) ① 자동화재속보설비는 다음 각 호의 기준에 따라 설치하여야 한다.
　1. 자동화재탐지설비와 연동으로 작동하여 자동적으로 화재발생 상황을 소방관서에 전달되는 것으로 할 것. 이 경우 부가적으로 특정소방대상물의 관계인에게 화재발생상황을 전달되도록 할 수 있다.
　2. 조작스위치는 바닥으로부터 0.8m 이상 1.5m 이하의 높이에 설치할 것
　3. 속보기는 소방관서에 통신망으로 통보하도록 하며, 데이터 또는 코드전송방식을 부가적으로

설치할 수 있다. 단, 데이터 및 코드전송방식의 기준은 소방청장이 정하여 고시한 「자동화재속보설비의 속보기의 성능인증 및 제품검사의 기술기준」 제5조 제12호에 따른다.
4. 문화재에 설치하는 자동화재속보설비는 제1호의 기준에도 불구하고 속보기에 감지기를 직접 연결하는 방식(자동화재탐지설비 1개의 경계구역에 한한다)으로 할 수 있다.
5. 속보기는 소방청장이 정하여 고시한 「자동화재속보설비의 속보기의 성능인증 및 제품검사의 기술기준」에 적합한 것으로 설치하여야 한다.

② 삭제

제5조(설치ㆍ유지기준의 특례) 소방본부장 또는 소방서장은 기존건축물이 증축ㆍ개축ㆍ대수선되거나 용도 변경되는 경우에 있어서 이 기준이 정하는 기준에 따라 해당 건축물에 설치하여야 할 자동화재속보설비의 배관ㆍ배선 등의 공사가 현저하게 곤란하다고 인정되는 경우에는 해당 설비의 기능 및 사용에 지장이 없는 범위 안에서 자동화재속보설비의 설치ㆍ유지기준의 일부를 적용하지 아니할 수 있다.

제6조(재검토기한) 소방청장은 이 고시에 대하여 「훈령ㆍ예규 등의 발령 및 관리에 관한 규정」에 따라 2019년 1월 1일 기준으로 매3년이 되는 시점(매 3년째의 12월 31일까지를 말한다)마다 그 타당성을 검토하여 개선 등의 조치를 하여야 한다.

부칙

〈제2019-42호, 2019. 5. 24.〉

이 고시는 발령한 날부터 시행한다.

03 소방시설 자체점검

참고 소방시설 자체점검사항 등에 관한 고시, 한국소방안전원

✓ 소방시설 작동기능점검표 작성 예시

1 점검 전 준비사항
1) 점검장소의 협의나 협조 받을 건물 관계인 등 연락처를 사전 확보
2) 점검의 목적과 필요성에 대하여 건물 관계인에게 사전 안내 및 협의
3) 음향장치 및 각 실별 방문점검 사항을 공지하여 협조 요청

2 현장확인
1) 현장 시설물의 도면 등을 이용하여 설비의 개요 및 설치위치 등을 파악한다.
2) 점검사항을 토대로 점검순서를 계획하고 점검장비 및 공구를 준비한다.
3) 기존의 점검자료 및 조치결과가 있다면 점검 전 참고
4) 점검과 관련된 각종 법규 및 기준 등의 기술기준 등 규정사항을 준비하고 숙지한다.

3 점검표 작성을 위한 준비물
1) **소방시설등 작동기능점검 실시결과 보고서**
   화재예방, 소방시설 설치·유지 및 안전관리에 관한 법률 시행규칙 별지 서식

2) **소방시설등 작동기능 점검표**
   소방시설 자체점검사항 등에 관한 고시 서식

3) **건축물대장**
   건축물대장/소방도면 및 소방시설 현황/소방계획서 등

4) **점검에 필요한 장비**

소방시설	장비	규격
공통시설	방수압력측정계, 절연저항계, 전류전압측정계	
자동화재탐지설비, 시각경보기	열·연기감지기 시험기, 공기주입시험기, 감지기시험기연결폴대, 음량계	준용

5) **자체점검 후 결과 조치(소방시설법 시행규칙 제19조)**
   (1) **작동기능점검** : 작동기능점검을 실시한 경우 7일 이내에 작동기능 점검 실시결과 보고서를 소방본부장 또는 소방서장에게 제출하여야 한다.
   (2) **종합정밀점검** : 종합정밀점검을 실시한 경우 7일 이내에 종합정밀점검 실시결과 보고서를 소방본부장 또는 소방서장에게 제출하여야 한다.
   ▶ 소방시설관리업자는 점검을 실시한 경우 점검이 끝난 날부터 10일 이내에 소방시설관리업자에 대한 평가 등에 관한 업무를 위탁받은 평가기관에 통보하여야 한다.

17. 자동화재속보설비 및 통합감시시설 점검표

번호	점검항목	점검결과
17-A. 자동화재속보설비		
17-A-001	○ 상용전원 공급 및 전원표시등 정상 점등 여부	
17-A-002	○ 조작스위치 높이 적정 여부	
17-A-003	○ 자동화재탐지설비 연동 및 화재신호 소방관서 전달 여부	
17-B. 통합감시시설		
17-B-001	● 주·보조 수신기 설치 적정 여부	
17-B-002	○ 수신기 간 원격제어 및 정보공유 정상 작동 여부	
17-B-003	● 예비선로 구축 여부	
비고		

※ 점검항목 중 "●"는 종합정밀점검의 경우에만 해당한다.
※ 점검결과란은 양호 "○", 불량 "×", 해당없는 항목은 "/"로 표시한다.
※ 점검항목 내용 중 "설치기준" 및 "설치상태"에 대한 점검은 정상적인 작동 가능 여부를 포함한다.
※ '비고'란에는 특정소방대상물의 위치·구조·용도 및 소방시설의 상황 등이 이 표의 항목대로 기재하기 곤란하거나 이 표에서 누락된 사항을 기재한다.(이하 같다)

누전경보기의 화재안전기준

[시행 2019. 5. 24.]
[소방청고시 제2019-36호, 2019. 5. 24., 일부개정.]

개요

NFSC 205

1 질의회신 및 핵심사항 분석

	핵심사항	참고 기출자료
수신기	• 누전경보기의 수신기 설치가 제외되는 장소	
Key point	• 누전경보기, 수신부, 변류기의 정의, 설치기준	

2 시스템의 해설

누전경보설비는 소방시설 중 전기장치의 누전에 의한 화재를 미연에 방지하고 만일의 경우에 피해를 최소한으로 제한하는 목적의 설비이다.

1) 개념도

참고 신 건축전기설비

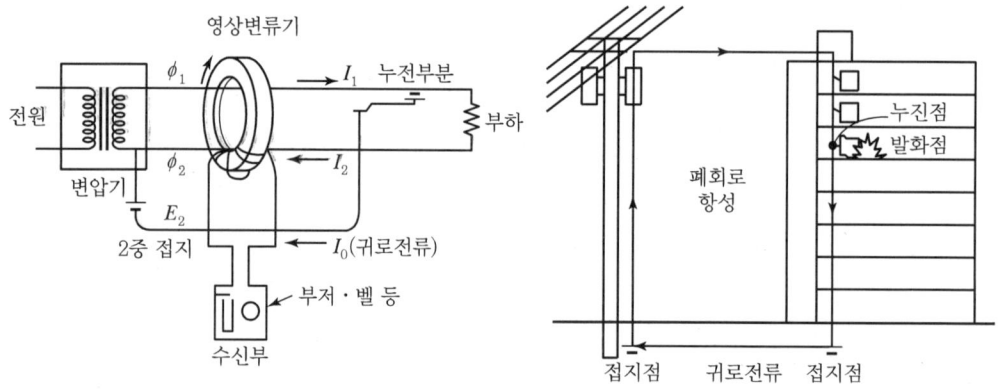

2) 소방용품(소방시설법 시행령 제6조)

경보설비를 구성하는 제품 또는 기기는 ① 누전경보기 및 가스누설경보기, ② 경보설비를 구성하는 발신기, 수신기, 중계기, 감지기 및 경종 등이 있으며, 경보설비의 제품검사(형식승인 및 성능인증) 대상 품목은 ① 법 제36조제1항 본문에서 "대통령령으로 정하는 소방용품" ② 규칙 제15조제1항 본문에서 "행정안전부령으로 정하는 소방용품" ③ 규칙 제15조 및 별표 7 제22호에 따른 "소방청장이 고시하는 소방용품" 등으로 구분되고 소방용품은 제품검사를 받아 합격한 제품을 사용하여야 한다.

3) 용어 해설

참고 신 건축전기설비

(1) 저압 차단기의 비교(ACB, 배선용차단기, 한류퓨즈, 전자개폐기)

항목		저압 차단기/ 기중 차단기	배선용 차단기	저압 한류퓨즈	전자 개폐기
정격 전류 In의 범위[A]		200~8,000/ 200~6,000	3~5,000	1~1,000	0.1~600
과전류동작특성	최소동작전류	• In : 부동작 • 1.25In : 2h 이내에 동작	• In : 부동작 • 1.25In : 규정의 시간 내에 동작	• A종 : 1.1In 부동작 • B종 : 1.30In 부동작 1.60In 부동작	• In : 부동작 • 1.25In : 2h 이내에 동작
	2In 전류동작시간	-	정격 전류치에 대응하여 2~24min 이내에 동작	정격 전류치에 대응하여 2, 4, 6, 8, 10, 12, 20min 이내에 동작	4min 이내에 동작
	5In 또는 6In 전류동작시간	전동기용은 6In 시 2S 이상 30S 이내	전동기용은 6In 시 2S 이상 30S 이내	6.3In : 규정시간에 용단	전동기용은 6In 시 2S 이상 30S 이내
동작전류설정치의 조정	시연Trip (ICS)	가능	가능한 것과 불가능한 것이 있음	불가능	가능
	순시Trip (IIT)	가능	가능한 것과 불가능한 것이 있음	불가능	-
	단기시 Trip	가능	가능한 것과 불가능한 것이 있음	불가능	-
차단특성	정격차단전류	최대 200kA[AC]	최대 200kA[AC]	최대 200kA[AC]	정격사용전류의 10배
	한류차단성능	한류효과 없음	• 한류성능이 있는 것과 없는 것이 있음 • 한류효과가 있음	한류형은 한류효과 크다.	한류효과 없음
	진차단 I^2t	대	한류형은 삭다.	한류형은 극히 작다.	-
개폐성능과 내구성능		전기조작, 기타 (수동개폐가능)	수동개폐(전기조작이 가능한 것도 있음)	퓨즈자체 개폐기능 없음	고빈도의 전기조작에 적합
비고		• 주로 1,000A 이상 간선용에 사용 • 보수·점검 용이 • 선택협조의 상위 차단기로 사용	• 저압과 전류차단기로 많이 사용 • 회로개폐, 과부하 전류의 반복차단동작이 우수하다. • 충전부 노출이 없다.	• 한류차단성능이 가장 좋고 보호 효과가 크다. • 차단전류가 크다.	전동기 보호, 고빈도 개폐가 가장 큰 장점

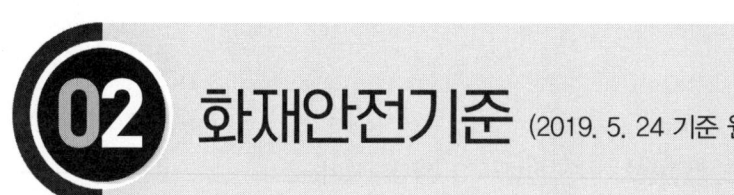

화재안전기준 (2019. 5. 24 기준 원문)

NFSC 205

제1조(목적) 이 기준은 「화재예방, 소방시설 설치·유지 및 안전관리에 관한 법률」 제9조제1항에 따라 소방청장에게 위임한 사항 중 누전경보기의 설치·유지 및 안전관리에 필요한 사항을 규정함을 목적으로 한다.

> **POINT 시스템 및 안전관리**
>
> 경보설비의 설치목적은 화재발생 사실을 통보하는 기계·기구 또는 설비로서 특정소방대상물에서 화재가 발생한 경우 연소생성물(열, 연기, 불꽃 등)에 의한 위험지역을 관계인 등에게 조기에 전파하여 피난구조를 유도하며, 평상시에는 관계인에 의한 화재 예방을 위하여 정기적으로 점검하는 소방설비이다.
> 1. 누전경보기는 미소 누설전류 편차를 영상변류기로 검출하여 경보하는 설비이다. 누전경보기의 구성은 수신부(누설전류의 증폭, 검출·판단, 차단·경보 출력 등) 및 전원으로 구성된다.
> 2. 시스템을 구성하고 있는 경보설비는 「소방시설공사업법」의 소방시설공사 등의 품질과 안전이 확보되도록 시공되어야 하고, 소방기술의 관리에 필요한 화재안전기준에 적합하게 설계도서·시방서가 작성되어 성실하게 수행되어야 한다. 또한 「화재예방, 소방시설 설치·유지 및 안전관리에 관한 법률(이하 "소방시설법")」에 의한 소방용품의 제조 및 수입하려는 제품에 대하여 제품검사를 수행하고, 특정소방대상물의 관계인을 통하여 소방대상물의 안전관리가 이행되어야 한다.

제2조(적용범위) 「화재예방, 소방시설 설치·유지 및 안전관리에 관한 법률 시행령」(이하 "영"이라 한다) 별표 5 제2호 다목에 따른 누전경보기는 이 기준에서 정하는 규정에 따라 설비를 설치하고 유지·관리하여야 한다.

> **POINT**
>
> **1 특정소방대상물의 설치기준(별표 5 누전경보기)**
>
> | 소방시설 | 적용기준 | | 설치대상 |
> |---|---|---|---|
> | 누전경보기 | 내화구조가 아닌 건축물로서 벽·바닥 또는 반자의 전부나 일부를 불연재료 또는 준불연재료가 아닌 재료에 철망을 넣어 만든 것만 해당한다(위험물 저장 및 처리 시설 중 가스시설, 지하가 중 터널 또는 지하구의 경우 제외) | 계약전류용량(같은 건축물에 계약 종류가 다른 전기가 공급되는 경우에는 그 중 최대계약전류용량) | 100암페어 초과 |

2 소방시설의 설치 면제기준

1. (별표 6) 소방시설 설치 면제기준
   누전경보기를 설치하여야 하는 특정소방대상물 또는 그 부분에 아크경보기(옥내 배전선로의 단선이나 선로 손상 등으로 인하여 발생하는 아크를 감지하고 경보하는 장치를 말한다) 또는 전기 관련 법령에 따른 지락차단장치를 설치한 경우에는 그 설비의 유효범위에서 설치가 면제된다.
2. (별표 7) 소방시설을 설치하지 않을 수 있는 특정소방대상물 및 소방시설 범위 : 없음

제3조(정의) 이 기준에서 사용하는 용어의 정의는 다음과 같다

1. "누전경보기"란 내화구조가 아닌 건축물로서 벽, 바닥 또는 천장의 전부나 일부를 불연재료 또는 준불연재료가 아닌 재료에 철망을 넣어 만든 건물의 전기설비로부터 누설전류를 탐지하여 경보를 발하며 변류기와 수신부로 구성된 것을 말한다.
2. "수신부"란 변류기로부터 검출된 신호를 수신하여 누전의 발생을 해당 특정소방대상물의 관계인에게 경보하여 주는 것(차단기구를 갖는 것을 포함한다)을 말한다.
3. "변류기"란 경계전로의 누설전류를 자동적으로 검출하여 이를 누전경보기의 수신부에 송신하는 것을 말한다.

제4조(설치방법 등) 누전경보기는 다음 각 호의 방법에 따라 설치하여야 한다.

1. 경계전로의 정격전류가 60A를 초과하는 전로에 있어서는 1급 누전경보기를, 60A 이하의 전로에 있어서는 1급 또는 2급 누전경보기를 설치할 것. 다만, 정격전류가 60A를 초과하는 경계전로가 분기되어 각 분기회로의 정격전류가 60A 이하로 되는 경우 당해 분기회로마다 2급 누전경보기를 설치한 때에는 당해 경계전로에 1급 누전경보기를 설치한 것으로 본다.
2. 변류기는 특정소방대상물의 형태, 인입선의 시설방법 등에 따라 옥외 인입선의 제1지점의 부하측 또는 제2종 접지선측의 점검이 쉬운 위치에 설치할 것. 다만, 인입선의 형태 또는 특정소방대상물의 구조상 부득이한 경우에는 인입구에 근접한 옥내에 설치할 수 있다.
3. 변류기를 옥외의 전로에 설치하는 경우에는 옥외형으로 설치할 것

제5조(수신부) ① 누전경보기의 수신부는 옥내의 점검에 편리한 장소에 설치하되, 가연성의 증기·먼지 등이 체류할 우려가 있는 장소의 전기회로에는 해당 부분의 전기회로를 차단할 수 있는 차단기구를 가진 수신부를 설치하여야 한다. 이 경우 차단기구의 부분은 해당 장소 외의 안전한 장소에 설치하여야 한다.

② 누전경보기의 수신부는 다음 각 호의 장소 외의 장소에 설치하여야 한다. 다만, 해당 누전경보기에 대하여 방폭·방식·방습·방온·방진 및 정전기 차폐 등의 방호조치를 한 것은 그러하지 아니하다.

1. 가연성의 증기·먼지·가스 등이나 부식성의 증기·가스 등이 다량으로 체류하는 장소

2. 화약류를 제조하거나 저장 또는 취급하는 장소
3. 습도가 높은 장소
4. 온도의 변화가 급격한 장소
5. 대전류회로 · 고주파 발생회로 등에 따른 영향을 받을 우려가 있는 장소

③ 음향장치는 수위실 등 상시 사람이 근무하는 장소에 설치하여야 하며, 그 음량 및 음색은 다른 기기의 소음 등과 명확히 구별할 수 있는 것으로 하여야 한다.

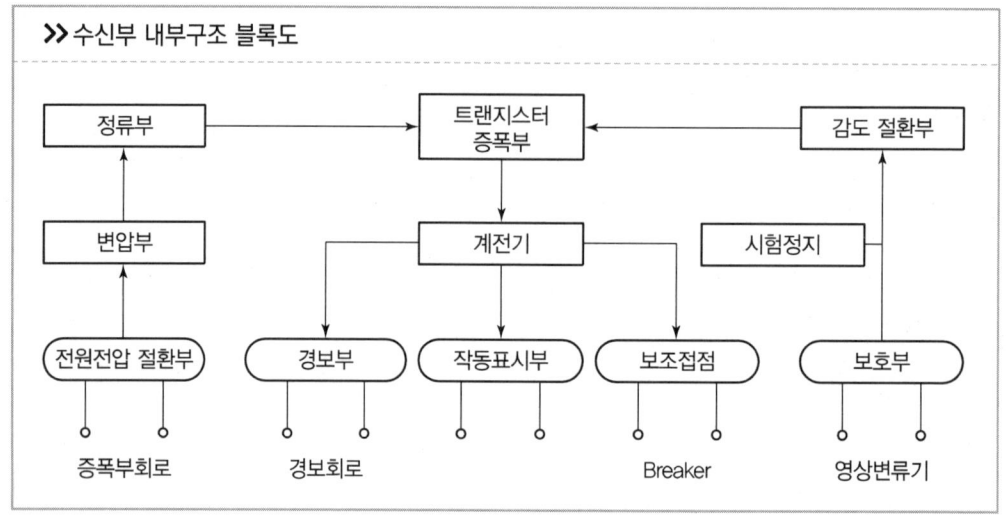

제6조(전원) 누전경보기의 전원은 「전기사업법」 제67조에 따른 기술기준에서 정한 것 외에 다음 각 호의 기준에 따라야 한다.
1. 전원은 분전반으로부터 전용회로로 하고, 각 극에 개폐기 및 15A 이하의 과전류차단기(배선용 차단기에 있어서는 20A 이하의 것으로 각 극을 개폐할 수 있는 것)를 설치 할 것
2. 전원을 분기할 때에는 다른 차단기에 따라 전원이 차단되지 아니하도록 할 것
3. 전원의 개폐기에는 누전경보기용임을 표시한 표지를 할 것

제7조(설치 · 유지기준의 특례) 소방본부장 또는 소방서장은 기존건축물이 증축 · 개축 · 대수선되거나 용도변경 되는 경우에 있어서 이 기준이 정하는 기준에 따라 해당 건축물에 설치하여야 할 누전경보기의 배관 · 배선 등의 공사가 현저하게 곤란하다고 인정되는 경우에는 해당 설비의 기능 및 사용에 지장이 없는 범위 안에서 누전경보기의 설치 · 유지기준의 일부를 적용하지 아니할 수 있다.

제8조(재검토기한) 소방청장은 이 고시에 대하여 「훈령 · 예규 등의 발령 및 관리에 관한 규정」에 따라 2019년 1월 1일 기준으로 매3년이 되는 시점(매 3년째의 12월 31일까지를 말한다)마다 그 타당성을 검토하여 개선 등의 조치를 하여야 한다.

제9조(규제의 재검토) 「행정규제기본법」제8조에 따라 2015년 1월 1일을 기준으로 매 3년이 되는 시점(매 3번째의 12월 31일까지를 말한다)마다 그 타당성을 검토하여 개선 등의 조치를 하여야 한다.

부칙

〈제2019-36호, 2019. 5. 24.〉

이 고시는 발령한 날부터 시행한다.

03 소방시설 자체점검

참고 소방시설 자체점검사항 등에 관한 고시, 한국소방안전원

✅ **소방시설 작동기능점검표 작성 예시**

1 점검 전 준비사항
1) 점검장소의 협의나 협조 받을 건물 관계인 등 연락처를 사전 확보
2) 점검의 목적과 필요성에 대하여 건물 관계인에게 사전 안내 및 협의
3) 음향장치 및 각 실별 방문점검 사항을 공지하여 협조 요청

2 현장확인
1) 현장 시설물의 도면 등을 이용하여 설비의 개요 및 설치위치 등을 파악한다.
2) 점검사항을 토대로 점검순서를 계획하고 점검장비 및 공구를 준비한다.
3) 기존의 점검자료 및 조치결과가 있다면 점검 전 참고
4) 점검과 관련된 각종 법규 및 기준 등의 기술기준 등 규정사항을 준비하고 숙지한다.

3 점검표 작성을 위한 준비물
1) 소방시설등 작동기능점검 실시결과 보고서
    화재예방, 소방시설 설치·유지 및 안전관리에 관한 법률 시행규칙 별지 서식
2) 소방시설등 작동기능 점검표
    소방시설 자체점검사항 등에 관한 고시 서식
3) 건축물대장
    건축물대장/소방도면 및 소방시설 현황/소방계획서 등
4) 점검에 필요한 장비

소방시설	장비	규격
공통시설	방수압력측정계, 절연저항계, 전류전압측정계	
누전경보기	누전계	누전전류 및 부하전류 측정용

5) 자체점검 후 결과 조치(소방시설법 시행규칙 제19조)
    (1) 작동기능점검 : 작동기능점검을 실시한 경우 7일 이내에 작동기능점검 실시결과 보고서를 소방본부장 또는 소방서장에게 제출하여야 한다.
    (2) 종합정밀점검 : 종합정밀점검을 실시한 경우 7일 이내에 종합정밀점검 실시결과 보고서를 소방본부장 또는 소방서장에게 제출하여야 한다.
        ▶ 소방시설관리업자는 점검을 실시한 경우 점검이 끝난 날부터 10일 이내에 소방시설관리업자에 대한 평가 등에 관한 업무를 위탁받은 평가기관에 통보하여야 한다.

18. 누전경보기 점검표

번호	점검항목	점검결과
18-A. 설치방법		
18-A-001	● 정격전류에 따른 설치 형태 적정 여부	
18-A-002	● 변류기 설치위치 및 형태 적정 여부	
18-B. 수신부		
18-B-001	○ 상용전원 공급 및 전원표시등 정상 점등 여부	
18-B-002	● 가연성 증기, 먼지 등 체류 우려 장소의 경우 차단기구 설치 여부	
18-B-003	○ 수신부의 성능 및 누전경보 시험 적정 여부	
18-B-004	○ 음향장치 설치장소(상시 사람이 근무) 및 음량·음색 적정 여부	
18-C. 전원		
18-C-001	● 분전반으로부터 전용회로 구성 여부	
18-C-002	● 개폐기 및 과전류차단기 설치 여부	
18-C-003	● 다른 차단기에 의한 전원차단 여부(전원을 분기할 경우)	
비고		

※ 점검항목 중 "●"는 종합정밀점검의 경우에만 해당한다.
※ 점검결과란은 양호 "○", 불량 "×", 해당없는 항목은 "/"로 표시한다.
※ 점검항목 내용 중 "설치기준" 및 "설치상태"에 대한 점검은 정상적인 작동 가능 여부를 포함한다.
※ '비고'란에는 특정소방대상물의 위치·구조·용도 및 소방시설의 상황 등이 이 표의 항목대로 기재하기 곤란하거나 이 표에서 누락된 사항을 기재한다.(이하 같다)

가스누설경보기의 화재안전기준

[시행 2021. 2. 4.]
[소방청고시 제2021-13호, 2021. 2. 4., 제정.]

개요

NFSC 206

1 질의회신 및 핵심사항 분석

	핵심사항	참고 기출자료
Key point	• 신규로 제정되어 모두 출제 예상임	

2 시스템의 해설

현대 건축물은 화재가 발생하는 요인이 증가되고, 소화의 어려움을 확대되어 화재를 조기에 발견하여 경보하고 화재 확대를 최소한으로 저지하는 것이 매우 중요한 일이다. 따라서 관계법령에서는 건축물의 구조·규모·수용인원·용도 등에 따라 소방시설의 설치를 의무화하고 있다. 누전경보설비는 소방시설 중 가연성가스 등에 의한 사고를 미연에 방지하고 만일의 경우에 피해를 최소한으로 제한하는 것을 목적으로 하는 설비이다.

1) 소방용품(소방시설법 시행령 제6조)

경보설비를 구성하는 제품 또는 기기는 ① 누전경보기 및 가스누설경보기, ② 경보설비를 구성하는 발신기, 수신기, 중계기, 감지기 및 경종 등이 있으며, 경보설비의 제품검사(형식승인 및 성능인증) 대상 품목은 ① 법 제36조제1항 본문에서 "대통령령으로 정하는 소방용품" ② 규칙 제15조제1항 본문에서 "행정안전부령으로 정하는 소방용품" ③ 규칙 제15조 및 별표 7 제22호에 따른 "소방청장이 고시하는 소방용품" 등으로 구분되고 소방용품은 제품검사를 받아 합격한 제품을 사용하여야 한다.

화재안전기준 (2021. 2. 4 기준 원문)

NFSC 206

제1조(목적) 이 기준은 「화재예방, 소방시설 설치·유지 및 안전관리에 관한 법률」 제9조제1항에 따라 소방청장에게 위임한 사항 중 가스누설경보기의 설치·유지 및 안전관리에 관하여 필요한 사항을 규정함을 목적으로 한다.

> ### 🚨 POINT 시스템 및 안전관리
>
> 경보설비의 설치목적은 화재발생 사실을 통보하는 기계·기구 또는 설비로서 특정소방대상물에서 화재가 발생한 경우 연소생성물(열, 연기, 불꽃 등)에 의한 위험지역을 관계인 등에게 조기에 전파하여 피난구조를 유도하며, 평상시에는 관계인에 의한 화재 예방을 위하여 정기적으로 점검하는 소방설비이다.
> 1. 가스누설경보기는 가스연소기에서 누설하는 가연성가스를 탐지하여 경보하는 설비이다. 가스누설경보기의 구성은 탐지소자 및 경보 등의 회로(감지·수신·경보) 및 전원 등으로 구성되어 있으며, 점검용의 휴대용 탐지기 및 연동기기에 의한 경보도 발한다.
> 2. 시스템을 구성하고 있는 경보설비는 「소방시설공사업법」의 소방시설공사 등의 품질과 안전이 확보되도록 시공되어야 하고, 소방기술의 관리에 필요한 화재안전기준에 적합하게 설계도서·시방서가 작성되어 성실하게 수행되어야 한다. 또한 「화재예방, 소방시설 설치·유지 및 안전관리에 관한 법률(이하 "소방시설법")」에 의한 소방용품의 제조 및 수입하려는 제품에 대하여 제품검사를 수행하고, 특정소방대상물의 관계인을 통하여 소방대상물의 안전관리가 이행되어야 한다.

제2조(적용범위) 「화재예방, 소방시설 설치·유지 및 안전관리에 관한 법률 시행령」(이하 "영"이라 한다) 별표 제2호 아목에 따른 가스누설경보기는 이 기준에서 정하는 규정에 따라 설치하고 유지·관리하여야 한다. 다만, 「액화석유가스의 안전관리 및 사업법」 및 「도시가스 사업법」에 따른 가스누출자동차단장치 또는 가스누출경보기 설치대상으로서 「액화석유가스의 안전관리 및 사업법」 및 「도시가스 사업법」에 적합하게 설치한 경우에는 이 기준에 적합한 것으로 본다.

POINT

1 특정소방대상물의 설치기준(별표 5 가스누설경보기)

소방시설	적용기준	설치대상
가스누설경보기 (가스시설이 설치된 경우)	1. 판매시설, 운수시설, 노유자시설, 숙박시설, 창고시설 중 물류터미널	전부
	2. 문화 및 집회시설, 종교시설, 의료시설, 수련시설, 운동시설, 장례시설	전부

2 소방시설의 설치 면제기준
1. (별표 6) 소방시설 설치 면제기준 : 없음
2. (별표 7) 소방시설을 설치하지 않을 수 있는 특정소방대상물 및 소방시설 범위 : 없음

제3조(정의) 이 기준에서 사용하는 용어의 정의는 다음과 같다.
1. "가연성가스 경보기"란 보일러 등 가스연소기에서 액화석유가스(LPG), 액화천연가스(LNG) 등의 가연성가스가 새는 것을 탐지하여 관계자나 이용자에게 경보하여 주는 것을 말한다. 다만, 탐지소자 외의 방법에 의하여 가스가 새는 것을 탐지하는 것, 점검용으로 만들어진 휴대용탐지기 또는 연동기기에 의하여 경보를 발하는 것은 제외한다.
2. "일산화탄소 경보기"란 일산화탄소가 새는 것을 탐지하여 관계자나 이용자에게 경보하여 주는 것을 말한다. 다만, 탐지소자 외의 방법에 의하여 가스가 새는 것을 탐지하는 것, 점검용으로 만들어진 휴대용탐지기 또는 연동기기에 의하여 경보를 발하는 것은 제외한다.
3. "탐지부"란 가스누설경보기(이하 "경보기"라 한다) 중 가스누설을 탐지하여 중계기 또는 수신부에 가스누설의 신호를 발신하는 부분 또는 가스누설을 탐지하여 수신부 등에 가스누설의 신호를 발신하는 부분을 말한다.
4. "수신부"란 경보기 중 탐지부에서 발하여진 가스누설신호를 직접 또는 중계기를 통하여 수신하고 이를 관계자에게 음향으로서 경보하여 주는 것을 말한다.
5. "분리형"이란 탐지부와 수신부가 분리되어 있는 형태의 경보기를 말한다.
6. "단독형"이란 탐지부와 수신부가 일체로 되어있는 형태의 경보기를 말한다.
7. "가스연소기"란 가스레인지 또는 가스보일러 등 가연성가스를 이용하여 불꽃을 발생하는 장치를 말한다.

제4조(가연성가스 경보기) ① 가연성가스를 사용하는 가스연소기가 있는 경우에는 가연성가스(액화석유가스(LPG), 액화천연가스(LNG) 등)의 종류에 적합한 경보기를 가스연소기 주변에 설치하여야 한다.
② 분리형 경보기의 수신부는 다음 각 호의 기준에 따라 설치하여야 한다.
1. 가스연소기 주위의 경보기의 상태 확인 및 유지 관리에 용이한 위치에 설치할 것

2. 가스누설 음향의 음량과 음색이 다른 기기의 소음 등과 명확히 구별될 것

3. 가스누설 음향은 수신부로부터 1m 떨어진 위치에서 음압이 70dB 이상일 것

4. 수신부의 조작 스위치는 바닥으로부터의 높이가 0.8m 이상 1.5m 이하인 장소에 설치할 것

5. 수신부가 설치된 장소에는 관계자 등에게 신속히 연락할 수 있도록 비상연락 번호를 기재한 표를 비치할 것

③ 분리형 경보기의 탐지부는 다음 각 호의 기준에 따라 설치하여야 한다.

1. 탐지부는 가스연소기의 중심으로부터 직선거리 8m(공기보다 무거운 가스를 사용하는 경우에는 4m) 이내에 1개 이상 설치하여야 한다.

2. 탐지부는 천정으로부터 탐지부 하단까지의 거리가 0.3m 이하가 되도록 설치한다. 다만, 공기보다 무거운 가스를 사용하는 경우에는 바닥면으로부터 탐지부 상단까지의 거리는 0.3m 이하로 한다.

④ 단독형 경보기는 다음 각 호의 기준에 따라 설치하여야 한다.

1. 가스연소기 주위의 경보기의 상태 확인 및 유지 관리에 용이한 위치에 설치할 것

2. 가스누설 음향의 음량과 음색이 다른 기기의 소음 등과 명확히 구별될 것

3. 가스누설 음향장치는 수신부로부터 1m 떨어진 위치에서 음압이 70dB 이상일 것

4. 단독형 경보기는 가스연소기의 중심으로부터 직선거리 8m(공기보다 무거운 가스를 사용하는 경우에는 4m) 이내에 1개 이상 설치하여야 한다.

5. 단독형 경보기는 천장으로부터 경보기 하단까지의 거리가 0.3m 이하가 되도록 설치한다. 다만, 공기보다 무거운 가스를 사용하는 경우에는 바닥면으로부터 단독형 경보기 상단까지의 거리는 0.3m 이하로 한다.

6. 경보기가 설치된 장소에는 관계자 등에게 신속히 연락할 수 있도록 비상연락 번호를 기재한 표를 비치할 것

제5조(일산화탄소 경보기) ① 일산화탄소 경보기를 설치하는 경우(타 법령에 따라 일산화탄소 경보기를 설치하는 경우를 포함한다)에는 가스연소기 주변(타 법령에 따라 설치하는 경우에는 해당 법령에서 지정한 장소)에 설치할 수 있다.

② 분리형 경보기의 수신부는 다음 각 호의 기준에 따라 설치하여야 한다.

1. 가스누설 음향의 음량과 음색이 다른 기기의 소음 등과 명확히 구별될 것

2. 가스누설 음향은 수신부로부터 1m 떨어진 위치에서 음압이 70dB 이상일 것

3. 수신부의 조작 스위치는 바닥으로부터의 높이가 0.8m 이상 1.5m 이하인 장소에 설치할 것

4. 수신부가 설치된 장소에는 관계자 등에게 신속히 연락할 수 있도록 비상연락 번호를 기재한 표를 비치할 것

③ 분리형 경보기의 탐지부는 천정으로부터 탐지부 하단까지의 거리가 0.3m 이하가 되도록 설치한다.

④ 단독형 경보기는 다음 각 호의 기준에 따라 설치하여야 한다.

1. 가스누설 음향의 음량과 음색이 다른 기기의 소음 등과 명확히 구별될 것

2. 가스누설 음향장치는 수신부로부터 1m 떨어진 위치에서 음압이 70dB 이상일 것
3. 단독형 경보기는 천장으로부터 경보기 하단까지의 거리가 0.3m 이하가 되도록 설치한다.
4. 경보기가 설치된 장소에는 관계자 등에게 신속히 연락할 수 있도록 비상연락 번호를 기재한 표를 비치할 것

⑤ 제2항 내지 제4항에도 불구하고 중앙소방기술심의위원회의 심의를 거쳐 일산화탄소경보기의 성능을 확보할 수 있는 별도의 설치방법을 인정받은 경우에는 해당 설치방법을 반영한 제조사의 시방에 따라 설치할 수 있다.

제6조(설치장소) 분리형 경보기의 탐지부 및 단독형 경보기는 다음 각 호의 장소 이외의 장소에 설치한다.
1. 출입구 부근 등으로서 외부의 기류가 통하는 곳
2. 환기구 등 공기가 들어오는 곳으로부터 1.5m 이내인 곳
3. 연소기의 폐가스에 접촉하기 쉬운 곳
4. 가구·보·설비 등에 가려져 누설가스의 유통이 원활하지 못한 곳
5. 수증기, 기름 섞인 연기 등이 직접 접촉될 우려가 있는 곳

제7조(전원) 경보기는 건전지 또는 교류전압의 옥내간선을 사용하여 상시 전원이 공급되도록 하여야 한다.

제8조(재검토기한) 소방청장은 「훈령·예규 등의 발령 및 관리에 관한 규정」에 따라 이 고시에 대하여 2021년 7월 1일을 기준으로 매 3년이 되는 시점(매 3년째의 6월 30일까지를 말한다)마다 그 타당성을 검토하여 개선 등의 조치를 하여야 한다.

부칙

〈제2021-13호, 2021. 2. 4.〉

제1조(시행일) 이 고시는 발령한 날부터 시행한다.

03 소방시설 자체점검

참고 소방시설 자체점검사항 등에 관한 고시, 한국소방안전원

✓ 소방시설 작동기능점검표 작성 예시

1 점검 전 준비사항
1) 점검장소의 협의나 협조 받을 건물 관계인 등 연락처를 사전 확보
2) 점검의 목적과 필요성에 대하여 건물 관계인에게 사전 안내 및 협의
3) 음향장치 및 각 실별 방문점검 사항을 공지하여 협조 요청

2 현장확인
1) 현장 시설물의 도면 등을 이용하여 설비의 개요 및 설치위치 등을 파악한다.
2) 점검사항을 토대로 점검순서를 계획하고 점검장비 및 공구를 준비한다.
3) 기존의 점검자료 및 조치결과가 있다면 점검 전 참고
4) 점검과 관련된 각종 법규 및 기준 등의 기술기준 등 규정사항을 준비하고 숙지한다.

3 점검표 작성을 위한 준비물

1) 소방시설등 작동기능점검 실시결과 보고서
화재예방, 소방시설 설치·유지 및 안전관리에 관한 법률 시행규칙 별지 서식

2) 소방시설등 작동기능 점검표
소방시설 자체점검사항 등에 관한 고시 서식

3) 건축물대장
건축물대장/소방도면 및 소방시설 현황/소방계획서 등

4) 점검에 필요한 장비

소방시설	장비	규격
공통시설	방수압력측정계, 절연저항계, 전류전압측정계	
자동화재탐지설비 시각경보기	열·연기감지기 시험기, 공기주입시험기, 감지기시험기연결풀대, 음량계	
누전경보기	누전계	부하전류 측정용

5) 자체점검 후 결과 조치(소방시설법 시행규칙 제19조)
(1) 작동기능점검 : 작동기능점검을 실시한 경우 7일 이내에 작동기능점검 실시결과 보고서를 소방본부장 또는 소방서장에게 제출하여야 한다.
(2) 종합정밀점검 : 종합정밀점검을 실시한 경우 7일 이내에 종합정밀점검 실시결과 보고서를 소방본부장 또는 소방서장에게 제출하여야 한다.
▶ 소방시설관리업자는 점검을 실시한 경우 점검이 끝난 날부터 10일 이내에 소방시설관리업자에 대한 평가 등에 관한 업무를 위탁받은 평가기관에 통보하여야 한다.

19. 가스누설경보기 점검표

번호	점검항목	점검결과
19-A. 수신부		
19-A-001	○ 수신부 설치 장소 적정 여부	
19-A-002	○ 상용전원 공급 및 전원표시등 정상 점등 여부	
19-A-003	○ 음향장치의 음량·음색·음압 적정 여부	
19-B. 탐지부		
19-B-001	○ 탐지부의 설치방법 및 설치상태 적정 여부	
19-B-002	○ 탐지부의 정상 작동 여부	
19-C. 차단기구		
19-C-001	○ 차단기구는 가스 주배관에 견고히 부착되어 있는지 여부	
19-C-002	○ 시험장치에 의한 가스차단밸브의 정상 개·폐 여부	
비고		

※ 점검항목 중 "●"는 종합정밀점검의 경우에만 해당한다.
※ 점검결과란은 양호 "○", 불량 "×", 해당없는 항목은 "/"로 표시한다.
※ 점검항목 내용 중 "설치기준" 및 "설치상태"에 대한 점검은 정상적인 작동 가능 여부를 포함한다.
※ '비고'란에는 특정소방대상물의 위치·구조·용도 및 소방시설의 상황 등이 이 표의 항목대로 기재하기 곤란하거나 이 표에서 누락된 사항을 기재한다.(이하 같다)

피난기구의 화재안전기준

[시행 2017. 7. 26.]
[소방청고시 제2017-1호, 2017. 7. 26., 타법개정.]

01 개요

NFSC 301

1 질의회신 및 핵심사항 분석

참고 소방청 질의회신집

	질의회신
노유자시설	**Q** 노유자시설 1층, 2층에 피난기구 설치여부? **A** 특정소방대상물의 피난층, 지상 1층, 지상 2층 및 층수가 11층 이상인 층은 피난기구를 설치하지 않아도 됨. 그러나 노유자시설 중 피난층이 아닌 지상 1층(건축물 앞면과 뒷면 높이가 다를 경우 피난기구 설치)과 피난층이 아닌 지상
피난용트랩	**Q** 피난기구의 화재안전기준 별표1에서 지하층의 경우 피난용트랩을 설치토록 규정하고 있는데, 실제 피난용트랩을 구할 수 없어서 질의합니다. 피난용트랩을 대신한 다른 피난기구를 적용할 수 있는지요? **A** 현재 지하층에 적응성이 있는 피난용트랩에 대한 형식승인 등 제품기준을 별도로 규정하고 있지 않습니다. 따라서, 이와 유사한 피난사다리로 대체하여 설치할 수 있다고 안내하고 있습니다.
승강식피난기 및 하양식피난구용 내림식사다리	**Q** 1. 피난기구 작동 시 해당층 및 직하층 거실에 설치된 표시등 및 경보장치가 작동되어야 하는데 세대 내 설치된 월패드로 인정해주는지? 2. 또한 감시 제어반에서 피난기구의 작동을 확인 해야 하는데 반드시 수신기와 연동 되어 작동을 확인해야 하는지? 3. 만약 월패드에 연결된다면 월패드 네트워크서버실 및 관리실에서 작동이 가능할 경우, 별도의 감시 제어반을 설치하지 않아도 되는지? 4. 감시 제어반과 표시등 및 경보장치 전부 설치해야 하는지? **A** 1. 세대내 별도의 장치를 설치하지 않고 월패드에 표시등 및 경보장치기능이 있어 재실자에게 인지하게 할 수 있다면 월패드를 이용하는 것도 가능한 것으로 판단됩니다. 2. 방재실 등에서 피난기구의 작동을 알 수 있도록 별도의 제어반이 있는 경우 반드시 소방 수신기에 연동할 필요는 없습니다. 3. 방재실 등에서 작동여부를 수신할 수 있는 제어반이 있을 경우 별도의 감시제어반을 요구하지 않습니다. 4. 화재안전기준에서는 '표시등 및 경보장치가 작동되고, 감시 제어반에서는 피난기구의 작동을 확인할 수 있어야 할 것'으로 규정하고 있으므로, 모두 설치되어야 합니다.

피난기구의 설치개수	Q	피난기구의 화재안전기준 제4조를 보면 피난기구의 설치개수가 나와 있는데 노유자시설은 그 층의 바닥면적 500m² 마다 1개씩 설치하게 되어있습니다. 그렇다면 바닥면적이 700m²인 노유자시설이 있다면, 500m² 마다 1개씩이므로 피난기구의 설치개수는 한 개인지? 아니면 500m²을 초과하였기에 나머지 200m²를 절상하여 2개 설치인지?
	A	노유자시설로 사용되는 층은 그 층의 바닥면적 500m² 마다 1개 이상 설치하도록 규정되어 있습니다. 따라서, 노유자시설로 사용되는 층의 바닥면적이 700m²인 경우 700m² ÷ 500m² = 1.4이므로 2개의 피난기구가 설치되어야 합니다.
다수인피난장비	Q	「화재예방, 소방시설 설치·유지 및 안전관리에 관한 법률 시행령」 별표 1이 개정되었으므로 다수인 피난장비가 공동주택 3층부터 10층까지 의무사용 피난시설의 하나로 법제화된 것인지?
	A	「화재예방, 소방시설 설치·유지 및 안전관리에 관한 법률 시행령」 별표 1을 개정하여 "다수인 피난장비"를 피난설비에 포함 시켰으며, 피난설비는 3층부터 10층까지 설치하도록 「소방시설 설치·유지 및 안전관리에 관한 법률 시행령」 별표 5 피난설비 제1호에 근거 규정을 두고 있음
	Q	의무사용 피난시설의 하나로 법제화되었다면 현재 사용 중인 완강기를 사용하지 않고 본 다수인 피난장비를 대체하여 사용할 수 있는지 여부?
	A	「피난기구의 화재안전기준」 별표 1에 따라 설치장소별 적응성이 있는 피난기구 중에서 선택하여 설치할 수 있도록 정하고 있는 바, "다수인 피난장비"는 「피난기구의 화재안전기준」에 설치방법 등의 기준이 마련된 이후에 완강기 등 피난기구를 대체하여 설치 할 수 있음
공기안전매트	Q	공기안전매트의 설치제외 : 옥상으로 피난할 수 있는 구조인 아파트인 경우 공기 안전매트를 제외여부?
	A	옥상으로 피난이 가능한 경우는 공기안전매트 추가 설치를 제외할 수 있음(공기안전매트를 완전히 제외할 수는 없지만 추가 설치는 제외 가능함)
완강기	Q	건물 배연창에 완강기 설치가능 여부?
	A	건축법령에 의해 6층 이상의 다중이용시설(문화 및 집회시설, 종교시설, 판매시설, 의료시설 등)에는 배연창을 설치함. 배연창은 화재초기에 각 층별 연기를 수동 또는 자동으로 배출하는 설비로서 소방법령에 의한 피난기구는 화재 초기에 재실자의 안전한 피난이 가능한 위치에 설치하여야 함. 그러므로 배연창이 설치된 장소에 피난기구(완강기) 설치는 적합하지 않다고 판단됨
	Q	아파트 세대 내 발코니 확장부분 외부 창의 크기가 가로 55cm, 세로 110cm이며 바닥에서 1.5m 높이에 설치되고 외부방향으로 15cm 열리는 구조이며 열리는 창으로부터 2m 떨어진 곳에 완강기를 설치가능 여부?
	A	완강기는 피난 또는 소화활동상 유효한 개구부(가로 50cm 이상, 세로 100cm 이상 개구부)가 설치되어야 하며 밀폐된 창문은 쉽게 파괴할 수 있는 파괴장치를 비치하는 경우에 고정하여 설치하거나 필요한 때 신속하고 유효하게 설치하도록 규정하고 있으므로, 외부 창의 크기는 적합하나 설치위치가 개구부에서 2m 떨어진 곳에 설치하신 것과 파괴장치를 비치하지 아니한 것은 기준에 적합하지 아니함

	핵심사항	참고 기출자료
설치기준 등	• 다수인 피난장비 설치기준 • 피난기구 설치제외 사항 • 승강식피난기 및 하향식피난구용 내림식 사다리 설치기준 • 4층 이상의 층에 피난사다리 설치하는 경우, 피난상 유효한 개구부, 피난기구의 적응성 (별표 1), 피난기구 설치개수	
기타	• 피난기구의 점검착안 사항 및 종합정밀점검 항목 • 승각식 피난기 · 피난사다리 종합정밀점검 항목	
Key point	• 완강기, 간이완강기, 구조대 등 정의 • 피난기구의 설치기준 • 발광식 또는 축광식 표지와 사용설명서의 설치기준 • 4층 이하인 다중이용업소의 피난기구 적응성 등(별표 1)	

2 시스템의 해설

피난구조시설은 화재 발생 시 피난시간을 줄이고, 최후의 인명 구조의 수단을 목적으로 도입되고 있는 것이 피난기구이다.

1) 피난기구

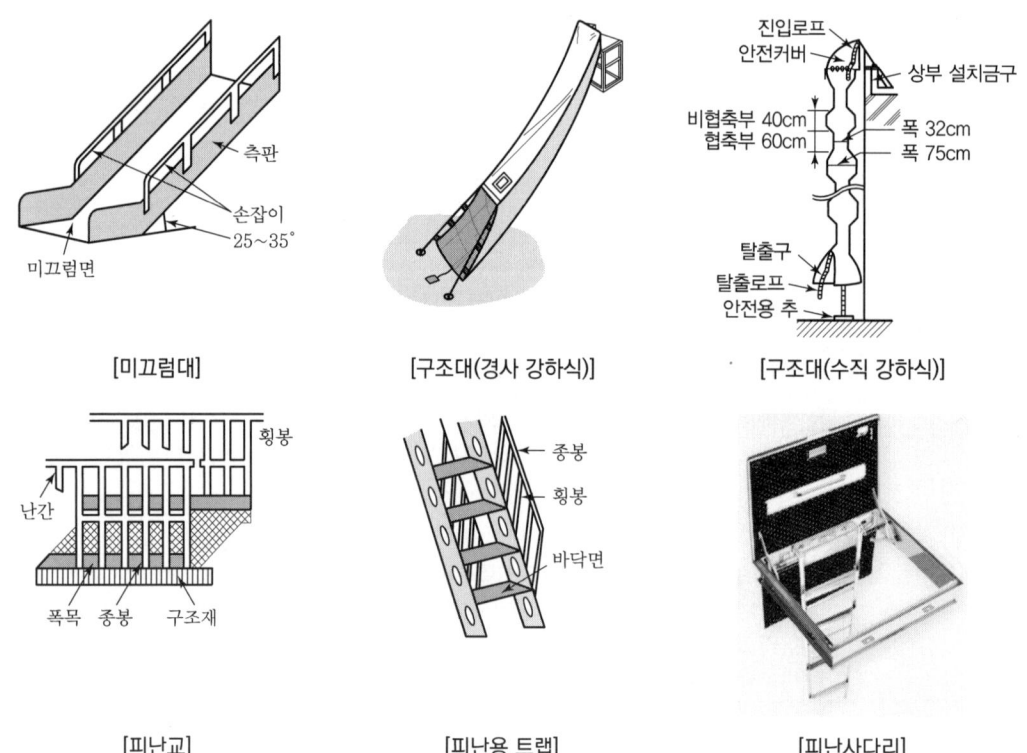

[미끄럼대]   [구조대(경사 강하식)]   [구조대(수직 강하식)]

[피난교]   [피난용 트랩]   [피난사다리]

[다수인 피난장치]　　　　[승강식피난기]

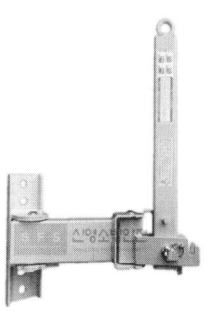
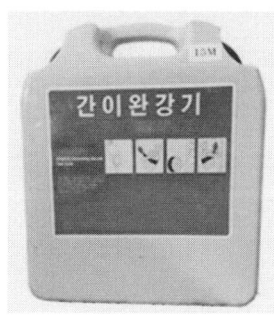

[완강기]　　　　[간이완강기]　　　　[공기안전매트]

2) 소방용품(소방시설법 시행령 제6조)

피난구조설비를 구성하는 제품 또는 기기는 ① 피난사다리, 구조대, 완강기(간이완강기 및 지지대를 포함한다), ② 공기호흡기(충전기를 포함한다), ③ 피난구유도등, 통로유도등, 객석유도등 및 예비 전원이 내장된 비상조명등 등이 있으며, 피난구조설비의 제품검사(형식승인 및 성능인증) 대상 품목은 ① 법 제36조제1항 본문에서 "대통령령으로 정하는 소방용품" ② 규칙 제15조제1항 본문에서 "행정안전부령으로 정하는 소방용품" ③ 규칙 제15조 및 별표 7 제22호에 따른 "소방청장이 고시하는 소방용품" 등으로 구분되고 소방용품은 제품검사를 받아 합격한 제품을 사용하여야 한다.

3) 용어 해설

(1) 연소생성물에 의한 인명의 위험한계(「소방시설등의 성능위주 설계방법 및 기준」 별표 1)

「소방시설등의 성능위주 설계방법 및 기준」 별표 1에서 인명안전기준으로 규정, 호흡한계, 열, 가시거리, 독성 등에 대하여 규정

① 허용피난시간(ASET : Available Sate Egress Time)

구분	성능기준		비고
호흡 한계선	바닥으로부터 1.8m 기준		
열에 의한 영향	60℃ 이하		
가시거리에 의한 영향	용도	허용가시거리한계	단, 고휘도 유도등, 바닥유도등, 축광 유도표지 설치 시, 집회시설 판매시설 7m 적용 가능
	기타시설	5m	
	집회시설 판매시설	10m	
독성에 의한 영향	성분	독성 기준치	기타, 독성가스는 실험결과에 따른 기준치를 적용 가능
	CO	1,400ppm	
	CO_2	5% 이하	
	O_2	15% 이상	

② 최소피난시간(RSET : Required Safe Egress Time)

$$REST = t_{감지} + t_{행동지연} + t_{이동}$$

여기서, $t_{감지}$: 감지기가 감지하는 데 걸리는 시간
$t_{행동지연}$: 거주자가 화재를 인지항고 행동하는 데 걸리는 시간
$t_{이동}$: 안전구역으로 피난하는 데 걸리는 시간

성능위주 소방설계에서는 최소피난시간은 피난 시뮬레이션 프로그램을 통하여 확인하고 허용피난시간은 화재 시뮬레이션을 통하여 확인하게 되는데, 항상 허용피난시간(ASET)이 최소피난시간(RSET)보다 커야 안전할 수 있으며 이를 "피난안전성평가"라 한다.

구분	건축적 측면	소방적 측면
ASET > RSET	없음(안전함)	없음(안전함)
ASET ≤ RSET 경우의 대책	• 건축부재를 불연화하여 가연물 제거 • 건축물의 층고를 높여 연기하강시간을 줄인다. • 피난구를 크게 하고, 개수를 늘린다. • 피난통로의 폭을 키우고, 피난계단의 수를 늘린다.	• 화재 조기감지 시스템 구축 • 연기하강을 늦추고 온도상승을 방지하기 위해 거실제연설비, 배연창(건축법에서 규정) 설치 • 조기반응형 스프링클러설비 구축으로 화재조기 진화 등

02 화재안전기준 (2017. 7. 26 기준 원문)

제1조(목적) 이 기준은 「화재예방, 소방시설 설치·유지 및 안전관리에 관한 법률」제9조에서 소방청장에게 위임한 사항을 정함을 목적으로 한다.

POINT 시스템 및 안전관리

피난구조설비의 설치목적은 화재가 발생할 경우 피난하기 위하여 사용하는 기구 또는 설비로서 특정소방대상물에서 화재가 발생한 경우 연소생성물(열, 연기, 불꽃 등)에 의한 위험지역에서 피난 유도 및 인명을 구조하며, 평상시에는 관계인에 의한 화재예방을 위하여 정기적으로 점검하는 소방설비이다.

1. 피난기구는 화재 발생 시 소방대상물에 거주하는 사람들을 안전한 장소로 피난시키는 기구를 말한다. 피난기구의 종류에는 미끄럼대, 구조대, 피난교, 피난용트랩, 피난사다리, 다수인피난장비, 승강식피난기, 완강기, 간이완강기, 공기안전매트 등이 있다.
2. 시스템을 구성하고 있는 피난구조설비는 「소방시설공사업법」의 소방시설공사 등의 품질과 안전이 확보되도록 시공되어야 하고, 소방기술의 관리에 필요한 화재안전기준에 적합하게 설계도서·시방서가 작성되어 성실하게 수행되어야 한다. 또한 「화재예방, 소방시설 설치·유지 및 안전관리에 관한 법률(이하 "소방시설법")」에 의한 소방용품의 제조 및 수입하려는 제품에 대하여 제품검사를 수행하고, 특정소방대상물의 관계인을 통하여 소방대상물의 안전관리가 이행되어야 한다.

제2조(적용범위) 「화재예방, 소방시설 설치·유지 및 안전관리에 관한 법률 시행령」(이하 "영"이라 한다) 별표 5 제3호 가목 및 「다중이용업소의 안전관리에 관한 특별법 시행령」 별표 1 제1호 다목 1)에 따른 피난기구는 이 기준에서 정하는 규정에 따라 설비를 설치하고 유지·관리하여야 한다.

POINT

1 특정소방대상물의 설치기준(별표 5 피난기구)

소방시설	적용기준	설치대상
피난기구	특정소방대상물(피난층·지상 1층·지상 2층, 층수가 11층 이상인 층과 가스시설, 지하가 중 터널 또는 지하구는 제외한다.) 노유자시설의 경우 피난층을 제외한 지상 1층·지상 2층에도 설치의무	전부

2 소방시설의 설치 면제기준

1. (별표 6) 소방시설 설치 면제기준
   피난구조설비를 설치하여야 하는 특정소방대상물에 그 위치·구조 또는 설비의 상황에 따라 피난상 지장이 없다고 인정되는 경우에는 화재안전기준에서 정하는 바에 따라 설치가 면제된다.
2. (별표 7) 소방시설을 설치하지 않을 수 있는 특정소방대상물 및 소방시설 범위

구분	특정소방대상물	소방시설
1. 화재 위험도가 낮은 특정소방대상물	「소방기본법」제2조제5호에 따른 소방대(消防隊)가 조직되어 24시간 근무하고 있는 청사 및 차고	옥내소화전설비, 스프링클러설비, 물분무등소화설비, 비상방송설비, 피난기구, 소화용수설비, 연결송수관설비, 연결살수설비

3. 화재안전기준에 따른 면제기준 : 제5조(설치제외) 참고

제2조의2(피난기구의 종류) 영 제3조에 따른 별표 1 제3호가목4)에서 "소방청장이 정하여 고시하는 화재안전기준으로 정하는 것"이란 미끄럼대·피난교·피난용트랩·간이완강기·공기안전매트·다수인 피난장비·승강식피난기 등을 말한다.

제3조(정의) 이 기준에서 사용하는 용어의 정의는 다음과 같다.
1. "피난사다리"란 화재 시 긴급대피를 위해 사용하는 사다리를 말한다.
2. "완강기"란 사용자의 몸무게에 따라 자동적으로 내려올 수 있는 기구 중 사용자가 교대하여 연속적으로 사용할 수 있는 것을 말한다.
3. "간이완강기"란 사용자의 몸무게에 따라 자동적으로 내려올 수 있는 기구 중 사용자가 연속적으로 사용할 수 없는 것을 말한다.
4. "구조대"란 포지 등을 사용하여 자루형태로 만든 것으로서 화재 시 사용자가 그 내부에 들어가서 내려옴으로써 대피할 수 있는 것을 말한다.
5. "공기안전매트"란 화재 발생 시 사람이 건축물 내에서 외부로 긴급히 뛰어 내릴 때 충격을 흡수하여 안전하게 지상에 도달할 수 있도록 포지에 공기 등을 주입하는 구조로 되어 있는 것을 말한다.
6. 삭제
7. "다수인피난장비"란 화재 시 2인 이상의 피난자가 동시에 해당층에서 지상 또는 피난층으로 하강하는 피난기구를 말한다.
8. "승강식 피난기"란 사용자의 몸무게에 의하여 자동으로 하강하고 내려서면 스스로 상승하여 연속적으로 사용할 수 있는 무동력 승강식피난기를 말한다.
9. "하향식 피난구용 내림식사다리"란 하향식 피난구 해치에 격납하여 보관하고 사용 시에는 사다리 등이 소방대상물과 접촉되지 아니하는 내림식 사다리를 말한다.

제4조(적응 및 설치개수 등) ① 피난기구는 별표 1에 따라 소방대상물의 설치장소별로 그에 적응하는 종류의 것으로 설치하여야 한다.

② 피난기구는 다음 각 호의 기준에 따른 개수 이상을 설치하여야 한다.

1. 층마다 설치하되, 숙박시설·노유자시설 및 의료시설로 사용되는 층에 있어서는 그 층의 바닥면적 500m²마다, 위락시설·문화집회 및 운동시설·판매시설로 사용되는 층 또는 복합용도의 층(하나의 층이 영 별표 2 제1호 내지 제4호 또는 제8호 내지 제18호 중 2 이상의 용도로 사용되는 층을 말한다)에 있어서는 그 층의 바닥면적 800m²마다, 계단실형 아파트에 있어서는 각 세대마다, 그 밖의 용도의 층에 있어서는 그 층의 바닥면적 1,000m²마다 1개 이상 설치할 것

2. 제1호에 따라 설치한 피난기구 외에 숙박시설(휴양콘도미니엄을 제외한다)의 경우에는 추가로 객실마다 완강기 또는 둘 이상의 간이완강기를 설치할 것

3. 제1호에 따라 설치한 피난기구 외에 공동주택(「공동주택관리법 시행령」 제2조의 규정에 따른 공동주택에 한한다)의 경우에는 하나의 관리주체가 관리하는 공동주택 구역마다 공기안전매트 1개 이상을 추가로 설치할 것. 다만, 옥상으로 피난이 가능하거나 인접세대로 피난할 수 있는 구조인 경우에는 추가로 설치하지 아니할 수 있다.

>> **피난기구의 층 및 면적당 설치 개요**

1. 피난기구의 층 및 면적당 설치개수

구분	용도(층별 바닥면적마다 1개 이상 설치)
500m²마다	노유자시설·숙박시설 및 의료시설로 사용되는 층
800m²마다	위락시설·문화집회 및 운동시설·판매시설로 사용되는 층 또는 복합용도의 층(하나의 층이 공동주택, 근린생활시설, 문화 및 집회시설, 종교시설 또는 교육연구시설, 노유자시설, 수련시설, 운동시설, 업무시설, 숙박시설, 위락시설, 공장, 창고시설, 위험물 저장 및 처리시설, 항공기 및 자동차 관련시설 중 2 이상의 용도로 사용되는 층을 말한다.)에 있어서는 그 층
1,000m²마다	그 밖의 용도의 층에 있어서는 그 층의 바닥면적 1,000m²마다 1개 이상 설치할 것
각 세대마다	계단실형 아파트

2. 피난기구설치의 감소

    제6조제1항 피난기구를 설치하여야 할 소방대상물 중 다음 각 호의 기준에 적합한 층에는 제4조제2항에 따른 피난기구의 2분의 1을 감소할 수 있다.

③ 피난기구는 다음 각 호의 기준에 따라 설치하여야 한다.

1. 피난기구는 계단·피난구 기타 피난시설로부터 적당한 거리에 있는 안전한 구조로 된 피난 또는 소화활동상 유효한 개구부(가로 0.5m 이상 세로 1m 이상인 것을 말한다. 이 경우 개구부

하단이 바닥에서 1.2m 이상이면 발판 등을 설치하여야 하고, 밀폐된 창문은 쉽게 파괴할 수 있는 파괴장치를 비치하여야 한다)에 고정하여 설치하거나 필요한 때에 신속하고 유효하게 설치할 수 있는 상태에 둘 것
2. 피난기구를 설치하는 개구부는 서로 동일직선상이 아닌 위치에 있을 것. 다만, 피난교·피난용트랩·간이완강기·아파트에 설치되는 피난기구(다수인 피난장비는 제외한다) 기타 피난상 지장이 없는 것에 있어서는 그러하지 아니하다.
3. 피난기구는 소방대상물의 기둥·바닥·보 기타 구조상 견고한 부분에 볼트조임·매입·용접 기타의 방법으로 견고하게 부착할 것
4. 4층 이상의 층에 피난사다리(하향식 피난구용 내림식사다리는 제외한다)를 설치하는 경우에는 금속성 고정사다리를 설치하고, 당해 고정사다리에는 쉽게 피난할 수 있는 구조의 노대를 설치할 것
5. 완강기는 강하 시 로프가 소방대상물과 접촉하여 손상되지 아니하도록 할 것
6. 완강기로프의 길이는 부착위치에서 지면 기타 피난상 유효한 착지 면까지의 길이로 할 것
7. 미끄럼대는 안전한 강하속도를 유지하도록 하고, 전락방지를 위한 안전조치를 할 것
8. 구조대의 길이는 피난 상 지장이 없고 안정한 강하속도를 유지할 수 있는 길이로 할 것
9. 다수인 피난장비는 다음 각 목에 적합하게 설치할 것
    가. 피난에 용이하고 안전하게 하강할 수 있는 장소에 적재 하중을 충분히 견딜 수 있도록「건축물의 구조기준 등에 관한 규칙」제3조에서 정하는 구조안전의 확인을 받아 견고하게 설치할 것
    나. 다수인피난장비 보관실(이하 "보관실"이라 한다)은 건물 외측보다 돌출되지 아니하고, 빗물·먼지 등으로부터 장비를 보호할 수 있는 구조 일 것
    다. 사용 시에 보관실 외측 문이 먼저 열리고 탑승기가 외측으로 자동으로 전개될 것
    라. 하강 시에 탑승기가 건물 외벽이나 돌출물에 충돌하지 않도록 설치할 것
    마. 상·하층에 설치할 경우에는 탑승기의 하강경로가 중첩되지 않도록 할 것
    바. 하강 시에는 안전하고 일정한 속도를 유지하도록 하고 전복, 흔들림, 경로이탈 방지를 위한 안전조치를 할 것
    사. 보관실의 문에는 오작동 방지조치를 하고, 문 개방 시에는 당해 소방대상물에 설치된 경보설비와 연동하여 유효한 경보음을 발하도록 할 것
    아. 피난층에는 해당 층에 설치된 피난기구가 착지에 지장이 없도록 충분한 공간을 확보할 것
    자. 한국소방산업기술원 또는 법 제42조제1항에 따라 성능시험기관으로 지정받은 기관에서 그 성능을 검증받은 것으로 설치할 것
10. 승강식피난기 및 하향식 피난구용 내림식사다리는 다음 각 목에 적합하게 설치할 것
    가. 승강식피난기 및 하향식 피난구용 내림식사다리는 설치경로가 설치층에서 피난층까지 연계될 수 있는 구조로 설치할 것. 다만, 건축물의 구조 및 설치 여건 상 불가피한 경우에는 그러하지 아니 한다.

나. 대피실의 면적은 2m²(2세대 이상일 경우에는 3m²) 이상으로 하고, 「건축법 시행령」 제46조제4항의 규정에 적합하여야 하며 하강구(개구부) 규격은 직경 60cm 이상일 것. 단, 외기와 개방된 장소에는 그러하지 아니 한다.

　　다. 하강구 내측에는 기구의 연결 금속구 등이 없어야 하며 전개된 피난기구는 하강구 수평투영면적 공간 내의 범위를 침범하지 않는 구조이어야 할 것. 단, 직경 60cm 크기의 범위를 벗어난 경우이거나, 직하층의 바닥 면으로부터 높이 50cm 이하의 범위는 제외 한다.

　　라. 대피실의 출입문은 갑종방화문으로 설치하고, 피난방향에서 식별할 수 있는 위치에 "대피실" 표지판을 부착할 것. 단, 외기와 개방된 장소에는 그러하지 아니 한다.

　　마. 착지점과 하강구는 상호 수평거리 15cm 이상의 간격을 둘 것

　　바. 대피실 내에는 비상조명등을 설치 할 것

　　사. 대피실에는 층의 위치표시와 피난기구 사용설명서 및 주의사항 표지판을 부착 할 것

　　아. 대피실 출입문이 개방되거나, 피난기구 작동 시 해당층 및 직하층 거실에 설치된 표시등 및 경보장치가 작동되고, 감시 제어반에서는 피난기구의 작동을 확인 할 수 있어야 할 것

　　자. 사용 시 기울거나 흔들리지 않도록 설치할 것

　　차. 승강식피난기는 한국소방산업기술원 또는 법 제42조제1항에 따라 성능시험기관으로 지정받은 기관에서 그 성능을 검증받은 것으로 설치할 것

④ 피난기구를 설치한 장소에는 가까운 곳의 보기 쉬운 곳에 피난기구의 위치를 표시하는 발광식 또는 축광식표지와 그 사용방법을 표시한 표지를 부착하되, 축광식표지는 소방청장이 정하여 고시한 「축광표지의 성능인증 및 제품검사의 기술기준」에 적합하여야 한다. 다만, 방사성물질을 사용하는 위치표지는 쉽게 파괴되지 아니하는 재질로 처리할 것

제5조(설치제외) 영 별표 6 제7호 피난설비의 설치면제 요건의 규정에 따라 다음 각 호의 어느 하나에 해당하는 소방대상물 또는 그 부분에는 피난기구를 설치하지 아니할 수 있다. 다만, 제4조제2항제2호에 따라 숙박시설(휴양콘도미니엄을 제외한다)에 설치되는 완강기 및 간이완강기의 경우에는 그러하지 아니하다.

1. 다음 각 목의 기준에 적합한 층

　　가. 주요구조부가 내화구조로 되어 있어야 할 것

　　나. 실내의 면하는 부분의 마감이 불연재료 · 준불연재료 또는 난연재료로 되어 있고 방화구획이 「건축법 시행령」 제46조의 규정에 적합하게 구획되어 있어야 할 것

　　다. 거실의 각 부분으로부터 직접 복도로 쉽게 통할 수 있어야 할 것

　　라. 복도에 2 이상의 특별피난계단 또는 피난계단이 「건축법 시행령」 제35조에 적합하게 설치되어 있어야 할 것

　　마. 복도의 어느 부분에서도 2 이상의 방향으로 각각 다른 계단에 도달할 수 있어야 할 것

2. 다음 각 목의 기준에 적합한 소방대상물 중 그 옥상의 직하층 또는 최상층(관람집회 및 운동시설 또는 판매시설을 제외한다)

가. 주요구조부가 내화구조로 되어 있어야 할 것
나. 옥상의 면적이 1,500m² 이상이어야 할 것
다. 옥상으로 쉽게 통할 수 있는 창 또는 출입구가 설치되어 있어야 할 것
라. 옥상이 소방사다리차가 쉽게 통행할 수 있는 도로(폭 6m 이상의 것을 말한다. 이하 같다) 또는 공지(공원 또는 광장 등을 말한다. 이하 같다)에 면하여 설치되어 있거나 옥상으로부터 피난층 또는 지상으로 통하는 2 이상의 피난계단 또는 특별피난계단이 「건축법 시행령」 제35조의 규정에 적합하게 설치되어 있어야 할 것

3. 주요구조부가 내화구조이고 지하층을 제외한 층수가 4층 이하이며 소방사다리차가 쉽게 통행할 수 있는 도로 또는 공지에 면하는 부분에 영 제2조제1호 각 목의 기준에 적합한 개구부가 2 이상 설치되어 있는 층(문화집회 및 운동시설·판매시설 및 영업시설 또는 노유자시설의 용도로 사용되는 층으로서 그 층의 바닥면적이 1,000m² 이상인 것을 제외한다)
4. 편복도형 아파트 또는 발코니 등을 통하여 인접세대로 피난할 수 있는 구조로 되어 있는 계단실형 아파트
5. 주요구조부가 내화구조로서 거실의 각 부분으로 직접 복도로 피난할 수 있는 학교(강의실 용도로 사용되는 층에 한한다)
6. 무인공장 또는 자동창고로서 사람의 출입이 금지된 장소(관리를 위하여 일시적으로 출입하는 장소를 포함한다)
7. 건축물의 옥상부분으로서 거실에 해당하지 아니하고 「건축법 시행령」 제119조제1항제9호에 해당하여 층수로 산정된 층으로 사람이 근무하거나 거주하지 아니하는 장소

제6조(피난기구설치의 감소) ① 피난기구를 설치하여야 할 소방대상물 중 다음 각 호의 기준에 적합한 층에는 제4조제2항에 따른 피난기구의 2분의 1을 감소할 수 있다. 이 경우 설치하여야 할 피난기구의 수에 있어서 소수점 이하의 수는 1로 한다.
1. 주요구조부가 내화구조로 되어 있을 것
2. 직통계단인 피난계단 또는 특별피난계단이 2 이상 설치되어 있을 것
② 피난기구를 설치하여야 할 소방대상물 중 주요구조부가 내화구조이고 다음 각 호의 기준에 적합한 건널 복도가 설치되어 있는 층에는 제4조제2항에 따른 피난기구의 수에서 해당 건널 복도의 수의 2배의 수를 뺀 수로 한다.
1. 내화구조 또는 철골조로 되어 있을 것
2. 건널 복도 양단의 출입구에 자동폐쇄장치를 한 갑종방화문(방화셔터를 제외한다)이 설치되어 있을 것
3. 피난·통행 또는 운반의 전용 용도일 것
③ 피난기구를 설치하여야 할 소방대상물 중 다음 각 호에 기준에 적합한 노대가 설치된 거실의 바닥면적은 제4조제2항에 따른 피난기구의 설치개수 산정을 위한 바닥면적에서 이를 제외한다.
1. 노대를 포함한 소방대상물의 주요구조부가 내화구조일 것

2. 노대가 거실의 외기에 면하는 부분에 피난 상 유효하게 설치되어 있어야 할 것
3. 노대가 소방사다리차가 쉽게 통행할 수 있는 도로 또는 공지에 면하여 설치되어 있거나, 또는 거실부분과 방화 구획되어 있거나 또는 노대에 지상으로 통하는 계단 그 밖의 피난기구가 설치되어 있어야 할 것

제7조(설치ㆍ유지기준의 특례) 소방본부장 또는 소방서장은 기존건축물이 증축ㆍ개축ㆍ대수선되거나 용도 변경되는 경우에 있어서 이 기준이 정하는 기준에 따라 해당 건축물에 설치하여야 할 피난기구의 공사가 현저하게 곤란하다고 인정되는 경우에는 해당 설비의 기능 및 사용에 지장이 없는 범위 안에서 피난기구의 설치ㆍ유지기준의 일부를 적용하지 아니할 수 있다.

제8조(재검토 기한) 소방청장은 「훈령ㆍ예규 등의 발령 및 관리에 관한 규정」에 따라 이 고시에 대하여 2017년 1월 1일 기준으로 매 3년이 되는 시점(매 3년째의 6월 30일까지를 말한다)마다 그 타당성을 검토하여 개선 등의 조치를 하여야 한다.

부칙

〈제2017-1호, 2017. 7. 26.〉

제1조(시행일) 이 고시는 발령한 날부터 시행한다.
제2조 생략

[별표 1] 소방대상물의 설치장소별 피난기구의 적응성(제4조제1항 관련)

소방대상물의 설치장소별 피난기구의 적응성

설치장소별 구분 \ 층별	지하층	1층	2층	3층	4층 이상 10층 이하
1. 노유자시설	피난용트랩	미끄럼대 · 구조대 · 피난교 · 다수인피난장비 · 승강식피난기	미끄럼대 · 구조대 · 피난교 · 다수인피난장비 · 승강식피난기	미끄럼대 · 구조대 · 피난교 · 다수인피난장비 · 승강식피난기	피난교 · 다수인피난장비 · 승강식피난기
2. 의료시설 · 근린생활시설 중 입원실이 있는 의원 · 접골원 · 조산원	피난용트랩			미끄럼대 · 구조대 · 피난교 · 피난용트랩 · 다수인피난장비 · 승강식피난기	구조대 · 피난교 · 피난용트랩 · 다수인피난장비 · 승강식피난기
3. 「다중이용업소의 안전관리에 관한 특별법 시행령」제2조에 따른 다중이용업소로서 영업장의 위치가 4층 이하인 다중이용업소			미끄럼대 · 피난사다리 · 구조대 · 완강기 · 다수인피난장비 · 승강식피난기	미끄럼대 · 피난사다리 · 구조대 · 완강기 · 다수인피난장비 · 승강식피난기	미끄럼대 · 피난사다리 · 구조대 · 완강기 · 다수인피난장비 · 승강식피난기
4. 그 밖의 것	피난사다리 · 피난용트랩			미끄럼대 · 피난사다리 · 구조대 · 완강기 · 피난교 · 피난용트랩 · 간이완강기 · 공기안전매트 · 다수인피난장비 · 승강식피난기	피난사다리 · 구조대 · 완강기 · 피난교 · 간이완강기 · 공기안전매트 · 다수인피난장비 · 승강식피난기

※ 비고 : 간이완강기의 적응성은 숙박시설의 3층 이상에 있는 객실에, 공기안전매트의 적응성은 공동주택(공동주택관리법 시행령 제2조의 규정에 해당하는 공동주택)에 한한다.

03 소방시설 자체점검

참고 소방시설 자체점검사항 등에 관한 고시, 한국소방안전원

✓ 소방시설 작동기능점검표 작성 예시

1 점검 전 준비사항
1) 점검장소의 협의나 협조 받을 건물 관계인 등 연락처를 사전 확보
2) 점검의 목적과 필요성에 대하여 건물 관계인에게 사전 안내 및 협의
3) 음향장치 및 각 실별 방문점검 사항을 공지하여 협조 요청

2 현장확인
1) 현장 시설물의 도면 등을 이용하여 설비의 개요 및 설치위치 등을 파악한다.
2) 점검사항을 토대로 점검순서를 계획하고 점검장비 및 공구를 준비한다.
3) 기존의 점검자료 및 조치결과가 있다면 점검 전 참고
4) 점검과 관련된 각종 법규 및 기준 등의 기술기준 등 규정사항을 준비하고 숙지한다.

3 점검표 작성을 위한 준비물

1) 소방시설등 작동기능점검 실시결과 보고서
화재예방, 소방시설 설치·유지 및 안전관리에 관한 법률 시행규칙 별지 서식

2) 소방시설등 작동기능 점검표
소방시설 자체점검사항 등에 관한 고시 서식

3) 건축물대장
건축물대장/소방도면 및 소방시설 현황/소방계획서 등

4) 점검에 필요한 장비

소방시설	장비	규격
공통시설	방수압력측정계, 절연저항계, 전류전압측정계	
소화기	저울	

5) 자체점검 후 결과 조치(소방시설법 시행규칙 제19조)
  (1) 작동기능점검 : 작동기능점검을 실시한 경우 7일 이내에 작동기능점검 실시결과 보고서를 소방본부장 또는 소방서장에게 제출하여야 한다.
  (2) 종합정밀점검 : 종합정밀점검을 실시한 경우 7일 이내에 종합정밀점검 실시결과 보고서를 소방본부장 또는 소방서장에게 제출하여야 한다.
  ▶ 소방시설관리업자는 점검을 실시한 경우 점검이 끝난 날부터 10일 이내에 소방시설관리업자에 대한 평가 등에 관한 업무를 위탁받은 평가기관에 통보하여야 한다.

20. 피난기구 및 인명구조기구 점검표

번호	점검항목	점검결과
20-A. 피난기구 공통사항		
20-A-001	● 대상물 용도별·층별·바닥면적별 피난기구 종류 및 설치개수 적정 여부	
20-A-002	○ 피난에 유효한 개구부 확보(크기, 높이에 따른 발판, 창문 파괴장치) 및 관리상태	
20-A-003	● 개구부 위치 적정(동일직선상이 아닌 위치) 여부	
20-A-004	○ 피난기구의 부착 위치 및 부착 방법 적정 여부	
20-A-005	○ 피난기구(지지대 포함)의 변형·손상 또는 부식이 있는지 여부	
20-A-006	○ 피난기구의 위치표시 표지 및 사용방법 표지 부착 적정 여부	
20-A-007	● 피난기구의 설치제외 및 설치감소 적합 여부	
20-B. 공기안전매트·피난사다리·(간이)완강기·미끄럼대·구조대		
20-B-001	● 공기안전매트 설치 여부	
20-B-002	● 공기안전매트 설치 공간 확보 여부	
20-B-003	● 피난사다리(4층 이상의 층)의 구조(금속성 고정사다리) 및 노대 설치 여부	
20-B-004	● (간이)완강기의 구조(로프 손상방지) 및 길이 적정 여부	
20-B-005	● 숙박시설의 객실마다 완강기(1개) 또는 간이완강기(2개 이상) 추가 설치 여부	
20-B-006	● 미끄럼대의 구조 적정 여부	
20-B-007	● 구조대의 길이 적정 여부	
20-C. 다수인 피난장비		
20-C-001	● 설치장소 적정(피난용이, 안전하게 하강, 피난층의 충분한 착지 공간) 여부	
20-C-002	● 보관실 설치 적정(건물외측 돌출, 빗물·먼지 등으로부터 장비 보호) 여부	
20-C-003	● 보관실 외측문 개방 및 탑승기 자동 전개 여부	
20-C-004	● 보관실 문 오작동 방지조치 및 문 개방 시 경보설비 연동(경보) 여부	
20-D. 승강식 피난기·하향식 피난구용 내림식 사다리		
20-D-001	● 대피실 출입문 갑종방화문 설치 및 표지 부착 여부	
20-D-002	● 대피실 표지(층별 위치표시, 피난기구 사용설명서 및 주의사항) 부착 여부	
20-D-003	● 대피실 출입문 개방 및 피난기구 작동 시 표시등·경보장치 작동 적정 여부 및 감시제어반 피난기구 작동 확인 가능 여부	
20-D-004	● 대피실 면적 및 하강구 규격 적정 여부	
20-D-005	● 하강구 내측 연결금속구 존재 및 피난기구 전개 시 장애발생 여부	
20-D-006	● 대피실 내부 비상조명등 설치 여부	
20-E. 인명구조기구		
20-E-001	○ 설치 장소 적정(화재시 반출 용이성) 여부	
20-E-002	○ "인명구조기구" 표시 및 사용방법 표지 설치 적정 여부	
20-E-003	○ 인명구조기구의 변형 또는 손상이 있는지 여부	
20-E-004	● 대상물 용도별·장소별 설치 인명구조기구 종류 및 설치개수 적정 여부	
비고		

인명구조기구의 화재안전기준

[시행 2017. 7. 26.]
[소방청고시 제2017−1호, 2017. 7. 26., 타법개정.]

01 개요

NFSC 302

1 질의회신 및 핵심사항 분석

	핵심사항	참고 기출자료
설치기준 등	• 공기호흡기 설치대상 및 설치기준	
Key point	• 방열복, 공기호흡기, 인공소생기의 정의 • 설치기준	

2 시스템의 해설

인명구조기구는 화재 발생 시 소방활동을 수행하고, 화재현장의 소방활동에서 호흡부전 환자의 생명 구호를 위한 목적으로 도입되고 있는 피난구조설비이다.

1) 인명구조 기구

참고 제조사 사진

[방열복]

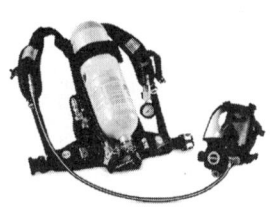
[공기호흡기]

[인공소생기]

[방화복]

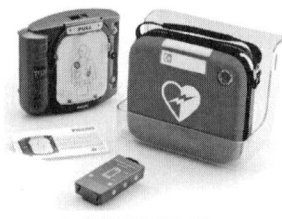
[자동제세동기]

→ 자동제세동기는 심장박동이 정지되었을 경우 심장으로 고압전류를 순간 흐르게 하여 맥박을 뛰게 하여 소생하는 장비이다.
→ 「초고층 특별법」에 따른 대상이 될 경우 시행규칙 제8조에 따라 자동제세동기 및 방독면을 설치함

[방독면]

2) 소방용품(소방시설법 시행령 제6조)

피난구조설비를 구성하는 제품 또는 기기는 ① 피난사다리, 구조대, 완강기(간이완강기 및 지지대를 포함한다), ② 공기호흡기(충전기를 포함한다), ③ 피난구유도등, 통로유도등, 객석유도등 및 예비 전원이 내장된 비상조명등 등이 있으며, 피난구조설비의 제품검사(형식승인 및 성능인증) 대상 품목은 ① 법 제36조제1항 본문에서 "대통령령으로 정하는 소방용품" ② 규칙 제15조 제1항 본문에서 "행정안전부령으로 정하는 소방용품" ③ 규칙 제15조 및 별표 7 제22호에 따른 "소방청장이 고시하는 소방용품" 등으로 구분되고 소방용품은 제품검사를 받아 합격한 제품을 사용하여야 한다.

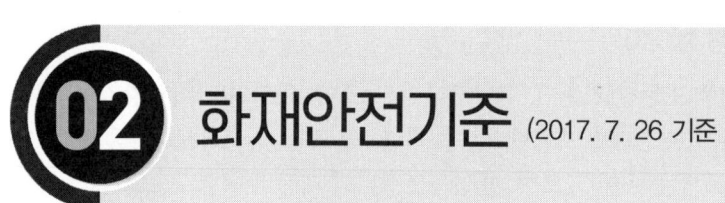

화재안전기준 (2017. 7. 26 기준 원문)

NFSC 302

제1조(목적) 이 기준은「화재예방, 소방시설 설치·유지 및 안전관리에 관한 법률」제9조에서 소방청장에게 위임한 사항을 정함을 목적으로 한다.

> **POINT 시스템 및 안전관리**
>
> 피난구조설비의 설치목적은 화재가 발생할 경우 피난하기 위하여 사용하는 기구 또는 설비로서 특정소방대상물에서 화재가 발생한 경우 연소생성물(열, 연기, 불꽃 등)에 의한 위험지역에서 피난유도 및 인명을 구조하며, 평상시에는 관계인에 의한 화재예방을 위하여 정기적으로 점검하는 소방설비이다.
> 1. 인명구조기구는 화재 발생 시 열 및 연기에 대하여 인명의 안전한 피난을 위한 기구이다. 인명구조기구는 소방활동을 수행하는 필수 개인장비 및 구급 기구로서 방열복, 공기호흡기, 인공소생기, 방화복 등의 종류가 있다.
> 2. 시스템을 구성하고 있는 피난구조설비는「소방시설공사업법」의 소방시설공사 등의 품질과 안전이 확보되도록 시공되어야 하고, 소방기술의 관리에 필요한 화재안전기준에 적합하게 설계도서·시방서가 작성되어 성실하게 수행되어야 한다. 또한「화재예방, 소방시설 설치·유지 및 안전관리에 관한 법률(이하 "소방시설법")」에 의한 소방용품의 제조 및 수입하려는 제품에 대하여 제품검사를 수행하고, 특정소방대상물의 관계인을 통하여 소방대상물의 안전관리가 이행되어야 한다.

제2조(적용범위) 화재예방, 소방시설 설치·유지 및 안전관리에 관한 법률」(이하 "법"이라 한다) 제9조제1항 및 같은 법 시행령(이하 "영"이라 한다) 별표 5의 제3호나목에 따른 인명구조기구는 이 기준에서 정하는 규정에 따라 설비를 설치하고 유지·관리하여야 한다.

> **POINT**
>
> **① 특정소방대상물의 설치기준(별표 5 인명구조기구)**
>
> | 소방시설 | 적용기준 | 설치대상 |
> |---|---|---|
> | 인명구조기구 | 1. 방열복 또는 방화복(안전모, 보호장갑 및 안전화를 포함한다), 인공소생기 및 공기호흡기 | 지하층을 포함 7층 이상 관광호텔 |
> | | 2. 방열복 또는 방화복(안전모, 보호장갑 및 안전화를 포함한다) 및 공기호흡기 | 지하층을 포함 5층 이상 병원 |

인명구조기구	3. 공기호흡기 　1) 수용인원 100명 이상인 문화 및 집회시설 중 영화상영관 　2) 판매시설 중 대규모점포 　3) 운수시설 중 지하역사 　4) 지하가 중 지하상가 　5) 이산화탄소소화설비(호스릴이산화탄소소화설비는 제외) 　　를 설치하여야 하는 특정소방대상물	전부

2 소방시설의 설치 면제기준
1. (별표 6) 소방시설 설치 면제기준 : 없음
2. (별표 7) 소방시설을 설치하지 않을 수 있는 특정소방대상물 및 소방시설 범위 : 없음

제3조(정의) 이 기준에서 사용하는 용어의 정의는 다음과 같다.
1. "방열복"이란 고온의 복사열에 가까이 접근하여 소방활동을 수행할 수 있는 내열피복을 말한다.
2. "공기호흡기"란 소화활동 시에 화재로 인하여 발생하는 각종 유독가스 중에서 일정시간 사용할 수 있도록 제조된 압축공기식 개인호흡장비(보조마스크를 포함한다)를 말한다.
3. "인공소생기"란 호흡 부전 상태인 사람에게 인공호흡을 시켜 환자를 보호하거나 구급하는 기구를 말한다.
4. "방화복"이란 화재진압 등의 소방활동을 수행할 수 있는 피복을 말한다.

제4조(설치기준) 인명구조기구는 다음 각 호의 기준에 따라 설치하여야 한다.
1. 특정소방대상물의 용도 및 장소별로 설치하여야 할 인명구조기구는 별표 1에 따라 설치하여야 한다.
2. 화재 시 쉽게 반출 사용할 수 있는 장소에 비치할 것
3. 인명구조기구가 설치된 가까운 장소의 보기 쉬운 곳에 "인명구조기구"라는 축광식표지와 그 사용방법을 표시한 표시를 부착하되, 축광식표지는 소방청장이 고시한 「축광표지의 성능인증 및 제품검사의 기술기준」에 적합한 것으로 할 것
4. 방열복은 소방청장이 고시한 「소방용 방열복의 성능인증 및 제품검사의 기술기준」에 적합한 것으로 설치할 것
5. 방화복(헬멧, 보호장갑 및 안전화를 포함한다)은 「소방장비 표준규격 및 내용연수에 관한 규정」 제3조에 적합한 것으로 설치할 것

제5조(재검토 기한) 소방청장은 「훈령·예규 등의 발령 및 관리에 관한 규정」에 따라 이 고시에 대하여 2017년 1월 1일 기준으로 매 3년이 되는 시점(매 3년째의 6월 30일까지를 말한다)마다 그 타당성을 검토하여 개선 등의 조치를 하여야 한다. <개정 2017. 6. 7., 2017. 7. 26.>

[별표 1] 특정소방대상물의 용도 및 장소별로 설치하여야 할 인명구조기구(제4조제1호 관련)

특정소방대상물	인명구조기구의 종류	설치 수량
지하층을 포함하는 층수가 7층 이상인 관광호텔 및 5층 이상인 병원	• 방열복 또는 방화복(헬멧, 보호장갑 및 안전화를 포함한다) • 공기호흡기 • 인공소생기	각 2개 이상 비치할 것. 다만, 병원의 경우에는 인공소생기를 설치하지 않을 수 있다.
• 문화 및 집회시설 중 수용인원 100명 이상의 영화상영관 • 판매시설 중 대규모 점포 • 운수시설 중 지하역사 • 지하가 중 지하상가	공기호흡기	층마다 2개 이상 비치할 것. 다만, 각 층마다 갖추어 두어야 할 공기호흡기 중 일부를 직원이 상주하는 인근 사무실에 갖추어 둘 수 있다.
물분무등소화설비 중 이산화탄소소화설비를 설치하여야 하는 특정소방대상물	공기호흡기	이산화탄소소화설비가 설치된 장소의 출입구 외부 인근에 1대 이상 비치할 것

03 소방시설 자체점검

참고 소방시설 자체점검사항 등에 관한 고시, 한국소방안전원

✔ 소방시설 작동기능점검표 작성 예시

1 점검 전 준비사항
1) 점검장소의 협의나 협조 받을 건물 관계인 등 연락처를 사전 확보
2) 점검의 목적과 필요성에 대하여 건물 관계인에게 사전 안내 및 협의
3) 음향장치 및 각 실별 방문점검 사항을 공지하여 협조 요청

2 현장확인
1) 현장 시설물의 도면 등을 이용하여 설비의 개요 및 설치위치 등을 파악한다.
2) 점검사항을 토대로 점검순서를 계획하고 점검장비 및 공구를 준비한다.
3) 기존의 점검자료 및 조치결과가 있다면 점검 전 참고
4) 점검과 관련된 각종 법규 및 기준 등의 기술기준 등 규정사항을 준비하고 숙지한다.

3 점검표 작성을 위한 준비물

1) 소방시설등 작동기능점검 실시결과 보고서
화재예방, 소방시설 설치·유지 및 안전관리에 관한 법률 시행규칙 별지 서식

2) 소방시설등 작동기능 점검표
소방시설 자체점검사항 등에 관한 고시 서식

3) 건축물대장
건축물대장/소방도면 및 소방시설 현황/소방계획서 등

4) 점검에 필요한 장비

소방시설	장비	규격
공통시설	방수압력측정계, 절연저항계, 전류전압측정계	
누전경보기	누전계	부하전류 측정용

5) 자체점검 후 결과 조치(소방시설법 시행규칙 제19조)
(1) 작동기능점검 : 작동기능점검을 실시한 경우 7일 이내에 작동기능점검 실시결과 보고서를 소방본부장 또는 소방서장에게 제출하여야 한다.
(2) 종합정밀점검 : 종합정밀점검을 실시한 경우 7일 이내에 종합정밀점검 실시결과 보고서를 소방본부장 또는 소방서장에게 제출하여야 한다.
▶ 소방시설관리업자는 점검을 실시한 경우 점검이 끝난 날부터 10일 이내에 소방시설관리업자에 대한 평가 등에 관한 업무를 위탁받은 평가기관에 통보하여야 한다.

20. 피난기구 및 인명구조기구 점검표

번호	점검항목	점검결과
20-A. 피난기구 공통사항		
20-A-001	● 대상물 용도별·층별·바닥면적별 피난기구 종류 및 설치개수 적정 여부	
20-A-002	○ 피난에 유효한 개구부 확보(크기, 높이에 따른 발판, 창문 파괴장치) 및 관리상태	
20-A-003	● 개구부 위치 적정(동일직선상이 아닌 위치) 여부	
20-A-004	○ 피난기구의 부착 위치 및 부착 방법 적정 여부	
20-A-005	○ 피난기구(지지대 포함)의 변형·손상 또는 부식이 있는지 여부	
20-A-006	○ 피난기구의 위치표시 표지 및 사용방법 표지 부착 적정 여부	
20-A-007	● 피난기구의 설치제외 및 설치감소 적합 여부	
20-B. 공기안전매트·피난사다리·(간이)완강기·미끄럼대·구조대		
20-B-001	● 공기안전매트 설치 여부	
20-B-002	● 공기안전매트 설치 공간 확보 여부	
20-B-003	● 피난사다리(4층 이상의 층)의 구조(금속성 고정사다리) 및 노대 설치 여부	
20-B-004	● (간이)완강기의 구조(로프 손상방지) 및 길이 적정 여부	
20-B-005	● 숙박시설의 객실마다 완강기(1개) 또는 간이완강기(2개 이상) 추가 설치 여부	
20-B-006	● 미끄럼대의 구조 적정 여부	
20-B-007	● 구조대의 길이 적정 여부	
20-C. 다수인 피난장비		
20-C-001	● 설치장소 적정(피난용이, 안전하게 하강, 피난층의 충분한 착지 공간) 여부	
20-C-002	● 보관실 설치 적정(건물외측 돌출, 빗물·먼지 등으로부터 장비 보호) 여부	
20-C-003	● 보관실 외측문 개방 및 탑승기 자동 전개 여부	
20-C-004	● 보관실 문 오작동 방지조치 및 문 개방 시 경보설비 연동(경보) 여부	
20-D. 승강식 피난기·하향식 피난구용 내림식 사다리		
20-D-001	● 대피실 출입문 갑종방화문 설치 및 표지 부착 여부	
20-D-002	● 대피실 표지(층별 위치표시, 피난기구 사용설명서 및 주의사항) 부착 여부	
20-D-003	● 대피실 출입문 개방 및 피난기구 작동 시 표시등·경보장치 작동 적정 여부 및 감시제어반 피난기구 작동 확인 가능 여부	
20-D-004	● 대피실 면적 및 하강구 규격 적정 여부	
20-D-005	● 하강구 내측 연결금속구 존재 및 피난기구 전개 시 장애발생 여부	
20-D-006	● 대피실 내부 비상조명등 설치 여부	
20-E. 인명구조기구		
20-E-001	○ 설치 장소 적정(화재시 반출 용이성) 여부	
20-E-002	○ "인명구조기구" 표시 및 사용방법 표지 설치 적정 여부	
20-E-003	○ 인명구조기구의 변형 또는 손상이 있는지 여부	
20-E-004	● 대상물 용도별·장소별 설치 인명구조기구 종류 및 설치개수 적정 여부	
비고		

유도등 및 유도표지의 화재안전기준

[시행 2021. 7. 8.]
[소방청고시 제2021-23호, 2021. 7. 8., 일부개정.]

01 개요

NFSC 303

1 질의회신 및 핵심사항 분석

질의회신		참고 소방청 질의회신집
피난구 유도등 (제5조)	Q	대형판매시설의 자동이용경사로(무빙워크)는 화재 시 정지하게 되고 무빙워크에 있던 사람은 매장을 통하여 피난계단으로 대피하여야 하는데 피난구유도등을 어느 부분에 설치하여야 하는지?
	A	자동이용경사로(무빙워크)는 피난계단으로 볼 수 없지만 화재발생 시 무빙워크를 이용 중인 사람이 신속한 대피를 위하여 동 시설물을 이용할 수 있는 가능성 등을 고려할 때 피난방향설정과 유도등 설치에 관한 사항은 관할 소방서의 자문을 받아 설치하는 것이 합리적이라 판단됨
설치기준 (제6조)	Q	복합형 유도등(음성점멸유도등)이 설치된 경우 볼륨 조절 가능여부?
	A	유도등의 경우 형식승인을 득한 제품이므로 형식승인상태를 유지하거나 유지관리가 어려울 경우 교체하여 유지관리 하는 것이 바람직함
	Q	40년 전 준공된 건물 외부 식별이 용이한 구조의 1층 현관에 유도등 설치여부?
	A	건축허가 동의 당시의 소방법령을 적용하고 소방시설을 유지 관리하여야 하며, 건축허가 등의 동의 후 건축행위(증축, 용도변경, 대수선 등)가 없을 경우 준공 당시의 소방시설을 유지관리 하여야 하며, 40년 이상된 건축물 현관에 유도등이 설치되지 않았다면 현시점에 설치의무는 없다고 판단됨. 다만 화재 시 재실자의 안전한 피난을 위해 피난구유도등을 설치하는 것이 바람직함
	Q	지하 1, 2층이 주차장인 건축물에서 피난방향을 차 들어오는 진입로로 설치 가능여부?
	A	실질적으로 피난 가능한 피난계단으로 유도하는 것이 바람직함
핵심사항		참고 기출문제
설치기준	• 광원점등식 피난유도선 설치기준 • 피난구 유도등 설치제외 장소 • 복도통로유도등의 설치기준	
3선식 배선	• 평상시 점등상태, 예비전원감시등 점등, 3선식 유도등 점등 경우	
기타	• 복도통로유도등, 계단통로유도등의 설치목적과 조도	
Key point	• 설치장소별 유도등 및 유도표지의 종류(비고 포함) • 객석유도등, 유도표지의 설치기준	

2 시스템의 해설

유도등 및 유도표지 시설은 화재 발생 시 피난층 및 건물의 외부로 피난할 수 있도록 인명의 피난 유도로 목적으로 도입된 설비이다.

1) 결선도

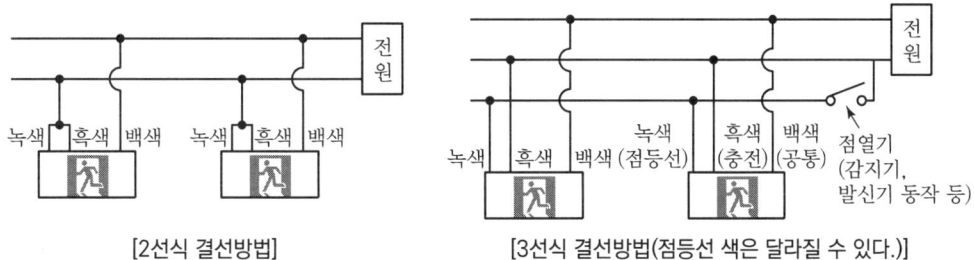

[2선식 결선방법]   [3선식 결선방법(점등선 색은 달라질 수 있다.)]

2) 소방용품(소방시설법 시행령 제6조)

피난구조설비를 구성하는 제품 또는 기기는 ① 피난사다리, 구조대, 완강기(간이완강기 및 지지대를 포함한다), ② 공기호흡기(충전기를 포함한다), ③ 피난구유도등, 통로유도등, 객석유도등 및 예비 전원이 내장된 비상조명등 등이 있으며, 피난구조설비의 제품검사(형식승인 및 성능인증) 대상 품목은 ① 법 제36조제1항 본문에서 "대통령령으로 정하는 소방용품" ② 규칙 제15조제1항 본문에서 "행정안전부령으로 정하는 소방용품" ③ 규칙 제15조 및 별표 7 제22호에 따른 "소방청장이 고시하는 소방용품" 등으로 구분되고 소방용품은 제품검사를 받아 합격한 제품을 사용하여야 한다.

3) 용어 해설

(1) 유도등 등의 설치높이 및 설치개수

① 유도등, 유도표지, 피난유도선의 설치높이

구분	설치높이
복도통로유도등, 계단통로유도등, 통로유도표지	바닥으로부터 1m 이하
피난구유도등, 거실통로유도등	바닥으로부터 1.5m 이상
피난구유도표지	출입구 상단
피난유도선(축광방식)	바닥으로부터 0.5m 이하 또는 바닥면
피난유도선(광원점등방식)의 표시부	바닥으로부터 1m 이하 또는 바닥면
피난유도선(광원점등방식)의 제어부	바닥으로부터 0.8~1.5m 이하

② 설치개수
- 객석유도등의 설치개수 = $\dfrac{\text{객석통로의 직선부분의 길이}}{4} - 1$

- 복도 또는 거실통로 유도등의 설치개수 = $\dfrac{\text{구부러진 곳이 없는 부분의 보행거리[m]}}{20} - 1$

- 유도표지(계단에 설치하는 것 제외)의 설치개수 = $\dfrac{\text{구부러진 곳이 없는 부분의 보행거리[m]}}{15} - 1$

③ 유도등 3선식 배선의 연동
- 자동화재탐지설비의 감지기 또는 발신기가 작동되는 때
- 비상경보설비의 발신기가 작동되는 때
- 상용전원이 정전되거나 전원선이 단선되는 때
- 방재업무를 통제하는 곳 또는 전기실의 배전반에서 수동으로 점등하는 때
- 자동소화설비가 작동되는 때

※ 제9조제4항 참고

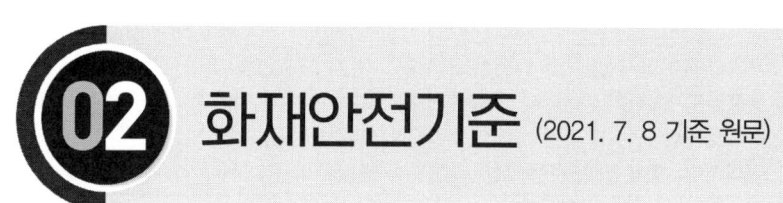

제1조(목적) 이 기준은「화재예방, 소방시설 설치·유지 및 안전관리에 관한 법률」제9조에서 소방청장에게 위임한 사항을 정함을 목적으로 한다. 〈2014. 8. 18., 2015. 1. 6., 2016. 7. 13., 2017. 7. 26.〉

> **POINT 시스템 및 안전관리**
>
> 피난구조설비의 설치목적은 화재가 발생할 경우 피난하기 위하여 사용하는 기구 또는 설비로서 특정소방대상물에서 화재가 발생한 경우 연소생성물(열, 연기, 불꽃 등)에 의한 위험지역에서 피난 유도 및 인명을 구조하며, 평상시에는 관계인에 의한 화재예방을 위하여 정기적으로 점검하는 소방설비이다.
> 1. 유도등은 화재 시 또는 정전 시에도 원활한 피난행동이 가능하고 안전한 장소로 피난을 유도하는 조명등 설비이다. 유도등 종류에는 피난·객석·통로유도등(복도거실·계단) 및 유도표지 등이 있다.
> 2. 시스템을 구성하고 있는 피난구조설비는「소방시설공사업법」의 소방시설공사 등의 품질과 안전이 확보되도록 시공되어야 하고, 소방기술의 관리에 필요한 화재안전기준에 적합하게 설계도서·시방서가 작성되어 성실하게 수행되어야 한다. 또한「화재예방, 소방시설 설치·유지 및 안전관리에 관한 법률(이하 "소방시설법")」에 의한 소방용품의 제조 및 수입하려는 제품에 대하여 제품검사를 수행하고, 특정소방대상물의 관계인을 통하여 소방대상물의 안전관리가 이행되어야 한다.

제2조(적용범위)「화재예방, 소방시설 설치·유지 및 안전관리에 관한 법률」(이하 "법"이라 한다) 제9조제1항 및 같은 법 시행령(이하 "영"이라 한다) 별표 5의 제3호다목에 따른 유도등과 유도표지 및「다중이용업소의 안전관리에 관한 특별법 시행령」별표 1의 제1호다목2)에 따른 피난유도선은 이 기준에서 정하는 규정에 따라 설비를 설치하고 유지·관리하여야 한다.

> **POINT**
>
> **1 특정소방대상물의 설치기준(별표 5 유도등 및 유도표지)**
>
> | 소방시설 | 적용기준 | 설치대상 |
> | --- | --- | --- |
> | 유도등·유도표지 | 피난구유도등, 통로유도등은 별표 2의 특정소방대상물(지하가 중 터널 및 축사로서 가축을 직접 가두어 사육하는 부분은 제외) | 전부 |

객석유도등	유흥주점영업시설(「식품위생법 시행령」 제21조제8호라목의 유흥주점영업 중 손님이 춤을 출 수 있는 무대가 설치된 카바레, 나이트클럽 또는 그 밖에 이와 비슷한 영업시설만 해당), 문화 및 집회시설, 종교시설, 운동시설	전부

2 소방시설의 설치 면제기준
1. (별표 6) 소방시설 설치 면제기준 : 없음
2. (별표 7) 소방시설을 설치하지 않을 수 있는 특정소방대상물 및 소방시설 범위 : 없음
3. 화재안전기준에 따른 면제기준 : 제10조(유도등 및 유도표지의 제외) 참고

제3조(정의) 이 기준에서 사용하는 용어의 정의는 다음과 같다.
1. "유도등"이란 화재 시에 피난을 유도하기 위한 등으로서 정상상태에서는 상용전원에 따라 켜지고 상용전원이 정전되는 경우에는 비상전원으로 자동전환되어 켜지는 등을 말한다.
2. "피난구유도등"이란 피난구 또는 피난경로로 사용되는 출입구를 표시하여 피난을 유도하는 등을 말한다.
3. "통로유도등"이란 피난통로를 안내하기 위한 유도등으로 복도통로유도등, 거실통로유도등, 계단통로유도등을 말한다.
4. "복도통로유도등"이란 피난통로가 되는 복도에 설치하는 통로유도등으로서 피난구의 방향을 명시하는 것을 말한다.
5. "거실통로유도등"이란 거주, 집무, 작업, 집회, 오락 그 밖에 이와 유사한 목적을 위하여 계속적으로 사용하는 거실, 주차장 등 개방된 통로에 설치하는 유도등으로 피난의 방향을 명시하는 것을 말한다.
6. "계단통로유도등"이란 피난통로가 되는 계단이나 경사로에 설치하는 통로유도등으로 바닥면 및 디딤 바닥면을 비추는 것을 말한다.
7. "객석유도등"이란 객석의 통로, 바닥 또는 벽에 설치하는 유도등을 말한다.
8. "피난구유도표지"란 피난구 또는 피난경로로 사용되는 출입구를 표시하여 피난을 유도하는 표지를 말한다.
9. "통로유도표지"란 피난통로가 되는 복도, 계단등에 설치하는 것으로서 피난구의 방향을 표시하는 유도표지를 말한다.
10. "피난유도선"이란 햇빛이나 전등불에 따라 축광(이하 "축광방식"이라 한다)하거나 전류에 따라 빛을 발하는(이하 "광원점등방식"이라 한다) 유도체로서 어두운 상태에서 피난을 유도할 수 있도록 띠 형태로 설치되는 피난유도시설을 말한다.
11. "입체형"이란 유도등 표시면을 2면 이상으로 하고 각 면마다 피난유도표시가 있는 것을 말한다.

제4조(유도등 및 유도표지의 종류) 특정소방대상물의 용도별로 설치하여야 할 유도등 및 유도표지는 다음 표에 따라 그에 적응하는 종류의 것으로 설치하여야 한다.

설치장소	유도등 및 유도표지의 종류
1. 공연장·집회장(종교집회장 포함)·관람장·운동시설	• 대형피난구유도등 • 통로유도등 • 객석유도등
2. 유흥주점영업시설(「식품위생법 시행령」 제21조제8호라목의 유흥주점영업 중 손님이 춤을 출 수 있는 무대가 설치된 카바레, 나이트클럽 또는 그 밖에 이와 비슷한 영업시설만 해당한다)	
3. 위탁시설·판매시설·운수시설·「관광진흥법」 제3조제1항제2호에 따른 관광숙박업·의료시설·장례식장·방송통신시설·전시장·지하상가·지하철역사	• 대형피난구유도등 • 통로유도등
4. 숙박시설(제3호의 관광숙박업 외의 것을 말한다)·오피스텔	• 중형피난구유도등 • 통로유도등
5. 제1호부터 제3호까지 외의 건축물로서 지하층·무창층 또는 층수가 11층 이상인 특정소방대상물	
6. 제1호부터 제5호까지 외의 건축물로서 근린생활시설·노유자시설·업무시설·발전시설·종교시설(집회장 용도로 사용하는 부분 제외)·교육연구시설·수련시설·공장·창고시설·교정 및 군사시설(국방·군사시설 제외)·기숙사·자동차정비공장·운전학원 및 정비학원·다중이용업소·복합건축물·아파트	• 소형피난구유도등 • 통로유도등
7. 그 밖의 것	• 피난구유도표지 • 통로유도표지

[비고]
1. 소방서장은 특정소방대상물의 위치·구조 및 설비의 상황을 판단하여 대형피난구유도등을 설치하여야 할 장소에 중형 피난구유도등 또는 소형피난구유도등을, 중형피난구유도등을 설치하여야 할 장소에 소형피난구유도등을 설치하게 할 수 있다.
2. 복합건축물과 아파트의 경우, 주택의 세대 내에는 유도등을 설치하지 아니할 수 있다.

제5조(피난구유도등) ① 피난구유도등은 다음 각 호의 장소에 설치하여야 한다.
  1. 옥내로부터 직접 지상으로 통하는 출입구 및 그 부속실의 출입구
  2. 직통계단·직통계단의 계단실 및 그 부속실의 출입구
  3. 제1호와 제2호에 따른 출입구에 이르는 복도 또는 통로로 통하는 출입구
  4. 안전구획된 거실로 통하는 출입구
② 피난구유도등은 피난구의 바닥으로부터 높이 1.5m 이상으로서 출입구에 인접하도록 설치하여야 한다.
③ 피난층으로 향하는 피난구의 위치를 안내할 수 있도록 제1항제1호 또는 제2호의 출입구 인근 천장에 제1항제1호 또는 제2호에 따라 설치된 피난구유도등의 면과 수직이 되도록 피난구유도등을 추가로 설치하여야 한다. 다만, 제1항제1호 또는 제2호에 따라 설치된 피난구유도등이 입체형인 경우에는 그러하지 아니하다.

제6조(통로유도등 설치기준) ① 통로유도등은 특정소방대상물의 각 거실과 그로부터 지상에 이르는 복도 또는 계단의 통로에 다음 각 호의 기준에 따라 설치하여야 한다.

1. 복도통로유도등은 다음 각 목의 기준에 따라 설치할 것
    가. 복도에 설치하되 제5조제1항제1호 또는 제2호에 따라 피난구유도등이 설치된 출입구의 맞은편 복도에는 입체형으로 설치하거나, 바닥에 설치할 것
    나. 구부러진 모퉁이 및 가목에 따라 설치된 통로유도등을 기점으로 보행거리 20m마다 설치할 것
    다. 바닥으로부터 높이 1m 이하의 위치에 설치할 것. 다만, 지하층 또는 무창층의 용도가 도매시장·소매시장·여객자동차터미널·지하역사 또는 지하상가인 경우에는 복도·통로 중앙부분의 바닥에 설치하여야 한다.
    라. 바닥에 설치하는 통로유도등은 하중에 따라 파괴되지 아니하는 강도의 것으로 할 것
2. 거실통로유도등은 다음 각 목의 기준에 따라 설치할 것
    가. 거실의 통로에 설치할 것. 다만, 거실의 통로가 벽체 등으로 구획된 경우에는 복도통로유도등을 설치하여야 한다.
    나. 구부러진 모퉁이 및 보행거리 20m마다 설치할 것
    다. 바닥으로부터 높이 1.5m 이상의 위치에 설치할 것. 다만, 거실통로에 기둥이 설치된 경우에는 기둥부분의 바닥으로부터 높이 1.5m 이하의 위치에 설치할 수 있다.
3. 계단통로유도등은 다음 각 목의 기준에 따라 설치할 것
    가. 각층의 경사로 참 또는 계단참마다(1개층에 경사로 참 또는 계단참이 2 이상 있는 경우에는 2개의 계단참마다)설치할 것
    나. 바닥으로부터 높이 1m 이하의 위치에 설치할 것
4. 통행에 지장이 없도록 설치할 것
5. 주위에 이와 유사한 등화광고물·게시물 등을 설치하지 아니할 것
② 삭제
③ 삭제

제7조(객석유도등 설치기준) ① 객석유도등은 객석의 통로, 바닥 또는 벽에 설치하여야 한다.
② 객석 내의 통로가 경사로 또는 수평로로 되어 있는 부분은 다음의 식에 따라 산출한 수(소수점 이하의 수는 1로 본다)의 유도등을 설치하여야 한다.

$$설치개수 = \frac{객석의\ 통로의\ 직선부분의\ 길이[m]}{4} - 1$$

③ 객석 내의 통로가 옥외 또는 이와 유사한 부분에 있는 경우에는 해당 통로 전체에 미칠 수 있는 수의 유도등을 설치하여야 한다.

제8조(유도표지 설치기준) ① 유도표지는 다음 각 호의 기준에 따라 설치하여야 한다.
1. 계단에 설치하는 것을 제외하고는 각층마다 복도 및 통로의 각 부분으로부터 하나의 유도표지까지의 보행거리가 15m 이하가 되는 곳과 구부러진 모퉁이의 벽에 설치할 것

2. 피난구유도표지는 출입구 상단에 설치하고, 통로유도표지는 바닥으로부터 높이 1m 이하의 위치에 설치할 것
   3. 주위에는 이와 유사한 등화·광고물·게시물 등을 설치하지 아니할 것
   4. 유도표지는 부착판 등을 사용하여 쉽게 떨어지지 아니하도록 설치할 것
   5. 축광방식의 유도표지는 외광 또는 조명장치에 의하여 상시 조명이 제공되거나 비상조명등에 의한 조명이 제공되도록 설치 할 것
② 삭제
③ 유도표지는 소방청장이 고시한 「축광표지의 성능인증 및 제품검사의 기술기준」에 적합한 것이어야 한다. 다만, 방사성물질을 사용하는 위치표지는 쉽게 파괴되지 아니하는 재질로 처리하여야 한다.

제8조의2(피난유도선 설치기준) ① 축광방식의 피난유도선은 다음 각 호의 기준에 따라 설치하여야 한다.
   1. 구획된 각 실로부터 주출입구 또는 비상구까지 설치할 것
   2. 바닥으로부터 높이 50cm 이하의 위치 또는 바닥 면에 설치할 것
   3. 피난유도 표시부는 50cm 이내의 간격으로 연속되도록 설치
   4. 부착대에 의하여 견고하게 설치할 것
   5. 외광 또는 조명장치에 의하여 상시 조명이 제공되거나 비상조명등에 의한 조명이 제공되도록 설치 할 것
② 광원점등방식의 피난유도선은 다음 각 호의 기준에 따라 설치하여야 한다.
   1. 구획된 각 실로부터 주출입구 또는 비상구까지 설치할 것
   2. 피난유도 표시부는 바닥으로부터 높이 1m 이하의 위치 또는 바닥 면에 설치할 것
   3. 피난유도 표시부는 50cm 이내의 간격으로 연속되도록 설치하되 실내장식물 등으로 설치가 곤란할 경우 1m 이내로 설치할 것
   4. 수신기로부터의 화재신호 및 수동조작에 의하여 광원이 점등되도록 설치할 것
   5. 비상전원이 상시 충전상태를 유지하도록 설치할 것
   6. 바닥에 설치되는 피난유도 표시부는 매립하는 방식을 사용할 것
   7. 피난유도 제어부는 조작 및 관리가 용이하도록 바닥으로부터 0.8m이상 1.5m 이하의 높이에 설치할 것
③ 피난유도선은 소방청장이 고시한 「피난유도선의 성능인증 및 제품검사의 기술기준」에 적합한 것으로 설치하여야 한다.

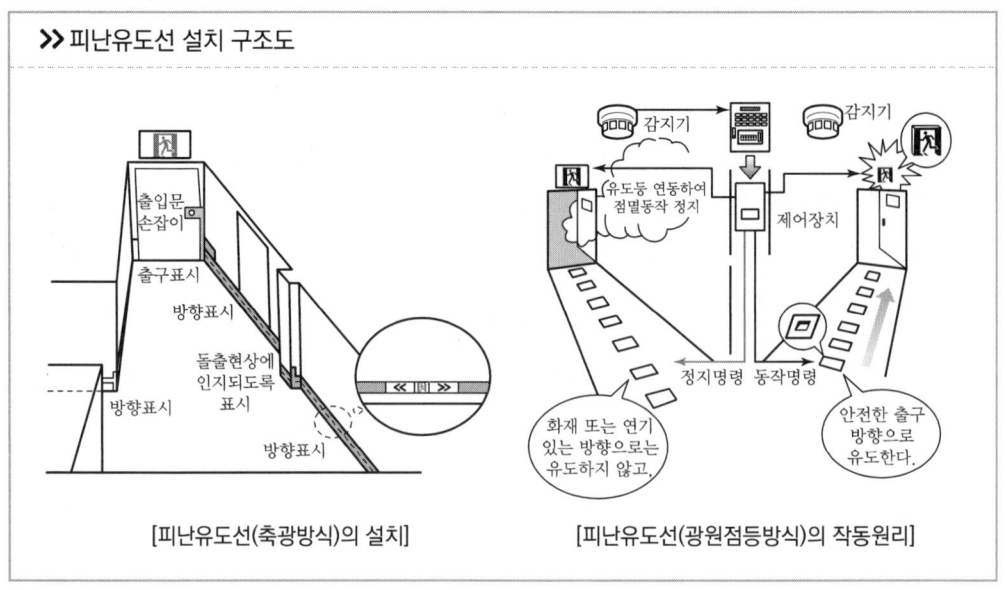

[피난유도선(축광방식)의 설치]   [피난유도선(광원점등방식)의 작동원리]

제9조(유도등의 전원) ① 유도등의 전원은 축전지, 전기저장장치(외부 전기에너지를 저장해 두었다가 필요한 때 전기를 공급하는 장치) 또는 교류전압의 옥내간선으로 하고, 전원까지의 배선은 전용으로 하여야 한다.

② 비상전원은 다음 각 호의 기준에 적합하게 설치하여야 한다.

1. 축전지로 할 것
2. 유도등을 20분 이상 유효하게 작동시킬 수 있는 용량으로 할 것. 다만, 다음 각 목의 특정소방대상물의 경우에는 그 부분에서 피난층에 이르는 부분의 유도등을 60분 이상 유효하게 작동시킬 수 있는 용량으로 하여야 한다.
   가. 지하층을 제외한 층수가 11층 이상의 층
   나. 지하층 또는 무창층으로서 용도가 도매시장·소매시장·여객자동차터미널·지하역사 또는 지하상가

③ 배선은 「전기사업법」 제67조에서 정한 것 외에 다음 각 호의 기준에 따라야 한다.

1. 유도등의 인입선과 옥내배선은 직접 연결할 것
2. 유도등은 전기회로에 점멸기를 설치하지 아니하고 항상 점등상태를 유지할 것. 다만, 특정소방대상물 또는 그 부분에 사람이 없거나 다음 각 목의 어느 하나에 해당하는 장소로서 3선식 배선에 따라 상시 충전되는 구조인 경우에는 그러하지 아니하다.
   가. 외부광(光)에 따라 피난구 또는 피난방향을 쉽게 식별할 수 있는 장소
   나. 공연장, 암실(暗室) 등으로서 어두워야 할 필요가 있는 장소
   다. 특정소방대상물의 관계인 또는 종사원이 주로 사용하는 장소
3. 3선식 배선은 「옥내소화전설비의 화재안전기준(NFSC 102)」 [별표 1]에 따른 내화배선 또는 내열배선으로 사용할 것

④ 제3항제2호에 따라 3선식 배선으로 상시 충전되는 유도등의 전기회로에 점멸기를 설치하는 경우에는 다음 각 호의 어느 하나에 해당되는 경우에 점등되도록 하여야 한다.
1. 자동화재탐지설비의 감지기 또는 발신기가 작동되는 때
2. 비상경보설비의 발신기가 작동되는 때
3. 상용전원이 정전되거나 전원선이 단선되는 때
4. 방재업무를 통제하는 곳 또는 전기실의 배전반에서 수동으로 점등하는 때
5. 자동소화설비가 작동되는 때

제10조(유도등 및 유도표지의 제외) ① 다음 각 호의 어느 하나에 해당하는 경우에는 피난구유도등을 설치하지 아니한다.
1. 바닥면적이 1,000m^2 미만인 층으로서 옥내로부터 직접 지상으로 통하는 출입구(외부의 식별이 용이한 경우에 한한다)
2. 대각선 길이가 15m 이내인 구획된 실의 출입구
3. 거실 각 부분으로부터 하나의 출입구에 이르는 보행거리가 20m 이하이고 비상조명등과 유도표지가 설치된 거실의 출입구
4. 출입구가 3 이상 있는 거실로서 그 거실 각 부분으로부터 하나의 출입구에 이르는 보행거리가 30m 이하인 경우에는 주된 출입구 2개소외의 출입구(유도표지가 부착된 출입구를 말한다). 다만, 공연장·집회장·관람장·전시장·판매시설·운수시설·숙박시설·노유자시설·의료시설·장례식장의 경우에는 그러하지 아니하다.

② 다음 각 호의 어느 하나에 해당하는 경우에는 통로유도등을 설치하지 아니한다.
1. 구부러지지 아니한 복도 또는 통로로서 길이가 30m 미만인 복도 또는 통로
2. 제1호에 해당하지 않는 복도 또는 통로로서 보행거리가 20m 미만이고 그 복도 또는 통로와 연결된 출입구 또는 그 부속실의 출입구에 피난구유도등이 설치된 복도 또는 통로

③ 다음 각 호의 어느 하나에 해당하는 경우에는 객석유도등을 설치하지 아니한다.
1. 주간에만 사용하는 장소로서 채광이 충분한 객석
2. 거실 등의 각 부분으로부터 하나의 거실출입구에 이르는 보행거리가 20m 이하인 객석의 통로로서 그 통로에 통로유도등이 설치된 객석

④ 다음 각 호의 어느 하나에 해당하는 경우에는 유도표지를 설치하지 아니한다.
1. 유도등이 제5조와 제6조에 적합하게 설치된 출입구·복도·계단 및 통로
2. 제1항제1호·제2호와 제2항에 해당하는 출입구·복도·계단 및 통로

제11조(설치·유지기준의 특례) 소방본부장 또는 소방서장은 기존건축물이 증축·개축·대수선되거나 용도변경되는 경우에 있어서 이 기준이 정하는 기준에 따라 해당 건축물에 설치하여야 할 유도등 및 유도표지의 배관·배선 등의 공사가 현저하게 곤란하다고 인정되는 경우에는 해당 설비의 기능 및 사용에 지장이 없는 범위 안에서 유도등 및 유도표지의 설치·유지기준의 일부를 적

용하지 아니할 수 있다.

제12조(재검토 기한) 소방청장은 「훈령·예규 등의 발령 및 관리에 관한 규정」에 따라 이 고시에 대하여 2021년 7월 1일 기준으로 매 3년이 되는 시점(매 3년째의 6월 30일까지를 말한다)마다 그 타당성을 검토하여 개선 등의 조치를 하여야 한다.

부칙
〈제2021-23호, 2021. 7. 8.〉

제1조(시행일) 이 고시는 발령한 날부터 시행한다. 다만, 제5조제3항 및 제6조제1항제1호가목·나목의 개정규정은 발령 후 6개월이 경과한 날부터 시행한다.

제2조(적용례) 이 고시 시행 후 특정소방대상물의 신축·증축·개축·재축·이전·용도변경 또는 대수선의 허가·협의를 신청하거나 신고하는 경우부터 적용한다.

✓ 소방시설 작동기능점검표 작성 예시

1 점검 전 준비사항
1) 점검장소의 협의나 협조 받을 건물 관계인 등 연락처를 사전 확보
2) 점검의 목적과 필요성에 대하여 건물 관계인에게 사전 안내 및 협의
3) 음향장치 및 각 실별 방문점검 사항을 공지하여 협조 요청

2 현장확인
1) 현장 시설물의 도면 등을 이용하여 설비의 개요 및 설치위치 등을 파악한다.
2) 점검사항을 토대로 점검순서를 계획하고 점검장비 및 공구를 준비한다.
3) 기존의 점검자료 및 조치결과가 있다면 점검 전 참고
4) 점검과 관련된 각종 법규 및 기준 등의 기술기준 등 규정사항을 준비하고 숙지한다.

3 점검표 작성을 위한 준비물

1) 소방시설등 작동기능점검 실시결과 보고서
  화재예방, 소방시설 설치·유지 및 안전관리에 관한 법률 시행규칙 별지 서식

2) 소방시설등 작동기능 점검표
  소방시설 자체점검사항 등에 관한 고시 서식

3) 건축물대장
  건축물대장/소방도면 및 소방시설 현황/소방계획서 등

4) 점검에 필요한 장비

소방시설	장비	규격
공통시설	방수압력측정계, 절연저항계, 전류전압측정계	
자동화재탐지설비 시각경보기	열·연기감지기 시험기, 공기주입시험기, 감지기시험기연결폴대, 음량계	
누전경보기	누전계	부하전류 측정용

5) 자체점검 후 결과 조치(소방시설법 시행규칙 제19조)
  (1) 작동기능점검 : 작동기능점검을 실시한 경우 7일 이내에 작동기능점검 실시결과 보고서를 소방본부장 또는 소방서장에게 제출하여야 한다.
  (2) 종합정밀점검 : 종합정밀점검을 실시한 경우 7일 이내에 종합정밀점검 실시결과 보고서를 소방본부장 또는 소방서장에게 제출하여야 한다.
    ▶ 소방시설관리업자는 점검을 실시한 경우 점검이 끝난 날부터 10일 이내에 소방시설관리업자에 대한 평가 등에 관한 업무를 위탁받은 평가기관에 통보하여야 한다.

21. 유도등 및 유도표지 점검표

번호	점검항목	점검결과
21-A. 유도등		
21-A-001	○ 유도등의 변형 및 손상 여부	
21-A-002	○ 상시(3선식의 경우 점검스위치 작동 시) 점등 여부	
21-A-003	○ 시각장애(규정된 높이, 적정위치, 장애물 등으로 인한 시각장애 유무) 여부	
21-A-004	○ 비상전원 성능 적정 및 상용전원 차단 시 예비전원 자동전환 여부	
21-A-005	● 설치 장소(위치) 적정 여부	
21-A-006	● 설치 높이 적정 여부	
21-A-007	● 객석유도등의 설치 개수 적정 여부	
21-B. 유도표지		
21-B-001	○ 유도표지의 변형 및 손상 여부	
21-B-002	○ 설치 상태(유사 등화광고물·게시물 존재, 쉽게 떨어지지 않는 방식) 적정 여부	
21-B-003	○ 외광·조명장치로 상시 조명 제공 또는 비상조명등 설치 여부	
21-B-004	○ 설치 방법(위치 및 높이) 적정 여부	
21-C. 피난유도선		
21-C-001	○ 피난유도선의 변형 및 손상 여부	
21-C-002	○ 설치 방법(위치·높이 및 간격) 적정 여부	
	[축광방식의 경우]	
21-C-011	● 부착대에 견고하게 설치 여부	
21-C-012	○ 상시조명 제공 여부	
	[광원점등방식의 경우]	
21-C-021	○ 수신기 화재신호 및 수동조작에 의한 광원점등 여부	
21-C-022	○ 비상전원 상시 충전상태 유지 여부	
21-C-023	● 바닥에 설치되는 경우 매립방식 설치 여부	
21-C-024	● 제어부 설치위치 적정 여부	
비고		

※ 점검항목 중 "●"는 종합정밀점검의 경우에만 해당한다.
※ 점검결과란은 양호 "○", 불량 "×", 해당없는 항목은 "/"로 표시한다.
※ 점검항목 내용 중 "설치기준" 및 "설치상태"에 대한 점검은 정상적인 작동 가능 여부를 포함한다.
※ '비고'란에는 특정소방대상물의 위치·구조·용도 및 소방시설의 상황 등이 이 표의 항목대로 기재하기 곤란하거나 이 표에서 누락된 사항을 기재한다.(이하 같다)

비상조명등의 화재안전기준

[시행 2017. 7. 26.]
[소방청고시 제2017-1호, 2017. 7. 26., 타법개정.]

01 개요

NFSC 304

1 질의회신 및 핵심사항 분석

질의회신		참고 소방청 질의회신집
설치기준 (제2조)	Q	공용계단 내 조명기구를 인체감지센서가 내장된 비상겸용 조명기구를 사용하려고 합니다. 평상시 인체감지센서로 점등 되다가 비상시 자가발전전원을 사용하여 상시등이 되어 비상등에 역할을 합니다. 이에 대해 문제가 없는지 알고 싶습니다.
	A	예비전원을 내장하지 아니하는 비상조명등은 상용전원으로부터 전력의 공급이 중단된 때에 비상전원으로부터 자동으로 전력을 공급받도록 「비상조명등의 화재안전기준(NFSC 304)」 제4조에서 정하고 있습니다. 귀하께서 언급하신 센서등이 화재 등으로 인한 정전 시 점멸되지 않고 비상전원에 의해 자동으로 상시 점등된 상태로 유지되고 기타 화재안전기준에 적합하다면 비상조명등으로 사용이 가능할 것으로 판단됩니다.
핵심사항		참고 기출자료
Key point		• 비상조명등 및 휴대용비상조명등의 설치대상 • 비상조명등의 조도 및 「도로터널 화재안전기준」에 따른 조도 • 비상전원을 자가발전설비, 축전지설비를 설치할 경우의 설치기준 • 휴대용비상조명등의 설치기준/비상조명등의 제외

2 시스템의 해설

비상조명등은 피난을 위한 경로 상에 조명을 활용, 피난을 원활히 유도하고 안전사고의 위험을 줄이는 목적의 설비이다.

1) 소방용품(소방시설법 시행령 제6조)

피난구조설비를 구성하는 제품 또는 기기는 ① 피난사다리, 구조대, 완강기(간이완강기 및 지지대를 포함한다), ② 공기호흡기(충전기를 포함한다), ③ 피난구유도등, 통로유도등, 객석유도등 및 예비 전원이 내장된 비상조명등 등이 있으며, 피난구조설비의 제품검사(형식승인 및 성능인증) 대상 품목은 ① 법 제36조제1항 본문에서 "대통령령으로 정하는 소방용품" ② 규칙 제15조 제1항 본문에서 "행정안전부령으로 정하는 소방용품" ③ 규칙 제15조 및 별표 7 제22호에 따른 "소방청장이 고시하는 소방용품" 등으로 구분되고 소방용품은 제품검사를 받아 합격한 제품을 사용하여야 한다.

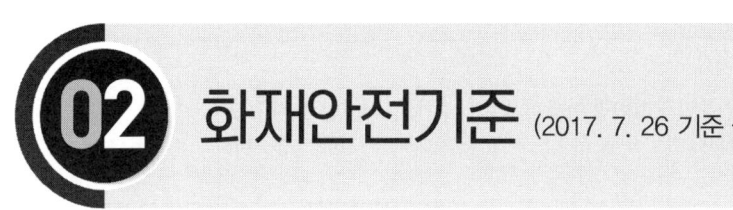

화재안전기준 (2017. 7. 26 기준 원문)

NFSC 304

제1조(목적) 이 기준은 「화재예방, 소방시설 설치·유지 및 안전관리에 관한 법률」 제9조제1항에 따라 소방청장에게 위임한 사항 중 피난설비인 비상조명등 및 휴대용비상조명등의 설치·유지 및 안전관리에 필요한 사항을 규정함을 목적으로 한다.

POINT 시스템 및 안전관리

피난구조설비의 설치목적은 화재가 발생할 경우 피난하기 위하여 사용하는 기구 또는 설비로서 특정소방대상물에서 화재가 발생한 경우 연소생성물(열, 연기, 불꽃 등)에 의한 위험지역에서 피난 유도 및 인명을 구조하며, 평상시에는 관계인에 의한 화재예방을 위하여 정기적으로 점검하는 소방설비이다.

1. 비상조명등설비는 화재발생 등에 따른 정전 시에 안전하고 원활한 피난 활동을 위한 조명설비이다. 비상조명등의 구성은 비상조명등, 휴대용비상조명등의 종류가 있다.
2. 시스템을 구성하고 있는 피난구조설비는 「소방시설공사업법」의 소방시설공사 등의 품질과 안전이 확보되도록 시공되어야 하고, 소방기술의 관리에 필요한 화재안전기준에 적합하게 설계도서·시방서가 작성되어 성실하게 수행되어야 한다. 또한 「화재예방, 소방시설 설치·유지 및 안전관리에 관한 법률(이하 "소방시설법")」에 의한 소방용품의 제조 및 수입하려는 제품에 대하여 제품검사를 수행하고, 특정소방대상물의 관계인을 통하여 소방대상물의 안전관리가 이행되어야 한다.

제2조(적용범위) 「화재예방, 소방시설 설치·유지 및 안전관리에 관한 법률 시행령」(이하 "영"이라 한다) 별표 5 제3호라목과 마목에 따른 비상조명등 및 휴대용비상조명등은 이 기준에서 정하는 규정에 따라 설비를 설치하고 유지·관리하여야 한다.

POINT

1 특정소방대상물의 설치기준(별표 5 비상조명등 및 휴대용비상조명등)

소방시설	적용기준	설치대상
비상조명등 (창고시설 중 창고 및 하역장, 위험물 저장 및 처리 시설 중 가스시설은 제외)	1. 지하층을 포함하는 층수가 5층 이상인 건축물의 연면적	3천m² 이상
	2. 1에 해당하지 않는 특정소방대상물로서 그 지하층 또는 무창층의 바닥면적	450m² 이상
	3. 지하가 중 터널로서 길이	500m 이상

	1. 숙박시설	전부
휴대용비상조명등	2. 수용인원 100명 이상의 영화상영관, 판매시설 중 대규모 점포, 철도 및 도시철도 시설 중 지하역사, 지하가 중 지하상가	전부

2 소방시설의 설치 면제기준
1. (별표 6) 소방시설 설치 면제기준
   비상조명등을 설치하여야 하는 특정소방대상물에 피난구유도등 또는 통로유도등을 화재안전기준에 적합하게 설치한 경우에는 그 유도등의 유효범위에서 설치가 면제된다.
2. (별표 7) 소방시설을 설치하지 않을 수 있는 특정소방대상물 및 소방시설 범위 : 없음
3. 화재안전기준에 따른 면제기준 : 제5조(비상조명등의 제외) 참고

제3조(정의) 이 기준에서 사용하는 용어의 정의는 다음과 같다.
1. "비상조명등"이란 화재발생 등에 따른 정전 시에 안전하고 원활한 피난활동을 할 수 있도록 거실 및 피난통로 등에 설치되어 자동 점등되는 조명등을 말한다.
2. "휴대용비상조명등"이란 화재발생 등으로 정전시 안전하고 원활한 피난을 위하여 피난자가 휴대할 수 있는 조명등을 말한다.

제4조(설치기준) ① 비상조명등은 다음 각 호의 기준에 따라 설치하여야 한다.
1. 특정소방대상물의 각 거실과 그로부터 지상에 이르는 복도·계단 및 그 밖의 통로에 설치할 것
2. 조도는 비상조명등이 설치된 장소의 각 부분의 바닥에서 1Lx 이상이 되도록 할 것
3. 예비전원을 내장하는 비상조명등에는 평상시 점등여부를 확인할 수 있는 점검스위치를 설치하고 해당 조명등을 유효하게 작동시킬 수 있는 용량의 축전지와 예비전원 충전장치를 내장할 것
4. 예비전원을 내장하지 아니하는 비상조명등의 비상전원은 자가발전설비, 축전지설비 또는 전기저장장치(외부 전기에너지를 저장해 두었다가 필요한 때 전기를 공급하는 장치)를 다음 각 목의 기준에 따라 설치하여야 한다.
   가. 점검에 편리하고 화재 및 침수 등의 재해로 인한 피해를 받을 우려가 없는 곳에 설치할 것
   나. 상용전원으로부터 전력의 공급이 중단된 때에는 자동으로 비상전원으로부터 전력을 공급받을 수 있도록 할 것
   다. 비상전원의 설치장소는 다른 장소와 방화구획 할 것. 이 경우 그 장소에는 비상전원의 공급에 필요한 기구나 설비외의 것(열병합발전설비에 필요한 기구나 설비는 제외한다)을 두어서는 아니 된다.
   라. 비상전원을 실내에 설치하는 때에는 그 실내에 비상조명등을 설치할 것
5. 제3호와 제4호에 따른 비상전원은 비상조명등을 20분 이상 유효하게 작동시킬 수 있는 용량으로 할 것. 다만, 다음 각 목의 특정소방대상물의 경우에는 그 부분에서 피난층에 이르는 부분

의 비상조명등을 60분 이상 유효하게 작동시킬 수 있는 용량으로 하여야 한다.

　　가. 지하층을 제외한 층수가 11층 이상의 층

　　나. 지하층 또는 무창층으로서 용도가 도매시장·소매시장·여객자동차터미널·지하역사 또는 지하상가

　6. 영 별표 6 제10호 비상조명등의 설치면제 요건에서 "그 유도등의 유효범위안의 부분"이란 유도등의 조도가 바닥에서 1Lx 이상이 되는 부분을 말한다.

② 휴대용비상조명등은 다음 각 호의 기준에 적합하여야 한다.

　1. 다음 각 목의 장소에 설치할 것

　　가. 숙박시설 또는 다중이용업소에는 객실 또는 영업장안의 구획된 실마다 잘 보이는 곳(외부에 설치 시 출입문 손잡이로부터 1m 이내 부분)에 1개 이상 설치

　　나. 「유통산업발전법」 제2조제3호에 따른 대규모점포(지하상가 및 지하역사는 제외한다)와 영화상영관에는 보행거리 50m 이내마다 3개 이상 설치

　　다. 지하상가 및 지하역사에는 보행거리 25m 이내마다 3개 이상 설치

　2. 설치높이는 바닥으로부터 0.8m 이상 1.5m 이하의 높이에 설치할 것

　3. 어둠속에서 위치를 확인할 수 있도록 할 것

　4. 사용 시 자동으로 점등되는 구조일 것

　5. 외함은 난연성능이 있을 것

　6. 건전지를 사용하는 경우에는 방전방지조치를 하여야 하고, 충전식 배터리의 경우에는 상시 충전되도록 할 것

　7. 건전지 및 충전식 배터리의 용량은 20분 이상 유효하게 사용할 수 있는 것으로 할 것

》 휴대용비상조명등 설치 개요

구분	설치조건	설치개수
• 다중이용업소 • 숙박시설	객실 또는 영업장 안의 구획된 실마다 잘 보이는 곳(외부에 설치 시 출입문 손잡이로부터 1m 이내 부분)	1개 이상
• 지하역사 • 지하상가	보행거리 25m 이내	3개 이상
• 영화상영관 • 대규모 점포	보행거리 50m 이내	
• 대피공간(참고용)	대피공간에는 정전에 대비해 휴대용 손전등을 비치하거나 비상전원이 연설된 소냉설비가 설치[「발코니 등의 구조변경절차 및 설치기준」[국토교통부고시 제2010-622호] 제3조(대피공간의 구조)]	1개 이상

> **대규모점포[「유통산업발전법」 제2조(정의)]**
>
> 「유통산업발전법」 제2조(정의)에 따른 "대규모점포"라 함은 다음 각 목의 요건을 모두 갖춘 매장을 보유한 점포의 집단으로서 대통령령이 정하는 것을 말한다. → 대통령령이 정하는 것(세부내용 시행령 별표 1 참고) : 대형마트, 전문점, 백화점, 쇼핑센터, 복합쇼핑몰, 그 밖의 대규모점포로서 용역의 제공 장소를 제외한 매장의 합계가 3,000m^2 이상인 점포의 집단
> ① 하나 또는 대통령령이 정하는 2 이상의 연접되어 있는 건물 안에 하나 또는 여러 개로 나누어 설치되는 매장일 것 → 대통령령(시행령 제3조)이 정하는 2 이상의 연접되어 있는 건물 : 건물 간의 가장 가까운 거리가 50m 이내이고 소비자가 통행할 수 있는 지하도 또는 지상통로가 설치되어 있어 하나의 대규모점포로 기능할 수 있는 것
> ② 상시 운영되는 매장일 것
> ③ 매장면적의 합계가 3천m^2 이상일 것 → 시행령 제3조 : 매장면적 산정 시 건물 내의 매장과 바로 접한 공유부분인 복도가 있는 경우에는 그 복도의 면적을 포함한다.

제5조(비상조명등의 제외) ① 다음 각 호의 어느 하나에 해당하는 경우에는 비상조명등을 설치하지 아니한다.
 1. 거실의 각 부분으로부터 하나의 출입구에 이르는 보행거리가 15m 이내인 부분
 2. 의원·경기장·공동주택·의료시설·학교의 거실
② 지상1층 또는 피난층으로서 복도·통로 또는 창문 등의 개구부를 통하여 피난이 용이한 경우 또는 숙박시설로서 복도에 비상조명등을 설치 한 경우에는 휴대용비상조명등을 설치하지 아니할 수 있다.

제6조(설치·유지기준의 특례) 소방본부장 또는 소방서장은 기존건축물이 증축·개축·대수선되거나 용도 변경되는 경우에 있어서 이 기준이 정하는 기준에 따라 해당 건축물에 설치하여야 할 비상조명등의 배관·배선 등의 공사가 현저하게 곤란하다고 인정되는 경우에는 해당 설비의 기능 및 사용에 지장이 없는 범위 안에서 비상조명등의 설치·유지기준의 일부를 적용하지 아니할 수 있다.

제7조(재검토 기한) 소방청장은 「훈령·예규 등의 발령 및 관리에 관한 규정」에 따라 이 고시에 대하여 2017년 1월1일 기준으로 매 3년이 되는 시점(매 3년째의 12월 31일까지를 말한다)마다 그 타당성을 검토하여 개선 등의 조치를 하여야 한다.

제8조(규제의 재검토) 「행정규제기본법」 제8조에 따라 2015년 1월 1일을 기준으로 매 3년이 되는 시점(매 3번째의 12월 31일까지를 말한다)마다 그 타당성을 검토하여 개선 등의 조치를 하여야 한다.

✓ 소방시설 작동기능점검표 작성 예시

1 점검 전 준비사항
1) 점검장소의 협의나 협조 받을 건물 관계인 등 연락처를 사전 확보
2) 점검의 목적과 필요성에 대하여 건물 관계인에게 사전 안내 및 협의
3) 음향장치 및 각 실별 방문점검 사항을 공지하여 협조 요청

2 현장확인
1) 현장 시설물의 도면 등을 이용하여 설비의 개요 및 설치위치 등을 파악한다.
2) 점검사항을 토대로 점검순서를 계획하고 점검장비 및 공구를 준비한다.
3) 기존의 점검자료 및 조치결과가 있다면 점검 전 참고
4) 점검과 관련된 각종 법규 및 기준 등의 기술기준 등 규정사항을 준비하고 숙지한다.

3 점검표 작성을 위한 준비물

1) 소방시설등 작동기능점검 실시결과 보고서
화재예방, 소방시설 설치·유지 및 안전관리에 관한 법률 시행규칙 별지 서식

2) 소방시설등 작동기능 점검표
소방시설 자체점검사항 등에 관한 고시 서식

3) 건축물대장
건축물대장/소방도면 및 소방시설 현황/소방계획서 등

4) 점검에 필요한 장비

소방시설	장비	규격
공통시설	방수압력측정계, 절연저항계, 전류전압측정계	
자동화재탐지설비 시각경보기	열·연기감지기 시험기, 공기주입시험기, 감지기시험기연결폴대, 음량계	
누전경보기	누전계	부하전류 측정용

5) 자체점검 후 결과 조치(소방시설법 시행규칙 제19조)
(1) 작동기능점검 : 작동기능점검을 실시한 경우 7일 이내에 작동기능점검 실시결과 보고서를 소방본부장 또는 소방서장에게 제출하여야 한다.
(2) 종합정밀점검 : 종합정밀점검을 실시한 경우 7일 이내에 종합정밀점검 실시결과 보고서를 소방본부장 또는 소방서장에게 제출하여야 한다.
▶ 소방시설관리업자는 점검을 실시한 경우 점검이 끝난 날부터 10일 이내에 소방시설관리업자에 대한 평가 등에 관한 업무를 위탁받은 평가기관에 통보하여야 한다.

22. 비상조명등 및 휴대용비상조명등 점검표

번호	점검항목	점검결과
22 - A. 비상조명등		
22-A-001	○ 설치 위치(거실, 지상에 이르는 복도·계단, 그 밖의 통로) 적정 여부	
22-A-002	○ 비상조명등 변형·손상 확인 및 정상 점등 여부	
22-A-003	● 조도 적정 여부	
22-A-004	○ 예비전원 내장형의 경우 점검스위치 설치 및 정상 작동 여부	
22-A-005	● 비상전원 종류 및 설치장소 기준 적합 여부	
22-A-006	○ 비상전원 성능 적정 및 상용전원 차단 시 예비전원 자동전환 여부	
22 - B. 휴대용비상조명등		
22-B-001	○ 설치 대상 및 설치 수량 적정 여부	
22-B-002	○ 설치 높이 적정 여부	
22-B-003	○ 휴대용비상조명등의 변형 및 손상 여부	
22-B-004	○ 어둠 속에서 위치를 확인할 수 있는 구조인지 여부	
22-B-005	○ 사용 시 자동으로 점등되는지 여부	
22-B-006	○ 건전지를 사용하는 경우 유효한 방전 방지조치가 되어있는지 여부	
22-B-007	○ 충전식 배터리의 경우에는 상시 충전되도록 되어 있는지의 여부	
비고		

※ 점검항목 중 "●"는 종합정밀점검의 경우에만 해당한다.
※ 점검결과란은 양호 "○", 불량 "×", 해당없는 항목은 "/"로 표시한다.
※ 점검항목 내용 중 "설치기준" 및 "설치상태"에 대한 점검은 정상적인 작동 가능 여부를 포함한다.
※ '비고'란에는 특정소방대상물의 위치·구조·용도 및 소방시설의 상황 등이 이 표의 항목대로 기재하기 곤란하거나 이 표에서 누락된 사항을 기재한다.(이하 같다)

상수도 소화용수설비의 화재안전기준

[시행 2019. 5. 24.]
[소방청고시 제2019-38호, 2019. 5. 24., 일부개정.]

01 개요

NFSC 401

1 질의회신 및 핵심사항 분석

질의회신		참고 소방청 질의회신집
적용범위 (제2조)	Q	75mm 이상의 상수도용 배관이 설치되어 있으나 상수도사업소에서 수용가에 50mm 이상은 공급할 수 없다고 할 경우, 소화수조로 대체할 수 있는지 여부?
	A	특정소방대상물의 대지경계선으로부터 180mm 이내에 구경 75mm 이상의 상수도용 배수관이 설치된 경우 소화수조로 대체할 수 없으며 상수도소화용수설비를 설치해야 함

핵심사항	참고 기출자료
수원 등	• 소방용수시설에 있어서 수원의 기준과 종합정밀점검항목 • 소화수조 또는 저수조 확보수량/흡수관 투입구, 채수구 최소 설치수량
Key point	• 상수도소화용수설비 설치대상 및 소화수조 또는 저수조를 설치하는 경우 • 가압송수장치의 설치기준

2 시스템의 해설

상수도소화용수설비는 소화활동 시 소화용수가 부족할 경우 사용하는 설비로 상수도를 공급하기 어려운 경우 소화수조 및 저수조를 대신하여 설치하는 설비이다.

1) 구조도

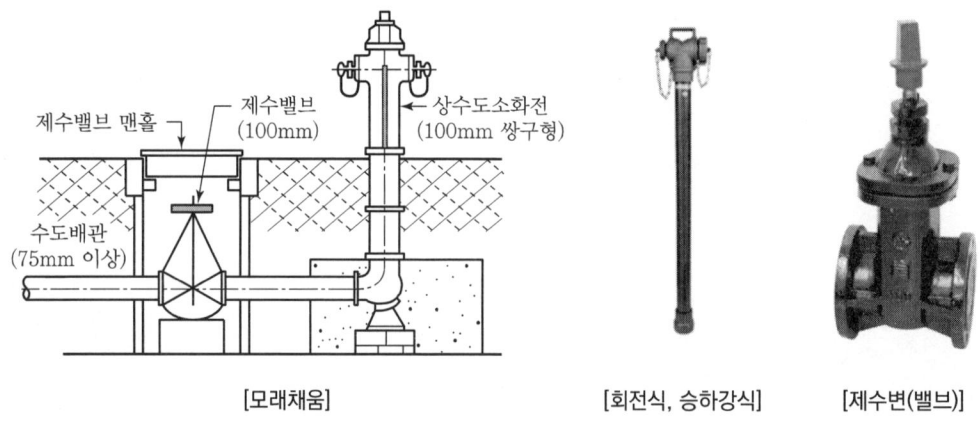

[모래채움]　　　　　　　　　　[회전식, 승하강식]　　　[제수변(밸브)]

2) 소방용품(소방시설법 시행령 제6조)

소화용수설비를 구성하는 제품 또는 기기는 ① 상수도소화용수설비, ② 소화수조·저수조, 그 밖의 소화용수설비 등이 있으며, 소화용수설비의 제품검사(형식승인 및 성능인증) 대상 품목은 ① 법 제36조제1항 본문에서 "대통령령으로 정하는 소방용품" ② 규칙 제15조제1항 본문에서 "행정안전부령으로 정하는 소방용품" ③ 규칙 제15조 및 별표 7 제22호에 따른 "소방청장이 고시하는 소방용품" 등으로 구분되고 소방용품은 제품검사를 받아 합격한 제품을 사용하여야 한다.

3) 용어 해설

(1) 소화용수설비와 소방용수시설의 비교

※ 참조 : 「소방시설법 시행령」 별표5 소화용수설비 및 「소방기본법」 제10조(소방용수시설의 설치 및 운영) 비교

① 소화용수설비와 소화용수시설

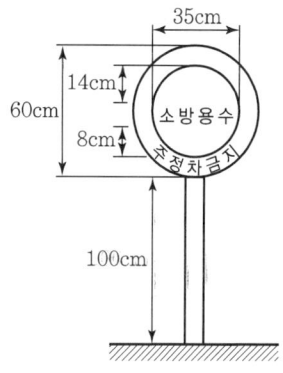

「설치유지법」 별표 5에 따른 소화용수설비(상수도소화용수설비, 소화수조 및 저수조)와 「소방기본법」 제10조(소방용수시설의 설치 및 운영)에 따른 소방용수시설과의 구분

㉠ 「설치유지법」 소화용수설비(상수도 소화용수설비, 소화수조 및 저수조)는 특정소방대상물이 일정규모(연면적 5,000m² 이상, 가스시설로서 지상에 노출된 저장용량의 합계가 100ton 이상일 때)이상일 경우 민간 사업자가 설치 및 유지·관리하여야 하는 시설이다.

㉡ 「소방기본법」 소화용수시설은 시·도지사가 설치 및 유지·관리하여야 하는 소화용수시설이며 그 종류는 소화전(消火栓)·급수탑(給水塔)·저수조(貯水槽) 등이다.

② 「소방기본법 시행규칙」 소방용수표지

㉠ 지하에 설치하는 소화전 또는 저수조의 경우 소방용수 표지는 다음 각목의 기준에 의한다.
- 맨홀뚜껑은 지름 648mm 이상의 것으로 할 것. 다만, 승하강식 소화전의 경우에는 이를 적용하지 아니한다.
- 맨홀뚜껑에는 "소화전·주차금지" 또는 "저수조·주차금지"의 표시를 할 것
- 맨홀뚜껑 부근에는 황색반사도료로 폭 15cm의 선을 그 둘레를 따라 칠할 것

㉡ 급수탑 및 지상에 설치하는 소화전·저수조의 경우 소방용수표지는 다음과 같다.
- 문자는 백색, 내측바탕은 적색, 외측바탕은 청색으로 하고 반사도료를 사용하여야 한다.
- 위의 표지를 세우는 것이 매우 어렵거나 부적당한 경우에는 그 규격 등을 다르게 할 수 있다.

③ 「소방기본법 시행규칙」 소방용수시설의 설치기준
㉠ 공통기준

- 국토의 계획 및 이용에 관한 법률 제36조제1항제1호의 규정에 의한 주거지역·상업지역 및 공업지역에 설치하는 경우 : 소방대상물과의 수평거리를 100m 이하가 되도록 할 것
- 가목 외의 지역에 설치하는 경우 : 소방대상물과의 수평거리를 140m 이하가 되도록 할 것

ⓒ 소방용수시설별 설치기준
- 소화전의 설치기준 : 상수도와 연결하여 지하식 또는 지상식의 구조로 하고, 소방용호스와 연결하는 소화전의 연결금속구의 구경은 65mm로 할 것
- 급수탑의 설치기준 : 급수배관의 구경은 100mm 이상으로 하고, 개폐밸브는 지상에서 1.5m 이상 1.7m 이하의 위치에 설치하도록 할 것
- 저수조의 설치기준
  - 지면으로부터의 낙차가 4.5m 이하일 것
  - 흡수부분의 수심이 0.5mm 이상일 것
  - 소방펌프자동차가 쉽게 접근할 수 있도록 할 것
  - 흡수에 지장이 없도록 토사 및 쓰레기 등을 제거할 수 있는 설비를 갖출 것
  - 흡수관의 투입구가 사각형의 경우에는 한 변의 길이가 60cm 이상, 원형의 경우에는 지름이 60cm 이상일 것
  - 저수조에 물을 공급하는 방법은 상수도에 연결하여 자동으로 급수되는 구조일 것

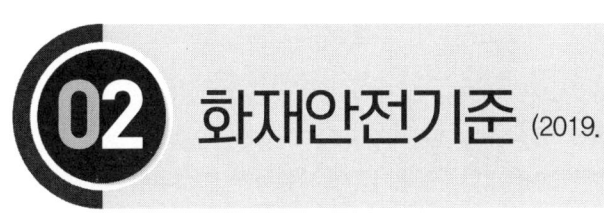

화재안전기준 (2019. 5. 24 기준 원문)

NFSC 401

제1조(목적) 이 기준은 「화재예방, 소방시설 설치·유지 및 안전관리에 관한 법률」 제9조제1항에 따라 소방청장에게 위임한 사항 중 소화용수설비인 상수도소화용수설비의 설치·유지 및 안전관리에 필요한 사항을 규정함을 목적으로 한다.

POINT 시스템 및 안전관리

소화용수설비의 설치목적은 화재를 진압하는 데 필요한 물을 공급하거나 저장하는 설비로서 특정소방대상물에서 화재가 발생한 경우 소방관의 소화활동 시 필요한 소화용수를 공급하며, 평상시에는 관계인에 의한 화재예방을 위하여 정기적으로 점검하는 소방설비이다.

1. 상수도소화용수설비는 일정한 수도배관에 소화전을 설치하여 소화활동상 소방차가 화재 발생 지역에서 부족한 소화용수를 수도배관에 연결된 소화전을 통하여 공급하는 소화용수설비이다. 상수도소화용수설비의 구성은 제수변(밸브)·소화전·배관 등으로 구성된다.
2. 시스템을 구성하고 있는 소화용수설비는 「소방시설공사업법」의 소방시설공사 등의 품질과 안전이 확보되도록 시공되어야 하고, 소방기술의 관리에 필요한 화재안전기준에 적합하게 설계도서·시방서가 작성되어 성실하게 수행되어야 한다. 또한 「화재예방, 소방시설 설치·유지 및 안전관리에 관한 법률(이하 "소방시설법")」에 의한 소방용품의 제조 및 수입하려는 제품에 대하여 제품검사를 수행하고, 특정소방대상물의 관계인을 통하여 소방대상물의 안전관리가 이행되어야 한다.

제2조(적용범위) 「화재예방, 소방시설 설치·유지 및 안전관리에 관한 법률 시행령」(이하 "영"이라 한다) 별표 5 제4호에 따른 소화용수설비 중 상수도소화용수설비는 이 기준에서 정하는 규정에 따라 설비를 설치하고 유지·관리하여야 한다.

POINT

1 특정소방대상물의 설치기준(별표 5 상수도소화용수설비)

소방시설	적용기준	설치대상
상수도 소화용수설비	1. 건축물의 연면적(위험물 저장 및 처리 시설 중 가스시설, 지하가 중 터널 또는 지하구의 경우 제외)	5천m² 이상
	2. 가스시설로서 지상에 노출된 탱크의 저장용량의 합계	100톤 이상인 것
	※ 특정소방대상물의 대지 경계선으로부터 180m 이내에 지름 75mm 이상인 상수도용 배수관이 설치되지 않은 지역의 경우 소화수조 또는 저수조를 설치	

2 소방시설의 설치 면제기준

1. (별표 6) 소방시설 설치 면제기준
   가. 상수도소화용수설비를 설치하여야 하는 특정소방대상물의 각 부분으로부터 수평거리 140m 이내에 공공의 소방을 위한 소화전이 화재안전기준에 적합하게 설치되어 있는 경우에는 설치가 면제된다.
   나. 소방본부장 또는 소방서장이 상수도소화용수설비의 설치가 곤란하다고 인정하는 경우로서 화재안전기준에 적합한 소화수조 또는 저수조가 설치되어 있거나 이를 설치하는 경우에는 그 설비의 유효범위에서 설치가 면제된다.

2. (별표 7) 소방시설을 설치하지 않을 수 있는 특정소방대상물 및 소방시설 범위

구분	특정소방대상물	소방시설
1. 화재 위험도가 낮은 특정소방대상물	「소방기본법」 제2조제5호에 따른 소방대(消防隊)가 조직되어 24시간 근무하고 있는 청사 및 차고	옥내소화전설비, 스프링클러설비, 물분무등소화설비, 비상방송설비, 피난기구, 소화용수설비, 연결송수관설비, 연결살수설비
2. 화재안전기준을 적용하기 어려운 특정소방대상물	펄프공장의 작업장, 음료수 공장의 세정 또는 충전을 하는 작업장, 그 밖에 이와 비슷한 용도로 사용하는 것	스프링클러설비, 상수도소화용수설비 및 연결살수설비
	정수장, 수영장, 목욕장, 농예·축산·어류양식용 시설, 그 밖에 이와 비슷한 용도로 사용되는 것	자동화재탐지설비, 상수도소화용수설비 및 연결살수설비
4. 「위험물 안전관리법」 제19조에 따른 자체소방대가 설치된 특정소방대상물	자체소방대가 설치된 위험물 제조소등에 부속된 사무실	옥내소화전설비, 소화용수설비, 연결살수설비 및 연결송수관설비

제3조(정의) 이 기준에서 사용하는 용어의 정의는 다음과 같다.
1. "호칭지름"이란 일반적으로 표기하는 배관의 직경을 말한다.
2. "수평투영면"이란 건축물을 수평으로 투영하였을 경우의 면을 말한다.

제4조(설치기준) 상수도소화용수설비는 「수도법」에 따른 기준 외에 다음 각 호의 기준에 따라 설치하여야 한다.
1. 호칭지름 75mm 이상의 수도배관에 호칭지름 100mm 이상의 소화전을 접속할 것
2. 제1호에 따른 소화전은 소방자동차 등의 진입이 쉬운 도로변 또는 공지에 설치할 것
3. 제1호에 따른 소화전은 특정소방대상물의 수평투영면의 각 부분으로부터 140m 이하가 되도록 설치할 것

소방용수표지(소방기본법 시행규칙 별표 2)

소방용수표지(제6조제1항 관련) 용어해설 참조

제5조(설치ㆍ유지기준의 특례) 소방본부장 또는 소방서장은 기존건축물이 증축ㆍ개축ㆍ대수선되거나 용도 변경되는 경우에 있어서 이 기준이 정하는 기준에 따라 해당 건축물에 설치하여야 할 상수도소화용수설비의 배관 등의 공사가 현저하게 곤란하다고 인정되는 경우에는 해당 설비의 기능 및 사용에 지장이 없는 범위 안에서 상수도소화용수설비의 설치ㆍ유지기준의 일부를 적용하지 아니할 수 있다.

제6조(재검토기한) 소방청장은 이 고시에 대하여「훈령ㆍ예규 등의 발령 및 관리에 관한 규정」에 따라 2019년 1월 1일 기준으로 매3년이 되는 시점(매 3년째의 12월 31일까지를 말한다)마다 그 타당성을 검토하여 개선 등의 조치를 하여야 한다.

제7조(규제의 재검토)「행정규제기본법」제8조에 따라 2015년 1월 1일을 기준으로 매 3년이 되는 시점(매 3번째의 12월 31일까지를 말한다)마다 그 타당성을 검토하여 개선 등의 조치를 하여야 한다.

부칙

〈제2019-38호, 2019. 5. 24.〉

이 고시는 발령한 날부터 시행한다.

03 소방시설 자체점검

참고 소방시설 자체점검사항 등에 관한 고시, 한국소방안전원

✓ 소방시설 작동기능점검표 작성 예시

1 점검 전 준비사항
1) 점검장소의 협의나 협조 받을 건물 관계인 등 연락처를 사전 확보
2) 점검의 목적과 필요성에 대하여 건물 관계인에게 사전 안내 및 협의
3) 음향장치 및 각 실별 방문점검 사항을 공지하여 협조 요청

2 현장확인
1) 현장 시설물의 도면 등을 이용하여 설비의 개요 및 설치위치 등을 파악한다.
2) 점검사항을 토대로 점검순서를 계획하고 점검장비 및 공구를 준비한다.
3) 기존의 점검자료 및 조치결과가 있다면 점검 전 참고
4) 점검과 관련된 각종 법규 및 기준 등의 기술기준 등 규정사항을 준비하고 숙지한다.

3 점검표 작성을 위한 준비물
1) 소방시설등 작동기능점검 실시결과 보고서
   화재예방, 소방시설 설치·유지 및 안전관리에 관한 법률 시행규칙 별지 서식

2) 소방시설등 작동기능 점검표
   소방시설 자체점검사항 등에 관한 고시 서식

3) 건축물대장
   건축물대장/소방도면 및 소방시설 현황/소방계획서 등

4) 점검에 필요한 장비

소방시설	장비	규격
공통시설	방수압력측정계, 절연저항계, 전류전압측정계	
스프링클러설비, 포소화설비	헤드결합렌치	1,400mm

5) 자체점검 후 결과 조치(소방시설법 시행규칙 제19조)
   (1) 작동기능점검 : 작동기능점검을 실시한 경우 7일 이내에 작동기능점검 실시결과 보고서를 소방본부장 또는 소방서장에게 제출하여야 한다.
   (2) 종합정밀점검 : 종합정밀점검을 실시한 경우 7일 이내에 종합정밀점검 실시결과 보고서를 소방본부장 또는 소방서장에게 제출하여야 한다.
   ▶ 소방시설관리업자는 점검을 실시한 경우 점검이 끝난 날부터 10일 이내에 소방시설관리업자에 대한 평가 등에 관한 업무를 위탁받은 평가기관에 통보하여야 한다.

23. 소화용수설비 점검표

번호	점검항목	점검결과
23-A. 소화수조 및 저수조		
23-A-001	[수원] ○ 수원의 유효수량 적정 여부	
23-A-011 23-A-012 23-A-013	[흡수관투입구] ○ 소방차 접근 용이성 적정 여부 ● 크기 및 수량 적정 여부 ○ "흡수관투입구" 표지 설치 여부	
23-A-021 23-A-022 23-A-023 23-A-024	[채수구] ○ 소방차 접근 용이성 적정 여부 ● 결합금속구 구경 적정 여부 ● 채수구 수량 적정 여부 ○ 개폐밸브의 조작 용이성 여부	
23-A-031 23-A-032 23-A-033 23-A-034 23-A-035 23-A-036 23-A-037 23-A-038	[가압송수장치] ○ 기동스위치 채수구 직근 설치 여부 및 정상 작동 여부 ○ "소화용수설비펌프" 표지 설치상태 적정 여부 ● 동결방지조치 상태 적정 여부 ● 토출측 압력계, 흡입측 연성계 또는 진공계 설치 여부 ○ 성능시험배관 적정 설치 및 정상작동 여부 ○ 순환배관 설치 적정 여부 ○ 물올림장치 설치 적정(전용 여부, 유효수량, 배관구경, 자동급수) 여부 ○ 내연기관 방식의 펌프 설치 적정(제어반 기동, 채수구 원격조작, 기동표시등 설치, 축전지 설비) 여부	
23-B. 상수도소화용수설비		
23-B-001 23-B-002	○ 소화전 위치 적정 여부 ○ 소화전 관리상태(변형·손상 등) 및 방수 원활 여부	
비고		

※ 점검항목 중 "●"는 종합정밀점검의 경우에만 해당한다.
※ 점검결과란은 양호 "○", 불량 "×", 해당없는 항목은 "/"로 표시한다.
※ 점검항목 내용 중 "설치기준" 및 "설치상태"에 대한 점검은 정상적인 작동 가능 여부를 포함한다.
※ '비고'란에는 특정소방대상물의 위치·구조·용도 및 소방시설의 상황 등이 이 표의 항목대로 기재하기 곤란하거나 이 표에서 누락된 사항을 기재한다.(이하 같다)

소화수조 및 저수조의 화재안전기준

[시행 2021. 8. 5.]
[소방청고시 제2021-30호, 2021. 8. 5., 일부개정.]

개요

NFSC 402

1 질의회신 및 핵심사항 분석

	질의회신	참고 소방청 질의회신집
소화수조 배관	Q 75mm 이상의 상수도용 배관이 설치되어 있으나 상수도 사업소에서 수용가에 50mm 이상은 공급할 수 없다고 할 경우, 소화수조로 대체할 수 있는지 여부?	
	A 특정소방대상물의 대지경계선으로부터 180m 이내에 구경 75mm 이상의 상수도용 배수관이 설치된 경우 소화수조로 대체할 수 없으며 상수도 소화용수설비를 설치해야 함	
	핵심사항	참고 기출자료
수원 등	• 소방용수시설에 있어서 수원의 기준과 종합정밀점검항목을 기술 • 소화수조 또는 저수조 확보수량 / 흡수관 투입구, 채수구 최소설치수량	
Key point	• 상수도소화용수설비 설치대상 및 소화수조 또는 저수조를 설치하는 경우 • 가압송수장치의 설치기준	

2 시스템의 해설(저수량, 흡수관 투입구, 채수구, 가압송수장치)

현대 건축물은 화재가 발생하는 요인이 증가되고, 소화의 어려움을 확대되어 화재를 조기에 발견하여 경보하고 화재 확대를 최소한으로 저지하는 것이 매우 중요한 일이다. 따라서 관계법령에서는 건축물의 구조 · 규모 · 수용인원 · 용도 등에 따라 소방시설의 설치를 의무화하고 있다. 소화수조 및 저수조는 소화활동 시 소화용수가 부족할 경우 사용하는 설비로 상수도를 공급하기 어려운 경우 설치하는 설비이다.

1) 소방용품(소방시설법 시행령 제6조)

소화용수설비를 구성하는 제품 또는 기기는 ① 상수도소화용수설비, ② 소화수조 · 저수조, 그 밖의 소화용수설비 등이 있으며 등이 있으며, 소화용수설비의 제품검사(형식승인 및 성능인증) 대상 품목은 ① 법 제36조제1항 본문에서 "대통령령으로 정하는 소방용품" ② 규칙 제15조제1항 본문에서 "행정안전부령으로 정하는 소방용품" ③ 규칙 제15조 및 별표 7 제22호에 따른 "소방청장이 고시하는 소방용품" 등으로 구분되고 소방용품은 제품검사를 받아 합격한 제품을 사용하여야 한다.

화재안전기준 (2021. 8. 5 기준 원문)

NFSC 402

제1조(목적) 이 기준은 「화재예방, 소방시설 설치·유지 및 안전관리에 관한 법률」 제9조제1항에 따라 소방청장에게 위임한 사항 중 소화용수설비인 소화수조 및 저수조의 설치·유지 및 안전관리에 필요한 사항을 규정함을 목적으로 한다.

POINT 시스템 및 안전관리

소화용수설비의 설치목적은 화재를 진압하는 데 필요한 물을 공급하거나 저장하는 설비로서 특정소방대상물에서 화재가 발생한 경우 소방관의 소화활동 시 필요한 소화용수를 공급하며, 평상시에는 관계인에 의한 화재예방을 위하여 정기적으로 점검하는 소방설비이다.

1. 소화수조 및 저수조는 상수도소화용수설비를 설치할 수 없는 일정 규모 이상의 건축물에 소화 시 필요한 물을 항상 저장하기 위한 설비이다. 소화수조 및 저수조의 구성은 소화수조, 채수구 또는 흡수관투입구, 가압송수장치, 배관 등으로 구성된다.
2. 시스템을 구성하고 있는 소화용수설비는 「소방시설공사업법」의 소방시설공사 등의 품질과 안전이 확보되도록 시공되어야 하고, 소방기술의 관리에 필요한 화재안전기준에 적합하게 설계도서·시방서가 작성되어 성실하게 수행되어야 한다. 또한 「화재예방, 소방시설 설치·유지 및 안전관리에 관한 법률(이하 "소방시설법")」에 의한 소방용품의 제조 및 수입하려는 제품에 대하여 제품검사를 수행하고, 특정소방대상물의 관계인을 통하여 소방대상물의 안전관리가 이행되어야 한다.

제2조(적용범위) 「화재예방, 소방시설 설치·유지 및 안전관리에 관한 법률 시행령」(이하 "영"이라 한다) 별표 5 제4호에 따른 소화용수설비 중 소화수조 및 저수조는 이 기준에서 정하는 규정에 따라 설비를 설치하고 유지·관리하여야 한다

POINT

1 특정소방대상물의 설치기준(별표 5 소화수조 및 저수조)

소방시설	적용기준	설치대상
상수도 소화용수설비	1) 건축물의 연면적(위험물 저장 및 처리 시설 중 가스시설, 지하가 중 터널 또는 지하구의 경우 제외)	5천m² 이상
	2) 가스시설로서 지상에 노출된 탱크의 저장용량의 합계	100톤 이상인 것
	※ 특정소방대상물의 대지 경계선으로부터 180m 이내에 지름 75mm 이상인 상수도용 배수관이 설치되지 않은 지역의 경우 소화수조 또는 저수조를 설치	

소화수조 및 저수조의 화재안전기준[NFSC 402] **519**

❷ 소방시설의 설치 면제기준

1. (별표 6) 소방시설 설치 면제기준
   가. 상수도소화용수설비를 설치하여야 하는 특정소방대상물의 각 부분으로부터 수평거리 140m 이내에 공공의 소방을 위한 소화전이 화재안전기준에 적합하게 설치되어 있는 경우에는 설치가 면제된다.
   나. 소방본부장 또는 소방서장이 상수도소화용수설비의 설치가 곤란하다고 인정하는 경우로서 화재안전기준에 적합한 소화수조 또는 저수조가 설치되어 있거나 이를 설치하는 경우에는 그 설비의 유효범위에서 설치가 면제된다.
2. (별표 7) 소방시설을 설치하지 않을 수 있는 특정소방대상물 및 소방시설 범위

구분	특정소방대상물	소방시설
1. 화재 위험도가 낮은 특정소방대상물	「소방기본법」 제2조제5호에 따른 소방대(消防隊)가 조직되어 24시간 근무하고 있는 청사 및 차고	옥내소화전설비, 스프링클러설비, 물분무등소화설비, 비상방송설비, 피난기구, 소화용수설비, 연결송수관설비, 연결살수설비
4. 「위험물 안전관리법」 제19조에 따른 자체소방대가 설치된 특정소방대상물	자체소방대가 설치된 위험물 제조소등에 부속된 사무실	옥내소화전설비, 소화용수설비, 연결살수설비 및 연결송수관설비

제3조(정의) 이 기준에서 사용하는 용어의 정의는 다음과 같다.
1. "소화수조 또는 저수조"란 수조를 설치하고 여기에 소화에 필요한 물을 항시 채워두는 것을 말한다.
2. "채수구"란 소방차의 소방호스와 접결되는 흡입구를 말한다.

제4조(소화수조 등) ① 소화수조, 저수조의 채수구 또는 흡수관투입구는 소방차가 2m 이내의 지점까지 접근할 수 있는 위치에 설치하여야 한다.
② 소화수조 또는 저수조의 저수량은 특정소방대상물의 연면적을 다음 표에 따른 기준면적으로 나누어 얻은 수(소수점 이하의 수는 1로 본다)에 20m³를 곱한 양 이상이 되도록 하여야 한다.

소방대상물의 구분	면적
1. 1층 및 2층의 바닥면적 합계가 15,000m² 이상인 소방대상물	7,500m²
2. 제1호에 해당되지 아니하는 그 밖의 소방대상물	12,500m²

③ 소화수조 또는 저수조는 다음 각 호의 기준에 따라 흡수관투입구 또는 채수구를 설치하여야 한다.
1. 지하에 설치하는 소화용수설비의 흡수관투입구는 그 한 변이 0.6m 이상이거나 직경이 0.6m 이상인 것으로 하고, 소요수량이 80m³ 미만인 것은 1개 이상, 80m³ 이상인 것은 2개 이상을 설치하여야 하며, "흡관투입구"라고 표시한 표지를 할 것

2. 소화용수설비에 설치하는 채수구는 다음 각 목의 기준에 따라 설치할 것
   가. 채수구는 다음 표에 따라 소방용호스 또는 소방용흡수관에 사용하는 구경 65mm 이상의 나사식 결합금속구를 설치할 것

소요수량	20m³ 이상 40m³ 미만	40m³ 이상 100m³ 미만	100m³ 이상
채수구의 수	1개	2개	3개

   나. 채수구는 지면으로부터의 높이가 0.5m 이상 1m 이하의 위치에 설치하고 "채수구"라고 표시한 표지를 할 것
④ 소화용수설비를 설치하여야 할 특정소방대상물에 있어서 유수의 양이 0.8m³/min 이상인 유수를 사용할 수 있는 경우에는 소화수조를 설치하지 아니할 수 있다.

제5조(가압송수장치) ① 소화수조 또는 저수조가 지표면으로부터의 깊이(수조 내부바닥까지의 길이를 말한다)가 4.5m 이상인 지하에 있는 경우에는 다음 표에 따라 가압송수장치를 설치하여야 한다. 다만, 제4조 제2항에 따른 저수량을 지표면으로부터 4.5m 이하인 지하에서 확보할 수 있는 경우에는 소화수조 또는 저수조의 지표면으로부터의 깊이에 관계없이 가압송수장치를 설치하지 아니할 수 있다.

소요수량	20m³ 이상 40m³ 미만	40m³ 이상 100m³ 미만	100m³ 이상
가압송수장치의 1분당 양수량	1,100L 이상	2,200L 이상	3,300L 이상

② 소화수조가 옥상 또는 옥탑의 부분에 설치된 경우에는 지상에 설치된 채수구에서의 압력이 0.15 MPa 이상이 되도록 하여야 한다.
③ 전동기 또는 내연기관에 따른 펌프를 이용하는 가압송수장치는 다음 각 호의 기준에 따라 설치하여야 한다.
  1. 쉽게 접근할 수 있고 점검하기에 충분한 공간이 있는 장소로서 화재 및 침수 등의 재해로 인한 피해를 받을 우려가 없는 곳에 설치할 것
  2. 동결방지조치를 하거나 동결의 우려가 없는 장소에 설치할 것
  3. 펌프는 전용으로 할 것. 다만, 다른 소화설비와 겸용하는 경우 각각의 소화설비의 성능에 지장이 없을 때에는 예외로 한다.
  4. 펌프의 토출측에는 압력계를 체크밸브 이전에 펌프토출측 플랜지에서 가까운 곳에 설치하고, 흡입측에는 연성계 또는 진공계를 설치할 것. 다만, 수원의 수위가 펌프의 위치보다 높거나 수직회전축 펌프의 경우에는 연성계 또는 진공계를 설치하지 아니할 수 있다.
  5. 가압송수장치에는 정격부하운전 시 펌프의 성능을 시험하기 위한 배관을 설치할 것
  6. 가압송수장치에는 체절운전 시 수온의 상승을 방지하기 위한 순환배관을 설치할 것
  7. 기동장치로는 보호판을 부착한 기동스위치를 채수구 직근에 설치할 것

8. 수원의 수위가 펌프보다 낮은 위치에 있는 가압송수장치에는 다음 각 목의 기준에 따른 물올림장치를 설치할 것
   가. 물올림장치에는 전용의 탱크를 설치할 것
   나. 탱크의 유효수량은 100L 이상으로 하되, 구경 15mm 이상의 급수배관에 따라 해당 탱크에 물이 계속 보급되도록 할 것
9. 내연기관을 사용하는 경우에는 다음 각 목의 기준에 적합한 것으로 할 것
   가. 내연기관의 기동은 채수구의 위치에서 원격조작으로 가능하고 기동을 명시하는 적색등을 설치할 것
   나. 제어반에 따라 내연기관의 기동이 가능하고 상시 충전되어 있는 축전지설비를 갖출 것
10. 가압송수장치에는 "소화용수설비펌프"라고 표시한 표지를 할 것. 이 경우 그 가압송수장치를 다른 설비와 겸용하는 때에는 그 겸용되는 설비의 이름을 표시한 표지를 함께 하여야 한다.
11. 가압송수장치는 부식 등으로 인한 펌프의 고착을 방지할 수 있도록 다음 각 목의 기준에 적합한 것으로 할 것. 다만, 충압펌프는 제외한다.
    가. 임펠러는 청동 또는 스테인리스 등 부식에 강한 재질을 사용할 것
    나. 펌프축은 스테인리스 등 부식에 강한 재질을 사용할 것

제6조(설치·유지기준의 특례) 소방본부장 또는 소방서장은 기존건축물이 증축·개축·대수선되거나 용도 변경되는 경우에 있어서 이 기준이 정하는 기준에 따라 해당 건축물에 설치하여야 할 소화수조 및 저수조의 배관·배선 등의 공사가 현저하게 곤란하다고 인정되는 경우에는 해당 설비의 기능 및 사용에 지장이 없는 범위 안에서 소화수조 및 저수조의 설치·유지기준의 일부를 적용하지 아니할 수 있다.

제7조(재검토기한) 소방청장은 이 고시에 대하여 「훈령·예규 등의 발령 및 관리에 관한 규정」에 따라 2021년 7월 1일 기준으로 매3년이 되는 시점(매 3년째의 12월 31일까지를 말한다)마다 그 타당성을 검토하여 개선 등의 조치를 하여야 한다.

제8조(규제의 재검토) 「행정규제기본법」제8조에 따라 2015년 1월 1일을 기준으로 매 3년이 되는 시점(매 3번째의 12월 31일까지를 말한다)마다 그 타당성을 검토하여 개선 등의 조치를 하여야 한다.

03 소방시설 자체점검

참고 소방시설 자체점검사항 등에 관한 고시, 한국소방안전원

✓ 소방시설 작동기능점검표 작성 예시

1 점검 전 준비사항
1) 점검장소의 협의나 협조 받을 건물 관계인 등 연락처를 사전 확보
2) 점검의 목적과 필요성에 대하여 건물 관계인에게 사전 안내 및 협의
3) 음향장치 및 각 실별 방문점검 사항을 공지하여 협조 요청

2 현장확인
1) 현장 시설물의 도면 등을 이용하여 설비의 개요 및 설치위치 등을 파악한다.
2) 점검사항을 토대로 점검순서를 계획하고 점검장비 및 공구를 준비한다.
3) 기존의 점검자료 및 조치결과가 있다면 점검 전 참고
4) 점검과 관련된 각종 법규 및 기준 등의 기술기준 등 규정사항을 준비하고 숙지한다.

3 점검표 작성을 위한 준비물

1) **소방시설등 작동기능점검 실시결과 보고서**
   화재예방, 소방시설 설치·유지 및 안전관리에 관한 법률 시행규칙 별지 서식

2) **소방시설등 작동기능 점검표**
   소방시설 자체점검사항 등에 관한 고시 서식

3) **건축물대장**
   건축물대장/소방도면 및 소방시설 현황/소방계획서 등

4) **점검에 필요한 장비**

소방시설	장비	규격
공통시설	방수압력측정계, 절연저항계, 전류전압측정계	
옥내소화전설비, 옥외소화전설비	소화전밸브압력계	

5) **자체점검 후 결과 조치(소방시설법 시행규칙 제19조)**
   (1) 작동기능점검 : 작동기능점검을 실시한 경우 7일 이내에 작동기능점검 실시결과 보고서를 소방본부장 또는 소방서장에게 제출하여야 한다.
   (2) 종합정밀점검 : 종합정밀점검을 실시한 경우 7일 이내에 종합정밀점검 실시결과 보고서를 소방본부장 또는 소방서장에게 제출하여야 한다.
   ▶ 소방시설관리업자는 점검을 실시한 경우 점검이 끝난 날부터 10일 이내에 소방시설관리업자에 대한 평가 등에 관한 업무를 위탁받은 평가기관에 통보하여야 한다.

23. 소화용수설비 점검표

번호	점검항목	점검결과
23-A. 소화수조 및 저수조		
23-A-001	[수원] ○ 수원의 유효수량 적정 여부	
23-A-011 23-A-012 23-A-013	[흡수관투입구] ○ 소방차 접근 용이성 적정 여부 ● 크기 및 수량 적정 여부 ○ "흡수관투입구" 표지 설치 여부	
23-A-021 23-A-022 23-A-023 23-A-024	[채수구] ○ 소방차 접근 용이성 적정 여부 ● 결합금속구 구경 적정 여부 ● 채수구 수량 적정 여부 ○ 개폐밸브의 조작 용이성 여부	
23-A-031 23-A-032 23-A-033 23-A-034 23-A-035 23-A-036 23-A-037 23-A-038	[가압송수장치] ○ 기동스위치 채수구 직근 설치 여부 및 정상 작동 여부 ○ "소화용수설비펌프" 표지 설치상태 적정 여부 ● 동결방지조치 상태 적정 여부 ● 토출측 압력계, 흡입측 연성계 또는 진공계 설치 여부 ○ 성능시험배관 적정 설치 및 정상작동 여부 ○ 순환배관 설치 적정 여부 ○ 물올림장치 설치 적정(전용 여부, 유효수량, 배관구경, 자동급수) 여부 ○ 내연기관 방식의 펌프 설치 적정(제어반 기동, 채수구 원격조작, 기동표시등 설치, 축전지 설비) 여부	
23-B. 상수도소화용수설비		
23-B-001 23-B-002	○ 소화전 위치 적정 여부 ○ 소화전 관리상태(변형·손상 등) 및 방수 원활 여부	
비고		

※ 점검항목 중 "●"는 종합정밀점검의 경우에만 해당한다.
※ 점검결과란은 양호 "○", 불량 "×", 해당없는 항목은 "/"로 표시한다.
※ 점검항목 내용 중 "설치기준" 및 "설치상태"에 대한 점검은 정상적인 작동 가능 여부를 포함한다.
※ '비고'란에는 특정소방대상물의 위치·구조·용도 및 소방시설의 상황 등이 이 표의 항목대로 기재하기 곤란하거나 이 표에서 누락된 사항을 기재한다.(이하 같다)

제연설비의 화재안전기준

[시행 2017. 7. 26.]
[소방청고시 제2017-1호, 2017. 7. 26., 타법개정.]

개요

NFSC 501

1 질의회신 및 핵심사항 분석

질의회신　　　　　　　　　　　　　　　　　　참고 소방청 질의회신집

적용범위 (제2조)	**Q** 무대부 적용여부[소방제도팀 - 91 - 2007.2.13] : "무대부"는 계속적인 공연을 위하여 고정된 무대조명설비 및 음향설비를 갖춘 곳을 말하는지 아니면 건축도면상 무대부를 말하는지? **A** 소방 관계 법령상 용어의 정의는 없으나 무대부라 함은 통상적으로 연극·음악연주 등을 계속적으로 행하기 위해 일정한 장소에 계속적으로 설치된 시설물을 말하며 건축도면상 무대부라고 표시된 경우를 "무대부"로 적용하는 것은 아닙니다. **Q** 무대부 주위에 설치된 거실(분장실 등)을 모두 무대부로 보아야 하는지? **A** 무대부에 포함되지만 범위를 정확히 한정하기는 어려우므로 무대의 규모와 범위에 따라 관할 소방서장이 판단하여야 할 것으로 사료됨 **Q** 문화 및 집회시설로서 수용인원 100인 이상이라 하더라도 무대부로 정의할 수 없는 강단 등으로 이루어진 곳은 제외할 수 있는지? **A** 수용인원 100인 이상이라 하더라도 무대부로 정의할 수 없는 강단 등으로 이루어진 곳은 개방형헤드 설치하지 않을 수 있음 **Q** 영화상영관의 스크린 설치장소는 무대부에 포함되지 않는지? **A** 무대부로 사용되지 않으므로 설치장소는 포함되지 않음 **Q** 근린생활시설 용도변경 시 거실제연설비 설치여부[소방제도과 - 483 2008.8.22] : 대수선 및 용도변경으로 인하여 지하 1층 판매, 위락시설(4,966m² 이상)일 경우 대상여부? **A** 지하층에 해당하는 지하 1층은 대상이 되나 1, 3, 4층(유창층)은 대상 되지 않음 **Q** 터널 해당 여부 및 제연설비 설치여부[소방제도과 - 3327 2009.7.21] : 지하터널에 반터널형 지상도로 140m 부분과 터널형 방음벽을 연결할 경우 1,075m로서 터널에 해당되는지 여부? **A** 지하터널만 소방 관련 법령에 의한 터널에 해당됨
제연설비 (제4조)	**Q** 당 현장은 천장마감이 없는 형태로 보를 제연경계로 사용할 수 있는지와 제어커튼(망입유리)로 제연구역을 구획할 경우 제연 커튼에 배관이나 덕트 등 관통 가능여부? **A** 보는 제연경계로 사용할 수 있으며, 제연커튼의 관통은 불가피할 경우 사용가능하며, 열, 연기의 이동통로가 되지 않도록 불연재료 이상으로 마감처리를 하여야 할 것으로 판단됨

	Q	제연경계벽으로 망입유리를 사용하는데 미관상 좋지 않아 투명방화유리 사용 가능여부?
	A	일반유리, 방화유리의 경우 불연재이지만 화재 시 파괴되기 때문에 망입유리를 사용해야 함
제연기 및 배출 풍도 (제9조)	Q	제연설비의 배출풍도: 태동폴리텍의 그라스울 덕트(Super Duct)가 「제연설비의 화재안전기준」 제9조제2항에 의한 배출풍도의 기준 적합 여부?
	A	내식성 및 내열성이 아연도금강판의 내열성과 동등하거나 우수하다고 단정하기 곤란하며 그 밖의 시험결과상 덕트 표면최고온도가 너무 높아 가연물질을 발화시켜 연소확대 우려와 제시된 UL시험결과 만으로도 동사의 모든 제품을 제연용 덕트에 이용할 수 있다고 판단하기 어려움이 있음
	Q	제연설비의 배출풍도: 화이바 그라스울덕트(Super Duct)가 「제연설비의 화재안전기준」 제9조제2항에 의한 배출풍도의 기준 적합 여부〈제한적 사용범위〉 제연구역 내의소방용 배출풍도에서 불연재료로 설치된 천장과 반자 내부에 설치되는 수평덕트로 사용(수직덕트 및 기계실덕트 제외)
	A	화이바 그라스울덕트는 UL181과 NFPA 90A 4.3.1.2에서 121℃ 이하의 범위에서 사용하도록 제한하고 있는 바, 동제품에 대한 성능기준이 마련되기까지 다음과 같이 제한적으로 사용할 수 있을 것으로 사료됨 〈제한적 사용범위〉 스프링클러설비가 설치되고 방음이 필요한 장소로서 천장과 반자(불연재료로 설치)사이에 화이바그라스울덕트를 수평적(수직덕트 및 기계실덕트 제외)으로 설치하는 것에 한하여 사용할 수 있음. 다만, 위와 같은 사항은 화이바그라스울덕트에 대한 성능기준이 마련되기 전까지이며, 그 밖의 사항 등은 건축법령 등 관계법규를 준용하기 바람
	Q	알루미늄 후렉시블덕트 설치 : 제연설비 배출풍도 알루미늄 후렉시블덕트에 대한 방재시험연구소 내열성능시험성적서가 구경 200ϕ에 대한 성적서만 있고 구경 400~500ϕ에 대한 것은 없는 경우에도 설치현장에서 구경 400~500ϕ 알루미늄 후렉시블덕트를 설치할 수 있는지 여부?
	A	방재시험연구소에서 성능시험 실시 후, 발급하는 내열성능시험성적서는 개별 신청제품마다 발급하는 것이므로 내열성능시험성적서가 없는 구경 400~500ϕ 알루미늄 후렉시블덕트를 사용하는 것은 타당하지 아니하므로, 공인시험기관에서 내열성능시험을 받아 「제연설비의 화재안전기준」 제9조제2항제1호의 기준 이상인 경우에는 사용이 가능함
설치제외 (제13조)	Q	소방시설법 [별표5]에 따라 주용도가 숙박시설로서 지하층에 해당 용도로 사용되는 바닥면적의 합계가 1천m^2 이상인 층은 제연설비 설치대상으로 정하고 있습니다. 이 중 '해당 용도'에 범위(범주)에 대한 궁금점이 있어 문의 드립니다. 제연설비의 화재안전기준 제13조(설치제외)에는 제연설비의 설치제외 장소에 대해 규정하고 있는데, 예를 들어 기계실, 전기실, 공조실 등으로 사용되는 부분에 대하여는 배출구 및 공기유입구 설치 등을 제외하고 있습니다. Q1. 만약 숙박시설 지하층의 바닥면적은 1천m^2 이상 이상이나 위에 해당 하는 장소를 제외한 바닥면적의 합계가 1천m^2 이하가 되는 경우 제연설비 설치대상에서 제외되는지 Q2. 해당 용도로 사용되는 바닥면적 산정시 모두 포함하여 산정하고, 배출구 및 공기유입구 등만 설치 제외하는 것인지 문의 드립니다.

	Ⓐ 「2번이 맞습니다. 소방시설법상 설치 면적에 대해서는 건축법에서 정한 면적을 준용하므로, 건축법에서 바닥면적이 1천m² 이상으로 산정되었다면 제연설비설치 대상면적에 해당됩니다. 따라서 제연설비는 설치되어야 하며 다만, 「NFSC 501」 제13조(설치제외)에 해당되는 부분은 배출구·공기유입구의 설치 및 배출량 산정에서 제외합니다.

	핵심사항	참고 기출자료
풍량 및 동력	• 경유 거실의 배출량, 풍도의 최소폭, Fan의 동력 및 전압 • 송풍기 최소필요압력, 송풍기 동력, 공기유입량, 공기유입구의 최소면적 • 공동예상제연구역 배출량, 통로배출방식, 상사 법칙에 따른 전동기 동력	
기타	• 제연설비 설치대상 및 설치면제, 배출구, 공기 유입구 및 배출량 산정 제외부분 • 제연설비 기동장치 점검항목 • 제연구역구획(보, 제연경계벽, 벽으로 구획하는 기준 포함)	
Key point	• 거실제연설비에서의 제연구역 정의와 부속실제연설비에서의 제연구역 정의 • 예상제연구역, 제연경계의 폭, 수직거리, 공동예상제연구역의 정의 • 공기유입방식 및 유입구 • 제연덕트 형상보정 계산방법	

2 시스템의 해설

제연설비는 연소로 발생한 열에 의한 체적의 팽창과 연기의 밀도 변화는 부력과 연돌효과를 발생하게 된다. 거실제연은 화재실에서 발생한 연기를 적극적으로 제연하는 방법으로, 화재실의 열과 연기를 배출하고 인접한 곳은 급기하는 상호 제연설비를 말한다.

1) 구조도

참고 화재안전점검매뉴얼

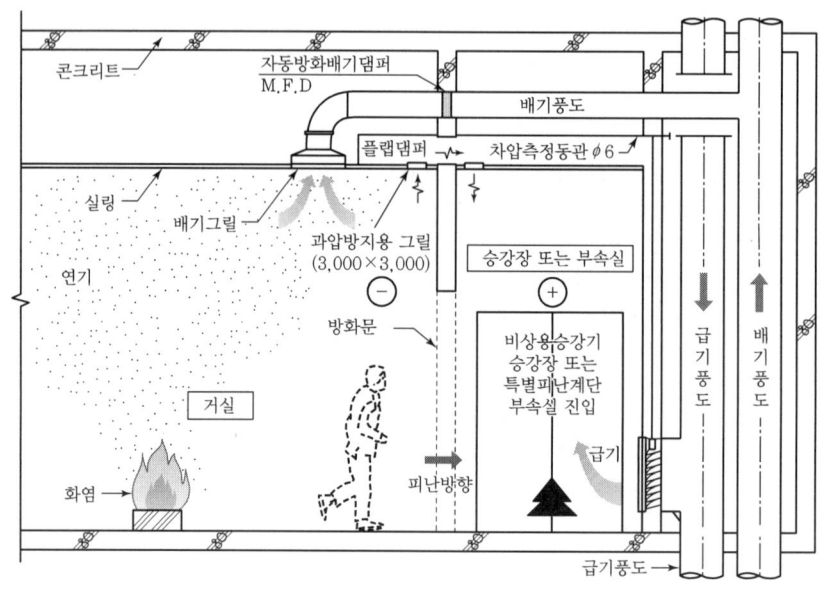

[전실제연 개념도]

2) 소방용품(소방시설법 시행령 제6조)

소화활동설비를 구성하는 제품 또는 기기는 ① 제연설비, ② 연소방지설비 ③ 소방관의 소화활동 설비에 사용하는 연결송수관설비, 연결살수설비, 비상콘센트설비, 무선통신보조설비 등이 있으며, 소화활동설비의 제품검사(형식승인 및 성능인증) 대상 품목은 ① 법 제36조제1항 본문에서 "대통령령으로 정하는 소방용품" ② 규칙 제15조제1항 본문에서 "행정안전부령으로 정하는 소방용품" ③ 규칙 제15조 및 별표 7 제22호에 따른 "소방청장이 고시하는 소방용품" 등으로 구분되고 소방용품은 제품검사를 받아 합격한 제품을 사용하여야 한다.

3) 용어 해설

참고 국가화재안전기준, 소방시설의 설계 및 시공

(1) 연기의 유동 원인

연기(Smoke)란 물질이 연소되는 경우 열분해를 거치면서 발생하는 부유성의 고체나 액체상태의 입자 및 가스를 말한다.

① 팽창력 : 화재실에서는 온도상승(T)에 의해 체적팽창(V)이 발생하며, 체적팽창에 따라 비화재실보다 압력은 상승(P)하게 되어 연소생성물이 이동한다.

② 부력 : 온도상승에 따라 체적이 팽창할 경우 밀도(단위체적당 질량)는 감소하게 된다. 즉, 연소생성물은 주위의 차가운 공기보다 밀도가 작아지며, 상대적으로 무거운 공기는 가벼운 연기를 밀어올리는 효과를 부력이라 한다.

부력 또는 연돌효과에 의한 압력차 $\triangle P = 3459h\left(\dfrac{1}{T_{out}} - \dfrac{1}{T_{in}}\right)$

여기서, h : 중성대로 부터의 높이[m]
T_{out} : 건물의 절대온도[K]
T_{in} : 건물 내 절대온도[k]

③ 연돌효과 : 일반적으로 부력이 건물 내 수직공간에서 발생하였을 경우 건물 내 뜨거운 공기는 밀도가 적어 가벼워서 상승하고, 외기의 차가운 공기는 건축물의 개구부 또는 틈새를 통하여 침투하면 뜨거운 공기를 밀어올려 상승하게 된다. 결국 부력과 연돌효과는 온도차 이상 발생할 경우 나타나며, 화재 시 연돌효과는 더욱 커지며 피난구의 개방장애 문제를 발생시킬 수 있다.

④ 피스톤 효과 : 엘리베이터의 수직이동에 따라 엘리베이터가 이동하는 방향에는 양압(+)이 발생하고 그 반대방향에는 부압(-)이 발생하여 수직 승강로 등으로 연기가 유입되어 다른 층으로 이동하는 경우를 말한다. 승강장 또는 승강로를 금기·가압하는 경우 연기의 유입을 봉쇄할 수 있다.

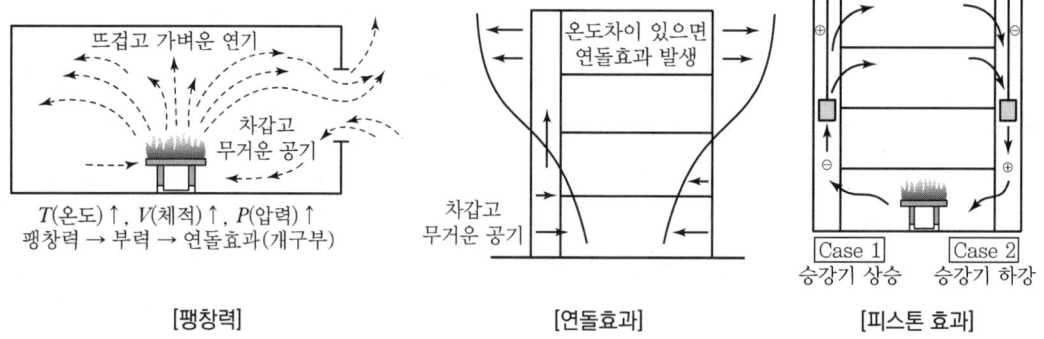

[팽창력] [연돌효과] [피스톤 효과]

(2) 거실제연설비의 제연방식

자연 또는 기계적인 방법(송풍기, 배출기)을 이용하여 연기의 이동 및 확산을 제한하기 위해 사용되는 설비로서 단순히 연기만 배출시키는 배연설비와 구분하여 사용되며, 송풍기로 가압시켜 가압공간 내로 연기가 들어오지 못하도록 하는 방연(Smoke Defense)설비와 배출기로 화재실의 연기를 배출시키는 배연(Smoke Ventilation)설비로 구분할 수 있다.

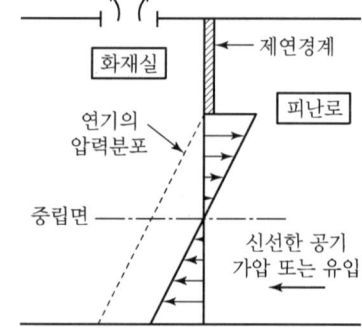

① 원리

화재실의 개구부로부터 비화재실이나 피난로에 연기가 침입·확산되어 연기로 채워지는 것을 막기 위해 다음 그림의 점선으로 나타낸 것과 같이 연기의 압력분포를 개구부에 유지하도록 하는 것이다. 화재실에서 배연으로 연기를 배출하거나 또는 피난로에 신선한 공기를 급기·가압하면 그림의 점선과 같이 압력분포가 형성되어 화재실에서 비화재실 및 그 밖의 부분으로 연기의 유출을 방지하거나 연기의 침입·확산을 막을 수 있다.

② 제연방식의 종류

제연방식은 발생된 연기를 희석(Dilution), 배출(Exhaust), 차단(Confinement) 등을 자연 또는 기계적인 방법에 따라 분류할 수 있다.

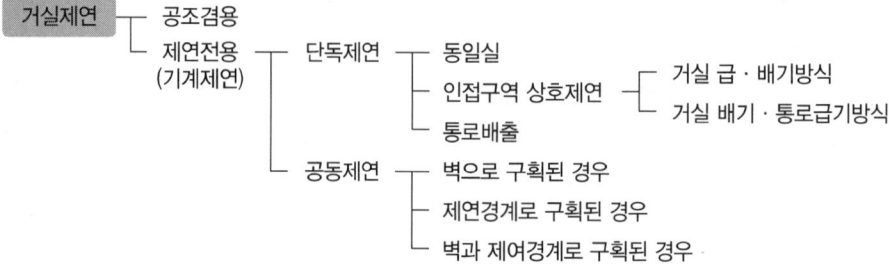

- 동일실 제연방식 : 예상제연구역(화재실) 내에서 급기와 배기를 동시에 실시하는 방식, 바닥면적 400m² 미만일 경우에는 급기구를 바닥 이외에 설치할 수 있으나, 바닥면적 400m² 이상일 경우 1.5m 이내에서 급기를 하고 급기구 주변은 유입에 장애가 없도록 청결층을 유지하는 방식
- 인접구역 제연방식 : 예상제연구역(화재실)에서는 배기를 하고 인접구역(인접한 비화재실)에서 급기를 하는 방식으로 신선한 공기의 공급은 자연유입 또는 강제유입을 한다. 이때 한개 층에 여러 제연구역이 있을 경우 화재가 발생하지 않는 비화재실로도 공기가 일부 유입되며, 강제유입할 경우 인접한 비화재실의 천장에서 급기하는 방식
- 거실 배기 · 통로급기방식 : 기본적인 형태로 예상제연구역(화재실)이 거실일 경우 거실에서는 배기를 하고, 인접할 통로에는 급기하는 방식이다.

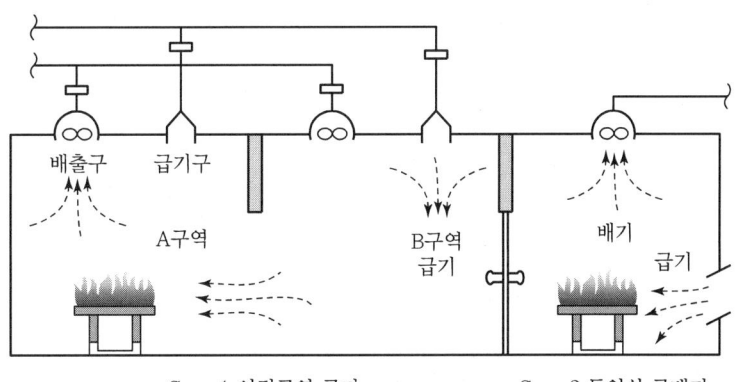

[동일실 인접구역 제연방식]

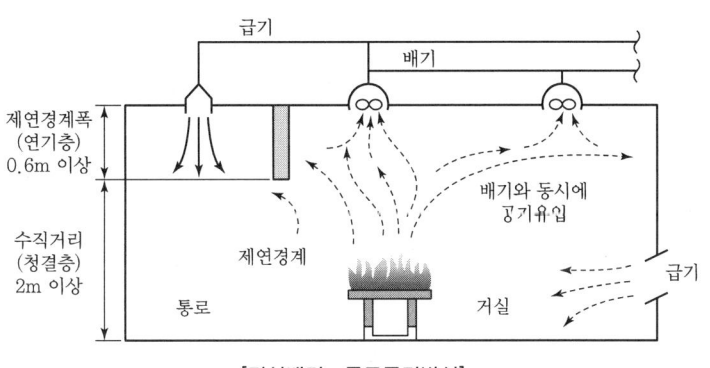

[거실배기 · 통로급기방식]

③ 통로배출방식 : 지하상가와 같은 형태일 경우 선택할 수 있는 방식, 통로와 인접하고 있는 거실의 바닥면적이 50m² 미만으로서 거실 상호간은 벽으로 구획되고 통로와는 제연경계벽으로 구획된 경우 그 제연경계를 통하여 배출하는 방식으로 공기유입은 지하상가로 가정할 경우 계단, 통로등의 개구부에서 자연유입형태의 방식이다.

④ 통로구획방식 : 통로의 주요구조부는 내화구조이며, 마감이 불연재료 또는 난연재료로 처리되고 가연성 내용물이 없는 경우는 그 통로는 예상제연구역(화재발생 가능구역)으로 간주하지 않을 수 있으나, 거실 등에서 화재가 발생하여 연기의 유입이 우려되는 통로는 제연설비를 설치한다.

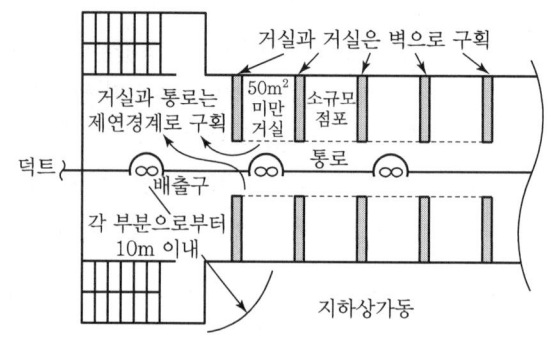

[통로배출방식]

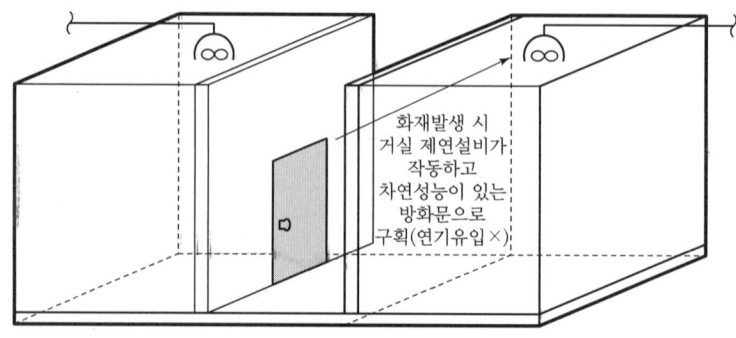

[통로구획방식]

(3) 제연구역과 제연경계의 비교

① 제연구역

"제연구역"이란 연기의 유동이 구획되어질 수 있도록 기둥·벽·보·바닥·천장 또는 제연경계벽에 의해 밀폐된 건물 내의 공간을 말하며, 일종의 구역화(Zoning)이다.

㉠ 제연구역 범위
- 거실 : 직경 60m의 원에 내접
- 통로 : 보행중심선의 길이 60m 이내

㉡ 제연설비에서 천장이란 연기유동을 차단할 수 있는 구역의 천장으로 개방 천장, 메시천장과 달대에 매달려 폐쇄된 반자를 포함한다.

② 제연경계

"제연경계"란 제연구역의 경계를 구성하는 벽, 보와 같은 수직부분과 바닥, 천장과 같은 수평부분을 말한다.

㉠ 제연경계의 재질은 내화재료, 불연재료 또는 제연경계벽으로 성능을 인정받은 것으로서 화재 시 쉽게 변형·파괴되지 아니하고 연기가 누설되지 않는 기밀성 있는 재료로 할 것
㉡ 제연경계의 구조는 제연경계의 폭이 0.6m 이상이고, 수직거리는 2m 이내이어야 한다. 다만, 구조상 불가피한 경우는 2m를 초과할 수 있다.
㉢ 제연경계벽은 배연 시 기류에 따라 그 하단이 쉽게 흔들리지 아니하여야 하며, 또한 가동식의 경우에는 급속히 하강하여 인명에 위해를 주지 아니하는 구조일 것

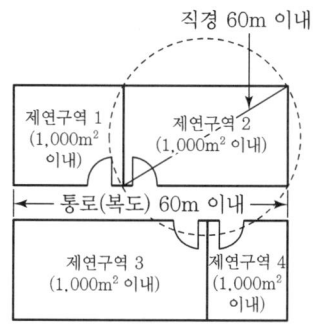

[제연구역의 설치기준]

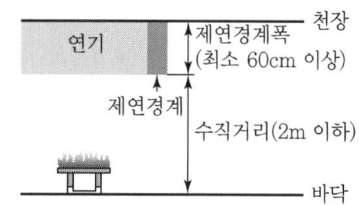

[제연경계의 폭 및 수직거리]

02 화재안전기준 (2017. 7. 26 기준 원문)

NFSC 501

제1조(목적) 이 기준은 「화재예방, 소방시설 설치·유지 및 안전관리에 관한 법률」 제9조제1항에 따라 소방청장에게 위임한 사항 중 소화활동설비인 제연설비의 설치·유지 및 안전관리에 관하여 필요한 사항을 규정함을 목적으로 한다.

POINT 시스템 및 안전관리

소화활동설비의 설치목적은 화재를 진압하거나 인명구조활동을 위하여 사용하는 설비로 특정소방대상물에서 화재가 발생한 경우 연소생성물(열, 연기, 불꽃 등)에 의한 위험지역에서 소방관의 소화활동을 지원하며, 평상시에는 관계인에 의한 화재예방을 위하여 정기적으로 점검하는 소방설비이다.

1. 제연설비는 거실 제연을 뜻하는 것으로 화재실에서 발생한 연기를 적극적으로 제어하는 방법으로 화재실의 연기를 배연하고 인접한 곳은 급기하는 상호제연설비이다. 제연설비의 구성은 배출구, 유입구, 풍도(급기·배출), 연기감지기, 자연경계벽, 수신기 등으로 구성된다.
2. 시스템을 구성하고 있는 소화활동설비는 「소방시설공사업법」의 소방시설공사 등의 품질과 안전이 확보되도록 시공되어야 하고, 소방기술의 관리에 필요한 화재안전기준에 적합하게 설계도서·시방서가 작성되어 성실하게 수행되어야 한다. 또한 「화재예방, 소방시설 설치·유지 및 안전관리에 관한 법률(이하 "소방시설법")」에 의한 소방용품의 제조 및 수입하려는 제품에 대하여 제품검사를 수행하고, 특정소방대상물의 관계인을 통하여 소방대상물의 안전관리가 이행되어야 한다.

제2조(적용범위) 「화재예방, 소방시설 설치·유지 및 안전관리에 관한 법률 시행령」(이하 "영"이라 한다) 별표 5 소화활동설비의 소방시설 적용기준 란 제5호 가목에 따른 제연설비는 이 기준에서 정하는 규정에 따라 설비를 설치하고 유지·관리하여야 한다.〈개정 2012. 8. 20., 2015. 10. 28., 2016. 7. 13.〉

POINT

1 특정소방대상물의 설치기준(별표 5 제연설비)

소방시설	적용기준		설치대상
제연설비	1. 문화 및 집회시설, 종교시설, 운동시설로서	무대부의 바닥면적	200m² 이상
		영화상영관으로 수용인원	100명 이상

제연설비	2. 지하층이나 무창층에 설치된 근린생활시설, 판매시설, 운수시설, 숙박시설, 위락시설, 의료시설, 노유자시설 또는 창고시설(물류터미널만 해당한다)로서 해당 용도로 사용되는 바닥면적의 합계	1천m² 이상인 층
	3. 운수시설 중 시외버스정류장, 철도 및 도시철도 시설, 공항시설 및 항만시설의 대기실 또는 휴게시설로서 지하층 또는 무창층의 바닥면적	1천m² 이상
	4. 지하가(터널은 제외한다)로서 연면적	1천m² 이상
	5. 지하가 중 예상 교통량, 경사도 등 터널의 특성을 고려하여 행정안전부령으로 정하는 터널	전부
	6. 특정소방대상물(갓복도형 아파트 등은 제외한다)에 부설된 특별피난계단, 비상용 승강기의 승강장 또는 피난용 승강기의 승강장	전부

❷ 소방시설의 설치 면제기준

1. (별표 6) 소방시설 설치 면제기준
   가. 제연설비를 설치하여야 하는 특정소방대상물(별표 5 제5호가목6)은 제외한다)에 다음의 어느 하나에 해당하는 설비를 설치한 경우에는 설치가 면제된다.
   1) 공기조화설비를 화재안전기준의 제연설비기준에 적합하게 설치하고 공기조화설비가 화재 시 제연설비기능으로 자동전환되는 구조로 설치되어 있는 경우
   2) 직접 외부 공기와 통하는 배출구의 면적의 합계가 해당 제연구역[제연경계(제연설비의 일부인 천장을 포함한다)에 의하여 구획된 건축물 내의 공간을 말한다] 바닥면적의 100분의 1 이상이고, 배출구부터 각 부분까지의 수평거리가 30m 이내이며, 공기유입구가 화재안전기준에 적합하게(외부 공기를 직접 자연 유입할 경우에 유입구의 크기는 배출구의 크기 이상이어야 한다) 설치되어 있는 경우
   나. 부속실제연설비에 따라 제연설비를 설치하여야 하는 특정소방대상물 중 노대(露臺)와 연결된 특별피난계단, 노대가 설치된 비상용 승강기의 승강장 또는 「건축법 시행령」 제91조 제5호의 기준에 따라 배연설비가 설치된 피난용 승강기의 승강장에는 설치가 면제된다.

2. (별표 7) 소방시설을 설치하지 않을 수 있는 특정소방대상물 및 소방시설 범위 : 없음

3. 화재안전기준에 따른 면제기준 : 제5조(제연방식)제3항의 통로, 제13조(설치제외)
   ① 통로의 주요 구조부가 내화구조이며 마감이 불연재료 또는 난연재료로 처리되고 가연성 내용물이 없는 경우에 그 통로는 예상제연구역으로 간주하지 아니할 수 있다. 다만, 화재발생 시 연기의 유입이 우려되는 통로는 그러하지 아니하다.
   ② 제연설비를 설치하여야 할 특정소방대상물 중 화장실·목욕실·주차장·발코니를 설치한 숙박시설(가족호텔 및 휴양콘도미니엄에 한 한다)의 객실과 사람이 상주하지 아니하는 기계실·전기실·공조실·50m² 미만의 창고 등으로 사용되는 부분에 대하여는 배출구·공기유입구의 설치 및 배출량 산정에서 이를 제외한다.

제3조(정의) 이 기준에서 사용하는 용어의 정의는 다음과 같다.
1. "제연구역"이란 제연경계(제연설비의 일부인 천장을 포함한다)에 의해 구획된 건물 내의 공간을 말한다.
2. "예상제연구역"이란 화재발생시 연기의 제어가 요구되는 제연구역을 말한다.
3. "제연경계의 폭"이란 제연경계의 천장 또는 반자로부터 그 수직하단까지의 거리를 말한다.
4. "수직거리"란 제연경계의 바닥으로부터 그 수직하단까지의 거리를 말한다.
5. "공동예상제연구역"이란 2개 이상의 예상제연구역을 말한다.
6. "방화문"이란 「건축법 시행령」 제64조에 따른 갑종방화문 또는 을종방화문으로써 언제나 닫힌 상태를 유지하거나 화재로 인한 연기의 발생 또는 온도의 상승에 따라 자동적으로 닫히는 구조를 말한다.

> **방화문의 구분(건축법 시행령 제64조)**
>
> 제64조(방화문의 구분) ① 방화문은 다음 각 호와 같이 구분한다.
> 1. 60분+ 방화문 : 연기 및 불꽃을 차단할 수 있는 시간이 60분 이상이고, 열을 차단할 수 있는 시간이 30분 이상인 방화문
> 2. 60분 방화문 : 연기 및 불꽃을 차단할 수 있는 시간이 60분 이상인 방화문
> 3. 30분 방화문 : 연기 및 불꽃을 차단할 수 있는 시간이 30분 이상 60분 미만인 방화문
> ② 제1항 각 호의 구분에 따른 방화문 인정 기준은 국토교통부령으로 정한다.
> [전문개정 2020. 10. 8.], [시행일 : 2021. 8. 7.] 제64조

7. "유입풍도"란 예상제연구역으로 공기를 유입하도록 하는 풍도를 말한다.
8. "배출풍도"란 예상 제연구역의 공기를 외부로 배출하도록 하는 풍도를 말한다.

제4조(제연설비) ① 제연설비의 설치장소는 다음 각 호에 따른 제연구역으로 구획하여야 한다.
1. 하나의 제연구역의 면적은 1,000m² 이내로 할 것
2. 거실과 통로(복도를 포함한다. 이하 같다)는 상호 제연구획 할 것
3. 통로상의 제연구역은 보행중심선의 길이가 60m를 초과하지 아니할 것
4. 하나의 제연구역은 직경 60m 원내에 들어갈 수 있을 것
5. 하나의 제연구역은 2개 이상 층에 미치지 아니하도록 할 것. 다만, 층의 구분이 불분명한 부분은 그 부분을 다른 부분과 별도로 제연구획 하여야 한다.

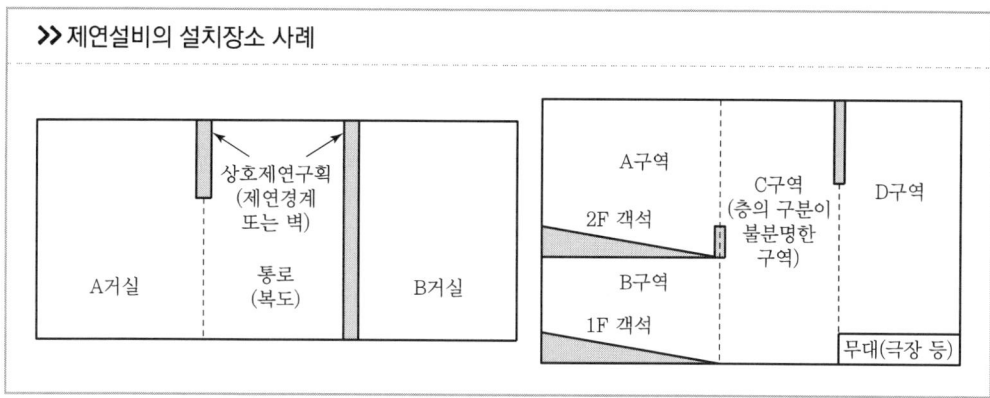

>> 제연설비의 설치장소 사례

② 제연구역의 구획은 보·제연경계벽(이하 "제연경계"라 한다) 및 벽(화재 시 자동으로 구획되는 가동벽·샷다·방화문을 포함한다. 이하 같다)으로 하되, 다음 각 호의 기준에 적합하여야 한다.
  1. 재질은 내화재료, 불연재료 또는 제연경계벽으로 성능을 인정받은 것으로서 화재 시 쉽게 변형·파괴되지 아니하고 연기가 누설되지 않는 기밀성 있는 재료로 할 것
  2. 제연경계는 제연경계의 폭이 0.6m 이상이고, 수직거리는 2m 이내이어야 한다. 다만, 구조상 불가피한 경우는 2m를 초과할 수 있다.
  3. 제연경계벽은 배연 시 기류에 따라 그 하단이 쉽게 흔들리지 아니하여야 하며, 또한 가동식의 경우에는 급속히 하강하여 인명에 위해를 주지 아니하는 구조일 것

제5조(제연방식) ① 예상제연구역에 대하여는 화재 시 연기배출(이하 "배출"이라 한다)과 동시에 공기유입이 될 수 있게 하고, 배출구역이 거실일 경우에는 통로에 동시에 공기가 유입될 수 있도록 하여야 한다.
② 제1항에도 불구하고 통로와 인접하고 있는 거실의 바닥면적이 $50m^2$ 미만으로 구획(제연경계에 따른 구획은 제외한다. 다만, 거실과 통로와의 구획은 그러하지 아니하다)되고 그 거실에 통로가 인접하여 있는 경우에는 화재 시 그 거실에서 직접 배출하지 아니하고 인접한 통로의 배출로 갈음할 수 있다. 다만, 그 거실이 다른 거실의 피난을 위한 경유거실인 경우에는 그 거실에서 직접 배출하여야 한다.
③ 통로의 주요 구조부가 내화구조이며 마감이 불연재료 또는 난연재료로 처리되고 가연성 내용물이 없는 경우에 그 통로는 예상제연구역으로 간주하지 아니할 수 있다. 다만, 화재발생시 연기의 유입이 우려되는 통로는 그러하지 아니하다.

제6조(배출량 및 배출방식) ① 거실의 바닥면적이 $400m^2$ 미만으로 구획(제연경계에 따른 구획을 제외한다. 다만, 거실과 통로와의 구획은 그러하지 아니하다)된 예상제연구역에 대한 배출량은 다음 각 호의 기준에 따른다.
  1. 바닥면적 $1m^2$당 $1m^3$/min 이상으로 하되, 예상제연구역 전체에 대한 최저 배출량은 5,000 m^3/hr 이상으로 할 것. 다만, 예상제연구역이 다른 거실의 피난을 위한 경유거실인 경우에는

그 예상제연구역의 배출량은 이 기준량의 1.5배 이상으로 하여야 한다.
2. 제5조제2항에 따라 바닥면적이 50m² 미만인 예상제연구역을 통로배출방식으로 하는 경우에는 통로보행중심선의 길이 및 수직거리에 따라 다음 표에서 정하는 기준량 이상으로 할 것

통로길이	수직거리	배출량	비고
40m 이하	2m 이하	25,000m³/hr	벽으로 구획된 경우를 포함한다.
	2m 초과 2.5m 이하	30,000m³/hr	
	2.5m 초과 3m 이하	35,000m³/hr	
	3m 초과	45,000m³/hr	
40m 초과 60m 이하	2m 이하	30,000m³/hr	벽으로 구획된 경우를 포함한다.
	2m 초과 2.5m 이하	35,000m³/hr	
	2.5m 초과 3m 이하	40,000m³/hr	
	3m 초과	50,000m³/hr	

② 바닥면적 400m² 이상인 거실의 예상제연구역의 배출량은 다음 각 호의 기준에 적합하여야 한다.
1. 예상제연구역이 직경 40m인 원의 범위 안에 있을 경우에는 배출량이 40,000m³/hr 이상으로 할 것. 다만, 예상제연구역이 제연경계로 구획된 경우에는 그 수직거리에 따라 배출량은 다음 표에 따른다.

수직거리	배출량
2m 이하	40,000m³/hr 이상
2m 초과 2.5m 이하	45,000m³/hr 이상
2.5m 초과 3m 이하	50,000m³/hr 이상
3m 초과	60,000m³/hr 이상

2. 예상제연구역이 직경 40m인 원의 범위를 초과할 경우에는 배출량이 45,000m³/hr 이상으로 할 것. 다만, 예상제연구역이 제연경계로 구획된 경우에는 그 수직거리에 따라 배출량은 다음 표에 따른다.

수직거리	배출량
2m 이하	45,000m³/hr 이상
2m 초과 2.5m 이하	50,000m³/hr 이상
2.5m 초과 3m 이하	55,000m³/hr 이상
3m 초과	65,000m³/hr 이상

③ 예상제연구역이 통로인 경우의 배출량은 45,000m³/hr 이상으로 할 것. 다만, 예상제연구역이 제연경계로 구획된 경우에는 그 수직거리에 따라 배출량은 제2항제2호의 표에 따른다.

④ 배출은 각 예상제연구역별로 제1항부터 제3항에 따른 배출량 이상을 배출하되, 2개 이상의 예상제연구역이 설치된 특정소방대상물에서 배출을 각 예상지역별로 구분하지 아니하고 공동예상제연구역을 동시에 배출하고자 할 때의 배출량은 다음 각 호에 따라야 한다. 다만, 거실과 통로는 공동예상제연구역으로 할 수 없다.

1. 공동예상제연구역 안에 설치된 예상제연구역이 각각 벽으로 구획된 경우(제연구역의 구획 중 출입구만을 제연경계로 구획한 경우를 포함한다)에는 각 예상제연구역의 배출량을 합한 것 이상으로 할 것
2. 공동예상제연구역 안에 설치된 예상제연구역이 각각 제연경계로 구획된 경우(예상제연구역의 구획 중 일부가 제연경계로 구획된 경우를 포함하나 출입구부분만을 제연경계로 구획한 경우를 제외한다)에 배출량은 각 예상제연구역의 배출량 중 최대의 것으로 할것. 이 경우 공동제연예상구역이 거실일 때에는 그 바닥면적이 1,000m² 이하이며, 직경 40m 원 안에 들어가야 하고, 공동제연예상구역이 통로일 때에는 보행중심선의 길이를 40m 이하로 하여야 한다.

⑤ 수직거리가 구획부분에 따라 다른 경우는 수직거리가 긴 것을 기준으로 한다.

제7조(배출구) ① 예상제연구역에 대한 배출구의 설치는 다음 각 호의 기준에 따라야 한다.

1. 바닥면적이 400m² 미만인 예상제연구역(통로인 예상제연구역을 제외한다)에 대한 배출구의 설치는 다음 각 목의 기준에 적합할 것
   가. 예상제연구역이 벽으로 구획되어 있는 경우의 배출구는 천장 또는 반자와 바닥사이의 중간 윗부분에 설치할 것
   나. 예상제연구역 중 어느 한부분이 제연경계로 구획되어 있는 경우에는 천장·반자 또는 이에 가까운 벽의 부분에 설치할 것. 다만, 배출구를 벽에 설치하는 경우에는 배출구의 하단이 해당 예상제연구역에서 제연경계의 폭이 가장 짧은 제연경계의 하단보다 높이 되도록 하여야 한다.

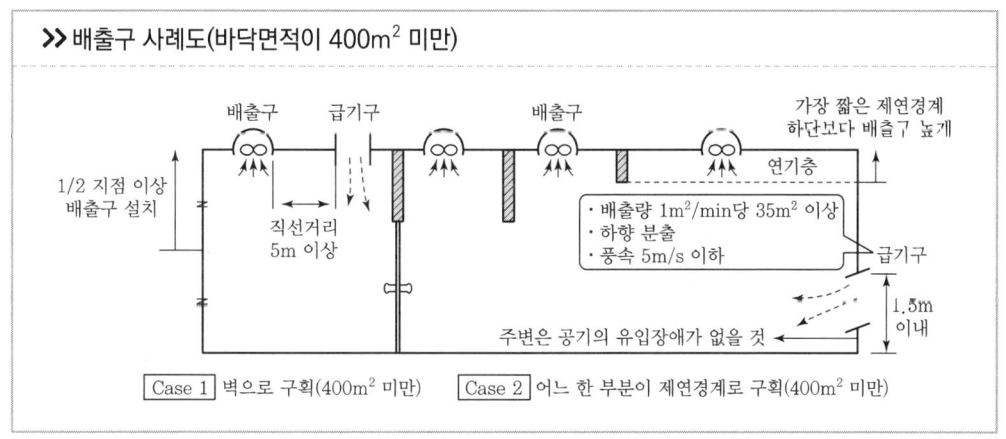

2. 통로인 예상제연구역과 바닥면적이 400m² 이상인 통로외의 예상제연구역에 대한 배출구의 위치는 다음 각 목의 기준에 적합하여야 한다.
   가. 예상제연구역이 벽으로 구획되어 있는 경우의 배출구는 천장·반자 또는 이에 가까운 벽의 부분에 설치할 것. 다만, 배출구를 벽에 설치한 경우에는 배출구의 하단과 바닥간의 최단거리가 2m 이상이어야 한다.
   나. 예상제연구역 중 어느 한부분이 제연경계로 구획되어 있을 경우에는 천장·반자 또는 이에 가까운 벽의 부분(제연경계를 포함한다)에 설치할 것. 다만, 배출구를 벽 또는 제연경계에 설치하는 경우에는 배출구의 하단이 해당 예상제연구역에서 제연경계의 폭이 가장 짧은 제연경계의 하단보다 높이 되도록 설치하여야 한다.

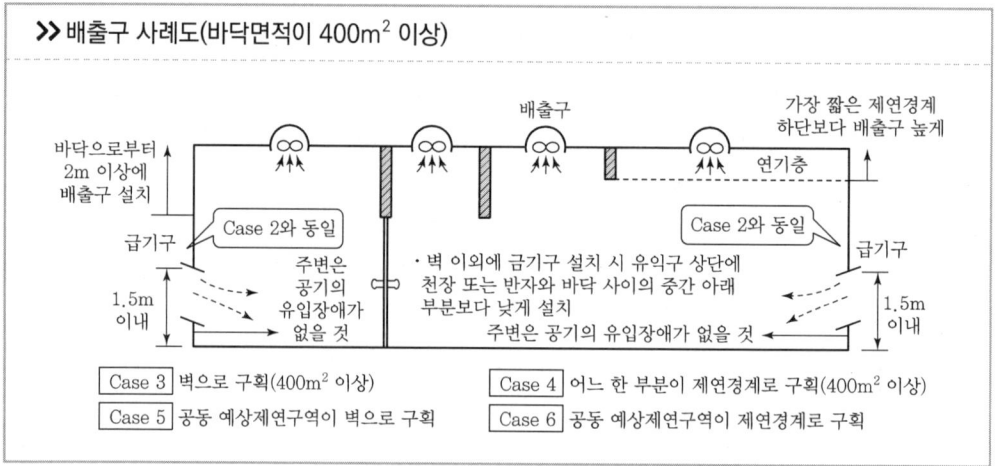

② 예상제연구역의 각 부분으로부터 하나의 배출구까지의 수평거리는 10m 이내가 되도록 하여야 한다.

제8조(공기유입방식 및 유입구) ① 예상제연구역에 대한 공기유입은 유입풍도를 경유한 강제유입 또는 자연유입방식으로 하거나, 인접한 제연구역 또는 통로에 유입되는 공기(가압의 결과를 일으키는 경우를 포함한다. 이하 같다)가 해당구역으로 유입되는 방식으로 할 수 있다.
② 예상제연구역에 설치되는 공기유입구는 다음 각 호의 기준에 적합하여야 한다.
   1. 바닥면적 400m² 미만의 거실인 예상제연구역(제연경계에 따른 구획을 제외한다. 다만, 거실과 통로와의 구획은 그러하지 아니하다)에 대하여서는 바닥외의 장소에 설치하고 공기유입구와 배출구간의 직선거리는 5m 이상으로 할 것. 다만, 공연장·집회장·위락시설의 용도로 사용되는 부분의 바닥면적이 200m²를 초과하는 경우의 공기유입구는 제2호의 기준에 따른다.
   2. 바닥면적이 400m² 이상의 거실인 예상제연구역(제연경계에 따른 구획을 제외한다. 다만, 거실과 통로와의 구획은 그러하지 아니하다)에 대하여는 바닥으로부터 1.5m 이하의 높이에 설치하고 그 주변 2m 이내에는 가연성 내용물이 없도록 할 것
   3. 제1호와 제2호에 해당하는 것 외의 예상제연구역(통로인 예상제연구역을 포함한다)에 대한

유입구는 다음 각 목에 따를 것. 다만, 제연경계로 인접하는 구역의 유입공기가 당해예상제연구역으로 유입되게 한 때에는 그러하지 아니하다.

가. 유입구를 벽에 설치할 경우에는 제2호의 기준에 따를 것
나. 유입구를 벽 외의 장소에 설치할 경우에는 유입구 상단이 천장 또는 반자와 바닥사이의 중간 아랫부분보다 낮게 되도록 하고, 수직거리가 가장 짧은 제연경계 하단보다 낮게 되도록 설치할 것

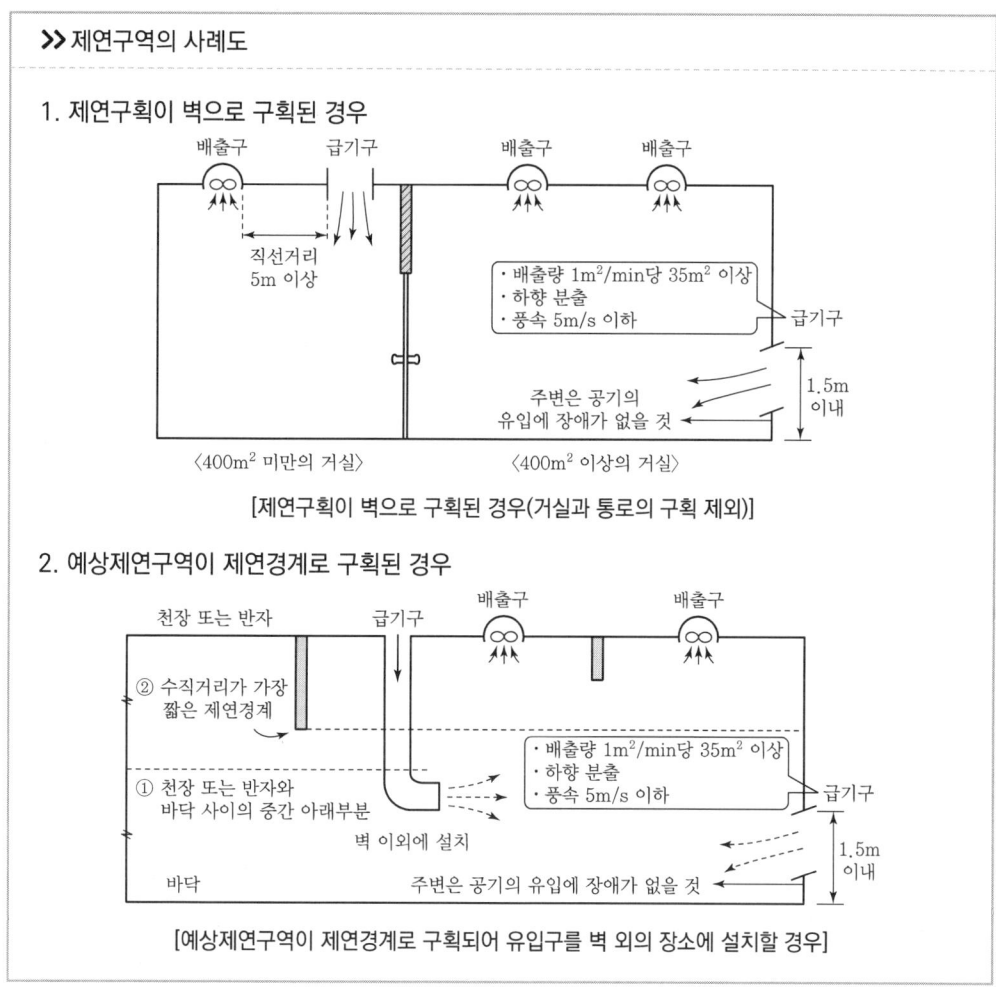

③ 공동예상제연구역에 설치되는 공기 유입구는 다음 각 호의 기준에 적합하게 설치하여야 한다.
  1. 공동예상제연구역 안에 설치된 각 예상제연구역이 벽으로 구획되어 있을 때에는 제2항제2호에 따라 설치할 것
  2. 공동예상제연구역 안에 설치된 각 예상제연구역의 일부 또는 전부가 제연경계로 구획되어 있을 때에는 공동예상제연구역 안의 1개 이상의 장소에 제2항제3호에 따라 설치할 것
④ 인접한 제연구역 또는 통로에 유입되는 공기를 해당 예상제연구역에 대한 공기유입으로 하는 경우에는 그 인접한 제연구역 또는 통로의 유입구가 제연경계 하단보다 높은 경우에는 그 인접한

제연구역 또는 통로의 화재시 그 유입구는 다음 각 호의 어느 하나의 기준에 적합할 것
1. 각 유입구는 자동폐쇄 될 것
2. 해당구역 내에 설치된 유입풍도가 해당 제연구획부분을 지나는 곳에 설치된 댐퍼는 자동폐쇄 될 것

⑤ 예상제연구역에 공기가 유입되는 순간의 풍속은 5m/s 이하가 되도록 하고, 제2항부터 제4항까지의 유입구의 구조는 유입공기를 하향 60° 이내로 분출할 수 있도록 하여야 한다.

⑥ 예상제연구역에 대한 공기유입구의 크기는 해당 예상제연구역 배출량 1m³/min에 대하여 35cm² 이상으로 하여야 한다.

⑦ 예상제연구역에 대한 공기유입량은 제6조제1항부터 제4항까지에 따른 배출량 이상이 되도록 하여야 한다.

제9조(배출기 및 배출풍도) ① 배출기는 다음 각 호의 기준에 따라 설치하여야 한다.
1. 배출기의 배출능력은 제6조제1항부터 제4항까지의 배출량 이상이 되도록 할 것
2. 배출기와 배출풍도의 접속부분에 사용하는 캔버스는 내열성(석면재료는 제외한다)이 있는 것으로 할 것
3. 배출기의 전동기부분과 배풍기 부분은 분리하여 설치하여야 하며, 배풍기 부분은 유효한 내열 처리를 할 것

② 배출풍도는 다음 각 호의 기준에 따라야 한다.
1. 배출풍도는 아연도금강판 또는 이와 동등 이상의 내식성·내열성이 있는 것으로 하며, 내열성(석면재료를 제외한다)의 단열재로 유효한 단열 처리를 하고, 강판의 두께는 배출풍도의 크기에 따라 다음 표에 따른 기준 이상으로 할 것

풍도 단면의 긴변 또는 직경의 크기	450mm 이하	450mm 초과 750mm 이하	750mm 초과 1,500mm 이하	1,500mm 초과 2,250mm 이하	2,250mm 초과
강판두께	0.5mm	0.6mm	0.8mm	1.0mm	1.2mm

2. 배출기의 흡입측 풍도안의 풍속은 15m/s 이하로 하고 배출측 풍속은 20m/s 이하로 할 것

제10조(유입풍도등) ① 유입풍도안의 풍속은 20m/s 이하로 하고 풍도의 강판두께는 제9조제2항제1호의 기준으로 설치하여야 한다.

② 옥외에 면하는 배출구 및 공기유입구는 비 또는 눈 등이 들어가지 아니하도록 하고, 배출된 연기가 공기유입구로 순환유입 되지 아니하도록 하여야 한다.

제11조(제연설비의 전원 및 기동) ① 비상전원은 자가발전설비, 축전지설비 또는 전기저장장치(외부 전기에너지를 저장해 두었다가 필요한 때 전기를 공급하는 장치)는 다음 각 호의 기준에 따라 설치하여야 한다. 다만, 2이상의 변전소(「전기사업법」 제67조에 따른 변전소를 말한다)에서 전력

을 동시에 공급받을 수 있거나 하나의 변전소로부터 전력의 공급이 중단되는 때에는 자동으로 다른 변전소로부터 전원을 공급받을 수 있도록 상용전원을 설치한 경우에는 그러하지 아니하다.
1. 점검에 편리하고 화재 및 침수 등의 재해로 인한 피해를 받을 우려가 없는 곳에 설치할 것
2. 제연설비를 유효하게 20분 이상 작동할 수 있도록 할 것
3. 상용전원으로부터 전력의 공급이 중단된 때에는 자동으로 비상전원으로부터 전력을 공급받을 수 있도록 할 것
4. 비상전원의 설치장소는 다른 장소와 방화구획 할 것. 이 경우 그 장소에는 비상전원의 공급에 필요한 기구나 설비외의 것(열병합발전설비에 필요한 기구나 설비는 제외한다)을 두어서는 아니 된다.
5. 비상전원을 실내에 설치하는 때에는 그 실내에 비상조명등을 설치할 것

② 가동식의 벽·제연경계벽·댐퍼 및 배출기의 작동은 자동화재감지기와 연동되어야 하며, 예상제연구역(또는 인접장소) 및 제어반에서 수동으로 기동이 가능하도록 하여야 한다.

제12조(터널의 제연설비 설치기준) 삭제

제13조(설치제외) 제연설비를 설치하여야 할 특정소방대상물 중 화장실·목욕실·주차장·발코니를 설치한 숙박시설(가족호텔 및 휴양콘도미니엄에 한 한다)의 객실과 사람이 상주하지 아니하는 기계실·전기실·공조실·50m² 미만의 창고 등으로 사용되는 부분에 대하여는 배출구·공기유입구의 설치 및 배출량 산정에서 이를 제외한다.

제14조(설치·유지기준의 특례) 소방본부장 또는 소방서장은 기존건축물이 증축·개축·대수선되거나 용도변경되는 경우에 있어서 이 기준이 정하는 기준에 따라 해당 건축물에 설치하여야 할 제연설비의 배관·배선 등의 공사가 현저하게 곤란하다고 인정되는 경우에는 해당 설비의 기능 및 사용에 지장이 없는 범위 안에서 제연설비의 설치·유지기준의 일부를 적용하지 아니할 수 있다.

제15조(재검토기한) 소방청장은 「훈령·예규 등의 발령 및 관리에 관한 규정」에 따라 이 고시에 대하여 2016년 1월 1일을 기준으로 매3년이 되는 시점(매 3년째의 12월 31일까지를 말한다)마다 그 타당성을 검토하여 개선 등의 조치를 하여야 한다.

부칙

〈제2017-1호, 2017. 7. 26.〉

제1조(시행일) 이 고시는 발령한 날부터 시행한다.
제2조 생략

03 소방시설 자체점검

참고 소방시설 자체점검사항 등에 관한 고시, 한국소방안전원

✅ 소방시설 작동기능점검표 작성 예시

1 점검 전 준비사항
1) 점검장소의 협의나 협조 받을 건물 관계인 등 연락처를 사전 확보
2) 점검의 목적과 필요성에 대하여 건물 관계인에게 사전 안내 및 협의
3) 음향장치 및 각 실별 방문점검 사항을 공지하여 협조 요청

2 현장확인
1) 현장 시설물의 도면 등을 이용하여 설비의 개요 및 설치위치 등을 파악한다.
2) 점검사항을 토대로 점검순서를 계획하고 점검장비 및 공구를 준비한다.
3) 기존의 점검자료 및 조치결과가 있다면 점검 전 참고
4) 점검과 관련된 각종 법규 및 기준 등의 기술기준 등 규정사항을 준비하고 숙지한다.

3 점검표 작성을 위한 준비물
1) **소방시설등 작동기능점검 실시결과 보고서**
   화재예방, 소방시설 설치·유지 및 안전관리에 관한 법률 시행규칙 별지 서식
2) **소방시설등 작동기능 점검표**
   소방시설 자체점검사항 등에 관한 고시 서식
3) **건축물대장**
   건축물대장/소방도면 및 소방시설 현황/소방계획서 등
4) **점검에 필요한 장비**

소방시설	장비	규격
공통시설	방수압력측정계, 절연저항계, 전류전압측정계	
자동화재탐지설비 시각경보기	열·연기감지기 시험기, 공기주입시험기, 감지기시험기연결폴대, 음량계	
누전경보기	누전계	부하전류 측정용

5) **자체점검 후 결과 조치(소방시설법 시행규칙 제19조)**
   (1) 작동기능점검 : 작동기능점검을 실시한 경우 7일 이내에 작동기능점검 실시결과 보고서를 소방본부장 또는 소방서장에게 제출하여야 한다.
   (2) 종합정밀점검 : 종합정밀점검을 실시한 경우 7일 이내에 종합정밀점검 실시결과 보고서를 소방본부장 또는 소방서장에게 제출하여야 한다.
   ▶ 소방시설관리업자는 점검을 실시한 경우 점검이 끝난 날부터 10일 이내에 소방시설관리업자에 대한 평가 등에 관한 업무를 위탁받은 평가기관에 통보하여야 한다.

24. 제연설비 점검표

번호	점검항목	점검결과
24-A. 제연구역의 구획		
24-A-001	● 제연구역의 구획 방식 적정 여부 - 제연경계의 폭, 수직거리 적정 설치 여부 - 제연경계벽은 가동 시 급속하게 하강되지 아니하는 구조	
24-B. 배출구		
24-B-001	● 배출구 설치 위치(수평거리) 적정 여부	
24-B-002	○ 배출구 변형·훼손 여부	
24-C. 유입구		
24-C-001	○ 공기유입구 설치 위치 적정 여부	
24-C-002	○ 공기유입구 변형·훼손 여부	
24-C-003	● 옥외에 면하는 배출구 및 공기유입구 설치 적정 여부	
24-D. 배출기		
24-D-001	● 배출기와 배출풍도 사이 캔버스 내열성 확보 여부	
24-D-002	○ 배출기 회전이 원활하며 회전방향 정상 여부	
24-D-003	○ 변형·훼손 등이 없고 V-벨트 기능 정상 여부	
24-D-004	○ 본체의 방청, 보존상태 및 캔버스 부식 여부	
24-D-005	● 배풍기 내열성 단열재 단열처리 여부	
24-E. 비상전원		
24-E-001	● 비상전원 설치장소 적정 및 관리 여부	
24-E-002	○ 자가발전설비인 경우 연료 적정량 보유 여부	
24-E-003	○ 자가발전설비인 경우「전기사업법」에 따른 정기점검 결과 확인	
24-F. 기동		
24-F-001	○ 가동식의 벽·제연경계벽·댐퍼 및 배출기 정상 작동(화재감지기 연동) 여부	
24-F-002	○ 예상제연구역 및 제어반에서 가동식의 벽·제연경계벽·댐퍼 및 배출기 수동 기동 가능 여부	
24-F-003	○ 제어반 각종 스위치류 및 표시장치(작동표시등 등) 기능의 이상 여부	
비고		

※ 점검항목 중 "●"는 종합정밀점검의 경우에만 해당한다.
※ 점검결과란은 양호 "○", 불량 "×", 해당없는 항목은 "/"로 표시한다.
※ 점검항목 내용 중 "설치기준" 및 "설치상태"에 대한 점검은 정상적인 작동 가능 여부를 포함한다.
※ '비고'란에는 특정소방대상물의 위치·구조·용도 및 소방시설의 상황 등이 이 표의 항목대로 기재하기 곤란하거나 이 표에서 누락된 사항을 기재한다.(이하 같다)

특별피난계단의 계단실 및 부속실 제연설비의 화재안전기준

[시행 2017. 7. 26.]
[소방청고시 제2017-1호, 2017. 7. 26., 타법개정.]

개요

NFSC 501A

1 질의회신 및 핵심사항 분석

질의회신		참고 소방청 질의회신집
제연구역의 선정 (제5조)	Q	공동주택 1층에 세대와 피로티가 있고 외부로 나가는 문은 건축 법령에 의거 피난층으로 피로티 방향으로 자동문 설치 예정 이 장소에 제연설비 설치여부?
	A	「건축물의 설비기준 등에 관한 규칙」 제10조에 따라 피난층에 갑종방화문을 설치하지 않은 경우에 대하여 제연설비를 설치하지 않을 수 있음(자동문 설치와는 무관함)
차압 (제6조)	Q	제연설비 차압 감지관 : 감지관을 옥내에 설치하지 않고 대기압 상태에서 차압이 유지될 수 있도록 설치하여야 하는지 여부?
	A	건축물의 위치·구조에 따라 감지관의 설치가 각각 달라지나, 제연구역과 옥내와의 사이에 화재안전기준에서 정하는 차압이 유지되도록 감지관을 설치하여야 함
유입공기의 배출 (제13조)	Q	재연설비의 배출구의 위치 : 특별피난계단의 계단실의 부속실 제연설비의 화재안전기준에서 옥내에 설치하는 배출구의 위치는?
	A	유입공기배출구의 위치에 관하여 구체적으로 정하고 있지는 아니하지만 유입공기 배출구는 상부에 설치하는 것이 바람직함
	Q	부속실 제연설비에서 배기 수직풍도를 내화구조로 하고 중간층에서 거실 등을 수평덕트 경유하여 다른 부분에서 수직덕트로 입상 시공하여 옥탑 배기 송풍기와 연결해도 화재안전기준에 적합한지 여부?
	A	현행 화재안전기준에서는 유입공기 배출 덕트의 수평설치를 인정하고 있지 않음
수직풍도에 따른 배출 (제14조)	Q	내화구조의 하나의 피트 내에 급기풍도(아연도금강판으로 마감)와 배기풍도(아연도금강판으로 마감)를 같이 설치할 수 있는지요 아니면 급기풍도와 배기풍도사이를 내화구조로 구획하여야 하는지요?
	A	「NFSC 501A」제14조(수직풍도에 따른 배출)제1호 "수직풍도는 내화구조로 하되~", 제18호(급기풍도)제1호 "수직풍도는 제14조제1호 및 제2호의 기준을 준용할 것"으로 규정하고 있습니다. 급기풍도 및 댐퍼는 화재 시 직접적으로 열에 노출되지 않으나, 배출풍도는 화재 시 화재층의 뜨거운 열기류를 배출하기 때문에 만약 급기풍도와 배기풍도를 하나의 내화구조 내에 설치할 경우 배출풍도의 고온에 의하여 급기풍도가 파손되어 오염된 연기가 풍도로 유입된 후 제연구역으로 확산되어 거주자들의 피난에 심각한 지장을 초래할 수 있어 배출풍도와 급기풍도사이는 내화구조로 분리하여야 합니다. 또한, 소방공사 표준시방서 3.7. 제연덕트의 수직풍도 다목에서는 "배출풍도는 원칙적으로 제연구역 내에 설치하고 급기풍도와 인접하여 설치해서는 안 된다"고 기술되어 있습니다. 따라서 급기풍도와 배기풍도 사이를 내화구조로 구획하여 시공하는 것이 바람직합니다.

옥내출입문 (제21조)	Q 비상용승강기 부속실 제연구역: 비상용승강기 전실(부속실)과 복도(옥내)부분의 방화구획을 인정한 방화문 일체형 스크린셔터로 설치하여도 가능한지 여부? A 비상용승강기 부속실(제연구역)과 복도(옥내) 출입문은 특별피난계단의 계단실 및 부속실 제연설비의 화재안전기준 제21조에 적합하게 설치하여야 함. 따라서, 방화문 일체형 스크린셔터는 해당하지 아니함 Q 아파트 1층(피난층) 비상용승강기 승강장에 차압제연설비를 설치하지 않아 제연구역에 해당되지 않으므로 1층 계단실의 출입구에 자동폐쇄장치의 설치 제외 가능? A 제연구역의 계단실 출입문에는 설치하여야 함 Q 비상용승강장을 단독제연하는 경우 일선 현장에서는 계단실의 창문이 개폐가 가능한 창일경우 창문용자동폐쇄장치를 설치하고 있고 또한 소방서에서도 창문용자동폐쇄장치를 요구하는 경우도 있습니다. 그러나 지침을 살펴보면 창문용자동폐쇄장치를 설치하는 경우는 아래와 같이 1호 및 3호 경우에만 해당되고 비상용승강장만을 단독제연하는 경우에는 해당되지 않으므로 계단실에 창문용자동폐쇄장치를 설치하지 않아도 무방한지 여부 A 「특별피난계단의 계단실 및 부속실 제연설비의 화재안전기준(NFSC 501A)」제21조제1항제1호에서 "제연구역의 출입문(창문을 포함 한다)은 언제나 닫힌 상태를 유지하거나 자동폐쇄장치에 의해 자동으로 닫히는 구조로 할 것. 다만, 아파트인 경우 제연구역과 계단실 사이의 출입문은 자동폐쇄장치에 의하여 자동으로 닫히는 구조로 하여야 한다."고 규정하고 있습니다. 그러나, 제연구역 외에 해당하는 계단실 창문의 경우 「NFSC 501A」에서 별도로 규정하고 있지 않습니다. 다만, 제연구역의 경우는 비제연구역의 창문에 설치된 자동폐쇄장치 설치여부와는 상관없이, 「NFSC 501A 제25조」에서 요구하는 성능은 만족하여야 합니다.
측정 (제25조)	Q 특별피난계단의 계단실 및 부속실 제연설비의 화재안전기준(NFSC 501A) 제25조(시험, 측정 및 조정 등)제2항제5호가목 "부속실과 면하는 옥내 및 계단실의 출입문을 동시에 개방할 경우" 계단실에 창문형 폐쇄장치가 설치되지 않았다면 창문을 열고 측정하여야 하는지 아니면, 인위적으로 폐쇄하고 측정하여도 가능한지 문의 드립니다. A 현재 「화재안전기준(NFSC 501A)」상 제연구역(특별피난계단의 부속실)이 아닌 비제연구역(계단실)에 설치되어 있는 창문의 개폐여부는 화재안전기준에서 규정하고 있지 않습니다. 그러나, 계단실의 창이 열려 있는 경우와 닫혀있는 경우 모두 제연구역의 제연성능은 화재안전기준에서 요구하고 있는 성능을 만족하여야 합니다. Q 차압측정공을 방화문에 설치하는 것 말고도 댐퍼에 연결하는 차압관을 T 분기하여 댐퍼 그릴에서 차압을 측정 하는 것이 가능하냐는 질문에 상관이 없다는 답변을 봤습니다. 저희 현장에도 방화문에 타공하여 차압공을 설치하기보다는 차압측정관을 T분기하여 차압을 측정하고자 합니다.(방화문 시험성적에는 차압공설치 후 시험성적이 존재하지 않아서 따로 시험을 의뢰해야합니다.) 이와 같은 방법으로 시공을 해도 관계가 없는지 궁금합니다. A 「NFSC 501A」제25조제2항제5호나목에서는 "출입문 등에 차압측정공을 설치하고~"라고 규정하고 있습니다. 이는 차압의 측정 시 실측이 용이하도록 출입문 등에 설치하도록 규정된 내용으로 기술의 변화, 건축 환경, 건물 특성을 고려하여 실제 차압을 측정할 수 있다면 T분기도 적용할 수 있습니다. 다만, T분기를 하는 경우 배관의 찌그러짐, 누설 등이 발생하지 않도록 하여야 합니다.

	핵심사항	참고 기출자료
차압등	• 차압 및 방연풍속의 점검항목, 과압방지조치 및 유입공기의 배출에 대한 점검항목 • 제연방식 기준, 제연구역 선정기준, 개방력에 의한 차압 계산 • 송풍기풍량(누설량+보충량)산정, 정압산정, 전동기 용량	
기타	• 특별피난계단의 계단실 및 부속실 제연설비의 급기송풍기 설치기준 • 방연풍속 측정방법 및 부적합 시 조치사항	
Key point	• 거실제연설비에서의 제연구역의 정의와 부속실 제연설비에서의 제연구역의 정의 • 방연풍속, 급기량, 누설량, 보충량, 플랩댐퍼, 유입공기, 자동폐쇄장치의 정의 • 급기량, 누설량, 보충량, 방연풍속, 과압방지조치, 누설틈새면적 • 연돌효과의 압력차 계산 • 유입공기의 배출, 급기구, 외기취입구	

2 시스템의 해설

특별피난계단의 계단실 및 부속실 제연설비에서 부속실에 대한 급기 가압 제연설비의 가장 중요한 개념은 제연구역에 대한 차압형성, 적절한 급기량 공급, 방연풍속의 확보, 과압 공기 및 거실 유입공기의 배출 등이다.

1) 계통도

건축관련 법령에서는 계단을 크게 3가지로 나누어 안전을 확보하도록 요구하고 있다.
[직통계단 < 피난계단 < 특별피난계단]

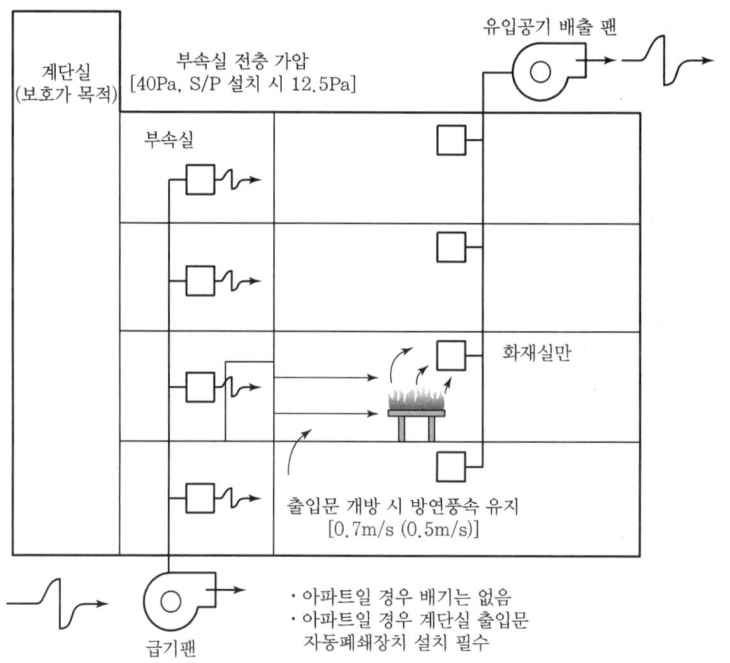

2) 소방용품(소방시설법 시행령 제6조)

소화활동설비를 구성하는 제품 또는 기기는 ① 제연설비, ② 연소방지설비 ③ 소방관의 소화활동설비에 사용하는 연결송수관설비, 연결살수설비, 비상콘센트설비, 무선통신보조설비 등이 있으며, 소화활동설비의 제품검사(형식승인 및 성능인증) 대상 품목은 ① 법 제36조제1항 본문에서 "대통령령으로 정하는 소방용품" ② 규칙 제15조제1항 본문에서 "행정안전부령으로 정하는 소방용품" ③ 규칙 제15조 및 별표 7 제22호에 따른 "소방청장이 고시하는 소방용품" 등으로 구분되고 소방용품은 제품검사를 받아 합격한 제품을 사용하여야 한다.

3) 용어 해설

(1) 차압(Pressure Difference)

차압이란 평상시의 제연구역과 비제연구역(옥내의 화재실을 의미)과의 압력차를 말하는 것, 즉, 화재 시 온도상승에 따른 팽창력과 부력에 따른 압력이 발생하며, 연소생성물을 계단실로 유입되지 않도록 하기 위하여 필요한 실내와 부속실간의 압력 차이를 차압이라고 한다.

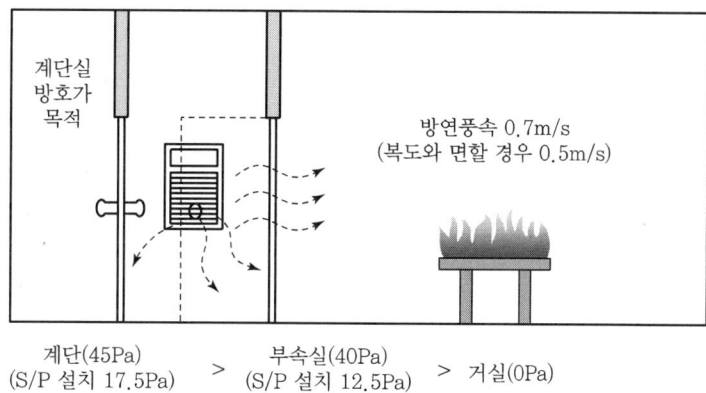

① 계단실을 가압할 경우 차압은 일반적으로 부속실을 가압한다고 할 경우 유지하여야 할 최소차압은 40Pa(개방력 110N 이하)이다. 이것은 연돌효과 등 기타 관련 부분에 대한 손실을 고려한 압력으로 볼 수 있다.

② 스프링클러가 설치된 경우에는 화재가 크지 않다고 보아 12.5Pa로 규정하고 있다. 이것은 연돌효과 등의 손실이 고려되지 않은 압력으로 부족할 수 있다.

③ 화재층이 아닌 비화재층에서의 차압은 기준차압의 70% 미만이 되지 않도록 규정하고 있다. 이것은 12.5Pa에서의 70%는 8.75Pa로서 그 편차는 3.75Pa로서 아주 작은 미압으로서 화재층에서 개구부가 개방되었을 경우에는 기술적으로 성능을 구현하기 어려울 것으로 판단된다.

(2) 개방력과 폐쇄력

① 개방력 : 개방력은 100N 이하로 규정하고 있다. 부속실에만 가압하는 경우 화재실에서 부속실을 거쳐 피난하게 되므로 화재실에서 부속실 출입구를 개방할 경우에는 부속실과

거실의 차압으로 인하여 출입구에 압력이 작용하게 되므로 개방에 장애를 주게 된다.

② 폐쇄력 : 거실측의 출입구는 폐쇄되는 방향으로 압력이 가해지므로 자동적으로 폐쇄되지만 계단실 출입구는 개방되는 방향으로 압력이 작용하게 되므로 압력보다 큰 힘이 작동하여야 출입문이 폐쇄되므로 폐쇄력을 확인하여야 한다.

③ 출입구에 자동폐쇄장치를 사용할 경우에는 감지기의 작동에 따른 화재신호(기동)에 따라 폐쇄되고, 출입구가 폐쇄되었다는 확인신호를 받을 수 있는 제품으로서 한국소방산업기술원의 성능인증을 받은 제품을 사용하여야 한다.

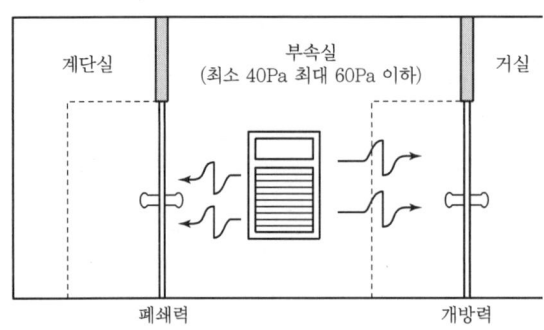

→ 차압에 따라 방화문에 작용하는 단순 힘
- 방화문의 크기 : 2.1m(높이)×0.9m(폭)
- 차압 : 40~60Pa[N/m²]

$$F[N] = P[N/m^2] \times A[m^2]$$
$$= 60N/m^2 \times 2.1m \times 0.9m = 113.4$$
$$\therefore 110N$$

→ 개방력 : 110N 이하(제연설비 작동 시)
→ 폐쇄력 : 110N 이상이어야 폐쇄된다.

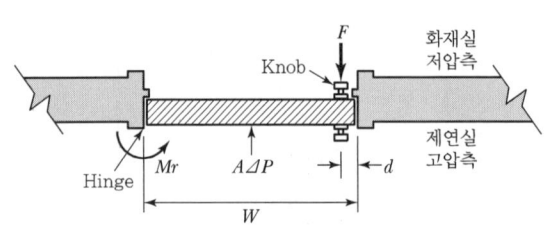

$$F = F_{dc} + \frac{WA\Delta P}{2(W-d)}$$

F : 문을 여는 데 필요한 힘(N)
F_{dc} : 도어클로저의 폐쇄력(N)
W : 문의 폭(m)
A : 문의 면적(m²)
ΔP : 차압(Pa)
d : 손잡이에서 문끝까지 거리(m)

[문의 개방력 측정]

(3) 풍량계산

① 화재안전기준상 급기량

급기량(Q) = 누설량($Q_{누설}$) + 보충량($Q_{보충}$)

② 누설량 : 재연구역의 출입문의 틈새를 통한 누설량을 합한 양

$$Q_{누설} = 0.826A\sqrt{\Delta P} \times 1.15$$

여기서, $Q_{누설}$: 누설풍량[m³/s]
A : 누설틈새면적 합계[m²]
ΔP : 차압[Pa = N/m²]
1.15 : 화재안전기준에 따른 할증(누설을 실측하여 조정한 경우에는 고려하지 않음)

⊙ 누설틈새면적

출입문 유형		기준틈새 길이 (l)	틈새면적 (A_d)	창문 유형(참고)		틈새면적 ($A : m^2$)
외여닫이	부속실 내측	5.6m	0.01m²	여닫이	방수 패킹(×)	2.55×10^{-4}m ×틈새길이(m)
	부속실 외측	5.6m	0.02m²		방수 패킹(○)	3.61×10^{-5}m ×틈새길이(m)
쌍여닫이		9.2m	0.03m²	미닫이		1.0×10^{-4}m ×틈새길이(m)
승강기		8.0m	0.06m²	출입문인 경우 누설틈새면적[m²] $A = \dfrac{L}{l} \times A_d$ 여기서, L : 실제 틈새길이[m]		

ⓒ 누설틈새면적의 직렬 및 병렬연결

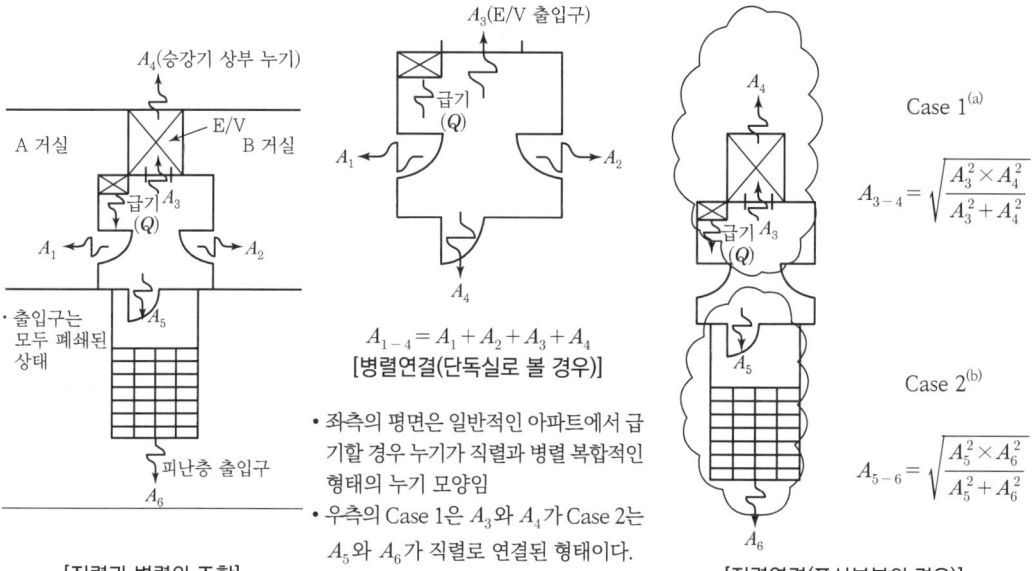

[직렬과 병렬의 조합]

$A_{1-4} = A_1 + A_2 + A_3 + A_4$
[병렬연결(단독실로 볼 경우)]

- 좌측의 평면은 일반적인 아파트에서 급기할 경우 누기가 직렬과 병렬 복합적인 형태의 누기 모양임
- 우측의 Case 1은 A_3와 A_4가 Case 2는 A_5와 A_6가 직렬로 연결된 형태이다.

Case 1(a)
$$A_{3-4} = \sqrt{\dfrac{A_3^2 \times A_4^2}{A_3^2 + A_4^2}}$$

Case 2(b)
$$A_{5-6} = \sqrt{\dfrac{A_5^2 \times A_6^2}{A_5^2 + A_6^2}}$$

[직렬연결(표시부분의 경우)]

※ 평면도에서 직렬과 병렬 조합일 경우 누설틈새면적의 산정(가장 먼 곳으로부터 계산)

(a) A_3과 A_4는 직렬로 누설 $A_{3-4} = \sqrt{\dfrac{A_3^2 \times A_4^2}{A_3^2 + A_4^2}}$

(b) A_5와 A_6은 직렬로 누설 $A_{5-6} = \sqrt{\dfrac{A_5^2 \times A_6^2}{A_5^2 + A_6^2}}$

(c) A_{1-5}는 부속실에서 병렬로 누설 $A_{1-5} = A_1 + A_2 + A_{3-4} + A_{5-6}$

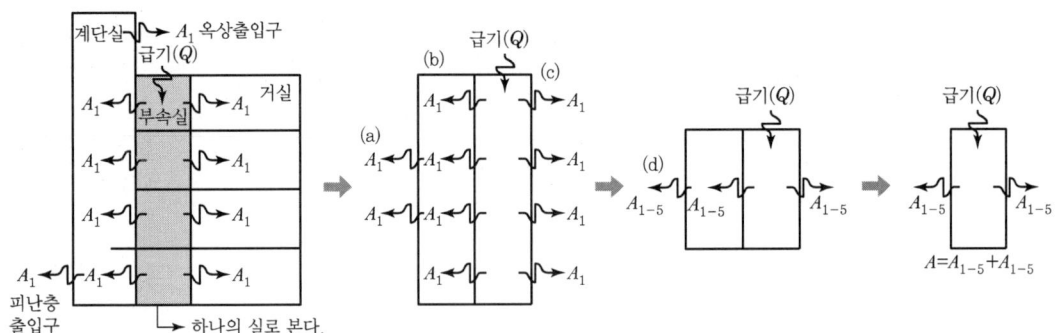

※ 수직단면일 경우(가장 먼 곳으로부터 계산)

(a) A_{9-10}은 계단실에서 병렬로 누설 $A_{9-10} = A_9 + A_{10}$

(b) A_{5-8}은 부속실에서 병렬로 누설 $A_{5-8} = A_5 + A_6 + A_7 + A_8$

(c) A_{1-4}는 거실에서 병렬로 누설 $A_{1-4} = A_1 + A_2 + A_3 + A_4$

(d) A_{9-10}과 A_{5-8}은 부속실에서 계단실로 직렬로 누설

$$A_{5-10} = \sqrt{\frac{A_{5-8}^2 \times A_{9-10}^2}{A_{5-8}^2 + A_{9-10}^2}}$$

(e) A_{1-10}는 부속실에서 병렬로 누설 $A_{1-10} = A_{1-4} + A_{5-10}$

③ 보충량 : 피난등으로 인하여 출입문이 개방되었을 경우 방연풍속(0.5~0.7m/s)을 유지하기 위한 방연풍량을 말한다. 20개 층 이하는 1개 층, 20개 층 초과는 2개 층 이상이 개방되는 것으로 산정한다.

$$Q_{보충} = K\left(\frac{S \times V}{0.6}\right) - Q_0$$

여기서, $Q_{보충}$: 보충량[m³/s]
K : 부속실 20개 이하는 1, 20개 초과는 2
S : 방화문면적[m²]
V : 방연풍속[m/s]
0.6 : 실제풍량을 보정하기 위한 할증
Q_0 : 역류누설량[m³/s]

제연구역		방연풍속
계단실 및 그 부속실을 동시에 제연하는 것 또는 계단실만 단독으로 제연하는 것		0.5m/s 이상
부속실만 단독으로 제연하는 것 또는 비상용승강기의 승강장만 단독으로 제연하는 것	부속실 또는 승강장이 면하는 옥내가 거실인 경우	0.7m/s 이상
	부속실 또는 승강장이 면하는 옥내가 복도로서 그 구조가 방화구조(내화시간이 30분 이상인 구조를 포함한다.)인 것	0.5m/s 이상

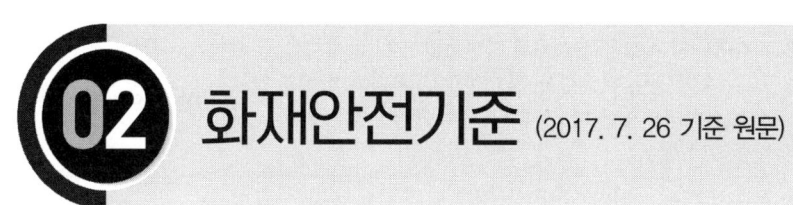

02 화재안전기준 (2017. 7. 26 기준 원문)

NFSC 501A

제1조(목적) 이 기준은 「화재예방, 소방시설 설치·유지 및 안전관리에 관한 법률」 제9조제1항에 따라 소방청장에게 위임한 사항 중 소화활동설비인 특별피난계단의 계단실 및 부속실 제연설비의 설치유지 및 안전관리에 관하여 필요한 사항을 규정함을 목적으로 한다.

POINT 시스템 및 안전관리

소화활동설비의 설치목적은 화재를 진압하거나 인명구조활동을 위하여 사용하는 설비로 특정소방대상물에서 화재가 발생한 경우 연소생성물(열, 연기, 불꽃 등)에 의한 위험지역에서 소방관의 소화활동을 지원하며, 평상시에는 관계인에 의한 화재예방을 위하여 정기적으로 점검하는 소방설비이다.

1. 특별피난계단의 계단실 및 부속실 제연설비는 거실에서 확산되어 나오는 연기에 대해 인접한 복도, 실 및 계단으로 연기의 침입을 방지하는 급기가압제연방식은 차압, 방연풍속, 제연구역의 과압방지에 기준을 두는 제연설비이다. 부속실제연의 구성은 배출구, 유입구, 풍도(급기·배출), 연기감지기, 댐퍼, 수동기동장치, 측정공, 비상전원, 수신기 등으로 구성된다.
2. 시스템을 구성하고 있는 소화활동설비는 「소방시설공사업법」의 소방시설공사 등의 품질과 안전이 확보되도록 시공되어야 하고, 소방기술의 관리에 필요한 화재안전기준에 적합하게 설계도서·시방서가 작성되어 성실하게 수행되어야 한다. 또한 「화재예방, 소방시설 설치·유지 및 안전관리에 관한 법률(이하 "소방시설법")」에 의한 소방용품의 제조 및 수입하려는 제품에 대하여 제품검사를 수행하고, 특정소방대상물의 관계인을 통하여 소방대상물의 안전관리가 이행되어야 한다.

제2조(적용범위) 「화재예방, 소방시설 설치·유지 및 안전관리에 관한 법률 시행령」(이하 "영"이라 한나) 별표 5의 제5호가목6)에 따른 특별피난계단의 계단실(이하 "계단실"이라 한다) 및 부속실(비상용승강기의 승강장과 겸용하는 것 또는 비상용승강기의 승강장을 포함한다. 이하 "부속실"이라 한다)의 제연설비는 이 기준에서 정하는 규정에 따라 설비를 설치하고 유지·관리하여야 한다.

POINT

1 특정소방대상물의 설치기준(별표 5 제연설비)

소방시설	적용기준		설치대상
제연설비	1. 문화 및 집회시설, 종교시설, 운동시설로서	무대부의 바닥면적	200m² 이상
		영화상영관으로 수용인원	100명 이상

제연설비	2. 지하층이나 무창층에 설치된 근린생활시설, 판매시설, 운수시설, 숙박시설, 위락시설, 의료시설, 노유자시설 또는 창고시설(물류터미널만 해당한다)로서 해당 용도로 사용되는 바닥면적의 합계	1천m² 이상인 층
	3. 운수시설 중 시외버스정류장, 철도 및 도시철도 시설, 공항시설 및 항만시설의 대기실 또는 휴게시설로서 지하층 또는 무창층의 바닥면적	1천m² 이상
	4. 지하가(터널은 제외한다)로서 연면적	1천m² 이상
	5. 지하가 중 예상 교통량, 경사도 등 터널의 특성을 고려하여 행정안전부령으로 정하는 터널	전부
	6. 특정소방대상물(갓복도형 아파트 등은 제외한다)에 부설된 특별피난계단, 비상용 승강기의 승강장 또는 피난용 승강기의 승강장	전부

※ 특별피난계단 및 비상용승강기의 설치대상
① 「건축법」 제64조(승강기)제②항에 따른 비상용승강기의 설치대상
② 「건축물의 설비기준 등에 관한 규칙」 제9조(비상용승강기를 설치하지 아니할 수 있는 건축물)
③ 「주택건설기준 등에 관한 규정」 제15조(승강기등)제2항에 따른 비상용승강기의 설치 : 공동주택
④ 「건축법 시행령」 제35조(피난계단의 설치) 제2항에 따른 특별피난계단의 설치대상 : 직통계단, 피난계단, 특별피난계단

2 소방시설의 설치 면제기준

1. (별표 6) 소방시설 설치 면제기준
   가. 제연설비를 설치하여야 하는 특정소방대상물(별표 5 제5호가목6)은 제외한다)에 다음의 어느 하나에 해당하는 설비를 설치한 경우에는 설치가 면제된다.
      1) 공기조화설비를 화재안전기준의 제연설비기준에 적합하게 설치하고 공기조화설비가 화재 시 제연설비기능으로 자동전환되는 구조로 설치되어 있는 경우
      2) 직접 외부 공기와 통하는 배출구의 면적의 합계가 해당 제연구역[제연경계(제연설비의 일부인 천장을 포함한다)에 의하여 구획된 건축물 내의 공간을 말한다] 바닥면적의 100분의 1 이상이고, 배출구부터 각 부분까지의 수평거리가 30m 이내이며, 공기유입구가 화재안전기준에 적합하게(외부 공기를 직접 자연 유입할 경우에 유입구의 크기는 배출구의 크기 이상이어야 한다) 설치되어 있는 경우
   나. 부속실제연설비에 따라 제연설비를 설치하여야 하는 특정소방대상물 중 노대(露臺)와 연결된 특별피난계단, 노대가 설치된 비상용 승강기의 승강장 또는 「건축법 시행령」 제91조 제5호의 기준에 따라 배연설비가 설치된 피난용 승강기의 승강장에는 설치가 면제된다.
2. (별표 7) 소방시설을 설치하지 않을 수 있는 특정소방대상물 및 소방시설 범위 : 없음

제3조(정의) 이 기준에서 사용하는 용어의 정의는 다음과 같다.
 1. "제연구역"이란 제연 하고자 하는 계단실, 부속실 또는 비상용승강기의 승강장을 말한다.
 2. "방연풍속"이란 옥내로부터 제연구역내로 연기의 유입을 유효하게 방지할 수 있는 풍속을 말한다.
 3. "급기량"이란 제연구역에 공급하여야 할 공기의 양을 말한다.
 4. "누설량"이란 틈새를 통하여 제연구역으로부터 흘러나가는 공기량을 말한다.
 5. "보충량"이란 방연풍속을 유지하기 위하여 제연구역에 보충하여야 할 공기량을 말한다.
 6. "플랩댐퍼"란 부속실의 설정압력범위를 초과하는 경우 압력을 배출하여 설정압 범위를 유지하게 하는 과압방지장치를 말한다.
 7. "유입공기"란 제연구역으로부터 옥내로 유입하는 공기로서 차압에 따라 누설하는 것과 출입문의 개방에 따라 유입하는 것을 말한다.
 8. "거실제연설비"란 「제연설비의 화재안전기준(NFSC 501)」의 기준에 따른 옥내의 제연설비를 말한다.
 9. "자동차압·과압조절형 급기댐퍼"란 제연구역과 옥내사이의 차압을 압력센서 등으로 감지하여 제연구역에 공급되는 풍량의 조절로 제연구역의 차압유지 및 과압방지를 자동으로 제어할 수 있는 댐퍼를 말한다.
 10. "자동폐쇄장치"란 제연구역의 출입문 등에 설치하는 것으로서 화재발생시 옥내에 설치된 감지기 작동과 연동하여 출입문을 자동적으로 닫게 하는 장치를 말한다.

제4조(제연방식) 이 기준에 따른 제연설비는 다음 각 호의 기준에 적합하여야 한다.
 1. 제연구역에 옥외의 신선한 공기를 공급하여 제연구역의 기압을 제연구역 이외의 옥내(이하 "옥내"라 한다)보다 높게 하되 일정한 기압의 차이(이하 "차압"이라 한다)를 유지하게 함으로써 옥내로부터 제연구역내로 연기가 침투하지 못하도록 할 것
 2. 피난을 위하여 제연구역의 출입문이 일시적으로 개방되는 경우 방연풍속을 유지하도록 옥외의 공기를 제연구역내로 보충 공급하도록 할 것
 3. 출입문이 닫히는 경우 제연구역의 과압을 방지할 수 있는 유효한 조치를 하여 차압을 유지할 것

제5조(제연구역의 선정) 제연구역은 다음 각 호의 1에 따라야 한다.
 1. 계단실 및 그 부속실을 동시에 제연 하는 것
 2. 부속실만을 단독으로 제연 하는 것
 3. 계단실 단독제연하는 것
 4. 비상용승강기 승강장 단독 제연 하는 것

제6조(차압 등) ① 제4조제1호의 기준에 따라 제연구역과 옥내와의 사이에 유지하여야 하는 최소차압은 40Pa(옥내에 스프링클러설비가 설치된 경우에는 12.5Pa) 이상으로 하여야 한다.

② 제연설비가 가동되었을 경우 출입문의 개방에 필요한 힘은 110N 이하로 하여야 한다.
③ 제4조제2호의 기준에 따라 출입문이 일시적으로 개방되는 경우 개방되지 아니하는 제연구역과 옥내와의 차압은 제1항의 기준에 불구하고 제1항의 기준에 따른 차압의 70% 미만이 되어서는 아니 된다.
④ 계단실과 부속실을 동시에 제연 하는 경우 부속실의 기압은 계단실과 같게 하거나 계단실의 기압보다 낮게 할 경우에는 부속실과 계단실의 압력 차이는 5Pa 이하가 되도록 하여야 한다.

제7조(급기량) 급기량은 다음 각 호의 양을 합한 양 이상이 되어야 한다.
1. 제4조제1호의 기준에 따른 차압을 유지하기 위하여 제연구역에 공급하여야 할 공기량. 이 경우 제연구역에 설치된 출입문(창문을 포함한다. 이하 "출입문등"이라 한다)의 누설량과 같아야 한다.
2. 제4조제2호의 기준에 따른 보충량

제8조(누설량) 제7조제1호의 기준에 따른 누설량은 제연구역의 누설량을 합한 양으로 한다. 이 경우 출입문이 2개소 이상인 경우에는 각 출입문의 누설틈새면적을 합한 것으로 한다.

제9조(보충량) 제7조제2호의 기준에 따른 보충량은 부속실(또는 승강장)의 수가 20 이하는 1개층 이상, 20을 초과하는 경우에는 2개층 이상의 보충량으로 한다.

제10조(방연풍속) 방연풍속은 제연구역의 선정방식에 따라 다음 표의 기준에 따라야 한다.

제연구역		방연풍속
계단실 및 그 부속실을 동시에 제연하는 것 또는 계단실만 단독으로 제연하는 것		0.5m/s 이상
부속실만 단독으로 제연하는 것 또는 비상용 승강기의 승강장만 단독으로 제연하는 것	부속실 또는 승강장이 면하는 옥내가 거실인 경우	0.7m/s 이상
	부속실 또는 승강장이 면하는 옥내가 복도로서 그 구조가 방화구조(내화시간이 30분 이상인 구조를 포함한다.)인 것	0.5m/s 이상

제11조(과압방지조치) 제4조제3호의 기준에 따른 제연구역에 과압의 우려가 있는 경우에는 과압방지를 위하여 해당 제연구역에 자동차압·과압조절형댐퍼 또는 과압방지장치를 다음 각 호의 기준에 따라 설치하여야 한다.
1. 과압방지장치는 제연구역의 압력을 자동으로 조절하는 성능이 있는 것으로 할 것
2. 과압방지를 위한 과압방지장치는 제6조와 제10조의 해당 조건을 만족하여야 한다.
3. 플랩댐퍼는 소방청장이 고시하는 성능인증 및 제품검사의 기술기준에 적합한 것으로 설치하여야 한다.

4. 삭제
5. 플랩댐퍼에 사용하는 철판은 두께 1.5mm 이상의 열간압연 연강판(KS D 3501) 또는 이와 동등 이상의 내식성 및 내열성이 있는 것으로 할 것
6. 자동차압·과압조절형댐퍼를 설치하는 경우에는 제17조제3호나목부터 마목의 기준에 적합할 것

> **자동차압·과압조절형 댐퍼 설치(제17조제3호나목부터 마목의 기준)**
>
> 나. 자동차압·과압조절형 댐퍼를 설치하는 경우 차압범위의 수동설정기능과 설정범위의 차압이 유지되도록 개구율을 자동조절하는 기능이 있을 것
> 마. 자동차압·과압조절형 댐퍼는「자동차압·과압조절형 댐퍼의 성능인증 및 제품검사의 기술기준」에 적합한 것으로 설치할 것

제12조(누설틈새의 면적 등) 제연구역으로부터 공기가 누설하는 틈새면적은 다음 각 호의 기준에 따라야 한다.
1. 출입문의 틈새면적은 다음의 식에 따라 산출하는 수치를 기준으로 할 것. 다만, 방화문의 경우에는「한국산업표준」에서 정하는「문세트(KS F 3109)」에 따른 기준을 고려하여 산출할 수 있다.

$$A = \left(\frac{L}{l}\right) \times A_d$$

    A : 출입문의 틈새(m²)
    L : 출입문 틈새의 길이 (m). 다만, L의 수치가 l의 수치 이하인 경우에는 l의 수치로 할 것
    l : 외여닫이문이 설치되어 있는 경우에는 5.6, 쌍여닫이문이 설치되어 있는 경우에는 9.2, 승강기의 출입문이 설치되어 있는 경우에는 8.0으로 할 것
    A_d : 외여닫이문으로 제연구역의 실내 쪽으로 열리도록 설치하는 경우에는 0.01, 제연구역의 실외 쪽으로 열리도록 설치하는 경우에는 0.02, 쌍여닫이문의 경우에는 0.03, 승강기의 출입문에 대하여는 0.06으로 할 것

≫ 출입문의 종류에 따른 누설틈새면적

출입문 유형		기준틈새 길이 (l)	틈새면적 (A_d)	창문 유형(참고)		틈새면적 (A : m²)
외여닫이	부속실 내측	5.6m	0.01m²	여닫이	방수 패킹(×)	2.55×10^{-4}m ×틈새길이(m)
	부속실 외측	5.6m	0.02m²		방수 패킹(○)	3.61×10^{-5}m ×틈새길이(m)
쌍여닫이		9.2m	0.03m²	미닫이		1.0×10^{-4}m ×틈새길이(m)

			출입문인 경우 누설틈새면적[m²]
승강기	8.0m	0.06m²	$A = \dfrac{L}{l} \times A_d$ 여기서, L : 실제 틈새길이[m]

2. 창문의 틈새면적은 다음의 식에 따라 산출하는 수치를 기준으로 할 것. 다만, 「한국산업표준」 에서 정하는 「창세트(KS F 3117)」에 따른 기준을 고려하여 산출할 수 있다.

　가. 여닫이식 창문으로서 창틀에 방수팩킹이 없는 경우

　　　틈새면적(m²) = 2.55×10^{-4} × 틈새의 길이(m)

　나. 여닫이식 창문으로서 창틀에 방수팩킹이 있는 경우

　　　틈새면적(m²) = 3.61×10^{-5} × 틈새의 길이(m)

　다. 미닫이식 창문이 설치되어 있는 경우

　　　틈새면적(m²) = 1.00×10^{-4} × 틈새의 길이(m)

3. 제연구역으로부터 누설하는 공기가 승강기의 승강로를 경유하여 승강로의 외부로 유출하는 유출면적은 승강로 상부의 승강로와 기계실 사이의 개구부 면적을 합한 것을 기준으로 할 것

4. 제연구역을 구성하는 벽체 (반자속의 벽체를 포함한다)가 벽돌 또는 시멘트블록 등의 조적구조이거나 석고판 등의 조립구조인 경우에는 불연재료를 사용하여 틈새를 조정할 것. 다만, 제연구역의 내부 또는 외부면을 시멘트모르터로 마감하거나 철근콘크리트 구조의 벽체로 하는 경우에는 그 벽체의 공기누설은 무시할 수 있다.

5. 제연설비의 완공 시 제연구역의 출입문등은 크기 및 개방방식이 해당 설비의 설계 시와 같아야 한다.

제13조(유입공기의 배출) ① 유입공기는 화재층의 제연구역과 면하는 옥내로부터 옥외로 배출되도록 하여야 한다. 다만, 직통계단식 공동주택의 경우에는 그러하지 아니하다.

② 유입공기의 배출은 다음 각 호의 어느 하나의 기준에 따른 배출방식으로 하여야 한다.

　1. 수직풍도에 따른 배출 : 옥상으로 직통하는 전용의 배출용 수직풍도를 설치하여 배출하는 것으로서 다음 각 목의 어느 하나에 해당하는 것

　　가. 자연배출식 : 굴뚝효과에 따라 배출하는 것

　　나. 기계배출식 : 수직풍도의 상부에 전용의 배출용 송풍기를 설치하여 강제로 배출하는 것. 다만, 지하층만을 제연하는 경우 배출용 송풍기의 설치위치는 배출된 공기로 인하여 피난 및 소화활동에 지장을 주지 아니하는 곳에 설치할 수 있다.

　2. 배출구에 따른 배출 : 건물의 옥내와 면하는 외벽마다 옥외와 통하는 배출구를 설치하여 배출하는 것

　3. 제연설비에 따른 배출 : 거실제연설비가 설치되어 있고 당해 옥내로부터 옥외로 배출하여야

하는 유입공기의 양을 거실제연설비의 배출량에 합하여 배출하는 경우 유입공기의 배출은 당해 거실제연설비에 따른 배출로 갈음할 수 있다.

제14조(수직풍도에 따른 배출) 수직풍도에 따른 배출은 다음 각 호의 기준에 적합하여야 한다.
1. 수직풍도는 내화구조로 하되「건축물의 피난·방화구조 등의 기준에 관한 규칙」제3조제1호 또는 제2호의 기준 이상의 성능으로 할 것
2. 수직풍도의 내부면은 두께 0.5mm 이상의 아연도금강판 또는 동등이상의 내식성·내열성이 있는 것으로 마감되는 접합부에 대하여는 통기성이 없도록 조치할 것
3. 각층의 옥내와 면하는 수직풍도의 관통부에는 다음 각목의 기준에 적합한 댐퍼(이하 "배출댐퍼"라 한다)를 설치하여야 한다.
    가. 배출댐퍼는 두께 1.5mm 이상의 강판 또는 이와 동등 이상의 성능이 있는 것으로 설치하여야 하며 비 내식성 재료의 경우에는 부식방지 조치를 할 것
    나. 평상시 닫힌 구조로 기밀상태를 유지할 것
    다. 개폐여부를 당해 장치 및 제어반에서 확인할 수 있는 감지기능을 내장하고 있을 것
    라. 구동부의 작동상태와 닫혀 있을 때의 기밀상태를 수시로 점검할 수 있는 구조일 것
    마. 풍도의 내부마감상태에 대한 점검 및 댐퍼의 정비가 가능한 이·탈착구조로 할 것
    바. 화재층의 옥내에 설치된 화재감지기의 동작에 따라 당해층의 댐퍼가 개방될 것
    사. 개방 시의 실제개구부(개구율을 감안한 것을 말한다)의 크기는 수직풍도의 내부단면적과 같도록 할 것
    아. 댐퍼는 풍도내의 공기흐름에 지장을 주지 않도록 수직풍도의 내부로 돌출하지 않게 설치할 것
4. 수직풍도의 내부단면적은 다음 각 목의 기준에 적합할 것
    가. 자연배출식의 경우 다음 식에 따라 산출하는 수치 이상으로 할 것. 다만, 수직풍도의 길이가 100m를 초과하는 경우에는 산출수치의 1.2배 이상의 수치를 기준으로 하여야 한다.
    $$AP = QN/2$$
    AP : 수직풍도의 내부단면적(m^2)
    QN : 수직풍도가 담당하는 1개층의 제연구역의 출입문(옥내와 면하는 출입문을 말한다) 1개의 면적(m^2)과 방연풍속(m/s)를 곱한 값(m^3/s)
    나. 송풍기를 이용한 기계배출식의 경우 풍속 15m/s 이하로 할 것
5. 기계배출식에 따라 배출하는 경우 배출용 송풍기는 다음 각 목의 기준에 적합할 것
    가. 열기류에 노출되는 송풍기 및 그 부품들은 250℃의 온도에서 1시간 이상 가동상태를 유지할 것
    나. 송풍기의 풍량은 제4호가목의 기준에 따른 QN에 여유량을 더한 양을 기준으로 할 것
    다. 송풍기는 옥내의 화재감지기의 동작에 따라 연동하도록 할 것
6. 수직풍도의 상부의 말단(기계배출식의 송풍기도 포함한다)은 빗물이 흘러들지 아니하는 구조

로 하고, 옥외의 풍압에 따라 배출성능이 감소하지 아니하도록 유효한 조치를 할 것

내화구조(건축물의 피난·방화구조 등의 기준에 관한 규칙 제3조제1호 또는 제2호)

제3조(내화구조) 영 제2조제7호에서 "국토교통부령으로 정하는 기준에 적합한 구조"란 다음 각 호의 어느 하나에 해당하는 것을 말한다.
1. 벽의 경우에는 다음 각 목의 어느 하나에 해당하는 것
   가. 철근콘크리트조 또는 철골철근콘크리트조로서 두께가 10센티미터 이상인 것
   나. 골구를 철골조로 하고 그 양면을 두께 4센티미터 이상의 철망모르타르(그 바름바탕을 불연재료로 한 것으로 한정한다. 이하 이 조에서 같다) 또는 두께 5센티미터 이상의 콘크리트블록·벽돌 또는 석재로 덮은 것
   다. 철재로 보강된 콘크리트블록조·벽돌조 또는 석조로서 철재에 덮은 콘크리트블록 등의 두께가 5센티미터 이상인 것
   라. 벽돌조로서 두께가 19센티미터 이상인 것
   마. 고온·고압의 증기로 양생된 경량기포 콘크리트패널 또는 경량기포 콘크리트블록조로서 두께가 10센티미터 이상인 것
2. 외벽 중 비내력벽인 경우에는 제1호에도 불구하고 다음 각 목의 어느 하나에 해당하는 것
   가. 철근콘크리트조 또는 철골철근콘크리트조로서 두께가 7센티미터 이상인 것
   나. 골구를 철골조로 하고 그 양면을 두께 3센티미터 이상의 철망모르타르 또는 두께 4센티미터 이상의 콘크리트블록·벽돌 또는 석재로 덮은 것
   다. 철재로 보강된 콘크리트블록조·벽돌조 또는 석조로서 철재에 덮은 콘크리트블록등의 두께가 4센티미터 이상인 것
   라. 무근콘크리트조·콘크리트블록조·벽돌조 또는 석조로서 그 두께가 7센티미터 이상인 것

제15조(배출구에 따른 배출) 배출구에 따른 배출은 다음 각 호의 기준에 적합하여야 한다.
1. 배출구에는 다음 각 목의 기준에 적합한 장치(이하 "개폐기"라 한다)를 설치할 것
   가. 빗물과 이물질이 유입하지 아니하는 구조로 할 것
   나. 옥 외쪽으로만 열리도록 하고 옥외의 풍압에 따라 자동으로 닫히도록 할 것
   다. 그 밖의 설치기준은 제14조제3호가목 내지 사목의 기준을 준용할 것
2. 개폐기의 개구면적은 다음 식에 따라 산출한 수치 이상으로 할 것
   $AO = QN/2.5$
   AO : 개폐기의 개구면적(m^2)
   QN : 수직풍도가 담당하는 1개 층의 제연구역의 출입문(옥내와 면하는 출입문을 말한다) 1개의 면적(m^2)과 방연풍속(m/s)를 곱한 값(m^3/s)

제16조(급기) 제연구역에 대한 급기는 다음 각 호의 기준에 따라야 한다.
1. 부속실을 제연하는 경우 동일수직선상의 모든 부속실은 하나의 전용수직풍도를 통해 동시에 급기할 것. 다만, 동일수직선상에 2대 이상의 급기송풍기가 설치되는 경우에는 수직풍도를 분리하여 설치할 수 있다.

2. 계단실 및 부속실을 동시에 제연하는 경우 계단실에 대하여는 그 부속실의 수직풍도를 통해 급기할 수 있다.
3. 계단실만 제연하는 경우에는 전용수직풍도를 설치하거나 계단실에 급기풍도 또는 급기송풍기를 직접 연결하여 급기하는 방식으로 할 것
4. 하나의 수직풍도마다 전용의 송풍기로 급기할 것
5. 비상용승강기의 승강장을 제연하는 경우에는 비상용승강기의 승강로를 급기풍도로 사용할 수 있다.

제17조(급기구) 제연구역에 설치하는 급기구는 다음 각 호의 기준에 적합하여야 한다.
1. 급기용 수직풍도와 직접 면하는 벽체 또는 천장(당해 수직풍도와 천장급기구 사이의 풍도를 포함한다)에 고정하되, 급기되는 기류 흐름이 출입문으로 인하여 차단되거나 방해받지 아니하도록 옥내와 면하는 출입문으로부터 가능한 먼 위치에 설치할 것
2. 계단실과 그 부속실을 동시에 제연하거나 또는 계단실만을 제연하는 경우 급기구는 계단실 매 3개층 이하의 높이마다 설치할 것. 다만, 계단실의 높이가 31m 이하로서 계단실만을 제연하는 경우에는 하나의 계단실에 하나의 급기구만을 설치할 수 있다.
3. 급기구의 댐퍼설치는 다음 각 목의 기준에 적합할 것
   가. 급기댐퍼는 두께 1.5mm 이상의 강판 또는 이와 동등 이상의 강도가 있는 것으로 설치하여야 하며, 비 내식성 재료의 경우에는 부식방지조치를 할 것
   나. 자동차압·과압조절형 댐퍼를 설치하는 경우 차압범위의 수동설정기능과 설정범위의 차압이 유지되도록 개구율을 자동조절하는 기능이 있을 것
   다. 자동차압·과압조절형 댐퍼는 옥내와 면하는 개방된 출입문이 완전히 닫히기 전에 개구율을 자동감소시켜 과압을 방지하는 기능이 있을 것
   라. 자동차압·과압조절형 댐퍼는 주위온도 및 습도의 변화에 의해 기능이 영향을 받지 아니하는 구조일 것
   마. 자동차압·과압조절형댐퍼는 「자동차압·과압조절형댐퍼의 성능인증 및 제품검사의 기술기준」에 적합한 것으로 설치할 것
   바. 자동차압·과압조절형이 아닌 댐퍼는 개구율을 수동으로 조절할 수 있는 구조로 할 것
   사. 옥내에 설치된 화재감지기에 따라 모든 제연구역의 댐퍼가 개방되도록 할 것. 다만, 둘 이상의 특정소방대상물이 지하에 설치된 주차장으로 연결되어 있는 경우에는 주차장에서 하나의 특정소방대상물의 제연구역으로 들어가는 입구에 설치된 제연용 연기감지기의 작동에 따라 특정소방대상물의 해당 수직풍도에 연결된 모든 제연구역의 댐퍼가 개방되도록 할 것
   아. 댐퍼의 작동이 전기적 방식에 의하는 경우 제14조제3호의 나목 내지 마목의 기준을, 기계적 방식에 따른 경우 제14조제3호의 다목, 라목 및 마목 기준을 준용할 것
   자. 그 밖의 설치기준은 제14조제3호 가목 및 아목의 기준을 준용할 것

제18조(급기풍도) 급기풍도(이하 "풍도"라 한다)의 설치는 다음 각 호의 기준에 적합하여야 한다.
1. 수직풍도는 제14조제1호 및 제2호의 기준을 준용할 것
2. 수직풍도 이외의 풍도로서 금속판으로 설치하는 풍도는 다음 각 목의 기준에 적합할 것
   가. 풍도는 아연도금강판 또는 이와 동등 이상의 내식성·내열성이 있는 것으로 하며, 불연재료(석면재료를 제외한다)인 단열재로 유효한 단열처리를 하고, 강판의 두께는 풍도의 크기에 따라 다음 표에 따른 기준 이상으로 할 것. 다만, 방화구획이 되는 전용실에 급기송풍기와 연결되는 닥트는 단열이 필요 없다.

풍도 단면의 긴변 또는 직경의 크기	450mm 이하	450mm 초과 750mm 이하	750mm 초과 1,500mm 이하	1,500mm 초과 2,250mm 이하
강판두께	0.5mm	0.6mm	0.8mm	1.0mm

   나. 풍도에서의 누설량은 급기량의 10%를 초과하지 아니할 것
3. 풍도는 정기적으로 풍도내부를 청소할 수 있는 구조로 설치할 것

제19조(급기송풍기) 급기송풍기의 설치는 다음 각 호의 기준에 적합하여야 한다.
1. 송풍기의 송풍능력은 송풍기가 담당하는 제연구역에 대한 급기량의 1.15배 이상으로 할 것. 다만, 풍도에서의 누설을 실측하여 조정하는 경우에는 그러하지 아니한다.
2. 송풍기에는 풍량조절장치를 설치하여 풍량조절을 할 수 있도록 할 것
3. 송풍기에는 풍량을 실측할 수 있는 유효한 조치를 할 것
4. 송풍기는 인접장소의 화재로부터 영향을 받지 아니하고 접근 및 점검이 용이한 곳에 설치할 것
5. 송풍기는 옥내의 화재감지기의 동작에 따라 작동하도록 할 것
6. 송풍기와 연결되는 캔버스는 내열성(석면재료를 제외한다)이 있는 것으로 할 것

제20조(외기취입구) 외기취입구(이하 "취입구"라 한다)는 다음 각 호의 기준에 적합하여야 한다.
1. 외기를 옥외로부터 취입하는 경우 취입구는 연기 또는 공해물질 등으로 오염된 공기를 취입하지 아니하는 위치에 설치하여야 하며, 배기구 등(유입공기, 주방의 조리대의 배출공기 또는 화장실의 배출공기 등을 배출하는 배기구를 말한다)으로부터 수평거리 5m 이상, 수직거리 1m 이상 낮은 위치에 설치할 것
2. 취입구를 옥상에 설치하는 경우에는 옥상의 외곽 면으로부터 수평거리 5m 이상, 외곽면의 상단으로부터 하부로 수직거리 1m 이하의 위치에 설치할 것
3. 취입구는 빗물과 이물질이 유입하지 아니하는 구조로 할 것
4. 취입구는 취입공기가 옥외의 바람의 속도와 방향에 따라 영향을 받지 아니하는 구조로 할 것

제21조(제연구역 및 옥내의 출입문) ① 제연구역의 출입문은 다음 각 호의 기준에 적합하여야 한다.
1. 제연구역의 출입문(창문을 포함 한다)은 언제나 닫힌 상태를 유지하거나 자동폐쇄장치에 의해

자동으로 닫히는 구조로 할 것. 다만, 아파트인 경우 제연구역과 계단실 사이의 출입문은 자동폐쇄장치에 의하여 자동으로 닫히는 구조로 하여야 한다.
2. 제연구역의 출입문에 설치하는 자동폐쇄장치는 제연구역의 기압에도 불구하고 출입문을 용이하게 닫을 수 있는 충분한 폐쇄력이 있을 것
3. 제연구역의 출입문등에 자동폐쇄장치를 사용하는 경우에는 「자동폐쇄장치의 성능인증 및 제품검사의 기술기준」에 적합한 것으로 설치하여야 한다.

② 옥내의 출입문(제10조의 기준에 따른 방화구조의 복도가 있는 경우로서 복도와 거실사이의 출입문에 한한다)은 다음 각 호의 기준에 적합하도록 할 것
1. 출입문은 언제나 닫힌 상태를 유지하거나 자동폐쇄장치에 의해 자동으로 닫히는 구조로 할 것
2. 거실 쪽으로 열리는 구조의 출입문에 자동폐쇄장치를 설치하는 경우에는 출입문의 개방 시 유입공기의 압력에도 불구하고 출입문을 용이하게 닫을 수 있는 충분한 폐쇄력이 있는 것으로 할 것

> **창문용 자동폐쇄장치 적용시점 및 설치여부(소방청 업무지침 2012.5)**

1. 입법경과
   ① 제연구역 출입문에 창문을 신설(2007.4.12. 화재안전기준)
   ② 10층 이상 공동주택 비상용승강기 의무화(2007.7.24. 주택건설기준)
   ③ 출입문 등 자동폐쇄장치 성능시험제 도입(2007.12.28. 화재안전기준)
   ④ 자동폐쇄장치의 성능시험기술기준 제정(2008.12.12. 성능시험기술기준)
   ⑤ 창문용 자동폐쇄장치 성능시험기준 신설(2010.9.1. 성능시험기술기준)
2. 창문용 자동폐쇄장치의 적용시점은 「특별피난계단의 계단실 및 부속실의 화재안전기준(NFSC501A)」 제21조제1항제3호 규정의 시행에 필요한 「창문용 자동폐쇄장치의 성능시험기술시준」이 개정된 2010.9.1. 이후 건축허가동의 대상부터 적용함.[최초 사업승인 후 설계(사업계획)변경으로 비상용승강기를 신설하거나 창문을 변경(고정창 → 개방창) 한 경우를 포함한다]
   ※ 2010.9.1. 이전 건축허가 동의를 받고 현재 시공 중인 대상은 형식승인 제품 사용토록 행정지도
3. 특별피난계단 계단실의 창문에 자동폐쇄장치 설치여부는 같은 법 제5조(제연구역의 선정)에 따라 1호 및 3호를 제연구역으로 선정한 경우에는 창문용 자동폐쇄장치를 설치하여야 함
4. 자동폐쇄장치(창문용 포함) 비승인 소방용품 사용 가능여부?
   ① 출입문의 「자동폐쇄장치의 성능시험 기술기준」 2008.12.28 제정됨. 제정 이전 건축허가 동의 받은 대상은 제연구역의 출입문에 성능인증제품 사용의무 없으며, 기 설치된 제품은 폐쇄력 및 개방력 확보 시 인정함
   ② 창문형은 「자동폐쇄장치의 성능시험 기술기준」이 2010.9.1. 개정됨. 개정 이후 건축허가 동의받은 대상부터 적용함. [2010.9.1. 이전 건축허가 동의대상 및 시공·완공된 대상은 붙박이창 또는 감지기 연동 창문인 경우 인정함]
5. 감리결과보고서 제연설비 적정여부 확인방법 강구 (소방제도·산업과)
   ① 소방공사 감리결과보고 시 「소방시설 자체점검 사항 등에 관한 고시」 서식 3의 「소방시설 종합정밀점검표」를 활용하여 감리결과보고서를 제출하고 있으나, 감리결과보고서만으로

는 제연설비의 적정 설치 및 정상작동 여부 등을 확인하는 데 어려움이 있음 → 감리결과보고서 제출 시 감리자가 작성한 「특별피난계단의 계단실 및 부속실 제연설비의 성능시험 조사표」를 첨부토록 하여 확인할 것

6. 행정사항

① 「창문용 자동폐쇄장치 등 제연설비 관련 업무처리지침」은 2012.5.17.부터 적용(시행)하며 이후 소방관련법 개정 또는 화재안전기준 등이 변경될 시에는 변경된 기준에 따른다.

② 「특별피난계단의 계단실 및 부속실 제연설비의 성능시험 조사표」 적용은 「소방공사업법」 및 「자체점검에 관한 고시」 개정 전까지 한시적으로 2012.5.17. 이후 건축허가동의 대상 및 소방공사 착공신고 대상부터 적용하시고, 현재 착공중인 대상에 대해서도 안내 및 행정지도하여 제연설비 성능을 확보할 수 있도록 할 것

※ 차압제연설비에서 사용가능한 자동폐쇄장치와 그러하지 않은 제품

[성능인증 제품]

[일부 성능인증을 받은 제품이 있음]

제22조(수동기동장치) ① 배출댐퍼 및 개폐기의 직근과 제연구역에는 다음 각 호의 기준에 따른 장치의 작동을 위하여 전용의 수동기동장치를 설치하여야 한다. 다만, 계단실 및 그 부속실을 동시에 제연하는 제연구역에는 그 부속실에만 설치할 수 있다.

1. 전층의 제연구역에 설치된 급기댐퍼의 개방
2. 당해층의 배출댐퍼 또는 개폐기의 개방
3. 급기송풍기 및 유입공기의 배출용 송풍기(설치한 경우에 한한다)의 작동
4. 개방·고정된 모든 출입문(제연구역과 옥내 사이의 출입문에 한한다)의 개폐장치의 작동

② 제1항 각 호의 기준에 따른 장치는 옥내에 설치된 수동발신기의 조작에 따라서도 작동할 수 있도록 하여야 한다.

제23조(제어반) 제연설비의 제어반은 다음 각 호의 기준에 적합하도록 설치하여야 한다.

1. 제어반에는 제어반의 기능을 1시간 이상 유지할 수 있는 용량의 비상용 축전지를 내장할 것. 다만, 당해 제어반이 종합방재제어반에 함께 설치되어 종합방재제어반으로부터 이 기준에 따른 용량의 전원을 공급 받을 수 있는 경우에는 그러하지 아니한다.
2. 제어반은 다음 각 목의 기능을 보유할 것

가. 급기용 댐퍼의 개폐에 대한 감시 및 원격조작기능
나. 배출댐퍼 또는 개폐기의 작동여부에 대한 감시 및 원격조작기능
다. 급기송풍기와 유입공기의 배출용 송풍기(설치한 경우에 한한다)의 작동여부에 대한 감시 및 원격조작기능
라. 제연구역의 출입문의 일시적인 고정개방 및 해정에 대한 감시 및 원격조작기능
마. 수동기동장치의 작동여부에 대한 감시기능
바. 급기구 개구율의 자동조절장치(설치하는 경우에 한한다)의 작동여부에 대한 감시기능. 다만, 급기구에 차압표시계를 고정부착한 자동차압·과압조절형 댐퍼를 설치하고 당해 제어반에도 차압표시계를 설치한 경우에는 그러하지 아니하다.
사. 감시선로의 단선에 대한 감시기능
아. 예비전원이 확보되고 예비전원의 적합여부를 시험할 수 있어야 할 것

제24조(비상전원) 비상전원은 자가발전설비, 축전지설비 또는 전기저장장치(외부 전기에너지를 저장해 두었다가 필요한 때 전기를 공급하는 장치)로서 다음 각 호의 기준에 따라 설치하여야 한다. 다만, 둘 이상의 변전소(전기사업법 제67조의 규정에 따른 변전소를 말한다)에서 전력을 동시에 공급받을 수 있거나 하나의 변전소로부터 전력의 공급이 중단되는 때에는 자동으로 다른 변전소로부터 전원을 공급받을 수 있도록 상용전원을 설치한 경우에는 그러하지 아니하다.

1. 점검에 편리하고 화재 및 침수 등의 재해로 인한 피해를 받을 우려가 없는 곳에 설치할 것
2. 제연설비를 유효하게 20분(층수가 30층 이상 49층 이하는 40분, 50층 이상은 60분) 이상 작동할 수 있도록 할 것
3. 상용전원으로부터 전력의 공급이 중단된 때에는 자동으로 비상전원으로부터 전력을 공급받을 수 있도록 할 것
4. 비상전원의 설치장소는 다른 장소와 방화구획 할 것. 이 경우 그 장소에는 비상전원의 공급에 필요한 기구나 설비외의 것(열병합발전설비에 필요한 기구나 설비는 제외한다)을 두어서는 아니 된다.
5. 비상전원을 실내에 설치하는 때에는 그 실내에 비상조명등을 설치할 것

제25조(시험, 측정 및 조정 등) ① 제연설비는 설계목적에 적합한지 사전에 검토하고 건물의 모든 부분(건축설비를 포함한다)을 완성하는 시점부터 시험 등(확인, 측정 및 조정을 포함한다)을 하여야 한다.
② 제연설비의 시험 등은 다음 각 호의 기준에 따라 실시하여야 한다.

1. 제연구역의 모든 출입문등의 크기와 열리는 방향이 설계 시와 동일한지 여부를 확인하고, 동일하지 아니한 경우 급기량과 보충량 등을 다시 산출하여 조정가능여부 또는 재설계·개수의 여부를 결정할 것
2. 제1호의 기준에 따른 확인결과 출입문 등이 설계 시와 동일한 경우에는 출입문마다 그 바닥사이의 틈새가 평균적으로 균일한지 여부를 확인하고, 큰 편차가 있는 출입문 등에 대하여는 그

바닥의 마감을 재시공하거나, 출입문 등에 불연재료를 사용하여 틈새를 조정할 것
3. 제연구역의 출입문 및 복도와 거실(옥내가 복도와 거실로 되어 있는 경우에 한한다) 사이의 출입문마다 제연설비가 작동하고 있지 아니한 상태에서 그 폐쇄력을 측정할 것
4. 옥내의 층별로 화재감지기(수동기동장치를 포함한다)를 동작시켜 제연설비가 작동하는지 여부를 확인할 것. 다만, 둘 이상의 특정소방대상물이 지하에 설치된 주차장으로 연결되어 있는 경우에는 주차장에서 하나의 특정소방대상물의 제연구역으로 들어가는 입구에 설치된 제연용 연기감지기의 작동에 따라 특정소방대상물의 해당 수직풍도에 연결된 모든 제연구역의 댐퍼가 개방되도록 하고 비상전원을 작동시켜 급기 및 배기용 송풍기의 성능이 정상인지 확인할 것
5. 제4호의 기준에 따라 제연설비가 작동하는 경우 다음 각 목의 기준에 따른 시험 등을 실시 할 것
   가. 부속실과 면하는 옥내 및 계단실의 출입문을 동시에 개방할 경우, 유입공기의 풍속이 제10조의 규정에 따른 방연풍속에 적합한지 여부를 확인하고, 적합하지 아니한 경우에는 급기구의 개구율과 송풍기의 풍량조절댐퍼 등을 조정하여 적합하게 할 것. 이 경우 유입공기의 풍속은 출입문의 개방에 따른 개구부를 대칭적으로 균등 분할하는 10 이상의 지점에서 측정하는 풍속의 평균치로 할 것
   나. 가목의 기준에 따른 시험 등의 과정에서 출입문을 개방하지 아니하는 제연구역의 실제 차압이 제6조3항의 기준에 적합한지 여부를 출입문 등에 차압측정공을 설치하고 이를 통하여 차압측정기구로 실측하여 확인·조정할 것

> **▶▶ 제연설비의 차압감지관**
>
> 건축물의 위치·구조에 따라 감지관의 설치가 달라지므로, 대기압의 압력에서 차압이 감지될 수 있도록 감지관을 설치하여야 한다.
> ※ 참고로 옥내의 경우 승강기의 이동에 따른 압력변화(약 ±30Pa), 온도상승에 따른 압력변화(약 ±25Pa), 연돌효과에 의한 압력변화(약 ±15~20Pa) 등 압력 측정값의 변화 요인이 다양하게 존재한다.

   다. 제연구역의 출입문이 모두 닫혀 있는 상태에서 제연설비를 가동시킨 후 출입문의 개방에 필요한 힘을 측정하여 제6조제2항의 규정에 따른 개방력에 적합한지 여부를 확인하고, 적합하지 아니한 경우에는 급기구의 개구율 조정 및 플랩댐퍼(설치하는 경우에 한한다)와 풍량조절용댐퍼 등의 조정에 따라 적합하도록 조치할 것.
   라. 가목의 기준에 따른 시험 등의 과정에서 부속실의 개방된 출입문이 자동으로 완전히 닫히는지 여부를 확인하고, 닫힌 상태를 유지할 수 있도록 조정할 것

▶▶ 차압측정공 설치 예시도 [방호구조과 – 7807 2011.6.8.]

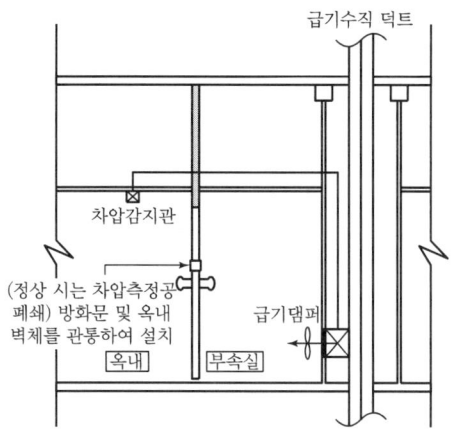

A : 옥내와 부속실 간의 벽체 및 방화문을 관통하여 차압측정공을 설치하는 방법

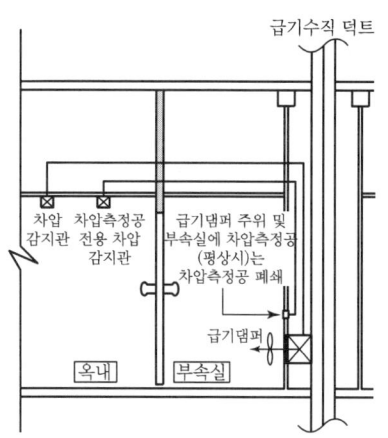

B : 급기댐퍼의 차압감지관과 별도로 전용의 차압감지관을 설치하여 급기댐퍼 주위에 차압측정공을 설치하는 방법

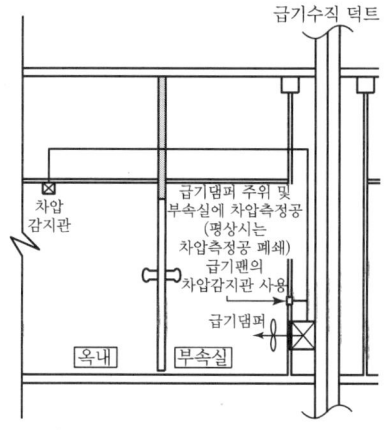

C : 급기댐퍼의 차압감지관을 겸용으로 사용하여 급기댐퍼 주위에서 분기하여 차압측정공을 설치하는 방법

차압측정공은 A, C의 경우 현장에서 시공 중이며, B의 경우 시공 예는 확인된 바 없다. A의 차압감지관의 경우 방화문의 성능(차열시험 등)에서 문제가 될 가능성이 있으며, 시공성 및 점검의 편리성을 감안할 경우 C가 가장 무리가 없을 것으로 판단된다.

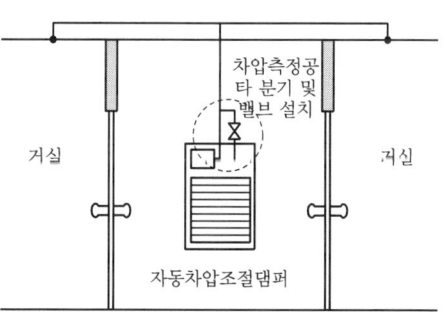

[거실이 2 이상일 경우 차압감지관 분기]

차압감지관

① 자동차압조절댐퍼의 핵심은 차압을 감지하는 센서에 있으며 이 센서에 거실과 부속실의 압력차이를 전달하는 배관이 차압감지관이며, 전달되는 압력에 따라 센서가 작동하여 자동차 압조절댐퍼를 가동시키므로 매우 중요한 역할을 한다.

② 화재가 발생할 수 있는 거실에 설치하므로 재질은 화재에 의한 영향이 작은 동관으로 설치하는 것이 좋을 것이며, 2 이상의 거실이 있을 경우에는 각 거실마다 설치하여야 한다. 만약 한쪽 거실에만 설치할 경우 설치하지 않은 거실에 화재가 발생하였을 경우 차압을 감지할 수 없어 자동차압조절댐퍼로서의 기능을 제대로 발휘할 수 없으므로 위의 그림과 같이 분기하여야 한다.

제26조(설치·유지기준의 특례) 소방본부장 또는 소방서장은 기존건축물이 증축·개축·대수선되거나 용도 변경되는 경우에 있어서 이 기준이 정하는 기준에 따라 당해 건축물에 설치하여야 할 특별피난계단의 계단실 및 부속실 제연설비의 배관·배선 등의 공사가 현저하게 곤란하다고 인정되는 경우에는 당해 설비의 기능 및 사용에 지장이 없는 범위 안에서 특별피난계단의 계단실 및 부속실의 제연설비의 설치·유지기준의 일부를 적용하지 아니할 수 있다.

제27조(재검토기한) 소방청장은 「훈령·예규 등의 발령 및 관리에 관한 규정」에 따라 이 고시에 대하여 2016년 1월 1일을 기준으로 매3년이 되는 시점(매 3년째의 12월 31일까지를 말한다)마다 그 타당성을 검토하여 개선 등의 조치를 하여야 한다.

부칙

〈제2017-1호, 2017. 7. 26.〉

제1조(시행일) 이 고시는 발령한 날부터 시행한다.
제2조 생략

03 소방시설 자체점검

참고 소방시설 자체점검사항 등에 관한 고시, 한국소방안전원

✓ 소방시설 작동기능점검표 작성 예시

1 점검 전 준비사항
1) 점검장소의 협의나 협조 받을 건물 관계인 등 연락처를 사전 확보
2) 점검의 목적과 필요성에 대하여 건물 관계인에게 사전 안내 및 협의
3) 음향장치 및 각 실별 방문점검 사항을 공지하여 협조 요청

2 현장확인
1) 현장 시설물의 도면 등을 이용하여 설비의 개요 및 설치위치 등을 파악한다.
2) 점검사항을 토대로 점검순서를 계획하고 점검장비 및 공구를 준비한다.
3) 기존의 점검자료 및 조치결과가 있다면 점검 전 참고
4) 점검과 관련된 각종 법규 및 기준 등의 기술기준 등 규정사항을 준비하고 숙지한다.

3 점검표 작성을 위한 준비물

1) 소방시설등 작동기능점검 실시결과 보고서
화재예방, 소방시설 설치·유지 및 안전관리에 관한 법률 시행규칙 별지 서식

2) 소방시설등 작동기능 점검표
소방시설 자체점검사항 등에 관한 고시 서식

3) 건축물대장
건축물대장/소방도면 및 소방시설 현황/소방계획서 등

4) 점검에 필요한 장비

소방시설	장비	규격
공통시설	방수압력측정계, 절연저항계, 전류전압측정계	
자동화재탐지설비 시각경보기	열·연기감지기 시험기, 공기주입시험기, 감지기시험기연결폴대, 음량계	
누전경보기	누전계	부하전류 측정용

5) 자체점검 후 결과 조치(소방시설법 시행규칙 제19조)
(1) 작동기능점검 : 작동기능점검을 실시한 경우 7일 이내에 작동기능점검 실시결과 보고서를 소방본부장 또는 소방서장에게 제출하여야 한다.
(2) 종합정밀점검 : 종합정밀점검을 실시한 경우 7일 이내에 종합정밀점검 실시결과 보고서를 소방본부장 또는 소방서장에게 제출하여야 한다.
▶ 소방시설관리업자는 점검을 실시한 경우 점검이 끝난 날부터 10일 이내에 소방시설관리업자에 대한 평가 등에 관한 업무를 위탁받은 평가기관에 통보하여야 한다.

25. 제연설비 점검표

번호	점검항목	점검결과
25-A. 과압방지조치		
25-A-001	● 자동차압·과압조절형 댐퍼(또는 플랩댐퍼)를 사용한 경우 성능 적정 여부	
25-B. 수직풍도에 따른 배출		
25-B-001	○ 배출댐퍼 설치(개폐여부 확인 기능, 화재감지기 동작에 따른 개방) 적정 여부	
25-B-002	○ 배출용송풍기가 설치된 경우 화재감지기 연동 기능 적정 여부	
25-C. 급기구		
25-C-001	○ 급기댐퍼 설치 상태(화재감지기 동작에 따른 개방) 적정 여부	
25-D. 송풍기		
25-D-001	○ 설치장소 적정(화재영향, 접근·점검 용이성) 여부	
25-D-002	○ 화재감지기 동작 및 수동조작에 따라 작동하는지 여부	
25-D-003	● 송풍기와 연결되는 캔버스 내열성 확보 여부	
25-E. 외기취입구		
25-E-001	○ 설치위치(오염공기 유입방지, 배기구 등으로부터 이격거리) 적정 여부	
25-E-002	● 설치구조(빗물·이물질 유입방지, 옥외의 풍속과 풍향에 영향) 적정 여부	
25-F. 제연구역의 출입문		
25-F-001	○ 폐쇄상태 유지 또는 화재 시 자동폐쇄 구조 여부	
25-F-002	● 자동폐쇄장치 폐쇄력 적정 여부	
25-G. 수동기동장치		
25-G-001	○ 기동장치 설치(위치, 전원표시등 등) 적정 여부	
25-G-002	○ 수동기동장치(옥내 수동발신기 포함) 조작 시 관련 장치 정상 작동 여부	
25-H. 제어반		
25-H-001	○ 비상용축전지의 정상 여부	
25-H-002	○ 제어반 감시 및 원격조작 기능 적정 여부	
25-I. 비상전원		
25-I-001	● 비상전원 설치장소 적정 및 관리 여부	
25-I-002	○ 자가발전설비인 경우 연료 적정량 보유 여부	
25-I-003	○ 자가발전설비인 경우 「전기사업법」에 따른 정기점검 결과 확인	
비고		

NATIONAL FIRE SAFETY CODE

연결송수관설비의 화재안전기준

[시행 2021. 12. 16.]
[소방청고시 제2021-51호, 2021. 12. 16., 일부개정.]

개요

NFSC 502

1 질의회신 및 핵심사항 분석

	질의회신 참고 소방청 질의회신집	
배관 등 (제5조)	Q 연결송수관설비의 방수구의 위치 : 화재안전기준에 연결송수관의 방수구는 계단(계단의 부속실 포함)으로부터 5m 이내에 설치하도록 되어있는 바, 직통계단에 갑종방화문이 설치된 경우에 갑종방화문이 설치된 곳을 기준으로 5m 이내에 방수구를 설치하여도 가능한지 여부?	
	A 연결송수관설비의 방수구를 계단으로부터 5m 이내에 위치하도록 한 것은 소방관이 화재현장의 접근에 용이한 장소를 확보하기 위함에 있음. 따라서, 동 설비 화재안전기준에는 5m의 측정 기준점은 명확히 제시되어 있지 않으나 동 설비의 사용적 측면을 고려해 볼 때 당해 계단의 갑종방화문이 설치된 곳부터 5m 이내에 방수구가 설치되었다면 이는 현 화재안전기준에 적합한 것으로 보임	
가압송수장치 (제8조)	Q [12. 9. 24] "수동스위치는 2개 이상 설치하며 1개소는 송수구 부근에 설치하여야 한다"라고 명하고 있어 1개는 연결송수구 옆에 설치하고 나머지 1개 무선통신보조설비가 설치된 수신기에 설치 시의 가능여부 확인?	
	A 가능함	
	Q 연결송수관설비 가압송수장치 설치 관련 : 하나의 아파트 단지 내에 지상 70m 이상인 동이 다수인 경우 연결송수관설비 가압송수장치를 단지 한 군데만 설치할 수 있는지?	
	A 하나의 아파트 단지 내 지상 70m 이상인 동이 다수인 경우, 연결송수관설비 가압송수장치는 단지 내 한 군데만 설치하여 운용할 수 있음	
	핵심사항 참고 기출자료	
설치기준 등	• 연결송수관설비 송수구 설치기준 중 급수개폐밸브 작동표시 스위치의 설치기준 • 방수구 피토게이지압력에 따른 방수량	
Key point	• 송수기 및 배관의 설치기준 • 연결송수관설비의 방수구 설치기준 • 방수기구함의 설치기준 • 가압송수장치를 설치하는 경우와 토출량, 양정계산, 성능시험배관 설치 등	

2 시스템의 해설

연결송수관설비는 소방대 전용의 소화활동설비로서 소방차에서 연결송수구로 물을 송수하여 가압하는 구조, 주요구성은 연결송수구와 방수구 설비이다.

1) 계통도

연결송수관설비는 소방대 전용의 소화활동설비로서 사용하며, 소방차에서 연결송수구로 물을 송수하여 가압하는 형태로서 연결송수구 및 방수구의 설치가 중요하다.

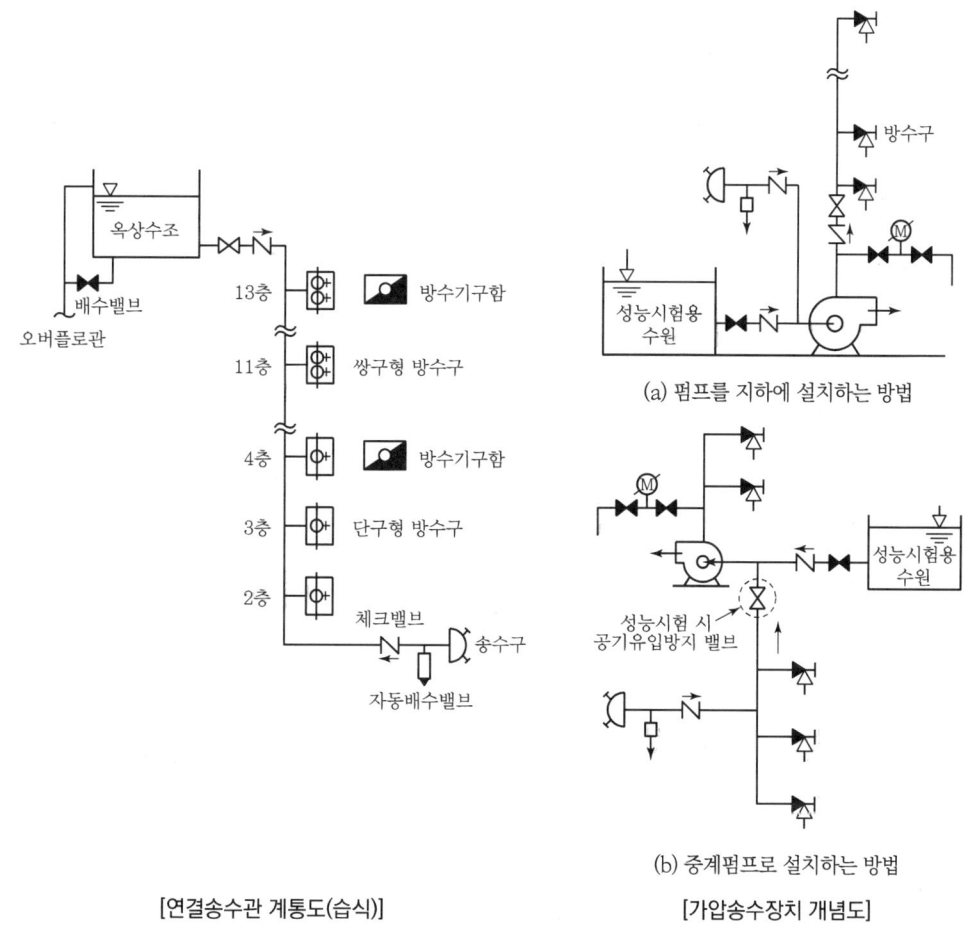

[연결송수관 계통도(습식)]   [가압송수장치 개념도]

(1) 가압펌프와 소방차(펌프)의 직렬연결

소방차와 가압펌프가 직렬로 연결되므로 양정은 두 펌프의 합성양정이 되므로 가압펌프를 설계할 경우 소방차의 송수능력을 고려하여 양정을 적절히 감한다.

예 소방차의 전양정[= 마찰손실 + 낙차(70m) + 방수압(0.35MPa≒35m)]은 마찰손실을 제외하고 105m 이상의 양정을 유지한다.

(2) 가압송수장치

종류	내용
대상	지표면에서 방수구의 높이가 70m 이상의 특정소방대상물
토출량	• 2,400l/min(계단식 아파트의 경우 1,200l/min) 이상 • 해당 층에 방수구가 3개를 초과(방수구가 5개 이상인 경우에는 5개) 하는 것은 1개마다 800l/min(계단식 아파트는 400l/min) 이상 • $Q[l] = 800l/min \cdot 개(계단식 아파트 400l/min \cdot 개) \times N개(최소 2~최대 5)$
방수압	0.35MPa
내연관 연료량	펌프를 20분(층수가 30층 이상 49층 이하는 40분, 50층이 이상은 60분) 이상 운전할 수 있는 용량일 것

2) 소방용품(소방시설법 시행령 제6조)

소화용수설비를 구성하는 제품 또는 기기는 ① 상수도소화용수설비, ② 소화수조·저수조, 그 밖의 소화용수설비 등이 있으며 등이 있으며, 소화용수설비의 제품검사(형식승인 및 성능인증) 대상 품목은 ① 법 제36조제1항 본문에서 "대통령령으로 정하는 소방용품" ② 규칙 제15조제1항 본문에서 "행정안전부령으로 정하는 소방용품" ③ 규칙 제15조 및 별표 7 제22호에 따른 "소방청장이 고시하는 소방용품" 등으로 구분되고 소방용품은 제품검사를 받아 합격한 제품을 사용하여야 한다.

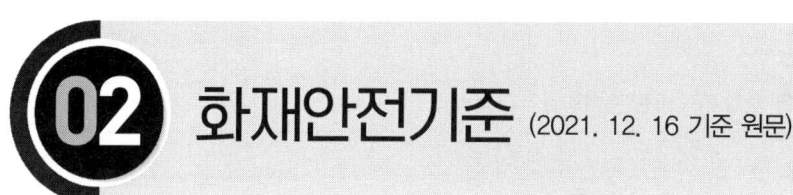

화재안전기준 (2021. 12. 16 기준 원문)

NFSC 502

제1조(목적) 이 기준은 「화재예방, 소방시설 설치·유지 및 안전관리에 관한 법률」 제9조제1항에 따라 소방청장에게 위임한 사항 중 소화활동설비인 연결송수관설비의 설치·유지 및 안전관리에 필요한 사항을 규정함을 목적으로 한다.

> **POINT 시스템 및 안전관리**
>
> 소화활동설비의 설치목적은 화재를 진압하거나 인명구조활동을 위하여 사용하는 설비로 특정소방대상물에서 화재가 발생한 경우 연소생성물(열, 연기, 불꽃 등)에 의한 위험지역에서 소방관의 소화활동을 지원하며, 평상시에는 관계인에 의한 화재예방을 위하여 정기적으로 점검하는 소방설비이다.
>
> 1. 연결송수관설비는 고층건물 등에 화재 발생 시 소방대가 화재를 진압하기 위하여 소방차에서 화재 발생 층까지 연결하는 데 시간이 많이 소비되므로 건물 내에 배관을 연결하여 지상에서 소방차가 송수구로 송수하고 각 층별 방수구에서 소화하는 설비이다. 연결송수관설비의 구성은 송수구(자동배수밸브 및 체크밸브), 방수구, 방수기구함(호스 및 관창), 기동용수압개폐장치 등이 있다.
> 2. 시스템을 구성하고 있는 소화활동설비는 「소방시설공사업법」의 소방시설공사 등의 품질과 안전이 확보되도록 시공되어야 하고, 소방기술의 관리에 필요한 화재안전기준에 적합하게 설계도서·시방서가 작성되어 성실하게 수행되어야 한다. 또한 「화재예방, 소방시설 설치·유지 및 안전관리에 관한 법률(이하 "소방시설법")」에 의한 소방용품의 제조 및 수입하려는 제품에 대하여 제품검사를 수행하고, 특정소방대상물의 관계인을 통하여 소방대상물의 안전관리가 이행되어야 한다.

제2조(적용범위) 「화재예방, 소방시설 설치·유지 및 안전관리에 관한 법률 시행령」(이하 "영"이라 한다) 별표 5의 제5호나목에 따른 연결송수관설비는 이 기준에서 정하는 규정에 따라 설비를 설치하고 유지·관리하여야 한다.

POINT

1 특정소방대상물의 설치기준(별표 5 연결송수관설비)

소방시설	적용기준	설치대상
연결송수관설비 (위험물 저장 및 처리 시설 중 가스 시설 또는 지하구 는 제외)	1. 층수가 5층 이상으로 연면적	6천㎡ 이상
	2. 1에 해당하지 않고 지하층을 포함하는 층수	7층 이상
	3. 1 및 2에 해당하지 않고 지하층의 층수가 3층 이상이고 지하층의 바닥면적의 합계	1천㎡ 이상
	4. 지하가 중 터널 길이	1천m 이상

2 소방시설의 설치 면제기준

1. (별표 6) 소방시설 설치 면제기준

    연결송수관설비를 설치하여야 하는 소방대상물에 옥외에 연결송수구 및 옥내에 방수구가 부설된 옥내소화전설비, 스프링클러설비, 간이스프링클러설비 또는 연결살수설비를 화재안전기준에 적합하게 설치한 경우에는 그 설비의 유효범위에서 설치가 면제된다. 다만, 지표면에서 최상층 방수구의 높이가 70m 이상인 경우에는 설치하여야 한다.

2. (별표 7) 소방시설을 설치하지 않을 수 있는 특정소방대상물 및 소방시설 범위

구분	특정소방대상물	소방시설
1. 화재 위험도가 낮은 특정소방대상물	「소방기본법」 제2조제5호에 따른 소방대(消防隊)가 조직되어 24시간 근무하고 있는 청사 및 차고	옥내소화전설비, 스프링클러설비, 물분무등소화설비, 비상방송설비, 피난기구, 소화용수설비, 연결송수관설비, 연결살수설비
3. 화재안전기준을 달리 적용하여야 하는 특수한 용도 또는 구조를 가진 특정소방대상물	원자력발전소, 핵폐기물처리시설	연결송수관설비 및 연결살수설비
4. 「위험물 안전관리법」 제19조에 따른 자체소방대가 설치된 특정소방대상물	자체소방대가 설치된 위험물 제조소등에 부속된 사무실	옥내소화전설비, 소화용수설비, 연결살수설비 및 연결송수관설비

제3조(정의) 이 기준에서 사용하는 용어의 정의는 다음과 같다.

1. "주배관"이란 각 층을 수직으로 관통하는 수직배관을 말한다.

1의2. "분기배관"이란 배관 측면에 구멍을 뚫어 둘 이상의 관로가 생기도록 가공한 배관으로서 확관형 분기배관과 비확관형 분기배관을 말한다. 〈신설 2021. 12. 16.〉

1의3. "확관형 분기배관"이란 배관의 측면에 조그만 구멍을 뚫고 소성가공으로 확관시켜 배관 용접이음자리를 만들거나 배관 용접이음자리에 배관이음쇠를 용접 이음한 배관을 말한다. 〈신설 2021. 12. 16.〉

1의4. "비확관형 분기배관"이란 배관의 측면에 분기호칭내경 이상의 구멍을 뚫고 배관이음쇠를 용접 이음한 배관을 말한다. 〈신설 2021. 12. 16.〉
2. "송수구"란 소화설비에 소화용수를 보급하기 위하여 건물 외벽 또는 구조물의 외벽에 설치하는 관을 말한다.
3. "방수구"란 소화설비로부터 소화용수를 방수하기 위하여 건물내벽 또는 구조물의 외벽에 설치하는 관을 말한다.
4. "충압펌프"란 배관내 압력손실에 따라 주펌프의 빈번한 기동을 방지하기 위하여 충압역할을 하는 펌프를 말한다.
5. "정격토출량"이란 정격토출압력에서의 펌프의 토출량을 말한다.
6. "정격토출압력"이란 정격토출량에서의 펌프의 토출측 압력을 말한다.
7. "진공계"란 대기압 이하의 압력을 측정하는 계측기를 말한다.
8. "연성계"란 대기압 이상의 압력과 대기압 이하의 압력을 측정할 수 있는 계측기를 말한다.
9. "체절운전"이란 펌프의 성능시험을 목적으로 펌프토출측의 개폐밸브를 닫은 상태에서 펌프를 운전하는 것을 말한다.
10. "기동용 수압개폐장치"란 소화설비의 배관 내 압력변동을 검지하여 자동적으로 펌프를 기동 및 정지시키는 것으로서 압력챔버 또는 기동용압력스위치 등을 말한다.

제4조(송수구) 연결송수관설비의 송수구는 다음 각 호의 기준에 따라 설치하여야 한다.
1. 소방차가 쉽게 접근할 수 있고 잘 보이는 장소에 설치할 것
2. 지면으로부터 높이가 0.5m 이상 1m 이하의 위치에 설치할 것
3. 송수구는 화재층으로부터 지면으로 떨어지는 유리창 등이 송수 및 그 밖의 소화작업에 지장을 주지 아니하는 장소에 설치할 것
4. 송수구로부터 연결송수관설비의 주배관에 이르는 연결배관에 개폐밸브를 설치한 때에는 그 개폐상태를 쉽게 확인 및 조작할 수 있는 옥외 또는 기계실 등의 장소에 설치할 것. 이 경우 개폐밸브에는 그 밸브의 개폐상태를 감시제어반에서 확인할 수 있도록 급수개폐밸브 작동표시 스위치를 다음 각 목의 기준에 따라 설치하여야 한다.
   가. 급수개폐밸브가 잠길 경우 탬퍼 스위치의 동작으로 인하여 감시제어반 또는 수신기에 표시되어야 하며 경보음을 발할 것
   나. 탬퍼 스위치는 감시제어반 또는 수신기에서 동작의 유무확인과 동작시험, 도통시험을 할 수 있을 것
   다. 급수개폐밸브의 작동표시 스위치에 사용되는 전기배선은 내화전선 또는 내열전선으로 설치할 것
5. 구경 65mm의 쌍구형으로 할 것
6. 송수구에는 그 가까운 곳의 보기 쉬운 곳에 송수압력범위를 표시한 표지를 할 것
7. 송수구는 연결송수관의 수직배관마다 1개 이상을 설치할 것. 다만, 하나의 건축물에 설치된 각

수직배관이 중간에 개폐밸브가 설치되지 아니한 배관으로 상호 연결되어 있는 경우에는 건축물마다 1개씩 설치할 수 있다.
8. 송수구의 부근에는 자동배수밸브 및 체크밸브를 다음 각목의 기준에 따라 설치할 것. 이 경우 자동배수밸브는 배관안의 물이 잘빠질 수 있는 위치에 설치하되, 배수로 인하여 다른 물건이나 장소에 피해를 주지 아니하여야 한다.
   가. 습식의 경우에는 송수구 · 자동배수밸브 · 체크밸브의 순으로 설치할 것
   나. 건식의 경우에는 송수구 · 자동배수밸브 · 체크밸브 · 자동배수밸브의 순으로 설치할 것

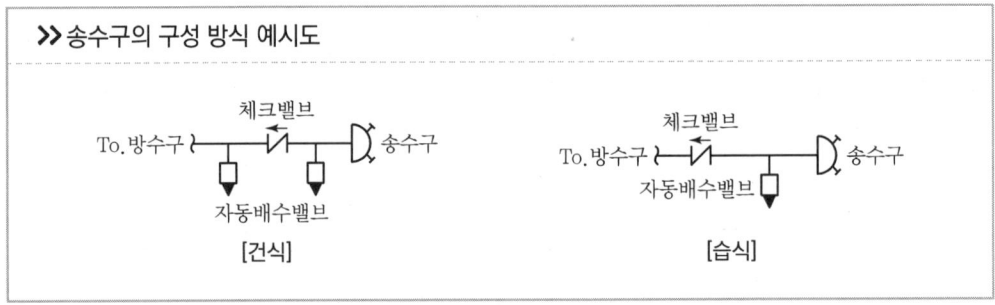

9. 송수구에는 가까운 곳의 보기 쉬운 곳에 "연결송수관설비송수구"라고 표시한 표지를 설치할 것
10. 송수구에는 이물질을 막기 위한 마개를 씌울 것

제5조(배관 등) ① 연결송수관설비의 배관은 다음 각 호의 기준에 따라 설치하여야 한다.
   1. 주배관의 구경은 100mm 이상의 것으로 할 것
   2. 지면으로부터의 높이가 31m 이상인 특정소방대상물 또는 지상 11층 이상인 특정소방대상물에 있어서는 습식설비로 할 것
② 배관과 배관이음쇠는 다음 각 호의 어느 하나에 해당하는 것 또는 동등 이상의 강도 · 내식성 및 내열성을 국내 · 외 공인기관으로부터 인정받은 것을 사용하여야 하고, 배관용 스테인리스강관(KS D 3576)의 이음을 용접으로 할 경우에는 알곤용접방식에 따른다. 다만, 본 조에서 정하지 않은 사항은 건설기술 진흥법 제44조제1항의 규정에 따른 건축기계설비공사 표준설명서에 따른다.
   1. 배관 내 사용압력이 1.2MPa 미만일 경우에는 다음 각 목의 어느 하나에 해당하는 것
      가. 배관용 탄소강관(KS D 3507)
      나. 이음매 없는 구리 및 구리합금관(KS D 5301). 다만, 습식의 배관에 한한다.
      다. 배관용 스테인리스강관(KS D 3576) 또는 일반배관용 스테인리스강관(KS D 3595)
      라. 덕타일 주철관(KS D 4311)
   2. 배관 내 사용압력이 1.2MPa 이상일 경우에는 다음 각 목의 어느 하나에 해당하는 것
      가. 압력배관용 탄소강관(KS D 3562)
      나. 배관용 아크용접 탄소강강관(KS D 3583)
③ 제2항에도 불구하고 다음 각 호의 어느 하나에 해당하는 장소에는 소방청장이 정하여 고시한 「소방용합성수지배관의 성능인증 및 제품검사의 기술기준」에 적합한 소방용 합성수지배관으로 설

치할 수 있다.
1. 배관을 지하에 매설하는 경우
2. 다른 부분과 내화구조로 구획된 덕트 또는 피트의 내부에 설치하는 경우
3. 천장(상층이 있는 경우에는 상층바닥의 하단을 포함한다. 이하 같다)과 반자를 불연재료 또는 준불연재료로 설치하고 소화배관 내부에 항상 소화수가 채워진 상태로 설치하는 경우

④ 연결송수관설비의 배관은 주배관의 구경이 100mm 이상인 옥내소화전설비·스프링클러설비 또는 물분무등소화설비의 배관과 겸용할 수 있다.

⑤ 연결송수관설비의 수직배관은 내화구조로 구획된 계단실(부속실을 포함한다) 또는 파이프덕트 등 화재의 우려가 없는 장소에 설치하여야 한다. 다만, 학교 또는 공장이거나 배관주위를 1시간 이상의 내화성능이 있는 재료로 보호하는 경우에는 그러하지 아니하다.

⑥ 확관형 분기배관을 사용할 경우에는 소방청장이 정하여 고시한 「분기배관의 성능인증 및 제품검사의 기술기준」에 적합한 것으로 설치하여야 한다.

⑦ 배관은 다른 설비의 배관과 쉽게 구분이 될 수 있는 위치에 설치하거나, 그 배관표면 또는 배관 보온재표면의 색상은 「한국산업표준(배관계의 식별 표시, KS A 0503)」 또는 적색으로 식별이 가능하도록 소방용설비의 배관임을 표시하여야 한다.

제6조(방수구) 연결송수관설비의 방수구는 다음 각 호의 기준에 따라 설치하여야 한다.
1. 연결송수관설비의 방수구는 그 특정소방대상물의 층마다 설치할 것. 다만, 다음 각목의 어느 하나에 해당하는 층에는 설치하지 아니할 수 있다.
    가. 아파트의 1층 및 2층
    나. 소방차의 접근이 가능하고 소방대원이 소방차로부터 각 부분에 쉽게 도달할 수 있는 피난층
    다. 송수구가 부설된 옥내소화전을 설치한 특정소방대상물(집회장·관람장·백화점·도매시장·소매시장·판매시설·공장·창고시설 또는 지하가를 제외한다)로서 다음의 어느 하나에 해당하는 층
        (1) 지하층을 제외한 층수가 4층 이하이고 연면적이 6,000m² 미만인 특정소방대상물의 지상층
        (2) 지하층의 층수가 2 이하인 특정소방대상물의 지하층
2. 방수구는 아파트 또는 바닥면적이 1,000m² 미만인 층에 있어서는 계단(계단의 부속실을 포함하며 계단이 2 이상 있는 경우에는 그 중 1개의 계단을 말한다)으로부터 5m 이내에, 바닥면적 1,000m² 이상인 층(아파트를 제외한다)에 있어서는 각 계단(계단의 부속실을 포함하며 계단이 3 이상 있는 층의 경우에는 그 중 2개의 계단을 말한다)으로부터 5m 이내에 설치하되, 그 방수구로부터 그 층의 각 부분까지의 거리가 다음 각목의 기준을 초과하는 경우에는 그 기준 이하가 되도록 방수구를 추가하여 설치할 것
    가. 지하가(터널은 제외한다) 또는 지하층의 바닥면적의 합계가 3,000m² 이상인 것은 수평거리 25m

나. 가목에 해당하지 아니하는 것은 수평거리 50m

다. 삭제

3. 11층 이상의 부분에 설치하는 방수구는 쌍구형으로 할 것. 다만, 다음 각목의 어느 하나에 해당하는 층에는 단구형으로 설치할 수 있다.

   가. 아파트의 용도로 사용되는 층

   나. 스프링클러설비가 유효하게 설치되어 있고 방수구가 2개소 이상 설치된 층

4. 방수구의 호스접결구는 바닥으로부터 높이 0.5m 이상 1m 이하의 위치에 설치할 것

5. 방수구는 연결송수관설비의 전용방수구 또는 옥내소화전방수구로서 구경 65mm의 것으로 설치할 것

6. 방수구의 위치표시는 표시등 또는 축광식표지로 하되 다음 각 목의 기준에 따라 설치할 것

   가. 표시등을 설치하는 경우에는 함의 상부에 설치하되, 소방청장이 고시한「표시등의 성능인증 및 제품검사의 기술기준」에 적합한 것으로 설치하여야 한다.

   나. 삭제

   다. 축광식표지를 설치하는 경우에는 소방청장이 고시한「축광표지의 성능인증 및 제품검사의 기술기준」에 적합한 것으로 설치하여야 한다.

7. 방수구는 개폐기능을 가진 것으로 설치하여야 하며, 평상 시 닫힌 상태를 유지할 것

제7조(방수기구함) 연결송수관설비의 방수용기구함을 다음 각 호의 기준에 따라 설치하여야 한다.

1. 방수기구함은 피난층과 가장 가까운 층을 기준으로 3개층마다 설치하되, 그 층의 방수구마다 보행거리 5m 이내에 설치할 것

2. 방수기구함에는 길이 15m의 호스와 방사형 관창을 다음 각목의 기준에 따라 비치할 것

   가. 호스는 방수구에 연결하였을 때 그 방수구가 담당하는 구역의 각 부분에 유효하게 물이 뿌려질 수 있는 개수 이상을 비치할 것. 이 경우 쌍구형 방수구는 단구형 방수구의 2배 이상의 개수를 설치하여야 한다.

   나. 방사형 관창은 단구형 방수구의 경우에는 1개, 쌍구형 방수구의 경우에는 2개 이상 비치할 것

3. 방수기구함에는 "방수기구함"이라고 표시한 축광식 표지를 할 것. 이 경우 축광식 표지는 소방청장이 고시한「축광표지의 성능인증 및 제품검사의 기술기준」에 적합한 것으로 설치하여야 한다.

제8조(가압송수장치) 지표면에서 최상층 방수구의 높이가 70m 이상의 특정소방대상물에는 다음 각 호의 기준에 따라 연결송수관설비의 가압송수장치를 설치하여야 한다.

1. 쉽게 접근할 수 있고 점검하기에 충분한 공간이 있는 장소로서 화재 및 침수 등의 재해로 인한 피해를 받을 우려가 없는 곳에 설치할 것

2. 동결방지조치를 하거나 동결의 우려가 없는 장소에 설치할 것

3. 펌프는 전용으로 할 것. 다만, 다른 소화설비와 겸용하는 경우 각각의 소화설비의 성능에 지장이 없을 때에는 예외로 한다.

4. 펌프의 토출측에는 압력계를 체크밸브 이전에 펌프토출측 플랜지에서 가까운 곳에 설치하고, 흡입측에는 연성계 또는 진공계를 설치할 것. 다만, 수원의 수위가 펌프의 위치보다 높거나 수직회전축 펌프의 경우에는 연성계 또는 진공계를 설치하지 아니할 수 있다.
5. 가압송수장치에는 정격부하운전 시 펌프의 성능을 시험하기 위한 배관을 설치할 것. 다만, 충압펌프의 경우에는 그러하지 아니하다.
6. 가압송수장치에는 체절운전 시 수온의 상승을 방지하기 위한 순환배관을 설치할 것. 다만, 충압펌프의 경우에는 그러하지 아니하다.
7. 펌프의 토출량은 2,400L/min(계단식 아파트의 경우에는 1,200L/min) 이상이 되는 것으로 할 것. 다만, 해당 층에 설치된 방수구가 3개를 초과(방수구가 5개 이상인 경우에는 5개)하는 것에 있어서는 1개마다 800L/min(계단식 아파트의 경우에는 400L/min)를 가산한 양이 되는 것으로 할 것
8. 펌프의 양정은 최상층에 설치된 노즐선단의 압력이 0.35MPa 이상의 압력이 되도록 할 것
9. 가압송수장치는 방수구가 개방될 때 자동으로 기동되거나 또는 수동스위치의 조작에 따라 기동되도록 할 것. 이 경우 수동스위치는 2개 이상을 설치하되, 그 중 1개는 다음 각목의 기준에 따라 송수구의 부근에 설치하여야 한다.
   가. 송수구로부터 5m 이내의 보기 쉬운 장소에 바닥으로부터 높이 0.8m 이상 1.5m 이하로 설치할 것
   나. 1.5mm 이상의 강판함에 수납하여 설치하고 "연결송수관설비 수동스위치"라고 표시한 표지를 부착할 것. 이 경우 문짝은 불연재료로 설치할 수 있다.
   다. 「전기사업법」 제67조에 따른 기술기준에 따라 접지하고 빗물 등이 들어가지 아니하는 구조로 할 것

>> **연결송수관 설비의 가압송수장치를 설치할 경우 집수정 설치 예시**

① 건축물(소화기구만 설치하는 소방대상물 제외)은 「소방시설 설치·유지 및 안전관리에 관한 법률」에 의하여 작동기능점검 또는 종합정밀점검을 실시하여 6개월 내지 1년마다 관할소방서에 보고하여야 한다.
② 펌프성능시험 배관에 의한 성능시험을 할 경우 펌프실내 집수정으로 물이 고이게 되며, 최소량으로 1분당 2,400L(아파트의 경우 1,200L), 최대량으로 1분당 4,000L(아파트의 경우 2,000L)가 방출되므로 펌프실 집수정의 크기를 고려하여 설치하여야 한다.
③ 연결송수관 방수구수(기준개수)에 따른 방출량(최대 5개)

방수구 개수당 펌프 토출량	최소 펌프성능시험 시간 5분 동안의 토출량	
3개 × 800l/min = 2,400l/min	2,400l/min × 5min = 12,000l	∴ 12m^3
4개 × 800l/min = 3,200l/min	3,200l/min × 5min = 16,000l	∴ 16m^3
5개 × 800l/min = 4,000l/min	4,000l/min × 5min = 20,000l	∴ 20m^3

※ 연결송수관설비만 있다면, 성능시험 5분 동안 최대 20m^{3}가 필요하다.

④ 일반적으로 집수정에 설치하는 배수펌프의 용량으로 소화펌프의 유량 100%를 감당할 수 있는 크기를 설치할 수 없고, 또한 집수정의 크기를 키울 경우 지하수 등의 유입이 우려될 수 있으므로 옥외로 배출하는 형태를 고려하여야 한다.

10. 기동장치로는 기동용수압개폐장치 또는 이와 동등 이상의 성능이 있는 것으로 설치할 것. 다만, 기동용수압개폐장치 중 압력챔버를 사용할 경우 그 용적은 100L 이상의 것으로 할 것
11. 수원의 수위가 펌프보다 낮은 위치에 있는 가압송수장치에는 다음의 기준에 따른 물올림장치를 설치할 것
    가. 물올림장치에는 전용의 탱크를 설치할 것
    나. 탱크의 유효수량은 100L 이상으로 하되, 구경 15mm 이상의 급수배관에 따라 해당 탱크에 물이 계속 보급되도록 할 것
12. 기동용 수압개폐장치를 기동장치로 사용할 경우에는 다음의 기준에 따른 충압펌프를 설치할 것. 다만, 소화용 급수펌프로도 상시 충압이 가능하고 다음 가목의 성능을 갖춘 경우에는 충압펌프를 별도로 설치하지 아니할 수 있다.
    가. 펌프의 토출압력은 그 설비의 최고위 호스접결구의 자연압보다 적어도 0.2MPa이 더 크도록 하거나 가압송수장치의 정격토출압력과 같게 할 것
    나. 펌프의 정격토출량은 정상적인 누설량 보다 적어서는 아니 되며, 연결송수관설비가 자동적으로 작동할 수 있도록 충분한 토출량을 유지할 것
13. 내연기관을 사용하는 경우에는 다음의 기준에 적합한 것으로 할 것
    가. 내연기관의 기동은 제9호의 기동장치의 기동을 명시하는 적색등을 설치할 것
    나. 제어반에 따라 내연기관의 자동기동 및 수동기동이 가능하고, 상시 충전되어 있는 축전지 설비를 갖출 것
    다. 내연기관의 연료량은 펌프를 20분(층수가 30층 이상 49층 이하는 40분, 50층이 이상은 60분) 이상 운전할 수 있는 용량일 것
14. 가압송수장치에는 "연결송수관펌프"라고 표시한 표지를 할 것. 이 경우 그 가압송수장치를 다른 설비와 겸용하는 때에는 그 겸용되는 설비의 이름을 표시한 표지를 함께 하여야 한다.
15. 가압송수장치가 기동이 된 경우에는 자동으로 정지되지 아니하도록 하여야 한다. 다만, 충압펌프의 경우에는 그러하지 아니하다.
16. 가압송수장치는 부식 등으로 인한 펌프의 고착을 방지할 수 있도록 다음 각 목의 기준에 적합한 것으로 할 것. 다만, 충압펌프는 제외한다.
    가. 임펠러는 청동 또는 스테인리스 등 부식에 강한 재질을 사용할 것
    나. 펌프축은 스테인리스 등 부식에 강한 재질을 사용할 것

제9조(전원 등) ① 가압송수장치의 상용전원회로의 배선 및 비상전원은 다음 각 호의 기준에 따라 설치하여야 한다.

1. 저압수전인 경우에는 인입개폐기의 직후에서 분기하여 전용배선으로 할 것
2. 특별고압수전 또는 고압수전일 경우에는 전력용 변압기 2차측의 주차단기 1차측에서 분기하여 전용배선으로 하되, 상용전원회로의 배선기능에 지장이 없을 경우에는 주차단기 2차측에서 분기하여 전용배선으로 할 것. 다만, 가압송수장치의 정격입력전압이 수전전압과 같은 경우에는 제1호의 기준에 따른다.

② 비상전원은 자가발전설비, 축전지설비(내연기관에 따른 펌프를 사용하는 경우에는 내연기관의 기동 및 제어용 축전지를 말한다) 또는 전기저장장치(외부 전기에너지를 저장해 두었다가 필요한 때 전기를 공급하는 장치)로서 다음 각 호의 기준에 따라 설치하여야 한다.
1. 점검에 편리하고 화재 및 침수 등의 재해로 인한 피해를 받을 우려가 없는 곳에 설치할 것
2. 연결송수관설비를 유효하게 20분 이상 작동할 수 있어야 할 것
3. 상용전원으로부터 전력의 공급이 중단된 때에는 자동으로 비상전원으로부터 전력을 공급받을 수 있도록 할 것
4. 비상전원의 설치장소는 다른 장소와 방화구획 할 것. 이 경우 그 장소에는 비상전원의 공급에 필요한 기구나 설비외의 것(열병합발전설비에 필요한 기구나 설비는 제외한다)을 두어서는 아니 된다.
5. 비상전원을 실내에 설치하는 때에는 그 실내에 비상조명등을 설치할 것

제10조(배선 등) ① 연결송수관설비의 배선은 「전기사업법」 제67조에 따른 기술기준에서 정한 것 외에 다음 각 호의 기준에 따라 설치하여야 한다.
1. 비상전원으로부터 동력제어반 및 가압송수장치에 이르는 전원회로배선은 내화배선으로 할 것. 다만, 자가발전설비와 동력제어반이 동일한 실에 설치된 경우에는 자가발전기로부터 그 제어반에 이르는 전원회로배선은 그러하지 아니하다.
2. 상용전원으로부터 동력제어반에 이르는 배선, 그 밖의 연결송수관설비의 감시·조작 또는 표시등회로의 배선은 「옥내소화전설비의 화재안전기준(NFSC 102)」 별표 1의 내화배선 또는 내열배선으로 할 것. 다만, 감시제어반 또는 동력제어반 안의 감시·조작 또는 표시등회로의 배선은 그러하지 아니하다.

② 연결송수관설비의 과전류차단기 및 개폐기에는 "연결송수관설비용"이라고 표시한 표지를 하여야 한다.
③ 연결송수관설비용 전기배선의 양단 및 접속단자에는 다음 각 호의 기준에 따라 표지하여야 한다.
1. 단자에는 "연결송수관설비단자"라고 표지한 표지를 부착할 것
2. 연결송수관설비용 전기배선의 양단에는 다른 배선과 식별이 용이하도록 표시할 것

제11조(송수구의 겸용) 연결송수관설비의 송수구를 옥내소화전설비·스프링클러설비·간이스프링클러설비·화재조기진압용 스프링클러설비·물분무소화설비·포소화설비 또는 연결살수설비와 겸용으로 설치하는 경우에는 스프링클러설비의 송수구 설치기준에 따르되 각각의 소화설비

의 기능에 지장이 없도록 하여야 한다.

제12조(설치・유지기준의 특례) 소방본부장 또는 소방서장은 기존건축물이 증축・개축・대수선되거나 용도변경 되는 경우에 있어서 이 기준이 정하는 기준에 따라 해당 건축물에 설치하여야 할 연결송수관설비의 배관・배선 등의 공사가 현저하게 곤란하다고 인정되는 경우에는 해당 설비의 기능 및 사용에 지장이 없는 범위 안에서 연결송수관설비의 설치・유지기준의 일부를 적용하지 아니할 수 있다.

제13조(재검토기한) 소방청장은「훈령・예규 등의 발령 및 관리에 관한 규정」에 따라 이 고시에 대하여 2021년 7월 1일 기준으로 매 3년이 되는 시점(매 3년째의 6월 30일까지를 말한다)마다 그 타당성을 검토하여 개선 등의 조치를 하여야 한다.

부칙

〈제2021-28호, 2021. 7. 22.〉

제1조(시행일) 이 고시는 발령한 날부터 시행한다.
제2조(일반적 적용례) 이 고시는 이 고시 시행 후 특정소방대상물의 신축・증축・개축・재축・이전・용도변경 또는 대수선의 허가・협의를 신청하거나 신고하는 경우부터 적용한다.

03 소방시설 자체점검

참고 소방시설 자체점검사항 등에 관한 고시, 한국소방안전원

✓ 소방시설 작동기능점검표 작성 예시

1 점검 전 준비사항

1) 점검장소의 협의나 협조 받을 건물 관계인 등 연락처를 사전 확보
2) 점검의 목적과 필요성에 대하여 건물 관계인에게 사전 안내 및 협의
3) 음향장치 및 각 실별 방문점검 사항을 공지하여 협조 요청

2 현장확인

1) 현장 시설물의 도면 등을 이용하여 설비의 개요 및 설치위치 등을 파악한다.
2) 점검사항을 토대로 점검순서를 계획하고 점검장비 및 공구를 준비한다.
3) 기존의 점검자료 및 조치결과가 있다면 점검 전 참고
4) 점검과 관련된 각종 법규 및 기준 등의 기술기준 등 규정사항을 준비하고 숙지한다.

3 점검표 작성을 위한 준비물

1) 소방시설등 작동기능점검 실시결과 보고서
화재예방, 소방시설 설치·유지 및 안전관리에 관한 법률 시행규칙 별지 서식

2) 소방시설등 작동기능 점검표
소방시설 자체점검사항 등에 관한 고시 서식

3) 건축물대장
건축물대장/소방도면 및 소방시설 현황/소방계획서 등

4) 점검에 필요한 장비

소방시설	장비	규격
공통시설	방수압력측정계, 절연저항계, 전류전압측정계	
옥내소화전설비, 옥외소화전설비	소화전밸브압력계	

5) 자체점검 후 결과 조치(소방시설법 시행규칙 제19조)

(1) 작동기능점검 : 작동기능점검을 실시한 경우 7일 이내에 작동기능점검 실시결과 보고서를 소방본부장 또는 소방서장에게 제출하여야 한다.
(2) 종합정밀점검 : 종합정밀점검을 실시한 경우 7일 이내에 종합정밀점검 실시결과 보고서를 소방본부장 또는 소방서장에게 제출하여야 한다.
　▶ 소방시설관리업자는 점검을 실시한 경우 점검이 끝난 날부터 10일 이내에 소방시설관리업자에 대한 평가 등에 관한 업무를 위탁받은 평가기관에 통보하여야 한다.

26. 연결송수관설비 점검표

번호	점검항목	점검결과
26-A. 송수구		
26-A-001	○ 설치장소 적정 여부	
26-A-002	○ 지면으로부터 설치 높이 적정 여부	
26-A-003	○ 급수개폐밸브가 설치된 경우 설치 상태 적정 및 정상 기능 여부	
26-A-004	○ 수직배관별 1개 이상 송수구 설치 여부	
26-A-005	○ "연결송수관설비송수구" 표지 및 송수압력범위 표지 적정 설치 여부	
26-A-006	○ 송수구 마개 설치 여부	
26-B. 배관 등		
26-B-001	● 겸용 급수배관 적정 여부	
26-B-002	● 다른 설비의 배관과의 구분 상태 적정 여부	
26-C. 방수구		
26-C-001	● 설치기준(층, 개수, 위치, 높이) 적정 여부	
26-C-002	○ 방수구 형태 및 구경 적정 여부	
26-C-003	○ 위치표시(표시등, 축광식표지) 적정 여부	
26-C-004	○ 개폐기능 설치 여부 및 상태 적정(닫힌 상태) 여부	
26-D. 방수기구함		
26-D-001	● 설치기준(층, 위치) 적정 여부	
26-D-002	○ 호스 및 관창 비치 적정 여부	
26-D-003	○ "방수기구함" 표지 설치상태 적정 여부	
26-E. 가압송수장치		
26-E-001	● 가압송수장치 설치장소 기준 적합 여부	
26-E-002	● 펌프 흡입측 연성계·진공계 및 토출측 압력계 설치 여부	
26-E-003	● 성능시험배관 및 순환배관 설치 적정 여부	
26-E-004	○ 펌프 토출량 및 양정 적정 여부	
26-E-005	○ 방수구 개방 시 자동기동 여부	
26-E-006	○ 수동기동스위치 설치 상태 적정 및 수동스위치 조작에 따른 기동 여부	
26-E-007	○ 가압송수장치 "연결송수관펌프" 표지 설치 여부	
26-E-008	● 비상전원 설치장소 적정 및 관리 여부	
26-E-009	○ 자가발전설비인 경우 연료 적정량 보유 여부	
26-E-010	○ 자가발전설비인 경우 「전기사업법」에 따른 정기점검 결과 확인	
비고		

연결살수설비의 화재안전기준

[시행 2021. 12. 16.]
[소방청고시 제2021-52호, 2021. 12. 16., 일부개정.]

NFSC 503

1 질의회신 및 핵심사항 분석

	핵심사항	참고 기출자료
헤드	• 연결살수설비의 살수헤드 "보"	
Key point	• 송수구의 설치기준(연결살수설비의 선택밸브 설치 및 자동배수밸브, 체크밸브) • 살수헤드의 수평거리 • 폐쇄형 스프링클러헤드로 설치할 경우의 설치기준 • 연결살수설비의 헤드 설치제외	

2 시스템의 해설(저수량, 흡수관 투입구, 채수구, 가압송수장치)

연결살수설비는 소방대 전용의 소화활동설비로서 소방차에서 연결송수구로 물을 송수 가압하는 개방형과 기타 급수배관에 연결하는 폐쇄형 설비가 있다.

1) 계통도

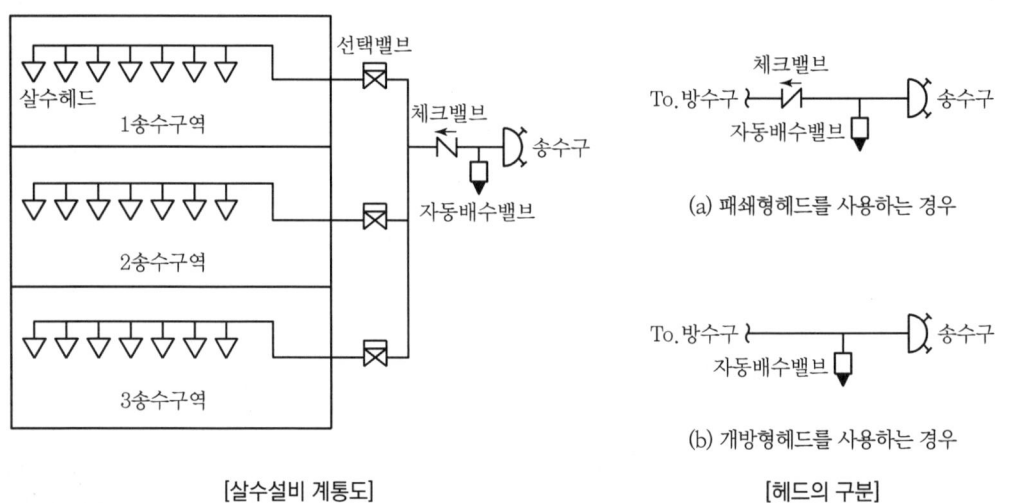

[살수설비 계통도]　　　　　　[헤드의 구분]

2) 소방용품(소방시설법 시행령 제6조)

소화활동설비를 구성하는 제품 또는 기기는 ① 제연설비, ② 연소방지설비 ③ 소방관의 소화활동 설비에 사용하는 연결송수관설비, 연결살수설비, 비상콘센트설비, 무선통신보조설비 등이 있으며, 소화활동설비의 제품검사(형식승인 및 성능인증) 대상 품목은 ① 법 제36조제1항 본문에서 "대통령령으로 정하는 소방용품" ② 규칙 제15조제1항 본문에서 "행정안전부령으로 정하는 소방용품" ③ 규칙 제15조 및 별표 7 제22호에 따른 "소방청장이 고시하는 소방용품" 등으로 구분되고 소방용품은 제품검사를 받아 합격한 제품을 사용하여야 한다.

02 화재안전기준 (2021. 12. 16 기준 원문)

NFSC 503

제1조(목적) 이 기준은 「화재예방, 소방시설 설치·유지 및 안전관리에 관한 법률」 제9조제1항에 따라 소방청장에게 위임한 사항 중 소화활동설비인 연결살수설비의 설치·유지 및 안전관리에 필요한 사항을 규정함을 목적으로 한다.

POINT 시스템 및 안전관리

소화활동설비의 설치목적은 화재를 진압하거나 인명구조활동을 위하여 사용하는 설비로 특정소방대상물에서 화재가 발생한 경우 연소생성물(열, 연기, 불꽃 등)에 의한 위험지역에서 소방관의 소화활동을 지원하며, 평상시에는 관계인에 의한 화재예방을 위하여 정기적으로 점검하는 소방설비이다.

1. 연결살수설비는 물류터미널시설, 지하층에서 화재가 발생하면 연기가 체류하여 소방대의 진입 및 활동이 어려우므로 소방차를 이용하여 살수가 가능하도록 시설한 설비이다. 연결살수설비의 구성은 송수구, 배관, 연결살수설비 전용헤드 등으로 구성된다.
2. 시스템을 구성하고 있는 소화활동설비는 「소방시설공사업법」의 소방시설공사 등의 품질과 안전이 확보되도록 시공되어야 하고, 소방기술의 관리에 필요한 화재안전기준에 적합하게 설계도서·시방서가 작성되어 성실하게 수행되어야 한다. 또한 「화재예방, 소방시설 설치·유지 및 안전관리에 관한 법률(이하 "소방시설법")」에 의한 소방용품의 제조 및 수입하려는 제품에 대하여 제품검사를 수행하고, 특정소방대상물의 관계인을 통하여 소방대상물의 안전관리가 이행되어야 한다.

제2조(적용범위) 「화재예방, 소방시설 설치·유지 및 안전관리에 관한 법률 시행령」(이하 "영"이라 한다) 별표 5 제5호다목에 따른 연결살수설비는 이 기준에서 정하는 규정에 따라 설비를 설치하고 유지·관리하여야 한다.

POINT

1 특정소방대상물의 설치기준(별표 5 연결살수설비)

소방시설	적용기준	설치대상
연결살수설비 (지하구는 제외)	1. 판매시설, 운수시설, 창고시설 중 물류터미널로서 해당 용도로 사용되는 부분의 바닥면적의 합계	1천m² 이상
	2. 지하층(피난층으로 주된 출입구가 도로와 접한 경우는 제외) 1) 바닥면적의 합계	150m² 이상
	2) 국민주택규모 이하인 아파트 등의 지하층(대피시설로 사용하는 것)과 교육연구시설 중 학교의 지하층	700m² 이상

연결살수설비	3. 가스시설 중 지상에 노출된 탱크시설	30톤 이상
(지하구는 제외)	4. 1 및 2의 특정소방대상물에 부속된 연결통로	전부

❷ 소방시설의 설치 면제기준

1. (별표 6) 소방시설 설치 면제기준

   가. 연결살수설비를 설치하여야 하는 특정소방대상물에 송수구를 부설한 스프링클러설비, 간이스프링클러설비, 물분무소화설비 또는 미분무소화설비를 화재안전기준에 적합하게 설치한 경우에는 그 설비의 유효범위에서 설치가 면제된다.

   나. 가스 관계 법령에 따라 설치되는 물분무장치 등에 소방대가 사용할 수 있는 연결송수구가 설치되거나 물분무장치 등에 6시간 이상 공급할 수 있는 수원(水源)이 확보된 경우에는 설치가 면제된다.

2. (별표 7) 소방시설을 설치하지 않을 수 있는 특정소방대상물 및 소방시설 범위

구분	특정소방대상물	소방시설
1. 화재 위험도가 낮은 특정소방대상물	석재, 불연성금속, 불연성 건축재료 등의 가공공장·기계조립공장·주물공장 또는 불연성 물품을 저장하는 창고	옥외소화전 및 연결살수설비
	「소방기본법」 제2조제5호에 따른 소방대(消防隊)가 조직되어 24시간 근무하고 있는 청사 및 차고	옥내소화전설비, 스프링클러설비, 물분무등소화설비, 비상방송설비, 피난기구, 소화용수설비, 연결송수관설비, 연결살수설비
2. 화재안전기준을 적용하기 어려운 특정소방대상물	펄프공장의 작업장, 음료수 공장의 세정 또는 충전을 하는 작업장, 그 밖에 이와 비슷한 용도로 사용하는 것	스프링클러설비, 상수도소화용수설비 및 연결살수설비
	정수장, 수영장, 목욕장, 농예·축산·어류양식용 시설, 그 밖에 이와 비슷한 용도로 사용되는 것	자동화재탐지설비, 상수도소화용수설비 및 연결살수설비
3. 화재안전기준을 달리 적용하여야 하는 특수한 용도 또는 구조를 가진 특정소방대상물	원자력발전소, 핵폐기물처리시설	연결송수관설비 및 연결살수설비
4. 「위험물 안전관리법」 제19조에 따른 자체소방대가 설치된 특정소방대상물	자체소방대가 설치된 위험물 제조소등에 부속된 사무실	옥내소화전설비, 소화용수설비, 연결살수설비 및 연결송수관설비

3. 화재안전기준에 따른 면제기준 : 제7조(헤드의 설치제외) 참고

제3조(정의) 이 기준에서 사용하는 용어의 정의는 다음과 같다.
1. "호스접결구"란 호스를 연결하는 데 사용되는 장비일체를 말한다.
2. "체크밸브"란 흐름이 한 방향으로만 흐르도록 되어 있는 밸브를 말한다.
3. "주배관"이란 수직배관을 통해 교차배관에 급수하는 배관을 말한다.
4. "교차배관"이란 주배관을 통해 가지배관에 급수하는 배관을 말한다.
5. "가지배관"이란 헤드가 설치되어 있는 배관을 말한다.
5의2. "분기배관"이란 배관 측면에 구멍을 뚫어 둘 이상의 관로가 생기도록 가공한 배관으로서 확관형 분기배관과 비확관형 분기배관을 말한다.
5의3. "확관형 분기배관"이란 배관의 측면에 조그만 구멍을 뚫고 소성가공으로 확관시켜 배관 용접이음자리를 만들거나 배관 용접이음자리에 배관이음쇠를 용접 이음한 배관을 말한다.
5의4. "비확관형 분기배관"이란 배관의 측면에 분기호칭내경 이상의 구멍을 뚫고 배관이음쇠를 용접 이음한 배관을 말한다.
6. "송수구"란 소화설비에 소화용수를 보급하기 위하여 건물 외벽 또는 구조물에 설치하는 관을 말한다.
7. "연소할 우려가 있는 개구부"란 각 방화구획을 관통하는 컨베이어·에스컬레이터 또는 이와 유사한 시설의 주위로서 방화구획을 할 수 없는 부분을 말한다.

제4조(송수구 등) ① 연결살수설비의 송수구는 다음 각 호의 기준에 따라 설치하여야 한다.
1. 소방차가 쉽게 접근할 수 있고 노출된 장소에 설치할 것. 이 경우 가연성가스의 저장·취급시설에 설치하는 연결살수설비의 송수구는 그 방호대상물로부터 20m 이상의 거리를 두거나 방호대상물에 면하는 부분이 높이 1.5m 이상 폭 2.5m 이상의 철근콘크리트 벽으로 가려진 장소에 설치하여야 한다.
2. 송수구는 구경 65mm의 쌍구형으로 설치할 것. 다만, 하나의 송수구역에 부착하는 살수헤드의 수가 10개 이하인 것은 단구형의 것으로 할 수 있다.
3. 개방형헤드를 사용하는 송수구의 호스접결구는 각 송수구역마다 설치할 것. 다만, 송수구역을 선택할 수 있는 선택밸브가 설치되어 있고 각 송수구역의 주요구조부가 내화구조로 되어 있는 경우에는 그러하지 아니하다.
4. 지면으로부터 높이가 0.5m 이상 1m 이하의 위치에 설치할 것
5. 송수구로부터 주배관에 이르는 연결배관에는 개폐밸브를 설치하지 아니 할 것. 다만, 스프링클러설비·물분무소화설비·포소화설비 또는 연결송수관설비의 배관과 겸용하는 경우에는 그러하지 아니하다.
6. 송수구의 부근에는 "연결살수설비 송수구"라고 표시한 표지와 송수구역 일람표를 설치할 것. 다만, 제2항에 따른 선택밸브를 설치한 경우에는 그러하지 아니하다.
7. 송수구에는 이물질을 막기 위한 마개를 씌워야 한다.
② 연결살수설비의 선택밸브는 다음 각 호의 기준에 따라 설치하여야 한다. 다만, 송수구를 송수구

역마다 설치한 때에는 그러하지 아니하다.
1. 화재 시 연소의 우려가 없는 장소로서 조작 및 점검이 쉬운 위치에 설치할 것
2. 자동개방밸브에 따른 선택밸브를 사용하는 경우에는 송수구역에 방수하지 아니하고 자동밸브의 작동시험이 가능하도록 할 것
3. 선택밸브의 부근에는 송수구역 일람표를 설치할 것

③ 연결살수설비에는 송수구의 가까운 부분에 자동배수밸브와 체크밸브를 다음 각 목의 기준에 따라 설치하여야 한다.
1. 폐쇄형헤드를 사용하는 설비의 경우에는 송수구·자동배수밸브·체크밸브의 순으로 설치할 것
2. 개방형헤드를 사용하는 설비의 경우에는 송수구·자동배수밸브의 순으로 설치할 것
3. 자동배수밸브는 배관안의 물이 잘 빠질 수 있는 위치에 설치하되, 배수로 인하여 다른 물건 또는 장소에 피해를 주지 아니할 것

④ 개방형헤드를 사용하는 연결살수설비에 있어서 하나의 송수구역에 설치하는 살수헤드의 수는 10개 이하가 되도록 하여야 한다.

제5조(배관 등) ① 배관과 배관이음쇠는 다음 각 호의 어느 하나에 해당하는 것 또는 동등 이상의 강도·내식성 및 내열성을 국내·외 공인기관으로부터 인정받은 것을 사용하여야 하고, 배관용 스테인리스강관(KS D 3576)의 이음을 용접으로 할 경우에는 알곤용접방식에 따른다. 다만, 본 조에서 정하지 않은 사항은 건설기술 진흥법 제44조제1항의 규정에 따른 건축기계설비공사 표준설명서에 따른다.
1. 배관 내 사용압력이 1.2MPa 미만일 경우에는 다음 각 목의 어느 하나에 해당하는 것
   가. 배관용 탄소강관(KS D 3507)
   나. 이음매 없는 구리 및 구리합금관(KS D 5301). 다만, 습식의 배관에 한한다.
   다. 배관용 스테인리스강관(KS D 3576) 또는 일반배관용 스테인리스강관(KS D 3595)
   라. 덕타일 주철관(KS D 4311)
2. 배관 내 사용압력이 1.2MPa 이상일 경우에는 다음 각 목의 어느 하나에 해당하는 것
   가. 압력배관용탄소강관(KS D 3553)
   나. 배관용 아크용접 탄소강강관(KS D 3583)
3. 제1호와 제2호에도 불구하고 다음 각 목의 어느 하나에 해당하는 장소에는 소방청장이 정하여 고시한「소방용합성수지배관의 성능인증 및 제품검사의 기술기준」에 적합한 소방용 합성수지배관으로 설치할 수 있다.
   가. 배관을 지하에 매설하는 경우
   나. 다른 부분과 내화구조로 구획된 덕트 또는 피트의 내부에 설치하는 경우
   다. 천장(상층이 있는 경우에는 상층바닥의 하단을 포함한다. 이하 같다)과 반자를 불연재료 또는 준불연재료로 설치하고 소화배관 내부에 항상 소화수가 채워진 상태로 설치하는 경우

② 연결살수설비의 배관의 구경은 다음 각 호의 기준에 따라 설치하여야 한다.

1. 연결살수설비 전용헤드를 사용하는 경우에는 다음 표에 따른 구경 이상으로 할 것

하나의 배관에 부착하는 살수헤드의 개수	1개	2개	3개	4개 또는 5개	6개 이상 10개 이하
배관의 구경(mm)	32	40	50	65	80

2. 스프링클러헤드를 사용하는 경우에는 「스프링클러설비의 화재안전기준(NFSC 103)」별표 1의 기준에 따를 것

③ 폐쇄형헤드를 사용하는 연결살수설비의 주배관은 다음 각 호의 어느 하나에 해당 하는 배관 또는 수조에 접속하여야 한다. 이 경우 접속부분에는 체크밸브를 설치하되 점검하기 쉽게 하여야 한다.
   1. 옥내소화전설비의 주배관(옥내소화전설비가 설치된 경우에 한한다)
   2. 수도배관(연결살수설비가 설치된 건축물 안에 설치된 수도배관 중 구경이 가장 큰 배관을 말한다)
   3. 옥상에 설치된 수조(다른 설비의 수조를 포함한다)

④ 폐쇄형헤드를 사용하는 연결살수설비에는 다음 각 호의 기준에 따른 시험배관을 설치하여야 한다.
   1. 송수구에서 가장 먼 거리에 위치한 가지배관의 끝으로부터 연결하여 설치할 것
   2. 시험장치 배관의 구경은 25mm 이상으로 하고, 그 끝에는 물받이 통 및 배수관을 설치하여 시험 중 방사된 물이 바닥으로 흘러내리지 아니하도록 할 것. 다만, 목욕실·화장실 또는 그 밖의 배수처리가 쉬운 장소의 경우에는 물받이 통 또는 배수관을 설치하지 아니할 수 있다.

⑤ 개방형헤드를 사용하는 연결살수설비의 수평주행배관은 헤드를 향하여 상향으로 100분의 1 이상의 기울기로 설치하고 주배관중 낮은 부분에는 자동배수밸브를 제4조제3항제3호의 기준에 따라 설치하여야 한다.

⑥ 가지배관 또는 교차배관을 설치하는 경우에는 가지배관의 배열은 토너멘트방식이 아니어야 하며, 가지배관은 교차배관 또는 주배관에서 분기되는 지점을 기점으로 한 쪽 가지배관에 설치되는 헤드의 개수는 8개 이하로 하여야 한다.

⑦ 습식 연결살수설비의 배관은 동결방지조치를 하거나 동결의 우려가 없는 장소에 설치하여야 한다. 다만, 보온재를 사용할 경우에는 난연재료 성능 이상의 것으로 하여야 한다.

⑧ 급수배관에 설치되어 급수를 차단할 수 있는 개폐밸브는 개폐표시형으로 하여야 한다. 이 경우 펌프의 흡입측배관에는 버터플라이밸브(볼형식의 것을 제외한다)외의 개폐표시형밸브를 설치하여야 한다.

⑨ 연결살수설비 교차배관의 위치·청소구 및 가지배관의 헤드설치는 다음 각 호의 기준에 따른다.
   1. 교차배관은 가지배관과 수평으로 설치하거나 또는 가지배관 밑에 설치하고, 그 구경은 제2항에 따르되, 최소구경이 40mm 이상이 되도록 할 것
   2. 폐쇄형헤드를 사용하는 연결살수설비의 청소구는 주배관 또는 교차배관(교차배관을 설치하는 경우에 한한다) 끝에 40mm 이상 크기의 개폐밸브를 설치하고, 호스접결이 가능한 나사식 또는 고정배수 배관식으로 할 것. 이 경우 나사식의 개폐밸브는 옥내소화전 호스접결용의 것으로 하고, 나사보호용의 캡으로 마감하여야 한다.

3. 폐쇄형헤드를 사용하는 연결살수설비에 하향식헤드를 설치하는 경우에는 가지배관으로부터 헤드에 이르는 헤드접속배관은 가지관상부에서 분기할 것. 다만, 소화설비용 수원의 수질이 「먹는물관리법」 제5조에 따라 먹는물의 수질기준에 적합하고 덮개가 있는 저수조로부터 물을 공급받는 경우에는 가지배관의 측면 또는 하부에서 분기할 수 있다.

⑩ 배관에 설치되는 행가는 다음 각 호의 기준에 따라 설치하여야 한다.
   1. 가지배관에는 헤드의 설치지점 사이마다 1개 이상의 행가를 설치하되, 헤드간의 거리가 3.5m를 초과하는 경우에는 3.5m 이내마다 1개 이상 설치할 것. 이 경우 상향식헤드와 행가 사이에는 8cm 이상의 간격을 두어야 한다.
   2. 교차배관에는 가지배관과 가지배관사이마다 1개 이상의 행가를 설치하되, 가지배관 사이의 거리가 4.5m를 초과하는 경우에는 4.5m 이내마다 1개 이상 설치할 것
   3. 제1호와 제2호의 수평주행배관에는 4.5m 이내마다 1개 이상 설치할 것

⑪ 배관은 다른 설비의 배관과 쉽게 구분이 될 수 있는 위치에 설치하거나, 그 배관표면 또는 배관 보온재표면의 색상은 식별이 가능하도록 「한국산업표준(배관계의 식별 표시, KS A 0503)」 또는 적색으로 소방용설비의 배관임을 표시하여야 한다.

⑫ 확관형 분기배관을 사용할 경우에는 소방청장이 정하여 고시한 「분기배관 성능인증 및 제품검사의 기술기준」에 적합한 것으로 설치하여야 한다.

제6조(연결살수설비의 헤드) ① 연결살수설비의 헤드는 연결살수설비전용헤드 또는 스프링클러헤드로 설치하여야 한다.

② 건축물에 설치하는 연결살수설비의 헤드는 다음 각 호의 기준에 따라 설치하여야 한다.
   1. 천장 또는 반자의 실내에 면하는 부분에 설치할 것
   2. 천장 또는 반자의 각 부분으로부터 하나의 살수헤드까지의 수평거리가 연결살수설비전용헤드의 경우는 3.7m 이하, 스프링클러헤드의 경우는 2.3m 이하로 할 것. 다만, 살수헤드의 부착면과 바닥과의 높이가 2.1m 이하인 부분은 살수헤드의 살수분포에 따른 거리로 할 수 있다.

③ 폐쇄형스프링클러헤드를 설치하는 경우에는 제2항의 규정 외에 다음 각 호의 기준에 따라 설치하여야 한다.
   1. 그 설치장소의 평상시 최고 주위온도에 따라 다음 표에 따른 표시온도의 것으로 설치할 것. 다만, 높이가 4m 이상인 공장 및 창고(랙크식창고를 포함한다)에 설치하는 스프링클러헤드는 그 설치장소의 평상시 최고 주위온도에 관계없이 표시온도 121℃ 이상의 것으로 할 수 있다.

설치장소의 최고 주위온도	표시온도
39℃	79℃ 미만
39℃ 이상 64℃ 미만	79℃ 이상 121℃ 미만
64℃ 이상 106℃ 미만	121℃ 이상 162℃ 미만
106℃ 이상	162℃ 이상

   2. 살수가 방해되지 아니하도록 스프링클러헤드로부터 반경 60cm 이상의 공간을 보유할 것. 다

만, 벽과 스프링클러헤드간의 공간은 10cm 이상으로 한다.
3. 스프링클러헤드와 그 부착면(상향식헤드의 경우에는 그 헤드의 직상부의 천장·반자 또는 이와 비슷한 것을 말한다. 이하 같다)과의 거리는 30cm 이하로 할 것
4. 배관·행가 및 조명기구 등 살수를 방해하는 것이 있는 경우에는 제2호에도 불구하고 그로부터 아래에 설치하여 살수에 장애가 없도록 할 것. 다만, 연결살수헤드와 장애물과의 이격거리를 장애물 폭의 3배 이상 확보한 경우에는 그러하지 아니하다.
5. 스프링클러헤드의 반사판은 그 부착면과 평행하게 설치할 것. 다만, 측벽형헤드 또는 제7호에 따라 연소할 우려가 있는 개구부에 설치하는 스프링클러헤드의 경우에는 그러하지 아니하다.
6. 천장의 기울기가 10분의 1을 초과하는 경우에는 가지관을 천장의 마루와 평행하게 설치하고, 스프링클러헤드는 다음 각 목의 어느 하나의 기준에 적합하게 설치할 것
   가. 천장의 최상부에 스프링클러헤드를 설치하는 경우에는 최상부에 설치하는 스프링클러헤드의 반사판을 수평으로 설치할 것
   나. 천장의 최상부를 중심으로 가지관을 서로 마주보게 설치하는 경우에는 최상부의 가지관 상호간의 거리가 가지관상의 스프링클러헤드 상호간의 거리의 2분의 1이하(최소 1m 이상이 되어야 한다)가 되게 스프링클러헤드를 설치하고, 가지관의 최상부에 설치하는 스프링클러헤드는 천장의 최상부로부터의 수직거리가 90cm 이하가 되도록 할 것. 톱날지붕, 둥근지붕 기타 이와 유사한 지붕의 경우에도 이에 준한다.
7. 연소할 우려가 있는 개구부에는 그 상하좌우에 2.5m 간격으로(개구부의 폭이 2.5m 이하인 경우에는 그 중앙에) 스프링클러헤드를 설치하되, 스프링클러헤드와 개구부의 내측면으로부터의 직선거리는 15cm 이하가 되도록 할 것. 이 경우 사람이 상시 출입하는 개구부로서 통행에 지장이 있는 때에는 개구부의 상부 또는 측면(개구부의 폭이 9m 이하인 경우에 한한다)에 설치하되, 헤드 상호간의 간격은 1.2m 이하로 설치하여야 한다.
8. 습식 연결살수설비 외의 설비에는 상향식스프링클러헤드를 설치할 것. 다만, 다음 각 목의 어느 하나에 해당하는 경우에는 그러하지 아니하다.
   가. 드라이펜던트스프링클러헤드를 사용하는 경우
   나. 스프링클러헤드의 설치장소가 동파의 우려가 없는 곳인 경우
   다. 개방형스프링클러헤드를 사용하는 경우
9. 측벽형스프링클러헤드를 설치하는 경우 긴 변의 한쪽 벽에 일렬로 설치(폭이 4.5m 이상 9m 이하인 실은 긴 변의 양쪽에 각각 일렬로 설치하되 마주보는 스프링클러헤드가 나란히꼴이 되도록 설치)하고 3.6m 이내마다 설치할 것

④ 가연성 가스의 저장·취급시설에 설치하는 연결살수설비의 헤드는 다음 각 호의 기준에 따라 설치하여야 한다. 다만, 지하에 설치된 가연성가스의 저장·취급시설로서 지상에 노출된 부분이 없는 경우에는 그러하지 아니하다.
1. 연결살수설비 전용의 개방형헤드를 설치할 것
2. 가스저장탱크·가스홀더 및 가스발생기의 주위에 설치하되, 헤드 상호 간의 거리는 3.7m 이

하로 할 것
3. 헤드의 살수범위는 가스저장탱크·가스홀더 및 가스발생기의 몸체의 중간 윗부분의 모든 부분이 포함되도록 하여야 하고 살수된 물이 흘러내리면서 살수범위에 포함되지 아니한 부분에도 모두 적셔질 수 있도록 할 것

제7조(헤드의 설치제외) 연결살수설비를 설치하여야 할 특정소방대상물 또는 그 부분으로서 다음 각 호의 어느 하나에 해당하는 장소에는 연결살수설비의 헤드를 설치하지 아니할 수 있다.

1. 상점(영 별표 2 제5호와 제6호의 판매시설과 운수시설을 말하며, 바닥면적이 150㎡ 이상인 지하층에 설치된 것을 제외한다)으로서 주요구조부가 내화구조 또는 방화구조로 되어 있고 바닥면적이 500㎡ 미만으로 방화구획되어 있는 특정소방대상물 또는 그 부분
2. 계단실(특별피난계단의 부속실을 포함한다)·경사로·승강기의 승강로·파이프덕트·목욕실·수영장(관람석부분을 제외한다)·화장실·직접 외기에 개방되어 있는 복도 기타 이와 유사한 장소
3. 통신기기실·전자기기실·기타 이와 유사한 장소
4. 발전실·변전실·변압기·기타 이와 유사한 전기설비가 설치되어 있는 장소
5. 병원의 수술실·응급처치실·기타 이와 유사한 장소
6. 천장과 반자 양쪽이 불연재료로 되어 있는 경우로서 그 사이의 거리 및 구조가 다음 각 목의 어느 하나에 해당하는 부분
   가. 천장과 반자사이의 거리가 2m 미만인 부분
   나. 천장과 반자사이의 벽이 불연재료이고 천장과 반자사이의 거리가 2m 이상으로서 그 사이에 가연물이 존재하지 아니하는 부분
7. 천장·반자 중 한쪽이 불연재료로 되어있고 천장과 반자사이의 거리가 1m 미만인 부분
8. 천장 및 반자가 불연재료외의 것으로 되어 있고 천장과 반자사이의 거리가 0.5m 미만인 부분
9. 펌프실·물탱크실 그 밖의 이와 비슷한 장소
10. 현관 또는 로비등으로서 바닥으로부터 높이가 20m 이상인 장소
11. 냉장창고의 영하의 냉장실 또는 냉동창고의 냉동실
12. 고온의 노가 설치된 장소 또는 물과 격렬하게 반응하는 물품의 저장 또는 취급장소
13. 불연재료로 된 특정소방대상물 또는 그 부분으로서 다음 각 목의 어느 하나에 해당하는 장소
    가. 정수장·오물처리장 그 밖의 이와 비슷한 장소
    나. 펄프공장의 작업장·음료수공장의 세정 또는 충전하는 작업장 그 밖의 이와 비슷한 장소
    다. 불연성의 금속·석재 등의 가공공장으로서 가연성물질을 저장 또는 취급하지 아니하는 장소
14. 실내에 설치된 테니스장·게이트볼장·정구장 또는 이와 비슷한 장소로서 실내바닥·벽·천장이 불연재료 또는 준불연재료로 구성되어 있고 가연물이 존재하지 않는 장소로서 관람석이 없는 운동시설 부분(지하층은 제외한다)

제8조(소화설비의 겸용) 연결살수설비의 송수구를 스프링클러설비·간이스프링클러설비·화재조기진압용 스프링클러설비·물분무소화설비·포소화설비 또는 연결송수관설비와 겸용으로 설치하는 경우에는 스프링클러설비의 송수구 설치기준에 따르고, 옥내소화전설비의 송수구와 겸용으로 설치하는 경우에는 옥내소화전설비의 송수구의 설치기준에 따르되 각각의 소화설비의 기능에 지장이 없도록 하여야 한다.

제9조(설치·유지기준의 특례) 소방본부장 또는 소방서장은 기존건축물이 증축·개축·대수선되거나 용도변경 되는 경우에 있어서 이 기준이 정하는 기준에 따라 해당 건축물에 설치하여야 할 연결살수설비의 배관·배선 등의 공사가 현저하게 곤란하다고 인정되는 경우에는 해당 설비의 기능 및 사용에 지장이 없는 범위 안에서 연결살수설비의 설치·유지기준의 일부를 적용하지 아니할 수 있다.

제10조(재검토 기한) 소방청장은 「훈령·예규 등의 발령 및 관리에 관한 규정」에 따라 이 고시에 대하여 2017년 1월 1일 기준으로 매 3년이 되는 시점(매 3년째의 12월 31일까지를 말한다)마다 그 타당성을 검토하여 개선 등의 조치를 하여야 한다.

제11조(규제의 재검토) 「행정규제기본법」 제8조에 따라 2015년 1월 1일을 기준으로 매 3년이 되는 시점(매 3번째의 12월 31일까지를 말한다)마다 그 타당성을 검토하여 개선 등의 조치를 하여야 한다.

부칙

〈제2021-52호, 2021. 12. 16.〉

이 고시는 발령한 날부터 시행한다.

03 소방시설 자체점검

참고 소방시설 자체점검사항 등에 관한 고시, 한국소방안전원

✅ **소방시설 작동기능점검표 작성 예시**

1 점검 전 준비사항
1) 점검장소의 협의나 협조 받을 건물 관계인 등 연락처를 사전 확보
2) 점검의 목적과 필요성에 대하여 건물 관계인에게 사전 안내 및 협의
3) 음향장치 및 각 실별 방문점검 사항을 공지하여 협조 요청

2 현장확인
1) 현장 시설물의 도면 등을 이용하여 설비의 개요 및 설치위치 등을 파악한다.
2) 점검사항을 토대로 점검순서를 계획하고 점검장비 및 공구를 준비한다.
3) 기존의 점검자료 및 조치결과가 있다면 점검 전 참고
4) 점검과 관련된 각종 법규 및 기준 등의 기술기준 등 규정사항을 준비하고 숙지한다.

3 점검표 작성을 위한 준비물

1) 소방시설등 작동기능점검 실시결과 보고서
화재예방, 소방시설 설치·유지 및 안전관리에 관한 법률 시행규칙 별지 서식

2) 소방시설등 작동기능 점검표
소방시설 자체점검사항 등에 관한 고시 서식

3) 건축물대장
건축물대장/소방도면 및 소방시설 현황/소방계획서 등

4) 점검에 필요한 장비

소방시설	장비	규격
공통시설	방수압력측정계, 절연저항계, 전류전압측정계	
옥내소화전설비, 옥외소화전설비	소화전밸브압력계	

5) 자체점검 후 결과 조치(소방시설법 시행규칙 제19조)
(1) 작동기능점검 : 작동기능점검을 실시한 경우 7일 이내에 작동기능점검 실시결과 보고서를 소방본부장 또는 소방서장에게 제출하여야 한다.
(2) 종합정밀점검 : 종합정밀점검을 실시한 경우 7일 이내에 종합정밀점검 실시결과 보고서를 소방본부장 또는 소방서장에게 제출하여야 한다.
▶ 소방시설관리업자는 점검을 실시한 경우 점검이 끝난 날부터 10일 이내에 소방시설관리업자에 대한 평가 등에 관한 업무를 위탁받은 평가기관에 통보하여야 한다.

27. 연결살수설비 점검표

번호	점검항목	점검결과
27-A. 송수구		
27-A-001	○ 설치장소 적정 여부	
27-A-002	○ 송수구 구경(65mm) 및 형태(쌍구형) 적정 여부	
27-A-003	○ 송수구역별 호스접결구 설치 여부(개방형 헤드의 경우)	
27-A-004	○ 설치 높이 적정 여부	
27-A-005	● 송수구에서 주배관 상 연결배관 개폐밸브 설치 여부	
27-A-006	○ "연결살수설비 송수구" 표지 및 송수구역 일람표 설치 여부	
27-A-007	○ 송수구 마개 설치 여부	
27-A-008	○ 송수구의 변형 또는 손상 여부	
27-A-009	● 자동배수밸브 및 체크밸브 설치 순서 적정 여부	
27-A-010	○ 자동배수밸브 설치 상태 적정 여부	
27-A-011	● 1개 송수구역 설치 살수헤드 수량 적정 여부(개방형 헤드의 경우)	
27-B. 선택밸브		
27-B-001	○ 선택밸브 적정 설치 및 정상 작동 여부	
27-B-002	○ 선택밸브 부근 송수구역 일람표 설치 여부	
27-C. 배관 등		
27-C-001	○ 급수배관 개폐밸브 설치 적정(개폐표시형, 흡입측 버터플라이 제외) 여부	
27-C-002	● 동결방지조치 상태 적정 여부(습식의 경우)	
27-C-003	● 주배관과 타 설비 배관 및 수조 접속 적정 여부(폐쇄형 헤드의 경우)	
27-C-004	○ 시험장치 설치 적정 여부(폐쇄형 헤드의 경우)	
27-C-005	● 다른 설비의 배관과의 구분 상태 적정 여부	
27-D. 헤드		
27-D-001	○ 헤드의 변형·손상 유무	
27-D-002	○ 헤드 설치 위치·장소·상태(고정) 적정 여부	
27-D-003	○ 헤드 살수장애 여부	
비고		

※ 점검항목 중 "●"는 종합정밀점검의 경우에만 해당한다.
※ 점검결과란은 양호 "○", 불량 "×", 해당없는 항목은 "/"로 표시한다.
※ 점검항목 내용 중 "설치기준" 및 "설치상태"에 대한 점검은 정상적인 작동 가능 여부를 포함한다.
※ '비고'란에는 특정소방대상물의 위치·구조·용도 및 소방시설의 상황 등이 이 표의 항목대로 기재하기 곤란하거나 이 표에서 누락된 사항을 기재한다.(이하 같다)

비상콘센트설비의 화재안전기준

[시행 2017. 7. 26.]
[소방청고시 제2017-1호, 2017. 7. 26., 타법개정.]

개요

NFSC 504

1 질의회신 및 핵심사항 분석

	질의회신 참고 소방청 질의회신집
전원 및 콘센트 등 (제4조제1항 제2호 단서)	Q 비상콘센트설비의 화재안전기준(NFSC 504) 중 비상콘센트의 비상전원 공급과 관련하여 둘 이상의 변전소에서 전력을 동시에 공급받아야 비상전원설비(자가발전설비, 비상전원수전설비 또는 전기저장장치)를 제외할 수 있는 것으로 알고 있습니다. 다만, 상기의 조건가 다르게 하나의 변전소에 변압기 뱅크가 분리되어 있으며, 서로 다른 D/L라인으로 2회선 전력을 공급받는다면, 상기의 비상콘센트 설비용 비상전원설비(자가발전설비, 비상전원수전설비 또는 전기저장장치)를 설치하지 아니할 수 있는지 문의 드립니다.
	A 「비상콘센트설비의 화재안전기준(NFSC 504)」제4조제1항제2호에 따라 '둘 이상의 변전소에서 전력을 공급받을 수 있거나, 하나의 변전소로부터 전력의 공급이 중단되는 때에는 자동으로 다른 변전소로부터 전력을 공급받을 수 있도록 사용전원을 설치한 경우에는 비상전원을 설치하지 아니할 수' 있습니다. 귀하께서 언급하신 '하나의 변전소에서 2회선으로' 전력을 공급받는 것은 현행 기준 상 '다른 변전소'에서 전력을 공급받는 방식이 아니므로 비상전원 설치를 제외할 수 없을 것으로 판단됩니다.
	핵심사항 참고 기출자료
전원 등	• 비상콘센트설비의 화재안전기준(NFSC 504)에 따른 설치가능한 비상전원 종류 • 비상콘센트의 바닥으로부터 설치높이, 보호함의 설치기준 • 비상콘센트 허용전류, 비상콘센트 전압강하
Key point	• 저압, 고압, 특고압의 정의 • 비상콘센트 설비의 전원부와 외함 사이의 절연저항 및 절연내력 • 비상콘센트설비의 단선결선도

2 시스템의 해설

현대 건축물은 화재가 발생하는 요인이 증가되고, 소화의 어려움을 확대되어 화재를 조기에 발견하여 경보하고 화재 확대를 최소한으로 저지하는 것이 매우 중요한 일이다. 따라서 관계법령에서는 건축물의 구조·규모·수용인원·용도 등에 따라 소방시설의 설치를 의무화하고 있다. 비상콘센트설비는 화재 시 소방관에게 전용회선으로 필요한 전원을 공급하기 위한 설비이다.

1) 구조도

- 전원회로 2 이상
- 비상콘센트 배치
  ① 아파트 또는 바닥면적이 1,000m² 미만 계단의 출입구 5m 이내-1개
  ② 바닥면적 1,000m² 이상(아파트 제외) 계단의 출입구 5m 이내-2개

[비상콘센트설비 계통도]

2) 소방용품(소방시설법 시행령 제6조)

소화활동설비를 구성하는 제품 또는 기기는 ① 제연설비, ② 연소방지설비 ③ 소방관의 소화활동 설비에 사용하는 연결송수관설비, 연결살수설비, 비상콘센트설비, 무선통신보조설비 등이 있으며, 소화활동설비의 제품검사(형식승인 및 성능인증) 대상 품목은 ① 법 제36조제1항 본문에서 "대통령령으로 정하는 소방용품" ② 규칙 제15조제1항 본문에서 "행정안전부령으로 정하는 소방용품" ③ 규칙 제15조 및 별표 7 제22호에 따른 "소방청장이 고시하는 소방용품" 등으로 구분되고 소방용품은 제품검사를 받아 합격한 제품을 사용하여야 한다.

화재안전기준 (2017. 7. 26 기준 원문)

NFSC 504

제1조(목적) 이 기준은 「화재예방, 소방시설 설치·유지 및 안전관리에 관한 법률」 제9조제1항에 따라 소방청장에게 위임한 사항 중 소화활동설비인 비상콘센트설비의 설치·유지 및 안전관리에 필요한 사항을 규정함을 목적으로 한다.

> **POINT 시스템 및 안전관리**
>
> 소화활동설비의 설치목적은 화재를 진압하거나 인명구조활동을 위하여 사용하는 설비로 특정소방대상물에서 화재가 발생한 경우 연소생성물(열, 연기, 불꽃 등)에 의한 위험지역에서 소방관의 소화활동을 지원하며, 평상시에는 관계인에 의한 화재예방을 위하여 정기적으로 점검하는 소방설비이다.
> 1. 비상콘센트설비는 화재현장에서 소방대의 조명장치, 파괴기구 등을 접속하여 사용하는 소화활동장비를 가동하기 위한 설비, 비상콘센트설비의 구성은 비상콘센트함, 비상콘센트 등으로 구성된다.
> 2. 시스템을 구성하고 있는 소화활동설비는 「소방시설공사업법」의 소방시설공사 등의 품질과 안전이 확보되도록 시공되어야 하고, 소방기술의 관리에 필요한 화재안전기준에 적합하게 설계도서·시방서가 작성되어 성실하게 수행되어야 한다. 또한 「화재예방, 소방시설 설치·유지 및 안전관리에 관한 법률(이하 "소방시설법")」에 의한 소방용품의 제조 및 수입하려는 제품에 대하여 제품검사를 수행하고, 특정소방대상물의 관계인을 통하여 소방대상물의 안전관리가 이행되어야 한다.

제2조(적용범위) 「화재예방, 소방시설 설치·유지 및 안전관리에 관한 법률 시행령」(이하 "영"이라 한다)(이하 "법"이라 한다) 제9조제1항 및 같은 법 시행령(이하 "영"이라 한다) 별표 5 제5호라목에 따른 비상콘센트설비는 이 기준에서 정하는 규정에 따라 설비를 설치하고 유지·관리하여야 한다.

> **POINT**
>
> **1 특정소방대상물의 설치기준(별표 5 비상콘센트설비)**
>
> | 소방시설 | 적용기준 | 설치대상 |
> |---|---|---|
> | 비상콘센트설비(위험물 저장 및 처리 시설 중 가스시설 또는 지하구는 제외) | 1. 층수가 11층 이상인 특정소방대상물의 경우 | 11층 이상의 층 |
> | | 2. 지하층의 층수가 3층 이상이고 지하층의 바닥면적의 합계 | 1천m² 이상인 것은 지하층의 전층 |
> | | 3. 지하가 중 터널로서 길이 | 500m 이상 |

2 소방시설의 설치 면제기준
1. (별표 6) 소방시설 설치 면제기준 : 없음
2. (별표 7) 소방시설을 설치하지 않을 수 있는 특정소방대상물 및 소방시설 범위 : 없음

제3조(정의) 이 기준에서 사용하는 용어의 정의는 다음과 같다.
1. "인입개폐기"란 「전기설비기술기준의 판단기준」 제169조에 따른 것을 말한다.
2. "저압"이란 직류는 750V 이하, 교류는 600V 이하인 것을 말한다.
3. "고압"이란 직류는 750V를, 교류는 600V를 초과하고, 7kV 이하인 것을 말한다.
4. "특고압"이란 7kV를 초과하는 것을 말한다.
5. "변전소"란 「전기설비기술기준」 제3조제1항제2호에 따른 것을 말한다.

제4조(전원 및 콘센트 등) ① 비상콘센트설비에는 다음 각 호의 기준에 따른 전원을 설치하여야 한다.
1. 상용전원회로의 배선은 저압수전인 경우에는 인입개폐기의 직후에서, 고압수전 또는 특고압수전인 경우에는 전력용변압기 2차측의 주차단기 1차측 또는 2차측에서 분기하여 전용배선으로 할 것
2. 지하층을 제외한 층수가 7층 이상으로서 연면적이 2,000m² 이상이거나 지하층의 바닥면적의 합계가 3,000m² 이상인 특정소방대상물의 비상콘센트설비에는 자가발전설비, 비상전원수전설비 또는 전기저장장치(외부 전기에너지를 저장해 두었다가 필요한 때 전기를 공급하는 장치)를 비상전원으로 설치할 것. 다만, 둘 이상의 변전소에서 전력을 동시에 공급받을 수 있거나 하나의 변전소로부터 전력의 공급이 중단되는 때에는 자동으로 다른 변전소로부터 전력을 공급받을 수 있도록 상용전원을 설치한 경우에는 비상전원을 설치하지 아니할 수 있다.
3. 제2호에 따른 비상전원 중 자가발전설비는 다음 각 목의 기준에 따라 설치하고, 비상전원수전설비는 「소방시설용비상전원수전설비의 화재안전기준(NFSC 602)」에 따라 설치할 것
   가. 점검에 편리하고 화재 및 침수 등의 재해로 인한 피해를 받을 우려가 없는 곳에 설치할 것
   나. 비상콘센트설비를 유효하게 20분 이상 작동시킬 수 있는 용량으로 할 것
   다. 상용전원으로부터 전력의 공급이 중단된 때에는 자동으로 비상전원으로부터 전력을 공급받을 수 있도록 할 것
   라. 비상전원의 설치장소는 다른 장소와 방화구획 할 것. 이 경우 그 장소에는 비상전원의 공급에 필요한 기구나 설비외의 것(열병합발전설비에 필요한 기구나 설비는 제외한다)을 두어서는 아니 된다.
   마. 비상전원을 실내에 설치하는 때에는 그 실내에 비상조명등을 설치할 것
② 비상콘센트설비의 전원회로(비상콘센트에 전력을 공급하는 회로를 말한다)는 다음 각 호의 기준에 따라 설치하여야 한다.
1. 비상콘센트설비의 전원회로는 단상교류 220V인 것으로서, 그 공급용량은 1.5kVA 이상인 것으로 할 것

2. 전원회로는 각층에 2 이상이 되도록 설치할 것. 다만, 설치하여야 할 층의 비상콘센트가 1개인 때에는 하나의 회로로 할 수 있다.
3. 전원회로는 주배전반에서 전용회로로 할 것. 다만, 다른 설비의 회로의 사고에 따른 영향을 받지 아니하도록 되어 있는 것은 그러하지 아니하다.
4. 전원으로부터 각 층의 비상콘센트에 분기되는 경우에는 분기배선용 차단기를 보호함 안에 설치할 것
5. 콘센트마다 배선용 차단기(KS C 8321)를 설치하여야 하며, 충전부가 노출되지 아니하도록 할 것
6. 개폐기에는 "비상콘센트"라고 표시한 표지를 할 것
7. 비상콘센트용의 풀박스 등은 방청도장을 한 것으로서, 두께 1.6mm 이상의 철판으로 할 것
8. 하나의 전용회로에 설치하는 비상콘센트는 10개 이하로 할 것. 이 경우 전선의 용량은 각 비상콘센트(비상콘센트가 3개 이상인 경우에는 3개)의 공급용량을 합한 용량 이상의 것으로 하여야 한다.

③ 비상콘센트의 플러그접속기는 접지형 2극 플러그접속기(KS C 8305)를 사용하여야 한다.
④ 비상콘센트의 플러그접속기의 칼받이의 접지극에는 접지공사를 하여야 한다.
⑤ 비상콘센트는 다음 각 호의 기준에 따라 설치하여야 한다.
  1. 삭제
  2. 바닥으로부터 높이 0.8m 이상 1.5m 이하의 위치에 설치할 것
  3. 비상콘센트의 배치는 아파트 또는 바닥면적이 1,000m² 미만인 층은 계단의 출입구(계단의 부속실을 포함하며 계단이 2 이상 있는 경우에는 그중 1개의 계단을 말한다)로부터 5m 이내에, 바닥면적 1,000m² 이상인 층(아파트를 제외한다)은 각 계단의 출입구 또는 계단부속실의 출입구(계단의 부속실을 포함하며 계단이 3 이상 있는 층의 경우에는 그중 2개의 계단을 말한다)로부터 5m 이내에 설치하되, 그 비상콘센트로부터 그 층의 각 부분까지의 거리가 다음 각 목의 기준을 초과하는 경우에는 그 기준 이하가 되도록 비상콘센트를 추가하여 설치할 것
    가. 지하상가 또는 지하층의 바닥면적의 합계가 3,000m² 이상인 것은 수평거리 25m
    나. 가목에 해당하지 아니하는 것은 수평거리 50m
    다. 삭제
⑥ 비상콘센트설비의 전원부와 외함 사이의 절연저항 및 절연내력은 다음 각 호의 기준에 적합하여야 한다.
  1. 절연저항은 전원부와 외함 사이를 500V 절연저항계로 측정할 때 20MΩ 이상일 것
  2. 절연내력은 전원부와 외함 사이에 정격전압이 150V 이하인 경우에는 1,000V의 실효전압을, 정격전압이 150V 초과인 경우에는 그 정격전압에 2를 곱하여 1,000을 더한 실효전압을 가하는 시험에서 1분 이상 견디는 것으로 할 것

제5조(보호함) 비상콘센트를 보호하기 위하여 비상콘센트보호함은 다음 각 호의 기준에 따라 설치하

여야 한다.
1. 보호함에는 쉽게 개폐할 수 있는 문을 설치할 것
2. 보호함 표면에 "비상콘센트"라고 표시한 표지를 할 것
3. 보호함 상부에 적색의 표시등을 설치할 것. 다만, 비상콘센트의 보호함을 옥내소화전함 등과 접속하여 설치하는 경우에는 옥내소화전함 등의 표시등과 겸용할 수 있다.

제6조(배선) 비상콘센트설비의 배선은 「전기사업법」 제67조에 따른 기술기준에서 정하는 것 외에 다음 각 호의 기준에 따라 설치하여야 한다.
1. 전원회로의 배선은 내화배선으로, 그 밖의 배선은 내화배선 또는 내열배선으로 할 것
2. 제1호에 따른 내화배선 및 내열배선에 사용하는 전선 및 설치방법은 「옥내소화전설비의 화재안전기준(NFSC 102)」 별표 1의 기준에 따를 것

제7조(설치ㆍ유지기준의 특례) 소방본부장 또는 소방서장은 기존건축물이 증축ㆍ개축ㆍ대수선되거나 용도 변경되는 경우에 있어서 이 기준이 정하는 기준에 따라 해당 건축물에 설치하여야 할 비상콘센트설비의 배관ㆍ배선 등의 공사가 현저하게 곤란하다고 인정되는 경우에는 해당 설비의 기능 및 사용에 지장이 없는 범위 안에서 비상콘센트설비의 설치ㆍ유지기준의 일부를 적용하지 아니할 수 있다.

제8조(재검토 기한) 소방청장은 「훈령ㆍ예규 등의 발령 및 관리에 관한 규정」에 따라 이 고시에 대하여 2017년 1월 1일 기준으로 매 3년이 되는 시점(매 3년째의 12월 31일까지를 말한다)마다 그 타당성을 검토하여 개선 등의 조치를 하여야 한다.

제9조(규제의 재검토) 「행정규제기본법」 제8조에 따라 2015년 1월 1일을 기준으로 매 3년이 되는 시점(매 3번째의 12월 31일까지를 말한다)마다 그 타당성을 검토하여 개선 등의 조치를 하여야 한다.

부칙

〈제2017-1호, 2017. 7. 26.〉

제1조(시행일) 이 고시는 발령한 날부터 시행한다.
제2조 생략

소방시설 자체점검

참고 소방시설 자체점검사항 등에 관한 고시, 한국소방안전원

✓ 소방시설 작동기능점검표 작성 예시

1 점검 전 준비사항
1) 점검장소의 협의나 협조 받을 건물 관계인 등 연락처를 사전 확보
2) 점검의 목적과 필요성에 대하여 건물 관계인에게 사전 안내 및 협의
3) 음향장치 및 각 실별 방문점검 사항을 공지하여 협조 요청

2 현장확인
1) 현장 시설물의 도면 등을 이용하여 설비의 개요 및 설치위치 등을 파악한다.
2) 점검사항을 토대로 점검순서를 계획하고 점검장비 및 공구를 준비한다.
3) 기존의 점검자료 및 조치결과가 있다면 점검 전 참고
4) 점검과 관련된 각종 법규 및 기준 등의 기술기준 등 규정사항을 준비하고 숙지한다.

3 점검표 작성을 위한 준비물
1) **소방시설등 작동기능점검 실시결과 보고서**
   화재예방, 소방시설 설치·유지 및 안전관리에 관한 법률 시행규칙 별지 서식
2) **소방시설등 작동기능 점검표**
   소방시설 자체점검사항 등에 관한 고시 서식
3) **건축물대장**
   건축물대장/소방도면 및 소방시설 현황/소방계획서 등
4) **점검에 필요한 장비**

소방시설	장비	규격
공통시설	방수압력측정계, 절연저항계, 전류전압측정계	
자동화재탐지설비 시각경보기	열·연기감지기 시험기, 공기주입시험기, 감지기시험기연결폴대, 음량계	
누전경보기	누전계	부하전류 측정용

5) **자체점검 후 결과 조치(소방시설법 시행규칙 제19조)**
   (1) **작동기능점검** : 작동기능점검을 실시한 경우 7일 이내에 작동기능점검 실시결과 보고서를 소방본부장 또는 소방서장에게 제출하여야 한다.
   (2) **종합정밀점검** : 종합정밀점검을 실시한 경우 7일 이내에 종합정밀점검 실시결과 보고서를 소방본부장 또는 소방서장에게 제출하여야 한다.
   ▶ 소방시설관리업자는 점검을 실시한 경우 점검이 끝난 날부터 10일 이내에 소방시설관리업자에 대한 평가 등에 관한 업무를 위탁받은 평가기관에 통보하여야 한다.

28. 비상콘센트설비 점검표

번호	점검항목	점검결과
28-A. 전원		
28-A-001	● 상용전원 적정 여부	
28-A-002	● 비상전원 설치장소 적정 및 관리 여부	
28-A-003	○ 자가발전설비인 경우 연료 적정량 보유 여부	
28-A-004	○ 자가발전설비인 경우 「전기사업법」에 따른 정기점검 결과 확인	
28-B. 전원회로		
28-B-001	● 전원회로 방식(단상교류 220V) 및 공급용량(1.5kVA 이상) 적정 여부	
28-B-002	● 전원회로 설치개수(각 층에 2이상) 적정 여부	
28-B-003	● 전용 전원회로 사용 여부	
28-B-004	● 1개 전용회로에 설치되는 비상콘센트 수량 적정(10개 이하) 여부	
28-B-005	● 보호함 내부에 분기배선용 차단기 설치 여부	
28-C. 콘센트		
28-C-001	○ 변형·손상·현저한 부식이 없고 전원의 정상 공급여부	
28-C-002	● 콘센트별 배선용 차단기 설치 및 충전부 노출 방지 여부	
28-C-003	○ 비상콘센트 설치 높이, 설치 위치 및 설치 수량 적정 여부	
28-D. 보호함 및 배선		
28-D-001	○ 보호함 개폐용이한 문 설치 여부	
28-D-002	○ "비상콘센트" 표지 설치상태 적정 여부	
28-D-003	○ 위치표시등 설치 및 정상 점등 여부	
28-D-004	○ 점검 또는 사용상 장애물 유무	
비고		

※ 점검항목 중 "●"는 종합정밀점검의 경우에만 해당한다.
※ 점검결과란은 양호 "○", 불량 "×", 해당없는 항목은 "/"로 표시한다.
※ 점검항목 내용 중 "설치기준" 및 "설치상태"에 대한 점검은 정상적인 작동 가능 여부를 포함한다.
※ '비고'란에는 특정소방대상물의 위치·구조·용도 및 소방시설의 상황 등이 이 표의 항목대로 기재하기 곤란하거나 이 표에서 누락된 사항을 기재한다.(이하 같다)

무선통신 보조설비의 화재안전기준

[시행 2021. 3. 25.]
[소방청고시 제2021-16호, 2021. 3. 25., 일부개정.]

개요

NFSC 505

1 질의회신 및 핵심사항 분석

참고 소방청 질의회신집

	질의회신
적용범위 (제2조)	Q 대부분 아파트 통합주차장으로 각동으로 서로 연결되어 있어 30층 이상의 건물이 있지만 30층 미만의 건물도 있는데 아파트 단지에서 30층 미만의 동에도 16층 이상에 무선통신보조설비 설치해야 하는지 여부? A 지하주차장으로 연결된 아파트의 경우 하나의 건축물로 소방시설이 적용되는 것이 원칙으로 30층이 넘는 층이 있을 경우 그 외의 각 동들에도 30층에 준해서 무선통신보조설비 등 소방시설을 적용함
무선기기 접속단자 (제6조)	Q 무선통신보조설비 공사에서 무선기기 접속단자는 지상에 설치할 경우 통상 유효하게 소방활동을 할 수 있는 장소 또는 수위실 등 상시 사람이 근무하고 있는 장소에 설치를 하게끔 화재안전기준에 명시되어있는데 통상적으로 경비실에 설치하는 경우가 많습니다. 이 경우 건물 외벽에 매립시키거나 경비실 내부에 접속단자를 설치하는 경우도 있는데 이에 대한기준이 없어 질의 합니다. 대부분의 경우 미관상의 이유로 경비실외부에 매립 또는 노출시키지만 화재안전기준에 따라 상시 사람이 근무할 수 있는 경비실 내부에 접속단자를 설치해도 무방한지 알고 싶습니다. A 귀하께서 아시는 바와 같이 '화재층으로부터 지면으로 떨어지는 유리창 등에 의한 지장을 받지 않고 지상에서 유효하게 소방활동을 할 수 있는 장소 또는 수위실 등 상시 사람이 근무하고 있는 장소에 설치할 것'으로 규정되어 있습니다. 따라서 수위실 등 상시 사람이 근무하고 있는 장소에 설치하는 것은 가능합니다. 다만, 「옥내소화전설비의 화재안전기준(NFSC 102)」 제9조제3항제3호라목 규정에 따라 감시제어반을 설치하는 경우에는 무선통신보조설비의 무선기기 접속단자가 감시제어반실에도 있어야 합니다.
규제의 재검토	Q 무선통신보조설비는 소방전용 주파수대에서 전파의 전송 및 복사에 적합한 것으로서 소방전용의 것으로 하도록 규정되어 있는데 본문의 내용은 현재 소방관서에서 사용하는 아날로그 무전기가 원활하게 작동되면 가능하다는 의미인지? A 전파법 개정(간이무선국·우주국·지구국의 무선설비 및 전파탐지용 무선설비 등 그 밖의 업무용 무선설비의 기술기준 부칙 제3조 ②)으로 현행의 아날로그 무선국 허가는 종료(18년 말까지 허용)하고, '19.1.1부터는 디지털 무전기만 허가하도록 규정이 변경되었음. 그러므로, 무선통신보조설비의 화재안전기준에 따른 건축동의 시 아날로그 무전기와 디지털 무전기의 전파 전송에 적합한 설비가 설치되고 있는지 확인하여야 함. 다만, 아날로그 무전기 수명 만료 시에는 디지털 방식만 구축하는 것이 가능함

	핵심사항	참고 기출자료
설치기준	• 누설동축케이블 등의 종합정밀점검항목 • 무선통신보조설비를 설치하지 아니할 수 있는 경우의 특정소방대상물의 조건 • LCX 케이블의 표시사항	
Key point	• 무선통신보조설비의 설치대상 • 분배기의 정의, 임피던스 매칭 • 누설동축케이블의 설치기준 • 그레이딩, 전압정재파비	

2 시스템의 해설(저수량, 흡수관 투입구, 채수구, 가압송수장치)

무선통신보조설비는 화재 시 소방대의 소화 및 구조 활동에서 소방대 간 또는 방재센터, 관계자와 무선교신을 위하여 필요한 설비이다.

1) 개념도

(1) 무선통신보조설비의 운영

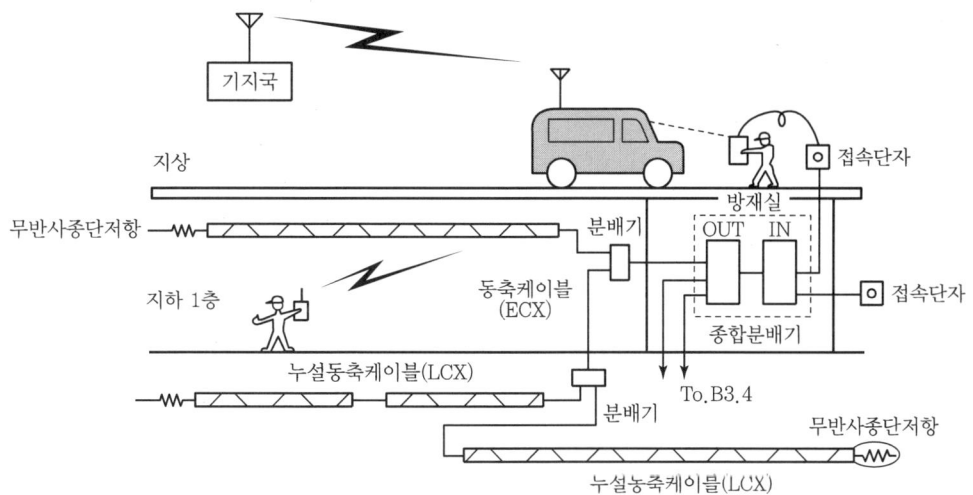

(2) 무선통신보조설비의 운영방식

① 누설동축케이블방식

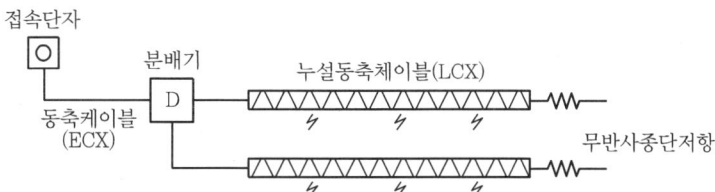

② 안테나방식

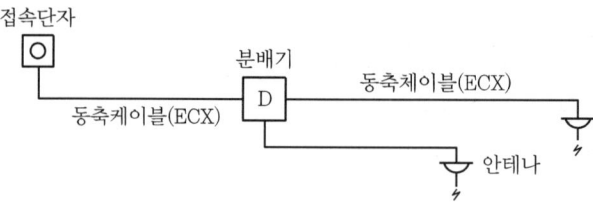

③ 누설동축케이블+안테나방식

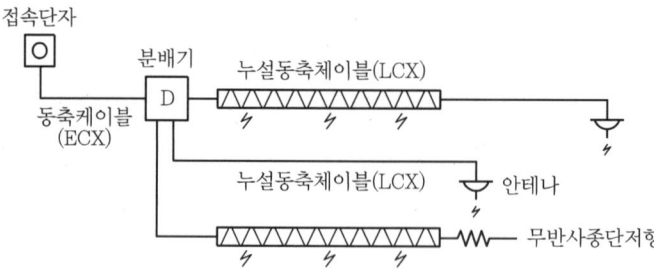

2) 소방용품(소방시설법 시행령 제6조)

소화활동설비를 구성하는 제품 또는 기기는 ① 제연설비, ② 연소방지설비 ③ 소방관의 소화활동 설비에 사용하는 연결송수관설비, 연결살수설비, 비상콘센트설비, 무선통신보조설비 등이 있으며, 소화활동설비의 제품검사(형식승인 및 성능인증) 대상 품목은 ① 법 제36조제1항 본문에서 "대통령령으로 정하는 소방용품" ② 규칙 제15조제1항 본문에서 "행정안전부령으로 정하는 소방용품" ③ 규칙 제15조 및 별표 7 제22호에 따른 "소방청장이 고시하는 소방용품" 등으로 구분되고 소방용품은 제품검사를 받아 합격한 제품을 사용하여야 한다.

3) 용어 해설

(1) 전파의 특성

전파의 발생은 교류전원이 흐를 경우 그 전류(전도전류)에 의해 자계가 발생하며, 고주파 전원의 경우 전하(+, -)의 변화가 매우 빠르고 전기력선의 움직임도 빨라서 진동의 파동형태로 공간으로 퍼져 나가며, 이를 전파라 한다.

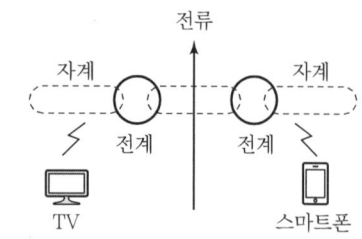

① 직진성 : 하나의 점에서 또 하나의 점까지 최단거리로 이동하며, 빛과 유사한 성질을 가진다.

② 간섭성

㉠ 역위상 : 2개의 파장이 겹칠 경우 골과 마루가 만나면 상쇄된다.

㉡ 동위상 : 골과 골이 만나면 깊어지고 마루와 마루가 만나면 높아진다.

③ 회절성 : 전파는 직진을 하지만 산이나 건물 뒤에 있어도 라디오, TV가 수신되는 것은 회

절성 때문이다.

④ 반사성 : 도체면에 부딪쳐 반사가 이루어지는 성질(금속판 등)

⑤ 산란성 : 뾰족한 장애물에 부딪혀 약한 신호가 분리(산란)되어 발생한다. 레이더의 뾰족한 부분 등에 의해 산란이 발생한다.

⑥ 굴절성 : 전파 진행 중 다른 매질을 만날 경우 밀도차(공기, 물방울 등)에 의해 진행방향이 변화하는 성질을 말한다.

(2) 특성임피던스

임피던스란 전자파에 대한 저항을 의미한다.

특성임피던스는 전자파가 전달되면서 생성되는 전기장과 자기장의 비로 특정되어지며, 케이블의 외부도체와 내부도체 사이의 저항을 측정하여 일반적인 회로에서 사용한다. 특성임피던스값이 일정하지 않을 경우 즉, 임피던스 매칭(임피던스 정합)이 되지 않을 경우 반사가 일어나며 노이즈로 작용하게 된다.

(3) Grading

신호레벨이 높은 곳에서는 결합손실이 큰 케이블을 사용하고, 신호레벨이 낮은 곳에서는 결합손실이 작은 케이블을 사용하여 그림과 같이 계단처럼 평준화시켜 주는 것을 말한다.

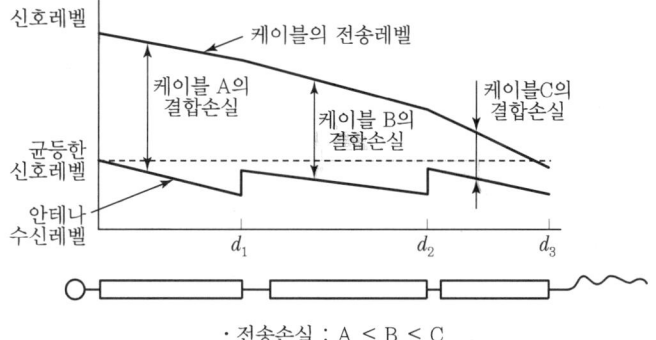

· 전송손실 : A < B < C
· 결합손실 : A > B > C

화재안전기준 (2021. 3. 25 기준 원문)

NFSC 505

제1조(목적) 이 기준은 「화재예방, 소방시설 설치·유지 및 안전관리에 관한 법률」 제9조제1항에 따라 소방청장에게 위임한 사항 중 소화활동설비인 무선통신보조설비의 설치·유지 및 안전관리에 필요한 사항을 규정함을 그 목적으로 한다.

> **POINT 시스템 및 안전관리**
>
> 소화활동설비의 설치목적은 화재를 진압하거나 인명구조활동을 위하여 사용하는 설비로 특정소방대상물에서 화재가 발생한 경우 연소생성물(열, 연기, 불꽃 등)에 의한 위험지역에서 소방관의 소화활동을 지원하며, 평상시에는 관계인에 의한 화재예방을 위하여 정기적으로 점검하는 소방설비이다.
> 1. 무선통신보조설비는 지하 또는 터널에서 전파가 현저하게 감쇄되어 통신이 어려운 상태에서 지상 소방대의 소화 및 구조활동을 용이하게 하기 위한 설비이다. 무선통신보조설비의 구성은 전송장치, 무반사종단저항, 옥외안테나, 분배기 등(분배기·분파기·혼합기·증폭기) 등으로 구성된다.
> 2. 시스템을 구성하고 있는 소화활동설비는 「소방시설공사업법」의 소방시설공사 등의 품질과 안전이 확보되도록 시공되어야 하고, 소방기술의 관리에 필요한 화재안전기준에 적합하게 설계도서·시방서가 작성되어 성실하게 수행되어야 한다. 또한 「화재예방, 소방시설 설치·유지 및 안전관리에 관한 법률(이하 "소방시설법")」에 의한 소방용품의 제조 및 수입하려는 제품에 대하여 제품검사를 수행하고, 특정소방대상물의 관계인을 통하여 소방대상물의 안전관리가 이행되어야 한다.

제2조(적용범위) 「화재예방, 소방시설 설치·유지 및 안전관리에 관한 법률 시행령」(이하 "영"이라 한다) 별표 5 제5호마목에 따른 무선통신보조설비는 이 기준에서 정하는 규정에 따라 설비를 설치하고 유지·관리하여야 한다.

> **POINT**
>
> **1** 특정소방대상물의 설치기준(별표 5 무선통신보조설비)
>
> | 소방시설 | 적용기준 | | 설치대상 |
> |---|---|---|---|
> | 무선통신보조설비(위험물 저장 및 처리 시설 중 가스시설은 제외) | 1. 지하가(터널은 제외한다)로서 연면적 | | 1천m² 이상 |
> | | 2. 지하층 | 바닥면적의 합계 | 3천m² 이상 |
> | | | 지하층의 층수가 3층 이상이고 지하층의 바닥면적의 합계 | 1천m² 이상 지하층의 전층 |

무선통신보조설비(위험물 저장 및 처리 시설 중 가스시설은 제외)	3. 지하가 중 터널로서 길이	500m 이상
	4. 「국토의 계획 및 이용에 관한 법률」에 따른 공동구	전층
	5. 층수가 30층 이상인 것으로서 16층 이상 부분	전층

2 소방시설의 설치 면제기준

1. (별표 6) 소방시설 설치 면제기준
   무선통신보조설비를 설치하여야 하는 특정소방대상물에 이동통신 구내 중계기 선로설비 또는 무선이동중계기(「전파법」 제58조의2에 따른 적합성평가를 받은 제품만 해당한다) 등을 화재안전기준의 무선통신보조설비기준에 적합하게 설치한 경우에는 설치가 면제된다.
2. (별표 7) 소방시설을 설치하지 않을 수 있는 특정소방대상물 및 소방시설 범위 : 없음
3. 화재안전기준에 따른 면제기준 : 제5조(누설동축케이블 등)제1항제1호에 따라 소방대 상호 간 무선연락에 지장이 없는 경우 다른 용도와 겸용 가능

제3조(정의) 이 기준에서 사용하는 용어의 정의는 다음과 같다.

1. "누설동축케이블"이란 동축케이블의 외부도체에 가느다란 홈을 만들어서 전파가 외부로 새어 나갈 수 있도록 한 케이블을 말한다.
2. "분배기"란 신호의 전송로가 분기되는 장소에 설치하는 것으로 임피던스 매칭(Matching)과 신호 균등분배를 위해 사용하는 장치를 말한다.
3. "분파기"란 서로 다른 주파수의 합성된 신호를 분리하기 위해서 사용하는 장치를 말한다.
4. "혼합기"란 두개 이상의 입력신호를 원하는 비율로 조합한 출력이 발생하도록 하는 장치를 말한다.
5. "증폭기"란 신호 전송 시 신호가 약해져 수신이 불가능해지는 것을 방지하기 위해서 증폭하는 장치를 말한다.
6. "무선중계기"란 안테나를 통하여 수신된 무전기 신호를 증폭한 후 음영지역에 재방사하여 무전기 상호 간 송수신이 가능하도록 하는 장치를 말한다.
7. "옥외안테나"란 감시제어반 등에 설치된 무선중계기의 입력과 출력포트에 연결되어 송수신 신호를 원활하게 방사·수신하기 위해 옥외에 설치하는 장치를 말한다.

제4조(설치제외) 지하층으로서 특정소방대상물의 바닥부분 2면 이상이 지표면과 동일하거나 지표면으로부터의 깊이가 1m 이하인 경우에는 해당층에 한하여 무선통신보조설비를 설치하지 아니할 수 있다.

제5조(누설동축케이블 등) ① 무선통신보조설비의 누설동축케이블 등은 다음 각 호의 기준에 따라 설치하여야 한다.

1. 소방전용주파수대에서 전파의 전송 또는 복사에 적합한 것으로서 소방전용의 것으로 할 것.

다만, 소방대 상호 간의 무선연락에 지장이 없는 경우에는 다른 용도와 겸용할 수 있다.
2. 누설동축케이블과 이에 접속하는 안테나 또는 동축케이블과 이에 접속하는 안테나로 구성할 것
3. 누설동축케이블 및 동축케이블은 불연 또는 난연성의 것으로서 습기에 따라 전기의 특성이 변질되지 아니하는 것으로 하고, 노출하여 설치한 경우에는 피난 및 통행에 장애가 없도록 할 것
4. 누설동축케이블 및 동축케이블은 화재에 따라 해당 케이블의 피복이 소실된 경우에 케이블 본체가 떨어지지 아니하도록 4m 이내마다 금속제 또는 자기제등의 지지금구로 벽·천장·기둥 등에 견고하게 고정시킬 것. 다만, 불연재료로 구획된 반자 안에 설치하는 경우에는 그러하지 아니하다.
5. 누설동축케이블 및 안테나는 금속판 등에 따라 전파의 복사 또는 특성이 현저하게 저하되지 아니하는 위치에 설치할 것
6. 누설동축케이블 및 안테나는 고압의 전로로부터 1.5m 이상 떨어진 위치에 설치할 것. 다만, 해당 전로에 정전기 차폐장치를 유효하게 설치한 경우에는 그러하지 아니하다.
7. 누설동축케이블의 끝부분에는 무반사 종단저항을 견고하게 설치할 것

② 누설동축케이블 또는 동축케이블의 임피던스는 50Ω으로 하고, 이에 접속하는 안테나·분배기 기타의 장치는 해당 임피던스에 적합한 것으로 하여야 한다.

③ 무선통신보조설비는 다음 각 호의 기준에 따라 설치하여야 한다.
1. 누설동축케이블 또는 동축케이블과 이에 접속하는 안테나가 설치된 층은 모든 부분(계단실, 승강기, 별도 구획된 실 포함)에서 유효하게 통신이 가능할 것
2. 옥외 안테나와 연결된 무전기와 건축물 내부에 존재하는 무전기 간의 상호통신, 건축물 내부에 존재하는 무전기 간의 상호통신, 옥외 안테나와 연결된 무전기와 방재실 또는 건축물 내부에 존재하는 무전기와 방재실 간의 상호통신이 가능할 것

제6조(옥외안테나) 옥외안테나는 다음 각 호의 기준에 따라 설치하여야 한다.
1. 건축물, 지하가, 터널 또는 공동구의 출입구(「건축법 시행령」 제39조에 따른 출구 또는 이와 유사한 출입구를 말한다) 및 출입구 인근에서 통신이 가능한 장소에 설치할 것
2. 다른 용도로 사용되는 안테나로 인한 통신장애가 발생하지 않도록 설치할 것
3. 옥외안테나는 견고하게 설치하며 파손의 우려가 없는 곳에 설치하고 그 가까운 곳의 보기 쉬운 곳에 "무선통신보조설비 안테나"라는 표시와 함께 통신 가능거리를 표시한 표지를 설치할 것
4. 수신기가 설치된 장소 등 사람이 상시 근무하는 장소에는 옥외 안테나의 위치가 모두 표시된 옥외안테나 위치표시도를 비치할 것

제7조(분배기 등) 분배기·분파기 및 혼합기 등은 다음 각 호의 기준에 따라 설치하여야 한다.
1. 먼지·습기 및 부식 등에 따라 기능에 이상을 가져오지 아니하도록 할 것
2. 임피던스는 50Ω의 것으로 할 것
3. 점검에 편리하고 화재 등의 재해로 인한 피해의 우려가 없는 장소에 설치할 것

제8조(증폭기 등) 증폭기 및 무선중계기를 설치하는 경우에는 다음 각 호의 기준에 따라 설치하여야 한다.

1. 전원은 전기가 정상적으로 공급되는 축전지, 전기저장장치(외부 전기에너지를 저장해 두었다가 필요한 때 전기를 공급하는 장치) 또는 교류전압 옥내간선으로 하고, 전원까지의 배선은 전용으로 할 것
2. 증폭기의 전면에는 주회로의 전원이 정상인지의 여부를 표시할 수 있는 표시등 및 전압계를 설치할 것
3. 증폭기에는 비상전원이 부착된 것으로 하고 해당 비상전원 용량은 무선통신보조설비를 유효하게 30분 이상 작동시킬 수 있는 것으로 할 것
4. 증폭기 및 무선중계기를 설치하는 경우에는 「전파법」 제58조의2에 따른 적합성평가를 받은 제품으로 설치하고 임의로 변경하지 않도록 할 것
5. 디지털 방식의 무전기를 사용하는데 지장이 없도록 설치할 것

> **▶▶ 무선통신보조설비와 이동통신 구내선로의 겸용**
>
> 무선통신보조설비와 이동통신 구내선로설비의 겸용에 관한 기술검토결과 시달[소방청] : 무선통신보조설비와 이동통신 구내중계기의 누설동축케이블 등 겸용 가능여부 검토결과 겸용 가능(단, 붙임1의 「무선통신보조설비와 이동통신 구내중계기 선로의 누설동축케이블 등 겸용을 위한 기술조건」 충족 시 한함)하여 건축물 허가동의 단계에서부터 허용가능
>
> | 소방통신 주파수 | 이동통신 주파수 | |
> |---|---|---|
> | 440~450MHz | ① 824~849MHz
③ 1,750~1,770MHz
⑤ 1,840~1,860MHz
⑦ 1,930~1,960MHz
⑨ 2,120~2,150MHz | ② 869~894MHz
④ 1,770~1,780MHz
⑥ 1,860~1,870MHz
⑧ 1,960~1,980MHz
⑩ 2,150~2,170MHz |

제9조(설치·유지기준의 특례) 소방본부장 또는 소방서장은 기존건축물이 증축·개축·대수선되거나 용도 변경되는 경우에 있어서 이 기준이 정하는 기준에 따라 해당 건축물에 설치하여야 할 무선통신보조설비의 배관·배선 등의 공사가 현저하게 곤란하다고 인정되는 경우에는 해당 설비의 기능 및 사용에 지장이 없는 범위 안에서 무선통신보조설비의 설치·유지기준의 일부를 적용하지 아니할 수 있다.

제10조(재검토 기한) 소방청장은 「훈령·예규 등의 발령 및 관리에 관한 규정」에 따라 이 고시에 대하여 2021년 7월 1일 기준으로 매 3년이 되는 시점(매 3년째의 6월 30일까지를 말한다)마다 그 타당성을 검토하여 개선 등의 조치를 하여야 한다.

제11조(규제의 재검토) 「행정규제기본법」 제8조에 따라 2015년 1월 1일을 기준으로 매 3년이 되는 시점(매 3번째의 12월 31일까지를 말한다)마다 그 타당성을 검토하여 개선 등의 조치를 하여야 한다.

부칙

〈제2021-16호, 2021. 3. 25.〉

제1조(시행일) 이 고시는 발령한 날부터 시행한다.
제2조(다른 고시의 개정) ① 「옥내소화전설비의 화재안전기준(NFSC 102)」 일부를 다음과 같이 개정한다. 제9조제3항제3호라목을 "「무선통신보조설비의 화재안전기준(NFSC 505)」 제5조제3항에 따라 유효하게 통신이 가능할 것(영 별표 5의 제5호마목에 따른 무선통신보조설비가 설치된 특정소방대상물에 한한다.)"로 한다.
② 「스프링클러설비의 화재안전기준(NFSC 103)」 일부를 다음과 같이 개정한다.
제13조제3항제3호라목을 "「무선통신보조설비의 화재안전기준(NFSC 505)」 제5조제3항에 따라 유효하게 통신이 가능할 것(영 별표 5의 제5호마목에 따른 무선통신보조설비가 설치된 특정소방대상물에 한한다.)"로 한다.
③ 「화재조기진압용 스프링클러설비의 화재안전기준(NFSC 103B)」 일부를 다음과 같이 개정한다.
제15조제3항제3호라목을 "「무선통신보조설비의 화재안전기준(NFSC 505)」 제5조제3항에 따라 유효하게 통신이 가능할 것(영 별표 5의 제5호마목에 따른 무선통신보조설비가 설치된 특정소방대상물에 한한다.)"로 한다.
④ 「물분무소화설비의 화재안전기준(NFSC 104)」 일부를 다음과 같이 개정한다.
제13조제3항제3호라목을 "「무선통신보조설비의 화재안전기준(NFSC 505)」 제5조제3항에 따라 유효하게 통신이 가능할 것(영 별표 5의 제5호마목에 따른 무선통신보조설비가 설치된 특정소방대상물에 한한다.)"로 한다.
⑤ 「미분무소화설비의 화재안전기준(NFSC 104A)」 일부를 다음과 같이 개정한다.
제15조제3항제3호다목을 "「무선통신보조설비의 화재안전기준(NFSC 505)」 제5조제3항에 따라 유효하게 통신이 가능할 것(영 별표 5의 제5호마목에 따른 무선통신보조설비가 설치된 특정소방대상물에 한한다.)"로 한다.
⑥ 「포소화설비의 화재안전기준(NFSC 105)」 일부를 다음과 같이 개정한다.
제14조제3항제3호라목을 "「무선통신보조설비의 화재안전기준(NFSC 505)」 제5조제3항에 따라 유효하게 통신이 가능할 것(영 별표 5의 제5호마목에 따른 무선통신보조설비가 설치된 특정소방대상물에 한한다.)"로 한다.
⑦ 「옥외소화전설비의 화재안전기준(NFSC 109)」 일부를 다음과 같이 개정한다.
제9조제3항제3호라목을 "「무선통신보조설비의 화재안전기준(NFSC 505)」 제5조제3항에 따라 유효하게 통신이 가능할 것(영 별표 5의 제5호마목에 따른 무선통신보조설비가 설치된 특정소방대상물에 한한다.)"로 한다.

03 소방시설 자체점검

참고 소방시설 자체점검사항 등에 관한 고시, 한국소방안전원

✓ 소방시설 작동기능점검표 작성 예시

1 점검 전 준비사항
1) 점검장소의 협의나 협조 받을 건물 관계인 등 연락처를 사전 확보
2) 점검의 목적과 필요성에 대하여 건물 관계인에게 사전 안내 및 협의
3) 음향장치 및 각 실별 방문점검 사항을 공지하여 협조 요청

2 현장확인
1) 현장 시설물의 도면 등을 이용하여 설비의 개요 및 설치위치 등을 파악한다.
2) 점검사항을 토대로 점검순서를 계획하고 점검장비 및 공구를 준비한다.
3) 기존의 점검자료 및 조치결과가 있다면 점검 전 참고
4) 점검과 관련된 각종 법규 및 기준 등의 기술기준 등 규정사항을 준비하고 숙지한다.

3 점검표 작성을 위한 준비물

1) 소방시설등 작동기능점검 실시결과 보고서
화재예방, 소방시설 설치·유지 및 안전관리에 관한 법률 시행규칙 별지 서식

2) 소방시설등 작동기능 점검표
소방시설 자체점검사항 등에 관한 고시 서식

3) 건축물대장
건축물대장/소방도면 및 소방시설 현황/소방계획서 등

4) 점검에 필요한 장비

소방시설	장비	규격
공통시설	방수압력측정계, 절연저항계, 전류전압측정계	
무선통신보조설비	무선기	통화시험용

5) 자체점검 후 결과 조치(소방시설법 시행규칙 제19조)
(1) 작동기능점검 : 작동기능점검을 실시한 경우 7일 이내에 작동기능점검 실시결과 보고서를 소방본부장 또는 소방서장에게 제출하여야 한다.
(2) 종합정밀점검 : 종합정밀점검을 실시한 경우 7일 이내에 종합정밀점검 실시결과 보고서를 소방본부장 또는 소방서장에게 제출하여야 한다.
▶ 소방시설관리업자는 점검을 실시한 경우 점검이 끝난 날부터 10일 이내에 소방시설관리업자에 대한 평가 등에 관한 업무를 위탁받은 평가기관에 통보하여야 한다.

29. 무선통신보조설비 점검표

번호	점검항목	점검결과
\multicolumn{3}{l}{29-A. 누설동축케이블등}		
29-A-001	○ 피난 및 통행 지장 여부(노출하여 설치한 경우)	
29-A-002	● 케이블 구성 적정(누설동축케이블+안테나 또는 동축케이블+안테나) 여부	
29-A-003	● 지지금구 변형·손상 여부	
29-A-004	● 누설동축케이블 및 안테나 설치 적정 및 변형·손상 여부	
29-A-005	● 누설동축케이블 말단 '무반사 종단저항' 설치 여부	
\multicolumn{3}{l}{29-B. 무선기기접속단자}		
29-B-001	○ 설치장소(소방활동 용이성, 상시 근무장소) 적정 여부	
29-B-002	● 단자 설치높이 적정 여부	
29-B-003	● 지상 접속단자 설치거리 적정 여부	
29-B-004	● 보호함 구조 적정 여부	
29-B-005	○ 보호함 "무선기기접속단자" 표지 설치 여부	
\multicolumn{3}{l}{29-C. 분배기, 분파기, 혼합기}		
29-C-001	● 먼지, 습기, 부식 등에 의한 기능 이상 여부	
29-C-002	● 설치장소 적정 및 관리 여부	
\multicolumn{3}{l}{29-D. 증폭기 및 무선이동중계기}		
29-D-001	● 상용전원 적정 여부	
29-D-002	○ 전원표시등 및 전압계 설치상태 적정 여부	
29-D-003	● 증폭기 비상전원 부착 상태 및 용량 적정 여부	
\multicolumn{3}{l}{29-E. 기능점검}		
29-E-001	● 무선통신 가능 여부	
비고		

※ 점검항목 중 "●"는 종합정밀점검의 경우에만 해당한다.
※ 점검결과란은 양호 "○", 불량 "×", 해당없는 항목은 "/"로 표시한다.
※ 점검항목 내용 중 "설치기준" 및 "설치상태"에 대한 점검은 정상적인 작동 가능 여부를 포함한다.
※ '비고'란에는 특정소방대상물의 위치·구조·용도 및 소방시설의 상황 등이 이 표의 항목대로 기재하기 곤란하거나 이 표에서 누락된 사항을 기재한다.(이하 같다)

소방시설용 비상 전원수전설비의 화재안전기준

[시행 2019. 5. 24.]
[소방청고시 제2019-39호, 2015. 5. 24., 일부개정.]

개요

NFSC 602

1 질의회신 및 핵심사항 분석

	핵심사항	참고 기출자료
설치기준	• 상용전원회로(저압수전) 계통도 도해 • 인입선 및 인입구배선의 설치기준 • 특별고압 또는 고압으로 수전하는 경우 큐비클형의 환기장치의 설치기준	
Key point	• 특별고압 또는 고압으로 수전하는 경우의 화재안전기준(별표 1 계통도 포함) • 저압으로 수전하는 경우의 화재안전기준(별표 2 계통도 포함)	

2 시스템의 해설

비상전원수전설비는 초기 화재 시 발생하는 전기적 사고로 인한 전원차단을 방지하고 비상전원의 기능을 제한적으로 수행하기 위한 설비이다.

1) 소방용품(소방시설법 시행령 제6조)

소방시설의 설치 및 운영으로 화재를 효과적으로 제어하는 화재예방 시설에는 ① 비상전원수전설비, ② 임시소방시설 ③ 건축구조물을 구성하는 소방시설로 도로터널, 고층건축물, 지하구 등이 있으며, 소방시설의 제품검사(형식승인 및 성능인증) 대상 품목은 ① 법 제36조제1항 본문에서 "대통령령으로 정하는 소방용품" ② 규칙 제15조제1항 본문에서 "행정안전부령으로 정하는 소방용품" ③ 규칙 제15조 및 별표 7 제22호에 따른 "소방청장이 고시하는 소방용품" 등으로 구분되고 소방용품은 제품검사를 받아 합격한 제품을 사용하여야 한다.

2) 용어 해설

(1) 비상전원수전설비가 설치될 수 있는 소방설비

구분	비상전원 종류	비상전원 용량
스프링클러, 미분무소화설비	자가발전설비, 축전지설비 또는 전기저장장치	• 30층 미만 : 20분 이상(미분무는 20분 이상만 해당) • 30층 이상 49층 이하 : 40분 이상 • 50층 이상 : 60분 이상

구분	비상전원 종류	비상전원 용량
포소화설비	자가발전설비, 축전지설비, 전기저장장치	20분 이상
간이스프링클러설비	비상전원 또는 비상전원수전설비	10분 이상 (근린생활시설 20분 이상)
비상콘센트설비	자가발전설비, 비상전원수전설비 또는 전기저장장치 ① 비상전원 설치대상 • 지하층을 제외한 층수가 7층 이상으로서 연면적이 2,000m² 이상 • 지하층의 바닥면적 합계가 3,000m² 이상인 것 ② 비상전원 설치면제 • 상용전원을 2 이상의 변전소에서 전력을 동시에 공급받을 수 있을 경우 • 상용전원을 하나의 변전소로부터 전력의 공급이 중단되는 때에는 자동으로 다른 변전소로부터 전력을 공급받을 수 있도록 설치한 경우	20분 이상

(2) 내화배선의 종류 및 기준

① 내화배선의 종류(NFSC 102 별표 1 참조)

※ 내화전선의 내화성능은 버너의 노즐에서 75mm의 거리에서 온도가 750±5℃인 불꽃으로 3시간 동안 가열한 다음 12시간 경과 후 전선 간에 허용전류용량 3A의 퓨즈를 연결하여 내화시험 전압을 가한 경우 퓨즈가 단선되지 아니하는 것. 또는 행정안전부장관이 정하여 고시한 「내화전선의 성능인증 및 제품검사의 기술기준」에 적합할 것

② 내화배선의 공사방법

㉠ 내화전선의 공사 : Cable공사 방법에 의할 것. 이 경우 내화전선이란 NFSC 102 의 별표 1의 1~9호에서 언급한 내화전선이 아니라 내화성능시험에 의해 내화전선으로 성능을 인정받은 것을 말한다. Cable 공사방법이란 매립하지 아니하거나 전선관을 사용하지 않고 노출상태로 시공하는 것을 말하며 예를 들면 Cable-tray에 설치하는 Cable 공사 등을 말한다.

㉡ 기타전선의 공사

사용전선관	금속관 · 2종 금속제 가요전선관 · 합성수지관에 수압	
	매립할 경우	매립하지 않는 경우
공사방법	내과구조로 된 벽 또는 바닥에 25mm 이상 매립	① 내화성능의 배선 전용실, 배선용 Shaft, Pit, Duct내에 설치 ② 타 설비 배선과 15cm이격(또는 이웃하는 가장 큰 타용도배선 직경의 1.5배 높이의 불연성 격벽을 설치)

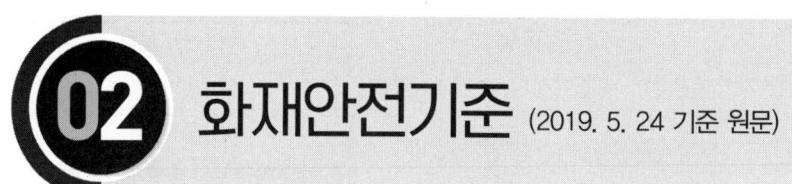

화재안전기준 (2019. 5. 24 기준 원문)

NFSC 602

제1조(목적) 이 기준은 「화재예방, 소방시설 설치 · 유지 및 안전관리에 관한 법률」 제9조제1항에 따라 소방청장에게 위임한 사항 중 소방시설의 비상전원인 비상전원수전설비의 설치 · 유지 및 안전관리에 필요한 사항을 규정함을 목적으로 한다.

> **POINT 시스템 및 안전관리**
>
> 소방시설등의 설치목적은 소화 · 경보 · 피난구조 · 소화용수 · 소화활동 및 비상구, 그 밖에 소방관련 시설의 특정소방대상물에서 화재가 발생한 경우 연소생성물(열, 연기, 불꽃 등)에 의한 화재예방 및 안전관리를 위한 설비이며, 평상시에는 관계인에 의한 화재예방을 위하여 정기적으로 점검하는 소방설비이다.
> 1. 소방시설용 비상전원수전설비는 정전 또는 전기사고로 인하여 상용전원을 정상적으로 공급할 수 없을 경우 소방시설에 비상전원을 공급하기 위한 설비이다. 비상전원수전설비의 구성은 「전기사업법」 제2조제16항의 자가용전기설비의 수전설비로서 인입선로, 수전설비, 변전설비, 큐비클 및 그 부속기기 등으로 구성되어 있다.
> 2. 시스템을 구성하고 있는 소방관련시설은 「소방시설공사업법」의 소방시설공사 등의 품질과 안전이 확보되도록 시공되어야 하고, 소방기술의 관리에 필요한 화재안전기준에 적합하게 설계도서 · 시방서가 작성되어 성실하게 수행되어야 한다. 또한 「화재예방, 소방시설 설치 · 유지 및 안전관리에 관한 법률(이하 "소방시설법")」에 의한 소방용품의 제조 및 수입하려는 제품에 대하여 제품검사를 수행하고, 특정소방대상물의 관계인을 통하여 소방대상물의 안전관리가 이행되어야 한다.

제2조(적용범위) 「화재예방, 소방시설 설치 · 유지 및 안전관리에 관한 법률 시행령」(이하 "영"이라 한다) 별표 5의 소방시설에 설치하여야 하는 비상전원수전설비는 이 기준에 따라 설비를 설치하고 유지 · 관리하여야 한다.

제3조(정의) 이 기준에서 사용하는 용어의 정의는 다음과 같다.
1. "전기사업자"란 「전기사업법」 제2조 제2호에 따른 자를 말한다.
2. "인입선"이란 「전기설비기술기준」 제3조제1항 제9호에 따른 것을 말한다.
3. "인입구배선"이란 인입선 연결점으로부터 특정소방대상물 내에 시설하는 인입개폐기에 이르는 배선을 말한다.
4. "인입개폐기"란 「전기설비기술기준의 판단기준」 제169조에 따른 것을 말한다.

5. "과전류차단기"란 「전기설비기술기준의 판단기준」 제38조와 제39조에 따른 것을 말한다.
6. "소방회로"란 소방부하에 전원을 공급하는 전기회로를 말한다.
7. "일반회로"란 소방회로 이외의 전기회로를 말한다.
8. "수전설비"란 전력수급용 계기용변성기·주차단장치 및 그 부속기기를 말한다.
9. "변전설비"란 전력용변압기 및 그 부속장치를 말한다.
10. "전용큐비클식"이란 소방회로용의 것으로 수전설비, 변전설비 그 밖의 기기 및 배선을 금속제 외함에 수납한 것을 말한다.
11. "공용큐비클식"이란 소방회로 및 일반회로 겸용의 것으로서 수전설비, 변전설비 그 밖의 기기 및 배선을 금속제 외함에 수납한 것을 말한다.
12. "전용배전반"이란 소방회로 전용의 것으로서 개폐기, 과전류차단기, 계기 그 밖의 배선용기기 및 배선을 금속제 외함에 수납한 것을 말한다.
13. "공용배전반"이란 소방회로 및 일반회로 겸용의 것으로서 개폐기, 과전류차단기, 계기 그 밖의 배선용기기 및 배선을 금속제 외함에 수납한 것을 말한다.
14. "전용분전반"이란 소방회로 전용의 것으로서 분기 개폐기, 분기과전류차단기 그 밖의 배선용기기 및 배선을 금속제 외함에 수납한 것을 말한다.
15. "공용분전반"이란 소방회로 및 일반회로 겸용의 것으로서 분기개폐기, 분기과전류차단기 그 밖의 배선용기기 및 배선을 금속제 외함에 수납한 것을 말한다.

제4조(인입선 및 인입구 배선의 시설) ① 인입선은 특정소방대상물에 화재가 발생할 경우에도 화재로 인한 손상을 받지 않도록 설치하여야 한다.
② 인입구배선은 「옥내소화전설비의 화재안전기준(NFSC 102)」 별표 1에 따른 내화배선으로 하여야 한다.

제5조(특별고압 또는 고압으로 수전하는 경우) ① 일반전기사업자로부터 특별고압 또는 고압으로 수전하는 비상전원 수전설비는 방화구획형, 옥외개방형 또는 큐비클(Cubicle)형으로 하여야 한다.
1. 전용의 방화구획 내에 설치할 것
2. 소방회로배선은 일반회로배선과 불연성 벽으로 구획할 것. 다만, 소방회로배선과 일반회로배선을 15cm 이상 떨어져 설치한 경우는 그러하지 아니한다.
3. 일반회로에서 과부하, 지락사고 또는 단락사고가 발생한 경우에도 이에 영향을 받지 아니하고 계속하여 소방회로에 전원을 공급시켜 줄 수 있어야 할 것
4. 소방회로용 개폐기 및 과전류차단기에는 "소방시설용"이라 표시할 것
5. 전기회로는 별표 1 같이 결선할 것
② 옥외개방형은 다음 각 호에 적합하게 설치하여야 한다.
1. 건축물의 옥상에 설치하는 경우에는 그 건축물에 화재가 발생할 경우에도 화재로 인한 손상을 받지 않도록 설치할 것

2. 공지에 설치하는 경우에는 인접 건축물에 화재가 발생한 경우에도 화재로 인한 손상을 받지 않도록 설치할 것
3. 그 밖의 옥외개방형의 설치에 관하여는 제1항 제2호부터 제5호까지의 규정에 적합하게 설치할 것

③ 큐비클형은 다음 각 호에 적합하게 설치하여야 한다.
1. 전용큐비클 또는 공용큐비클식으로 설치할 것
2. 외함은 두께 2.3mm 이상의 강판과 이와 동등 이상의 강도와 내화성능이 있는 것으로 제작하여야 하며, 개구부(제3호에 게기하는 것은 제외한다)에는 갑종방화문 또는 을종방화문을 설치할 것
3. 다음 각 목(옥외에 설치하는 것에 있어서는 가목부터 다목까지)에 해당하는 것은 외함에 노출하여 설치할 수 있다.
   가. 표시등(불연성 또는 난연성재료로 덮개를 설치한 것에 한한다)
   나. 전선의 인입구 및 인출구
   다. 환기장치
   라. 전압계(퓨즈 등으로 보호한 것에 한한다)
   마. 전류계(변류기의 2차측에 접속된 것에 한한다)
   바. 계기용 전환스위치(불연성 또는 난연성재료로 제작된 것에 한한다)
4. 외함은 건축물의 바닥 등에 견고하게 고정할 것
5. 외함에 수납하는 수전설비, 변전설비 그 밖의 기기 및 배선은 다음 각 목에 적합하게 설치할 것
   가. 외함 또는 프레임(Frame) 등에 견고하게 고정할 것
   나. 외함의 바닥에서 10cm(시험단자, 단자대 등의 충전부는 15cm) 이상의 높이에 설치할 것
6. 전선 인입구 및 인출구에는 금속관 또는 금속제 가요전선관을 쉽게 접속할 수 있도록 할 것
7. 환기장치는 다음 각 목에 적합하게 설치할 것
   가. 내부의 온도가 상승하지 않도록 환기장치를 할 것
   나. 자연환기구의 개부구 면적의 합계는 외함의 한 면에 대하여 해당 면적의 3분의 1 이하로 할 것. 이 경우 하나의 통기구의 크기는 직경 10mm 이상의 둥근 막대가 들어가서는 아니 된다.
   다. 자연환기구에 따라 충분히 환기할 수 없는 경우에는 환기설비를 설치할 것
   라. 환기구에는 금속망, 방화댐퍼 등으로 방화조치를 하고, 옥외에 설치하는 것은 빗물 등이 들어가지 않도록 할 것
8. 공용큐비클식의 소방회로와 일반회로에 사용되는 배선 및 배선용기기는 불연재료로 구획할 것
9. 그 밖의 큐비클형의 설치에 관하여는 제1항 제2호부터 제5호까지의 규정 및 한국산업표준에 적합할 것

제6조(저압으로 수전하는 경우) 전기사업자로부터 저압으로 수전하는 비상전원설비는 전용배전반(1·2종)·전용분전반(1·2종)또는 공용분전반(1·2종)으로 하여야 한다. ① 제1종 배전반 및 제1

종 분전반은 다음 각 호에 적합하게 설치하여야 한다.
1. 외함은 두께 1.6mm(전면판 및 문은 2.3mm) 이상의 강판과 이와 동등 이상의 강도와 내화성능이 있는 것으로 제작할 것
2. 외함의 내부는 외부의 열에 의해 영향을 받지 않도록 내열성 및 단열성이 있는 재료를 사용하여 단열할 것. 이 경우 단열부분은 열 또는 진동에 따라 쉽게 변형되지 아니하여야 한다.
3. 다음 각 목에 해당하는 것은 외함에 노출하여 설치할 수 있다.
   가. 표시등(불연성 또는 난연성재료로 덮개를 설치한 것에 한한다)
   나. 전선의 인입구 및 입출구
4. 외함은 금속관 또는 금속제 가요전선관을 쉽게 접속할 수 있도록 하고, 당해 접속부분에는 단열조치를 할 것
5. 공용배전판 및 공용분전판의 경우 소방회로와 일반회로에 사용하는 배선 및 배선용 기기는 불연재료로 구획되어야 할 것

② 제2종 배전반 및 제2종 분전반은 다음 각 호에 적합하게 설치하여야 한다.
1. 외함은 두께 1mm(함 전면의 면적이 1,000cm^{2}를 초과하고 2,000cm^2 이하인 경우에는 1.2mm, 2,000cm^{2}를 초과하는 경우에는 1.6mm) 이상의 강판과 이와 동등 이상의 강도와 내화성능이 있는 것으로 제작할 것
2. 제1항 제3호 각목에 정한 것과 120℃의 온도를 가했을 때 이상이 없는 전압계 및 전류계는 외함에 노출하여 설치할 것
3. 단열을 위해 배선용 불연전용실내에 설치할 것
4. 그 밖의 제2종 배전반 및 제2종 분전반의 설치에 관하여는 제1항 제4호 및 제5호의 규정에 적합할 것

③ 그 밖의 배전반 및 분전반의 설치에 관하여는 다음 각 호에 적합하여야 한다.
1. 일반회로에서 과부하·지락사고 또는 단락사고가 발생한 경우에도 이에 영향을 받지 아니하고 계속하여 소방회로에 전원을 공급시켜 줄 수 있어야 할 것
2. 소방회로용 개폐기 및 과전류차단기에는 "소방시설용"이라는 표시를 할 것
3. 전기회로는 별표 2와 같이 결선할 것

제7조(설치·유지기준의 특례) 소방본부장 또는 소방서장은 기존건축물이 증축·개축·대수선되거나 용도변경 되는 경우에 있어서 이 기준이 정하는 기준에 따라 해당 건축물에 설치하여야 할 비상전원수전설비의 배관·배선 등의 공사가 현저하게 곤란하다고 인정되는 경우에는 해당 설비의 기능 및 사용에 지장이 없는 범위 안에서 비상전원수전설비의 설치·유지기준의 일부를 적용하지 아니할 수 있다.

제8조(재검토기한) 소방청장은 이 고시에 대하여 「훈령·예규 등의 발령 및 관리에 관한 규정」에 따라 2019년 1월 1일 기준으로 매3년이 되는 시점(매 3년째의 12월 31일까지를 말한다)마다 그 타당성을 검토하여 개선 등의 조치를 하여야 한다.

제9조(규제의 재검토)「행정규제기본법」제8조에 따라 2015년 1월 1일을 기준으로 매 3년이 되는 시점(매 3번째의 12월 31일까지를 말한다)마다 그 타당성을 검토하여 개선 등의 조치를 하여야 한다.

부칙

〈제2019-39호, 2019. 5. 24.〉

이 고시는 발령한 날부터 시행한다.

[별표 1] 고압 또는 특별고압 수전의 경우(제5조제1항제5호 관련)

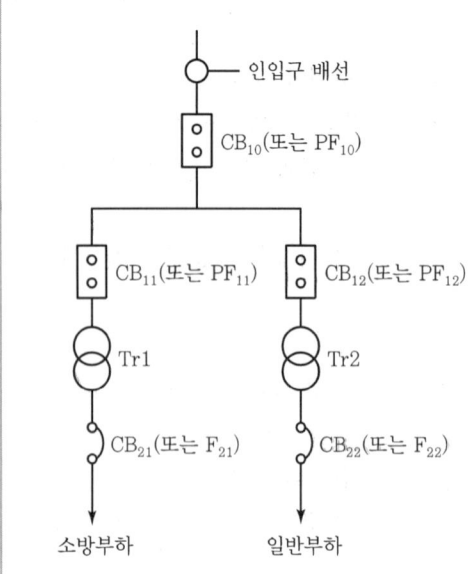

(가) 전용의 전력용변압기에서 소방부하에 전원을 공급하는 경우

주 1. 일반회로의 과부하 또는 단락사고 시에 CB_{10}(또는 PF_{10})이 CB_{12}(또는 PF_{12}) 및 CB_{22}(또는 F_{22})보다 먼저 차단되어서는 아니 된다.
2. CB_{11}(또는 PF_{11})은 CB_{12}(또는 PF_{12})와 동등이상의 차단용량일 것

약호	명칭
CB	전력차단기
PF	전력퓨즈(고압 또는 특별고압용)
F	퓨즈(저압용)
Tr	전력용변압기

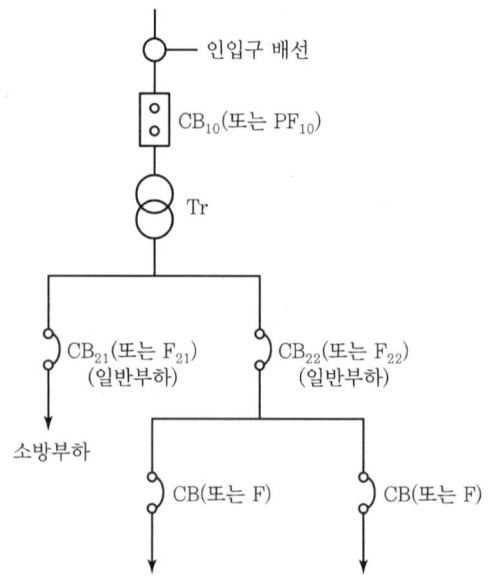

(나) 공용의 전력용변압기에서 소방부하에 전원을 공급하는 경우

주 1. 일반회로의 과부하 또는 단락사고 시에 CB_{10}(또는 PF_{10})이 CB_{22}(또는 F_{22}) 및 CB(또는 F)보다 먼저 차단되어서는 아니 된다.
2. CB_{21}(또는 F_{21})은 CB_{22}(또는 F_{22})와 동등이상의 차단용량일 것

약호	명칭
CB	전력차단기
PF	전력퓨즈(고압 또는 특별고압용)
F	퓨즈(저압용)
Tr	전력용변압기

[별표 2] 저압수전의 경우(제6조제3항제3호 관련)

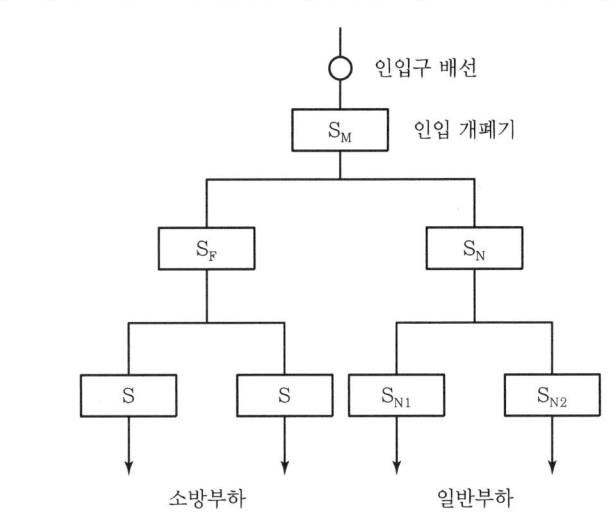

주 1. 일반회로의 과부하 또는 단락사고 시 S_M이 S_N, S_{N1} 및 S_{N2}보다 먼저 차단되어서는 아니 된다.
  2. S_F는 S_N과 동등 이상의 차단용량일 것

약호	명칭
S	저압용개폐기 및 과전류차단기

03 소방시설 자체점검

참고 소방시설 자체점검사항 등에 관한 고시, 한국소방안전원

✓ 소방시설 작동기능점검표 작성 예시

1 점검 전 준비사항

1) 점검장소의 협의나 협조 받을 건물 관계인 등 연락처를 사전 확보
2) 점검의 목적과 필요성에 대하여 건물 관계인에게 사전 안내 및 협의
3) 음향장치 및 각 실별 방문점검 사항을 공지하여 협조 요청

2 현장확인

1) 현장 시설물의 도면 등을 이용하여 설비의 개요 및 설치위치 등을 파악한다.
2) 점검사항을 토대로 점검순서를 계획하고 점검장비 및 공구를 준비한다.
3) 기존의 점검자료 및 조치결과가 있다면 점검 전 참고
4) 점검과 관련된 각종 법규 및 기준 등의 기술기준 등 규정사항을 준비하고 숙지한다.

3 점검표 작성을 위한 준비물

1) **소방시설등 작동기능점검 실시결과 보고서**
   화재예방, 소방시설 설치·유지 및 안전관리에 관한 법률 시행규칙 별지 서식

2) **소방시설등 작동기능 점검표**
   소방시설 자체점검사항 등에 관한 고시 서식

3) **건축물대장**
   건축물대장/소방도면 및 소방시설 현황/소방계획서 등

4) **점검에 필요한 장비**

소방시설	장비	규격
공통시설	방수압력측정계, 절연저항계, 전류전압측정계	
누전경보기	누전계	부하전류 측정용

5) **자체점검 후 결과 조치(소방시설법 시행규칙 제19조)**
   (1) 작동기능점검 : 작동기능점검을 실시한 경우 7일 이내에 작동기능점검 실시결과 보고서를 소방본부장 또는 소방서장에게 제출하여야 한다.
   (2) 종합정밀점검 : 종합정밀점검을 실시한 경우 7일 이내에 종합정밀점검 실시결과 보고서를 소방본부장 또는 소방서장에게 제출하여야 한다.
   ▶ 소방시설관리업자는 점검을 실시한 경우 점검이 끝난 날부터 10일 이내에 소방시설관리업자에 대한 평가 등에 관한 업무를 위탁받은 평가기관에 통보하여야 한다.

31. 기타사항 점검표

번호	점검항목	점검결과
31-A. 피난·방화시설		
31-A-001	○ 방화문 및 방화셔터의 관리 상태(폐쇄·훼손·변경) 및 정상 기능 적정 여부	
31-A-002	● 비상구 및 피난통로 확보 적정 여부(피난·방화시설 주변 장애물 적치 포함)	
31-B. 방염		
31-B-001	● 선처리 방염대상물품의 적합 여부(방염성능시험성적서 및 합격표시 확인)	
31-B-002	● 후처리 방염대상물품의 적합 여부(방염성능검사결과 확인)	
비고	※ 방염성능시험성적서, 합격표시 및 방염성능검사결과의 확인이 불가한 경우 비고에 기재한다.	

※ 점검항목 중 "●"는 종합정밀점검의 경우에만 해당한다.
※ 점검결과란은 양호 "○", 불량 "×", 해당없는 항목은 "/"로 표시한다.
※ 점검항목 내용 중 "설치기준" 및 "설치상태"에 대한 점검은 정상적인 작동 가능 여부를 포함한다.
※ '비고'란에는 특정소방대상물의 위치·구조·용도 및 소방시설의 상황 등이 이 표의 항목대로 기재하기 곤란하거나 이 표에서 누락된 사항을 기재한다.(이하 같다)

도로터널의 화재안전기준

[시행 2017. 7. 26.]
[소방청고시 제2017-1호, 2017. 7. 26., 타법개정.]

01 개요

NFSC 603

1 질의회신 및 핵심사항 분석

	핵심사항	참고 기출자료
설치기준 등	• 옥내소화전 방수구의 최소설치 수량 및 수원량 • 옥내소화전 및 연결송수관설비의 노즐선단에서의 법적 방수압 및 방수량 • 자동화재탐지설비를 설치할 경우 최소경계구역의 수와 설치가능한 화재감지기 • 비상콘센트 최소설치수량을 산정 및 설치기준 • 발신기 설치높이, 비상경보설비 설치기준, 제연설비 기동조건 • 화재에 노출이 우려되는 제연설비와 전원공급선의 운전유지조건	
Key point	• 물분무소화설비의 설치기준	

2 시스템의 해설(저수량, 흡수관 투입구, 채수구, 가압송수장치)

도로터널 설비는 터널 내에서 발생하는 화재를 효과적으로 제어하고 안전을 도모하기 위한 설비이다.

1) 소방용품(소방시설법 시행령 제6조)

소방시설의 설치 및 운영으로 화재를 효과적으로 제어하는 화재예방 시설에는 ① 비상전원수전설비, ② 임시소방시설 ③ 건축구조물을 구성하는 소방시설로 도로터널, 고층건축물, 지하구 등이 있으며, 소방시설의 제품검사(형식승인 및 성능인증) 대상 품목은 ① 법 제36조제1항 본문에서 "대통령령으로 정하는 소방용품" ② 규칙 제15조제1항 본문에서 "행정안전부령으로 정하는 소방용품" ③ 규칙 제15조 및 별표 7 제22호에 따른 "소방청장이 고시하는 소방용품" 등으로 구분되고 소방용품은 제품검사를 받아 합격한 제품을 사용하여야 한다.

2) 용어 해설

(1) 도로터널 화재의 특성

① 교통사고의 발생

단순 충돌에서 다중 충돌 등 사고는 다양하게 발생할 수 있으며, 차량의 종류 또한 승용차에서 유조차까지 다양할 수 있고 사고지점의 위치(터널의 입구, 중간, 출구)와 교통량에 따라 피해는 매우 다양하게 나타난다.

② 화재의 발생 및 화재특성
　㉠ 가연물 : 다양한 차량의 종류와 적재물에 따라 가연물은 다양할 것이다. 즉, 차량 자체가 가연물이 될 수 있으며, 사고로 누출된 기름에 의해 풀파이어(Poor Fire)가 발생할 수도 있다. 또한 다중 충돌일 경우 가연물이 늘어나는 것과 같은 의미가 될 수 있다.

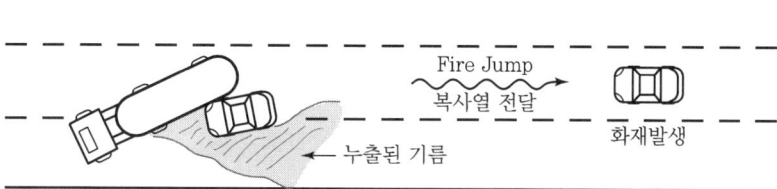

　㉡ 산소 : 터널 특유의 구조에 따라 공기의 공급은 제한되므로 환기지배형의 양상으로 화재가 진행되어 초기 진압 실패할 경우 장시간 동안 화재가 진행되며, 또한 운행중인 자동차 영향에 의해 열 및 연기가 유동하기도 한다.
　㉢ 점화원 : 차량의 과열된 엔진 및 전기선로의 단락 등이 점화원으로 작용하여 유증기 등을 점화시킬 수 있다. 또한 터널은 축열이 용이하여 아궁이의 역할을 할 수 있어 파이어점프(Fire Jump : 차량과 차량사이에 가연물이 없어도 복사열에 의해 화염이 전파되는 현상으로 약 100m 이상까지 화염이 전파되기도 한다.)를 발생시켜 화재가 전파되기도 한다.
　㉣ 위와 같은 양상에 따라 화재안전기준상 최대열방출률과 연기발생률을 정의한다.

③ 피난특성
　㉠ 사고운전자 : 사고의 경중에 따라 자력 피난 가능여부는 다르게 나타나며, 다중 충동일 경우 자력으로 피난하지 못하는 사람 증가할 수도 있다. 만약, 화재가 초기에 진압이 되지 않는다면 치명적일 수 있으며, 터널화재의 특성인 축열에 의해 사고자의 구조는 매우 어려워질 것이다.
　㉡ 정체된 운전자 : 사고차량의 후미에는 차량이 정체되어 교통량, 사고위치(터널의 입구, 중간, 출구)에 따라 영향을 받으며, 화재의 인지가 늦어질 가능성이 존재한다. 그러므로 피난시간에 대한 지연 발생을 방지하기 위하여 신속히 경보되어야 한다.

④ 터널 화재의 진압특성
　㉠ 수동식 소화시스템 : 소화기, 옥내소화전 등 수동식 소화시스템은 교통사고 운전자의 자력이동과 인근 운전자의 소방시설의 사용가능 여부에 따라 달라질 것이다.
　㉡ 자동식 소화시스템
　　• 물분무소화설비의 작동으로 인하여 소화수가 방수된다면 화재는 제어될 것이다.
　　• 차량의 다양한 적재물로 인하여 금수성 물질, 유독성 물질이 이동할 수도 있으므로 물분무소화설비가 작동되었을 경우 이를 지속적으로 모니터링 하여야 한다.

02 화재안전기준 (2017. 7. 26 기준 원문)

NFSC 603

제1조(목적) 이 기준은 「화재예방, 소방시설 설치·유지 및 안전관리에 관한 법률」 제9조제1항에 따라 소방청장에게 위임한 사항 중 도로터널에 설치하여야 하는 소방시설 등의 설치기준과 유지 및 안전관리에 관하여 필요한 사항을 규정함을 목적으로 한다.

POINT 시스템 및 안전관리

소방시설등의 설치목적은 소화·경보·피난구조·소화용수소화활동 및 비상구, 그 밖에 소방관련 시설의 특정소방대상물에서 화재가 발생한 경우 연소생성물(열, 연기, 불꽃 등)에 의한 화재예방 및 안전관리를 위한 설비이며, 평상시에는 관계인에 의한 화재예방을 위하여 정기적으로 점검하는 소방설비이다.

1. 도로터널은 터널 내에서 발생할 화재를 효과적으로 제어하여 안전을 도모하기 위한 설비이다. 도로터널의 구성은 터널, 지하가 중 터널, 터널 길이 등 분류에 따라 소화기, 옥내소화전, 물분무, 비상경보, 자동화재탐지, 비상조명등, 제연, 연결송수관, 비상콘센트, 무선통신보조 등으로 구성된다.
   ※ 터널에서의 설계·시공·감리는 화재안전기준과 행안부령(도로터널방재시설 설치 및 관리지침)을 적용
2. 시스템을 구성하고 있는 소방관련시설은 「소방시설공사업법」의 소방시설공사 등의 품질과 안전이 확보되도록 시공되어야 하고, 소방기술의 관리에 필요한 화재안전기준에 적합하게 설계도서·시방서가 작성되어 성실하게 수행되어야 한다. 또한 「화재예방, 소방시설 설치·유지 및 안전관리에 관한 법률(이하 "소방시설법")」에 의한 소방용품의 제조 및 수입하려는 제품에 대하여 제품검사를 수행하고, 특정소방대상물의 관계인을 통하여 소방대상물의 안전관리가 이행되어야 한다.

제2조(적용범위) 「화재예방, 소방시설 설치·유지 및 안전관리에 관한 법률 시행령」(이하 "영"이라 한다) 제15조에 의한 도로터널에 설치하는 소방시설 등은 이 기준에서 정하는 규정에 따라 설비를 설치하고 유지·관리하여야 한다.

POINT

1 특정소방대상물의 설치기준(별표 5 도로터널)

소방시설	적용대상	설치기준
1. 소화기	터널	전부
2. 옥내소화전설비	지하가 중 터널로서 길이	1천m 이상

3. 물분무소화설비	지하가 중 예상 교통량, 경사도 등 터널의 특성을 고려하여 행정안전부령으로 정하는 터널	전부
4. 비상경보설비	지하가 중 터널로서 길이	500m 이상
5. 자동화재탐지설비	지하가 중 터널로서 길이	1천m 이상
6. 비상조명등설비	지하가 중 터널로서 그 길이	500m 이상
7. 제연설비	지하가 중 예상 교통량, 경사도 등 터널의 특성을 고려하여 행정안전부령으로 정하는 터널 ※「도로의 구조·시설기준에 관한 규칙」제48조에 따른 국토교통부장관이 정하는 위험등급의 터널은 국토교통부 예규「도로터널 방재시설 설치 및 관리지침」에 따른 제연설비의 설치대상 터널의 위험등급은 1등급 및 2등급에 해당함	전부
8. 연결송수관설비	지하가 중 터널로서 길이	1천m 이상
9. 비상콘센트설비	지하가 중 터널로서 길이	500m 이상
10. 무선통신보조설비	지하가 중 터널로서 길이	500m 이상

② 소방시설의 설치 면제기준
1. (별표 6) 소방시설 설치 면제기준 : 없음
2. (별표 7) 소방시설을 설치하지 않을 수 있는 특정소방대상물 및 소방시설 범위 : 없음

제3조(정의) 이 기준에서 사용하는 용어의 정의는 다음과 같다.
1. "도로터널"이란 「도로법」 제8조에서 규정한 도로의 일부로서 자동차의 통행을 위해 지붕이 있는 지하 구조물을 말한다.
2. "설계화재강도"란 터널 화재 시 소화설비 및 제연설비 등의 용량산정을 위해 적용하는 차종별 최대열방출률(MW)을 말한다.
3. "종류환기방식"이란 터널 안의 배기가스와 연기 등을 배출하는 환기설비로서 기류를 종방향(출입구 방향)으로 흐르게 하여 환기하는 방식을 말한다.
4. "횡류환기방식"이란 터널 안의 배기가스와 연기 등을 배출하는 환기설비로서 기류를 횡방향(바닥에서 천장)으로 흐르게 하여 환기하는 방식을 말한다.
5. "반횡류환기방식"이란 터널 안의 배기가스와 연기 등을 배출하는 환기설비로서 터널에 수직 배기구를 설치해서 횡방향과 종방향으로 기류를 흐르게 하여 환기하는 방식을 말한다.
6. "양방향터널"이란 하나의 터널 안에서 차량의 흐름이 서로 마주보게 되는 터널을 말한다.
7. "일방향터널"이란 하나의 터널 안에서 차량의 흐름이 하나의 방향으로만 진행되는 터널을 말한다.
8. "연기발생률"이란 일정한 설계화재강도의 차량에서 단위 시간당 발생하는 연기량을 말한다.
9. "피난연결통로"란 본선터널과 병설된 상대터널이나 본선터널과 평행한 피난통로를 연결하기 위한 연결통로를 말한다.

10. "배기구"란 터널 안의 오염공기를 배출하거나 화재발생 시 연기를 배출하기 위한 개구부를 말한다.

제4조(소화기) 소화기는 다음 각 호의 기준에 따라 설치하여야 한다.
1. 소화기의 능력단위(「소화기구의 화재안전기준(NFSC 101)」 제3조제6호에 따른 수치를 말한다. 이하 같다)는 A급 화재는 3단위 이상, B급 화재는 5단위 이상 및 C급 화재에 적응성이 있는 것으로 할 것
2. 소화기의 총중량은 사용 및 운반이 편리성을 고려하여 7kg 이하로 할 것
3. 소화기는 주행차로의 우측 측벽에 50m 이내의 간격으로 2개 이상을 설치하며, 편도2차선 이상의 양방향 터널과 4차로 이상의 일방향 터널의 경우에는 양쪽 측벽에 각각 50m 이내의 간격으로 엇갈리게 2개 이상을 설치할 것
4. 바닥면(차로 또는 보행로를 말한다. 이하 같다)으로부터 1.5m 이하의 높이에 설치할 것
5. 소화기구함의 상부에 "소화기"라고 조명식 또는 반사식의 표지판을 부착하여 사용자가 쉽게 인지할 수 있도록 할 것

제5조(옥내소화전설비) 옥내소화전설비는 다음 각 호의 기준에 따라 설치하여야 한다.
1. 소화전함과 방수구는 주행차로 우측 측벽을 따라 50m 이내의 간격으로 설치하며, 편도 2차선 이상의 양방향 터널이나 4차로 이상의 일방향 터널의 경우에는 양쪽 측벽에 각각 50m 이내의 간격으로 엇갈리게 설치할 것
2. 수원은 그 저수량이 옥내소화전의 설치개수 2개(4차로 이상의 터널의 경우 3개)를 동시에 40분 이상 사용할 수 있는 충분한 양 이상을 확보할 것
3. 가압송수장치는 옥내소화전 2개(4차로 이상의 터널인 경우 3개)를 동시에 사용할 경우 각 옥내소화전의 노즐선단에서의 방수압력은 0.35MPa 이상이고 방수량은 190L/min 이상이 되는 성능의 것으로 할 것. 다만, 하나의 옥내소화전을 사용하는 노즐선단에서의 방수압력이 0.7MPa을 초과할 경우에는 호스접결구의 인입측에 감압장치를 설치하여야 한다.
4. 압력수조나 고가수조가 아닌 전동기 및 내연기관에 의한 펌프를 이용하는 가압송수장치는 주펌프와 동등 이상인 별도의 예비펌프를 설치할 것
5. 방수구는 40mm 구경의 단구형을 옥내소화전이 설치된 벽면의 바닥면으로부터 1.5m 이하의 높이에 설치할 것
6. 소화전함에는 옥내소화전 방수구 1개, 15m 이상의 소방호스 3본 이상 및 방수노즐을 비치할 것
7. 옥내소화전설비의 비상전원은 40분 이상 작동할 수 있을 것

제5조의2(물분무소화설비) 물분무소화설비는 다음 각 호의 기준에 따라 설치하여야 한다.
1. 물분무헤드는 도로면에 1m²당 6L/min 이상의 수량을 균일하게 방수할 수 있도록 할 것
2. 물분무설비의 하나의 방수구역은 25m 이상으로 하며, 3개 방수구역을 동시에 40분 이상 방

수할 수 있는 수량을 확보 할 것
3. 물분무설비의 비상전원은 40분 이상 기능을 유지할 수 있도록 할 것

제6조(비상경보설비) 비상경보설비는 다음 각 호의 기준에 따라 설치하여야 한다.
1. 발신기는 주행차로 한쪽 측벽에 50m 이내의 간격으로 설치하며, 편도 2차선 이상의 양방향 터널이나 4차로 이상의 일방향 터널의 경우에는 양쪽의 측벽에 각각 50m 이내의 간격으로 엇갈리게 설치할 것
2. 발신기는 바닥면으로부터 0.8m 이상 1.5m 이하의 높이에 설치할 것
3. 음향장치는 발신기 설치위치와 동일하게 설치할 것. 다만, 「비상방송설비의 화재안전기준(NFSC 202)」에 적합하게 설치된 방송설비를 비상경보설비와 연동하여 작동하도록 설치한 경우에는 비상경보설비의 지구음향장치를 설치하지 아니할 수 있다.
4. 음량장치의 음량은 부착된 음향장치의 중심으로부터 1m 떨어진 위치에서 90dB 이상이 되도록 할 것
5. 음향장치는 터널내부 전체에 동시에 경보를 발하도록 설치할 것
6. 시각경보기는 주행차로 한쪽 측벽에 50m 이내의 간격으로 비상경보설비 상부 직근에 설치하고, 전체 시각경보기는 동기방식에 의해 작동될 수 있도록 할 것

제7조(자동화재탐지설비) ① 터널에 설치할 수 있는 감지기의 종류는 다음 각 호의 어느 하나와 같다.
1. 차동식분포형감지기
2. 정온식감지선형감지기(아날로그식에 한한다. 이하 같다.)
3. 중앙기술심의위원회의 심의를 거쳐 터널화재에 적응성이 있다고 인정된 감지기

> **》 정온식 감시선형(아날로그식) : 광센서 선형감지기**
>
> ① 아날로그식이란 지속적으로 온도 또는 연기의 발생을 감지하는 센서의 역할만 수행하여 수신기에 지속적으로 정보를 송출하여 그 정보로서 화재여부는 수신기에서 판단한다.(지속적인 통신을 위하여 통신선로가 필요함)
> ② 광센서 선형감지기는 중계반에서 레이저 펄스를 광섬유에 입사하는데 화재로 인힌 온도차기 발생할 경우 광섬유 내에 Glass 격자(SiO_2)들로 인해 빛의 산란과 흡수 등에 따라 라만(Raman)산란이 발생하며 산란광이 되돌아오는 시간을 검출하여 화재위치를 측정한다.
> ③ 또한 수신기에서 온도설정에 따른 화재경보를 조절할 수 있으며, 현장에서 정온식, 차동식, 보상식(차동식+정온식)으로 설치할 수 있다.

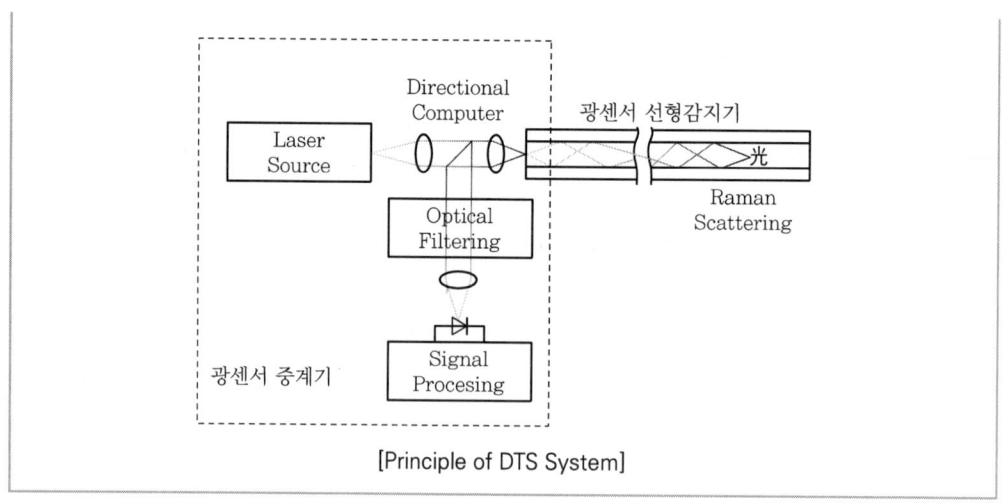

[Principle of DTS System]

② 하나의 경계구역의 길이는 100m 이하로 하여야 한다.
③ 제1항에 의한 감지기의 설치기준은 다음 각 호와 같다. 다만, 중앙기술심의위원회의 심의를 거쳐 제조사 시방서에 따른 설치방법이 터널화재에 적합하다고 인정되는 경우에는 다음 각 호의 기준에 의하지 아니하고 심의결과에 의한 제조사 시방서에 따라 설치할 수 있다.
 1. 감지기의 감열부(열을 감지하는 기능을 갖는 부분을 말한다. 이하 같다)와 감열부 사이의 이격거리는 10m 이하로, 감지기와 터널 좌·우측 벽면과의 이격거리는 6.5m 이하로 설치할 것
 2. 제1호에도 불구하고 터널 천장의 구조가 아치형인 터널에 감지기를 터널 진행방향으로 설치하고자 하는 경우에는 감열부와 감열부 사이의 이격거리를 10m 이하로 하여 아치형 천장의 중앙 최상부에 1열로 감지기를 설치하여야 하며, 감지기를 2열 이상으로 설치하고자 하는 경우에는 감열부와 감열부 사이의 이격거리는 10m 이하로 감지기 간의 이격거리는 6.5m 이하로 설치할 것
 3. 감지기를 천장면(터널 안 도로 등에 면한 부분 또는 상층의 바닥 하부면을 말한다. 이하 같다)에 설치하는 경우에는 감지기가 천장면에 밀착되지 않도록 고정금구 등을 사용하여 설치할 것
 4. 형식승인 내용에 설치방법이 규정된 경우에는 형식승인 내용에 따라 설치할 것. 다만, 감지기와 천장면과의 이격거리에 대해 제조사의 시방서에 규정되어 있는 경우에는 시방서의 규정에 따라 설치할 수 있다.
④ 제2항에도 불구하고 감지기의 작동에 의하여 다른 소방시설 등이 연동되는 경우로서 해당 소방시설 등의 작동을 위한 정확한 발화위치를 확인할 필요가 있는 경우에는 경계구역의 길이가 해당 설비의 방호구역 등에 포함되도록 설치하여야 한다.
⑤ 발신기 및 지구음향장치는 제6조를 준용하여 설치하여야 한다.

제8조(비상조명등) 비상조명등은 다음 각 호의 기준에 따라 설치하여야 한다.
 1. 상시 조명이 소등된 상태에서 비상조명등이 점등되는 경우 터널안의 차도 및 보도의 바닥면의

조도는 10Lx 이상, 그 외 모든 지점의 조도는 1Lx 이상이 될 수 있도록 설치할 것
2. 비상조명등은 상용전원이 차단되는 경우 자동으로 비상전원으로 60분 이상 점등되도록 설치할 것
3. 비상조명등에 내장된 예비전원이나 축전지설비는 상용전원의 공급에 의하여 상시 충전상태를 유지할 수 있도록 설치할 것

제9조(제연설비) ① 제연설비는 다음 각 호의 사양을 만족하도록 설계하여야 한다.
1. 설계화재강도 20MW를 기준으로 하고, 이때 연기발생률은 80m³/s로 하며, 배출량은 발생된 연기와 혼합된 공기를 충분히 배출할 수 있는 용량 이상을 확보할 것
2. 제1호에도 불구하고 화재강도가 설계화재강도 보다 높을 것으로 예상될 경우 위험도분석을 통하여 설계화재강도를 설정하도록 할 것

② 제연설비는 다음 각 호의 기준에 따라 설치하여야 한다.
1. 종류환기방식의 경우 제트팬의 소손을 고려하여 예비용 제트팬을 설치하도록 할 것
2. 횡류환기방식(또는 반횡류환기방식) 및 대배기구 방식의 배연용 팬은 덕트의 길이에 따라서 노출온도가 달라질 수 있으므로 수치해석 등을 통해서 내열온도 등을 검토한 후에 적용하도록 할 것
3. 대배기구의 개폐용 전동모터는 정전 등 전원이 차단되는 경우에도 조작상태를 유지할 수 있도록 할 것
4. 화재에 노출이 우려되는 제연설비와 전원공급선 및 제트팬 사이의 전원공급장치 등은 250℃의 온도에서 60분 이상 운전상태를 유지할 수 있도록 할 것

③ 제연설비의 기동은 다음 각 호의 어느 하나에 의하여 자동 또는 수동으로 기동될 수 있도록 하여야 한다.
1. 화재감지기가 동작되는 경우
2. 발신기의 스위치 조작 또는 자동소화설비의 기동장치를 동작시키는 경우
3. 화재수신기 또는 감시제어반의 수동조작스위치를 동작시키는 경우

④ 비상전원은 60분 이상 작동할 수 있도록 하여야 한다.

제10조(연결송수관설비) 연결송수관설비는 다음 각 호의 기준에 따라 설치하여야 한다.
1. 방수압력은 0.35MPa 이상, 방수량은 400L/min 이상을 유지할 수 있도록 할 것
2. 방수구는 50m 이내의 간격으로 옥내소화전함에 병설하거나 독립적으로 터널출입구 부근과 피난연결통로에 설치할 것
3. 방수기구함은 50m 이내의 간격으로 옥내소화전함 안에 설치하거나 독립적으로 설치하고, 하나의 방수기구함에는 65mm 방수노즐 1개와 15m 이상의 호스 3본을 설치하도록 할 것

제11조(무선통신보조설비) ① 무선통신보조설비의 무전기접속단자는 방재실과 터널의 입구 및 출구, 피난연결통로에 설치하여야 한다.

② 라디오 재방송설비가 설치되는 터널의 경우에는 무선통신보조설비와 겸용으로 설치할 수 있다.

제12조(비상콘센트설비) 비상콘센트설비는 다음 각 호의 기준에 따라 설치하여야 한다.
1. 비상콘센트설비의 전원회로는 단상교류 220V인 것으로서 그 공급용량은 1.5kVA 이상인 것으로 할 것
2. 전원회로는 주배전반에서 전용회로로 할 것. 다만, 다른 설비의 회로의 사고에 따른 영향을 받지 아니하도록 되어 있는 것은 그러하지 아니하다.
3. 콘센트마다 배선용 차단기(KS C 8321)를 설치하여야 하며, 충전부가 노출되지 아니하도록 할 것
4. 주행차로의 우측 측벽에 50m 이내의 간격으로 바닥으로부터 0.8m 이상 1.5m 이하의 높이에 설치할 것

제13조(다른 화재안전기준과의 관계) 터널에 설치하는 소방시설 등의 설치기준 중 이 기준에서 규정하지 아니한 소방시설 등의 설치기준은 개별 화재안전기준에 따라 설치하여야 한다.

제14조(재검토기한) 소방청장은 「훈령·예규 등의 발령 및 관리에 관한 규정」에 따라 이 고시에 대하여 2016년 1월 1일을 기준으로 매3년이 되는 시점(매 3년째의 12월 31일까지를 말한다)마다 그 타당성을 검토하여 개선 등의 조치를 하여야 한다.

부칙

〈제2017-1호, 2017. 7. 26.〉

제1조(시행일)이 고시는 발령한 날부터 시행한다.
제2조 생략

03 소방시설 자체점검

참고 소방시설 자체점검사항 등에 관한 고시, 한국소방안전원

✅ 소방시설 작동기능점검표 작성 예시

1 점검 전 준비사항
1) 점검장소의 협의나 협조 받을 건물 관계인 등 연락처를 사전 확보
2) 점검의 목적과 필요성에 대하여 건물 관계인에게 사전 안내 및 협의
3) 음향장치 및 각 실별 방문점검 사항을 공지하여 협조 요청

2 현장확인
1) 현장 시설물의 도면 등을 이용하여 설비의 개요 및 설치위치 등을 파악한다.
2) 점검사항을 토대로 점검순서를 계획하고 점검장비 및 공구를 준비한다.
3) 기존의 점검자료 및 조치결과가 있다면 점검 전 참고
4) 점검과 관련된 각종 법규 및 기준 등의 기술기준 등 규정사항을 준비하고 숙지한다.

3 점검표 작성을 위한 준비물

1) 소방시설등 작동기능점검 실시결과 보고서
화재예방, 소방시설 설치·유지 및 안전관리에 관한 법률 시행규칙 별지 서식

2) 소방시설등 작동기능 점검표
소방시설 자체점검사항 등에 관한 고시 서식

3) 건축물대장
건축물대장/소방도면 및 소방시설 현황/소방계획서 등

4) 점검에 필요한 장비

소방시설	장비	규격
공통시설	방수압력측정계, 절연저항계, 전류전압측정계	

5) 자체점검 후 결과 조치(소방시설법 시행규칙 제19조)
(1) 작동기능점검 : 작동기능점검을 실시한 경우 7일 이내에 작동기능점검 실시결과 보고서를 소방본부장 또는 소방서장에게 제출하여야 한다.
(2) 종합정밀점검 : 종합정밀점검을 실시한 경우 7일 이내에 종합정밀점검 실시결과 보고서를 소방본부장 또는 소방서장에게 제출하여야 한다.
  ▶ 소방시설관리업자는 점검을 실시한 경우 점검이 끝난 날부터 10일 이내에 소방시설관리업자에 대한 평가 등에 관한 업무를 위탁받은 평가기관에 통보하여야 한다.

▶▶ 도로터널 방재시설 설치 및 관리지침[국토교통부 예규 제100호, 2009.8.24., 제정]

1. 터널등급 구분
(1) 방재시설설치를 위한 터널등급은 터널연장을 기준으로 하는 연장기준등급과 교통량 등 터널의 제반 위험인자를 고려한 위험도지수 기준등급으로 구분하며, 등급별 범위는 〈표 1〉과 같이 정한다.
(2) 터널의 방재등급은 개통 후, 최초 10년, 향후 매 5년 단위로 실측교통량을 조사하여 재평가하며, 이에 따라 방재시설의 조정을 검토할 수 있다.

〈표 1〉 터널연장기준 방재등급의 범위

등급	터널연장(L) 기준등급	위험도지수(X) 기준등급
1	3,000m 이상(L ≥ 3,000m)	X > 29
2	1,000m 이상 3,000m 미만(1,000 ≤ L < 3,000m)	19 < X ≤ 29
3	500m 이상 1,000m 미만(500 ≤ L > 1,000m)	14 < X ≤ 19
4	연장 500m 미만(L < 500)	X ≤ 14

2. 방재등급별 설치계획

〈표 2〉 등급별 방재시설 설치기준

방재시설		터널등급 1등급	2등급	3등급	4등급	비고
소화설비	소화기구	●	●	●	●	
	옥내소화전설비	●	●			
	물분무설비	○				
경보설비	비상경보설비	●	●	●		
	자동화재탐지설비	●	●			
	비상방송설비	○	○	○		
	긴급전화	○	○	○		
	CCTV	○	○	△		
	영상유고감지설비	△	△	△		
	라디오재방송설비	○	○	○	△	△ : 200m 이상 4등급 터널
	정보표시판	○	○			
	진입차단설비	○	○			
피난대피설비 및 시설	비상조명등	●	●	●	△	△ : 200m 이상 4등급 터널
	유도표지등	○	○	○		

방재시설		터널등급	1등급	2등급	3등급	4등급	비고
피난대피설비 및 시설	피난대피시설	피난연결통로	●	●	●		
		피난대피터널(1)	○	△			
		피난대피소(1)	○	△			
		비상주차대	○	○			
소화활동설비		제연설비	○	○			
		무선통신보조설비	●	●	●	△(2)	
		연결송수관설비	●	●			
		비상콘센트설비	●	●	●		
비상전원설비		무정전전원설비	●	●	●	△(3)	
		비상발전설비	●	●			

(1) 터널방재시설은 연장기준등급에 의해서 설치하는 시설과 위험도지수 기준등급에 의해서 설치하는 시설로 구분하며, 방재시설의 설치기준은 〈표 2〉와 같이 정하며, 다음과 같이 설치한다.

① 소방관련법에 의한 설치대상 방재시설 및 피난연결통로(●로 표시)는 연장기준등급에 의해서 설치한다.

② 소방관련법에 의한 설치대상 시설이 아닌 방재시설(○로 표시)은 위험도지수 기준등급에 의해서 설치한다.

● 기본시설 : 연장기준등급에 의함
○ 기본시설 : 위험도지수 기준등급에 의함
△ 권장시설 : 설치의 필요성 검토에 의함

31. 기타사항 점검표

번호	점검항목	점검결과
31-A. 피난·방화시설		
31-A-001	○ 방화문 및 방화셔터의 관리 상태(폐쇄·훼손·변경) 및 정상 기능 적정 여부	
31-A-002	● 비상구 및 피난통로 확보 적정 여부(피난·방화시설 주변 장애물 적치 포함)	
31-B. 방염		
31-B-001	● 선처리 방염대상물품의 적합 여부(방염성능시험성적서 및 합격표시 확인)	
31-B-002	● 후처리 방염대상물품의 적합 여부(방염성능검사결과 확인)	
비고	※ 방염성능시험성적서, 합격표시 및 방염성능검사결과의 확인이 불가한 경우 비고에 기재한다.	

※ 점검항목 중 "●"는 종합정밀점검의 경우에만 해당한다.
※ 점검결과란은 양호 "○", 불량 "×", 해당없는 항목은 "/"로 표시한다.
※ 점검항목 내용 중 "설치기준" 및 "설치상태"에 대한 점검은 정상적인 작동 가능 여부를 포함한다.
※ '비고'란에는 특정소방대상물의 위치·구조·용도 및 소방시설의 상황 등이 이 표의 항목대로 기재하기 곤란하거나 이 표에서 누락된 사항을 기재한다.(이하 같다)

NATIONAL FIRE SAFETY CODE

고층건축물의 화재안전기준

[시행 2017. 7. 26.]
[소방청고시 제2017-1호, 2017. 7. 26., 타법개정.]

개요

NFSC 604

1 질의회신 및 핵심사항 분석

	핵심사항	참고 기출자료
초고층특별법 등	• 초고층건축물의 정의, 피난안전구역으로 설치하여야 하는 기준·피난안전구역의 면적산정기준 및 설치하여야 하는 피난설비 • 복합건축물에 종합방재실의 최소설치 개수 및 위치	
설치기준 등	• 자동화재탐지설비의 감지기 및 배선방법 • 고층(복합)건축물 옥내소화전 및 스프링클러설비 수원 산출, 고가수조 방수구 방출시간	
Key point	• 옥내소화전, 스프링클러설비 설치기준, 소화용수 공급방법 • 스프링클러, 비상방송, 자동화재탐지설비의 음향경보 • 각 설비별 비상전원의 종류 및 용량 • 별표 1에 따라 피난안전구역에 설치하는 소방시설 설치기준	

2 시스템의 해설(저수량, 흡수관 투입구, 채수구, 가압송수장치)

현대 건축물은 화재가 발생하는 요인이 증가되고, 소화의 어려움이 확대되어 화재를 조기에 발견하여 경보하고 화재 확대를 최소한으로 저지하는 것이 매우 중요한 일이다. 따라서 관계법령에서는 건축물의 구조·규모·수용인원·용도 등에 따라 소방시설의 설치를 의무화하고 있다. 고층건축물은 층수가 30층 이상이거나 높이 120m 이상의 건축물에 적용하며, 화재 안전을 강화하기 위한 시설이다.

1) 소방용품(소방시설법 시행령 제6조)

소방시설의 설치 및 운영으로 화재를 효과적으로 제어하는 화재예방 시설에는 ① 비상전원수전설비, ② 임시소방시설 ③ 건축구조물을 구성하는 소방시설로 도로터널, 고층건축물, 지하구 등이 있으며, 소방시설의 제품검사(형식승인 및 성능인증) 대상 품목은 ① 법 제36조제1항 본문에서 "대통령령으로 정하는 소방용품" ② 규칙 제15조제1항 본문에서 "행정안전부령으로 정하는 소방용품" ③ 규칙 제15조 및 별표 7 제22호에 따른 "소방청장이 고시하는 소방용품" 등으로 구분되고 소방용품은 제품검사를 받아 합격한 제품을 사용하여야 한다.

2) 계통도

> 참고 한방 화재안전

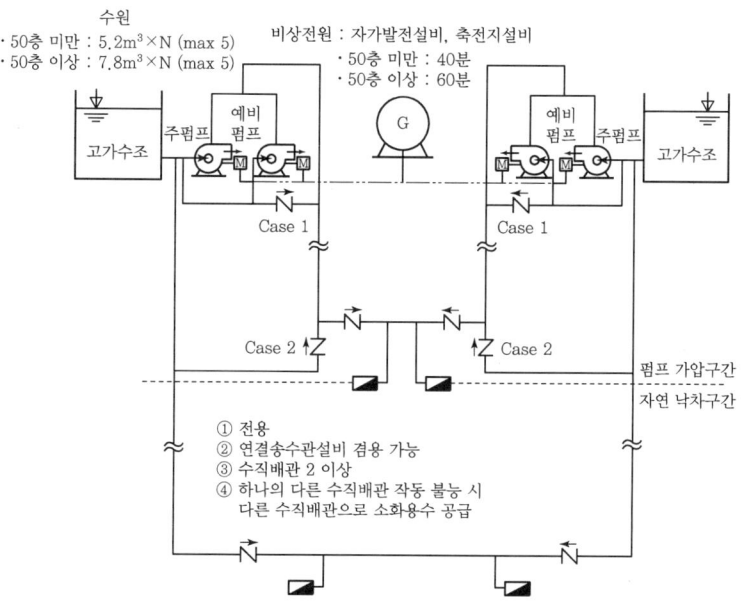

50층 이상인 초고층건축물의 옥내소화전설비 계통도(충압펌프, 송수구 등 기타생략)

[옥내소화전설비 계통도]

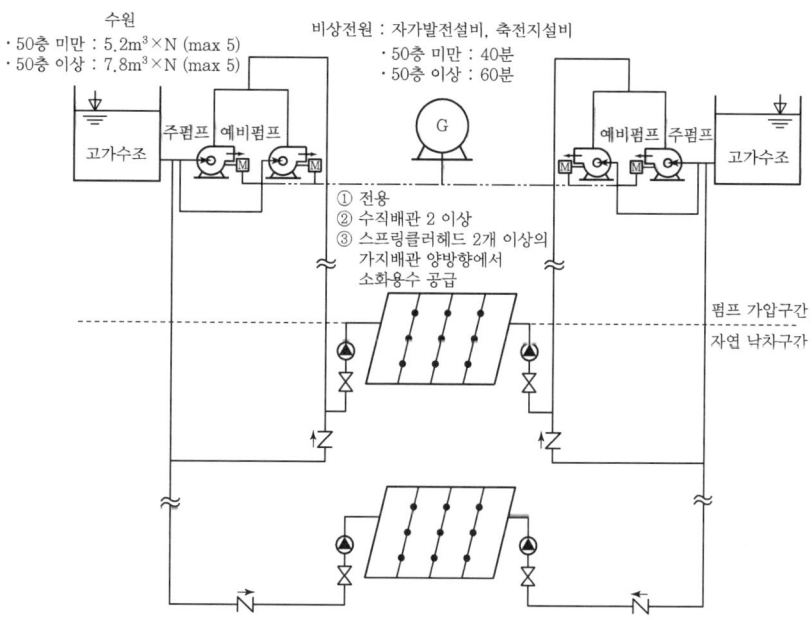

50층 이상인 초고층건축물의 스프링클러설비 계통도(충압펌프, 송수구 등 기타생략)

[스프링클러설비 계통도]

3) 용어 해설

(1) 건축물의 정의

 초고층 및 지하연계 복합건축물 재난관리에 관한 특별법(제2조 정의)

1. "초고층 건축물"이란 층수가 50층 이상 또는 높이가 200m 이상인 건축물을 말한다(「건축법」 제84조에 따른 높이 및 층수를 말한다. 이하 같다).
   1) "준초고층"이란 층수가 30층 이상 49층 이하 또는 높이가 120m 이상 200m 미만인 건축물로서 초고층 건축물에 속하지 않는 것
   2) "고층" 이란 층수가 30층 이상 또는 높이가 120m 이상인 건축물(시행령 제2조)
2. "지하연계 복합건축물"이란 다음 각 목의 요건을 모두 갖춘 것을 말한다.
   가. 층수가 11층 이상이거나 1일 수용인원이 5천명 이상인 건축물로서 지하부분이 지하역사 또는 지하도상가와 연결된 건축물
   나. 건축물 안에 「건축법」 제2조제2항제5호에 따른 문화 및 집회시설, 같은 항 제7호에 따른 판매시설, 같은 항 제8호에 따른 운수시설, 같은 항 제14호에 따른 업무시설, 같은 항 제15호에 따른 숙박시설, 같은 항 제16호에 따른 위락(慰樂)시설 중 유원시설업(遊園施設業)의 시설 또는 대통령령으로 정하는 용도의 시설(「건축법 시행령」 별표 1 제9호가목 중 종합병원과 요양병원)이 하나 이상 있는 건축물

 초고층 및 지하연계 복합건축물 재난관리에 관한 특별법 시행령(제14조제2항)

제14조(피난안전구역 설치기준 등)
② 제1항에 따라 설치하는 피난안전구역은「건축법 시행령」제34조제5항에 따른 피난안전구역의 규모와 설치기준에 맞게 설치하여야 하며, 다음 각 호의 소방시설(「소방시설 설치・유지 및 안전관리에 관한 법률 시행령」별표 1에 따른 소방시설을 말한다)을 모두 갖추어야 한다. 이 경우 소방시설은「소방시설 설치・유지 및 안전관리에 관한 법률」제9조제1항에 따른 화재안전기준에 맞는 것이어야 한다.
1. 소화설비 중 소화기구(소화기 및 간이소화용구만 해당한다.) 옥내소화전설비 및 스프링클러설비
2. 경보설비 중 자동화재탐지설비
3. 피난설비 중 방열복, 공기호흡기(보조마스크를 포함한다), 인공소생기, 피난유도선(피난안전구역으로 통하는 직통계단 및 특별피난계단을 포함한다), 피난안전구역으로 피난을 유도하기 위한 유도등・유도표지, 비상조명등 및 휴대용비상조명등
4. 소화활동설비 중 제연설비, 무선통신보조설비

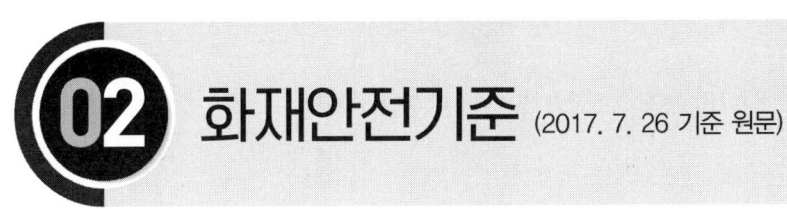

제1조(목적) 이 기준은 「화재예방, 소방시설 설치·유지 및 안전관리에 관한 법률」 제9조제1항에 따라 소방청장에게 위임한 사항 중 고층건축물에 설치하여야 하는 소방시설 등의 설치·유지 및 안전관리에 관하여 필요한 사항을 규정함을 목적으로 한다.

> **POINT 시스템 및 안전관리**
>
> 소방시설등의 설치목적은 소화·경보·피난구조·소화용수·소화활동 및 비상구, 그 밖에 소방관련 시설의 특정소방대상물에서 화재가 발생한 경우 연소생성물(열, 연기, 불꽃 등)에 의한 화재예방 및 안전관리를 위한 설비이며, 평상시에는 관계인에 의한 화재예방을 위하여 정기적으로 점검하는 소방설비이다.
>
> 1. 고층건축물의 소방시설은 고층건물(층수가 30층 이상 또는 높이가 120m 이상인 건축물)에서의 화재안전을 강화하기 위한 목적의 소방시설이다. 고층건물의 소방시설 구성은 옥내소화전·스프링클러·비상방송·자동화재탐지·제연·연결송수관 설비 및 피난안전구역의 설치 등으로 구성된다.
>   ※ '피난안전구역'은 「초고층 및 지하연계 복합건축물 재난관리에 관한 특별법」을 참조
> 2. 시스템을 구성하고 있는 소방관련시설은 「소방시설공사업법」의 소방시설공사 등의 품질과 안전이 확보되도록 시공되어야 하고, 소방기술의 관리에 필요한 화재안전기준에 적합하게 설계도서·시방서가 작성되어 성실하게 수행되어야 한다. 또한 「화재예방, 소방시설 설치·유지 및 안전관리에 관한 법률(이하 "소방시설법")」에 의한 소방용품의 제조 및 수입하려는 제품에 대하여 제품검사를 수행하고, 특정소방대상물의 관계인을 통하여 소방대상물의 안전관리가 이행되어야 한다.

제2조(적용범위) 고층건축물에 설치하는 소방시설과 「초고층 및 지하연계 복합건축물 재난관리에 관한 특별법 시행령」 제14조제2항에 따라 피난안전구역에 설치하는 소방시설은 이 기준에서 정하는 규정에 적합하게 설비를 설치하고 유지·관리하여야 한다.

🚨 POINT

1 특정소방대상물의 설치기준(별표 5 초고층 및 지하연계복합건축물)

구분	건축법	초고층 및 지하연계복합건축물 재난관리에 관한 특별법
고층	고층건축물은 층수가 30층 이상 또는 높이가 120m 이상인 건축물(시행령 제2조)	-
지하연계 복합건축물	-	"지하연계 복합건축물"이란 다음 각 목의 요건을 모두 갖춘 것을 말한다. ① 층수가 11층 이상이거나 1일 수용인원이 5천명 이상인 건축물로서 지하부분이 지하역사 또는 지하도상가와 연결된 건축물 ② 건축물 안에「건축법」제2조제2항제5호에 따른 문화 및 집회시설, 같은 항 제7호에 따른 판매시설, 같은 항 제8호에 따른 운수시설, 같은 항 제14호에 따른 업무시설, 같은 항 제15호에 따른 숙박시설, 같은 항 제16호에 따른 위락(慰樂)시설 중 유원시설업(遊園施設業)의 시설 또는 대통령령으로 정하는 용도의 시설(「건축법 시행령」별표 1 제9호가목 중 종합병원과 요양병원)이 하나 이상 있는 건축물
초고층 건축물	① 피난층 또는 지상으로 통하는 직통계단과 연결되는 피난안전구역을 30개 층마다 1개 이상 설치(시행령 제34조 제3항) ② 세부설치기준 :「건축물의 피난·방화구조 등의 기준에 관한 규칙」제8조의2(피난안전구역의 설치기준)에서 규정	① 초고층건축물 : 건축법에 따른 피난안전 구역 설치 ② 지하연계복합건축물 : 초고층 특별법에 따른 피난안전구역 또는 선큰 설치 ③ 세부설치기준 :「초고층 및 지하연계 복합건축물 재난관리에 관한 특별법 시행령」제14조(피난안전구역 설치기준 등) 및 시행규칙 제7조(종합방재실의 설치기준)에 따른 종합방재반 설치

2 소방시설의 설치 면제기준
1. (별표 6) 소방시설 설치 면제기준 : 없음
2. (별표 7) 소방시설을 설치하지 않을 수 있는 특정소방대상물 및 소방시설 범위 : 없음

제3조(정의) ① 이 기준에서 사용하는 용어의 정의는 다음과 같다.
  1. "고층건축물"이란 건축법 제2조제1항제19호 규정에 따른 건축물을 말한다.
  2. "급수배관"이란 수원 및 옥외송수구로부터 옥내소화전 방수구 또는 스프링클러헤드, 연결송

수관 방수구에 급수하는 배관을 말한다.

② 이 기준에서 사용하는 용어는 제1항에서 규정한 것을 제외하고는 관계법령 및 개별 화재안전기준에서 정하는 바에 따른다.

제4조(다른 화재안전기준과의 관계) 고층건축물에 설치하는 소방시설 등의 설치기준 중 이 기준에서 규정하지 아니한 설치기준은 개별 화재안전기준에 따라 설치하여야 한다.

제5조(옥내소화전설비) ① 수원은 그 저수량이 옥내소화전의 설치개수가 가장 많은 층의 설치개수(5개 이상 설치된 경우에는 5개)에 5.2m^3(호스릴옥내소화전설비를 포함한다)를 곱한 양 이상이 되도록 하여야 한다. 다만, 층수가 50층 이상인 건축물의 경우에는 7.8m^{3}를 곱한 양 이상이 되도록 하여야 한다.

② 수원은 제1호에 따라 산출된 유효수량 외에 유효수량의 3분의 1 이상을 옥상(옥내소화전설비가 설치된 건축물의 주된 옥상을 말한다. 이하 같다)에 설치하여야 한다. 다만, 옥내소화전설비의 화재안전기준(NFSC 102) 제4조제2항제3호 또는 제4호에 해당하는 경우에는 그러하지 아니하다.

③ 전동기 또는 내연기관을 이용한 펌프방식의 가압송수장치는 옥내소화전설비 전용으로 설치하여야 하며, 옥내소화전설비 주펌프 이외에 동등 이상인 별도의 예비펌프를 설치하여야 한다.

④ 급수배관은 전용으로 하여야 한다. 다만, 옥내소화전설비의 성능에 지장이 없는 경우에는 연결송수관설비의 배관과 겸용할 수 있다.

⑤ 50층 이상인 건축물의 옥내소화전 주배관 중 수직배관은 2개 이상(주배관 성능을 갖는 동일호칭배관)으로 설치하여야 하며, 하나의 수직배관의 파손 등 작동 불능 시에도 다른 수직배관으로부터 소화용수가 공급되도록 구성하여야 한다.

⑥ 비상전원은 자가발전설비, 축전지설비(내연기관에 따른 펌프를 사용하는 경우에는 내연기관의 기동 및 제어용 축전지를 말한다) 또는 전기저장장치(외부 전기에너지를 저장해 두었다가 필요한 때 전기를 공급하는 장치)로서 옥내소화전설비를 40분 이상 작동할 수 있을 것. 다만, 50층 이상인 건축물의 경우에는 60분 이상 작동할 수 있어야 한다.

제6조(스프링클러설비) 스프링클러설비는 다음 각 항의 기준에 따라 설치하여야 한다. ① 수원은 스프링클러설비 설치장소별 스프링클러헤드의 기준개수에 3.2m^{3}를 곱한 양 이상이 되도록 하여야 한다. 다만, 50층 이상인 건축물의 경우에는 4.8m^{3}를 곱한 양 이상이 되도록 하여야 한다.

② 스프링클러설비의 수원은 제1호에 따라 산출된 유효수량 외에 유효수량의 3분의 1이상을 옥상(스프링클러설비가 설치된 건축물의 주된 옥상을 말한다. 이하 같다)에 설치하여야 한다. 다만, 스프링클러설비의 화재안전기준(NFSC103) 제4조제2항제3호 또는 제4호에 해당하는 경우에는 그러하지 아니하다.

③ 전동기 또는 내연기관을 이용한 펌프방식의 가압송수장치는 스프링클러설비 전용으로 설치하여야 하며, 스프링클러설비 주펌프 이외에 동등 이상인 별도의 예비펌프를 설치하여야 한다.

④ 급수배관은 전용으로 설치하여야 한다.

⑤ 50층 이상인 건축물의 스프링클러설비 주배관 중 수직배관은 2개 이상(주배관 성능을 갖는 동일 호칭배관)으로 설치하고, 하나의 수직배관이 파손 등 작동 불능 시에도 다른 수직배관으로부터 소화용수가 공급되도록 구성하여야 하며, 각 각의 수직배관에 유수검지장치를 설치하여야 한다.
⑥ 50층 이상인 건축물의 스프링클러 헤드에는 2개 이상의 가지배관 양방향에서 소화용수가 공급되도록 하고, 수리계산에 의한 설계를 하여야 한다.
⑦ 스프링클러설비의 음향장치는 스프링클러설비의 화재안전기준(NFSC 103) 제9조에 따라 설치하되, 다음 각 호의 기준에 따라 경보를 발할 수 있도록 하여야 한다.
  1. 2층 이상의 층에서 발화한 때에는 발화층 및 그 직상 4개층에 경보를 발할 것
  2. 1층에서 발화한 때에는 발화층·그 직상 4개층 및 지하층에 경보를 발할 것
  3. 지하층에서 발화한 때에는 발화층·그 직상층 및 기타의 지하층에 경보를 발할 것

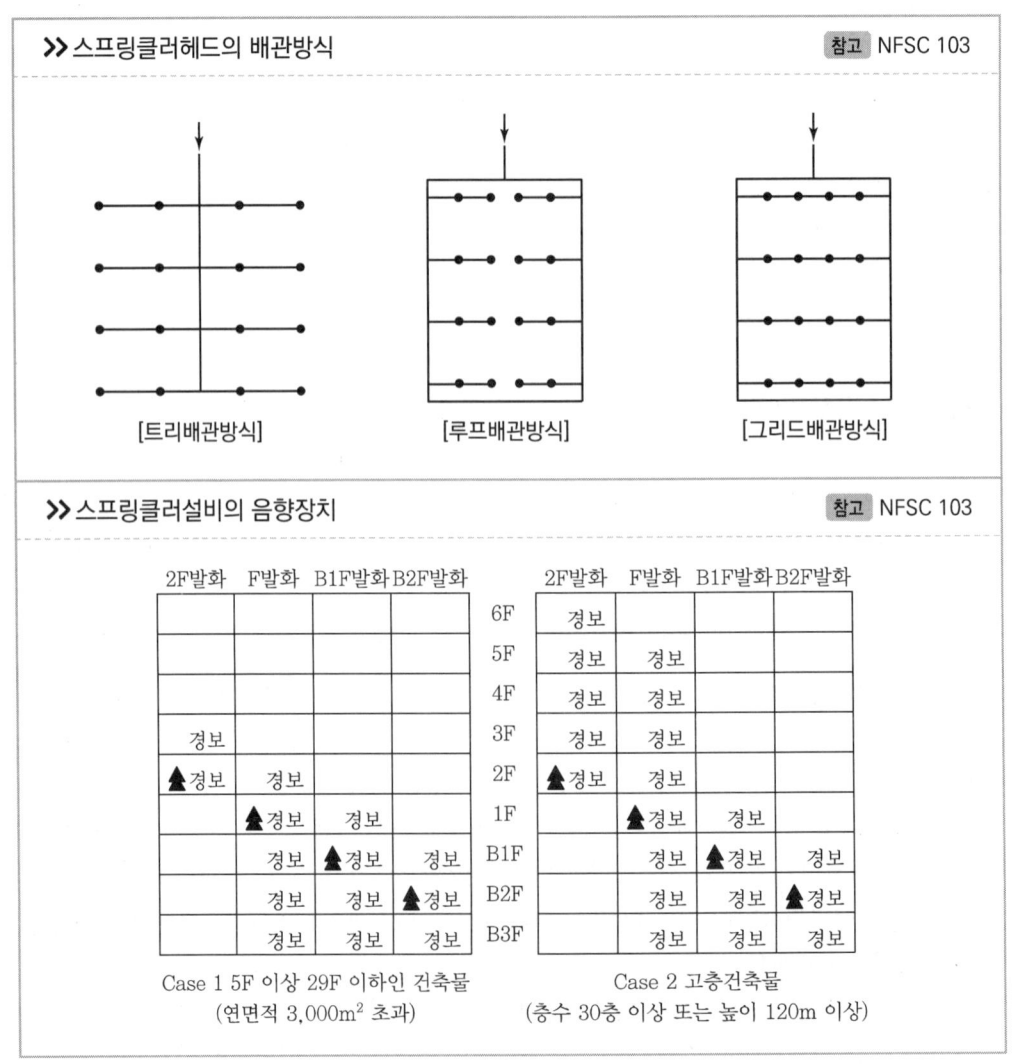

⑧ 비상전원을 설치할 경우 자가발전설비, 축전지설비(내연기관에 따른 펌프를 사용하는 경우에는 내연기관의 기동 및 제어용 축전지를 말한다) 또는 전기저장장치(외부 전기에너지를 저장해 두었다가 필요한 때 전기를 공급하는 장치)로서 스프링클러설비를 40분 이상 작동할 수 있을 것. 다만, 50층 이상인 건축물의 경우에는 60분 이상 작동할 수 있어야 한다.

제7조(비상방송설비) ① 비상방송설비의 음향장치는 다음 각 호의 기준에 따라 경보를 발할 수 있도록 하여야 한다.
　1. 2층 이상의 층에서 발화한 때에는 발화층 및 그 직상 4개층에 경보를 발할 것
　2. 1층에서 발화한 때에는 발화층·그 직상 4개층 및 지하층에 경보를 발할 것
　3. 지하층에서 발화한 때에는 발화층·그 직상층 및 기타의 지하층에 경보를 발할 것
② 비상방송설비에는 그 설비에 대한 감시상태를 60분간 지속한 후 유효하게 30분 이상 경보할 수 있는 축전지설비(수신기에 내장하는 경우를 포함한다) 또는 전기저장장치(외부 전기에너지를 저장해 두었다가 필요한 때 전기를 공급하는 장치)를 설치할 것

제8조(자동화재탐지설비) ① 감지기는 아날로그방식의 감지기로서 감지기의 작동 및 설치지점을 수신기에서 확인할 수 있는 것으로 설치하여야 한다. 다만, 공동주택의 경우에는 감지기별로 작동 및 설치지점을 수신기에서 확인할 수 있는 아날로그방식 외의 감지기로 설치할 수 있다.

> **》고층건축물의 설치하는 감지기**
>
> ① 일반건축물은 아날로그식 주소형감지기
> ② 공동주택은 주소형감지기(IP Address로 작동한 감지기의 위치를 확인할 수 있는 형태)

② 자동화재탐지설비의 음향장치는 다음 각 호의 기준에 따라 경보를 발할 수 있도록 하여야 한다.
　1. 2층 이상의 층에서 발화한 때에는 발화층 및 그 직상 4개층에 경보를 발할 것
　2. 1층에서 발화한 때에는 발화층·그 직상 4개층 및 지하층에 경보를 발할 것
　3. 지하층에서 발화한 때에는 발화층·그 직상층 및 기타의 지하층에 경보를 발할 것
③ 50층 이상인 건축물에 설치하는 통신·신호배선은 이중배선을 실시하도록 하고 단선(斷線) 시에도 고장표시가 되며 정상 작동할 수 있는 성능을 갖도록 설비를 하여야 한다.
　1. 수신기와 수신기 사이의 통신배선
　2. 수신기와 중계기 사이의 신호배선
　3. 수신기와 감지기 사이의 신호배선
④ 자동화재탐지설비에는 그 설비에 대한 감시상태를 60분간 지속한 후 유효하게 30분 이상 경보할 수 있는 축전지설비(수신기에 내장하는 경우를 포함한다) 또는 전기저장장치(외부 전기에너지를 저장해 두었다가 필요한 때 전기를 공급하는 장치)를 설치하여야한다. 다만, 상용전원이 축전지설비인 경우에는 그러하지 아니하다.

제9조(특별피난계단의 계단실 및 부속실 제연설비) 특별피난계단의 계단실 및 그 부속실 제연설비의 화재안전기준(NFSC 501A)에 따라 설치하되, 비상전원은 자가발전설비 등으로 하고 제연설비를 유효하게 40분 이상 작동할 수 있도록 할 것. 다만, 50층 이상인 건축물의 경우에는 60분 이상 작동할 수 있어야 한다.

> **》 고층건축물의 설치하는 비상전원**
>
> ① 옥내소화전, 스프링클러, 연결송수관설비 : 자가발전설비, 축전지설비 또는 전기저장장치
> ② 제연설비 : 자가발전설비
> ③ 비상방송, 자동화재탐지설비 : 축전지설비 또는 전기저장장치
> ④ 피난유도선 : 없음
> ⑤ 휴대용 비상조명등 : 건전지 및 충전식 건전지

제10조(피난안전구역의 소방시설) 「초고층 및 지하연계 복합건축물 재난관리에 관한 특별법시행령」 제14조제2항에 따라 피난안전구역에 설치하는 소방시설은 별표 1과 같이 설치하여야 하며, 이 기준에서 정하지 아니한 것은 개별 화재안전기준에 따라 설치하여야 한다.

제11조(연결송수관설비) ① 연결송수관설비의 배관은 전용으로 한다. 다만, 주배관의 구경이 100mm 이상인 옥내소화전설비와 겸용할 수 있다.
② 연결송수관설비의 비상전원은 자가발전설비, 축전지설비(내연기관에 따른 펌프를 사용하는 경우에는 내연기관의 기동 및 제어용 축전지를 말한다) 또는 전기저장장치(외부 전기에너지를 저장해 두었다가 필요한 때 전기를 공급하는 장치)로서 연결송수관설비를 유효하게 40분 이상 작동할 수 있어야 할 것. 다만, 50층 이상인 건축물의 경우에는 60분 이상 작동할 수 있어야 한다.

제12조(재검토기한) 소방청장은 「훈령·예규 등의 발령 및 관리에 관한 규정」에 따라 이 고시에 대하여 2016년 1월 1일을 기준으로 매3년이 되는 시점(매 3년째의 12월 31일까지를 말한다)마다 그 타당성을 검토하여 개선 등의 조치를 하여야 한다.

부칙

〈제2017-1호, 2017. 7. 26.〉

제1조(시행일) 이 고시는 발령한 날부터 시행한다.
제2조 생략

[별표 1] 피난안전구역에 설치하는 소방시설 설치기준(제10조관련)

구분	설치기준
1. 제연설비	피난안전구역과 비 제연구역간의 차압은 50Pa(옥내에 스프링클러설비가 설치된 경우에는 12.5Pa) 이상으로 하여야 한다. 다만 피난안전구역의 한쪽 면 이상이 외기에 개방된 구조의 경우에는 설치하지 아니할 수 있다.
2. 피난유도선	피난유도선은 다음 각 호의 기준에 따라 설치하여야 한다. 가. 피난안전구역이 설치된 층의 계단실 출입구에서 피난안전구역 주 출입구 또는 비상구까지 설치할 것 나. 계단실에 설치하는 경우 계단 및 계단참에 설치할 것 다. 피난유도 표시부의 너비는 최소 25mm 이상으로 설치할 것 라. 광원점등방식(전류에 의하여 빛을 내는 방식)으로 설치하되, 60분 이상 유효하게 작동할 것
3. 비상조명등	피난안전구역의 비상조명등은 상시 조명이 소등된 상태에서 그 비상조명등이 점등되는 경우 각 부분의 바닥에서 조도는 10Lx 이상이 될 수 있도록 설치할 것

4. 휴대용비상조명등	가. 피난안전구역에는 휴대용비상조명등을 다음 각 호의 기준에 따라 설치하여야 한다.
	  1) 초고층 건축물에 설치된 피난안전구역 : 피난안전구역 위층의 재실자수(「건축물의 피난·방화구조 등의 기준에 관한 규칙」 별표 1의2에 따라 산정된 재실자 수를 말한다)의 10분의1 이상
	  2) 지하연계 복합건축물에 설치된 피난안전구역 : 피난안전구역이 설치된 층의 수용인원(영 별표 2에 따라 산정된 수용인원을 말한다)의 10분의1 이상
	나. 건전지 및 충전식 건전지의 용량은 40분 이상 유효하게 사용할 수 있는 것으로 한다. 다만, 피난안전구역이 50층 이상에 설치되어 있을 경우의 용량은 60분 이상으로 할 것

5. 인명구조기구	가. 방열복, 인공소생기를 각 2개 이상 비치할 것 나. 45분 이상 사용할 수 있는 성능의 공기호흡기(보조마스크를 포함한다)를 2개 이상 비치하여야 한다. 다만, 피난안전구역이 50층 이상에 설치되어 있을 경우에는 동일한 성능의 예비용기를 10개 이상 비치할 것 다. 화재 시 쉽게 반출할 수 있는 곳에 비치할 것 라. 인명구조기구가 설치된 장소의 보기 쉬운 곳에 "인명구조기구"라는 표지판 등을 설치할 것

 **소방시설 자체점검**

참고 소방시설 자체점검사항 등에 관한 고시, 한국소방안전원

✅ **소방시설 작동기능점검표 작성 예시**

1 점검 전 준비사항
1) 점검장소의 협의나 협조 받을 건물 관계인 등 연락처를 사전 확보
2) 점검의 목적과 필요성에 대하여 건물 관계인에게 사전 안내 및 협의
3) 음향장치 및 각 실별 방문점검 사항을 공지하여 협조 요청

2 현장확인
1) 현장 시설물의 도면 등을 이용하여 설비의 개요 및 설치위치 등을 파악한다.
2) 점검사항을 토대로 점검순서를 계획하고 점검장비 및 공구를 준비한다.
3) 기존의 점검자료 및 조치결과가 있다면 점검 전 참고
4) 점검과 관련된 각종 법규 및 기준 등의 기술기준 등 규정사항을 준비하고 숙지한다.

3 점검표 작성을 위한 준비물
1) **소방시설등 작동기능점검 실시결과 보고서**
   화재예방, 소방시설 설치·유지 및 안전관리에 관한 법률 시행규칙 별지 서식
2) **소방시설등 작동기능 점검표**
   소방시설 자체점검사항 등에 관한 고시 서식
3) **건축물대장**
   건축물대장/소방도면 및 소방시설 현황/소방계획서 등
4) **점검에 필요한 장비**
   공통시설, 소화기구, 소화전설비, 수계 소화설비, 가스계 소화설비, 경보설비, 무선통신보조설비, 제연설비, 유도등 등 점검에 필요한 장비를 준비할 것
5) **자체점검 후 결과 조치(소방시설법 시행규칙 제19조)**
   (1) **작동기능점검** : 작동기능점검을 실시한 경우 7일 이내에 작동기능점검 실시결과 보고서를 소방본부장 또는 소방서장에게 제출하여야 한다.
   (2) **종합정밀점검** : 종합정밀점검을 실시한 경우 7일 이내에 종합정밀점검 실시결과 보고서를 소방본부장 또는 소방서장에게 제출하여야 한다.
   ▶ 소방시설관리업자는 점검을 실시한 경우 점검이 끝난 날부터 10일 이내에 소방시설관리업자에 대한 평가 등에 관한 업무를 위탁받은 평가기관에 통보하여야 한다.

31. 기타사항 점검표

번호	점검항목	점검결과
31-A. 피난·방화시설		
31-A-001 31-A-002	○ 방화문 및 방화셔터의 관리 상태(폐쇄·훼손·변경) 및 정상 기능 적정 여부 ● 비상구 및 피난통로 확보 적정 여부(피난·방화시설 주변 장애물 적치 포함)	
31-B. 방염		
31-B-001 31-B-002	● 선처리 방염대상물품의 적합 여부(방염성능시험성적서 및 합격표시 확인) ● 후처리 방염대상물품의 적합 여부(방염성능검사결과 확인)	
비고	※ 방염성능시험성적서, 합격표시 및 방염성능검사결과의 확인이 불가한 경우 비고에 기재한다.	

※ 점검항목 중 "●"는 종합정밀점검의 경우에만 해당한다.
※ 점검결과란은 양호 "○", 불량 "×", 해당없는 항목은 "/"로 표시한다.
※ 점검항목 내용 중 "설치기준" 및 "설치상태"에 대한 점검은 정상적인 작동 가능 여부를 포함한다.
※ '비고'란에는 특정소방대상물의 위치·구조·용도 및 소방시설의 상황 등이 이 표의 항목대로 기재하기 곤란하거나 이 표에서 누락된 사항을 기재한다.(이하 같다)

32. 다중이용업소 점검표

(1면)

번호	점검항목	점검결과
32 - A. 소화설비		
	[소화기구(소화기, 자동확산소화기)]	
32 - A - 001	○ 설치수량(구획된 실 등) 및 설치거리(보행거리) 적정 여부	
32 - A - 002	○ 설치장소(손쉬운 사용) 및 설치 높이 적정 여부	
32 - A - 003	○ 소화기 표지 설치상태 적정 여부	
32 - A - 004	○ 외형의 이상 또는 사용상 장애 여부	
32 - A - 005	○ 수동식 분말소화기 내용연수 적정여부	
	[간이스프링클러설비]	
32 - A - 011	○ 수원의 양 적정 여부	
32 - A - 012	○ 가압송수장치의 정상 작동 여부	
32 - A - 013	○ 배관 및 밸브의 파손, 변형 및 잠김 여부	
32 - A - 014	○ 상용전원 및 비상전원의 이상 여부	
32 - A - 015	● 유수검지장치의 정상 작동 여부	
32 - A - 016	● 헤드의 적정 설치 여부(미설치, 살수장애, 도색 등)	
32 - A - 017	● 송수구 결합부의 이상 여부	
32 - A - 018	● 시험밸브 개방 시 펌프기동 및 음향 경보 여부	

※ 펌프성능시험(펌프 명판 및 설계치 참조)

구분		체절운전	정격운전 (100%)	정격유량의 150% 운전	적정 여부
토출량 (l/min)	주				1. 체절운전 시 토출압은 정격토출압의 140% 이하일 것 ( )
	예비				2. 정격운전 시 토출량과 토출압이 규정치 이상일 것 ( )
토출압 (MPa)	주				3. 정격토출량의 150%에서 토출압이 정격토출압의 65% 이상일 것 ( )
	예비				

○ 설정압력 :
○ 주펌프
  기동 :   MPa
  정지 :   MPa
○ 예비펌프
  기동 :   MPa
  정지 :   MPa
○ 충압펌프
  기동 :   MPa
  정지 :   MPa

※ 릴리프밸브 작동압력 :   MPa

번호	점검항목	점검결과
32 - B. 경보설비		
	[비상벨 · 자동화재탐지설비]	
32 - B - 001	○ 구획된 실마다 감지기(발신기), 음향장치 설치 및 정상 작동 여부	
32 - B - 002	○ 전용 수신기가 설치된 경우 주수신기와 상호 연동되는지 여부	
32 - B - 003	○ 수신기 예비전원(축전지) 상태 적정 여부(상시 충전, 상용전원 차단 시 자동절환)	
	[가스누설경보기]	
32 - B - 011	● 주방 또는 난방시설이 설치된 장소에 설치 및 정상 작동 여부	
32 - C. 피난구조설비		
	[피난기구]	
32 - C - 001	● 피난기구 종류 및 설치개수 적정 여부	

(2면)

번호	점검항목	점검결과
32-C-002	○ 피난기구의 부착 위치 및 부착 방법 적정 여부	
32-C-003	○ 피난기구(지지대 포함)의 변형·손상 또는 부식이 있는지 여부	
32-C-004	○ 피난기구의 위치표시 표지 및 사용방법 표지 부착 적정 여부	
32-C-005	● 피난에 유효한 개구부 확보(크기, 높이에 따른 발판, 창문 파괴장치) 및 관리상태	
	[피난유도선]	
32-C-011	○ 피난유도선의 변형 및 손상 여부	
32-C-012	● 정상 점등(화재 신호와 연동 포함) 여부	
	[유도등]	
32-C-021	○ 상시(3선식의 경우 점검스위치 작동 시) 점등 여부	
32-C-022	○ 시각장애(규정된 높이, 적정위치, 장애물 등으로 인한 시각장애 유무) 여부	
32-C-023	○ 비상전원 성능 적정 및 상용전원 차단 시 예비전원 자동전환 여부	
	[유도표지]	
32-C-031	○ 설치 상태(유사 등화광고물·게시물 존재, 쉽게 떨어지지 않는 방식) 적정 여부	
32-C-032	○ 외광·조명장치로 상시 조명 제공 또는 비상조명등 설치 여부	
	[비상조명등]	
32-C-041	○ 설치위치의 적정 여부	
32-C-042	● 예비전원 내장형의 경우 점검스위치 설치 및 정상 작동 여부	
	[휴대용비상조명등]	
32-C-051	○ 영업장안의 구획된 실마다 잘 보이는 곳에 1개 이상 설치 여부	
32-C-052	● 설치높이 및 표지의 적합 여부	
32-C-053	● 사용 시 자동으로 점등되는지 여부	
32-D. 비상구		
32-D-001	○ 피난동선에 물건을 쌓아두거나 장애물 설치 여부	
32-D-002	○ 피난구, 발코니 또는 부속실의 훼손 여부	
32-D-003	○ 방화문·방화셔터의 관리 및 작동상태	
32-E. 영업장 내부 피난통로·영상음향차단장치·누전차단기·창문		
32-E-001	○ 영업장 내부 피난통로 관리상태 적합 여부	
32-E-002	● 영상음향차단장치 설치 및 정상작동 여부	
32-E-003	● 누전차단기 설치 및 정상작동 여부	
32-E-004	○ 영업장 창문 관리상태 적합 여부	
32-F. 피난안내도·피난안내영상물		
32-F-001	○ 피난안내도의 정상 부착 및 피난안내영상물 상영 여부	
32-G. 방염		
32-G-001	● 선처리 방염대상물품의 적합 여부(방염성능시험성적서 및 합격표시 확인)	
32-G-002	● 후처리 방염대상물품의 적합 여부(방염성능검사결과 확인)	
비고	※ 방염성능시험성적서, 합격표시 및 방염성능검사결과의 확인이 불가한 경우 비고에 기재한다.	

지하구의 화재안전기준

[시행 2021. 12. 16.]
[소방청고시 제2021-53호, 2021. 12. 16., 전부개정.]

01 개요

NFSC 605

1 질의회신 및 핵심사항 분석

	핵심사항	참고 기출자료
설치기준	• 연소방지도료를 도포하여야 할 장소 • 연소방지도료, 난연테이프 용어의 정의 • 방수헤드의 설치기준	
Key point	• 전면 개정사항	

2 시스템의 해설(저수량, 흡수관 투입구, 채수구, 가압송수장치)

지하구에 시설하는 연소방지설비는 전력 또는 통신사업용 지하인공구조물로서 전력구 또는 통신구 방식으로 지하구에 설치하여 관할 소방서에서 통합감시시설을 구축하여 감시하는 설비이다.

1) 소방용품(소방시설법 시행령 제6조)

소방시설의 설치 및 운영으로 화재를 효과적으로 제어하는 화재예방 시설에는 ① 비상전원수전설비, ② 임시소방시설 ③ 건축구조물을 구성하는 소방시설로 도로터널, 고층건축물, 지하구 등이 있으며, 소방시설의 제품검사(형식승인 및 성능인증) 대상 품목은 ① 법 제36조제1항 본문에서 "대통령령으로 정하는 소방용품" ② 규칙 제15조제1항 본문에서 "행정안전부령으로 정하는 소방용품" ③ 규칙 제15조 및 별표 7 제22호에 따른 "소방청장이 고시하는 소방용품" 등으로 구분되고 소방용품은 제품검사를 받아 합격한 제품을 사용하여야 한다.

제1조(목적) 이 기준은 「화재예방, 소방시설 설치·유지 및 안전관리에 관한 법률」 제9조제1항에 따라 소방청장에게 위임한 사항 중 지하구에 설치하여야 하는 소방시설 등의 설치·유지 및 안전관리에 관하여 필요한 사항을 규정함을 목적으로 한다.

> **POINT 시스템 및 안전관리**
>
> 소방시설등의 설치목적은 소화·경보·피난구조·소화용수·소화활동 및 비상구, 그 밖에 소방관련 시설의 특정소방대상물에서 화재가 발생한 경우 연소생성물(열, 연기, 불꽃 등)에 의한 화재예방 및 안전관리를 위한 설비이며, 평상시에는 관계인에 의한 화재예방을 위하여 정기적으로 점검하는 소방설비이다.
> 1. 지하구설비는 전력 또는 통신사업용인 지하구에 화재예방을 위한 소방시설이다. 지하구설비의 구성은 소화기구 및 자동소화장치, 자동화재탐지설비, 유도등, 연소방지설비, 무선통신보조설비 등 통합감시시설과 관할소방관서의 정보통신장치에 표시되도록 구성한다.
> 2. 시스템을 구성하고 있는 소방관련시설은 「소방시설공사업법」의 소방시설공사 등의 품질과 안전이 확보되도록 시공되어야 하고, 소방기술의 관리에 필요한 화재안전기준에 적합하게 설계도서·시방서가 작성되어 성실하게 수행되어야 한다. 또한 「화재예방, 소방시설 설치·유지 및 안전관리에 관한 법률(이하 "소방시설법")」에 의한 소방용품의 제조 및 수입하려는 제품에 대하여 제품검사를 수행하고, 특정소방대상물의 관계인을 통하여 소방대상물의 안전관리가 이행되어야 한다.

제2조(적용범위) 「화재예방, 소방시설 설치·유지 및 안전관리에 관한 법률 시행령」(이하 "영"이라 한다) 제15조에 의한 지하구에 설치하는 소방시설 등은 이 기준에서 정하는 규정에 따라 설비를 설치하고 유지·관리하여야 한다.

> **POINT**
>
> **1 특정소방대상물의 설치기준(별표 5 연소방지설비)**
>
> | 소방시설 | 적용기준 | 설치대상 |
> |---|---|---|
> | 연소방지설비 | 지하구(전력 또는 통신사업용인 것만 해당) | 전부 |

2 소방시설의 설치 면제기준

1. (별표 6) 소방시설 설치 면제기준
   연소방지설비를 설치하여야 하는 특정소방대상물에 스프링클러설비, 물분무소화설비 또는 미분무소화설비를 화재안전기준에 적합하게 설치한 경우에는 그 설비의 유효범위에서 설치가 면제된다.
2. (별표 7) 소방시설을 설치하지 않을 수 있는 특정소방대상물 및 소방시설 범위 : 없음

제3조(정의) 이 기준에서 사용하는 용어의 정의는 다음과 같다.
1. "지하구"란 영 [별표2] 제28호에서 규정한 지하구를 말한다.
2. "제어반"이란 설비, 장치 등의 조작과 확인을 위해 제어용 계기류, 스위치 등을 금속제 외함에 수납한 것을 말한다.
3. "분전반"이란 분기개폐기·분기과전류차단기 그밖에 배선용기기 및 배선을 금속제 외함에 수납한 것을 말한다.
4. "방화벽"이란 화재 시 발생한 열, 연기 등의 확산을 방지하기 위하여 설치하는 벽을 말한다.
5. "분기구"란 전기, 통신, 상하수도, 난방 등의 공급시설의 일부를 분기하기 위하여 지하구의 단면 또는 형태를 변화시키는 부분을 말한다.
6. "환기구"란 지하구의 온도, 습도의 조절 및 유해가스를 배출하기 위해 설치되는 것으로 자연환기구와 강제환기구로 구분된다.
7. "작업구"란 지하구의 유지관리를 위하여 자재, 기계기구의 반·출입 및 작업자의 출입을 위하여 만들어진 출입구를 말한다.
8. "케이블접속부"란 케이블이 지하구 내에 포설되면서 발생하는 직선 접속 부분을 전용의 접속재로 접속한 부분을 말한다.
9. "특고압 케이블"이란 사용전압이 7,000V를 초과하는 전로에 사용하는 케이블을 말한다.

지하구(별표 2 제28호)

연소방지설비는 지하구(전력 또는 통신사업용인 것만 해당한다.)에 설치하여야 한다.
가. 전력·통신용의 전선이나 가스·냉난방용의 배관 또는 이와 비슷한 것을 집합수용하기 위하여 설치한 지하 인공구조물로서 사람이 점검 또는 보수를 하기 위하여 출입이 가능한 것 중 다음의 어느 하나에 해당하는 것
   1) 전력 또는 통신사업용 지하 인공구조물로서 전력구(케이블 접속부가 없는 경우에는 제외한다) 또는 통신구 방식으로 설치된 것
   2) 1)외의 지하 인공구조물로서 폭이 1.8m 이상이고 높이가 2m 이상이며 길이가 50m 이상인 것
나. 「국토의 계획 및 이용에 관한 법률」 제2조제9호에 따른 공동구

10. "분기배관"이란 배관 측면에 구멍을 뚫어 둘 이상의 관로가 생기도록 가공한 배관으로서 확관형 분기배관과 비확관형 분기배관을 말한다.
11. "확관형 분기배관"이란 배관의 측면에 조그만 구멍을 뚫고 소성가공으로 확관시켜 배관 용접이음자리를 만들거나 배관 용접이음자리에 배관이음쇠를 용접 이음한 배관을 말한다.
12. "비확관형 분기배관"이란 배관의 측면에 분기호칭내경 이상의 구멍을 뚫고 배관이음쇠를 용접 이음한 배관을 말한다.

제4조(소화기구 및 자동소화장치) ① 소화기구는 다음 각 호의 기준에 따라 설치하여야 한다.
1. 소화기의 능력단위(「소화기구 및 자동소화장치의 화재안전기준(NFSC 101)」 제3조제6호에 따른 수치를 말한다. 이하 같다)는 A급 화재는 개당 3단위 이상, B급 화재는 개당 5단위 이상 및 C급 화재에 적응성이 있는 것으로 할 것
2. 소화기 한대의 총중량은 사용 및 운반의 편리성을 고려하여 7kg 이하로 할 것
3. 소화기는 사람이 출입할 수 있는 출입구(환기구, 작업구를 포함한다) 부근에 5개 이상 설치할 것
4. 소화기는 바닥면으로부터 1.5m 이하의 높이에 설치할 것
5. 소화기의 상부에 "소화기"라고 표시한 조명식 또는 반사식의 표지판을 부착하여 사용자가 쉽게 인지할 수 있도록 할 것

② 지하구 내 발전실·변전실·송전실·변압기실·배전반실·통신기기실·전산기기실·기타 이와 유사한 시설이 있는 장소 중 바닥면적이 300m² 미만인 곳에는 유효설치 방호체적 이내의 가스·분말·고체에어로졸·캐비닛형 자동소화장치를 설치하여야 한다. 다만 해당 장소에 물분무등소화설비를 설치한 경우에는 설치하지 않을 수 있다.

③ 제어반 또는 분전반마다 가스·분말·고체에어로졸 자동소화장치 또는 유효설치 방호체적 이내의 소공간용 소화용구를 설치하여야 한다.

④ 케이블접속부(절연유를 포함한 접속부에 한한다.)마다 다음 각 호의 어느 하나에 해당하는 자동소화장치를 설치하되 소화성능이 확보될 수 있도록 방호공간을 구획하는 등 유효한 조치를 하여야 한다.
1. 가스·분말·고체에어로졸 자동소화장치
2. 중앙소방기술심의위원회의 심의를 거쳐 소방청장이 인정하는 자동소화장치

제5조(자동화재탐지설비) ① 감지기는 다음 각 호에 따라 설치하여야 한다.
1. 「자동화재탐지설비 및 시각경보장치의 화재안전기준(NFSC 203)」 제7조제1항 각 호의 감지기 중 먼지·습기 등의 영향을 받지 아니하고 발화시점(1m 단위)과 온도를 확인할 수 있는 것을 설치할 것
2. 지하구 천장의 중심부에 설치하되 감지기와 천장 중심부 하단과의 수직거리는 30cm 이내로 할 것. 다만, 형식승인 내용에 설치방법이 규정되어 있거나, 중앙기술심의위원회의 심의를 거쳐 제조사 시방서에 따른 설치방법이 지하구 화재에 적합하다고 인정되는 경우에는 형식승인

내용 또는 심의결과에 의한 제조사 시방서에 따라 설치할 수 있다.
3. 발화지점이 지하구의 실제거리와 일치하도록 수신기 등에 표시할 것
4. 공동구 내부에 상수도용 또는 냉·난방용 설비만 존재하는 부분은 감지기를 설치하지 않을 수 있다.
② 발신기, 지구음향장치 및 시각경보기는 설치하지 않을 수 있다.

제6조(유도등) 사람이 출입할 수 있는 출입구(환기구, 작업구를 포함한다.)에는 해당 지하구 환경에 적합한 크기의 피난구유도등을 설치하여야 한다.

제7조(연소방지설비) ① 연소방지설비의 배관은 다음 각 호의 기준에 따라 설치하여야 한다.
1. 배관용 탄소강관(KS D 3507) 또는 압력배관용 탄소강관(KS D 3562)이나 이와 동등 이상의 강도·내식성 및 내열성을 가진 것으로 하여야 한다.
2. 급수배관(송수구로부터 연소방지설비 헤드에 급수하는 배관을 말한다. 이하 같다)은 전용으로 하여야 한다.
3. 배관의 구경은 다음 각 목의 기준에 적합한 것이어야 한다.
   가. 연소방지설비전용헤드를 사용하는 경우에는 다음 표에 따른 구경 이상으로 할 것

하나의 배관에 부착하는 살수헤드의 개수	1개	2개	3개	4개 또는 5개	6개 이상
배관의 구경(mm)	32	40	50	65	80

   나. 개방형 스프링클러헤드를 사용하는 경우에는 「스프링클러설비의 화재안전기준(NFSC 103)」 [별표 1]의 기준에 따를 것
4. 교차배관은 가지배관과 수평으로 설치하거나 또는 가지배관 밑에 설치하고, 그 구경은 제3호에 따르되, 최소구경이 40mm 이상이 되도록 할 것
5. 배관에 설치되는 행가는 다음 각 목의 기준에 따라 설치하여야 한다.
   가. 가지배관에는 헤드의 설치지점 사이마다 1개 이상의 행가를 설치하되, 헤드 간의 거리가 3.5m을 초과하는 경우에는 3.5m 이내마다 1개 이상 설치할 것. 이 경우 상향식헤드와 행가 사이에는 8cm 이상의 간격을 두어야 한다.
   나. 교차배관에는 가지배관과 가지배관 사이마다 1개 이상의 행가를 설치하되, 가지배관 사이의 거리가 4.5m을 초과하는 경우에는 4.5m 이내마다 1개 이상 설치할 것
   다. 제1호와 제2호의 수평주행배관에는 4.5m 이내마다 1개 이상 설치할 것
6. 확관형 분기배관을 사용할 경우에는 「분기배관의 성능인증 및 제품검사의 기술기준」에 적합한 것으로 설치하여야 한다.
② 연소방지설비의 헤드는 다음 각 호의 기준에 따라 설치하여야 한다.
1. 천장 또는 벽면에 설치할 것
2. 헤드 간의 수평거리는 연소방지설비 전용헤드의 경우에는 2m 이하, 스프링클러헤드의 경우

에는 1.5m 이하로 할 것
3. 소방대원의 출입이 가능한 환기구·작업구마다 지하구의 양쪽방향으로 살수헤드를 설정하되, 한쪽 방향의 살수구역의 길이는 3m 이상으로 할 것. 다만, 환기구 사이의 간격이 700m를 초과할 경우에는 700m 이내마다 살수구역을 설정하되, 지하구의 구조를 고려하여 방화벽을 설치한 경우에는 그러하지 아니하다.
4. 연소방지설비 전용헤드를 설치할 경우에는 「소화설비용헤드의 성능인증 및 제품검사 기술기준」에 적합한 '살수헤드'를 설치할 것

③ 송수구는 다음 각 호의 기준에 따라 설치하여야 한다.
1. 소방차가 쉽게 접근할 수 있는 노출된 장소에 설치하되, 눈에 띄기 쉬운 보도 또는 차도에 설치할 것
2. 송수구는 구경 65mm의 쌍구형으로 할 것
3. 송수구로부터 1m 이내에 살수구역 안내표지를 설치할 것
4. 지면으로부터 높이가 0.5m 이상 1m 이하의 위치에 설치할 것
5. 송수구의 가까운 부분에 자동배수밸브(또는 직경 5mm의 배수공)를 설치할 것. 이 경우 자동배수밸브는 배관 안의 물이 잘 빠질 수 있는 위치에 설치하되, 배수로 인하여 다른 물건 또는 장소에 피해를 주지 아니하여야 한다.
6. 송수구로부터 주배관에 이르는 연결배관에는 개폐밸브를 설치하지 아니할 것
7. 송수구에는 이물질을 막기 위한 마개를 씌어야 한다.

제8조(연소방지재) 지하구 내에 설치하는 케이블·전선 등에는 다음 각 호의 기준에 따라 연소방지재를 설치하여야 한다. 다만, 케이블·전선 등을 다음 제1호의 난연성능 이상을 충족하는 것으로 설치한 경우에는 연소방지재를 설치하지 않을 수 있다.

1. 연소방지재는 한국산업표준(KS C IEC 60332-3-24)에서 정한 난연성능 이상의 제품을 사용하되 다음 각 목의 기준을 충족하여야 한다.
   가. 시험에 사용되는 연소방지재는 시료(케이블 등)의 아래쪽(점화원으로부터 가까운 쪽)으로부터 30cm 지점부터 부착 또는 설치되어야 한다.
   나. 시험에 사용되는 시료(케이블 등)의 단면적은 325mm^2로 한다.
   다. 시험성적서의 유효기간은 발급 후 3년으로 한다.
2. 연소방지재는 다음 각 목에 해당하는 부분에 제1호와 관련된 시험성적서에 명시된 방식으로 시험성적서에 명시된 길이 이상으로 설치하되, 연소방지재 간의 설치 간격은 350m를 넘지 않도록 하여야 한다.
   가. 분기구
   나. 지하구의 인입부 또는 인출부
   다. 절연유 순환펌프 등이 설치된 부분
   라. 기타 화재발생 위험이 우려되는 부분

제9조(방화벽) 방화벽은 다음 각 호에 따라 설치하고 항상 닫힌 상태를 유지하거나 자동폐쇄장치에 의하여 화재 신호를 받으면 자동으로 닫히는 구조로 하여야 한다.
1. 내화구조로서 홀로 설 수 있는 구조일 것
2. 방화벽의 출입문은 갑종방화문으로 설치할 것
3. 방화벽을 관통하는 케이블·전선 등에는 국토교통부 고시(내화구조의 인정 및 관리기준)에 따라 내화충전 구조로 마감할 것
4. 방화벽은 분기구 및 국사·변전소 등의 건축물과 지하구가 연결되는 부위(건축물로부터 20m 이내)에 설치할 것
5. 자동폐쇄장치를 사용하는 경우에는 「자동폐쇄장치의 성능인증 및 제품검사의 기술기준」에 적합한 것으로 설치할 것

제10조(무선통신보조설비) 무선통신보조설비의 무전기접속단자는 방재실과 공동구의 입구 및 연소방지설비 송수구가 설치된 장소(지상)에 설치하여야 한다.

제11조(통합감시시설) 통합감시시설은 다음 각 호의 기준에 따라 설치한다.
1. 소방관서와 지하구의 통제실 간에 화재 등 소방활동과 관련된 정보를 상시 교환할 수 있는 정보통신망을 구축할 것
2. 제1호의 정보통신망(무선통신망을 포함한다)은 광케이블 또는 이와 유사한 성능을 가진 선로일 것
3. 수신기는 지하구의 통제실에 설치하되 화재신호, 경보, 발화지점 등 수신기에 표시되는 정보가 [별표1]에 적합한 방식으로 119상황실이 있는 관할 소방관서의 정보통신장치에 표시되도록 할 것

제12조(다른 화재안전기준과의 관계) 지하구에 설치하는 소방시설 등의 설치기준 중 이 기준에서 규정하지 아니한 소방시설 등의 설치기준은 개별 화재안전기준에 따라 설치하여야 한다.

제13조(기존 지하구에 대한 특례) 「화재예방, 소방시설 설치·유지 및 안전관리에 관한 법률」 제11조에 따라 기존 지하구에 설치하는 소방시설 등에 대해 강화된 기준을 적용하는 경우에는 다음 각 호의 설치·유지 관련 특례를 적용한다.
1. 특고압 케이블이 포설된 송·배전 전용의 지하구(공동구를 제외한다)에는 온도 확인 기능 없이 최대 700m의 경계구역을 설정하여 발화지점(1m 단위)을 확인할 수 있는 감지기를 설치할 수 있다.
2. 소방본부장 또는 소방서장은 이 기준이 정하는 기준에 따라 해당 건축물에 설치하여야 할 소방시설 등의 공사가 현저하게 곤란하다고 인정되는 경우에는 해당 설비의 기능 및 사용에 지장이 없는 범위 안에서 소방시설 등의 설치·유지기준의 일부를 적용하지 아니할 수 있다.

제14조(재검토기한) 소방청장은 「훈령·예규 등의 발령 및 관리에 관한 규정」에 따라 이 고시에 대하여 2021년 1월 1일을 기준으로 매3년이 되는 시점(매 3년째의 12월 31일까지를 말한다)마다 그 타당성을 검토하여 개선 등의 조치를 하여야 한다.

부칙

〈제2021-11호, 2021. 1. 15.〉

제1조(시행일) 이 고시는 발령한 날부터 시행한다.

제2조(다른 고시의 폐지) 「연소방지설비의 화재안전기준(NFSC 506)」을 폐지하고 「지하구의 화재안전기준(NFSC 605)」으로 전부 개정한다.

제3조(다른 고시의 개정) ① 「소화기구 및 자동소화장치의 화재안전기준(NFSC 101)」 일부를 다음과 같이 개정한다.

제4조제1항제4호가목 중 단서 조항을 "다만, 가연성물질이 없는 작업장의 경우에는 작업장의 실정에 맞게 보행거리를 완화하여 배치할 수 있다."로 개정한다.

[별표 4] 부속용도별로 추가하여야 할 소화기구 및 자동소화장치 중 용도별 제1호라목을 삭제하고 소화기구의 능력단위 제1호 단서 조항 "다만, 지하구의 제어반 또는 분전반의 경우에는 제어반 또는 분전반마다 그 내부에 가스·분말·고체에어로졸자동소화장치를 설치하여야 한다."를 삭제한다.

② 「미분무소화설비의 화재안전기준(NFSC 104A)」 일부를 다음과 같이 개정한다.

제10조제3호 중 "지하구"를 삭제한다.

③ 「비상경보설비 및 단독경보형감지기의 화재안전기준(NFSC 201)」 일부를 다음과 같이 개정한다.

제4조제5항 중 단서 조항 "다만, 지하구의 경우에는 발신기를 설치하지 아니할 수 있다."를 삭제한다.

④ 「자동화재탐지설비 및 시각경보장치의 화재안전기준(NFSC 203)」 일부를 다음과 같이 개정한다.

제4조제1항제4호 "지하구의 경우 하나의 경계구역의 길이는 700m 이하로 할 것"을 삭제한다.

제7조제3항제12호바목 중 "지하구나"를 삭제한다.

제7조제6항을 삭제한다.

제9조제1항 중 단서 조항 "다만, 지하구의 경우에는 발신기를 설치하지 아니할 수 있다."를 삭제한다.

부칙

〈제2021-53호, 2021.12.16.〉

제1조(시행일) 이 고시는 발령한 날부터 시행한다.

제2조(일반적 적용례) 이 고시는 이 고시 시행 후 특정소방대상물의 신축·증축·개축·재축·이전·용도변경 또는 대수선의 허가·협의를 신청하거나 신고하는 경우부터 적용한다.

03 소방시설 자체점검

> 참고 소방시설 자체점검사항 등에 관한 고시, 한국소방안전원

✓ 소방시설 작동기능점검표 작성 예시

1 점검 전 준비사항
1) 점검장소의 협의나 협조 받을 건물 관계인 등 연락처를 사전 확보
2) 점검의 목적과 필요성에 대하여 건물 관계인에게 사전 안내 및 협의
3) 음향장치 및 각 실별 방문점검 사항을 공지하여 협조 요청

2 현장확인
1) 현장 시설물의 도면 등을 이용하여 설비의 개요 및 설치위치 등을 파악한다.
2) 점검사항을 토대로 점검순서를 계획하고 점검장비 및 공구를 준비한다.
3) 기존의 점검자료 및 조치결과가 있다면 점검 전 참고
4) 점검과 관련된 각종 법규 및 기준 등의 기술기준 등 규정사항을 준비하고 숙지한다.

3 점검표 작성을 위한 준비물
1) **소방시설등 작동기능점검 실시결과 보고서**
   화재예방, 소방시설 설치·유지 및 안전관리에 관한 법률 시행규칙 별지 서식
2) **소방시설등 작동기능 점검표**
   소방시설 자체점검사항 등에 관한 고시 서식
3) **건축물대장**
   건축물대장/소방도면 및 소방시설 현황/소방계획서 등
4) **점검에 필요한 장비**
   공통시설, 소화기구, 수계소화설비, 경보설비, 무선통신보조설비 등 점검에 필요한 장비를 준비할 것
5) **자체점검 후 결과 조치(소방시설법 시행규칙 제19조)**
   (1) 작동기능점검 : 작동기능점검을 실시한 경우 7일 이내에 작동기능점검 실시결과 보고서를 소방본부장 또는 소방서장에게 제출하여야 한다.
   (2) 종합정밀점검 : 종합정밀점검을 실시한 경우 7일 이내에 종합정밀점검 실시결과 보고서를 소방본부장 또는 소방서장에게 제출하여야 한다.
   ▶ 소방시설관리업자는 점검을 실시한 경우 점검이 끝난 날부터 10일 이내에 소방시설관리업자에 대한 평가 등에 관한 업무를 위탁받은 평가기관에 통보하여야 한다.

31. 기타사항 점검표

번호	점검항목	점검결과
31-A. 피난·방화시설		
31-A-001	○ 방화문 및 방화셔터의 관리 상태(폐쇄·훼손·변경) 및 정상 기능 적정 여부	
31-A-002	● 비상구 및 피난통로 확보 적정 여부(피난·방화시설 주변 장애물 적치 포함)	
31-B. 방염		
31-B-001	● 선처리 방염대상물품의 적합 여부(방염성능시험성적서 및 합격표시 확인)	
31-B-002	● 후처리 방염대상물품의 적합 여부(방염성능검사결과 확인)	
비고	※ 방염성능시험성적서, 합격표시 및 방염성능검사결과의 확인이 불가한 경우 비고에 기재한다.	

※ 점검항목 중 "●"는 종합정밀점검의 경우에만 해당한다.
※ 점검결과란은 양호 "○", 불량 "×", 해당없는 항목은 "/"로 표시한다.
※ 점검항목 내용 중 "설치기준" 및 "설치상태"에 대한 점검은 정상적인 작동 가능 여부를 포함한다.
※ '비고'란에는 특정소방대상물의 위치·구조·용도 및 소방시설의 상황 등이 이 표의 항목대로 기재하기 곤란하거나 이 표에서 누락된 사항을 기재한다.(이하 같다)

임시소방시설의 화재안전기준

[시행 2017. 7. 26.]
[소방청고시 제2017-1호, 2017. 7. 26., 타법개정.]

개요

NFSC 606

1 질의회신 및 핵심사항 분석

	핵심사항	참고 기출자료
소방시설법	• 임시소방시설을 설치한 것으로 보는 소방시설	
Key point	• 소화기를 설치하여야 하는 공사의 종류와 규모, 성능 및 설치기준 • 간이소화장치를 설치하여야 하는 공사의 종류와 정의, 성능 및 설치기준 유사 소방시설 • 비상경보장치를 설치하여야 하는 공사의 종류와 정의, 성능 및 설치기준 유사 소방시설 • 간이피난유도선을 설치하여야 하는 공사의 종류와 정의, 성능 및 설치기준 유사 소방시설	

2 시스템의 해설

임시소방시설은 공사장 화재로 인한 인명과 재산피해를 화재예방하기 위한 안전대책으로 공사기간 중 임시로 사용하는 소방시설이다.

1) 소방용품(소방시설법 시행령 제6조)

소방시설의 설치 및 운영으로 화재를 효과적으로 제어하는 화재예방 시설에는 ① 비상전원수전설비, ② 임시소방시설 ③ 건축구조물을 구성하는 소방시설로 도로터널, 고층건축물, 지하구 등이 있으며, 소방시설의 제품검사(형식승인 및 성능인증) 대상 품목은 ① 법 제36조제1항 본문에서 "대통령령으로 정하는 소방용품" ② 규칙 제15조제1항 본문에서 "행정안전부령으로 정하는 소방용품" ③ 규칙 제15조 및 별표 7 제22호에 따른 "소방청장이 고시하는 소방용품" 등으로 구분되고 소방용품은 제품검사를 받아 합격한 제품을 사용하여야 한다.

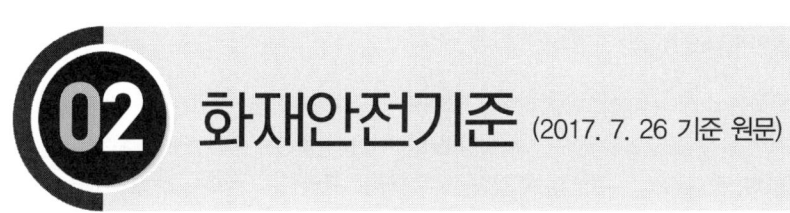

화재안전기준 (2017. 7. 26 기준 원문)

NFSC 606

제1조(목적) 이 기준은 「화재예방, 소방시설 설치·유지 및 안전관리에 관한 법률」 제10조의2제4항에서 소방청장에게 위임한 임시소방시설의 설치 및 유지·관리 기준과 「화재예방, 소방시설 설치·유지 및 안전관리에 관한 법률 시행령」 제15조의5제2항 별표5의2 제1호에서 소방청장에게 위임한 임시소방시설의 성능을 정함을 목적으로 한다.

 화재예방, 소방시설 설치·유지 및 안전관리에 관한 법률 시행령 [별표 5의2]

임시소방시설의 종류와 설치기준 등(제15조의5제2항·제3항 관련)
1. 임시소방시설의 종류
   가. 소화기
   나. 간이소화장치 : 물을 방사(放射)하여 화재를 진화할 수 있는 장치로서 소방청장이 정하는 성능을 갖추고 있을 것
   다. 비상경보장치 : 화재가 발생한 경우 주변에 있는 작업자에게 화재사실을 알릴 수 있는 장치로서 소방청장이 정하는 성능을 갖추고 있을 것
   라. 간이피난유도선 : 화재가 발생한 경우 피난구 방향을 안내할 수 있는 장치로서 소방청장이 정하는 성능을 갖추고 있을 것
2. 임시소방시설을 설치하여야 하는 공사의 종류와 규모
   가. 소화기 : 제12조제1항에 따라 건축허가 등을 할 때 소방본부장 또는 소방서장의 동의를 받아야 하는 특정소방대상물의 건축·대수선·용도변경 또는 설치 등을 위한 공사 중 제15조의5제1항 각 호에 따른 작업을 하는 현장(이하 "작업현장"이라 한다)에 설치한다.
   나. 간이소화장치 : 다음의 어느 하나에 해당하는 공사의 작업현장에 설치한다.
      1) 연면적 3천m² 이상
      2) 지하층, 무창층 또는 4층 이상의 층. 이 경우 해당 층의 바닥면적이 600m² 이상인 경우에만 해당한다.
   다. 비상경보장치 : 다음의 어느 하나에 해당하는 공사의 작업현장에 설치한다.
      1) 연면적 400m² 이상
      2) 지하층, 무창층 또는 4층 이상의 층. 이 경우 해당 층의 바닥면적이 150m² 이상인 경우에만 해당한다.
   라. 간이피난유도선: 바닥면적이 150m² 이상인 지하층 또는 무창층의 작업현장에 설치한다.
3. 임시소방시설과 기능 및 성능이 유사한 소방시설로서 임시소방시설을 설치한 것으로 보는 소방시설

POINT 시스템 및 안전관리

소방시설등의 설치목적은 소화·경보·피난구조·소화용수·소화활동 및 비상구, 그 밖에 소방관련 시설의 공사장에서 화재가 발생한 경우 연소생성물(열, 연기, 불꽃 등)에 의한 화재예방 및 안전관리를 위한 설비이며, 평상시에는 관계인에 의한 화재예방을 위하여 정기적으로 점검하는 소방설비이다.

1. 임시소방시설은 공사장의 화재예방하기 위한 안전대책으로 공사기간 중 임시로 사용하는 소방시설, 주요구성으로 소화기, 간이소화장치, 비상경보장치, 간이피난유도선 등이 있다.
2. 시스템을 구성하고 있는 소방관련시설은 「소방시설공사업법」의 소방시설공사 등의 품질과 안전이 확보되도록 시공되어야 하고, 소방기술의 관리에 필요한 화재안전기준에 적합하게 설계도서·시방서가 작성되어 성실하게 수행되어야 한다. 또한 「화재예방, 소방시설 설치·유지 및 안전관리에 관한 법률(이하 "소방시설법")」에 의한 소방용품의 제조 및 수입하려는 제품에 대하여 제품검사를 수행하고, 특정소방대상물의 관계인을 통하여 소방대상물의 안전관리가 이행되어야 한다.

제2조(정의) 이 기준에서 사용하는 용어의 정의는 다음과 같다.
1. "소화기"란 「소화기구의 화재안전기준(NFSC101)」 제3조제2호에서 정의하는 소화기를 말한다.
2. "간이소화장치"란 공사현장에서 화재위험작업 시 신속한 화재 진압이 가능하도록 물을 방수하는 이동식 또는 고정식 형태의 소화장치를 말한다.
3. "비상경보장치"란 화재위험작업 공간 등에서 수동조작에 의해서 화재경보상황을 알려줄 수 있는 설비(비상벨, 사이렌, 휴대용확성기 등)를 말한다.
4. "간이피난유도선"이란 화재위험작업 시 작업자의 피난을 유도할 수 있는 케이블형태의 장치를 말한다.

제3조(다른 화재안전기준과의 관계) 임시소방시설 설치와 관련하여 이 기준에서 정하지 아니한 사항은 개별 화재안전기준 따른다.

POINT

1 특정소방대상물의 임시소방설치기준
1. 임시소방시설을 설치하여야 하는 공사의 종류와 규모(별표 5의2)
   가. 소화기 : 제12조제1항에 따라 건축허가 등을 할 때 소방본부장 또는 소방서장의 동의를 받아야 하는 특정소방대상물의 건축·대수선·용도변경 또는 설치 등을 위한 공사 중 제15조의5제1항 각 호에 따른 작업을 하는 현장(이하 "작업현장"이라 한다)에 설치한다.
   나. 간이소화장치 : 다음의 어느 하나에 해당하는 공사의 작업현장에 설치한다.
      1) 연면적 3천m² 이상
      2) 지하층, 무창층 또는 4층 이상의 층. 이 경우 해당 층의 바닥면적이 600m² 이상인 경우만 해당한다.

다. 비상경보장치 : 다음의 어느 하나에 해당하는 공사의 작업현장에 설치한다.
   1) 연면적 400m² 이상
   2) 지하층 또는 무창층. 이 경우 해당 층의 바닥면적이 150m² 이상인 경우만 해당한다.
라. 간이피난유도선 : 바닥면적이 150m² 이상인 지하층 또는 무창층의 작업현장에 설치한다.

2. 임시소방시설과 기능과 성능이 유사한 소방시설로서 임시소방시설을 설치한 것으로 보는 소방시설(별표 5의2)
   가. 간이소화장치를 설치한 것으로 보는 소방시설 : 옥내소화전 또는 소방청장이 정하여 고시하는 기준에 맞는 소화기(☞ 대형소화기를 작업지점으로부터 25m 이내 쉽게 보이는 장소에 6개 이상을 배치한 경우
   나. 비상경보장치를 설치한 것으로 보는 소방시설 : 비상방송설비 또는 자동화재탐지설비
   다. 간이피난유도선을 설치한 것으로 보는 소방시설 : 피난유도선, 피난구유도등, 통로유도등 또는 비상조명등

2 소방시설의 설치 면제기준

1. (별표 6) 소방시설 설치 면제기준
   별표 5의2에 따른 임시소방시설과 기능과 성능이 유사한 소방시설로서 임시소방시설을 설치한 것으로 보는 소방시설
2. (별표 7) 소방시설을 설치하지 않을 수 있는 특정소방대상물 및 소방시설 범위 : 없음

제4조(소화기의 성능 및 설치기준) 소화기의 성능 및 설치기준은 다음 각 호와 같다.

1. 소화기의 소화약제는 「소화기구의 화재안전기준(NFSC101)」의 별표 1에 따른 적응성이 있는 것을 설치하여야 한다.
2. 소화기는 각층마다 능력단위 3단위 이상인 소화기 2개 이상을 설치하고, 「화재예방, 소방시설 설치·유지 및 안전관리에 관한 법률 시행령」(이하 "영"이라 한다) 제15조의5제1항에 해당하는 경우 작업종료 시까지 작업지점으로부터 5m 이내 쉽게 보이는 장소에 능력단위 3단위이상인 소화기 2개 이상과 대형소화기 1개를 추가 배치하여야 한다.

임시소방시설의 종류 및 설치기준 등(소방시설법 시행령 제15조의5)

제15조의5(임시소방시설의 종류 및 설치기준 등)
① 법 제10조의2제1항에서 "인화성(引火性) 물품을 취급하는 작업 등 대통령령으로 정하는 작업"이란 다음 각 호의 어느 하나에 해당하는 작업을 말한다. 〈개정 2017. 7. 26., 2018. 6. 26.〉
1. 인화성·가연성·폭발성 물질을 취급하거나 가연성 가스를 발생시키는 작업
2. 용접·용단 등 불꽃을 발생시키거나 화기(火氣)를 취급하는 작업
3. 전열기구, 가열전선 등 열을 발생시키는 기구를 취급하는 작업
4. 소방청장이 정하여 고시하는 폭발성 부유분진을 발생시킬 수 있는 작업

5. 그 밖에 제1호부터 제4호까지와 비슷한 작업으로 소방청장이 정하여 고시하는 작업
  ※ 공사 현장에 설치하여야 하는 설치 및 철거가 쉬운 화재대비시설(이하 "임시소방시설"이라 한다)의 종류
    와 임시소방시설을 설치하여야 하는 공사의 종류 및 규모는 별표 5의2 제1호 및 제2호와 같다.
  ※ 임시소방시설과 기능과 성능이 유사한 소방시설은 별표 5의2 제3호와 같다.

제5조(간이소화장치 성능 및 설치기준) 간이소화장치의 성능 및 설치기준은 다음 각 호와 같다.
  1. 수원은 20분 이상의 소화수를 공급할 수 있는 양을 확보하여야 하며, 소화수의 방수압력은 최소 0.1MPa 이상, 방수량은 65L/min 이상이어야 한다.
  2. 영 제15조의5제1항에 해당하는 작업을 하는 경우 작업종료 시까지 작업지점으로부터 25m 이내에 설치 또는 배치하여 상시 사용이 가능하여야 하며 동결방지조치를 하여야 한다.
  3. 넘어질 우려가 없어야 하고 손쉽게 사용할 수 있어야 하며, 식별이 용이하도록 "간이소화장치" 표시를 하여야 한다.

제6조(비상경보장치의 성능 및 설치기준) 비상경보장치의 성능 및 설치기준은 다음 각 호와 같다.
  1. 비상경보장치는 영 제15조의5제1항에 해당하는 작업을 하는 경우 작업종료 시까지 작업지점으로부터 5m 이내에 설치 또는 배치하여 상시 사용이 가능하여야 한다.
  2. 비상경보장치는 화재사실 통보 및 대피를 해당 작업장의 모든 사람이 알 수 있을 정도의 음량을 확보하여야 한다.

제7조(간이피난유도선의 성능 및 설치기준) 간이피난유도선의 성능 및 설치기준은 다음 각 호와 같다.
  1. 간이피난유도선은 광원점등방식으로 공사장의 출입구까지 설치하고 공사의 작업 중에는 상시 점등되어야 한다.
  2. 설치위치는 바닥으로부터 높이 1m 이하로 하며, 작업장의 어느 위치에서도 출입구로의 피난 방향을 알 수 있는 표시를 하여야 한다.

제8조(간이소화장치 설치제외) 영 제15조의5제3항 별표5의2 제3호가목의 "소방청장이 정하여 고시하는 기준에 맞는 소화기"란 "대형소화기를 작업지점으로부터 25m 이내 쉽게 보이는 장소에 6개 이상을 배치한 경우"를 말한다.

제9조(설치·유지기준의 특례) 소방본부장 또는 소방서장은 기존건축물의 증축·개축·대수선이나 용도변경으로 인해 이 기준에 따른 임시소방시설의 설치가 현저하게 곤란하다고 인정되는 경우에는 해당 임시소방시설의 기능 및 사용에 지장이 없는 범위 안에서 이 기준의 일부를 적용하지 아니 할 수 있다.

제10조(재검토 기한) 소방청장은 「훈령·예규 등의 발령 및 관리에 관한 규정」에 따라 이 고시에 대하여 2017년 1월 1일 기준으로 매3년이 되는 시점(매 3년째의 12월 31일까지를 말한다)마다 그 타당성을 검토하여 개선 등의 조치를 하여야 한다.

부칙

〈제2017-1호, 2017. 7. 26.〉

제1조(시행일) 이 고시는 발령한 날부터 시행한다.
제2조 생략

03 소방시설 자체점검

참고 소방시설 자체점검사항 등에 관한 고시, 한국소방안전원

✓ 소방시설 작동기능점검표 작성 예시

1 점검 전 준비사항
1) 점검장소의 협의나 협조 받을 건물 관계인 등 연락처를 사전 확보
2) 점검의 목적과 필요성에 대하여 건물 관계인에게 사전 안내 및 협의
3) 음향장치 및 각 실별 방문점검 사항을 공지하여 협조 요청

2 현장확인
1) 현장 시설물의 도면 등을 이용하여 설비의 개요 및 설치위치 등을 파악한다.
2) 점검사항을 토대로 점검순서를 계획하고 점검장비 및 공구를 준비한다.
3) 기존의 점검자료 및 조치결과가 있다면 점검 전 참고
4) 점검과 관련된 각종 법규 및 기준 등의 기술기준 등 규정사항을 준비하고 숙지한다.

3 점검표 작성을 위한 준비물
1) **소방시설등 작동기능점검 실시결과 보고서**
   화재예방, 소방시설 설치·유지 및 안전관리에 관한 법률 시행규칙 별지 서식
2) **소방시설등 작동기능 점검표**
   소방시설 자체점검사항 등에 관한 고시 서식
3) **건축물대장**
   건축물대장/소방도면 및 소방시설 현황/소방계획서 등
4) **점검에 필요한 장비**
   공통시설, 소화기구, 관련시설로는 자동화재탐지설비, 시각경보기, 누전경보기, 통로유도등, 비상조명등 등 점검에 필요한 장비를 준비할 것
5) **자체점검 후 결과 조치(소방시설법 시행규칙 제19조)**
   (1) **작동기능점검** : 작동기능점검을 실시한 경우 7일 이내에 작동기능점검 실시결과 보고서를 소방본부장 또는 소방서장에게 제출하여야 한다.
   (2) **종합정밀점검** : 종합정밀점검을 실시한 경우 7일 이내에 종합정밀점검 실시결과 보고서를 소방본부장 또는 소방서장에게 제출하여야 한다.
   ▶ 소방시설관리업자는 점검을 실시한 경우 점검이 끝난 날부터 10일 이내에 소방시설관리업자에 대한 평가 등에 관한 업무를 위탁받은 평가기관에 통보하여야 한다.

31. 기타사항 점검표

번호	점검항목	점검결과
31-A. 피난·방화시설		
31-A-001 31-A-002	○ 방화문 및 방화셔터의 관리 상태(폐쇄·훼손·변경) 및 정상 기능 적정 여부 ● 비상구 및 피난통로 확보 적정 여부(피난·방화시설 주변 장애물 적치 포함)	
31-B. 방염		
31-B-001 31-B-002	● 선처리 방염대상물품의 적합 여부(방염성능시험성적서 및 합격표시 확인) ● 후처리 방염대상물품의 적합 여부(방염성능검사결과 확인)	
비고	※ 방염성능시험성적서, 합격표시 및 방염성능검사결과의 확인이 불가한 경우 비고에 기재한다.	

※ 점검항목 중 "●"는 종합정밀점검의 경우에만 해당한다.
※ 점검결과란은 양호 "○", 불량 "×", 해당없는 항목은 "/"로 표시한다.
※ 점검항목 내용 중 "설치기준" 및 "설치상태"에 대한 점검은 정상적인 작동 가능 여부를 포함한다.
※ '비고'란에는 특정소방대상물의 위치·구조·용도 및 소방시설의 상황 등이 이 표의 항목대로 기재하기 곤란하거나 이 표에서 누락된 사항을 기재한다.(이하 같다)

NATIONAL FIRE SAFETY CODE

소방시설의 내진설계 기준

[시행 2021. 2. 19.]
[소방청고시 제2021-15호, 2021. 2. 19., 일부개정.]

개요

1 질의회신 및 핵심사항 분석

	질의회신 참고 소방청 질의회신집
적용범위 (제2조)	**Q** 소방시설의 내진설계 기준에서 물분무등소화설비의 적용 범위는? **A** 소방시설법 시행령 제15조의2(소방시설의 내진설계)제2항에 따라 옥내소화전설비, 스프링클러설비, 물분무등소화설비에 내진설계기준을 적용합니다. 물분무등소화설비는 소방시설의 내진설계 기준 제18조에 따라 가스계 및 분말소화설비에 한하여 내진설계 기준을 적용하고 있습니다.
배관 (제6조)	**Q** 지하 매립배관에서 지상1층 바닥으로 인입되는 경우에 지진분리장치 생략 가능한지 문의 드립니다. **A** 지중매설되어 지하벽체 또는 바닥을 관통하여 인입되는 경우에는 지하층과 지반면이 같이 움직여 차등변위가 적어 지진분리장치 생략이 가능하며, 관통부 이격거리를 확보하거나 관통하는 벽면 또는 바닥면에서 30cm 이내에 지진분리이음(신축이음쇠)을 설치하여야 합니다. **Q** 제6조 (배관) 조항 중 벽, 바닥 또는 기초를 관통하는 모든 배관 주위에는 충분한 이격거리가 있도록 규정하고 있으며, 다만, 면제조항으로써 1) 내화성능이 요구되지 않는 석고보드나 이와 유사한 부서지기 쉬운 부재를 관통하는 배관과 2) 벽, 바닥 또는 기초의 각 면에서 30cm 이내에 신축이음쇠가 있으면 그러하지 아니하다. 라고 명시되어 있습니다. 질의 1) 상기 면제사항의 적용이 1), 2)를 모두 만족해야 하는 것인지, 아니면 1) 또는 2)를 한 가지만 만족해도 적용이 가능한 것인지 문의 드립니다. 질의 2) 현재 진행 중인 현장에 석고보드와 같은 비내력 벽에도 관통부 이격거리를 준수하여 시공 중이며, 이 경우 관통부 양쪽 면에 신축이음쇠를 적용하지 않아도 되는지 문의 드립니다. **A** 답변1) 「소방시설의 내진설계기준」 제6조의 규정은 내화성능이 요구되지 않는 석고보드나 이와 유사한 부서지기 쉬운 부재를 관통하는 배관이거나, 벽·바닥 또는 기초의 각 면에서 30cm 이내에 신축이음쇠가 있는 경우에는 배관주위에 충분한 이격을 확보하지 않아도 가능합니다. 따라서, 1) 과 2) 중 한 가지만 만족하여도 가능합니다. 답변2) 답변1) 참조바랍니다.
지진분리이음 (제7조)	**Q** '신축이음쇠는 다음 각 호의 기준에 따라 설치하여야 한다'라고 명시 되어있는데 이때, 신축이음쇠 (지진분리이음)의 종류가 여러 가지일 것으로 판단되는데, 제가 알고 있는 '그루브 유동식 커플링'도 신축이음쇠 (지진분리이음) 에 해당하는지요?

지진분리이음 (제7조)	A	'유동식 그루부 조인트'도 신축이음쇠(지진분리이음)에 해당되며, 그 이유는 아래와 같습니다. '그루브 조인트'는 '고정식 그루브 조인트'와 '유동식 그루부 조인트'로 구분됩니다. '지진분리이음'이란 건축물 층간변위 발생을 고려하여 설치하여야 하므로 지진 시 배관에 손상을 발생시키지 않도록 최소한 1도 이상의 변형(각)이 가능하여야 합니다. 따라서 배관의 유연성을 부여하기 위해서는 각도 변위가 1도 이상인 유동식 그루브 조인트를 사용합니다.
입상관 흔들림 방지 버팀대 (제11조)	Q	현장 구조상 입상관 흔들림 방지 버팀대를 측벽에 설치할 수 없는 상황입니다. 바닥에 흔들림 방지 버팀대를 설치하여도 되는지요?
	A	건축 구조상 내력벽이 없어 벽면에 입상배관용 4방향 버팀대를 설치할 수 없는 경우 바닥 또는 천장면에 4방향 버팀대 설치가 가능한 것으로 안내하고 있습니다.
소방시설의 내진설계 기준 (제14조)	Q	내진설계 시 제어반의 개념이 수신반, 중계반등만 해당되는지 아니면 소방 MCCF 반까지 포함되는지
	A	「소방시설의 내진설계기준」에서의 "제어반등"이란 수신기(중계반을 포함), 동력제어반, 감시제어반 등을 의미합니다.

핵심사항	참고 기출자료
설치기준 등	• 종방향 흔들림 방지 버팀대 설치기준
Key point	• 내진, 면진, 제진, 수평력, 세장비, 슬로싱 등 용어의 정의 전체 • 지진분리이음/ 지진분리장치 • 흔들림 방지 버팀대/ 수평배관 및 입상배관 흔들림 방지 버팀대 • 제어반·함·비상전원·가스계 및 분말소화설비

2 시스템의 해설

내진설계는 지진이 발생하는 경우 건물 자체 파손 및 내부 수용물의 파손에 의하여 화재를 수반하는 2차적인 피해를 예방하는 것에 목적을 두는 시설이다.

1) 소방용품(소방시설법 시행령 제6조)

소방시설의 설치 및 운영으로 화재를 효과적으로 제어하는 화재예방 시설에는 ① 비상전원수전설비, ② 임시소방시설 ③ 건축구조물을 구성하는 소방시실로 도로터널, 고층긴축물, 지하구 등이 있으며, 소방시설의 제품검사(형식승인 및 성능인증) 대상 품목은 ① 법 제36조제1항 본문에서 "대통령령으로 정하는 소방용품" ② 규칙 제15조제1항 본문에서 "행정안전부령으로 정하는 소방용품" ③ 규칙 제15조 및 별표 7 제22호에 따른 "소방청장이 고시하는 소방용품" 등으로 구분되고 소방용품은 제품검사를 받아 합격한 제품을 사용하여야 한다.

02 내진설계 기준 (2021. 2. 19 기준 원문)

제1조(목적) 이 기준은 「화재예방, 소방시설 설치·유지 및 안전관리에 관한 법률」 제9조의2에 따라 소방청장에게 위임한 소방시설의 내진설계 기준에 관하여 필요한 사항을 규정함을 목적으로 한다.

> **POINT 시스템 및 안전관리**
>
> 소방시설등의 설치목적은 소화·경보·피난구조·소화용수·소화활동 및 비상구, 그 밖에 소방 관련 시설의 특정소방대상물에서 화재가 발생한 경우 연소생성물(열, 연기, 불꽃 등)에 의한 화재 예방 및 안전관리를 위한 설비이며, 평상시에는 관계인에 의한 화재예방을 위하여 정기적으로 점 검하는 소방설비이다.
> 1. 내진설비는 지진이 발생하는 경우 건물 자체 파손 및 내부 수용물의 파손에 의하여 화재를 예방 하는 시설이다. 내진설비의 구성은 옥내소화전설비, 스프링클러설비, 물분무등소화설비 등에 시설하는 내진스토퍼, 지진분리장치, 고정장치, 버팀대 등으로 구성된다.
> 2. 시스템을 구성하고 있는 소방관련시설은 「소방시설공사업법」의 소방시설공사 등의 품질과 안 전이 확보되도록 시공되어야 하고, 소방기술의 관리에 필요한 화재안전기준에 적합하게 설계 도서·시방서가 작성되어 성실하게 수행되어야 한다. 또한 「화재예방, 소방시설 설치·유지 및 안전관리에 관한 법률(이하 "소방시설법")」에 의한 소방용품의 제조 및 수입하려는 제품에 대 하여 제품검사를 수행하고, 특정소방대상물의 관계인을 통하여 소방대상물의 안전관리가 이 행되어야 한다.

제2조(적용범위) ① 「화재예방, 소방시설 설치·유지 및 안전관리에 관한 법률 시행령」(이하 "영"이 라 한다) 제15조의2에 따른 옥내소화전설비, 스프링클러설비, 물분무등소화설비(이하 이 조에 서 "각 설비"라 한다)는 이 기준에서 정하는 규정에 적합하게 설치하여야 한다. 다만, 각 설비의 성능시험배관, 지중매설배관, 배수배관 등은 제외한다.
② 제1항의 각 설비에 대하여 특수한 구조 등으로 특별한 조사·연구에 의해 설계하는 경우에는 그 근거를 명시하고, 이 기준을 따르지 아니할 수 있다.

제3조(정의) 이 기준에서 사용하는 용어의 정의는 다음과 같다.
1. "내진"이란 면진, 제진을 포함한 지진으로부터 소방시설의 피해를 줄일 수 있는 구조를 의미하 는 포괄적인 개념을 말한다.
2. "면진"이란 건축물과 소방시설을 지진동으로부터 격리시켜 지반진동으로 인한 지진력이 직접 구조물로 전달되는 양을 감소시킴으로써 내진성을 확보하는 수동적인 지진 제어 기술을 말한다.

3. "제진"이란 별도의 장치를 이용하여 지진력에 상응하는 힘을 구조물 내에서 발생시키거나 지진력을 흡수하여 구조물이 부담해야 하는 지진력을 감소시키는 지진 제어 기술을 말한다.
4. "수평지진하중(F_{pw})"이란 지진 시 흔들림 방지 버팀대에 전달되는 배관의 동적지진하중 또는 같은 크기의 정적지진하중으로 환산한 값으로 허용응력설계법으로 산정한 지진하중을 말한다.
5. "세장비(L/r)"란 흔들림 방지 버팀대 지지대의 길이(L)와, 최소단면2차반경(r)의 비율을 말하며, 세장비가 커질수록 좌굴(buckling)현상이 발생하여 지진 발생 시 파괴되거나 손상을 입기 쉽다.
6. "지진거동특성"이란 지진발생으로 인한 외부적인 힘에 반응하여 움직이는 특성을 말한다.
7. "지진분리이음"이란 지진발생시 지진으로 인한 진동이 배관에 손상을 주지 않고 배관의 축방향 변위, 회전, 1° 이상의 각도 변위를 허용하는 이음을 말한다. 단, 구경 200mm 이상의 배관은 허용하는 각도변위를 0.5° 이상으로 한다.
8. "지진분리장치"란 지진 발생 시 건축물 지진분리이음 설치 위치 및 지상에 노출된 건축물과 건축물 사이 등에서 발생하는 상대변위 발생에 대응하기 위해 모든 방향에서의 변위를 허용하는 커플링, 플렉시블 조인트, 관부속품 등의 집합체를 말한다.
9. "가요성이음장치"란 지진 시 수조 또는 가압송수장치와 배관 사이 등에서 발생하는 상대변위 발생에 대응하기 위해 수평 및 수직 방향의 변위를 허용하는 플렉시블 조인트 등을 말한다.
10. "가동중량(W_p)"이란 수조, 가압송수장치, 함류, 제어반등, 가스계 및 분말소화설비의 저장용기, 비상전원, 배관의 작동상태를 고려한 무게를 말하며 다음 각 목의 기준에 따른다.
    가. 배관의 작동상태를 고려한 무게란 배관 및 기타 부속품의 무게를 포함하기 위한 중량으로 용수가 충전된 배관 무게의 1.15배를 적용한다.
    나. 수조, 가압송수장치, 함류, 제어반등, 가스계 및 분말소화설비의 저장용기, 비상전원의 작동상태를 고려한 무게란 유효중량에 안전율을 고려하여 적용한다.
11. "근입 깊이"란 앵커볼트가 벽면 또는 바닥면 속으로 들어가 인발력에 저항할 수 있는 구간의 길이를 말한다.
12. "내진스토퍼"란 지진하중에 의해 과도한 변위가 발생하지 않도록 제한하는 장치를 말한다.
13. "구조부재"란 건축설계에 있어 구조계산에 포함되는 하중을 지지하는 부재를 말한다.
14. "지진하중"이란 지진에 의한 지반운동으로 구조물에 작용하는 하중을 말한다.
15. "편심하중"이란 하중의 합력 방향이 그 물체의 중심을 지나지 않을 때의 하중을 말한다.
16. "지진동"이란 지진 시 발생하는 진동을 말한다.
17. "단부"란 직선배관에서 방향 전환하는 지점과 배관이 끝나는 지점을 말한다.
18. "S"란 재현주기 2400년을 기준으로 정의되는 최대고려 지진의 유효수평지반가속도로서 "건축물 내진설계기준(KDS 41 17 00)"의 지진구역에 따른 지진구역계수(Z)에 2400년 재현주기에 해당하는 위험도계수(I) 2.0을 곱한 값을 말한다.
19. "S_s"란 단주기 응답지수(short period response parameter)로서 유효수평지반가속도 S를 2.5배한 값을 말한다.

20. "영향구역"이란 흔들림 방지 버팀대가 수평지진하중을 지지할 수 있는 예상구역을 말한다.
21. "상쇄배관(offset)"이란 영향구역 내의 직선배관이 방향전환 한 후 다시 같은 방향으로 연속될 경우, 중간에 방향전환 된 짧은 배관은 단부로 보지 않고 상쇄하여 직선으로 볼 수 있는 것을 말하며, 짧은 배관의 합산길이는 3.7m 이하여야 한다.
22. "수직직선배관"이란 중력방향으로 설치된 주배관, 교차배관, 가지배관 등으로서 어떠한 방향전환도 없는 직선배관을 말한다. 단, 방향전환부분의 배관길이가 상쇄배관(offset) 길이 이하인 경우 하나의 수직직선배관으로 간주한다.
23. "수평직선배관"이란 수평방향으로 설치된 주배관, 교차배관, 가지배관 등으로서 어떠한 방향전환도 없는 직선배관을 말한다. 단, 방향전환부분의 배관길이가 상쇄배관(offset) 길이 이하인 경우 하나의 수평직선배관으로 간주한다.
24. "가지배관 고정장치"란 지진거동특성으로부터 가지배관의 움직임을 제한하여 파손, 변형 등으로부터 가지배관을 보호하기 위한 와이어타입, 환봉타입의 고정장치를 말한다.
25. "제어반등"이란 수신기(중계반을 포함한다), 동력제어반, 감시제어반 등을 말한다.
26. "횡방향 흔들림 방지 버팀대"란 수평직선배관의 진행방향과 직각방향(횡방향)의 수평지진하중을 지지하는 버팀대를 말한다.
27. "종방향 흔들림 방지 버팀대"란 수평직선배관의 진행방향(종방향)의 수평지진하중을 지지하는 버팀대를 말한다.
28. "4방향 흔들림 방지 버팀대"란 건축물 평면상에서 종방향 및 횡방향 수평지진하중을 지지하거나, 종·횡 단면상에서 전·후·좌·우 방향의 수평지진하중을 지지하는 버팀대를 말한다.

제3조의2(공통 적용사항) ① 소방시설의 내진설계에서 내진등급, 성능수준, 지진위험도, 지진구역 및 지진구역계수는 "건축물 내진설계기준(KDS 41 17 00)"을 따르고 중요도계수(Ip)는 1.5로 한다.
② 지진하중은 다음 각 호의 기준에 따라 계산한다.
  1. 소방시설의 지진하중은 "건축물 내진설계기준" 중 비구조요소의 설계지진력 산정방법을 따른다.
  2. 허용응력설계법을 적용하는 경우에는 제1호의 산정방법 중 허용응력설계법 외의 방법으로 산정된 설계지진력에 0.7을 곱한 값을 지진하중으로 적용한다.
  3. 지진에 의한 소화배관의 수평지진하중(F_{pw}) 산정은 허용응력설계법으로 하며 다음 각 호 중 어느 하나를 적용한다.
     가. $F_{pw} = C_p \times W_p$
       F_{pw} : 수평지진하중
       C_p : 소화배관의 지진계수(별표 1에 따라 선정한다.)
       W_p : 가동중량
     나. 제1호에 따른 산정방법 중 허용응력설계법 외의 방법으로 산정된 설계지진력에 0.7을 곱한 값을 수평지진하중(F_{pw})으로 적용한다.
  4. 지진에 의한 배관의 수평설계지진력이 $0.5W_p$을 초과하고, 흔들림 방지 버팀대의 각도가 수

직으로부터 45도 미만인 경우 또는 수평설계지진력이 $1.0\,W_p$를 초과하고 흔들림 방지 버팀대의 각도가 수직으로부터 60도 미만인 경우 흔들림 방지 버팀대는 수평설계지진력에 의한 유효수직반력을 견디도록 설치해야한다.

③ 앵커볼트는 다음 각 호의 기준에 따라 설치한다.
　1. 수조, 가압송수장치, 함, 제어반등, 비상전원, 가스계 및 분말소화설비의 저장용기 등은 "건축물 내진설계기준" 비구조요소의 정착부의 기준에 따라 앵커볼트를 설치하여야 한다.
　2. 앵커볼트는 건축물 정착부의 두께, 볼트설치 간격, 모서리까지 거리, 콘크리트의 강도, 균열 콘크리트 여부, 앵커볼트의 단일 또는 그룹설치 등을 확인하여 최대허용하중을 결정하여야 한다.
　3. 흔들림 방지 버팀대에 설치하는 앵커볼트 최대허용하중은 제조사가 제시한 설계하중 값에 0.43을 곱하여야 한다.
　4. 건축물 부착 형태에 따른 프라잉효과나 편심을 고려하여 수평지진하중의 작용하중을 구하고 앵커볼트 최대허용하중과 작용하중과의 내진설계 적정성을 평가하여 설치하여야 한다.
　5. 소방시설을 팽창성·화학성 또는 부분적으로 현장타설된 건축부재에 정착할 경우에는 수평지진하중을 1.5배 증가시켜 사용한다.

④ 수조·가압송수장치·제어반등 및 비상전원 등을 바닥에 고정하는 경우 기초(패드 포함)부분의 구조안전성을 확인하여야 한다.

제4조(수원) 수조는 다음 각 호의 기준에 따라 설치하여야 한다.
　1. 수조는 지진에 의하여 손상되거나 과도한 변위가 발생하지 않도록 기초(패드포함), 본체 및 연결부분의 구조안전성을 확인하여야 한다.
　2. 수조는 건축물의 구조부재나 구조부재와 연결된 수조 기초부(패드)에 고정하여 지진 시 파손(손상), 변형, 이동, 전도 등이 발생하지 않아야 한다.
　3. 수조와 연결되는 소화배관에는 지진 시 상대변위를 고려하여 가요성이음장치를 설치하여야 한다.

제5조(가압송수장치) ① 가압송수장치에 방진장치가 있어 앵커볼트로 지지 및 고정할 수 없는 경우에는 다음 각 호의 기준에 따라 내진스토퍼를 설치하여야 한다. 다만, 방진장치에 이 기준에 따른 내진성능이 있는 경우는 제외한다.
　1. 정상운전에 지장이 없도록 내진스토퍼와 본체 사이에 최소 3mm 이상 이격하여 설치한다.
　2. 내진스토퍼는 제조사에서 제시한 허용하중이 제3조의2제2항에 따른 지진하중 이상을 견딜 수 있는 것으로 설치하여야 한다. 단, 내진스토퍼와 본체사이의 이격거리가 6mm를 초과한 경우에는 수평지진하중의 2배 이상을 견딜 수 있는 것으로 설치하여야 한다.

② 가압송수장치의 흡입측 및 토출측에는 지진 시 상대변위를 고려하여 가요성이음장치를 설치하여야 한다.

③ 삭제

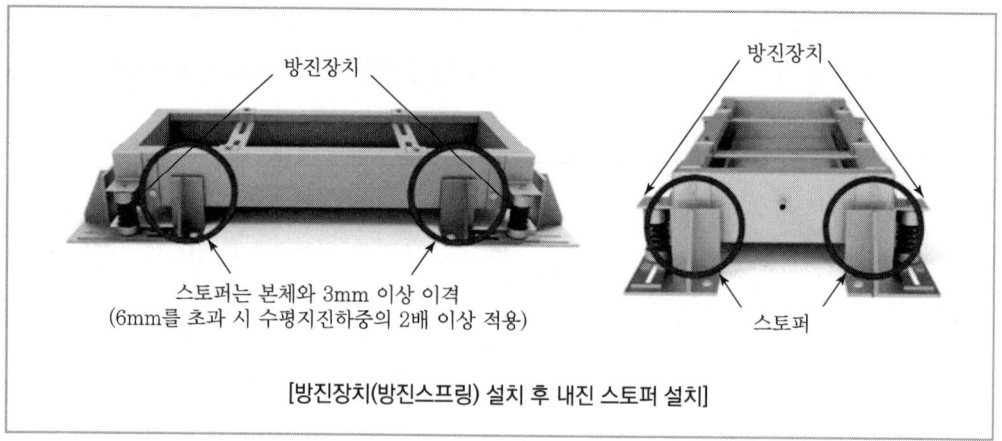

[방진장치(방진스프링) 설치 후 내진 스토퍼 설치]

제6조(배관) ① 배관은 다음 각 호의 기준에 따라 설치하여야 한다.
1. 건물 구조부재간의 상대변위에 의한 배관의 응력을 최소화하기 위하여 지진분리이음 또는 지진분리장치를 사용하거나 이격거리를 유지하여야 한다.
2. 건축물 지진분리이음 설치위치 및 건축물 간의 연결배관 중 지상노출 배관이 건축물로 인입되는 위치의 배관에는 관경에 관계없이 지진분리장치를 설치하여야 한다.
3. 천장과 일체 거동을 하는 부분에 배관이 지지되어 있을 경우 배관을 단단히 고정시키기 위해 흔들림 방지 버팀대를 사용하여야 한다.
4. 배관의 흔들림을 방지하기 위하여 흔들림 방지 버팀대를 사용하여야 한다.
5. 흔들림 방지 버팀대와 그 고정장치는 소화설비의 동작 및 살수를 방해하지 않아야 한다.
6. 삭제

② 배관의 수평지진하중은 다음 각 호의 기준에 따라 계산하여야 한다.
1. 흔들림 방지 버팀대의 수평지진하중 산정 시 배관의 중량은 가동중량(W_p)으로 산정한다.
2. 흔들림 방지 버팀대에 작용하는 수평지진하중은 제3조의2제2항제3호에 따라 산정한다.
3. 수평지진하중(F_{pw})은 배관의 횡방향과 종방향에 각각 적용되어야 한다.

> **》 지진하중(제3조의 공통 적용사항)**
>
> 1. 소방시설의 지진하중은 "건축물 내진설계기준" 중 비구조요소의 설계지진력 산정방법을 따른다.
> 2. 허용응력설계법을 적용하는 경우에는 제1호의 산정방법 중 허용응력설계법 외의 방법으로 산정된 설계지진력에 0.7을 곱한 값을 지진하중으로 적용한다.
> 3. 지진에 의한 소화배관의 수평지진하중(F_{pw}) 산정은 허용응력설계법으로 하며 다음 각 호중 어느 하나를 적용한다.
>   가. $F_{pw} = C_p \times W_p$
> F_{pw} : 수평지진하중

C_p : 소화배관의 지진계수(별표 1에 따라 산정한다.)
W_p : 가동중량

나. 제1호에 따른 산정방법 중 허용응력설계법 외의 방법으로 산정된 설계지진력에 0.7을 곱한 값을 수평지진하중(F_{pw})으로 적용한다.

③ 벽, 바닥 또는 기초를 관통하는 배관 주위에는 다음 각 호의 기준에 따라 이격거리를 확보하여야 한다. 다만, 벽, 바닥 또는 기초의 각 면에서 300mm 이내에 지진분리이음을 설치하거나 내화성능이 요구되지 않는 석고보드나 이와 유사한 부서지기 쉬운 부재를 관통하는 배관은 그러하지 아니하다.

1. 관통구 및 배관 슬리브의 호칭구경은 배관의 호칭구경이 25mm 내지 100mm 미만인 경우 배관의 호칭구경보다 50mm 이상, 배관의 호칭구경이 100mm 이상인 경우에는 배관의 호칭구경보다 100mm 이상 커야 한다. 다만, 배관의 호칭구경이 50mm 이하인 경우에는 배관의 호칭구경 보다 50mm 미만의 더 큰 관통구 및 배관 슬리브를 설치할 수 있다.
2. 방화구획을 관통하는 배관의 틈새는 「건축물의 피난·방화구조 등의 기준에 관한 규칙」 제14조제2항에 따라 인정된 내화충전구조 중 신축성이 있는 것으로 메워야 한다.

④ 소방시설의 배관과 연결된 타 설비배관을 포함한 수평지진하중은 제2항의 기준에 따라 결정하여야 한다.

제7조(지진분리이음) ① 배관의 변형을 최소화하고 소화설비 주요 부품 사이의 유연성을 증가시킬 필요가 있는 위치에 설치하여야 한다.

② 구경 65mm 이상의 배관에는 지진분리이음을 다음 각 호의 위치에 설치하여야 한다.

1. 모든 수직직선배관은 상부 및 하부의 단부로 부터 0.6m 이내에 설치하여야 한다. 다만, 길이가 0.9m 미만인 수직직선배관은 지진분리이음을 설치하지 아니할 수 있으며, 0.9~2.1m 사이의 수직직선배관은 하나의 지진분리이음을 설치할 수 있다.
2. 제6조제3항 본문의 단서에도 불구하고 2층 이상의 건물인 경우 각 층의 바닥으로부터 0.3m, 천장으로부터 0.6m 이내에 설치하여야 한다.
3. 수직직선배관에서 티분기된 수평배관 분기지점이 천장 아래 설치된 지진분리이음보다 아래에 위치한 경우 분기된 수평배관에 지진분리이음을 다음 각 목의 기준에 적합하게 설치하여야 한다.
   가. 티분기 수평직선배관으로부터 0.6m 이내에 지진분리이음을 설치한다.
   나. 티분기 수평직선배관 이후 2차측에 수직직선배관이 설치된 경우 1차측 수직직선배관의 지진분리이음 위치와 동일선상에 지진분리이음을 설치하고, 티분기 수평직선배관의 길이가 0.6m 이하인 경우에는 그 티분기된 수평직선배관에 가목에 따른 지진분리이음을 설치하지 아니한다.

4. 수직직선배관에 중간 지지부가 있는 경우에는 지지부로부터 0.6m 이내의 윗부분 및 아랫부분에 설치해야 한다.

③ 제6조제3항제1호에 따른 이격거리 규정을 만족하는 경우에는 지진분리이음을 설치하지 아니할 수 있다.

제8조(지진분리장치) 지진분리장치는 다음 각 호의 기준에 따라 설치하여야 한다.
1. 지진분리장치는 배관의 구경에 관계없이 지상층에 설치된 배관으로 건축물 지진분리이음과 소화배관이 교차하는 부분 및 건축물 간의 연결배관 중 지상 노출 배관이 건축물로 인입되는 위치에 설치하여야 한다.
2. 지진분리장치는 건축물 지진분리이음의 변위량을 흡수할 수 있도록 전후좌우 방향의 변위를 수용할 수 있도록 설치하여야 한다.
3. 지진분리장치의 전단과 후단의 1.8m 이내에는 4방향 흔들림 방지 버팀대를 설치하여야 한다.
4. 지진분리장치 자체에는 흔들림 방지 버팀대를 설치할 수 없다.

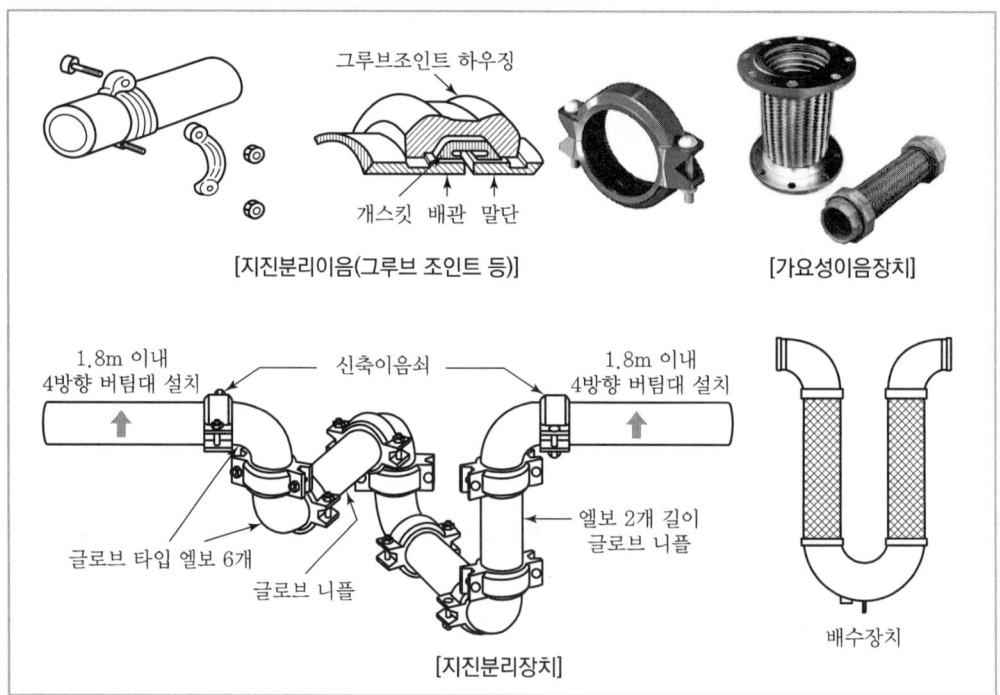

제9조(흔들림 방지 버팀대) ① 흔들림 방지 버팀대는 다음 각 호의 기준에 따라 설치하여야 한다.
1. 흔들림 방지 버팀대는 내력을 충분히 발휘할 수 있도록 견고하게 설치하여야 한다.
2. 배관에는 제6조제2항에서 산정된 횡방향 및 종방향의 수평지진하중에 모두 견디도록 흔들림 방지 버팀대를 설치하여야 한다.
3. 흔들림 방지 버팀대가 부착된 건축 구조부재는 소화배관에 의해 추가된 지진하중을 견딜 수 있

어야 한다.
4. 흔들림 방지 버팀대의 세장비(L/r)는 300을 초과하지 않아야 한다.
5. 4방향 흔들림 방지 버팀대는 횡방향 및 종방향 흔들림 방지 버팀대의 역할을 동시에 할 수 있어야 한다.
6. 하나의 수평직선배관은 최소 2개의 횡방향 흔들림 방지 버팀대와 1개의 종방향흔들림 방지 버팀대를 설치하여야 한다. 다만, 영향구역 내 배관의 길이가 6m 미만인 경우에는 횡방향과 종방향 흔들림 방지 버팀대를 각 1개씩 설치 할 수 있다.

② 소화펌프(충압펌프를 포함한다. 이하 같다) 주위의 수직직선배관 및 수평직선배관은 다음 각 호의 기준에 따라 흔들림 방지 버팀대를 설치한다.
1. 소화펌프 흡입측 수평직선배관 및 수직직선배관의 수평지진하중을 계산하여 흔들림 방지 버팀대를 설치하여야 한다.
2. 소화펌프 토출측 수평직선배관 및 수직직선배관의 수평지진하중을 계산하여 흔들림 방지 버팀대를 설치하여야 한다.

③ 흔들림 방지 버팀대는 소방청장이 고시한 「흔들림 방지 버팀대의 성능인증 및 제품검사의 기술기준」에 따라 성능인증 및 제품검사를 받은 것으로 설치하여야 한다.

제10조(수평직선배관 흔들림 방지 버팀대) ① 횡방향 흔들림 방지 버팀대는 다음 각 호의 기준에 따라 설치하여야 한다.
1. 배관 구경에 관계없이 모든 수평주행배관·교차배관 및 옥내소화전설비의 수평배관에 설치하여야 하고, 가지배관 및 기타배관에는 구경 65mm 이상인 배관에 설치하여야 한다. 다만, 옥내소화전설비의 수직배관에서 분기된 구경 50mm 이하의 수평배관에 설치되는 소화전함이 1개인 경우에는 횡방향 흔들림 방지 버팀대를 설치하지 않을 수 있다.
2. 횡방향 흔들림 방지 버팀대의 설계하중은 설치된 위치의 좌우 6m를 포함한 12m 이내의 배관에 작용하는 횡방향 수평지진하중으로 영향구역내의 수평주행배관, 교차배관, 가지배관의 하중을 포함하여 산정한다.
3. 흔들림 방지 버팀대의 간격은 중심선을 기준으로 최대간격이 12m를 초과하지 않아야 한다.
4. 마지막 흔들림 방지 버팀대와 배관 단부 사이의 거리는 1.8m를 초과하지 않아야 한다.
5. 영향구역 내에 상쇄배관이 설치되어 있는 경우 배관의 길이는 그 상쇄배관 길이를 합산하여 산정한다.
6. 횡방향 흔들림 방지 버팀대가 설치된 지점으로부터 600mm 이내에 그 배관이 방향전환되어 설치된 경우 그 횡방향 흔들림 방지 버팀대는 인접배관의 종방향 흔들림 방지 버팀대로 사용할 수 있으며, 배관의 구경이 다른 경우에는 구경이 큰 배관에 설치하여야 한다.
7. 가지배관의 구경이 65mm 이상일 경우 다음 각 목의 기준에 따라 설치한다.
    가. 가지배관의 구경이 65mm 이상인 배관의 길이가 3.7m 이상인 경우에 횡방향 흔들림 방지 버팀대를 제9조제1항에 따라 설치한다.

나. 가지배관의 구경이 65mm 이상인 배관의 길이가 3.7m 미만인 경우에는 횡방향 흔들림 방지 버팀대를 설치하지 않을 수 있다.

8. 횡방향 흔들림 방지 버팀대의 수평지진하중은 별표 2에 따른 영향구역의 최대허용하중 이하로 적용하여야 한다.

9. 교차배관 및 수평주행배관에 설치되는 행가가 다음 각 목의 기준을 모두 만족하는 경우 횡방향 흔들림 방지 버팀대를 설치하지 않을 수 있다.

가. 건축물 구조부재 고정점으로부터 배관 상단까지의 거리가 150mm 이내일 것

나. 배관에 설치된 모든 행가의 75% 이상이 가목의 기준을 만족할 것

다. 교차배관 및 수평주행배관에 연속하여 설치된 행가는 가목의 기준을 연속하여 초과하지 않을 것

라. 지진계수(C_p) 값이 0.5 이하일 것

마. 수평주행배관의 구경은 150mm 이하이고, 교차배관의 구경은 100mm 이하일 것

바. 행가는 「스프링클러설비의 화재안전기준」 제8조제13항에 따라 설치할 것

② 종방향 흔들림 방지 버팀대는 다음 각 호의 기준에 따라 설치하여야 한다.

1. 배관 구경에 관계없이 모든 수평주행배관·교차배관 및 옥내소화전설비의 수평배관에 설치하여야 한다. 다만, 옥내소화전설비의 수직배관에서 분기된 구경 50mm 이하의 수평배관에 설치되는 소화전함이 1개인 경우에는 종방향 흔들림 방지 버팀대를 설치하지 않을 수 있다.

2. 종방향 흔들림 방지 버팀대의 설계하중은 설치된 위치의 좌우 12m를 포함한 24m 이내의 배관에 작용하는 수평지진하중으로 영향구역 내의 수평주행배관, 교차배관 하중을 포함하여 산정하며, 가지배관의 하중은 제외한다.

3. 수평주행배관 및 교차배관에 설치된 종방향 흔들림 방지 버팀대의 간격은 중심선을 기준으로 24 m를 넘지 않아야 한다.

4. 마지막 흔들림 방지 버팀대와 배관 단부 사이의 거리는 12m를 초과하지 않아야 한다.

5. 영향구역 내에 상쇄배관이 설치되어 있는 경우 배관 길이는 그 상쇄배관 길이를 합산하여 산정한다.

6. 종방향 흔들림 방지 버팀대가 설치된 지점으로부터 600mm 이내에 그 배관이 방향전환되어 설치된 경우 그 종방향 흔들림 방지 버팀대는 인접배관의 횡방향 흔들림 방지 버팀대로 사용할 수 있으며, 배관의 구경이 다른 경우에는 구경이 큰 배관에 설치하여야 한다.

제11조(수직직선배관 흔들림 방지 버팀대) 수직직선배관 흔들림 방지 버팀대는 다음 각 호의 기준에 따라 설치하여야 한다.

1. 길이 1m를 초과하는 수직직선배관의 최상부에는 4방향 흔들림 방지 버팀대를 설치하여야 한다. 다만, 가지배관은 설치하지 아니할 수 있다.

2. 수직직선배관 최상부에 설치된 4방향 흔들림 방지 버팀대가 수평직선배관에 부착된 경우 그 흔들림 방지 버팀대는 수직직선배관의 중심선으로부터 0.6m 이내에 설치되어야 하고, 그 흔

들림 방지 버팀대의 하중은 수직 및 수평방향의 배관을 모두 포함하여야 한다.
3. 수직직선배관 4방향 흔들림 방지 버팀대 사이의 거리는 8m를 초과하지 않아야 한다.
4. 소화전함에 아래 또는 위쪽으로 설치되는 65mm 이상의 수직직선배관은 다음 각 목의 기준에 따라 설치한다.
   가. 수직직선배관의 길이가 3.7m 이상인 경우, 4방향 흔들림 방지 버팀대를 1개 이상 설치하고, 말단에 U볼트 등의 고정장치를 설치한다.
   나. 수직직선배관의 길이가 3.7m 미만인 경우, 4방향 흔들림 방지 버팀대를 설치하지 아니할 수 있고, U볼트 등의 고정장치를 설치한다.
5. 수직직선배관에 4방향 흔들림 방지 버팀대를 설치하고 수평방향으로 분기된 수평직선배관의 길이가 1.2m 이하인 경우 수직직선배관에 수평직선배관의 지진하중을 포함하는 경우 수평직선배관의 흔들림 방지 버팀대를 설치하지 않을 수 있다.
6. 수직직선배관이 다층건물의 중간층을 관통하며, 관통구 및 슬리브의 구경이 제6조제3항제1호에 따른 배관 구경별 관통구 및 슬리브 구경 미만인 경우에는 4방향 흔들림 방지 버팀대를 설치하지 아니할 수 있다.

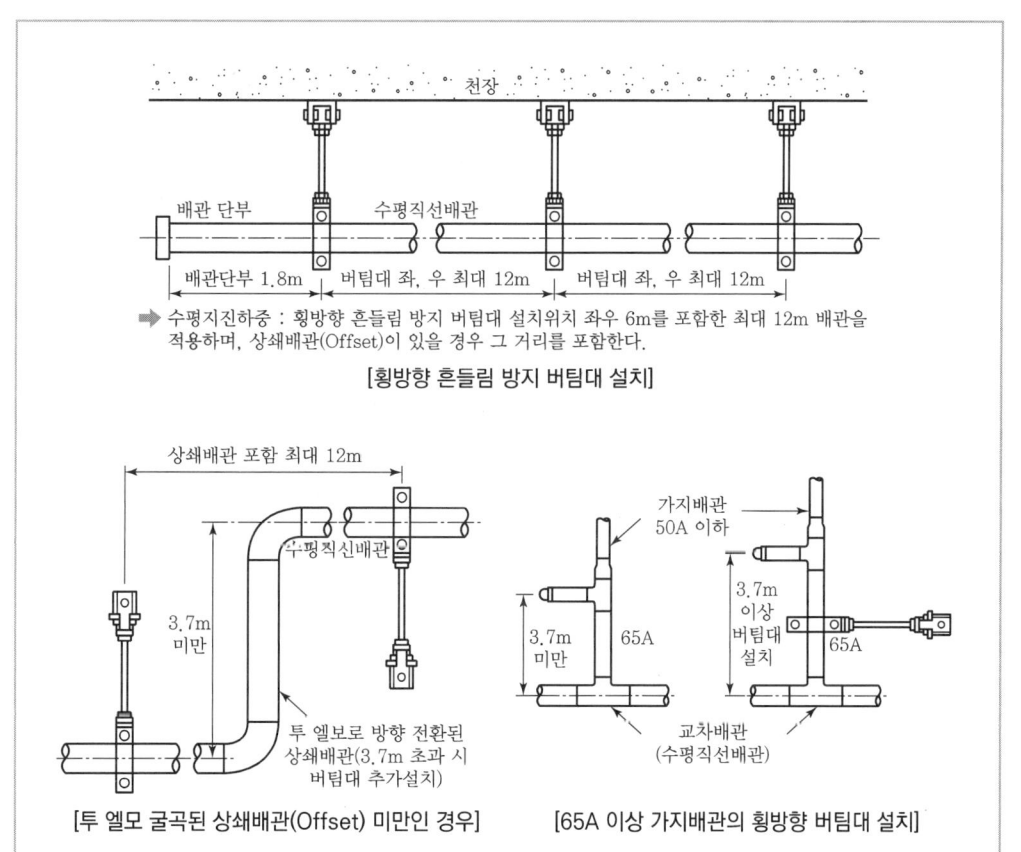

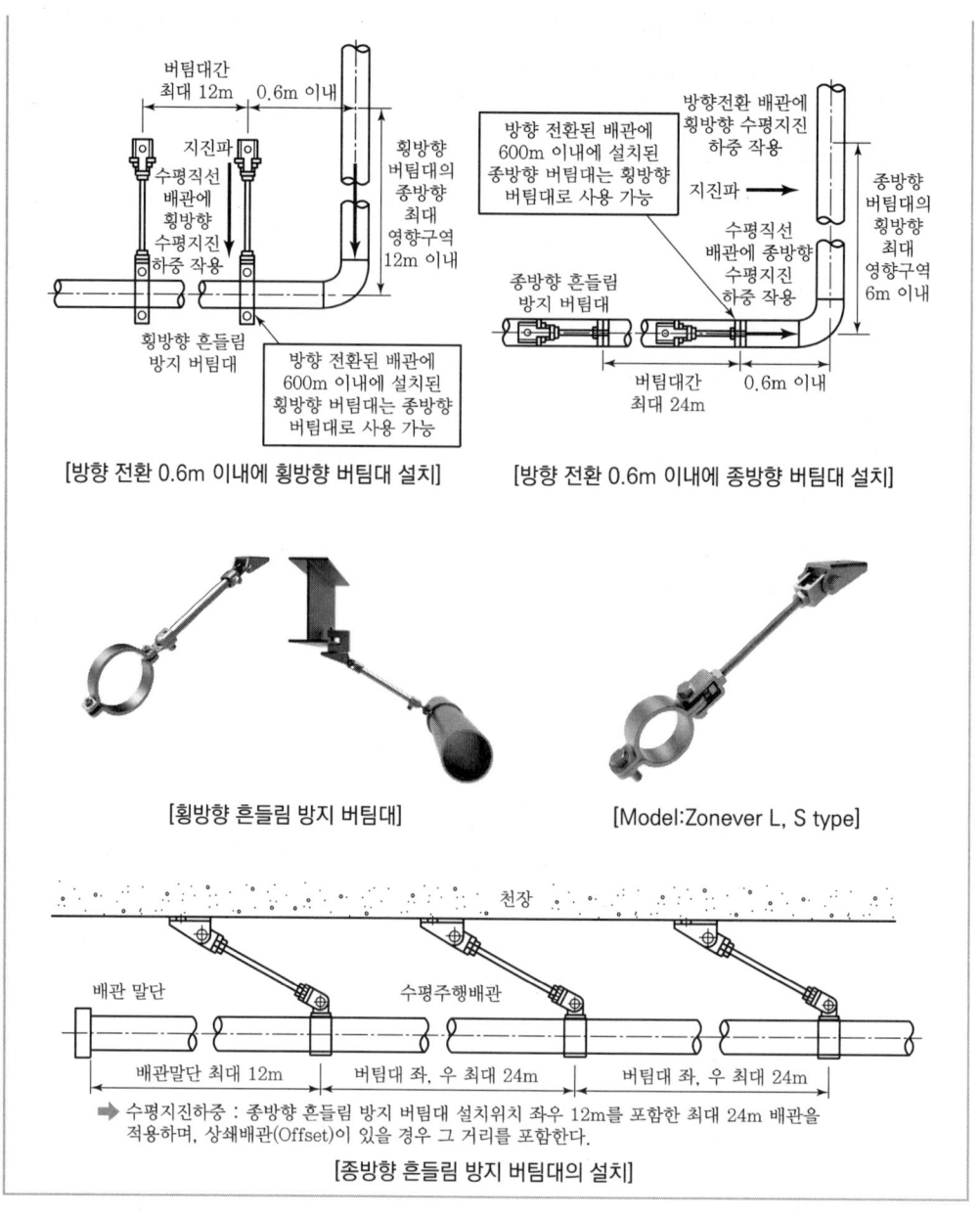

제12조(흔들림 방지 버팀대 고정장치) 흔들림 방지 버팀대 고정장치에 작용하는 수평지진하중은 허용하중을 초과하여서는 아니 된다.

1. 삭제
2. 삭제

제13조(가지배관 고정장치 및 헤드) ① 가지배관의 고정장치는 각 호에 따라 설치하여야 한다.

1. 가지배관에는 별표 3의 간격에 따라 고정장치를 설치한다.
2. 와이어타입 고정장치는 행가로부터 600mm 이내에 설치하여야 한다. 와이어 고정점에 가장 가까운 행거는 가지배관의 상방향 움직임을 지지할 수 있는 유형이어야 한다.
3. 환봉타입 고정장치는 행가로부터 150mm 이내에 설치한다.
4. 환봉타입 고정장치의 세장비는 400을 초과하여서는 아니된다. 단, 양쪽 방향으로 두 개의 고정장치를 설치하는 경우 세장비를 적용하지 아니한다.
5. 고정장치는 수직으로부터 45° 이상의 각도로 설치하여야 하고, 설치각도에서 최소 1,340N 이상의 인장 및 압축하중을 견딜 수 있어야 하며 와이어를 사용하는 경우 와이어는 1,960N 이상의 인장하중을 견디는 것으로 설치하여야 한다.
6. 가지배관 상의 말단 헤드는 수직 및 수평으로 과도한 움직임이 없도록 고정하여야 한다.
7. 가지배관에 설치되는 행가는 「스프링클러설비의 화재안전기준」 제8조제13항에 따라 설치한다.
8. 가지배관에 설치되는 행가가 다음 각 목의 기준을 모두 만족하는 경우 고정장치를 설치하지 않을 수 있다.
    가. 건축물 구조부재 고정점으로부터 배관 상단까지의 거리가 150mm 이내일 것
    나. 가지배관에 설치된 모든 행가의 75% 이상이 가목의 기준을 만족할 것
    다. 가지배관에 연속하여 설치된 행가는 가목의 기준을 연속하여 초과하지 않을 것

② 가지배관 고정에 사용되지 않는 건축부재와 헤드 사이의 이격거리는 75mm 이상을 확보하여야 한다.

[수직직선배관 버팀대 설치]

제14조(제어반등) 제어반등은 다음 각 호의 기준에 따라 설치하여야 한다.

1. 제어반등의 지진하중은 제3조의2제2항에 따라 계산하고, 앵커볼트는 제3조의2제3항에 따라 설치하여야 한다. 단, 제어반등의 하중이 450N 이하이고 내력벽 또는 기둥에 설치하는 경우 직경 8mm 이상의 고정용 볼트 4개 이상으로 고정할 수 있다.
2. 건축물의 구조부재인 내력벽·바닥 또는 기둥 등에 고정하여야 하며, 바닥에 설치하는 경우 지진하중에 의해 전도가 발생하지 않도록 설치하여야 한다.
3. 제어반등은 지진 발생 시 기능이 유지되어야 한다.

제15조(유수검지장치) 유수검지장치는 지진발생시 기능을 상실하지 않아야 하며, 연결부위는 파손되지 않아야 한다.

제16조(소화전함) 소화전함은 다음 각 호의 기준에 따라 설치하여야 한다.
1. 지진 시 파손 및 변형이 발생하지 않아야 하며, 개폐에 장애가 발생하지 않아야 한다.
2. 건축물의 구조부재인 내력벽·바닥 또는 기둥 등에 고정하여야 하며, 바닥에 설치하는 경우 지진하중에 의해 전도가 발생하지 않도록 설치하여야 한다.
3. 소화전함의 지진하중은 제3조의2제2항에 따라 계산하고, 앵커볼트는 제3조의2제3항에 따라 설치하여야 한다. 단, 소화전함의 하중이 450N 이하이고 내력벽 또는 기둥에 설치하는 경우 직경 8mm 이상의 고정용 볼트 4개 이상으로 고정할 수 있다.

제17조(비상전원) 비상전원은 다음 각 호의 기준에 따라 설치하여야 한다.
1. 자가발전설비의 지진하중은 제3조의2제2항에 따라 계산하고, 앵커볼트는 제3조의2제3항에 따라 설치하여야 한다.
2. 비상전원은 지진 발생 시 전도되지 않도록 설치하여야 한다.

제18조(가스계 및 분말소화설비) ① 이산화탄소소화설비, 할론소화설비, 할로겐화합물 및 불활성기체소화설비, 분말소화설비의 저장용기는 지진하중에 의해 전도가 발생하지 않도록 설치하고, 지진하중은 제3조의2제2항에 따라 계산하고 앵커볼트는 제3조의2제3항에 따라 설치하여야 한다.
② 이산화탄소소화설비, 할론소화설비, 할로겐화합물 및 불활성기체소화설비, 분말소화설비의 제어반등은 제14조의 기준에 따라 설치하여야 한다.
③ 이산화탄소소화설비, 할론소화설비, 할로겐화합물 및 불활성기체소화설비, 분말소화설비의 기동장치 및 비상전원은 지진으로 인한 오동작이 발생하지 않도록 설치하여야 한다.

제19조(설치·유지기준의 특례) 소방본부장 또는 소방서장은 기존건축물이 증축·개축·대수선되거나 용도변경되는 경우에 있어서 이 기준이 정하는 기준에 따라 해당 건축물에 설치하여야 할 소방시설 내진설계의 공사가 현저하게 곤란하다고 인정되는 경우에는 해당 설비의 기능 및 사용에 지장이 없는 범위 안에서 소방시설의 내진설계 기준 일부를 적용하지 아니할 수 있다.

제20조(재검토 기한) 소방청장은 「훈령·예규 등의 발령 및 관리에 관한 규정」에 따라 이 고시에 대하여 2021년 7월 1일을 기준으로 매3년이 되는 시점(매 3년째의 6월 30일 까지를 말한다)마다 그 타당성을 검토하여 개선 등의 조치를 하여야 한다.

부칙

〈제2021-15호, 2021. 2. 19.〉

제1조(시행일) 이 고시는 발령한 날부터 시행한다. 다만, 제9조제3항의 개정규정은 「흔들림 방지 버팀대의 성능인증 및 제품검사의 기술기준」제정 후 시행일 이후 6개월이 경과한 날부터 시행한다.

제2조(경과조치) 이 고시 시행 당시 건축허가 등의 동의 또는 착공신고가 완료된 특정소방대상물에 대하여는 종전의 기준에 따른다.

[별표 1] 단주기 응답지수별 소화배관의 지진계수(제3조의2제2항제3호 관련)

단주기 응답지수(S_S)	지진계수(C_p)
0.33 이하	0.35
0.40	0.38
0.50	0.40
0.60	0.42
0.70	0.42
0.80	0.44
0.90	0.48
0.95	0.50
1.00	0.51

1. 표의 값을 기준으로 S_S의 사이값은 직선보간법 이용하여 적용할 수 있다.
2. S_S : 단주기 응답지수(Short Period Response Parameter)로서 최대고려 지진의 유효지반가속도 S를 2.5배한 값

[별표 2] 소화배관의 종류별 흔들림 방지 버팀대의 간격에 따른 영향구역 외 최대허용하중(N)(제10조제1항 제8호 관련)

1. KSD3507 소화배관의 흔들림 방지 버팀대의 간격에 따른 영향구역의 최대허용하중(N)

(재료의 항복강도 F_y : 200MPa)

배관구경(mm)	횡방향 흔들림 방지 버팀대의 간격(m)				
	6	8	9	11	12
25	450	338	295	245	212
32	729	547	478	397	343
40	696	727	635	528	456
50	1,770	1,328	1,160	964	832
65	2,836	2,128	1,859	1,545	1,334
80	4,452	3,341	2,918	2,425	2,094
100	8,168	6,130	5,354	4,449	3,842
125	13,424	10,074	8,798	7,311	6,315
150	19,054	14,299	12,488	10,378	8,963
200	39,897	29,943	26,150	21,731	18,769

2. KSD3562(#40) 소화배관의 흔들림 방지 버팀대의 간격에 따른 영향구역의 최대허용하중(N)

(재료의 항복강도 F_y : 250MPa)

배관구경(mm)	횡방향 흔들림 방지 버팀대의 간격(m)				
	6	8	9	11	12
25	597	448	391	325	281
32	1,027	771	673	559	483
40	1,407	1,055	922	766	661
50	2,413	1,811	1,581	1,314	1,135
65	5,022	3,769	3,291	2,735	2,362
80	7,506	5,663	4,920	4,088	3,531
100	13,606	10,211	8,918	7,411	6,400
125	22,829	17,133	14,962	12,434	10,739
150	34,778	26,100	22,794	18,943	16,360
200	70,402	52,836	46,143	38,346	33,119

3. KSD3576(#10) 소화배관의 흔들림 방지 버팀대의 간격에 따른 영향구역의 최대허용하중(N)

(재료의 항복강도 F_y : 205MPa)

배관구경(mm)	횡방향 흔들림 방지 버팀대의 간격(m)				
	6	8	9	11	12
25	415	311	272	226	195
32	687	515	450	374	323
40	909	682	596	495	428
50	1,462	1,097	958	796	688
65	2,488	1,867	1,630	1,355	1,170
80	3,599	2,701	2,359	1,960	1,693
100	6,052	4,542	3,966	3,296	2,847
125	9,884	7,418	6,478	5,383	4,650
150	13,958	10,475	9,148	7,602	6,566
200	29,625	22,233	19,417	16,136	13,936

4. KSD3576(#20) 소화배관의 흔들림 방지 버팀대의 간격에 따른 영향구역의 최대허용하중(N)

(재료의 항복강도 F_y : 205MPa)

배관구경(mm)	횡방향 흔들림 방지 버팀대의 간격(m)				
	6	8	9	11	12
25	443	332	290	241	208
32	736	552	482	401	346
40	943	708	618	514	443
50	1,738	1,304	1,139	946	817
65	2,862	2,148	1,876	1,559	1,346
80	4,635	3,479	3,038	2,525	2,180
100	7,635	5,730	5,004	4,158	3,592
125	14,305	10,736	9,376	7,792	6,729
150	20,313	15,245	13,314	11,064	9,556
200	46,462	34,870	30,453	25,307	21,857

5. KSD3595 소화배관의 흔들림 방지 버팀대의 간격에 따른 영향구역의 최대허용하중(N)

(재료의 항복강도 F_y : 205MPa)

배관구경(mm)	횡방향 흔들림 방지 버팀대의 간격(m)				
	6	8	9	11	12
25	123	92	81	67	58
32	216	162	141	117	101
40	316	237	207	172	148
50	850	638	557	463	399
65	1,264	948	828	688	594
80	2,483	1,864	1,627	1,352	1,168
100	4,144	3,110	2,716	2,257	1,949
125	5,877	4,410	3,852	3,201	2,764
150	12,433	9,331	8,149	6,772	5,849
200	22,535	16,912	14,770	12,274	10,601

6. CPVC 소화배관의 흔들림 방지 버팀대의 간격에 따른 영향구역의 최대허용하중(N)

(재료의 항복강도 F_y : 205MPa)

배관구경(mm)	횡방향 흔들림 방지 버팀대의 간격(m)				
	6	8	9	11	12
25	113	85	74	61	46
32	229	172	150	125	108
40	349	262	229	190	164
50	680	510	445	370	277
65	1,199	900	786	653	564
80	2,200	1,651	1,442	1,198	1,035

[별표 3] 가지배관 고정장치의 최대 설치간격(m)(제13조제1항제1호 관련)

1. 강관 및 스테인레스(KSD 3576)배관의 최대 설치간격(m)

호칭구경	지진계수(C_p)			
	$C_p \leq 0.50$	$0.5 < C_p \leq 0.71$	$0.71 < C_p \leq 1.4$	$1.4 < C_p$
25A	13.1	11.0	7.9	6.7
32A	14.0	11.9	8.2	7.3
40A	14.9	12.5	8.8	7.6
50A	16.1	13.7	9.4	8.2

2. 동관, CPVC 및 스테인레스(KSD 3595)배관의 최대 설치간격(m)

호칭구경	지진계수(C_p)			
	$C_p \leq 0.50$	$0.5 < C_p \leq 0.71$	$0.71 < C_p \leq 1.4$	$1.4 < C_p$
25A	10.3	8.5	6.1	5.2
32A	11.3	9.4	6.7	5.8
40A	12.2	10.3	7.3	6.1
50A	13.7	11.6	8.2	7.0

03 소방시설 자체점검

참고 소방시설 자체점검사항 등에 관한 고시, 한국소방안전원

✅ **소방시설 작동기능점검표 작성 예시**

1 점검 전 준비사항
1) 점검장소의 협의나 협조 받을 건물 관계인 등 연락처를 사전 확보
2) 점검의 목적과 필요성에 대하여 건물 관계인에게 사전 안내 및 협의
3) 음향장치 및 각 실별 방문점검 사항을 공지하여 협조 요청

2 현장확인
1) 현장 시설물의 도면 등을 이용하여 설비의 개요 및 설치위치 등을 파악한다.
2) 점검사항을 토대로 점검순서를 계획하고 점검장비 및 공구를 준비한다.
3) 기존의 점검자료 및 조치결과가 있다면 점검 전 참고
4) 점검과 관련된 각종 법규 및 기준 등의 기술기준 등 규정사항을 준비하고 숙지한다.

3 점검표 작성을 위한 준비물

1) **소방시설등 작동기능점검 실시결과 보고서**
   화재예방, 소방시설 설치·유지 및 안전관리에 관한 법률 시행규칙 별지 서식

2) **소방시설등 작동기능 점검표**
   소방시설 자체점검사항 등에 관한 고시 서식

3) **건축물대장**
   건축물대장/소방도면 및 소방시설 현황/소방계획서 등

4) **점검에 필요한 장비**
   소화기구, 옥내소화전설비, 옥외소화전설비, 스프링클러설비, 포소화설비, 이산화탄소소화설비, 분말·할론소화설비, 할로겐화합물 및 불활성기체소화설비, 자동화재탐지설비, 시각경보기 등 점검에 필요한 장비를 준비할 것

5) **자체점검 후 결과 조치(소방시설법 시행규칙 제19조)**
   (1) 작동기능점검 : 작동기능점검을 실시한 경우 7일 이내에 작동기능점검 실시결과 보고서를 소방본부장 또는 소방서장에게 제출하여야 한다.
   (2) 종합정밀점검 : 종합정밀점검을 실시한 경우 7일 이내에 종합정밀점검 실시결과 보고서를 소방본부장 또는 소방서장에게 제출하여야 한다.
   ▶ 소방시설관리업자는 점검을 실시한 경우 점검이 끝난 날부터 10일 이내에 소방시설관리업자에 대한 평가 등에 관한 업무를 위탁받은 평가기관에 통보하여야 한다.

부록

1. 소방시설
2. 특정소방대상물
3. 소방용품
4. 소방시설도시기호

01 소방시설(제3조 관련)

부록 1

1. 소화설비

물 또는 그 밖의 소화약제를 사용하여 소화하는 기계·기구 또는 설비로서 다음 각 목의 것

가. 소화기구
  1) 소화기
  2) 간이소화용구 : 에어로졸식 소화용구, 투척용 소화용구, 소공간용 소화용구 및 소화약제 외의 것을 이용한 간이소화용구
  3) 자동확산소화기

나. 자동소화장치
  1) 주거용 주방자동소화장치
  2) 상업용 주방자동소화장치
  3) 캐비닛형 자동소화장치
  4) 가스자동소화장치
  5) 분말자동소화장치
  6) 고체에어로졸자동소화장치

다. 옥내소화전설비(호스릴옥내소화전설비를 포함한다)

라. 스프링클러설비등
  1) 스프링클러설비
  2) 간이스프링클러설비(캐비닛형 간이스프링클러설비를 포함한다)
  3) 화재조기진압용 스프링클러설비

마. 물분무등소화설비
  1) 물 분무 소화설비
  2) 미분무소화설비
  3) 포소화설비
  4) 이산화탄소소화설비
  5) 할론소화설비
  6) 할로겐화합물 및 불활성기체(다른 원소와 화학 반응을 일으키기 어려운 기체를 말한다. 이하 같다) 소화설비
  7) 분말소화설비

     8) 강화액소화설비
     9) 고체에어로졸소화설비
  바. 옥외소화전설비

2. 경보설비

화재발생 사실을 통보하는 기계 · 기구 또는 설비로서 다음 각 목의 것

  가. 단독경보형 감지기
  나. 비상경보설비
     1) 비상벨설비
     2) 자동식사이렌설비
  다. 시각경보기
  라. 자동화재탐지설비
  마. 비상방송설비
  바. 자동화재속보설비
  사. 통합감시시설
  아. 누전경보기
  자. 가스누설경보기

3. 피난구조설비

화재가 발생할 경우 피난하기 위하여 사용하는 기구 또는 설비로서 다음 각 목의 것

  가. 피난기구
     1) 피난사다리
     2) 구조대
     3) 완강기
     4) 그 밖에 법 제9조세1항에 따라 소방청장이 정하여 고시하는 화재안전기준(이하 "화재안전기준"이라 한다)으로 정하는 것
  나. 인명구조기구
     1) 방열복, 방화복(안전모, 보호장갑 및 안전화를 포함한다)
     2) 공기호흡기
     3) 인공소생기
  다. 유도등
     1) 피난유도선
     2) 피난구유도등

        3) 통로유도등
        4) 객석유도등
        5) 유도표지
    라. 비상조명등 및 휴대용비상조명등

4. 소화용수설비

화재를 진압하는 데 필요한 물을 공급하거나 저장하는 설비로서 다음 각 목의 것

    가. 상수도소화용수설비
    나. 소화수조·저수조, 그 밖의 소화용수설비

5. 소화활동설비

화재를 진압하거나 인명구조활동을 위하여 사용하는 설비로서 다음 각 목의 것

    가. 제연설비
    나. 연결송수관설비
    다. 연결살수설비
    라. 비상콘센트설비
    마. 무선통신보조설비
    바. 연소방지설비

특정소방시설(제5조 관련)

1. 공동주택

- 가. 아파트등 : 주택으로 쓰이는 층수가 5층 이상인 주택
- 나. 기숙사 : 학교 또는 공장 등에서 학생이나 종업원 등을 위하여 쓰는 것으로서 공동취사 등을 할 수 있는 구조를 갖추되, 독립된 주거의 형태를 갖추지 않은 것(「교육기본법」 제27조제2항에 따른 학생복지주택을 포함한다)

2. 근린생활시설

- 가. 슈퍼마켓과 일용품(식품, 잡화, 의류, 완구, 서적, 건축자재, 의약품, 의료기기 등) 등의 소매점으로서 같은 건축물(하나의 대지에 두 동 이상의 건축물이 있는 경우에는 이를 같은 건축물로 본다. 이하 같다)에 해당 용도로 쓰는 바닥면적의 합계가 1천m^2 미만인 것
- 나. 휴게음식점, 제과점, 일반음식점, 기원(棋院), 노래연습장 및 단란주점(단란주점은 같은 건축물에 해당 용도로 쓰는 바닥면적의 합계가 150m^2 미만인 것만 해당한다)
- 다. 이용원, 미용원, 목욕장 및 세탁소(공장이 부설된 것과 「대기환경보전법」, 「물환경보전법」 또는 「소음·진동관리법」에 따른 배출시설의 설치허가 또는 신고의 대상이 되는 것은 제외한다)
- 라. 의원, 치과의원, 한의원, 침술원, 접골원(接骨院), 조산원(「모자보건법」 제2조제11호에 따른 산후조리원을 포함한다) 및 안마원(「의료법」 제82조제4항에 따른 안마시술소를 포함한다)
- 마. 탁구장, 테니스장, 체육도장, 체력단련장, 에어로빅장, 볼링장, 당구장, 실내낚시터, 골프연습장, 물놀이형 시설(「관광진흥법」 제33조에 따른 안전성검사의 대상이 되는 물놀이형 시설을 말한다. 이하 같다), 그 밖에 이와 비슷한 것으로서 같은 건축물에 해당 용도로 쓰는 바닥면적의 합계가 500m^2 미만인 것
- 바. 공연장(극장, 영화상영관, 연예장, 음악당, 서커스장, 「영화 및 비디오물의 진흥에 관한 법률」 제2조제16호가목에 따른 비디오물감상실업의 시설, 같은 호 나목에 따른 비디오물소극장업의 시설, 그 밖에 이와 비슷한 것을 말한다. 이하 같다) 또는 종교집회장[교회, 성당, 사찰, 기도원, 수도원, 수녀원, 제실(祭室), 사당, 그 밖에 이와 비슷한 것을 말한다. 이하 같다]으로서 같은 건축물에 해당 용도로 쓰는 바닥면적의 합계가 300m^2 미만인 것
- 사. 금융업소, 사무소, 부동산중개사무소, 결혼상담소 등 소개업소, 출판사, 서점, 그 밖에 이와 비슷한 것으로서 같은 건축물에 해당 용도로 쓰는 바닥면적의 합계가 500m^2 미만인 것

아. 제조업소, 수리점, 그 밖에 이와 비슷한 것으로서 같은 건축물에 해당 용도로 쓰는 바닥면적의 합계가 500m² 미만이고, 「대기환경보전법」, 「물환경보전법」 또는 「소음·진동관리법」에 따른 배출시설의 설치허가 또는 신고의 대상이 아닌 것

자. 「게임산업진흥에 관한 법률」 제2조제6호의2에 따른 청소년게임제공업 및 일반게임제공업의 시설, 같은 조 제7호에 따른 인터넷컴퓨터게임시설제공업의 시설 및 같은 조 제8호에 따른 복합유통게임제공업의 시설로서 같은 건축물에 해당 용도로 쓰는 바닥면적의 합계가 500m² 미만인 것

차. 사진관, 표구점, 학원(같은 건축물에 해당 용도로 쓰는 바닥면적의 합계가 500m² 미만인 것만 해당하며, 자동차학원 및 무도학원은 제외한다), 독서실, 고시원(「다중이용업소의 안전관리에 관한 특별법」에 따른 다중이용업 중 고시원업의 시설로서 독립된 주거의 형태를 갖추지 않은 것으로서 같은 건축물에 해당 용도로 쓰는 바닥면적의 합계가 500m² 미만인 것을 말한다), 장의사, 동물병원, 총포판매사, 그 밖에 이와 비슷한 것

카. 의약품 판매소, 의료기기 판매소 및 자동차영업소로서 같은 건축물에 해당 용도로 쓰는 바닥면적의 합계가 1천m² 미만인 것

타. 삭제 〈2013.1.9〉

3. 문화 및 집회시설

가. 공연장으로서 근린생활시설에 해당하지 않는 것

나. 집회장 : 예식장, 공회당, 회의장, 마권(馬券) 장외 발매소, 마권 전화투표소, 그 밖에 이와 비슷한 것으로서 근린생활시설에 해당하지 않는 것

다. 관람장 : 경마장, 경륜장, 경정장, 자동차 경기장, 그 밖에 이와 비슷한 것과 체육관 및 운동장으로서 관람석의 바닥면적의 합계가 1천m² 이상인 것

라. 전시장 : 박물관, 미술관, 과학관, 문화관, 체험관, 기념관, 산업전시장, 박람회장, 견본주택, 그 밖에 이와 비슷한 것

마. 동·식물원 : 동물원, 식물원, 수족관, 그 밖에 이와 비슷한 것

4. 종교시설

가. 종교집회장으로서 근린생활시설에 해당하지 않는 것

나. 가목의 종교집회장에 설치하는 봉안당(奉安堂)

5. 판매시설

가. 도매시장 : 「농수산물 유통 및 가격안정에 관한 법률」 제2조제2호에 따른 농수산물도매시장, 같은 조 제5호에 따른 농수산물공판장, 그 밖에 이와 비슷한 것(그 안에 있는 근린생활시

설을 포함한다)
나. 소매시장 : 시장, 「유통산업발전법」 제2조제3호에 따른 대규모점포, 그 밖에 이와 비슷한 것(그 안에 있는 근린생활시설을 포함한다)
다. 전통시장 : 「전통시장 및 상점가 육성을 위한 특별법」 제2조제1호에 따른 전통시장(그 안에 있는 근린생활시설을 포함하며, 노점형시장은 제외한다)
라. 상점 : 다음의 어느 하나에 해당하는 것(그 안에 있는 근린생활시설을 포함한다)
   1) 제2호가목에 해당하는 용도로서 같은 건축물에 해당 용도로 쓰는 바닥면적 합계가 1천m^2 이상인 것
   2) 제2호자목에 해당하는 용도로서 같은 건축물에 해당 용도로 쓰는 바닥면적 합계가 500m^2 이상인 것

6. 운수시설

가. 여객자동차터미널
나. 철도 및 도시철도 시설(정비창 등 관련 시설을 포함한다)
다. 공항시설(항공관제탑을 포함한다)
라. 항만시설 및 종합여객시설

7. 의료시설

가. 병원 : 종합병원, 병원, 치과병원, 한방병원, 요양병원
나. 격리병원 : 전염병원, 마약진료소, 그 밖에 이와 비슷한 것
다. 정신의료기관
라. 「장애인복지법」 제58조제1항제4호에 따른 장애인 의료재활시설

8. 교육연구시설

가. 학교
   1) 초등학교, 중학교, 고등학교, 특수학교, 그 밖에 이에 준하는 학교 : 「학교시설사업 촉진법」 제2조제1호나목의 교사(校舍)(교실·도서실 등 교수·학습활동에 직접 또는 간접적으로 필요한 시설물을 말하되, 병설유치원으로 사용되는 부분은 제외한다. 이하 같다), 체육관, 「학교급식법」 제6조에 따른 급식시설, 합숙소(학교의 운동부, 기능·선수 등이 집단으로 숙식하는 장소를 말한다. 이하 같다)
   2) 대학, 대학교, 그 밖에 이에 준하는 각종 학교 : 교사 및 합숙소
나. 교육원(연수원, 그 밖에 이와 비슷한 것을 포함한다)
다. 직업훈련소

라. 학원(근린생활시설에 해당하는 것과 자동차운전학원·정비학원 및 무도학원은 제외한다)
마. 연구소(연구소에 준하는 시험소와 계량계측소를 포함한다)
바. 도서관

9. 노유자시설

가. 노인 관련 시설 : 「노인복지법」에 따른 노인주거복지시설, 노인의료복지시설, 노인여가복지시설, 주·야간보호서비스나 단기보호서비스를 제공하는 재가노인복지시설(「노인장기요양보험법」에 따른 재가장기요양기관을 포함한다), 노인보호전문기관, 노인일자리지원기관, 학대피해노인 전용쉼터, 그 밖에 이와 비슷한 것
나. 아동 관련 시설 : 「아동복지법」에 따른 아동복지시설, 「영유아보육법」에 따른 어린이집, 「유아교육법」에 따른 유치원[제8호가목1)에 따른 학교의 교사 중 병설유치원으로 사용되는 부분을 포함한다], 그 밖에 이와 비슷한 것
다. 장애인 관련 시설 : 「장애인복지법」에 따른 장애인 거주시설, 장애인 지역사회재활시설(장애인 심부름센터, 한국수어통역센터, 점자도서 및 녹음서 출판시설 등 장애인이 직접 그 시설 자체를 이용하는 것을 주된 목적으로 하지 않는 시설은 제외한다), 장애인 직업재활시설, 그 밖에 이와 비슷한 것
라. 정신질환자 관련 시설 : 「정신건강증진 및 정신질환자 복지서비스 지원에 관한 법률」에 따른 정신재활시설(생산품판매시설은 제외한다), 정신요양시설, 그 밖에 이와 비슷한 것
마. 노숙인 관련 시설 : 「노숙인 등의 복지 및 자립지원에 관한 법률」 제2조제2호에 따른 노숙인복지시설(노숙인일시보호시설, 노숙인자활시설, 노숙인재활시설, 노숙인요양시설 및 쪽방 상담소만 해당한다), 노숙인종합지원센터 및 그 밖에 이와 비슷한 것
바. 가목부터 마목까지에서 규정한 것 외에 「사회복지사업법」에 따른 사회복지시설 중 결핵환자 또는 한센인 요양시설 등 다른 용도로 분류되지 않는 것

10. 수련시설

가. 생활권 수련시설 : 「청소년활동 진흥법」에 따른 청소년수련관, 청소년문화의집, 청소년특화시설, 그 밖에 이와 비슷한 것
나. 자연권 수련시설 : 「청소년활동 진흥법」에 따른 청소년수련원, 청소년야영장, 그 밖에 이와 비슷한 것
다. 「청소년활동 진흥법」에 따른 유스호스텔

11. 운동시설

가. 탁구장, 체육도장, 테니스장, 체력단련장, 에어로빅장, 볼링장, 당구장, 실내낚시터, 골프연

습장, 물놀이형 시설, 그 밖에 이와 비슷한 것으로서 근린생활시설에 해당하지 않는 것
나. 체육관으로서 관람석이 없거나 관람석의 바닥면적이 1천m² 미만인 것
다. 운동장 : 육상장, 구기장, 볼링장, 수영장, 스케이트장, 롤러스케이트장, 승마장, 사격장, 궁도장, 골프장 등과 이에 딸린 건축물로서 관람석이 없거나 관람석의 바닥면적이 1천m² 미만인 것

12. 업무시설

가. 공공업무시설 : 국가 또는 지방자치단체의 청사와 외국공관의 건축물로서 근린생활시설에 해당하지 않는 것
나. 일반업무시설 : 금융업소, 사무소, 신문사, 오피스텔(업무를 주로 하며, 분양하거나 임대하는 구획 중 일부의 구획에서 숙식을 할 수 있도록 한 건축물로서 국토교통부장관이 고시하는 기준에 적합한 것을 말한다), 그 밖에 이와 비슷한 것으로서 근린생활시설에 해당하지 않는 것
다. 주민자치센터(동사무소), 경찰서, 지구대, 파출소, 소방서, 119안전센터, 우체국, 보건소, 공공도서관, 국민건강보험공단, 그 밖에 이와 비슷한 용도로 사용하는 것
라. 마을회관, 마을공동작업소, 마을공동구판장, 그 밖에 이와 유사한 용도로 사용되는 것
마. 변전소, 양수장, 정수장, 대피소, 공중화장실, 그 밖에 이와 유사한 용도로 사용되는 것

13. 숙박시설

가. 일반형 숙박시설 : 「공중위생관리법 시행령」 제4조제1호가목에 따른 숙박업의 시설
나. 생활형 숙박시설 : 「공중위생관리법 시행령」 제4조제1호나목에 따른 숙박업의 시설
다. 고시원(근린생활시설에 해당하지 않는 것을 말한다)
라. 그 밖에 가목부터 다목까지의 시설과 비슷한 것

14. 위락시설

가. 단란주점으로서 근린생활시설에 해당하지 않는 것
나. 유흥주점, 그 밖에 이와 비슷한 것
다. 「관광진흥법」에 따른 유원시설업(遊園施設業)의 시설, 그 밖에 이와 비슷한 시설(근린생활시설에 해당하는 것은 제외한다)
라. 무도장 및 무도학원
마. 카지노영업소

15. 공장

물품의 제조·가공[세탁·염색·도장(塗裝)·표백·재봉·건조·인쇄 등을 포함한다] 또는 수

리에 계속적으로 이용되는 건축물로서 근린생활시설, 위험물 저장 및 처리 시설, 항공기 및 자동차 관련 시설, 분뇨 및 쓰레기 처리시설, 묘지 관련 시설 등으로 따로 분류되지 않는 것

16. 창고시설(위험물 저장 및 처리 시설 또는 그 부속용도에 해당하는 것은 제외한다)

가. 창고(물품저장시설로서 냉장·냉동 창고를 포함한다)
나. 하역장
다. 「물류시설의 개발 및 운영에 관한 법률」에 따른 물류터미널
라. 「유통산업발전법」 제2조제15호에 따른 집배송시설

17. 위험물 저장 및 처리 시설

가. 위험물 제조소등
나. 가스시설 : 산소 또는 가연성 가스를 제조·저장 또는 취급하는 시설 중 지상에 노출된 산소 또는 가연성 가스 탱크의 저장용량의 합계가 100톤 이상이거나 저장용량이 30톤 이상인 탱크가 있는 가스시설로서 다음의 어느 하나에 해당하는 것
  1) 가스 제조시설
    가) 「고압가스 안전관리법」 제4조제1항에 따른 고압가스의 제조허가를 받아야 하는 시설
    나) 「도시가스사업법」 제3조에 따른 도시가스사업허가를 받아야 하는 시설
  2) 가스 저장시설
    가) 「고압가스 안전관리법」 제4조제3항에 따른 고압가스 저장소의 설치허가를 받아야 하는 시설
    나) 「액화석유가스의 안전관리 및 사업법」 제8조제1항에 따른 액화석유가스 저장소의 설치 허가를 받아야 하는 시설
  3) 가스 취급시설
    「액화석유가스의 안전관리 및 사업법」 제5조에 따른 액화석유가스 충전사업 또는 액화석유가스 집단공급사업의 허가를 받아야 하는 시설

18. 항공기 및 자동차 관련 시설(건설기계 관련 시설을 포함한다)

가. 항공기격납고
나. 차고, 주차용 건축물, 철골 조립식 주차시설(바닥면이 조립식이 아닌 것을 포함한다) 및 기계장치에 의한 주차시설
다. 세차장
라. 폐차장
마. 자동차 검사장

바. 자동차 매매장

사. 자동차 정비공장

아. 운전학원·정비학원

자. 다음의 건축물을 제외한 건축물의 내부(「건축법 시행령」 제119조제1항제3호다목에 따른 필로티와 건축물 지하를 포함한다)에 설치된 주차장

   1)「건축법 시행령」 별표 1 제1호에 따른 단독주택

   2)「건축법 시행령」 별표 1 제2호에 따른 공동주택 중 50세대 미만인 연립주택 또는 50세대 미만인 다세대주택

차. 「여객자동차 운수사업법」, 「화물자동차 운수사업법」 및 「건설기계관리법」에 따른 차고 및 주기장(駐機場)

19. 동물 및 식물 관련 시설

가. 축사[부화장(孵化場)을 포함한다]

나. 가축시설 : 가축용 운동시설, 인공수정센터, 관리사(管理舍), 가축용 창고, 가축시장, 동물검역소, 실험동물 사육시설, 그 밖에 이와 비슷한 것

다. 도축장

라. 도계장

마. 작물 재배사(栽培舍)

바. 종묘배양시설

사. 화초 및 분재 등의 온실

아. 식물과 관련된 마목부터 사목까지의 시설과 비슷한 것(동·식물원은 제외한다)

20. 자원순환 관련 시설

가. 하수 등 처리시설

나. 고물상

다. 폐기물재활용시설

라. 폐기물처분시설

마. 폐기물감량화시설

21. 교정 및 군사시설

가. 보호감호소, 교도소, 구치소 및 그 지소

나. 보호관찰소, 갱생보호시설, 그 밖에 범죄자의 갱생·보호·교육·보건 등의 용도로 쓰는 시설

다. 치료감호시설

라. 소년원 및 소년분류심사원
　　마. 「출입국관리법」 제52조제2항에 따른 보호시설
　　바. 「경찰관 직무집행법」 제9조에 따른 유치장
　　사. 국방·군사시설(「국방·군사시설 사업에 관한 법률」 제2조제1호가목부터 마목까지의 시설을 말한다)

22. 방송통신시설

　　가. 방송국(방송프로그램 제작시설 및 송신·수신·중계시설을 포함한다)
　　나. 전신전화국
　　다. 촬영소
　　라. 통신용 시설
　　마. 그 밖에 가목부터 라목까지의 시설과 비슷한 것

23. 발전시설

　　가. 원자력발전소
　　나. 화력발전소
　　다. 수력발전소(조력발전소를 포함한다)
　　라. 풍력발전소
　　마. 그 밖에 가목부터 라목까지의 시설과 비슷한 것(집단에너지 공급시설을 포함한다)

24. 묘지 관련 시설

　　가. 화장시설
　　나. 봉안당(제4호나목의 봉안당은 제외한다)
　　다. 묘지와 자연장지에 부수되는 건축물
　　라. 동물화장시설, 동물건조장(乾燥葬)시설 및 동물 전용의 납골시설

25. 관광 휴게시설

　　가. 야외음악당
　　나. 야외극장
　　다. 어린이회관
　　라. 관망탑
　　마. 휴게소
　　바. 공원·유원지 또는 관광지에 부수되는 건축물

26. 장례시설

가. 장례식장[의료시설의 부수시설(「의료법」 제36조제1호에 따른 의료기관의 종류에 따른 시설을 말한다)은 제외한다]
나. 동물 전용의 장례식장

27. 지하가

지하의 인공구조물 안에 설치되어 있는 상점, 사무실, 그 밖에 이와 비슷한 시설이 연속하여 지하도에 면하여 설치된 것과 그 지하도를 합한 것
가. 지하상가
나. 터널 : 차량(궤도차량용은 제외한다) 등의 통행을 목적으로 지하, 해저 또는 산을 뚫어서 만든 것

28. 지하구

가. 전력·통신용의 전선이나 가스·냉난방용의 배관 또는 이와 비슷한 것을 집합수용하기 위하여 설치한 지하 인공구조물로서 사람이 점검 또는 보수를 하기 위하여 출입이 가능한 것 중 다음의 어느 하나에 해당하는 것
  1) 전력 또는 통신사업용 지하 인공구조물로서 전력구(케이블 접속부가 없는 경우에는 제외한다) 또는 통신구 방식으로 설치된 것
  2) 1)외의 지하 인공구조물로서 폭이 1.8미터 이상이고 높이가 2미터 이상이며 길이가 50미터 이상인 것
나. 「국토의 계획 및 이용에 관한 법률」 제2조제9호에 따른 공동구

29. 문화재

「문화재보호법」에 따라 문화재로 지정된 건축물

30. 복합건축물

가. 하나의 건축물이 제1호부터 제27호까지의 것 중 둘 이상의 용도로 사용되는 것. 다만, 다음의 어느 하나에 해당하는 경우에는 복합건축물로 보지 않는다.
  1) 관계 법령에서 주된 용도의 부수시설로서 그 설치를 의무화하고 있는 용도 또는 시설
  2) 「주택법」 제35조제1항제3호 및 제4호에 따라 주택 안에 부대시설 또는 복리시설이 설치되는 특정소방대상물
  3) 건축물의 주된 용도의 기능에 필수적인 용도로서 다음의 어느 하나에 해당하는 용도
    가) 건축물의 설비, 대피 또는 위생을 위한 용도, 그 밖에 이와 비슷한 용도

나) 사무, 작업, 집회, 물품저장 또는 주차를 위한 용도, 그 밖에 이와 비슷한 용도
다) 구내식당, 구내세탁소, 구내운동시설 등 종업원후생복리시설(기숙사는 제외한다) 또는 구내소각시설의 용도, 그 밖에 이와 비슷한 용도
나. 하나의 건축물이 근린생활시설, 판매시설, 업무시설, 숙박시설 또는 위락시설의 용도와 주택의 용도로 함께 사용되는 것

[비고]
1. 내화구조로 된 하나의 특정소방대상물이 개구부(건축물에서 채광·환기·통풍·출입 등을 위하여 만든 창이나 출입구를 말한다)가 없는 내화구조의 바닥과 벽으로 구획되어 있는 경우에는 그 구획된 부분을 각각 별개의 특정소방대상물로 본다.
2. 둘 이상의 특정소방대상물이 다음 각 목의 어느 하나에 해당되는 구조의 복도 또는 통로(이하 이 표에서 "연결통로"라 한다)로 연결된 경우에는 이를 하나의 소방대상물로 본다.
   가. 내화구조로 된 연결통로가 다음의 어느 하나에 해당되는 경우
      1) 벽이 없는 구조로서 그 길이가 6m 이하인 경우
      2) 벽이 있는 구조로서 그 길이가 10m 이하인 경우. 다만, 벽 높이가 바닥에서 천장까지의 높이의 2분의 1 이상인 경우에는 벽이 있는 구조로 보고, 벽 높이가 바닥에서 천장까지의 높이의 2분의 1 미만인 경우에는 벽이 없는 구조로 본다.
   나. 내화구조가 아닌 연결통로로 연결된 경우
   다. 컨베이어로 연결되거나 플랜트설비의 배관 등으로 연결되어 있는 경우
   라. 지하보도, 지하상가, 지하가로 연결된 경우
   마. 방화셔터 또는 갑종 방화문이 설치되지 않은 피트로 연결된 경우
   바. 지하구로 연결된 경우
3. 제2호에도 불구하고 연결통로 또는 지하구와 소방대상물의 양쪽에 다음 각 목의 어느 하나에 적합한 경우에는 각각 별개의 소방대상물로 본다.
   가. 화재 시 경보설비 또는 자동소화설비의 작동과 연동하여 자동으로 닫히는 방화셔터 또는 갑종 방화문이 설치된 경우
   나. 화재 시 자동으로 방수되는 방식의 드렌처설비 또는 개방형 스프링클러헤드가 설치된 경우
4. 위 제1호부터 제30호까지의 특정소방대상물의 지하층이 지하가와 연결되어 있는 경우 해당 지하층의 부분을 지하가로 본다. 다만, 다음 지하가와 연결되는 지하층에 지하층 또는 지하가에 설치된 방화문이 자동폐쇄장치·자동화재탐지설비 또는 자동소화설비와 연동하여 닫히는 구조이거나 그 윗부분에 드렌처설비가 설치된 경우에는 지하가로 보지 않는다.

소방용품

부록 3

1 소방용품(제6조 관련)

[전문개정 2012. 9. 14.]

1. 소화설비를 구성하는 제품 또는 기기
    - 가. 별표 1 제1호가목의 소화기구(소화약제 외의 것을 이용한 간이소화용구는 제외한다)
    - 나. 별표 1 제1호나목의 자동소화장치
    - 다. 소화설비를 구성하는 소화전, 관창(菅槍), 소방호스, 스프링클러헤드, 기동용 수압개폐장치, 유수제어밸브 및 가스관선택밸브
2. 경보설비를 구성하는 제품 또는 기기
    - 가. 누전경보기 및 가스누설경보기
    - 나. 경보설비를 구성하는 발신기, 수신기, 중계기, 감지기 및 음향장치(경종만 해당한다)
3. 피난구조설비를 구성하는 제품 또는 기기
    - 가. 피난사다리, 구조대, 완강기(간이완강기 및 지지대를 포함한다)
    - 나. 공기호흡기(충전기를 포함한다)
    - 다. 피난구유도등, 통로유도등, 객석유도등 및 예비 전원이 내장된 비상조명등
4. 소화용으로 사용하는 제품 또는 기기
    - 가. 소화약제(별표 1 제1호나목2)와 3)의 자동소화장치와 같은 호 마목3)부터 8)까지의 소화설비용만 해당한다)
    - 나. 방염제(방염액·방염도료 및 방염성물질을 말한다)
5. 그 밖에 행정안전부령으로 정하는 소방 관련 제품 또는 기기(성능인증 대상 소방용품)

2 성능인증 대상 소방용품(제15조제1항 관련)

1. 축광표지(유도표지 및 위치표지)
2. 예비전원
3. 비상콘센트설비
4. 표시등
5. 소화전함
6. 스프링클러설비신축배관(가지관과 스프링클러헤드를 연결하는 플렉시블 파이프를 말한다)
7. 소방용전선(내화전선 및 내열전선)
8. 탐지부

9. 지시압력계
10. 삭제 〈2016. 6. 28.〉
11. 공기안전매트
12. 소방용밸브(개폐표시형 밸브, 릴리프 밸브, 푸트 밸브)
13. 소방용 스트레이너
14. 소방용 압력스위치
15. 소방용 합성수지배관
16. 비상경보설비의 축전지
17. 자동화재속보설비의 속보기
18. 소화설비용 헤드(물분무헤드, 분말헤드, 포헤드, 살수헤드)
19. 방수구
20. 소화기가압용 가스용기
21. 소방용흡수관
22. 그 밖에 소방청장이 고시하는 소방용품(성능인증의 대상이 되는 소방용품의 품목에 관한 고시)

❸ 성능인증의 대상이 되는 소방용품의 품목에 관한 고시

1. 분기배관
2. 포소화약제혼합장치 〈개정 2016. 5. 13.〉
3. 가스계소화설비 설계프로그램 〈개정 2016. 5. 13.〉
4. 시각경보장치
5. 자동차압·과압조절형댐퍼
6. 자동폐쇄장치
7. 가압수조식가압송수장치 〈개정 2016. 5. 13.〉
8. 피난유도선
9. 방염제품 〈신설 2012. 2. 9.〉
10. 다수인피난장비〈신설 2012. 2. 9., 개정 2016. 5. 13.〉
11. 캐비닛형 간이스프링클러설비〈신설 2012. 11. 1., 개정 2016. 5. 13.〉
12. 승강식피난기 〈신설 2012. 11. 1.〉
13. 미분무헤드 〈신설 2013. 11. 13.〉
14. 방열복 〈신설 2014. 8. 14.〉
15. 상업용주방자동소화장치 〈신설 2014. 8. 14.〉
16. 압축공기포헤드 〈신설 2015. 1. 15.〉
17. 압축공기포혼합장치 〈신설 2015. 1. 15.〉
18. 플랩댐퍼 〈신설 2015. 4. 21.〉
19. 비상문자동개폐장치 〈신설 2016. 1. 11.〉

04 소방시설 도시기호

부록 4

1 소방시설 자체점검사항 등에 관한 고시

제1조(목적) 이 고시는 「화재예방, 소방시설 설치·유지 및 안전관리에 관한 법률 시행규칙」 제18조 제4항에서 소방청장에게 위임한 소방시설 자체점검 구분에 따른 점검사항·소방시설등점검표·점검인원 배치상황 통보 및 세부점검방법 그 밖의 자체점검에 관한 사항 등에 관하여 필요한 사항을 규정함을 목적으로 한다.

제2조(점검인력 배치상황 통보 등) ① 「화재예방, 소방시설 설치·유지 및 안전관리에 관한 법률 시행규칙」(이하 "규칙"이라 한다) 제18조제3항에 따른 점검인력 배치상황 통보는 관리업자가 평가기관이 운영하는 전산망에 직접 접속하여 처리한다.
② 제1항의 점검인력 배치상황 통보는 다음의 기준에 따른다.
  1. 1개의 특정소방대상물을 기준으로 별지 제1호서식에 따라 통보한다.
  2. 제1호에도 불구하고 2이상의 특정소방대상물에 점검인력을 배치하는 경우에는 별지 제1호의2서식에 따라 통보한다.
③ 점검인력 배치통보 시 최초 1회 및 점검인력 변경 시에는 규칙 별지 제30호의4서식에 따른 소방기술인력 보유현황을 통보하여야 한다.
④ 평가기관의 장은 관리업자가 제1항에 따라 신고하는 경우에는 신고인에게 별지 제1호의3서식에 따라 확인서를 발급하여야 한다.

제3조(점검사항·세부점검방법 및 소방시설등점검표 등) ① 특정소방대상물에 설치된 소방시설등의 자체점검사항 및 세부점검방법은 별지 제3호서식의 소방시설등(작동기능, 종합정밀)점검표에 따라 실시하여야 한다. 이 경우 전자적 기록방식을 활용할 수 있다.
② 특정소방대상물에 설치된 소방시설등에 대하여 자체점검을 실시하고자 하는 경우의 자체점검표는 별지 제3호서식의 소방시설등(종합정밀, 작동기능)점검표에 의하여 실시하되, 별표의 소방시설 도시기호를 이용하여 작동기능점검표를 작성할 수 있다.
  1. 삭제
  2. 삭제
③ 건축물을 신축하거나 증축·개축 또는 대수선을 한 때에는 건축물의 사용승인을 받은 다음연도부터 작동기능과 종합정밀점검을 실시한다.

제4조(소방시설 종합정밀점검표의 준용) 「소방시설공사업법」 제20조 및 같은 법 시행규칙 제19조에 따른 감리결과보고서에 첨부하는 서류 중 소방시설성능시험조사표의 붙임 서류인 소방시설의 항목별 성능시험표는 이 고시의 별지 제4호서식의 소방시설 성능시험조사표에 의한다.

제5조(공공기관의 자체소방점검표 등) 공공기관의 기관장은 규칙 제18조제4항에 따라 소방시설등의 자체점검을 실시한 경우 별지 제6호서식의 소방시설 자체점검기록부에 기재하여 관리하여야 하며, 외관점검을 실시하는 경우 별지 제5호서식의 소방시설 외관점검표를 사용하여 점검하여야 한다. 이 경우 전자적 기록방식을 활용할 수 있다.

제6조(재검토기한) 소방청장은 「훈령·예규 등의 발령 및 관리에 관한 규정」에 따라 이 고시에 대하여 2017년 7월 1일 기준으로 매 3년이 되는 시점(매 3년째의 6월 30일까지를 말한다)마다 그 타당성을 검토하여 개선 등의 조치를 하여야 한다.

부칙
〈제2021-17호, 2021. 3. 25.〉

이 고시는 2021년 4월 1일부터 시행한다. 다만 제4조의 개정 규정은 2021년 10월 1일부터 시행한다.

[별표]

소방시설도시기호

분류	명칭		도시기호	분류	명칭	도시기호
배관	일반배관		────	관이음쇠	크로스	─┼┼─
	옥내·외소화전		─ H ─		맹플랜지	─┤
	스프링클러		─ SP ─		캡	─┐
	물분무		─ WS ─	헤드류	스프링클러헤드폐쇄형 상향식(평면도)	─●─
	포소화		─ F ─		스프링클러헤드폐쇄형 하향식(평면도)	─⊕─
	배수관		─ D ─		스프링클러헤드개방형 상향식(평면도)	─○─
	전선관	입상	⟋		스프링클러헤드개방형 하향식(평면도)	⊕
		입하	⟋		스프링클러헤드폐쇄형 상향식(계통도)	⊥
		통과	⟋		스프링클러헤드폐쇄형 하향식(입면도)	⊤
관이음쇠	플랜지		─┤├─		스프링클러헤드폐쇄형 상·하향식(입면도)	
	유니온		─┤├─		스프링클러헤드 상향형(입면도)	↑
	플러그		←┤		스프링클러헤드 하향형(입면도)	↓
	90°엘보		┗┛		분말·탄산가스· 할로겐헤드	
	45°엘보		╲┤		연결살수헤드	─◇─
	티		┬		물분무헤드(평면도)	─⊗─

분류	명칭	도시기호	분류	명칭	도시기호
헤드류	물분무헤드(입면도)		밸브류	경보밸브(습식)	
	드렌처헤드(평면도)			경보밸브(건식)	
	드렌처헤드(입면도)			프리액션밸브	
	포헤드(평면도)			경보델류지밸브	D
	포헤드(입면도)			프리액션밸브 수동조작함	SVP
	감지헤드(평면도)			플렉시블조인트	
	감지헤드(입면도)			솔레노이드밸브	S
	청정소화약제방출헤드(평면도)			모터밸브	M
	청정소화약제방출헤드(입면도)			릴리프밸브(이산화탄소용)	
밸브류	체크밸브			릴리프밸브(일반)	
	가스체크밸브			동체크밸브	
	게이트밸브(상시개방)			앵글밸브	
	게이트밸브(상시폐쇄)			FOOT밸브	
	선택밸브			볼밸브	
	조작밸브(일반)			배수밸브	
	조작밸브(전자식)			자동배수밸브	
	조작밸브(가스식)			여과망	

분류	명 칭	도시기호	분류	명 칭	도시기호
밸브류	자동밸브		레듀셔	편심레듀서	
	감압밸브			원심레듀서	
	공기조절밸브		혼합장치류	프레셔프로포셔너	
계기류	압력계			라인프로포셔너	
	연성계			프레셔사이드 프로포셔너	
	유량계			기타	
소화전	옥내소화전함		펌프류	일반펌프	
	옥내소화전 방수용기구병설			펌프모터(수평)	
	옥외소화전			펌프모터(수직)	
	포말소화전		저장용기류	분말약제 저장용기	
	송수구			저장용기	
	방수구				
스트레이너	Y형		경보설비기기류	차동식스포트형 감지기	
	U형			보상식스포트형 감지기	
저장탱크류	고가수조 (물올림장치)			정온식스포트형 감지기	
	압력챔버			연기감지기	
	포말원액탱크	(수직) (수평)		감지선	

분류	명 칭	도시기호	분류	명 칭	도시기호
경보설비기기류	공기관	───	경보설비기기류	광전식연기감지기 (스포트형)	$\boxed{S}_P$
	열전대	─■─		감지기간선, HIV1.2mm×4(22C)	─ F ╫
	열반도체	∞		감지기간선, HIV1.2mm×8(22C)	─ F ╫╫
	차동식분포형 감지기의 검출기	⋈		유도등간선, HIV1.2mm×3(22C)	── EX ──
	발신기세트 단독형	Ⓟ Ⓑ Ⓛ		경보부저	Ⓑ︎Z
	발신기세트 옥내소화전내장형	⒫⒝⒧		제어반	⊠
	경계구역번호	△		표시반	⊞
	비상용누름버튼	Ⓕ		회로시험기	⊙
	비상전화기	Ⓔ︎T		시각경보기 (스트로브)	◇
	비상벨	Ⓑ		수신기	⊠
	사이렌	◁		부수신기	⊞
	모터사이렌	Ⓜ◁		중계기	⊡
	전자사이렌	Ⓢ◁		표시등	◐
	조작장치	E P		피난구유도등	⊗
	증폭기	AMP		통로유도등	→
	기동누름버튼	Ⓔ		표시판	◺
	이온화식감지기 (스포트형)	$\boxed{S}_I$		보조전원	T R
	광전식연기감지기 (아날로그)	$\boxed{S}_A$		종단저항	Ω

분류	명칭		도시기호	분류	명칭	도시기호
제연설비	수동식제어		□	피뢰침	피뢰도선 및 지붕 위 도체	───
	천장용배풍기			소화기류	ABC소화기	소
	벽부착용배풍기				자동확산소화기	자
	배풍기	일반배풍기			자동식소화기	◆소◆
		관로배풍기			이산화탄소소화기	C
	댐퍼	화재댐퍼			할로겐화합물 소화기	△
		연기댐퍼		기타	안테나	
		화재/연기 댐퍼			스피커	
	접지				연기방연벽	
	접지저항 측정용단자		⊗		화재방화벽	───
스위치류	압력스위치		PS		화재 및 연기방벽	
	탬퍼스위치		TS		비상콘센트	
방연·방화문	연기감지기(전용)		S		비상분전반	
	열감지기(전용)				가스계소화설비의 수동조작함	RM
	자동폐쇄장치		ER		전동기구동	M
	연동제어기				엔진구동	E
	배연창기동 모터		M		배관행거	
	배연창수동조작함				기압계	
피뢰침	피뢰부(평면도)		⦿		배기구	—1—
	피뢰부(입면도)				바닥은폐선	-----
					노출배선	───
					소화가스패키지	PAC

참고문헌

- 「소방기본법」, 소방청
- 「소방시설 설치·유지 및 안전관리에 관한 법」, 소방청
- 「소방용품의 품질관리 등에 관한 규칙」, 소방청
- 「건축물의 피난·방화구조 등의 기준에 관한 규칙」, 국토교통부
- 「건축물의 화재성능보강방법 등에 관한 기준」, 국토교통부

- 국가화재안전기준 해설서, 소방청
- 소방청 질의회신집, 소방청
- 위험물 실무해설서, 소방청
- 소방안전관리자(특급), 한국소방안전원
- 방화공학 실무핸드북, 한국소방기술사회
- 화재안전점검 매뉴얼(제9판), 한국화재보험협회

참고도서

- 『新 건축전기설비』, 예문사, 홍준 외 1인
- 『소방시설의 설계 및 시공』, 성안당, 남상욱
- 『소방시설의 이해』, 토파민, 김태완
- 『한방에 끝내는 국가화재안전기준』, 에듀파이어, 이항준 외 3인

최기영

- 전 서울과학기술대 전기공학 석사
- 전 제27기 공공혁신 · 전자정부고위과정 수료(KIST)
- 전 건설교통부 서울지방항공청(공업주사보)
- 전 행정안전부 과천청사관리소(공업주사)
- 전 소방방재청 소방산업과 중앙소방학교(공업사무관)
- 전 행정자치부 재난안전본부(부이사관) 퇴직
- 전 Kosha Code 제정위원(한국산업안전공단; 전기안전분야)
- 전 EMC기준 전문위원(전파연구소)
- 전 대한전기학회(설비부분) 이사
- 전 공법(자재)선정위원회 위원(서울특별시 교육청)
- 전 대한민국산업현장교수(전기 · 전자) (고용노동부)

- 현 한국기술거래사회 및 한국화재감식학회 이사
- 현 공공기관 전문면접관(공무원 및 NCS기반)
- 현 한국전기기술인협회 전문강사
- 현 한국소방안전원 외래강사
- 현 신담엔지니어링 감리본부 상무
- 자격 기술거래사, 특급감리원(전기 · 소방), 전기공사기사

新 소방시설의 설치 및 관리

발행일 | 2022. 6. 30 초판 발행

저 자 | 최기영
감 수 | 구재현
발행인 | 정용수
발행처 | 예문사

주 소 | 경기도 파주시 직지길 460(출판도시) 도서출판 예문사
T E L | 031) 955-0550
F A X | 031) 955-0660
등록번호 | 11-76호

- 이 책의 어느 부분도 저작권자나 발행인의 승인 없이 무단 복제하여 이용할 수 없습니다.
- 파본 및 낙장은 구입하신 서점에서 교환하여 드립니다
- 예문사 홈페이지 http : //www.yeamoonsa.com

정가 : 40,000원

ISBN 978-89-274-1523-7 13530